U0315996

中国工程爆破协会成立 20 周年学术会议

中国爆破新进展

汪旭光　主编

北　京

冶 金 工 业 出 版 社

2014

内 容 提 要

本书收录了近四年来我国爆破领域的学术论文130余篇，分为综述与爆破理论、岩土爆破与水下爆破、拆除爆破、爆破器材与起爆方法及爆破施工机械、特种爆破、爆破测试与安全管理等部分。内容主要包括工程爆破和爆破器材服务于国家重大工程建设的创新成果和技术总结、具有前瞻性的理论研究和试验工作，以及围绕抗震救灾的爆破技术和加强爆破安全管理等。

本书可供爆破领域的工程技术人员以及相关科研、教学和管理人员参考阅读。

图书在版编目（CIP）数据

中国工程爆破协会成立 20 周年学术会议：中国爆破新进展/
汪旭光主编 . —北京：冶金工业出版社，2014.10
ISBN 978-7-5024-6750-0

Ⅰ . ① 中… Ⅱ . ① 汪… Ⅲ .①爆破技术—学术会议—
中国—文集 Ⅳ . ①TB41-53

中国版本图书馆 CIP 数据核字（2014）第 223604 号

出 版 人 谭学余
地 址 北京市东城区嵩祝院北巷 39 号 邮编 100009 电话 (010)64027926
网 址 www.cnmip.com.cn 电子信箱 yjcbs@cnmip.com.cn
责任编辑 程志宏 徐银河 美术编辑 吕欣童 版式设计 孙跃红
责任校对 王永欣 责任印制 牛晓波
ISBN 978-7-5024-6750-0
冶金工业出版社出版发行；各地新华书店经销；三河市双峰印刷装订有限公司印刷
2014 年 10 月第 1 版，2014 年 10 月第 1 次印刷
787mm×1092mm 1/16；58.75 印张；1579 千字；930 页
280.00 元

冶金工业出版社 投稿电话 (010)64027932 投稿信箱 tougao@cnmip.com.cn
冶金工业出版社营销中心 电话 (010)64044283 传真 (010)64027893
冶金书店 地址 北京市东四西大街 46 号(100010) 电话 (010)65289081(兼传真)
冶金工业出版社天猫旗舰店 yjgy.tmall.com
（本书如有印装质量问题，本社营销中心负责退换）

前　言

正值全国深入贯彻落实党的十八大和十八届三中全会精神之际，我们将于2014年10月迎来中国工程爆破协会成立20周年。借此契机，回顾工程爆破的发展历史，展望爆破事业的辉煌前景，无疑将进一步促进我国爆破事业的健康发展。新中国成立后，我国各行各业百废待兴，亟待迅速振兴和空前发展。在此特殊的时代背景下，老一辈爆破工作者，满怀艰苦创业的热情与激情，毅然全身心地投入到基础建设的大潮中，为我国经济建设的腾飞做出了卓越贡献，有力地推动了我国工程爆破技术的迅速发展。

伴随着改革开放，我国爆破事业的发展进入了一个崭新阶段，特别是协会成立20年来，我国爆破行业在新技术、新工艺、新材料、新设备的研发与应用等方面获得了突破，进一步促进了爆破事业的科技创新与发展，取得了举世瞩目的成就。例如，在精细爆破理念的指导下，我国露天毫秒延时爆破、高台阶抛掷爆破、大型水电站拱坝坝肩和地下厂房精细开挖爆破技术、地下矿山开采精细爆破与实害预测技术、煤矿高温爆破技术、双聚能预裂爆破技术、高大建（构）筑物精确拆除爆破、油气田开采技术、爆炸合成金刚石和爆炸复合以及新型爆破器材与现场混装爆破技术等，都是"四新"技术的充分体现和广泛应用的结果。

中国工程爆破协会成立20周年学术会议的召开和论文集的出版，展示和交流了我国爆破行业20年来所取得的重要科技成果，会进一步提高爆破行业的科学技术和安全管理水平，更好地推动爆破事业的转型升级和持续创新发展。

本次学术会议共收到186篇论文，学术会议组委会于2014年5月23~24日在贵州毕节市召开了论文审稿会，来自全国各地48名专家、学者参加了会议。通过专家们认真细致的审稿和工作小组的后续工作，最终论文集收录136篇论文，其中23篇推荐为大会宣读，25篇为优秀论文。论文集由冶金工业出版社出版。

　　论文集按照综述与爆破理论、岩土爆破与水下爆破、拆除爆破、爆破器材与起爆方法及爆破施工机械、特种爆破、爆破测试与安全管理六个领域进行编排。

　　鉴于时间紧迫和编者水平所限，本论文集缺点错误在所难免，敬请专家、读者批评指正。

《论文集》编委会主任
中国工程爆破协会理事长
中 国 工 程 院 院 士

2014 年 8 月

目　录

综述与爆破理论

岩土爆破与水下爆破

拆 除 爆 破

爆破器材与起爆方法及爆破施工机械

特 种 爆 破

爆破测试与安全管理

综述与爆破理论

ZONGSHU YU BAOPO LILUN

近十余年我国拆除爆破技术新进展

郑炳旭　顾毅成　宋锦泉　赵博深

（广东宏大爆破股份有限公司，广东广州，510623）

摘　要：对近十多年来我国拆除爆破技术的主要进展做了回顾和简要介绍：包括拆除爆破理论的新进展，高层建筑物、高耸构筑物、灾后受损结构及桥梁、挡水围堰、支撑梁拆除爆破在设计施工方面的新技术，还有拆除爆破在振动控制与环保防护技术方面的新成果，并对拆除爆破发展趋势提出了建议。

关键词：拆除爆破；拆除爆破理论；拆除爆破技术；拆除爆破发展

The New Progress of Demolition Blasting Technology in China in Recent Ten Years

Zheng Bingxu　Gu Yicheng　Song Jinquan　Zhao Boshen

（Guangdong Hongda Blasting Co., Ltd., Guangdong Guangzhou, 510623）

Abstract：This paper has reviewed and introduced the main progress of our demolition blasting technology in recent decades, including: new development of our demolition blasting technology, the damaged structure of tall building, high-rising building after disaster and new technology of bridge, water-retaining cofferdam, support beams in aspect of design and construction, the paper also introduces new achievement of demolition blasting in aspect of the technology of vibration control and environmental protection, and the paper has raised the suggestion about the shortcoming and development tendency of demolition blasting.

Keywords：demolition blasting; demolition blasting theory; demolition blasting technology; demolition blasting development

1　引言

建（构）筑物拆除主要有人工、机械和爆破等方法，其中爆破拆除的特点为高效、经济、低耗、安全、环保。进入 21 世纪以来，随着我国工业技术升级换代、城市改扩建工作的快速推进以及节能减排和环保的需要，建（构）筑物拆除爆破得到迅速发展，同时，工程周边环境复杂程度、拆除难度和安全环保要求也进一步增大。

在国家城镇化战略目标要求下，我国一些营业性爆破公司，为了进一步提高拆除爆破理论与技术水平，以安全、环保和高效为理念，发展自主创新的爆破理论与关键技术，进行了拆除

郑炳旭，教授级高级工程师，zhengbx@ hdbp.com。

爆破理论、关键技术及应用创新的研究，在实现爆破倒塌过程和范围、爆破振动的预测与控制以及实现环保降尘等方面，取得了一批科技新成果，使我国的建（构）筑物拆除爆破技术居于国际先进地位。

2　拆除爆破理论的新进展

十余年来，拆除爆破的主要理论研究进展有：

（1）武汉爆破公司等单位，为了解决拆除爆破爆高计算误差大、整体失稳无理论判据的难题，首次建立了不同结构形式、不同倒塌方式的整体失稳模型，对拆除爆破中结构失稳、倾倒与触地解体等过程进行连续模拟，实现建（构）筑物拆除定向爆破仿真模拟与智能化设计，研发了拆除爆破计算机辅助设计系统，可实现砖混、框架、框剪、桥梁、筒形等结构的拆除爆破设计，智能快捷地完成总体方案的选择以及拆除爆破设计参数的设计，并在多项建（构）筑物拆除爆破工程中得到成功应用。

（2）广东宏大爆破股份有限公司在多体-离散体动力学和变拓扑多体系统理论指导下，通过揭示爆炸荷载作用下结构塑性铰形成和演化规律，对建（构）筑物的折叠拆除爆破进行模拟研究，提出了多体、非完全离散体和离散体的三阶段倒塌解体动力学模型，通过数值模拟爆破拆除建筑物倒塌的全过程，由计算机分析绘制成时间-位移、时间-速度图，可以计算出结构的势能、动能、总能量、建筑物爆破高度上部作用力和塌落荷载，其研究成果指导了高耸构筑物定向、双向或三向折叠控制爆破技术[1~5]。

（3）解放军理工大学工程兵学院发现线型聚能材料存在"最大能量密度均衡射流段"，提出均衡段长度和能量密度的精确控制原理，创建了钢结构物可靠失稳的聚能切割爆破模型，指导优化钢结构物爆破拆除设计。

（4）为了揭示薄壁高烟囱爆破倾倒时，支撑部的压塌、拉伸破坏，烟囱下坐、后剪的支撑部破坏，以及相应破坏点和基础筒壁的应变状态，广东宏大爆破股份有限公司对拆除爆破动态实时监测技术也开展了研究，并在多项建（构）筑物拆除爆破工程中应用。

3　拆除爆破设计与施工技术的新进展

3.1　高层建筑物爆破拆除

诸多城市的高大建（构）筑物都是采用爆破技术进行拆除的。据不完全统计，我国拆除16层以上的高层楼房已达40座以上，多数周围环境复杂[6,7]。如2001年北京中大爆破技术公司完成的北京东直门22层三叉式塔楼爆破拆除[8]，2004年广东中人集团建设有限公司完成的温州市高93m的中银大厦爆破拆除[9]，2008年上海同济爆破工程有限公司完成的上海四平大楼爆破拆除，2012年重庆爆破界完成的高107.2m的重庆港客运大楼、三峡宾馆等的爆破拆除，2013年福建高能爆破公司完成的高95m的青岛海天大酒店两座大楼等[10,11]。

高层建筑结构已从框架结构逐渐发展成框架-剪力墙、剪力墙结构等，针对高层建筑物造型复杂、结构形式多样、允许倒塌范围不足以及拆除倒塌冲击地压增大等特点，在设计与施工技术中采用了增加爆破缺口、重力弯矩空中解体缓冲坍塌拆除爆破新技术和综合时差起爆技术等技术方案和措施，以克服不对称结构带来的影响，有效控制其倒塌方向、爆堆范围及楼体落地的冲击振动，保证了周围环境的安全[12,13]。

3.2　高耸构筑物的爆破拆除

近10多年来，随着电厂改扩建工程的实施，国内掀起了高烟囱和冷却塔爆破拆除热潮。

据不完全统计，我国已成功拆除了高100m以上的钢筋混凝土烟囱和高60m以上的大型冷却塔各100多座，其中200m以上高烟囱近10座，高90m以上的冷却塔30多座。

不少高耸构筑物位于复杂环境中，场地窄、空间小，爆破拆除难度大。例如，2005年广州造纸厂100m烟囱爆破拆除，倒塌空间最宽只有40m，最窄仅15m，广东宏大爆破股份有限公司首创高耸建（构）筑物三向折叠爆破技术（见图1），揭示铰链点的位置、形成与发展过程；精确控制折叠爆破倒塌方向、范围和解体程度，为我国高耸建（构）筑物多向折叠爆破拆除奠定了技术基础。我国已成功地在复杂环境中采用双向折叠、三向折叠等控制爆破方法拆除了10多座高100m以上的钢筋混凝土烟囱[16,17]。解放军理工大学工程兵学院、深圳市和利爆破技术工程有限公司、河南迅达爆破有限公司、河南省现代爆破技术有限公司等单位针对小长径比薄壁筒体结构，为合理调控筒体荷载分布和弱化筒体局部刚度[18,19]，提出薄壁筒体高卸荷槽复合切口爆破等设计方法与施工技术，实现了对塌落解体过程和触地状态的有效控制[20]。

图1　广州造纸厂百米烟囱三向折叠爆破瞬间（广东宏大爆破股份有限公司，2005）

Fig. 1　The 100 meters chimney demolition blasting of Guangzhou paper mill
（Guangdong Hongda Blasting Co., Ltd., 2005）

3.3　灾后受损结构快速拆除爆破技术

2008年、2012年我国相继在汶川、雅安发生大地震，城镇中到处是废墟、危房，水塔、烟囱裂口、倾斜，而且余震不断，随时都可能给人民的安全造成威胁。工程爆破作为一种重要的技术手段，在抢险救灾过程中发挥了重大的作用。四川省工程爆破协会、解放军理工大学工程兵学院、武警水电第三总队、四川雅化实业集团股份有限公司等单位在保证灾区人民的生命财产安全和重建家园中建功立业。

一些爆破公司十分重视灾后受损结构快速拆除爆破技术。广东宏大爆破股份有限公司通过对危楼建筑物的施工安全分析，研制了结构裂缝破坏位移监测报警系统，提出了结构变形允许施工的警报值，开发出了"结构计算和裂缝、变形监测监控相结合"的技术，确保爆破前建筑内一切爆破作业工序顺利地进行。该技术在汕头市澄海区利嘉织艺有限公司由于火灾变成危楼仓库、海员宾馆等多项危楼建筑物爆破抢险拆除中成功应用，对爆破技术在防灾抢险中的应用有重要的意义。

武汉爆破公司实施的汉口桥苑新村 18 层倾斜大楼，是在每小时 2cm 的倾斜速度并可能自然坍塌的情况下，冒着生命危险紧急施工，仅用三个昼夜抢在自然坍塌前控爆拆除，创造了大楼结构、高度、层数和时间四项爆破全国第一，结构和时间两项世界第一的奇迹，解除了全市瞩目的心腹大患。

3.4　城市复杂环境桥梁、新型结构桥梁的爆破拆除

近 10 多年来，几十座废旧桥梁采用控制爆破成功拆除，其典型工程有：解放军理工大学工程兵学院 2012 年承担完成的南京城西干道高架桥爆破拆除工程[21]，包括总长度达到 2078m 的 4 座高架桥、2 座匝道桥，时为国内外最长和拆除难度最大的城区高架桥，采用精确爆破设计、多体复合防护和分次卸载、顺序塌落爆破技术，确保了距爆破点 30m 的全国重点保护文物"明城墙"和最近 5m 处住宅的安全，也未影响到地下 14.5m 的地铁 2 号线的运行，创新提出了以炸点萃取、构件通透度控制和非对称非均衡分级传递为核心的爆破设计体系和基于地下浅埋管线保护的城区桥梁爆破方法。

2013 年，武汉爆破公司承担完成的全长 3476.50m 的武汉沌阳高架桥爆破拆除[22]，在精细爆破理论的指导下，通过对桥梁爆破破碎范围、破坏程度的控制以及对炸药单耗、装药结构、合理起爆时序的科学设计，首创城区特大型桥梁阶梯式顺序塌落精细爆破方法。为确保此次爆破的成功，公司采用 1∶1 模型试验和数值仿真技术，对倒塌方式、延期时间、炸药单耗、防护形式和地下管线保护等内容进行了研究，为科学合理的爆破设计奠定了基础。

3.5　场馆拆除大规模的可靠起爆技术

在大面积建筑物拆除爆破方面，由于药包多，起爆网路复杂，可靠的起爆技术是关系爆破成败的关键。1999 年由贵州新联爆破工程有限公司爆破拆除的贵阳市工人文化宫，由结构不同而又互相关联的综合楼、联系体、影剧院三栋主建筑物和一些附属建筑物组成，总建筑面积 20281m²。该工程采用交叉复式起爆网路和闭合网路，合理安排起爆点和网路闭合点，使建筑群按设计要求的各种倒塌形式和顺序爆破，保证了 37562 个炸药包、45129 发导爆雷管的百分百准爆，爆破效果令人满意。

广东宏大爆破股份有限公司 2007 年实施的沈阳五里河体育馆爆破拆除工程[23]，建筑面积 40000m²，一次准确起爆超过 1.2 万个炮孔，使用炸药 2.568t，雷管 14000 枚，采用精确延时、逐跨接力、顺序塌落爆破技术，成功爆破世界一次性爆破中面积最大的建筑物，展示了可靠、先进的起爆技术，爆破取得了预期的效果（见图 2）。

近 10 多年来，拆除爆破采用以导爆管并簇联和闭合网路相结合为基础的起爆方法，可以进一步设计毫秒或秒延时起爆网路，2010 年爆破拆除的郑州亚细亚大酒店，还使用了近 3000 枚我国自行研制生产的隆芯 1 号数码电子雷管，爆破非常成功。研究和工程实践表明，该技术极大地提高了拆除爆破起爆技术的可靠性。

3.6　挡水围堰及支撑梁的拆除

挡水围堰是水利水电、港口和大型船坞修建主体工程时必不可少的关键性临建工程，著名的葛洲坝水电站上游混凝土心墙土石围堰、云南大朝山水电站尾水隧道出口混凝土围堰及岩埂以及河南鸭河口电厂进水口复式深水围堰等，都是技术难度高的拆除工程。

图2　五里河体育场爆破瞬间（广东宏大爆破股份有限公司，2007）

Fig. 2　Wulihe Stadium demolition blasting（Guangdong Hongda Blasting Co., Ltd., 2007）

2006 年 6 月，长江三峡水利枢纽三期上游碾压混凝土围堰拆除爆破总长度为 480m，爆破水深最大 38m，总方量 $18.6 \times 10^4 m^3$，三峡三期 RCC 围堰爆破拆除举世瞩目（见图 3）。长江科学院爆破与振动研究所等单位对其拆除爆破方案进行了大量试验研究，包括爆破器材及起爆网路可靠性试验、爆破地震效应研究、定向倾倒可能性及触地震动研究等，并进行了 1∶100 围堰模型倾倒试验和 1∶10 围堰模型倾倒爆破试验等，为项目实施提供科学依据，保证了爆破拆除顺利进行。

图3　三峡三期上游碾压混凝土围堰拆除爆破（2006）

Fig. 3　Roller compacted concrete cofferdam demolition blasting of the three gorges project（2006）

在船坞挡水围堰及岩坎的爆破拆除方面，浙江省高能爆破工程有限公司、浙江大昌爆破工程有限公司等单位因地制宜地采用竖直孔充水开门爆破、倾斜孔不充水关门爆破、倾斜孔不充水开门爆破等技术成功爆破拆除了舟山永跃船厂、中远船务、金海湾等 30 余座船坞围堰，为这些大型工程项目按期投产作出了重要贡献[24~27]。其中，2008 年 9 月成功爆破拆除的浙江半岛船业有限公司船坞围堰，首次使用了由北京北方邦杰科技发展有限公司研发，辽宁华丰民用化工发展有限公司生产，完全拥有自主知识产权的国产电子雷管。

在沿海城市高层楼宇建设中，遇有软土地基时，在基础工程中要采用基坑支撑结构，在基坑开挖过程中及完毕后需对其围护结构进行拆除。采用爆破方法对基坑支撑结构进行拆除，在加快施工进度方面具有独特优势。近 10 年来，仅天津市，上海同济爆破工程有限公司、上海消防技术工程有限公司、北京中科力爆炸技术工程有限公司、北京北阳爆破工程技术有限责任公司等单位在天津地铁 Z1 线、5~6 号线盾构穿越地下结构工程和高层建筑基坑完成的支撑结构爆破拆除就有 30 多项，都取得了良好效果。

综上所述，拆除控制爆破技术在我国各个建设工程领域得到了广泛的应用，成为城市建设和土木工程中不可缺少的施工技术。

4 振动控制与环保防护技术的新成果

4.1 爆破振动控制技术新成果

在爆破振动控制技术方面，中国铁道科学研究院、广东宏大爆破股份有限公司、解放军理工大学工程兵学院等多个单位合作创建了爆破振动控制的"解体、吸能和调峰"三步法。首先，提出多结构段、多切口和精确延时起爆的集成减振技术，实现结构物有序解体、顺序塌落，有效降低冲击振动的能量；第二，创新设计的新型减振装置可最大限度吸收塌落冲击能，由钢丝绳减振器、软钢阻尼器、贝雷钢构架以及散体材料等构成减振复合防护体系；第三，研发基于神经网络技术的爆破振动预报平台和振动波精确干扰减振技术。通过上述综合技术，振动幅值综合削减 60% 以上[28~30]。

近 10 多年来的工程实践表明，在拆除爆破设计中实施毫秒或半秒差爆破，在建筑物倒塌方向上各排立柱间合理选择爆破延迟时间，在高耸构筑物倾倒方向设置减振堤，在被保护的建筑物和爆源之间开挖减振沟等技术措施，都有利于控制和减少爆破和触地震动。采用这些措施后，由拆除爆破振动引发的诉讼大大减少。

4.2 清洁环保爆破

拆除爆破在钻孔施工及爆破过程中，往往有大量的生产性粉尘弥散，污染生产场所的空气及周围环境。开展防尘降尘工作，往往成为拆除爆破工程的环保要求。

一些爆破公司，在爆前将拆除建筑物楼顶的贮水池（罐）装满水，在坍塌过程中，大量储水从上而下形成水幕，对降尘起到较好效果。

贵州省新联爆破工程有限公司在实施贵阳市中心第一商场建筑楼房（总建筑面积12000m²）拆除爆破施工中[31]，采用水幕帘综合降尘爆破技术，包括采用湿式凿岩钻孔、预拆除施工淋湿减尘、爆破部位水幕帘防尘、楼房浸水润湿等，设计思想先进实用，施工技术操作简单，防尘效果显著。

广东宏大爆破股份有限公司对拆除爆破粉尘控制技术开展了专项研究，揭示了扬尘规律和湿法降尘机理，发明了泡沫黏尘剂、发泡乳化剂及其制备方法，研制了泡沫发生装置，首创泡沫捕捉爆破粉尘的新方法及装备[32,33]。2007 年，广东宏大爆破股份有限公司在广州天河城西塔楼爆破拆除中应用该项技术，爆破过程中，各储水池中的含有泡沫黏尘剂的水迅速起泡，形成片片白沫，迅速吸附建筑解体时产生的少量灰尘及爆破部位产生的爆尘，整个爆破过程清晰可见，周围花草及距现场 6m 的柏油马路和路边的白色灯罩上也不见灰尘。经广东省广州市环保监测中心现场测定，此次爆破产尘量为上风侧 47m 处 0.354mg/m^3；下风侧 46m 处 1.65mg/m^3。这是世界首次采用环保清洁拆除法对商业中心高大建筑进行爆破（见图 4），被中央电视台报道称为"中国环保第一爆"。

图 4 广州天河城西塔楼爆破拆除（广东宏大爆破股份有限公司，2007）

Fig. 4 Guangzhou Tianhe West Tower demolition blasting

（Guangdong Hongda Blasting Co., Ltd., 2007）

5 拆除爆破的发展趋势

今后拆除爆破应从以下几方面重点发展：

（1）深入研究基于建（构）筑物结构特征的拆除爆破原理及相应的爆破新工艺、新技术。

（2）对爆破安全技术加强研究，加快建（构）筑物倒塌冲击地压及地震波对周围环境影响的控制研究。

（3）增强城市综合减灾的大安全观念，加强爆破行业集约化管理；加快拆除爆破规范的制定，提高技术，加强科学管理，建立爆破专家系统。

（4）加强环保爆破拆除的研究，减小爆破有害效应及爆后建筑垃圾的综合处理。

参 考 文 献

[1] 魏挺峰，魏晓林，郑炳旭. 摄影测量在建筑拆除力学研究中的应用[J]. 中山大学学报（自然科学版），2008，47（增 2）：34 ~ 38.

[2] 魏晓林，郑炳旭，傅建秋. 爆破拆除高耸建筑定轴倾倒动力方程解析解[J]. 合肥工业大学学报（自然科学版），2009，32（10）：1466 ~ 1468.

[3] 崔晓荣，郑炳旭，沈兆武，等. 建筑爆破倒塌过程的摄影测量分析系统[J]. 测绘科学，2011，36（5）：111 ~ 119.

[4] 魏挺峰，魏晓林，郑炳旭. 摄像测量在建筑拆除力学研究中的应用[J]. 中山大学学报（自然科学版），2008，47（增 2）：34 ~ 37.

［5］ Wei Xiaolin, Fu Jianqiu, Wang Xuguang. Numerical modeling of demolition blasting of frame structures by varying-topological multibody dynamics［C］//New Development on Engineering Blasting. Metallurgical Industry Press, 2007: 333～339.

［6］ 马洪涛, 孟祥栋, 毕卫国. 复杂环境下异形框架楼的爆破拆除［J］. 爆破, 2011, 03: 66～70.

［7］ 谢先启. 桥苑新村十八层倾斜大楼控爆拆除方案与技术设计［J］. 爆破, 1996, 01: 96～99.

［8］ 刘殿书. 北京东直门16号楼爆破拆除成功［J］. 工程爆破, 2001, 04: 91.

［9］ 朱朝祥. 中银大厦烂尾楼爆破拆除成功［J］. 工程爆破, 2004, 02: 86.

［10］ 汪浩, 徐建勇. 上海长征医院16层病房大楼爆破拆除［J］. 工程爆破, 1999, 04: 30～35.

［11］ 齐世福, 龙源. 高大楼房控制爆破技术［J］. 解放军理工大学学报（自然科学版）, 2004, 5(1): 68～72.

［12］ 张家富, 池恩安, 温远富, 等. 市中心高大建筑物群的定向爆破拆除［J］. 工程爆破, 2000, 01: 36～39.

［13］ Zheng Bingxu, Wei Xiaolin. Modeling studies of high-rise structure demolition blasting with multi-folding sequences［C］//New Development on Engineering Blasting. Metallurgical Industry Press, 2007: 326～332.

［14］ 郑炳旭, 傅建秋, 等. 150m高钢筋混凝土烟囱双向折叠爆破拆除［J］. 工程爆破, 2004, 10(3): 34～36.

［15］ 郑炳旭, 魏晓林, 陈庆寿. 钢筋混凝土高烟囱爆破切口支撑部破坏观测研究［J］. 岩石力学与工程学报, 2006, 25(增2): 3513～3517.

［16］ 郑炳旭, 魏晓林, 陈庆寿. 钢筋混凝土高烟囱切口支撑部失稳力学分析［J］. 岩石力学与工程学报, 2007, 26(增1): 3354～3548.

［17］ 郑炳旭, 魏晓林, 陈庆寿. 多折定落点控爆拆除钢筋混凝土高烟囱设计原理［J］. 工程爆破, 2007, 13(3): 1～7.

［18］ 郑炳旭, 魏晓林, 傅建秋. 高烟囱爆破拆除综合观测技术［C］//中国爆破新技术. 北京: 冶金工业出版社, 2004: 859～867.

［19］ 齐世福, 阎家良. 高耸建筑物定向爆破倾倒时的后座及其对策［J］. 爆炸与冲击, 1989, 9(4): 318～327.

［20］ 杨年华, 张志毅, 陆鹏程. 120m不对称烟囱定向拆除爆破技术［J］. 中国铁道科学, 2002, 23(3): 104～107.

［21］ 龙源, 季茂荣, 金广谦, 等. 南京城西干道高架桥控制爆破与安全防护技术［C］//中国爆破新技术Ⅲ. 北京: 冶金工业出版社, 2012: 602～613.

［22］ 贾永胜, 刘昌邦. 3.5km武汉沌阳高架桥成功爆破拆除［J］. 工程爆破, 2013, 04: 62.

［23］ 崔晓荣, 李战军, 周听清, 等. 拆除爆破中的大规模起爆网络的可靠性分析［J］. 爆破, 2012, 29(2): 110～113.

［24］ 张中雷, 冯新华, 管志强, 等. 大神洲船坞围堰爆破拆除安全防护技术［J］. 爆破, 2011, 03: 106～111.

［25］ 宋志伟, 陈锋华, 汪竹平, 等. 船坞围堰爆破拆除过流控制研究及工程应用［J］. 工程爆破, 2010, 01: 52～54.

［26］ 王宗国, 王斌, 张正忠. 船坞围堰拆除爆破技术研究及工程应用［C］//中国爆破新技术Ⅱ. 北京: 冶金工业出版社, 2008: 382～387.

［27］ 管志强, 张中雷, 冯新华, 等. 50万吨级船坞复合围堰爆破拆除设计施工技术［C］//中国爆破新技术Ⅱ. 北京: 冶金工业出版社, 2008: 388～393.

［28］ 王希之, 王自力, 龙源, 等. 高层建筑物爆破拆除塌落震动的数学模型［J］. 爆炸与冲击, 2002, 22(2): 188～192.

［29］ 龙源, 娄建武, 徐全军, 等. 爆破拆除烟囱时地下管道对烟囱触地冲击振动的动力响应［J］. 解放

军理工大学学报，2000，1(2)：38~42.

[30] 韦林，朱金龙，汪浩．上海四平大楼爆破拆除中环境振动监测的分析[J]．爆破，2006，04：74~77.

[31] 池恩安，温远富，罗德不，等．拆除爆破水幕帘降尘技术研究[J]．工程爆破，2002，03：25~28.

[32] 郑炳旭，魏晓林．城市爆破拆除的粉尘预测和降尘措施[J]．中国工程科学，2002，4(8)：69~73.

[33] 李战军，汪旭光，郑炳旭．水预湿降低爆破粉尘机理研究[J]．爆破，2004，21(3)：21~39.

石方路基爆破技术与进展

高文学　石连松　刘　冬

（北京工业大学，北京，100124）

摘　要：在综述我国公路石方路基爆破技术发展历程的基础上，结合典型的路基石方爆破工程进行了详细的案例分析，介绍了路基工程爆破技术的发展特色，并对路基石方爆破技术的发展方向进行了展望。

关键词：石方路基；爆破技术；发展与展望

The Development and Prospect of the Blasting Technology on Subgrade Engineering

Gao Wenxue　Shi Liansong　Liu Dong

（Beijing University of Technology，Beijing，100124）

Abstract：Based on summarizing the development process of highway rock subgrade blasting techniques in China，the paper conducted detailed case analysis combined with typical rock subgrade blasting engineering，presented the development characteristics of rock subgrade blasting techniques and prospected the development tendency about subgrade blasting techniques.

Keywords：rock subgrade；blasting techniques；development and prospects

1　路基工程爆破技术发展历程

我国公路石方爆破技术经过了曲折的发展历程。早期，公路石方开挖主要采用人工钻孔，凭经验进行装药、爆破，没有专门的工程技术人员进行指导。随着交通基础设施建设规模的不断扩大，公路石方爆破技术迎来了重要的发展机遇。以王鸿渠教授为代表的公路科技工作者，在总结大量公路工程爆破经验和教训的基础上，创建了"多边界石方爆破理论"，建立了一整套因地制宜的公路石方综合爆破方法，形成了完整的体系。20 世纪 90 年代以来，随着公路建设规模的不断发展，深孔爆破、预裂爆破、光面爆破技术等在公路工程中得到了越来越广泛的应用，进一步丰富和发展了公路石方开挖的技术手段。回顾我国公路工程爆破技术的发展历程，大致可划分为如下几个阶段：

（1）萌芽阶段。20 世纪 50 年代初期，苏联专家将包列斯柯夫爆破理论介绍到我国，公路石方开挖开始采用硐室爆破，并按苏联的方法进行爆破施工。这一阶段的主要特点是通过工程

高文学，教授，wxgao@ bjut. edu. cn。

实践全面学习苏联的理论。然而，大量的工程实践表明，由于"包氏"理论是建立在水平边界条件基础上的，斜坡地形爆破时，计算药量过多，且易造成地质灾害。后期，国内学者对包氏药量计算公式进行修正。

（2）探索阶段。20世纪50年代末至70年代，结合公路石方爆破施工调研，开展抛坍爆破、分集药包爆破试验研究，并且开始着手对多面临空爆破方法和药量计算公式进行研究。抛坍爆破最早根据斜坡地形公路半路堑的爆破经验和快速施工的要求总结提出，通过对400余次生产性试验结果的分析研究建立起来以斜坡地形为边界条件的一整套设计和计算方法。它体现出药包布置、爆破效果与地形之间的关系，以及抛坍率随自然地面坡度的增大而增加，耗药量随地面坡度的增大而迅速降低这一重要规律，因而耗药量少、爆破效果好，并能获得比较顺直和稳定的边坡。

（3）成熟阶段。20世纪80年代至90年代初期，研究工作主要集中在多边界条件下爆破作用的规律、特性及物理过程的系统研究和多面临空爆破系列方法的应用研究两个方面，建立了多边界石方爆破体系。

王鸿渠教授根据机械能守恒和功能平衡原理以及量纲分析结果，并辅之以适当假设，推导出具有独创性的多边界药量计算公式，解决了多边界药量计算难题，推进了我国公路工程爆破技术的发展[1]。

这一阶段的另一项研究重点是针对小、短、长、深四类多面临空地形爆破理论和设计方法，创立了深挖路堑采用多层、多次起爆的多面临空地形爆破，使深挖路堑一次爆破成型的快速施工方法——"三多爆破法"。其特点是充分利用有利地形和深路堑上部岩体的高程（岩体中所含的潜在位能）以及药包的爆炸做功能力，使上层崩塌下来的岩体由下层药包接力抛出，爆破抛掷率高，可达60%以上；爆破漏斗口小，超炸方量小；爆破后边坡顺直稳定，经济效益显著，可节约投资30%以上。

以多边界药量计算公式、抛坍爆破、多面临空爆破和分集药包等研究成果为框架，王鸿渠教授系统研究了药包的爆破作用与各种微地形条件和地质条件的关系、炸药提供的动能和介质中潜在位能的共同耦合作用等。建立因地制宜并与各类地形边界条件相适应和相匹配的爆破设计方法，创立了多边界石方爆破理论体系。

（4）发展阶段。20世纪90年代以来，我国公路基础设施得到了跨越式发展。为了提高路堑边坡的质量，深入开展了硐室爆破装药结构和起爆方式以及深孔爆破技术研究。

早期硐室爆破多采用集中装药结构。由于集中药包存在爆破岩石块度不均匀等限制缺陷，国内于20世纪70年代开始研究多边界药包爆炸效应。实际上1966年在成昆铁路建设中已率先使用该项技术，取得了明显好于集中药包硐室爆破的效果。从20世纪80年代到90年代，条形药包硐室爆破技术应用领域和规模逐渐扩大，特别是90年代后，沿海地区经济的飞速发展，大规模的开发建设进一步促进了条形药包硐室爆破技术的发展。

深孔爆破对路堑边坡破坏轻微，爆后块度均匀。进入20世纪90年代之后，随着移动方便、轻巧灵活的潜孔钻机的使用，加之山区高等级公路石方集中程度甚高，深孔爆破开始越来越多地应用于路基石方开挖。

深孔爆破在公路工程中的首次应用为1991年密（云）古（北口）二级公路北台村段50000m³的深挖路堑开挖。1994年在青岛市环胶州湾高速公路山角村段采用深孔爆破技术成功地一次开挖成型470m的长深路堑，为国内长深公路全挖路堑超多排、超多段、深孔拉槽爆破的典型范例。

与此同时，深孔爆破与光面爆破、预裂爆破技术的结合开始应用于路基石方开挖。1994

年在广西柳（州）桂（林）高速公路罗口段，首次采用简易潜孔钻机钻孔，成功地实施了超深孔高台阶的光面爆破，开挖边坡总长 340m，最高 52m，总面积 11000m²，在石灰岩复杂多变的地质条件下，形成了稳定、平整、美观的边坡，半孔率高达 95% 左右，成为我国高速公路路堑边坡光面爆破设计与施工的标准样板路段。

这一阶段的创新性成果，当数硐室加预裂一次成型爆破技术。该成果在路堑主体石方爆破开挖时采用集中或条形药包硐室爆破，路堑边坡采用预裂爆破。这一技术充分利用了硐室、深孔、预裂爆破各自的优点，主体石方爆破破碎充分，不留根坎，边坡平整、光滑、美观，基本不需刷坡和清底。该技术 1999 年首次在贵（阳）新（寨）高速公路白岩立交联络线路段使用，爆后边坡稳定、平整，预裂面半孔率达 96% 以上。之后，这项技术应用于我国多条公路石方爆破，开创了我国公路工程爆破的广阔前景。

2 路基控制爆破代表性工程

2.1 复杂环境下全挖路堑控制爆破

2.1.1 工程概况

青岛市环胶州湾高速公路石方工程位于环胶州湾高速公路 k30 + 747.4 ~ k31 + 250 段，紧邻路堑两侧有商店、民宅、养鸡场、通信电缆及高压线等，爆破环境复杂。爆区地质条件表层为亚黏土，下覆凝灰质砂岩和凝灰质角砾岩，裂隙水发育。路堑开挖石方量 11.5 × 10⁴m³。该项工程特点如下：

（1）各类建（构）筑物毗邻爆区，环境复杂，民房结构抗震能力很差。

（2）不允许分次爆破，同时爆破振动、飞石等对临近房屋及设施的危害缩小到最小范围，且爆破效果达到较高水平。

（3）单工序作业，钻孔时间长，地表雨水及裂隙水渗入孔内，给清孔、装药、放炮造成影响。

2.1.2 深孔控制爆破设计原则

深孔控制爆破设计原则如下：

（1）严格控制飞石方向和距离，飞石方向控制为路堑纵向，两侧基本无飞石。

（2）采用预裂爆破技术，将爆破振动减少到最低程度。

（3）选择合理的爆破参数及施工工艺，一次达到较好的爆破效果，同时有效控制飞石影响范围。

2.1.3 控制爆破设计与施工

控制爆破设计与施工的措施如下：

（1）根据环境条件计算控制最大单响药量，且预裂孔超前 75 ~ 125ms 起爆。

（2）采用并串复式交叉网路，孔外低段雷管传爆接力，孔内中高段雷管分段起爆；为了确保网路传爆，中间每 5 排设复式交叉网路，并采取草袋覆盖防护；整个网路按照爆破振动允许药量，共分 594 响，总延迟时间 4.8s。

（3）采用 V 形孔间顺序起爆方法，减少段间延迟时间间隔，缩短总爆破持续时间。

（4）采用预裂爆破与深孔控制爆破相结合，非电毫秒延期接力网路一次性进行路堑石方爆破施工方案。

2.1.4 爆破效果

采用上述爆破设计和施工工艺，本项路堑拉槽深孔控制爆破效果如下：

（1）解决了长路堑深孔拉槽控制爆破技术难题，一次性成功进行了 470m 长路堑、203 排

3080 孔的国内外少有的深孔爆破，且爆破效果良好。

（2）采用加孔方法有效解决了多排深孔爆破挤死问题，保证了爆破效果。

（3）采用非电导爆管毫秒接力和孔外毫秒延期起爆网路，一次完成 530 段的起爆。

（4）采用预裂爆破技术，既减少了振动影响，又保证了边坡开挖质量，半孔保留率达 75% 以上。

2.2 柳桂高速公路石质路堑光面爆破

2.2.1 工程概况

柳桂高速公路石方路堑开挖罗口段为两山豁口，石灰岩，大部分岩石比较完整，中等厚度，岩石坚固系数 $f = 6 \sim 8$。岩体内部大小溶洞呈不规则分布。坡面地质条件复杂，边坡高陡，随开挖高度改变。罗口石方开挖段全长 255m，开挖边坡总长 340m，边坡最大高度 52m，边坡开挖总面积 11000m^2，预留光爆层 1.5 ~ 1.8m。

2.2.2 光面爆破特点

光面爆破的特点如下：

（1）工程量大，双侧边坡均要实施光面爆破，钻孔约 9000 延米。

（2）地质复杂多变，裂缝及大小溶洞多且分布不规则，给钻爆工作带来较大困难，也不易保证爆破效果。

（3）边坡高，需分三层台阶进行光爆施工，尤其是边坡上部岩体呈狼牙状交错分布，钻机移位困难，钻孔精度和爆破质量较难保证。

2.2.3 控制爆破设计与施工

控制爆破设计与施工包括以下几个方面：

（1）爆破方案选择：路堑边坡采用深孔光面爆破为主，浅孔光面爆破为辅，合理进行施工。

（2）光面爆破设计原则：

1）三个台阶光爆施工，10m 以上边坡坡度由设计 1：0.5 改为 1：0.3，台阶宽度预留 1.2m。

2）预留光爆层厚 1.8 ~ 2.2m。

（3）施工方案：首先进行主体石方爆破，预留光爆层；从上到下逐层进行主体石方及预留光爆层爆破开挖施工。

（4）主要爆破参数。

1）孔径 d：深孔 $d = 100 \sim 150mm$，浅孔 $d = 38 \sim 42mm$。

2）梯段高度 H，分别为 $H_1 \geq 12m$，$H_2 = 12 \sim 15m$，$H_3 = 10 \sim 12m$；第一层 H 高达 27m。

3）抵抗线 $W_光$，设计深孔 $W_光 = 1.8m$，浅孔 $W_光 = 0.6m$。

4）孔距 a，对于 $d = 100mm$ 的孔径，$a = 1.2m$。

5）超钻深度 Δh，设计上层 $\Delta h = 0.5 \sim 1.0m$，下层 $\Delta h = 1.0 \sim 1.5m$。

6）光面爆破线装药密度 $q_光$，当 $d = 100mm$ 时，左侧 $q_光 = 200 \sim 220g/m$，右侧 $q_光 = 180 \sim 200g/m$；当 $d = 42mm$ 时，$q_光 = 120 \sim 150g/m$。

7）不耦合装药系数 K_d，取 $K_d \approx 3$，孔口堵塞长度 1.3 ~ 1.5m。

8）毫秒爆破延期时间 Δt，光面爆破孔与主体炮孔同时起爆，但延期时间 $\Delta t = 50 \sim 150ms$，受雷管段别所限，取 $\Delta t = 200ms$，取得理想结果。

2.2.4 路堑光面爆破效果

柳桂高速公路罗口段深路堑光面爆破中，针对高 52m 的路堑边坡，分三层进行了 9 次光面爆破，获得了稳定、平整、光滑、美观的路堑边坡，光爆后边坡壁上半孔率达到 95% 以上；边坡围岩稳定，没有产生围岩破坏现象，孔壁没有产生爆破裂纹。使用简单钻机，钻出了深达 28m 的光爆孔，这在路堑高边坡施工中少见，如图 1 所示。

图 1　路堑边坡光面爆破后效果图
Fig. 1　The cut slope rendering after smooth blasting

2.3　贵新高速公路硐室加预裂控制爆破

2.3.1　工程概况

贵新高速公路白岩立交联络线 k4 + 060 ~ k4 + 240 段全长 180m，石方开挖量 34000m³，上边坡开挖面积约 2835m²，下边坡开挖较低，且高低不等，最大挖深小于 6.0m，为一半挖路堑。开挖宽度 14.0m，中心最大深度 9.4m。岩石为白云质灰岩；该段周围环境较复杂，路线左侧 50m 处有 8kV 高压线平行通过；左前方 60m 处有民房，低于开挖面约 10m；右前方 100m 处有民房小楼数座，高于开挖面 16m。

2.3.2　爆破设计方案

爆破设计方案如下：

（1）设计原则：

1）为了改善爆破效果，保证边坡质量，决定采用硐室加预裂一次成型综合爆破技术进行该路堑石方开挖施工。

2）为了降低大块率，设计时在药室顶部增加一定量的深孔作为辅助破岩手段。

3）主药包采用分集装药结构。

4）起爆网路，采用毫秒延期接力网路；预裂爆破采用导爆索网路，且先于深孔和硐室起爆。

（2）爆破参数：

1）预裂爆破参数：孔径 $d = 100\text{mm}$，梯段高度 $H = 12 ~ 21\text{m}$，孔距 $a = 1.0 ~ 1.2\text{m}$，超深 $\Delta h = 1.0 ~ 1.5\text{m}$，装药密度 $q = 350\text{g/m}$。

2）硐室爆破参数：最小抵抗线 7.2 ~ 10.9m，竖井间距按 10m 布设，均采用分集药包装药，总装药量为 10772kg。

3）深孔爆破参数：深孔爆破仅作为辅助爆破作业，只在硐室不能完成的爆破部位进行，下边坡深孔必须一钻到底，上边坡依据硐室药包埋置深度及最小抵抗线确定。

4）硐室药包药量计算公式如下：

$$Q = Kf(n)W^3$$

式中　K——单位用药量，取 $K = 1.5\text{kg/m}^3$；

　　　n——爆破作用指数，取 $n = 0.5$，$f(n) = 0.4 + 0.6n^3$；

　　　W——硐室药包最小抵抗线，m。

（3）预裂加硐室一次成型爆破相关参数。硐室药包中心到预裂面距离 $W_{后}$，试验采用：

$$W_{后} = 2.0 ~ 2.5$$

$$R_{Y} = (0.32 ~ 0.40)W$$

式中　R_Y——压缩圈半径；

　　　W——硐室药包的最小抵抗线。

硐室药包埋置深度的确定：为了保证硐室加预裂一次爆破成型的实现，还必须考虑药包埋置深度，以保证爆破后路基面不留根坎。试验中将药包放在开挖面上。

2.3.3　爆破实施

在完成设计的基础上，硐室加预裂一次爆破成型分两个阶段实施：试验爆破和整体爆破。

（1）试验炮。试验炮选择 1 号药室及其相关的 23 个预裂孔，预裂孔深度 17.6~20.8m，药包最小抵抗线 11m，试验爆破的药室和预裂孔布置的典型断面如图 2 所示。

（2）试验方法：

1）先进行预裂爆破，硐室内不装药，爆破后检查硐室壁面是否出现裂纹、塌方、击穿等现象。经进入硐内检查，药室左侧端头因石质较软有零星垮塌石块，右侧无垮塌现象，后壁有细小裂纹，但不明显。说明预裂爆破对硐室没有影响，边坡顶部岩体无拉伸裂纹，预裂缝较明显，其中有一处裂缝宽达 20cm，在手电筒照亮时看到已经形成光滑预裂面，残孔完整。k4+222~k4+247 已经裂开，形成预裂缝。

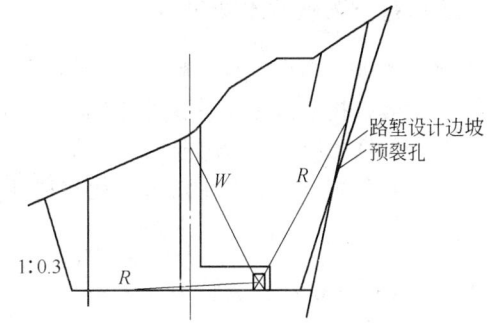

图 2　试验药包和预裂孔典型断面
Fig. 2　The typical cross-section of test explosive package and presplit hole

2）按硐室设计装药量进行硐室爆破，爆破后预裂孔壁上部的部分孔面出露，岩石下落 1m 左右，预裂面前出现 1m 左右裂缝，顶部有较大岩块产生。

3）挖装清碴，检查表明，预裂面平整，壁面岩石没有扰动，预裂孔半孔率达 100%，预裂孔无裂纹，效果很好。

（3）爆破试验。爆后的宏观检查表明，试验爆破的设计参数基本合理。但因上边坡挖深较大，硐室药包埋置太深，$W/H < 0.6$，顶部大块较多，因此决定根据不同的药室、抵抗线和埋深，在硐室顶部增加一些起破碎作用的深孔，以降低大块率，改善爆破破碎效果。同时根据硐室实际情况，取 $Kf(n) = 0.6~0.7 \text{kg/m}^3$。根据调整后的参数，进行预裂加硐室一次成型爆破的施工。

硐室加预裂爆破，钻孔共 161 个，钻孔总延米 2214.4m，开挖边坡 2500m^2，总方量 31106m^3。

2.3.4　硐室加预裂一次爆破成型综合效果分析

爆破效果如下：

（1）采用硐室加预裂一次成型综合爆破技术进行石方路堑开挖，获得圆满成功，达到了边坡和路基一次成型的目的。

（2）合理应用深孔加硐室爆破技术进行主体石方爆破，有效地降低了大块率（小于 5%），加快了挖运施工速度。

（3）减少爆破次数。一次试验爆破和一次整体爆破，共两次爆破就完成了该段路堑的石方开挖任务，提高了爆破安全性。

（4）采用毫秒起爆网路，有效控制了起爆时间和起爆顺序，做到了安全准爆。

爆破成果如下：

（1）孔网参数、预裂和硐室爆破参数、硐室加预裂相关爆破参数选择合理，确保了一次爆破成型的完成，在开挖过程中，一次挖运成功，没有再进行清底和刷坡。

（2）用硐室加深孔综合爆破技术，改善了硐室爆破效果，降低了大块率，加快了清运工作。

（3）通过爆破设计和施工，达到一次成型的目标，边坡质量满足稳定、平整、光滑、美观的要求。

（4）预裂面半孔率达 96% 以上，孔壁无裂纹。

3 路基石方爆破技术新进展

随着爆破理论研究的不断深入、爆破器材的不断发展以及钻孔设备的不断更新，近年来，路基石方爆破技术出现了一系列引人注目的新进展和新成果。在大量石方开挖工程中，深孔爆破正逐渐占据主导地位；在岩质路堑边坡开挖中，预裂爆破和光面爆破的应用越来越广泛；与此同时，控制爆破技术正在向科学化和精细化方向发展；爆破施工工艺日趋走向机械化和自动化。

3.1 深孔爆破技术新进展

深孔爆破技术的新发展主要表现在如下几方面：

（1）深孔毫秒延时爆破技术的广泛推广。20 世纪 90 年代起，深孔爆破技术在路基石方开挖施工中得到了广泛应用，并且爆破规模越来越大。1994 年青岛环胶州湾高速公路山角村段深孔毫秒延时爆破技术的成功应用即为典型范例。

（2）逐孔毫秒延时爆破技术。随着高精度、高可靠性导爆管雷管的应用，逐孔毫秒延时爆破已成为现实。国道 111（北京段）路基爆破工程，设计开挖深度 5～25m、台阶高度 10m，采用逐层爆破开挖；路基周边环境复杂，路基一侧为既有公路、60～150m 范围有建筑物和养殖场等。爆破设计如下：

1）采用数码电子雷管、逐孔精确延期爆破，严格控制最大一段起爆药量。

2）边坡预裂爆破，提前主爆孔 100ms 起爆。

3）逐孔延期起爆：孔间延时 10～15ms；排间延时 30～75ms。

4）孔网参数：最小抵抗线 $W = 2.5 \sim 3.5\text{m}$；孔距 $a = 3.0 \sim 4.0\text{m}$；排距 $b = 2.5 \sim 3.5\text{m}$；炮孔孔径 $\phi = 110\text{mm}$，孔深 $h = 5 \sim 11\text{m}$。

采用上述技术措施，一次起爆，有效保护了邻近建筑物的安全，同时爆破破岩效果显著，达到了预期目的。

3.2 轮廓爆破技术新进展

获得平整、顺直、稳定并与设计开挖轮廓基本吻合的边坡，是岩石爆破技术中的重要课题，对于路基工程更是具有特别重要的意义。预裂爆破和光面爆破技术是当前控制轮廓质量最常用也是最有效的方法。

广西柳桂高速公路，首次采用简易潜孔钻机钻孔，成功实施超深孔高台阶光面爆破；在贵（阳）新（寨）高速公路、焦（作）晋（城）高速公路采用硐室加预裂一次成型爆破技术，形成的边坡平整、光滑、美观，基本不需刷坡和清底。

我国从 20 世纪 80 年代开始推广使用，光面爆破技术得到了长足发展，目前已广泛应用于路基及隧道工程施工。为了获得良好的光面爆破效果，国内外研究者对孔间裂纹形成机理和爆破参数设计方法等进行了深入研究，提出并实践了更有效的光面爆破技术——岩石定向断裂控制爆破。

目前实现定向断裂控制可概括为三种途径：

（1）采用切槽钻头，形成切槽炮孔。

（2）采用聚能药卷，控制聚能炸药的能源方向。

（3）改变装药结构，实现岩石裂缝扩展定向控制。

目前后两种方式已开始采用，特别是采用聚能药卷控制聚能炸药能源方向的周边断裂爆破技术的推广使用，取得了良好的效果。

在铁路、公路路基开挖施工中，采用光面爆破、预裂爆破技术可使路堑边坡工程量减少10%～20%，其形成的光滑平整的边坡无需作任何支护处理，同时也减少了线路运营过程中的边坡事故和维修工程量。

3.3 控制爆破技术新进展

对爆破过程实施有效的控制，是岩石爆破技术走向科学化和精细化的重要标志。近年来，随着爆破理论研究的不断深入和新型爆破器材的不断推出，这一目标的实现已逐渐成为可能。

3.3.1 爆破测试与分析技术新进展

随着相关科学技术的发展，特别是计算机技术的广泛应用，对爆破破岩各个方面的把握也在逐步深化，新的数理方法、新的观测手段与分析技术为研究爆破破岩的复杂过程提供了技术支持。应用分形、损伤等理论和方法，正试图对岩体的天然结构进行全面、真实的描述；结合卫星定位系统，可以对炮孔进行准确定位，并利用钻机工作参数获取岩体性质数据；新的爆破破碎块度分布光学量测、分析技术，为爆破破碎效果的定量、全面评定提供了手段；大容量、高速度计算机可以满足爆破破岩复杂过程的数值模拟要求。基于上述爆破破岩的综合认识，已能全面审视爆破破碎的机理，以求最终获得全面的理解和把握，并使爆破真正走向精细化、科学化。

3.3.2 新型起爆器材的研发

起爆器材，近年来研究和加工技术发展很快，新型工业炸药的出现，特别是近10年来发展最迅速的数码电子雷管起爆技术的应用，使对破岩能量的调节成为现实。数码电子雷管依靠微型电子芯片控制点火能量和延期时间，大大提高了延期精度，其延期精度可控制在0.2ms以内。对爆破工程来说，数码电子雷管实际上已达到起爆延时控制的零误差。

4 路基工程爆破技术展望

4.1 路基工程爆破特点

为了提高公路工程的质量，加快工程进度，降低工程成本，必须确保爆破施工的安全和质量。公路工程爆破，不仅需要完成岩体的"破碎与抛坍"，而且要实现"成型与保护"，即通过精细的爆破，按照设计要求形成路堑开挖轮廓，岩体破碎块度均匀，同时在爆破过程中要尽可能保护开挖边界外的岩体不受损伤、周边环境不受影响。路基开挖爆破特点主要体现在如下几个方面：

（1）路堑边坡质量要求高。公路工程爆破必须确保路堑边坡的稳定，减少或降低爆后边坡滚石、崩塌甚至滑坡的潜在危险，保证公路正常通行。除了稳定性要求外，通常还要求边坡表面平整、顺直，即尽量做到既不超爆也不欠爆。

（2）岩石块度要求严。对用于填筑路堤的石块，公路工程施工规范有明确的规定，特别是在高等级公路工程中，通常有更加苛刻的要求。路基石方爆破开挖，一方面要考虑挖方机械的作业能力和路基施工质量，同时还要踢出不符合填筑要求的大块。

（3）爆破工程量分散。公路工程为线形构造物，石方开挖工程量往往比较分散，路基宽度一般均不大。因此，与矿山、水利等工程相比，路基石方爆破的规模通常比较小，很少有抵抗线超过20m的情况。对于这种规模的爆破，必须充分重视地形、地质条件的变化，努力做到精确设计和严格施工。

（4）环境条件复杂。公路路线通常都有相当的长度，所穿越地区的气候、地形、地质等变化多端，这种条件往往制约着爆破方法和施工工艺的选择；当公路在城镇或村庄附近通过，或周围有必须保护的各种设施时，路基石方爆破，必须确保周围人员、邻近建（构）筑物和各种设施的绝对安全。因此，必须十分谨慎地选择控制爆破方法。

4.2　路基工程爆破发展展望

4.2.1　公路建设的持续高速发展对公路工程爆破技术提出了更高的要求

根据交通部提出的发展目标，到2020年，我国公路通车总里程将达到300万千米。2004年12月27日国务院常务会议审议通过的国家高速公路网规划提出，用20～30年的时间，以2万亿元左右的总投资，建成总规模为8.5万千米的国家高速公路网，其中包括7条以北京为起点的放射线，9条南北方向的纵线，18条东西方向的横线以及若干联络线和环线，简称为"7918"网。由此可见，在今后相当长的时期内，我国公路建设将持续保持高速增长的态势，21世纪的公路在推动人类文明进步，促进社会经济发展等方面必将发挥巨大的作用。

在大量修建新线的同时，我国还面临着繁重的现有公路的改造升级任务，特别是一些等级低、线形差的山区公路，随着交通安全意识的不断增强，对其进行改造或扩建已迫在眉睫。另外，根据中国经济和社会发展的总体目标，到2020年，我国的城市化率将达到50%，到21世纪中叶，达到70%。随着城市化进程的加快，交通需求将发生深刻变化，一方面，城市内的交通方式将呈现出多样化和便捷化；另一方面，城市间的联系通道将呈现大容量化和快速化。

毫无疑问，公路建设的持续高速发展必将对公路工程爆破技术提出新的要求。在大量新建公路工程中，将面对更加复杂的地形和地质条件；对于高等级公路，将面临规模更大、边坡质量要求更高的石方开挖；对于改建和扩建工程，以及邻近城镇的公路建设项目，将面对更加复杂的环境条件。为此，不仅需要有更加可靠、精细和高效的现代爆破技术，而且还要有新的安全监测和保障技术。为了进一步提高炸药能量利用率和爆破施工技术经济指标、保证工程质量和施工安全，避免造成地质灾害和环境影响，要求爆破工作者在爆破理论和技术上不断创新，在爆破工程管理上尽快与世界先进水平接轨。

4.2.2　岩石爆破理论与爆破器材的发展为公路工程爆破技术提供了新的机遇

在岩石爆破理论研究方面，加强岩石爆破破岩机理的研究，探索新的理论和方法，逐步建立适用于不均匀岩体的爆破力学体系。一方面结合工程实践，系统开展爆破试验，并结合科研观测，资料搜集，综合分析，找出规律；另一方面，大力开展各种爆破理论分析和数值模拟研究，使爆破理论研究更加实用化、智能化和科学化。

在爆破器材方面，今后相当长的一段时间内，国内外使用的工业炸药仍将以乳化炸药为主，并向着品种多样化方向发展，以满足不同爆破类型、不同岩石破碎的需要。同时，不断提高工艺装备水平，发展连续化全自动化的生产工艺，提高生产效率和稳定产品质量；积极发展和完善现场混装车的生产技术，提高装药机械化水平。在起爆器材方面，抗杂散电流和抗射频电的钝感型电雷管、高精度无起爆药雷管、数码电子雷管、低能导爆索起爆系统等使得起爆技术更加安全、准确和可靠，并将对传统的起爆技术带来挑战。

可以预见，在工程爆破领域，对于炸药能量转化过程中的精细控制技术、提高炸药能量利用率、降低爆破有害效应等方面，将会取得突破性进展。公路工程爆破工作者应密切关注国内外爆破技术的发展，不失时机地引进到公路工程建设中来。

4.2.3　爆破方法与工艺的不断创新为公路工程爆破技术提供了新的手段

创新是工程爆破技术发展的不竭动力，综合运用先进的成熟技术，也是一种创新。所谓综合，就是将现有的各种爆破技术，如硐室、深孔、预裂、光面、浅孔等爆破方法，根据施工工点的具体特点有机地结合起来，一次开挖完成符合设计要求的公路路堑。

最近十年来，公路工程爆破的实践与发展表明，在高等级公路主体石方的开挖中，深孔爆破将逐渐占据主导地位；在路基边坡的开挖中，预裂爆破和光面爆破逐步得到推广。在大量的低等级公路的新建、改建和扩建工程中，由于工程投资和技术标准的限制，石方开挖中一时还难以做到普遍采用深孔、预裂和光面爆破。而多边界石方系列爆破技术，特别是其中的抛坍爆破和多面临空爆破方法，由于具备投资省、工期短、控制精等优点，仍然大有用武之地。但是，集中药包的装药形式将会越来越多地被条形药包所取代。

综上所述，未来的公路工程爆破技术将呈现出各种爆破方法并存、融合的基本特征。由于各种方法都有其特定的优点，适用于某些特定的条件和场合，只要因地制宜，选用得当，都会获得良好的爆破效果，因而都有其独立存在和应用的空间，是为"并存"。同时，各种爆破方法都有其特定的缺点，这就需要根据工程的具体条件和要求，发挥各自的长处，弃其短处，不断创造出新的综合爆破技术，并应用于工程实践，是为"融合"。

在爆破施工方面，提高钻孔、装药、堵塞各工序配套机械化水平，采用预装药爆破技术，即在钻机钻孔的同时，利用装药车装填已钻好的炮孔。边钻孔边装填炸药和起爆器材的技术，将改变我国公路工程中劳动强度大、工程质量低、施工技术落后的状况。因此，必须在装备技术上不断创新，大力开发适合公路工程特点的钻孔机械和设备，努力提高施工机械化和自动化水平，积极发展现场混装炸药车技术，提高装药机械化程度，为进一步提高爆破综合技术经济指标创造必要条件。

参 考 文 献

[1] 王鸿渠. 多边界石方爆破工程[M]. 北京：人民交通出版社，1994.
[2] 汪旭光. 爆破手册[M]. 北京：冶金工业出版社，2010.
[3] 刘运通，高文学，刘宏刚. 现代公路工程爆破[M]. 北京：人民交通出版社，2005.
[4] 肖以杰，张林，刘宏刚. 硐室加预裂一次爆破成型技术[C]//铁道工程爆破文集. 北京：中国铁道出版社，2000.
[5] 史雅语，金冀良，顾毅成. 工程爆破实践[M]. 合肥：中国科学技术大学出版社，2002.
[6] 高文学，邓洪亮. 公路工程爆破理论与技术[M]. 北京：科学出版社，2013.
[7] 孟海利，施建俊，汪旭光，等. 硐室加预裂一次爆破成型技术在双壁路堑开挖中的应用[J]. 爆破，2004，21(4).

水下爆炸机理研究进展

王　峰

（北京中科力爆炸技术工程有限公司，北京，100035）

摘　要：本文从理论研究、实验研究、数值计算和水下爆破技术等 4 个方面，以国内为主，总结了近 20 ~ 30 年来水下爆炸研究的一些进展，并展望水下爆炸技术的发展方向。

关键词：水下爆炸；机理研究；数值模拟

Review of Mechanism Studies on Underwater Explosion

Wang Feng

（Beijing Zhongkeli Blasting Technology Engineering Co., Ltd., Beijing, 100035）

Abstract：Four aspects of underwater explosion including mechanism studies, experimental research, numerical simulation and blasting engineering technology are reviewed, and then a prospect of underwater explosion technology are given.

Keywords：underwater explosion；mechanism studies；numerical simulation

1　引言

水下爆炸[1]是指炸药、鱼雷、炸弹或核弹等在水中的爆炸。爆炸后在水中形成向四周扩展并不断减弱的冲击波（又称激波），爆炸产物形成的"气球"在水中膨胀然后回缩，进行振荡并不断上浮，同时向四周发出二次压力脉冲。当冲击波遇到物体时发生反射、折射和绕射，物体在冲击波和二次压力脉冲的作用下发生位移、变形或破坏；当冲击波到达水面和气球突出水面后，在水面激起表面波。水下爆炸的力学效应可以用来破坏舰艇、水下建筑物或进行金属板壳的爆炸成型。

水下爆炸是在极短时间内的非常复杂的动态过程，属于大变形、强非线性（材料非线性、几何非线性和运动非线性）的问题，同时还涉及到水下爆炸载荷和介质（结构）的相互耦合作用，使水下爆炸问题相当复杂。

本文从理论研究、实验研究、数值计算和水下爆破技术等 4 个方面，以国内为主，总结了近 20 ~ 30 年来水下爆炸研究的一些进展，并展望水下爆炸技术的发展。

2　理论研究

2.1　水下爆炸冲击波传播规律

爆炸现象最为明显的特征是产生冲击波。对于水下爆炸来说，大水深和爆源远区的冲击波传播规律相对成熟，近年来取得的成果集中在近水面和爆源近区方面。

王峰，高级工程师，wangfeng@ zhongkeli. cn。

符松[2]采用近期发展起来的位标函数方法以及高精度的 NND 格式来数值模拟冲击波、自由界面的运动及其相互作用，获得了成功，使近水面水下爆炸时的一系列复杂的物理现象均得到了合理的再现。

李澎[3]研究了由能流密度－时间曲线经验表达式简化计算的水中爆炸冲击波的传播，用简单数值积分法解拉格朗日形式的偏微分方程组，适当选取计算参数，对 5 倍装药半径外的爆炸场范围计算精度良好。苏华[4]对于有限水域中的 TNT 和钝化 RDX 的爆炸冲击波参数进行了理论修正，并研究了装药的几何形状，引入了几何形状系数对冲击波的衰减进行计算。池家春[5]利用不同的测试系统对 TNT/RDX（40/60）炸药球水中爆炸的近场冲击波衰减规律进行了研究，得出了 $1 \leq R/R_0 \leq 10$ 范围内炸药的水中爆炸冲击波传播规律。

研究水下爆炸近场特性，特别是 $1 \leq R/R_0 \leq 6$ 范围内冲击波压力和比冲量的衰减规律，对了解水中兵器毁伤效应和舰船抗爆防护都有重要意义。师华强[6]采用 Euler 法描述一维流体动力学方程，建立了水下爆炸球形一维数值模型。其中，水的状态方程选用 Two-phase 状态方程，运用 Level Set 方法捕捉爆炸物和水的交界面，建立爆炸物和水多相流体近场爆炸的数学模型。通过大量的参数研究，获得水下爆炸冲击波近场的传播规律，重点分析了冲击波压力和比冲量在近场的衰减规律。

2.2 水下爆炸气泡运动

水中爆炸的突出特点是气泡脉动，关于水中爆炸气泡脉动现象和能量输出的基础理论，国内外开展了广泛的理论研究。这里给出两个比较典型的国内的研究成果。

在针对水下爆炸气泡运动进行的研究中，采用数值计算方法的比较多，但大多以不可压缩流体为基本假设，其研究结果中气泡脉动过程并没有能量损失，与实际情况有明显差异。

李健[7]以球形气泡为基础，引入完整非保守系统中的 Hamilton 原理，综合考虑重力、浮力、阻力等因素对气泡运动的影响，分别在保守与非保守系统、不可压缩与可压缩流体模型中建立气泡的运动方程，并对微分方程进行数值求解。通过对比分析认为，在可压缩流体非保守系统中所建立的运动微分方程能较准确地描述气泡在水中的运动。以此模型为基础，讨论了气泡运动的相关特性。

姚熊亮[8]在水下爆炸气泡原理性实验研究的基础上，基于势流理论，建立了气泡动力学三维数值模型，提出了多边界耦合的气泡动力学计算方法。通过研究发现：无论是自由场中，还是近边界气泡运动及其载荷均呈现强烈的非线性特征，而且气泡运动不是孤立的，气泡运动对船体结构的毁伤与船体固有特性、海底、自由液面等环境密切相关。同时指出，迄今为止，气泡与自由面、水中结构等相互作用的许多现象和本质仍有待于去揭示。

2.3 水下爆炸载荷和介质（结构）的相互作用

爆炸载荷和介质（结构）的相互作用，是典型的强非线性、多尺度和多场耦合的问题，基础性和综合性都很强。近年来的研究以实验和数值模拟为主，其中以数值模拟手段为多数。

周家汉[9]采用充水挤压爆破的方法，精确地计算了药量和药包位置，成功拆除薄壁型钢筋混凝土结构，确保周围建筑群的安全。针对三峡工程三期碾压混凝土围堰的爆破拆除方案，张正宇[10]认为，关于爆破破碎块度、保留堰体顶面的形状、爆破方案的选择、爆破时堰内水位、分段时差等重要问题，涉及到坝体、闸门及灌浆区水冲击波和地震波作用力的大小，围堰缺口与流量和流速的变化过程，波浪对坝体的作用过程，爆破飞石分布规律，这些都需要通过水工模型试验以积累经验。赵根[11]对三峡工程三期上游碾压混凝土围堰的倾倒可靠性进行了分析，在前期试验和研究的基础上，采用"围堰中段 380m 预埋药室（孔）倾倒爆破与两端深孔爆破相结合"的方案进行了设计，实践证明是成功的。

在军用领域，张振华[12]分析了水面舰艇舷侧防雷舱各层防护结构在舷侧遭受兵器接触爆炸时的破坏模式，从能量的角度计算了各个防护层的吸收率，提出了能量流的概念。陈继康[13]进行了舰艇的接触爆炸冲击环境模型试验，通过模型试验研究接触爆炸的冲击特性，对计算方法进行验证并提供试验依据。李海涛[14]发现，弹性钢板在水下近距离的爆炸作用下，冲击波会使其附近流体形成锥形空化。

刘希国[15]采用有限单元法，研究裂纹在爆炸冲击载荷作用下应力强度因子随时间的变化规律，提出了裂纹在爆炸冲击载荷作用下起裂的临界载荷面。李玉节[16]研究了水下爆炸气泡脉动压力激起的船体鞭状运动，视舰船为一个变截面梁，利用切片理论等得到其运动方程，采用 Newmark 方法求解。张社荣[17]通过建立混凝土重力坝水下爆炸全耦合模型，考虑爆炸荷载作用下混凝土的高应变率效应，采用三维非线性显示动力有限元法对水下爆炸冲击荷载作用下大坝动力响应进行了全性能数值仿真和分析。

2.4　水下爆炸模型律

由于水下爆炸问题的复杂性，在工程应用中广泛应用模型律，这使得模型律的分析和研究成为重要的理论问题。

1984 年，连云港拟修建一条当时全国最长的长 6700m 海堤——连云港西大堤，淤泥厚 6~8m，呈流塑状态。郑哲敏带领中科院力学所、连云港建港指挥部等单位组成的科研组，经过 4 年多的联合攻关，提出用爆炸的方法修建海堤。在此基础上，他们发展了一大类以炸药为能源的爆炸处理水下海淤软基的新方法，并在实践中发展了爆炸排淤填石、爆夯和堤下爆炸挤淤等 3 种施工方法[18]。

以爆炸排淤填石法[19]（张建华等，1989）为例，可以认为包含在时间上分离的两个阶段，即形成爆破漏斗的初期阶段和堆石体坍塌滑落的后续阶段。在初期运动的漏斗形成过程中，黏性力和重力的影响一般可忽略，几何相似律成立。在运动后期，继续忽略黏性力，单位宽度上非平衡的推动力和变形阻力正比于 gW^2，在重力作用下的运动时间正比于 $\sqrt{W/g}$，参与运动的总质量正比于 W^2。因此，根据牛顿第二定律，堤头塌落的特征长度，若以石舌长度 P 表征，则有 $P \propto W$。

因此，在重力作用下的后期运动，也服从几何相似律。既然前期和后期都满足几何相似律，那么整个过程都是几何相似的，可以得到如下表达的药量公式：

$$Q = W^3 \cdot f(D/W, n_1, n_2, n_3, \cdots)$$

式中，Q 是总药量；D 是反映漏斗大小的进尺量；W 是药包中心到地面的最小距离，即最小抵抗线；n_1，n_2，n_3，…是反映水深、泥深、堤宽、石层宽度等的无量纲几何参数。

因此，在几何相似的条件下（即 D/W，n_1，n_2，n_3，…均为常数），总药量与最小抵抗线的立方成正比。此外，如果炸药能量的利用率不随几何尺寸而变化，即变形功正比于药量，则有

$$D \propto Q^{1/3}$$

这个关系也称为能量准则，以上研究直接推动了爆炸清淤法的工程普及。

杨振声[20]分析了工程爆破中几何相似律与能量准则成立的条件，阐述了在一定水深条件下，爆炸置换法和爆夯法满足几何相似律和能量准则。

对于因重力影响而产生的几何不相似的问题，梁向前[21]利用离心模型试验，根据相似律关系，用较小的炸药量模拟土工建筑物在大量炸药作用下的爆炸效果，即模型中的爆破能量相当于其 N^3 倍的原型的能量，N 为离心机加速度与地球重力加速度的比值。这样，就可以采用极少量的炸药，模拟原型巨量炸药的爆破效果。

水下爆炸研究的另一个重要方面是军事领域。张振华[22]用相似理论对实船结构和箱型梁

实验模型在中部下方近距爆炸作用下的整体动力响应进行了分析，得到了决定船体梁中垂和中拱变形的相似参数及采用 R_n 数表示的理论预报公式，同时分析了其他各相似参数的物理意义和影响规律。R_n 数的表达式是：

$$R_n = \frac{I^2}{\rho_s \sigma_s H^2}\left(\frac{L}{H}\right)^2$$

式中，I 为载荷冲量；ρ_s 和 σ_s 分别为材料密度和屈服极限；L 和 H 分别为船体梁长和型深。从表达式来看，R_n 数不仅表征了冲击载荷的冲量和结构的抗力，还表征了梁结构的几何参数。

冯麟涵[23]根据相似理论推导了弹塑性结构（如水下舰船）遭受水下爆炸冲击波载荷作用时的完全几何相似律表达式，并且应用数值试验方法验证了相似律的正确性。同时也提出，冲击因子（定义为 $C = k\sqrt{W}/R$，W 为药包质量，R 为距离，C 的定义在学术界一直存在争议）作为在长期工程实践中运用的一个评估参数，对于一定范围内的舰体目标损伤评估固然有其合理性和适用性，但是由于冲击因子表达式中不包含目标特征参数（如结构强度），存在一定的片面性，需要做更深一步的研究。

3 实验研究

实验仍是研究水下爆炸问题的重要方法。随着技术和设备的不断发展，继电测法之后，高速摄影、X 光摄影和高速摄像技术也应用于水下爆炸现象的观测。

电测方面，黄正平[24]对水下爆炸测试进行了深入研究，研制了适合爆炸测试用自由场的锰铜压力传感器，并于 2005 年出版了一部爆炸测试方面的专著。中船重工集团 702 研究所[25]在结构物表面压力传感器的研制方面有新进展，他们用 PVDF 压电薄膜测量了 1kg 特种装药水下爆炸时，距离爆源 2.82m 处钢结构表面压力，得到了完整的压力时程曲线，初始冲击波上升时间比较短。

在光测方面，邢维复[26]提出用泥面爆炸填石排淤方法代替常用的泥下爆炸填石排淤，采用 X 光摄影技术，研究了药量、覆盖水深和药包埋深之间的相互关系，给出了泥面爆炸的药量公式，为工程设计提供了依据。

洪江波[27]利用高速摄影仪观测了自由场及结构近场下气泡脉动的整个过程，获得了气泡脉动周期和最大半径，如图 1 所示，与理论经验公式基本吻合。同时，对高速摄影测试技术提出

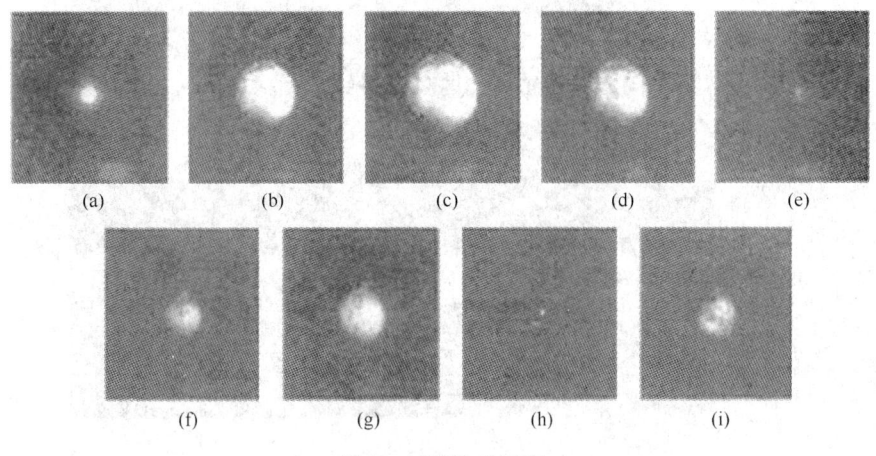

图 1 气泡脉动过程

（a）起爆时刻；（b）20ms；（c）28ms；（d）56ms；（e）74ms；（f）88ms；（g）100ms；（h）128ms；（i）150ms

Fig. 1 Process of bubble oscillation

诸多改进措施。

　　李梅[28]为研究不同起爆深度的水下爆炸水柱形态及演变特征，进行了 1kg 球形 RDX 装药在不同起爆深度下的海上爆炸实验，通过高速摄像机记录装药起爆后水柱的形成和成长过程，获得了喷射水柱形态的演变特征以及水柱高度、直径、水柱突出水面时间等参数的变化规律。发现对于深水域近水面水下爆炸，水柱以垂直喷射形态为主，当气泡在膨胀阶段到达水面时水柱存在微弱的径向飞散现象；水柱最大高度随起爆深度呈脉动变化，水柱直径随起爆深度线性减小；Swisdak 关于水柱最大高度的计算公式不适用深水域近水面水下爆炸情况。这是近年来取得的很好的观测结果（见图 2）。

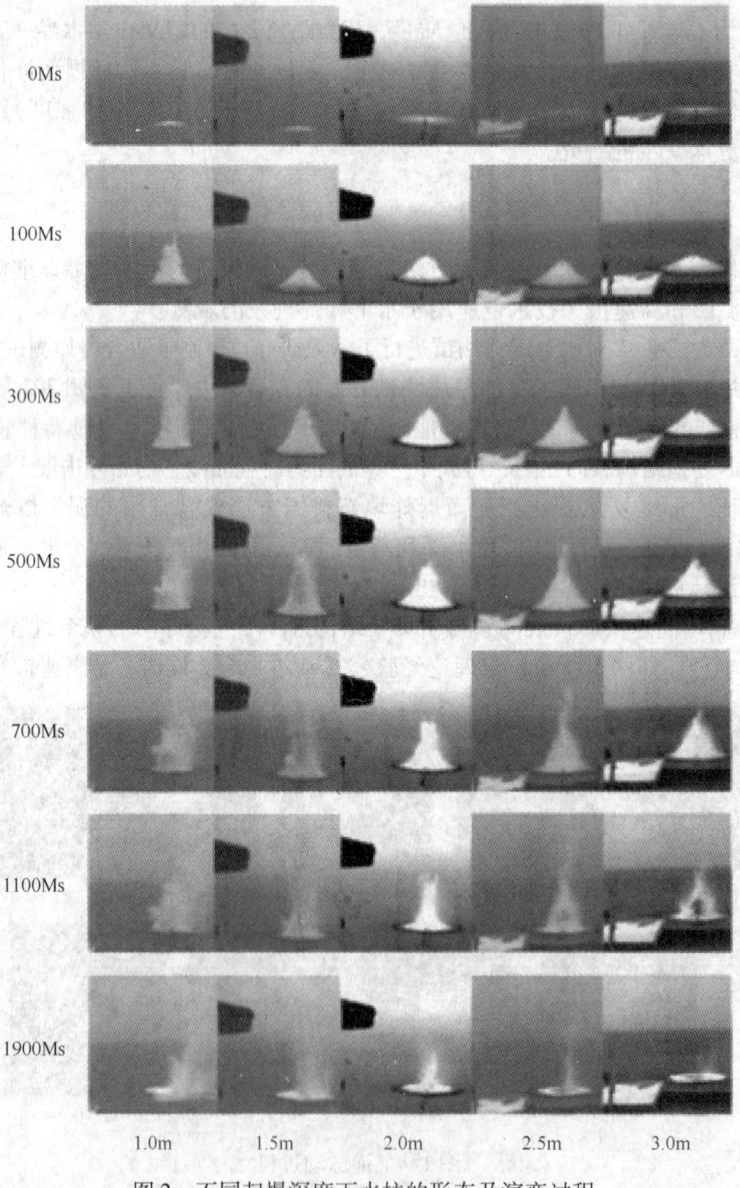

图 2　不同起爆深度下水柱的形态及演变过程

Fig. 2　Shape and evolution process of water column

4　数值计算

水下爆炸问题的实验研究往往受到实验条件和手段的局限，理论分析涉及到强非线性、多介质耦合问题，只能针对一些简单的情况给出分析解。随着计算机技术和计算理论的快速发展，人们可以通过数值模拟的方法对水下爆炸的各种现象进行认识和分析。

4.1　大型数值计算软件

自 20 世纪 80 年代以后，国内科研院校和设计单位广泛采用国外大型商业计算程序，如 NASTRAN、ADINA、LS-DYNA3D、AUTODYN、ASKA、DYTRAN 等。文献调研发现，近 20 年来，国内有相当数量的硕士、博士、博士后论文及其他科技文献是用这些商业计算程序来完成的。

这些大型商业计算程序的显著优点是都有强大的前后处理功能，可以在一定程度上再现水下爆炸的各种复杂过程。但是这些商业软件都不提供源程序和详细资料，只有可执行模块，成为仅仅能够输入、输出的工具箱；特别是这些商业软件的军用部分被严格屏蔽，其计算功能、计算精度、计算规模和二次开发等均受到限制。

杨秀敏[29] 及其科研团队历时十余年的工作，完成了具有自主知识产权的冲击爆炸三维数值计算的大型软件，并开发出相应的并行计算版本，即分布式动力有限元并行程序 EP3D 和分布式动力有限差分并行程序 EF3D。该软件系统于 2007 年通过测试鉴定，获得国家专利局颁发的软件著作权证书，成为具有自主知识产权的数值模拟平台。其中，EP3D 可处理有限单元达 3000 万个，EF3D 可处理有限差分网格达 3.2 亿个。数值模拟的水下爆炸问题，如水下爆破对港区建筑物的冲击效应、鱼雷水下爆炸对海军舰艇的破坏效应和水下潜艇破冰上浮及冰层的位移过程等等。

另据了解，中国科学院力学研究所、中国矿业大学、北京大学、北京理工大学等院校也自主开发了用于水下爆炸问题的数值计算软件。相比于国外大型商业软件，国内在这方面的工作仍显不足，体现在研发团队规模小，力量分散，软件升级的连续性不强。

4.2　数值计算方法

在水下爆炸的数值计算方法方面，除了传统的有限差分法[30]，国际上自 20 世纪七八十年代发展了有限体积法，随后传入国内，2005 年李人宪[31] 出版了国内一本介绍有限体积算法的专著。

有限差分法和有限体积法都需要对计算区域进行网格划分，在处理大变形问题时难免出现网格畸变所引起的一些数值问题。自 20 世纪 90 年代以后，国内陆续发展了无网格的光滑粒子方法和物质点方法，使水下爆炸的数值计算有了跨越式的进展。

4.2.1　光滑粒子方法[32]

光滑粒子动力学（Smoothed Particle Hydrodynamics，SPH）方法是拉格朗日型无网格粒子方法。与传统的基于网格的数值方法不同，SPH 用粒子系统代表所模拟的连续介质（流体或固体），并且估算和近似控制介质运动的偏微分方程。各种宏观物理量（如密度、压力、速度和内能等）被定义在粒子中心，相关的物理量及其空间导数可通过邻近的、相互作用的粒子的物理量插值得到。SPH 方法中粒子伴随介质的运动而以当地速度移动，不需要复杂的算法追踪或捕捉运动界面、移动边界等运动特征，特别适合处理具有自由表面、运动交界面的问题。

Liu[33] 在 SPH 方法模拟水下爆炸领域作出了突出贡献，对一维炸药爆轰、二维爆炸气体膨胀、锥形炸药爆炸、二维水下爆炸、水介质缓冲等问题进行了模拟。其他学者如杨刚[34]、姚熊亮[35]分别对近自由面水下爆炸和沉底水下爆炸进行了模拟，Xu[36]采用 SPH 和有限元结合的方法模拟了结构在水下爆炸作用下的响应。

4.2.2　物质点法[37]

物质点法也是一种无网格算法，具有拉格朗日方法和欧拉方法二者的优点。与网格类方法和其他无网格粒子类方法相比，物质点法的多介质耦合计算简单直接，同时对物质交界面处不需要进行特殊的处理，自动满足无滑移的接触条件，从而避免了不同材料间的相互穿透现象。这些特点使得物质点法广泛应用在高速碰撞、爆炸冲击和水下爆炸[38]数值模拟等问题中。

物质点法中不同介质的耦合计算是通过在背景网格节点上求解动量方程实现的。在耦合界面处将各介质物质点应力的散度值映射到该位置的背景网格节点，计算出背景网格节点力总和，从而实现多介质耦合计算。

在水下爆炸中爆轰气体和水介质都看成无黏性流体，在节点处的耦合式可表示为：

$$f_i \propto \sum_g (\nabla p_g) \cdot V_{g,p} + \sum_f (\nabla p_f) \cdot V_{f,p}$$

式中，f_i 是节点力；p_g、$V_{g,p}$ 和 p_f、$V_{f,p}$ 分别为爆轰气体粒子和水介质粒子的静水压力和体积。

在求解动量方程过程中，物质点同背景网格是固连在一起的，每个网格单元随物质流动而变形，单元内物质点的运动同节点的运动是成正比的。

$$v(x) = \sum_i N_i(x) \cdot v_i$$

式中，$v(x)$ 是速度场；$N_i(x)$ 是节点基函数；v_i 是节点速度。由于节点速度通过节点基函数连续映射至单元内部，因此物质点是在单值连续的速度场中运动的，所以能自动满足无滑移接触条件。

5　水下爆破技术[39]

水下爆破技术主要应用于港口、航道疏浚炸礁，挡水围堰或岩坎拆除爆破和水库水下岩塞爆破以及软基爆炸加固等工程。

随着航道和港口建设的蓬勃发展，我国每年采用水下爆破炸礁或破碎水底岩石方量已达 $5 \times 10^6 m^3$ 以上。目前，在重大炸礁工程中，采用 GPS 三点精确定位系统，有效地解决了在水深流急、风大浪高、暗流复杂多变、多台风、雨季等恶劣天气影响下的定位问题，实现了钻孔精度的有效控制。目前，我国已经成功进行岩塞爆破 20 多次，并在爆破设计、爆渣处理、安全控制等方面积累了丰富的经验。

在软基爆炸加固处理方面，经过多年理论研究与现场试验、工程实验和实践，已总结出一套完整的淤泥软基爆炸处理新技术，并先后应用于连云港建港、深圳电厂煤码头、珠海高兰港口、粤海铁路通道轮渡码头港口防波堤和其他类似的工程中，筑堤总长超过 200km。

6　展望

近 20 ~ 30 年以来，经过多年的研究，我国在水下爆炸机理、水下爆炸试验方法与测量技术、水下爆炸数值模拟和水下爆炸效应等方面都有了很大进步。同时，由于水下爆炸的复杂性，许多问题仍有待于深入进行研究。为此应在以下几个方面有所加强：

（1）加强水下爆炸机理方面的研究[40]，包括水下新炸药和非理想爆轰、炸药能量输出结构与炸药组成和装药结构的关系、水下爆炸在不同界面的效应、水下爆炸冲击波传播和气泡脉动规律的研究等；

（2）水下爆炸是典型的流固耦合、多场耦合和多尺度的问题，在民用和军用领域都有重要的应用前景，需要跨学科的科研人员和部门的密切协作；

（3）突破国外大型商业软件的束缚，开发具有自主知识产权的数值模拟软件，并不断发展和壮大；

（4）理论研究者和工程实践的紧密结合。

参 考 文 献

[1]《中国大百科全书》总编委会．中国大百科全书（力学卷）［M］．北京：中国大百科全书出版社，1998．

[2] 符松，王智平，张兆顺，崔桂香．近水面水下爆炸的数值研究［J］．力学学报，1995，27（3）：267～276．

[3] 李澎，徐更光．水中爆炸冲击波传播的近似计算［J］．火炸药学报，2006，29（4）：21～24．

[4] 苏华，陈网桦，吴涛，等．炸药水下爆炸冲击波参数的修正［J］．火炸药学报，2004，27（3）：46～48．

[5] 池家春，马冰．TNT/RDX（40/60）炸药球水中爆炸波研究［J］．高压物理学报，1999（3）：199～204．

[6] 师华强，宗智，贾敬蓓．水下爆炸冲击波的近场特性［J］．爆炸与冲击，2009，29（2）：125～130．

[7] 李健，荣吉利，雷旺．水下爆炸气泡运动的理论研究［J］．应用力学学报，2010，27（1）：119～125．

[8] 姚熊亮，汪玉，张阿漫．水下爆炸气泡动力学［M］．哈尔滨：哈尔滨工程大学出版社，2012．

[9] 周家汉．充水挤压爆破［J］．爆炸与冲击，1983，3（4）：42．

[10] 张正宇．三峡工程三期碾压混凝土围堰爆破法拆除的若干问题［J］．爆破，2000，17（增刊）：34～39．

[11] 赵根，吴新霞，陈敦科，等．三峡三期碾压混凝土围堰拆除爆破设计方案研究［J］．工程爆破，2007，13（2）：42～46．

[12] 张振华，朱锡，黄玉盈，等．水面舰艇舷侧防雷舱结构水下抗爆防护机理研究［J］．船舶力学，2006，10（1）：113～119．

[13] 陈继康，岳茂裕．舰艇接触爆炸冲击环境和近舰水下爆炸破口模型试验［J］．舰船论证参考，1993（2）：1～8．

[14] 李海涛，朱锡．水下近距离爆炸作用下弹性钢板处的空化特性研究［J］．海军工程大学学报，2008，20（1）：21～24．

[15] 刘希国，赵红平，吴永礼，等．裂纹在冲击载荷作用下起裂的临界载面［J］．爆炸与冲击，2001，21（3）：198～204．

[16] 李玉节，张效慈，吴有生，等．水下爆炸气泡激起的船体鞭状运动［J］．中国造船，2001，42（3）：1～7．

[17] 张社荣，王高辉．水下爆炸冲击荷载下混凝土重力坝的抗爆性能［J］．爆炸与冲击，2013，33（3）：255～262．

[18] 郑哲敏，杨振声，金镠．爆炸法处理水下海淤软基［C］//郑哲敏．郑哲敏文集．北京：科学出版社，2004．

[19] 张建华，张亮，顾道良．爆炸排淤填石法实验研究［N］//中国工程爆破协会．第四届全国工程爆破会议报告．

[20] 杨振声．工程爆破的模型试验与模型律［J］．工程爆破，1995，1（2）：1～10．

[21] 梁向前，范一锴，侯瑜京．爆炸荷载离心模拟相似理论与试验研究［C］//郑炳旭．中国爆破新技术Ⅲ．北京：冶金工业出版社，2012．

[22] 张振华，汪玉，张立军，等．船体梁在水下近距爆炸作用下反直观动力行为的相似分析［J］．应用数学和力学，2011，32（12）：1391～1404．

[23] 冯麟涵，刘世明，曹宇，等. 弹塑性结构水下爆炸相似律研究[J]. 中国舰船研究，2010，5(5)：1～5.

[24] Huang Z P, He Y H. Testing technology of explosion [M]. Beijing：Beijing Institute of Technology Press, 2005.

[25] 张显丕，刘建湖，潘建强，等. 水下爆炸压力传感器技术研究综述[J]. 计算机测量与控制，2011，19(11)：2600～2606.

[26] 邢维复，任京生，周燕军，等. 淤泥的爆坑与表面条形药包装药处理软基的实验研究[J]. 工程爆破，1997，3(3)：23～28.

[27] 洪江波，李海涛，朱锡，等. 水下爆炸的高速摄影测试技术研究[J]. 武汉理工大学学报，2008，30(5)：82～86.

[28] 李梅，魏继锋，王树山，等. 深水域近水面水下爆炸水柱形态及演变实验研究[J]. 高压物理学报，2013，27(1)：63～68.

[29] 杨秀敏. 爆炸冲击现象数值模拟[M]. 合肥：中国科学技术大学出版社，2010.

[30] 张德良. 计算流体力学教程[M]. 北京：高等教育出版社，2010.

[31] 李人宪. 有限体积法基础[M]. 北京：国防工业出版社，2005.

[32] 刘谋斌，宗智，常建忠. 光滑粒子动力学方法的发展与应用[J]. 力学进展，2011，41(2)：217～234.

[33] Liu M B, Liu G R, Lan K Y. Meshfree particle simulation of the explosion process for high explosive in shaped charge[J]. Shock Waves, 2003, 12(6)：509～520.

[34] 杨刚，韩旭，龙述尧. 应用 SPH 方法模拟近水面爆炸[J]. 工程力学，2008，25(4)：204～208.

[35] 姚熊亮，杨文山，陈娟，等. 沉底水雷爆炸威力的数值计算[J]. 爆炸与冲击，2011，31(2)：173～178.

[36] Xu J X, Liu X L. Analysis of structural response under blast loads using the coupled SPH-FEM approach [J]. Journal of Zhejiang University Science A, 2008, 9(9)：1184～1192.

[37] 廉艳平，张帆，刘岩，等. 物质点法的理论和应用[J]. 力学进展，2013，43(2)：237～264.

[38] 陈卫东，杨文淼，张帆. 基于物质点法的水下爆炸冲击波数值模拟[J]. 高压物理学报，2013，27(6)：813～820.

[39] 汪旭光，郑炳旭，宋锦泉，等. 中国爆破技术现状与发展[C]//郑炳旭. 中国爆破新技术Ⅲ. 北京：冶金工业出版社，2012.

[40] 蒋国岩，金辉，李兵，等. 水下爆炸研究现状及发展方向展望[J]. 科技导报，2009，27(9)：87～90.

交通隧道工程爆破技术发展与展望

杨年华[1] 高文学[2]

（1. 中国铁道科学研究院，北京，100081；2. 北京工业大学，北京，100124）

摘 要：结合铁路、地铁和公路隧道的爆破发展历程，论述了隧道爆破关键技术的突破性进展，特别对隧道快速钻爆掘进、爆破振动安全控制和周边光面爆破技术发展作了深入探讨。详细分析了典型的代表性隧道工程爆破掘进案例，介绍了其隧道爆破技术的发展特色。最后对隧道爆破技术的发展方向进行了展望。

关键词：隧道；爆破；掏槽；振动

The Development and Prospect of the Blasting Technology on Traffic Tunnel

Yang Nianhua[1] Gao Wenxue[2]

（1. China Academy of Railway Sciences，Beijing，100081；

2. Beijing University of Technology，Beijing，100124）

Abstract：The paper states the development course of railway、subway and highway tunnel blasting；elaborates the key technology breakthrough on tunneling blasting；especially discusses on quick drilling and blasting，blasting vibration control and surrounding smooth blasting technique of tunnel excavation. Some typical representative tunnel blasting excavation cases are analyzed，the development characteristics of tunnel blasting technology is introduced. Finally points out the developing direction of tunnel blasting technology.

Keywords：tunnel；blasting；cutting；vibration

1 交通隧道爆破技术发展历程回顾

随着隧道爆破技术突飞猛进的发展，中国已成为隧道建设大国。据不完全统计，近50年来我国已修建铁路隧道达万座。特别近5年中平均每月掘进隧道500多米，其中10km以上长度的隧道屡见不鲜。我国已是世界铁路隧道最多、总长度最长的国家。这些成绩的取得与我国隧道爆破技术的发展有重要关系，大致可将隧道爆破发展分为四个阶段。

第一个阶段：以火雷管爆破为特征。我国修建宝成铁路时，翻越秦岭山脉，受隧道爆破工效的制约，最长的隧道不超过2km。因火雷管缺乏分段延时功能，加之钻孔手段落后，一个掌子面需要爆破3~5次才能掘进1m。而且火雷管安全性差，根本不具备长隧道掘进的基本条

———————————————

杨年华，研究员，ynianh@ sina. com。

件，使得 1km 以上长度的隧道就成为工期控制性工程。

第二个阶段：以毫秒电雷管应用为特征。20 世纪 60 年代，修建的成昆铁路官村坝隧道长达 6km，它是我国第一座长度超过 5km 的铁路隧道，尽管历时 5 年多完成，但通过采用全断面爆破技术创造了每月掘进百米的成洞记录，而且克服了洞内发生的岩爆不良地质现象。实践证明，毫秒电雷管网路在隧道内潮湿多水的环境下容易漏电，产生拒爆或盲炮，所以电雷管的安全性在隧道爆破中受到质疑和挑战。

第三个阶段：以钻孔台车和导爆管雷管应用为特征。1981 年，在双线铁路雷公山硬岩隧道首次采用钻孔台车，试验了大直径中空孔直眼掏槽形式，实现全断面（100m²）大进尺（5m）一次爆破开挖成型。1987 年将这一技术成功地应用于大瑶山隧道建设，它的长度当时名列世界前十名（14.295km），采用大直径中空孔直眼掏槽、毫秒导爆管雷管起爆等综合技术，实现全断面一次光面爆破开挖成型，炮孔利用率超过 90%，平均循环进尺达 4.5m，创造了月掘进速度 144m 的高产纪录。到 1997 年，在长达 18.5km 的秦岭隧道硬岩开挖爆破中，采用电脑台车钻孔，设计了 4 个大直径空孔的直眼掏槽，并利用 4 号岩石炸药和水胶炸药，解决了 300MPa 的特硬岩隧道快速爆破掘进难题，创造了月进尺 406m 的新纪录。这一阶段隧道爆破技术主要瞄准快速高效问题，兼顾爆破振动对邻近隧道的安全影响，但对周边的超欠挖和钻爆成本问题欠考虑。由于钻孔台车使用成本高，以至于在 2000 年时钻孔台车几乎没得到推广应用，甚至在 20km 长的乌鞘岭隧道、27km 长的太行山隧道、32.6km 长的关角隧道都采用人工手风钻打孔，快速高效爆破技术受经济成本和管理体制制约处于停滞状态。随着劳动力成本的快速上升，近两年钻孔台车的应用有所增长。

第四个阶段：以高精度延时雷管和多种掏槽方法为基础，实现高效微振爆破掘进。当地铁隧道进入城市，在居民区和建筑物较多的城区进行地下隧道开挖爆破时，对地表爆破振动控制要求极其严格。为此采用高精度电子延时雷管起爆，隧道工作面上的炮孔分成单孔起爆，并应用夹制作用较小的掏槽爆破形式，在显著减小了爆破振动的同时，爆破进尺继续保持 1 ~ 2m。代表性的工程有青岛地铁、大连地铁、重庆地铁、深圳地铁等复杂环境下的隧道爆破。

2　改革开放后交通隧道钻爆施工代表性工程

2.1　西安—安康铁路的秦岭隧道突破硬岩钻爆效率

秦岭隧道突破了硬岩钻爆效率，揭示了邻近隧道周边的爆破振动场。西康线 18.5km 长的秦岭隧道是工期控制性工程，要求秦岭隧道 II 线钻爆法必须实现快速掘进。但秦岭隧道硬岩爆破有如下几个难点：

（1）混合花岗片麻岩石英含量约 25% ~ 30%，岩石特别坚硬，抗压强度高达 150 ~ 320MPa，岩体完整性好，几乎无节理裂隙。如此坚硬完整的岩体以往罕见。

（2）隧道埋深大，最大埋深达 1600m，岩体在高地应力作用下有岩爆发生，掌子面内被爆岩体受到巨大夹制压力，爆破炸药单耗超出常规。

（3）根据秦岭隧道超长独头掘进所配备的出碴运输设备，它对大块率的要求比无轨运输的装碴机高出很多。为实现快速出碴，要求岩碴越碎越好，最大岩块小于 70cm。

起初对秦岭隧道硬岩爆破问题认识不够深，基本指导思想是为了实现快速掘进，用过量装药的办法来对付硬岩爆破，结果炸药单耗达到 5 ~ 7kg/m³，单位面积钻孔数达 4 个/m²，然而过量的装药并没有显著增大爆破进尺，也没加快爆破掘进度。后来秦岭隧道的硬岩爆破问题成为严重影响掘进速度和施工成本的重要难题，受到了国内外爆破专家的关注，最后通过大量调研和试验研究，采取如下对策逐个突破：

（1）选择 K_5 型水胶炸药，它具有"高爆速、低价格、少炮烟"的特性，炸药与硬岩的波阻抗有更好的匹配。

（2）优化掏槽方案，对 150～200MPa 硬岩采用三大空孔三角柱排列的深孔直眼掏槽技术，中心大孔集中装药；对于 200MPa 以上的硬岩采用四大空孔四角柱排列的深孔直眼掏槽技术，中心孔装高威力炸药；它能保证 4.5～5m 深循环进尺，钻孔的炮眼利用率达 90% 以上，炸药单耗有明显降低，如图 1 所示。

（3）提高掏槽区钻孔精度，炮孔密集区必须要保证平行度，一旦中心孔与空孔穿叉就会导致掏槽失败。

（4）采用机制炮泥填塞，确保爆炸作用力有效持久破碎岩石。最终实现了秦岭特长硬岩隧道快速、高效、经济合理的钻爆法掘进。

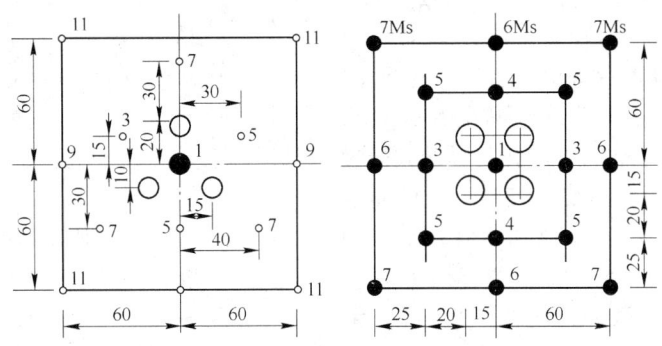

图 1　大直径空孔直眼掏槽技术

Fig. 1　Large diameter empty hole parallel cut technology

2.2　青藏铁路风火山隧道突破了高原冻土岩爆破难题

风火山隧道位于青藏高原可可西里"无人区"，隧道全长 1338m，平均海拔 4905m，是目前世界上海拔最高的铁路隧道。由于风火山隧道地处严酷的自然环境，高寒缺氧、气温低、昼夜温差大。年均气温零下 7℃，寒季最低气温达零下 41℃，氧气含量只有内地的 50% 左右，被喻为"生命禁区"。隧道洞身全部位于冻土、冻岩中，地质岩层复杂，集饱冰冻土、富冰冻土、裂隙冰、泥砂岩等不良地质条件于一体。复杂的地质条件使其爆破施工方法不同于一般地区隧道。首先为确保施工安全，实行"弱爆破，快支护、快初衬"，以多级楔形掏槽降低爆破振动对围岩的稳定性影响，使洞口冻土边坡中的最大爆破振动速度控制在 2cm/s 以内，对围岩的最大爆破振动速度控制在 10cm/s 以内。在风火山冻土和冰岩地质段打隧道，关键是解决围岩热融问题，通过引入冷空气通风，使洞内温度控制在零下 5℃ 以内，安全通过富冰冻土区段。隧道掌子面采用弥散式供氧和隧道氧吧车供氧的新方法，解决了人力工效大幅降低问题。此外，采用抗冻型乳化炸药、盐水水炮泥封堵炮孔的技术措施，达到降低工作面温度和降尘的效果。风火山隧道建设效果图如图 2 所示。

图 2　风火山隧道建设效果图

Fig. 2　The construction renderings of Fenghuoshan Tunnel

2.3　杭州市钱塘江引水入城工程浅埋隧洞爆破减振

钱塘江引水工程浅埋隧洞穿越村庄，隧洞为城门形开挖断面，宽 6.56m，高 6.49m，断面积 38.0m² 。洞顶埋深为 18～25m，作为特别谨慎爆破段，采用电子数码雷管爆破，按照全断面掘进单循环进尺 2.0m 钻爆，炮孔布置如图 3 所示，共 67 孔。采用楔形掏槽，掏槽孔与开挖面夹角 60°，掏槽孔两侧的辅助孔与开挖面夹角 70°～80°，周边孔向外倾率 4%，其余孔垂直开挖面。单孔装药量：掏槽孔 900g，辅助孔 600～750g，侧壁部位周边孔 375～450g，顶拱部位周边孔 225g，底孔 1050～1200g。总装药量：38.775kg。之前采用非电导爆管雷管起爆，受制于雷管段数较少，单段起爆最大药量为 12.75kg，而采用电子雷管，单孔起爆最大药量为 1.2kg。爆破振动监测结果表明，采用非电导爆管雷管起爆的 18 次爆破振速峰值的平均值、最大值分别为 1.15cm/s、2.63cm/s，而采用电子雷管起爆的爆破振速峰值的平均值、最

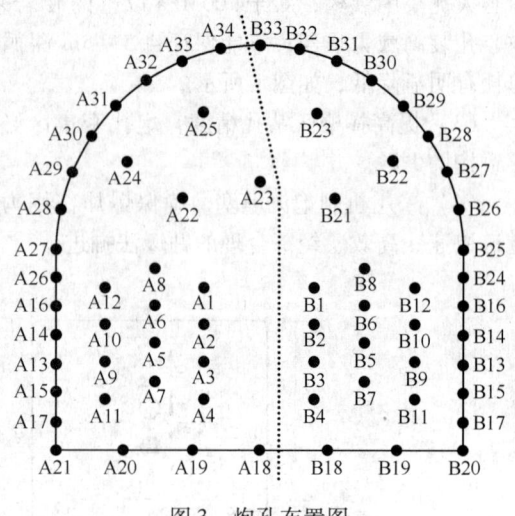

图 3　炮孔布置图

Fig. 3　Layout of blast holes

大值分别为 0.71cm/s、1.25cm/s，主振频率 250Hz。振动峰值的平均值降幅达 43.2%，如图 4 所示。这是电子雷管首次在隧道爆破中应用，证明采用电子雷管，实现逐孔起爆，大幅降低同时起爆药量，进而降低了爆破振动峰值。此外，根据检测的振动波形分析，除了首爆炮孔爆破振动最大，后续炮孔的爆破振动产生了波峰与波谷干扰叠加，振动处于高频微弱状态，展示出高精度延时起爆在爆破振动控制方面具有广阔的前景。

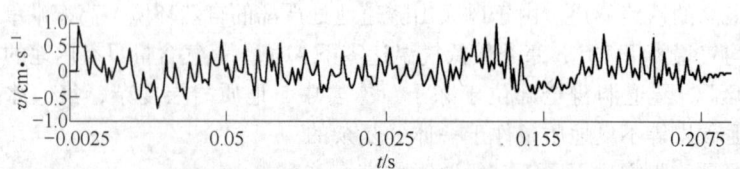

图 4　杭州市引水隧洞电子雷管爆破实测波形图（逐孔 4ms 延期）

Fig. 4　The measured waveforms of electronic detonator blasting in Hangzhou diversion tunnel（hole to hole by 4 ms delay）

3　交通隧道钻爆施工的新技术

3.1　光面爆破

隧道光面爆破水平决定了钻爆施工质量，影响光面爆破效果的两个主要环节是钻孔和装药。目前钻孔质量仍然依靠钻工的经验和管理水平，少数依靠先进的台车钻孔甚至是电脑控制台车钻孔，台车钻孔的质量普遍高于手风钻钻孔。周边孔装药主要采用不耦合装药结构，受炸药采购制度的限制，适合于周边孔光面爆破的专用低爆速炸药或带聚能槽的专用药卷都没推广

应用，如图5（a）所示。目前主要采用药卷间隔绑扎在导爆索上的不耦合装药结构，以此原则创造出竹片绑扎药串、塑料管药条等形式。在光面爆破装药工艺上虽然这些方法符合我国国情，但都盼望加快开发一些方便快捷的不耦合装药器具，以便提高工作效能，改进爆破质量。

在某些特殊隧道段，为降低爆破振动或减轻对围岩的扰动，周边选用机械切槽，内部作爆破法开挖。其施工方法为，首先利用组合切槽钻或铣挖机在上台阶沿隧道轮廓线"切槽"，如图5（b）所示；围岩的其余部分及中台阶、下台阶用控爆法施工。开挖出的周边槽可大幅度减弱爆炸应力波向上部围岩传播，既达到降低爆破振动的效果，又保护了周边围岩的稳定性。

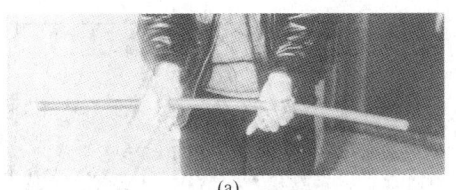

(a)

(b)

图5　光面爆破

（a）聚能药卷；（b）机械周边切槽

Fig. 5　Smooth blasting

3.2　掏槽爆破

掏槽爆破技术是影响隧道爆破成败的关键，为了提高爆破掘进效率、降低爆破振动，需要选择不同的掏槽爆破形式。根据钻孔设备条件，采用多臂钻孔台车钻孔，以直眼空孔掏槽形式为主；采用手风钻人工凿眼，以楔形掏槽为主。下面介绍几种高效低振动掏槽爆破形式。

3.2.1　复式楔形掏槽降振技术

楔形掏槽爆破是非常成熟、应用最广的技术，它对钻孔定向精度要求不高，岩碴抛掷较远，被国内施工单位广泛认可。但楔形掏槽应尽量使成对的斜孔同时起爆才能获得较好的掏槽效果，因为成对楔形掏槽爆破夹制作用大、药量集中，所以引起的爆破振动较大，掏槽爆破的振动是隧道爆破最重要的控制区。由此看来，大楔形掏槽虽然爆破效果和技术经济指标较好，但引起的爆破振动较强烈。为此试验提出了多级复式楔形掏槽的爆破方案，使大楔形掏槽改为多级小楔形掏槽，如图6（a）所示。一方面使各级楔形掏槽的同段爆破药量减小，另一方面前一级掏槽为后一级掏槽创造了更好的临空面，爆破夹制作用减弱，爆破振动效应得到有效控制和减轻，同时因掏槽爆破效果改善，爆破进尺率还有所提高。调整的爆破方案增加两个浅直眼炮孔，作为第一段爆破掏槽，因其药量小不会引起较大振动，它使下一级斜眼掏槽爆破的临空面条件改善，爆破振动也随之降低；再利用高精度孔外延时雷管使同排掏槽斜眼实现9ms微差延时错峰，又能保证成对斜孔同时发力破碎岩体，确保错峰减振和高效掏槽双效益。此爆破测得的地表振动波形如图6（a）所示，显然掏槽爆破时段的振动强度已有显著降低，不再为最大振动的主因。

3.2.2　掏槽孔位选择

受地形变化影响，隧道洞口段有时存在浅埋偏压现象。为了控制浅埋处地表的振动速度、减少爆破振动对隧道薄弱处围岩的破坏以及浅埋偏压隧道洞口边坡的影响，掏槽孔设计除采用多级楔形掏槽形式外，其布孔范围宜向隧道深埋侧偏移（一般在1.0～1.5m），如图6（b）所示。并尽可能布置在隧道开挖区下部，甚至改变掏槽孔的对称布置形式，最大限度地增加掏槽孔爆源到隧道浅埋处以及地表的距离。此外，偏压隧道掏槽位置的选择还必须考虑岩体的结构

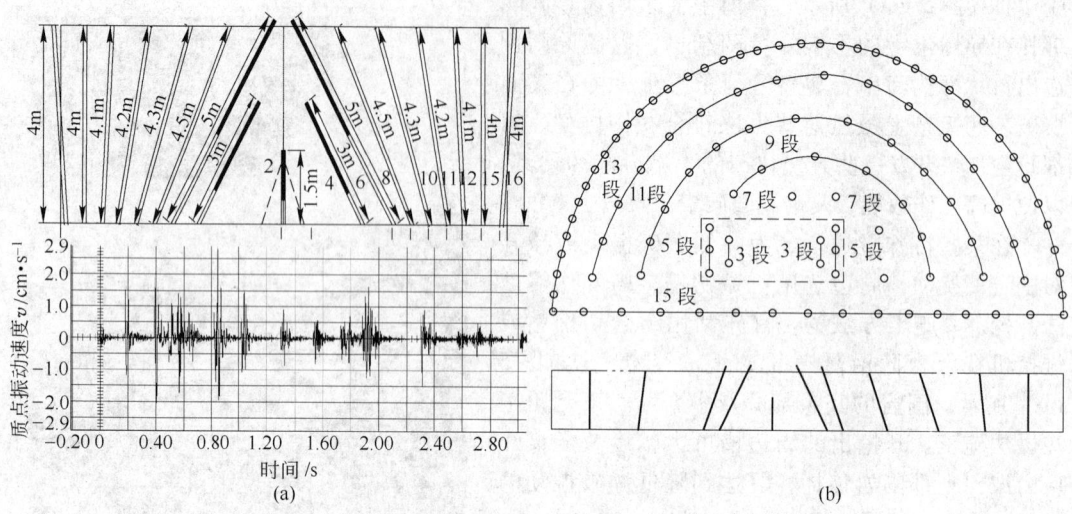

图 6　多极楔形掏槽减振炮孔布置图

（a）复式楔形掏槽爆破方案；（b）掏槽孔位选择方案

Fig. 6　The layout of multi-polar wedge cut damping hole

特征和赋存条件。

3.2.3　大空孔直眼掏槽

大空孔直眼掏槽适合于台车钻孔，在国外应用非常普遍。其优点是台车臂容易对准孔位、钻孔速度快，通过增加空孔体积量和逐孔起爆布置，可有效降低掏槽爆破振动强度，如图 7 所示；缺点是钻孔定向精度要求高、钻孔数量多、机械台班费用高。随着中国劳动力成本上涨，手风钻凿眼将逐渐失去优势，机械台车的使用必将使大空孔直眼掏槽成为主流。常规空孔直眼掏槽以 1 ~ 2 个大空孔为主，对掏槽爆破振动有严格要求时可增加到 3 ~ 4 个空孔。因为一个大空孔的钻凿成本相当于 4 个小炮孔，而且大空孔至炮孔的间距在 20cm 左右，对炮孔的平行度要求很严，偏差超过 3° 将导致掏槽失败。

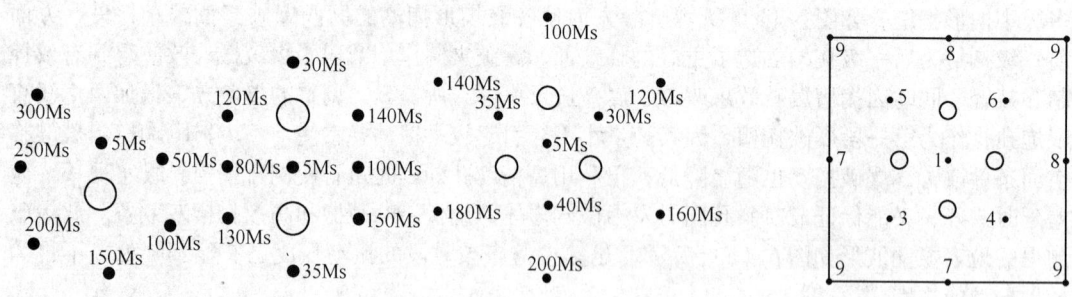

图 7　大空孔直眼掏槽

Fig. 7　Large empty hole parallel cut

据青岛地铁最新报道，为降低爆破振动，创建了符合中国国情的新掏槽模式，即在掌子面偏下部位先用潜孔钻凿 1 ~ 2 个直径 120mm、深 30m 的水平大空孔，其后采用手风钻围绕大空孔位置布设掏槽炮孔，每个爆破循环进尺 1 ~ 1.5m，爆破效果满足了微振动、高效率的要求。

它的最大特点是没有使用大型钻孔台车，却实现了大空孔直眼掏槽，避免了高昂的台车使用费，钻爆成本相对较低。

3.2.4 机械预掏槽爆破法

为加快爆破掘进速度，同时减轻爆破振动的危害，采用机械掏槽取代爆破掏槽是可选方法（见图8）。机械掏槽有两种方案。

（1）直接采用单臂掘进机预先开挖导洞，后续爆破扩挖跟进。该方法爆破振动小、周边光面爆破效果好，掘进成本小于全断面 TBM 掘进，并且掘进速度较快。但是它有一定的适用条件，岩石太坚硬或围岩破碎不稳定区段导洞开挖困难。

（2）利用铣挖机在开挖台阶中下部预挖一个直径1m的深槽，预掏槽的形成避免了掏槽爆破的强烈振动，为扩槽爆破创造了良好的临空面，后续爆破可大幅度降低振动有害效应。

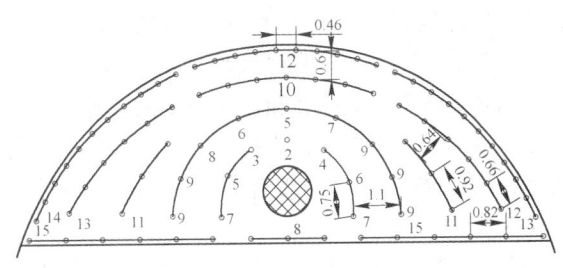

图8　机械预掏槽爆破法

Fig. 8　Blasting method of mechanical pre-cut

3.3　装药技术

当前我国隧道钻爆掘进中装药工序基本是人工操作，要想提高隧道掘进钻爆效率、改善隧道爆破开挖质量，应加快发展隧道爆破的机械化装药技术。随着乳化炸药现场混装技术的突破，可以将电脑控制的机械化装药技术应用于空间狭小的隧道爆破中，利用小型泵送车直接将乳化炸药装填至小直径炮孔中，所装填的乳化炸药抗水性好、威力可调、无返尘、计量准、装药速度快，真正做到了以人为本、安全第一。

3.3.1 乳化炸药泵送装填技术优势

炸药威力可调。在隧道爆破中掌子面上布置了很多炮孔，对不同部位的炮孔有不同的爆破要求，如掏槽炮眼、底板炮眼应达到加强抛掷爆破的目的，需要高威力炸药，而周边炮眼应作光面爆破，需要低爆速、低威力炸药。此外，当遇到岩性变化时也需要改变炸药威力，硬岩需要高威力炸药，软弱破碎岩石应使用低威力炸药。泵送乳化炸药可在装药前随时调整敏化剂比例，方便改变各炮孔内的炸药密度和威力，这种技术上的灵活性，既可以使爆破成本保持最低，又可以使爆破效果获得优化（见图9）。

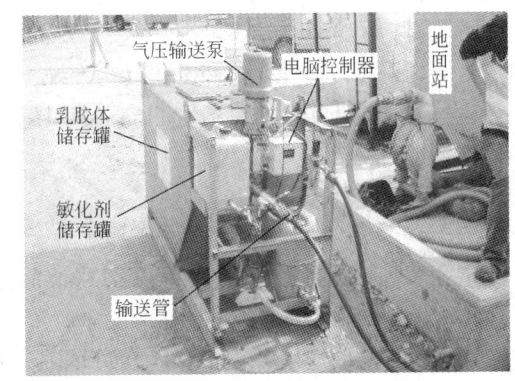

图9　乳化炸药泵送装填机

Fig. 9　Emulsion explosives pumping filling machine

（1）安全性提高。由于所泵送的乳胶体装填到炮孔内 10～20min 后，敏化反应才能完成，在此前还不是雷管感度的炸药，因此装填炸药的安全性大大提高；同时由于运输和储存过程中都是不能被引爆的乳胶体，也相应改善了炸药运输和储存的安全性。

（2）装药速度快。由于泵送装药的机械化程度高，每台泵的装药效率高达 15～18kg/min，因此能减轻工人劳动强度，提高劳动生产率，缩短装药时间。实践证明，与手工装药相比，一般可提高装药效率 5～10 倍。

（3）装药质量高。不论炮孔中含水与否、孔壁光滑与否，乳化炸药都可以很容易地泵入炮孔中，既不会发生卡孔现象，又很容易将炮孔积水排出，减少炸药与水接触的面积与时间，提高炸药的有效利用率。

（4）环境条件好。装药过程仅需要 2～3 人，泵装作业噪声低、无粉尘，实现了以人为本的精神。改变了以往"人海战"装药，如秦岭隧道掌子面前有 22 人装药作业，人多易出乱，且掌子面前是安全性最差的，一旦发生意外，后果相当严重。

3.3.2　乳化炸药泵送装填经济优势

与包装炸药装填炮孔相比，由于散装乳化炸药使炮孔内实现了满孔耦合装药，延米炮孔的爆破效率得到很大提高，炮孔间距可适当加大，炮孔数量相应减少，钻爆成本显著降低。经验表明，由于装药密度和耦合系数的提高，可扩大孔网参数 10%～20%，减少炮孔数量达 10%～20%。

包装运输成本降低。由于散装乳化炸药免去了包装费用，特别是细药卷包装费用较高，每吨炸药可节省高昂的包装费。同时，因乳胶体的危险等级降低（分类为 UN5.1 氧化剂），也使得运输费用节省 20% 以上。

在周边孔把散装炸药装填在塑料管内控制炮孔耦合系数来做光面爆破比用包装炸药和导爆索更有效益。

3.3.3　乳化炸药泵送装填技术应用实例和前景

国内首次在济南开元寺隧道开展了乳化炸药机械泵送装药爆破掘进。开元寺隧道长度约 1500m，隧道开挖宽 14m、高 9m，洞顶埋深 26m，上部地面有住宅小区，岩层为坚硬厚层石灰岩。有关部门制定了严格的爆破振动控制指标，采用上下台阶半断面爆破，炮孔直径 40mm，孔深 3.5m，每炮约 130 个炮孔（包括周边孔 40 个），用 EXEL 非电雷管起爆系统，周边孔以导爆索及 2 卷包装炸药作光面控制。采用散装乳化炸药泵送装药系统后，爆破的平均单循环进尺比原方法提高了近 12%，即由原来的 3.04m 提高到 3.4m。另外，根据现场爆破观测和解炮数量统计，凡采用散装乳化炸药泵送装药系统，其大块率较低，解炮较少。通过引入先进的乳化炸药机械泵送装药系统和高精度非电雷管引爆系统，成功地解决了浅埋隧道振动敏感地段的快速爆破掘进问题。

3.4　填塞技术

炮孔填塞对提高爆破效率、降低冲击波危害有重要意义，试验证明良好的填塞能使爆破漏斗体积增大 5%～10%。若没良好的孔口填塞，掏槽眼爆破可把岩石爆碎，但不能完全抛出槽内碎石，使得爆破进尺大打折扣，孔口填塞是必不可少的。目前使用机制炮泥可保证填塞质量、加快填塞效率，炮泥机是简便易行的方案。通常在洞外定期用炮泥机制备 3～5 天的炮泥条（见图 10），加保鲜膜覆盖装在塑料箱中，向洞内送炸药时附带 2～3 箱炮泥，操作简便，成本很低，值得推广。

3.5 振动监测与反馈系统

复杂环境的隧道爆破，需对爆破振动等进行跟踪监测。通过测试爆区附近的振动及相关信息（如位移、应力应变检测等），一方面分析爆破振动强度对保护目标及周边环境的影响，另一方面将测试数据及时反馈给爆破作业单位，为后续爆破提供参数优化，达到信息化施工的目的。

3.5.1 隧道掘进远程网络爆破振动监测系统

在爆破施工过程中，可采用远程网络爆破振动测试仪进行实时振动监测，爆破施工负责

图 10　炮泥机
Fig. 10　Stemming machine

人应特别关注爆破振动幅值与振动允许指标的差值，一旦振动幅值接近允许值的 80%，就要发出提醒警示，达到 90% 应该采取更严格的控制措施，超过允许值就要停工整改，它是保证爆破安全的基础，没有监测数据等于盲目施工，一旦发现危险苗头不能及时进行处理，必将酿成事故。此外，注意对比不同时刻的爆破药量和对应的振动幅值，有针对性地调整不同段别的炮孔数、优化爆破网路设计，下一次爆破振动监测过程中再将振动检测数据作为信息反馈，不断优化爆破参数和爆破网路，直至获得最佳起爆时差和最好的振动控制方法。以爆破振动监测为基础，建立信息化爆破是安全施工的基本保证，也为解决爆破振动引起的诉讼或索赔提供科学依据。

3.5.2 隧道掘进综合信息智能监控系统

隧道智能化监控系统，是目前隧道监控量测领域研究的发展方向。它是将先进的计算机信息技术、电子控制技术、无线传感技术、无线通信技术、网络技术等有效地综合应用于隧道的监控系统，对隧道等隐蔽工程进行动态监测，是保证设计合理、施工安全的重要措施。隧道施工过程监测的主要目的在于收集施工期间的各种动态信息，据以判定隧道围岩的稳定性，并进一步确定所设计的支护结构的安全性及施工方法的合理性。隧道动态反馈设计与信息化施工较之传统新奥法的监控量测反馈修正设计信息更丰富、内容更广泛，特别是融入了一些最先进的现代量测技术，使得量测更迅速、数据更准确、结果更全面。

隧道掘进综合信息智能监控系统（TIS），把现代遥测（无线）技术，把选测断面传感器（频率类、电压电流类、开关量类、数字类等）数据采集、爆破振动监测、三维激光扫描以及可视化（视频）监控融合在一起。该系统主要包括爆破振动监测、视频监控、洞内净空监测以及应力应变检测等，通过在隧道内布置相应传感器和采集设备进行数据自动采集，并通过无线局域网络传输，实现隧道施工掌子面可视化实时显示与分析、隧道施工监测（控）自动数据采集与分析，形成隧道施工综合信息自动监测（控）系统，确保复杂围岩地质条件下隧道施工安全；通过收集地质条件以及施工相关信息，并反馈设计、指导施工，实现隧道建设优化。

4　隧道爆破技术展望

大规模地下工程的建设促进了隧道建造技术的发展。随着冲击钻头改进以及全液压钻孔台车的出现，大功率装渣、运渣设备的改进，新型爆破器材的研制以及爆破技术的不断完善，围

岩条件的改善及支护技术的进步等，极大地改良了钻爆法隧道的施工环境，提高了掘进速度，从而使钻爆法的掘进技术得到更新，在今后很长一段时间，钻爆法仍将是修建隧道的主流方法。另外，随着隧道建设进入城市，在居民区和建筑物较多的城区进行地下隧道开挖爆破将是爆破工作者面临的主要问题，为此需要解决隧道爆破掘进速度、爆破振动控制和爆破成本控制三大关键问题。未来几年钻爆法开挖隧道将呈现以下发展趋势：

（1）钻孔作业使用能力更强、效率更高的凿岩机或多臂凿岩台车；冲击钻头采用更优良的合金材料，改进钻头形状以加快钻孔速度；人工手风钻凿孔逐渐被淘汰。

（2）隧道掘进爆破振动及相关信息的监测系统更加完善，并在复杂环境段普遍采用，将显著提高隧道信息化施工水平。

（3）新型炮孔堵塞设备的研制及快速推广应用，有利于降低成本，减轻隧道爆破有害效应。

（4）研发更有效的爆破器材；优化爆破设计；实现由计算机自动控制钻孔，提高凿岩爆破能力；机械装药、机械预掏槽和电子雷管网路在复杂环境条件下的应用等，将作为长期发展目标。

（5）专用光爆炸药受管理体制制约，难以发展和推广应用。

参 考 文 献

[1] 杨年华，张志毅. 隧道爆破振动控制技术研究[J]. 铁道工程学报，2010，1(136)：82～86.

[2] 高文学，颜鹏程，等. 浅埋隧道开挖爆破及其振动效应研究[J]. 岩石力学与工程学报，2011，30 (S.2)：4153～4157.

[3] 方俊波，李丰果. 城市轻轨硬岩隧道近接上垮运营公路隧道施工技术[J]. 现代隧道技术（增刊），2011.

[4] 杨年华，李俊桢，刘世波. 城区浅埋隧道敏感地段爆破掘进技术[C]//铁科院55周年院庆文集. 2005.

[5] 高菊如，杨年华，涂文轩. PNJ-1型炮泥机的研制与应用前景[C]//第六届全路工程爆破文集. 北京：中国铁道出版社，2000.

[6] 杨年华，张志毅，邓志勇，等. 硬岩特长隧道快速爆破掘进技术研究与实践[J]. 中国铁道科学，2001，3(22).

[7] 高文学，孙西蒙，邓洪亮，等. 隧道掘进综合信息智能监控系统研究[C]//中国爆破新技术Ⅲ. 北京：冶金工业出版社，2012，28～36.

浅析预裂爆破与光面爆破的发展

秦如霞　秦健飞

（中国水电八局有限公司，湖南长沙，410004）

摘　要：半个多世纪以来预裂爆破、光面爆破有了飞快的发展，自从 20 世纪 60 年代初我国采用该项爆破技术以来工程爆破界无不给予极大的关注，都在想方设法为减少造孔量、降低爆破对保留岩体的危害而绞尽脑汁。"双聚能预裂与光面爆破综合技术"的研发成功，顺利地突破了这一技术的发展瓶颈，将轮廓控制爆破技术发展到了较为完美的境界，该项具有国际领先水平的爆破新技术被住房和城乡建设部作为"建筑业 10 项新技术（2010）"在全国推广应用。采用该项先进技术将给企业带来巨大的社会经济效益并推动我国预裂、光面爆破的进一步发展。

关键词：聚能预裂爆破；椭圆双极线性代聚能药柱；双聚能预裂与光面爆破综合技术；瞬时爆轰论

Brief Discussion about the Pre Splitting Blasting and Smooth Blasting Development

Qin Ruxia　Qin Jianfei

（Sinohydro Bureau 8 Co., Ltd., Hunan Changsha, 410004）

Abstract：In more than half a century, Pre splitting/smooth blasting technology has been developing very fast. Since the early 60's, blasting workers have been given great attention on it in China. In order to reduce the pore volume and reduce the blasting damage to remaining rock, they are working hard. The Successful R & D of "Dual energy gathering pre splitting and smooth blasting technology", has successfully broke through the bottleneck of the development of pre splitting/smooth blasting technology, which pushes the contour control blasting technology development to a higher level. This new blasting technology with the international advanced level, has been named the "10 new technology of building industry (2010)" by the PRC Ministry of Construction, and applied in China. Wide application of this advanced technology will bring the great social and economic benefits, and promote China's pre splitting/smooth blasting technology further development.

Keywords：cumulative pre splitting blasting; the elliptical bipolar linear generation of shaped charge; dual energy gathering pre splitting and smooth blasting technology; instantaneous detonation theory

1　预裂与光面爆破技术的历史与现状

1.1　国外历史与现状

预裂爆破是沿设计开挖边界布置密集炮孔，采取不耦合装药或装填低威力炸药，在主爆区之前起爆，从而在爆区与保留区之间形成预裂缝，以减弱主爆破对保留岩体的破坏并形成平整轮廓面的爆破作业。

光面爆破是沿设计开挖边界布设密集炮孔，采用不耦合装药或装填低威力炸药，在主爆区爆破之后起爆的以形成平整的开挖轮廓面的爆破作业。

爆破技术的发展是先出现光面爆破，然后衍生发展为预裂爆破。

20 世纪 50 年代初，瑞典的一些科学家，如 U. 兰格福斯等人在树脂玻璃和地下工程岩石中进行试验，取得了关于光面爆破的初步成果，此后缓冲爆破和光面爆破技术在美国和加拿大得到进一步发展。1957 年在美国西部的科罗拉多矿山首次采用了预裂爆破法。1959 年美国尼亚加拉水电站（Niagara）引水渠和竖井开挖中使用了预裂爆破取得了良好效果。预裂爆破在尼亚加拉水电站（Niagara）的成功经验使其在美国黑石河水电站建设中及露天采矿等工程爆破中得到了进一步的应用与发展[1,2]。

1961 年在设计竞赛中，蒂莫·苏奥马莱宁（Suomalaimen）兄弟，以他们独特的"石头教堂"的设计构思而一举夺标芬兰赫尔辛基市中心坦佩利广场的奥基奥教堂（Temppeliaukion kirkko）的设计方案，并于 1968 年 2 月动工建造，于 1969 年 9 月建成启用。该教堂在地下开挖建造时也是采用了预裂爆破技术。2009 年 9 月笔者随中国爆破协会考察欧洲爆破技术时，见证了奥基奥教堂（Temppeliaukion kirkko）岩壁上还清晰地保留了完整的残留半孔，如图 1 所示。

当年的爆破技术已经很好地解决了这座位于市中心坦佩利岩石广场的地下教堂的开挖爆破对建筑物的爆破危害。孰知整个广场是被一起伏不平的巨大岩石覆盖，岩体比旁边的街道高出 8~13m，环绕四周的建筑是不同年代修建起的住宅楼，如图 2 所示。

图 1 芬兰奥基奥教堂内至今仍保留着当年
      预裂爆破残留半孔的明显痕迹
Fig. 1 In Finland Aojio church, the pre splitting
        blasting residual half hole trace photos

图 2 芬兰奥基奥教堂的周围环境
Fig. 2 Finland Aojio church environment photos

总体上说欧美等发达国家从 20 世纪 60 年代至今，预裂爆破和光面爆破技术采用比较普遍，但是此后技术方面没有多大进展。笔者在欧、美考察爆破技术时发现其 60 年代后修建的高速公路边坡也可以看到采用预裂爆破和光面爆破的小孔径和大孔径残留炮孔痕迹，孔距一般为 50~100cm，但是平整度比我国高速公路和水利水电行业的开挖边坡要逊色。换句话说目前国外的火工产品虽然比我们先进，但是爆破技术或施工工艺落后于我们了。

1.2 国内历史与现状

我国于 1964~1965 年在湖北陆水水电站施工中做过浅孔预裂爆破试验，1965 年铁道部门在成昆铁路建设中开始试验光面爆破，1977 年在西延线张家船工点，全长近 200m 的 2000m² 路堑边坡全部采用光面爆破，爆破后边坡平整稳定，残留的半孔清晰可见，是铁路建设中第一次采用路堑光面爆破。

20 世纪 70 年代，在葛洲坝水利枢纽施工中曾做过大规模预裂爆破试验，并取得良好效果之后，设计单位将比较缓的边坡均改为较陡的边坡并实施预裂爆破。该工程预裂爆破孔有垂直的，也有倾斜的（60°～75°），一次钻孔最大深度达 38m，在砂岩和砾岩地质条件下取得了良好的预裂壁面，这是我国爆破史上首次大规模地运用预裂爆破。

葛洲坝工程的成功经验为水利水电行业全面推广应用预裂爆破打下了良好的基础。1978～1979 年张正宇教授等人对预裂爆破进行了总结，之后在东江水电站、五强溪水电站等工程中又取得了坚硬岩石中采用预裂爆破的经验[1~3]。

1987 年，在衡广复线长达 14.295km 的超长双线铁路隧道——大瑶山隧道施工中，铁路施工单位实现了全断面一次光面爆破开挖成型（如图 3 所示）。光面爆破的半孔残留率达 70% 以上，炮孔炮眼利用率超过 90%，平均循环进尺 4.5m，创造了双线铁路隧道平均单洞月掘进速度 144m，月成洞 99.2m 的高产纪录。

"硐室加预裂一次成型综合爆破技术"是在硐室爆破主药包爆破之前对边坡实施预裂爆破，从而改善边坡质量。该技术最早于 20 世纪 70 年代初在乌江渡水电站右岸大坝边坡开挖中采用。

这一技术也为公路交通建设所推广应用，图 4 所示为焦晋高速公路某段采用"硐室加预裂一次成型综合爆破技术"完成了高边坡石方开挖，92m 高的边坡犹如鬼斧神工，稳定、平整、美观。

图 3　大瑶山隧道全断面光面爆破开挖成型
Fig. 3　Forming pictures of Dayaoshan tunnel whole section excavation blasting

图 4　焦晋高速公路采用"硐室加预裂一次成型综合爆破技术"
Fig. 4　Jiaojin highway use "chamber with presplitting blasting technology of forming a comprehensive" effect

进入 20 世纪 90 年代后，我国水电开发进入了一个快速发展时期。除一大批大型水电项目相继开工外，作为中国水电的代表作——三峡工程也在此期间开始建设。由此，我国的水电开发登上了世界水电建设的巅峰。紧接着的世纪之交，中国政府提出了西部大开发战略，构皮滩、小湾、溪洛渡、索风营等西部一大批水电站的开工建设为"西电东送"奏响了序曲。为此对工程爆破技术特别是对预裂爆破和光面爆破这类轮廓控制爆破技术提出了更高要求，"精细化施工"在市场竞争情况下被业主单位和施工单位作为精雕细刻确保工程质量的理念而面世。水利水电精细爆破作为一种理念贯穿整个工程建设全过程，它使工程爆破的最终目标做到可预见性和可控性。如举世闻名的三峡五级船闸垂直深切开挖（如图 5 所示）以及引水钢管槽的开挖（如图6所示）就像雕刻家那样把坚硬的岩石当成碧玉按照设计者的想象雕琢成一件工艺品展现在人们眼前。小湾、溪洛渡、向家坝水电站的明挖和地下洞室群开挖都创造了精雕细刻确保工程质量的人间奇迹（如图7～图10所示）。

图5　长江三峡五级船闸采用
预裂爆破开挖效果
Fig. 5　The pre splitting blasting effect chart
in the Three Gorges of the Yangtze
River five grade ship lock

图6　长江三峡水电站引水钢管槽的
预裂爆破开挖效果
Fig. 6　The pre splitting blasting effect chart in
the Yangtze River Three Gorges Hydropower
Station Diversion penstock chute

图7　小湾水电站坝肩及拱肩槽边坡开挖边坡
最高达687m采用预裂爆破成型
Fig. 7　The pre splitting blasting forming effect
chart in the dam shoulder and spandrel groove
slope of Xiaowan Hydropower（slope up to 687m）

图8　溪洛渡坝肩槽及水垫塘采用预裂
爆破开挖成型全景
Fig. 8　The pre splitting blasting forming effect chart
in the Xiluodu Hydropower Station dam abutment
and the water cushion pool

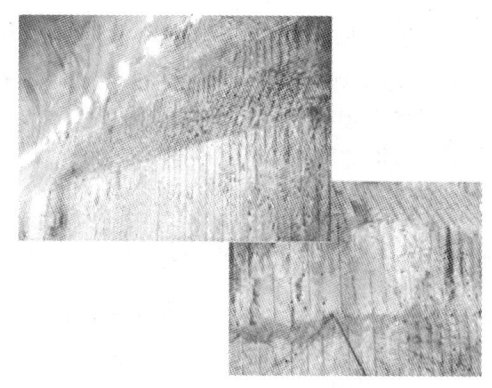

图9 溪洛渡右坝肩槽预裂爆破效果
Fig. 9 The pre splitting blasting forming effect chart in the Xiluodu Hydropower Station dam right abutment

图10 溪洛渡、向家坝岩锚梁台采用精密孔预裂效果
Fig. 10 The pre splitting blasting forming effect chart in the Xiluodu and Xiangjiaba Hydropower Station rock anchor beam station

1.3 我国预裂爆破和光面爆破技术的规范化

我国于1983年制定了《水工建筑物岩石基础开挖工程施工技术规范》（SD 1211—1983）。自此，在水利水电建设中预裂爆破与光面爆破已成为必须进行的保护边坡质量的爆破开挖技术措施。此后在此基础上修订的《水工建筑物岩石基础开挖工程施工技术规范》（SL 47—1994）以及在《水电水利爆破工程施工技术规范》（DL/T 5135—2001）和《水工建筑物岩石基础开挖工程施工技术规范》（DL/T 5389—2007）中预裂爆破与光面爆破均被编入并有所改进，DL/T 5135—2001正在修编为DL/T 5135—2012。

铁道部也于2008年7月9日发布了《铁路路堑边坡光面（预裂）爆破技术规程》（TB 10122—2008）。在该规程中，不仅规定了凡是Ⅲ级以上的岩石边坡，设计边坡坡度为1：0.1～1：0.75，在边坡部位的爆破设计和施工都应采用光面爆破或预裂爆破，并阐述了光面（预裂）爆破施工技术设计的原则和参数、安全措施，而且还明确了路堑边坡光面（预裂）爆破项目质量验收检测数量和检测方法。无疑该规程的实施，有力地推动和促进了光面（预裂）爆破技术在铁路建设中的应用与发展。

2 聚能爆破应用于预裂与光面爆破

2.1 聚能爆破的军事应用

聚能爆破技术，早在二次世界大战期间就在军事方面广泛应用。国内在聚能破甲技术如大锥角反舰导弹战斗部和大锥角反坦克地雷以及敏感弹战斗部等方面取得了较为快速的发展，我国20世纪60年代打破国外技术封锁独立自主研发成功原子弹就是得力于聚能爆破技术轰击核装置而引爆原子弹[4]。

2.2 聚能爆破的民爆应用——切槽爆破技术

聚能爆破用于工程建设也是20世纪60年代开始的，首先是瑞典的U. Langefors提出孔壁切槽爆破利用槽口应力集中定向开裂的设想，后经W. L. Fourney验证是有效的。70年代国外广泛研究和应用了切槽爆破技术。

中国地质大学（武汉）从 1984 年开始着手研究切槽爆破技术，1991 年取得有关切槽工具、爆破参数等多项专利。长江科学院 1992 年在宜昌前坪长科院试验基地进行过孔径 40mm、孔距 60cm、孔深 3~4m 的块状石灰刻槽聚能预裂爆破解炮试验，试验结果壁面很平整，裂缝都从 V 形槽的端部开始，残孔边沿留有 V 形槽的痕迹都沿刻槽方向将孤石解成几块，并无碎石飞出。但是受到炮孔切槽工艺的制约以及岩石固有的裂隙等因素影响，至今在我国未见实际采用的工程实例的报道。

2.3　聚能预裂爆破技术的发展

我国 20 世纪 60 年代利用断裂力学对岩石损伤引起的裂纹扩展进行过试验研究，为聚能爆破技术应用到工程做了不少理论分析，也取得一些进展。80 年代中期开始进行应用研究，以北京矿业学院为代表，着重研究了聚能药包切割机理和应用。1987 年淮南矿业学院取得"双面切割器"的专利，1995 年又取得"大理石花岗岩切割技术应用"专利[5]。

1991 年中国水电七局曾试图采用硬质纸加工聚能药管成形聚能药卷做过聚能预裂爆破试验研究，但终因当时的技术及工艺水平的限制无法用于正常施工，但是他们开了椭圆双极线性聚能结构试验的先河[6]。

90 年代以后水电开发的蓬勃发展和全国基本建设的大规模展开，工程建设的需要使学者们又产生了对聚能预裂爆破的试验研究的浓厚兴趣，进入 21 世纪后更是方兴未艾。众多科技工作者设计了各种形式、各种材质的聚能药管成形聚能药卷来进行聚能预裂爆破试验研究，也有不少聚能药管成形聚能药卷的专利公布，据笔者统计这些专利到目前不少于 10 项，但是效果都不能完全令人满意，迄今没有看到大规模采用的工程实例。还有学者试图采用金属聚能结构打开聚能预裂（光面）爆破技术的瓶颈，终因结构复杂、造价高昂而不具备实用价值，因此难以在工程中广泛推广应用[12]。

3　双聚能预裂与光面爆破综合技术开创轮廓控制爆破新时代

3.1　双聚能预裂与光面爆破综合技术的研发

2004 年初中国水利水电第八工程局有限公司成立了"聚能预裂（光面）爆破技术研究"课题组，随后提出了试验大纲，明确试验目标和试验方法，该科研项目正式启动。2004 年 11 月在成都召开的水电总公司科技项目立项评审会上得到批准，从此纳入了中国水利水电建设集团公司的科研计划。

通过两年多的试验研究，课题组终于研发出了一种椭圆双极线性聚能药柱（elliptical bipolar linear shaped charge，EBLSC），该药柱能够合理分配爆炸能量，增大预裂与光爆面爆破在聚能方向的作用力同时又能减少对炮孔壁的损伤，达到增大孔距，减少孔数和药量，从而实现经济、快速、安全和环保的目的。

2006 年在小湾水电站水垫塘保护层开挖中进行了大面积的推广应用，效果十分喜人。所研制的 EBLSC 及其对中装置以及施工工艺都以其简单、便捷、实用、经济、高效的特点为推广应用该项技术提供了一个广阔的平台[7~9]。

2007 年 1 月该项新技术——"岩石开挖双聚能槽管聚能预裂（光面）爆破技术"通过了中国水利水电建设集团公司组织的专家鉴定并被中国工程院院士、中国工程爆破协会理事长汪旭光命名为"双聚能预裂与光面爆破综合技术"。

专家鉴定会议之后，按照鉴定专家组的意见课题组又联合中南大学、国防科大、长江科学院进行了系统的理论研究和试验验证，即"双聚能预裂与光面爆破综合技术"的二期研究。
2010年3月"二期研究"再次通过了中国水利水电建设集团公司组织的以中国工程院院士、
中国工程爆破协会理事长汪旭光为首的专家鉴定。专家一致认为该项科研成果取得完全成功，
达到了国际领先水平。

3.2　双聚能预裂与光面爆破综合技术的创新

3.2.1　研发成功EBLSC及其专用装置

通过众多现场对比试验甄别，研发成功EBLSC及其专用装置，如图11所示。它利用结构
简单、经济适用的聚能结构成形技术，采用普通工业炸药成形聚能药卷，成功解决了聚能预裂
（光面）爆破的关键技术难题，为聚能预裂（光面）爆破技术突破性发展打下了坚实的基础。

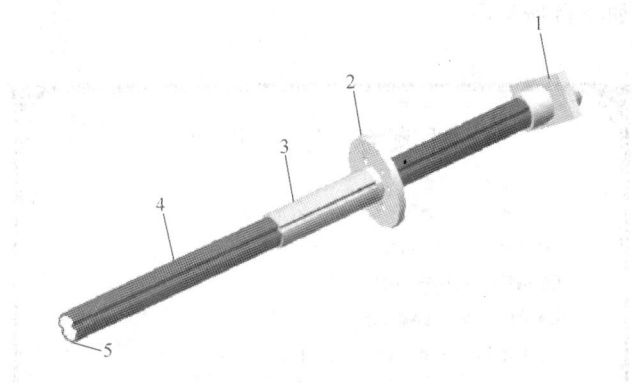

图11　EBLSC及其专用装置透视图
1—孔口对中；2—孔内对中环；3—连接套管；4—双聚能槽管；5—炸药
Fig. 11　Perspective EBLSC and special device thereof

课题组对EBLSC的聚能槽张角等采用原形试验方法对比甄别，从而确定了最优断面形式，
并与在二期研究中运用银河计算机系统进行数值模拟分析得出的最优椭圆断面完全吻合。

EBLSC的双聚能槽管外壳材料采用聚氯乙烯和特殊添加剂做成，它具有密度大、易汽化的
特点。双聚能槽管外壳在缓冲峰值压力和增加爆破气体量两个方面上作用明显，可以起到保护
孔壁和增大聚能气刃效果的双重作用，双槽聚能槽管其材质密度高达 $1.8 \sim 2.0$，在高温作用下
其粒子射流虽然比金属粒子射流略差，但比普通炸药气体射流具有更高的做功能力和切割能
力。通过专用装置等技术手段实现了"完全对中"、"完全不耦合装药"，使聚能射流能准确沿
预裂面喷射，最大限度发挥聚能射流作用，从而实现聚能爆破与预裂爆破的有机结合，因此其
经济效果已经十分明显。

3.2.2　研发成功"双聚能预裂与光面爆破综合技术"及其施工工艺

研发成功"双聚能预裂与光面爆破综合技术"及其施工工艺。采用椭圆双极线性聚能结
构和对中装置实现了EBLSC的"完全不耦合装药"并能确保聚能射流沿预裂（光面）爆破面
发挥气刃作用的"完全对中"，以及研究解决了装药及引爆技术实现了"双聚能预裂与光面爆
破综合技术"的生产性应用和突破性发展。

双聚能槽管采用耦合、连续装药形成EBLSC，通过对中装置使EBLSC对于炮孔则为"完
全不耦合装药"。双聚能槽管标准长度为3m，并且配有连接套管和孔口及孔内对中环使之达到
聚能对中的目的，它确保每个炮孔的聚能槽能够处在一条直线上，所有炮孔的聚能槽能够处在
同一个面上并且与预裂（光面）爆破面完全吻合，因此EBLSC爆破后能够自下而上沿全炮孔

聚集爆破能量，而对中装置又使爆破能量按照指定的方向集中释放，这样就更有利于爆破应力波作用、高压气体的膨胀作用、聚能射流的气刃作用能够沿全孔上下同时充分发挥作用，使爆破孔距扩大 2～3 倍，由于爆破能量能集中释放，相应也就减小了对炮孔周边的爆炸压力初始峰值，加之面装药密度的大幅度减少，爆炸对炮孔的破坏作用得到有效的控制。因此 EBLSC 爆破技术，不仅扩大了爆破孔距而且大大提高了保留岩体的稳定性，可广泛应用于各种工程爆破中的轮廓控制爆破施工。

　　"双聚能预裂与光面爆破综合技术"及其施工工艺是确保采用 EBLSC 顺利进行预裂（光面）爆破并取得理想效果的关键。根据试验成果和生产实践经验我们制定了成熟可靠的"双聚能预裂与光面爆破综合技术施工工法"，2008 年 3 月该工法已被住房和城乡建设部审批为国家一级工法［YJGF 078—2006（一级）]（如图 12 所示），同时获发明专利（ZL 200710034494.5），该专利 2010 年获第 12 届中国专利优秀奖（如图 13 所示）。

图 12　《双聚能预裂与光面爆破综合技术施工工法》证书
Fig. 12　"Double cumulative presplitting and construction technique of smooth blasting method" certificate

图 13　中国专利优秀奖奖牌
Fig. 13　Chinese patent award medals

"双聚能预裂与光面爆破综合技术"具有同类技术无可比拟的技术经济指标：比普通预裂爆破可增大孔距 2~3 倍，保留岩体声波衰减小于 5%，残留半孔率提高 10%~20% 并且没有次生裂隙，单位面积造孔量、单位面积能源消耗、单位面积装药量都降低了 50%~65%，单位面积预裂（光面）爆破成本降低了 50%~55%，是目前最为环保节能的低碳、高效、经济的轮廓控制爆破施工新技术。

由于其技术经济指标均为国际领先水平，因此"双聚能预裂与光面爆破综合技术"2010 年已被住房和城乡建设部作为"建筑业 10 项新技术（2010）"在全国推广应用，具有很好的社会经济效益。这些技术经济指标是迄今为止国内外的同类技术无法比拟的[10~12]。

3.2.3　提出瞬时爆轰论

通过银河计算机系统完成了 EBLSC 的数值模拟计算，取得了与采用不同的国外软件进行数值计算得出的基本一致的研究成果，并在施工现场利用压电传感器测量正在推广应用的 EBLSC 射流和非射流方向的应力波，以及聚能效应的原型观测、爆速变化测定、裂缝展开宽度测定等一系列验证试验。

众所周知炸药爆轰过程非常短促，普通工业炸药爆速为 3200~5500m/s，EBLSC 短轴为 22mm，全断面爆轰时间只需 $(4.00~6.87)\times10^{-6}$s，即爆破瞬时发生，因此可按"瞬时爆轰假说"（（1）爆轰过程瞬时发生故与药柱起爆点无关；（2）爆轰过程来不及发生热交换故无能量损失；（3）爆轰产物的飞散遵循"等距离面组"规律。）建模，采用计算机数值模拟分析得出了 EBLSC 的"药柱引爆与起爆点的位置无关、爆破能量分配影响爆速、聚能结构决定聚能射流效应产生、聚能药管及其密度对爆破效果有重大影响"等聚能爆破新理论。突破了"普通工业炸药以及没有金属聚能罩不能产生聚能射流"的传统理论。

在四川泸定水电站碾压平整密实渣场用 ϕ25mm 圆柱形药柱(装药截面 4.90cm²)和双聚能槽药柱(装药截面 4.73cm²)的爆破对比试验充分证明了这一新理论的正确性，如图 14 和图 15 所示。

图 14　ϕ25mm 圆柱形药柱（截面 4.90cm²）渣面上只留下爆破痕迹，无刻痕

Fig. 14　25 cylindrical grain（section 4.90cm²）diagram of blasting effect in rock face（leaving only traces without blasting notch）

图 15　双聚能槽药柱（截面 4.73cm²）渣面上留下 6.9mm 宽、6.4mm 深的刻槽

Fig. 15　EBLSC（section 4.73cm²）diagram of blasting effect in rock face（leave groove 6.9mm wide, 6.4mm deep）

计算机数值模拟分析也给出了 EBLSC 爆破后聚能射流形成过程及其运动形态。

按照上述瞬时爆轰假说建模得出的新聚能爆破理论为现场验证试验和工程实践所证实。

在此基础上秦健飞在《工程爆破》2009 年 03 期发表的《双聚能槽药柱的研究与应用》学

术论文中，在总结采用瞬时爆轰假说分析聚能预裂爆破得出的结论与采用"双聚能预裂与光面爆破综合技术"作预裂爆破的实施效果完全相符的基础上首次提出建立"瞬时爆轰论"（即基于瞬时爆轰的 EBLSC 爆炸力学模型分析理论）。之后又在第 9 届西班牙国际爆破破岩学术会议的论文《Study and Application of Elliptical Bipolar Linear Shaped Charge》中再次提出建立"瞬时爆轰论"等有关 EBLSC 的聚能预裂爆破理论[13~15]。

按照瞬时爆轰论进行数值计算可求解 EBLSC 的最优理论装药的结构参数，恰好与工地试验得出的最优断面十分吻合。数值模拟分析还进一步表明 EBLSC 有 41.2% 的装药产生聚能效应。

传统的聚能爆破理论认为只有采用高能炸药和金属聚能罩材才能产生聚能效应。而事实证明采用普通工业炸药充填高密度 PVC 双聚能槽管成形 EBLSC 进行爆破时同样能形成良好的聚能效应。这与利用"瞬时爆轰论"建模进行数值模拟分析得出的结论完全吻合，也为现场原形验证试验充分证实，并且在实际工程爆破应用中取得了圆满成功。

"瞬时爆轰论"突破了传统的聚能爆破理论，丰富了岩石断裂力学理论。为聚能爆破应用于预裂（光面）爆破奠定了理论基础[16]。

3.2.4　研发成功小直径乳化炸药装药机

双聚能槽管可以采用人工或者机械装药。粉状炸药可以采用锥形容器直接灌装,乳化炸药全管装药必须采用装药机装药。由于"双聚能槽管"的直径小，装药面积仅有 4.73cm²，其管内最大间隙只有 18.0mm，我国目前只有少数炸药生产厂家才有国外进口的乳化炸药灌注设备，迄今为止还没有国产移动式小直径的乳化炸药灌注设备，世界上最先进的移动式乳化炸药灌注设备不仅价格高昂达几百万元人民币一台，最关键的是不能解决小直径药管的灌装问题，特别是难以实现对小直径的双聚能槽管的装药，也难以实现在施工现场灵活移动装药。"双聚能槽管"的装乳化炸药装药成为制约该项技术推广应用的瓶颈，研发装药机成为无法避让的科研课题。历经多次改进研发的定型产品 SJNZYJ 型乳化炸药装药机完全满足了这种小直径双聚能槽管的装药要求。该机结构简单，移动、操作方便，自动控制系统安全可靠，装药机结构如图 16 所示，实物如图 17 所示。装药机的研发成功填补了我国移动式小直径乳化炸药装药机的空白，获得国家三项专利。乳

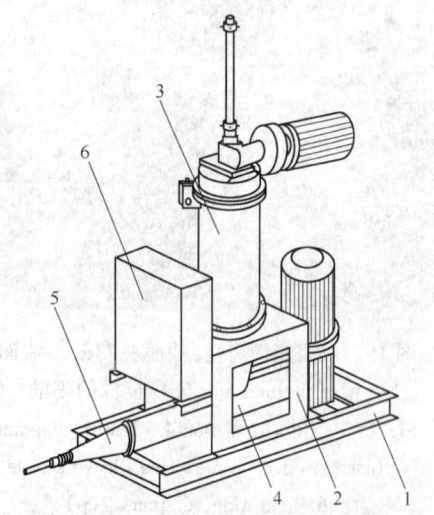

图 16　SJNZYJ 型乳化炸药装药机结构示意图
1—机座；2—支承架；3—药罐加压系统；4—乳化炸药
给药系统；5—乳化炸药出药系统；6—电气控制系统
Fig. 16　Schematic diagram of the structure of
SJNZYJ type emulsion explosive filling machine

图 17　SJNZYJ 型乳化炸药装药机实物图
Fig. 17　The physical map of SJNZYJ type
emulsion explosive filling machine

化炸药装药机的研发成功也为推广应用"双聚能预裂与光面爆破综合技术"提供了广阔的前景。

3.2.5 成功验证聚能效应为混凝土爆破拆除提供了新的理论依据

数值模拟计算表明在聚能射流方向的压力最大值是非聚能射流方向的压力最大值的十倍以上，这说明 EBLSC 的确存在明显的聚能效果。在四川江油武都引水工地采用压电传感器对岩石介质中的爆炸应力做了测量，测量结果与计算机数值模拟分析成果十分吻合，长江科学院计算机数值仿真分析也给出了相同的时程曲线。

总结分析原型爆炸应力压电传感器测量结果，得出了 EBLSC 在聚能射流方向和非聚能射流方向对爆破孔壁压力存在悬殊的差别。由于 EBLSC 爆破时在非聚能射流方向对爆破孔的孔壁压力只有 9MPa，远未达到混凝土的破坏强度，爆破不会对混凝土造成危害，因此可以保护混凝土避免爆破造成的伤害，为混凝土零距离的爆破拆除提供了新的理论依据。

4 双聚能预裂与光面爆破综合技术的推广应用

由于双聚能预裂与光面爆破综合技术具有无可比拟的先进技术经济指标，目前双聚能预裂与光面爆破综合技术已在全国建筑行业特别是水利水电施工中得到了广泛的推广应用，并有取代普通预裂爆破的趋势，如图18~图24 所示。

图 18 溪洛渡水电站双聚能预裂爆破施工现场
Fig. 18 EBLSC blasting construction site photos unloading in Xiluodu Hydropower Station

图 19 溪洛渡电站强卸荷带强风化玄武岩 15m 梯段孔距 2.0~2.5m 双聚能预裂爆破面
Fig. 19 EBLSC blasting face photos of strong zone, weathered basalt (15m step hole distance 2.0~2.5m) in Xiluodu Hydropower Station

图 20 小湾水电站微风化花岗岩 15m 梯段双聚能与普通水平预裂爆破对比
Fig. 20 Blasting effect comparison photos of EBLSC with the conventional horizontal presplit in Xiaowan Hydropower Station Weathered granite (15m step)

图 21 小湾水电站微风化花岗岩双聚能预裂爆破残留半孔特写镜头
Fig. 21 EBLSC residual half hole close-up of weathered granite in Xiaowan Hydropower Station

图 22　彭水砂石料弱风化石灰岩采场
12m 梯段双聚能预裂面

Fig. 22　EBLSC renderings of sand and stone the
weakly weathered limestone quarry（12m step）
in Pengshui Hydropower Station

图 23　彭水弱风化石灰岩开采场双聚能
预裂最大孔距达 3.1m

Fig. 23　EBLSC renderings of sand and stone the
weakly weathered limestone quarryin Pengshui
Hydropower Station（maximum pitch of 3.1m）

图 24　江苏溧阳抽水蓄能水电站下库强风化砂岩 2.5m 孔距双聚能预裂爆破面

Fig. 24　EBLSC blasting face of strong weathered sandstone reservoir（2.5m pitch）
in Jiangsu Liyang Pumped Storage Hydropower Station

5　结语

预裂（光面）爆破发展至今，"双聚能预裂与光面爆破综合技术"作为当今最先进的轮廓控制爆破技术已经在全国逐步得到推广应用。学术界正在逐步了解"双聚能预裂与光面爆破综合技术"，工程界正在逐步推广应用"双聚能预裂与光面爆破综合技术"。相信它取代现今的普通预裂（光面）爆破技术已为期不远了。

推广应用"双聚能预裂与光面爆破综合技术"将给企业带来巨大的社会经济效益并促进轮廓控制爆破技术的发展与进步。

参 考 文 献

[1]　潘井澜，梁伟东．预裂爆破技术的发展[J]．金属矿山，1996(9)：12~14.
[2]　顾毅成．从光面（预裂）爆破的应用谈爆破技术的进步与发展[J]．铁道工程学报，2010(1)：79~83.
[3]　张振宇，等．现代水利水电工程爆破[M]．北京：中国水利水电出版社，2003.
[4]　彭庆明．自锻破片战斗部设计方法的讨论[C]//第四届侵彻会议文集．陕西：国兵工学会弹药分会，1984：41~50.

［5］ 刘第海，文德钧，佟锦裂. 聚能预裂爆破技术［J］. 爆破，2000，17：92~96.

［6］ 冯正亚. 聚能效应在预裂爆破中的初步应用［C］//全国第三届水利水电爆破工程会议交流资料，1991.

［7］ 秦健飞. 聚能预裂（光面）爆破技术［J］. 工程爆破，2007，13(2)：19~24.

［8］ Qin Jianfei. The Technology of Concentrated Energy Presplit Blasting［C］//Wang Xuguang APS Blasting 1 NEW DEVELOPMENT ON ENGINEERING BLASTING. Beijing：Metallurgical Industry Press，2007：142~148.

［9］ Qin Jianfei. The using of Concentrated Energy Explosive in Presplit Blasting［C］// Proceedings of The 2nd International Conference on Explosives and Blasting. 2007，9：59~75.

［10］ 秦健飞. 双聚能预裂与光面爆破综合技术［J］. 采矿技术，2007，7(3)：58~60.

［11］ 秦健飞. 双聚能预裂与光面爆破新技术评析［J］. 水利水电施工，2008(1)：17~22.

［12］ 秦健飞，秦如霞. 双聚能槽药柱的研究及其应用［C］//中国爆破新技术Ⅱ. 北京：冶金工业出版社，2008：215~219.

［13］ 秦健飞，秦如霞，李必红. 双聚能槽药柱的研究与应用［J］. 工程爆破，2009(03)：74~78，87.

［14］ Qin J F，Qin R X，Li B H. Study and Application of Elliptical Bipolar Linear Shaped Charge［C］//FRAG-BLAST 9 ROCK FRAGMENTATION BY BLASTING，2010：165~170.

［15］ 秦健飞，等. 双聚能预裂与光面爆破综合技术［M］. 北京：中国水利水电出版社，2014.

［16］ 杨仁树. 关于第五届中国工程爆破协会科学技术奖评审结果的汇报［J］. 中国工程爆破协会通讯，2010(66).

爆破技术在三峡工程建设中的应用

李晓虎　张　艳

（葛洲坝易普力股份有限公司，重庆，401121）

摘　要：本文介绍了三峡水利枢纽工程开挖各过程中所采用的爆破技术，如土石方开方主要采用的露天台阶深孔爆破技术；升船机及临时船开挖以及永久船闸建基面等采用的预裂（光面）爆破技术；地下电站建设开挖采用的地下爆破技术；三峡工程引水道水下清淤、工程水下开挖等采用的水下爆破技术；三峡三期 RCC 围堰等采用的爆破拆除技术。同时提出了水电工程爆破应注重的技术问题。

关键词：三峡工程；露天台阶爆破；预裂（光面）爆破；地下爆破；水下爆破；拆除爆破

Review on the Blasting Technology in the Application of the Three Gorges Project Construction

Li Xiaohu　Zhang Yan

（Gezhouba Explosive Co., Ltd., Chongqing, 401121）

Abstract：The adopted blasting technologies of excavation have been comprehensively introduced in the Three Gorges water conservancy hub project, such as conditions excavation mainly adopted open step deep hole blasting technology; the pre-splitting blasting (smooth) on the ship lift and temporary ship excavation and foundation surface for the permanent ship; The underground blasting technology for underground power station construction; The Three Gorges project derivation underwater dredging, underwater blasting technology adopted in the underwater excavation engineering; Third period RCC cofferdam of Three Gorges with blasting demolition technique. At the same time the water and electricity engineering blasting technical problems that put forward should be pay attention.

Keywords：the three gorges project; open-air bench blasting; pre-splitting (smooth) blasting; the underground blasting; the underwater blasting; demolition blasting

1　工程概况

1993 年开工、2009 年完工的世纪工程——三峡水利枢纽工程规模巨大而又技术复杂，历时 16 年，分三个阶段逐步建成大坝、电站和通航建筑物，其主体建筑土石方挖填量达 1.34 亿立方米，使用了各种爆破技术。葛洲坝易普力公司承接了三峡工程约 80% 的爆破工程施工，探索和积累了丰富的爆破经验，取得了一些成就[1,2]。

李晓虎，95667929@qq.com。

三峡主体工程包括大坝电站厂房永久船闸、临时船闸和升船机等，施工区域岩石为闪云斜长花岗岩，分为全强风化带、弱风化带和微新岩。全风化带岩石开挖等级小于 V 级，强风化带岩石开挖分级为Ⅵ级，弱风化带岩石开挖分级为Ⅺ级，其极限抗压强度为 100～140MPa，微风化带岩石开挖分级为Ⅻ级，其极限抗压强度为 140～160MPa。主体工程石方开挖总量约 1 亿多方，其中大坝电站约占 30%，导流工程约占 16%，通航建筑物占 54%。

2 露天台阶爆破

三峡水利枢纽土石方开挖工程量大，露天台阶梯段爆破是三峡水利工程坝基及边坡开挖的主要爆破方式[3,4]。易普力公司承担了约 80% 的爆破工程量，在国内水电领域首次使用乳化炸药混装车应用技术，对保障三峡工程施工进度起到了至关重要的作用。大幅度的提高了工程爆破作业效率和规模，在露天台阶爆破方面做出了示范。

3 预裂（光面）爆破

在三峡主体工程石方开挖总量中，涉及的预裂面积超过 200 万平方米。在采用钻爆法开挖的周边爆破需采用预裂或光面爆破。三峡永久船闸建基面面积大、施工强度高，手风钻水平光面爆破法开挖垂直保护层施工技术的优越性得到了充分发挥[5]。

一般来说，国内对水平及缓坡建基面保护层岩石开挖主要有三种方法：一是传统的斜孔分层爆破开挖法，这种方法费时费工，效果亦较差；二是应用的孔底设柔性垫层小梯段一次爆破法，用这种方法开挖出的建基面平整度差，将造成较大的超挖；三是水平预裂法，由于其应用的局限性，少见其他工程推广应用，但以上三种方法用于三峡船闸底面保护层开挖均不理想。

在永久船闸开始施工前，我公司进行了保护层一次爆破法试验，并不断试验改进、完善，探索出水平光面爆破法。对二者进行对比，证明后者效果优于前者。经业主及监理工程师批准，决定在永久船闸底部保护层开挖中全面采用水平光面爆破法。水平光面爆破效果主要取决于光爆孔钻孔精度及爆破参数的合理选定。我们在三峡永久船闸进行了百次以上的水平光面爆破，证明这是一种爆破效果良好的水平建基面保护层爆破方法。建基面上残留半孔率达 90%以上，岩面不平整度在 20cm 以内，声波测试基岩影响深度未超过 30cm。

三峡工程举世瞩目，永久船闸基岩的直立开挖及边坡稳定被称为"世界级难题"。我公司承担了其中最为艰巨的 68.5m 深槽开挖任务。在四年多的施工中（包括船闸引航道开挖在内），不断总结经验，在爆破技术上有所创新。

4 地下爆破

三峡地下电站，相当于 1.5 个葛洲坝水电站，隐藏于大坝右岸"白石尖"山体内，主要建筑物分为引水系统、主厂房系统、尾水系统三大部分[6]。

4.1 引水系统

三峡右岸地下电站引水隧洞共 6 条，平行布置，单机单洞引水，不设调压室，洞直径 13.50m，开挖断面直径 15.5m，单洞轴线长 244.64m。

引水洞工程开挖包含平洞及斜井开挖。开挖钻爆方式以掏槽掘进爆破方式为主。在洞挖掘进过程中遇Ⅲ类围岩及地质缺陷段时，采用"短进尺、多循环、弱爆破"的施工方法。

4.1.1 掏槽形式

施工支洞一般采用楔形掏槽，控制爆破部位采用直眼掏槽，为确保循环进尺，掏槽孔及底板孔超钻掘进进尺30cm左右。

4.1.2　钻爆参数选择

（1）支洞及预留岩塞钻爆应采用有效减振措施，周边密集空孔降振措施，钻孔孔径为42mm，孔间距取20～30cm，密集空孔可作为后期扩挖爆破的轮廓爆破孔利用，也可为预裂孔先行爆破施工，减振孔孔深超深爆破孔不小于30cm，周边减振孔应在同断面爆破开挖前施工完；掏槽形式采用大孔径桶形掏槽或单楔形掏槽方式；扩挖时，崩落孔采用宽孔距小排距布置（(0.8～1.5)m×(0.6～0.8)m）。

（2）平洞开挖。钻孔孔径为 ϕ42mm，孔深3.0m，光爆孔孔距，炸药为乳化炸药，掏槽孔药卷直径为 ϕ32mm，耦合装药，扩挖光爆孔及周边光爆孔炸药直径为 ϕ25mm，不耦合间隔装药。起爆采用非电毫秒雷管和导爆管，光爆孔孔内采用导爆索引爆。

（3）引水隧洞斜井第一次扩挖采用垂直斜井轴线扇形布孔，孔口距0.7m，孔底距1.1m，排距选0.7m；第二次扩挖垂直开挖断面沿斜井轴线平行布孔，周边采用轮廓爆破，孔间距不大于0.5m，崩落孔采用宽孔距小排距布置（(0.8～1.5)m×(0.6～1.3)m）。

4.1.3　装药结构和起爆方式

各断面周边孔或光爆均采用小药卷空气间隔不耦合装药结构。其线装药密度为120～180g/m，炮孔堵塞长度不小于50cm。

爆破孔（或崩落孔）采用柱状连续装药，孔与孔之间采用高段别微差爆破网路进行连接，相邻排之间间隔时间不宜小于25ms，相近的导爆管集成一束，每束导爆管不超过20根，各束之间用同段导爆管进行连接，外用电雷管引爆。

4.2　地下厂房

与普通的地面水电站不同，地下电站的施工要多出一道工序，就是开凿容纳发电机组的地下洞室。开凿过程要从上到下进行，首先从天花板开始施工，一层一层往下开凿，每层高约10m。全部开挖完后，主厂房长311.3m，高87.24m，跨度为32.6m，足有29层楼高，整个地下电站土石开挖量达146万立方米，按高度1m计算，可铺满215个标准足球场。

地下厂房开挖采用先中导洞开挖进深10m后，按上、下游边洞错距开挖的方法开挖顶拱，再分梯段逐层下挖，逐层支护；高程72.5m以下梯段开挖先抽槽、后两侧保护层，抽槽开挖采用手风钻平台钻孔作业、孔间微差V形爆破网路起爆，保护层采用手风钻钻爆、光爆成型。

4.3　尾水系统

尾水系统包括尾水隧洞、阻尼井及通风廊道。尾水隧洞为一机一洞布置，共有6条尾水洞，变顶高尾水隧洞形式。6条尾水洞采取平行布置，与主厂房纵轴线夹角80°，并偏向河床侧，轴线间距37.72m。阻尼井采用单机单井布置，位于尾水洞轴线正上方，其中心距机组中心78.5m，井筒为圆形，开挖直径9m，顶拱高程96.0m，在其上部高程90m布置有通风廊道，连接6个阻尼井，并通向右岸电站厂房的厂前区，出口高程为82.0m。通风廊道为城门洞形，开挖断面尺寸为5.0m×5.0m（宽×高），壁面喷护10cm厚混凝土，底板浇注20cm厚混凝土。我公司对6条尾水洞将进行间隔、分层、分序开挖。

4.3.1　顶拱层开挖

尾水洞第一层为顶拱层，高差8m。顶拱层从断面上分两个工序掘进，第一序为中间先导洞，然后进行两翼侧墙开挖。先导洞断面6.5m×8.0m（宽×高），楔形掏槽爆破，顶拱光面爆破成型。钻孔孔径为 ϕ45mm，孔深4.2m，周边孔采用 ϕ25mm炸药，不耦合间隔装药；其余

炮孔采用 φ32mm 药卷耦合连续装药。采用非电毫秒雷管和导爆管爆破，光爆孔采用导爆管传爆，起爆采用电雷管。

4.3.2　尾水洞第二～四层梯段开挖

为保护尾水洞中间部位的岩墙，降低梯段爆破对保留中隔墙的冲击振动，减少超、欠挖工作量，尾水洞第二～四层梯段开挖将采取两侧预留 2～3m 作为光爆区，底板上部预留2.0～4.5m 作为保护层开挖，中间部位采取分层梯段爆破方式开挖。在梯段开挖前，先在光爆区与梯段爆破区之间布置一排预裂孔，在预裂爆破后才能进行中间部位的梯段开挖。

4.3.3　保护层爆破施工

尾水洞保护层包括侧墙预留保护层和底板保护层，都采用光面爆破控制技术进行开挖施工。

（1）侧墙光面爆破。侧壁光爆层采取 Y26 手风钻钻垂直孔，孔径42mm。边墙预留保护层光爆孔孔深 3m，孔间距取 0.6m，外侧辅助爆破孔孔径42mm，间距 1.2m，排距 1.0m 左右。

（2）底板保护层光面爆破。底板保护层采用水平光爆、辅以垂直浅孔梯段爆破相结合的施工方法进行开挖。底板预留保护层厚 2.0～4.5m，水平光爆孔间距为 0.6m，孔深约 3.0m，其上部布设垂直爆破孔，孔间距 1.2m，排距 1.0m。水平保护层开挖时应先抽槽形成工作槽，在槽内用手风钻沿建基面造光爆孔。

4.3.4　阻尼井及通风廊

（1）阻尼井通风廊道采取全断面开挖成型、支护跟进的施工方法。通风廊道采用 YTP-28 气腿式钻机造孔，配合人工装药。孔径 φ42mm，孔深 3.5m，掏槽孔和崩落孔采用 φ32mm 乳化炸药、连续耦合装药；周边孔采用直径 φ25mm 乳化炸药，间隔不耦合装药。采用非电起爆网路，非电毫秒雷管和导爆管，导爆索传爆。

（2）阻尼井开挖采用 LM-200 反井钻机自上而下造 φ216mm 先导孔，反向安装扩孔钻头，自下而上扩孔成直径 φ1.4m 的导井。然后用 3.0t 卷扬机从上部采用吊篮，将人和设备送至下部，从下向上沿导井采用手风钻垂直壁面造爆破孔，将导井扩挖成直径为 3.9m 的溜渣井。爆破孔孔径为 φ42mm，孔深 1.2m，间距按 225°圆心角控制，上、下层排距 1.0m，单孔装药 1.50kg。然后自上向下采用手风钻从 90m 高程按 2.5m 分层向下爆破开挖，爆破孔采取与阻尼井轴线平行的同心圆垂直布置，爆破孔间距 1.0m，同心圆排距 76cm，周边孔间距 50cm，单位体积岩石消耗炸药 0.4～0.6kg。起爆采用电雷管，传爆采用非电毫秒雷管和导爆索。

钻孔爆破是地下工程传统的开挖方法，已有近 200 年的历史，钻爆法以其机动灵活、适应性强等长处，使其仍居于当今世界各国地下工程开挖主要的施工方法的地位。在三峡地下电站开挖施工中，主要仍然采用钻孔爆破施工。由于在爆破设计中选用了较为科学合理的爆破参数，洞挖质量较好，半孔率达到 90% 以上，爆破施工质量满足了设计要求。

5　水下爆破

在三峡水利工程施工中，有很大一部分施工项目需要在水下进行爆破施工作业，如三峡工程临时船闸引水道水下清淤、隔流堤基础清淤工程施工、工程水下开挖（包含水下岩石开挖、二期航道工程、二期围堰拆除等）以及三峡工程三期截流拦石坎和导流明渠截流垫底爆破开挖等[7]。

以三峡水利工程中的关键项目土石围堰体以及基础防渗墙爆破施工为例，其施工特点为工期短，施工强度高，墙体穿过的地层条件复杂，深水抛填风化砂和砂砾石堰体及其基础的淤砂层，填料松散、密实度差，造孔过程中，槽孔壁极易坍塌失稳；全强风化带中包裹有块球体，岩质坚硬，块体不规则；墙底弱风化岩体坚硬，嵌岩造孔困难。为加快防渗墙施工进度，确保施工进度及安全要求，针对围堰防渗墙槽孔硬岩，主要采取水下综合控制爆破技术措施，以提高造孔成槽钻进强度，确保成墙施工质量。为此，在进行槽孔水下控制爆破设计时，采用孔内水下钻孔爆破以及聚能水下定向爆破。

5.1　孔内水下钻孔爆破

水下钻孔爆破技术，在国内水电建设中，已有成熟的经验。成槽造孔过程中，对孔底遇到大孤石和嵌岩时，选用岩芯钻或跟管钻在岩石中钻孔，再将普通爆破筒下人孔内爆破，将槽孔范围内的孤石或硬岩破碎成粒径小于 30～40cm 的碎块。

结合水利水电工地的实际情况，确定槽孔内水下钻孔爆破的技术参数：钻孔孔径 d 为 90～100mm 较为合适。在三峡采用 100 型钻机，钻孔配 90mm 金刚石钻头，下置 127mm 套管钻孔爆破；或引用进口液压跟管钻机钻孔。而确定钻孔间距的原则是：要使两个钻孔间距中点处孤石的破碎宽度等于 1.5～2.0 倍的槽孔宽度；水下钻孔爆破炸药装入硬质塑料管爆破筒内进行爆破。

5.2　水下聚能定向爆破

水下聚能爆破 20 世纪 90 年代在国内部分防渗墙施工中（如水口）也有较成熟的经验，应用此方法占压的直线工期较少，特别是埋深在较密实的砂砾石或砂卵石中的大孤石进行槽内爆破，对地层的原状结构破坏较小但对独立的孤石群，存在着槽壁坍塌或大面积漏浆的风险。

实践证明：当药包在具有一定形状、一定凹槽的情况下爆炸时，将在凹槽的轴线方向产生聚能作用。此时，药包爆炸的总能量虽并没有增加，但却可以使爆炸能量积蓄、汇合，并集中在一定的方向上。因此，它的爆破威力比一般爆破的威力要大许多倍，而且具有较强的穿透能力。当聚能药包紧贴障碍物时，爆破后的穿孔深度取决于药包的直径。

根据一期围堰防渗墙施工实践经验，要求：（1）主孔内聚能爆破，破坏桶装药量 $Q \leqslant 8kg$；（2）副孔内聚能爆破，$Q \leqslant 5kg$。根据试验结果，爆破筒聚能凹槽的形状以圆锥形聚能效果最好，锥底直径应力求与药柱底端的直径相接近；锥形顶角又以 45°～55° 为好，凹槽底板宜使用厚度为 0.75～1.0mm 的钢板壳。

5.3　水下爆破器材选取

为确定围堰防渗墙施工深槽水下爆破火工材料选型，并进一步检验不同厂家炸药、起爆器材在深水条件下的抗水、耐压等性能，同时检验在深水压力作用下，火工材料能否正常引爆。值得一提的是在三峡三期上游 RCC 围堰爆破中，要求炸药在 50m 深水下浸泡 7d 后，爆速大于 4500m/s，爆力大于 320mL，猛度大于 16mm，传统的混装炸药性能不能满足这些要求。在汪旭光院士的悉心指导下，易普力公司经过多次室内外试验，研制成功了高爆速、高威力、高抗水性能并便于长距离多次泵送的混装乳化炸药，炸药在 50m 深水下浸泡 7d 后爆速 5460m/s，爆力 346mL，猛度 18.6mm，同时也刷新了世界同类混装炸药性能指标的纪录。

水深深度决定了水下爆破的特点，其施工难度大，装药、堵塞与联网的施工必须认真解决这种水下爆破带来的问题，尤其要解决好防水耐压、防水击波破坏、施工组织这几个难题。而三峡工程水下爆破经过长时间的探索总结，研究出的高威力防水混装乳化炸药研制技术、混装乳化炸药的输药与爆破器材转运技术、防水的装药施工技术、新型的堵塞爆破施工技术、快速蓄水的爆破施工技术等大大提高了我国水下爆破的技术水平。

6　拆除爆破

围堰是水利工程中的一种临时挡水建筑物，通过将河床截断保证建设物在干地施工。三峡工程12年建设期间，包括即将爆破的围堰在内，共建筑了三期围堰，这些临时建筑为工程建设立下汗马功劳。

在三峡工程三期围堰建设过程中，施工难度越来越大。一期土石围堰最大堰高42m。二期围堰是深水高土石围堰，堰高近90m，施工水深达60m。三期上游围堰全长580m，堰顶高程140m。在其建设过程中，三峡围堰创造了多项"世界之最"。

而我公司担任的令爆破界多年瞩目的三峡三期RCC围堰拆除爆破工程于2006年6月6日16：00时成功爆破。这次爆破的拆除方量为18.6万方，总炸药用量191t，雷管总数2506发，总爆破延时12588ms（首孔起爆时间为300ms，尾孔起爆时间为12888ms），总段别为959段，最大单段药量为690kg，在世界围堰拆除史上创造了拆除爆破方量最大、炸药消耗总量最多、起爆分段数量最大的三项历史记录。

三期RCC围堰爆破是成功的，在围堰爆破拆除中具有以下创新点：

（1）拆除理念的创新。在围堰施工时就考虑如何拆除，把将来的围堰爆破拆除施工方案融入到围堰的施工建设中，预埋了爆破所需的药室和炮孔，减少了围堰爆破拆除的施工难度和工作量。

（2）围堰爆破拆除方案的创新。以往的围堰拆除大多采用钻孔爆破炸碎法，而三期RCC围堰充分利用堰前的临空条件，采用预埋药室洞室爆破倾倒方案，在围堰拆除工程中是一大创新。

（3）爆破有害效应控制技术的创新。首次采用最先进的数码雷管，精确控制炸药的起爆时间，实现干涉降振；采用气泡帷幕技术，削减爆破水击波。把爆破有害效应控制在安全允许范围内，确保周围建筑物的安全。

（4）混装炸药应用的创新。研制的新配方混装炸药经受了深水、长时间浸泡的考验，并解决了长距离炸药输送、二次泵送的难题，取得了满意的爆破效果。

7　结语

三峡工程自开工以来，完成土石方开挖1亿多立方米，使用了大量的爆破器材。各种爆破技术如露天爆破、水下爆破、地下爆破、隧道爆破、硐室爆破、拆除爆破、预裂爆破、光面爆破等在三峡工程中均得到了广泛应用和发展。葛洲坝易普力股份有限公司也发展为集民用爆炸物品生产、销售、工程爆破服务为一体的专业化公司，拥有各类工业炸药年生产许可能力20万吨，8条连续自动化工业炸药生产线，在全国12个省、市、自治区设有现场混装炸药车作业点，市场涵盖大型水电、核电、火电、机场等国家重点基础建设工程和大型矿山爆破开采项目，达到国内外爆破技术一流水平。

参 考 文 献

[1]　段明，冯武平，王清华．乳化炸药混装车在三峡工程中的应用[J]．工程爆破，1996．
[2]　王清华，宋领．乳化炸药混装车水孔爆破的优越性[J]．爆破器材，2002，31(5)：10～12．
[3]　冯武平，詹建华，徐勇军．混装车技术应用于三峡二期工程临近保护层开挖爆破技术研究[J]．爆破，2004，21(2)：46～47．
[4]　江小波，饶辉灿，向华仙，等．三峡三期下游围堰爆破拆除起爆网路设计与可靠性分析[J]．工程爆

破，2007，13(3)：68～72.

[5] 李祥金，李书碧. 三峡工程二期围堰混凝土防渗墙控制爆破拆除技术[J]. 爆破，2003，20(3)：36～39.

[6] 赵根，吴新霞，陈敦科，等. 数码雷管起爆系统在三峡三期碾压混凝土围堰拆除爆破中的应用[J]. 工程爆破，2007，13(4)：72～75.

[7] 李宏兵，周桂松，刘小钧，等. 三峡 RCC 围堰爆破拆除堵塞施工综述[J]. 人民长江，2007，38(11)：66～67.

[8] 戴志清，张开广. 三峡右岸地下电站引水隧洞开挖控制爆破技术研究[J]. 水利发电，2005.

[9] 任生春. 三峡水利枢纽水下工程技术研究与实践[M]. 北京：中国水利水电出版社，2005.

[10] 张正宇，等. 中国三峡工程 RCC 围堰爆破拆除新技术[M]. 北京：中国水利水电出版社，2008.

建筑垃圾在水泥生产中的应用与实践

武连明　李传水

（枣庄金星集团，山东枣庄，277100）

摘　要： 枣庄市每年建筑垃圾产量达 350~400 万吨，而且每年以 5%~10% 的速度增长，且建筑垃圾的利用率不高。本文对枣庄市建筑垃圾组成和化学成分进行了分析，对在干法产生水泥线中，掺加建筑垃圾前后的水泥熟料的化学成分和主要物理性能进行了对比试验，同时对掺加建筑垃圾后的水泥产品的主要物理和力学性能进行了对比分析和研究。试验表明，在生料配料时和水泥粉磨时掺入一定比例建筑垃圾，不会对水泥熟料和水泥产品的物理力学性能产生不良影响。通过对枣庄市滕州（义乌）真爱商城拆迁项目中建筑垃圾全部用于生产水泥的应用分析，建筑垃圾用于干法产生水泥能够取得良好的经济效益和社会效益。

关键词： 建筑拆除垃圾；再生利用；水泥熟料；水泥；干法水泥生产线

Application and Practice of Construction Waste in Cement Production

Wu Lianming　Li Chuanshui

（Zaozhuang Jinxing Company，Shandong Zaozhuang，277100）

Abstract： The construction waste output reached 350~400 million tons in Zaozhuang city every year, and utilization rate of construction waste is not high. This paper analyzes the composition and chemical compositions of construction waste in Zaozhuang city, the dry process in the cement production line, the contrast tests of chemical composition and main physical properties of cement clinker were conducted, before and after the incorporation of construction waste. At the same time, compared and analyzed the main physical and mechanical properties of cement product mixed with the construction waste. Experiments show that, in the raw ingredients and cement powder are mixed with a certain proportion of construction waste, without adverse effect on the physical and mechanical properties of cement clinker and cement products. Based on the application analysis of all construction waste of Zaozhuang Tengzhou (Yiwu) Mall demolition project to produce cement, construction waste is used to produce cement to achieve good economic and social benefits.

Keywords： construction waste；recycling；cement clinker；cement；dry process cement production line

随着城市化进程的加快，城市改造和建筑工业的迅速发展，作为主要建筑材料的混凝土现在正以每年约 80 亿吨的速度消耗天然骨料。与此同时，一些老旧建筑物、构筑物、城市基础

武连明，高级工程师，zzjxbp@163.com。

设施的老化和服务年限的到期，使得越来越多的土木工程建设项目报废拆除，而产生大量的建筑拆除废料和垃圾。我国建筑垃圾的产量缺少权威的统计数据。据估计，目前中国城市固体生活垃圾存量已达 70 亿吨，其中建筑垃圾占 30% ~ 40%，可推算建筑垃圾总量为 21 ~ 28 亿吨，每年新产生建筑垃圾超过 10 ~ 15 亿吨。"建筑垃圾"中约 90% 是废砖瓦、渣土、散落的砂浆和混凝土等，只要搞好分类处理，绝大部分是可以重新利用的。在发达国家，"建筑垃圾"早就被誉为"看不见的金矿"、"放错地方的黄金"。

　　枣庄市每年产生的建筑垃圾数量约 350 ~ 400 万吨，而且每年以 5% ~ 10% 的速度增长。其再生利用率不到 20%，绝大部分露天堆放、填埋或者回填。枣庄市在建筑垃圾的再生利用方面做了一些探索，取得了很好的经济和社会效益。现就建筑垃圾在干法水泥生产线中的研究和应用做一点总结。

1　建筑垃圾的组成和化学成分

1.1　建筑垃圾的组成

　　建筑垃圾的来源多样，其成分比较复杂。对以废弃混凝土为主要成分的建筑物和构筑物，拆除后的混凝土可以加工成不同粒径的再生骨料，用于配置再生混凝土、垫层混凝土、道路基层材料以及其他混凝土制品。对于砌体结构，其主要成分为砖、瓦和混凝土等（如图 1 所示），由于其中含有的砖、瓦、土、砂浆较多，难以生产高质量的建筑材料。因此，将其用于新型干法水泥生产线中，用于生产水泥熟料是一个非常好的方法。

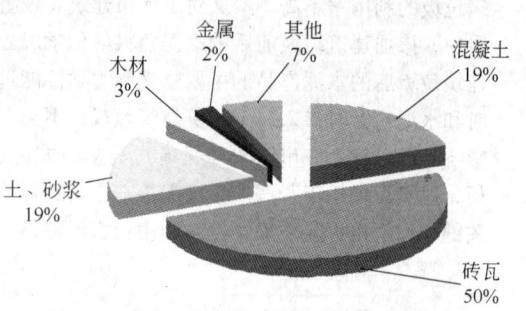

图 1　建筑垃圾的组成（砌体结构）

Fig. 1　Composition of construction waste（masonry）

1.2　建筑垃圾的化学成分

　　建筑垃圾主要含有钙、硅、铝、铁等成分，这些成分恰是硅酸盐水泥必不可少的成分。但是在新型干法水泥生产线中，建筑垃圾用于生产水泥熟料，对建筑垃圾的化学成分要求不能波动太大。为了进一步研究建筑垃圾的化学成分，我们在三个拆迁工程中随机取样做了建筑垃圾化学成分的分析，分析结果见表 1。从表 1 可以看出，不同地方的建筑垃圾，其化学成分的总体差异不大。

表 1　建筑垃圾的化学成分分析

Table 1　Chemical composition of construction waste　　　　　　　　（%）

项目	LOSS	SiO_2	Al_2O_3	Fe_2O_3	CaO	MgO	Na_2O	K_2O	碱	Cl^-
1	30.86	27.32	4.17	2.55	30.07	2.25	0.46	0.46	0.28	0.004
2	29.07	26.56	4.71	2.83	31.98	2.02	0.86	0.40	0.24	0.004
3	28.09	26.46	4.94	2.45	33.42	2.45	0.39	0.42	0.29	0.008

1.3　建筑垃圾的均化

　　为了减小建筑垃圾成分的波动对水泥熟料性能的影响，在新型干法水泥生产线中，可采用均化工艺有效措施对建筑垃圾进行均化处理。建筑垃圾均化处理工艺示意图如图 2 所示。

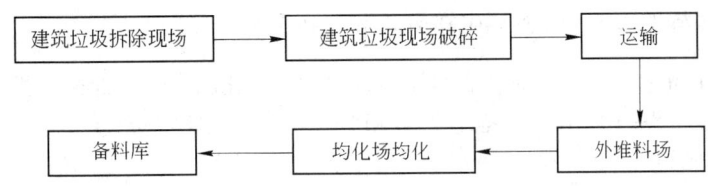

图 2 建筑垃圾均化工艺示意图

Fig. 2 Schematic diagram of construction waste homogenization process

为了验证均化效果,我们随机取样4份,对均化后的建筑垃圾的化学成分进行测试,测试结果见表2。从表2可以看出,经均化处理的建筑垃圾,其化学成分的波动性有所减小,完全满足水泥熟料的配料要求。

表 2 均化处理后建筑垃圾成分分析

Table 2 Composition of construction waste homogenization treatment （%）

样品编号	LOSS	SiO_2	Al_2O_3	Fe_2O_3	CaO	MgO	Na_2O	K_2O	Cl^-
1	26.74	28.88	4.52	1.98	33.12	2.25	0.73	0.58	0.031
2	28.92	30.12	4.26	1.56	31.13	2.28	0.81	0.62	0.026
3	27.91	29.78	4.26	2.15	30.64	2.37	0.79	0.66	0.026
4	28.62	30.15	5.03	1.35	31.02	1.98	0.82	0.66	0.028

2 建筑垃圾对水泥熟料性能的影响

2.1 建筑垃圾对水泥熟料化学成分的影响

我们对掺加建筑垃圾前后的水泥熟料进行化学全分析比对,结果见表3。对掺加建筑垃圾前后水泥熟料物理性能进行了对比试验,试验结果见表4。由表3和表4可知,掺加建筑垃圾前后水泥熟料化学性能和基本物理性能没有明显的改变,即建筑垃圾对水泥熟料的化学性能和基本物理性能没有带来危害。

表 3 掺加建筑垃圾前后的水泥熟料化学全分析

Table 3 The chemical composition of cement clinker before and after the addition of construction waste

（%）

项 目	LOSS	SiO_2	Al_2O_3	Fe_2O_3	CaO	MgO	Na_2O	K_2O	碱	Cl^-
掺加前	0.33	22.13	4.89	2.8	64.5	3.7	0.18	0.62	0.58	0.004
掺加后	0.42	22.40	4.88	2.85	64.25	3.66	0.20	0.70	0.66.	0.004

表 4 掺加建筑垃圾前后水泥熟料物理性能变化

Table 4 The Physical properties of cement clinker before and after the addition of construction waste

项 目	强度/MPa				凝结时间/min	
	3 天抗折	3 天抗压	28 天抗折	28 天抗压	初凝	终凝
掺加前	6.6	31.2	9.5	58.6	99	165
掺加后	6.6	30.8	9.6	58.5	102	170

2.2　水泥熟料试样的 XRD 分析、电镜分析和岩相分析

为了进一步了解掺加建筑垃圾前后水泥熟料的性能变化以及微观性征，我们借助 D/max—ⅢA 型衍射仪、KYKY—1000B 型扫描电镜和 XPF—500 透反射型偏光显微镜对水泥熟料进行全方面的研究。分析表明：

（1）掺加建筑垃圾前后，晶相水化产物主要是 $Ca(OH)_2$、碳化物 $CaCO_3$ 和 AFm（单硫型水化硫铝酸钙），以及未被水化的熟料矿物组分。除掺加建筑垃圾后水化样 AFm 早期生成量要大些，晶相水化产物主要矿物的峰值要高些外，别的没有明显的差别。

（2）随着水化天数的增加，未水化的熟料矿物大大减少，AFm 和 $Ca(OH)_2$ 有进一步增加，掺加建筑垃圾后水花样的峰值要高于增加建筑垃圾前的水花样。可见，掺加建筑垃圾后的早期水化程度要大于掺加建筑垃圾前的，随着龄期的增长差别逐渐减小。

（3）掺加建筑垃圾后水泥熟料的岩相没有发生本质的变化，在其他条件不变的情况下，掺加建筑垃圾配料完全可以烧制性能完好的水泥熟料。

通过岩相分析，水泥熟料的解理明显，无断裂等现象，并且熟料试块的各龄期抗折、抗压强度没有恶化的现象。水泥熟料游离钙符合 GB/T 21372—2008 硅酸盐水泥熟料标准的规定。

2.3　水泥熟料化学成分分析

为了充分达到比对效果，我们随机抽取了 20 个水泥熟料样品，掺加建筑垃圾前后随机各抽取 10 个样品，并采用荧光分析仪进行分析测定。结果见表 5 和表 6。图 3 ～ 图 5 分别给出掺加建筑垃圾前后水泥熟料中 CaO、KH 和 C_3S 的含量的对比。

表 5　掺加建筑垃圾配料之前生产的水泥熟料化学全分析

Table 5　The chemical composition of cement clinker before the addition of construction waste　　（%）

样品	Loss	SiO_2	Al_2O_3	Fe_2O_3	CaO	MgO	SO_3	f-CaO	KH	N	P	C_3S	C_2S	C_3A	C_4AF
1	0.66	21.63	4.52	2.86	64.30	3.90	0.66	1.34	0.914	2.93	1.58	55.56	20.11	7.13	8.69
2	0.47	22.27	4.75	2.96	63.88	3.83	0.66	0.95	0.875	2.89	1.60	48.83	27.04	7.57	9.00
3	0.89	22.06	4.52	2.91	63.81	3.98	0.47	1.33	0.890	2.97	1.55	50.88	24.86	7.04	8.55
4	0.48	22.09	4.53	2.92	63.99	3.93	0.47	1.08	0.892	2.97	1.55	52.21	23.96	7.05	8.88
5	0.50	22.18	4.63	2.91	63.56	3.98	0.47	0.96	0.879	2.94	1.59	49.64	26.16	7.33	8.85
6	0.53	22.20	4.56	2.91	63.62	4.05	0.47	1.09	0.881	2.97	1.57	49.64	26.16	7.33	8.85
7	0.56	22.32	4.67	2.91	63.55	4.05	0.47	0.81	0.872	2.94	1.60	48.94	27.10	7.44	8.85
8	0.48	22.09	4.64	2.92	63.82	4.05	0.47	1.02	0.886	2.92	1.59	51.20	24.73	7.34	8.88
9	0.53	22.23	4.75	2.86	63.70	4.06	0.47	1.02	0.876	2.92	1.66	48.99	26.80	7.74	8.69
10	0.62	22.17	4.72	2.92	63.57	3.80	0.47	1.02	0.877	2.90	1.62	48.86	26.72	7.56	8.86

表 6　掺加建筑垃圾配料之后生产的水泥熟料化学全分析

Table 6　The chemical composition of cement clinker after the addition of construction waste

（%）

样品	Loss	SiO_2	Al_2O_3	Fe_2O_3	CaO	MgO	SO_3	f-CaO	KH	N	P	C_3S	C_2S	C_3A	C_4AF
1	0.50	22.52	4.27	3.02	64.31	3.54	0.43	0.61	0.887	3.09	1.41	54.00	23.85	6.19	9.18
2	0.40	22.44	4.35	3.03	64.84	3.46	0.36	1.17	0.897	3.04	1.44	54.06	23.57	6.39	9.21

样品	Loss	SiO$_2$	Al$_2$O$_3$	Fe$_2$O$_3$	CaO	MgO	SO$_3$	f-CaO	KH	N	P	C$_3$S	C$_2$S	C$_3$A	C$_4$AF
3	0.58	22.47	4.22	3.02	64.46	3.46	0.36	1.22	0.893	3.10	1.40	53.11	24.38	6.06	9.18
4	0.55	22.48	4.33	3.02	64.31	3.62	0.53	1.11	0.886	3.06	1.43	51.60	25.55	6.35	9.18
5	0.57	22.53	4.30	3.00	64.60	3.56	0.53	1.21	0.889	3.09	1.43	52.22	25.22	6.31	9.12
6	0.52	22.47	4.31	3.02	64.61	3.69	0.53	1.20	0.891	3.07	1.43	52.60	24.76	6.30	9.18
7	0.60	22.33	4.50	3.05	64.43	3.62	0.51	1.16	0.889	2.96	1.48	51.76	24.99	6.75	9.27
8	0.58	22.18	4.56	3.03	64.57	3.34	0.51	1.08	0.897	2.94	1.49	53.94	22.92	6.81	9.21
9	0.49	22.99	4.51	3.05	64.22	3.13	0.51	1.09	0.891	2.94	1.48	52.20	24.26	6.78	9.27
10	0.50	22.44	4.36	3.00	64.62	3.53	0.51	1.21	0.892	3.05	1.45	52.53	24.73	6.47	9.12

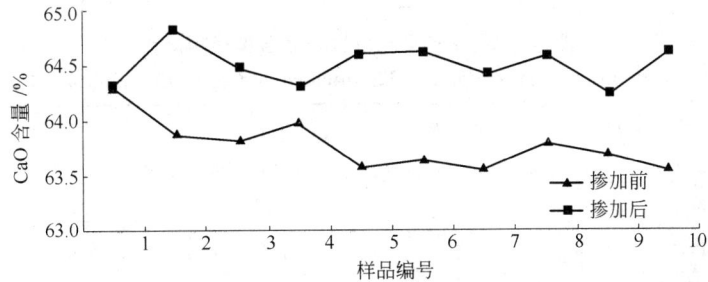

图3 掺加建筑垃圾前后熟料中 CaO 值

Fig. 3 CaO in cement clinker before and after the addition of construction waste

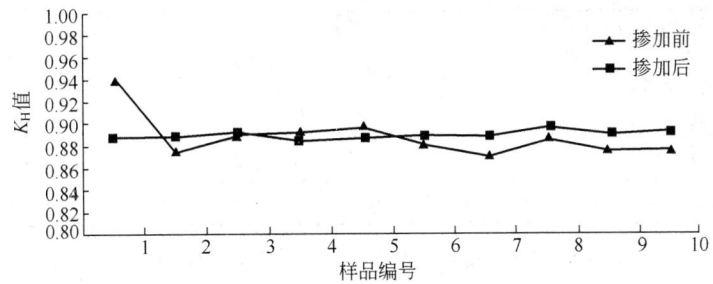

图4 掺加建筑垃圾前后熟料中 K_H 值

Fig. 4 K_H in cement clinker before and after the addition of construction waste

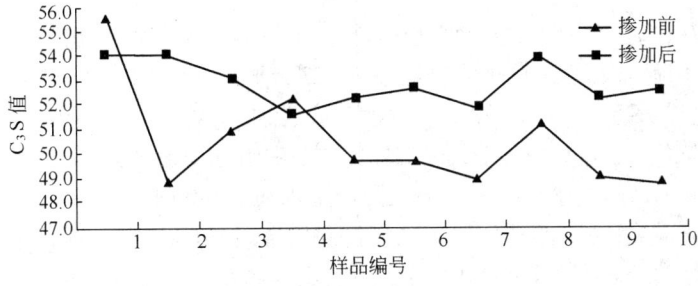

图5 掺加建筑垃圾前后熟料中 C$_3$S 值

Fig. 5 C$_3$S in cement clinker before and after the addition of construction waste

从表中可以看出，掺加建筑垃圾前后，水泥熟料的化学成分变化不大。从图 3 可知，掺加建筑垃圾之后水泥熟料的 CaO 含量更高、更稳定。CaO 是生成 C_3S 的先决条件，CaO 含量的高且稳定就有利于 C_3S 的后期形成，提高水泥各龄期的强度。分析图 4 可知，掺加建筑垃圾之后水泥熟料的 K_H 含量更加稳定，数值偏差较小。可见建筑垃圾的掺入，在一定程度上可以优化生料配料方案，水泥熟料的成分将会更加稳定，有利于整个烧成状况的稳定。对比图 5 可知，掺加建筑垃圾之后，水泥熟料中 C_3S 成分的含量更加稳定，均能达到 50% 以上。可见，建筑垃圾的掺入，在一定程度上能改善水泥熟料的性能。

3 建筑垃圾对水泥产品性能的影响

将建筑垃圾按照一定比例掺入生产的水泥，经过一个月的试验，强度及其他主要性能指标变化不大。P. C32.5 和 P. C42.5 水泥掺加建筑垃圾前后各项指标的平均值比较见表 7 和表 8。

表 7　水泥掺加建筑垃圾前后各项指标对比

Table 7　Comparison of various indexes of P. C32.5 before and after the addition of construction waste

项目	强度/MPa				稠度	初凝	终凝	细度	流动度	Loss	MgO	SO₃	Cl
	3d		28d										
	抗折	抗压	抗折	抗压									
掺加前	4.3	17.7	9.1	38.5	29.56	199	266	2.2	227	2.6	3.01	1.85	0.0210
掺加后	4.3	17.1	8.7	40.2	29.73	204	269	2.6	222	2.7	3.01	1.84	0.0213

表 8　P. C42.5 水泥掺加建筑垃圾前后各项指标对比

Table 8　Comparison of various indexes of P. C42.5 before and after the addition of construction waste

项目	强度/MPa				稠度	初凝	终凝	细度	流动度	Loss	MgO	SO₃	Cl
	3d		28d										
	抗折	抗压	抗折	抗压									
掺加前	5.4	27.2	8.3	48.5	27.56	154	206	2.2	227	2.8	3.21	2.05	0.0208
掺加后	5.6	27.9	8.5	49.4	27.73	160	209	2.6	222	2.9	3.06	2.14	0.0203

从表 6 和表 7 中数据以及具体试验过程可以看出，掺加建筑垃圾后，生产的水泥龄期抗折、抗压强度没有发生明显变化，体积安定性及其他性能均良好，各项指标都符合国家标准。可见，掺加建筑垃圾对水泥性能没有负面影响。

4 工程应用

枣庄市滕州（义乌）真爱商城项目总投资 110 亿元，一期工程投资 70 亿元，规划总占地面积约 575 亩，其中商业占地面积 295 亩，规划建筑面积约 123 万平方米，其中市场区建筑面积约 56 万平方米。该项目拆除建筑面积约 46 万平方米，产生建筑垃圾约 46 万吨（如图 6 所示）。

枣庄金星爆破有限公司利用移动式建筑垃圾破碎和筛分设备（如图 7 所示），对全部建筑垃圾进行破碎和分拣，然后用于中联水泥集团产生水泥熟料和水泥。实现建筑垃圾零距离运输、零排放、全部再生利用，取得了良好的经济和社会效益。该项目 46 万吨建筑垃圾，若用填埋法处理方法，以平均填埋 5m 计算，即需占用土地约 6 万平方米（90 亩），征地费用约 8 万元/亩，节省建筑垃圾的占地费用约 720 万元。外运建筑垃圾费用吨公里 1.5 元，以外运 5 公里计算，外运费 345 万元。建筑垃圾的经处理后用于水泥的，每吨的利润约 5 元/t，处理 46

图 6　项目拆迁产生的建筑垃圾

Fig. 6　Construction waste

(a)

(b)　　　　　　　　　　(c)

(d)　　　　　　　　　　(e)

图 7　建筑垃圾的破碎、分拣和产品

（a）建筑垃圾的现场破碎和分拣；（b）现场产品堆放；（c）筛分后产品；（d）整平后场地；（e）储料场

Fig. 7　Crushing, sorting and products of construction waste

万吨建筑垃圾，企业获得的利润约 230 万元。建筑垃圾的再生利用，减少对天然砂石的开采，保护生态环境，减少污染，改善城市环境和面貌，提高人们的生活质量，带动建材、房地产和环保产业的发展，有力地促进区域经济的可持续发展。

5　结论

（1）枣庄市建筑垃圾的组成和化学成分波动不大，经过破碎、分拣工艺处理的建筑垃圾应用于水泥熟料和水泥生产中是可行的。

（2）建筑垃圾用于生产水泥具有良好的经济效益。如建筑垃圾在生料配料时掺入 15%，在水泥粉磨时掺入 10% ~ 15%，日产量在 1 万吨熟料生产能力的生产线，年可以处理建筑垃圾 100·万吨，节约石材约 60 万吨，节约标准煤 3.5 万吨，综合减少二氧化碳排放 30 万吨。

（3）建筑垃圾的再生利用，可以节约砂石等自然资源，减少对自然资源的开采，消耗大量的建筑垃圾，实现了建筑垃圾的循环利用。达到了节能、环保、可持续发展，具有良好的社会效益。

参 考 文 献

[1] Franklin Associates, Prairie Village, KS. The U. S. Environmental Protection Agency Municipal and Industrial Solid Waste Division Office of Solid Waste Report No. EPA530-R-98-010 Contract No. 68-W4-0006, Work Assignment R11026 June 1998 Printed on recycled paper.

[2] Otoniel Buenrostro, Gerardo Bocco, Silke Cram. Classification of sources of municipal solid wastes in developing countries [J]. Resources, Conservation and Recycling, 2001(32)：29 ~ 41.

[3] Poon C S, Ann T W Yu, Ng L H. On-site sorting of construction and demolition waste in Hong Kong[J]. Conservation and Recycling, 2001(32)：157 ~ 172.

[4] 孙跃东，张鹏. 建筑垃圾的回收处与应用[J]. 建筑技术开发，2005，1：71 ~ 73.

[5] 吴贤国，李惠强，杜婷. 建筑施工垃圾的数量组成与产生原因分析[J]. 华中理工大学学报，2000，28(12).

爆炸冲击波在多级穿廊结构坑道内
传播规律的数值分析

潘　飞[1]　高朋飞[2]　杨　翎[2]　朱祝稳[3]　杨　丽[4]　穆朝民[1]

（1. 安徽理工大学能源与安全学院，安徽淮南，232001；2. 安徽江南爆破工程
有限公司，安徽宣城，242300；3. 安徽宣城海螺水泥有限公司，安徽宣城，
242051；4. 安徽淮化集团有限公司，安徽淮南，232001）

摘　要：数值模型尺寸参照总参工程兵科研三所所建的穿廊结构坑道实体模型，采用 ANSYS/
LS－DYNA 建立三维数值模型，得出冲击波在多级穿廊结构坑道内的传播规律，并与长直坑道
内爆炸冲击波传播规律进行对比分析。结果表明，多级穿廊结构端部开放坑道对爆炸冲击波的
削弱作用非常显著，一级穿廊结构削弱冲击波强度62%，级数越高，削弱效果越明显；端部
封堵时冲击波反射效果明显。

关键词：爆炸力学；冲击波；数值分析；穿廊结构

Numerical Analysis of Blast Shock Wave's Transmission Laws in Multi-level Gallery Tunnels

Pan Fei[1]　Gao Pengfei[2]　Yang Ling[2]　Zhu Zhuwen[3]　Yang Li[4]　Mu Chaomin[1]

（1. Anhui University of Science and Technology, College of Energy & Safety, Anhui
Huainan, 232001；2. Anhui Jiangnan Blasting Engineering Co., Ltd., Anhui
Xuancheng, 242300；3. Anhui Xuancheng Conch Cement Co., Ltd., Anhui
Xuancheng, 242051；4. Anhui Huainan Chemical Group Co., Ltd.,
Anhui Huainan, 232001）

Abstract：The dimension of numerical model refers to the entity model of multi-level gallery tunnels,
which designed by No. 3 scientific research institution of engineering corps and established three-dimen-
sional numerical model by ANSYS/LS-DYNA, finding the shock wave's transmission laws in multi-level
gallery tunnels and conducting comparison in different long straight tunnels as well. The result shows that
the open end of multi-level gallery tunnel has great impact on weakening shock wave, which reduced
62% of shock wave strength in the one-level gallery, and the higher level gallery, the more apparent
elimination. The reflection effect of shock wave shows more obvious when the open end blocked.

Keywords：explosion mechanics；shock wave；numerical analysis；gallery structure

1　引言

在当今信息化战争条件下，精确制导武器在坑道口附近爆炸已成为可能[1]。坑道结构广泛

潘飞，硕士生在读，coolfastfly@ 163. com。

用于军事与民用建筑当中。坑道内爆炸不同于空爆,由于受到内部壁面的约束作用以及坑道结构与内部设备的综合因素影响,冲击波压力衰减很慢[2],并且会产生复杂的冲击波反射和绕射现象,对坑道内部人员与设备产生很大的破坏。因此,对复杂坑道内冲击波传播规律的研究非常有必要,具有重要的军事意义。

国内外对坑道内爆炸冲击波传播规律进行了很多的试验与数值的分析,李秀地[3]、王启睿[4]、孔霖[5]、庞伟宾[6]等对复杂坑道内爆炸冲击波传播规律进行了相关试验研究;张德良[7]、穆朝民[8]、杨科之[1]、刘晶波[9]、宁建国[10]等对复杂坑道爆炸冲击波衰减规律进行了细致的数值模拟,但对于多级穿廊结构坑道内爆炸冲击波传播的数值分析尚不多见。

本文利用 ANSYS/LS-DYNA 采用多物质固流耦合法,对多级穿廊结构坑道分别进行穿廊端部全封堵、一端封堵和全开放三种建模分析,并将冲击波传播规律同等尺寸长直坑道进行对比分析,总结出多级穿廊结构坑道对冲击波的削弱作用以及穿廊端被封堵时对冲击波传播的影响。

2 有限元模型及材料参数

2.1 模型建立

本文穿廊结构坑道模型采用总参工程兵科研三所[4]所建的多级穿廊坑道试验实体模型,如图 1 所示,模型尺寸单位为 cm,TNT 按照立方体建模,TNT 等效当量为 834g,在坑道入口端中心起爆。所有模型入口爆炸端均封堵,通过将空气边界设为刚性边界来模拟坑道结构对爆炸冲击波的反射,开放段设置为透射边界条件,模型采用 4cm × 4cm × 4cm 进行网格划分。

2.2 材料参数

2.2.1 空气

在数值模拟中,空气的材料模型假设为理想气体,其压力 p 和能量 E 的关系可由下式确定:

$$p = (k - 1)\rho E \tag{1}$$

式中,ρ 为空气的密度;E 为内能;k 为空气的绝热指数。

本文分析中,空气密度 $\rho = 1.225 \times 10^{-3} \text{g/cm}^3$,绝热指数 $k = 1.4$,为保证环境空气的压强为一个标准大气压(101.332kPa),将空气的初始内能设为 $E = 2.068 \times 10^5 \text{MJ/mm}^3$。

2.2.2 TNT 炸药

炸药 TNT 的材料模型假设为 JWL 状态方程。该状态方程可以用来计算爆炸中由化学能转化成的压力。其压力和能量的关系可由下式确定:

$$p = C_1 \left(1 - \frac{\omega}{r_1 \nu}\right) e^{-r_1 \nu} + C_2 \left(1 - \frac{\omega}{r_2 \nu}\right) e^{-r_2 \nu} + \frac{\omega e}{\nu} \tag{2}$$

式中,p 为压力;ν 为炸药相对体积;e 为炸药内能;C_1,r_1,C_2,r_2 和 ω 为材料常数。炸药 TNT 的材料参数为:$C_1 = 3.7377 \times 10^5 \text{MPa}$,$r_1 = 4.15$,$C_2 = 3.7471 \times 10^3 \text{MPa}$,$r_2 = 0.9$,$\omega = 0.35$。

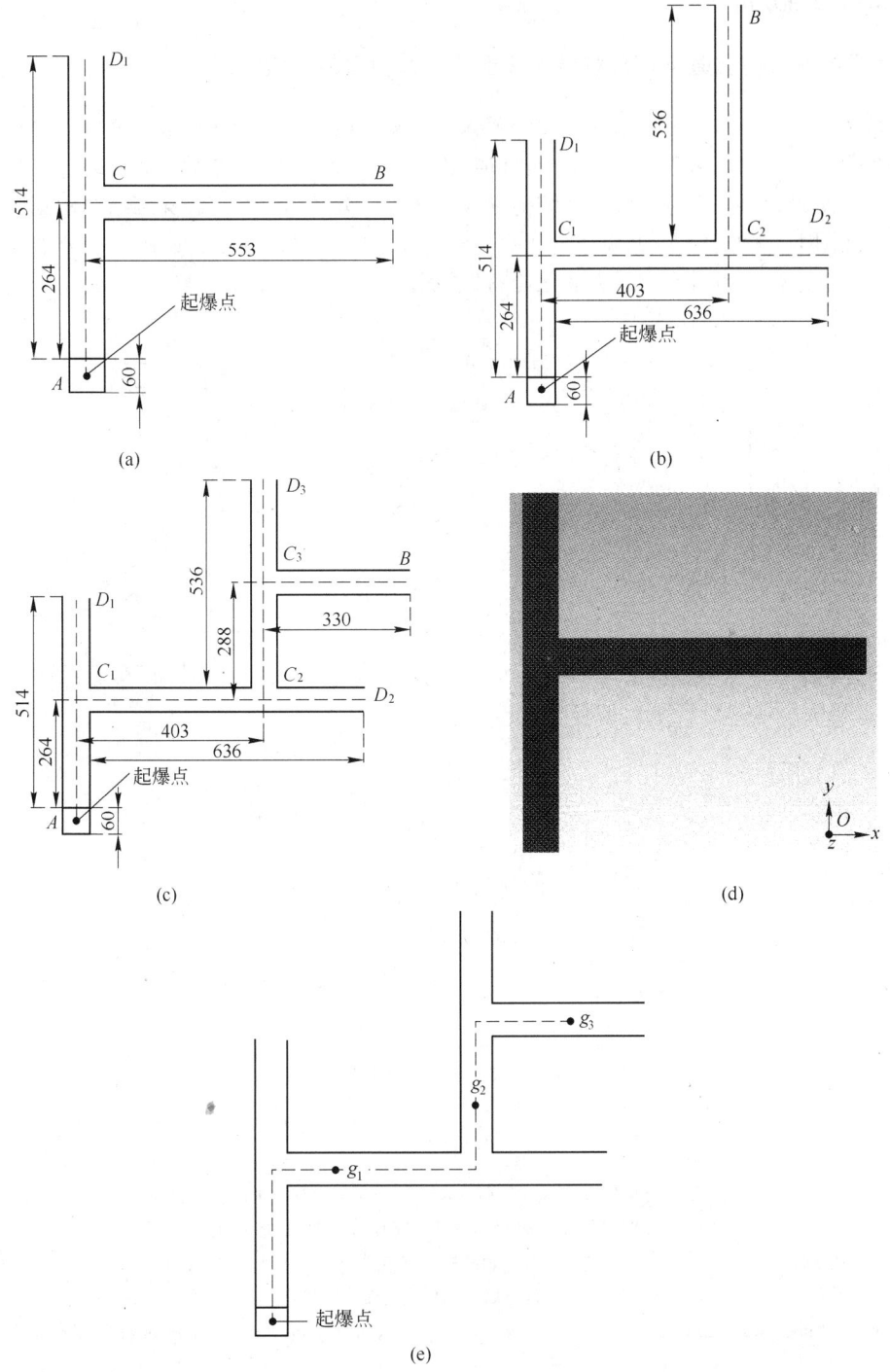

图 1　穿廊结构坑道模型

（a）一级穿廊坑道模型；（b）二级穿廊坑道模型；（c）三级穿廊坑道模型；

（d）一级穿廊结构网格划分；（e）参考点位置示意图

Fig. 1　Models of multi-level gallery tunnel

3　计算结果与分析

3.1　多级穿廊结构坑道与长直坑道内冲击波传播规律的比较

分别从一级、二级、三级穿廊结构中选取一点 g_1，g_2，g_3，参考点沿着坑道中心轴线距离爆点的线段长度分别为 422cm，826cm，1174cm。由于三级穿廊结构覆盖了一级与二级穿廊结构，为了方便起见，一级与二级穿廊结构选取的参考点全部标记在三级穿廊结构示意图中，参考点布置如图 1(e)所示。穿廊端部全开，长直坑道末端开放，将 g_1，g_2，g_3 点分别与长直坑道等距离的点进行压力对比，压力变化如图 2 所示。

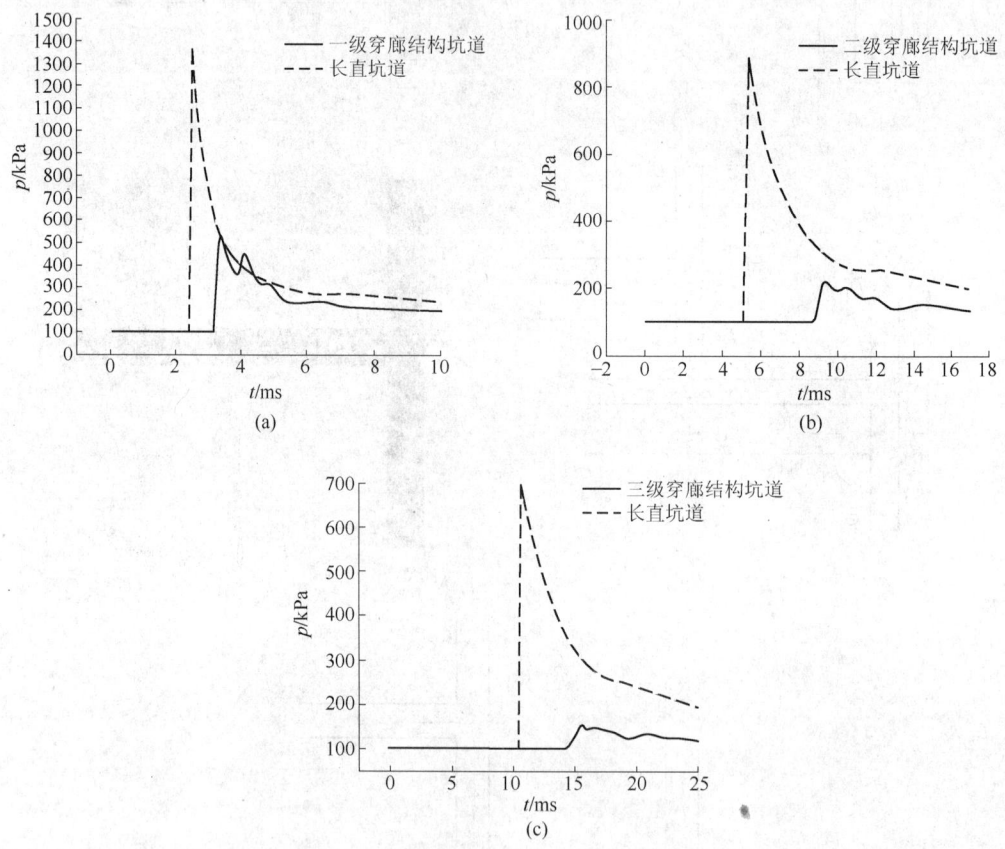

图 2　长直坑道与多级穿廊结构坑道冲击波压力时程曲线
(a) 长直坑道与一级穿廊结构坑道距爆心 422cm 处压力图；
(b) 长直坑道与二级穿廊结构坑道距爆心 826cm 处压力图；
(c) 长直坑道与三级穿廊结构坑道距爆心 1174cm 处压力图

Fig. 2　Shock wave pressure temporal curves in long straight tunnel and multi-level gallery tunnels.

从图 2 可以看出，穿廊结构主坑道冲击波较长直坑道冲击波衰减得非常明显。图 2(a)中，距爆心距离 422cm 处，长直坑道峰值压力为 1.37MPa，一级穿廊结构主坑道内 g_1 点峰值压力为 0.52MPa，冲击波压力衰减 62%；图 2(b)中，距离爆心 826cm 处，长直坑道冲击波峰值压力为 0.89MPa，二级穿廊结构主坑道 g_2 点的峰值压力为 0.22MPa，冲击波压力衰减 67%；图 2

(c)中，距离爆心1174cm处，长直坑道冲击波峰值压力为0.70MPa，三级穿廊结构主坑道 g_3 点的峰值压力为0.15MPa，冲击波压力衰减79%。通过以上数据可以看出多级穿廊结构坑道可以很好地降低冲击波的强度，并且穿廊的级数越多，降低冲击波强度的效果越明显，作用时间也相应延长，压力衰减的速度相应减缓。

3.2　一级穿廊结构坑道穿廊端封堵与开放时冲击波传播规律的比较

一级穿廊结构穿廊端主坑道（B 端）封堵，与穿廊端全开进行比较，取坑道内沿着坑道中心轴线距离爆点的线段长度722cm处主坑道的一点进行对比，如图3(a)所示；一级穿廊结构穿廊端封堵，与穿廊端全开进行比较，取坑道内沿着坑道中心轴线距离爆点的线段长度722cm处主坑道的一点进行对比，如图3(b)所示。

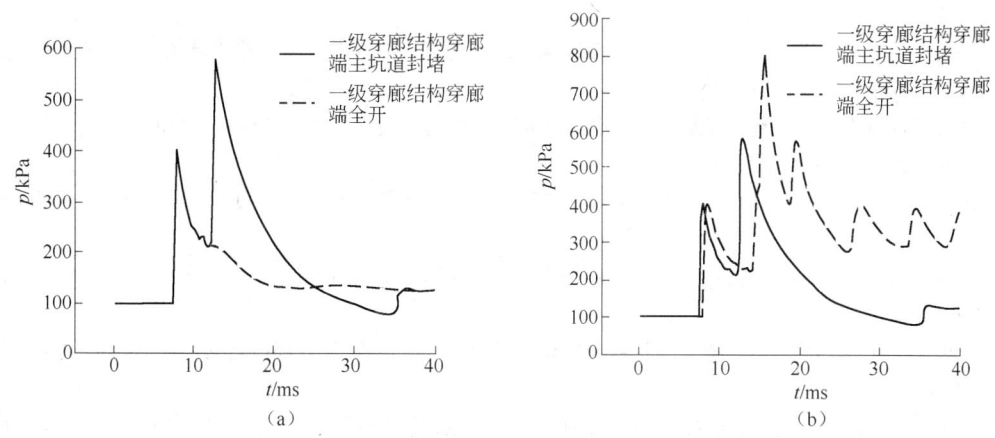

图3　一级穿廊结构坑道不同封堵情况下压力时程曲线（距离爆心722cm处）

Fig. 3　Pressure temporal curves of one-level gallery tunnel under different blocking condition

(722cm away from explosion point)

从图3(a)中明显可以看出，一级穿廊结构主坑道封堵较穿廊端部全开情况下压力明显提高。主坑道封堵时，压力曲线出现很明显的两个峰值，并且第二个峰值压力较第一峰值压力高出明显，主要是因为主坑道封堵端部冲击波反射的能量和传播中的冲击波能量叠加在一起。主坑道封堵时峰值压力为0.58MPa，穿廊端部全开时峰值压力为0.4MPa，压力提高45%。在主坑道封堵端部冲击波未反射回来之前，主坑道封堵时的第一峰值压力和端部全开时的峰值压力基本维持一致。

从图3(b)中可以看出，穿廊端部全封堵与一端封堵（主坑道封堵）时，在封堵端冲击波反射回来之前，压力曲线基本维持一致。两端全封堵时端部反射回来的冲击波效果明显，第二峰值压力为0.8MPa，较一端（主坑道）封堵时峰值压力提高40%，较端部全开时提高了一倍，后续陆续出现较为明显的压力峰值，但较之前峰值压力依次减小至趋于平缓。

4　结论

（1）多级穿廊结构坑道对冲击波削弱较之长直坑道效果显著，一级穿廊结构主坑道内冲击波峰值衰减62%，冲击波传播到二级穿廊结构主坑道内冲击波峰值压力衰减67%，在三级穿廊结构主坑道内冲击波峰值压力衰减79%，并且随着多级穿廊结构坑道级数的增加，对冲击波削弱效果更加明显。

　　（2）在一级穿廊结构坑道内，穿廊端部封堵对坑道内冲击波压力传播影响很大。穿廊端主坑道封堵比端部全开时峰值压力提高 45%；端部全封堵比端部全开放提高一倍，比一端封堵提高 40%，符合冲击波传播的一般规律。

参 考 文 献

[1] 杨科之，杨秀敏. 坑道内化爆冲击波的传播规律[J]. 爆炸与冲击，2003，21(1)：37~40.

[2] Ann-Sofie L E. Forsberg Blast Values-Unnecessary Expensive or Vital Components in Structure Hardening [C]// Proceeding of the 9th Symposium on the Interaction of Non-nuclear Mutation with Structure. M clean Virginia，1999：238~245.

[3] 李秀地，郑颖人，郑云木. 坑道内冲击波冲量传播规律的试验研究[J]. 爆破器材，2006，36(3)：4~7.

[4] 王启睿，张晓忠，孔福利，张福明. 多级穿廊结构坑道口部内爆炸冲击波传播规律的实验研究[J]. 爆炸与冲击，2011，31(5)：449~454.

[5] 孔霖，苏键军，李芝绒，王胜强，姬建荣. 不同装药坑道内爆炸冲击波传播规律的试验研究[J]. 火工品，2012，3(6)：21~24.

[6] 庞伟宾，李永池，何翔. 化爆冲击波在 T 型通道内到时规律的实验研究[J]. 爆炸与冲击，2007，27(1)：63~67.

[7] 张德良. 爆炸波在复杂结构坑道内传播的数值模拟[J]. 计算力学学报，1997，14(增刊)：189~192.

[8] 穆朝民，辛凯，任辉启，等. 爆炸冲击波在 T 形坑道内传播规律的数值研究[J]. 防护工程，2008，30(3)：32~35.

[9] 刘晶波，闫秋实，伍俊. 坑道内爆炸冲击波传播规律的研究[J]. 振动与冲击，2009，28(6)：8~12.

[10] 宁建国，王仲琦，赵衡阳，等. 爆炸冲击波绕流的数值模拟研究[J]. 北京理工大学学报，1999，19(5)：544~547.

岩石爆破的 SPH 方法数值模拟研究

廖学燕　施富强　蒋耀港　龚志刚

（四川省安全科学技术研究院，四川成都，610045）

摘　要：本文采用 SPH 法（光滑粒子法）对岩石爆破过程进行数值模拟，包括炸药爆炸、岩石裂缝产生、裂缝扩展和破碎的整个过程。SPH 法无须网格就可以模拟岩石破碎甚至抛掷过程，为岩石爆破破碎过程机理研究和爆破方案的设计提供了一种新方法。

关键词：爆破；SPH；岩石破碎；数值模拟

Study on Numerical Simulation of Rock Blasting by SPH

Liao Xueyan　Shi Fuqiang　Jiang Yaogang　Gong Zhigang

（Sichuan Province Academy of Safety Science and Technology，Sichuan Chengdu，610045）

Abstract：This paper proposes a new method——SPH. SPH could simulate the whole rock explosion from explosion，rock crack formation and propagation to rock fragment. The SPH numerical simulation proposes scientific blasting design idea and basis for effective and safe blasting design blasting scheme.

Keywords：blasting；SPH；rock fragmentation；numerical simulation

1　引言

　　岩石爆破采用数字模拟计算时，基于网格的 Lagrange 方法和 Euler 方法都会因为网格畸变过大，导致计算中断。有限元方法通常采用单元"销蚀"法或重分网格技术来克服这种困难，而网格重分技术在节点重新分配物理量时，很难保证系统动量、能量守恒，因而导致计算的精度下降，此外，网格重分技术不是很容易实现。光滑粒子动力学方法（smoothed particle hydrodynamics，简称 SPH）是由 Lucy、Gingold 和 Monaghan 在 1977 年分别提出的，并且在天体领域得到成功的应用[1,2]。随后 SPH 方法被应用于水下爆炸数值模拟[3]、高速碰撞中材料动态响应数值模拟等领域[4,5]。与有限元和有限差分等网格法相比，无网格法能求解大变形和破碎问题。本文采用 SPH 方法对岩石爆破过程进行模拟，包括爆破炸药起爆，炸药对岩石的作用，岩石的应力应变、裂缝产生及扩展，岩石破碎和抛掷。

2　SPH 方法原理

　　SPH 基本思想的核心是一种插值理论，它以核函数为基础，将连续介质离散成一系列有质量的粒子，通过核近似将方程离散，其基本流程如下：

　　廖学燕，博士，stagger@ mail. ustc. edu. cn。

（1）将连续介质离散成一系列具有质量的 SPH 粒子，粒子之间没有任务连接，因此 SPH 方法无需网格。

（2）场函数用积分表示法来近似，在 SPH 方法中称为核近似法。

（3）应用支持域内的相邻粒子对应的值叠加求和取代场函数的积分表达式来对场函数进行粒子近似，由于在每一个时间步内都要进行粒子近似，支持域内的有效粒子为当前时刻支持域内的粒子，因此 SPH 方法具有自适应性。

（4）将粒子近似法应用于所有偏微分方程组的场函数相关项中，将偏微分方程组进行离散。

（5）粒子被附上质量后，则意味着这些粒子是真实的具有材料特性的粒子；最后应用显式积分法得到所有粒子的场变量随时间的变化值。

从以上分析可以看到，SPH 方法是具有无网格、自适应属性的动力学求解方法。

3　SPH 方法模拟岩石爆破

为了研究采用 SPH 方法模拟岩石爆破过程的可行性，采用 SPH 方法对典型的爆破漏斗和深孔台阶爆破过程进行模拟。两个计算模型中岩石采用 RHT 材料模型，该模型综合考虑了应变硬化、失效面、软化、压缩损伤和应变率效应，模型参数见表 1；炸药为铵油炸药，密度为 930kg/m^3，采用 JWL 状态方程，参数见表 2。

表 1　混凝土强度模型参数[6]

Table 1　RHT strength parameters for the concrete target

参　数	模拟取值	说　明	参　数	模拟取值	说　明
f_c	35MPa	单轴压缩强度	Q_{20}	0.6805	拉压子午线比
f_t	3.5MPa	单轴抗拉强度	B	0.0105	归一化常数
A	1.6	失效面参数	F_e	0.7	弹性强度与失效强度比
N	0.61	失效面指数	b	1.6	残余失效面常数
$\dot{\varepsilon}_0$	$3 \times 10^{-5} \text{s}^{-1}$	参考应变率	M	6.1	残余失效面指数
α	0.032	压缩应变率指数	D_1	0.04	损伤常数
δ	0.036	拉伸应变率指数	D_2	1	损伤指数

表 2　铵油炸药材料状态方程参数[6]

Table 2　Equation of state parameters for the ANFO

$\rho_0/\text{g} \cdot \text{cm}^{-3}$	A/GPa	B/GPa	R_1	R_2	ω	$v_{CJ}/\text{m} \cdot \text{s}^{-1}$	p_{CJ}/GPa	$(E_0/V)/\text{GJ} \cdot \text{m}^{-3}$
0.93	494.60	1.89	3.91	1.12	3.33	4160	51.5	2.48

3.1　爆破漏斗模拟

对典型的爆破漏斗进行模拟，以验证 SPH 法模拟岩石爆破过程的可行性。模型中岩石的几何尺寸为 6m×8m；药包尺寸为 0.08m×0.08m，药包离左、右边界距离为 4m，离上边界 1m；粒子间距为 40mm，如图 1 所示。

SPH 法模拟得出的爆破漏斗形成过程如图 2 所示。从图 2 中可以看出：首先炸药起爆，爆炸产生的应力波将炸药周围的岩石压碎；接着应力波传播到上部自由面发生应力反射，反射的拉应力将自由面的岩石拉裂；同时在岩石内部出现裂纹并逐渐扩展形成破碎区，破碎和裂纹主要集中在上部，呈漏斗状；上部的岩石获得速度，往上方飞出，最终形成爆炸漏斗。

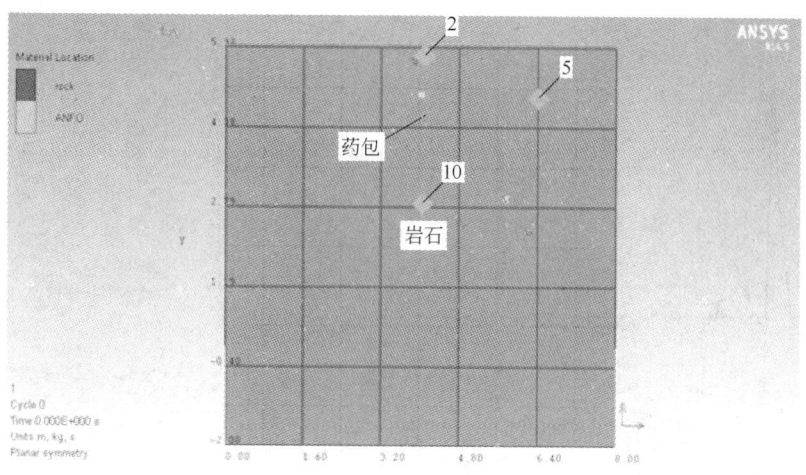

图1 爆破漏斗模型
Fig. 1 Model of blasting crater

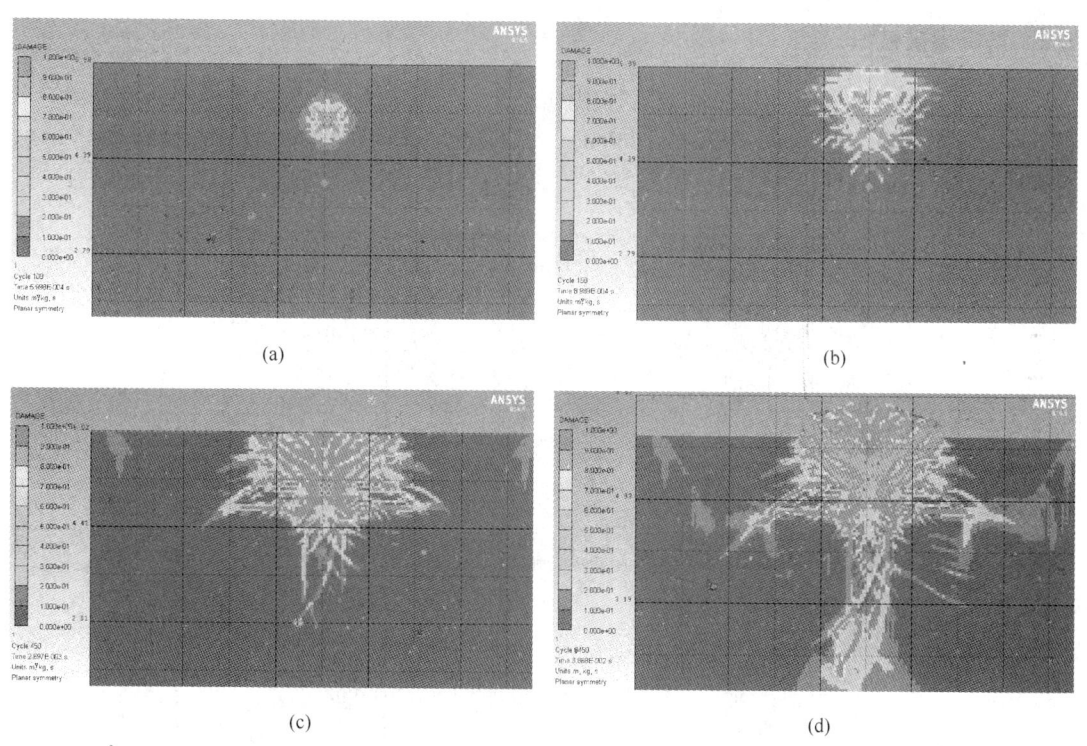

(a)   (b)

(c)   (d)

图2 SPH 法模拟爆破漏斗形成过程图
（a）0.6ms；（b）0.9ms；（c）2.7ms；（d）3.9ms
Fig. 2 Damage of blasting crater numerical simulation on SPH

采用 SPH 方法能模拟炸药起爆，岩石被炸药冲击力压缩，岩石受爆破作用产生裂纹，裂纹扩展，岩石破碎，破碎岩石抛出，最终形成爆破漏斗的整个过程。整个模拟过程与爆破漏斗经典理论相吻合。另外可以得到计算模型中任一点的应力时程曲线和速度等重要参数，如图3

和图 4 所示。

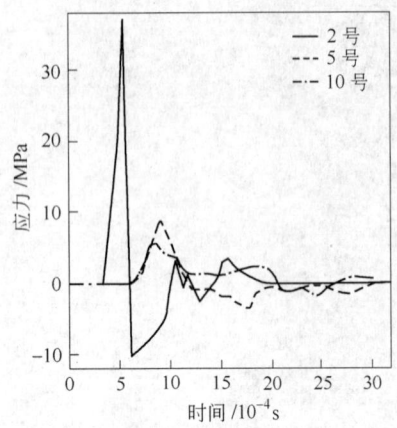

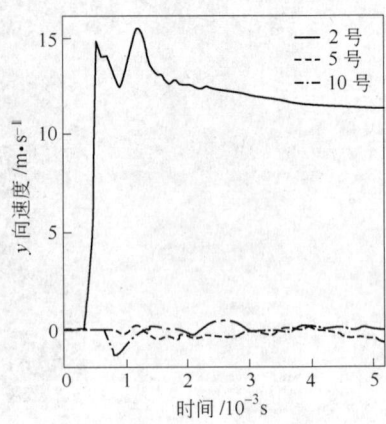

图 3　质点应力时程曲线图
Fig. 3　Stress time-history curves of particle

图 4　质点速度时程曲线图
Fig. 4　Velocity time-history curves of particle

3.2　抛掷爆破模拟

为了更好地验证 SPH 方法在爆破工程中的适用性，建立深孔台阶爆破模型。模型中岩石的几何尺寸为台阶高度 10m，炮孔直径 90mm，孔深 10m，最小抵抗线 4m，粒子间距为 80mm，如图 5 所示。

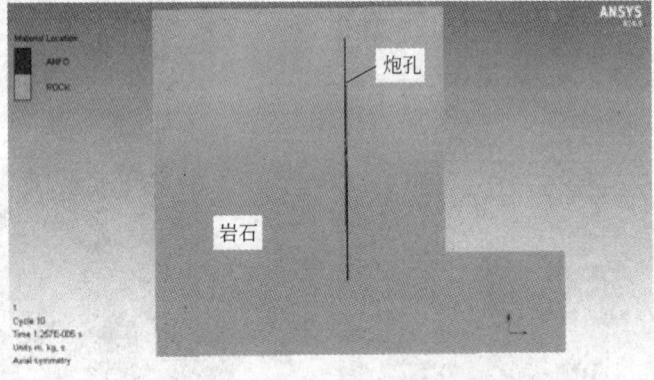

图 5　深孔台阶爆破计算模型
Fig. 5　Model of the deep hole bench blasting

采用 SPH 方法模拟的岩石抛掷爆破过程如图 6 所示。从图 6 中可以看出：SPH 方法可以模拟炸药爆轰波传播过程、冲击波在岩石内部传播和爆炸气体膨胀对岩石的作用产生裂缝的过程。

4　结论

（1）SPH 方法能完整地模拟炸药起爆、岩石破碎和爆破漏斗形成的整个过程，并与爆破漏斗经典理论相吻合。

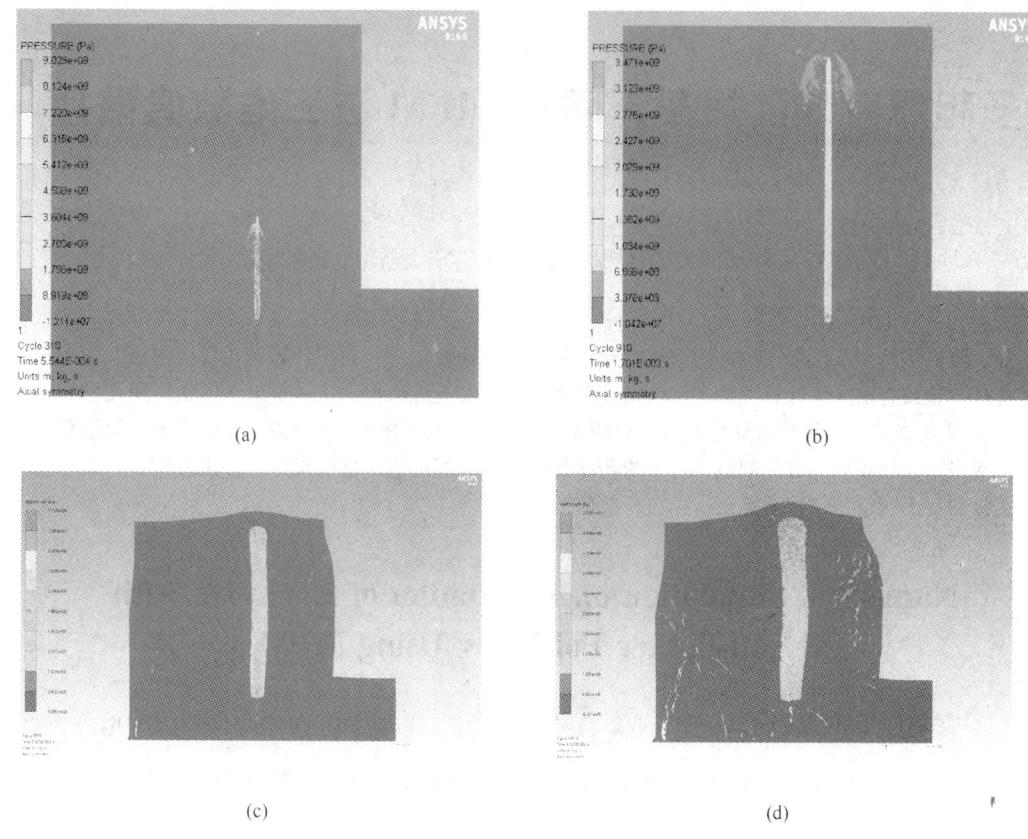

图 6　深孔台阶爆破过程图

（a）0.5ms；（b）1.7ms；（c）24.2ms；（d）43.1ms

Fig. 6　Damage cloud of the deep hole bench blasting

（2）SPH 方法能模拟深孔台阶爆破的整个过程，特别是可以模拟岩石内部裂缝的生成、扩张以及岩石破碎的过程。模拟的深孔台阶爆破破碎过程与工程实际基本吻合。

（3）与传统有限元数值模拟相比，SPH 方法不仅可以模拟炸药爆破和应力传播过程，而且可以模拟岩石内部裂缝产生、扩张甚至破碎、抛掷过程。

参 考 文 献

［1］Lucy L B. Numerical approach to testing the fission hypothesis［J］. Astronomical Journal, 1977（82）：1013～1024.

［2］Gingold R A, Monaghan J J. Smoothed Particle Hydrodynamics：Theory and Application to Non-spherical stars［C］//Monthly Notices of the Royal Astronomical Society, 1977（181）：375～389.

［3］Johnson G R, Stryk R A, Beissel S R. SPH for high velocity impact computations［J］. Computer Methods in Applied Mechanics and Engineering, 1996, 139：347～373.

［4］Libersky L D, Petschek A G, et al. High strain lagrangian hydrodynamics：A three-dimensional SPH code for dynamic material response［J］. J Comput Phys, 1993, 109：67～75.

［5］Johnson G R, Beissel S R. Normalized smoothing functions for SPH impact computations［J］. International Journal for Numerical Methods in Engineering, 1996, 39：2725～2741.

［6］AUTODYN materials library version 6.1.

多起爆点炸药爆轰无网格 MPM 法三维数值模拟

王宇新　李晓杰　王小红　闫鸿浩　孙　明

（大连理工大学工程力学系，辽宁大连，116024）

摘　要：炸药多点起爆产生的爆轰波汇聚很难应用有限元法进行模拟计算，尤其当网格发生畸变时，导致有限元法计算效率和数值精度严重下降，甚至无法得到正确结果。本文应用无网格 MPM 法及显式积分算法对炸药多点起爆的爆轰过程进行数值模拟，应用 MPM 法不但有效避免了网格畸变和重新划分的问题，还为炸药爆轰的数值计算提供了新的思路和方法。

关键词：无网格法；物质点法；爆轰；数值模拟

Numerical Simulation on Detonation of Explosive with Multi-lighter Points by Using MPM

Wang Yuxin　Li Xiaojie　Wang Xiaohong　Yan Honghao　Sun Ming

（Dalian University of Technology，Liaoning Dalian，116024）

Abstract：It is difficult for the finite element method to simulate explosion of multi-lighter points and assembling energy of detonation waves. Particularly，computational efficiency and precision of the finite element are limited due to distort mesh. Detonation of the multi-lighter explosive is simulated by using the material point method with explicit algorithm. Not only re-meshing for distort elements can be overcome，but also one new technique can be also provided for numerical simulation on detonation of the explosive.

Keywords：meshless method；material point method；detonation；numerical simulation

1 引言

对于炸药爆轰及其作用问题的数值模拟，选择合理的数值计算方法是非常重要的环节，爆轰数值计算方法主要有特征线法、阵面追踪法、有限差分和有限元法等。特征线法能够使计算获得明确清楚的物理图像，但是计算逻辑复杂，二维和三维数值计算很难实现[1]。有限差分和有限元法仍然是求解炸药爆轰问题主要的数值方法，一般选择随流体运动的拉氏网格和固定欧拉网格方法，或者二者结合的数值计算方法。当数值计算涉及多相介质爆轰问题时，尤其是处理多物质分界面、流固耦合、网格纠缠和重新划分等是比较困难的工作，甚至是无法克服的难题。为了改善和克服有限元方法的缺陷，近些年来，无网格法被提出并成为研究热点。无网格法的基本特征是将材料体离散为不需要连接信息的质点来表示，避免了繁琐的单元网格划分，

王宇新（1972），讲师，wyxphd@ dlut. edu. cn。

尤其在解决大变形和多相介质耦合问题时，不存在着质点相互穿越，也不需要重新划分网格单元或者与网格无关[2]，从而解决了有限元和有限差分法在求解上述力学问题中所遇到的困难，并且提高了数值计算精度和效率。本文在计算炸药爆轰问题时应用无网格 MPM 法（Material Point Method，简称 MPM）进行数值模拟，MPM 法是在质点网格法 PIC（Particle-In-Cell）和 FLIP 的基础上发展而来的[3]。MPM 法的基本思想是将一个连续体离散为具有集中质量的物质点集合，这些物质点被置于固定的背景网格单元中，物质点与背景网格单元节点通过形函数构成映射计算关系。在外部载荷的作用下，连续体变形通过这些离散的物质点来跟踪，而在整个数值计算过程中，作为定义计算区域的背景网格始终固定不变。MPM 法利用了欧拉法和拉格朗日法二者的优点，在处理多相介质、大变形、随时间变化的不连续性问题、炸药爆轰以及多点起爆所产生的爆轰波汇聚等问题时具有很大优势[4]。本文主要介绍了无网格 MPM 法的基本算法，结合炸药爆轰问题，对炸药多点起爆的爆轰过程、爆轰压力场和爆轰波汇聚进行三维数值模拟。

2 MPM 法的基本理论

应用 MPM 法求解力学问题时，将连续体在背景网格内划分为具有集中质量的物质点，通过形函数完成物质点和背景网格节点之间的两次映射计算，并使用材料本构模型、质量守恒和动量守恒方程求解各物质点应变和应力值[5]。在整个计算过程中，背景网格不同于有限元网格，背景网格始终固定不变。应用 MPM 法求解时，满足连续方程和运动方程

$$\frac{\mathrm{d}\rho}{\mathrm{d}t} + \rho \nabla \cdot v = 0 \tag{1}$$

$$\rho a = \nabla \cdot \sigma + \rho b \tag{2}$$

式中 $\dfrac{\mathrm{d}\rho}{\mathrm{d}t}$——物质时间导数；

ρ——质量密度；

v——速度；

a——加速度；

σ——柯西应力张量；

b——单位体积力。

将连续体离散为 N_p 个物质点后，为了用这些物质点来跟踪全部变形过程，假设物质点 p（$p = 1,2,\cdots,N_p$）在 t 时刻的位置为 x_p^t，质量为 M_p，密度为 ρ_p^t，速度为 v_p^t，柯西应力张量为 σ_p^t，如果把每个物质点在任何时刻看作不变的集中质量点，则连续方程（1）自然满足。取试函数 w，则运动方程（2）的弱形式为[6]：

$$\int_\Omega \rho w \cdot a \mathrm{d}\Omega = -\int_\Omega \rho \sigma^s : \nabla w \mathrm{d}\Omega + \int_{\partial\Omega_c} \rho c^s \cdot w \mathrm{d}S + \int_\Omega \rho w \cdot b \mathrm{d}\Omega \tag{3}$$

式中 σ^s——比应力张量（$\sigma^s = \sigma/\rho$）；

Ω——连续体当前构形；

$\partial\Omega_c$——指定应力的边界，此边界上应力为 c（且 $c^s = c/\rho$），而在指定位移边界上 w 为零。

由于把连续体离散成具有集中质量的物质点，因此，密度可以写成 δ 函数：

$$\rho(x,t) = \sum_{p=1}^{N_p} M_p \delta(x - x_p^t) \tag{4}$$

则公式（4）可写为如下形式：

$$\sum_{p=1}^{N_p} M_p w(x_p^t, t) \cdot a(x_p^t, t) = -\sum_{p=1}^{N_p} M_p \sigma^s(x_p^t, t) : \nabla w(x, t)\big|_{x_p^t} + \sum_{p=1}^{N_p} M_p w(x_p^t, t) \cdot$$

$$c^s(x_p^t, t)/h + \sum_{p=1}^{N_p} M_p w(x_p^t, t) \cdot b(x_p^t, t) \tag{5}$$

式中　h——边界层厚度。

用网格节点某参数 r_i^t（$i = 1, 2, \cdots, N_n$）进行插值或称为映射计算可获得物质点相应的参数，其中 r_i^t 可代表坐标 x_i^t、位移 u_i^t、速度 v_i^t 和加速度 a_i^t 以及试函数 w_i^t 等，表示如下：

$$r_p^t = \sum_{i=1}^{N_n} r_i^t N_i(x_p) \tag{6}$$

将由网格节点插值得到的各参数代入式（5）整理可得：

$$\sum_{i=1}^{N_n} w_i^t \cdot \sum_{j=1}^{N_n} m_{ij}^t a_j^t = -\sum_{i=1}^{N_n} w_i^t \cdot \sum_{p=1}^{N_p} M_p \sigma_p^{s,t} \cdot \nabla N_i(x)\big|_{x_p^t} + \sum_{i=1}^{N_n} w_i^t \cdot (c_i^t + b_i^t) \tag{7}$$

其中：

$$m_{ij}^t = \sum_{p=1}^{N_p} M_p N_i(x_p^t) N_j(x_p^t) \tag{8}$$

$$c_i^t = \sum_{p=1}^{N_p} M_p c_p^{s,t} N_i(x_p^t)/h \tag{9}$$

$$b_i^t = \sum_{p=1}^{N_p} M_p b(x_p^t, t) N_i(x_p^t) \tag{10}$$

由于试函数可以是任意的，则式（7）写成如下形式：

$$\sum_{j=1}^{N_n} m_{ij}^t a_j^t = (f_i^t)^{int} + (f_i^t)^{ext} \quad (i = 1, 2, \cdots, N_n) \tag{11}$$

其中内部力等于：

$$(f_i^t)^{int} = -\sum_{p=1}^{N_p} M_p \sigma_p^{s,t} \cdot \nabla N_i\big|_{x_p^t} \tag{12}$$

外部力等于：

$$(f_i^t)^{ext} = b_p^t + c_p^t \tag{13}$$

采用行求和方式得到对角质量阵，式（8）和式（10）变为：

$$m_i^t = \sum_{p=1}^{N_p} M_p N_i(x_p^t) \tag{14}$$

$$b_i^t = m_i^t b(x_p^t, t) \tag{15}$$

从而运动方程（11）变为：

$$m_i^t a_i^t = (f_i^t)^{int} + (f_i^t)^{ext} \quad (i = 1, 2, \cdots, N_n) \tag{16}$$

MPM 方法通过将物质点所携带的参数信息和应力应变状态映射到网格节点上，从而形成关于网格节点的运动方程，即公式（16）。通过求解上述牛顿运动方程，获得网格节点的运动信息，再返回映射到物质点上，需要使用有限元的立方体单元的形函数实现物质点与背景网格单元节点的映射计算，以获得物质点下一时刻的应力应变状态。由于采用相同的背景网格，并且在计算过程中背景网格始终固定不变，这样就避免了数值计算对网格的依赖，质点不会出现重叠纠缠或相互穿越现象[7~10]。

3 炸药状态方程及燃烧函数

应用 MPM 法计算炸药爆轰问题时，为了正确描述炸药化学反应特征，需要提供化学反应率方程和炸药爆轰状态方程，化学反应率函数决定着爆轰波的发展和传播，通过它实现炸药化学反应与爆轰过程的耦合，常用的反应率函数是 Wilkins 函数，其具体形式如下：

$$F = \begin{cases} 0 & t < t_b \\ \dfrac{t - t_b}{\Delta L} & t_b \leq t \leq t_b + \Delta L \\ 1 & t > t_b + \Delta L \end{cases} \tag{17}$$

式中 F——燃烧函数，F 值在 0~1 之间变化；

t_b——爆轰波到达计算炸药质点的时间，即开始起爆；

t——目前计算时间；

ΔL——$\Delta L = r_b A_e / (V_d L_{emax})$，其中 A_e 和 L_{emax} 是炸药质点所在背景网格单元的面积和最大边长，V_d 为爆速，r_b 是燃烧函数的可调节参数，通常 $r_b = 3 \sim 6$。

燃烧函数表达了炸药爆轰过程中的三种状态，即炸药的凝固状态、化学反应过渡区和爆轰产物区，通过燃烧函数将凝固炸药和爆轰产物状态方程联系起来，得到最后的计算公式：

$$p = p(\rho, e)F \tag{18}$$

在初始炸药物质点定义时，只需要定义起爆点周围几个物质点的 F 等于 1，其余点的 F 值等于 0，这样就定义好了炸药的起爆网络，MPM 法就能完成对炸药爆轰波传播过程的数值模拟。

4 炸药爆轰数值模拟

4.1 计算模型

为了实现炸药多点起爆的数值模拟，采用圆柱形装药，为了保持药柱成型，圆柱外壳采用塑料，设计导爆索两点起爆方式，在水平圆形剖面两侧插入两根黑索金导爆索，两根导爆索顶端都作为起爆点，由于导爆索爆速快，其穿越经过的炸药相当于按时间序列多点起爆，具体装药形式如图 1 所示。

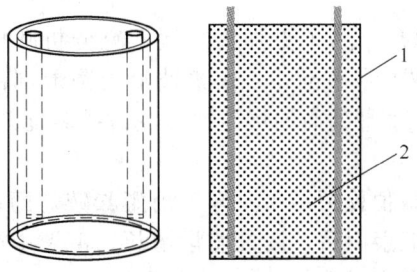

图 1 爆轰波碰撞聚能计算模型

1—导爆索；2—炸药

Fig. 1 Numerical model on detonation of the explosive

利用这种装药和起爆点的设计方式，可以在导爆索点燃以后，使得圆柱形炸药产生的爆轰波按照纵向和横向两个方向的剖面发生碰撞。当爆轰波传播到圆柱水平圆形剖面中心处形成能量汇聚，在汇聚界面处爆轰波压力将成倍的增长。本文应用自主研制开发的无网格 MPM 法的数值计算程序（SPM2.0 前处理程序和 SPS2.0 计算程序）对圆柱形炸药双侧导爆索起爆形式的爆轰波碰撞聚能问题进行三维数值模拟，以下为 MPM 法前处理结果。

4.2　MPM 法前处理

基于本文设计的爆轰波碰撞聚能计算模型，圆柱筒外侧为不受约束的自由面，塑料圆柱筒内径为 150mm，高度为 280mm。其内部填充硝酸铵炸药，应用无网格 MPM 法前处理程序 SPM2.0 划分三维背景网格单元长度为 5，每个立方体单元内质点数量为 8 个，两个导爆索分别在圆柱筒直径两端从顶端一直插到底面，前处理结果如图 2 所示。

图 2　炸药爆轰
MPM 法前处理
Fig. 2　Preprocess result
of the explosive

炸药选择硝酸铵，爆轰速度为 2400m/s，它的爆轰产物状态方程采用公式（19）：

$$p = (\gamma - 1)\rho E \tag{19}$$

方程（19）被经常用于低爆速炸药爆轰的计算，可以准确地计算爆轰压力，其中多方指数 γ 经过硝酸铵炸药爆轰实验才能确定。硝酸铵的多方指数实验测定为 2.0，p 为爆轰压力，E 是硝酸铵单位比内能为 3.8×10^6 J/kg，爆速为 2400m/s，ρ 是硝酸铵密度为 550kg/m³。导爆索内成分为黑索金，爆速为 6900m/s，由于导爆索只作引爆硝酸铵炸药的用途，因此，相当于在导爆索穿越的所有背景网格中心点设置了多个起爆点，实际是按时间序列多点起爆，计算每个起爆点的点火时间是将导爆索占据的背景网格中心点位置到起爆雷管位置的距离与导爆索爆速相除获得。

4.3　爆轰三维数值模拟

在不考虑温度和热传递的绝热条件下，应用 SPS2.0 程序对圆柱筒装药两侧导爆索起爆的爆轰过程进行三维模拟。在本程序中，除了可以模拟各种装药形式的爆轰过程，还可以完成不同爆速炸药多点起爆的三维爆轰波传播数值模拟。

如图 3 所示，本文给出了圆柱形炸药三维爆轰过程的数值模拟，并标识了不同区域爆轰波压力场的分布变化。

当两侧的导爆索起爆以后，为了更加清楚地研究分析圆柱筒装药形式的爆轰波传播过程，对圆柱形炸药爆轰做了水平剖切，爆轰波沿着圆形剖面直径方向同样存在着碰撞汇聚的过程，在不同时刻，水平剖面的爆轰波形成碰撞聚能效应和爆轰压力场变化情况，如图 4 所示。

从无网格 MPM 法三维数值模拟结果可知：当硝酸铵炸药起爆之后，爆轰压力稳定在 2GPa 左右，当爆轰波碰撞汇聚以后，爆轰能量增长，汇聚中心位置最高的爆轰压力稳定在 4.0GPa 左右，而且沿着圆柱直径纵向剖面处形成了爆轰波聚能压力切割面。因此，通过上述的数值模拟结果可以证明这种圆柱装药两侧导爆索起爆以后爆轰波在中间碰撞汇聚的过程。

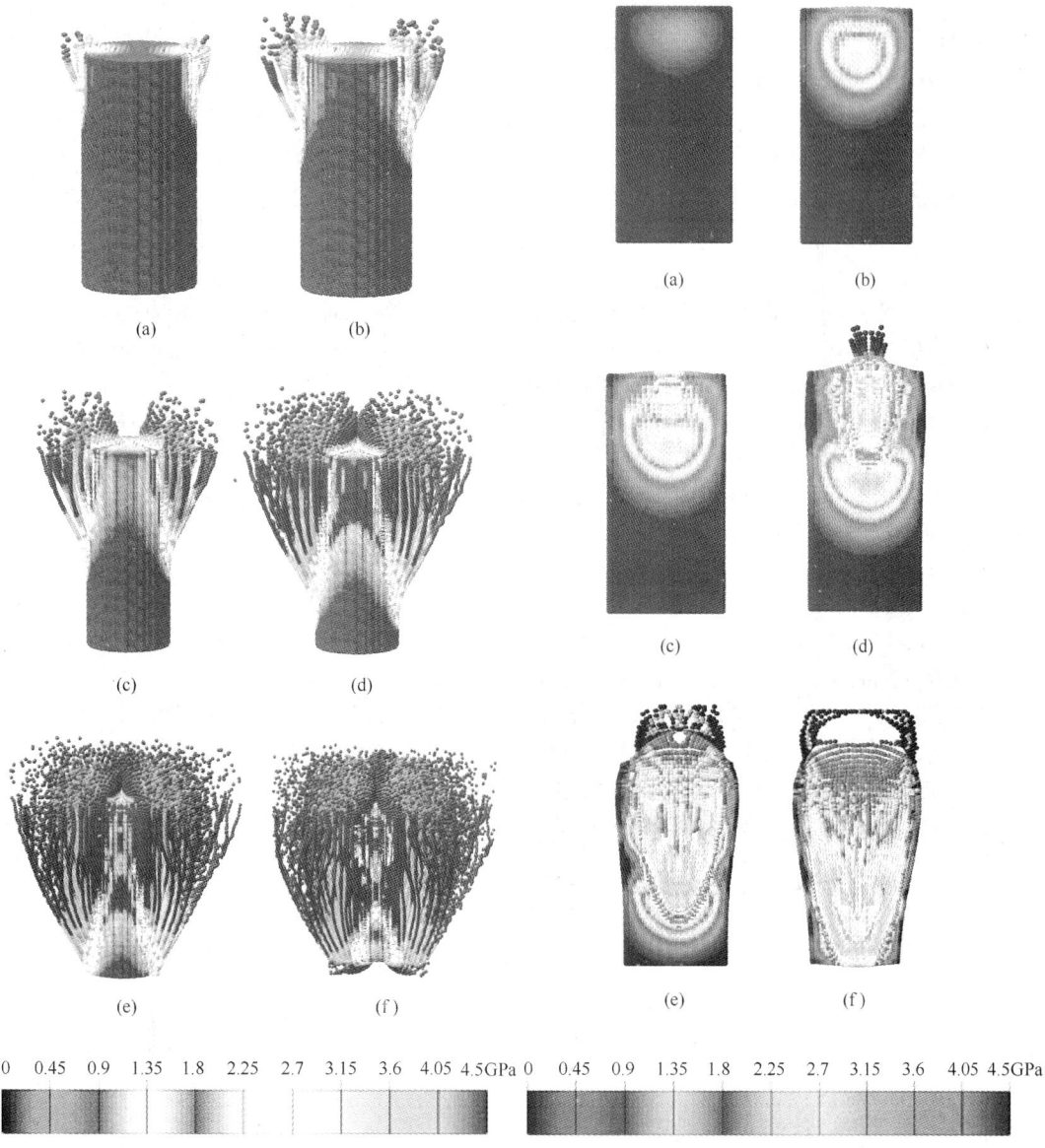

图3　炸药爆轰聚能正向剖面压力场

(a) $t=9\mu s$；(b) $t=13\mu s$；(c) $t=18\mu s$；(d) $t=24\mu s$；

(e) $t=30\mu s$；(f) $t=36\mu s$

Fig. 3　Detonation pressure at the forward section

图4　炸药爆轰聚能侧向剖面压力场

(a) $t=13\mu s$；(b) $t=18\mu s$；(c) $t=20\mu s$；(d) $t=24\mu s$；

(e) $t=30\mu s$；(f) $t=36\mu s$

Fig. 4　Detonation pressure at the lateral section

5　结论

通过本文应用无网格 MPM 法对圆柱形装药两侧导爆索起爆形式的爆轰波碰撞聚能过程进行了三维数值模拟，由数值模拟结果可知：

（1）应用 MPM 法在求解炸药爆轰和多点按时间序列起爆的爆炸力学问题方面具有比较大的优势，与有限差分和有限元等数值方法相比，避免了网格单元的重新划分；与欧拉法相比，MPM 法结合了欧拉法和拉格朗日法两者的优点，有效地跟踪了爆轰波传播和碰撞的运动界面。

（2）由 MPM 法三维数值模拟结果可知，普通的柱状装药，如果通过改变起爆点数量和起爆形式，可以实现聚能爆破切割，为聚能爆破工程实际应用提供了一种新的途径。

（3）本文炸药爆轰的三维数值模拟结果说明了无网格 MPM 法在计算各种炸药复杂爆轰问题时，多点起爆、爆轰波汇聚对撞等方面问题具有实际工程参考价值。

参 考 文 献

[1] 李恩征，张凤国. 二维弹塑性有限元程序全自动重分[J]. 爆炸与冲击，2001，21(4)：241～247.

[2] T Belytsch, Y Krongauz. Meshless methods：an overview and recent development[J]. Computer Methods in Applied Mechanics and Engineering, 1996, 139：3～47.

[3] D Sulsky, S J Zhou, H L Schreyer. Application of a particle-in-cell method to solid mechanics [J]. Comput. Phys. Commun, 1995, 87：236～252.

[4] Hornemann U, Holzwarth. A shaped charge penetration in alumina targets[J]. International Journal of Impact Engineering, 1997, 20：375～386.

[5] Z Chen, W Hu, L Shen. An evaluation of the MPM for simulating dynamic failure with damage diffusion[J]. Engineering Fracture Mechanics, 2002, 69：1873～1877.

[6] Yuxin Wang, H G Beom, Ming Sun, et al. Numerical simulation of explosive welding using the material point method[J]. International Journal of Impact Engineering, 2011, 38：51～60.

[7] 黄鹏，张雄. 基于 OpenMP 的三维显式物质点法并行化研究[J]. 计算力学学报，2010，27：17～21.

[8] 王宇新，陈震，孙明. 滑移爆轰问题无网格 MPM 法数值模拟[J]. 力学与实践，2007，29(3)：20～24.

[9] 王宇新，陈震，孙明. 多相介质爆炸冲击响应物质点法数值模拟[J]. 爆炸与冲击，2008，28(2)：154～160.

[10] Duan Z, Zhang, Qisu Z. Material point method applied to multiphase flows[J]. J Comput Phys, 2008, 227：3159～3173.

黏性粒状炸药爆轰参数的计算

杨敏会　苗　涛　徐秀焕

（葛洲坝易普力股份有限公司，重庆，401121）

摘　要： 根据组分加合法计算了黏性粒状炸药的爆热和爆容，然后依据 B-W 法建立黏性粒状炸药的爆炸反应方程式，用热力学定律和半经验公式对黏性粒状炸药爆轰参数进行了计算，并结合氧平衡对炸药爆轰性能的影响进行了讨论分析。

关键词： 黏性粒状炸药；爆轰参数；氧平衡；理论计算

Calculation for Detonation Parameters of Viscous Granular Explosives

Yang Minhui　Miao Tao　Xu Xiuhuan

（Gezhouba Explosive Company Limited，Chongqing，401121）

Abstract： Firstly calculation for the explosion heat and the volume of detonation of viscous granular explosives was done according to components weighted method. Then the explosive reaction equation of viscous granular explosive was predicted based on B-W rule. Calculation for detonation parameters of viscous granular explosives was done according to law of thermodynamics and semi-empirical formula. The influence of oxygen balance on detonation parameters of viscous granular explosive was analyzed.

Keywords： viscous granular explosives；detonation parameters；oxygen balance；theoretical calculation

1　引言

在 20 世纪 80 年代初及以前，矿山爆破所用的炸药多为粉状 2 号岩石炸药，采用人工装药，不但劳动强度大，炮孔也得不到充分利用；采用风动机械装药，返药量一般为 10% ～ 15%，甚至高达 20%，严重污染环境，工人深受其害。因此，为了适应风动机械装药，保证工人身体健康，黏性粒状炸药应运而生。1982 年先后研制成功了 T-1 号和 M-2 号黏性粒状炸药[1]，使得返药量大大地降低。长沙矿山研究院于 1985 年发明了无梯黏性粒状炸药[2]，使得这一状况得到改善与一定程度上的解决。

随着现代矿山开采技术的进步，黏性炸药可能会得到更为广泛的应用。本文通过对黏性粒状炸药爆轰参数的理论计算研究，可为黏性粒状炸药的设计及应用提供一定的参考依据。

杨敏会，工程师，gelira@ sina. com。

2　黏性粒状炸药爆轰参数理论计算的依据

2.1　爆热的计算

一定量炸药爆炸时放出的热量称为炸药的爆热，通常以 1mol 或者 1kg 炸药爆炸所释放的热量表示（kJ/mol 或者 kJ/kg）。一种较为简单的计算方法是不需要知道爆炸反应方程式，只需知道炸药中每种组分的爆热贡献值，根据组分加合法即可计算出炸药的爆热[3]。其计算公式如式（1）所示。

$$\begin{cases} Q_V = \sum_i Q_{Vi} x_i + 17618.8 \times OB & OB < 0 \\ Q_V = \sum_i Q_{Vi} x_i & OB \geqslant 0 \end{cases} \quad (1)$$

式中　Q_V——炸药的爆热，kJ/kg；

Q_{Vi}——第 i 种组分的爆热贡献值，kJ/kg；

OB——炸药的氧平衡值，g/g；

x_i——第 i 种组分的质量分数，%。

2.2　爆容的计算

单位质量的炸药在爆炸时生成的气态产物在标准状态下所占有的体积称为炸药的爆容（L/kg）。爆容也可以根据组分加合法进行计算[3]。根据组分加合法其计算公式如式（2）所示。

$$\begin{cases} V = \sum_i V_i x_i & OB < 0 \\ V = \sum_i V_i x_i + 700 \times OB & OB \geqslant 0 \end{cases} \quad (2)$$

式中　V——炸药的爆容，L/kg；

V_i——第 i 种组分的爆容贡献值，L/kg。

OB——炸药的氧平衡值，g/g；

x_i——第 i 种组分的质量分数，%。

2.3　爆轰反应方程式的确定

确定爆炸产物的组成，即建立炸药爆炸反应方程式，在理论上和实际工作中都具有重要的意义。因为爆炸反应方程式不仅是对炸药爆容、爆轰压力、爆速等性能参数进行理论计算的依据，也是调整炸药组成，改进爆破作业方法以提高炸药的爆炸性能，减少有毒气体产量的重要依据。但是要精确地确定爆炸反应方程式是极其困难和复杂的，因而在工程上一般采用经验方法确定爆炸反应方程式，即国际公认的 B-W（Brinkley-Wilson）法[4]。在本文中用此来确定黏性粒状炸药的爆炸反应方程式。

2.4　爆温的计算

炸药爆炸时放出的热量将爆炸产物加热到的最高温度称为炸药的爆温（K）。在爆炸过程中，温度变化极快，数值极高，可达几千度，目前用实验的方法测定爆温仍较困难。为了得到爆温的数值，一般采用理论计算方法[4]。根据爆温的理论简化条件，可认为爆热与爆温的关系如式（3）所示。

$$Q_{\mathrm{V}} = \overline{C_{\mathrm{V}}}(T_{\mathrm{b}} - T_0) = \overline{C_{\mathrm{V}}}\, t \tag{3}$$

式中　$\overline{C_{\mathrm{V}}}$——温度间隔 t 内全部爆炸产物的卡斯特平均热容，J/(mol·℃)或 J/(kg·℃)；

　　　T_0——炸药的初温，K；

　　　T_{b}——炸药的爆温，K；

　　　t——爆炸产物从 T_0 到 T_{b} 的温度间隔，℃。

对于一般工程计算，认为热容与温度为直线关系，即

$$\overline{C_{\mathrm{V}}} = a_0 + a_1 t \tag{4}$$

将式（4）代入式（3）即得计算公式如下：

$$\begin{cases} t = \dfrac{-a_0 + \sqrt{a_0^2 + 4a_1 Q_{\mathrm{V}}}}{2a_1} \\ T_{\mathrm{b}} = T_0 + t \end{cases} \tag{5}$$

$$a_0 = \sum_i n_i a_{0i}; a_1 = \sum_i n_i a_{1i} \tag{6}$$

式中　t——爆炸产物从 T_0 到 T_{b} 的温度间隔，℃；

　　　T_0——炸药的初温，K；

　　　T_{b}——炸药的爆温，K；

　　　n_i——第 i 种爆轰产物的物质的量，mol；

a_{0i}，a_{1i}——第 i 种爆轰产物的卡斯特平均摩尔热容计算式 $\overline{C_{\mathrm{V},i}} = a_{0i} + a_{1i} t$ 的系数；

a_0，a_1——热容与温度直线关系式中的系数。

2.5　爆速的计算

一定条件下，爆轰波在炸药中稳定传播的速度称为炸药的爆速（m/s）。利用根据热力学第一定律及有关方程推导出的炸药爆速表达式对黏性粒状炸药进行爆速的理论计算时，所得爆速是炸药理想爆轰条件下的爆速，而进行爆速测试时，由于约束条件等因素的限制，使得炸药很难达到理想爆轰，计算结果与测试结果有很大的差别。因此，为了使计算结果与实际测试结果相一致，根据参考文献［5］，利用炸药力进行黏性粒状炸药爆速的计算。其中炸药力是指每千克炸药的做功能力，当其表示炸药的静威力特性时称为比能。其计算公式如式（7）所示。

$$f = p_0 V T_{\mathrm{b}}/273 \tag{7}$$

式中　f——炸药力，L·MPa；

　　　p_0——标准大气压；

　　　V——炸药的爆容，L/kg；

　　　T_{b}——炸药的爆温，K。

炸药的爆速计算公式[6]如式（8）所示。

$$D = \frac{10\sqrt{fK}}{1 - \rho_0 \alpha} \tag{8}$$

式中　D——炸药的爆速，m/s；

　　　f——炸药力，L·MPa；

K——系数，一般取 $K = 1.4$；

ρ_0——炸药密度，g/cm^3；

α——炸药的余容，是炸药密度的函数，可从相关图表[5]中查得。

2.6 爆轰压力的计算

炸药爆轰时爆轰波阵面的压力称为炸药的爆轰压力（MPa）。根据流体力学理论，推导得出爆轰压力的理论计算公式如式（9）所示。

$$p = \frac{\rho_0 D^2}{\gamma + 1} \tag{9}$$

式中　p——炸药的爆轰压力，MPa；

ρ_0——炸药密度，g/cm^3；

D——炸药的爆速，m/s；

γ——爆轰产物绝热指数。

3　理论计算结果

对黏性粒状炸药爆轰参数进行理论计算时，为使黏性粒状炸药的性能适合风送的要求，黏性剂所占比例为 8%，调节多孔粒状硝酸铵和轻柴油的量，形成如表 1 所示的五组配方。其中黏性剂由普通硝酸铵、聚丙烯酰胺和水配制而成。

表 1　黏性粒状炸药配方

Table 1　The formulas of viscous granular explosives　　　　　（%）

组　分	多孔粒状硝酸铵	轻柴油	黏性剂	氧平衡/$g \cdot g^{-1}$
配方 1	88.5	3.5	8.0	0.037172
配方 2	88	4	8.0	0.01903
配方 3	87.47	4.53	8.0	-0.000196
配方 4	87	5	8.0	-0.01725
配方 5	86.5	5.5	8.0	-0.035388

以表 1 中配方 1 为例，取 1kg 炸药为计算基准，依据 B - W 法得出其爆炸反应方程式为：

$$C_{3.1422}H_{55.7359}O_{36.4743}N_{23.069} \longrightarrow 27.86795H_2O + 3.1422CO_2 + 1.160975O_2 + 11.5345N_2$$

根据式（1）~ 式（9）对表 1 所列五组配方进行爆轰参数的理论计算，其计算结果见表 2。为使计算方便及对计算结果进行合适的比较，这里炸药的密度都选为 $1.0g/cm^3$。

表 2　计算结果

Table 2　Calculation results

项　目	爆热/$kJ \cdot kg^{-1}$	爆容/$L \cdot kg^{-1}$	爆温/℃	爆速/$m \cdot s^{-1}$	爆轰压力/MPa
配方 1	3196.0	979.0	2192	3371	3302.5
配方 2	3399.9	978.1	2279	3429	3414.9
配方 3	3612.6	977.3	2367	3486	3527.8
配方 4	3503.8	988.4	2316	3472	3505.1
配方 5	3388.1	1000.2	2262	3455	3478.2

由表 1 和表 2 的计算结果可知, 爆轰参数随着氧平衡的变化而变化; 在零氧平衡 (配方 3) 时, 爆热、爆温、爆速和爆轰压力都达到最大值, 爆容在此时最小。当氧平衡绝对值接近符号相反时, 负氧平衡配方的黏性粒状炸药的爆热、爆温、爆速和爆轰压力下降趋势比正氧平衡配方的下降趋势慢; 而爆容上升趋势比正氧平衡配方的快。因为根据最大放热原则, 零氧平衡配方的炸药爆轰产物主要以水和二氧化碳为主, 负氧平衡配方的炸药爆轰产物有较多的一氧化碳, 正氧平衡配方的炸药爆轰产物有氮的氧化物生成。从爆轰产物对爆容的贡献值单位质量比容可知, 一氧化碳的单位质量比容值 $0.85L/g$, 比氮的氧化物 (一氧化氮为 $0.75L/g$, 二氧化氮为 $0.49L/g$) 要高, 因此负氧平衡配方的炸药爆容值要高于正氧平衡配方的爆容值, 且上升趋势也较快; 二氧化碳的单位质量比容值为 $0.51L/g$, 因此零氧平衡的爆容值最低。从爆轰产物单位质量的生成热来看, 一氧化碳的单位质量生成热为 $3.99kJ/g$, 比氮的氧化物 (一氧化氮 $-3.01kJ/g$, 二氧化氮 $-0.75kJ/g$) 要高, 因此负氧平衡配方的炸药爆热、爆温值要高于正氧平衡配方的爆热、爆温值, 且下降趋势也较慢; 二氧化碳的单位质量生成热为 $8.93kJ/g$[7], 因此零氧平衡配方的炸药爆热、爆容值最高。从式 (8) 中的炸药力 f 可知, 爆速与爆温相关, 从式 (9) 又知, 爆轰压力与爆速相关, 因此爆速、爆轰压力随氧平衡的变化与爆温随氧平衡的变化相一致。

4 结论

(1) 氧平衡的不同, 使得根据 B-W 法确定的爆轰产物有所不同。由于各爆轰产物对爆热、爆温和爆容的单位质量贡献值不同, 造成正氧平衡与负氧平衡对爆轰参数有着不同的影响。

(2) 在黏性剂配方和添加比例一定时, 所设计的黏性粒状炸药配方越接近零氧平衡, 爆热、爆温、爆速和爆轰压力越高, 爆容越低。在本文中, 零氧平衡配方黏性粒状炸药的爆轰性能为爆热 $3612.6kJ/kg$, 爆容 $977.3L/kg$, 爆温 $2367℃$, 爆速 $3486m/s$ (实测爆速 $3100m/s$), 爆轰压力 $3527.8MPa$。

参 考 文 献

[1] 吕振芳. 无梯粘性粒状炸药的研究[J]. 爆破器材, 1993(4): 11~15.

[2] 高梦义, 韩清, 等. 无梯粘性粒状炸药: 中国, 85100393A[P]. 1986-08-27.

[3] 徐文源. 组分加合法计算工业炸药的爆热和爆容[J]. 爆破器材, 1996, 25(3): 1~5.

[4] 炸药理论编写组. 炸药理论[M]. 北京: 国防工业出版社, 1982.

[5] [日]须藤秀治, 等. 炸药与爆破[M]. 丁端生, 黄世衡, 译. 北京: 国防工业出版社, 1976: 20~21, 24.

[6] [苏]罗西. 矿山炸药常数手册[M]. 杨鸿章, 译. 北京: 国防工业出版社, 1958: 9~10.

[7] 陆明, 吕春绪. 工业炸药的原子经济性分析[J]. 爆炸与冲击, 2003, 23(1): 86~90.

中国爆破网及其应用信息系统

曲广建　朱振海　黄新法　江　滨　梅　比　张怀民　涂鹏程

（广州中爆安全网科技有限公司，广东广州，510515）

摘　要：本文简要地介绍了中国爆破网建设十年来取得的成果，以及可以为工程爆破行业及危险物品安全管理行业服务的信息系统的主要功能。

关键词：工程爆破；信息系统；大数据；云计算；数据管理

China Blasting Network and Application of Information System

Qu Guangjian　Zhu Zhenhai　Huang Xinfa　Jiang Bin
Mei Bi　Zhang Huaimin　Tu Pengcheng

（Guangzhou China Blasting Safety Net Technology Co., Ltd.,
Guangdong Guangzhou，510515）

Abstract：This paper briefly introduces the construction of China blasting network results in 10 years, and the main function of sectors of information system for engineering blasting industry and dangerous goods safety management.

Keywords：blasting engineering；information systems；large data；cloud computing；data management

1　引言

广州中爆安全网科技有限公司从 2003 年 12 月起就着手建设中国爆破网，并把发展方向定位于建设一批涉爆、涉危安全管理方面的软件、硬件系统，为中国工程爆破行业提供信息化服务。在中国工程爆破协会领导、专家们的大力支持下，经过十余年的努力，已经将中国爆破网建设成为中国工程爆破行业的门户网站，并致力打造了联通各级公安机关治安部门、国家民爆器材生产流通监管部门、国家安全生产监督管理部门、危爆行业协会和危爆物品（爆炸物品、危险化学品、烟花爆竹等）从业单位的综合信息管理服务平台，成为国内爆破行业最权威的行业资讯、信息交流、数据共享、企业服务的专业网站和信息管理服务平台。

中国爆破网采用现代信息技术、通信技术与网格技术（Great Global Grid），建立了覆盖全国、联通危爆行业（爆炸物品、危险化学品、烟花爆竹等）从业单位、从业人员、危爆物品、器材设备、库房和其他涉危作业场所等的安全生产与行业信息管理的专网。在西安建设了中国工程爆破云计算中心、中国工程爆破远程测振数据中心、工程爆破行业测试标定中心和工程爆

曲广建，教授级高级工程师，zrbp@163.com。

破设备检验检测中心。为解决中国爆破行业信息资源联通与共享，为生产、流通、使用、科研、教育和行业管理提供信息化服务，中国爆破网以大数据分析与洞察、云计算、移动与互联网、社交商务、认知计算等新一代技术为核心，迈入快速发展的轨道，是政府管理部门加强危爆物品流向流量实时监控、促进安全生产和规范化管理的有力工具，在应急救援、社会治安、反恐防爆等领域也发挥着积极和重要的作用。

2 中国爆破网组成

中国爆破网由国家、省（市）多级节点、行业网站集群、数据库集群、行业应用系统和企业（含个人）用户组成。中国爆破网为用户建立相应的网络应用平台，为每位会员分配一定的工作权限和职能，会员利用电子密钥登录各级业务管理应用平台，享有相应的计算机应用服务。

中国爆破网用户主要有四类：政府有关职能部门、行业协会、企事业单位和从业人员等。中国爆破网根据用户的需求，按照不同的权限构建多层网络结构，包括网站及其管理信息系统、各类管理服务对象、相应的数据库系统和终端管理服务系统及设备，构成行业计算机管理信息网络系统。图1给出了中国爆破网网络拓扑图。

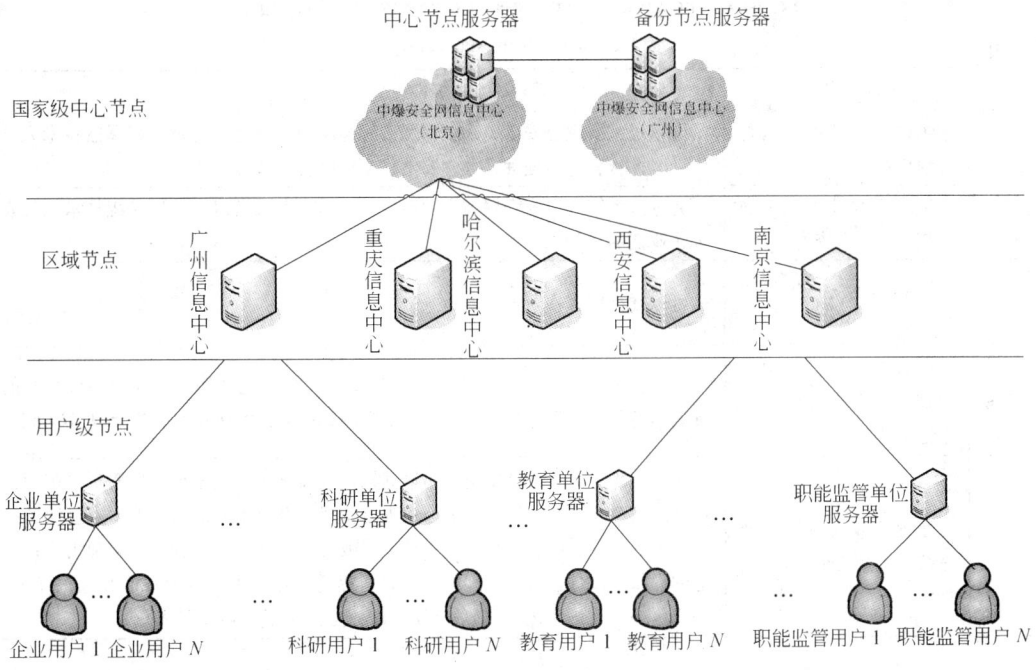

图1 中国爆破网网络拓扑图

Fig. 1 The network topology graph of China blasting network

根据中国爆破网发展需要，已经在广州、北京、西安、哈尔滨、沈阳、长春、重庆、南京、武汉、石家庄、贵阳、深圳、石嘴山等地设立了信息中心，服务于相应片区的用户。根据中国爆破网建设规划，在建设广州、北京两地信息中心机房基础上，新建了西安云计算中心机房。

3 中国爆破网建设目标

中国爆破网建设目标如下：

（1）建设工程爆破行业信息化平台，让爆破行业各单位、个人、管理部门在这个平台上进行数据交换,实现数据共享。

(2)研发一批涉爆、涉危软件和硬件产品与系统集成,为涉爆、涉危行业用户提供信息化服务,为政府主管部门沟通企业搭建桥梁,为政府主管部门抓好安全生产提供监督工具。

(3)做好行业数据信息处理、存储、大数据管理工作,为行业用户提供大数据挖掘的条件和工具,促进工程爆破行业向"数字爆破"方向快速发展。

(4)建设工程爆破行业云计算中心,为行业用户提供云计算服务。

(5)建设工程爆破行业标准标定中心,配备符合国家标准的行业标准振动台,为爆破测振单位提供测振仪、传感器的标定与校准服务,并将标定校准结果自动输入远程测振信息系统长期储存、保管,方便测振单位进行远程校准时参考。

4 中国爆破网支撑平台的作用

通过十年的建设和发展,中国爆破网已经起到了行业支撑平台的作用。目前,有多个系统在中国爆破网上运行或通过中国爆破网连接,详见表1。

表1 在中国爆破网上运行和连接的应用系统

Table 1 The list of the application system operating and joining online in the
China blasting network

序号	系 统 名 称	系 统 主 要 功 能
1	爆破工程技术人员管理信息系统	该系统主要供公安机关和工程爆破协会使用,通过系统对工程爆破技术人员培训考核资料进行处理、办理安全作业证以及换证等
2	爆破工程技术人员安全作业证公众查询平台	通过该系统可以查询爆破作业单位和工程技术人员以及辨别工程技术人员安全作业证的真伪
3	爆破施工作业单位信息查询	可以查询爆破作业单位的信息资料
4	爆破作业单位民用爆炸物品储存库安全评价登记系统	该系统主要供经公安部同意的19家安全评价机构使用,把他们评价合格的爆破作业单位民用爆炸物品储存库信息登记进去,方便政府有关管理部门查询
5	爆破作业人员培训考核管理信息系统	该系统用户主要是公安机关和培训机构及爆破员、安全员、保管员。培训机构利用该系统对被培训人员的信息进行管理,可以组织他们观看专家授课的视频资料、教学课件,进行模拟考试;爆破员、安全员和保管员可以利用该系统上的视频、课件进行自学和模拟考试,提高自己的爆破专业技能和应试能力;公安机关使用该系统对培训机构的培训情况进行管理和组织考核

5 中国爆破网各栏目数据库介绍

中国爆破网作为爆破行业的门户网站,正在发挥着越来越重要的作用。中国爆破网建设了10个栏目数据库,详见表2。

表2 中国爆破网主要栏目数据库

Table 2 A list of main program of the China blasting network database

序号	栏目数据库名称	主 要 子 库
1	行业管理数据库	包含地方公安、公安部治安管理局、安全管理、法律法规和标准规范子库
2	协会动态数据库	包含中爆协和地方爆协两个子库

续表2

序号	栏目数据库名称	主要子库
3	产业产品数据库	包含爆破需求、爆破工程和爆破器材子库
4	企业园地数据库	包含企业之窗、器材公司、爆破公司、相关单位和人才招聘子库
5	研究交流数据库	包含论坛、资讯、集锦、科研、词典、专题、论文、通信和爆破之最子库
6	人才中心数据库	包含院士风采、青年才俊、业务骨干、技术能手和一线楷模子库
7	查询平台数据库	包含安全作业证、爆破作业单位和民爆库安评子库
8	数字爆破数据库	包含爆破工程技术人员、剧毒化学品、远程测振、销售备案、网络培训、民爆统计、爆破作业监管、爆破档案馆、视频监控和客服管理子库
9	事故案件数据库	包含爆炸事故和爆炸案件子库
10	行业新闻数据库	包含综合新闻、视频新闻和图片新闻子库

6 部分应用信息系统简介

公司为用户设计开发了多个应用信息系统，限于篇幅，下面介绍几个与工程爆破有关的信息系统的功能和特点，见表3。

表3 与工程爆破有关的信息系统的主要功能和特点

Table 3 A list of the function and characteristics of the information system related to the engineering blasting

序号	系统名称	主要功能与特点
1	爆破作业项目安全监管信息系统	1. 该系统是全国民用爆炸物品信息管理系统的补充。该系统分为公安与企业两个平台，公安平台又分市局、区县分局、派出所三级，运行在公安网上，企业平台运行在互联网上。系统建立了公安部门与爆破设计施工单位、评估单位、监理单位、爆破工地、作业人员、爆炸物品之间的相互联系，可以实时、动态、全程监控涉爆单位、涉爆人员、许可证件管理及民爆物品在工地的管理和流向流量；为爆破从业单位提供了网上证照审批、备案、爆炸物品配送、使用登记、流向流量监控、查询统计、安全检查、企业信息管理、人员信息管理、爆破作业现场视频监控管理、民用爆炸物品库房管理、民用爆炸物品运输车辆道路监控管理、涉爆生产事故、案件信息管理、民用爆炸物品应急救援预案管理、信息发布等科学、快捷、便利的工具。 2. 该系统与全国民用爆炸物品信息管理系统配套使用，更加方便市、县级公安机关治安部门对爆破作业、民爆物品的安全管理（使用爆破作业单位、监理单位、主管公安机关互动检查法），方便爆破作业单位申办与爆破作业有关的各种事项，如爆破作业项目的延期、爆破作业人员转换工地、增加爆炸物品使用量、爆破作业现场视频监控、爆炸物品配送运输安全监管等等
2	民爆器材统计信息管理系统	该系统采用国家、省、企业三级体系结构管理模式，及时向民爆器材行业主管部门提供可靠的数据信息，使主管部门及时掌握民爆器材行业生产经营动态，为主管部门宏观调控和制定行业政策提供统计数据和相关信息。民爆器材生产、销售企业通过系统定期上报产量、销量、库存量等数据；民爆器材行业主管部门通过系统进行网上业务办理，数据信息查询、汇总和统计分析
3	民爆器材生产销售备案系统	该系统可供国家和省级民爆器材行业主管部门实时掌握生产、销售企业生产、销售、库存民爆器材及流向、流量和使用情况，为行业主管部门制定行业政策提供数据和相关信息。民爆器材生产、销售企业通过系统，将本企业生产、销售民爆器材品种、规格和数量等信息在三日内向上级主管部门进行备案；主管部门通过系统检查企业备案情况，及时发现问题并予以纠正

序号	系统名称	主要功能与特点
4	工程爆破远程测振信息管理系统	利用该系统，各爆破从业单位只需自备传感器、测振仪等基本仪器设备，在进行爆破作业时，监测记录爆破工程现场的爆破振动数据，并将记录的振动数据上传到工程爆破行业测振信息系统（简称远程测振系统）长期储存。爆破从业单位通过远程测振系统，可以随时了解自己提交数据的处理进展情况，可以与测振中心的专家进行远程交流，并可以通过测振系统平台直接下载打印爆破测振报告。 利用该系统，从业单位只需要配备1~2名掌握了安放传感器和操作测振仪的技术人员，传感器、测振仪的标定和校准、测试数据处理、频谱分析等工作由远程测振中心协助完成。把爆破从业单位从处理复杂技术工作中解放出来。 该系统与爆破数字档案馆测振分馆（远程测振数据中心）无缝连接，可以为爆破从业单位长期保存爆破测振数据，为爆破行业其他研究人员开展爆破理论与技术研究、数据挖掘等提供参考。 为了管理好远程测振系统，还建设了中国工程爆破云计算中心、远程测振中心、工程爆破行业测试标定中心。三个中心已通过中国工程爆破协会组织的专家验收。 标定中心建立了爆破行业标准标定与校准振动台，与远程测振信息管理系统和爆破数字档案馆配合可以为爆破作业单位的传感器、测试仪进行当地标定与校准和远程标定与校准，并将有关数据存入爆破数字档案馆，供爆破作业单位设计、施工及研究人员共享
5	危爆场所信息监控器	危爆场所信息监控器（CBD-1型，又称为动态数据采集仪或者黑匣子）是危爆管理专网物联的核心终端设备，是基于互联网或3G技术的新一代应用产品。具备数据信息采集、存储、处理、传输、自动交换和进行温湿度、烟雾监控、安全巡检、示警、报警、自动拍照等功能。可以通过专网或互联网接入安全管理系统平台和后台数据库
6	危爆库房管理系统	危爆库房管理系统是危爆场所监控信息管理系统的重要组成部分，可以实时监控库房开关门、温湿度、气体浓度、烟雾、出入库人员和物品等信息，并具有巡检、报警、示警、音视频、自动拍照、条码扫描等功能，形成危爆物品流向流量信息实时监控的"物联网"。 该系统对于落实危爆物品仓库（民爆仓库、烟花爆竹仓库、剧毒物品仓库、放射源仓库等）保管员"双人双锁、双人管理"安全管理责任、落实基层民警安全巡查监管责任具有突出的作用。该模块预先将仓库保管员基本信息（照片、指纹等）录入，当保管员需要进入库房时，必须两个人同时到场，且必须持经过系统确认的密钥才能打开库房。系统在确认密钥的同时，还要比对保管员的照片信息（或人脸信息）。同样，基层民警巡查库房安全管理状况时，也要使用密钥并经系统确认，系统在确认密钥的同时也要比对民警的照片信息，可以督促民警检查时一定要亲自到场。 其他管理部门可以通过政府专网或互联网登录危爆场所信息管理系统，监控和查看本辖区内各危爆物品库房的实时信息
7	危爆物品运输动态管控系统	危爆物品运输动态管控系统是集地理信息系统（GIS）、全球定位系统（GPS）、有线通信、无线通信、计算机网络、多媒体数据库、实时监控、显示控制等高新技术于一体的综合型信息管理系统，具有企业信息管理、运输路线审批、运输路线自动生成、运输路线控制、视频监控、事件处置、综合管理等功能。系统可实现对车辆的精确定位、路线跟踪、实时调度、报警求助、信息服务、遥控操作及车辆工作状态监控等服务，大大提高危运车辆监管方面的信息化水平，为危险物品运输过程的跟踪、监控、管理等提供技术支撑，为事故发生后的应急救援与处置提供信息技术保障。 系统具有以下特色功能：（1）可行路线申请：用户申请运输路线时，系统自动提供可行路线。（2）最佳路线科学分析：由用户通过拖动鼠标或指定地名的方法在地图窗口中指定起点和终点，由系统按照最新科学算法模型自动计算并提供最短的、安全允许的行驶路线。（3）事件处置：通过系统调用域内道路监控视频，确认突发事件态势，及时将突发事件、预案处置、警情上报处置中心。展示事故地点的地图（建筑物、街道等地物），并形成危运企业、危运车辆、交通、消防、治安、监控等报告。（4）危险物品静态危险源监控中心：监控中心的网络实时数据信息采集仪是危爆车辆系统平台的静态库房、运输车辆终端设备核心，是基于互联网（或专网）的应用产品。具备数据信息采集、存储、处理、传输、自动交换和温湿度监控、安全巡检、自动拍照、示警等功能，并通过互联网（或专网）接入系统平台。主要适用于各类危险作业场所（工作间、库房、施工现场、运输车辆等）。 系统适用于对任何危爆物品的运输监管：如爆炸物品运输、枪支弹药运输、剧毒化学品运输、放射源运输、其他危险物品和特种物品运输领域的应用

中国爆破网还为政府主管部门监管剧毒化学品、易制爆危险化学品、放射性物品等危险物品建立了相应的信息管理系统,目前已经有 10 个省在使用这个系统。为国家有关主管部门和行业企业加强剧毒化学品、易制爆危险化学品和放射源的安全管理发挥了作用。

7 结束语

十年磨一剑。中国爆破网走过了第一个建设的十年,虽然取得了一些成绩,但是距离适应中国工程爆破行业发展的要求还有很大的距离。我们坚信未来的五年,中国爆破网将进入快速发展的快车道,我们要抓住这个机遇,在中国工程爆破协会领导、专家的关怀、指导和帮助下,将中国爆破网建设得更好,满足工程爆破行业发展的需要。

爆破振动对巷道不同部位影响数值模拟分析

王振毅[1]　宋彦超[1]　郑　重[2]　巫雨田[3]

（1. 浙江高能爆破工程有限公司，浙江杭州，310012；

2. 中南财经政法大学，湖北武汉，430073；

3. 紫金矿业集团股份有限公司，福建上杭，364200）

摘　要：通过对硐室爆破正下方巷道爆破振动速度的理论分析和数值模拟分析，得出巷道中拱顶和巷道底部爆破振动速度变化规律；经过工程实测数据的对比和验证，证明该规律的适用性。

关键词：爆破振动；巷道；数值模拟

Numerical Modeling about Influence of Blasting Vibration on Different Parts of Roadway

Wang Zhenyi[1]　Song Yanchao[1]　Zheng Zhong[2]　Wu Yutian[3]

（1. Zhejiang Gaoneng Blasting Engineering Co., Ltd., Zhejiang Hangzhou, 310012；

2. Zhongnan University of Economics and Law, Hubei Wuhan, 430073；

3. Zijin Mining Group Co., Ltd., Fujian Shanghang, 364200）

Abstract：In term to analyze influence of blasting vibration on roadway through theory and numerical modeling, the regulation of blasting vibration in roof and floor of roadway is emerged. By comparative studying and verifying the test data, the regular pattern is suitable to the engineering environment.

Keywords：blasting vibration；roadway；numerical modeling

1　引言

我公司对塔吉克斯坦塔罗金矿地下采矿区上方进行了一次硐室爆破。由于硐室爆破的单响药量较大（单响药量约为18t），为保证硐室爆破对地下巷道爆破振动的危害在安全允许范围内，对该硐室爆破进行了爆破振动测试，测点布置在爆源正下方巷道中。由于地下巷道断面较大，高度较高，巷道中爆破振动速度值最大的拱顶部分无法布置测点，导致无法精确测定巷道上方硐室爆破振动影响，因此使用其他方法推算爆破振动对地下巷道不同部位影响的规律是针对这一情况的重要解决办法。

2　理论分析

由于爆破振动在连续介质中是通过应力波的形式自爆源向外扩散，爆破振动产生的应力波

王振毅，工程师，158553731@qq.com。

在入射周边巷道断面时会产生反射和透射的现象。为了简化整个应力波场的变化情况，根据其他关于爆炸应力波的研究结果，在距离爆源 5m 以上的应力波传递区域，可以将应力波作为平面波进行考虑[1]。

根据爆破地震波的传播规律和相关应力波频率分析的研究成果，频率在 5～100Hz 范围内的应力波基本可以代表爆破地震波的波形[2]，因此可以截取这一段简谐平面波作为爆破振动波的代表，因此鉴于本文讨论的实际工程情况，仅考虑爆破振动波的 P 波径向振速情况[3]。

根据文献[4]中采用保角变换的方式将物理平面上任意形状的硐室映射到像平面的单位圆上，可得式（1）和式（2）所示的应力波与硐室形状关系的函数式：

$$\sum_{n=-\infty}^{\infty} \begin{bmatrix} \epsilon_{nm}^{(11)} & \epsilon_{nm}^{(12)} \\ \epsilon_{nm}^{(21)} & \epsilon_{nm}^{(22)} \end{bmatrix} \begin{bmatrix} A_{nm} \\ B_{nm} \end{bmatrix} = \begin{bmatrix} \epsilon_{m}^{(11)} \\ \epsilon_{m}^{(11)} \end{bmatrix} \tag{1}$$

式中，$\epsilon_{nm}^{(11)} = \dfrac{1}{2\pi}\int_{-\pi}^{\pi}\epsilon_{n}^{(11)}e^{-im\theta}\mathrm{d}\theta$；$\epsilon_{nm}^{(12)} = \dfrac{1}{2\pi}\int_{-\pi}^{\pi}\epsilon_{n}^{(12)}e^{-im\theta}\mathrm{d}\theta$；$\epsilon_{nm}^{(21)} = \dfrac{1}{2\pi}\int_{-\pi}^{\pi}\epsilon_{n}^{(21)}e^{-im\theta}\mathrm{d}\theta$；$\epsilon_{nm}^{(22)} = \dfrac{1}{2\pi}\int_{-\pi}^{\pi}\epsilon_{n}^{(22)}e^{-im\theta}\mathrm{d}\theta$；$m = 0, \pm 1, \pm 2, \pm 3, \cdots$。

$$\epsilon_{nm}^{(1)} = \frac{1}{2\pi}\int_{-\pi}^{\pi}\epsilon_{n}^{(1)}e^{-im\theta}\mathrm{d}\theta \,;\, \epsilon_{nm}^{(2)} = \frac{1}{2\pi}\int_{-\pi}^{\pi}\epsilon_{n}^{(2)}e^{-im\theta}\mathrm{d}\theta \tag{2}$$

式（2）即为求解系数 A_N、B_N 的无穷代数方程组。依据式（2）中有效项求出关联系数，围岩的位移和应力关系即可求出，继而可以得出某一时刻对应点的振动速度。

将本工程巷道断面外域映射到单位圆外部，按照爆源实际入射角 270°，可得映射函数表达式（见式（3））：

$$Z = \omega(\eta) = 3.72(\eta - 0.092\eta^{-1} - 0.067i\eta^{-2} - 0.0995\eta^{-3} + 0.043i\eta^{-4}) \tag{3}$$

根据函数（3），可以估算爆破应力波引起的地下巷道围岩内壁的径向和切向峰值振速分布关系，如图 1 所示。

其中，拱顶与边墙底部振动速度比值约为 3.5∶1。

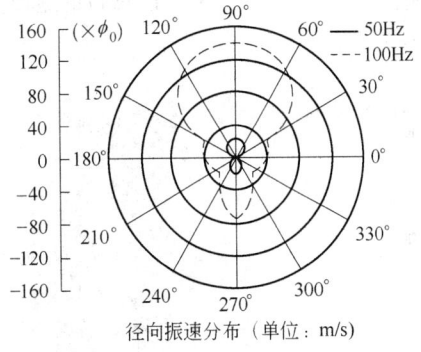

图 1　爆破振速分布关系图

Fig. 1　Blast vibration velocity distributed context diagram

3　数值模拟

3.1　模型算法

根据硐室爆破工程布置及环境情况建立数值模型，以爆破最大单响药量的一段作为振源，实际最大单响药量为 18t，药室尺寸断面长×宽×高为 8m×1.2m×1.7m。为了简化计算过程，建模采用 1/4 的 Y、Z 轴对称模型，地下巷道设置于爆破硐室的正下方，巷道断面高 7.5m，起拱半径 3m，起拱弧度为 140°。为了增加采样数据的精确性，分别对巷道距离爆破硐室 90m、120m、150m、180m、210m、240m、280m 等不同位置关系进行建模，试图回归出不同爆源距离下，爆破振动在同一巷道模型的不同部位的振动速度关系。

为尽量提高建模的真实性，巷道与爆破硐室之间材料参数选择与实际工程环境类似的灰岩材质[5]；有限元建模采用 3Dsolid164 单元，流固耦合算法[6~7]，爆破药室外长×宽×高为 20m×10m×10m 的尺寸范围使用流体材料。整个建模尺寸长 20m、宽 10m、高度根据爆心距确定，典型建模如图 2 所示。

3.2 网格划分及材料等参数设定

考虑到爆破地震波影响周边建构筑物的远区波长较大，故在药包周边 20m×10m×10m 范围内的单元网格大小划分为 2cm×2cm，而中间岩石介质部分划分为 2m×4cm，靠近巷道周边的网格划分为 4cm×4cm，以保证运算结果的可靠性，如图 3 和图 4 所示。为了减少边界处地震波反射的影响，模型 5 个外表面均施加为无反射边界条件[5]；同时由于运算目的是质点振速，故材料不设置失效参数，数值模型单位采用国际单位制。

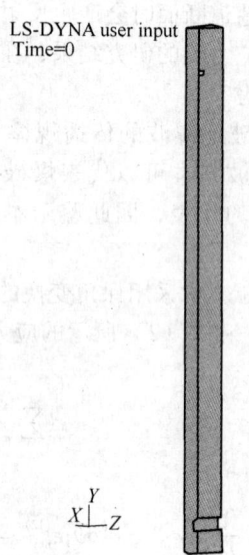

图 2 爆心距离巷道 210m 时 1/4 模型典型建模图

Fig. 2 1/4 modeling of 210m distance between roadway and explosion center

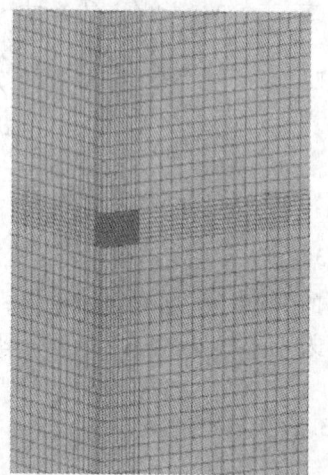

图 3 药室模型网格划分示意图

Fig. 3 Meshing figure of charge model

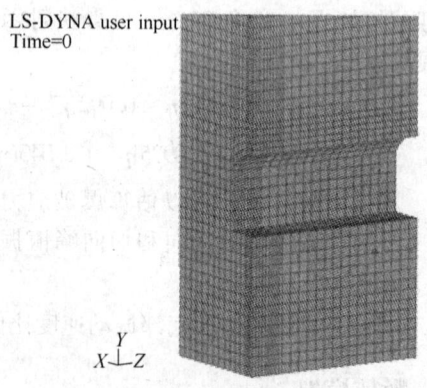

图 4 巷道模型网格划分示意图

Fig. 4 Meshing figure of roadway model

3.3 数值模拟结果

对以上 7 组不同位置关系的建模进行运算，取巷道拱顶和直墙墙角的振动速度数值进行分析，其爆破振动速度爆心距 210m 处典型时程曲线如图 5 和图 6 所示，对其振动速度峰值进行归纳见表 1。

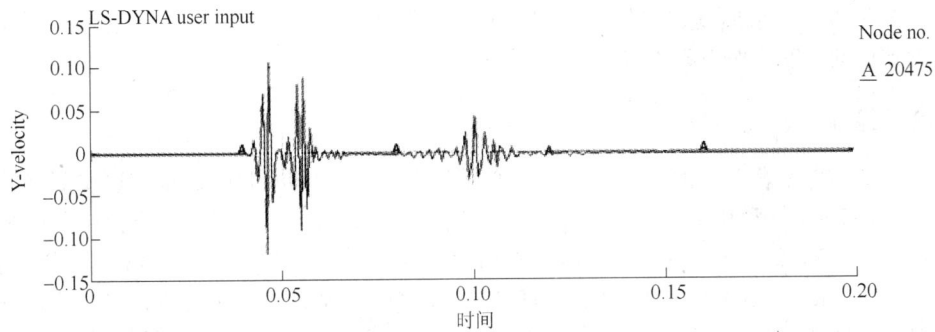

图 5　爆心距 210m 时数值模拟直墙底板爆破振动速度波形图

Fig. 5　Blast vibration velocity modeling audiogram of roadway straight wall over explosion center 210m

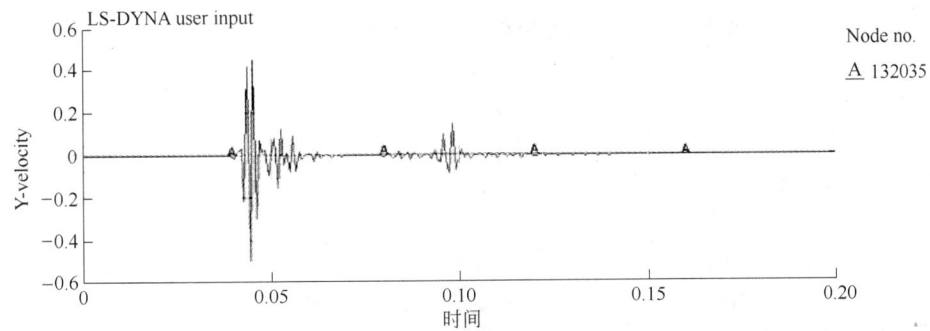

图 6　爆心距 210m 时数值模拟拱顶爆破振动速度波形图

Fig. 6　Blast vibration velocity modeling audiogram of roadway roof over explosion center 210m

表 1　数值模拟振速归纳

Table 1　Blast vibration velocity modeling table

巷道距离/m	拱顶径向振速/cm·s^{-1}	边墙底径向振速/cm·s^{-1}	拱顶与边墙底振速比值
280	30	9	3.33
240	38	10.5	3.62
210	47	13	3.61
180	81	25	3.24
150	147	40	3.67
120	276	76	3.63
90	365	120	3.04

从表 1 数据进行分析，可以得到以下几点认识：

（1）对于径向振动速度，由于应力波传递到拱顶迎爆侧时未发生明显衰减，此处爆破振动明显大于其他部位，而底板背爆面由于主要受应力波绕射作用，强度较低。

（2）硐室爆破的振动频率较低，主频集中在 3.5 ~ 8Hz，比一般中深孔爆破明显低得多，与天然地震的频率较为接近，因此硐室爆破应力波不能仅仅简化为面波。

（3）根据爆心距 90m 的数值模拟结果，在距离爆心较近距离情况下，由于此时传递距离仍旧在爆破冲击波传递范围内，各方向应力较为集中，故拱顶与拱底处爆破振动速度较为接近。

（4）当爆心距大于 3 ~ 7 倍药包半径、达到 120m 以上时，各方向爆破振动速度随距离明显衰减。

　　（5）根据以上几组模拟数据的比较和分析，很明显随着爆心距的增大，巷道拱顶和底板侧面的爆破振动速度比例为 3.3 ~ 3.7。

4　结论与验证

　　现场测试结果见表 2，图 7、图 8，当爆心距为 210m 和 240m 时临近洞室边墙测点的垂向最大速度为 0.54cm/s 和 0.81cm/s，振动主频分别为 3.8Hz 和 4.2Hz[8]，比模拟结果的最大值 11.9cm/s 和 10.50cm/s 要偏小。而根据实测回归的 K、α 值估算的巷道最大爆破振动速度为 1.8cm/s 和 3.1cm/s，由于巷道拱顶振动速度应为巷道最大爆破振动速度值，因此该数据可认为是巷道拱顶爆破振动速度；考虑到具体施工情况，造成结果不一致的原因可能是原有硐室存在的固有节理、裂隙使得不同方向上的地震波传播受到影响，但爆破振动速度处于同一数量级并且估算拱顶的振动速度和底板实测振动速度比值在 3.5 左右，数据与理论计算及数值模拟结果接近，一定程度上验证了理论计算和数值模拟的推论。

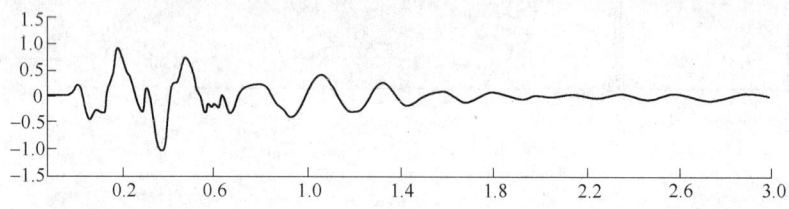

图 7　爆心距 210m 巷道实测直墙底板爆破振动速度

Fig. 7　Blast vibration velocity test audiogram of roadway straight wall over explosion center 210m

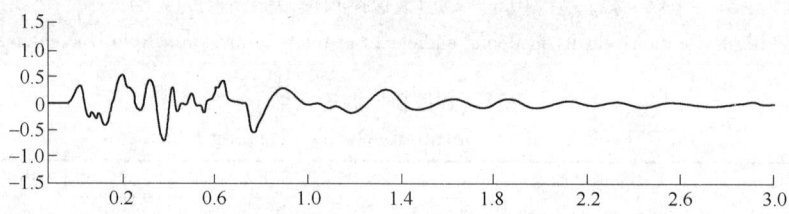

图 8　爆心距 240m 巷道实测直墙底板爆破振动速度

Fig. 8　Blast vibration velocity test audiogram of roadway roof over explosion center 240m

表 2　实测爆破振速归纳
Table 2　Blast vibration velocity test data table

测　点	爆心距/m	方　向	振动速度/cm·s⁻¹		主频/Hz
			预估值	实测值	
1 号测点 +1620 分层巷 道内	240	径向 切向 垂向	1.83	0.306 0.334 0.540	4.944 3.956 4.260
2 号测点 +1640 分层巷 道内	210	径向 切向 垂向	3.12	0.335 0.496 0.813	6.289 7.435 3.802
3 号测点 约 1km 处辛格 村民房房基	1000	径向 切向 垂向	0.63	0.203 0.177 0.110	3.339 3.228 3.490

5　不足和展望

由于实际工程条件简单，未能测出不同巷道距离情况下拱顶爆破振动速度，因此无法对推导的公式进行直接的验证，同时理论计算和数值模拟过程中仅考虑了爆源位于巷道正上方这一种位置关系，未能对爆源与巷道不同位置关系时，巷道拱顶与直墙底振动速度关系进行推导；模型材料数据是以中间岩石介质无节理裂隙为假设的，同时设定了一定的岩石参数等地质条件，故估算结果具有一定的局限性。

参 考 文 献

[1] 许红涛，卢文波，蔡联名. 邻近爆破对坝基灌浆帷幕的影响机理研究[J]. 岩石力学与工程学报，2004，23(8)：1325～1329.

[2] 刘慧. 近距侧爆情况下马蹄形隧道动态响应特点的研究[J]. 爆炸与冲击，2002，20(2)：175～181.

[3] 陈剑杰. 深埋岩石硐室在爆破应力波荷载作用下的破坏效应[D]. 上海：同济大学，2000.

[4] 易长平，卢文波，张建华，等. 爆破振动对任意形状地下洞室的影响研究[J]. 岩土学，2007，28(11)：2451～2455

[5] LSTC. LS·DYNA Keyword User's Manual[M]. California：Livemore Software Technology Corporation，2003.

[6] 贾虎，郑文豫，徐颖. 基于有限元计算的硐室爆破振动分析[J]. 矿冶工程，2007，27(4)：14，16.

[7] 崔积弘，周健，林从谋. 爆破振动对既有硐室影响的数值模拟[J]. 有色金属，2008，60(1)：101～104.

[8] 宋彦超，张正忠，何华伟，等. 硐室爆破降振及振动信号小波包能量分析[J]. 工程爆破，2013，19(4)：15～21.

岩土爆破与水下爆破

YANTU BAOPO YU SHUIXIA BAOPO

城区地下爆破对临近管道的危害分析

孟祥栋[1]　田振农[2]　王国欣[3]

(1. 重庆市爆破工程建设有限责任公司，重庆，400020；
2. 山东大学土建与水利学院，山东济南，250061；
3. 中国建筑第八工程局，上海，200120)

摘　要：本文介绍了城区临近地下管道的爆破作业方法。在分析爆炸载荷特征的基础上，给出了地下管道遭受爆破外载荷的计算方法，并建立了地下管道的弹性动力学模型，给出了管道的变形分析结果；还用 LS-DYNA 模拟了爆破振动载荷作用下地下管道的变形响应，得出爆炸载荷对地下管道变形破坏的影响规律：管道的破坏不仅与爆炸载荷的大小有关，而且与爆炸载荷引起管道的振动有关，该振动容易引起焊缝开裂。

关键词：地下管道；爆炸载荷；振动；数值模拟

Damage Analysis for Underground Blasting Near Pipeline in Urban Areas

Meng Xiangdong[1]　Tian Zhennong[2]　Wang Guoxin[3]

(1. Chongqing Blasting Engineering Co., Chongqing, 400020；
2. Shandong University, Shandong Jinan, 250061；
3. China Construction Eighth Engineering Division, Shanghai, 200120)

Abstract：With the construction of the subway, blasting engineering in urban area was often near the underground pipeline. So the security risk was increased, but there was few research achievements that were closely related to, sometimes cautious blasting method often has to be used, such as static blasting. The damage form of underground pipeline was introduced when it subjected to many kinds of impact load. On basis of analysis to the characteristics of explosive load and the law of stress wave propagation attenuation, it was given that the computing method of load acted on pipeline induced by explosion. Further more, the elastic dynamics model of underground pipeline vibration was set up, and the deformation analysis results were given for the pipeline. In addition, the deformation response of the underground pipeline was simulated by LS-DYNA program when it subjected to explosive load. And the damage of underground pipeline induced by explosive was studied by numerical simulation. The influence law between them about the deformation and failure of underground pipeline was given. That is: the damage of pipeline was not only with the explosion load size, but also with the vibration of pipeline induced by explosive load, it's easy to cause cracking of weld on pipeline.

孟祥栋，教授级高级工程师，bp204125@163.com。

Keywords：underground pipeline；explosive load；vibration；numerical simulation

1　引言

随着地铁的建设，城区爆破工程经常临近地下管线，增加了较大的安全隐患。但是与其密切相关的研究成果还很少，还缺少防止此类隐患的法规、标准，给爆破作业带来了不少困难。工程上经常借鉴细长圆管在冲击载荷作用下变形破坏的研究成果，以及对爆破振动危害的评价方法，进行谨慎爆破施工。对于冲击作用下管道的变形破坏：张善元等[1]分析了充压圆管在撞击作用下的大变形问题和破坏，得出了临界冲击穿透能量的影响趋势；穆建春等[2]对钝圆锥头弹体冲击薄壁金属圆管的破裂行为进行了实验研究，给出了不同冲击角下子弹的临界破裂速度；姜金辉[3]对薄壁圆管的受力变形进行了数值模拟，给出了冲击载荷作用下圆管的动态渐进屈曲特征。这些研究针对圆管上的某个被冲击点进行弯曲刚度和强度分析，其力学模型与岩土中爆炸波对地下管道的作用还存在较大差别。

可以借鉴的工作还有对临近爆源的载荷特征已经有了较多研究，R. L. Yang 等[4]做了大量的近区爆炸载荷信号测量工作，并分析了爆源近区爆载荷特征；Duvall[5]给出了爆炸脉冲应力计算形式；孙卫国[6]、王仲琦[7]分别给出了爆炸载荷的数值模拟形式。这些研究对进一步分析爆破对临近管道的危害特征是有益的。

在以上研究成果的基础上，本文建立了临近爆炸载荷时管道受力分析模型，分析临近爆炸载荷管道的变形形式。并通过数值模拟研究了岩土内爆炸载荷作用下临近管道的变形破坏，指出了主振频率、管道长度、激励载荷的幅值对地下管道变形破坏的影响规律。

2　管线的受力分析模型

2.1　管线上作用载荷的形式

根据爆破理论，耦合装药时爆源载荷有如下形式[8]：

$$p = \frac{\rho_0 D^2}{2(k+1)} \cdot \frac{2\rho C_{\mathrm{p}}}{\rho C_{\mathrm{p}} + \rho_0 D} \tag{1}$$

式中，ρ_0 为炸药的密度，kg/m^3；D 为炸药爆轰速度，m/s；k 为爆轰产物的等熵指数，$k=3$；ρ 为岩石密度，kg/m^3；C_{p} 为岩石中纵波波速，m/s。由该式计算出的载荷大小为 10GPa，任何金属管道在此载荷作用下均会发生破坏，但这是对应把炸药放在管道内的情形。

爆炸载荷在粉碎区衰减很快，粉碎区边界上的载荷为：

$$p_{\mathrm{c}} = p\left(\frac{r_{\mathrm{b}}}{R_{\mathrm{c}}}\right)^a \tag{2}$$

式中，r_{b} 为炮孔半径；a 为冲击波区载荷传播衰减系数；R_{c} 为粉碎区半径，一般小于炮孔半径 5 倍的距离。通常地下管线不会距离爆源如此近，但在粉碎区边界上爆炸载荷对金属管道的危害需要进行分析。

粉碎区之外冲击波衰减为应力波，管道上载荷满足 Dirichlet 收敛条件，可以展开成 Fourier 级数的形式：

$$\sigma(x,t) = \sigma' \sum_{n=1}^{N} D_n \sin\omega_n t \tag{3}$$

式中，$\sigma' = \rho cv$ 为管道上一点的最大作用载荷，c 为岩土介质中的纵波波速，v 为质点振动幅值；t

为时间；n 为三角级数的阶数；D_n 为各阶频率应力波的权重系数；ω_n 为应力波的圆频率。式（3）中取前 5 阶振型能较好地反映爆破振动的特征。临近地下管线一般都在该区域，需要分析这种条件下爆炸载荷对管线的危害。

2.2　管道的受力变形分析

由于金属管道自身质量很大，并且在岩土中约束限制较多，所以可以假设在爆炸载荷作用下，质点位移很小，并认为管道上质点的运动都发生在同一平面内，且与管道轴线垂直。

根据弦振动理论[9]，可以建立爆炸载荷作用下管道的强迫振动方程：

$$\frac{\partial^2 u(x,t)}{\partial t^2} = c^2 \frac{\partial^2 u(x,t)}{\partial x^2} + f(x,t) \tag{4}$$

式中，u 为质点在 t 时刻的位移；x 代表管道上一点的位置；c 为管材的纵波波速；$f(x,t) = \sigma(x,t)/\rho$；设管道的跨度 l，边界条件为：$u(0,t) = u(l,t) = 0$；初始条件为：$u(x,0) = 0$。

通过分离变量求解和振型迭加可得式（4）的解：

$$u(x,t) = \sum_{m=1}^{\infty} \left[A_m \cos\omega_m t + B_m \sin\omega_m t + \frac{1}{M_m \omega_m} \int_0^t \mathrm{d}\tau \int_0^l f(x,t) \sin\frac{m\pi x}{l} \sin\omega_m(t-\tau)\mathrm{d}x \right] \sin\frac{m\pi x}{l}$$

解中：$A_m = \dfrac{2}{l}\int_0^l u(x,0) \sin\dfrac{m\pi\zeta}{l}\mathrm{d}\zeta$，$B_m = \dfrac{2}{mc\pi}\int_0^l \dfrac{\partial u(x,0)}{\partial t} \sin\dfrac{m\pi\zeta}{l}\mathrm{d}\zeta$，$\omega_m = \dfrac{mc\pi}{l}$，$M_m = \int_0^l \left(\sin\dfrac{m\pi x}{l}\right)^2 \mathrm{d}x = \dfrac{l}{2}$。

该解显示管道的变形与爆炸载荷的激励形式有关，也与地下管道的长度和初始条件有关，其中固有频率是 $\dfrac{c\pi}{l}$ 的整数倍。若取管道长度为20m，激振频率为100Hz，其解的形式如图1所示。

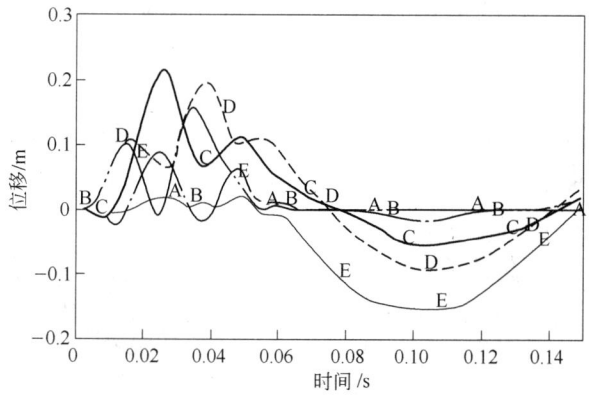

图1　临近爆炸载荷管道的变形

Fig. 1　The deformation of pipeline under the action of explosive load

3　数值模拟

3.1　数值计算模型

为了更明确爆炸载荷下临近管道的变形破坏，本文采用 LS-DYNA 进行了数值模拟，该程序采用显式有限元分析，对运动方程进行时间中心差分求解。炸药模型采用 JWL 状态方程描述爆轰产物压力与比容的关系，炸药参数见表1。

$$P = A\left(1 - \frac{\omega}{R_1 V}\right)e^{-R_1 V} + B\left(1 - \frac{\omega}{R_2 V}\right)e^{-R_2 V} + \frac{\omega E_0}{V} \quad\quad (5)$$

式中，A、B、R_1、R_2、ω 为材料常数；P 为爆炸产生的压力；V 为相对体积；E_0 为初始比内能。

表1　炸药材料参数：爆压 PCJ = 5.06GPa
Table 1　The parameters of detonating material：PCJ = 5.06GPa

项　目	$\rho_0/\mathrm{kg \cdot m^{-3}}$	$D/\mathrm{m \cdot s^{-1}}$	A/GPa	B/GPa	R_1	R_2	ω	E_0/GPa
数　值	1000	4500	178.85	0.311	4.75	1.05	0.18	2.25

炸药爆炸时，近区岩体发生屈服破碎，爆源近区受压粉碎破坏，采用 Mises 准则，裂隙区岩体采用拉破坏准则，即

$$\left.\begin{array}{l} \sigma_y > \sigma_c \\ \sigma_t > \sigma_{st} \end{array}\right\} \quad\quad (6)$$

岩石材料参数见表2。

表2　岩石基本力学特性参数
Table 2　The property parameters of granite

项　目	E/GPa	μ	$\rho/\mathrm{kg \cdot m^{-3}}$	G/GPa	σ_s/MPa	σ_c/MPa	σ_{st}/MPa	Cowper-Symonds 参数	
								$C/\mathrm{s^{-1}}$	P
数　值	80	0.228	2700	40	75	150	5.6	2.5	4.0

地下管道的几何尺寸为：外径 $\phi_1 = 20\mathrm{cm}$，内径 $\phi_2 = 18\mathrm{cm}$；力学参数为：弹性模量 207GPa，泊松比 0.27，密度 7800kg/m^3。

爆源模型和管道的模型分别如图2和图3所示。爆炸载荷计算云图如图4所示。

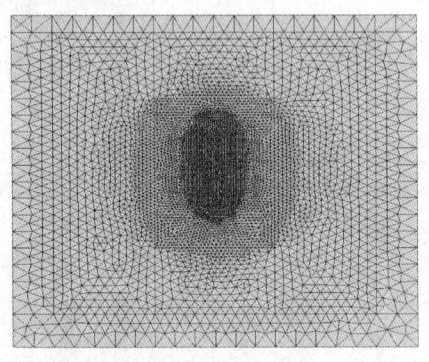

图2　爆源附近有限元网格划分
Fig. 2　The mesh division of medium which is ambient explosive source

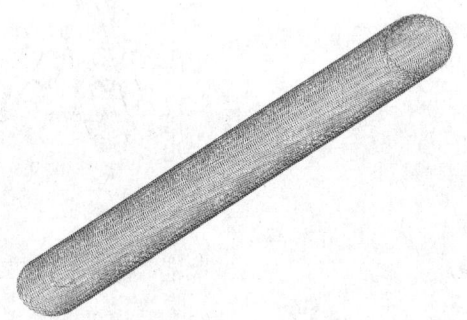

图3　管道的有限元网格划分
Fig. 3　The sketch of geometric model and mesh division of pipeline

3.2　数值模拟结果

当比例距离 $\dfrac{R}{\sqrt[3]{Q/\rho_0}} = 5$ 时，爆炸载荷接近粉碎区边界上的载荷，数值模拟结果如图5所

示,可以看出管道已有较大变形,部分变形不可恢复,并且引起了管道的整体大幅振动。随着管道的来回振动,其应力分布也在不断变化,最大值已达到600MPa,接近了一般钢材的破坏强度。

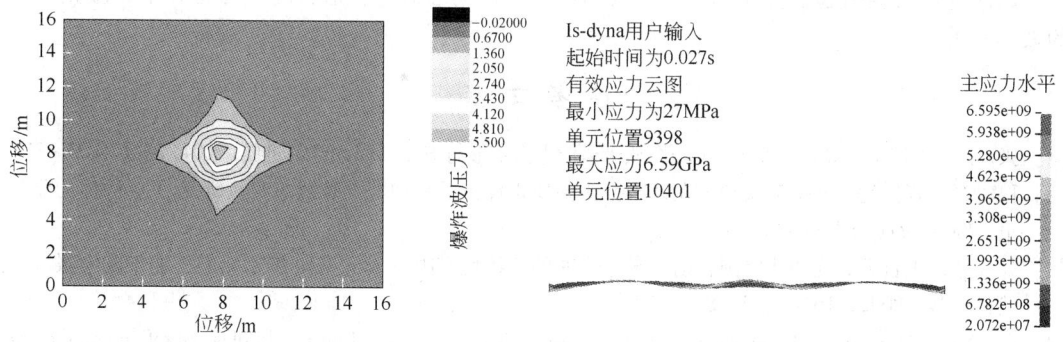

图4　爆炸载荷计算云图

Fig. 4　The simulation result of explosive load

图5　比例距离为5时管道的变形

Fig. 5　The deformation of pipeline
when the scale distance equal to 5

当 $\dfrac{R}{\sqrt[3]{Q/\rho_0}} = 10$ 时,作用在管道上爆炸载荷约为350MPa,数值模拟结果如图6所示,其变形幅度明显减小,也存在不可恢复的变形,管道中最大应力也降低,基本不引起管道的振动。正对爆源的位置变形明显,其他部位受力变形不大。

当 $\dfrac{R}{\sqrt[3]{Q/\rho_0}} = 20$ 时,作用在管道上的爆炸载荷约为250MPa,数值模拟结果如图7所示,管道变形量更小,均为可恢复变形,并且无振动现象。继续增加比例距离,管道的变形越来越小,不会对管材造成危害。

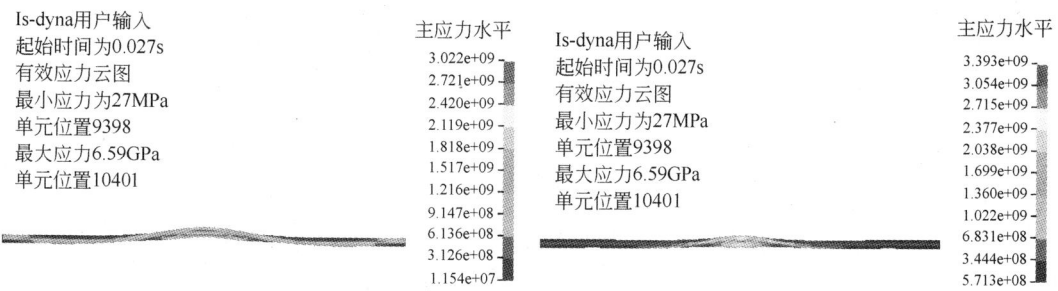

图6　比例距离为10时管道的变形

Fig. 6　The deformation of pipeline
when the scale distance equal to 10

图7　比例距离为20时管道的变形

Fig. 7　The deformation of pipeline
when the scale distance equal to 20

4　结论

本文对地下管道在爆炸载荷作用下的受力模型进行了分析和数值试验研究,可以得出以下结论:

临近爆源的管线,当比例距离为5时,管道会受到爆炸载荷的损坏;当比例距离为10时,管道局部可能发生塑性变形，建议此距离内有地下管线时，需加强对管线的防护措施。当比例距离大于 20 时，爆破作业是安全的，不会对地下管线造成损坏。当管线位于比例距离 10～20 之间时，需进行谨慎爆破。

　　爆炸载荷可能引起临近爆源地下管线的振动，振动形式与管道长度、固有频率、激振载荷的大小有关。

参 考 文 献

［1］张善元，路国运，等. 圆管及内充压介质管道撞击大变形与破坏［J］. 力学与进展，2004，34(1)：23～31.

［2］穆建春，张铁光. 薄壁金属圆管在钝圆锥头弹体正冲击及斜冲击下破裂的实验研究［J］. 固体力学学报，2000，21(1)：49～56.

［3］姜金辉，王自力. 受冲薄壁圆管动态渐进屈曲的非线性有限元分析［J］. 华东船舶工业学院学报（自然科学版，2002，16(4)：5～8.

［4］R L Yang，P Rocque，P Katsabanis，et al. Measurement and analysis of near-field blast vibration and damage ［J］. Geotechnical and geological engeering，1994，12，169～182.

［5］Duvall W I. *Strain-wave shape in rock near explosions*［J］. Geophysics，1953，18(2)：310～323.

［6］孙卫国. 岩土爆破中震源与地震波传播的研究［D］. 北京：北京理工大学，1998.

［7］王仲琦，张奇. 孔深影响爆炸应力波特性的数值分析［J］. 岩石力学与工程学报，2002，vol. 2，No. 4.

［8］亨利奇 J. 爆炸动力学及其应用［M］. 熊建国等译. 北京：科学出版社，1987，504～508.

［9］杨桂通，张善元. 弹性动力学［M］. 北京：中国铁道出版社，1988.

隧道爆破振动对相邻既有平行隧道影响分析

龙　源　李兴华　赵华兵　周　辉　郭　方

（解放军理工大学野战工程学院，江苏南京，210007）

摘　要：南京机场线地铁下穿宁芜货线隧道，最近距离仅为 4m。南京机场线地铁采用台阶爆破开挖，为保证既有宁芜货线隧道的安全，对宁芜货线隧道进行即时的爆破振动监测。实测结果表明，既有隧道三个方向振动信号的功率谱密度分布是相似的，频率主要集中在 10～25Hz 之间，垂向爆破振动速度对应的功率谱密度最大。平行隧道掘进爆破引起的隧道振动低频能量衰减较快，隧道直墙测点切向方向振动信号能量分布较集中，而径向和垂向方向能量分布较分散。与交叉隧道爆破引起的隧道振动相比，能量分布有向低频发展的趋势。掘进爆破过程中采取了一系列减震技术措施，有效降低了爆破振动对既有隧道的影响，保证了隧道的安全。实时监测和综合减震技术应用可以保证相邻平行隧道的安全，为类似隧道工程提供参考。

关键词：平行隧道；隧道掘进爆破；爆破振动监测；振动特性

Research on Vibration Effects on Existing Parallel Tunnel Induced by Blasting of an Adjacent Tunnel

Long Yuan　Li Xinghua　Zhao Huabing　Zhou Hui　Guo Fang

（College of Field Engineering，PLA Univ. of Sci. & Tech.，Jiangsu Nanjing，210007）

Abstract：Nanjing airport line subway tunnel crosses Ningwu cargo line tunnel, the closest distance between the two tunnels is only 4 m. In order to ensure the safety of existing Ningwu cargo line tunnel during the blasting excavation of Nanjing airport line subway tunnel, the existing tunnel was monitored real time. The monitoring results showed that the power spectral density distribution three directions of vibration signals of the existing tunnel are similar. The frequency is mainly between 10～25Hz. The power spectral density corresponding to vertical blasting vibration velocity is max. Low-frequency vibration energy parallel tunneling blasting attenuation rapidly，the tangential vibration signal energy distribution of straight tunnel wall measuring point is more concentrated，and the radial and vertical direction of the energy distribution is more dispersed. Compared with the tunnel vibration caused by the cross tunnel blasting，there is a trend energy distribution of development towards low-frequency. A series of technique to reduce the vibration were taken during tunneling blasting，which reduced impact of blasting vibration to tunnel and ensured the subway safe. Real-time monitoring and the integrated application of a variety of reducing vibration technique is able to guarantee the security of nearly parallel tunnel，which provide reference for similar tunnel project.

龙源，教授，long-yuan@ sohu. com。

Keywords：parallel tunnel；tunneling blasting；blasting vibration monitoring；vibration characteristics

1　引言

随着国民经济的高速发展，城市交通量越来越大。为满足日益增大的交通量需求，大量的单线隧道需扩建为复线隧道，或新建隧道即为平行的复线隧道，而且这种需求在将来还会进一步增长[1]。由于受地形条件的限制、隧道分建带来的困难以及地下空间综合开发利用的需要，新建隧道与既有隧道设计间距往往较小，如株六复线二道岩隧道与既有隧道最小间距 3m[2]，宝成复线新须家河隧道与既有须家河隧道间的中岩墙厚度仅为 1.90～2.32m[3]，招宝山两隧道最小间距仅为 2.98m[4] 等。

在公路、铁路、地铁隧道的施工中，遇到围岩级别较高的地域，多采用钻爆法施工，工程爆破带来巨大经济效益的同时，爆破振动不可避免地会危害到临近既有隧道的安全。对于中硬岩隧道，爆破振动产生的危害相对较大。隧道的安全与否，不但取决于隧道衬砌结构的抗振能力，而且与振动波的强度有关。研究表明，爆破振动峰值速度是估计介质（岩石和混凝土结构）承受振动破坏等级的最好标准，目前关于爆破振动的研究主要也是以振动速度的测量和分析为依据，爆破振动峰值速度作为既有隧道安全判据，被中国和其他国家广泛采用。由于隧道地下结构受动载荷响应的复杂性的影响，传统数学解析法数学计算和处理上的困难决定了它只能适用于影响条件比较简单的情形。另外，爆破地震波本身的复杂性、围岩的节理裂隙、构筑物本身的缺陷及施工强度不均等难以用数学方法表述，所以国内外学者和工程技术人员结合大量的工程爆破实例进行了爆破振动速度的监测，对既有构筑物的动态响应进行研究[5]，并随着计算机的飞速发展，运用计算机软件研究爆破荷载下邻近岩土及构筑物动态响应，这些研究越来越被各国学术界所接受[6~8]。

然而，由于爆破振动效应引起的邻近隧道的破坏问题，在过去的工程实践中重视不够，但客观事实却显得尤为突出，这就要求我们进行不断地研究以满足工程实践的需求。因而，研究邻近隧道在新建隧道爆破开挖作用下的振动响应，不仅成为具有重要理论和现实意义的课题，而且具有显著的经济效益和社会效益。本文在南京机场线地铁项目现场监测的实验基础上，研究既有隧道在邻近新建地铁隧道爆破开挖作用下的振动响应，为其他类似隧道工程提供参考。

2　工程概况

南京至高淳城际轨道南京南站两端区间隧道分为三个区间，分别为 5 号风井—南京南站区间隧道、S3 线站后折返线隧道、机场线站后折返线隧道。单洞单线隧道高度 6.61m，宽度为 6.3m，单洞双线隧道高度为 10.253m，宽度为 14.2m。单洞单线隧道的结构和尺寸如图 1 所示。

其中，5A 竖井～5 号风井区间单洞单线隧道拟采用矿山法施工。此段地铁隧道与已建未通车宁芜货线上下交叉，宁芜货线隧道结构和尺寸如图 2 所示。地铁左线隧道与宁芜货线隧道交叉段落起迄里程为 ZDK34 + 469.686～ZDK34 + 650.411、地铁右线隧道与宁芜货线隧道交叉段落起迄里程为 YDK34 + 393.272～YDK34 + 519.905，对应于宁芜货线隧道里程 HDK22 + 383.18～+ 623.863。地铁左线隧道与宁芜货线隧道平面夹角约为 7°，地铁右线隧道与宁芜货线隧道平面夹角约为 10°，如图 3 所示。

交叉段单洞单线隧道拱顶埋深 14～26m，宁芜货线隧道埋深为 13m。交叉段宁芜货线隧道采用钻孔桩围护的明挖法施工，钻孔桩桩身长度为 22.5～23m，桩底标高为 -12.5～-13.0m。

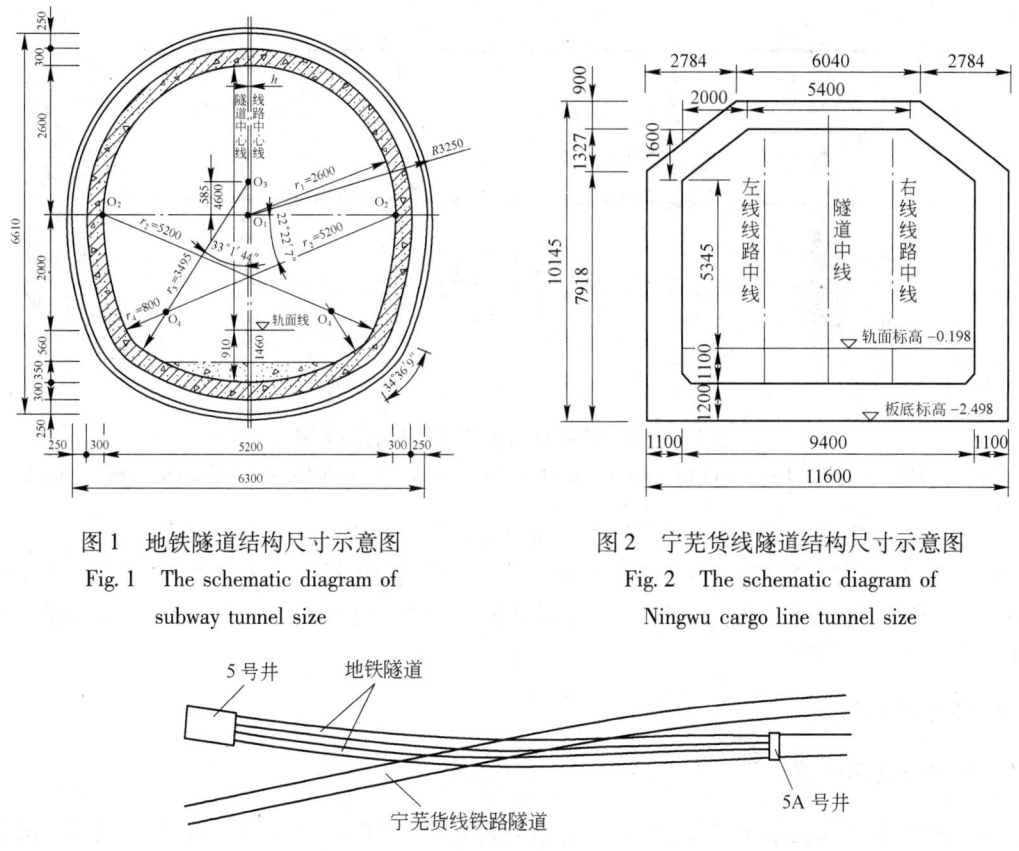

图1 地铁隧道结构尺寸示意图
Fig. 1 The schematic diagram of subway tunnel size

图2 宁芜货线隧道结构尺寸示意图
Fig. 2 The schematic diagram of Ningwu cargo line tunnel size

图3 地铁隧道与宁芜货线隧道位置关系平面图
Fig. 3 The planar graph of location relationship of subway tunnel and Ningwu cargo line tunnel

隧道轨面标高为 -2.07 ~ -2.816m, 底板底标高为 -4.37 ~ -5.116m。交叉段左线地铁轨面标高为 -17.942 ~ -10.243m, 拱顶标高为 -12.742 ~ -5.043m, 右线地铁轨面标高为 -17.078 ~ -13.487m, 拱顶标高为 -11.878 ~ -8.287m。地铁右线、左线隧道与宁芜货线隧道关系如图4和图5所示。

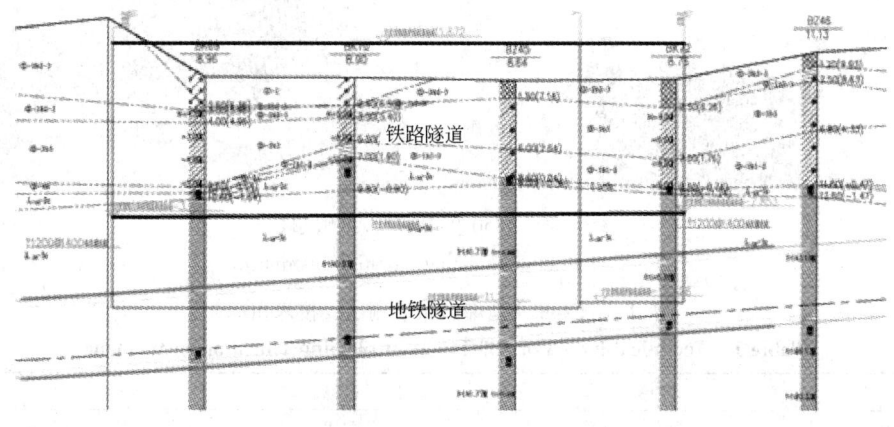

图4 地铁右线隧道与宁芜货线隧道关系图
Fig. 4 The sectional drawing of location relationship of subway right tunnel and Ningwu cargo line tunnel

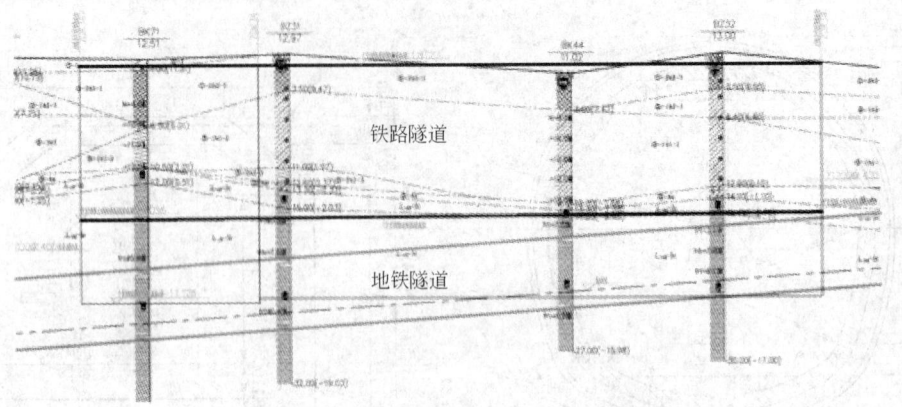

图 5　地铁左线隧道与宁芜货线隧道关系图

Fig. 5　The sectional drawing of location relationship of subway left tunnel and Ningwu cargo line tunnel

　　宁芜货线隧道结构与地铁结构左线最小净距约 1.7m，右线最小净距 4.0m。

　　本项目工程区间隧道拱顶绝大部分为粉质黏土、强风化粉细砂。区间洞身局部位于强风化粉细砂岩、中风化粉细砂岩中，其物理力学性质差异较大。隧道交叉段洞身穿越中风化粉细砂岩层，围岩级别为Ⅲ级。

3　爆破振动测试

3.1　爆破振动测试仪

　　本次爆破振动监测采用成都中科测控有限公司生产的 TC-4850 型爆破振动测试仪，如图 6 所示。该套振动测试系统具有采集稳定性高、记录准确等特点，主要对地震波、机械振动和各种冲击信号进行记录。主要技术指标详见表 1。

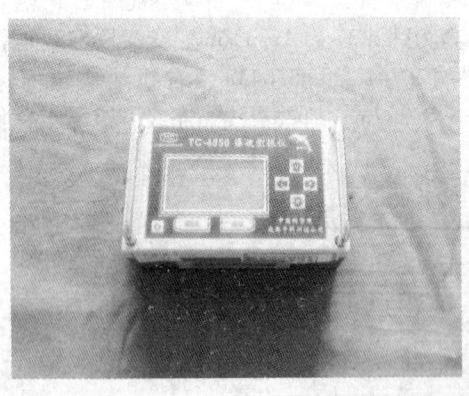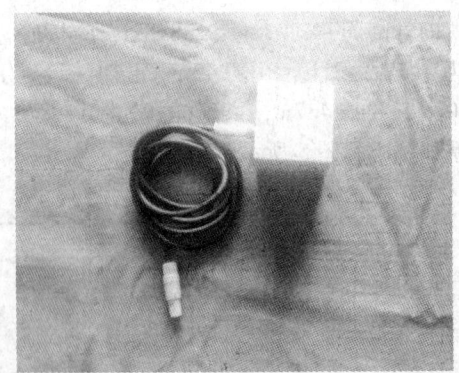

图 6　TC-4850 型爆破振动测试仪

Fig. 6　TC-4850 blasting vibration instrument

表 1　TC-4850 型爆破振动测试仪技术指标

Table 1　Technical indicators of TC-4850 blasting vibration instrument

指标名称	指标内容	指标名称	指标内容
通道数	并行三通道	显示方式	全中文液晶屏显示
供电方式	可充电锂电池供电	采样率	1~50kHz，多挡可调

续表1

指标名称	指标内容	指标名称	指标内容
A/D 分辨率/Bit	16	频响范围/kHz	0 ~ 10
记录方式	连续触发记录，可记录 128 ~ 1000 次事件	记录时长/s	1 ~ 160，可调
触发模式	内触发、外触发	量程/V	自适应量程，无须设置，最大输入值为 10 (35cm/s)
触发电平/V	0 ~ 10 (0 ~ 35cm/s) 任意可调	存储容量	1M SRAM, 128 M flash
电池续航时间/h	≥60	适应环境	− 10 ~ 75℃, 0% ~ 95% RH
尺寸大小/mm	168 × 99 × 64	质量/kg	1

在具体监测过程中，同一测点布置一个竖直向、水平径向和水平切向的三向速度传感器，传感器用石膏固定在所需监测的部位，然后将爆破振动记录仪与其相连，爆破振动传递到测点时，记录仪自动记录信号，爆后利用爆破振动分析软件将记录仪采集到的振动信号输入电脑中，进行分析处理。

3.2 测点选择及布置

为全面、真实地反映结构物在爆破地震波作用下的振动响应情况，传感器应布置在结构最易发生破裂受损的地方，并选取爆区周围需重点保护的建（构）筑物。为深入研究爆破振动效应和确定建筑物的安全范围或划定爆破危险区域，需在爆破振动效应较大的区域内布置较密的测点，以便测定爆破振动强烈的区域以及地面振动强度随爆心变化的规律。为研究爆破振动效应作用特征，需在一定范围内，在特定的地质地形条件下，测定爆破地震波的传播规律。测点数目要足够多，一般一条测线上测点数不少于 5 个，相邻测点距离呈对数规律分布。

为了监测地铁隧道爆破施工对铁路隧道的影响，爆破振动测点的选择分为隧道轴线方向和垂直于轴线方向两种情况。隧道轴线方向在宁芜货线铁路隧道衬砌底板对应新建地铁隧道掌子面处开始，在其轴线上沿隧道开挖方向每隔 2m 布置一个测点，共布置 5 个测点，传感器 x 方向指向掌子面。由于仪器设备电缆长度所限，在衬砌直墙上布置两个测点，最下端测点距地面 1m，向上隔 1m 布置另一个测点，传感器 x 方向垂直向下。测点位置及相互距离如图 7 和图 8 所示。

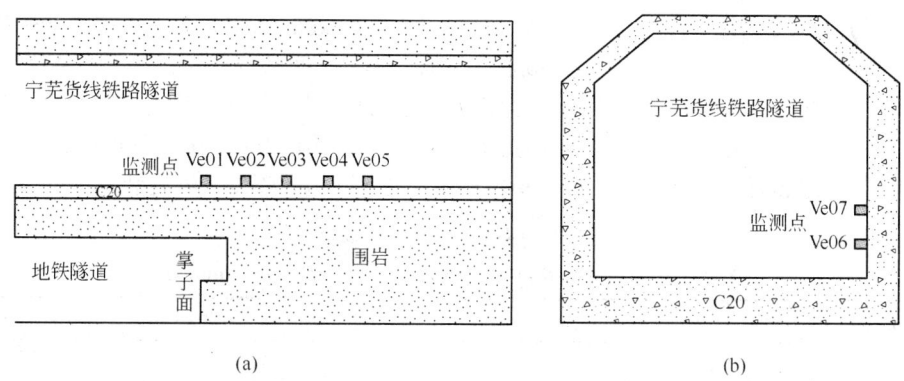

(a)   (b)

图7　宁芜货线铁路隧道衬砌底板和直墙测点布置示意图
（a）隧道底板测点；（b）隧道直墙测点
Fig. 7　Monitoring points layout of tunnel floor and tunnel straight wall

图 8　爆破振动测点布置现场图

Fig. 8　The site arrangement picture of blasting vibration monitoring points

为了可靠地得到爆破振动响应的记录，传感器必须与测点表面牢固地结合在一起，防止由于传感器松动、滑动等因素可能导致测试信号失真。仪器设置中采用石膏将传感器固定于宁芜货线隧道底板或边墙上，传感器 x 方向指向地铁隧道掌子面方向。

3.3　爆破振动测试标准

爆破所引起岩体介质内的振动是一个非常复杂的随机变量，在以波的形式传播的过程中，其振幅、周期和频率均随时间而变化。振动的物理量一般用质点的振动速度、加速度、位移和振动频率等表示。目前国内外多以质点振动速度作为判别标准，但有的学者研究发现，主频也是一个不可忽略的因数，我国目前使用《爆破安全规程》也同时考虑了爆破振动的峰值振动速度和主频的影响。

由于爆破振动引起的建筑物、结构物或岩土体等的破坏受到许多复杂元素的影响，例如破坏过程的复杂性和岩土介质的多变性等，因此，关于爆破振动破坏的允许标准，目前还没有统一规定，一般是根据目前的研究成果与工程经验和具体工程的实际情况综合确定。

4　隧道爆破参数设计

地铁隧道爆破施工中为确保宁芜货线隧道安全和弱爆破的总体方案。为了降低爆破振动，隧道施工采用上下台阶开挖的方法，把隧道掌子面分为上下两部分。上台阶开挖宽度为 6.1m，高度为 3.3m。爆破施工中采用 $\phi32mm$ 乳化炸药，炮孔直径为 40mm。采用斜孔水平 V 形掏槽，掏槽孔孔深为 1.2m，孔距为 0.5m。辅助孔孔深为 1.0m，孔距为 0.55m。周边孔孔深为 1.0m，孔距为 0.4m。毫秒延时起爆网路，炮孔布置如图 9 所示，炮孔深度及各孔装药量见表 2。

表 2　隧道上台阶爆破参数

Table 2　The blasting parameters of tunnel upper bench

炮孔类型	炮孔深度/m	雷管段别	炮孔个数	单段药量/kg	总药量/kg
掏槽孔	1.2	3	6	3.8	
辅助孔	1.0	5	15	10.8	25.6
		7	10	5	
周边孔	1.0	9	18	6	

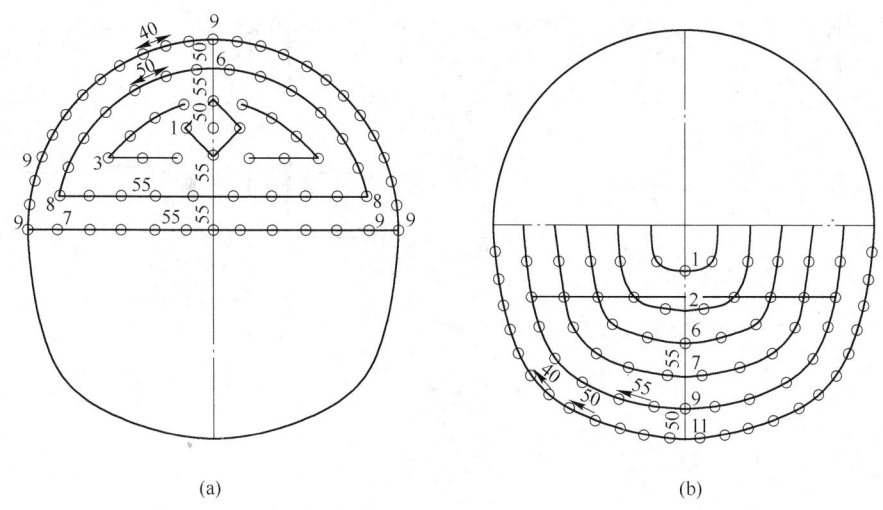

图9　炮孔布置
（a）上台阶；（b）下台阶

Fig. 9　The layout of subway tunnel bore holes

5　爆破振动测试结果与分析

5.1　爆破振动速度分析

　　对既有宁芜货线铁路隧道进行了大量的爆破振动测试，由于篇幅有限，表3仅列举了部分有代表性炮次中监测点Ve01的爆破振动监测结果。从表3中可以看出，爆破振动速度位于5～10cm/s区间有5炮次，位于10～20cm/s区间有9炮次，位于20～30cm/s区间有4炮次，位于30～40cm/s区间有3炮次。其中，在各次爆破振动试验中，垂向振动速度最大，即垂直于宁芜货线铁路隧道底板方向。表3中，Q_1为总药量，Q_2为掏槽孔装药量，H-BVV为径向爆破振动速度，L-BVV为切向爆破振动速度，V-BVV为垂向爆破振动速度。

表3　部分炮次爆破参数和振动速度监测结果
Table 3　The blasting parameters and result of vibration monitoring

序号	Q_1 /kg	Q_2 /kg	雷管段别	H-BVV峰值 /cm·s^{-1}	主频 /Hz	L-BVV峰值 /cm·s^{-1}	主频 /Hz	V-BVV峰值 /cm·s^{-1}	主频 /Hz
TN01	22.6	4.0	3，5，7，9，10，11	13.51	200.0	12.99	61.5	36.72	30.8
TN02	19.8	2.4	3，5，7，9，10，11，12	11.68	363.6	13.11	58.8	39.23	78.4
TN03	25.4	4.2	3，5，7，9，10，11，12	8.36	200.0	6.21	21.1	20.25	76.9
TN04	23.8	4.2	3，5，7，9，10，11，12	9.49	235.3	7.23	129.1	20.82	76.9
TN05	24.0	7.4	3，5，7，9，10	9.09	39.60	15.45	307.7	32.76	67.8
TN06	24.0	2.8	3，5，7，9	10.93	133.3	13.35	142.9	27.56	95.3
TN07	25.6	3.8	3，5，7，9	12.22	125.0	12.14	71.4	21.66	125.0

　　图10分别给出了TN06炮次试验时监测点Ve01～Ve06径向、切向、垂向爆破振动速度时程曲线。由图10可以看出，各监测点三个方向爆破振动持续时间约为260ms，振动速度均具有

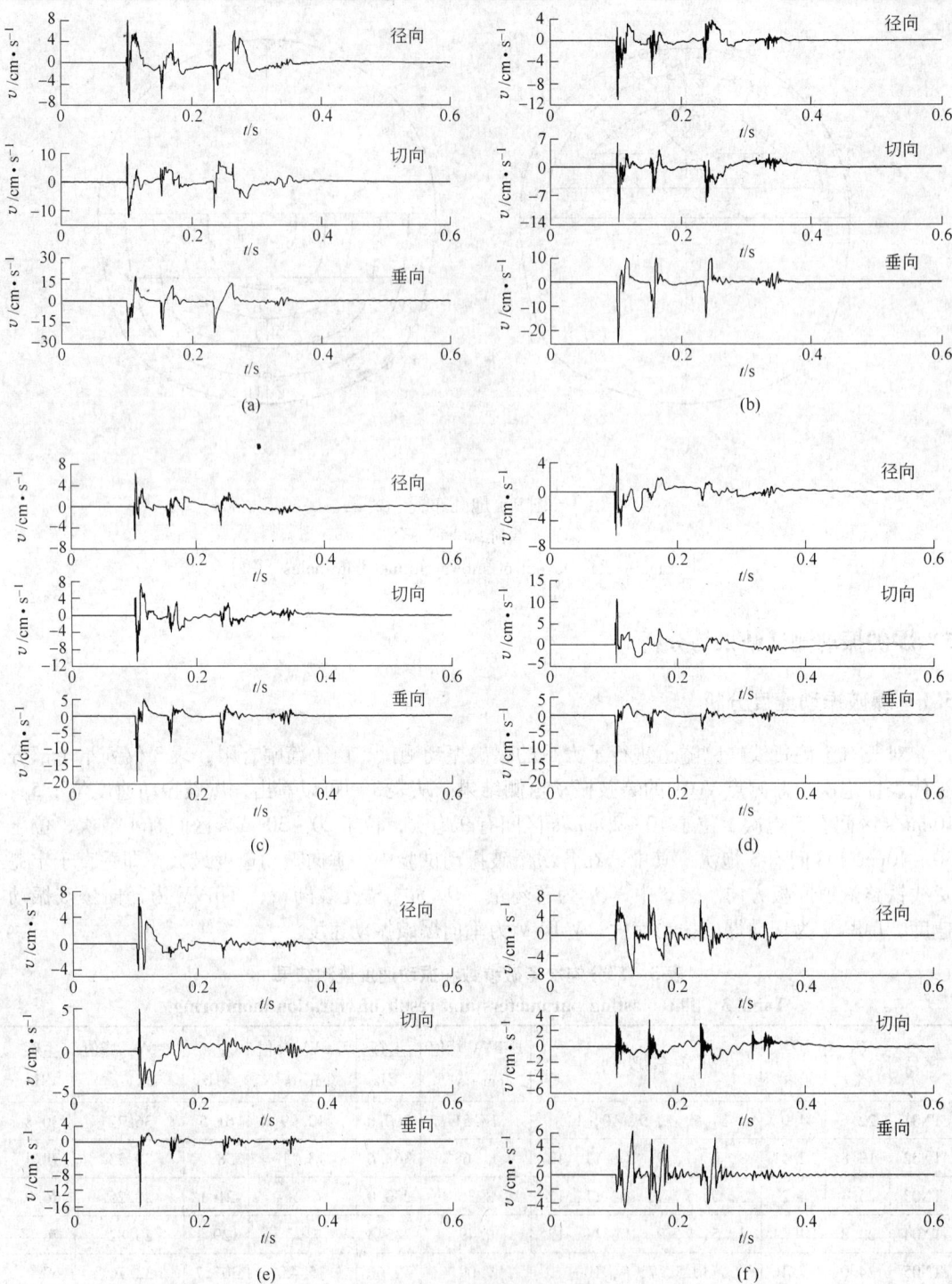

图 10　爆破振动现场监测点爆破振动速度

（a）测点 Ve01 爆破振动速度时程曲线；（b）测点 Ve02 爆破振动速度时程曲线；

（c）测点 Ve03 爆破振动速度时程曲线；（d）测点 Ve04 爆破振动速度时程曲线；

（e）测点 Ve05 爆破振动速度时程曲线；（f）测点 Ve06 爆破振动速度时程曲线

Fig. 10　The blasting vibration curves of monitoring points

四个峰值,对应于爆破过程中的 4 个段别装药。爆破振动速度相邻每个波峰之间的时间差与雷管段别之间的时间差一致,说明各段装药形成的爆破地震波没有叠加。爆破振动最大峰值速度均出现在第一个波峰或波谷,对应掏槽爆破,证明掏槽爆破由于受到夹制作用,故产生的爆破振动较大。

图 10(f)为宁芜货线铁路隧道对应掌子面处直墙监测点爆破振动速度时程曲线,可以看出直墙上不同段装药产生的振动峰值较均匀。

图 11 表示表 3 中各次监测试验宁芜货线铁路隧道轴向测点垂向爆破振动峰值速度衰减关系,可以看出,在新建地铁隧道爆破开挖作用下,既有隧道位于与掌子面相对应的断面监测点爆破振动速度最大,在其轴向未开挖方向上爆破振动速度随距离增大而成指数衰减,故需要对掌子面对应的既有隧道断面进行重点监测。

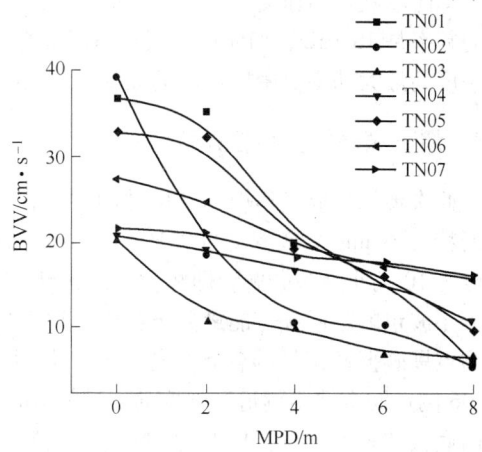

图 11　隧道轴向测点垂向爆破振动峰值速度衰减关系

Fig. 11　The attenuation relationship of vertical blasting vibration velocity of the monitoring points in the tunnel axial direction

其中 TN06 炮次监测试验轴向测点垂向爆破振动峰值速度衰减关系见式(1)。

$$y = 289.32x^{-0.361} \tag{1}$$

5.2　爆破振动频谱特性分析

大量实践和理论说明,爆破振动安全判据中应考虑爆破地震波主频和建(构)筑物自振频率共同作用的影响,采用以单一的爆破振动速度峰值指标为判据的安全标准不能全面反映爆破地震波对建(构)筑物破坏的真实情况。美国矿业局 USBM 标准、露天矿复垦管理局 OSMR 标准和德国 BRD-DIN4150 标准早就已经考虑了爆破振动峰值和相应频率的综合影响,形成了振动速度和频率联合作用爆破振动安全判据。图 12 表示相对应图 10 中监测点 Ve01 三个方向振动信号的功率谱密度曲线,由图 12 中功率谱密度曲线可以看出,三个方向振动信号的功率谱密度分布是相似的,频率主要集中在 10 ~ 25Hz 之间,主要是由于既有隧道距离新建隧道较

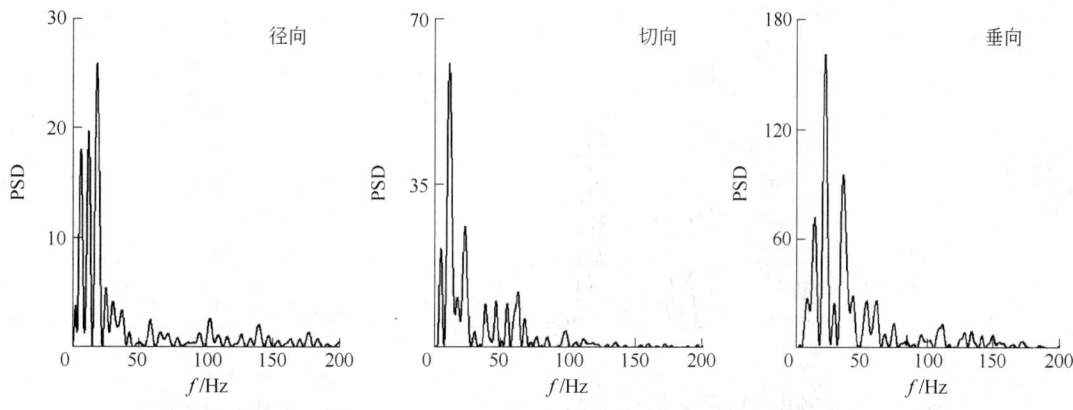

图 12　TN06 炮次测点 Ve01 爆破振动信号频谱

Fig. 12　The power spectral density of vibration signals of monitoring point Ve01 in the TN06 test

近，垂向爆破振动速度对应的功率谱密度最大。其中，径向爆破振动速度的最大功率谱密度对应的频率是 18.6Hz，切向爆破振动速度的最大功率谱密度对应的频率是 10.9Hz，垂向爆破振动速度的最大功率谱密度对应的频率是 21.9Hz。

5.3　爆破振动能量特性分析

此次现场试验过程中爆破振动测试仪设置的采样频率为 8000Hz，根据采样定理，则其奈奎斯特（Nyquist）频率为 4000Hz。对 TN06 炮次采集的爆破振动信号采用 dB8 小波基函数进行尺度为 10 的小波包分解，即将信号分解到 1024 个频带上，则每个频带的宽度约为 4Hz。根据基于小波包的不同频带能量分布理论，利用数学计算软件编制相应程序，从而获得 TN06 炮次各测点爆破振动信号的各频带能量分布特性。图 13 和图 14 分别为 TN06 炮次 Ve 01、Ve 05、Ve 06 测点既有铁路隧道爆破振动信号的频带能量分布图，其中 Ve 01、Ve 05 测点为隧道轴线方向底板位置的测点，Ve 06 为隧道直墙位置的测点。

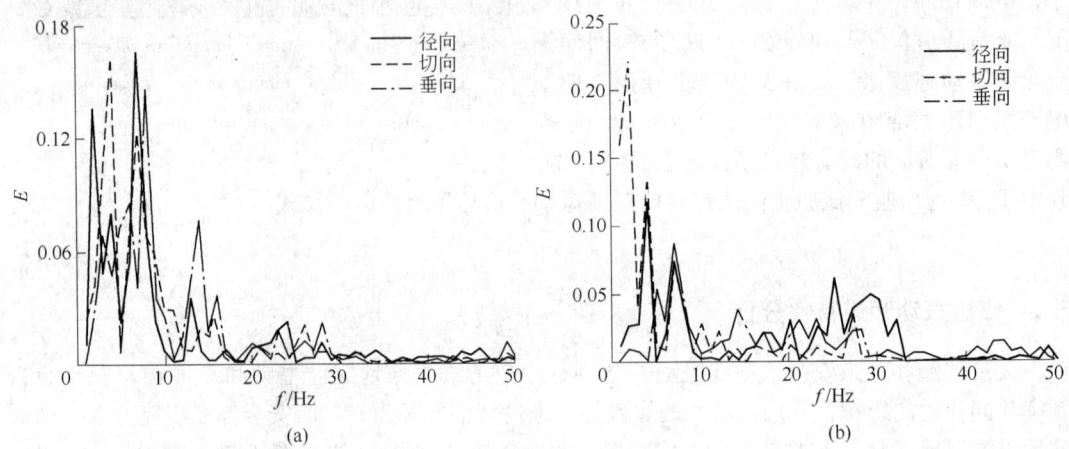

(a)　　　　　　　　　　　　　　　(b)

图 13　TN06 炮次隧道底板测点不同方向振动信号各频带能量分布对比

（a）Ve01 测点；（b）Ve05 测点

Fig. 13　Energy distribution of different frequency bands of signals of the
tunnel floor monitoring point in the TN06 test

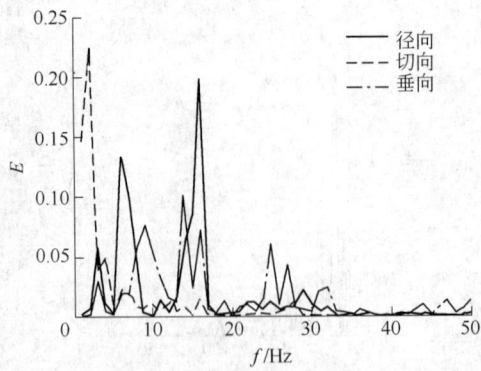

图 14　TN06 炮次隧道直墙测点（Ve06）不同方向振动信号各频带能量分布对比

Fig. 14　Energy distribution of different frequency bands of signals of
tunnel straight wall monitoring points in the TN06 test

通过分析不同测点频带能量分布图发现，平行隧道爆破影响下既有铁路隧道振动频率分布比较广，但是绝大部分集中在中高频部分。每个测点不同方向上隧道振动信号具有明显的主振频带，而且频带又可分为几个分振频带。同一测点三个方向中，垂向方向振动信号能量分布较分散。从测点 Ve01 到测点 Ve05 距掌子面的距离逐渐增大，三个方向振动信号低频能量呈衰减趋势，而高频能量增多。隧道直墙测点切向方向振动信号能量分布较集中，而径向和垂向方向能量分布较分散。

对比交叉隧道爆破影响下地铁隧道的振动信号特点，平行隧道爆破影响下铁路隧道振动信号能量有向低频发展的趋势，由于隧道结构的自振频率较低，因此这一趋势对于隧道结构的保护是不利的。

6　结论

选择合理的掏槽形式和掏槽位置，为后续爆破创造足够好的临空面，周边施做减振孔和分散装药是减振爆破控制的有效手段。一次起爆最大段装药量和合理选择间隔时间也是控制爆破设计的关键，采取时差较大的爆破，其振动波形不会出现叠加现象。在实际爆破施工中应改进掏槽爆破设计并在爆破时重点监测。

既有隧道三个方向振动信号的功率谱密度分布是相似的，频率主要集中在 10 ~ 25Hz 之间，垂向爆破振动速度对应的功率谱密度最大。

平行隧道掘进爆破引起的隧道振动低频能量衰减较快，隧道直墙测点切向方向振动信号能量分布较集中，而径向和垂向方向能量分布较分散。与交叉隧道爆破引起的隧道振动相比，能量分布有向低频发展的趋势。

参 考 文 献

[1] 刘慧. 邻近爆破对隧道影响的研究进展[J]. 爆破, 1999, 16(1): 57~63.

[2] 潘晓马. 临近隧道施工对既有隧道的影响[D]. 成都: 西南交通大学, 2001.

[3] 王明年, 潘晓马, 张成满, 等. 邻近隧道爆破振动响应研究[J]. 岩土力学, 2004, 25(3): 412~414.

[4] 刘慧, 史雅语. 招宝山超小净间距双线隧道控制爆破监测[J]. 爆破, 1997(12): 25~28.

[5] Hisatake, Masayasu, Sakurai, et al. Effects of adjacent blast operation on vibration behavior of existing tunnel [J]. Proceedings of the Japan Society of Civil Engineers, 332, Apr, 1983: 67~74.

[6] P K Singh. Blast vibration damage to underground coal mines from adjacent open-pit blasting[J]. International Journal of Rock Mechanics &Mining Sciences, 2002, 39: 959~973.

[7] Javier Torano, Rafael Rodriguez, IsidroDiego. FEM models including randomness and its application to the blasting vibrations prediction[J]. Computers and Geotechnics, 2006, 33: 15~28.

[8] R. Nateghi, M. Kiany, O. Gholipouri. Control negative effects of blasting waves on concrete of the structures by analyzing of parameters of ground vibration[J]. Tunnelling and Underground Space Technology, 2009, 24: 608~616.

城区复杂环境下安全高效深孔控制爆破技术

杨　琳[1]　张志毅[2]　杨年华[2]　史雅语[1,2]　梁锡武[1]

（1. 深圳市安托山投资发展有限公司，广东深圳，518040；

2. 中国铁道科学研究院，北京，100081）

摘　要：为解决在城区复杂环境下大量石方开挖的安全和效率的矛盾，提出了预留岩墙的施工方法和预留岩墙的深孔爆破技术，以及在保证爆破破碎效果前提下控制飞石的技术措施。通过在安托山整治工程中 $2.431 \times 10^7 \mathrm{m}^3$、近 3500 次爆破的成功实践，解决了城区复杂环境下大量石方安全高效的进行爆破开挖的技术难题。

关键词：预留岩墙；深孔控制爆破；安全高效；飞石控制

Safe and Efficient Control Technology of Deep Hole Blasting in the Complex Urban Environment

Yang Lin[1]　Zhang Zhiyi[2]　Yang Nianhua[2]　Shi Yayu[1,2]　Liang Xiwu[1]

（1. Shenzhen Antuoshan Investment and Development Co., Ltd., Guangdong Shenzhen, 518040；

2. China Academy of Railway Sciences, Beijing, 100081）

Abstract：In order to achieve the success of safe and efficient rockwork blasting in complex urban environment, we put forward reserved dyke construction methods, reserved dyke demolition with deep hole blasting techniques and scattered fragments control technology in ensuring the fragmentation effect of blasting. In the safe and efficient management of Antuoshan renovation project, we conducted 3500 successful blasting practices in the $2.431 \times 10^7 \mathrm{m}^3$ earthwork. We solved the technical problems and difficulties of high volume excavation in the complex urban environment.

Keywords：reserved dyke; controlled deep hole blasting; safety and efficiency; scattered fragments control technology

1　引言

随着我国城市化进程的加快，城市建设用地日趋紧张，尤其山区城市工业和民用土地开发需要大量石方爆破开挖。由于城区复杂环境中现有建（构）筑物对爆破有害效应的控制要求，以往城区内石方开挖大多采用浅孔控制爆破的施工方法。浅孔爆破的爆破规模小，存在爆破开挖速度和效率低、飞石控制难度大等技术难题，并导致爆破次数增多，增加了对环境的影响期限、频次和出现安全隐患的几率。

将深孔控制爆破技术引入城区复杂环境中使用，增加钻孔直径、扩大爆破规模、减少爆破次数、加快施工进度，可以在确保安全的前提下使爆破效率得到成倍提高。本文结合安托山紧邻美视电力北侧地块的爆破开挖项目，探讨了预留岩墙控制滚石的施工方法和预留岩墙的深孔爆破拆除技术，以及在保证爆破破碎效果前提下控制飞石的技术措施。从 1989 年开始，由安托山投资发展有限公司和中国铁道科学研究院组成的产研联合体，以安托山整治工程大方量石方爆破为依托，从实践技术创新入手，在工程量大、工期紧、环境极其复杂的条件下，通过试验研究，成功的将深孔控制爆破技术用于生产实践中。爆破施工中提出了预留岩墙开挖深孔爆破技术和爆破破碎质量和飞石控制技术，完善了城区复杂环境下的深孔控制爆破技术。

2　城区复杂环境深孔控制爆破技术

在城区复杂环境下采用露天深孔爆破，存在的主要技术难点是：如何处理好爆破时产生的有害效应与周边复杂环境的关系。即如何将爆破振动危害降到最低，如何防止爆破飞石影响周边环境，如何防止边坡滚石对周边环境的影响及如何处置好噪声、粉尘及爆破警戒等问题。在一些敏感地区，即使微小的失误，也可能导致周边居民的心理恐慌，使整个工程无法顺利进展。因此，爆破安全是第一位的。但以牺牲爆破效率来达到爆破安全也是不足取的。深孔控制爆破技术的目的就是在确保爆破安全的前提下提高爆破效率。具体要求是：爆破振动应控制在对建筑物无损伤和不引起居民惊恐的范围内；杜绝爆破飞石、滚石引起的人员和建筑物损伤事故；爆堆形态和块度有利于开挖以提高施工效率；尽可能降低施工成本。

2.1　预留岩墙施工方法

在城区复杂环境下进行大方量石方爆破开挖时，采用预留岩墙的施工方法，即在靠近被保护区域坡面一侧预留一定厚度的岩墙，岩墙内侧的山体采用常规深孔爆破方法施工，爆破效果和施工效率与常规爆破一样，预留岩墙作为天然的屏障可以防止常规爆破时爆堆的侧向逸出，同时岩墙又能保持相对稳定避免坡面岩块受损剥离滚落，提高了常规爆破的安全性。将处于复杂环境下大方量的石方控制爆破转化为小方量的岩墙控制爆破，提高了整个工程的安全性和施工效率。预留岩墙厚度应根据岩墙开挖方法来确定。

2.2　预留岩墙开挖深孔爆破技术

预留岩墙在整个工程方量中所占比例小，但其开挖方法直接影响到工程的安全和效率。

2.2.1　预留岩墙的开挖方法

预留岩墙的开挖方法直接影响到施工效率。常用的施工方法是采用手持式凿岩机钻孔、小台阶爆破方法施工，每次爆破规模小，破岩量少，爆破振动影响小，可以通过加强防护措施来防止滚石。这种开挖方法的缺点是：增加了岩墙的爆破次数和防护工作量；由于手持式凿岩机的台阶高度远小于常规深孔爆破的台阶高度，岩墙爆破后爆堆的机械开挖难度加大，开挖速度很慢；加大了施工成本。采用水平钻孔的"抬炮"方法进行岩墙爆破开挖的缺点是：抬炮药包爆破时爆炸气体向上作用力易使爆碎岩体向外侧坍塌；实际施工中抬炮的合理深度很难控制。根据多个工程的实践，我们对岩墙采用以深孔控制爆破技术为主，配以合理防护措施的开挖方法进行施工，岩墙爆破与常规深孔爆破区台阶高度一致，开挖过程中两爆区同步下降，岩墙爆区滞后深孔爆破区 1～2 个循环。既保证了邻近建（构）筑物的安全，又加快了施工进度，降低了施工成本。岩墙爆破采用的钻孔直径取 76mm。

2.2.2　预留岩墙爆破时的安全控制

预留岩墙距建（构）筑物近，要保证预留岩墙爆破时邻近建（构）筑物的安全，必须对爆破振动、个别飞石和边坡滚石进行有效的控制。

预留岩墙高于建筑物时，爆破振动对建筑物的影响不大。当岩墙与建筑物在一个水平上时，虽然距离较近，采用深孔爆破时，炮孔内主要装药部位与建（构）筑物之间是空气，一般仅超深部位的炸药与建（构）筑物的基础直接相连。相关研究表明：应用灰色理论，根据实测数据分析了与爆破振动强度相关的几种参数，相关性从高到低的顺序为：（1）距离；（2）超深；（3）最大段药量；（4）方位；（5）总药量；（6）高差。我们要求岩墙临空面一侧开挖要干净，底部尽可能挖深，以减少超深部位岩石爆破时的阻力，改善超深部位的药包约束条件，大大降低爆破振动的影响。

预留岩墙爆破时的临空面方向（爆破时岩体抛掷方向）指向深孔爆破区一侧，只要控制好填塞长度，保证填塞质量，是不会发生朝向建筑物方向的飞石的。关键是如何防止滚石的出现。根据岩土爆破理论，在冲击波和爆炸气体作用中造成岩土移动的主要是爆炸气体，让爆炸气体从前方顺利逸出，可以减少或消除后方岩体的移动。我们事先清除在坡面上明显松动的石块，通过控制炮孔内装药高度，合理安排起爆顺序，达到岩墙后侧破裂而不滚动。

2.2.3 预留岩墙深孔爆破开挖技术的要点

岩墙厚度的确定：从防止岩墙爆破时爆堆向陡坡侧滚落的要求看，岩墙的厚度应尽可能减少，但岩墙顶部宽度必须保证钻机施工时的安全。对 $\phi76mm$ 钻机，钻机安全作业应有 5m 以上宽度，故岩墙一般取 3 排孔，最多不要超过 4 排孔，即岩墙顶部宽度取 6~8m。

岩墙爆破的布孔原则：在岩墙边坡侧坡度较缓时后排孔可尽量靠边坡钻凿以尽量减少二次岩墙的出现。在岩墙边坡侧坡度较陡时后排孔应靠向岩墙中部，保证钻孔底部与边坡面的水平距离不小于 2 倍抵抗线（排距）岩墙深孔爆破的装药要求。

岩墙爆破的装药与填塞：前两排孔按加强松动爆破装药，采用耦合装药结构（散装铵油炸药），其中第二排孔根据位置情况适当增加填塞长度；靠边坡孔采用不耦合装药结构（条装 $\phi60mm$ 药卷），填塞长度根据邻近建（构）筑物与坡面之间的距离、坡面岩石风化及破碎程度和坡面坡度决定。当建（构）筑物与坡面之间有一定距离，且有防护排架和集碴坑时，可以适当提高装药高度，减少填塞长度。一般应保证装药顶部与坡面的水平距离不小于 $1.5W$（见图 1）。

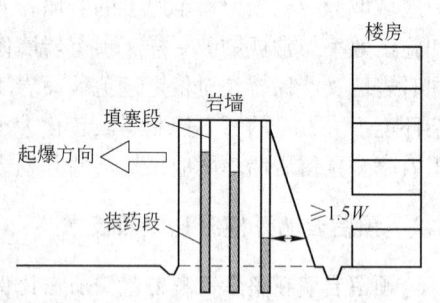

图 1　预留岩墙深孔爆破示意图
Fig. 1　Reserved dyke deep hole blasting schematic diagram

岩墙深孔爆破起爆网路敷设：岩墙爆区以排间毫秒延时起爆网路为宜，前两排孔爆破时岩体应尽可能向前抛出，以减少对后坡面的后冲力。

岩墙爆破的防护：岩墙爆破开挖时为确保邻近建（构）筑物的安全，可以采用适当的防护措施，一般采用防护排架，另外爆区上可以采取一些覆盖防护措施。在保证岩墙爆破不出现侧向松动或抛散的情况下，防护排架主要作用是防止高危边坡在爆破和开挖时产生的滚跳石。

爆破安全主要应由爆破技术来保证，对失误的爆破技术，任何防护措施都不会有太大的作用。

岩墙爆破后的开挖：由于岩墙的厚度不大，加上其临空面一侧采用的是加强松动爆破，爆堆开挖的难点集中在岩墙靠边坡一侧。岩墙爆破控制得好，在坡面一侧的岩体上会出现很多裂缝（见图 2 和图 3），可以用大功率的挖掘机械进行开挖。高边坡面开挖时必须加强现场指挥和安全警戒，防止开挖时出现滚石。如果岩墙底部出现根坎，即二次岩墙，可以继续采用岩墙深孔控制爆破技术进行爆破。

图2　预留岩墙爆前　　　　　　　　　　　　图3　预留岩墙爆后

Fig. 2　Before reserved dyke blasting　　　　Fig. 3　After reserved dyke blasting

2.3　爆破破碎质量和飞石控制技术

爆堆松散程度和破碎质量直接影响挖运机械的施工效率。要使爆堆有一定的松散度和较低的大块率，一般单耗要高一点，填塞长度要小一些，随之而来的就是发生飞石的几率就高了，这在城区复杂环境下将是一个致命的安全隐患。一般情况下为了安全只能降低单耗、增加填塞，即牺牲爆破破碎效果，降低施工效率。要想在复杂环境下高效施工，就是要在保证有良好的爆破效果下怎么杜绝个别飞石。

在深孔台阶爆破中，要考虑两类岩石运动：一类是全体岩石介质以水平为主的向前运动，即岩石主体部分的抛掷；一类是由爆区侧向和上向两个临空面散射出去的岩石运动，即爆破时产生的飞石。

爆区侧向临空面产生的飞石产生的原因分地质和施工两方面。地质方面主要指临空面部位存在地质薄弱面，如软岩带、空隙或空洞、前次爆破产生的软弱带等，炮孔中的炸药爆炸时极易从这些部位冲出引起远距离的飞石。施工方面主要指由于布孔、前次爆破后冲、施工顺序等因素，造成临近临空面炮孔局部抵抗线过小而引起的飞石过远。

爆区上向临空面产生飞石的原因有设计和施工两方面。爆破设计的问题包括：抵抗线过小或过大；单位炸药消耗量不合理；起爆模式不当，炮孔爆破时夹制作用太大；炮孔间延迟时间过大或过小；填塞长度太小等。施工中的问题主要是填塞料不合适，填塞质量不好，雷管段别发错等。

在工程中，经过一段试验和调整，深孔爆破设计参数如单耗、孔排距等都已有合理的参数，所以只要在某些方面加以注意，在保证爆破效果的前提下杜绝个别飞石是完全可以的，为此应：

（1）确保起爆网路安全准爆且起爆顺序正确，起爆模式恰当；

（2）特别注意临空面部位的炮孔装药，根据地质薄弱面的位置和最小抵抗线的大小决定装药结构和填塞长度；

（3）保证其余炮孔的填塞长度和填塞质量。

3　工程应用

安托山整治工程位于深圳市福田区北环路南安托山片区，由A地块、B21-1地块、B21-2地块和美视电力北侧地块组成，爆区周围的环境相当复杂：北面山脚紧靠深圳市交通最繁忙的主干线之一——北环大道，南侧山脚处有沥青厂和美视电厂，美视电力北侧地块高 83m 陡坡坡脚 15~45m 外就是使用环保清洁能源 LNG（液化天然气）发电的美视电厂的两排共 8 个、总储量达 1200m³ 的 LNG 储气罐及配套管线（见图 4）；B21-1 地块南侧长达 680m 的距离内密布建工村的各类建筑物，有办公楼、宿舍楼、车间、料库，这些建筑物顺山脚而建，与山脚的距离大都不足 2m，有些距山体坡脚仅隔 1m 余宽的水沟（见图 5）；A 区地块东侧为工业园区，开挖边界距装有发电机的平房仅为 15m，南侧 6m 外为武警机动大队营区，距北环大道南侧护网的距离仅 3.6~6m。整治工程爆破产物用于石料加工和填海用料，对爆破大块率和成本控制要求高。

图 4　美视电力高边坡开挖区
Fig. 4　High slope excavation around
Meishi Power Company

图 5　建工村 B21-1 地块开挖区
Fig. 5　B21-1 Land excavation area in
Jiangong village

经过不断优化爆破技术、加强施工管理，长达十年的爆破施工中，采用深孔控制爆破技术施工，爆破次数 3498 次，石方爆破总量达 2.431×10⁷m³，使用炸药 9619t，没有发生过飞石伤人的事故，做到了零伤亡；也没有因爆破振动对周边建筑造成损伤，做到了爆破振动零赔付。突破了深孔爆破滚（飞）石和振动安全距离的限制，确保了紧邻爆区液化气储罐、城市主干道和大量保护建筑和设施的安全。在做到爆破安全的同时，爆破效果达到了预计要求：爆堆形态、大块率和松散程度非常有利于机械施工，大大提高了施工进度和作业效率，如图 6 和图 7 所示。解决了城区复杂环境下大量石方安全高效地进行爆破开挖的技术难题。

图 6　安托山深孔控制爆破爆花之一
Fig. 6　One blasting scene of Antuoshan's
controlled deep hole blasting

图 7　安托山深孔控制爆破爆花之二
Fig. 7　Another blasting scene of Antuoshan's
controlled deep hole blasting

4 结论

根据深圳安托山城区复杂环境深孔控制爆破实践，总结其安全高效控制爆破技术取得了如下成果：

（1）在城区复杂环境下采用露天深孔爆破及预留岩墙的施工方法，将处于复杂环境下大方量的石方控制爆破转化为小方量的岩墙内控制爆破。提出了预留岩墙防止爆破滚石的设计思想，即在靠近坡面一侧预留一定厚度的岩体（称为岩墙）作为防护屏障，对岩墙内侧的岩体进行爆破开挖时，岩墙作为天然屏障可以防止爆堆向后侧逸出，避免坡面岩块松动滚落至坡脚。提高了整个工程的安全性和施工效率。

（2）预留岩墙采用深孔爆破方法拆除，保证周边环境安全的关键点在于岩墙厚度的控制、各排炮孔装药量的控制和起爆网路的准确设计。岩墙拆除控制爆破设计关键点：1）预留岩墙厚度：以 3 排炮孔为佳，B（岩墙顶宽）$> 2E$（钻机宽度）；2）装药量计算——前排孔按加强松动爆破装药，中间排孔按松动爆破装药，后排靠边坡孔应进行不耦合减弱装药；3）起爆时差设计：炮孔排间延时大于 100ms，相邻炮孔间延时 25ms；4）滚石防护体系：在坡底设置排架、集碴坑和柔性挡墙，增大岩墙爆破时的滚石防护安全系数。

（3）在复杂环境下大方量石方开挖的高效施工，关键是要在保证有良好的爆破效果下怎么杜绝个别飞石。根据安全优先的思想，提出了以最佳药包埋深原则确定爆破参数，即当炮孔内一定的炸药量按不同埋置深度（填塞长度）进行爆破试验，如果爆破效果达到岩体主要向前移动、向上只有隆起而不飞散，此埋深参数即为最佳埋深。以此最佳埋深定出炮孔填塞长度（花岗岩中取 $l' = 35d$ 炮孔直径），再按破碎块度要求决定单位体积耗药量（一般 $q = 0.35 \sim 0.4 \mathrm{kg/m^3}$），根据以上两个参数可按体积公式计算出炮孔间距、装药长度等钻爆参数。

金属矿床地下开采深孔爆破技术进步与发展

余　斌　王湖鑫

（北京矿冶研究总院，北京，100160）

摘　要：地下深孔采矿技术因开采强度大、生产能力高而广泛应用于大型地下矿山开采。随着深部、低品位和复杂难采资源成为主要开采对象，对大直径深孔爆破技术进行了新的探索和变革。大直径束状深孔爆破技术结合了单孔球形药包爆破和阶段深孔优点，能够广泛应用于深部采矿、低品位厚大矿体高效开采、不规则空区群安全隐患处理以及复杂难采残矿开采。该技术代表了地下开采深孔爆破技术的最新发展。采矿设备的进步以及智能爆破技术的发展，必将进一步推动深孔爆破技术进步。

关键词：地下矿开采；深孔爆破技术；束状孔爆破

The Statue and Development of the Blasting Technology with Longhole for Underground Metal Mining

Yu Bin　Wang Huxin

（Beijing General Research Institute of Mining & Metallurgy，Beijing，100160）

Abstract：The mining technology with longhole is widely used in large-scale underground mining due to its high exploitation intensity and production capacity. New exploration and innovation is produced to the large diameter deep hole blasting technology as the deep resources；low grade resources, complex and difficult to mine resources become the main exploration object. Bunch-hole blasting technology with large diameter deep hole represents the latest development in the underground mining of deep hole blasting technology for it combining the advantage of VCR and sublevel blasthole stoping method. And it can be widely used in deep mining, high efficiency mining to low grade and thick ore body, irregular goaf group treatment , residual mining under complex and difficult conditions. The deep hole blasting technology will be further promoted with the development and progress of mining equipment and intelligent blasting technology.

Keywords：underground mining；deep hole blasting；bunch-hole blasting

1　引言

20 世纪 70 年代初，国外相继发展了适用于地下采矿钻凿大直径的潜孔和牙轮钻机及凿岩器具，同时也发展了相应的爆破材料和爆破技术，从而促进了大直径深孔型采矿技术的发展。

余斌，教授级高级工程师，yubin4202@126.com。

随着人类的不断开采，开采条件好的矿床大多已经被利用或正在利用。深部、低品位以及复杂难采资源逐渐成为主要开采对象。低品位资源开采，要求采用高效的采矿技术，通过规模效应，变不盈利或低盈利资源为可盈利、高盈利资源。深部矿体和复杂难采矿体，存在地应力高，开采技术条件复杂，凿岩硐室形成和维护难度大等问题。

近十年来，随着金属矿床地下开采对象和客观需求的变化，引导地下深孔爆破技术进行了许多新的变革和探索。应用发展尤为突出的是大直径束状深孔爆破采矿技术，它优化整合了单孔球形药包爆破和阶段深孔爆破的优点，针对不同的资源形式，发展了束状孔当量球形药包高分层落矿技术、不规则空区群束状孔区域整体崩落技术、束状孔强制与诱导崩落回采残矿技术。

2 深孔爆破技术在我国的发展历程

我国于 20 世纪 70 年代引进并推广应用大直径深孔采矿技术。凡口铅锌矿使用阶段强制空场嗣后充填采矿法（VCR 法），采用 ROC-306 型潜孔钻机，钻凿垂直平行或倾斜深孔，孔径 165mm；用乳化炸药单分层球状药包或球状-柱状药包联合崩矿，用 2m³ 斗容的铲运机在本阶段的底部巷道出矿，采场综合生产能力可达 300t/d，出矿能力达 1000t/d，为充填采矿法的 3 ~ 5 倍[1]。

金川二矿区、金厂峪金矿、凤凰山铜矿相继开展了大直径深孔采矿技术的试验研究，并取得了成功。狮子山铜矿研究采用垂直深孔多排同段挤压崩矿技术，在运距为 40m 的条件下其实际生产能力达到 828t/d，实现了大量崩矿，连续出矿和连续运输的机械化作业，大幅度地提高了采矿强度和工效，降低了出矿成本。

高阶段大直径深孔爆破技术在安庆铜矿得到成功应用[2]。安庆铜矿为急倾斜厚大矿体，采用大直径深孔采矿法双阶段连续回采，采场垂直矿体走向布置，分矿房、矿柱两步骤回采。实行深孔阶段爆破或梯段爆破，具有效率高、强度大、爆破作业次数少的优点。

VCR 大直径深孔采矿方法是以 L. W. 利文斯顿球形药包爆破漏斗理论为基础而发展的。受炮孔孔径的限制，球形药包最佳埋深 3m 左右，爆破堵塞约束条件较差。必须采用高爆速、高爆能、高密度炸药，这增加了爆破的成本。爆破落矿分层高度小，爆破作业次数多，炮孔极易因多次爆破发生破坏。

深孔阶段（或梯段爆破）崩落矿岩块度和爆破有害效应的控制相当困难，落矿前需要进行切割井、切割槽等低效率辅助工程作业。VCR 法和阶段深孔一般采用均匀方式布置炮孔，凿岩硐室保留面积大，增加了地压管理难度，降低了作业安全性；大直径束状深孔采矿技术同时发挥了单孔球形药包爆破和阶段深孔爆破的优点。

3 束状深孔爆破技术概念及其应用

3.1 束状深孔爆破基本概念

束状深孔由数个间距为 3 ~ 8 倍孔径的密集平行深孔组成一束孔，束孔（直径 d）装药同时起爆，对周围岩体的作用视同一个更大直径（等效直径 D）炮孔装药的爆破作用（见图 1)[3]。

与单孔爆破不同，束孔爆破形成的共同应力场应力波具有一定的厚度，应力波峰值作用于岩石的时间更长、冲量更大、有效作用范围更广，因此，其爆破效果更好。

束状孔可以根据需要布置成线形、圆形、方形、三角形等形式（见图 2），组成的炮孔数

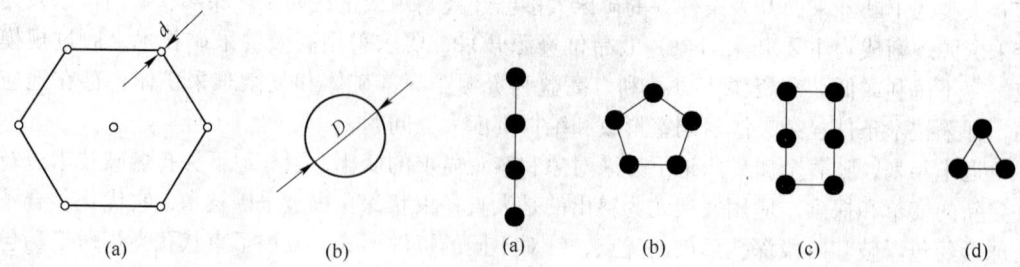

图 1　束状孔等效大直径深孔爆破技术原理
　　　（a）束状孔；（b）等效炮孔
Fig. 1　Equivalence principle of bunch-
　　　hole and larger diameter hole

图 2　不同形式的束状孔布孔方式
　　（a）线形束状孔；（b）圆形束状孔；
　　（c）方形束状孔；（d）三角形束状孔
Fig. 2　Arrange forms of bunch-holes

也可以根据需要确定。因此，束状深孔爆破技术具有广泛的适用性，可以应用于厚大矿体的开采、不规则空区的处理及残矿回采中。

3.2　冬瓜山铜矿束状孔当量球形药包高分层落矿

冬瓜山铜矿在首采矿段52-2号采场进行了束状孔当量球形药包落矿试验。采场长为80 m，宽为18 m。根据矿体顶板变化，凿岩硐室分别布置在 - 687m、 - 714m、 - 730m 水平[3]。

根据采场尺寸和爆破条件、漏斗爆破试验和小台阶爆破模拟试验结果，采用5孔束状孔与边孔双孔的布孔设计，在采场中间部位布置束状深孔，束孔由5个直径为165mm的垂直平行孔组成，贯通凿岩硐室底板和拉底层顶板之间，束间距为7.0 m。下向垂直深孔按布孔设计定位误差不大于5 cm，偏斜率不大于1%。埋深5m，当量球形药包重400 kg，分层落矿高度为7m，破顶爆破高度为12~14m。采场共布孔262个，总孔深7995m，布孔范围的矿石量246792t，每米崩矿量为30.87t（见图3）。

采场总的落矿为 - 730m 硐室（二次）、 - 687m 硐室（四次）、 - 714m 硐室（四次），共十次爆破。

3.3　铜坑矿大量不规则空区群束状孔区域整体崩落

华锡铜坑矿主要开采对象有细脉带、91号、92号矿体，三大矿体在竖直方向上局部重叠。最先开采位于上部的细脉带矿体，设计采用无底柱分段崩落法。1976年开始在矿岩崩落带发生自燃，为了安全生产和防止火区蔓延，在细脉带矿体625~650m水平留作隔火矿柱。625m水平以下改为二步回采的分段空场法。经过多年开采，形成了135000m³未作处理空区，并已局部发生垮塌，积压了300多万吨残留矿量[4]。

这些空区一旦发生破坏，可能导致重大灾害，造成设备损坏、人员伤亡。残矿回收常与空区处理同步进行，应尽量避免采用小规模作业对残留矿柱的扰动，防止进一步恶化回采条件，所采用的技术方案应具有快速、高效、集中作业的特点。

处理范围东侧为已经自然冒落的原大16号采场及已被部分充填15号采场，西侧的11号采场回采后部分充填，上部650m以上为原崩落矿岩自燃火区，火区导致临近的650m水平附近一带的岩温比较高（见图4）。

经分析研究，决定采用大直径束状孔阶段深孔大参数整体区域崩落，局部辅以中深孔，周

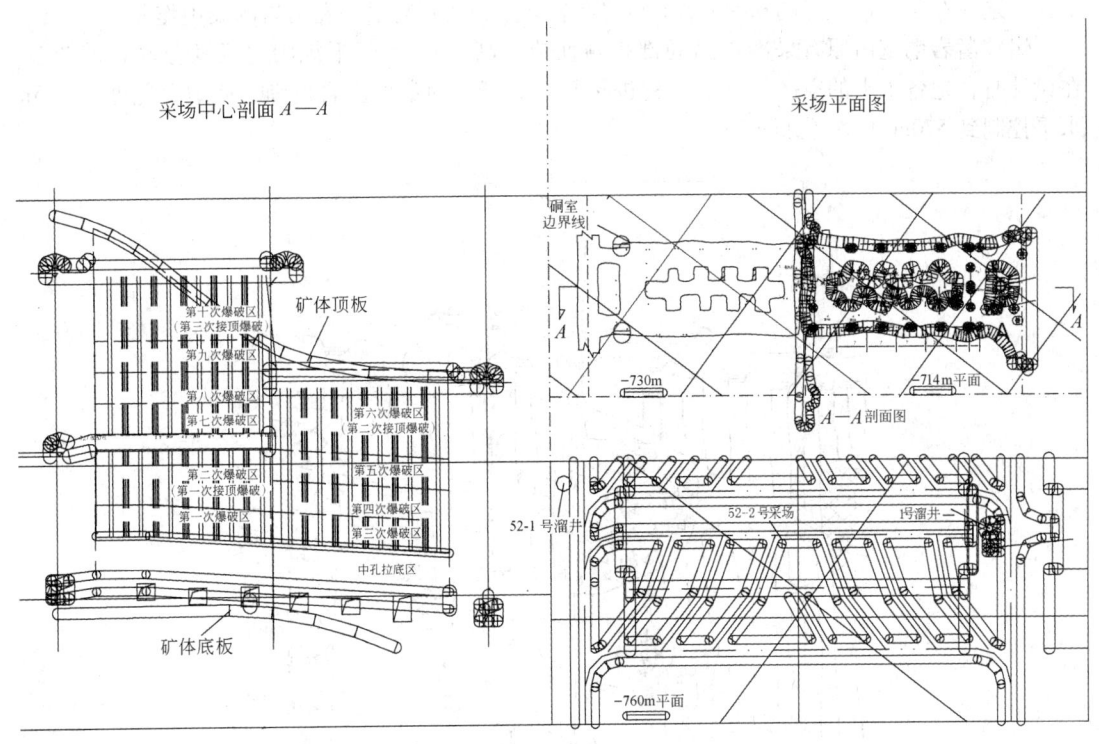

图3　试验采场示意图

Fig. 3　Sketch map of test stope

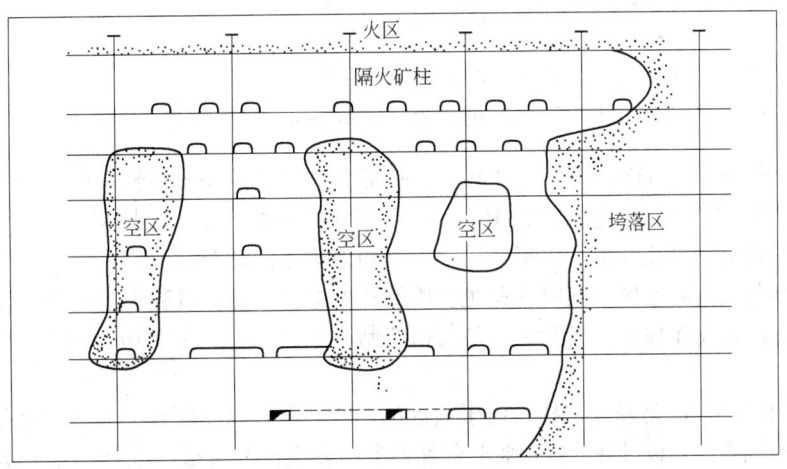

图4　空区剖面图

Fig. 4　Profile map of goaf groups

边小硐室切割隔火矿柱，块体隔离和斜面放矿的总体治理方案。先行将560m以下关键部位的空区进行充填，以提高上部采场的稳定性，避免上下采空区间的剪切破坏，560m以上的采场进行整体崩落，包括11号、12号、13号、14号采场及隔火矿柱。

由于584m、596m、613m、625m水平分段巷道和矿柱破坏严重，安全性差，无法布置凿岩

　　工程。选择在条件比较好的 635m 水平布置凿岩硐室，实行阶段深孔凿岩的集中作业。

　　爆破凿岩硐室由原有采准进路局部扩帮而成，高 4m。由于不规则空区及分段巷道较多，在设计时，把各水平的空区与巷道工程进行复合分析，确定可凿岩范围，使炮孔能够从 635m 水平控制到 570m 水平（见图 5）。

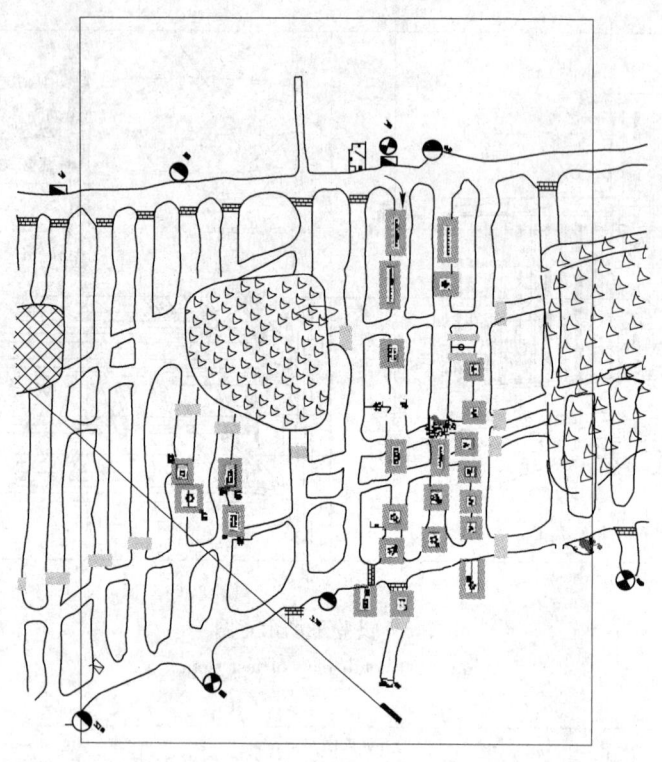

图 5　　635m 水平炮孔布置平面图
Fig. 5　　Arrangement of blasting-hole in 635m

　　根据复合结果，在 635m 水平布置炮孔，除部分孔落至 613m 水平的空区上外，其他孔均打至 570m 水平（见图 6）。炮孔直径 165mm。组成束孔的炮孔个数，根据抵抗线 3～9 个不等。根据抵抗线形状分别采用线形、方形、圆形、三角形等不同的布孔方式。由于部分孔距空区边界较近，为避免其落入空区，同时为避免相临孔相互穿孔，打孔过程中应严格控制偏斜率。共布置 177 个孔，总孔深预计为 9855m。在大孔控制不了的部分，在 570m、584m 水平局部补充上向中深孔。

　　625m 水平至 650m 是隔火矿柱，由于火区的影响，岩石温度较高，为了避免孔内高温条件下爆破作业的危险性，设计在 635m 水平布置 3 个小硐室进行爆破，强制崩落隔火矿柱。堑沟底部结构布置于 560m 水平，铲运机出矿。爆破以不规则空区作为补偿空间，每一束孔根据其不同的爆破阻抗确定孔数。为了保证爆破质量，对束状孔装药结构进行调整。在抵抗线大的部分，全孔耦合装药，在抵抗线小的部分，根据抵抗线大小，通过调整束状孔中装药孔的个数来进行调节。

　　起爆顺序是先起爆 570m、584m 水平中深孔，后起爆 635m 水平的束孔，最后起爆 635m 水平装药硐室。爆破崩落面积为 6500m²，崩落矿量 77 万吨，总装药量达 150t，爆破分 20 段微差起爆，起爆总延续时间为 2s，为当时国内最大的一次地下矿山爆破。爆破后，整个爆区设计范

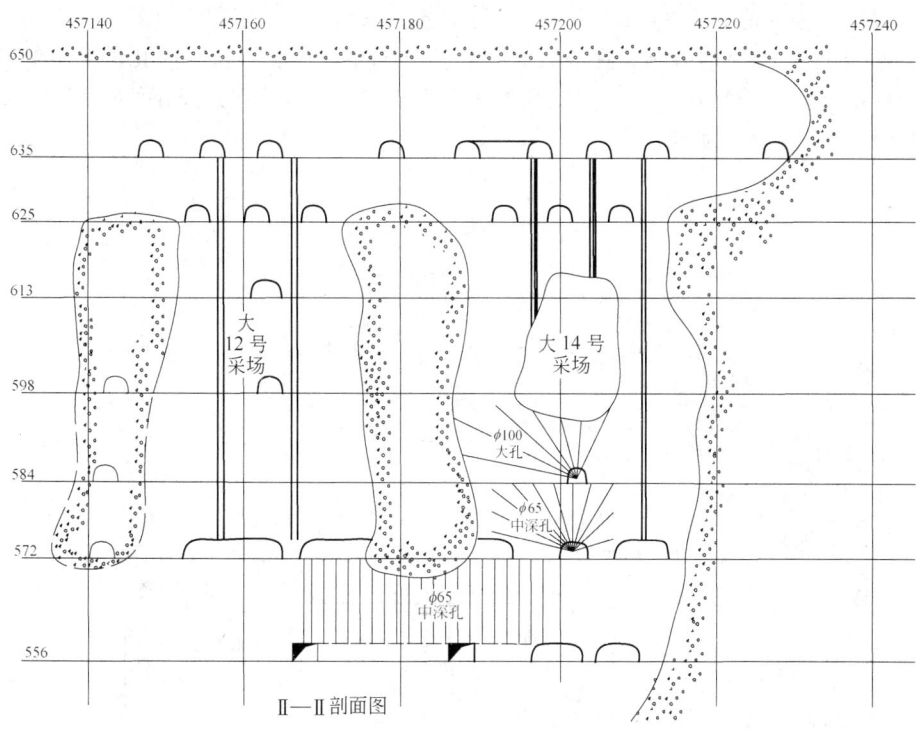

图6 炮孔布置剖面图

Fig. 6 Profile map of blasting hole arrangement

围崩落完全，对临近采场、井巷工程、设施和构筑物、爆区附近地表建筑物和民房等均未造成任何破坏。基本消除了空区，使爆区范围内560m水平至地表形成连续崩落体，从根本上消除了地压灾害隐患，并为回收剩余矿石资源创造了条件。

3.4 赤峰国维矿束状孔强制与诱导崩落回采残矿

赤峰国维矿主要开采对象为1号、2号矿体，其控制长度300m，呈弯曲脉状，矿体厚度10~30m，倾角70°。矿山采用斜井开拓，采用浅孔留矿法采矿，阶段高40m。采矿深度到第4中段，垂直深度160m。由于装备条件的限制和技术应用不合理，通常只能回采15~16m高度，各中段都有20m左右残留矿石，形成大量的"半截采场"[5]。

部分空区对应地表已经出现裂缝，局部产生塌陷，存在很大的安全隐患。因此，亟须对这些空区进行处理，同时尽可能回收残留矿石。由于采场间柱只有4m，岩层不稳定，不能实施天井等采矿工程，无法按常规方法进行回采。如何回采各中段的大量半截采场和间柱是该矿面临的主要难题[2]。

经研究决定，先对1、2中段2号矿体空区进行处理。为了保障作业安全性，确保作业效率和生产能力，并保证资源回收，选择束状孔强制崩落与诱导自然崩落结合[3]的采矿技术。即采用束状深孔一次性崩落2中段的半截采场和矿柱，解除矿柱系统的支撑作用，诱导裂隙发育破坏严重的1中段半截采场和矿柱的全面积自然崩落，使空区贯通地表，释放应力，解除地压隐患。

2 号矿体采区宽 30~40m , 长 80m。850m 水平以上原有巷道和矿柱破坏严重,已无法布置工程,故将凿岩巷道布置在 840m 水平,采用斜坡道与 850m 水平工程联通。

采区共布置 10 条凿岩巷道,在凿岩巷道钻凿下向束状深孔,每束炮孔由 8 个炮孔组成,共布置 31 束,炮孔直径 ϕ110mm,束状孔的孔间距 0.7m,束间距与排间距同为 7.5~8m(见图 7 和图 8),凿岩设备为 SKZ-120 潜孔钻机。

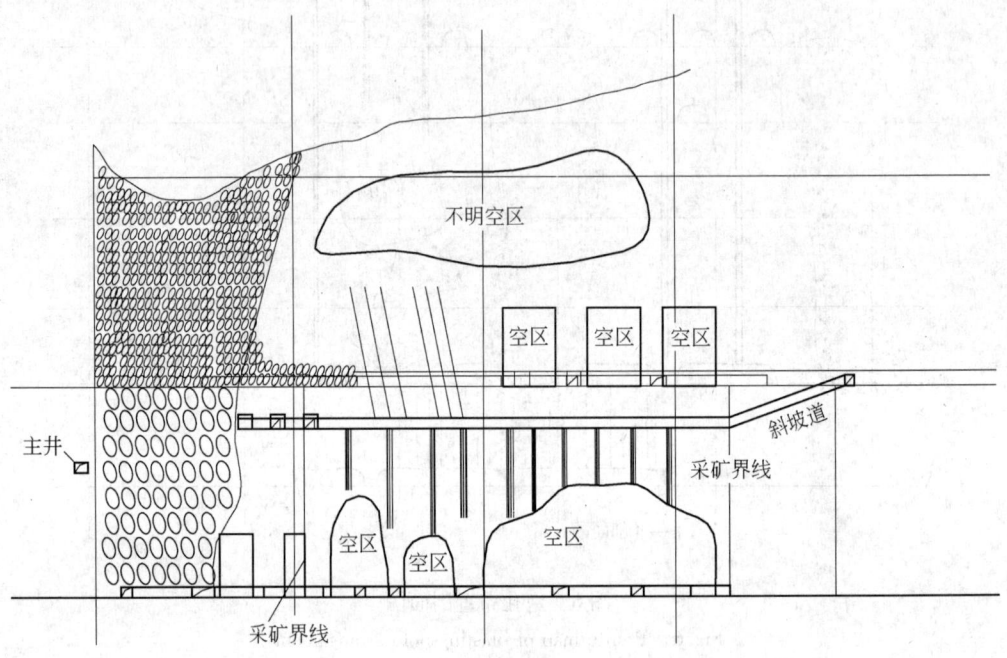

图 7 采场剖面图

Fig. 7   Transverse section of stope

起爆顺序:总体顺序由东至西。先起爆比较浅的炮孔 16 号、20 号、21 号束孔,以其为自由面侧向崩落其他束孔。采用非电雷管起爆网路,为了保护临近的斜井,降低采场东边孔的同段起爆药量,每一段只起爆一束炮孔,共分 18 段起爆,单段最大药量 3t,为采场西端的 17段。在关键位置建立 3 道阻波墙,以防止空气冲击波带来的危害。

爆破材料:非电雷管 116 发,导爆索 8200m。爆破控制矿量 5.2 万吨,总药量 19t,炸药单耗 0.36kg/t。爆破后,设计区域完全崩落,块度适中,840m 以上半截采场与间柱全部诱导跟随崩落并贯通至地表,临近保护的斜井未受到破坏。成功地处理了地压隐患并回收了残矿资源,取得理想的效果。

3.5 可可塔勒铅锌矿 7 号矿体残矿回采

新疆富蕴县可可塔勒铅锌矿是一座设计生产能力为 2500t/d 的改建矿山。为尽快达产,该矿欲首先强化 7 号矿体 3~7 线剩余矿量的开采并达到 1500t/d 的供矿能力。

7 号矿体 3~7 线是各矿体中厚大、品位高、矿量比较集中的矿段,该矿段基本呈筒状急倾斜,平均厚度 24m,最大 80m。在启动改扩建工程以前,域内在 864m 以上各中段已进行了凌乱无序地开采,形成大量大小不一的不规则空区,基本分布于 7~13 线 863~1200m 标高。据探查,域内空区共 50 个,总体积 50.1×10⁴m³。残矿以不同形态和不同尺度的矿柱嵌含其中,

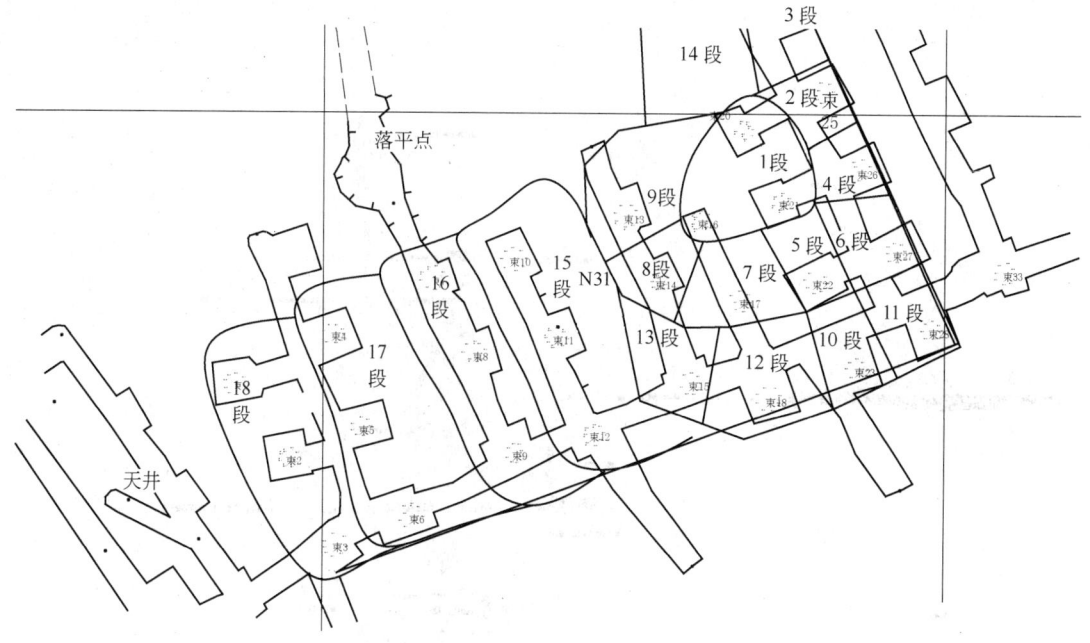

图 8　采场起爆顺序

Fig. 8　Section of initiation sequence

总计剩余矿柱矿量 500 万吨左右（见图 9）。经现场观察和模拟分析研究，矿柱群基本处于稳定状态。

　　由于 7 号矿体 3～7 线范围 864m 以上的残矿基本是被大小形状不一的空区分割开的不连续矿柱，无法采用常规的采矿方法进行回收。从安全、资源回收、地压控制、效率和效益的综合效果看，在极其复杂、凌乱的条件下，将残矿划分为较大单元，通过合理的技术设计，采用在工程实施方面有较强实用性和灵活性的爆破技术和高效率配套设备，进行残矿的大量有序崩落和集中大量放矿，是 7 号矿体残矿回采方案选择的一个比较准确的技术思路。

　　结合空区分布情况，将 3～7 线残矿在垂直方向自上而下划分为 1085m 以上、1085～1006m、1006～864m 三个单元，矿量分别为 197.2 万吨、130.7 万吨和 122.1 万吨。各单元视大尺寸矿柱安全隔离条件和空区分布，将残矿划分为爆区，以原有空区为补偿空间，采用束状大直径深孔变抵抗线进行残矿大量分区崩落。在出矿水平布置大面积受矿漏斗，沿漏斗周围形成多个出矿进路，实现大漏斗多向进路出矿。1085m 以上单元，共划分为四个爆区，凿岩水平分别设于 2000m、1164m 和 1180m 水平。打下向束状深孔，孔径 150mm，最大孔深 46m，每束孔由 4～8 个炮孔组成，抵抗线 6～9m，依据补偿空间和松动放矿情况，各爆区依次顺序爆破[6]。

　　依据相同的技术思路，对 1085～1006m、1006～864m 单元进行了回采设计，1085～1006m 单元分为三个爆区，1006～864m 单元分为两个爆区。各回采单元均采用大面积受矿的大漏斗，多个进路出矿，局部（矿体端部或边缘部分）补掘了少量堑沟进路底部结构。进路出矿采用 CY-3 型 3.1m³ 铲运机。预计两台铲运机同时作业，将使 7 号矿体残矿回采达到 1500t/d 的生产能力。

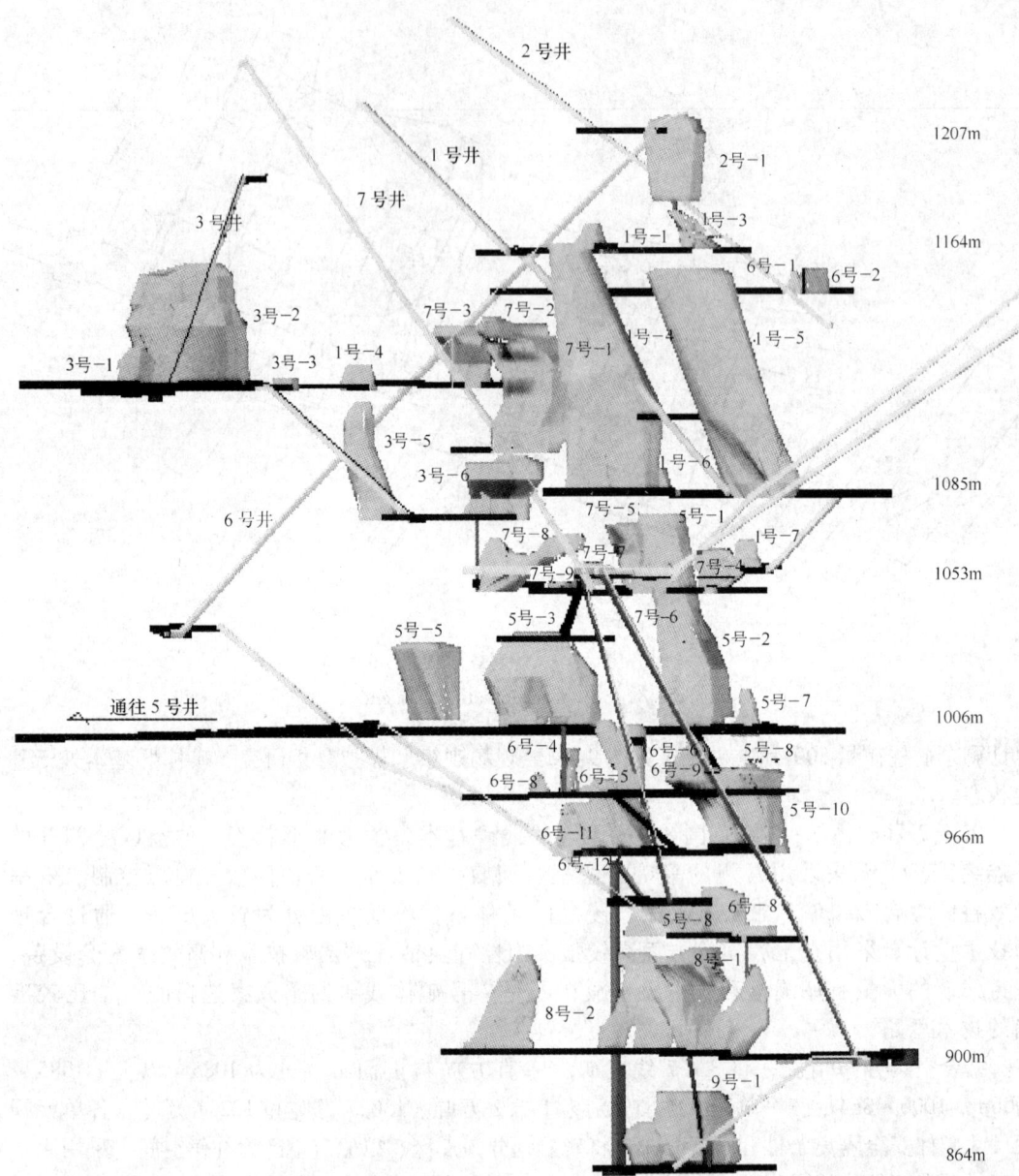

图 9　可可塔勒铅锌矿采空区分布示意图

Fig. 9　Mined-out zones section of Keketale Pb-Zn mine

4　未来的发展趋势与方向

随着地表优质矿体的耗竭，低品位矿开采和深部采矿以及复杂难采矿体开采成为当前采矿业的方向。采矿设备的技术进步是采矿技术进步的支撑条件，今后新型化、大型化、液压化、智能化采矿设备的研制仍然是采矿设备的发展趋势[7]。随着采矿设备引进自动控制、程序控制以及无线遥控技术，大大改善了操作环境，提高了设备作业效率，将使大直径深孔爆破技术适用性更强，如在高寒高海拔地区使用。将高效率、大规模的大直径深孔爆破技术与溶浸采矿技术结合，建立地下"矿石工厂"，在深部低品位矿石资源利用中，具有极为广阔的发展前景。

参 考 文 献

[1] 吴璟，姚曙. 凡口铅锌矿 VCR 法采矿工艺的应用发展与技术创新[J]. 中国矿业，2012(8).

[2] 李樟鹤. 高阶段大直径深孔爆破技术在安庆铜矿的应用[J]. 金属矿山，2002(2).

[3] 杨承祥，罗周全，孙忠铭，等. 束状孔爆破新技术在深井高应力矿床的应用[J]. 中国矿业，2006 (11)：66～67.

[4] 陈何，孙忠铭，姚根华，等. 铜坑矿细脉带特大事故隐患区治理方案的研究[J]. 中国矿业，2008，17(3)：101～106.

[5] 王湖鑫，陈何，等. 赤峰国维矿多空区复杂条件下残矿资源回采技术研究[J]. 中国矿业，2011(3).

[6] 王湖鑫，孙忠铭，等. 束状深孔大量崩落技术在残矿回采中的应用[J]. 有色金属（矿山部分），2011(6).

[7] 黄礼富. 当代采矿技术发展趋势及未来采矿技术的探讨[J]. 金属矿山，2007(8).

龙永高速高边坡预裂爆破技术及应用

毛益松[1]　刘国生[2]　陈志阳[1]　纪国清[2]

（1. 国防科学技术大学九院，湖南长沙，410003；

2. 中铁隧道集团四处有限公司，广西南宁，530003）

摘　要：龙（山）永（顺）高速公路第四合同段需穿越一段长 90m 的高边坡路基。该路基地层是弱风化至微风化石灰石，属于岩溶地区，节理发育。为确保边坡稳定，减少后期的锚杆加挂网支护施工费用，克服高边坡易滑坡的隐患，采用了预裂控制爆破技术。本文主要介绍边坡预裂爆破的技术参数确定、起爆网络及施工工艺。

关键词：高边坡；预裂爆破；爆破振动

Application of Presplit Blasting Technology at High Slope of Longyong Highway

Mao Yisong[1]　Liu Guosheng[2]　Chen Zhiyang[1]　Ji Guoqing[2]

（1. The Ninth College of National University of Defense Technology, Hunan Changsha, 410003;

2. Sichu Co., Ltd. of China Railway Tunnel Group, Guangxi Nanning, 530003）

Abstract：The fourth contract segment of Long (shan) Yong (shun) highway need to cross a long 90 m high slope of roadbed. The roadbed stratum is weakly weathered to breeze limestone, belongs to karst landscapes, joint development. Presplit blasting control technique was adopted, which can ensure the stability of the slope, reduce the cost of later use network anchor supporting construction, to avoid the high slope of landslide hazard easily. The article mainly introduces the technical parameters of slope presplit blasting, detonating network and the construction process.

Keywords：high slope; presplit blasting; blasting vibration

1　工程概况

湖南省龙（山）永（顺）高速公路第四合同段路基（k17 + 800 ~ k17 + 890）位于龙山县洗洛乡小井村。路基宽 26.6m，长 90m，单面边坡高度 30 ~ 50m，边坡比为 1∶0.3 或 1∶0.5。山体岩石为弱风化至微风化的石灰石，中厚层构造状，节理裂隙发育，岩质较坚硬，岩体较完整。单轴抗压强度为 37.7 ~ 77.0MPa。

爆破周围环境复杂（见图 1）：东侧为山体，没有建筑物；西南侧是小井村居民楼，爆破路基边线距离最近处房屋 28m，边坡顶距民房 68m；西北侧与 G209 相距 40m，过往行人车辆多。

毛益松，副教授，1213175424@ qq. com。

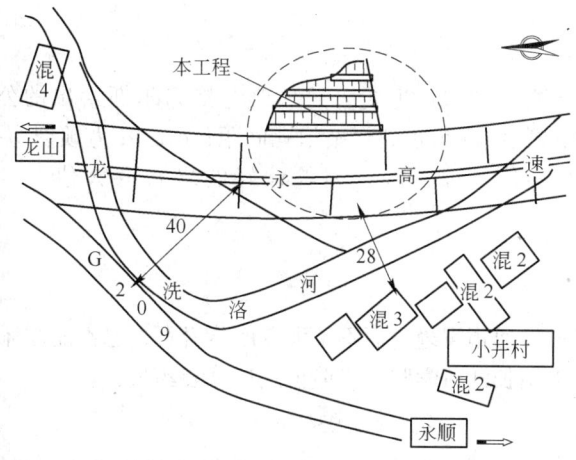

图1　周围环境示意图

Fig. 1　The surrounding environment

该高边坡爆破工程位于居民楼和G209旁，山高坡陡，是龙永高速4标路基必须穿越之地。如何做好高边坡爆破开挖成了本工程的难点。不仅要创造美观漂亮的边坡，而且要减少后期的锚杆加挂网支护施工费用，克服高边坡易滑坡的隐患，为此，决定采用预裂控制爆破技术。

2　边坡预裂爆破施工存在风险及方案确定

2.1　边坡预裂爆破存在的风险

针对本工程的岩石特性及施工过程中彰显的各种矛盾，对存在的爆破风险进行了如下分析：

（1）爆破飞石影响G209车辆通行和行人风险。爆破点地处G209东侧，最近处不到40m，因此岩石爆破确保交通和人员安全是重中之重。

（2）爆破震动影响周围房屋风险。小井村居民楼几乎紧挨着爆破区域，墙体是砖结构空心墙结构，有的没有构造柱和圈梁，抗震强度低，墙体已经出现风化、裂缝，所处地势较低，涨水季节经常被淹浸泡，基础不牢。

（3）岩石爆破处在岩溶地区，溶洞、溶沟、溶缝以及石芽、石笋、探头石多，裂隙发育，存在着钻孔装药困难及边坡不容易形成的问题。

2.2　高边坡预裂爆破技术方案

为使边坡开挖面符合施工图纸所示的开挖线，保持开挖后边坡基岩的完整性和开挖面的平整度，边坡开挖采用深孔预裂爆破技术，确保边坡稳定。

预裂爆破边坡开挖面的不平整度应严格控制在20cm以内；边坡面应符合业主提供的施工图纸的要求；边坡开挖应自上而下进行，高度较大的边坡，应分台阶开挖，台阶高度一般不大于8m。随着开挖高程下降，应及时对坡面进行测量检查以防止偏离设计开挖线，避免在形成高边坡后再进行处理。

3　预裂爆破参数的确定

3.1　炮孔直径

本工程主体开挖爆破穿孔设备为ϕ90mm潜孔钻机，炮孔直径为ϕ100mm。

3.2　炮孔间距（a）

本工程预裂爆破炮孔间距（a）主要参照瑞典兰格弗尔斯给出的公式确定[1]。即：$a = (8 \sim 12)d(d \geqslant 60\mathrm{mm})$，式中，$a$ 为预裂爆破炮孔间距，cm；d 为预裂炮孔直径，cm；对软岩或结构破碎的岩石，取小值，对硬岩或完整性好的岩石取大值。本工程预裂孔间距取为 100cm。

3.3　平均线装药量

预裂爆破只要求形成贯通预裂缝，而不是大量崩落岩石，也不能炸坏围岩，因此不宜采用过大的装药量。本工程采用长江科学院[1]经验公式计算装药量：

$$q_{\text{线}} = 0.034[\sigma_{\text{压}}]^{0.063} a^{0.67}$$

式中，$q_{\text{线}}$ 为预裂炮孔每米装药量，kg/m；$\sigma_{\text{压}}$ 为岩石极限抗压强度，MPa，据地质报告资料，取 $\sigma_{\text{压}} = 60$MPa；a 为预裂孔间距，$a = 1.0$m。那么 $q_{\text{线}} = 0.448$kg/m。

在以上计算的基础上，经考察现场试爆效果，将预裂孔平均线装药量确定为：一般地段 $q_{\text{线}} = 500$g/m，中硬岩体 $q_{\text{线}} = 350$g/m。

3.4　孔底线装药量（$q_{\text{d线}}$）、孔口线装药量（$q_{\text{c线}}$）

由于预裂炮孔深，底部夹制力大，将孔底 2m 范围内的线装药量增大一倍，即 $q_{\text{d线}} = 1000$g/m。

同样，为避免预裂爆破形成爆破漏斗，减小孔口处围岩破坏，孔口堵塞段以下 1m 段的线装药量减小一半，即 $q_{\text{c线}} = 200$g/m。

3.5　不偶合系数（m）

本工程预裂孔采用 ϕ32mm 卷状岩石乳化炸药，其不偶合系数为 $m = 3.125$。

4　预裂孔起爆施工工艺

4.1　预裂孔钻孔方法

由于履带式潜孔钻机不宜行走，故将钻机放在样架上倾斜钻孔（见图 2）。使预裂孔的位

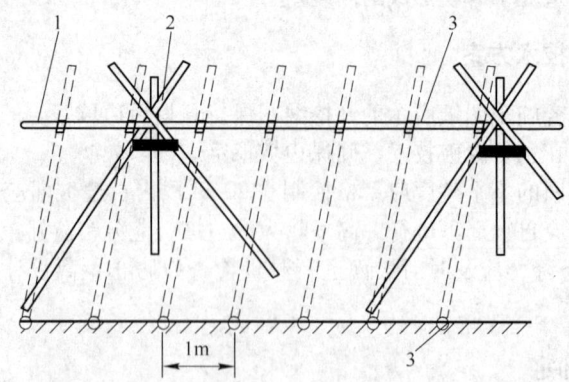

图 2　采用单机排架钻孔示意图
1—钢管；2—三角支架；3—预裂孔
Fig. 2　Using single bent drill holes

置准确，对于倾斜的孔，特别是预裂面是呈某种曲折面的斜孔，放样更需仔细。这是因为斜孔的孔口与孔底并不在同一个坐标位置上，而是随该孔的倾斜度以及地面的起伏而变化。地面比较平整时，它可以通过计算来确定孔口的位置。而在实际中，地面的起伏状况往往是无规则的，想要精确地定出孔口的位置比较困难，为此，采用整体排架很方便。

4.2　装药材料准备及装药结构

为减小预裂孔间起爆时差，保证孔内所有药卷爆轰效果，边坡预裂孔采用导爆索沿预裂孔轴向全长敷设、将 $\phi 32mm$ 炸药卷按设计计算值分配串绑于导爆索的装药结构（见图3），具体方法如下：

（1）孔底 2m ： $q_{d线} = 1000g/m$ ， $Q_d = 2.0kg$ ，需 $\phi 32mm$ 岩石乳化炸药 10 卷，那么炸药首尾相接，组成连续柱状药柱，用胶布将其与导爆索绑固。

（2）孔中部： $q_{线} = 500g/m$ ，每 1m 孔需 $\phi 32mm$ 乳化炸药 0.5kg ，那么每卷炸药间隔 20cm 分别与导爆索绑捆。

（3）孔口堵塞段下 1m 范围： $q_{c线} = 200g/m$ ， $Q_c = 0.2kg$ ，需用 $\phi 32mm$ 乳化炸药 1 卷，将其分为 5 个半卷，在此段导爆索上每隔 30cm 捆绑上半卷药。

为方便现场装药施工，并阻减爆炸冲击波对边坡围岩孔壁的作用，在炸药卷串导爆索一侧垫铺一条竹片，具体实施装药时，将竹片侧靠于边坡围岩侧，而使炸药卷朝向开挖侧。

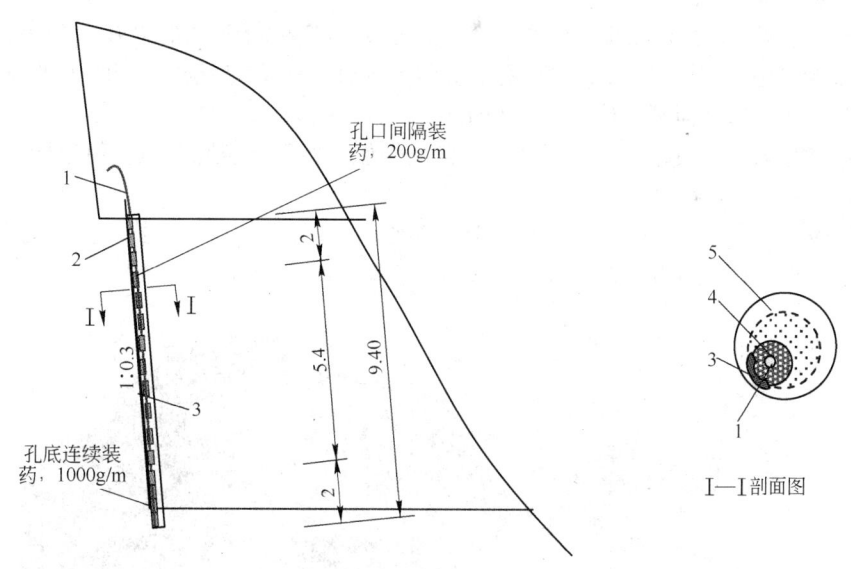

图3　预裂孔装药结构（单位：m）

1—导爆索；2—填塞；3—竹片；4—分段装药；5—连续装药

Fig. 3　The structure of the explosive loading in advance

4.3　起爆网路

第一个台阶布置 2~3 排主爆孔和一排沿边坡面的预裂孔。以第四层（顶层）台阶为例，如图 4 所示，预裂孔孔内用导爆索支线起爆炸药与地面一股导爆索并联搭接，导爆索由 2 发

Ms3 段导爆管雷管引爆；第 1、2 排主爆孔孔内装相同高段别导爆管雷管起爆炸药，分别用 Ms11 段、Ms13 段导爆管雷管，孔外用 1 发 Ms3 段导爆管雷管逐孔延期起爆孔内雷管。3 排孔的导爆管雷管组成的起爆网路一次起爆。

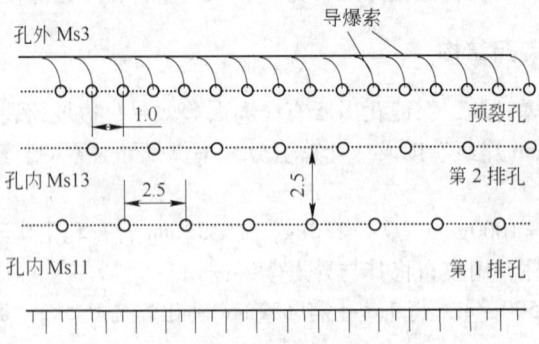

图 4　第 1 层（顶层）炮孔布置及网路（单位：m）

Fig. 4　Level 1 (top) hole arrangement and the net

5　爆破效果

爆破效果具体如下：

（1）在地质条件较好的第 1、3、4 台阶，采用预裂爆破技术形成的边坡，清晰地显示出人工"雕琢"的痕迹：一排排残留的半壁孔，如图 5 所示，经清渣后统计，边坡围岩上的残留半孔率达 80% 以上，边坡面不平整度小于 20cm。

（2）在比较风化或破碎的第 2 层台阶，虽然没能保留下预裂孔孔痕，但边坡壁面也较平整，没有发现明显的岩石片落现象。

（3）爆破振动感觉不明显，通过 TC-4850 爆破测震仪监测，其最大振动速度为 1.25cm/s，小于《爆破安全规程》（GB 6722—2003）要求。

图 5　四层台阶爆破效果

Fig. 5　Blasting effect of four steps

参 考 文 献

[1] 汪旭光. 爆破设计与施工[M]. 北京：冶金工业出版社，2011，252～262.

[2] 李爱国. 预裂爆破技术在公路边坡工程中的应用[J]. 爆破，2002，12(4)：24～25.

[3] 李夕兵. 凿岩爆破工程[M]. 长沙：中南大学出版社，2011，9：277～293.

[4] 葛勇，汪旭光. 逐孔起爆在高速公路路堑开挖中的应用[J]. 工程爆破，2008，3（1）：35～38.

[5] 中国工程爆破协会. GB 6722—2003 爆破安全规程[S]. 北京：中国标准出版社，2004.

露天矿中间隔装药爆破技术

刘成都

（葛洲坝易普力新疆爆破工程有限公司，新疆乌鲁木齐，830002）

摘　要：在露天矿开采的过程中，钻爆部分是很重要的环节，其中钻爆部分的质量，直接影响后续采装效率和采矿的成本。在露天矿的穿孔爆破作业过程中，特别是深孔台阶爆破，好多情况会运用间隔装药的爆破技术，以便改善爆破效果，提高效率，节约成本。所以这种爆破技术在矿山中的应用有很重要的意义。

关键词：露天矿；间隔装药；深孔台阶；效果；效率；成本

Interval Blasting Technology Applied in Open Pit Mine

Liu Chengdu

（Gezhouba Explosive Co., Ltd., Xinjiang Urumqi, 830002）

Abstract：Part in the process of open pit mining, drilling and blasting is an important link, in which the quality of the part, directly affect the subsequent loading efficiency and cost in mining. In the process of open-pit mine blasting operation of perforation, especially deep hole bench blasting, a lot of things will use interval charging blasting technology, in order to improve the blasting effect, for cost saving. So the application of blasting technology in mine has very important significance.

Keywords：open pit mine; fill in the explosive interval; deep hole bench; the effect; the efficiency; the cost

1　概述

间隔装药结构有中间间隔、孔底间隔和上部间隔。中间间隔结构时，中间可以填塞土、细小沙石和岩粉等，更多的是利用空气间隔器间隔，其优点是操作简单，间隔长度容易精确控制。孔底间隔结构式炮孔底部留出一段长度不装药，以空气作为间隔介质，此外还有水间隔和柔性材料间隔，在孔底实行空气间隔装药亦称孔底气垫装药。孔口间隔装药结构是在装药后利用空气间隔器进行间隔，实现缩小填塞长度目的，施工过程中必须保证上部有效的填塞。

2　露天矿应用中优势分析

目前，很多露天矿山爆破开采中都在应用间隔装药技术，采取的间隔方法不同，然而目的大概有以下几种。

刘成都，助理工程师，95667929@qq.com。

2.1 降低整体炸药单耗

合理的炸药单耗不仅能减少炸药使用成本，还能提高劳动生产率，最终改善爆破质量，提高矿山经济效益。对于中深孔爆破中的分层装药和填塞技术而言，充分考虑炸药单耗是十分必要的。

瑞典人首先发现并推荐这种降低单耗的方法[1]，其理论依据是：爆破时炮孔下部受到夹制作用大，上部顶端是自由面，只要下部炸开，上部使用更少的炸药就可以获得良好的爆破效果。分层间隔装药分层填塞的目的就是在不改变爆破参数的条件下，通过改变装药结构，炸药在炮孔内分布更加均匀，炸药的能量利用率得到提高，使得相同的药量发挥更大的作用。在相同孔网参数条件下，可以获得相对较好的爆破块度；爆破效果相当的条件，可以设计较大的孔网参数，实现炸药单耗的降低，降低了爆破成本。在多孔爆破中，为了进一步改善效果，还可采用孔间交错间隔装药，即每个孔间隔装药部分与间隔部分位置互相交错，如图1中装药结构所示。

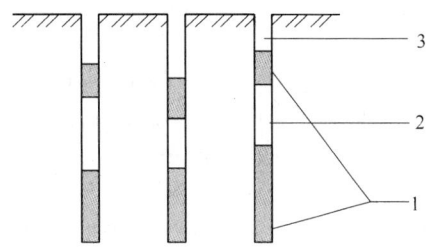

图1 交错间隔装药结构示意图
1—装药段；2—间隔段；3—堵塞段
Fig. 1 Staggered interval charging structure diagram

2.2 爆破岩石块度更均匀

根据经验，中间间隔分层装药可以提高装药高度，有效地解决大块的问题。上部装药量是下部装药部分的一半左右即可，而下部装药量根据设计的技术参数来确定。孔口间隔装药结构是在装药后利用空气进行间隔，实现缩小填塞长度的目的，空气柱在孔内炸药激发后形成缓冲作用，降低孔内峰值压力，延长炸药反应气体作用时间，降低爆破岩石整体大块率。矿山和采石场爆破的目标就是最大限度地获得最合适的岩石破碎块度，使穿孔爆破、挖装、运输效率提高。传统的装药结构，使炸药集中在炮孔的底部并正常填塞，爆破效果往往是中下部过度破碎，孔口容易出现大块。

炸药爆炸后，若产生的冲击压力过高，则会在岩体内激起冲击波，使炮眼附近岩石过度粉碎，产生压碎圈，从而消耗大量能量[2]。这种轴向不耦合装药有效地降低炮孔壁的冲击压力峰值。在不耦合装药时，冲击波波形拉长，正压区作用时间加长，岩石受冲击压力作用的时间也延长。与耦合装药相比，不耦合条件下，中间的空隙对爆炸冲击作用将起到一个很大的缓冲作用，从而使应力波的幅值大大降低。图2为耦合装药孔壁应力图，图3为不耦合不均匀装药下部孔壁应力图。

2.3 处理岩石结构变化的问题

虽然从理论上讲，当炸药性能、自由面条件和破碎的岩石性质确定以后，炸药的单耗应该为一个常数[3]，但是实际上岩石结构的变化，如有层理、夹层、断层的存在，爆破时炸药能量容易从这些薄弱岩层泄漏出去，形成爆破效果较差和个别飞散物抛掷过远的情况。对于岩体的不均匀分布的情况，增加了爆破设计及施工的难度，做爆破设计方案时应当格外注意。

要根据炮孔中的地质变化情况，选择薄弱部分（如断层、土夹层）或岩石易破碎作为不装药段。分层装药的中间间隔部分一般用砂、土及岩粉等堵塞，操作过程中要注意控制好堵塞

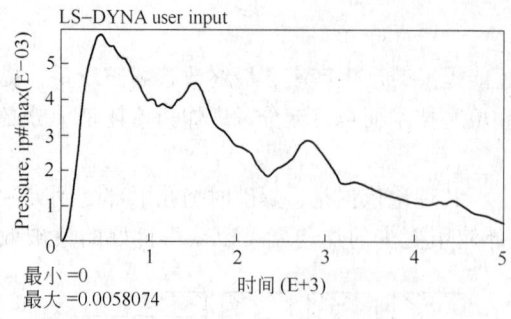

图 2　耦合装药孔壁压力（单位：105 MPa）
Fig. 2　The hole wall pressure of coupling charging
（unit：105 MPa）

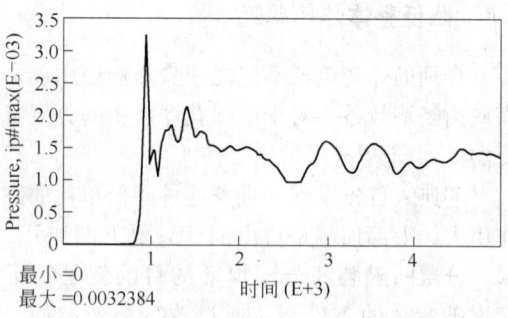

图 3　不耦合装药孔壁压力（单位：105 MPa）
Fig. 3　The hole wall pressure of non-coupling charging
（unit：105 MPa）

段的位置和长度。上下装药段可以用导爆索串联起来，也可以分别用两个雷管激发引爆。多层煤矿开采过程中可以应用这种间隔装药技术，煤岩同爆时候使用松动爆破就需要精心控制，如果单耗偏大，使煤层和岩层产生较大交错位移，岩层剥离时难度大，且煤损失较多。遇到一些煤层多，需要大台阶一次采两层甚至更多的情况，如在东南亚一些国家，特别是印度尼西亚一些地方煤层特点是稳定性好、夹矸少、煤质好、发热量高，但是煤层多，且厚度不大，约 0.3～2.5m，有开采价值的煤层平均厚度约 1.5m。解决这个问题现场采用的办法就是分层间隔装药，炮孔在煤层可以用土间隔，岩层部分装药。松动爆破作业以后反铲很容易实现对岩层的剥离，然后对煤进行挖运，这种间隔分层装药爆破开采多层煤的方法使采矿效率大大提高，成本降低。

2.4　改善爆堆形状利于挖装运输

高台阶松动爆破时，爆堆相对集中，对于较小设备作业时作业面展开和安全问题提出考验。采用间隔装药，使用两发雷管激发，一孔两次起爆。在炸药爆炸的作用下，岩石开始破裂并沿鼓包运动方向移动。间隔分层装药情况是，孔内上部炸药先起爆，上部岩石开始有一个初速度，下部使用的雷管相对上部的段别高，稍后激发，炮孔下部装药爆炸后，下部岩石也会有个速度，对上部岩石会有个碰撞和加速过程，帮助上部岩石抛掷，前冲距离加大，形成的爆堆坡度缓且利于挖运作业面展开。

2.5　解决其他问题

很多矿山上有些特殊保护的设施和设备对振动控制要求严格，对于这种情况可以分层间隔，不同段别的雷管下孔，实现一孔双响或多响，减小单响药量来控制减小振动。坚硬岩石容易产生根底，中间用土、岩粉等间隔分层装药，下部使用段别低的雷管先响，可以更好地克服根底。拉帮、岩层伞檐等爆破挖运后留下的岩石不稳定，存在安全隐患，爆破区域后排孔间隔装药，减少拉帮和伞岩的出现。

3　结语

随着矿山生产能力的显著提高，开采力度加大，大型现代化设备投入，特别是大孔径牙轮钻机推广，降低成本提高效率的间隔装药技术在矿山中优势明显突出。然而操作相对于传统装药方法稍微复杂一点，但相对于其优势，操作就显得微不足道了，其应用越来越广泛也就不足为奇。

参 考 文 献

［1］ 刘殿中，杨仕春．工程爆破实用手册［M］．第 2 版．北京：冶金工业出版社，2003.

［2］ 刘玲平，唐涛，李萍丰，等．装药结构对台阶爆破粉矿率的影响研究［J］．采矿技术，2010，10（1）.

［3］ 李晓杰，曲艳东，闫鸿浩，等．中深孔爆破分层装药分层填塞研究［J］．岩石力学与工程学报，2006，25(1)：3269~3275.

采场设计结构参数的优化与改进

贝建刚

（安徽开发矿业有限公司，安徽六安，237462）

摘　要：根据采场开采过程中的不同特点，采取合理的开采方案，选择高效的开采参数，降低了开采成本，提高了资源回收率，实现了采场的安全与高效开采。

关键词：采场；参数；优化

The Designe of Configuration Parameter Improvement and Progressing on the Designe of Stopes

Bei Jiangang

（The Development of Anhui Mining Co., Ltd., Anhui Liu'an, 237462）

Abstract：It is important that adopt reasonable programmes of mining and select high-efficacy exploitation parameters, at the same time it can ensures the effective mining, reducing the prime cost putting into. And it enhance the rate of mining, realizing the safe and highly active.

Keywords：structure；surround rock；highly active

在采场各项工程施工过程中，由于采场各项参数的不同，导致采场采空区形成的顺序、大小、形成方法等不尽相同，从而对采场围岩产生不同的影响，为了保证采场的高效顺利开采，需要对采场设计中的各项参数进行合理的计算，从而获得最大经济效益。

1　采场结构参数的改进

从回采底部结构方面确定采场设计参数，从而保证采场在回采过程中能够安全进行。在采场设计过程中，采场底部结构参数主要包括采准设计参数、回采设计参数、爆破设计参数等，每项设计参数都与采场底部结构的安全使用有直接关系。根据实际情况，本文重点从理论与实践两个方面对采准设计结构参数进行分析。

2　采准设计结构参数的优化

采准设计参数主要包括采场设计顶板埋藏深度 H_1、采场底板埋葬深度 H_2、采场开采宽度 B。采场开采高度 $H = H_2 - H_1$，采场的开采长度为 L，采场的开采总体积为 $V = LBH$，如图 1 所示。

采场底部所受压力为 $F = Sp$，式中，p 为采场底部压强，$p = \rho g H$；S 为采场底部面积，$S = BL$。从而有：$F = \rho g H B L$。在实际采场中，由于采场处于地面以下，造成采场受压状态。因此

贝建刚，高级工程师，beijiangang. 2007@163. com。

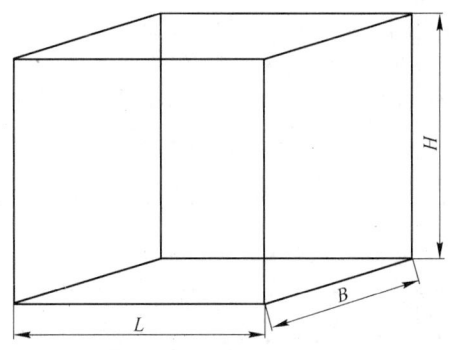

图 1 采场主要参数示意图

Fig. 1 Schematic diagram of the main parameters of stope

若采场顶部的压强为 $p_顶$，那么采场底部的压强 $p_底 = p_顶 + p$，实际采场底部的压力为 $F = S (p + p_顶)$。随着采场的埋深增加，直接导致采场底部结构受压增大。

采场设计过程中，可根据工程的设计参数要求，采取不同的设计方案。第一类方案为采场内的进路对应进行布置，第二类方案为采场内的进路交错进行布置。

在第一类布置条件下，设其边角孔的角度为 θ_1，进路之间的距离取为 D，则有 $h_1 = \frac{1}{2}D\tan\theta_1$，从而最大孔深为 $L_{最大孔深} = h_1 + C - h_{巷道高度}$。

对上式中的各个参数，当其中任意三个确定时，可以确定第四个参数，下面对此一一分析和计算。

2.1 第一种情况

当最大孔深 $L_{最大孔深}$、巷道高度 $h_{巷道高度}$ 及分层高度 C 确定时，由于 $h_1 = \frac{1}{2}D\tan\theta_1$，相应的 h_1 也确定，从而有 $C = L_{最大孔深} + h_{巷道高度} - h_1 = L_{最大孔深} + h_{巷道高度} - \frac{1}{2}D\tan\theta_1$，边孔角角度 θ_1 与分层高度 C 成反比，即边孔角角度 θ_1 越大，分层高度反而越小，主要因为边孔角角度的增大，直接引起 h_1 的增大，从而导致分层高度减小。

2.2 最佳参数计算

原则上在设计中，为了提高采掘效率，加快采场的形成，提高生产效率，降低生产成本，总以最大分层高度为原则，减少开拓及采准工程的布置，增大单次爆破产量，为企业创造最大利润，如图 2 和图 3 所示。

在实际生产过程中，根据中深孔台架最佳凿岩深度 $L_{最大孔深} = 15\text{m}$，取进路之间的距离 $D = 12\text{m}$，考虑矿石的最佳溜矿角度，巷道高度取值 $h_{巷道高度} = 3.2\text{m}$，边孔角的角度取值 $\theta_1 = 50°$，将上述各个参数代入 $C = L_{最大孔深} + h_{巷道高度} - \frac{1}{2}D\tan\theta_1$，得 $C = 15 + 3.2 - \frac{1}{2} \times 12\tan50 = 11.05\text{m}$，当分层高度取此数时，即可充分发挥凿岩设备的性能，取得最大生产效率。

2.3 第二种情况

为提高采场生产能力，需要设定采场的分层高度 C，即采场的分层高度一定，C 为固定

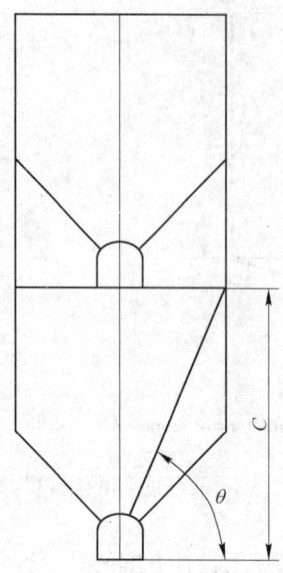

图 2 进路对应布置图

Fig. 2 Route corresponding layout

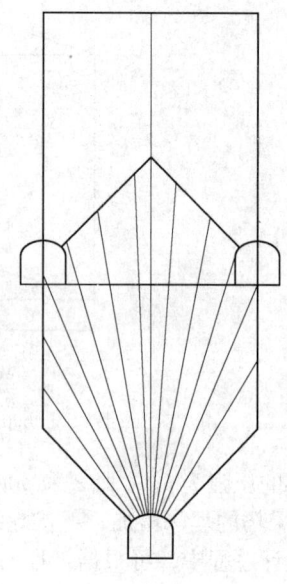

图 3 进路交错布置图

Fig. 3 Route staggered layout

值，取 $C = 25\text{m}$，边孔角的角度 θ_1 依据矿石溜矿角度确定，与其他因素并无直接联系，因此 θ_1 也为固定值，巷道高度与井下设备的规格有直接联系，必须保证现有设备能够在井下正常运行，否则必须得修改巷道规格，取巷道高度为 4.1m，进路间距 D 取为 20m，因此有 $L_{最大孔深} = h_1 + C - h_{巷道高度} = \frac{1}{2} \times 20\tan 50 + 25 - 4.1 = 32.8\text{m}$，因此需要考虑此最大孔深，选择设备时不得选用效率低于 33m 深的设备，否则无法满足中深孔施工要求。

3 结论

在采场设计过程中，要求根据采场开采的实际要求，选取相应的结构参数，适应采场高效回采的要求，发挥设备的最大效率，提高矿石资源的回收率，并获得最大效益。

参 考 文 献

[1] 王运敏. 现代采矿手册（中册）[M]. 北京：冶金工业出版社，2011.

[2] 王运敏. 现代采矿手册（上册）[M]. 北京：冶金工业出版社，2011.

复杂地质条件下超长隧洞爆破开挖与支护方案探讨

王守伟[1]　饶辉灿[2]　王小和[3]

（1. 重庆市公安局，重庆，401147；2. 重庆银利土石方工程有限公司，重庆，400023；
3. 葛洲坝建设工程有限公司，湖北宜昌，443002）

摘　要：巴基斯坦 Neelum-Jhelum 工程因地下洞室的地质条件复杂，开挖长度、难度以及工程量等在国内外实属罕见。本文着重介绍巴基斯坦 N-J 项目地下工程超长隧洞开挖施工中的高应力区段、高透水地段以及高温洞段的施工方案及施工支护处理措施，并对超长隧洞开挖施工中的通风提出肤浅看法，以供探讨。

关键词：N-J 工程；超长隧洞；CD 法开挖；地质缺陷跨越；隧洞支护

Discussion on Ultra-long Tunnel Blasting Excavation and Supporting & Protecting Scheme under Complex Geological Conditions

Wang Shouwei[1]　Rao Huican[2]　Wang Xiaohe[3]

（1. The Chongqing Municipal Public Security Bureau, Chongqing, 401147; 2. The Silver Advantage Conditions of Chongqing Engineering Co., Ltd., Chongqing, 400023; 3. Gezhouba Construction Engineering Co., Ltd., Hubei Yichang, 443002）

Abstract：The Pakistan Neelum-Jhelum Project is the largest international hydroelectric project constructed by our company, where the complex geological conditions of underground cavern, excavation length, difficulty, engineering amount and the like are rare at home and abroad. This paper focuses on the instruction of the construction scheme and the supporting & protection measures in the Pakistan NEELUM-JHELUM Project for the high stress section, high permeability section and high temperature tunnel section during the ultra-long tunnel blasting excavation, and also provides basic comments on ventilation during the ultra-long tunnel blasting excavation for discussion.

Keywords：N-J engineering; super long tunnel; CD method of excavation; geological defects across; the tunnel support

1　基本情况

1.1　工程概况

巴基斯坦 N-J 项目全称 Neelum-Jhelum（尼鲁姆-杰卢姆）工程，位于巴基斯坦克什米尔地区，距离印度 Tithwal 城（停火线）以西 6km，距伊斯兰堡 253km，海拔在 600～1100m。

王守伟，高级工程师，wsw61579@ sina. com。

（1）地下引水系统隧洞总长约 40km，在 Nauseri 和 Thotha 之间的 20km 隧洞开挖工程为整个工期的控制段。断面面积为 82m² 的单隧洞，隧洞上段 10km 基本水平，可用于坝后前池每日峰值储备调节用。隧道穿越 Jhelum 河流 EL400.0 以下的部分，其在河床底的埋深接近 380m。

（2）隧洞沿线设置 8 个施工支洞以用来运输隧洞开挖石渣。其分布为 Nauseri 处 1 个，Thotha 处 2 个，Majhoi 处 1 个，Chattar Kalas 3 个，Muzaffarabad 处 1 个。

（3）调压室系统由 342.16m 高的竖井和一个接近 820m 长的调压隧洞组成。调压竖井开挖成 $\phi10.7m$，并用混凝土喷射浇注其表面。

（4）约 3.5km 长的尾水隧洞截面积为 82m²。

（5）地下厂房有四台机组，总装机容量为 963MW。正常泄洪速度 280m³/s。电站厂房长 131.6m，宽 21.2m，从水轮机底座算起高 40m（地下厂房开挖及支护不在本文中叙述）。

本工程总工期为 93 个月。

1.2　主要工程量及特征

本项目地下工程主要包括施工支洞、引水洞及尾水洞等的开挖和支护工程，隧洞开挖总量 340 万立方米。主要地下洞室工程特征见表 1。

表 1　地下洞室工程特征
Table 1　Underground caverns engineering characteristic table

部　位	断面尺寸/m	断面形式	断面积/m²	长度/m	备　注
施工支洞	(7 ~ 10.6) × (8 ~ 10.6)	城门形	51 ~ 72	6488	
施工支洞	(4.5 ~ 5) × (5 ~ 7.0)	城门形	27 ~ 35	3066	
引水洞	9.74 × 9.74	马蹄形	82	13654	单线洞
引水洞	7.69 × 7.06	马蹄形	43	30196	双线洞
1 ~ 4 号引水岔管	(4.8 ~ 6.7) × (6.1 ~ 6.6)	异变形	26	640	不规则洞挖
1 ~ 4 号尾水岔管	(4.2 ~ 6.0) × (5.2 ~ 6.2)	异变形	27.5	80.6	不规则洞挖
调压洞	10.6 × 10.6	城门形	100	858	
调压竖井	$\phi10.7$	圆形	90	342	垂直高
合　计				55324	洞挖总量 340 万立方米

1.3　现场自然条件

工程地区夏季炎热，冬季寒冷。六七月份最热，温度为 +42℃，而 1 月份最冷，温度为 -4℃。在 Neelum 和 Jhelum 河流交汇之间较高的海拔处，来划分降雪界线。

工程地区海拔为 600 ~ 1100m，地势较高，地质条件复杂，地下渗水最大漏量达 2000L/min 以上。

尼鲁姆-杰卢姆约 32km 长的隧洞将穿过岩层（由陡降的夹层砂岩和页岩组成）。两大主要的断层将对本工程构成影响。其中，MURREE 断层由大坝支承，而引水隧洞将在 THOTHA 区穿过喜马拉雅前逆断层。

质量中等或较差的岩石在整个隧洞系统中占主导地位，在河流交叉处的下游，质量状况有所改善。在整个隧洞中，各类岩石与渗水情况见表 2。

电站区地震水平加速度为 0.20g/cm³，进水口区地震水平加速度为 0.25g/cm³，垂直加速度是水平加速度的1/3。

表2 施工支洞、引水洞及尾水洞等围岩分类和地下水渗漏量比例
Table 2 Construction of tunnel, diversion and tailrace tunnel surrounding rock classification
and groundwater seepage quantity proportion

隧洞名称	长度/m	围岩分类比例/%				漏水量比例/%	
		Ⅱ	Ⅲ	Ⅳ	Ⅴ	<2000L/min	>2000L/min
单线引水洞及尾水洞	17340	8.5	38.5	45.8	7.2	28.7	17.2
引水洞双线洞	15090	5	23	49	23	40	25
施工支洞	7410	7.4	37.6	46	9	22.0	16.0
合计长度/m	39840	3411	15846	17103	3480	18295	6238

2 长隧洞开挖方案

2.1 工程特点及难点

引水隧洞开挖与支护是控制本工程的关键项目，它具有地质条件复杂、洞挖断面小、地应力高、工程量大、线路长等特点。洞内地下渗水、岩爆、围岩稳定等将对洞室安全施工极为不利，是本项目施工控制的难点。

为此，合理规划排水、通风散烟路径是保证施工顺利进行的前提；合理安排施工程序；采取有效控制爆破措施，减少对围岩的振动破坏，是保证顺利完成施工任务的关键。施工中还应充分考虑Ⅳ类、Ⅴ类围岩及断层等不良地质缺陷对洞室稳定的影响，以及开挖过程中可能发生的渗、涌水对施工的不利因素，保证开挖、支护及混凝土浇筑等工程质量是本标施工的重点。

引水调压竖井深342.16m，开挖与混凝土浇注均存在较大的风险。主要包括导洞的开挖精度，导洞扩挖炮渣可能堵塞导洞，混凝土浇注的垂直运输与人员上下安全。

2.2 主要施工对策

结合本工程的具体情况，施工中拟采取以下主要对策：

（1）配置各类先进的地下洞室施工设备和优秀的施工作业人员，采用新奥法施工作业，保障洞内施工满足招标文件技术要求。

（2）加强洞室围岩安全监测，建立健全安全预警机制。根据监测分析报告，及时调整钻爆参数和开挖、支护程序及方法。

（3）对地下隧洞拟采用C6系列多功能快速钻机进行快速长距离超前地质钻探，超前30m预报地质情况，并利用该设备对地下水进行防突，注浆止水，超前支护管棚作业，抢险救助，基础锚固、锚索、锚杆等处理。

（4）对竖井在高程780m增加一条施工隧洞解决竖井一次开挖过深的问题，亦可削弱混凝土施工难度。

2.3 长隧洞的爆破开挖

2.3.1 地下洞室爆破开挖的总体程序

爆破开挖总体程序可考虑设备配置能力进行安排。

隧道属于Ⅳ类、Ⅴ类围岩且断面积不大，其施工采取超前小导洞（4m×5m）的施工方法

进行施工，超前小导洞超前 4~6m，然后采取全断面扩挖跟进，周边光爆开挖成型。在围岩地质情况较为恶劣的洞段，采取 CD 法及双侧壁导坑法进行，洞室顶拱可采取超前管棚灌浆支护。Ⅱ类、Ⅲ类围岩及正常隧洞采取全断面开挖。

2.3.1.1 钻眼爆破

（1）钻眼：采用二臂或三臂钻眼台车及手持式气腿钻机钻孔，分区定人定眼。

（2）炮眼数目：炮眼数目与岩层性质，掘进断面和装药结构等因素有关，在施工进度过程中，施工技术人员应根据上述特点并经过多次试验后及时调整。

（3）炮眼布置：掏槽质量的好坏，直接影响全断面爆破的效果，要提高掏槽质量，除要求好的爆破设计外，施工技术人员及打眼操作人员必须严格按照眼的位置、角度、深度以及装药量等方面进行操作。

（4）炮眼深度：Ⅱ类、Ⅲ类围岩及正常隧洞采取全断面开挖，炮眼深度选择 3.5~4.0m，掏槽眼比其他眼深 0.2m，循环进尺 3.2~3.6m，炮眼利用率 90%。

Ⅳ类、Ⅴ类围岩采用超前小导洞及地质条件较差地段炮眼深度选择 2.0~2.1m，掏槽眼比其他眼深 0.2m，循环进尺 2.0m；全断面扩挖爆破炮眼深度 4.0m，循环进尺 3.8m。炮眼利用率 90%。

（5）装药结构：周边眼采用空气柱装药法，掏槽眼和辅助眼采用反向连续装药结构。

（6）爆破：采用光面爆破技术，考虑爆破对围岩的扰动太大而不利于岩石的稳定，所以还是按光面爆破进行设计，力图对围岩的扰动降到最低限度，为顺利施工打下基础。

2.3.1.2 挖装运输

（1）双线洞渣料采用 120~180m³/h 立爪式扒渣机装渣，单线洞渣料采用 2.5m³ 侧卸装载机装渣，15t 自卸汽车运输。

（2）洞内出渣采用无基座汽车回转平台进行调头。断面较小的双线隧洞，在计划安装回车平台处的两侧各扩挖 1.2m，以利安装汽车回转平台，后期用于安装洞内箱式变压器或汽车错车平台。

（3）隧洞掘进过程中Ⅱ类、Ⅲ类围岩及正常隧洞采取二掘一喷护的掘进模式，在遇地质缺陷段时，采用短进尺、弱爆破法施工、一掘一喷护。开挖前进行适当的超前支护，开挖后及时进行系统支护。

锚杆施工紧跟开挖面，喷射混凝土工程滞后开挖面 30m。锚杆采用多臂液压凿岩台车、YZ-90 型导轨式凿岩钻机或手持式气腿钻机钻孔，平台台车配合人工挂钢筋网，喷射混凝土采用麦斯特 DOK-VK088 型湿喷台车或 TK-961 型湿喷机。

2.3.1.3 主要生产作业线机械设备配置

根据总的施工原则和确定的总体施工方案，在施工管理上以大型专用设备为主，形成三条主要生产作业线。主要生产作业线机械设备配置详见表 3。

表 3 主要生产作业线机械设备配置
Table 3 Main production line machinery and equipment configuration table

序号	作业线	设备配置	备注
1	钻爆作业线	二臂或三臂钻眼台车及手持式气腿钻机	满足工作面钻孔作业
2	支护作业线	DOK-VK088 型湿喷台车及 TK961 喷射机	满足工作面初喷和复喷作业
3	装运作业线	3.1m³ 侧卸式装载机、立爪式扒碴机及 0.9~1.5m³ 反铲挖装，15t 自卸汽车水平运输	满足工作面出碴作业

2.3.2 地下洞室开挖方法

2.3.2.1 全断面隧道开挖段的施工方法

全断面隧道开挖段的施工方法于隧道断面不大且地质条件不复杂的洞段，如施工支洞（(4.5~5)m×(5~7)m）、1-4号引水岔管（(4.8~6.7)m×(6.1~6.6)m）、1-4号尾水岔管（(4.2~6.0)m×(5.2~6.2)m）以及双线引水洞（7.69m×7.06m）。

A 洞挖施工流程

各水平隧洞包括施工支洞、引水洞及尾水洞等，先在洞口处进行锁口锚杆等洞口加强支护工作，洞口准备工作做好后，开始进行洞挖，洞挖施工采用全断面开挖一次成型。每一循环开挖施工工艺流程如图1所示。

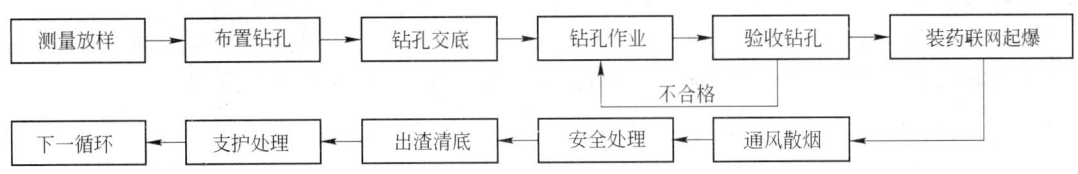

图1 各水平隧洞开挖作业流程

Fig. 1 Each level tunnel hole process diagram

B 施工方法

各水平隧洞开挖采用全断面一次开挖成型，为保证各隧洞的成型与稳定，在初进洞5~6m范围内，采取先中间导洞，后扩挖成型，支护跟进的施工方法。初喷混凝土及锚杆施工紧跟开挖面，挂网和复喷混凝土滞后开挖面30m左右跟进施工。8条施工支洞中，除2号、7号、8号施工支洞、调压竖井支洞、厂房连通洞、引水岔管及尾水岔管等因开挖断面较小，采取TCAD型二臂电脑导引凿眼台车或YTP-28型手持式气腿钻机造孔外，其他施工支洞、引水洞、尾水洞及调压平洞均采用TPC型三臂电液控凿眼台车或YTP-28型手持式气腿钻机造孔，人工配合在台车的操作平台上装药联网，钻孔孔径φ42~45mm，小断面孔深3.0~3.5m，较大断面孔深3.5~4.0m，采用条形乳化炸药，掏槽孔及崩落孔孔内药径为φ32~35mm，耦合装药，周边光爆孔药径为φ25mm，不耦合间隔装药。起爆采用非电毫秒雷管和导爆管，光爆孔内采用导爆索引爆。渣料采用3m³侧卸装载机或120~180m³/h斗式扒渣机（小断面洞）装15t自卸汽车运至指定的料场或渣场，反铲进行岩面清理。锚杆施工采用三臂凿眼台车、YZ-90型导轨式凿岩钻机或手持式气腿钻机钻孔，自制移动平台台车配合人工挂网，喷混凝土采用麦斯特DOK-VK088型湿喷台车或TK-961型湿喷机施工。

由于引水洞、尾水洞及大部分施工支洞较长，为了行车方便，在较长洞的工作面前装一个ST-30H型30t无基座汽车回转平台，回转平台距作业平台不超过300m。鉴于支洞断面较小，可每隔300m左右将支洞断面扩挖成长9.6m、宽8.8m、高5.0m的扩散段，以利安装汽车回转平台（该扩挖面可用作安装洞内箱式变压器、排水接力点或汽车交汇点）。

洞挖掘进过程中遇Ⅳ~Ⅴ类围岩及地质缺陷段时，采用短进尺、多循环、弱爆破的施工方法，开挖前先进行适当超前支护，开挖后及时进行系统支护，如需要按工程师的指示架设钢支撑加强支护，并随时观测，一旦出现异状，及时分析并采取相应措施进行处理，地质缺陷段按设计及工程师的要求处理。

2.3.2.2 CD法施工方案

CD法施工爆破方案适用的范围，为施工支洞（(7~10.8)m×(8~10.6)m）以及单线引水洞（9.74m×9.74m）洞段，该段的轮廓类型：城门洞形和马蹄形。由于该型开挖断面较大且为Ⅳ～Ⅴ类围岩，因此采取 CD 法开挖施工。CD 法又称中隔壁法，用于浅埋及比较软弱地层中，而且是大断面隧道开挖。CD 法是在用钢支撑和喷射混凝土的隔壁分割开进行开挖的方法，是在地质条件要求分部开挖及时封闭的条件下采用。其优势在于可减小软弱围岩隧道及大跨道分部开挖跨度和开挖高度，通过增加中壁墙等临时支护构件，形成分部开挖初期支护快速封闭环，使分部开挖环环相扣，最后完成全部断面开挖与初期支护。

A　施工方法

（1）本隧道分项工程围岩稳定性较差且开挖断面大，施工严格遵循"早预报、管超前、严注浆、弱爆破、短进尺、少扰动、紧支护、勤测量、快衬砌"的原则施工。

（2）采用 CD 法施工（必要时采用前锚钎预支护），喷锚网或喷锚＋注浆、网一次支护，辅以钢拱架加强支护，全断面衬砌，施工仰拱超前衬砌施作（施工程序见图2）。

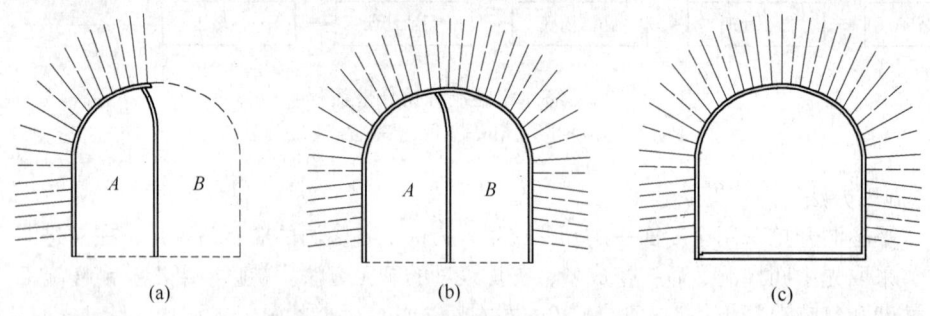

说明：

1. 本图为"CO"施工工序示意图；分两部开挖支护，适用于 C1，C2，0 型新面。
2. 隧道施工应严格控制临时支撑每次拆除长度监测情况进行适当调整，施工过程中应加强对扶脚的处理。
3. 施工必须根据监控量测及施工对测等反馈信息及时调整参数及施工方法，并加快仰拱闭合，以便减少其临空时间，确保施工安全及控制地表沉陷。
4. 隧道初期支护须回填注意，注浆管预埋，注浆压力要控制适当。

图 2　CD 法施工工程序示意图

（a）A 部开挖，打锚杆，挂网，架立工字钢架，临时支撑，纵向拉筋施工，喷射混凝土；（b）B 部开挖，打锚杆，挂网，架立工字钢架，纵向拉筋施工，喷射混凝土；（c）拱顶及垫层封闭成环，拆除临时支撑

Fig. 2　CD construction process diagram

（3）施工时先行导坑与后行导坑前后错开 8～10m，采用微振弱爆破开挖。

（4）衬砌段每循环进尺为 1.2m，每 0.95m 架设一榀钢拱架。

（5）每部开挖后及时施作一次支护和临时支撑。

B　施工工艺

（1）先行导坑施工。本先行导坑以微振弱爆破开挖为主，以人工风镐开挖为辅，每循环进尺 1.0m。根据"新奥法"施工要求，隧道开挖必尽可能减轻对围岩的破坏，充分发挥围岩的自承能力，故在钻爆作业中采用微振控制爆破技术，实施光面爆破，并根据围岩情况，及时修正爆破参数，达到最佳爆破效果，并形成整齐准确的开挖断面。

（2）钻爆设计。爆破设计遵守以下原则：尽量提高炸药能量利用率，减少炸药量；减少对围岩的扰动，采用光面爆破，控制好开挖轮廓；控制好起爆顺序，提高钻爆效果；在保证安

全的前提下，尽可能提高掘进速度，缩短工期；掏槽形式采用直眼掏槽。

（3）钻爆参数。钻爆参数见表4。

（4）超欠控制。钻爆法开挖的关键是控制好超欠挖，钻爆施工中采取如下措施加以控制：一是根据不同地质情况，选择合理的钻爆参数；二是选用配备多种爆破器材，完善爆破工艺，提高爆破效果；三是提高画线、钻眼精度，尤其是周边眼的精度；四是提高装药质量，杜绝装药的随意性，防止雷管混装；五是断面轮廓检查，发现问题分析原因，及时调整减少误差；六是加强控制测量，及时反馈信息，严格施工管理。

表4　钻爆参数
Table 4　Drill blasting parameter

序号	炮眼分类	雷管段数/段	炮眼长度/cm	炮眼装药量	
				每孔药卷数/卷	单孔装药量/kg
1	掏槽眼	1	240	9	1.80
2	扩槽眼	3	230	7	1.40
3	掘进眼	4、5、6	220	6	1.20
4	辅助眼	7	220	6	1.20
5	周边眼	8	220	2（间隔、分三节）	0.40
6	底板眼	9	220	7	1.40

注：1. 每循环进尺2.0m；2. 炮眼利用系数90%。

2.3.2.3　双侧壁导坑法施工方案

双侧壁导坑法施工方案的适用范围为调压洞隧道段（10.6m×10.6m），本段隧道跨度高且断面大，根据设计及现场施工实际条件，本隧道段拟定采用双侧壁导坑法开挖。开挖施工在双侧壁导洞开挖时采用人工搭建施工平台开挖，主洞开挖时使用机械开挖。

A　施工准备

（1）导线控制点、水平基点已布设，轴线放样和标高测量满足施工要求。

（2）围岩周边吸敛仪、精密水准仪等监控测量仪器齐全，洞口监控量测点已布设，量测数据反馈信息满足开挖正常施工要求。

（3）钻孔设备、出渣运输车辆等各项机械设备性能良好可靠，可满足施工作业需要。

（4）供电、供水、通风及排水等辅助作业应满足需要。

（5）对施工人员进行技术交底或技术培训。

B　测量放样

隧道开挖，测量人员定出开挖断面中线、水平线，根据设计图将开挖轮廓线标示在掌子面上。

C　隧道开挖

因本工程围岩较差，严格遵循"早预报、管超前、严注浆、短进尺、弱爆破、少扰动、紧支护、勤测量、快衬砌"的原则施工，洞身在超前注浆小导管及超前大管棚的超前支护下，采用双侧壁导坑法开挖施工。开挖主要采用人工风镐为主，辅以机械配合，局部进行控制弱爆破松动。

（1）开挖施工在两侧壁导洞开挖时采用人工搭建施工平台开挖，正洞开挖时，使用机械开挖，开挖施工方法及顺序如图3所示。

（2）局部控制弱爆破钻爆参数见表5。

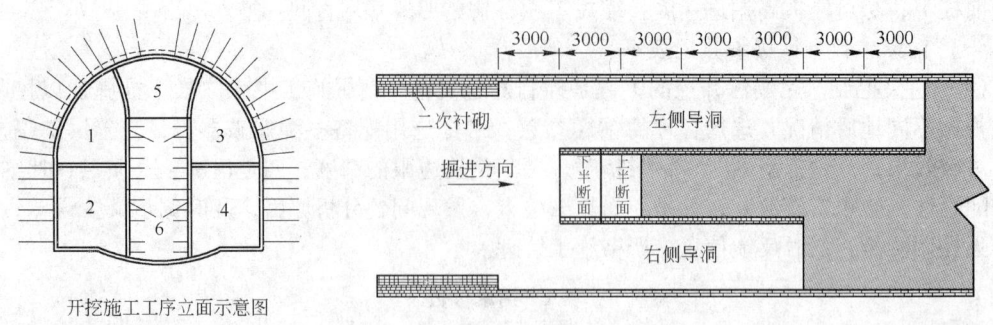

开挖施工工序立面示意图

图 3　双侧壁导坑法施工程序示意图

Fig. 3　Double side heading method construction process diagram

表 5　局部控制弱爆破钻爆参数

Table 5　Local control weak blasting drilling parameter

序号	炮眼分类	雷管段数/段	炮眼长度/cm	炮眼装药量	
				每孔药卷数/卷	单孔装药量/kg
1	掏槽眼	1	240	9	1.80
2	扩槽眼	3	230	7	1.40
3	掘进眼	4、5、6	220	7	1.20
4	辅助眼	7	220	6	1.20
5	周边眼	8	220	2（间隔、分三节）	0.40
6	底板眼	9	220	7	1.40

注：1. 每循环进尺 2.0m；2. 炮眼利用系数 90%。

D　注意事项

（1）围岩较软段，每循环纵向进尺以安放一榀工字钢长度即 50cm 为宜；围岩稍好段每循环纵向进尺以安放一榀工字钢长度即 100cm 施工，但不宜大于 100cm。

（2）侧壁开挖后，中央部分实际处于悬空状态，这部分围岩经开挖已扰动过两次，中部开挖方法不当，易导致临对壁墙破坏，为此应以不爆破开挖为宜，同时加强支护、量测。

（3）由于分多次开挖，应加强断面测量工作，防止超欠挖，并配合出碴进行断面检查，清除欠挖，处理危石。

（4）临时侧壁的拆除，必须等围岩稳定后进行。

（5）隧底两隅与侧壁连结处应平顺开挖，避免引起应力集中，当遇变形很大的膨胀性围岩时，两隅应预先打入锚钎或其他措施加固。

（6）位于洞口浅埋段，应加强地表稳定性及围岩稳定性的判别，并根据变形管理等级及时采取相应措施。

（7）施工中及时处理和分析监控量测数据，当位移-时间曲线出现反常的急骤变化时，表明此时围岩支护系统已处于不稳定状态，应立即停止开挖，并对危险地段加强支护。

（8）隧道洞身开挖时严格控制爆破振动，开挖轮廓要预留支撑沉落量，并利于用量测反馈信息及时调整。

（9）严格控制超欠挖。

2.3.3 引水洞调压竖井开挖

2.3.3.1 施工程序

鉴于引水洞调压竖井较深，施工难度较大，为了方便开挖及混凝土衬砌，拟在竖井的中部 EL.780.0m 的部位增加一条 5.0m×4.5m 的施工支洞，支洞全长约 700m，洞内纵坡比约 10%，将引水洞调压竖井分成两段施工。在上部的调压平洞、竖井施工支洞及下部引水洞开挖支护施工完成后，形成上、中、下层三条通道。

（1）第一段上部可由 8 号施工支洞 EL.950.0m 进入到调压竖井的上开口，下部从施工支洞进入到中段的 EL.780m。

（2）第二段上部可从施工支洞进入到 EL.780m 的调压竖井中段，下部从引水洞 EL.598.1m 进入到调压竖井的底部。

分别用 BMC-400 反井钻机自上而下凿一个 $\phi270mm$ 的导向孔，然后再分别在 EL.780m 施工支洞端头底板和引水洞 EL.598.1m 的底板调换钻头，从下至上扩凿成 $\phi2.0m$ 的溜渣导井，为了确保顺利溜渣，正井开挖施工分成两次扩挖成型。

开挖采用人工手持 Y-26 型风钻钻孔爆破从上至下进行扩挖（人员及器具用 5t 卷扬机牵引 $\phi3.0m$ 的钢制吊篮），同时临时支护跟进，每次自上而下的扩挖高度为 2.0m。引水洞调压竖井开挖程序如图 4 所示。

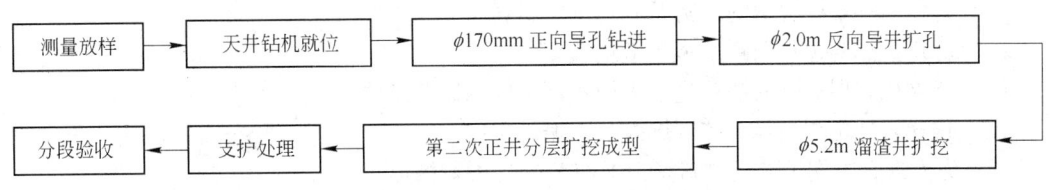

图 4 调压竖井开挖程序

Fig.4 Surge shaft excavation procedure chart

2.3.3.2 施工方法

引水洞调压竖井开挖先采用 BMC-400 反井钻机从上至下钻导孔，然后换钻具从下至上扩钻为 $\phi2.0m$ 溜渣导井，反导井的渣料在引水洞内用 $3.0m^3$ 侧卸装载机装 15t 自卸汽车运至指定的存、弃料场。

在 $\phi2.0m$ 溜渣导井形成后即可进行第一次扩挖，第一次扩挖尺寸为 $\phi5.2m$ 的较大溜渣导井，采用从上至下的施工方法，为防止石渣堵塞溜渣导井，每层正井扩挖高度约 2.0m，且只能用手持风钻钻孔，布置两排钻孔扩挖；第二次扩挖成型尺寸为 $\phi10.7m$，第 1～2 排为主爆孔，周边钻光爆孔。扩挖施工时，操作人员必须系带安全绳，并固定在井壁周边的锚杆上，钻孔作业时，$\phi2.0～5.2m$ 的溜渣导井口必须用吊篮或钢箅覆盖。钻孔孔径 $\phi42mm$，主爆孔药卷 $\phi32～35mm$，连续装药，周边光爆孔药径为 $\phi25mm$，不耦合间隔装药，非电雷管引爆，周边孔孔内用导爆索引爆，渣料大部分通过溜渣井溜至 EL.780m 施工支洞和引水洞，少部分用人工清渣溜至 EL.780m 施工支洞和引水洞，用 $3.0m^3$ 侧卸装载机装 15t 自卸汽车运至指定的存、弃料场。

井挖掘进过程中遇Ⅳ～Ⅴ类围岩及地质缺陷段时，采用短进尺、多循环、弱爆破的施工方法，并先在四周便墙进行适当超前支护，开挖后及时进行系统支护，并随时观测，一旦出现异状，及时分析并采取相应措施进行处理，地质缺陷段按设计及工程师的要求处理。

为解决扩挖爆破时，部分石渣堵塞溜渣导井时，可用氢气球绑上炸药引爆，疏通溜渣导井。

2.3.4　施工循环作业时间

地下洞室开挖支护作业循环工序时间见表6。

表6　地下洞室开挖支护作业循环时间

Table 6　Underground cavern excavation excavation supporting industry cycle schedule

部　位	循环时间/h	测量布孔	钻孔清孔	装药爆破	通风散烟	安全处理	出渣清底	支护处理	其他	循环进尺/m
施工支洞	18.0	1.0	4.5	2.0	0.5	1.0	4.0	4.0	1.0	3.0～3.5
双引水洞及岔管	18.0	1.0	4.5	2.0	0.5	1.0	4.0	4.0	1.0	3.0
单引水洞及尾水洞	20.0	1.0	5.0	2.0	0.5	1.0	4.5	5.0	1.0	3.5
竖井第一次扩挖	16.0	0.5	3.0	1.0	0.5	2.0	2.0	5.0	2.0	2.0
竖井第二次扩挖	26.0	0.5	6.5	2.5	0.5	4.0	3.0	8.0	2.0	2.0

2.4　掏槽方式与爆破设计

（1）采用光面爆破，根据地质条件选择合理循环进尺。

（2）选择合理的掏槽形式（主要为直眼掏槽形式或斜眼掏槽形式）。

（3）选择品种规格合适的炸药及其他火工材料。

（4）合理选择周边孔间距及最小抵抗线。

（5）严格控制周边孔的装药量，采用不耦合间隔装药结构。

（6）选择合理单响药量，控制爆破质点振动速度。

图5为方形直眼掏槽形式，图6为矩形V字斜眼掏槽形式。

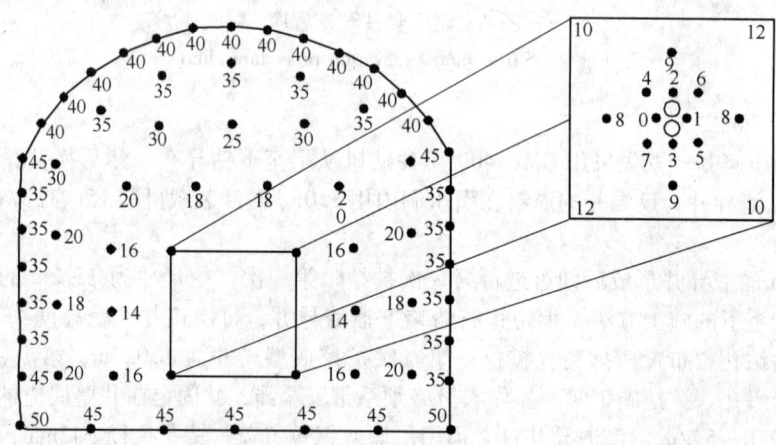

图5　方形直眼掏槽示意图

Fig. 5　Square cylinder cut diagram

3　地下洞室支护施工

3.1　施工项目

本项目支护施工主要支护类型有：

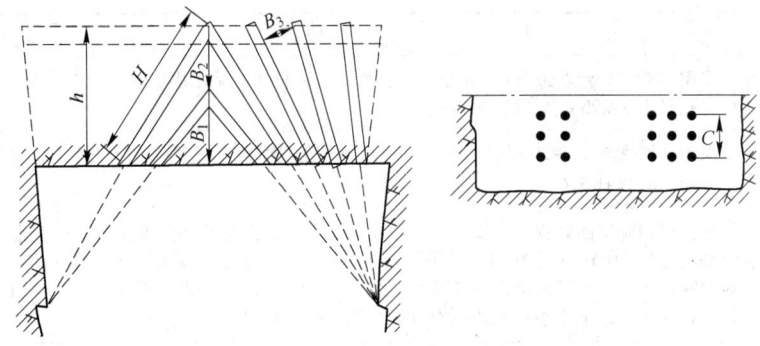

图6 矩形V字斜眼掏槽示意图

Fig.6 Matrix V cut schematic drawing of the eye

（1）3~6m锚杆（砂浆锚杆、树脂锚杆、膨胀锚杆等），约45.6万根。

（2）喷射混凝土（包括喷射素混凝土、喷射钢纤维混凝土、钢筋网喷射混凝土），约28.1万立方米。

（3）预应力锚索2400束。

（4）格栅钢拱架支护2212.2t。

3.2 支护施工程序

洞挖施工时，洞室围岩浅层支护随每层洞室开挖而跟进，即洞室开挖每个工作面成型且满足设计要求后应立即进行支护施工，锚喷支护工作面滞后开挖工作面不大于30m。对于揭露出来的地质缺陷所显现的不稳定岩体，随时进行随机锚杆锚固。在特别松散、软弱破碎的岩体中开挖洞室时，采取"一掘一支护"的方式进行支护施工，即：开挖一循环先喷混凝土，然后锚杆钻孔制安、挂网，再喷混凝土至设计厚度，如此循环推进。上层支护施工未结束不得进行下层洞室开挖爆破作业。同时为加快施工进度，进行浅层支护尽量使用多臂凿岩台车，以缩短施工直线工期。

3.3 支护施工简要说明

本项目支护工程主要施工简要说明见表7。

表7 地下洞室支护主要施工方案

Table 7 The main construction scheme of underground cavern list

项目名称	主 要 施 工 方 案
锚杆施工	孔深不大于5.0m的锚杆采用多臂台车或YTP-28型气腿钻造孔，孔深大于5.0m的锚杆采用YZ-90型导轨式凿岩钻机造孔，利用台车操作平台，配合人工插杆及注浆作业，浅孔注浆采用MZ-1型注浆机，深孔注浆采用UB3C型注浆泵及麦斯特MEYCO-8404注浆泵
树脂锚杆施工	采用多臂台车或YTP-28型气腿钻造孔，利用台车凿岩器或气腿钻凿岩器送入树脂和锚杆，并搅拌安装，人工配合安装钢衬垫板并进行张拉作业
涨壳式锚杆施工	采用多臂凿岩台车造孔或采用YTP-28型气腿钻机造孔，利用台车操作平台配合，人工插杆及张拉作业，如需要全孔注浆时，注浆采用SNS65-2.5型或麦斯特MEYCO-8404注浆泵

项目名称	主 要 施 工 方 案
排水孔施工	采用多臂凿岩台车或 YTP-28 型气腿钻机造孔，排水孔采用多臂凿岩台车造孔，不小于 5.0m 的排水孔采用 YZ-90 型导轨钻机造孔
喷混凝土施工	采用喷混凝土 12～30m³ 麦斯特 DOK-VK088 型湿喷台车或 TK-961 型湿喷机喷射混凝土，喷射料采用 3m³ 搅拌车运输
预应力锚索施工	开挖至相应层面高程并在支护面锚喷支护完成后，搭设承重脚手架形成作业平台进行施工。锚索采用孔径 φ165mm 的 MZ-165 型锚固钻机钻孔。锚墩混凝土采用 JZ350 拌和机在相应施工部位就地拌制，人力斗车配吊桶入仓。垂直运输采用 DHY 型 3t 电动环链提升机、人工辅助予以实现。锚索孔施工中，采用多点照相测斜仪进行锚索孔道测斜
随机锚杆施工	采用多臂台车或 YTP-28 型气腿钻造孔，人工配合安装锚杆与锚固剂（快速水泥卷）
钢拱架施工	钢拱架安装采用 15t 自卸汽车运至洞内，8t 吊和台车配合，分片安装

（1）设备配置原则：洞室支护受施工部位狭小、施工干扰大等限制，支护施工主要以机动性强、效率高、转运灵活的设备进行施工。

（2）钻孔设备的选择。

1）小断面洞室孔深不大于 5.0m 的锚杆及排水沟孔采用 TH-501 型两臂凿岩台车或 YTP-28 型手持式气腿钻造孔，较大洞室内不大于 5.0m 的锚杆采用 353E 型三臂凿岩台车造孔，钻孔孔径一般大于锚杆直径 15mm 以上（按设计孔径）。

2）孔深大于 5.0m 的锚杆采用 YZ-90 型导轨钻机造孔，钻孔孔径一般大于锚杆直径 25mm 以上，该型钻机偏转范围 0°～360°，钻孔深度可达 20～30m，适于洞内中长锚杆及深排水孔的施工。

3）锚索孔施工采用 MZ-165 型锚固钻机，具有质量轻、可拆性好、扭矩大、钻进能力强等优点，还可配置跟管钻进，适用于本工程复杂地质条件下钻进。

4）洞室内涨壳式锚杆采用多臂凿岩台车造孔或手持式气腿钻机造孔，其孔径为 φ42～45mm。

5）洞室内随机锚杆采用多臂凿岩台车造孔或手持式气腿钻机造孔，其孔径为 φ42～45mm。

（3）本标段锚索孔施工，其施工设备质量大，移位转场频繁，利用 DHY 型 3t 电动环链提升机作为排架上大型设备及材料的垂直运输手段，其提升系统结构简单、安拆快捷方便，可快速形成现场施工条件。

3.4　支护施工时机

（1）各洞室支护施工遵循在开挖过程中，自上而下分层进行的原则，其中主厂房顶拱第一层分块开挖，分块支护，顶拱支护完成后，方可向下开挖第二层。在上一层开挖完成后，先进行下一层的预裂爆破，再进行上一层的支护施工，只有在该层的支护施工完成后才能进行下一层的松动爆破作业。

（2）伴随开挖面的掘进延伸，及时进行锚喷支护。锚喷支护滞后开挖工作面不少于 30～50m。

（3）洞室支护按初喷、锚固、复喷的顺序施工。

（4）张拉锚杆、锚索、砂浆锚杆及随机锚杆根据情况在开挖支护工作面喷完第一层混凝土后施工。

4　施工排水布置

4.1　洞外布置

在引水洞的各支洞洞口分别设置污水处理池处理由洞内排出的施工废水，处理能力为

300m³/h。污水经处理后全部排出。

4.2　洞内布置

隧洞开挖采用意大利 C6 多功能快速钻机，具有超前地质预报、防突和注浆止水等作用。考虑多功能钻机注浆止水作用将减少隧洞渗水量，因此在隧洞施工布置排水设备时，地下洞室最大渗漏量按 100m³/h 考虑。

（1）引水洞、尾水洞及其他平洞施工排水。分别在引水洞、尾水洞及其他平洞每隔 1000 ~ 1500m 左右布置一个约 20m³ 集水井（5.0m×2.0m×2.0m），安装 1 ~ 2 台 50 ~ 80m³/h 污水泵，开挖的废水及渗水由设置在掌子面附近的 15 ~ 30m³/h 潜水泵抽排至集水箱，经过排水泵站加压后排出洞外，并经污水沉淀池处理后才能就近排放。

（2）其他地下洞室施工排水。其他地下洞室的施工排水在掌子面附近布置的 50 ~ 80m³/h 潜水泵抽排至外洞外的污水经沉淀池排放。

洞内落差太大时，可根据实际情况，在潜水扬程范围内设置集水井将污水分级排出。而引水洞最低位置处位于江底，此处山体渗水较大，应在此处设置集水井，用潜水泵将污水打入到施工支洞集水井内。

5　不良地质段开挖安全措施

根据表 1、表 2 及相关地质资料显示，本项目地下洞室存在一定比例的Ⅳ ~ Ⅴ类围岩和部分洞段出现较大地下水渗漏的情况，必须进行提前预防和处理，主要出现在施工支洞、引水洞及尾水洞等。其长度约为 39840m，其中：Ⅱ ~ Ⅲ类围岩长度为 19257m，占 48.34%；Ⅳ类围岩长度为 17103 m，占 42.93%；Ⅴ类围岩长度为 3480m，占 8.73%。漏水量小于 2000L/min 的围岩长度为 18295m，占 45.9%；漏水量大于 2000L/min 的围岩长度为 6238m，占 15.7%。因此，在Ⅳ ~ Ⅴ类围岩和漏水量大于 2000L/min 的围岩部分洞段需采取围岩超前加固和超前堵漏。

5.1　超前地质勘探

施工过程中，当接近断层破碎带及节理发育地段时，为了准确了解地下洞室中尚未开挖岩体的地质情况，及时研究选定掌子面开挖后的支护形式，对前方可能出现的涌水、有害气体、崩塌等及时采取防范措施，改进施工方法，避免工程事故，确保人身安全。

在开挖中设超前钻探孔，水平超前钻探孔平行于隧洞轴线，布置 3 ~ 5 个超前钻探孔，位置在断面上半部中间，采用意大利 CASAGRAND 公司的 C6 型全液压旋转冲击地质钻机钻孔，孔径根据地下洞室断面大小及围岩情况为 65 ~ 170mm，孔深 12 ~ 30m（该钻机可集造孔、岩芯取样、止水、预埋注灌浆管及注浆和灌浆于一体，一次最深钻孔可达 100 ~ 150m。可根据Ⅳ ~ Ⅴ类围岩及断层破碎带的深度一次采取更深至 30 ~ 50m），在钻进过程中根据岩粉、岩碴、岩芯取样及钻孔的成形情况进行试验和分析，通过对钻孔内水压力的量测或抽水试验，探测各段水文地质情况，包括涌水量和水压力等，通过对岩芯分析，判断该段岩性、产状、岩层的性质和厚度、节理裂隙、断层以及岩体的结构。

（1）选择合理施工方法。当断层破碎带内充填软塑状断层泥或特别松散的颗粒时，采取超前锚杆或超前导管以及超前管棚法超前支护，在超前支护的保护下，进行分部分层开挖。若断层地段出现大量涌水，则采取排堵结合的治理措施。

（2）采取分部开挖、分部支护；采用浅钻孔、弱爆破、多循环的施工方法，严格控制炮眼数量、深度及装药量，尽量减少爆破对围岩的振动。

（3）采取超前锚固，一掘一支护，爆破后立即喷混凝土封闭岩面，出渣后，再打系统锚杆、挂网、喷混凝土，必要时设置钢拱架（或格栅支架）支撑。

5.2　地下水堵漏措施

对地下水活动较严重地段，除加大工作面的排水强度外，在作业面上采用 C6 型全液压旋转冲击地质钻机钻孔，钻孔的深度可根据 C6 型地质钻机显示的回水减弱到压力，最长水平深度不超过 80m，上斜 45°，孔深不超过 60m，并采用该钻机进行导管预注浆或全封闭深孔固结止水注浆进行综合治理。可提前在隧洞的掌子面用 φ101～125mm 的钻机凿 3～5 个 12～30m 的超前勘探钻孔（根据透水层的深度一次采取更深至 30～50m），以及用 φ101～125mm 的钻机沿拱顶和便墙凿一排辐射灌浆孔，灌浆孔间距 1.0～1.5m，孔深 12.0～30.0m，钻孔角度向岩壁内倾斜 5°～15°的超前勘探钻孔进行灌浆处理。

5.3　跨越岩爆洞段的措施

由于本工程地下隧洞的埋藏深度均很深，其最大深度达到 2000 余米，属于高应力区，极有可能产生岩爆，对可能发生岩爆的洞段拟采取如下措施：

（1）采取超前钻孔卸压，在可能发生岩爆的掌子面上结合中心掏槽爆破孔钻 3 个孔径 102mm、孔深 10m 左右的孔，以释放岩体中的高构造应力。

（2）在可能发生岩爆的掌子面上超前钻爆掘进一个 4m×4m 的小导洞卸压。并喷雾洒水湿润围岩，以利应力释放。

（3）采取光面爆破以减少围岩的局部应力集中区的形成。

（4）加强支护工作，爆破后立即喷射混凝土，再加设锚杆和钢筋网，以尽可能减少岩层暴露时间，减少岩爆发生和确保人身安全。

5.4　高温地段的防护措施

（1）首先对地质条件进行预报，采用大功率轴流式强力风机通风，设置冷却站，工作面采用冷风机加强通风。

（2）在高温地段喷雾洒水湿润围岩，以确保洞内始终处于常温状态。

6　隧洞内通风系统布置

6.1　引水、尾水隧洞通风量计算

按最低允许风速计算风量见式（1）：

$$V_d = 60v_{min} \times S_{max} \tag{1}$$

式中　V_d——保证洞内最小风速所需风量，m^3/min；

v_{min}——洞内允许最小风速，大断面隧洞不小于 0.15m/s，小断面隧洞不大于 0.25m/s，根据招标文件要求最小风速取 0.15～0.3m/s；

S_{max}——隧洞最大断面面积，m^2。

单线洞：$V_d = 60v_{min} \times S_{max} = 60 \times 0.3 \times 82 = 1476m^3/min$；

双线洞：$V_d = 60v_{min} \times S_{max} = 60 \times 0.3 \times 43 = 774m^3/min$。

6.2　竖井爆破所需风量

井深小于 300m 的竖井爆破后炮烟温度比气温高，有一定的自然通风作用，一般宜采用压入式通风。其工作所需量按式（2）计算：

$$V_w = (QS2H2K_1)1/3 \times 7.8/t \qquad (2)$$

式中　V_w——竖井通风量，m^3/min；

　　　H——井筒最终深度，m；

　　　S——井筒断面面积，m^2；

　　　K_1——修正系数。

调压竖井：直径10.7m，断面面积 $S = 90m^2$；井筒深度 $H = (950 - 610)/2 = 170m$，修正系数 $K_1 = 1$，通风散烟时间 $t = 30min$。

调压竖井首先采用反井钻机掘进 $\phi270mm$ 的导向孔平均进尺3.0m/h，第一、二次扩挖每循环进尺平均为2m。

$Q = 2 \times 50 \times 0.45 = 45kg$，取50kg计算。

$$V_w = (50 \times 902 \times 1702 \times 1)1/3 \times 7.8/30 = 590m^3/min$$

根据上述式（2），我们做了包括国内外的几种通风方案，并经过充分考察论证，结论是：（1）国内三家通风机的总功率约为4990~6660kW，其通风机、风筒等购置和安装成本约为1700~1800万元。（2）国外两家通风机的总功率约为2790~2960kW，其中芬兰GIA公司的专业通风机的总功率约为2170kW，但其通风机、风筒等购置和安装成本约为2500~2600万元。（3）本工程地下洞室总的通风换气时间约为4.0万小时，其主要经济指标为运行成本。表8为各主要地下洞室的通风设施布置及比较。

表8　各主要地下洞室通风设施布置及比较

Table 8　The major underground caverns ventilation facilities layout and the comparison

项　目		国内通风机		芬兰GIA通风机		使用时间/月
		数量/台	功率/kW	数量/台	功率/kW	
A1 支洞及 T1 主洞	压入式通风	4	4×55	2	2×110	81
	抽出式排风	21	37			76
A2 支洞及 T2 主洞	压入式通风	4	4×55	2	2×110	79
	抽出式排风	16	37			75
A3 支洞及 T3 主洞 A4 支洞及 T4、M4 主洞	压入式通风	4	2×110	1	2×110	77
		2	2×75	1	2×90	48
		2	2×55	2	2×90	48
	抽出式排风	17	37			60
A5 支洞、主厂房、主变室	压入式通风	1	2×110	3	90	60
		2	55			40
	抽出式排风	10	37			50
A6 支洞、T6 主洞	压入式通风	1	2×75	1	90	72
		1	2×110	1	3×90	57
		1	2×55			48
	抽出式排风	4	22			45
		6	37			65

续表 8

项　目		国内通风机		芬兰 GIA 通风机		使用时间/月
		数量/台	功率/kW	数量/台	功率/kW	
A7 支洞、T9 – T10 主洞	压入式通风	1	2 ×75	1	90	19
		1	4 ×75	1	2 ×132	26
	抽出式排风	4	37			23
A8 支洞、竖井及调压平洞	压入式通风	3	2 ×37	2	55	35
		2	37	1	55	32
合　计	压入式通风	29	4990 ~6660	18	2790	

　　通过各主要地下洞室的通风设施布置与比较，可以看出，虽然芬兰 GIA 公司的通风机购置和安装成本要高于国内的产品，但从装机总功率来看，芬兰 GIA 公司的通风机要少 2200 ~ 3800kW，按总运行时间约 4.0 万小时计算，可节省成本约 8000 万元以上（还不包括少安装 4 ~ 6 台 630 ~800kVA 的变压器及相应的高压电缆等），而且减少了许多运行管理量。

7　结语

　　鉴于巴基斯坦 N-J 项目地下洞室这样的超长隧洞在国内外都不多见，存在着复杂的地质条件风险、高应力的风险、高地温问题的风险、长隧洞施工通风排水风险、人员居住区安全问题的风险、洞室地下渗水风险、深竖井施工技术风险、外界干扰因素等。为此我们在编制技术方案的工程中，对国内外有难度的较大型水电站地下洞室施工进行了考察与调研，并请教了国内的同行专家，尤其得到了一些国内知名爆破专家的指导，深表谢意。

参 考 文 献

[1] 中国葛洲坝集团公司三峡工程施工指挥部. DL/T 5135—2001 水利水电工程爆破施工技术规范[S]. 北京：中国电力出版社，2002.
[2] 中国工程爆破协会. GB 6722—2011 爆破安全规程[S]. 北京：中国标准出版社，2012.
[3] 吴贤振，刘洪兴. 井巷工程[M]. 北京：化学工业出版社，2011.
[4] 钱鸣高，石平五，许家林. 矿山压力与岩层控制[M]. 徐州：中国矿业大学出版社，2010.
[5] 中交第一公路工程局有限公司. JTG F60—2009 公路隧道施工技术规范[S]. 北京：人民交通出版社，2009.

孔口段预留空气柱装药结构在深孔爆破中的应用

王守伟[1]　张凤海[2]　赵　峻[3]　李明亮[4]

（1. 重庆市公安局，重庆，401147；2. 重庆协和爆破工程有限责任公司，重庆，409600；
3. 重庆市佳音机械化建筑工程有限公司，重庆，400147；4. 重庆市万州区
五桥爆破工程有限公司，重庆，404020）

摘　要：本文通过万州大滩口水库坝肩开挖工程施工，在深孔爆破中采用孔口段预留空气柱装药结构，并结合预裂爆破、缓冲爆破工艺，进一步降低了炸药单耗，减少了大块率，保证了边坡平整度，取得了良好的爆破效果。

关键词：深孔爆破；孔口段预留空气柱装药结构

Application of the Reserved Air Column Charge Structure of Hole Section in Deep Hole Blasting

Wang Shouwei[1]　　Zhang Fenghai[2]　　Zhao Jun[3]　　Li Mingliang[4]

（1. The Chongqing Municipal Public Security Bureau，Chongqing，401147；
2. Chongqing Xiehe Blasting Engineering Co.，Ltd.，Chongqing，409600；
3. Chongqing Jiayin Mechanization Construction Engineering Co.，Ltd.，Chongqing，400147；
4. Chongqing Wanzhou District Wuqiao Blasting Engineering Co.，Ltd.，Chongqing，404020）

Abstract：In this paper，through the shoulder slobber dam Wanzhou beach excavation engineering construction，in deep hole blasting through hole reserved air column charge structure of millisecond blasting，presplit blasting，buffer blasting process，further reducing explosive consumption，reduce the block rate，ensure the slope flatness，good blasting results are obtained.

Keywords：deep hole blasting；reserved air column charge structure of hole section

1　引言

水利水电开挖工程一般具有地质条件复杂、开挖工程量大、预留边坡高陡和施工工艺复杂以及质量与安全要求高的特点，为确保施工质量与安全要求，大多采用台阶深孔爆破方式施工。

根据开挖工程条件和施工设备情况，露天台阶高度一般为 8～15m，炮孔直径为 90～110mm，最大不超过150mm，当对保护层开挖要求严格时，炮孔直径小于90mm。

斜孔的倾角一般根据钻机的性能、爆区地形、地质条件及边坡的倾角等因素确定。一般不

· 王守伟，高级工程师，wsw61579@ sina. com。

小于 60°，习惯上采用 75°左右，这一倾角对改善爆破效果比较有利。

2　技术要点

根据岩石爆破理论，采用空气间隔装药实施预裂爆破，可以减弱爆破作用对孔壁的破坏，还可以利用预裂爆破形成的预裂缝降低主爆破孔爆破时对边坡围岩的损伤和爆破的振动危害；在主爆孔与预裂孔间布设一排缓冲孔，其钻孔角度与预裂孔平行，缓冲孔的孔距、缓冲孔与主炮孔的排距较前排主炮孔的孔距、排距减少（1/3～1/2），缓冲孔至预裂孔（或光爆孔）的距离取其最小抵抗线的一半。缓冲孔区的炸药单耗与前排主炮孔相同，用体积公式确定缓冲孔装药量；主炮孔采用孔口段预留空气柱装药结构，并确保孔口段的堵塞长度不小于其最小抵抗线；起爆顺序按照：预裂爆破孔、主爆破孔、缓冲爆破孔；采用非电导爆管起爆网路，周边孔用导爆索传爆，其他炮孔孔内高段别非电雷管，孔外低段别非电雷管接力，既有效地控制爆破振动，又能确保准爆、全爆。

3　工程实例

3.1　工程概况

万州大滩口水库右坝肩开挖工程，位于万州区走马镇磨刀溪上游小溪坝河段，开挖岩石为较完整砂岩，开挖石料主要用于筑坝，要求控制大块率。开挖段高度 115m、长 40m、宽 18m，坝址为倾角 65°～85°的陡坡，坝肩后方约 130m 处有 3 处自建砖混民房，抗振强度比较低。

经方案对比论证，决定采用下沉式台阶深孔爆破，在开挖边坡的周边布置预裂孔，在主炮孔与预裂孔之间布设缓冲孔确保边坡岩石免受破坏。前排主爆孔采用常规爆破方式，后排主爆孔和缓冲孔采用孔口段预留空气柱装药。

3.2　主要施工工艺

3.2.1　钻孔、验孔

在开挖边坡进行预裂孔施工前，首先对开挖轮廓线进行测量、定点、放样，精确控制各孔孔位、孔距、孔深和角度，使预裂孔处在同一开挖轮廓面上，其孔深超出主炮孔及缓冲孔 1.0m；缓冲孔与预裂面平行，孔排距较主爆孔减少 0.5m；完成预裂孔施工后，对每一个炮孔进行编号并以卡片标注其孔位、孔距、排距、孔深、角度等相关参数。

3.2.2　装药与堵塞

预裂孔采用竹片捆绑导爆索和药卷的传统装药方式，孔底 1m 加强装药 2kg，其他段每间隔 30cm 装 1 条 32mm 药卷，孔口密实填塞 1m；主炮孔和缓冲孔，按照试爆确定的炸药单耗，采用体积公式计算各单孔药量；装药前，根据放置在孔口旁卡片上的标示发放各孔炸药、雷管，并派专人核对验收；缓冲孔和后排主炮孔采用反向连续装药结构，在孔口严密堵塞 2.5m，炸药与孔口堵塞之间形成空气柱。

3.2.3　起爆网路

预裂孔全部采用导爆索传爆，其他炮孔内装 Ms13 或 Ms15 段毫秒导爆管雷管，每 2～4 孔外用 Ms3 或 Ms5 非电雷管接力传爆；预裂孔先于其他炮孔 150～200ms 起爆。

3.3　爆破参数

爆破参数见表 1。

表1 爆破参数

Table 1 Blasting parameters

	孔径/mm	100		孔径/mm	100
主炮孔梯段爆破	台阶高度/m	15	缓冲爆破	台阶高度/m	15
	倾角/(°)	69		倾角/(°)	69
	孔深/m	16		孔深/m	16
	孔距/m	3		孔距/m	2.5
	排距/m	2.5		排距/m	2.0
	单耗/kg·m^{-3}	0.35		单耗/kg·m^{-3}	0.3
	单孔药量/kg	40		单孔药量/kg	22
	药卷直径/mm	70		药卷直径/mm	70
	药卷长度/cm	40		药卷长度/cm	40
	药卷质量/kg	1.6		药卷质量/kg	1.6
	线装药密度/kg·m^{-1}	4		线装药密度/kg·m^{-1}	4
	装药深度/m	10		装药深度/m	5.5
	封堵深度/m	2.5		封堵深度/m	2.5
	空气段长度/m	3.5		空气段长度/m	8.0
	最大单响药量/kg	80		最大单响药量/kg	88
	段间延时/ms	50		段间延时/ms	50
预裂爆破	孔径/mm	100		台阶高度/m	15
	倾角/(°)	73		孔深/m	17
	孔距/m	0.8		底部1m加强药量/kg·m^{-1}	3.0
	平均线装药量/g·m^{-1}	350		间隔距离/cm	30
	单孔药量/kg	9		封堵深度/m	1.0
	药卷直径/mm	32		药卷长度/cm	20
	药卷质量/g	200		不耦合系数	2.8
	延时超前/ms	150			

3.4 装药结构及炮孔布置

装药结构及炮孔布置如图1～图4所示。

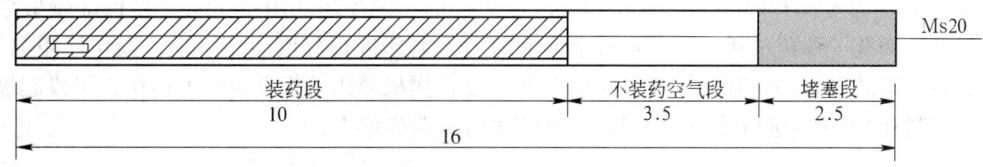

图1 主炮孔装填结构示意图（单位：m）

Fig. 1 Main hole charge structure diagram（unit：m）

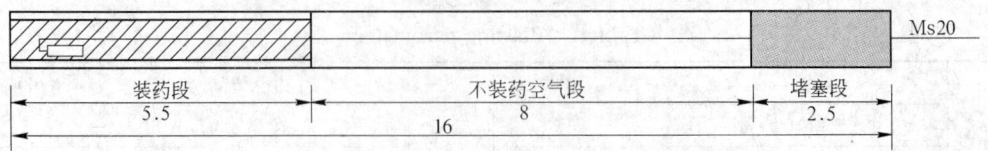

图2　缓冲孔装填结构示意图（单位：m）

Fig. 2　Buffer hole charge structure diagram（unit：m）

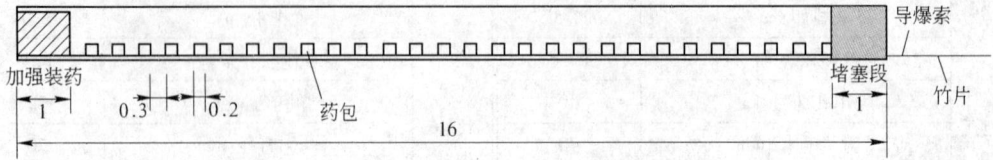

图3　预裂孔装填结构示意图（单位：m）

Fig. 3　Pre-splitting hole charge structure diagram（unit：m）

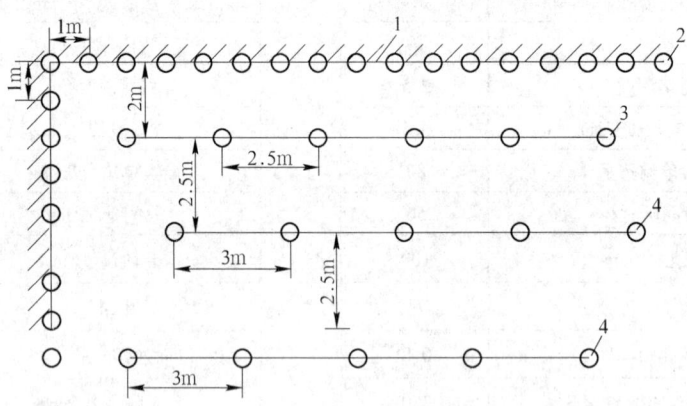

图4　炮孔布置平面示意图

1—开挖轮廓线；2—预裂孔；3—缓冲孔；4—主爆孔

Fig. 4　Plan hole diagram

3.5　爆破效果

采用空气间隔装药的预裂爆破，减弱了爆破作用对孔壁的破坏，延长了爆生气体的作用时间。爆后边坡平整，超欠挖控制在15cm内，边壁开裂少；半孔率在85%以上；采用孔口段预留空气柱装药结构，岩石破碎块度较均匀，爆破后 $0.7m^3$ 以上大块率控制在10%以内，由于主炮孔上部不装药空气段达3.5m，缓冲孔达8.0m，相对于常规装药方式（全孔装药后堵塞2.5~3m），主爆孔单孔减少炸药用量14kg，缓冲孔单孔减少炸药用量32kg，在保证爆破效果的情况下，降低了炸药单耗，而且相对于传统的上、下部进行分层装药来说，操作简单易行，效果明显；爆破飞石得到有效控制，停放在20m处挖掘机采用竹板覆盖后无损伤；单段起爆最大药量控制在88kg内进行爆破，对130m处的民房未造成危害。

4　结束语

在高边坡大方量深孔爆破中，边坡采用空气间隔预裂爆破，其他炮孔采用孔口段预留空气柱装药工艺，充分利用未装药段的上部空腔，延长了炸药爆炸冲击波、爆生气体的作用时间，使未装药的空气段岩石充分破碎、块度均匀。相对于传统的连续装药方式，不仅降低了炸药单耗，相对于常规的分层装药方式，施工工艺更简单、快捷，岩石破碎度好，块度均匀，大块率更低。

参 考 文 献

［1］ 汪旭光．爆破手册［M］．北京：冶金工业出版社，2010，10：10～528．

［2］ 刘刚．隧道硬质水平岩层中心掏槽预裂爆破开挖技术［J］．爆破新技术Ⅲ，255～261．

［3］ 李朝斌．层状岩体的沟槽控制爆破［J］．爆破，1997，14(4)：65～67．

［4］ 高文学，陈桂林．沟槽控制爆破研究技术［J］．爆破，1997，14(4)：65～67．

［5］ 宗琦，陆鹏举，罗强．光面爆破空气垫层装药轴向不耦合系数理论研究［J］．岩石力学与工程学报，2005，24(6)：1407～1411．

［6］ 傅其忠，毕明芽，曹寄梅，等．复杂环境中深孔爆破减震措施试验研究［J］．爆破，2009，26(4)：96～99．

提高高分层采场爆破效果的因素分析

贝建刚

（安徽开发矿业有限公司，安徽六安，237462）

摘　要：本文阐述了在采场高分层中孔设计与爆破过程中，由于地质条件不同而容易遇到各类问题。此类问题主要与爆破有效能量与无效能量有关，当有效能量增多，无效能量减少时，则隐患少，爆破效果好。反之，则安全隐患多，爆破效果差。本文提出了增大有效能量的办法，并且取得了理想的效果。

关键词：高分层；采场爆破；参数

Improve the High Layer Factor Analysis of Stope Blasting Effect

Bei Jiangang

（Anhui Development Mining Co.，Ltd.，Anhui Liu'an，237462）

Abstract：this paper expounds the design and stope in the high layer hole blasting process，due to different geological conditions and easy to meet all kinds of problems. Such questions mainly related to effective blasting energy and invalid，when effective energy increase，reduce invalid energy，less is hidden trouble，blasting effect is good. On the other hand，the safe hidden trouble，blasting effect is poor. This paper presents a way to increase the effective energy，and the ideal results have been achieved.

Keywords：high layer；stope blasting；parameters

　　采场开采过程中，爆破崩落矿量过程时间紧、任务重、安全隐患多、施工要求严格，要求细致，不得马马虎虎，草率行事。在爆破过程中，必须提高有效能量的利用率，降低无效能量的产生。有效能量主要包括：将矿体崩落下来的能量；爆破时使得崩落的矿体具有一定的初始速度，即具有一定的动能，此部分能量能够满足崩落体的二次破碎；将崩落体从母岩上崩落下来；能够控制矿体崩落边界，根据炮孔的形状将矿体按设计范围崩落下来；此外有效能量还包括将附近悬顶的矿体振落下来，将相邻采场掌子面空区四周壁面挂着的矿石振落下来。无效能量主要包括：爆破产生的地震波；爆破产生的冲击波；爆破产生的噪声；爆破产生的光能；爆破产生的飞石；爆破产生的破碎岩体塌落；爆破产生的浮石冒落；爆破产生的附近设施的损坏等。

　　在采场爆破过程中，由于采场矿体的自然赋存特性，需要采取合理的采矿方法，布置相应的爆破中孔，将矿体有效地崩落下来，因此需要选择合理的方法，充分提高有效能量的利用

贝建刚，高级工程师，beijiangang. 2007@163. com。

率，尽量减少和避免无效能量的产生，减少危害的产生。

1 爆破能量分布情况分析

在采场爆破过程中，由于炸药爆破能量分布不同，会产生不同的爆破效果。因此在进行爆破时应充分考虑炸药能量的分布情况，尽量使得炸药按矿体的具体形状，采取均匀布置炮孔的方案，确保块体在崩落时，能将矿体有效地崩落下来，并达到理想的块体，减少过碎或过大情况的发生。岩体崩落过粉碎，容易产生粉尘，反之块体过大，容易产生大块。因此要求采取均匀分布炸药能量的方案，使得块体崩落效果更加理想，容易提高采场生产效率，改善采场作业条件。

2 爆破能量分布设计

在块体爆破过程中，由于受块体自身特性的影响，导致因爆破能量需求不同而产生不同的效果。如对于破碎部分需要能量少，而对于坚硬部分爆破时需要的能量多，根据不同的岩块，采取不同的布孔方案。控制装药量，从而改善崩落效果。在扇形束状孔[1]爆破时，由于在相同岩体中，顶部及边界部位，爆破能量少，易产生大块而孔口附近能量多，容易产生过粉碎现象。如图1所示，需要在装药过程中，增大孔底装药密度，而减少孔口装药量，孔口采取间隔装药的方案，提高了爆破施工效率，避免了能量集中[1]的问题。

如图2所示，对于上部软岩体应采取松动爆破方案，采取少打眼、少装药的方案。可保证此部分岩崩落下来，破碎下来；对于下部硬岩体，可采取相对的多打眼、多装药的方案将其崩落下来。关于能量、炸药、炮孔的数量要求，需要根据矿体的围岩特性来确定。

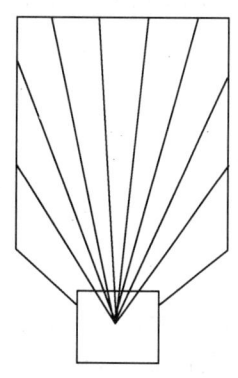

图1 扇形炮孔布置图

Fig. 1 Fan hole arrangement

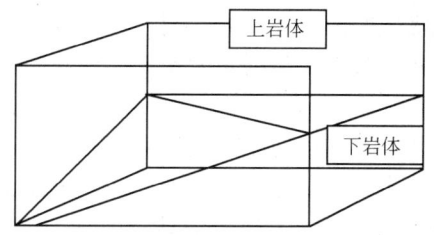

图2 爆破岩体情况示意图

Fig. 2 Blasting of rock mass situation map

图2中，表示对于不同岩体组合成的块体，由于不同块体的性质不同，导致在爆破过程中，当不同岩体采取相同的爆破布置参数时，由于分布的能量相同，直接导致出现爆破后过碎或块体过大现象，容易产生爆破事故。

由于块体内的岩石硬度大小、分布位置、物理成分、约束条件等各不相同，需要根据其相应的强度大小、分布情况进行相应的计算，根据计算结果，确定合理的装药量，并进行相应的分段处理，保证爆破正常地进行；关于各类岩体的爆破有其固定的消耗指标，在各参数确定后，需要进行相应的实验，并对其效果进行观测、记录、比较与分析，找出适合其爆破规律的爆破参数后，按其爆破参数进行炮孔布置，方能达到理想的爆破效果；对于多种岩体组成的混合岩体，应该根据其各自的物理特性，采取相应的爆破方案，方能保证混合岩体的崩落。

对于存在各种不同岩体交错布置的情况，应该采取区别对待的方案，将主要的岩体有效地崩落下来，同时兼顾次要岩体的崩落。可见由于爆破岩体的不同，爆破参数要求，爆破能量分布也会有所不同，因此根据不同的岩体采取相适应的爆破方案，在某种程度上促进了爆破理论的发展，提高的爆破理论反过来也促进了爆破施工效率，降低了爆破施工成本。

3 爆破能量布置约束条件

在爆破时，首先要根据爆破对象的具体条件进行详细的论证，包括爆破对象的外部条件和内部条件，外部条件主要是指爆破体周围的环境与物的影响状态。周围设施、设备的状态。空气中有害气体成分及通风情况，例如是否可引起河流中断，周围是否有塌冒的可能，周围巷道工程是否会被破坏。与爆破地点相通的透口情况，周围温度是否超过正常的温度，人员通道是否畅通，爆破地震波传播途径，爆破冲击波的传播通道，爆破飞石影响的范围，爆破烟尘扩散通道，爆破噪声的影响范围。由于外部环境的变化，从而容易出现不同的爆破效应。

爆破的内因主要与爆破对象、爆破器材、起爆方式、起爆顺序、点火形式、爆破工艺、炸药性能、单段最大药量、总药量、雷管毫秒分段的精确度等有关联，对爆破结果产生影响，炮孔布置参数对爆破效果起着决定性作用，原则上炮孔应该均匀布置，由于岩体单耗固定，则会取得相对较好的效果，关于爆破的内因在分析过程中，必须掌握其真实的特性与特点，把握其内在的规律，充分对内在的规律进行驾驭，发挥其作用，从而达到更为理想的效果。在对爆破进行内因分析过程中，要确定各类内因之间的关联性，确定其相互的影响，从而保障爆破效果，提高爆破效率，关于爆破对象、爆破材料、起爆方式、起爆顺序、爆破工艺、药量多少、延期时间等因素相互影响，相互制约，只有正确地把握其关系，并进行正确地设计与施工，方可达到更高的目标。

4 爆破工艺对爆破能量布置的影响

从爆破工艺方面讨论与分析，在爆破时采取的起爆方式，如布孔参数、孔距、排距、抵抗线的大小、施工人员的技术水平、素质高低、连线方式、爆破规模等无不与爆破效果密切相关。

起爆方式有孔底起爆、孔口起爆、多点起爆及全孔起爆等多种形式。孔底起爆时爆炸能量由孔底产生，向孔口方向延伸，首先产生的爆炸冲击波在孔底与孔口之间多次反射，爆炸能量出现叠加现象，提高了爆破能量利用率，提高了爆破效率，同时产生的高温、高压气体不因孔口而提前泄漏，延长了高温、高压气体的作用时间，保障了岩体的充分破碎，提高了爆炸能量的利用率，对于孔底部位抵抗线及阻力较大的部位，易采用自孔底起爆方式。孔底起爆岩体由于受到爆破开裂，而后向孔口传播，当孔底抵抗线选择适当时，由于爆破能量的释放，而降低了孔内爆炸能量向孔口冲出的可能性，不会发生能量泄漏现象。避免无用功的产生，减少了地震波、冲击波、飞石、噪声、烟尘的危害。反之，则爆破效果差，无用功增大，破坏性后果严重，爆破危害范围扩大。孔底起爆方式如图 3 所示。

因此，在爆破发生时，爆破效果与起爆方式有关联，当采取孔口起爆时，由于炸药在孔口开始起爆，在极短时间内，大约在几十微秒内，爆破能量开始向外泄漏，孔口崩落体开始松动，爆破随着向孔底延伸，岩石逐渐开始崩落下来。对于地下开采，由于孔口朝下，已崩落的岩体开始下落，从而为后序爆破提供一定的自由面，改善爆破效果，对于孔口朝上的炮孔，由于孔口附近岩体松动，减少了下层崩落岩体的阻力，使得岩体崩落难度降低，但随着孔深的增加，崩落阻力增大，爆破能量扩散较多，从而使得孔底爆破效果更差，易出现硬底、根坎、大块增多现象，降低了爆破效果。此孔口起爆适宜于孔口部位，阻力较大而孔底阻较小的岩体爆破。如孔口朝下的上向爆破。但爆破补偿空间及自由面必须充分，否则无法将岩体崩落下来。孔口起爆方式如图4所示。

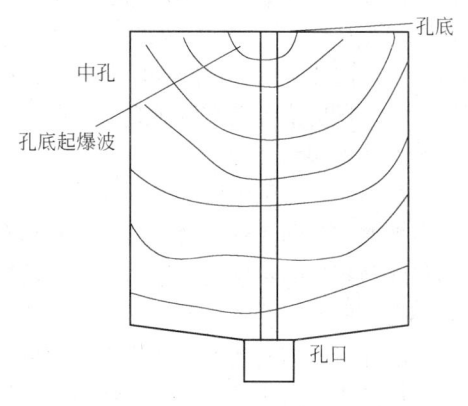

图3　孔底起爆方式

Fig. 3　Initiating way figure at the bottom of the bore

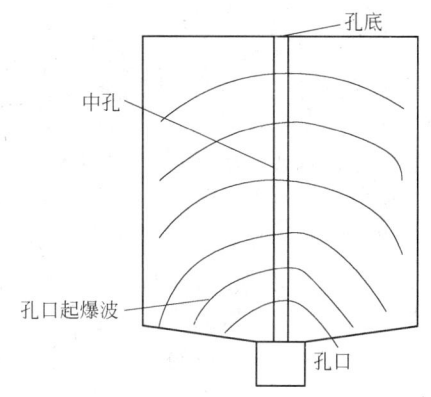

图4　孔口起爆方式

Fig. 4　Collar priming way figure

　　多点起爆方式为在孔底、孔中间、孔口多个部位布置起爆点，同时在多点起爆，孔底起爆点向孔口传播，中间起爆点向两端传播，孔口起爆点向孔底传播，多个起爆点产生的冲击波相遇时，爆破冲击波相互叠加反射，在孔口破裂前，孔内爆破冲击波相互叠加，高温、高压气体作用时间延长，效果增强。当孔口围岩破碎后，孔内冲击波及高温、高压气体急剧泄漏，矿体被瞬间破碎开来，如果布置参数适当，在爆破能量泄漏前，岩体得到完全破碎，抵抗线选择适当，孔口起爆，可很大程度上提高爆破能量的利用率，爆破能量做有用功增多，无用功减少。爆破危害效应降低，则可改善爆破效果。此种爆破只要抵抗线选择适当可有效地将岩体崩落下来。多点起爆可有效地避免孔口炸药拒爆问题，提高炸药的利用效率，如图5所示。

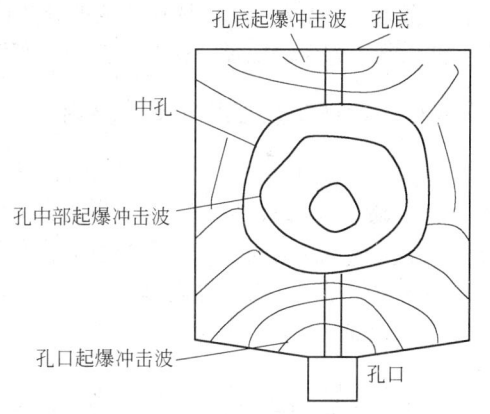

图5　多点起爆方式

Fig. 5　Multi-point initiation way figure

　　全孔起爆是指在孔内，全孔布置爆破引爆的导爆索，或全孔起爆，有效杜绝孔内爆炸拒爆现象。对于自由面充分，爆破时可采用此法提高效率，但对于底部抵抗作用大的爆破，由于孔口提前开裂，爆炸能量损失大，从而影响爆破效果，降低了爆破效率，不易采用。因此在选择起爆方式前，必须对岩体进行详细分析，确定相应的布孔方案。选择相应的起爆方式，方可将岩体有效地崩落下来。崩落体在全孔起爆的条件下，会首先在抵抗线最弱部位或阻力最小部位首先开裂，而后其他部位随着崩落下来；或崩落体同时开裂，阻力小的部位崩落物爆破块度小，而阻力大的部位崩落物产生的块体大。虽然全部已崩落，由于阻力不同崩落效果不一样。例如，在露天矿山爆破过程中，容易产生大块的部位位于孔口、软弱夹层附近、台阶坡面部位、孔底后面部位、底根部位在孔口部位产生的大块，孔口存在不装药孔，炸药在孔部位爆炸时，相对阻力大，而爆破能量少，从而导致孔口产生松动大块；在软弱夹层附近由于爆破能量沿软弱夹层泄漏，导致软弱夹层附近崩落体能量减少，从而沿软弱夹层产生大块；在台阶坡面部位，主要是由于上次爆破对坡面产生振裂现象，从而使得在爆破时，沿前次裂隙产生大块；炮孔后面部位，由于爆破振动产生大块，将后排崩落体破碎；在崩落体底根部位，主要由于底根阻力大，而能量未增加，从而导致底根产生大块。因此在爆破过程中，采取爆破能量均匀分布的优化方案，适应崩落体的变化特性，将崩落体完整地崩落下来，以减少爆破危害影响。

从布孔参数方面分析，主要包括孔距、排距、孔径、抵抗线等多方面对此类问题进行研究与优化。在布孔参数方面主要解决了药包的形状、药包的位置及药包的大小等问题。当孔距、排距确定时，实质是固定了药包在崩落体内的准确位置，在空间内进行了预留，在爆破过程中，将炸药装入孔内，即可完成炸药的放置问题。不需要专门的固定处理，当采取圆形孔时即确定了炸药的形状，当采取散装炸药时，炮孔的形状即为药包的形状。已经确定了炸药爆炸时能量向四周均匀扩散的状态，是由已施工的圆形孔的孔壁向四周均匀扩散。形态为圆形的炮孔主要是由施工工艺形成的，采用旋转式冲击钻头，采取冲击式的凿岩方式，势必会形成形态为圆形的炮孔。爆炸时需要的药量多少，主要是由崩落体体积的大小及崩落体的炸药单耗进行确定，对于崩落体的单耗，其参数是固定不变的。它与岩体的强度特征及外部条件有关，当岩体的单耗确定时，根据布孔参数计算出每米孔崩落矿体的体积，而后确定每米的装药量，根据每米的装药量，确定炸药的体积 $V_{炸}$，由于 $V_{炸} = \pi r^2$，得出：$r_{孔} = \sqrt{\dfrac{\pi}{V_{炸}}}$；从而得出炮孔的半径为 r孔，根据炮孔的半径 r 孔，选择相应的钻孔设备及钻头。但是在实际生产中，往往根据现有设备性能，确定相应的孔径、孔距、排距等布置参数。从而保证崩落体达到预期的爆破效果。

5 炮孔设计对爆破能量分布的影响

布孔方案的确定、孔径的确定与崩落体的单耗有直接关系，当布孔参数选择结构大时，效率高、成本低、爆破效果好、安全隐患少。反之，则有相反的效果。因此常常采取合理的布孔方案，解决成本高的问题，如采取扇形孔布置直接降低了掘进工程的投入，采取高分段，既可减少掘进工作投入，又可提高爆破效率，保证了爆破顺利地进行。

6 结论

总之，在采场爆破过程中，应该根据崩落体的矿岩物理化学特性、炸药单耗等参数，采取合理的爆破参数、爆破方式，确保采场爆破效果，提高有用功的利用率，减少无用功的产生，降低和减少爆破有害效应。

采场爆破的几点建议如下：

（1）采取适合崩落体围岩特性的布孔方案，确定崩落体的崩落范围。

（2）根据采场应力的分布情况，确定合理的起爆顺序，保障爆破效果。

（3）充分利用炸药爆炸能量，延长炸药爆炸作用时间，改善爆破效果。

（4）采取理想的炮孔形状，保证炸药爆炸时的爆力作用方向。

（5）需要进行现场考察、记录，总结经验与教训，不断提高爆破效果。

参 考 文 献

[1] 王运敏. 现代采矿手册（上册）[M]. 北京：冶金工业出版社，2011.

精细爆破在汕尾火车站场地平整工程中的应用

李雷斌　肖　涛　金　沐

（中铁港航局集团有限公司，广东广州，510660）

摘　要：本文结合工程实例，通过定量化的爆破方案选择、定量化的爆破参数与起爆网路设计以及对振动、飞石的精细化控制措施，介绍了精细爆破在汕尾火车站站前广场及周边场地土石方平整工程中的应用。采用上述精细爆破方案，不仅降低复杂环境条件下的爆破有害效应影响，而且可以根据场地条件灵活、机动地开展多点、多方位的控制爆破，确保安全施工，控制进度，保证工期。

关键词：爆破方案；爆破振动；飞石；精细爆破

Precision Blasting Application to Shanwei Station Site Formation Engineering

Li Leibin　Xiao Tao　Jin Mu

（CREC Port and Channel Engineering Co., Ltd., Guangdong Guangzhou, 510660）

Abstract：Combining with the engineering example, through the selection of quantitative blasting method, quantitativeblasting parameters and detonating network design, together with refinement of vibration and flying rock control measures, the paper introduces the precision blasting applied to Shanwei Station Square and the surrounding site earthwork formation. Using the above precision blasting method can not only reduce the harmful effect of blasting under complicated environment condition, etc., but also according to the site conditions, can flexibly carry out multi-point, multi-directional controlled blasting, ensure the safety of construction, control the progress, guarantee period.

Keywords：blasting method；blasting vibration；flying rock；precision blasting

1　工程概况

1.1　项目情况

　　汕尾火车站是厦深铁路在汕尾地区设立的主要车站，位于汕尾市城区东冲镇北部 S241 省道汕可公路附近。汕尾火车站站前广场及周边场地土石方平整工程北自距火车站站房南侧 12m 起，往南约 500m；西自汕尾市良禽养殖场西侧围墙起；东自火车站站房东侧向东延长约 300m。平整面积约 17 万平方米，主要包括汕尾火车站站前广场、东侧规划公交枢纽用地、站

————————————

李雷斌，工程师，563524379@qq.com。

前路和站前横路城市主干道及周边场地。场地现有地形标高约 20 ~ 46.5m（黄海高程），根据竖向设计要求，本区域场平要求至 20m 标高，土石方总量 153.6 万立方米，岩石类型为强风化花岗岩、中风化至微风化花岗岩。

1.2　周边环境

汕尾火车站已开通运行，客流量较大，其周围环境比较复杂。

（1）站房大楼玻璃幕墙如图 1 所示，爆破时应同时考虑爆破振动及飞石对站房大楼整体结构和玻璃幕墙的有害效应。由于本工程开工前，业主方为了降低后期爆破施工对站房大楼的振动影响，已经在距离火车站站房大楼正南方向 12m 处开挖埋设了一条 15m 宽、9m 深的减振沟。因此爆破边界与站房大楼和玻璃幕墙的最近距离约为 27m。

（2）根据设计要求，站房大楼东侧 24m 以外（以东）的土石方还将下挖，而距离站房大楼东侧约 14m 处还有一个 18m×10m×5m（长×宽×高）的水泵房（如图 2 所示）。因此该处爆破边界与站房大楼和玻璃幕墙的最近距离为 24m，并紧贴水泵房的东墙。

图 1　站房大楼（玻璃幕墙装饰）　　　　　　图 2　站房大楼东侧 14m 处的水泵房
Fig. 1　The station building　　　　　　　Fig. 2　The water pump house at 14m east
（glass curtain wall decoration）　　　　　　side of the station building

（3）站房大楼东侧 24m 以外（以东）的土石方开挖区域北面与 2 号站台的最近距离为 17.5m，与沿线铁路的最近距离为 43.2m（如图 3 所示），且最高处比站房大楼楼顶稍低，应采取有效措施避免爆破振动及飞石对站房大楼、玻璃幕墙和沿线铁路等产生有害效应。

（4）爆破时间应避免客流高峰，根据动车组到站、出站的时刻表合理安排爆破时间，不能影响旅客出行。

1.3　主要保护对象

根据以上周边环境描述，本工程爆破施工过程中主要建（构）筑物保护对象为：

（1）站房大楼（钢筋混凝土结构房屋），最近的爆破点距离为 24m。

（2）玻璃幕墙，最近的爆破点距离为 24m。

（3）水泵房（钢筋混凝土结构），最近的爆破点距离为 14m。

（4）2 号站台（钢筋混凝土结构），最近的爆破点距离为 17.5m。

（5）沿线铁路（钢筋混凝土结构），最近的爆破点距离为 43.2m。

图 3　站房大楼东侧 24m 以外开挖区域

Fig. 3　Excavation area beyond 24m east side of the station building

2　定量化的爆破方案选择

根据山体地形、地貌特征及合同提出的技术要求，拟对本项目山体采用浅孔爆破、深孔爆破、静态破碎、边坡预裂爆破的综合爆破方案。

爆破开挖时，最近的爆破点与 2 号站台的距离为 17.5m，考虑爆破振动对其的影响，根据计算，孔径 115mm、台阶高度 10m 的炮孔单孔装药量为 63kg，在单孔单响的情况下，需距离主要保护对象 65.9m 以上才能满足振动安全要求（小于 2.5cm/s）；孔径 42mm、台阶高度 4m 的炮孔单孔装药量为 4.48kg，在单孔单响的情况下，需距离主要保护对象 24.0m 以上才能满足振动安全要求（小于 2.5cm/s）。为确保安全，将整平场地分成三个作业区，采用不同的破碎方法施工，即对距离主要保护对象小于 25m 的山体（一区）采用静态破碎方案，25～66m 的山体（二区）采用浅孔爆破方案，66m 以上范围（三区）采用深孔爆破方案（如图 4 所示）。

站房大楼南侧已开挖 15m 宽、9m 深的减振沟，施工时先进行一区静态破碎至设计标高，可作为东二区及东三区爆破振动的减振沟。另外，东二区顶标高 +36.5m，比站房大楼顶稍低，为了确保飞石不落到楼顶、站台及沿线铁路，计划 +27.5m 标高以上部位采用静态破碎、液压破碎机辅助，+27.5m 标高以下部位采用与南二区相同的浅孔爆破方法，加强表面覆盖。

3　钻爆设备选择

深孔台阶爆破采用 ϕ115mm 履带式潜孔钻机，边坡预裂爆破采用 ϕ90mm 钻机；浅孔台阶爆破和静态破碎采用 ϕ42mm 的手风钻钻孔。

4　爆破器材选择

（1）炸药品种：根据当时民爆公司提供的炸药品种，中深孔爆破炮孔无水时使用粉状膨化硝铵炸药作为主装药，2 号岩石乳化炸药（ϕ90mm）作为起爆药包；在有水时使用 2 号岩石乳化炸药（ϕ90mm）。边坡预裂爆破和浅孔爆破使用 2 号岩石乳化炸药（ϕ32mm）。

（2）起爆器材：深孔及浅孔爆破使用导爆管雷管起爆，预裂爆破采用导爆索起爆。

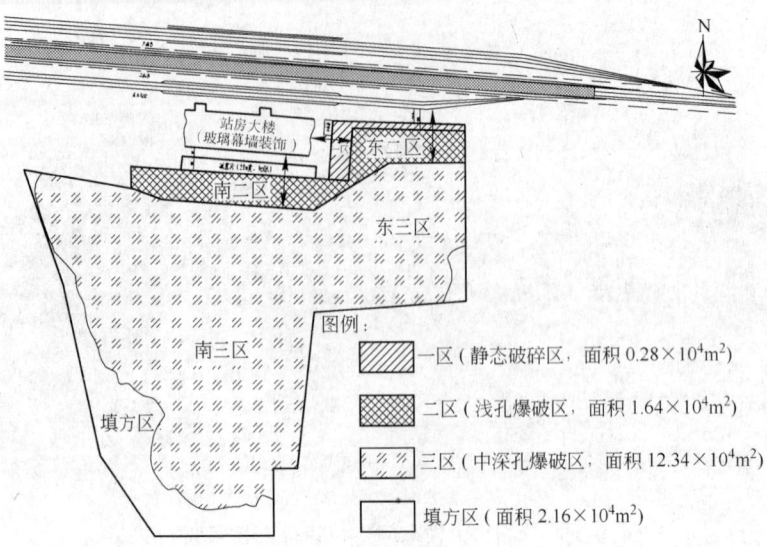

图 4　爆破分区图

Fig. 4　Blasting partition map

5　定量化的爆破参数与起爆网路设计

5.1　深孔爆破

5.1.1　爆破参数

深孔爆破选用 ϕ115mm 型钻机，标准台阶高度定为 10～12m；经设计计算，深孔爆破参数见表1。

表 1　深孔爆破参数表

Table 1　Deep hole blasting parameters

序　号	项　目	单　位	炮孔直径 D115mm
1	梯段高度 H	m	10
2	钻孔角度 γ	(°)	90
3	抵抗线 W	m	3.5
4	炮孔间距 a	m	4.5
5	排距 b	m	3.5
6	超深 h	m	1.0～1.5
7	炮孔深度 L	m	11.0～11.5
8	单孔方量 V	m^3	157.5
9	单耗 q	kg/m^3	0.4
10	药包直径 d_0	mm	90
11	单孔药量 Q	kg	63.0
12	装药结构		连续柱状装药结构
13	填塞长度 L_2	m	3.0～4.0
14	装药长度 L_1	m	7.5～8.0
15	爆破网路		导爆管非电毫秒雷管孔内外延期网络
16	微差间隔时间 Δt	ms	50～75

5.1.2 装药结构

爆破采用柱状式连续装药，具体形式如图5所示。

5.1.3 布孔和起爆模式

选用垂直矩形或梅花形布孔，排间式和梯形起爆。布孔和起爆模式要根据爆破工作面的实际情况，以确保爆破安全和爆破效果为目的进行选取。

5.1.4 起爆网路

本工程采用塑料导爆管非电毫秒雷管起爆系统，孔内延期或孔内、外延期相结合的接力式起爆网路，如图6所示。采用孔内延期时，要求炮孔内的雷管段别根据起爆的先后顺序，依次提高段别；采用孔内外相结合的起爆方式，要求孔内雷管的段别高于孔外连线用的延期雷管。根据最大一段安全药量的控制要求，将 N 个炮孔内毫秒延期非电雷管的导爆管集束式绑扎于孔外传爆毫秒延期非电雷管上，孔外传爆毫秒延期非电雷管之间头尾相接，使各组之间保持一个等间隔的微差起爆，最初传爆雷管使用高能脉冲起爆器激发起爆。

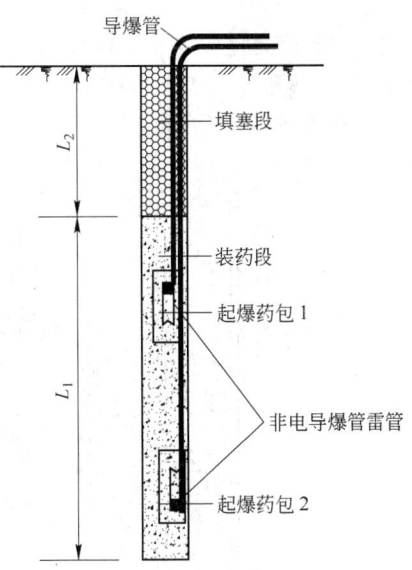

图5 深孔爆破装药结构示意图

Fig. 5 Deep hole blasting charge structure diagram

该网路的优点在于：使用较少低段别的雷管即可实现无数段的起爆，同时各段之间的间隔时间相等，误差量小，且绝无窜段、跳段的可能，网路的连接简单，易于掌握；非电雷管不会因雷电、杂电的作用而引起早爆。

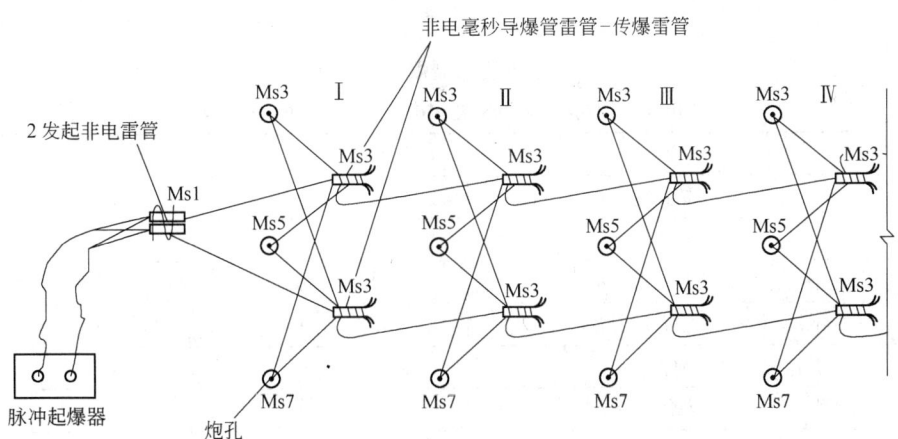

图6 导爆管接力式起爆网路示意图

Fig. 6 Nonel relayed initiation network diagram

5.1.5 爆破量及爆堆分布计算

加大爆区规模，不但可减少钻机、挖机移位时间，提高开挖强度，同时有利于降低大块率。台阶爆破的大块主要来自第一排炮孔，其次是炮孔顶部堵塞段、爆区两侧带炮和后排孔爆破后冲，所以多排孔爆破的大块率肯定比单排孔爆破大块率低。按我公司的经验，排数应不超过6排，4排最佳，排数过多容易造成爆堆过高，松散性不良，不利于挖运，且爆区长度要大于宽度的3倍为宜。按最佳排数4排孔计，爆区规模最小应达到：宽度为14m，长度不小于42m，最小爆破量不小于5880m³，总装药量约2352kg。

爆堆形态如图7所示。

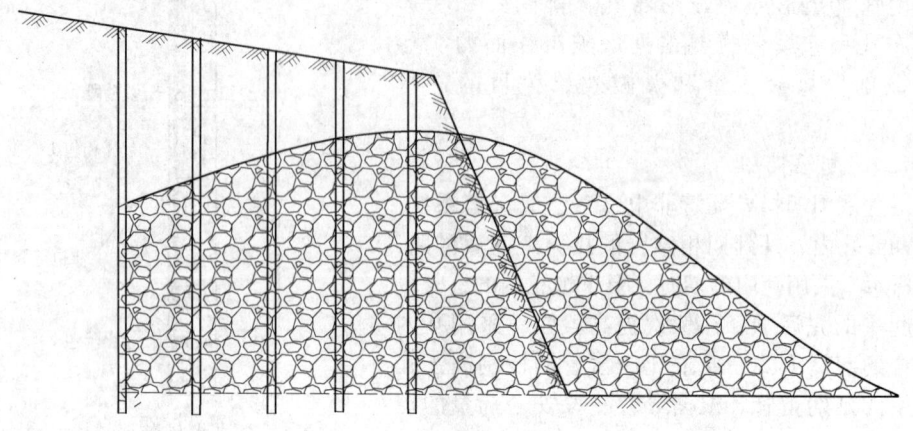

图7　爆堆形态图

Fig. 7　The rock pile shape diagram

5.2　预裂爆破

5.2.1　爆破参数

采用支架式潜孔钻机钻孔，爆破参数主要有孔径、孔间距、线装药密度和不耦合系数等，见表2。

表2　深孔预裂爆破参数表

Table 2　Deep hole pre-splitting blasting parameters

序　号	项　　目	单　位	参　　数
1	钻孔直径 D	mm	90
2	台阶高度 H	m	10
3	炮孔角度 α	(°)	45
4	炮孔深度 L	m	$1.4H$
5	炮孔间距 a	cm	100
6	药包直径 d_0	mm	32
7	不耦合系数		2.8
8	线装药密度 $\rho_{线}$	g/m	250 ~ 300
9	上部 1m 线装药密度 $\rho_{上线}$	g/m	200 ~ 250
10	底部 1m 线装药密度 $\rho_{底线}$	g/m	350 ~ 400
11	堵塞长度 L_2	m	1.5
12	装药结构		导爆索"药串"间隔装药结构
13	爆破网路		导爆索爆破网路

5.2.2　装药结构

爆破采用不耦合间隔装药，具体形式如图8所示。

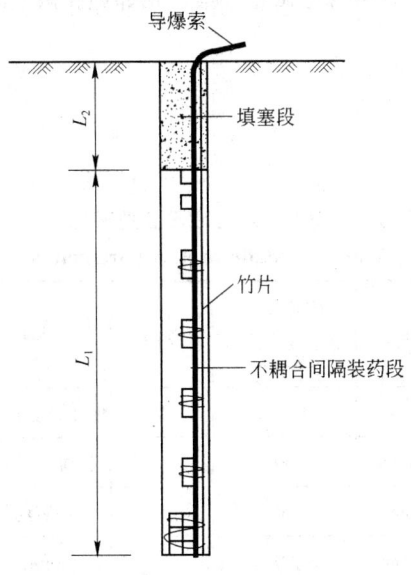

图 8　预裂爆破装药结构示意图

Fig. 8　Pre-splitting blasting charge structure diagram

5.3　浅孔爆破

5.3.1　爆破参数

浅孔爆破采用ϕ42mm 手持式钻机钻孔，炮孔排列方式为矩形或梅花形，垂直钻孔。炸药单耗为 0.5kg/m³，具体爆破参数计算见表3。

表 3　浅孔爆破参数表（孔径 ϕ42mm）

Table 3　Shallow hole blasting parameters（hole diameter ϕ42mm）

台阶高度 H/m	抵抗线 W/m	炮孔深度 L/m	钻孔超深 h/m	装药长度 L_2/m	堵塞长度 L_1/m	炮孔间距 a/m	炮孔排距 b/m	单孔装药量 Q/kg
0.5	0.5	0.7	0.2	0.05	0.65	0.7	0.5	0.09
1.0	0.8	1.2	0.2	0.30	0.90	1.1	0.9	0.50
1.5	0.9	1.7	0.2	0.78	0.92	1.3	1.2	1.17
2.0	1.2	2.3	0.3	1.12	1.18	1.4	1.2	1.68
2.5	1.2	2.8	0.3	1.40	1.40	1.4	1.2	2.10
3.0	1.3	3.3	0.3	1.8	1.50	1.5	1.2	2.70
3.5	1.4	3.8	0.3	2.4	1.40	1.6	1.3	3.64
4.0	1.5	4.3	0.3	2.9	1.40	1.6	1.4	4.48

5.3.2 起爆网路

浅孔爆破采用毫秒导爆管雷管起爆网路。单排孔爆破时采用孔间微差起爆，多排孔爆破时可根据工作面状况选择采用 V 形或梯形微差起爆，相邻炮孔微差间隔时间为 50~75ms。

5.4 静态破碎

5.4.1 静态破碎参数

静态破碎参数见表 4。

表 4　静态破碎参数表
Table 4　Static broken parameters

序号	项　目	单位	炮孔直径 $D42\text{mm}$	序号	项　目	单位	炮孔直径 $D42\text{mm}$
1	梯段高度 H	m	0.8	5	炮孔深度 $L(L=1.05H)$	m	0.84
2	钻孔角度 γ	(°)	90	6	每延米装药量 q	kg/m	2.1
3	孔间距 a	cm	20	7	装药长度 l	m	0.84
4	排间距 b	cm	80	8	单孔药量 Q	kg	1.76

5.4.2 孔位布置

根据合同要求石方单块直径不得大于 80cm，按图 9 所示进行钻孔布置。

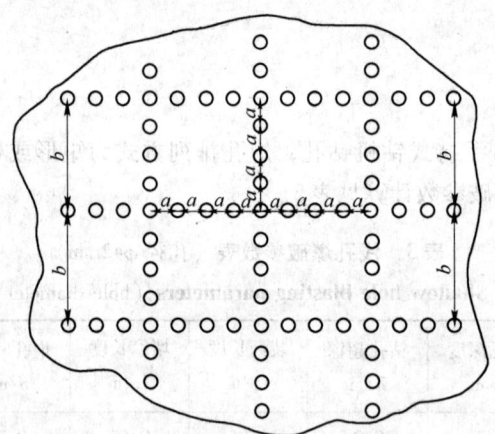

图 9　静态破碎孔位布置示意图
Fig. 9　Static broken hole layout diagram

6 振动及飞石的精细化控制措施

6.1 振动控制

6.1.1 爆破振动安全允许标准

本工程对周边主要保护对象的安全允许振速值见表 5。

表5 主要保护对象安全振速表
Table 5 The main protected objects' safety vibration velocity

序 号	主要保护对象名称	爆破设计控制速度/cm·s⁻¹	备 注
1	站房大楼	3.5	钢筋混凝土结构房屋
2	玻璃幕墙	2.5	
3	水泵房	7	钢筋混凝土结构
4	2号站台	7	钢筋混凝土结构
5	沿线铁路	7	钢筋混凝土结构

注：为使爆破振动降低到最小，本工程爆破设计时统一将安全振速控制为2.5cm/s。

6.1.2 降低爆破振动的技术措施

（1）控制一次起爆药量。最大单响药量按下式及表6予以控制。

$$Q = \left(\sqrt[\alpha]{\frac{v}{K}} R \right)^3$$

式中，v 为振动速度，cm/s；Q 为最大单段起爆药量，kg；R 为最大单段药量中心距被保护物的距离，m；K、α 为与地形地质条件有关的系数。

根据地质条件，本工程暂取 $K = 180$，$\alpha = 1.5$。在爆破实施过程中，通过实测爆破地震波，得到实际的 K、α 值再调整。

表6 安全距离与最大段药量关系
Table 6 The relationship between safe distance and maximum charges

R/m	25	30	40	50	60	80	100
Q/kg	3.0	5.2	12.3	24.1	41.7	98.8	192.9

（2）在爆区和保护物之间开挖减震沟。站房大楼南侧已开挖15m宽、9m深的减震沟，可作为南二区及南三区爆破振动的减震沟。施工时先进行一区静态破碎至设计标高，可作为东二区及东三区爆破振动的减震沟（如图10所示）。

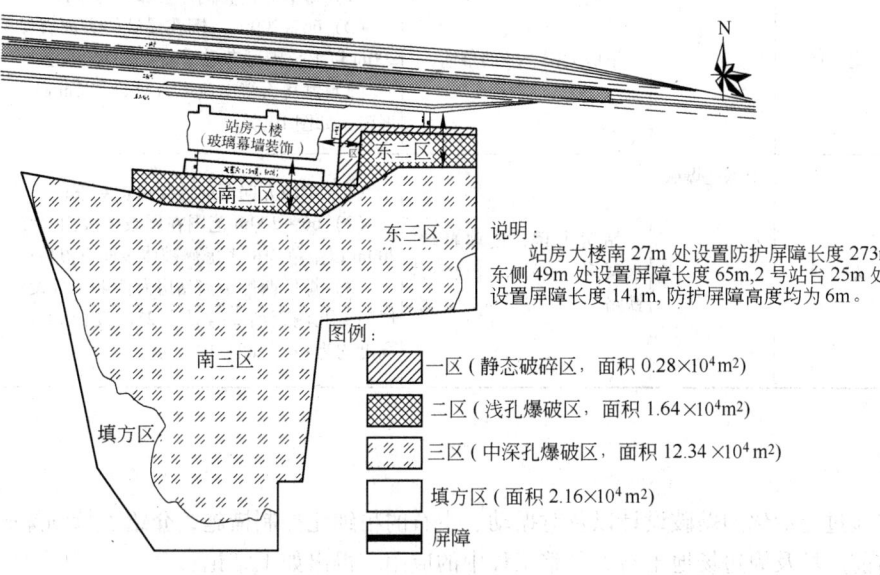

说明：
站房大楼南27m处设置防护屏障长度273m，东侧49m处设置屏障长度65m，2号站台25m处设置屏障长度141m，防护屏障高度均为6m。

图例：
- 一区（静态破碎区，面积0.28×10⁴m²）
- 二区（浅孔爆破区，面积1.64×10⁴m²）
- 三区（中深孔爆破区，面积12.34×10⁴m²）
- 填方区（面积2.16×10⁴m²）
- 屏障

图10 防护屏障平面示意图
Fig. 10 Protective barriers plan view

6.2　飞石控制

6.2.1　爆破飞石的安全判据

按《爆破安全规程》(GB 6722—2003) 规定：露天岩石爆破时，台阶深孔爆破个别飞石对人员的安全允许距离不少于 200m，浅孔爆破个别飞石对人员的安全允许距离不少于 300m，对设备或建（构）筑物的安全允许距离，应由设计确定。

由于本工程周围环境比较复杂，客流量较大，警戒范围全部按 300m 设置警戒点。

6.2.2　个别飞石的控制措施

本工程按照不同分区爆破方法相应采取不同的控制措施，避免飞石对站房大楼、玻璃幕墙、水泵房、2 号站台及沿线铁路等造成损毁，见表 7。

表 7　各区段爆破飞石控制措施表
Table 7　The measures of controlling flying rock in each zone

序号	区段号	爆破方法	主要保护对象	控 制 措 施
1	南二区	浅孔爆破	站房大楼、玻璃幕墙	(1) 爆破方向背向需要保护对象； (2) 在爆破体表面直接覆盖竹疤； (3) 站房大楼南侧 27m 处设置 6m 高、273m 长的屏障，如图 10 所示
2	东二区 (+27.5m 以下部位)		站房大楼、玻璃幕墙、水泵房、2 号站台及沿线铁路	(1) 爆破方向背向需要保护对象； (2) 在爆破体表面直接覆盖竹疤； (3) 爆区西侧距离站房大楼 49m 处设置 65m 长的屏障，北侧距离 2 号站台 25m 设置 141m 长的屏障，高度均为 6m，如图 10 所示
3	南三区	中深孔爆破	站房大楼、玻璃幕墙	(1) 爆破方向背向需要保护对象； (2) 66~200m 范围在爆破体表面直接覆盖竹疤，200m 以上范围可考虑爆破体表面不覆盖； (3) 站房大楼南侧 27m 处设置 6m 高、273m 长的屏障，如图 10 所示
4	东三区		站房大楼、玻璃幕墙、水泵房、2 号站台及沿线铁路	(1) 爆破方向背向需要保护对象； (2) 66~200m 范围在爆破体表面直接覆盖竹疤，200m 以上范围可考虑爆破体表面不覆盖； (3) 爆区西侧距离站房大楼 49m 处设置 65m 长的屏障，北侧距离 2 号站台 25m 设置 141m 长的屏障，高度均为 6m，如图 10 所示

7　结论

本文通过定量化的爆破设计以及对振动、飞石的精细化控制措施，介绍了精细爆破在汕尾火车站站前广场及周边场地土石方平整工程中的应用。得出如下结论：

(1) 精细爆破设计不仅可以保证复杂地形和周围环境条件下的爆破效果，降低复杂环境条件下的爆破有害效应影响，而且可以根据场地条件灵活、机动地开展多点、多方位的控制爆破，确保安全施工，控制进度，保证工期，取得理想的经济效益。

（2）将精细爆破理念应用到工程实践中，最终实现安全可靠、技术进步、绿色环保及经济合理的爆破作业。

参 考 文 献

［1］汪旭光．爆破设计与施工［M］．北京：冶金工业出版社，2011.

［2］谢先启．精细爆破［M］．武汉：华中科技大学出版社，2010.

［3］张正宇，等．水利水电工程精细爆破概论［M］．北京：中国水利水电出版社，2009.

采场中深孔爆破方案的探讨

贝建刚

（安徽开发矿业有限公司，安徽六安，237462）

摘　要：采场内中深孔的施工情况，直接对采场爆破效果产生明显的影响，如对采场内的大块、悬顶；推墙有直接的影响，为了保证采场的爆破效果，提高采场的生产效率，需要采取合理的设计参数保证企业各项效益的提高。同时由于采场爆破过程中的失误，容易产生隔排爆破、悬顶、推墙等爆破事故。本文对各种爆破事故从理论上进行研究，并提出了合理的解决方案，保障了各项问题的高效解决，为企业获得最大经济效益。

关键词：爆破；精度；优化

The Discussion of Stope of Deep Hole Blasting Scheme

Bei Jiangang

（Anhui Development Mining Co., Ltd., Anhui Liu'an, 237462）

Abstract：According to the construction of the stope of deep hole of them, the direct influence of stope blasting effect, such as within the stope on large overhang, push the wall has a direct impact, in order to ensure the stope blasting effect, increase the productivity of the stope, need to take reasonable design parameters to ensure the efficiency of enterprises improved. Due to the errors in the process of stope blasting at the same time, easy to generate every other row of blasting, hanging, push the wall blasting accidents, are studied theoretically in this paper, the various blasting accident, and put forward the reasonable solution, and ensure the efficient to solve the problem, the maximum economic benefit for the enterprise.

Keywords：blasting; precision; optimization

井下采场内的爆破效果直接影响采场的开采效率、出矿成本与生产安全。因此理想的采场爆破是进行开采的关键环节，具有效率高、时间短、工作量大等特点。其中与采场爆破关系最密切的为采场中深孔的施工精度及爆破施工方案的优化选择。高精度的中深孔能够实现精细化爆破，好的爆破方案能够实现事半功倍的效果。

1　提高中深孔的施工精确度

提高中深孔的施工精度，要求在施工过程中对已经施工的中深孔及时进行测量，对未达到设计要求的孔需要重新进行补孔，直到达到设计要求方可。在采场中深孔的实测要求提高其精

贝建刚，高级工程师，beijiangang.2007@163.com。

确度，首先要从多个方面将孔的倾角进行测量，而后根据其深度将其实测孔绘制出来，作为爆破时的参考，保证矿量全部爆破下来。为采场出矿创造条件。

中深孔施工的精确度的前提条件为能够满足爆破的技术要求，当中深孔能够达到技术要求的精度时，方能保证爆破成功。当单次爆破的高度越大时，要求的精度就越高，但最小的间距不应小于5cm，即孔的壁之间的距离要求保持在 5~10cm 之间，如图 1 所示 $\triangle ABD$ 中，过圆心做 BD 垂直于 OC，则有：$\dfrac{BC}{r} = \cos\beta$，其中 $\beta = \left(180° - \dfrac{\alpha}{2} - 90°\right)$，由图 1 中所示得：$\alpha = \dfrac{360°}{8} = 45°$，则有：$\beta = \left(180° - \dfrac{45°}{2} - 90°\right) = 67.5°$。

当 BC 满足上述条件时，$BC = 90 + 50 = 140\text{mm}$，则有：$r = \dfrac{BC}{2\cos\beta} = 183\text{mm}$；则有各孔圆心形成的圆的直径为：$183 \times 2 = 366\text{mm}$；如图 2 所示。垂直平行的孔形成后方可保障掏心的形式，从而能够保证相邻辅助孔的爆破成功。掏心孔中间孔为 1 号孔，直径为89mm。掏心周边孔为空孔，共有 8 个孔。孔的直径为：$D = 89\text{mm}$。空孔的中心半径为 $183 - 45 = 138\text{mm}$，空孔的外缘半径约为：$183 + 45 = 228\text{mm}$，空孔之间的圆心，距离为140mm，孔边缘中间装药的中心距离为183mm，空孔边缘距离装药孔边缘的距离为 $183 - 90 = 93\text{mm}$。

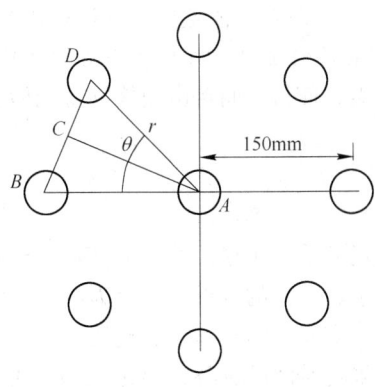

图 1　采场爆破成井掏心孔布置图

Fig. 1　Stope blast shaft-formirg rink hijinks hole arrangement

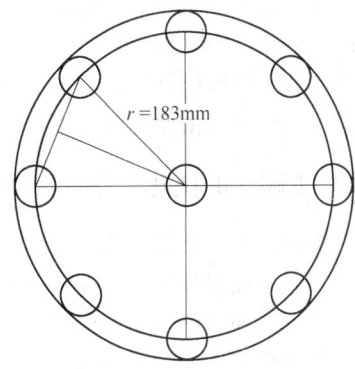

图 2　爆破成井掏心孔间距计算图

Fig. 2　Blast shaft-formirg rink hijinks hole spacing calculation chart

补偿系数的确定，当孔外缘大圆面积：$S_{大} = \pi \times (0.228)^2 = 0.16323\text{m}^2$；$S_{孔} = \pi \times \left(\dfrac{0.089}{2}\right)^2 \times 9 = 0.055962\text{m}^2$；则实际面积为：$S_{实} = S_{大} - S_{孔} = 0.107246\text{m}^2$。则补偿系数：$p = \dfrac{S_{孔}}{S_{实}} = \dfrac{0.055962}{0.107246} = 52.5\%$，则远大于20%的要求，即能够满足爆破的要求。当孔深无限延长时在理论上仍能够适用，能否成功的关键在于是否能够按设计要求及设计精度进行施工，当其达到设计技术要求时，方可爆破成功，否则会出现爆破失败的问题。施工的难点在于能否保证孔与孔之间的平行，孔与孔之间的间距是否在设计要求的范围内，尤其是不得出现孔与孔相透的现象，否则不能成功实现爆破的目的。

在实际应用过程中，要求严格控制中孔的施工角度与精确度，只有保障按技术要求施工，方可确保孔的形成，如何保证中深孔的角度，前提条件要求实现自动控制，推行自然施工的理论要求，在施工过程中避免人工干预的发生，避免人的参与，保证数据的准确性，尤其是在施工过程，要进行实际的查看与验收，对于未能按要求的技术参数施工时，要求及时进行更改，出现此部位的废孔时，要求重新布置施工部位，或进行补孔处理。由于孔与孔之间的孔壁较薄，必要时要求进行护孔，尤其是在软弱岩层或者岩层部位必须进行护孔，否则不允许进行施工，当护孔结束后要求进行护孔的验收，只有达到技术要求方可进行爆破，对相透的孔，尤其是空孔与装药孔相透，不得进行爆破，否则会将围岩损坏，无法保证下一次爆破的补偿空间。尤其是将此位置损坏后，重新选择位置时难度较大，且影响施工效率。为了保证施工中孔的顺利进行，使得各孔的方位保持一致，间距保持一致，从而能够保证孔的精确度，实现爆破成孔的目标。在台车凿岩过程中，要求多钻头之间的间距能够调整，从而保证在各钻头施工过程中，能够保持相同的角度及相同的方位，孔间距保持稳定，各钻头的施工功率可以进行调整，将掏槽部位布置在围岩的均匀与稳固部位，使得孔的施工过程中，不会因围岩破碎或裂隙的存在，而使得孔与孔相透或贯通，从而导致孔的作废。因此在此掏槽孔施工过程中，必须按技术要求施工，按步骤与顺序进行施工，崩落体炸药单耗的标准，应保持在每米炸药量为 5.2kg，每米孔的崩落体积为：$V = 0.10762m^2 \times 1m = 0.108m^3$；质量为：$G = V \times 3.2 \times 10^3 = 0.344t$；则炸药单耗为：$f = \dfrac{5.2}{0.344} = 15.12kg$。可见远大于正常炸药单耗的需要，总之在炸药装药过程中，要求增加装药孔的装药密度，增大药量，使得在爆破时能够将掏槽爆破体整体崩落抛掷出来，克服周边孔的间距误差，及产生的阻碍和阻力，使得掏槽爆破能够成功，在此类爆破过程中，应采取分次爆破的方案，使得爆破实现空间自由面的充分发展，使得空间自由面能够得到验收与处理，保证自由面的充分性。

2　爆破顺序的优化

爆破是矿山开采的关键环节，由于爆破工艺失误可对采场开采产生很大的影响，甚至严重阻碍采场的正常开采。通过对采场爆破工艺的优化，可实现事半功倍的效果。可分为四大类情况，首先采场爆破切巷过程中，可实现上下分层切割巷爆破，实现空间转移，实现切巷空间由下向上分层倒替。第二类情况为通过向空区填碴，实现相邻采场空间的倒替，形成采场之间的空间充分利用，即通过对相邻采场内的碴进行倒运，将相邻采场内的碴运到相邻采场的空间内。第三类情况为当本分层底板被下分层的爆破而滑落至下分层。即出现下分层的爆破超前于本分层，导致本分层无法爆破的问题，此时，采用相邻采场内的碴填满至本分层的爆破掌子面从而将本分层爆破结束后，确保各分层的正常爆破。第四类情况为：采取爆破正排的方案将本分层的切巷内碴落下去，既实现本分层的爆破又实现减少本分层的出碴量，实现切巷内集中出矿的目的。

2.1　第一、二类情况

在第一、二类情况下，如图 3 和图 4 所示。上下分层的采场切巷全部或部分重合，在正常的爆破顺序下，首先将本分层的切巷内碴出完后，方能满足正排及切巷排的爆破条件。切巷的总长度为 20m，施工顺序为首先施工切井，切井规格为：长 × 宽 = 4m × 3.5m，而后施工 11 排切巷中孔排，第一次为爆破紧临切井的 3 排孔，将切巷空间扩大至 7m，第二次将余下的 8 排切巷排全部爆破，使采场内矿石崩落下来。

在本分层切巷爆破过程中，第一次切巷爆破结束后，为保证正排的爆破需要将切巷内的碴出完，此时的出碴量为：$12m \times 4m \times 2m = 1056m^3$；切巷的体积为：$27m \times 16m^2 = 432m^3$，探矿

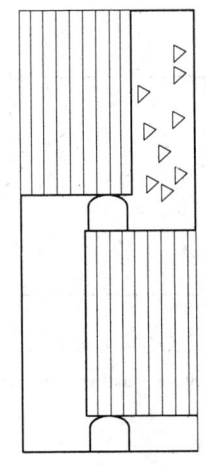

图 3　采场分步爆破图　　　　　　　　　　图 4　采场分段爆破平面图

Fig. 3　Stope blastion figure it step by step　　　Fig. 4　Stope segmented blasting plan

巷长为 8m，探矿巷体积为：$V = 8\text{m} \times 16\text{m}^2 = 128\text{m}^3$；外抛碴量为：$V_{抛} = \dfrac{1}{3} S_{底} h$，现场实测得到：$h = 13\text{m}$，则有：$V_{抛} = \dfrac{1}{3} \times 16 \times 13 = 69.3\text{m}^3$；而第一次崩落实体的体积为：$V_2 = 48 \times 12 \times 1.7 = 1795\text{m}^3$；而实有空间为：$V_{总} = 1144 + 432 + 128 + 69.3 + 8 \times 4 \times 22 = 2486\text{m}^3$；总空间由第一次爆破的体积 V_2、第二次爆破的体积 V_3、探矿巷的体积 V_4、切巷的体积 V_5、外抛体积 V_6 组成。多出的空间为：$V_{总} - V_3 = 2486 - 1795 = 691\text{m}^3$；而第一次爆破的体积为：$V_2 = 4.5 \times 4 \times 22 \times 1.7 = 673.2\text{m}^3$，多出的空间与第一次爆破崩落矿石的体积 V_2 相比，即 $691 - 673 = 18\text{m}^3$，即空区较原底板低 0.225m，即 225mm。在采场管理过程中能够满足现场正常出矿的需要，实现了本分层的第一次崩落碴落至下分层的现象，避免了本分层出矿的困难，满足了底部回收分层集中出矿的要求。

当此类情况在应用过程中，由于切巷相互重叠的条件并不充分，即仅有部分上下分层的切巷边界重合，上分层的崩落矿量仅能从探矿巷部位落至下分层，此时需要在本分层进行铲运机清理倒碴，崩落矿石全部清理至下分层崩落巷内，实现下分层开采空间充分利用的目的。

2.2　第三类情况

相邻采场的空区利用，如图 5 所示，当采场切巷爆破过程中，由于采场爆破出现超前现象，致使下分层的爆破超前于上分层，导致本分层切巷与上分层放透，从而影响了上分层的正常爆破。为了保证本分层的正常爆破，利用上分层相邻采场内的爆破碴将本分层切巷内爆破的空间填满，为上分层切巷爆破提供条件，从而保证上分层爆破的安全。

2.3　第四类情况

利用上分层的爆破将本分层掌子面底部空间填满，如图 6 所示。当本分层掌子面的底板被下分层放过时，出现底部悬空现象，为了保证本分层的爆破安全，需要用碴将本分层掌子面底部空区充填起来，为本分层爆破提供条件，保证本分层的正常爆破。此时采取上分层爆破的方案，将上分层内的碴直接爆破落到本分层，从而将本分层的底部空区填满，为本分层爆破创造条件。

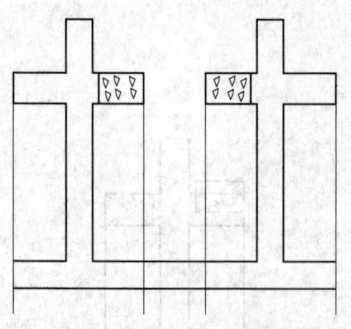

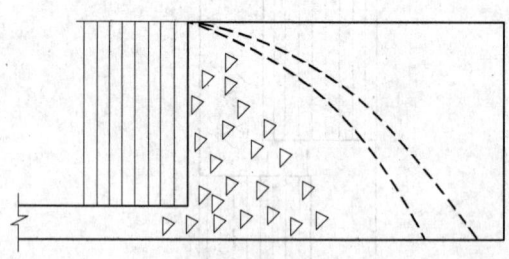

图 5　采场相邻采场爆破平面图

Fig. 5　Stope adjacent stope blasting plan

图 6　采场抛掷爆破图

Fig. 6　Stope casting blasting

2.4　小结

通过各类措施的综合分析与应用，可实现多分层的碴通过交替爆破，使得由下向上的顺序将爆破矿石全部落至最底层出矿部位，实现了集中出矿的要求。

现井下采场内，每一个开采空间都是投入大量的人力、物力、时间，方可爆破出来。在此类方案应用中，通过爆力搬运的方案将采场的矿石由上分层爆力搬运至下分层，通过交替施工，使得各分层的碴能够全部爆破搬运至下分层，充分利用了底层第二次崩落的出碴空间，将各分层的矿体崩落下来，并且实现集中出矿的目标。在爆破过程中，中深孔的施工要求与精度要求是井下采场爆破能否成功的关键所在，能否充分利用中孔的施工精度而达到预期的爆破目标，是爆破实用技术发展的关键所在。

3　采场内的控制爆破

在采场爆破过程中，实现控制爆破，将采场内的矿体有效崩落下来，需对采场内应有的工程围岩进行保护，实现预定的爆破目标，在底部结构的爆破过程中，采取上半部分分次爆破的方案。首先将上分层矿崩落下来，从而满足上部矿量能够直接落到回收分层，使得矿量能够首先回收回来，而后将底部分层的炮孔再进行分次装药爆破，将预留孔的深度保持在 5m，上部装药为 5m，从而能够再次增大底部分层保护层厚度，如图 7～图 9 所示。同时延长了采场内底结构的使用时间，保证了底部结构的安全使用，从而实现采场内矿量全部回收的方案。回收的具体步骤如图 8 和图 9 所示。

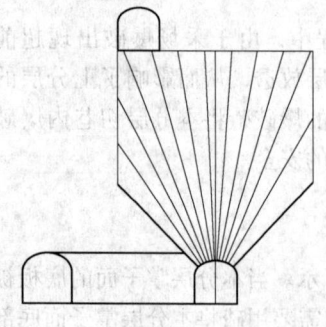

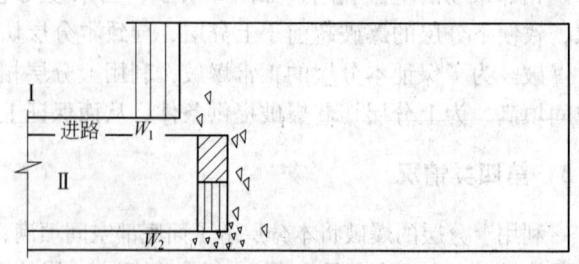

图 7　采场底部结构剖面图

Fig. 7　Stope bottom structure section

图 8　采场掌子面矿石溜动情况图

Fig. 8　Constraints stope ore dynamic map

根据分层的高度为 21m，在各排内采取分段爆破的方案，第一次爆破为总孔深的一半，即 10.5m，对超过 10.5m 以上的孔进行爆破。装药过程中，采取对非静电输药管制作 10.5m 的标记，每次露出标记即停止装药，爆破体能够冒落至回收分层。由于矿石溜井角度为 50°，仅在上分层爆破部位留一小三角，当排距为 b 时，留有三角宽度为：$1.7\text{m} \times \cos 50° = 1.02\text{m}$。残留矿量为：$V = S_{ABC} L_C$，$S_{ABC} = \dfrac{1}{2} \times 1.7 \times \cos 50° \times 1.7 \times \sin 50° = 0.4\text{m}^2$；取 $L_C = 20\text{m}$，所以：$V = 0.4 \times 20 = 8\text{m}^3$，矿量为：$V \cdot \rho_{密} = 8 \times 1.7\text{t/m}^3 = 13.6\text{t}$，而崩落矿量体积为：$V_总 = 10.5 \times 1.7 \times 20 = 357\text{m}^3$，质量为：$G = V_总 \rho_{密} = 357 \times 1.7\text{t/m}^3 = 1141.4\text{t}$，残留量与崩落量之比为：$\dfrac{13.6}{1141.4} = 1\%$，因此每排爆破回收量得到了提高。

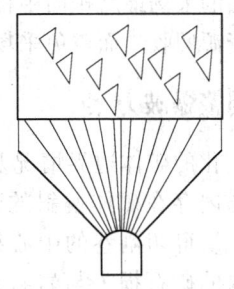

图 9　采场单排部分爆破剖面图

Fig. 9　Single part of the stope blasting section

对应每排上分层的矿量为整排回收量，从而可实现上部分层矿量的全部回收，使得回收率进一步提高。

通过上半部分首次爆破实现了本分层上半部分及上部多分层的爆破矿量的全部回收，同时使得上部各分层的爆破量扩大，由于底部分层的上半部分可爆破 8 排，使得上部分层可爆破 20～30 排。实现了采场上部矿量能够预先崩落下来，从而能够为底部采场的出矿提供条件，同时避免了因底部爆破时出矿残留而形成的爆破空间不充足的问题及容易产生推墙、悬顶等爆破事故。

4　同排内分次爆破

同排内的分次爆破，可实现上部矿量提前爆破下来，如图 10 和图 11 所示。从而满足底部回收分层出矿的要求，避免了出矿期间出现的矿量不足的问题。

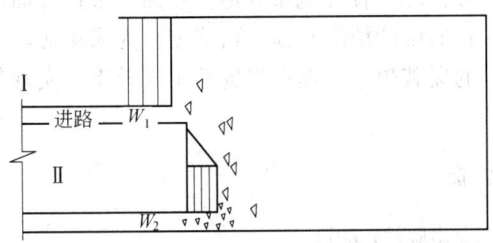

图 10　采场分组顶部爆破图

Fig. 10　Stope group at the top of the figure

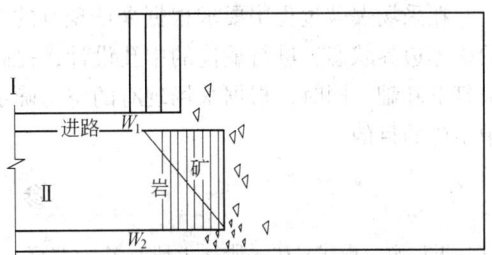

图 11　采场中深孔倾斜排布置图

Fig. 11　Stope of deep hole arrangement

采场内采取排内分次爆破的方案，可解决因底岩石存在而产生的采场内岩石贫化的问题，导致因底部岩石的存在而将底部岩石混入采场的崩落矿石内，加大掌子面崩落矿石的贫化率，采取阶梯形崩落的方案将采场内的岩石预留在采场内部，而将采场上部的矿石崩落下来，进而回收了采场内资源而降低了采场内的岩石贫化率，如图 11 所示。将第 24、23、22 排内的孔在爆破时根据岩石的厚度大小，选择相应的装药深度，有效地将采场内的矿石崩落下来，而将岩石留在采场底部，实现上部矿石资源的充分回收，实现降低采场岩石贫化率的目的。依次类推，各分层的采场最后排面中根据矿石及岩石的分界线高度采取多留不装药的方案，可将采场内的矿石资源回收，而避免采场内岩石的混入。

5　适时调整爆破方案

根据变化的矿体边界情况及时调整炮排的布置方案，如对于采场内存在矿体偏斜的问题，及时调整切割巷的布置方向，使得切割巷的中心线与矿体走向一致，从而避免采场内的矿石损失与岩石贫化，实现最大限度回收矿石资源的目的，如图 12 所示。正排布置过程中，采取右侧增加半排的方案，逐步过渡到正排的措施，使得采场的炮排能够将采场内的资源控制住。

适时调整爆破方案可有效地避免因布置与凿岩巷垂直的切割巷而出现的左侧岩石贫化而右侧资源损失的问题。当各分层的岩石存在于矿体内时，应该减少对岩石的崩落，而加强采场内矿石的回收。在矿石地质品位计算中，考虑夹层的影响，参与地质品位计算对于其地质品位低于截止品位以下的矿石则不进行回收。

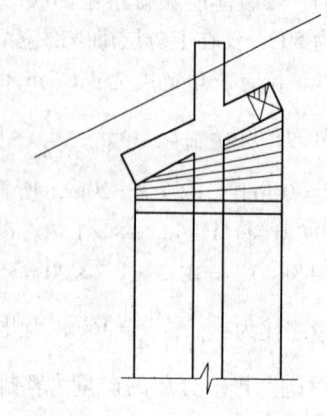

图 12　采场切巷布置平面图

Fig. 12　Stope cut lane arrangement plan

6　根据实测工程变化及时调整炮孔排面

当由于矿体边界实际变化，其倾角过小时，及时调整采准设计参数，保证矿石资源的全部回收。在切巷施工深孔过程中，要详细记录中深孔见矿见岩深度，作为矿石边界的第一手资料，能够指导爆破的正常进行，是进行爆破设计的依据。采场内正排爆破的排面分段，要求根据采场的现象空间、中深孔的密度情况进行确定，防止出现爆破事故。

7　总结

在采场爆破过程中要求根据采场现有的实测工程情况，合理地布置炮孔排面，根据排面内的矿体边界状态，进行最优的中孔设计，提高中深孔的设计精度及施工精确度，为采场成功爆破打下基础。同时，根据采场现有的空间确定合理的爆破顺序，提高采场的出矿效率，实现集中出矿的目的。

参　考　文　献

[1]　王运敏. 现代采矿手册（上册）[M]. 北京：冶金工业出版社，2011.

采用环保方法施工保护鱼类资源

胡鹏飞

（长江重庆航道工程局，重庆，400011）

摘　要：为能顺利通行包括万吨级船队在内的大中型船队，蓄水前需解决涪陵至铜锣峡间的泥沙累积性淤积、礁石碍航、峡谷河段礁石突嘴产生不良流态等通航安全的问题，本文论述了采用环保方法施工保护鱼类资源。

关键词：环保；保护；鱼类

Adoption Environmental Protection Method Construction Protection Fish Resources

Hu Pengfei

（Changjiang Chongqing Waterway Engineering Bureau，Chongqing，400011）

Abstract：Is smooth for ability to go through to include ten thousand ton class tall ship at inside of big and medium-sized tall ship，the sediment accumulation which need before retain water to solve Fu Ling to the brass gong Xia silt up，reef Ai sail，the reef Tu mouth creation of river segment in the canyon bad flow Tai etc. navigation safety of problem，this text discuss adoption environmental protection method construction protection fish resources.

Keywords：environmental protection；protection；fish

1 工程实施概况

1.1 工程特点

涪陵至铜锣峡河段为长江三峡库区航道的一段，三峡大坝按 175m 蓄水后，为能顺利通行包括万吨级船队在内的大中型船队，蓄水前需解决涪陵至铜锣峡间的泥沙累积性淤积、礁石碍航、峡谷河段礁石突嘴产生不良流态等通航安全的问题。为能降低施工成本，提高施工工效以及减小施工难度，尽快发挥长江三峡水力枢纽的综合效益，对上述碍航礁石须在 156m 蓄水之前炸除。

1.2 工程设计概况及施工工期

炸礁工程分布在重庆市境内的四个行政区，共有 13 个滩。建设标准为航道 I 级，设计

胡鹏飞，高级工程师，yufd63@163.com。

炸礁工程量为 850818.9m³。其中，水下炸礁 109378.2m³，陆上炸礁 741440.7m³。河床底质主要为砂岩，其硬度 8～10 级。施工区大都在岸边，枯水期流速多在 1.5m/s 以内，枯水期施工条件较好。施工区四周的建筑物多在 100m 以外，采取一定的爆破减振措施可保证其安全。

工程的施工（历时）期为 2005 年 10 月 16 日～2006 年 7 月 25 日。施工的日历天数为 313 天。

1.3　施工方法

根据工程具有点多线长、工程量大、工期紧的特点，陆上炸礁，采用轻型钻机钻爆或用行走钻机、液压钻机钻爆，控制单段药量，多段爆破，微差减振的施工方法，挖机装渣，汽车运输弃渣。水下炸礁采用钻爆船钻爆，按断面分船次，微差爆破。爆后由挖泥船清渣，泥驳装运石渣到设计指定的地点弃渣。

2　炸礁工程对鱼类的影响因素

2.1　噪声对鱼类的影响

施工期间主要机械设备声源介于 75～110dB。根据重庆市环境监测中心多年对各类建筑施工工地的噪声监测结果统计，施工工地的噪声声级峰值（距场界约 5m）为 87dB，一般情况为 78dB。施工噪声值可达到《城市港口及江河两岸区域环境噪声标准》（GB 11339—1989）中 2 类标准。声源主要在岸上，水下钻孔产生的噪声较陆上小，但鱼类受噪声的影响会改变活动位置，噪声对鱼类的影响不大。

2.2　施工引起的水质浊度增加对鱼类的影响

水下钻孔、水下清渣、水下爆破均会引起水质浊度增加，这对生活在施工区域附近的鱼类有一定的影响，但施工区域占长江水域很小的范围，且长江流量大自净能力强，其影响程度还不及天然状态下洪水期的水质浊度。施工引起的浊度增加不会对鱼类产生明显的影响。

2.3　对"三场"（产卵场、索饵场、越冬场）的影响

因为施工河段无珍稀濒危鱼类的"三场"，故不会对其产卵、索饵、越冬等产生影响。但施工区域有经济鱼类，主体工程在三月份基本结束，对产卵场影响不大，施工期对经济鱼类的索饵场、越冬场有影响，鱼类会变更生活环境，在其他区域生活。

2.4　生活用水、设备油污、炸药对鱼类的影响

大部分工程段就近设置了施工营地或租用民房，营地设污水收集池，经简单的处理后才排放。少量的施工人员生活在船上，会产生一些生活污水。

施工设备船舶产生的废水根据有关规定，船舶舱底油污水经自带的油水分离器处理后达标排放，排放标准 10mg/L。陆用机械产生的油污用专用容器收集，统一送到指定的地点集中处理。

工程爆破使用炸药，将产生一定量的有毒气体，爆后在河床留有硝烟味，鱼类闻到硝烟味后，会远离爆破区域生活，鱼类会改变生活习性，包括繁殖活动。

综上所述，生活用水、油污、炸药等产生的污染物量不大，对鱼类影响不大。

2.5 爆破产生的振动效应和水击波对鱼类的影响

水下炸礁会产生瞬时强大的声响和振动,这会对鱼类造成相对明显的影响,特别是对在施工区域附近活动范围小的鱼类影响最大。需采取一些重点措施,减小爆破对鱼类的影响。

3 对鱼类的环保措施

3.1 小炮驱鱼

爆破前,先向当地渔民了解各种鱼类的生活习性及分布范围。在水下爆破前安置无损伤小炮或成组的雷管进行鱼类驱赶,利用少量炸药的爆炸所产生的惊吓作用将鱼类驱赶出爆炸区域。以保证爆破不会对该区域珍稀保护鱼类造成伤害,减轻爆破对鱼类资源的影响。根据国外相关资料,爆破施工中(鱼类)的安全距离见表1。

表1 爆破施工中(鱼类)的安全距离
Table 1 Blasting construction (fish) safety distance

炸药量/kg	0.5	1	5	10	25	50	100
安全距离/m	15	20	45	65	100	143	200

3.2 选定合理的爆破层厚度

对于岩石开挖厚度小于6m一次性钻至设计深度,岩石开挖厚度大于6m的分两层爆破,第一层(陆上)开挖底高按航行基准面以上2m控制,并尽量控制为陆上爆破,第二层(含水层)开挖超深按1.5~2.0m控制。这样,就减小了水下爆破的用药量和爆破次数。

3.3 微差爆破减小对鱼类的影响

为了将施工期对鱼类的不利影响降至最低限度,根据目前国内外先进的航道施工和炸礁技术,可采用水下钻孔多段延时爆破即微差爆破。

微差间隔时间可采用经验公式计算:

$$\Delta t = K_p W(24 - f)$$

式中,Δt 是微差时间,ms;f 为岩石硬度系数;K_p 为岩石裂隙系数,裂隙少 $K_p = 0.5$,裂隙中等 $K_p = 0.75$,裂隙发育 $K_p = 0.9$。

由于前排爆礁对后排岩石的抛出起了阻碍作用,若没有足够的时间,致使次后排爆起的岩石达不到足够的运动速度,不能使岩石充分碰撞破碎。前排爆破形成的临空面对后排爆破的作用不大,为此微差时间间隔不能太小,施工时采用50~75ms微差间隔时间来满足爆破的需要。段发雷管的布置方式为前排至后排依次分段,即按先河心后岸边的顺序逐排依次分段,并按1、3、5、6、7、8、9、10段等分段的方式确定起爆顺序。施工期间我们采用了15个段的雷管进行微差爆破,把对鱼的伤害降到最低。爆破后,因为鱼会对炸药味"过敏",施工初期可先在半径400m范围内进行微量试爆,驱逐鱼群,然后再慢慢增大爆破药量。经小炮驱鱼后,多段爆破的起爆药量从200kg,逐渐增大到1000 kg(单段最大药量控制在100 kg以内)。观测无鱼类受到伤害。

3.4 爆破监测

为保证鱼类的安全,在施工期的初期我们还安排了爆破监测和鱼类观测。主要测爆破产生的质点垂直振动速度。根据测出质点的垂直振动速度及时调整爆破参数，鱼类观测以目测为主。

爆破振动测试用电测法测量爆破最大质点振动速度，即测量竖直分量和水平分量。每次爆破之前在选定的监测部位安装传感器，爆破自记仪自动记录，通过计算机进行波形分析，输出测试结果。水下炸礁，仪器不能直接放置于该处，为此，仪器放置于施工区附近的陆上，以剪刀梁爆破为例，单段最大药量87kg，传感器距爆源的距离220m，测得的最大振速为0.83m/s。测得各段雷管的时间差大于50ms，地震波形无明显的叠加现象。采用微差爆破，振动效应得到了降低。微差爆破对鱼类保护有利。

3.5　减少炸药产生有害气体的措施

陆上炸礁炸药爆炸产生的有害气体，随爆轰波散发在大气中，对鱼类基本无影响。水下炸礁炸药爆炸产生的有害气体，一部分随水柱散发在空气中，一部分残留在岩石中。减小有害气体的途径主要有两个，即减小炸药用量和保证炸药充分爆炸。为此，正式施工前先做爆破试验，找出一套适合当地岩石性质的爆破参数，尽量做到爆破开挖后一次成型，这样炸药用量就可以得到有效的降低。对于孔深大于4m的爆破孔，用两个起爆体，其中一个起爆体需安置在孔的底部，这样，可保证炸药不残留并爆炸充分，从而减小了有害气体的生成量。此外，严禁使用过期、变质炸药。

3.6　合理安排施工时间

因大多数鱼类产卵季节为3~10月，以及重庆禁鱼季节为每年的2月1日~4月30日，为减少对鱼类繁殖的影响，大规模的爆破安排在2月底前完成。进入3月份因施工进度需要还需施工，此时，必须加强驱赶措施和微差爆破措施，且鱼类经过近几个月的适应，基本适应了炸礁施工的环境。

3.7　设置珍稀鱼类保护应急预案

施工期应设置珍稀鱼类保护预案，并征求重庆市渔政渔港监督管理处的意见。在施工过程中施工船如遇到国家级保护动物，如鲟鱼等应避让并停止施工作业，并立即向管理部门报告，实施有效保护。建立施工作业监测制度，控制施工机械噪声和因施工引起的水质浊度增加，减小对鱼类生存环境的干扰。

3.8　严格按设计指定的弃渣区弃渣

设计部门在选择水底深潭作弃渣区时，先征求重庆市渔政渔港监督管理处的意见，并得到他们的认可。有效避开岩原鲤等特有鱼类和重要经济鱼类的越冬场所，弃渣区选在深槽或枯水期的河床深沟内。陆上和水下清渣，严格按照施工图指定的弃渣区范围进行弃渣。

3.9　设备配置和钻孔工艺

尽量选用产生噪声和粉尘小的钻孔设备。开孔时因冲击器在岩石表面，产生的粉尘和噪声相对较大。开孔时可降低转速，并减少风量钻进，孔深达到2m以上时才加大风量钻进。此外，选用环保高效的施工设备。施工期间主要采用液压钻和环保性能好的阿特拉斯冲击钻。

3.10　一般性的环保措施

施工队进场后，要进行环境保护教育，学习环保法和相关文件，普及环保知识，悬挂环保标语提高环保意识，严禁打捞鱼类。

施工期严格禁止向水体排放对水环境有害的污水、油类、油性混合物等污染物质和废弃物。

工程废料或垃圾应集中堆放，及时处理，因施工区域远离城镇，生产垃圾和生活垃圾一般采取填埋的方式处理。

建立施工作业监测制度，控制施工机械噪声，减小对鱼类生存环境的干扰。

工程结束后及时撤除施工机械和临时设施，清理场地，恢复施工现场的清洁与整齐。

4 效果

由于我们增强了环保意识，环保措施得当，自始至终采用环保的施工方法。施工的全过程当地的渔民仍然在施工区从事捕鱼作业，渔民所捕起来的鱼的种类和数量和往年相当，说明炸礁爆破产生的振速、水击波压力、噪声以及水质浊度的增加对鱼类的生存没有明显的影响，鱼类得到了有效的保护。以剪刀梁爆破为例，该工程的爆破被多家媒体称为"库区第一爆"，我们采取了在施工区四周布置四组雷管，每组雷管四发，先驱赶鱼类，再放炮作业，爆后请有关专家监测和各家媒体观察，施工区没伤害一鱼一虾，社会反映很好。

软岩支护巷道在采动作用下的稳定性损伤组合判据

马建军

（1. 武汉科技大学，湖北武汉，430081；

2. 湖北皓昇爆破工程有限公司，湖北十堰，442000）

摘　要：根据围岩松动圈支护理论，分析了软岩巷道在采动作用下的破坏和支护特性，认为软岩巷道支护系统是一个取决于围岩松动圈厚度的整体性结构，巷道失稳是支护系统失效所致。支护系统是否稳定可以用采动作用强度、有效锚固范围和支护岩体损伤程度三个判据组合来确定。它们构成了支护可靠性并联系统，其中任一方面起作用都能维护支护系统的有效性，而阻止巷道的失稳破坏。反之，这三个稳定判据均被破坏，则支护系统失效，巷道垮塌。

关键词：软岩支护巷道；采动作用；支护系统；巷道失稳；损伤组合判据

Damage Combination Criterion of Soft Rock Tunnel Affected by Dynamic Load

Ma Jianjun

（1. Wuhan University of Science and Technology，Hubei Wuhan，430081；

2. Hubei Haosheng Blasting Engineering Co.，Ltd. ，Hubei Shiyan，442000）

Abstract：According to the support theory for wall rock loose zone，breaking and support effect of soft rock tunnel affected by dynamic load are analyzed and the following conclusions are drawn：the support system of soft rock tunnel is a holistic structure that depends on the thickness of wall rock loose zone，the invalidation of support system will lead to the loss stability of tunnel. whether the support system is steady or not can be confirmed by using the combination of three criterions that include the intensity of dynamic load，effective extension of reinforcement，damage degree of support rock body. The combination criterions form the parallel system of support reliability，and any criterion will play a role on maintaining the effectiveness of support system and preventing the loss stability of tunnel. or，support system will invalidate and tunnel will collapse once all the three criterions are destroyed.

Keywords：support tunnel of soft rock；dynamic load；support system；loss stability of tunnel；damage combination criterion

1　引言

地下矿山生产的各种采动作用会对回采巷道的稳定产生影响，尤其井下软岩回采巷道，其

马建军，教授，博士生导师，wkdmjj@163. com。

围岩松动圈在巷道生产服务期间是变化的，在不断扩展增大，而且任何支护形式和支护系统都不能阻止其围岩松动圈的产生和发展[1]。因此，软岩回采巷道在生产期间的破坏总是发生，但何时危及其稳定，危及其使用功能的正常发挥，是生产安全和组织所必须了解的，这就需要建立基于围岩松动圈扩展的巷道失稳破坏判据。

2 软岩支护巷道在采动作用下的破坏与支护特性

2.1 支护理论与支护方式

围岩松动圈支护理论的核心[2,3]：支护应以围岩松动圈形成过程中所产生的碎胀力为支护对象；目的就是要提供足够的支护阻力，以限制碎胀力所造成的有害变形，使破裂的岩石在原位不垮塌。可见，进行软岩巷道的支护设计，关键在于正确合理地确定围岩松动圈厚度，并据此选择合适的支护方式和支护强度。

目前巷道支护设计中，往往将围岩松动圈厚度视为静止的，仅是掘进成巷时应力重新分布与平衡的结果。因此，支护能力的确定主要以成巷初期松动圈形成范围为依据，没有考虑其生产过程中受各种采动作用后可能存在的扩展和增大[4~7]。这显然会导致设计支护能力不能提供支护对象在实际生产中所需的支护阻力，导致实际支护不能满足围岩松动圈扩展后的稳定要求，生产中往往表现为：已支护软岩巷道在使用过程中仍频繁出现失稳垮塌的现象。

软岩回采巷道通常采用锚、喷、网支护，其中锚杆是锚喷网支护的核心。锚杆通过压缩围岩，使破裂岩石在锚头和锚尾之间形成了一个锥形体压缩区，一系列锚杆的适当排布，使单个锥形体压缩区相连、重叠，形成一定厚度的均匀连续压缩带，构成能提供抵御碎胀力所需支护阻力的组合拱（如图1所示）。混凝土喷层在一定喷射压力下能渗入到巷道表面裂缝的空隙中去，充填裂缝并黏结破碎围岩成为一个整体，形成松散岩石与喷射混凝土组合拱，以阻止岩块垮落和防止围岩的风化潮解。钢筋网可提高锚杆、喷层组合拱的整体性，能更有效地阻止破碎岩块的鼓出、掉落，抵御大的不均匀变形，增强支护结构的系统稳定性。可见，在软岩巷道支护中，锚喷网是与松动圈围岩一起构成锚固体组合拱，共同维护破碎岩石在原位不垮落和阻止松动圈形成过程中所产生的有害变形。

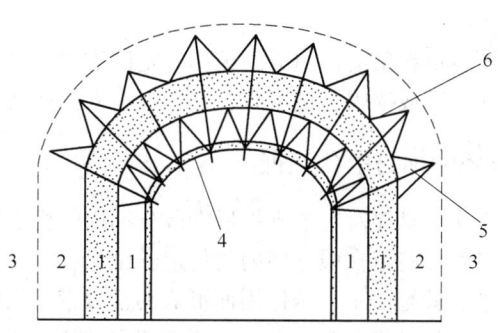

图1　支护组合拱系统及围岩松动圈扩展失效示意图

1—巷道初始围岩松动圈；2—爆破动载松动圈扩展范围；3—原岩；4—喷、网支护层；5—锚杆；6—压缩组合拱

Fig. 1　Combination support system and surrounding broken rock zone expand failure

根据松动圈支护理论[1,2]，要形成合适的锚喷网锚固体组合拱，应以围岩松动圈厚度为依据，按其大小进行分级支护：小松动圈（0~0.4m）仅喷射混凝土即可；中松动圈（0.4~1.5m）宜锚喷支护，按悬吊理论设计；大松动圈（>1.5m）用锚喷网支护，按组合拱理论

设计。

可见，软岩巷道支护系统是一个取决于围岩松动圈厚度的整体性结构。

2.2 软岩支护巷道的破坏与支护特征

通过对井下回采巷道破坏现象的观测调研，结果表明：软岩支护巷道从成巷到投入使用，往往相距半年、一年，甚至更长时间；其破坏往往发生在该巷道进入回采生产一段时间以后，破坏形式基本表现为，首先巷道周边喷层出现零星裂缝，随回采的进行裂缝增多、裂缝间距增大，且出现裂缝的交汇贯通，破裂喷层逐渐与岩面分离，直至折断脱落，同时或稍后发生围岩的片帮或局部冒落。此后，随开采的进行，或者回采巷道的破坏持续发展，但不危及其稳定性，直至被正常爆破崩落；或者在一次爆破后一段时间，发生一段巷道突然垮塌，换取后一段巷道一定时间的相对稳定。

可见，原支护设计往往能满足井下一般采动作用，而进入自身巷道开采后，回采爆破的强烈作用和采区不断移动的直接影响，导致其围岩松动圈不断扩大，原有支护不再可靠。原支护设计把载荷效应（支护岩体的变形、应力、锚固有效范围等）或围岩松动圈厚度看成一个初始状态下的定值，使支护系统仅以初始围岩松动圈为支护对象。而事实上软岩回采巷道进入回采阶段，其松动圈厚度变化很大，圈内岩体损伤陡增，内聚力、物理力学性能、岩块间的黏结力、摩擦系数等大为劣化和降低，使围岩松动圈内岩量增加、碎胀力增强。这些都可能使原支护结构的某些部位或环节达不到设计的安全要求，而使支护遭到破坏，严重的将造成支护失效。

但巷道周边围岩和支护的局部破坏或失效并不等同于支护结构系统整体破坏和失效。锚喷网支护的实质是支护构件（锚、喷、网）与锚固区域岩体相互作用，形成了一整体的承载结构，若局部破坏没有危及整体的承载性，则巷道仍是稳定的。软岩回采巷道进入回采阶段，其围岩松动圈扩展是必然的，是支护系统无法阻止的，这导致围岩应锚固范围增大，圈内岩石的损伤、松散度、碎胀力增大，可锚性削弱。锚杆着力基础劣化，锚固力降低，使锚固拱的整体承载性被逐渐破坏（如图 1 所示）。一旦某一区段围岩松动圈碎胀力超过承载结构系统支护阻力的安全临界值时，锚固拱失效，该区段松动圈围岩向巷道内侧急速移动，发生支护系统失稳——该段巷道突然垮塌。

可见，软岩喷锚网支护巷道在采动作用下的破坏，是由于围岩松动圈的扩展破坏了原锚固拱的支护强度，增大了锚固范围或锚固岩量所致，其失稳为支护结构系统失去承载能力所致。

3 软岩支护巷道失稳破坏的损伤组合判据

软岩巷道支护设计的实质，是要对巷道支护后在服务期内的稳定性做出正确预测，采取合理支护形式和支护强度，以确保巷道在服务期内的稳定安全。

软岩巷道围岩松动圈本身就是由于地压作用而形成的松裂带，只要成巷就有，只是不同情况下松裂程度不同而已；支护是形成一个具有一定承载能力的锚固体组合拱，它能提供足够的支护阻力以限制碎胀力所造成的有害变形。可见，巷道周边存在裂隙并不等于失稳破坏，或者说巷道稳定是巷道周边一定深度岩体和支护构件的整体效应，个别或小量破坏不能决定巷道的稳定性。

井下巷道受采矿爆破的破坏是矿山生产中一个突出问题，但关于巷道受爆破破坏的判据迄今仍采用单一的质点峰值速度（或质点加速度）来描述[8]。事实上，爆破破坏的范围和程度不仅仅取决于振动水平这一个因素，而与岩体强度、地质构造、支护系统等因素有关。因此，判断支护巷道在爆破作用下是否稳定，应采用能反应支护系统整体功能的组合判据。

软岩巷道支护系统主要由围岩和支护构件（喷、锚、网）组成，根据影响锚固组合拱承载能力分析，支护巷道的稳定主要由三个方面的因素决定：

（1）采动作用强度。表征量为围岩质点应力、速度等。

（2）有效锚固范围。表征量为围岩松动圈厚度、锚杆有效长度等。

（3）锚固强度。表征量为支护区内岩体损伤程度、支护构件强度等。

因此，稳定性判据应采用能反映这三方面因素的特征量来建立。

3.1 采动作用强度判据

在爆区内，爆破振动达到一定强度时，会引起邻近巷道围岩产生不同程度的破坏。其破坏判据：巷道周边岩石质点的爆破振动速度大于临界振动速度 $[v]$，即 $v > [v]$，其中：

$$v = k \left(\frac{\sqrt[3]{Q}}{R} \right)^{\alpha} \tag{1}$$

式中，v 为距爆源 R 处质点振动速度，cm/s；k 为系数，软岩 $k = 250 \sim 350$；Q 为单响最大药量，kg；R 为计算点到爆源的距离，m；α 为衰减系数，软岩 $\alpha = 1.8 \sim 2.0$。

根据《爆破安全规程》（GB 6722—2003），矿山巷道的安全允许振速：围岩不稳定，有良好支护，$[v] = 10 \mathrm{cm/s}$；围岩中等稳定，有良好支护，$[v] = 20 \mathrm{cm/s}$。

事实上，岩石爆破振动破坏对巷道的整体性而言有稳定破坏与失稳破坏两种形式。当 v 刚满足大于 $[v]$ 时，由于岩石受力不等和自身的非均质性，使受力大、强度低的部分首先屈服破坏，但其范围小，不影响巷道的整体稳定，为局部性的稳定破坏。它削弱了锚固组合拱的承载能力，但不等同于巷道支护系统的整体失效。当爆破振动破坏持续增长，使整个锚固拱达到并超过其最大承载能力，则形成支护结构的整体失效，其破坏为整体失稳破坏。

因此，爆破振动的早期破坏只是表明：爆破振动的影响在破坏锚固组合拱，持续下去会成为巷道失稳破坏的前兆，但它不能成为支护巷道稳定的单一判据。

3.2 有效锚固判据

应用围岩松动圈理论进行支护设计，支护参数均以围岩松动圈厚度为基准。这直观地反映在目前的锚杆设计中[4~7]：

（1）锚杆长度 $L(\mathrm{m})$：

$$L = L_1 + L_\mathrm{P} + L_2 \tag{2}$$

（2）锚杆间距 $D(\mathrm{m})$：

$$D = \sqrt{Q/(L_\mathrm{P} \gamma k)} \tag{3}$$

（3）锚杆支护密度 P_s（根/m²）：

$$P_\mathrm{s} = k L_\mathrm{P} \gamma / F \tag{4}$$

式中，L_1 为锚杆外露长度，一般 $L_1 = 0.1\mathrm{m}$；L_P 为围岩松动圈厚度，m；L_2 为锚杆楔入松动圈外原岩长度，一般 $L_2 = 0.3\mathrm{m}$；Q 为锚杆的锚固力，t；γ 为围岩容重，t/m³；k 为安全系数；F 为单根锚杆的锚固力，kN。

可见，支护系统的支护范围、支护强度，应与围岩松动圈厚度相适应。同时，从图 1 也可见，支护系统要形成能提供足够支护阻力的锚固组合拱，在锚杆长度范围内应有相对坚固稳定的岩层存在，锚杆才能获得良好的轴向锚固力，并通过锚杆的压缩作用，使破裂岩石在锚头和锚尾之间形成拱形压缩带。反之，围岩松动圈岩体越破碎，对锚固力的削弱越严重，锚杆与岩体直接接触而产生的锚固力越小。因此，良好的支护应使锚杆的楔入深度超过围岩松动圈厚度，使锚头楔入原岩，而获得良好的轴向作用力，以增强锚固拱的强度。

在井下采动作用下，软岩巷道围岩松动圈是变化的、是在不断扩展延伸的，要保持支护系统的锚固力，其有效支护深度——锚杆楔入岩体的长度就必须随松动圈变化而变化。因此，在支护构件（锚、喷、网）强度满足碎胀力要求的条件下，软岩巷道稳定的有效锚固判据为：有效支护深度（范围）大于围岩松动圈厚度。表示为：

$$L_y > L_p \tag{5}$$

式中，L_y 为锚杆楔入岩体的长度，m；L_p 为围岩松动圈厚度，m。

因此，在设计锚杆长度时应将根据巷道在回采期间服务时间的长短、松动圈可能的扩展量，在岩石中预留出足够的楔入长度。但在按组合拱设计时，锚杆可以不必太长，只要布置达到一定密度，仍能形成有效锚固拱，这是基于锚固围岩仍有较好的完整性，插入的锚杆能获得足够的锚固力。

3.3 岩体损伤程度判据

锚喷网支护是利用软岩巷道围岩松动圈破裂岩体尚存在的一定黏结力，与支护围岩一起共同形成承载组合拱。因此，支护巷道的稳定一定程度上取决于支护围岩自身的承载能力，而岩体的承载能力又取决于岩体的劣化程度——岩体损伤变量。

在《水利水电工程物探规程》中[9]，利用岩体的完整性系数对岩体的劣化程度进行了分类，而岩体完整性系数的定义和用纵波速度定义的损伤变量可以认为是同一事件的两种表述形式。

岩体完整性系数 K_V：

$$K_V = (v_p/v_{pr})^2 \tag{6}$$

纵波速度定义的岩体损伤变量 D：

$$D = 1 - (v_p/v_{pr})^2 = 1 - K_V \tag{7}$$

式中，v_p 和 v_{pr} 分别为岩体和完整岩块的纵波速度，在回采爆破中可以认为是爆前、爆后岩体的纵波速度。

因此，对应岩体的完整性分类，可进行岩体损伤程度分类（见表1）。

表 1　岩体劣化程度分类表

Table 1　The degree of deterioration of rock classification

岩体完整性系数 K_V	1 ~ 0.75	0.75 ~ 0.45	0.45 ~ 0.20	< 0.2
岩体完整程度	完整	较完整	完整性较差	破碎
岩体损伤变量 D	0 ~ 0.25	0.25 ~ 0.55	0.55 ~ 0.8	> 0.8
岩体损伤程度	轻度	中度	重度	严重

由于支护系统无法限制围岩松动圈的发生和发展，而采动作用会导致围岩松动圈不断扩展延伸。这就意味着在生产过程中，回采支护巷道周边围岩的劣化和损伤程度会不断加剧，组合拱承载能力在被不断削弱。当支护围岩完全破碎，失去自承力，所形成的组合拱强度低，承载能力小。同时破裂岩石间的摩擦力小，锚杆没有了着力点，形成的锚固力小，则锚、喷、网支

护失效，巷道就会出现突然垮塌。而围岩的完整性可以损伤变量来表征，因此得软岩巷道稳定性损伤判据：

$$D_{\max} = \max\{D_1, D_2, \cdots, D_n\} \leqslant D_c \tag{8}$$

式中，$D_{\max}$ 为软岩回采巷道中各断面、各时期围岩的最大损伤量；D_1，D_2，$\cdots$，D_n 为软岩回采巷道不同部位、不同时期的损伤变量；D_c 为岩体稳定的损伤临界值，这实际上是生产或工程安全可接受的稳定性判据，可根据安全等级要求和岩体的完整性来设定，本设计取为 $D_c = 0.8$（对应岩体完整性系数分类的破碎岩石状态），若预测巷道的失稳破坏，则采用损伤阀值。

虽然岩体损伤判据可以预测岩体的破坏程度及断裂何时发生，但它不能预测破坏范围和断裂深度，因此在支护巷道的稳定性预测中必须与有效锚固长度配合使用。

支护巷道稳定的这三个判据组合，构成了支护可靠性并联系统，其中任一方面起作用都能维护支护系统的有效性，而阻止巷道的失稳破坏。反之，这三个稳定判据均被破坏，则支护系统失效，巷道垮塌。

4 计算实例与分析

某铁矿井下分段高度 $H = 10m$，矿块长 $L = 50m$，进路间距 $S = 10m$，巷道断面为 $3.4m \times 3m$，采用垂直上向扇形中深孔落矿，每排约 $7 \sim 9$ 个炮孔，总药量约 $300kg$。根据该铁矿进行的声波现场实测，得到未受回采爆破扰动的岩体完整性系数 K，$K = (v/\nu)^2 = 0.51 \sim 0.93$，式中，$v$、$\nu$ 分别为岩体和岩块的纵波速度。所以有对应的岩体损伤范围：$D_0 = 1 - K = 0.49 \sim 0.07$。由于现场声波测试均是在巷道中进行，所测实际上是巷道周边松动圈围岩未受爆破作用时的初始损伤，取均值 $D_0 = 0.28$。

4.1 井下巷道回采爆破的安全距离 R

由式（2）确定爆破安全距离：

$$\begin{aligned} R &= (k/[v])^{1/\alpha} Q^{1/3} \\ &= (300/10)^{1/1.9} 300^{1/3} = 40.1m \end{aligned} \tag{9}$$

式中符号同前，系数在给定范围取值。

可见，距爆源 $40m$ 以内的软岩巷道均会在回采爆破的振动作用下产生不同程度的破坏。回采进路一般相距 $10m$ 左右，因此，可以认为现行崩矿方案爆破振动对邻近软岩巷道的破坏无法避免。回采巷道发生垮塌往往是生产一段时间以后，正表明爆破振动所产生的早期破坏为稳定破坏，只要支护系统没有破坏，巷道仍是稳定的。

4.2 支护锚杆的有效支护长度

该铁矿通常对软岩巷道采用喷锚网支护，所用锚杆长为 $1.8m$，尾端套方形托盘，全部楔入岩体内。根据围岩松动圈厚度的理论估算，该矿软岩巷道开挖围岩松动圈厚度约在 $1.2 \sim 1.7m$ 之间，取均值初始松动圈厚度 $\delta = 1.45m$。$1.8m > 1.45m$，$L_y > L_p$，满足有效锚固判据要求。因此，此支护条件能确保软岩巷道开挖成巷初期的稳定。

但随爆破回采的进行，软岩巷道围岩松动圈厚度在变化。经自编程序估算和实测验证[10]：该矿软岩巷道在回采爆破中的平均最大累积损伤变量和松动圈扩展量，分别为 $D_{\max} \approx 0.56$，$\Sigma r_{\max} \approx 0.6m$。因此，在回采期间平均可形成的最大松动圈厚度 L_{ps} 为：

$$L_{ps} = \delta + \Sigma r_{\max} = 1.45 + 0.6 = 2.05m$$

　　可见，此时 $L_y < L_{ps}$，有效支护长度不再满足锚固范围需要，表明围岩松动圈的扩展导致支护系统受到了破坏，但由于此时平均累积损伤变量 $D_{max} \approx 0.56 < 0.8$，组合拱仍能发挥支撑作用，支护系统没有失效，巷道仍能保持稳定。

　　对一些局部初始损伤和初始松动圈厚度较大的岩体，这些部位的损伤累积就可能超过其稳定临界值，而易发生失稳垮塌。如根据 $D_0 = 0.07 \sim 0.49$，原岩围岩松动圈厚度约在 $1.2 \sim 1.7m$ 之间，取 $D_0 = 0.45$、原岩围岩松动圈厚度为 $1.6m$，代入估算程序计算[10]；当第 3 炮孔排面爆破时，$D_{max} > 0.8$，$\Sigma r_{max} > 1m$，$L_{ps} \geqslant 2.45m$。巷道的 3 个稳定条件均被破坏，此时可能发生巷道的失稳垮塌。

　　这些，正反映了该矿在Ⅳ、Ⅴ类软岩区仅部分巷道易发生垮塌的事实。同时表明：应用爆破动载松动圈损伤疲劳累积计算模型和支护巷道稳定性组合判据，可以对软岩巷道稳定性做出预测。

参 考 文 献

[1] 史兴国. 巷道围岩松动圈理论的发展[J]. 河北煤炭，1995(4)：1~5.

[2] 董方庭，宋宏伟，郭志宏，等. 巷道围岩松动圈支护理论[J]. 煤炭学报，1994，19(1)：21~32.

[3] 谢文东，陆士良，杨米家，等. 支护-围岩接触关系与软岩硐室失稳破坏的研究[J]. 中国矿业大学学报，1999，28(5)：445~448.

[4] 苗素军，蒋静平. 应用松动圈理论进行全煤巷道锚杆支护[J]. 山东煤炭科技，2000(1)：2~4.

[5] 曹伍富，华心祝. 回采巷道锚杆支护设计[J]. 矿山压力与顶板管理，2003，20(1)：38~40.

[6] 张健，浩清勇. 围岩松动圈理论在巷道锚杆支护中的应用[J]. 煤炭技术，2002，21(6)：82~83.

[7] 李洪占，王洪代. 锚网支护技术在回采巷道中的应用[J]. 煤炭技术，2003，22(3)：32~33.

[8] [加] 尤 T R，冯派萨尔 S. 地下爆破新的破坏判据[J]. 国外金属矿山，1997，22(3)：47~51.

[9] 朱传云，喻胜春. 爆破引起岩体损伤的判别方法研究[J]. 工程爆破，2001，7(1)：12~16.

[10] 马建军. 软岩巷道在周边爆破作用下的稳定性研究[D]. 北京：北京理工大学，2004.

光面爆破在吴集铁矿大断面巷道掘进中的应用

朱国涛　王晓飞　詹　进

（五矿邯邢矿业安徽开发矿业有限公司，安徽六安，237462）

摘　要：吴集铁矿在大断面硬岩巷道掘进中应用 Boomer 281 型凿岩台车，钻凿孔深为 3.3m 的炮孔。为了提高巷道成型平整度，通过对光面爆破孔间距、装药结构等爆破参数进行多次现场试验，获得了合理的爆破参数，提高了掘进循环进尺，降低了爆破成本。

关键词：深孔光面爆破技术；爆破参数；装药结构；爆破评价

Smooth Blasting Technology Applied in the Excavation of Large Cross-section Tunnel in Wuji Iron Mine

Zhu Guotao　Wang Xiaofei　Zhan Jin

（Anhui Mining Development Co., Ltd. of Minmetals Hanxing, Anhui Liu'an, 237462）

Abstract：Boomer 281 type drilling-jumbo with 3.3m drill holes' depth is used in the excavation of large hard cross-section of rock tunnel in Wuji iron mine. In order to improve the smoothness of tunnel excavation, many field tests about hole pitch, charging structure and other parameters have been made to achieves proper blasting parameters, in the meantime increase the footage cycle of excavation, decrease the cost of blasting.

Keywords：smooth blasting technique of deep holes; blasting parameter; charging structure; blasting evaluation

1　工程概况

吴集铁矿（北段）为大型隐伏性变质磁铁矿床，Fe_2 矿体为主矿体，走向长 3.2km，赋存标高 -663 ～ -33m，厚度 2.0～58.7m，平均厚度 22.23 m。矿石主要为磁铁矿，赤铁矿、褐铁矿次之，矿石结构主要为他形～半自形晶结构、粒柱状变晶结构、筛状变晶结构，矿石构造简单，呈条带状或条纹状构造。矿石平均密度为 3.33t/m^3，f 系数为 12～18。围岩为混合岩、片麻岩，岩石平均密度为 2.9t/m^3，f 系数为 8～12，矿石抗拉强度为 3.38MPa，抗压强度为 227MPa，泊松比为 0.27，围岩抗拉强度为 3.34MPa，抗压强度为 96MPa，泊松比为 0.23。矿岩整体稳定性较好。

吴集铁矿（北段）首采段确定为 -400m 以上的水平矿体，主要采矿方法为阶段空场嗣后

朱国涛，助理工程师，569629750@ qq. com。

充填法回采，阶段高度为100m，分段高度为25m，宽度为20m，采场垂直矿体走向布置，厚度为矿体的水平厚度。采矿主体装备水平国内领先，主体出矿设备采用斗容为6m³的TO-RO1400E电动铲运机；主体凿岩设备采用Simba1354电动液压凿岩台车凿岩扇形向上中孔；巷道掘进采用Boomer281液压凿岩台车，其钎杆长度为3.5m，施工最大深孔为3.3m，钻头直径45mm，钻孔直径48mm，掘进巷道类型主要为沿脉平巷、凿岩平巷以及切割巷等平巷，断面规格为4.2m×4.1m（宽×高）。

由于吴集铁矿（北段）围岩的强度属于坚硬以上的Ⅰ、Ⅱ级岩石，因此为了加快掘进施工进度，缩短工期，有必要开展深孔大断面一次简易光面爆破技术的研究[1,2]，及时优化和调整爆破相关参数和爆破工艺。

2　爆破参数的确定

2.1　孔间距

周边孔孔间距是影响巷道断面轮廓成型的主要因素。具体选取时应结合岩石分级等条件分别对待。对于发育较弱、节理面较少、整体性较好、中等稳固的岩石巷道可以全断面一次爆破成型，周边孔孔间距适当大些；对于地质构造条件复杂、发育较强的稳固性较差的岩石巷道，一般采用"弱爆破、短进尺、强支护"的施工原则进行施工，降低爆破对围岩的损伤和松动，此时周边孔间距可以适当减小些。

周边孔间距 E 一般按照实用经验公式确定：

$$E = (12 \sim 15)d$$

式中，E 为周边孔间距，mm；d 为炮孔直径，mm。

经计算，周边孔间距 $E = 576 \sim 750$mm。由于本工程掘进遇到中等以上强度的坚硬围岩，因此结合围岩分级情况，周边孔间距取 $E = 600 \sim 700$mm。

2.2　最小抵抗线

光面爆破最小抵抗线 W 对巷道轮廓影响较大，过大会使断面轮廓产生欠挖，过小断面轮廓产生超挖，均达不到理想爆破效果。光面爆破最小抵抗线一般用光爆层的厚度表示，最小抵抗线 W 与装药密集系数 m 有关，可以用半经验公式确定，即 $m = E/W$。

根据经验，装药密集系数 m 一般取 $m = 0.5 \sim 1.2$。对于岩体整体较完整，中等稳固性的坚硬的岩石，取 $m = 0.9 \sim 1.2$；稳定性较差的软岩，取 $m = 0.5 \sim 0.8$。吴集铁矿围岩主要是坚硬以上强度岩石，炮孔密集系数取 $m = 0.9$ 比较合理。结合试验效果，最小抵抗线取 $W = 700 \sim 750$mm。

2.3　装药集中度

周边孔装药集中度 q 一般按照总结装药量的实用经验公式确定：

$$q = 10(E + W)\sqrt{R_c}$$

式中，q 为装药集中度，g/m；R_c 为岩石抗压强度，MPa；其余符号意义同前。

周边孔间距 E 取值0.7m，最小抵抗线 W 取值0.75m，代入其他数据计算：矿石巷道装药集中度为219g/m；岩石巷道装药集中度为142g/m。

矿山根据理论计算的数据进行了试爆，但爆破效果不甚理想。通过分析，得出其主要原因是由于单孔装药量偏少，因此经不断优化和调整单孔装药量，最终确定装药集中度 $q = 330$g/m。

3　巷道断面炮孔布置

Boomer 281 液压凿岩台车钻凿的炮孔一般为垂直掌子面的直孔，掘进采用直孔掏槽，尤其以梅花形布置爆破效果最佳，掏槽孔间距为 150~300mm，掏槽孔槽腔位置布置在断面的中央偏下，掏槽孔布置距底板高度为 1.8m，要求比其他孔超深 200mm 左右，掏槽孔的崩落面积约为全断面的 5%~10%。

根据上述要求，在巷道断面内一共设计施工了 11 个掏槽孔，如图 1 所示。中间 1 号孔装药，2~5 号孔不装药，其余孔装药。辅助眼、周边眼布孔形式为环形布置，辅助眼孔共设计施工 20 个直孔，孔间距为 400~700mm。周边眼炮孔一般布置在巷道设计轮廓线上，通常情况孔应向外稍微有一定的倾角（3°~5°），底孔孔口应高于底板的 150mm 左右，周边孔和辅助孔孔底落脚点尽量平齐。

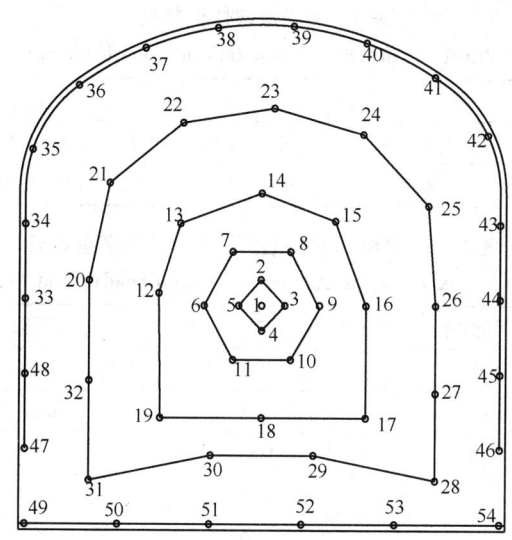

图1　-325m 水平沿脉巷炮孔布置图

Fig. 1　Blast pattern of tunnel of -325m

4　装药结构

为了降低炮孔壁上的爆破应力波的峰值，增强应力波的时间效应，降低冲击波对岩石的碰撞，有效利用炸药释放的能量，改善爆破效果，光面爆破周边孔装药结构应采用标准药卷间隔不耦合装药。一般不耦合装药系数取 $k_d = 1.25~2.0$，经计算周边孔不耦合装药系数 k_d 为 1.37，满足光面爆破对装药结构的要求。

具体的装药结构为：周边孔、掏槽孔和辅助孔爆破炸药采用水胶乳状炸药，药卷直径 35mm，每卷质量为 350g，长度为 400mm[3]。光面爆破周边孔装药结构采用空气柱分段间隙装药[4]，辅助孔和掏槽孔装药结构采用连续装药。炮孔孔口用黄泥堵塞，堵塞的长度一般不大于 500mm，起爆顺序是掏槽孔—辅助孔—周边孔，起爆采用毫秒延期非电雷管，周边炮孔起爆选取相同段数。

5　合理光面爆破参数

合理的爆破参数需经过反复试验，通过对爆破效果的量化分析，才能获得最佳参数。吴集铁矿（北段）平巷施工爆破试验地点选择在 – 325m 水平，试验方法为：同一爆破参数至少重复 3 次，取平均值作为爆破效果的评定，再根据不同周边眼孔间距、光爆层厚度、单孔装药量以及不同装药结构的爆破效果，逐步优化和调整爆破参数。

　　试验过程中分别对周边眼孔间距 550mm，600mm，650mm，700mm，750mm 和光爆层厚度 700mm 以及单孔装药量相同等进行多次反复试验；周边眼孔间距保持不变，开展了单孔装药量 225g/m，339g/m，452g/m 的爆破试验。

　　根据爆破效果，可知施工过程中Ⅰ、Ⅱ级围岩周边眼孔间距以 600 ~ 700mm 为宜；根据形成巷道断面质量，可知单孔装药量控制为 339g/m 为宜；不同的装药结构对爆破影响较大，炮孔内装药越均匀其爆破效果越好。

　　因此通过光面爆破参数理论计算，根据爆破效果逐步调整和优化相关爆破参数后再进行反复试验，最终优化的光面爆破参数见表 1 和表 2。

表 1　光面爆破优化参数

Table 1　Optimize parameters of smooth blasting

爆 破 参 数			装药结构/mm							
E/mm	单孔装药量/g	装药密度/g · m^{-1}	空气	装药	空气	装药	空气	装药	空气	填塞
600 ~ 700	1050	338.7	200	400	600	400	600	400	500	200

表 2　– 325m 水平下盘沿脉巷掘进装药参数表

Table 2　Charge parameter of excavation roadway at – 325m

孔　号	孔数/个	孔深/m	装药系数/%	装药量/g
1 ~ 5	5	3.3	84.8	2450
6 ~ 11	6	3.3	84.8	14700
12 ~ 19	8	3.3	72.7	16800
20 ~ 32	13	3.3	72.7	27300
33 ~ 48	16	3.3	36.4	16800
49 ~ 54	6	3.3	84.8	16800

6　光面爆破评价

　　通过吴集铁矿大断面巷道施工过程中开展的深孔光面爆破试验，取得的效果总体评价如下：

　　（1）提高了巷道成型质量，改善了施工作业安全条件。经爆破后的巷道轮廓平整性好，超挖欠挖现象减小，顶板几乎无浮石，岩壁上半孔分布比较多，半孔率可达 91% 以上，实现了爆破对周边围岩的弱扰动。

　　（2）掏槽孔进尺达到 3.2m，周边孔达到 3.0m，平均进尺可达 3.0m，炮孔利用率为 93.5%，炸药单耗为 1.63kg/m³。

　　（3）爆破后岩渣粒度控制在 30cm 以内，渣堆比较集中不需要进行二次放炮处理，便于铲装。

　　（4）对巷道围岩进行 5 个月位移监测，位移累计值均小于 10mm，监测数据未出现急剧异常变化和偏帮冒顶等现象。

　　（5）Boomer 281 液压凿岩台车的使用，提高了掘进台班效率，大大降低了工人劳动强度，加快了循坏进尺，其工料成本降低 5% 以上。与采用 7655 凿岩机施工大断面巷道掘进相比，Boomer 281 液压凿岩台车能保证炮孔的平、直、齐、准，更加保障光面爆破的质量。

7 结语

吴集铁矿采用 Boomer 281 凿岩台车进行了大断面巷道掘进的深孔光面爆破试验，获得了相关的爆破参数。结果表明，推广光面爆破技术在施工大断面巷道的应用，不但可以加快施工进度，改善爆破效果，还能改善施工作业安全条件，降低工料成本。

参 考 文 献

[1] 于亚伦. 工程爆破理论与技术[M]. 北京：冶金工业出版社，2004：193～211.
[2] 周乃松. 光面爆破一次成型法在程潮铁矿大断面巷道掘进的应用[J]. 现代矿业，2006，6：625～628.
[3] 陈鹏刚，等. 李楼铁矿硬岩巷道掘进实践[J]. 现代矿业，2013，4：101～102.
[4] 刘峰吉，等. 巷道整改中光面爆破参数的优化及应用[J]. 现代矿业，2013，3：92～93.

*基金项目：十二五国家科技支撑计划"特大型地下矿山规模化开采关键技术"（2013BAB02B04）

露天金属矿高陡边坡爆破控制设计与施工

黄克磊

（江西铜业集团公司德兴铜矿，江西德兴，334224）

摘　要：针对露天金属矿高陡边坡爆破频次多的生产现状，本文从优化生产规划、改进爆破参数、精细施工管理等环节入手，有效降低外侧抛掷量、爆破振动等爆破公害，提高了爆破质量，确保露天矿山后续开采有序进行。

关键词：露天金属矿；高陡边坡；抛掷方向；爆破振动；爆破设计

The High Steep Slope Blasting Controlled Design and Construction of Outdoor Metal

Huang Kelei

（JCC Dexing Copper Mine，Jiangxi Dexing，334224）

Abstract：The blasting frequency of high steep slope outdoor metal is so many. So in this paper has used the optimization of production planning，improving the blasting parameters and careful construction management to effectively reduce the amount of lateral throwing，blasting vibration and other blasting hazards. At that time，it can improve the blasting quality and ensure that subsequent orderly mining in open-pit mine.

Keywords：the outdoor metal；the high steep slope；the casting direction；the blasting vibration；the blasting design

1　引言

德兴铜矿目前有铜厂和富家坞两个采区，日出矿能力 13 万吨，2012 年采剥总量达 1.255 亿吨[1]。富家坞采区作为德兴铜矿主要接替矿山，于 2004 年开始大规模露天开采，已形成日采选矿石 4.5 万吨的供矿能力，富家坞采区采用陡帮开采工艺，应用 16.8m³、19.9m³ 和 35m³ 电铲、250mm 孔径牙轮钻机、230t 电动轮汽车等大型设备开采。随着开采的不断进行，部分台阶境界的逐步到位，临近高陡边坡的爆破次数增多，为降低高陡边坡爆破的各种公害，应从优化生产规划、改变爆破方式、改进爆破参数、精细施工管理等重要环节入手，在保证爆破效果的前提下，把爆破的外侧抛掷量、飞石、振动等危害因素降至最低，以确保矿山后续开采能够有序地进行。

黄克磊，采矿助理工程师，804023291@qq.com。

2　爆破区域

富家坞官帽山处于分水岭近旁，山体陡峻。根据"2014 年 2 月份富家坞月末现状图"，290m 水平临近高陡边坡爆破区域长约400m，宽约为100m，正下方是富家坞矿石破碎站（简称富破）及其相关固定设施。为最大限度减少外侧抛掷量，将距离高陡边坡35m 以外区域先行爆破，为临近富破的爆破创造自由面，有利于改变爆堆的移动方向。

爆破设计区域实际标高282.0m，与富破最近水平距离为100.2m（如图 1 所示），垂直距离62m，岩石为绢云母千枚岩。此次爆破设计一方面在保证爆破质量的前提下最大限度减少外侧抛掷量，控制爆破飞石对富破场地设备和人员的安全隐患；另一方面控制爆破振动，减小对富破建筑物的损害。

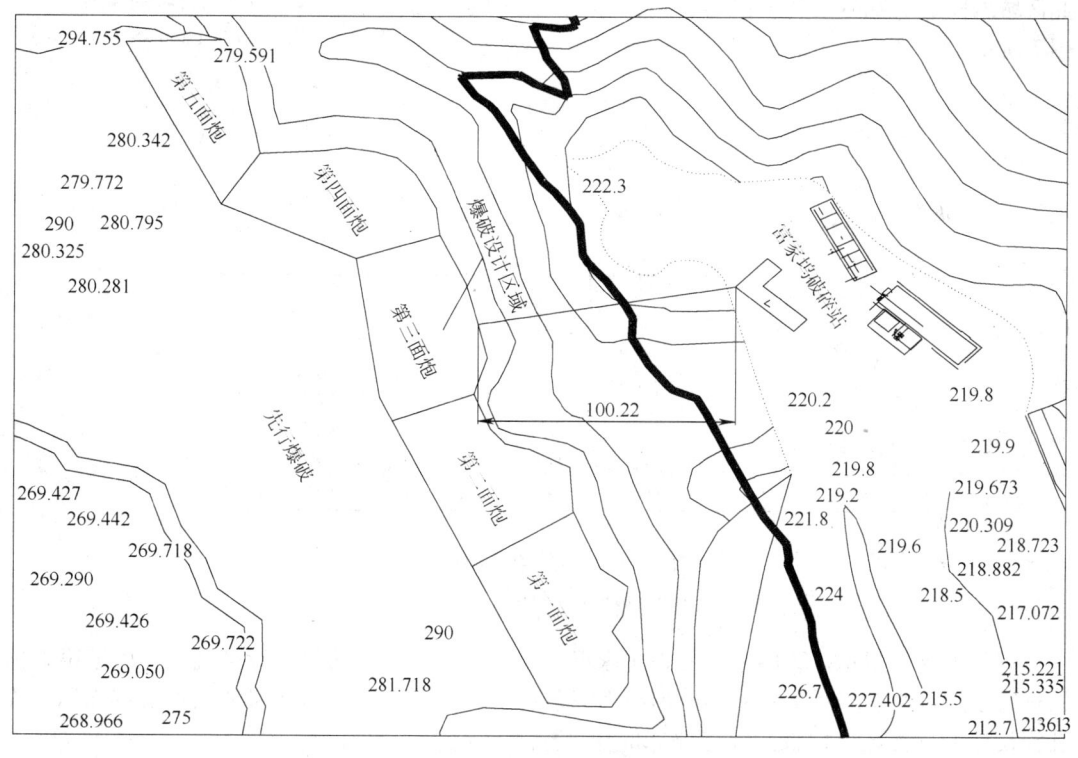

图 1　爆破区域图

Fig. 1　The scheme of blasting area

3　爆破参数

3.1　布孔方式

采用三角形布孔，根据本台阶地形，每面炮都平行于边坡布孔（如图 1 所示）。采用多打孔、少装药方式进行爆破，所有台阶边缘的炮孔加密处理，减小单孔装药量。单面炮总装药量在30t 以内。

3.2　爆破参数选择

前排孔台阶剖面图如图 2 所示，主炮孔采用三角形布孔方式，孔网参数确定如下：

（1）底盘抵抗线 W_1。牙轮钻机钻孔作业的安全条件如下：

$$W_1 = H\cot\alpha + B_{min}$$

式中，B_{min} 为钻机台阶边缘作业的最小安全平台宽度，因此地段坡面较陡，取 $B_{min} = 5m$（按岩性可爆性以及经验取值）；α 为坡角，$\alpha = 70°$；H 为台阶高度，$H = 13m$。计算得 W_1 为 9.8m。

（2）孔距 a 与排距 b。为有效地克服台阶边缘底部岩坎，台阶边缘第 1 排孔加密处理，孔距 $a_1 = 5m$，第 1、第 2 排之间距离 $b_2 = 5m$，第 2 排孔距 $a_2 = 7m$，从第 3 排孔起按此区域岩性采用 7m×9m 的孔网，即 $a_3 = 9m$，$b_2 = 7m$（如图 3 所示）。

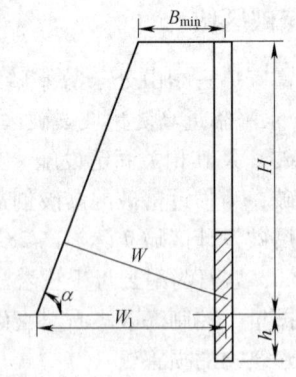

图 2　前排孔台阶剖面图

Fig. 2　The hole section steps in front

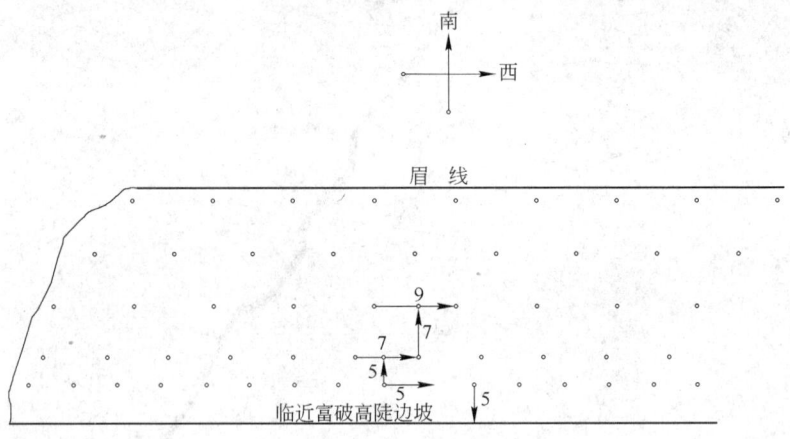

图 3　孔网示意图（单位：m）

Fig. 3　The diagram of hole network（unit：m）

（3）孔深。根据"2014 年 2 月份富家坞月末现状图"提供的顶板标高确定。由于第 1 排孔进行了加密处理，台阶边缘孔不超深，以提高药柱中心高度，加强上部岩石的破碎作用，故孔深设计 13m；从第 2 排起，超深按 2m 算，孔深 15m。

（4）单耗。根据该地段岩性及自然条件确定炸药单耗 q。临近边坡第 1 排孔 q_1 为 $0.31kg/m^3$，第 2 排孔 q_2 为 $0.61kg/m^3$，其余孔 q_3 为 $0.61kg/m^3$。

（5）每孔装药量。临近边坡的第 1 排孔的每孔装药量 Q_1 按以下公式计算：

$$Q_1 = q_1 a_1 W_1 H$$

式中，q_1 为炸药单耗，取 $0.31kg/m^3$；a_1 为孔距，取 5m；W_1 为底盘抵抗线，取 9.8m；H 为台阶高度，取 13m。计算得 Q_1 为 200 kg，装药时按每孔 200kg 装药。

第 2 排孔起，以后各排孔的每孔装药量 Q 按以下公式计算：

$$Q = kqabH$$

则第 2 排孔的每孔装药量 Q_2 为：

$$Q_2 = kq_2 a_2 b_2 H$$

式中，q_2 为炸药单耗，取 0.61kg/m³；a_2 为孔距，取 7m；b_2 为排距，取 7m；H 为台阶高度，取 13m；k 为系数，取 $k=1.0$。计算得 Q_2 为 400kg。

第 3 排及掏槽爆破的每孔装药量 Q_3 为：

$$Q_3 = kq_3 a_3 b_3 H$$

式中，q_3 为炸药单耗，取 0.61kg/m³；a_3 为孔距，取 9m；b_3 为排距，取 7m；H 为台阶高度，取 13m；k 为系数，取 $k=1.0$。计算得 Q_3 为 500kg。

（6）装药结构。连续装药结构。

（7）充填高度。一般充填高度不小于底盘抵抗线的 0.75 倍（6.6m），根据每孔设计装药量运用公式：

$$L = h - Q/68$$

式中，L 为充填高度；h 为孔深；Q 为每孔装药量；68 为炮孔每米装药量，单位为 kg/m。计算得：第 1 排孔 $L_1 = 12.1$m，第 2 排孔 $L_2 = 9.1$m，第 3 排孔 $L_3 = 7.7$m，符合爆破设计与安全要求。

4 爆破安全

4.1 爆破飞石

爆破飞石距离 L 按以下公式进行计算[2]：

$$L = 20kn^2 w$$

式中　L——爆破飞石飞散距离；

k——安全系数，取 1.0；

n——爆破作用指数，松动爆破 n 取 0.75；

w——最大一个药包的最小抵抗线，计算得 7m。

计算得 $L=80$m，从月末现状图上可得台阶边缘离富家坞破碎站建筑物最近水平距离 l 为 112m，$L < l$，飞石距离小于离建筑物最近的水平距离，符合设计要求。

4.2 爆破振动

爆破振动强度与爆破的类型、装药量、距爆心的距离、传递爆破地震波的介质情况、地形条件和起爆方法等因素有关。我国《爆破安全规程》采用保护对象所在地质点峰值振动速度作为爆破振动判据的主要物理量指标[3]。国内外常用萨道夫斯基经验公式求算爆破振动地面质点峰值振动速度，距离边坡最近的炮孔爆破引起质点的振动速度按萨道夫斯基公式计算如下：

$$v = K(Q^{1/3}/R)^a$$

式中　v——爆破引起的质点振动速度，cm/s；

Q——单响药量，第 1 排孔 200kg，第 2 排孔 400kg，第 3 排孔 500kg；

R——药柱中心到富破房屋的最近距离，第 1、第 2、第 3 排孔到富破的最近距离分别为 100m、105m、112m；

K——与爆破点地形、地质条件有关的系数，取 $K=250$；

a——爆破振动衰减指数，取 $a=2$。

各项取值代入公式，计算结果见表 1。

表 1　爆破振动计算结果表
Table 1　The calculation result of blasting vibration

炮孔类别	单响药量/kg	与富破房屋最近点的距离/m	计算振速/cm·s⁻¹
第 1 排孔	200	100	0. 75
第 2 排孔	400	105	1. 08
第 3 排孔	500	112	1. 11

通过以上计算，290m 水平的第 1、第 2、第 3 排炮孔爆破引起的质点振动速度均在《爆破安全规程》（GB 6722—2003）规定的砖结构建筑的质点安全振速以下，该振动值对建筑物是安全的。

5　地表网路设计

延时爆破是目前一种很好的降振方法[3]。在总药量相同的条件下，延时爆破比齐发爆破的振速可降低 40% ~ 60%[4]。为尽量避免爆破振动对固定设施造成破坏，此次爆破增大地表网路延期时间。针对该地段地质构造的特殊性，将地表网路延期时间由传统使用的 Ⅱ 类岩石区用 25ms 与 65ms 搭配改为用 42ms 与 100ms 搭配，同时保证相邻孔间延期时间不小于 20ms，并实行逐孔起爆[5]，减小振动对富破的影响。

改变起爆方式，布平行四边形炮孔，实施斜线起爆，为爆堆移动创造两个自由面空间，降低底部夹制作用。通过合理选择起爆点等方式，使爆堆的整体移动方向背向富破等固定设施，以减少外侧抛掷量。

6　注意事项

（1）布孔、装药、地表网路设计严格按照设计进行施工作业；

（2）每面炮爆破时，爆破区域前方要求清渣，为爆堆往前移动创造空间；

（3）第 1、第 2 排孔装药高度较低，为保证起爆弹接触炸药，孔内导爆管雷管由原来 12m、18m 各一发改为双发 18m 导爆管雷管；

（4）充填质量是控制飞石关键，要检查炮孔的充填质量，发现有下陷或中间空漏（用 2m 长的竹棍插入岩粉试探）的要及时回填。

7　结语

对于临近高陡边坡区域的爆破，在充分了解爆破区域地质条件、地貌特征的基础上，通过优化爆破参数、精细施工管理等综合措施，可以达到提高爆破质量、保证安全生产的目标。此次爆破通过内部先行爆破创造自由面、边缘孔加密和减药等综合爆破措施，有效地控制了爆破飞石、减少了抛掷量，爆破振动控制在了安全范围。爆破后富破等固定设施完好，爆堆松散，块度均匀，铲装无根底，达到了预期爆破效果。

参 考 文 献

[1] 程根祥. 影响德兴铜矿爆破效果的因素分析及改进[J]. 现代矿业，2011，2(2)：105 ~ 106.

[2] 汪旭光，郑炳旭，等. 爆破手册[M]. 北京：冶金工业出版社，2010.

[3] 夏红兵，汪海波，宗琦. 爆破震动效应控制技术综合分析[J]. 工程爆破，2007，6(2)：83 ~ 86.

[4] 吴朝阳. 导爆管起爆网路在德兴铜矿露天爆破中的应用[J]. 铜业工程，2007，3：5 ~ 7.

[5] 高尔新，杨仁树. 爆破工程[M]. 徐州：中国矿业大学出版社，1991.

BJQ 气体间隔器在露天石灰石矿开采中的应用

汪 洋 韦存敏

（葛洲坝易普力股份有限公司，重庆，400021）

摘 要：介绍在石灰石矿中深孔台阶爆破中 BJQ 气体间隔器的使用方式及对爆破效果的影响。采用中部间隔模式，可明显减少爆破振动，降低爆破单耗，同时改善爆破质量，明显减少大块及根底，提高铲挖效率。

关键词：露天石灰石矿；BJQ 气体间隔器；中深孔台阶爆破；爆破振动；爆破地震波

BJQ Gas Spacer Used in Limestone Mining

Wang Yang Wei Cunmin

（Gezhouba Explosive Co., Ltd., Chongqing, 400021）

Abstract：This paper introduces the deep in limestone mine of BJQ gas in bench blasting spacer of use and the influence on blasting effect. The middle interval mode, can reduce significantly reduce blasting vibration, blasting unit consumption, while improving the blasting quality, reduced bulk and foundation, improve the digging efficiency.

Keywords：the open air limestone mine; BJQ gas spacer; hole bench blasting; blasting vibration; blasting seismic wave

1 石灰石矿基本概况

项目为华润水泥（平南）有限公司河景石灰石矿开采项目，年开采石灰石量约为 1080 万吨；该矿属于露天石灰石矿，以 +10m 和 -5m 两个台阶进行中深孔梯段爆破方式开采，每个开采台段高度约为 15m；+10m 台段石灰石岩石裂隙、层理和节理极为发育，溶洞较多；-5m 台段岩石较为完好。矿区地表水相对发育，周边多条江河，浔江在采区南侧。现场采用葛洲坝易普力股份有限公司的现场混装乳化炸药爆破服务开采石灰石矿石。

2 地质条件基本参数

（1）该石灰石矿硬度系数为 $f = 6 \sim 8$，岩石容重为 2.7g/cm^3。

（2）中深孔爆破的孔径为 150mm，穿孔深度一般为 16 ~ 19m，钻孔超深为 2 ~ 2.5m，孔位为梅花形均匀分布，孔网参数为：孔距 $a = 7 \sim 8\text{m}$，排距 $b = 4.5 \sim 5.5\text{m}$，最小抵抗线 $W_m = 3.5 \sim 4\text{m}$。

（3）爆破方式：采用高精度毫秒延期非电雷管，采取排内逐孔、排间微差起爆方式爆破。

汪洋，工程师，95667929@qq.com。

3　中深孔台阶爆破存在的问题

在此项目中以中深孔梯段爆破开采方式进行开采，露天作业条件好，机械化程度高。通过中深孔梯段爆破可加大爆破方量，充分满足大型装载设备连续作业。现场水孔较多，现场混装乳化炸药的使用发挥了其装药优势。但在实际生产过程中爆破振动大，根底、大块率较高，特别是爆破振动。由于采区边界距离村庄及业主厂区较近，多次因爆破地震波强度大，对村庄及厂区建筑物造成剧烈影响。业主要求分公司采取技术措施控制振动，降低爆破地震波影响。

4　BJQ 空气间隔器用于中深孔台阶爆破

为减小爆破地震波的影响，逐步在中深孔台阶爆破施工过程中使用 BJQ 空气间隔器装药。选择地质条件较好的部位，孔壁完好无水的中深孔使用 BJQ 空气间隔器，减少单孔药量，从而减小爆破振动，同时提高炸药能量的利用率，改善爆破破碎质量，降低爆破成本。

BJQ 气体间隔器的参数：我公司所使用的 BJQ 气体间隔器为山东省乳山市华山间隔器有限公司所生产的按压式"矿宝牌 BJQ 气体间隔器"，规格为 BJQ-150，长度 700mm，从充气至在孔内达到静态荷载时间为 3 ~ 8min。

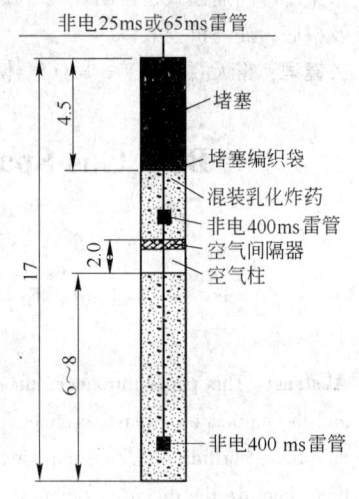

图 1　间隔器在孔内的位置（单位：m）

BJQ 气体间隔器的使用方法：（1）确定间隔深度，在间隔器尾部细绳做好标记。（2）打开间隔器压缩气罐按钮，拉住间隔器尾部细绳沿孔壁快速滑下间隔器至标记位置（如图 1 所示）。（3）固定细绳，3 ~ 8min 间隔器达到充气静荷强度。采取中部放置间隔器进行装药，从而实现不耦合装药，保证空气柱的长度 2m。

5　使用 BJQ 间隔器后表现出来的优点

通过 BJQ 空气间隔器在中深孔爆破中的应用前、后做对比可以看出以下主要优点：

（1）采用气体间隔器间隔装药，直观可以看出降低了炸药单耗，降低了爆破成本，以我们实际情况（孔径 $\phi150mm$，间隔深度 2m，现场混装乳化炸药密度为 1200kg/m³）计算，单孔节省炸药量：

$$[150/(2 \times 1000)]^2 \times 3.14 \times 2 \times 1200 = 42.39kg$$

通过计算很明显看出：采用间隔器装药每孔可节省炸药 42.39kg，带来了明显的经济效益，却能得到与常规装药方式相近的效果，而且由于单孔装药量的减少，单响药量也减少，所以爆破振动明显减低，并且提高了边坡的稳定性。

（2）采用气体间隔器爆破后炮堆松散性较好，底盘平整，根底明显减少，大块率也明显降低，可以减少二次爆破的成本，而且炮堆高度也较低，方便装运（如图 2 和图 3 所示）。

（3）BJQ 气体间隔器可作为有溶洞或裂隙炮孔装药的一个辅助处理手段，在漏药的孔壁处使用空气间隔器，从而改善炮孔漏药问题，取得了一定的使用效果。

（4）爆破地震波得到明显改善。2013 年 4 ~ 5 月，采用成都中科测控有限公司 TC-4850 爆破测振仪对两个部位相近、规模相同的爆破单元进行空气间隔器使用的爆破振动测试对比试验。从表 1 和表 2 所列测试结果可明显发现使用间隔器比没使用空气间隔器的部位振动有明显下降。

图 2　采取连续装药结构，爆破效果不佳

图 3　使用间隔器，间隔装药结构，炮堆松散，
表面大块率低，效果良好

表 1　2013 年 5 月 21 日一期-5m26 孔（未使用空气间隔器）爆破振动测试

测试单位：葛洲坝易普力股份有限公司平南分公司　　　　　测试地点：一期 +10m 水泵房

记录速率	8000，sps		设备名称：三轴向振动传感器		装填药量：8000kg	
记录长度	2.0000 s		设备编号：No000142		测试距离：300m	
记录时间	2013.05.21 17：42：09		测试人员：		测试次数：1	
通道号	通道名称	最大值/cm·s⁻¹	最大值时刻/s	半波主频/Hz	单位	量程/cm·s⁻¹	灵敏度/V·(m·s)⁻¹
1	通道 X	0.10	0.5681	16.06	m/s	34.44	29.06
2	通道 Y	0.11	0.3358	12.70	m/s	35.28	28.37
3	通道 Z	0.08	0.1190	10.99	m/s	34.72	28.83

表 2　2013 年 4 月 20 日一期-5m26 孔（使用空气间隔器）爆破振动测试

测试单位：葛洲坝易普力股份有限公司平南分公司　　　　　测试地点：一期 +10m 水泵房

记录速率	8000，sps		设备名称：三轴向振动传感器		装填药量：7500kg	
记录长度	2.0000 s		设备编号：No000142		测试距离：300m	
记录时间	2013.04.20 11：47：20		测试人员：		测试次数：1	
通道号	通道名称	最大值/cm·s⁻¹	最大值时刻/s	半波主频/Hz	单位	量程/cm·s⁻¹	灵敏度/V·(m·s)⁻¹
1	通道 X	0.05	0.2981	13.33	m/s	34.44	29.06
2	通道 Y	0.07	0.0480	11.63	m/s	35.28	28.37
3	通道 Z	0.05	0.2775	19.23	m/s	34.72	28.83

6　总结

　　BJQ 气体间隔器在华润水泥（平南）有限公司河景石灰石矿开采应用以来，取得了很好的爆破效果和经济效益，重点是减少了爆破振动，降低了爆破单耗，同时改善了爆破质量，明显减少了大块及根底，提高了铲挖效率。

参 考 文 献

[1] 刘殿中，等. 工程爆破实用手册[M]. 北京：冶金工业出版社，1999.

[2] 郑炳旭，等. 建设工程台阶爆破[M]. 北京：冶金工业出版社，2005.

[3] 王德胜，等. 露天矿山台阶中深孔爆破开采技术[M]. 北京：冶金工业出版社，2007.

[4] 汪旭光. 爆破设计与施工[M]. 北京：冶金工业出版社，2012.

大型露天矿山新水平开拓出入沟的爆破设计

龚叶飞　李　毅

（江西铜业集团公司德兴铜矿，江西德兴，334224）

摘　要：本文叙述了南方丰富地下水环境下新水平开拓出入沟的爆破设计与施工方案，运用控制爆破理论，对关键爆破环节进行优化，实现了露天矿新水平快速、经济开拓的主要目标，并对爆破经验进行总结。

关键词：露天矿；地下水；新水平；开拓；爆破设计

Trench Blasting Design for New Bench Developing in Big Open Pit

Gong Yefei　Li Yi

（JCC Dexing Copper Mine，Jiangxi Dexing，334224）

Abstract：This paper described blasting design and construction scheme of trench blasting under the rich groundwater condition in south of China，using control blasting technology，optimized the blasting process，achieved rapid developing for new bench，and summarized blasting experience.

Keywords：open pit；ground water；new bench；developing；blast design

德兴铜矿是一个特大细脉浸染型斑岩铜矿，年爆破矿岩总量达 1.255 亿吨[1]。随着开采深度的增加，铜厂采区已经进入凹陷开采。上部采矿台阶随着不断开采而消失，为采矿生产持续均衡，下部需要不断开拓新的台阶来补充。新水平开拓是保证露天采矿场合理规划开采布局，扩大备采矿量储备，保障矿山出矿能力均衡的重要手段。

新水平准备的开拓关键在于掘沟速度。德兴铜矿采用 19.9m³ 的 2300XP AC 大电铲、载重 220t 电动轮实施开沟作业，按 8% 的标准坡度进行开拓。新水平开拓一般选择在 10 ~ 12 月干旱的非雨季进行，这样可避免雨水对采矿设备、爆破的影响[2]。

1　爆区环境

德兴铜矿地处南方多雨地区，下涌水量较大，局部岩性破碎容易垮孔，不利于穿孔爆破作业，新水平开拓困难。针对这一难点，选择岩性较硬、较完整的区域开拓新水平。根据采掘工程需要，铜厂采区 −25m 台阶新水平开拓在 10 月下旬进行。−10 ~ −25m 联络道高差 15.0m，设计路面净长 175m，总长 181m，净宽 46.0m，总宽 52m，爆破区域位于 −10m 水平中盘部位，

龚叶飞，助理工程师，123456yunfeigong@163.com。

属难爆岩（见图1）。

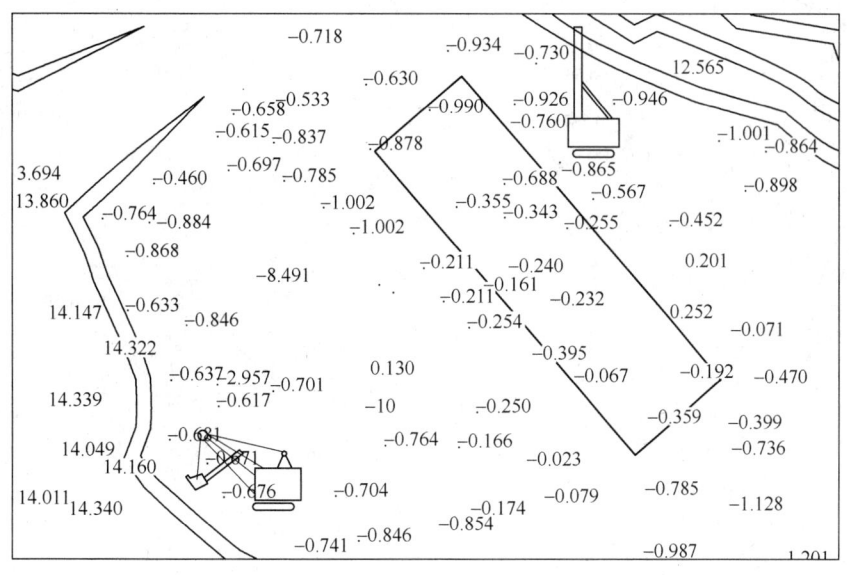

图1　爆破区域环境图

Fig. 1　Scheme of blasting surrounding

2　爆破方案

2.1　设计思路

选择旱季实施新水平开拓。开拓位置选在岩性相对较硬，有利穿孔成孔，汇水集中，排水设施布置方便的地段。布孔采用垂直于下沟方向布孔，选择合理的孔网参数，提高爆堆的松散系数。孔深采用全深孔，方便挖掘设备后期处理。

2.2　开拓设备

新水平开拓的穿孔设备选择高钻架高风压钻机，以提高新水平开拓穿孔效率和炮孔质量，便于快打快放，并保证爆破质量。挖掘设备为斗容19.9m³的PH2300XPC电铲。实践表明，使用大电铲下沟优势明显，作业效率高，对电铲工作面要求低。其余开拓设备为载重220t 730E电动轮、制药量15t的BCRH-15B乳化炸药现场混装车。以达到高效、快速新水平开拓的目的。

3　爆破参数

3.1　布孔方式

根据矿山开采经验，采用三角形布孔方式，确保炸药能量的充分利用。孔网参数调整到比正常开采区正常孔网缩小10%～20%，以利于提高爆堆的松散系数，减少根底大块，提高采矿设备挖掘效率。布孔采用垂直于下沟方向布孔，每面炮五排（一般布奇数排），每排10个孔左右，目的在于及时进行爆破，减少因炮孔放置时间长而出现垮孔现象。由于空间条件限制，第二面炮四排（见图2）。

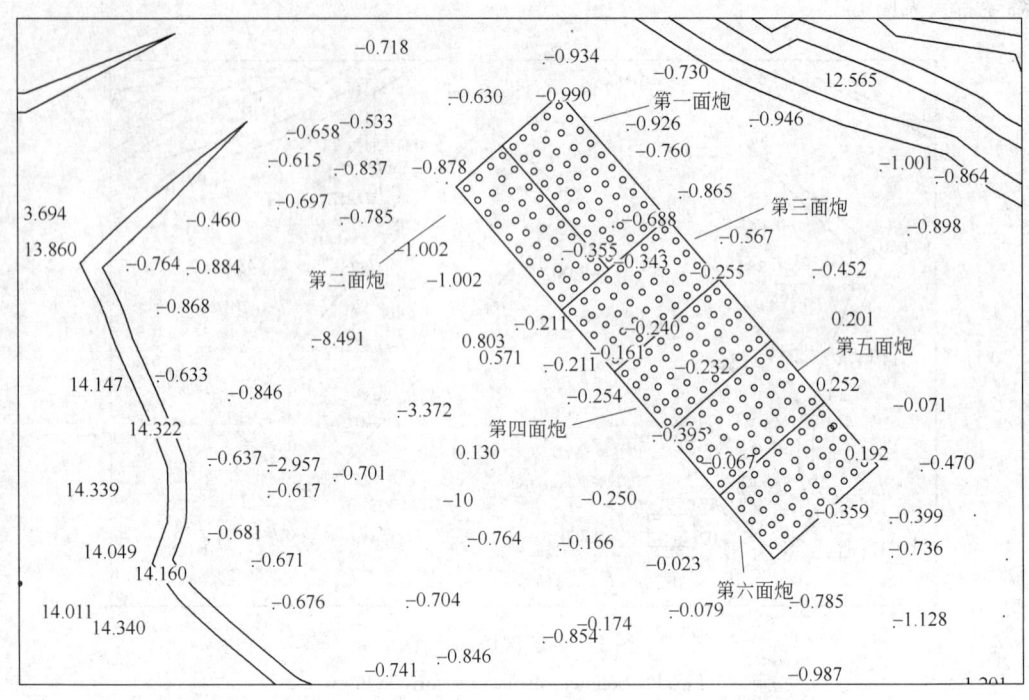

图 2　布孔示意图

Fig. 2　The layout diagram

3.2　炸药单耗

由于下沟宽度狭窄，岩石受到的夹制作用大，需较大的炸药单耗[3]。乳化炸药单耗为1.41kg/ m³，起爆排装药量最高，然后逐步向两边递减。

3.3　孔距和排距

孔网参数调整到比开采区正常孔网缩小15%左右，即孔距 $a = 6m$，排距 $b = 6m$。为保证排间起爆效果，第一面炮中间排距 b 调整为5m（见表1）。

3.4　孔径与孔深

德兴铜矿炮孔直径为250mm。孔深是由台阶高度和超深确定：

$$L = H + h$$

式中　L——孔深；

　　　H——台阶高度，$H = 15m$；

　　　h——超深，考虑此处岩石坚硬，超深由传统2.5m加大到3m。

经计算得出孔深 $L = 15 + 3 = 18m$。

3.5　深孔爆破参数

深孔爆破参数见表1。

表 1 深孔爆破参数

项 目	台阶高度/m	孔径/mm	超深/m	孔深/m	堵塞长度/m	孔距/m	排距/m
第 1 面炮	15	250	3	18	5~8	6	中间：5 两边：6
第 2~6 面炮	15	250	3	18	5~8	6	6

3.6 深孔装药结构

深孔装药结构如图 3 所示。

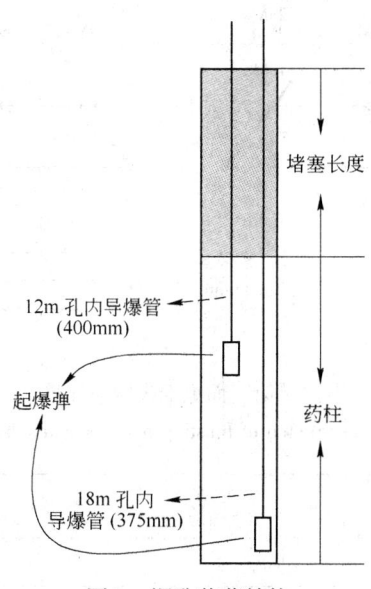

图 3 深孔装药结构

Fig. 3 The charging structure diagram

4 起爆网路

4.1 起爆网路

第一面炮采用中间一排先响，分段起爆的方法，其他各面炮采用 V 形起爆顺序。孔内和地表均采用山东奥瑞凯公司的导爆管雷管，采用小秒量毫秒延期雷管（9Ms 地表管），起爆点选取第三排中间位置的炮孔，以便起爆后能为其他炮孔创造自由面（见图 4~图 6）。

其他各面炮采用 V 形起爆顺序。遵循快排慢列的原则，控制排用 17Ms 导爆管延时，雁行列用 42Ms 导爆管延时。控制排用 17Ms 有利于岩石的破碎，雁行列用 42Ms 控制爆堆的推进距离，为爆堆移动创造补偿空间；侧后排用大秒量可以控制侧冲和后冲，减少后续爆破作业面的清扫工作。

4.2 爆破安全

由于要创造自由面，一般来说，会产生较大的飞石。因此，要严格控制爆破飞石对设备、人员的影响。爆破时个别飞散物的安全允许距离按下式计算[4]：

$$R_f = 20n^2 wK_f$$

式中　R_f——个别飞散物的安全允许距离；

　　　n——爆破作用指数（德兴铜矿为加强松动爆破，取保守值1）；

　　　w——最小抵抗线（取保守值6）；

　　　K_f——安全系数，一般选1~1.5（取保守值1.5）。

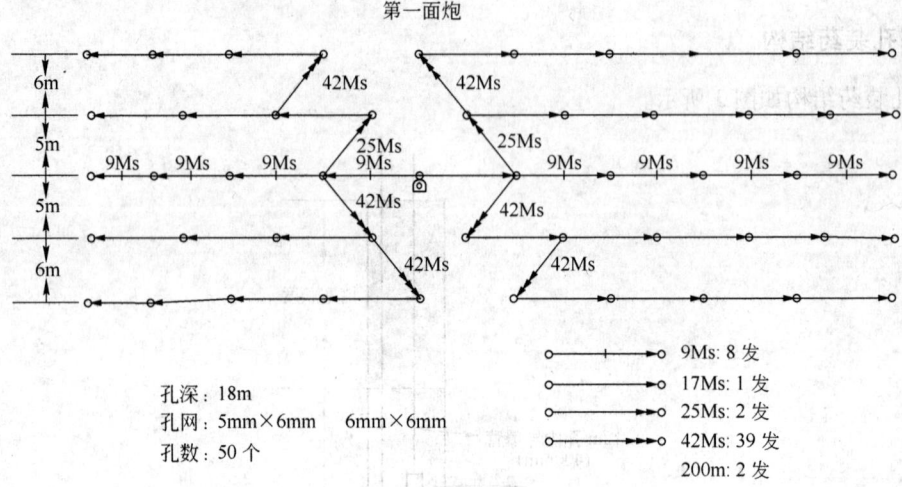

图4　第一面炮地表网路连接

Fig. 4　Sketch of blasting network connection

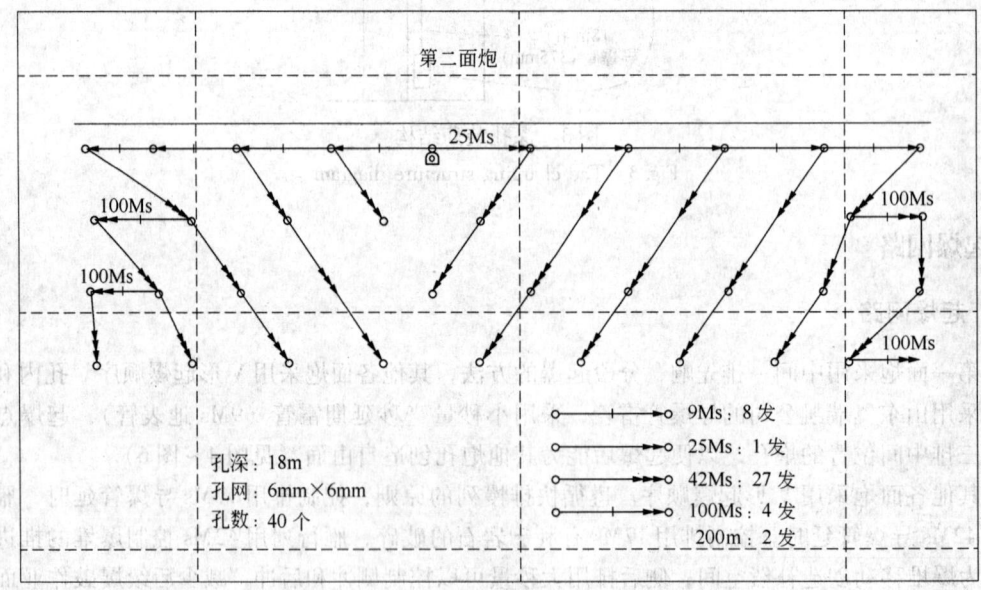

图5　第二面炮地表网路连接

Fig. 5　Sketch of blasting network connection

经计算 R_f 为180m。

为尽量避免飞石造成的破坏，采取以下措施：

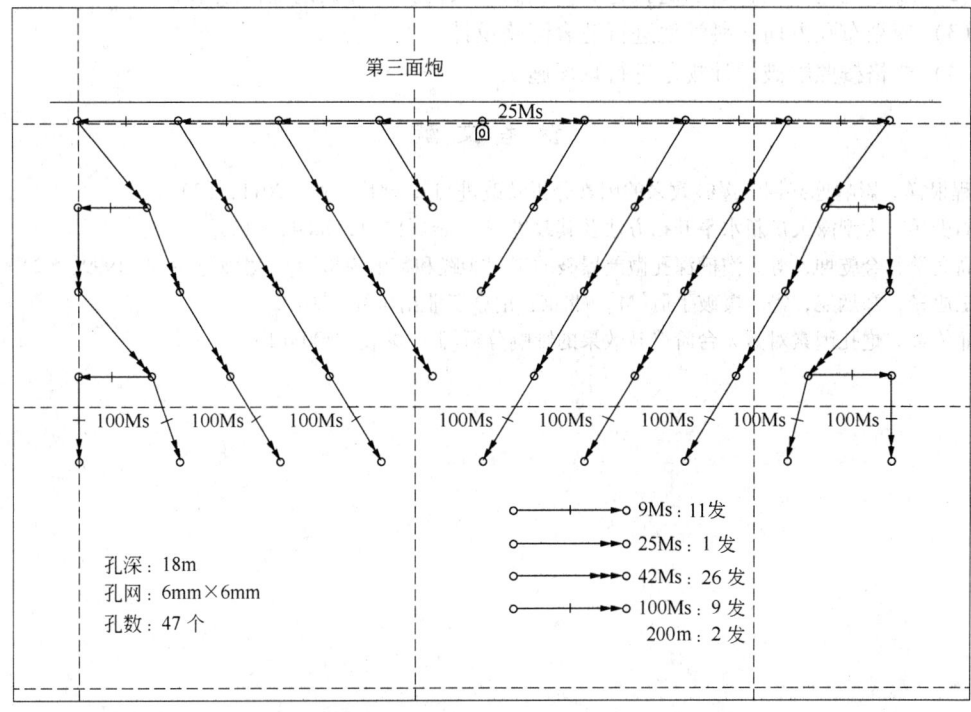

图6　第三面炮地表网路连接

Fig. 6　Sketch of blasting network connection

（1）雁行列用大秒量（42Ms），为爆堆移动创造补偿空间。

（2）采用逐孔起爆方式，侧后排位置药量减少。

（3）爆破时要求设备撤离到距爆区200m处。

（4）严格按设计施工，确保充填高度和质量[5]。

5　现场施工要点

新水平开拓时，由于地下涌水量大，成孔困难、垮孔普遍，应采取快打快放的方式，控制爆破规模。第一、二面炮放完以后，让电铲迅速下沟掘进，并用移动水泵排水入临时水仓。

水孔装药需要注意：

（1）装药车皮管尽量保持垂直入孔，防止皮管与孔壁过度摩擦造成垮孔。

（2）皮管要放到孔底后再装药，防止炸药上浮影响爆破质量。

（3）合理控制提升皮管的速度，防止药柱被水囊隔离。

（4）充填时控制充填速度，一小时后进行回填。

6　爆破效果

爆破后形成的 –25 ～ –10m 出入沟宽度、坡度和长度都满足原设计要求。电铲作业后无根底，大块率为0.56%，爆堆块度均匀，电铲作业效率高。

通过此次爆破设计、施工，本人认为新水平开拓爆破应注意以下几点：

（1）选择合适气候条件开拓，选择岩性较硬、较完整的区域开拓。

（2）缩小孔网参数，增加炮孔超深，提高出入沟掏槽爆破的爆破效果。

（3）规划布孔方向，科学地进行地表网路设计。

（4）严格按照爆破设计规范进行现场施工。

参 考 文 献

［1］程根祥．影响德兴铜矿爆破效果的因素分析及改进［J］．现代矿业，2011，（2）．

［2］周少兵．大型露天矿新水平开拓方法及其改进［J］．金属矿山，2004，（12）．

［3］高文学，金乾坤，等．沟槽深孔微差爆破的工程实践和数值模拟［J］．爆破与冲击，1999，（2）．

［4］王旭光，郑炳旭，等．爆破手册［M］．北京：冶金工业出版社，2010．

［5］蒲传金．炮孔因素对露天台阶爆破效果的影响分析［J］．爆破，2008（1）．

工程水压爆破在煤层爆破中的应用

王振新

（葛洲坝易普力新疆爆破工程有限公司，新疆乌鲁木齐，830002）

摘　要：通过工程试验，总结工程水压爆破技术（水土复合填塞炮孔）的原理及在露天煤矿爆破施工中的应用效果。在露天煤矿爆破施工中应用这项技术，可以提高煤层爆破的大块率，降低单位立方岩石耗药量，降低爆破气体的温度，在一定程度上可以降低煤层爆破失火，降低了粉尘和有害气体的排放量，降低了爆破振速和噪声，有效地控制了爆破飞石。

关键词：工程水压；爆破；煤层；效果

The Application of the Project of Water Pressure Blasting in Blasting of Coal Seam

Wang Zhenxin

（Gezhouba Explosive Co., Ltd., Xinjiang Urumqi, 830002）

Abstract：Engineering are summarized based on the engineering test, the water pressure blasting technology (soil composite filling the hole) principle and application effect in open-pit coal mine blasting construction. Application of this technique in the open-pit coal mine blasting construction, can increase the rate of blasting chunks of coal seam, reduce unit cubic rock factor, the lower the temperature of the explosive gas, to a certain extent, can reduce the blasting of coal seam fire, reduced the dust and harmful gas emissions, reduce the blasting vibration velocity and noise, effectively control the blasting slungshot.

Keywords：engineering hydraulic；blasting；coal seam；effect

1　工程水压爆破的原理

水压爆破是指将药包置于注满水的被爆容器中的设计位置上，以水作为传爆介质传播爆轰压力使容器破坏，且空气冲击波、飞石及噪声等均可有效控制的爆破方法。利用水的不可压缩性质，能量传播损失小。炸药爆炸瞬间水传播冲击波到容器壁使其产生位移，并产生反射作用形成二次加载，加剧容器壁的破坏，遂使容器均匀解体破碎。此法简便易行，效果良好。

大量工程实践和试验研究证明，不堵塞炮孔的爆破炸药的能量便以"冲炮"形式泄出。而爆轰波传到炮孔不回填部位时，由于空气的可压缩性极大，应力波大部分能量因压缩空气而衰减消失，极大削弱了对炮眼岩壁的破碎。利用炮泥回填堵塞炮孔，可以解决加强膨胀气体的破岩作用的问题。但炮泥也是可压缩的，只不过与空气相比压缩性小，应力波能量损失相对比

王振新，助理工程师，95667929@qq.com。

空气少。如果用水作为应力波的传播介质，水是不可压缩的，吸收的爆炸能量小，就解决了应力波在传播过程中的能量损失问题。但如果全用水堵塞，水对膨胀气体没有约束能力，试验表明，全用水袋堵塞，也会发生"冲炮"现象，起不到提高炸药能量利用率的作用。

而工程水压爆破技术，就是针对岩体爆破动力（爆轰应力波和爆轰气体综合作用），用水和炮泥（砂土）回填炮孔，利用水的不可压缩性和炮泥（砂土）的堵塞作用，减少爆轰应力波在传播过程中的衰减，使爆轰气体的作用时间相对延长，加强破碎岩石的作用。

2　工程水压爆破的特点

由于水的物理力学性能同空气不一样，与空气不耦合装药相比，工程水压爆破（水耦合装药）具有以下特点：

（1）基于水的不可压缩性和较高的密度、较大的流动黏度，水中爆轰产物的膨胀速度要慢，在耦合水中激起爆炸冲击波的作用强度高和作用时间长。

（2）在炮孔周围岩石中产生的爆炸应力波强度高，衰减慢，作用时间较长，即有较高的爆炸压力峰值，因此，对岩石造成的破坏作用强。

（3）因为水的不可压缩性和较高的能量传递效率，同时相当于炮泥，水又具有一定的堵塞作用，因此，传递给岩石的爆破能量分布更加均匀、利用率高。

（4）在爆破破碎质量上，它能使破碎块度更加均匀；在爆破安全方面，它能够有效地控制爆破振动、爆破飞石、空气冲击波和爆生有毒气体的强度和数量、降低爆破粉尘。

（5）与耦合装药相比，水耦合装药又能够降低孔壁岩面上的初始冲击压力，利于提高光面爆破、预裂爆破的成型质量。

3　工程水压爆破在露天煤矿煤层爆破的应用

3.1　工程概况

新疆宜化矿业公司五彩湾煤矿位于新疆维吾尔自治区吉木萨尔县北偏西约350°方向，矿区区域范围处于准噶尔盆地腹地偏东位置，海拔690m左右，储量1.07亿吨，设计生产能力150万吨/年。

煤矿品质：煤层平均厚度66.76m，密度1.26t/m³。属于抗拉、抗剪断能力较低的不稳定-较软-中等坚硬的岩石类，易自燃。

针对该煤矿煤层的特点和新疆宜化矿业公司要求我们在爆破过程中，提高爆破煤层爆破大块率以满足销售所需要块煤的需求。葛洲坝易普力新疆爆破工程有限公司准东分公司决定成立科研小组，在煤层爆破进行一系列的试验，意在减少爆破引起煤层着火情况和确保煤层爆破块度要求的技术和试验。

3.2　爆破试验

（1）主要爆破参数。孔深H：根据台阶高度及业主方要求，孔深有9.5m、6.0m、15m三种主要参数，无超深（见图1）。

孔径d：采用现有的CM-351钻机，孔径$d=115$mm。

最小抵抗线w：$w=3.0$m。

单位炸药消耗量q：根据长期生产实践，$q=0.1$kg/m³。

孔距排距：$a=8.0$m，$b=5.0$m。采用梅花形布孔方式（见图2）。

单孔装药量Q：$Q=qabH=31.2\sim46.8$kg。

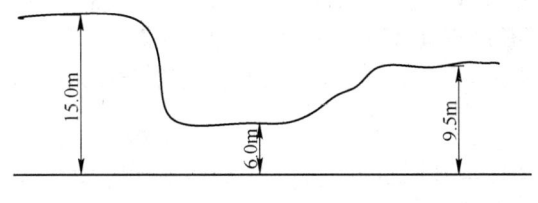

图1 孔深切面图

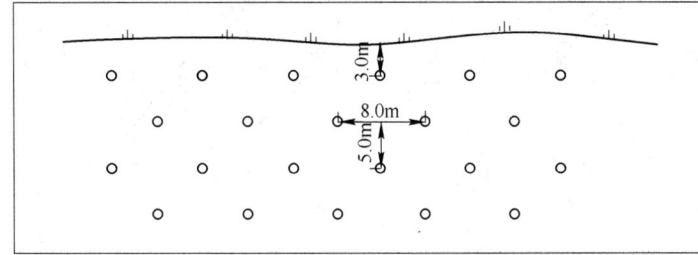

图2 炮孔布置图

堵塞长度 L：$L = H - Q/Q_m = 2.4 \sim 3.5$m。

（2）水瓶的加工。水瓶为长20cm、直径6.0cm的聚乙烯塑料瓶，瓶中充满水后，将瓶盖拧紧。水瓶放置、运输时有轻微变形，不影响装填及最后的爆破效果。

（3）炮孔的装药结构如图3所示。炮孔的装药结构依次为炸药、水瓶、砂土。装药量根据

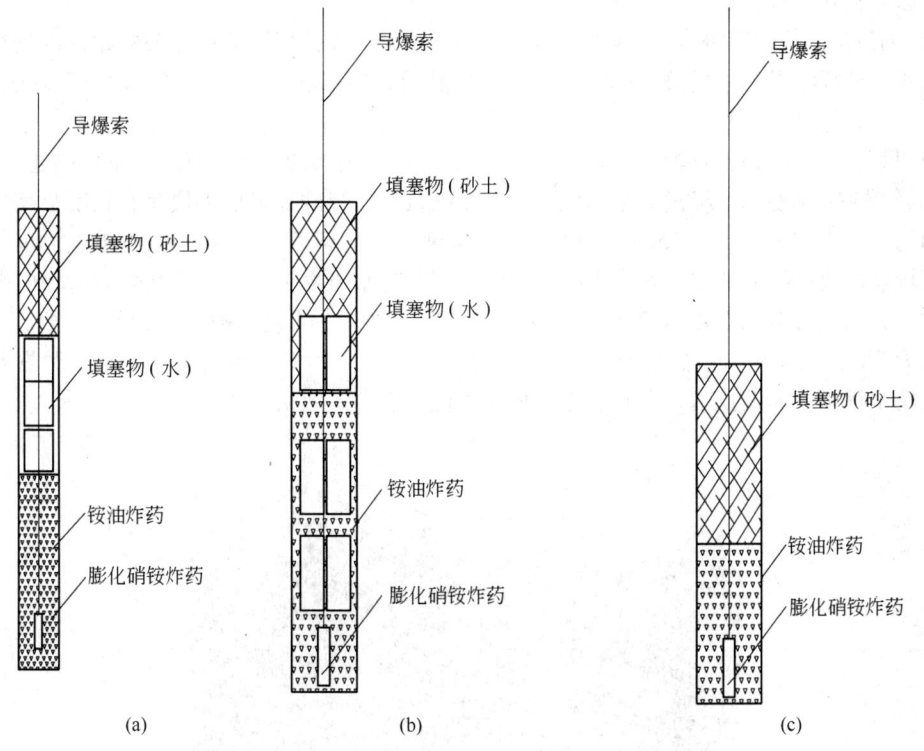

图3 装药结构

（a）孔深15.0m装药结构图；（b）孔深9.5m装药结构图；（c）孔深6.0m装药结构图

煤层条件按常规爆破的钻爆设计计算。水瓶、砂土的装填比例根据各孔装药后的剩余空间，现场试验确定。砂土的装填长度不宜太短，以免发生冲炮现象。

（4）起爆网路。孔内下导爆索，地表采用高精度雷管-导爆索起爆网路，如图4所示。

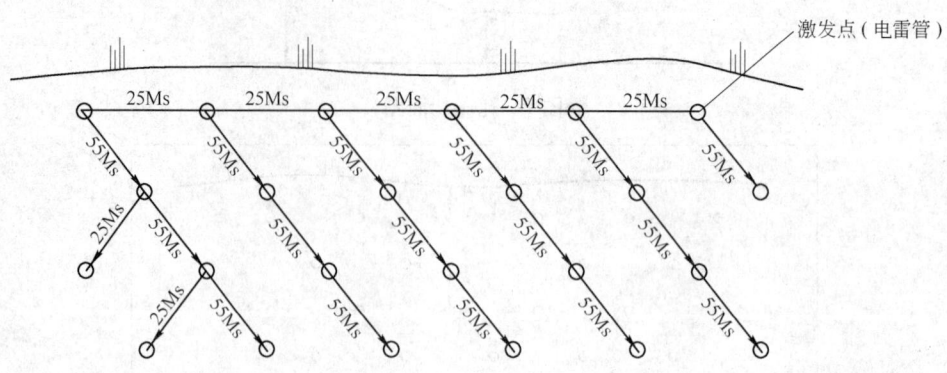

图4　起爆网路示意图

（5）实验数据采集。

1）筛分法。每次试验炮爆破后，随时抽取长×宽×高＝20m×5m×10m断面爆渣，经挖机装车后过磅，然后经筛分系统进行筛分，将各类粒径的煤块分别称重后计算出块煤率，填写试验报告后存档。

2）影像法。采用影像设备（数码相机、DV等）记录爆破过程及爆后效果，为试验留下直观的原始资料。

3）测量法。使用RDK对取样的爆堆方量进行测量，以校核断面法相关数据的准确性。利用便携式红外线测温仪测量每次爆破实验煤层爆破前地表温度，孔底温度和爆破后地表温度、裂隙温度，并记录。

4）目测法。通过对试验炮的爆后质量跟踪，对爆堆表层的块煤情况进行形象描述。

（6）爆破效果分析。经过大量实验，分析爆破效果，爆破后煤层大块率有较明显增加，块度较均匀，易于挖装。孔深15.0m爆破区域，块度基本达到矿方要求，块度均匀。孔深9.5m爆破区域表面块度明显增加。实验数据表明，采用工程水压爆破技术对提高爆破后块煤率（大块和中块）有明显效果。爆破后温度变化：孔深9.5m爆破区域爆破前孔内平均温度为4℃，爆破后为7℃；孔深6.0m爆破区域爆破前孔内平均温度为10℃，爆破后为24℃。数据基本证明，采用工程水压爆破技术，爆破后对降低孔内温度有一定效果（见图5）。

图5　爆破效果图

4 工程水压爆破在露天煤矿煤层爆破应用的成果

4.1 实验结果

（1）在煤层爆破中，工程水压爆破实现不耦合装药减小了粉碎圈的范围，减少了细煤粒的产生，可以提高块煤率。

（2）工程水压爆破有效地提高了炸药能量利用率，爆后煤渣的块度更加均匀，从而降低炸药单耗，减少了炸药用量。

（3）利用废弃的塑料瓶装水，作业过程简单、环保、操作方便，工作人员容易掌握。如果露天煤矿大规模使用，可以进行订制，在煤层中应用可取代空气间隔器。

（4）最佳水间隔长度及位置还需通过爆破实验不断优化。

4.2 技术经济效果

（1）节省炸药，提高炸药利用率。

（2）煤层爆破可提高大块率，且块度均匀。

（3）煤层爆破可减少爆破后着火现象。

（4）爆堆抛散距离缩短，露天爆破煤层（岩石）原地松动。

（5）粉尘含量大幅度降低。露天深孔爆破出现常规深孔爆破的硝烟灰尘腾空升起的现象明显减少。

（6）减少爆破危害。降低爆破振动速度，工程水压爆破无飞石、噪声明显减少。

5 结束语

综上所述，工程水压爆破与以往常规工程爆破相比，具有提高炸药能量利用率、提高施工效率、提高经济效益和保护环境的显著特点，符合可持续发展的战略方针。工程水压爆破技术在实践中取得了良好的爆破效果，具有创新性和实用性。采取炮孔充填水，并用砂土回填堵塞，提高了炸药能量利用率，改善了爆破对环境的影响，具有可操作性，工程水压爆破技术必将对工程爆破的发展作出重要贡献。

参 考 文 献

[1] 王玉杰.爆破工程[M].武汉：武汉理工大学出版社，2007.

[2] 史雅语，顾毅成.工程爆破实践[M].合肥：中国科学技术大学出版社，2002.

[3] 霍永基.工程爆破文集[M].武汉：中国地质大学出版社，1993.

露天矿山爆破飞石的控制方法

高毓山[1]　张敢生[2]　陈庆凯[3]　雷　高[3]

（1. 本钢矿业公司南芬露天铁矿，辽宁本溪，117014；2. 辽宁科技学院，
辽宁本溪，117004；3. 东北大学，辽宁沈阳，110819）

摘　要： 飞石是露天爆破工程中最为严重的潜在事故因素之一，是造成人员、设备、结构物和建筑物损伤的主要原因之一，对人民的生命财产安全造成严重的威胁。飞石产生的机理很复杂，既有设计原因，也有施工问题。本文分析了爆破飞石产生的原因，介绍了飞石产生的部位。通过对飞石飞行参数的理论计算，相应地提出了控制飞石的措施。在实际工作中，对露天矿山和类似爆破工程防止飞石事故的发生具有一定的指导意义。

关键词： 露天矿山；爆破飞石；控制方法

The Control Method of Open-pit Mine Blasting Slungshot

Gao Yushan[1]　Zhang Gansheng[2]　Chen Qingkai[3]　Lei Gao[3]

（1. Nanfen Iron Mine，Benxi Steel Group Corporation，Liaoning Benxi，117014；
2. Liaoning Institute of Science and Technology，Liaoning Benxi，117004；
3. Northeastern University，Liaoning Shenyang，110819）

Abstract： Slungshot occurring is one of the most seriously potential accidents factors in the open air blasting project. It is one of the main reasons that cause the workers hurt, damage the structures, buildings and equipment. And pose a grave threats to the people's life and property safety. The reason for the Slungshot occurring is very complex, not only for the design factors but also construction factors. The article describes the reason for Slungshot occurring and introduces the position that where it happens. Through the calculation of the slungshot flight parameters, the article provides the solutions to control the flying stone. In practical works, these measures have a certain guiding significance to prevent flying rock accidents in open pit mine and the similar blasting engineering.

Keywords： open-pit mine；blasting slungshot；control method

爆破飞石是指在工程爆破中，被爆介质中那些脱离主爆堆而飞得较远的碎石[1]。由于这些碎石没有具体的飞行方向和距离，并且抛掷的比较远，对爆区周围的人员、设备的安全造成严重的威胁[2]。根据美国在 1982～1985 年的统计，飞石事故占露天爆破事故的 59.1%；日本在 1979 年发生的爆破事故中，飞石事故高达 61%，在 1988 年，更是高达 73%[3]。我国爆破飞石造成人员伤亡、建筑物损坏的事故占整个爆破事故的 15%～20%，露天矿山爆破飞石伤人事故占整个爆破事故的 27%[4,5]。如 2008 年 10 月 16 日 18 时 13 分，神华宁夏煤业集团有限责任公司大峰矿露天剥离工程现场，发生一起重大爆破飞石事故，造成死亡 16 人、53 人受伤。由此

高毓山，教授级高级工程师，gaoyushan1966@ sina. com。

可见，在工程爆破中，控制爆破飞石的重要性。

1　爆破飞石产生的原因

笔者认为，爆破飞石产生的原因可以归纳为以下三个方面。

1.1　客观因素——地质条件多变

大多数情况下爆破对象是岩体，由于岩体具有各向异性和不均匀性的特点，常常隐含着节理、裂隙、断层、软弱夹层等结构面，在爆破前很难完全掌握岩体的每个细节。这些结构面与岩石相比属于薄弱部位，破碎时需要的炸药能量较小，而炸药在炮孔中布置很难顾及到每个弱面的存在。因此，炸药在岩体中爆炸后，爆生气体会从这些薄弱部位首先冲出，夹带着个别碎块形成飞石。

1.2　设计存在缺陷

设计方面的缺陷也是产生飞石的重要原因，归纳为以下几点：

（1）爆破性质选择有误。如对于露天深孔松动爆破，爆破作用指数选择过大，将大大增加产生飞石的概率。

（2）最小抵抗线选择不当。最小抵抗线方向是岩石阻力最小的方向，也是最易产生飞石的方向。当最小抵抗线选择过小时，炸药爆炸后，只用一部分能量就足以破碎抵抗线方向的岩石，多余的能量将破碎后的岩块向前抛掷，产生更多更远的飞石。当最小抵抗线选择过大时，炸药产生的能量不足以克服抵抗线方向岩石的阻力，但爆炸能量总要释放出来，所以这时就容易从孔口冲出（露天台阶爆破），随之而来的是飞石。

（3）填塞长度不足。设计的填塞长度不足时，填塞物不足以抵挡高温高压气体的冲击，瞬间从炮孔中冲出，这样不但减少了爆生气体作用于岩石的时间，而且会产生大量的飞石。

（4）起爆顺序选择不合理。起爆顺序不当时，先起爆的炮孔会引起后起爆炮孔的抵抗线等参数变化。这种变化不利时，如抵抗线变得过大或过小，同样会产生飞石。

（5）延期时间确定不合理。微差起爆是一种比较先进的爆破技术，合理的设计和施工，能减少飞石的产生，但是炮孔的间隔时间过长或过短的话，都容易产生飞石。

（6）炸药量过多。如爆破介质为花岗岩、石英砂岩、石灰岩等容重较大的介质时，介质吸收炸药能量的能力较弱，降低波动能量的作用也小，可以用于克服惯性运动的炸药能量就相应较多，所以产生飞石较多，距离较远[7]。在其他条件相同的情况下，装药量越大，爆破飞石就越多，飞石飞行距离就越远。

1.3　施工管理不到位

（1）钻孔产生偏差。没有严格按照爆破设计的孔位、孔深进行钻孔，超过了误差允许范围。如抵抗线变大或变小，容易产生飞石；孔深过大，超量装药，也会产生更多的飞石。

（2）装药量过多。如设计时选择使用铵油炸药，但在装药前，发现炮孔中有水，改用乳化炸药，但装药长度没有改变，导致装药量过大，将会产生飞石。

（3）抵抗线发生变化。露天台阶爆破时，如果钻孔前是压渣，按估计的位置进行钻孔。而在实施爆破装药前已经清渣，并且抵抗线与预估的相差较大，如果不适当调整装药量，也将会产生飞石。

（4）填塞不合格。填塞长度不足，或是填塞质量不高，如填塞物中夹带碎石、填塞物密实度不够，都会产生飞石。

（5）覆盖质量差。露天浅孔爆破时，炮孔覆盖质量不合格和炮孔周围的碎石也是引起飞石的原因之一。

2　爆破飞石产生的部位

由于产生爆破飞石的原因是多方面的，情况也比较的复杂，目前情况下，很难用一个系统的理论来对其进行分析。根据经验，爆破飞石的产生部位主要有填塞段、孔口和最小抵抗线3处，如图1所示。

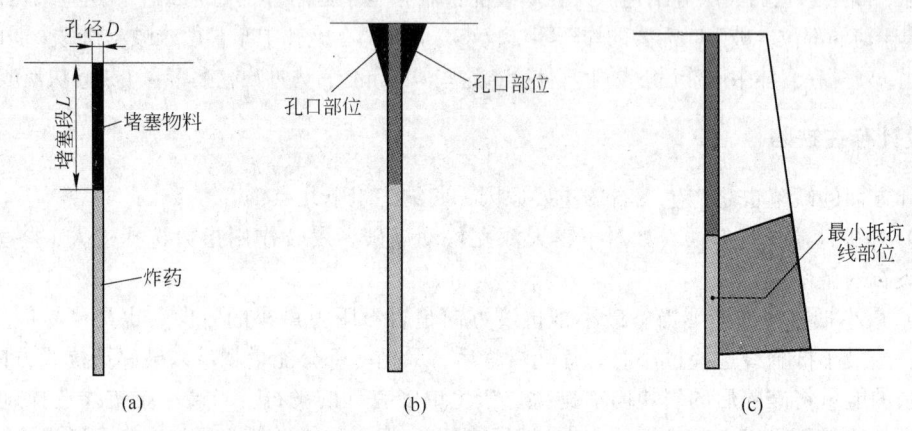

图1　飞石产生部位

（a）填塞段部位；（b）孔口部位；（c）最小抵抗线部位

Fig. 1　Flying rocks produce parts

3　爆破飞石的参数计算

爆破飞石的产生机理非常复杂，目前还难以用数学分析方法准确地计算其参数。个别飞石的飞行参数与爆区地形、地质条件、爆破参数、填塞质量和气候条件等因素有关，对于抛掷爆破个别飞石的飞行高度和距离可按下列公式计算[1]：

$$H = \frac{1}{2}l\tan\alpha - \frac{1}{8}g\frac{l^2}{v_0^2\cos^2\alpha} \tag{1}$$

$$l = \frac{v_0^2\sin2\alpha}{g} \tag{2}$$

式中，H为个别飞石飞行的最大高度，m；l为个别飞石飞行的水平距离，m；v_0为初速度，m/s；α为飞石抛射角，（°）；g为重力加速度，m/s^2。

当在斜坡地形进行爆破时，如山坡角度为β，则沿山坡下方的飞石最大距离为：

$$l' = 2v_0^2\cos^2\alpha\frac{\tan\alpha + \tan\beta}{g} \tag{3}$$

式中，l'为个别飞石最大距离，m；β为山坡坡角，（°）。

在工程实践中，飞石的飞行高度和距离是很难确定的，因此，人们根据大量的实际工程资料，提出了如下的经验公式：

$$l = 20kn^2W \tag{4}$$

式中，l为个别飞石的飞行最远距离，m；n为爆破作用指数；k为系数，与地形、风向等因素有关，一般取1.0~1.5；W为最小抵抗线，m。

4 爆破飞石的控制方法

在露天爆破中，产生爆破飞石是难免的。但是，必须将产生的爆破飞石控制在允许的范围之内，否则将会给人民的生命财产造成威胁。因此，在爆破过程中，应该及时做好飞石的预防及防护措施。

4.1 减少飞石产生的措施

（1）在满足工程要求条件下，要选取相对合理的最小抵抗线。最小抵抗线的选择是控制飞石产生的关键因素之一，也是最有效的技术措施。

（2）必要时，可采用小孔径分散装药、不耦合装药和反向起爆。大量实践表明，小孔径爆破比大孔径爆破产生的飞石少。反向起爆能使爆生气体作用时间更长，破碎岩体更充分，并能够减少爆破飞石。

（3）调整局部装药结构[8]。因钻孔施工误差使最小抵抗线过小时，或是钻孔遇到断层、软弱夹层时，应调整装药结构，如采取间隔装药，减小单孔装药量，避免飞石的产生。

（4）保证炮孔填塞长度和质量。炮孔填塞要有一定的长度，一般取1倍的最小抵抗线长度。填塞要密实、连续，填塞材料中应避免夹杂碎石，填塞时要边填边捣，不能将炮孔填塞到孔口再捣固。如果炮孔中有水，为了避免冲天炮，填塞料最好用5~10mm的碎石子或石粉。

（5）根据地质条件和孔网参数确定合理的起爆顺序和最佳的延期时间，将爆破飞石控制在允许范围之内。

（6）精确计算和控制炸药量。对于特定的地质条件，装药量最终决定了爆破效果和爆破有害效应的控制程度。因此，应根据现场实际情况，选取与岩石相对应的炸药单耗，准确计算每个炮孔的装药量，装药量不得随意增减，尤其不能增加装药量。

4.2 覆盖措施

爆破点周围环境比较复杂时，要使用潮湿的草垫、装土的草袋、胶皮带链、铁丝网等对炮孔甚至整个被爆破对象进行必要的覆盖。

4.3 合理设定警戒区

露天岩土爆破时，个别飞石对人员的安全距离见表1。设计时应参考表1中的值来确定爆破警戒范围。在此范围内不得有任何人员，且让所有无关人员远离警戒线，起爆时坚守在警戒线上的爆破警戒人员要在能抵御飞石冲击的避炮棚内[10]。

表1 露天岩土爆破（抛掷爆破除外）时，个别飞石对人员的安全距离[9]

Table 1 Open pit rock blasting（except blast throwing）, individual flying stone for the safety distance of personnel   （m）

爆破类型与方法	个别飞石最小安全距离
破碎大块矿岩：裸露药包爆破法	400
破碎大块岩石：浅孔爆破法	300
浅孔爆破	200（复杂地质条件下或未形成台阶工作面时不小于300）
深孔爆破	按设计，但不小于200
硐室爆破	按设计，但不小于300

注：在山坡爆破时，下坡方向的飞石安全距离应比表中规定的数值增大50%。

5　结语

　　在露天爆破中，爆破飞石产生的原因有很多，如设计问题、地质条件、人员管理因素和施工问题等，爆破飞石的规律也有待进一步研究。但是，通过对爆破飞石产生的原因及部位的分析，能在一定程度上减少爆破飞石事故。分析历年爆破飞石事故，很大一部分都是人为原因。因此，必须加强现场管理，建立健全的安全责任制度，严格执行各项规章制度和爆破施工要领，进一步提高爆破操作人员和管理人员的安全意识，克服麻痹思想，这是防止爆破飞石事故发生极为重要的一个环节。

参 考 文 献

[1] 高尔新，杨仁树. 爆破工程[M]. 徐州：中国矿业大学出版社，1997：249.

[2] 张超，杨军伟. 露天矿爆破飞石事故致因分析[J]. 科技信息，2011(30)：356.

[3] 高毓山. 提高露天矿爆破质量的方法[J]. 工程爆破，1999(01)：59～62，75.

[4] 高文乐，毕卫国，等. 爆破飞石致人死亡案例分析[J]. 爆破，2002(3)：77～78.

[5] 任翔，郭学彬. 工程爆破飞石及其控制[J]. 西部探矿工程，2005(12)：181～182.

[6] 王新建. 爆破飞石产生的原因及其控制对策[J]. 公安大学学报，1988(1)：84～85.

[7] 任翔，韦爱勇. 爆破飞石的控制与防护[J]. 采矿技术，2005，5(1)：80～81.

[8] 张志呈，等. 爆破原理与设计[M]. 重庆：重庆大学出版社，1992.

[9] 陈庆凯，梅智学，赵德孝. 工程爆破技术与安全管理[M]. 沈阳：东北大学出版社，2002：164.

[10] 高毓山. 露天矿中深孔边缘爆区的控制爆破[J]. 本钢技术，2000(02)：2～4.

露天深孔爆破崩落法处理地下采空区实践

臧 龙[1] 贾传鹏[1] 张士磊[2]

(1. 太钢集团岚县矿业有限公司，山西吕梁，033504；
2. 中铁十九局集团袁家村铁矿项目部，山西吕梁，033504)

摘 要： 露天开采中，地下开采形成的采空区已成为矿山安全生产的重大隐患。山西某露天铁矿经过前期多年的地下无序开采，存在大量采空区。通过掌握矿区地下采空区的基本情况，根据现场实际，以1740-10-空7采空区为研究对象，使用澳瑞凯高精度毫秒非电雷管，采用逐孔起爆一次爆破崩落法成功地对1740-10-空7采空区进行了处理，处理效果良好。在保证露天采矿生产进度的同时，消除了采空区的安全隐患。

关键词： 露天开采；地下采空区；深孔爆破崩落法；爆破网路

Application of Long Blast-hole Caving in Disposing of Underground Goaf

Zang Long[1] Jia Chuanpeng[1] Zhang Shilei[2]

(1. Tisco Group Lanxian County Mining Co., Ltd., Shanxi Lüliang, 033504；
2. China Railway 19th Bureau Group Yuanjiacun Iron Ore Projects, Shanxi Lüliang, 033504)

Abstract： In Open-pit mining, underground mining goaf has become a major hidden danger of mine safety production. One open-pit iron mine of shanxi through many years of underground mining disorder, existing a large number of goaf. Through get the basic situation of Yuanjiacun mine area underground mining goaf, According to field condition, taking 1740-10-kong7 as the object of study, use Orica High Accurate MS non-electric detonator, use hole by hole initiation one blasting method, Open long blast-hole caving successfully on 1740-10-kong7 were processed. The treatment effect is good. To ensure normal Open-pit mining production progress at the same time, eliminating the hidden danger of goaf.

Keywords： open-pit mining; underground mining goaf; long blast-hole caving; blasting network

山西某铁矿为特大型露天铁矿，设计采用自上而下的逐水平缓帮分层、横向开采的采矿方法，阶段高度15m，工作台阶坡面角为70°，最小工作平台宽度50m。2011年4月开始矿山基建，目前已形成1740m、1725m、1710m、1695m四个台阶。

矿区大规模地下开采始于21世纪初，矿区范围内曾经分布有36家民采地下矿山，以开采高炉富矿和深部原生矿为主。长期的无序开采，致使在矿山开采境界内存在大量采空区及废旧

臧龙，工程师，2536338306@qq.com。

坑道。这些采空区大小形态不规则，高度和跨度不一致，采空区形态复杂，在空间位置上层层叠叠，高低不同，采掘竖井深度一般为 50～200m，个别达到 400m 深，多数采空区已经充水，且部分采空区已经坍塌，甚至引起地表局部塌陷。

由于该铁矿地质条件复杂，采空区规模大，采空区资料不详，加上自然条件和现有技术条件制约，采空区安全隐患已成为影响矿山安全生产的重要危险因素，因此露天开采时对地下采空区的处理成为矿山安全生产的重要课题。

1　采空区探测、处理情况

1.1　采空区探测

矿山自基建剥离以来，在收集部分地下小矿山开采资料进行综合分析和在矿区周边进行人工调查的基础上，采用生产地质勘探超前钻、生产过程中打超深孔的探测手段在矿位探测采空区，并对发现的采空区进行空腔三维激光扫描，以此掌握采空区的形态。截至目前，开采境界内共发现并准确探明地下采空区 17 处。

1.2　采空区处理方案

国内采空区处理的方法主要为充填法和崩落法。由于该矿经过长期的地下开采，井下巷道错综复杂，保留矿柱破损严重，多数采空区已经充水，且部分采空区已经坍塌，甚至引起地表局部塌陷，地下采空区形态、结构极为复杂，如采用充填法处理采空区，从经济上、技术上、时间上都有困难，采用井下崩落处理采空区也几乎不可能。为了保障矿山正常生产，也没有条件也不可能先处理采空区，然后进行开采。所以必须在采矿生产的同时处理采空区，生产实践中逐渐摸索出采用露天深孔爆破崩落法处理采空区的经验，即在露天台阶上钻凿下向炮孔，通过实施爆破作业强制崩落采空区顶板用以充填采空区。

目前采用露天深孔爆破崩落法已成功处理采空区 11 个，处理采空区体积累计 61625.2m³，消除了大量的采空区隐患，为安全生产提供了保障。2013 年 5 月在 1725 水平北部成功处理 1740-10-空 7 采空区，它是目前已发现并处理的形态最复杂、规模最大的采空区之一，具有很强的代表性。

2　1740-10-空 7 概况

2.1　空区探测情况

1740-10-空 7 空区是通过对历史开采资料分析和人工现状调查发现的，对空区进行圈闭、安全标示后，采用 φ140mm 潜孔钻机按 20m×20m 孔网、孔深 60m 进行了生产超深钻探，进一步验证了该空区。

为了更准确探明该空区的空间位置、形态、规模等，为露天深孔爆破提供详实的设计依据，先后四次组织对空区进行了空腔三维激光扫描，扫描结果显示该采空区探明最大深度为 74m，最大宽度为 44m，且下部仍可能存在未探测到的空间，顶板未出现崩落和塌陷，较为稳定。在激光扫描的基础上，通过人工下放测绳对空区深度进行了探测，经测最大深度达到 508m。按空区命名标准将其命名为 1740-10-空 7。

2.2 空区周边情况及地质概况

1740-10-空 7 采空区位于 10 号矿体，2~3 线之间。北部距采矿 1 号道路 315m，西北方向距 1650m 矿石破碎站 640m。空区有 5 个连通巷与地表连通，其中连通巷 7 洞口距 1650m 矿石破碎站 397.56m，另有 1 个连通巷已塌实。空区周边情况如图 1 所示。

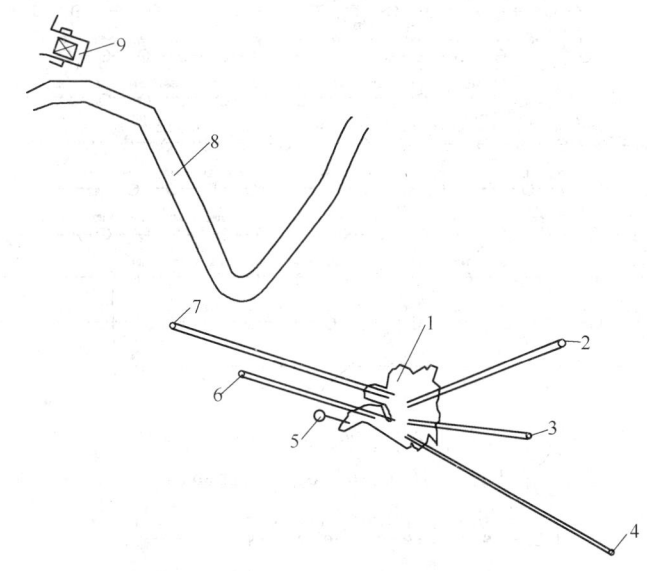

图 1 1740-10-空 7 位置

1—1740-10-空 7；2—1644.9m 连通巷；3—1685.8m 连通巷；4—1642.1m 连通巷；

5—已塌实连通巷；6—1707.8m 连通巷；7—1645.8m 连通巷；

8—采矿 1 号道路；9—1650m 矿石破碎站

Fig. 1 1740-10-goaf 7 position

10 号矿体为矿区内规模最大矿体，矿体形态为一巨大的扁豆体，分布于南 2~12 线之间，全长 2600m，出露于 4~8 线之间，8 线以北为黄土覆盖，4 线以南大部被寒武系底部岩层所掩盖。厚度 5~301.8m，平均 154.6m，矿体顶面最高标高在 1 线为 1780m，最低标高在 12 线为 1450m，延深 140~830m，平均 612.1m，走向为北北东向，倾向为南东东向，倾角 70°~80°。该区域矿体围岩主要为变辉绿岩、镁铁闪石片岩、石英岩及含铁石英岩等，矿石和围岩均致密坚硬、稳定性强。

2.3 空区模型

对四次的扫描结果经 MDL 成图后，利用 SUPAC 软件对空区进行了三维建模，并对四次扫描结果进行模型复合，基本上掌握了 1740-10-空 7 采空区形态及三维空间构造情况。

由三维建模复合图看出：空区为葫芦状多层空区，从扫描图上看，下部还有空区分布，由于葫芦状空区的不垂直分布，给探测空区深部形态造成了困难。针对采空区形态，平行于坐标轴 x 轴每隔 3.5m 布置一个剖面，共布置了 12 个剖面。通过垂直剖面图和水平剖面图可详细了解 1740-10-空 7 形态。水平剖面位置及空区布孔如图 2 所示。

1740-10-空 7 典型剖面：2 剖面如图 3 所示，4 剖面如图 4 所示，6 剖面如图 5 所示，8 剖面如图 6 所示，10 剖面如图 7 所示。

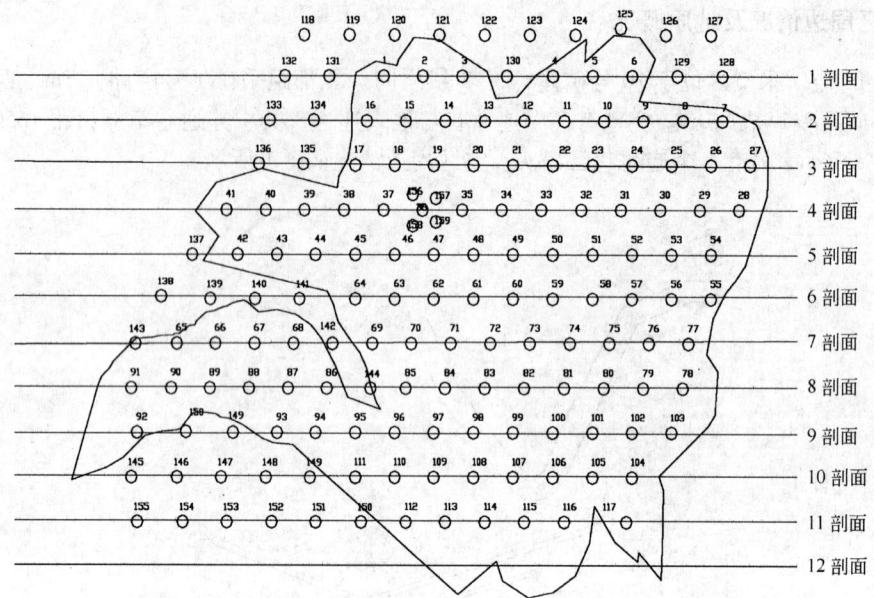

图2　水平剖面及布孔

Fig. 2　Horizontal section and holes

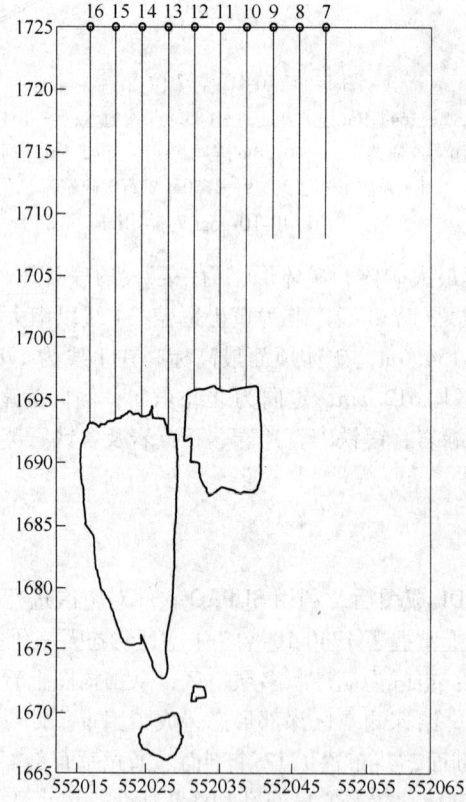

图3　2 剖面垂直剖面

Fig. 3　Section 2 vertical section

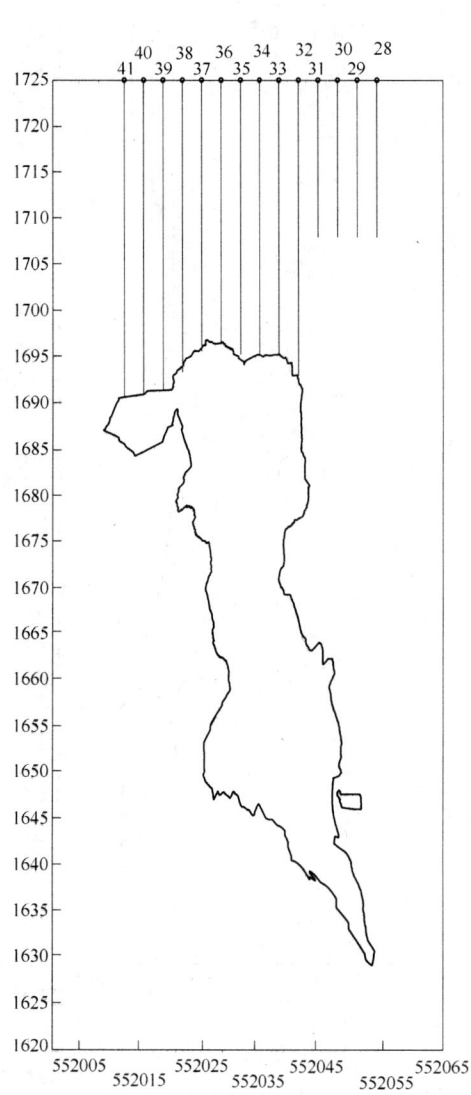

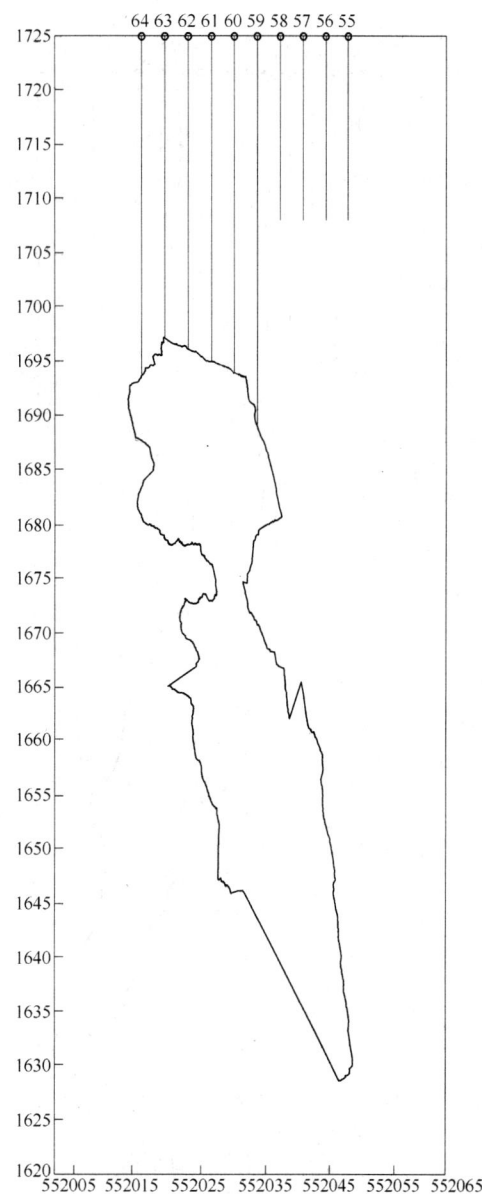

图4　4剖面垂直剖面

Fig. 4　Section 4 vertical section

图5　6剖面垂直剖面

Fig. 5　Section 6 vertical section

经分析，1740-10-空7的构成参数见表1。

表1　采空区构成参数

Table 1　Goaf parameter

采空区最大长度/m	50	底板最低标高/m	1624
采空区最大跨度/m	44	采空区面积/m²	1566. 4
采空区扫描到最大高度/m	59	采空区体积/m³	24689. 1
采空区人工测绳探测到最大高度/m	508	顶板体积/m³	32501. 8
最小顶板厚度/m	29		

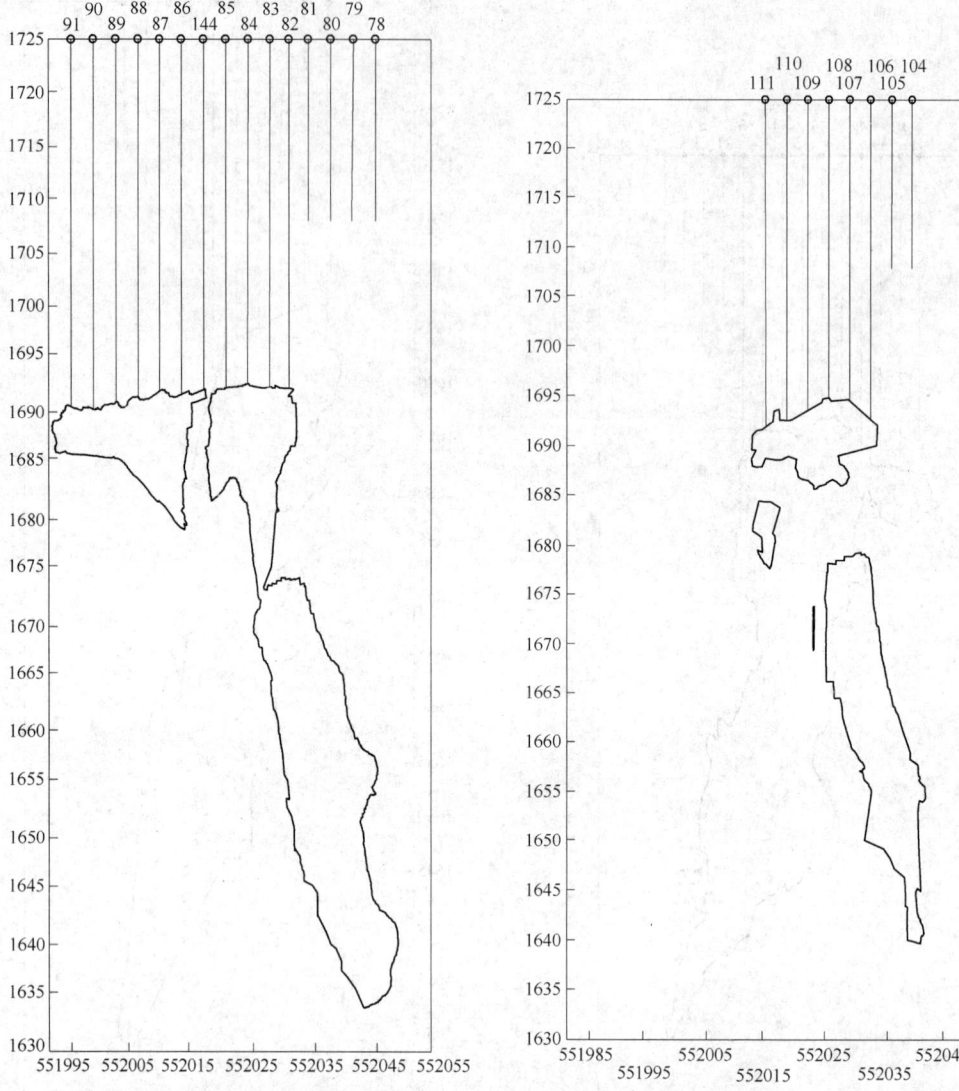

图 6　8 剖面垂直剖面
Fig. 6　Section 8 vertical section

图 7　10 剖面垂直剖面
Fig. 7　Section 10 vertical section

2.4　1740-10-空 7 特点

与其他已处理完空区相比，1740-10-空 7 有如下特点：

（1）空区位于 18 号矿体中北部，只有上部平台和地下采空区两个临空面，爆破后需确保顶板向下崩落。

（2）空区的形态呈现葫芦状，特别是在 1675m 水平空腔明显变窄，顶板崩落后在该部位易卡住。

（3）空区顶板穿孔深度介于 30～35m，个别孔接近 40m，远大于采场阶段高度。

这些都是本次爆破设计需要解决的问题。

围绕着如何处理该空区，经过多次详细的技术研究论证，并邀请业界权威长沙矿山研究院和澳瑞凯（威海）公司的专家就空 7 的爆破处理设计方案审查，最后形成以下意见：

（1）为精确控制爆破网路延迟时间，避免出现雷管跳段现象，采用澳瑞凯高精度雷管取代普通导爆管雷管；考虑到顶板厚度较大，炮孔内采用分段装药，且确定了合适的中间间隔高度。

（2）采用中间掏槽起爆，掏槽孔采用 $\phi250mm$ 孔径，增加掏槽孔局部装药量，并在起爆孔的周围补打 4 个 $\phi140mm$ 孔，这 5 个孔同时起爆，确保顺利掏槽，为后排炮孔崩落形成足够的通道；5 个与地表连通的连通巷洞口采用黄土挡墙削弱冲击波等。

3 爆破设计

3.1 空区处理水平的确定

根据《山西某铁矿采空区上部露天开采稳定性及采空区处理技术研究总结报告》中的关于 10 号矿体镜铁矿保安层厚度计算公式（见式（1））：

$$h = 0.683b - 0.944 \tag{1}$$

式中，h 为保安层厚度，m；b 为采空区最大跨度，m。

1740-10-空 7 的最大跨度为 44m，计算得到保安层厚度为 29.1m。从剖面图上可以看出空区顶板到 1725 水平的最小垂直距离为 29m，基本接近保安层厚度，因此选在 1725 水平钻孔进行深孔爆破处理该空区。

3.2 爆破参数

爆破具体参数如下：

（1）单耗。根据以往空区处理的经验：爆破作用指数 $n>1$，为加强抛掷爆破，炸药单耗取相同部位正常台阶深孔爆破炸药单耗的 1.3 倍。1740-10-空 7 上部相同部位的炸药单耗为 $0.61kg/m^3$，且爆破效果良好。因此本次爆破处理 1740-10-空 7 炸药单耗取 $0.80kg/m^3$。

（2）装药结构。空区顶板上方的炮孔采用间隔装药，分上下两段装药，下段孔底部回填 3m，为了保证装药充填系数大于 75%，上下分段选在中部 1708.5~1711.5m 之间进行间隔，上部回填 3.5m，采用细岩粉密实充填；空区周边辅助孔采用连续柱状装药，孔上部回填高度 3.5m。采用乳化药卷作为起爆药，孔内装多孔粒状铵油炸药。装药结构如图 8 所示。

（3）孔网参数。根据该矿在 10 号镜铁矿位孔网布置经验以及结合初定的 $0.80kg/m^3$ 的炸药单耗，施工用 $\phi140mm$ 潜孔钻机，采用三角形布孔，孔距 3.5m，排距 3.5m，空区顶板上方的炮孔孔深为钻机穿透顶板的自然深度；空区周边辅助孔孔深为 15m，超深 2.5m。

（4）药量计算。在进行单孔药量计算时，前排孔采用 $Q = qaW_1H$，后排孔采用 $Q = kqabH$ 求得。式中，q 为单位炸药消耗量，kg/m^3；a 为孔距，m；b 为排距，m；W_1 为底盘抵抗线，m；H 为台阶高度，m；k 为考虑受前面各排孔的矿岩阻力作用的增加系数，$k=1.1~1.2$。

爆区计划炸药消耗量为 42t，乳化药包 768kg，多孔粒状铵

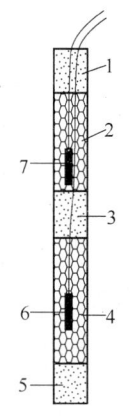

图 8 装药结构示意图
1—孔口回填段；2—上部装药段；3—中间间隔回填；4—下部装药段；5—底部回填段；6—375Ms 澳瑞凯雷管；7—400Ms 澳瑞凯雷管
Fig. 8 Charge structure diagram

油41.2t。平均炸药单耗为0.8kg/m³。

3.3　确定起爆孔

由于只有台阶上部平台和地下采空区2个临空面，而且空区顶板体积远小于空区体积，爆破的总体设计思路是：通过爆破强制崩落地下采空区顶板向下充填采空区，在地表形成塌陷坑洞，所以起爆选择在空区顶板几何中心以掏槽爆破的方式起爆。根据空腔的垂直剖面图、水平剖面图和孔网布置图，36号孔所对空腔体积较大，爆破崩落体下落通道较宽，且正对通道中心，爆破时不易发生堵塞，因此起爆点选定为36号孔。同时，为了保证掏槽效果，采取以下措施：

（1）36号孔作为掏槽孔，孔径选取ϕ250mm。

（2）36号孔与周围的156号、157号、158号、159号孔同时起爆，以加大掏槽效果。

3.4　起爆网路和起爆顺序

爆破网路为复式网路，采用澳瑞凯非电毫秒延期雷管起爆，地表网络为行列式地表逐孔起爆网路，孔间采用65Ms雷管，排间采用42Ms雷管，156号、157号、158号、159号采用17Ms雷管；空区顶板上方炮孔采用孔内上下分段间隔起爆，下分段采用375Ms雷管，上分段采用400Ms雷管，空区周边辅助孔采用400Ms雷管，孔内外微差相结合，孔内自下而上起爆，上下分层自起爆点向四周扩散。网路连线图如图9所示，等时线图如图10所示，顶板位移如图11所示。

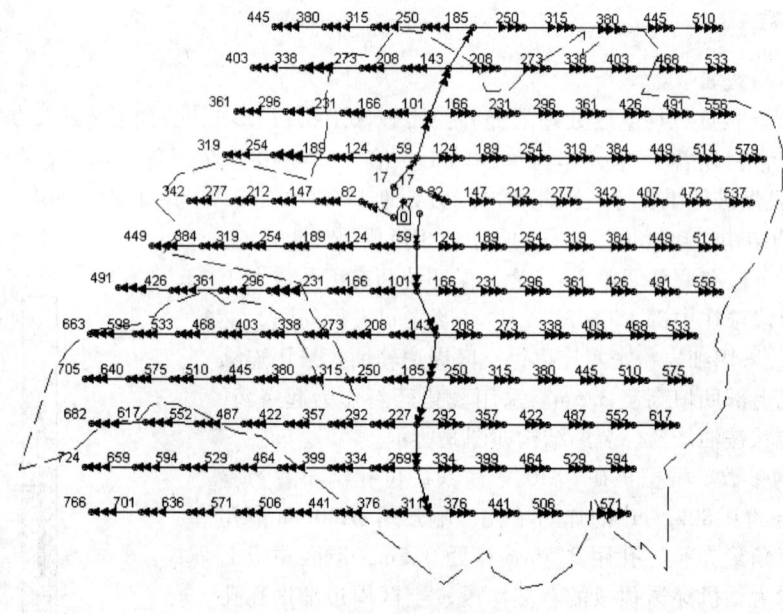

图9　网路连线图

Fig. 9　Network diagram

3.5　最小安全距离确定

3.5.1　爆破飞散物最小安全允许距离

硐室爆破个别飞石计算公式见式（2）：

$$R_{\mathrm{f}} = 20K_{\mathrm{f}}n^2w \tag{2}$$

式中，R_{f} 为爆破飞石安全距离，m；K_{f} 为安全系数，取 1.5；n 为爆破作用指数，取 1；w 为最小抵抗线，取 6.5m。计算得到爆破飞散物最小安全允许距离 195m。

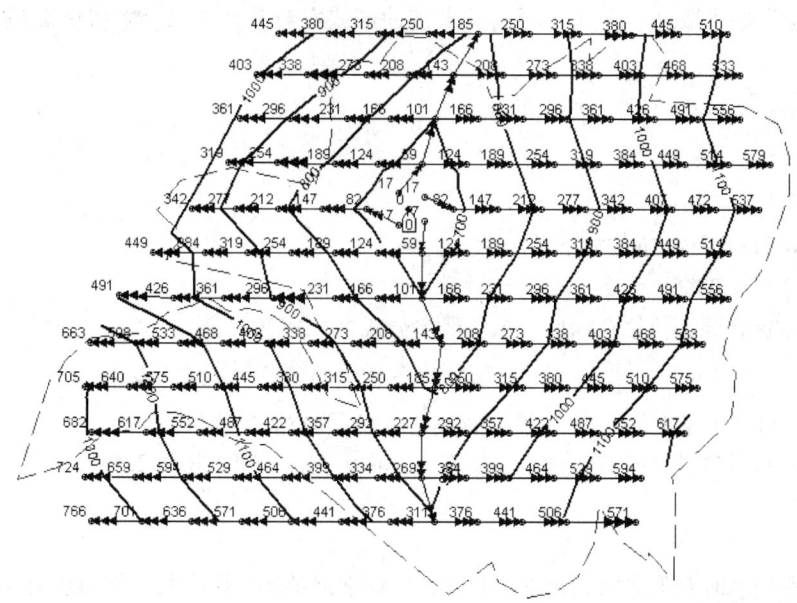

图 10　网路等时线图

Fig. 10　Network diagram

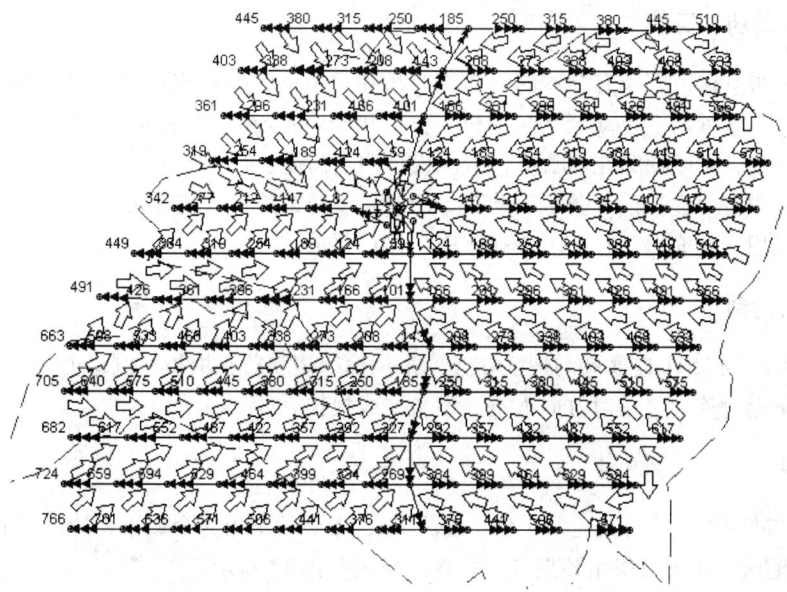

图 11　顶板位移示意图

Fig. 11　Roof displacement

3.5.2　空气冲击波最小安全允许距离

爆破冲击波的安全允许距离经验公式见式（3）：

$$R_k = 25 \sqrt[3]{Q} \tag{3}$$

式中，Q 为最大一响药量，kg。本次设计最大一响药量为 2340kg，计算得到爆破冲击波的安全允许距离为 332m。

综合考虑爆破飞散物安全允许距离及爆破冲击波安全允许距离，本次爆破最小安全距离为 332m。

4 现场施工

4.1 钻孔

2 台 ϕ140mm 潜孔钻机按如下情况钻孔：

（1）采空区上部穿透为止。

（2）采空区边缘部位钻孔深度，根据经验公式（见式（4））：

$$h_0 = h_1 - h_2 + 3 \tag{4}$$

式中，h_0 为计划穿孔深度，m；h_1 为孔口标高，m；h_2 为空腔底板标高，m。

（3）采空区外部辅助孔按正常台阶钻孔。其中，孔深 15m；超深 2.5m。

4.2 验孔

穿孔过程中时时对采空区成孔进行验收，作详细记录并与炮孔所在剖面作对比。对孔深不符合原始设计要求的异常孔判断是否需要补打。并在所有的孔穿完后形成验孔总结，为逐孔药量的计划提供依据。

4.3 吊孔、装药、回填

对圈定的采空区范围所有穿透的炮孔进行吊孔，用编织袋扎成球状形（或圆柱形），用铁丝吊至孔底有空区处向上拉动至空区顶板上方约 0.3m 处拉近铁丝并固定好，先用较大石块填充后用岩粉充填，不断探测充填长度，直至设计回填高度。

装药过程中按照逐孔设计药量表装药，所有孔装药结束后，统计装药量。

回填时采用岩粉充填，且回填段高度满足设计要求。

4.4 连通巷的封堵

1740-10-空 7 有 5 个连通巷与地表相连，采用编织袋装黄土堆积在洞口前 2m 处封堵。确保爆破冲击波不会对连通巷正对方向人员、设备造成损伤。

5 爆破效果

此次对 1740-10-空 7 共钻孔 159 个，装药 42t，爆破后顶板完全塌落，边缘整齐，形成直径约 30m 的塌陷区，爆破取得了预期效果。爆后空区如图 12 所示。

6 结论

（1）在空区资料不明地段及塌陷区内作业，必须先行超前钻孔设计和探测施工，核实空区状况。根据保安层厚度研究结论确定最佳的处理平台和时机。

（2）实践证明采用露天深孔爆破崩落法处理空区效果明显，是一种既经济又有效的方法，

图 12　1740-10-空 7 爆破后效果

Fig. 12　The 1740-10-goaf 7 blasting effect

保障了矿山的正常生产进度的同时，消除了安全隐患，为今后处理类似空区提供了经验。

（3）炮孔装药采用双发雷管起爆，起爆网路采用复式网路，更充分地引爆炸药，降低盲炮、拒爆等事故发生率。

（4）采用奥瑞凯非电毫秒延期雷管起爆，能精确控制上下两层的延迟时间，确保不会发生跳段现象。

（5）根据经验制订了符合该矿实际的逐孔穿孔深度，并形成了一套过程监督、反馈等施工经验。

参 考 文 献

[1] 汪旭光，等. 爆破手册[M]. 北京：冶金工业出版社，2010.

[2] 贾宝珊，闫伟峰. 露天正常台阶深孔爆破处理地下采空区的实践[J]. 爆破，2012，4.

[3] 王春毅，程建勇. 露天中深孔爆破处理地下采空区的实践[J]. 采矿技术，2008，5.

[4] 付天光，张家权，葛勇，等. 逐孔起爆微差爆破技术的研究与实践[J]. 工程爆破，2006，12(2).

[5] 于亚伦，等. 工程爆破理论与技术[M]. 北京：冶金工业出版社，2008.

露天深孔爆破防水处理措施探讨

张生新

（阿勒泰震安工程爆破公司，新疆阿勒泰，836500）

摘　要：露天深孔爆破的防水技术、处理措施、步骤、方法，在水孔爆破施工过程中具有重要的现实指导意义。

关键词：深孔爆破；处理；防水技术

Measures for the Waterproofing Treatment of Open Deep Hole Blasting

Zhang Shengxin

（Aletai Zhen'an Blasting Engineering Company, Xinjiang Aletai, 836500）

Abstract：Open deep hole blasting on the waterproof technology, processing measures, procedures, methods, in the Contains water hole blasting construction process has the important practical significance.

Keywords：deep hole blasting; process; waterproof technology

1　引言

水孔一直是露天深孔爆破、井巷掘进中经常遇到的一个问题。因孔内都有积水存在，影响了爆破作业的安全和生产效率，所以能否及时处理和解决好水孔问题，对于提高爆破效率、质量、安全高效地施工有着至关重要的意义。

2010 年，在矿山施工中使用膨化硝铵炸药 658t，乳化炸药 45t，导爆管雷管 3.2 万枚，采矿 120 万吨，剥离 130 万立方米，修筑矿山道路 5km，炸药单耗控制在 0.35kg/m³ 以下，围岩凝灰岩 $f = 10$，为磁铁矿。最多日使用炸药量 13t，水孔占到 60% 以上，积水多在 0.2 ~ 1.5m。经过长期爆破实践探索出一些较好的防水处理方法，在没有乳化炸药的情况下，仍然实现了安全生产，按时完成了生产施工任务，取得了良好的效果。

矿区在崇山峻岭之中，山高水险，海拔平均在 3000m 以上，终年积雪，作业环境十分恶劣，常言道：山有多高、水有多深，这些裂隙水在整个山体爆破过程中都会出现，有时孔孔见水。目前，国内深孔爆破的装药方法仍以人工为主，在炮孔内有水的情况下，乳化炸药又供不应求时，使用膨化硝铵炸药（散装）装药，遇水易致失效，因此解决水孔装药是深孔爆破的

张生新，高级工程师，zsx_aaa@126.com。

一个紧迫问题。

2 炮孔内积水来源

深孔台阶爆破中炮孔内的积水来源主要有：地下水或岩体内的裂隙水；地表渗入水，如雨水、积雪融水顺孔口或裂隙流入孔内；湿式凿岩时残留在孔内的捕尘用水。

3 一般水孔排水方法

在水孔的处理操作上，一些矿山通常采用以下几种方法，大致分为：
（1）采用高压风管将孔内的水吹出。
（2）采用防水药袋密封药卷与水隔离。
（3）采用抗水炸药如62%硝酸甘油或乳化炸药等。

前两种方法在实际应用中有一定难度，高压管吹孔操作存在安全问题，吹风后仍有大量积水附于孔壁上，停风后下流孔底，如果是裂隙水则无法吹净。采用密封袋在装药时易被孔壁磨破裂而漏水，用防水涂料又较麻烦。选用抗水炸药虽较合理，常因供应不到位，成本也较高。因此，探求一种简单易行的水孔处装药办法成为目前矿山爆破作业的当务之急。

4 介绍几种实践应用的深孔排水方法

4.1 压气排水法

4.1.1 具体作业方法

用直径3cm左右的钢管为压风管，所需长度根据孔深而定，每根1～3m不等，每根之间丝扣连接。通向孔底的一端切削成5～10cm的斜口，孔口端用弯头连接至地面孔口一侧，另有高压风管插入孔内1～2m，该管与空压机压气管连接，然后将4个空炸药袋揉团放在一个袋中捆细绳，用钢钎将堵塞物塞入孔口后再用炮泥进行压紧密封，由小到大逐渐给入气压，孔内水便会从水管中流出。当水管喷出气体时，水已排到位，拽细绳取出堵塞物。孔底剩余少许水时，可向孔底放入管状乳化炸药或2.5cm左右的碎石块或放入纯净水塑料瓶（瓶内放少许岩粉）作孔底隔水段，此时再直接装散装炸药，便与孔底残留水隔开了。

4.1.2 工作原理

利用空压机气体压力给孔内空腔增压使孔内积水压入水管内排出孔外。关键是孔口一定要密封严实，防止堵塞物冲出孔口或漏气，但必须适当控制压气压力，不要冲破孔口密封物（见图1）。

4.2 乳化炸药水孔装药法

孔内水无法排出时，应使用乳化炸药。如果有直径80mm，重3kg或其他直径药管可直接装入孔内，现实中很难满足需求，大部分都是使用直径32mm，重200g，长度22cm的小药卷。孔径90mm的深孔使用4管药，孔径115mm的深孔使用6管药用胶粘带捆扎牢固（不少于3圈）备用。

孔深在12m左右，孔内水位在1～2m时，将捆扎好大药卷

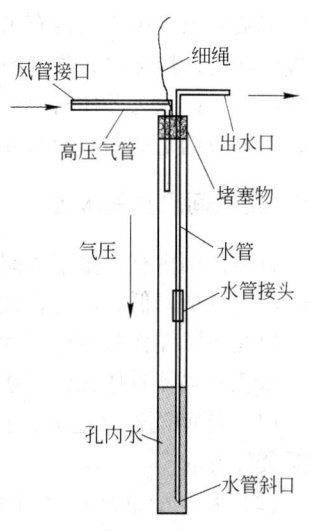

图1 压气排水法

Fig.1 Air drainage method

依次放入孔内，装药时孔内水被搅浑，这时药卷和浑浊水的比重相差无几，药卷下降速度变慢，如果这时装药速度过快，就易发生堵孔现象，正确的方法是每次最多连续装 4 管药后，用长竹竿（用胶带连接 2~3 根竹竿）缓慢下压药卷到孔底。药卷高出水面后，可将 2 管乳化炸药包装层剥开放入孔内，利用乳化炸药本身黏性密封炮孔，再装入散药，药卷和散药中各装入一发同段别的导爆管雷管。药卷一定要紧密相连，否则药卷不能殉爆。要防止出现盲炮。

孔内水位很深时，根据装药长度，可将药卷错开捆扎在长竹片上（也可使用导爆索引爆），防止接触不良，水孔装药时水位在上升，应计算好药卷长度，缓慢放入孔内。

4.3　塑料瓶装药防水法

施工中经常会遇到没有乳化炸药可供的情况，工期又不能耽误，经过反复试验，孔内水位在 0.5~1.5m 时，利用废旧塑料瓶装药，取得较好的效果。

对孔径 115~120mm 的深孔，可以利用大号废旧"雪碧"瓶子，将其底部割去装入散药，然后将 5~6 个瓶子套住相连起来，用胶粘带捆扎牢固，密封严实，插入导爆管雷管，使用细绳索（或炮丝）钩住缓慢放入孔底。也可使用长度大于孔深的导爆索紧贴瓶壁捆扎牢固直接放入孔底。用测绳测试药瓶是否已高出水面（测绳：用直径 60mm，长度 30cm 圆木，上面固定 15m 带刻度的测绳），向孔内放入 1~2.5cm 的碎石，再放入岩粉，或放入废旧报纸团、塑料袋，用长竹竿捅到底，将水彻底隔离后，装入散装炸药至设计长度，上下层必须各使用 1 发同段别的导爆管雷管或使用导爆索起爆。一般孔内水位在 1m 左右时，此方法较好。

4.4　塑料瓶隔水法

对孔径 90mm 的深孔，孔内水位在 0.2~1.5m，又无法排水时，可以利用废旧纯净水（饮料瓶）瓶子（一般直径在 6.5cm），下放至孔内积水层与积水间隔。

具体做法是向塑料瓶子里放一些沙土或岩粉（约 40g）配重，拧紧瓶盖，瓶底朝下，放入孔内，塑料瓶在水面上半漂浮，再向孔内投入直径 1~2.5cm 不等的碎石块（20 粒左右），将瓶子卡在孔中。一个瓶子卡不住时，可再放入 1 个瓶子（一般情况下 1 个瓶子均可卡住），然后再放入少许岩粉覆盖，用测绳测试是否已与积水隔开，测试证明已与水间隔，即可装散药。

爆破效果：由于孔内有 1.5m 左右深的积水，在堵塞长度特定的情况下，势必少装了 1.5m 长度的炸药，爆破时，炸药瞬间产生大量的爆轰气体，形成强大的冲击波，由于水具有近乎不可压缩性，以水为载体对岩石介质做功，岩石破碎更为均匀，大块率明显降低。使用塑料瓶防水，不但节约了炸药，而且爆破效果良好（见图 2）。

4.5　空气间隔器隔水法

目前，国内有许多空气间隔器生产厂家，并有专门的水孔间隔器，能使应力波形状发生改变，应力峰值降低，压力作用时间延长，应力冲量密度、能量密度增加，并有较好的隔水作用，但在实际操作过程中较为繁琐，使用成本较高。

水孔间隔器具体操作方法如下（见图 3）：

（1）将间隔器拿起后，首先将固定红、白绳及配重袋的三根橡胶圈取掉，使红、白绳及配重袋伸开。

（2）张开配重袋口进行配重，根据现场情况选择配重物，可选择石块、石粒和沙土等，配重时要注意所配质量要大于 2kg，配重完应收紧袋口，以免配重物掉出。

（3）拿起标有尺度的白绳，将间隔器放入孔内，待放至所需间隔深度后，提着红绳，使

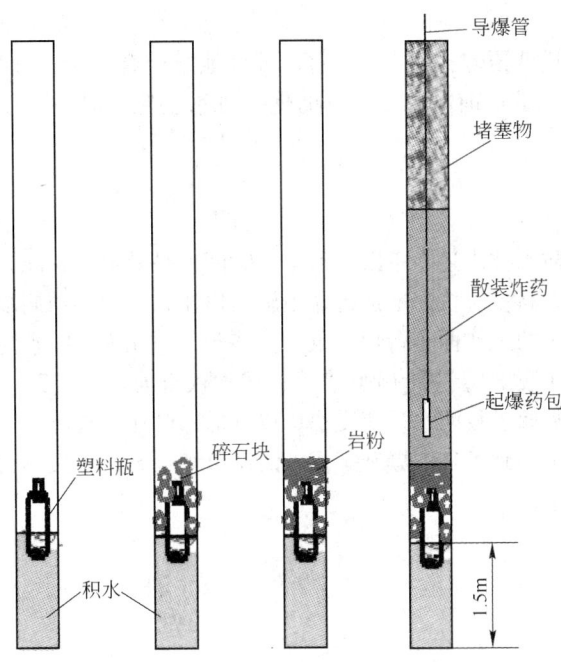

图 2 塑料瓶隔水法

Fig. 2 Plastic bottle water isolation

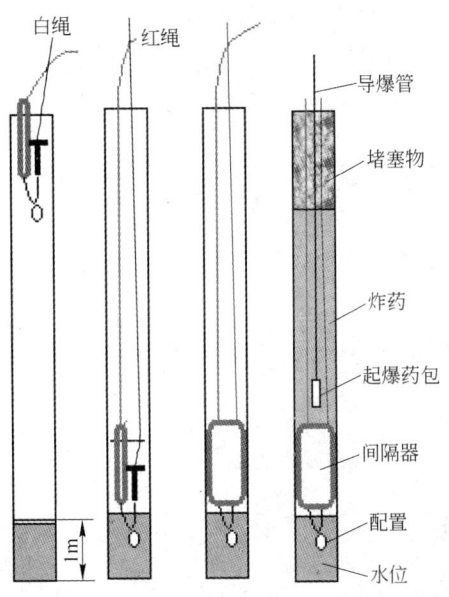

图 3 水孔空气间隔器操作示意图

Fig. 3 Hole air spacer operation schematic

间隔器不至于下沉移位，松开白绳，再将红绳向上提拉（一般 2 ~ 4kg 拉力）即将充气阀门打开，整个过程已经完成（间隔器在拉开阀门后，8min 以后便可填装炸药）。

4.6　车载炮孔抽水泵

目前，已有矿山专用液压炮孔抽水泵，可以较好地帮助解决水孔处理的问题。机动性好，可提高水孔的处理效率，是目前国内较先进的炮孔排水装置。但一次性投入资金较大，成本较高。

5　结语

目前，成本较低的防水技术还在不断探索中，时间就是效益，在缺乏抗水炸药供应的情况下，对如何安全、优质、高效、快速地进行爆破施工作业，并达到预期爆破目的，也是我们今后努力的方向。对于较小的工作面实行快打眼、快装药，在孔内裂隙水尚未渗出时进行爆破作业。笔者所在矿山年使用废旧塑料瓶1000多个，成本仅百元。在实践中孔内积水较少时，利用低成本廉价的废旧塑料瓶进行防水，速度快、成本低，已在工程施工中广泛应用，为矿山创造了良好的经济效益，也得到了广大爆破工作者的认可和肯定，不失其为一种安全、方便、快捷、经济实用的防水技术。

微震爆破技术在南山上隧道换拱施工中的应用

王 刚

（中国水利水电第三工程局有限公司，陕西西安，710016）

摘 要：高风险黄土隧道施工中，当实际变形量超出设计预留变形量时，会导致初期支护侵入二次衬砌空间，当发生侵界时，必须对侵界部分喷射混凝土及拆除钢拱架，重新施作初期支护。文章介绍了南山上隧道施工中运用微震爆破技术，成功拆除了隧道初期支护体系，运用爆破监测及监控量测手段，验证了微震爆破换拱过程安全可控。运用微震爆破技术节约了成本，降低了安全风险，加快了进度，也为今后类似工程的施工提供了借鉴和参考。

关键词：微震爆破技术；高风险黄土隧道；预留变形量；侵界；换拱

Application of Microseismic Blasting Technology during the Arch Replacement Process in Nanshan Tunnel

Wang Gang

（Sinohydro Bureau No. 3 Co., Ltd., Shaanxi Xi'an, 710016）

Abstract：During the construction of high risky loess tunnel, the primary support will intrude the clearance of secondary lining when the actual deformation exceeds the revised one. When encountering the intrusion of the primary support, it has to remove the spray concrete and steel arch of the intrusion section and reconstruct the primary support. In this study, the microseimsmic blasting technology was successfully applied to remove the primary support system of the intrusion section during the Nanshan Tunnel construction. As the same time, the blasting monitoring measures were employed and verified the reliability of the microseismic blasting technology for the arch replacement process. The blasting technology reduces the cost and safe risk and accelerates the work speed during the Nanshan tunnel construction. The study can provide some references for the similar projects in the future.

Keywords：microseismic blasting technology；high risky loess tunnel；reserved deformation；intrude clearance；arch replacement

在隧道工程尤其是高风险黄土隧道工程施工中，经常会发生以喷射混凝土和钢拱架组成的初期支护体系侵入二次衬砌空间的现象（以下简称侵界），究其原因，主要为实际沉降量大大超出设计预留变形量。一旦发生侵界现象，必须对侵界实体进行拆除，提升钢拱架至设计位置，重新施作初期支护，通常采取人工用风镐逐块剥离的拆除方法。采取人工拆换拱方法，不仅进度缓慢，安全风险大，而且增加了成本。

王刚，教授级高级工程师，wg690525730@163.com。

鉴于此，拟在南山上隧道侵界段尝试采用微震爆破技术进行换拱施工。采取微震爆破方法进行喷射混凝土及钢拱架拆除，需要进行两个方面的控制：爆破产生地震波不能导致邻近二衬混凝土产生变形和裂缝、不能引发邻近洞段的二次沉降，采用微震爆破、爆破监测、监控量测技术可以有效地解决这一难题。

1　工程概况

南山上隧道位于山西省忻州市和阳曲县之间，是新建大同至西安客运专线铁路重点隧道之一，也是高风险隧道之一，全长 6008m，为单洞双线隧道，隧道进口段 DK221+610～DK222+120 为第四系新黄土、老黄土。发生侵界的洞段为 DK221+815～DK221+855 段，该段设计衬砌类型为 IVb，埋深 38～19m，为浅埋区，左右两侧地表均为连续冲沟，土质为老黄土，含水率较大，实测为 18.6%，超过界限含水率。设计开挖断面尺寸为 14.9m×12.68m，设计初期支护为喷射 C30 混凝土 30cm，钢拱架 I22a，间距 60cm。设计预留沉降量 15cm。

该洞段属于浅埋洞段，地表穿越深切冲沟一处，含水率偏高，是该段拱部下沉的主要原因；经实测，该段拱部侵界约 15～40cm，侵界情况如图 1 所示。

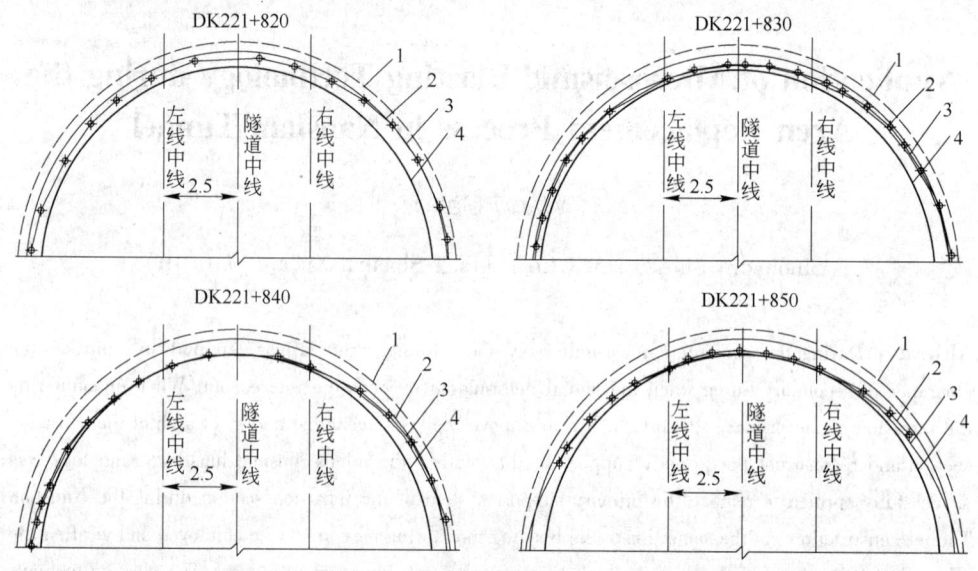

图 1　隧道侵界情况

1—沉降量线；2—设计开挖线；3—实测一衬线；4—设计二衬线

Fig. 1　Intrude clearance situation in Nanshan tunnel

2　施工方案

2.1　施工工艺流程

施工工艺流程为：施工准备—换拱台车就位—临时拱架加固—布孔—钻孔—装药—联网—监测点布设—起爆、监测—清理拆除混凝土—拆卸拱架—侵界土体扩挖—钢筋网挂设—重新安装拱架—监测点埋设—喷射混凝土—等强—拆除临时支撑—换拱台车移位—进入下一循环。

2.2 支撑加固

在换拱前，利用换拱台车每间隔二榀拱架对初期支护钢架进行临时支撑加固，以免在换拱过程中相邻拱架受力过大而失稳。换拱台车支撑加固方案如图2所示。施工中应注意以下几点：

（1）每间隔两榀拱架加一道环向支撑，并与换拱台车连接成整体支撑结构。

（2）环向用Ⅰ22工字钢顶住原拱架，连接处采用Ⅰ22工字钢架设临时竖撑、横撑，横竖撑间与环向拱架焊接牢固。

（3）严格控制每次拆除单元长度，每次只允许拆除两榀拱架，禁止多榀钢拱架一次拆除。

（4）支撑结构中心应与换拱台车重心一致，避免施工中因重心偏位而失稳。

（5）环向临时支撑拱应与实际空间半径一致，避免因临时支撑拱架半径误差而无法对原拱架形成紧密支撑结构。

（6）横向、竖向支撑与环向支撑、台车间应焊接牢固。

（7）换拱台车应有足够的刚度，并在就位后对行走部分进行锁定。

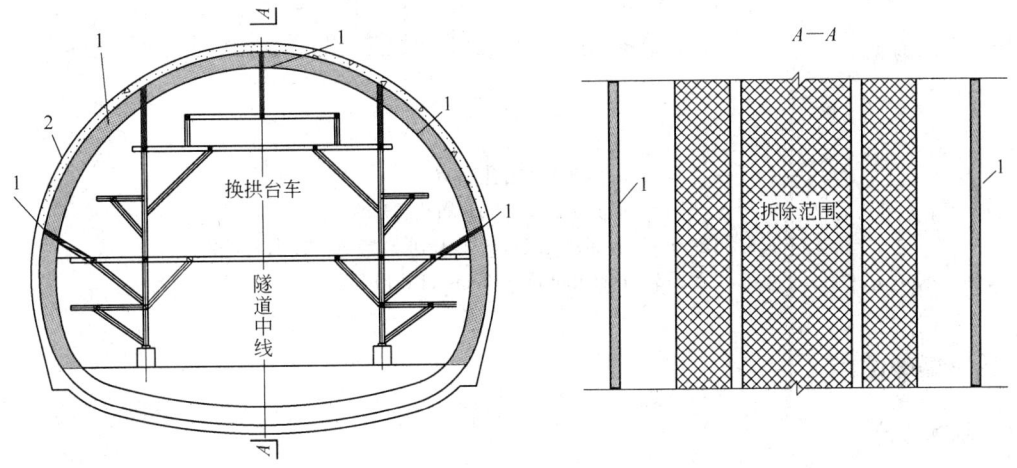

图2　台车支撑加固

1—临时支撑；2—初期支护

Fig. 2　Temporary support measure reinforced by tunnel jumbo

2.3 钻孔施工

依据测量实测断面确定每一孔位侵界厚度，定出钻孔平面位置并标示钻孔深度，采用手风钻钻孔：间排距 $30cm \times 30cm$，孔深：侵界厚度×2/3，钻孔方向垂直洞壁，孔径 $\phi 42mm$。钻孔布置方案如图3所示。施工中应注意以下几点：

（1）施钻前准确布设孔位，并在每个孔位标示钻孔深度。

（2）孔位平面误差不大于 $5cm$。

（3）钻孔深度为：侵界厚度×2/3，孔深误差不大于 $5cm$。

（4）钻孔方向应垂直于洞壁，外插角误差不大于 $5°$。

（5）钻孔时遇到喷射混凝土中的钢筋网无法钻孔时，应切断钢筋网后继续施钻或在旁边

5cm 范围内重新选择钻孔。

（6）钻孔深度超深时，应用同标号砂浆对超深部分进行填充。

（7）钻孔完成后应对孔深进行检查，并用高压风清理孔内钻渣。

（8）炮孔经检查合格后，方可装药爆破。

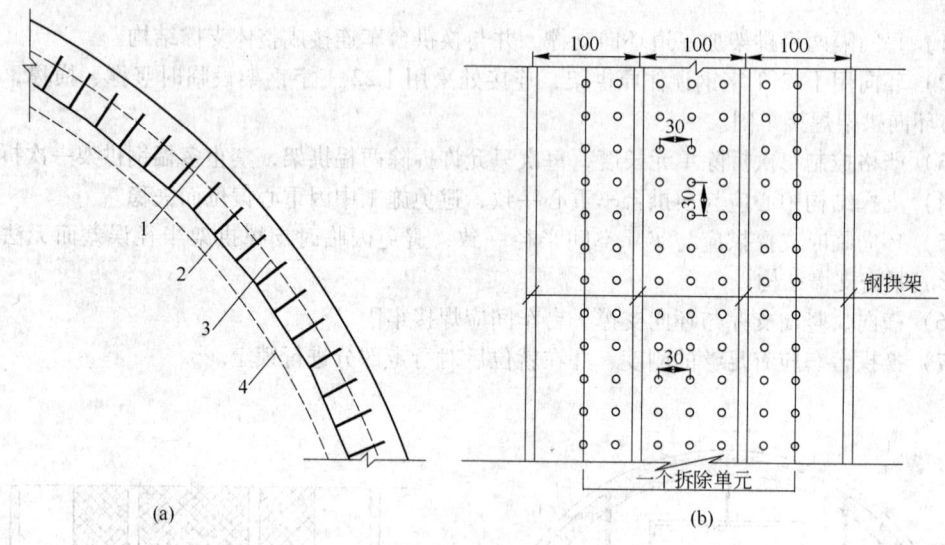

(a)　　　　　　　　　　　　　　　　(b)

图 3　钻孔布置

（a）布孔示意图；（b）布孔展开图

1—实测开挖线；2—实测初支线；3—设计初支线；4—二衬内边线

Fig. 3　Distribution scheme of drill holes

3　微震爆破设计

3.1　基本概念

微震爆破即通常所说的弱爆破，采取超浅孔、密造孔、小药量、小规模、多频次，是以减弱爆破产生的地震波对邻近建筑物、围岩的扰动为目的的控制爆破方式。

3.2　爆破设计原则

为有效削减爆破振动效应，采取分单元拆除、拆除一单元支护一单元措施，尽可能减少对附近建筑物的扰动，将各项指标控制在允许范围以内。

3.3　爆破参数

最小抵抗线（W_0）：装药重心到自由面的最短距离，采取孔底装药，根据拆除体厚度，取 $W_0 = 30$cm。

钻孔深度（h）：$h = W_0 = 30$cm（由于侵界厚度不等，取侵界厚度的 2/3 ~ 4/5，为了便于施工，统一按 30cm 选取）。

炮孔间距（a）：$a = W_0 = 30$cm。

炮孔排距（b）：$b = a = 30$cm。

浅孔微震爆破药包单位用药量（q）：$q = 0.3 \text{kg/m}^3$。

单孔装药量（Q_1）：$Q_1 = kqabh$，取 $k = 1.20$，$Q_1 = kqabh = 1.2 \times 0.3 \times 0.3 \times 0.3 \times 0.3 \approx 0.01 \text{kg}$。

K 为后排药量均加系数，这里取 1.2。

3.4 最大单响药量 Q

已知建筑物允许最大质点振动速度和爆破振动允许安全距离，则可按照萨道夫斯基经验公式计算爆破振动对邻近新浇筑混凝土的影响：

$$v = K(Q^{1/3}/R)^\alpha$$

式中，v 为建筑物允许最大质点振动速度，cm/s；K、α 分别为爆破点至测点间的地形、地质条件有关的系数和衰减指数；Q 为最大单响药量，kg；R 为爆破振动允许安全距离，m。

通过萨道夫斯基公式变形得出：$Q = R^3 (v/K)^{3/\alpha}$。

根据《爆破安全规程》，新浇筑混凝土安全质点振动速度见表1。

表1 混凝土安全质点振动速度

Table 1 Vibration rate of the concrete safety particles

混凝土龄期/d	0~3	3~7	7~28
安全振动速度/cm·s⁻¹	1.5~2.0	2.0~5.0	5.0~7.0

针对本工程，主要参数选取如下：

根据本工程地形、地质条件，以及隧道工程实践，喷射混凝土按硬岩取值，$K = 100$，$\alpha = 1.5$。根据表1，结合本工程二次衬砌混凝土浇筑龄期，最大质点速度 $v = 2.5 \text{cm/s}$。现场换拱拆除混凝土部位距最近一处二次衬砌混凝土距离为 8m，允许安全距离 $R = 8 \text{m}$。

得出：$Q = R^3 (V/K)^{3/\alpha} = 8^3 (2.5/100)^{3/1.5} = 0.32 \text{kg}$。

3.5 爆破器材选取

采用防水型乳化炸药，药卷直径 $\phi 25 \text{mm}$，爆速 3600mm/s，雷管采用非电毫秒微差雷管，炮孔堵塞采取黏土 + 细砂混合后封堵。

3.6 起爆网络

齐发同段位炮孔数量（n）：$n = Q/Q_1 = 0.32/0.01 = 32$ 孔。

采用同列同段孔外等间隔控制毫秒起爆网路，起爆顺序是：先起爆拆除区中间部位，然后向两侧逐渐起爆，同列炮孔装同一段毫秒雷管数量不得超过32孔，孔外将同一段的毫秒雷管串联，电子激发器起爆，爆破网路如图4所示。

4 爆破监测

本工程为隧道内拆除爆破，需保护的周边建筑物为隧道二次衬砌混凝土。因此，确定建筑物的爆破振动速度不大于 2.5cm/s。

4.1 监测仪器和方法

监测采用拾振仪、振动信号自记仪、垂直速度传感器和计算机组成的测试系统。量测过程

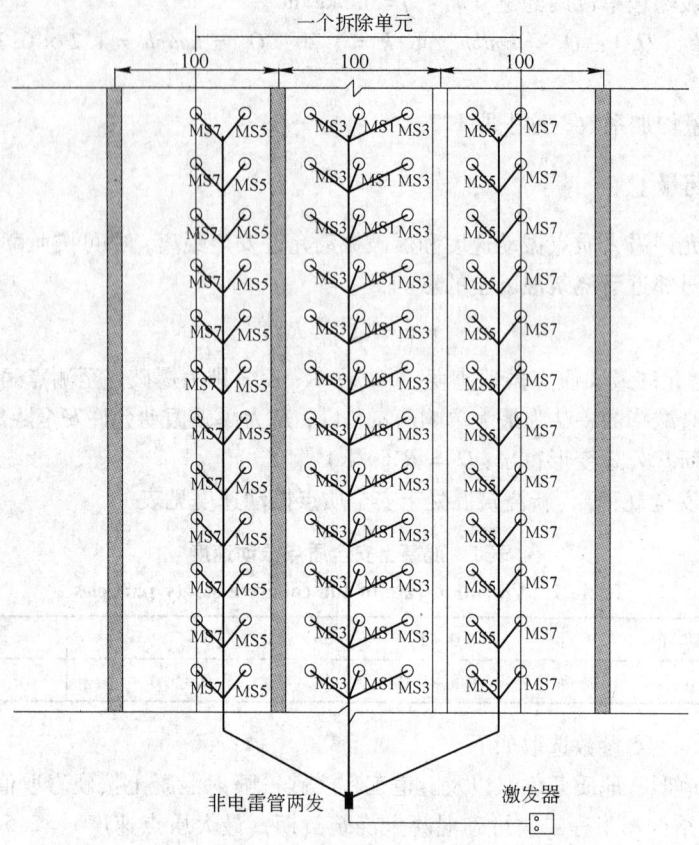

图 4　爆破网路

Fig. 4　Blasting design scheme

中振动测试仪自动采集、存储相关数据。由于爆破振动效应随着传播距离的增大逐渐衰减，因此每次测试时基本上是在离爆破点较近的测点进行测试。每次测试结束后，立即对测试结果进行整理分析，并参照监测数据，调整并修正下一次爆破的参数，保证爆破作业顺利、安全地进行。爆破振动监测测点的布置主要考虑保护对象和爆源两方面，一般采取以跟踪监测为主，在具体的爆破振动监测过程中，同一个测点布设水平向和竖直向传感器，传感器用石膏固定，然后与自记仪相连，当爆破振动传递到测点时，自记仪将自动记录信号。

4.2　监测点的布置

根据喷射混凝土拆除爆破与二衬混凝土的位置和距离，在二衬混凝土顶拱及拱腰部位布置3组测点，测点布置如图5所示。

4.3　爆破监测

隧道二衬（C1通道）：该组测点位于距拆除区域30m处的隧道二衬混凝土面部位，其最大振速为1.92cm/s。

隧道初期（C2通道）：该组测点位于距拆除区域30m处的隧道初支混凝土面部位，其最大振速为1.68cm/s。

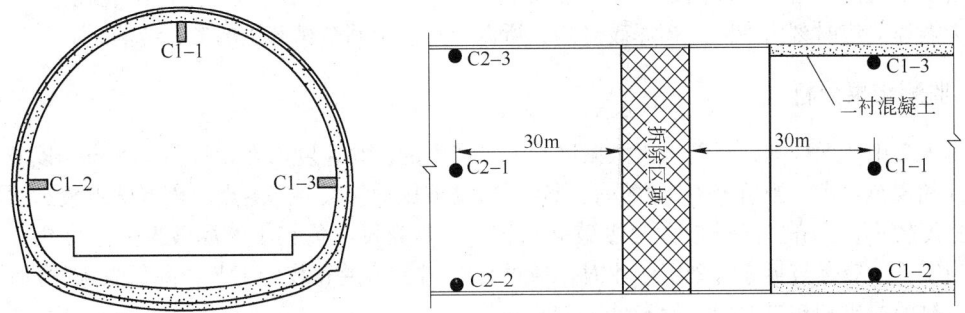

图5 监测点布置

Fig. 5 Distribution of the monitoring points

爆破监测振动波形如图6所示，爆破振动监测数据见表2。

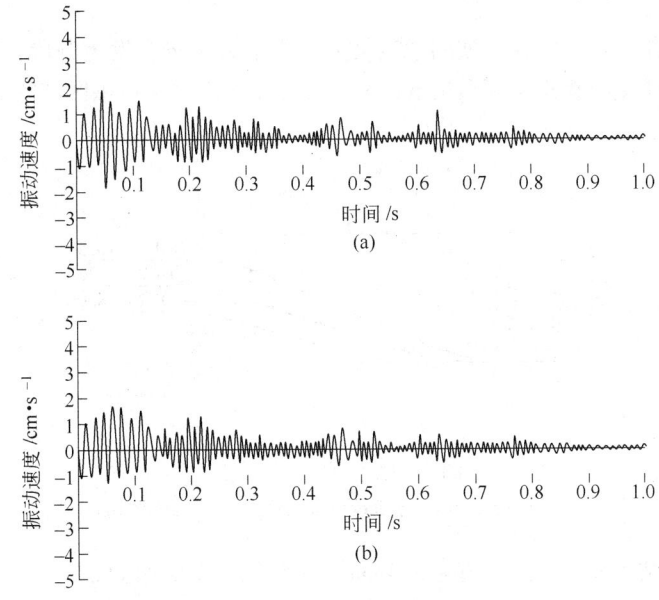

图6 振动波形

（a）C1通道波形图；（b）C2通道波形图

Fig. 6 Waveform of the blasting vibration

表2 爆破振动监测汇总

Table 2 Monitoring data of blasting vibration

测点编号	最大药量/kg	爆心距离/m	振动速度/cm·s⁻¹	监测部位
C1-1	0.35	25	2.15	隧道二衬顶拱
C1-2	0.32	30	2.05	隧道二衬拱腰
C1-3	0.28	40	1.66	隧道二衬拱腰
C2-1	0.35	25	2.05	隧道初支顶拱
C2-2	0.32	30	1.97	隧道初支拱腰
C2-3	0.28	40	1.46	隧道初支拱腰

由图 6 可以看出，振动曲线有 7 个变化点，爆破分 7 段进行，最大振速出现在第一段上，即最大振速对应时刻为中间拉槽爆破时刻，所以应控制中间拉槽部位的最大装药量。

4.4　监测结果分析

由表 2 中数据可知，目前采用微振爆破方式产生的振动速度均在设计值 2.5cm/s 以下，符合设计和规范要求。当监测点距离爆破源较近时爆破振动较大，当测点距离爆破点较远时爆破振动速度较小；当齐发药量较大时爆破振动较大，当齐发药量较小时爆破振动速度较小。因此，当实施微震爆破拆除混凝土作业时，应严格控制装药量和装药工艺，降低爆破振动速度，确保二衬混凝土和初支混凝土的安全。

5　监控量测

采用"微振爆破换拱"工法换拱施工期间，分别在 DK221 + 800、DK221 + 835、DK221 + 870 部位布设了量测断面，对地表沉降进行持续监测，并对隧道段拱顶沉降、周边收敛动态数值进行采集。

地表沉降监测结果显示，换拱期间地表最大沉降量为 3mm，发生洞段在隧道换拱拆除段，发生时段为换拱施工期，换拱结束后地表沉降趋于稳定，发生在换拱区域的地表沉降时态曲线如图 7 所示。

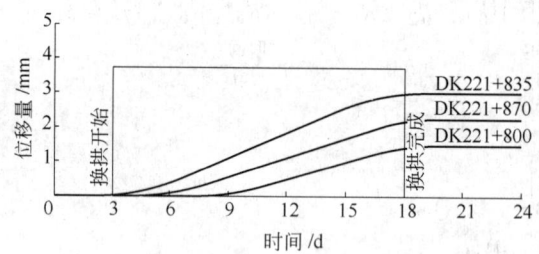

图 7　地表沉降时态曲线

Fig. 7　Curves of the displacement-time for the ground surface

隧道收敛观测结果显示，最大值为 2.4mm，发生在隧道换拱区域。

拱顶下沉监测结果显示，最大沉降值为 6.5mm，发生在隧道换拱区域，拱顶沉降时态曲线如图 8 所示。

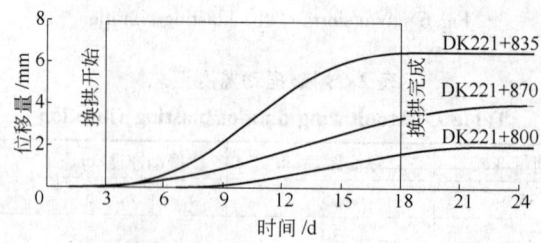

图 8　拱顶下沉时态曲线

Fig. 8　Curves of the displacement-time for the tunnel arch crown

结果表明：换拱施工全过程处于安全、稳定、快速、优质的可控状态，换拱区邻近区域未发生明显变形。

6 效益分析

将钢拱架混凝土拆除由机械或人工拆除法优化为微震爆破拆除法，避免了机械或人工拆除时的安全风险，解决了近距离拆除爆破对邻近建筑物混凝土保护的难题，削减了爆破地震效应对建筑物的损害，提高了拆除初期支护体系的安全性和可靠性，节约了大量人力物力投入，进而节约了工程成本，缩短了工程建设工期。高风险黄土隧道微震爆破换拱法的成功，为以后类似工程提供了可靠的决策依据和技术指标，新颖的工法技术将促进地下工程施工技术的进步，社会效益和环境效益明显。

采取微震爆破方法与同类拆除混凝土换拱方法相比，由于安全性高、工程进度快、干扰因素少，发挥了工法的优越性，节约了大量工程费用的投入。将3个月的拆除混凝土换拱工期缩短为15d，为工程施工进度赢得了2.5个月的宝贵时间，另外由于施工方法的优化，节约了工程成本近80万元，创造了良好的经济效益。

7 结语

隧道施工中采用微震爆破技术，成功拆除了隧道初期支护体系，运用爆破监测及监控量测手段，验证了微震爆破换拱过程安全可控。采用微震爆破换拱节约了成本，降低了安全风险，加快了进度，也为今后类似工程的施工提供了借鉴和参考。

参 考 文 献

[1] 汪旭光，于亚伦. 关于爆破振动安全判据的几个问题[J]. 工程爆破，2001，7(2)：88～92.
[2] 张正宇，等. 现代水利水电工程爆破[M]. 北京：中国水利水电出版社，2002.
[3] 言志信，王永和，江平，等. 爆破地震测试及建筑结构安全标准研究[J]. 岩石力学与工程学报，2003，22(11)：1907～1911.

露天矿山爆破产生大块和根底的有效解决方法

李　恒

（葛洲坝易普力新疆爆破工程有限公司，新疆乌鲁木齐，830000）

摘　要：本文分析了露天矿山爆破时大块和根底产生的部位和原因，提出了优化爆破参数、采用等时线为对角的起爆方式、改善装药结构及采用压碴爆破等技术措施，并强调了爆破器材的管理和爆破施工的注意事项。

关键词：露天矿山；爆破质量；爆破参数

Effective Methods of Solving the Open-pit Mine Blasting Boulder and the Basic

Li Heng

（Gezhouba Explosive Xinjiang Blasting Engineering Co., Limited, Xinjiang Urumqi, 830000）

Abstract：Analysis of the location and causes of mass and root of open pit mine blasting, the optimization of blasting parameters, the time line for improving the charging structure and the blasting techniques such as initiation, diagonal, and emphasizes the blasting equipment management and the blasting construction matters needing attention.

Keywords：open pit mine blasting; blasting quality; blasting parameters

1　大块、根底的产生

1.1　产生部位

根据爆破理论和几年来对大型露天矿山的现场实践与调查，大块主要出现的部位：台阶上部的临空面及孔口部位、孔网参数偏大的中心部位、未堵塞的废孔周围、底盘抵抗线过大的台阶根部及盲炮部位周围。

根底主要出现在底盘抵抗线偏大的台阶根部[1]、孔网参数较大的中间部位的台阶底部、炮孔超深不足的台阶岩体底部及盲炮部位。

1.2　产生的原因

（1）同一爆区超深变化大。由于个别炮孔超深偏大，使得药柱重心下降，台阶上部矿岩易产生过多大块。如果超深偏小，台阶底部矿岩受炸药能量作用减少，爆后往往出现地盘抬高

李恒，工程师，95667929@qq.com。

甚至根底。

（2）孔网参数偏大。在孔网参数偏大的中间部位，由于受炸药破坏的作用较小，爆后使得此处大块增多，严重者出现根底。

（3）孔网参数的均匀程度。由于穿孔和掌子面地质条件等原因，使个别炮孔间距偏大，爆后出现大块，严重者产生根底。

（4）头排炮孔底盘抵抗线偏大。由于爆破后冲及岩层倾角影响，使台阶坡面角减小，加之钻机安全作业距离的限制，爆破后在台阶根部出现根底。宜化露天矿的下盘这种情况比较多见。

（5）炮孔的堵塞长度偏大。炮孔堵塞部分过大，使炮孔上部临空面和孔口部位受炸药破坏作用减小，造成大块偏多。

（6）未堵塞的废孔。由于已穿凿的炮孔严重偏离设计孔位需要重新打新孔，废孔若不进行必要的堵塞，其周围在爆破后常出现大块，并且在爆破瞬间还易产生飞石，危及安全。这主要是未堵塞的废孔在爆破中起导向作用，浪费了炸药能量所致。

（7）岩体裂隙程度及节理方向。露天矿爆破由于受上部台阶超钻作用，前部台阶爆破后冲及邻近爆破的振动影响，爆破岩体大多为块状结构，因此爆落的岩体通常沿原生裂隙和节理破碎，尤其是台阶上部的岩体更为明显。当爆破面与岩层走向斜交或垂直时，裂隙对爆破大块影响更明显。

（8）盲炮。盲炮是产生根底及大块，并影响爆破质量的一个重要因素。

2 提高爆破质量的技术措施

2.1 选定合理的爆破参数

2.1.1 底盘抵抗线

底盘抵抗线是指从台阶坡底线到第一排孔中心轴线的水平距离，是一个重要的爆破参数[2]。底盘抵抗线过大能造成较大的根底，过小会造成炸药消耗量增多。在满足安全和装药条件的前提下按经验选取，可参考经验公式（见式（1））：

$$W = kd \tag{1}$$

式中，W 为底盘抵抗线，m；d 为钻孔直径，mm；k 为系数，一般取 20～30，矿岩易爆时取偏大值，难爆时取偏小值。

2.1.2 孔距和排距

孔距和排距一般根据孔径计算，即：$a = (20～30)d$，$b = (0.75～1)a$。

实践证明，采用正三角形布孔，即使得 $b = 0.866a$，能明显改善矿岩破碎效果。特别是在逐孔起爆时，各方向的抵抗线均相等，爆破作用基本均匀，更能改善破碎效果。

2.1.3 超深

超深是指深孔在台阶底盘标高以下的深度，其作用是降低装药中心的高度，以便有效克服台阶底部阻力，避免或减少根底。根据经验，超深值确定如下：$h = (5～10)d$。

选取超深时应注意：后排孔的超深值一般比头排小 0.5m 左右。底盘抵抗线偏小时，取偏小的值；底盘抵抗线偏大时，取偏大的值，即可适当增大超深来克服[3]。但当台阶坡面角太小、底盘抵抗线过大时，不能再过于加大超深，因为超深过大不仅浪费钻孔和炸药，而且由于炸药中心过低，会使台阶上部产生较多的大块，且破坏下一台阶表面岩体的完整性，影响下一循环的穿孔作业，甚至造成塌帮，形成废孔。

2.1.4　堵塞长度

合理的堵塞长度应能阻止爆炸气体产物过早地冲出孔外，使破碎更加充分。采用连续柱状装药时，堵塞长度一般取底盘抵抗线的 $0.7 \sim 0.8$ 倍，视矿岩和炸药的性质而定。露天矿深孔爆破的堵塞长度比较大，有时可以适当减少炮孔堵塞长度，以达到减少炮孔上部大块的目的。经过实践和观察，认为堵塞长度不宜小于孔径的 $20 \sim 25$ 倍，否则易产生飞石。

2.1.5　炸药消耗量

炸药消耗量与岩石坚固性系数的关系见表 1。

表 1　炸药消耗量 q 与岩石坚固性系数 f 的关系
Table 1　Explosive consumption relationship with rock rigidity coefficient

岩石坚固性系数 f	$0.8 \sim 2$	$3 \sim 4$	5	6	8
炸药消耗量 $q/\text{kg} \cdot \text{m}^{-3}$	0.40	0.45	0.50	0.55	0.61
岩石坚固性系数 f	10	12	14	16	20
炸药消耗量 $q/\text{kg} \cdot \text{m}^{-3}$	0.67	0.74	0.81	0.88	0.98

表 1 数据以多孔粒状铵油炸药为标准[4]，如果采用其他种类炸药，需要进行换算，确定实际单位炸药消耗量。根据经验，在保证爆破安全的前提下，可以适当增大 q 来改善爆破质量。

2.1.6　每孔装药量

在合理选取其他爆破参数的条件下，每孔装药量 Q 可按式（2）计算：

$$Q = qaHW \tag{2}$$

式中，H 为台阶高度，m。

根据经验，在多排孔爆破时，后排孔的 q 值应取为第 1 排孔 q 值的 $1.1 \sim 1.3$ 倍。

2.2　采用等时线为对角斜线的起爆方式

等时线对角起爆网路示意图如图 1 所示。

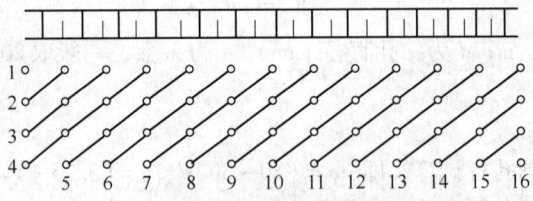

图 1　等时线对角起爆网路示意图
Fig. 1　Isochron diagonal detonating network diagram

沿炮孔围成的四边形对角线方向的孔基本上是同时起爆的。对角起爆是宽孔距爆破技术应用的典范，宽孔距爆破技术就是适当拉大孔距而缩小抵抗线。对角起爆同宽孔距技术的原理一样，炮孔数与普通方法一样，每个炮孔的装药量也相同，只是抵抗线减小，而孔距 a 按同样比例增加，使得应力降低区位于矿岩起爆层以外的空间，有利于减少大块的产生。

2.3　采用合理的装药结构

采用垂直孔爆破时，由于底部阻力较大，有必要使用超深将药包中心下降到坡底水平附近，但这易使台阶上部炸药分布过少而产生大块，必须采用合理的装药结构（见图2）。

（1）中间气体间隔分段装药。中间间隔分段装药是指将深孔中炸药分成 2～3 段，用适当长度的气体或炮泥等间隔物隔开。采用分段装药可避免炸药过于集中在深孔下部，使台阶中、上部矿岩也能受到不同程度的破碎，减少塌落形成的大块。

（2）混合装药。在深孔底部装高密度、高威力炸药，在上部装入普通硝铵炸药，以适应台阶矿岩阻力下大上小的规律，既避免了台阶根底，又减少台阶上部大块的产生。目前，宜化露天矿头排孔底盘抵抗线较大时，多采用底部装乳胶炸药，上部装多孔粒状铵油炸药，取得了一定的良好效果。

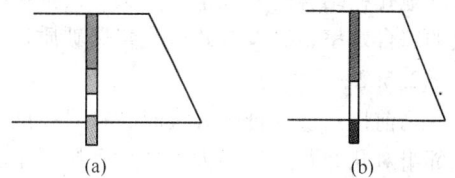

图 2 装药结构示意图
(a) 气体间隔装药结构；(b) 混合装药结构
Fig. 2 Charging structure diagram

2.4 采用压碴爆破

压碴爆破[5]是指在工作面残留有一定厚度爆堆的情况下的爆破，碴堆的存在为挤压创造了条件，不仅控制爆堆宽度、避免矿岩飞散，而且能延长爆破的有效作用时间，改善炸药能的利用和破碎效果，从而减少大块的产生。同时工作面上留有一定厚度的爆堆，可以缩小头排孔底盘抵抗线，避免或减少根底。该方法在清碴时台阶坡面倾角较缓时比较适用。

2.5 选择合理的孔间起爆间隔时间

确定合理的孔间起爆间隔时间是关系到爆破质量的重要问题，国内外在实际爆破工作中大都采用

$$\Delta t = kW$$

式中，Δt 为先后起爆的相邻孔间起爆间隔时间，ms；k 是系数，露天台阶爆破 k 取 2～5。

一般矿山爆破实际采用的微差间隔时间为 17～100ms，通常用 25～65ms。硬岩取较小值，软岩取较大值，挤压爆破可取稍长些，这样会取得较好的破碎质量。

2.6 优化钻孔方法

2.6.1 采用斜孔爆破

从台阶深孔爆破效果看，斜孔优于垂直孔（见图3），因为沿深孔全长上抵抗线相等，因而矿岩破碎均匀，大块、根底少，还容易保持所需台阶坡面角，爆后坡面平整，有利于下一循环的穿孔爆破工作，且因钻机至台阶坡顶线间距离较大，操作人员和钻机设备均较安全。目前的钻机穿孔和爆破综合效率最高的是牙轮钻机，而它主要限于垂直向下穿孔，潜孔钻机虽能打斜孔，但效率不太高，尽管如此，有时还可以考虑斜孔爆破。有条件时在头排大抵抗线处采用垂直炮孔和

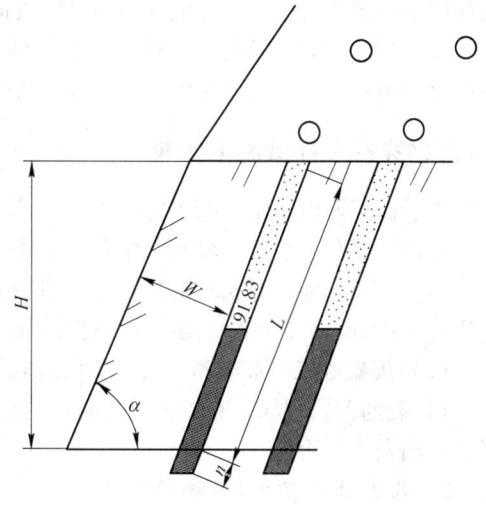

图 3 斜孔钻孔示意图
Fig. 3 Hole drilling schematic diagram

倾斜炮孔相结合的方式来克服头排大抵抗线，而后排炮孔采用垂直孔，这样既不影响穿孔和爆破的综合效率，又能有效地改善爆破质量。

2.6.2　打对孔

当前排孔底盘抵抗线大时，打对孔即打加密孔（见图 4），同组孔间距为孔径的 5 倍以内，相邻组对孔间距适当加大，加大到接近正面底盘抵抗线，并且同组对孔同时起爆，实质上是增加台阶底部装药量，有利于克服台阶较大的底盘抵抗线，减少根底。

2.6.3　爆前拉底孔

当露天矿台阶底盘抵抗线过大且台阶坡面清碴时，进行爆前拉底也是有效的方法。爆前拉底是在正常采掘爆孔爆破之前，采用潜孔钻机提前在清碴台阶底盘抵抗线过大的根部打好斜孔，与正常采掘爆孔同时起爆，避免爆后产生根底（见图 5）。

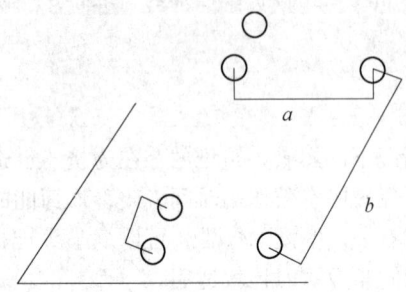

图 4　加密钻孔示意图

Fig. 4　Encryption drilling schematic diagram

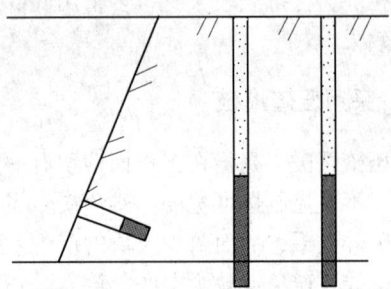

图 5　抵抗线拉底孔钻孔示意图

Fig. 5　Resistance line pull bottom hole drilling schematic diagram

3　加强爆破器材的管理

（1）保证起爆器材的质量。选择和引进生产厂家的起爆器材一定要严肃认真，坚持事先测试其各方面性能是否正常，确定合格后方可引进，用于生产前还要进行试验。起爆器材质量有问题容易产生大面积的盲炮，影响爆破质量。

（2）保证炸药的质量。炸药质量差会导致半爆甚至拒爆，造成根底和大块。除需要对炸药配比严格掌握外，还应对生产工艺流程从严管理，并定期检测炸药各种性能。

4　严格穿孔和爆破施工作业

为了提高爆破质量，除了需要按照技术要求认真进行爆破设计外，还应该严格按设计施工，特别是穿孔、装药和填塞工作。

（1）穿孔作业。穿孔时要避免夹钻、断钻、掉钻等废孔事故，应严格按给定的孔位施工。因为废孔再补保证不了原设计的孔位，打破了原设计孔眼参数的组合匹配关系，影响爆破质量。

（2）爆破施工。爆破施工时主要做好以下几点：

1）装药前，现场认真校核每孔的炸药品种和装药量，严禁在水孔中装不抗水炸药，装药后，检测余高是否合理。

2）按设计要求下放起爆体药包。

3）装药时，严禁炸药车压导爆管等爆破器材。

4）填塞时，保证填塞质量，同时紧防砸断或砸坏导爆管。

5）认真连接、检查起爆网路，以防漏连和错连。

参 考 文 献

[1] 刘殿中，杨仕春. 工程爆破实用手册[M]. 第 2 版. 北京：冶金工业出版社，2003.
[2] 国家煤矿安全监察局行业管理司. 露天煤矿爆破工[M]. 徐州：中国矿业大学出版社，2007.
[3] 王德胜，龚敏. 露天矿山台阶中深孔爆破开采技术[M]. 北京：冶金工业出版社，2007.
[4] 汪旭光. 爆破设计与施工[M]. 北京：冶金工业出版社，2011.

破碎站基坑爆破成型技术探讨

刘　春

（太钢集团岚县矿业有限公司，山西吕梁，033504）

摘　要：本文分析总结了破碎站基坑爆破6次施工方案，对比光面爆破与预裂爆破技术在基坑爆破中的实际效果，探讨适合露天矿山破碎站基坑爆破的最佳技术方案。

关键词：基坑爆破；光面爆破；预裂爆破

Technology Discussion of Crushing Station Foundation Pit Blasting

Liu Chun

（TISCO Lanxian County Mining Co., Ltd., Shanxi Lüliang, 033504）

Abstract：Analysis the crushing plant 6 times construction schemes for foundation pit blasting, contrast the actual effects of smooth blasting and presplit blasting technique in excavation blasting, discuss the best technical solution for foundation pit blasting of crushing station in open-pit mine.

Keywords：foundation pit blasting；smooth blasting；presplit blasting

1　工程概况

半移动破碎站是整个采选工序的中转枢纽，上承采场来矿，下供选矿用料。卸料平台标高1650m，排料皮带底标高1629m，设备选用63″~89″旋回破碎机1台，安装功率1150kW，流程量4444t/h，破碎机给矿口1600mm，最大给矿粒度1400mm，排矿粒度200~0mm（P_{80} = 150mm），破碎机台时能力大于4500t/h，最大能力5400t/h。

破碎站基坑设计长38.4m，宽25.5m，深21.25m，坑壁倾角80°，整体为一梯形体。工程要求单面开挖，三面坑壁整齐、稳定，基坑轮廓必须满足设计要求。欠挖，影响设备安装；超挖，则需要混凝土浇筑，提高造价，所以爆破技术是整个工程的核心。

勘探报告显示：破碎站基础坐落在第9层强风化绿泥角闪片岩（f_{ak} = 800kPa）、第9-1层中风化绿泥角闪片岩（f_{ak} = 1500kPa）、第10层强风化石英磁铁矿（f_{ak} = 1200kPa）或第10-1层中风化石英磁铁矿（f_{ak} = 3000kPa）上，风化石英磁铁矿属于斜立状岩石，岩石的稳定性相对较好。破碎站边坡属岩质边坡，岩体较为完整、边坡工程安全等级为二级。岩石的普氏硬度系数为8，密度为2.8t/m³。

2　爆破方案优化

根据工程要求及工程地质情况，决定采用分层爆破，中间掏槽、基坑开口方向松动爆破，

刘春，工程师，yufan102@163.com。

坑壁采用控制爆破。考虑爆破振动的影响及设备效率的发挥,整个基坑共分3层爆破、开挖,第一层爆破设计台阶高度7m,零超深,下层爆破台阶高度视开挖情况确定。

在坑壁控制爆破方案选取时,提出光面爆破和预裂爆破两种方案。两者在坑壁保护方面效果基本相同,仅有的差别是:预裂爆破起爆时只有一个自由面,爆后药包附近的岩体会产生轻微的裂隙;而光面爆破有两个自由面,能大幅度降低爆破冲击波对坑壁岩体的破坏,爆后药包附近的岩体相对完整。从更好地保护坑壁岩体完整、稳固的因素考虑,决定优先试验光面爆破。光面爆破主要参数见表1。

表1 光面爆破主要爆破参数
Table 1 Main blasting parameters of smooth blasting

项目	孔径/mm	分层高度/m	孔深/m	超深/m	孔距/m	排距/m	钻孔角度/(°)	装药量/kg	线装药密度/g·m^{-1}	炸药种类	填塞长度/m
主炮孔	105	7	7	0	3.5	3	90	35	—	铵油	3.0
缓冲孔	105	7	7.03	0	2.5	3	85	30	—	铵油	3.5
光爆孔	90	7	7.03	0	1.2	2.5	85	2.8	350~400	2号乳化	1.5

光面爆破分两次实施,第一次起爆主爆孔和缓冲孔,预留下光爆层。爆破后,预留的2.5m光爆层受爆破振动破坏严重,爆破裂隙发育,光爆层成孔困难,光面爆破方案失败。

第一层爆堆清理完毕,发现出露坑壁岩层构造复杂多变,局部呈强风化,裂隙发育,此类岩体受爆破振动影响大,不宜实施多次爆破。故在第二层爆破设计时决定采用预裂爆破方案。

3 预裂爆破设计

3.1 选定合理的爆破参数

国内大量实践经验表明,预裂壁面平整度及半壁孔率主要取决于钻孔精度。本次施工采用阿特拉斯D-7钻机,电脑控制钻孔角度和现场画线确定钻机移动轨迹确保预裂孔及缓冲孔倾斜角度。预裂爆破主要爆破参数见表2,钻孔示意图如图1所示。

表2 预裂爆破主要爆破参数
Table 2 Main blasting parameters of presplitting blasting

项目	孔径/mm	分层高度/m	孔深/m	超深/m	孔距/m	排距/m	钻孔角度/(°)	装药量/kg	线装药密度/g·m^{-1}	炸药种类	填塞长度/m
主炮孔	105	7	7	0	3.5	3	90	35	—	铵油	3.0
缓冲孔	105	7	7.03	0	2.5	3	85	25	—	铵油	3.0
预裂孔	90	7	7.03	0	1.2	2.5	85	2.8	350~400	2号乳化	1.5

3.2 优化炮孔装药结构

优化炮孔装药结构如下:

(1)主爆孔采用全耦合装药。

(2)缓冲孔为保证缓冲效果,采用轴向不耦合装药,在药柱顶端预留1m的空气间隔,降低爆破冲击波对岩体的破坏,装药结构如图2所示。

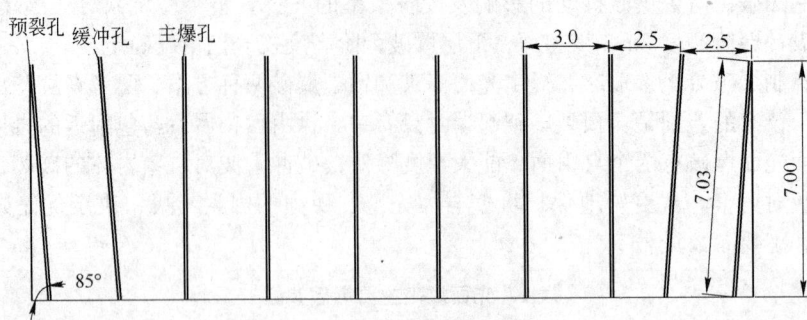

图 1　钻孔示意图（单位：m）

Fig. 1　Schematic diagram of drilling（unit：m）

（3）预裂孔采用径向不耦合装药结构，预裂孔孔径 ϕ90mm，药卷选用 ϕ32mm 的 2 号岩石乳化炸药，不耦合系数为 2.8。装药时药卷均匀捆绑在 6m 长竹片上，用双股导爆索串引，孔底 1m 区段装药量为平均药量的 2 倍，装药结构如图 3 所示。

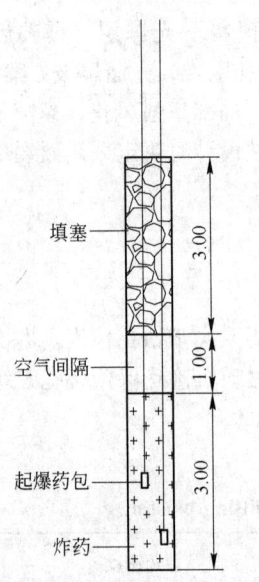

图 2　缓冲孔装药结构示意图（单位：m）

Fig. 2　Schematic diagram of the
buffer hole charge structure（unit：m）

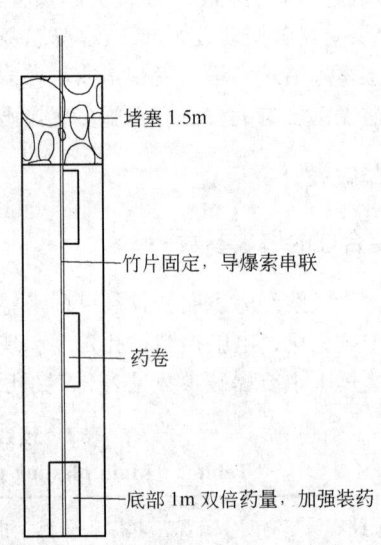

图 3　预裂孔装药结构示意图

Fig. 3　Schematic diagram of the presplit
hole charge structure

3.3　选择合理的微差间隔时间

起爆顺序为预裂孔—主爆孔—缓冲孔，主爆孔及缓冲孔采用逐孔毫秒延期爆破，预裂孔用双股导爆索连接，一同起爆。为保证预裂效果，本次设计预裂孔超前缓冲孔起爆，设计时间差为 100 ~ 200ms。同时为保证网路传爆可靠性，采取孔内微差与地表微差，即孔内用 9 段（310Ms）导爆管雷管，控制排选用两段导爆管雷管（25Ms）串联，雁行列选用 3 段导爆管雷管（50Ms）串联，起爆网路如图 4 所示。

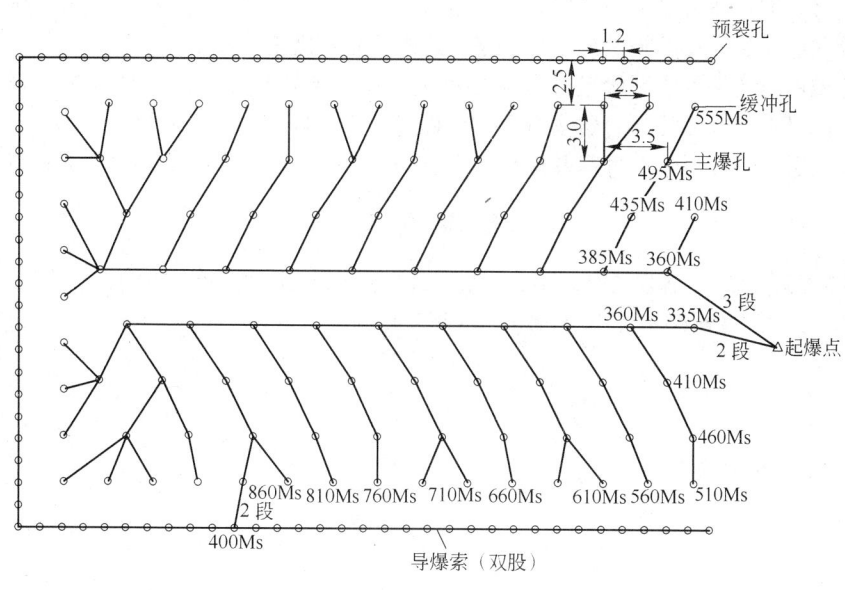

图 4　起爆网路示意图

Fig. 4　Initiation network diagram

4　爆破后铲装效果

爆破后采用卡特 320 液压反铲挖掘机配 ZL-50 装载机挖装。本次爆破设计为保护左右及后部坑壁，装药量偏低，同时受自由面制约，爆破位移少，导致爆堆不够松散，挖机效率比较低，坑壁拐角处出现局部挖不动的坚硬根底。爆堆开挖完后坑底平整，坑壁上半壁孔率达 80％，基本满足坑壁平整稳固的要求（见图 5）。

图 5　爆破效果图

Fig. 5　The blasting effect chart

5　结论

经过 1650 破碎站中层、下层及 1598 破碎站上、中、下三层共 5 次的预裂爆破实践表明，露天采场半移动破碎站破碎机基坑爆破，采用预裂爆破技术，选定合适爆破参数，配合高精度导爆管雷管和逐孔起爆技术是保证坑壁平整、稳固的有效措施。

爆破区域地质条件对预裂爆破效果影响巨大，1650 破碎站上层、中层爆破时对基坑地质条件估计偏高，没有准确掌握岩层构造及风化程度，导致爆破效果不理想。

鸣谢：在爆破设计、施工过程及撰写本文时得到白俊、冯文青的指导与帮助，特此感谢。

参 考 文 献

[1] 中国工程爆破协会. 工程爆破理论与技术[M]. 北京：冶金工业出版社，2004.
[2] 张正宇，等. 中国爆破新技术[C]. 北京：冶金工业出版社，2004.

复杂环境沟槽开挖控制爆破

曾春桥[1]　　葛兆林[1]　　管国顺[1]　　李运喜[2]

（1. 宁波永安爆破工程有限公司，浙江宁波，315700；

2. 浙江省高能爆破工程有限公司，浙江杭州，310012）

摘　要：在船坞及多种气体管道旁一次起爆上千个炮孔，并要控制爆破振动和飞石，爆破设计和施工难度很大。本文介绍了复杂环境下沟槽开挖多排延时爆破方案设计、爆破参数选取和安全防护措施，并对爆破效果进行了分析，得到了一些有益的经验，可供类似的沟槽开挖爆破设计和施工借鉴。

关键词：复杂环境；延时爆破；沟槽开挖

Controlled Blasting of Trench Excavation in Complicated Surrounding

Zeng Chunqiao[1]　　Ge Zhaolin[1]　　Guan Guoshun[1]　　Li Yunxi[2]

（1. Ningbo Yongan Explosion Ltd., Zhejiang Ningbo, 315700；

2. Zhejiang Gaoneng Explosion Engine Ltd., Zhejiang Hangzhou, 310012）

Abstract：It is very difficult for blasting design and construction when one wants to blast thousands of holes that beside the dock and gas pipeline in one time and control blasting vibration and flying stones. This paper introduces explosion design of large aperture, multi rows, elementary error and trench controlling, the selection of blasting parameters and security measures under complex environment. By analysing the results of explosion it also provides beneficial experience which can be learned by analogous explosion design of trench excavation and construction.

Keywords：complicated environment；delay blasting；trench excavation

1　工程概况

工程位于浙江省象山县涂茨镇屿岙村丁家山地块，需要爆破的沟槽有七条，每条沟槽长约80～100m 不等，宽约6.0m，开挖深度1.8～3.0m，爆区内岩石为含角砾玻屑凝灰岩，由微-未风化含角砾晶屑玻屑熔结凝灰岩组成，属坚硬类岩石，风化程度中等，地表覆盖层为含碎石粉质黏土，岩石强度为 $f = 8 \sim 10$。

爆区东北侧35m 为浙江新乐造船厂船坞，85m 处为在建船只及造船设施，220m 为船坞闸门；东侧约25m 为造船厂天然气、氧气、压缩空气、二氧化碳气体、水管、电线管道及终端控制设施设备，约125m 为造船厂办公厂房；东南侧约60m 为造船厂龙门吊，150m 为乡村公路，160m 为通信光缆；西北侧为大海，西南侧为空场地，周围环境如图1 所示。

曾春桥，工程师，zzchn0211@126.com。

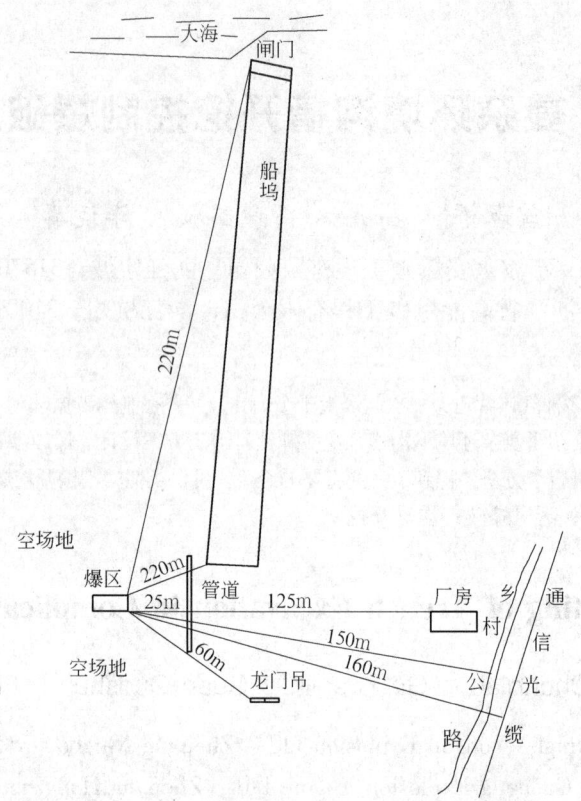

图 1　爆区周边环境示意图

Fig. 1　Sketch of the blasting surroundings

2　爆破方案设计

2.1　工程难点

工程难点如下：

（1）该爆破工程为造船厂新建项目的关键工程，工期紧、任务重。

（2）严格控制爆破振动和飞石，确保周围船坞、水、电、气管管道和终端控制设施设备不受影响。

2.2　爆破参数设计

设计一次爆破开挖到位，且爆后不留根底，采取适当缩小炮孔间排距，增大堵塞长度，严格控制飞石。根据第一次试爆效果，确定爆破参数为，沟槽内布五排孔，采用矩形布孔方式，炮孔深度（根据地形高低）$L = 1.8 \sim 3.0\text{m}$，超深 $0.6 \sim 1.0\text{m}$；钻孔直径 $d = 110\text{mm}$；炮孔间距 $1.8 \sim 2.0\text{m}$，排距 $1.5 \sim 1.6\text{m}$，抵抗线 $W = 1.5 \sim 1.8\text{m}$；堵塞长度 $l = 1.6 \sim 1.8\text{m}$；单位炸药消耗量 $q = 0.45\text{kg/m}^3$；单孔装药量依据体积公式 $Q = qabL$ 计算，采用 $\phi 90$ 乳化炸药，装药密度 $\rho = 1.15\text{g/cm}^3$，每延米装药量约为 9.0kg，单孔装药量取 $2.2 \sim 4.3\text{kg}$。炮孔布置如图 2 所示。

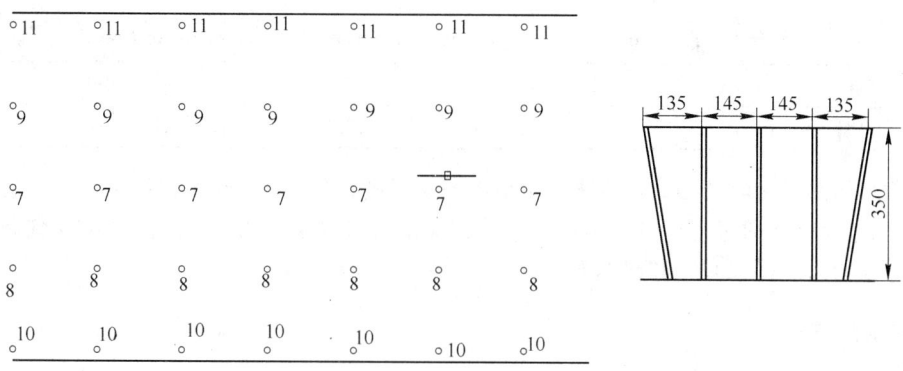

图 2　炮孔布置图

Fig. 2　Schematic diagram of holes layout

2.3　起爆网路

毫秒延期时间：确定合理的毫秒延时间隔是实现毫秒爆破的关键，瑞典诺贝尔公司的研究认为，为了保证振动不叠加和破碎效果，理想的延迟时间是在后爆岩石起爆之前必须保证先爆岩体已开始前移，为后排炮孔爆破创造了自由面，即延迟时间与先爆炮孔底盘抵抗线成正比，即

$$\Delta t = k \cdot W$$

式中　k——系数，ms/m，硬岩取 10，软岩取 30；

　　　W——先爆炮孔的底盘抵抗线，m。

根据公式计算毫秒延时间隔为 30ms，设计取 50ms。

起爆网路：根据第一次试爆后的效果确定起爆网路，主炮孔采用孔内、孔外延时起爆，中间一排孔孔内装毫秒 7 段非电毫秒雷管先起爆，相邻两排辅助孔孔内分别装非电毫秒 8 段、9 段雷管接着起爆，最后靠近沟壁的两排孔内分别装非电毫秒 10 段、11 段雷管最后起爆。孔外 2～4 排约 10～20 孔一束，采用大把抓一起起爆，孔外采用双发 3 段非电毫秒雷管接力延时，起爆方向从远离保护物逐渐传向保护物方向，排间、孔间接力点均采用双发雷管并联。

3　爆破安全设计

3.1　一次齐发起爆药量计算

最大一段齐发起爆药量计算见式（1）：

$$Q_{\max} = R^3 V^{3/\alpha}/K^{3/\alpha} \tag{1}$$

式中，$Q_{\max}$ 为最大一段齐爆的药量，kg；V 为被保护目标的安全振动速度，cm/s；K、α 为与工程地质条件有关的衰减系数和指数；R 为爆破中心至被保护目标的距离，m。

根据《爆破安全规程》（GB 6722—2003）规定，一般砖房、非抗震的大型砌块建筑物允许振速为 2～3cm/s，现根据现场（一般砖房）的建筑物情况允许振速取 2.0cm/s，船坞允许振速为 4.0cm/s，$K = 180$，$\alpha = 1.6$，计算出爆破中心距离被保护目标不同距离处的最大齐爆药量，见表 1。

表 1   距保护对象不同距离最大齐爆药量

Table 1   The most explosive charge at different distance of protection

距保护对象距离/m	10	25	35	50	70	80	100
最大齐爆药量/kg	0.22	3.4	9.3	27.1	74.3	110.9	216.7

根据爆区距保护物的距离，查表 1 中最大齐爆药量。在保证安全的前提下，一次爆破的总药量不超过 2500kg 通过现场第一次爆破试验，根据爆后效果，选取合理的爆破参数和单位炸药消耗量及合理的间隔时间和起爆方法，减小爆破振动。

3.2   安全防护

安全防护措施如下：

（1）覆盖防护。为了保护爆破区周围船坞、水、电、管网及设施，直接在每个炮孔上加压一到两个沙袋；布孔时注意抵抗线的方向和大小，孔口朝向尽量避开需保护的对象。

（2）保护性防护。对爆破危险区内的船坞、水、电、管网及设施，进行必要的保护性防护，在离开保护物正前方 5.0m 处架设双层防护排架，防护排架高 5.0m，防护排架的长度每边超出保护物区 5.0m（具体情况根据现场地形环境及高差决定）。防护排架分两层，两层之间间隔 0.8 ~ 1.0m，防护排架采用毛竹和竹片架设，在毛竹上捆扎竹片，竹片之间全部用细铁丝捆扎，连成一体，增加防护效果，防止飞石危害。

（3）保护物直接防护。对爆破危险区内的水、电、管网及设施采取直接保护措施，直接覆盖废麻袋和废轮胎，并用细铁丝捆紧。爆破前断气、断水、断电，并做好应急预案。

4   爆后效果与分析

第一次试爆一条沟槽共 160 个炮孔，第二次爆破剩下的全部沟槽 1050 个炮孔。总共消耗 ϕ90 乳化炸药 2718kg，共爆破 1210 个炮孔，爆后爆渣松散，未发现明显飞石，爆破有害效应控制在安全允许范围内，爆破开挖后无根底，达到了预期的爆破效果。总结如下：

（1）进行沟槽开挖控制爆破时，通过爆前试爆，选取合理的爆破参数，正确进行爆破技术和安全设计，可以实现预期的爆破效果。

（2）通过认真组织、严格管理、严密防护，达到了爆破施工安全与周围环境安全的目的。

（3）采用孔外毫秒非电雷管接力延时起爆网路，扩大了爆破规模，减少了爆破次数，提高了钻孔设备及挖掘、装运的利用率，同时岩体破碎率提高，大块率减少，爆破振动等有害效应降低，爆破更安全。

（4）爆破前落实安全防护措施，严格控制填塞长度和堵塞质量，搭建防护屏障和对爆区覆盖是控制个别飞石的重要措施。

参 考 文 献

［1］顾毅成，史雅语，金骥良. 工程爆破安全［M］. 合肥：中国科学技术大学出版社，2009.

［2］中国工程爆破协会. GB 6722—2003 爆破安全规程［S］. 北京：中国标准出版社，2004.

［3］汪旭光，爆破手册［M］. 北京：冶金工业出版社，2010.

［4］葛勇，汪旭光. 逐孔起爆在高速公路路堑开挖中的应用［J］. 工程爆破，2008，3：35 ~ 37.

大分段采高深孔强制拉槽爆破技术

张正法　马立飞　杨　翎

（安徽江南爆破工程有限公司，安徽宁国，242300）

摘　要：在无底柱分段崩落法采矿中，相对加大分段高度；同时，在采准切割工作中取消天井、切割平巷和切割槽的掘进工序，而直接采用中深孔爆破强制拉槽，以逐渐增大爆破采矿的补偿空间，进而形成正规的开采工作面；加快开采速度，降低采矿的综合成本。

关键词：大分段；深孔爆破；强制拉槽

Blasting Technique of Wide Sublevel High Deep Hole in Forced Free Face Creation

Zhang Zhengfa　Ma Lifei　Yang Ling

（Anhui Jiangnan Blasting Engineering Co., Ltd., Anhui Ningguo, 242300）

Abstract：Increasing the sublevel height in the process of sublevel caving mining method without sill pillar, at the same time, cancelling the development of raise, cutting drift and cutting slot, changing into adopting medium-length hole blasting to create free face forcibly so as to enlarge relief space gradually, and then generate regular stoping platform, expedite mining and lower comprehensive cost.

Keywords：wide sublevel；deep hole blasting；forced free face creation

1 引言

在我国的地下铁矿开采中有 80% 以上是采用无底柱分段崩落法采出的[1]。在常规的无底柱分段崩落法开采的技术工艺中，一般采矿爆破是通过切割天井、切割平巷和切割槽来进行爆破空间补偿的，工艺流程为：（1）人工钻爆或机械反井掘进阶段天井，同时掘进切割平巷；（2）在切割平巷里钻凿上向的平行炮孔，然后以天井为自由面爆破掘进切割槽；（3）沿回采进路钻凿上向的扇形炮孔，以切割槽为自由面，爆破崩落矿石。

在基建矿井中，钻凿天井、掘进切割平巷和爆破形成切割槽，往往会占用很长的时间和为数不菲的成本投入，直接影响矿井的建设周期和初期投资；即使是在矿井的正常生产期间，这些时间和资金的占用同样影响着矿山的开采效率和经济效益。工程技术人员为了节省采准切割的时间和投资，研究和试验采用"无切井（巷）扇形深孔爆破自拉槽新方法"[2]，并在南京梅山、武钢金山店和莱芜小官庄等铁矿取得成功和应用。但受当时凿岩设备和运输机械水平的限

张正法，高级工程师，1061530392@qq.com。

制，先期试验的矿块结构参数和分段高度均显较小。随着凿岩设备和矿山运输机械的快速发展，矿山开采的爆破技术水平也在不断提高；大型的现代化地下矿山，地质条件相对简单，储量丰富的超大矿脉开采，呼唤大产能、高效率的新型开采方法。基于此，我们在马钢某铁矿进行了"大分段采高深孔强制拉槽爆破应用技术"的试验和研究工作，结果表明，该项目对缩短井巷采准切割的时间和相对减少投入，提高破碎矿体爆破施工的安全性和切槽的质量，进而提高矿山开采的生产效率和经济效益是完全可行的。

2　强制拉槽的作用机理

如图 1 所示，在回采进路临近端头处钻凿 6 ~ 7 组共 12 ~ 14 排炮孔，每排炮孔呈逐排增加炮孔数目的扇形布置；排间仰角逐排增大，并构成前倾的扇面。以回采进路的端头平巷作为爆破的补偿空间，分段微差逐排爆破，依次将空间抬高，最后形成真正的采矿爆破补偿空间自由面（切割槽）。

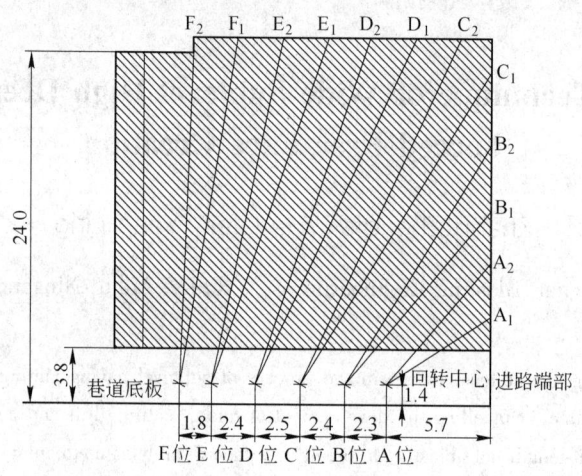

图 1　强制拉槽爆破的炮孔布置示意图（单位：m）

Fig. 1　Blasting holes layout for forced free face creation（unit：m）

图 1 中后面的 3 ~ 4 组拉槽孔在垂直高度上要有一定的超深，超深值按 $(25 ~ 35)D$ 来确定，这里 D 为钻孔直径，80mm；则超深为 2 ~ 2.8m。设计考虑爆破效率为 87.5%，则槽高可达约 21m。

3　试验的基本条件

初期试验工作是在 135 号联（络）道南侧的试采矿块中的 50 号、49 号回采进路中顺序进行的。回采进路规格和间距、分段高度、炮孔直径和炮孔深度相比原来都有较大幅度的增大，详见表 1，炮孔布置如图 1 所示。

表 1　实验前后矿块结构参数和炮孔参数对比表

Table 1　Parameters comparison of stoping structure and blast holes pre and post experiment

序　号	各类参数名称	实验前取值	试验中取值
1	回采进路宽 × 高/m × m	3.4 × 4.0	3.8 × 5.0
2	回采进路间距/m	12 ~ 15	15 ~ 18

序　号	各类参数名称	实验前取值	试验中取值
3	分段高度/m	10 ~ 12	26 ~ 28
4	扇形炮孔直径/mm	$\phi 60$	$\phi 76 ~ 80$
5	炮孔最大深度/m	5 ~ 8.6	24 ~ 28.5

4　初期研究试验结果

试验爆破七组共14排炮孔，每次爆破一组2排炮孔，共实施7次爆破。每次爆破的炮孔数、装药量、进尺和爆破效果详见表2。

表2　初期实验数据与爆破效果表
Table 2　Initial experimental data and blasting results

序号	爆破次数/组	炮孔数/个	装药量/kg	装药长度/m	爆破效果描述（进尺、大块等）
1	第1次A组	2×5	139.8	37.8	进尺3.4m，大块少
2	第2次B组	2×7	616.8	114.0	进尺5.8m，残眼多
3	第3次C组	2×7	1080.7	185.5	进尺约11.6m，有大块
4	第4次D组	2×9	1232.1	270.0	进尺14.5m，残眼多
5	第5次E组	2×11	1929.9	356.9	进尺16.7m，残眼多
6	第6次F组	2×13	2028.5	372.1	进尺约18.5m，残眼多
7	第7次G组	2×13	2049.0	381.2	进尺约19.8m，大块多

根据表中的数据可以看出，爆破效率勉强达到82%多一点，留残眼多，槽腔高度不尽如人意，原因是：

（1）炮孔钻凿质量欠佳。试验炮孔是早就钻好的，外委队伍已经撤离；使用铜陵产T150型钻机接杆多，孔深稍大时就很难控制钻进方向，曾出现钻孔交叉透穿现象。

（2）装药质量控制不好。风压不稳定，导致装药时疏时密，尤其是底部先装起爆具的孔底端，初装时担心起爆具受冲击不安全，风量受控而造成孔底装药密度较小。起爆具内装普通 $\phi 32mm$ 卷装乳化炸药，起爆能相对较低，拉长了起爆至稳定爆轰的区间段。

（3）炮孔布置不合理。如图2所示，前面的A组、B组因有良好的补偿空间，爆破效果尚可，而C、D、E三组因其炮孔深度大，能够利用的补偿空间小，岩石的夹制作用较大。从岩石的破碎机理可知，处在顶部三角区的延伸段炮孔，按柱状装药的应力分布和端部作用场理论[3]，对扩大槽腔是根本起不了作用的，以至于爆破后会留下十多米深的残留炮孔。由此可以看出，在炮孔布置设计时，只需按 S_2 的边界加上超深即可，也就是图中 S_1 线的位置。

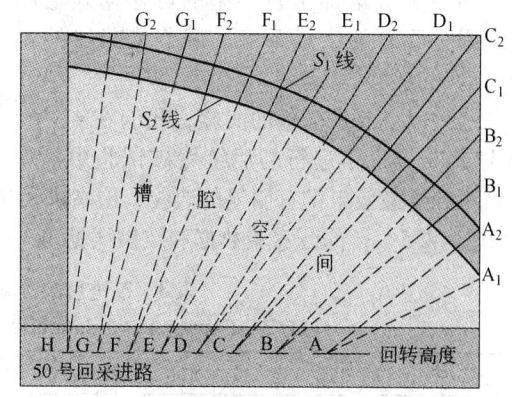

图2　强制拉槽改进后的炮孔布置示意图
Fig.2　Modified blasting holes layout for
forced free face creation

5　改进实验方案及措施

（1）改变炮孔的布置方式，并确保凿岩穿孔的质量。根据图 2 中的分析，改变原来的炮孔布置方式，将原设计中的直角三角区的炮孔延伸段取消，沿 S_2 线型布孔，超深也只在 C、D、E 三排上加强，超深值为 1.5～2.0m，其他为 1.0～1.5m。将 E 组以前的各组炮孔的抵抗线由 2.0m 减少为 1.8m。改用阿特拉斯系列进口钻机 SINBA1354 进行穿孔，并使用探杆式炮孔测试仪钻进方向。

（2）将原回采进路加掘 2.0m，并采用气腿式凿岩机对回采进路端头部分挑顶爆破；最大孔深 4.5m，4 排平行炮孔，逐排加深，挑高约 2.0m；其目的是为了增大初期爆破的补偿空间。其作用原理如图 3 所示。

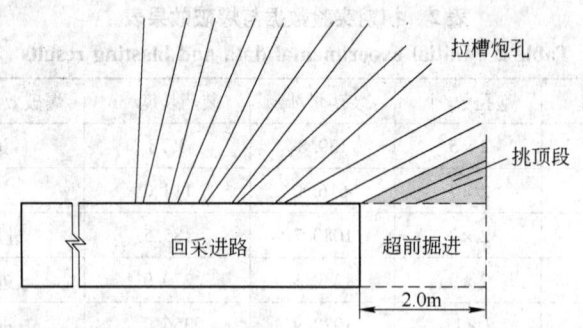

图 3　回采进路端头挑顶爆破示意图

Fig. 3　Roof blasting of the drift stoping

（3）将原来的 ϕ32mm 起爆具直径增大至 ϕ60mm，防止输药管偏在一边时起爆具下端悬空接不上炸药，影响起爆能力；同时，改变起爆具的结构形式，确保起爆具插入端头里能装进炸药，如图 4 所示；或者使用高能起爆具，以确保或增大起爆能。

（4）另外增加 1 台小型的可移动式空压机，配合原有的供风系统，调节装药器的风压，以确保供风稳定。

通过以上改进措施的实施，我们在 47 号、53 号、49 号进路进行的后续爆破试验中，爆

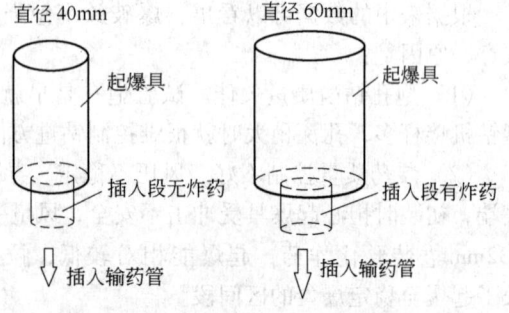

图 4　起爆具改进增大示意图

Fig. 4　Primer enlarger sketch map

破效率和爆破效果都有明显的改善，槽高进尺达到 21m，爆破效率达到 87.5%；而且大块率仅为 2%～4.5%；部分实验数据和结果详见表 3。

表 3　改进后的实验数据和爆破效果表

Table 3　Experimental data and blasting results after modification

进路号	爆破组号×炮孔数	炮孔最大深度/m	装药量/kg	装药长度/m	进尺/m	备　注
47 号进路	A×1×4	6.0	85.3	16.4		与 B 组同放
	B×2×6	9.0	343.2	64.6	6.9	端部挑顶
	C×2×7	13.5	693.7	133.4	10.2	

续表3

进路号	爆破组号×炮孔数	炮孔最大深度/m	装药量/kg	装药长度/m	进尺/m	备 注
47 号进路	D×2×9	17.0	1216.8	234.0	13.8	
	E×2×11	21.0	1948.4	374.7	16.5	
	F×2×11	24.0	2264.2	435.4	18.7	
	G×2×13	24.0	2644.7	508.6	21.0	
53 号进路	A×2×5	5.8	176.8	34.0	3.5	没进行挑顶
	B×2×7	9.3	458.6	88.2	6.8	
	C×2×9	14.0	1029.6	198.6	9.7	
	D×2×9	17.3	1338.5	257.4	13.5	
	E×2×11	20.5	1888.7	363.2	16.4	
	F×2×11	22.0	2063.4	396.8	18.2	
	G×2×13	24.0	2572.6	494.7	20.4	
49 号进路	A×2×5	5.9	164.3	31.6	3.4	
	B×2×7	9.1	448.8	86.3	6.1	
	C×2×7	13.9	907.9	174.6	10.9	遇断层停

6 结语

采用大分段采高深孔强制拉槽爆破技术进行"无切割井（巷）深孔拉槽爆破技术"的研究和试验工作，很大程度提高了爆破的安全性和切割槽的掘进质量和效率，在一定程度上降低了采准切割的工程初期投入和建设工期；该方法工艺简单，施工灵活方便，项目成果在矿岩稳定性较差、不易开掘切割井（巷）和含矿成分较低的矿体中有着十分广阔的推广应用前景。

参 考 文 献

[1] 王运敏. 现代采矿手册[M]. 北京：冶金工业出版社，2012.
[2] 明世祥. 无切井扇形深孔爆破自拉槽新方法[J]. 金属矿山，2010(3)：26~28，99.
[3] 宗琦. 炮孔柱状装药爆破时岩石破碎和破裂的理论探讨[J]. 矿冶工程，2004(4)：1~3.

逐孔起爆毫秒延时爆破技术在太钢铁矿的应用

靳红生　李祖栋

（四川宇泰特种工程技术有限公司岚县太钢项目部，山西岚县，035200）

摘　要：逐孔起爆毫秒延时爆破方法是近几年来发展起来的一种新型起爆技术，并被广泛应用，极大地推动了露天矿山爆破技术的发展。文中论述了逐孔起爆技术的基本原理和特点，介绍了逐孔起爆技术在太钢袁家村铁矿爆破中的应用及取得的爆破效果。

关键词：逐孔起爆；毫秒延时爆破；逐孔起爆设计；爆破效果

Application of Hole-by-hole Initiation Ms-delay Detonation Technology in TISCO Iron Mine

Jin Hongsheng　Li Zudong

（Sichuan Yutai Special Engineering Technology Co., Ltd., Lanxian TISCO Project, Shanxi Lanxian, 035200）

Abstract：Hole-by-hole ms-delay detonation method is a new initiation technology developed in recent years. Widely applied, it has been greatly promoting the development of surface mine blasting technology. In this thesis, the basic principles and characteristics of hole-by-hole initiation technology is disserted, the safe application and decent performance of this technology is introduced.

Keywords：hole-by-hole initiation；ms-delay blast；hole-by-hole design；blasting performance

1　引言

目前国内矿山大部分使用孔内毫秒延时爆破技术，实现了孔内延期，孔底反向起爆。但在露天深孔爆破中，传统的爆破技术普遍存在爆破振动大、爆破后冲大、爆破块度控制差的问题，严重影响后续的挖装作业效率和钻孔效率以及边坡、人员和机具的安全。近几年来国内逐渐应用"逐孔起爆毫秒延时爆破技术"很好地解决了爆破生产中产生的问题。

2　逐孔起爆毫秒延时爆破技术简介

逐孔起爆毫秒延时爆破技术是单孔延时起爆，实现爆区内任何一个爆孔在空间上和时间上都按设计好的顺序从起爆点逐孔依次起爆，这样为爆区内每个炮孔提供最充足的

靳红生，工程师，752977188@qq.com。

自由面。

根据逐孔起爆毫秒延时爆破的爆破过程，笔者认为该技术遵循以下原理：

（1）台阶爆破空间、能量相互补偿原理。在爆破时，第一个起爆炮孔为后爆的第二个炮孔最大限度地提供自由面，先爆炮孔将岩石迅速推出，为后爆炮孔提供足够多的自由面；使岩石在移动过程有足够的相互作用空间，后爆炮孔能量进一步推动先爆炮孔，增加岩石间相互碰撞作用，以后炮孔以此类推，从而改善了爆破破碎度及爆堆的松散度，大大地提高了铲装的工作效率。

（2）最小抵抗线原理。逐孔起爆时第一排炮孔按设计好的最小抵抗线起爆，每个炮孔爆破前，前一炮孔与侧向的炮孔已经起爆并为该孔提供了最少三个自由面，减小后排炮孔的夹制作用。

（3）有效减弱地震波。因为逐孔起爆同时起爆药量等同于单孔起爆时的起爆药量，因此其减弱地震波的效果是以往的排间微差起爆所不可比拟的。

3 逐孔起爆毫秒延时爆破技术的优点

逐孔起爆毫秒延时爆破技术具有以下优点：一是减小爆破振动；二是改变装药量受限问题，扩大爆破规模；三是爆破飞石距离减小；四是大块率降低，提高装运效率；五是起爆网路安全性增强。逐孔起爆毫秒延时爆破技术的优点在袁家村铁矿露天爆破生产实践中得到证明，大幅度地推动了逐孔起爆毫秒延时爆破技术在矿山开采行业中的发展。

4 在太钢袁家村铁矿的应用

4.1 矿山概况

太钢袁家村铁矿，位于山西省岚县梁家庄乡，岚县城西南。矿区是一厚层状、陡倾斜的大型矿床。矿石普氏系数为 $f=12\sim20$。袁家村铁矿矿山生产爆破采用深孔台阶爆破方式，台阶设计高度为15m，采用 JK580 型潜孔钻机，垂直布孔，梅花行布孔，孔径为140mm。在该铁矿运用逐孔起爆技术可以有效地减小后冲及对边坡的扰动，为下次爆破提供良好的作业面，提高钻爆效率。

4.2 爆破参数

爆破设计参数见表1。

表1 爆破设计参数
Table 1 Blasting design parameters

设计参数	直径/mm	台阶高度/m	底盘抵抗线/m	孔距/m	排距/m	超深/m	填塞/m	炸药单耗/kg·m⁻³	延米药量/kg·m⁻¹	炸药密度/g·cm⁻³
采矿	140	15	3	5.2	3.2	2	3.5	0.68	13	0.85
剥离	140	15	3	5.5	3.5	1.5	4	0.57	13	0.85

4.3 孔内装药结构示意图

孔内装药结构如图1所示。

4.4　逐孔起爆方案的设计

本矿山采用现有国产普通毫秒导爆管起爆，根据太钢项目现场矿石性质和目前太钢业主采购的普通毫秒导爆管雷管段位，项目部依据奥瑞凯公司和北方公司试验数据及有关爆破理论，地表雷管设计的孔延时和排间延时起爆时间按孔间距、排距 3～8ms/m 和 5～8ms/m 选取，选用孔间接力雷管 Ms2（25ms）、排间接力雷管 Ms5（110ms）。由起爆点向矿体推进，直至爆破结束。如图2和图3所示，每个孔边的数字代表该炮孔的延期时间（ms），实线为网路连线方式，形成网路。通过半年多的爆破验证，基本达到奥瑞凯公司和北方公司高精度毫秒雷管的爆破效果。

4.5　爆破效果

三次爆破统计数据见表2，爆破技术参数对比见表3。

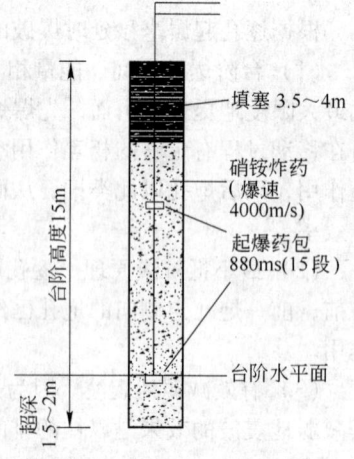

图1　装药结构示意图

Fig. 1　Charging structure

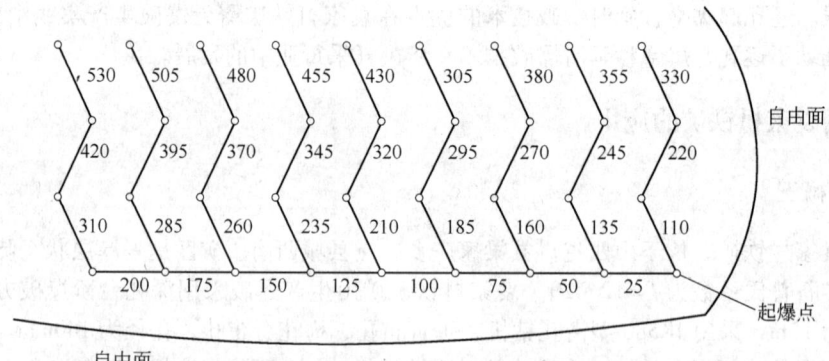

图2　起爆网路示意1（排间延时110ms（5段）、孔间延时25ms（2段））

Fig. 2　Initiation network1

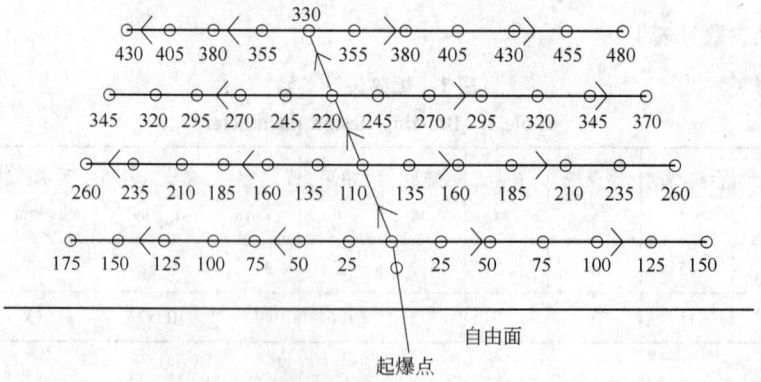

图3　起爆网路示意2（排间延时110ms（5段）、孔间延时25ms（2段））

Fig. 3　Initiation network2

表2　三次爆破统计数据

Table 2　3 blasting statistical data

爆破时间	孔数	排数	地表延期/发	孔内延期/发	爆破方量/m³	单耗/kg·m⁻³	大块率/%
2013 年 8 月 12 日	110	4	226	220	26750	0.69	0
2013 年 9 月 5 日	122	4	250	244	29450	0.68	< 0.1
2013 年 9 月 28 日	136	5	280	272	32600	0.68	< 0.1

注：铁矿需直接进入破碎系统，按照业主要求，故矿石尺寸需控制在40cm内。

表3　爆破技术参数对比

Table 3　Blasting parameters comparison

名　称	单位	排间起爆	逐孔起爆	差值	上升或下降幅度/%
炸药单耗	kg/m³	0.75	0.68	0.07	-10
大块率	%	3	0.1	2.9	-96
延米爆破量	m³	15	17.6	2.6	+17.3

四川宇泰太钢袁家村铁矿自采用逐孔起爆毫秒延时爆破技术后，爆破效果明显改善，主要表现在以下几方面：

(1) 爆破块度均匀，大块率降低，上部大块率降低70%，二爆量减少，根底减少。

(2) 能较好地控制爆堆的形状，控制爆堆移动方向，提高了爆堆松散度及均匀度，降低了矿石损失和贫化率，便于挖掘和运输，提高了铲运效率。

(3) 降低了挖掘高度。

(4) 减小了同时起爆的药量，实现每个孔单独起爆，减低爆破振动和噪声，减少飞石危害。

图4所示为四川宇泰太钢袁家村铁矿爆破后取得良好效果的爆堆。

图4　四川宇泰太钢袁家村铁矿爆破后取得良好效果的爆堆

Fig. 4　Satisfying muck pile blasted by sichuan yutai in TISCO yuanjiacun iron mine

5　结语

实践证明，逐孔起爆毫秒延时爆破技术具有很大的优点，如逐孔起爆毫秒延时爆破技术爆破效果好、爆破振动小、噪声小、爆破时安全系数高等，同时提高了机运队铲运效率。此爆破技术适合在大矿山推广应用，能降低矿山生产成本，同时取得了良好的经济效益。

参 考 文 献

[1] 韦爱勇. 工程爆破技术[M]. 哈尔滨：哈尔滨工业大学出版社，2010.

[2] 刘殿中. 工程爆破实用手册[M]. 北京：冶金工业出版社，1999.

[3] [美]杜邦公司. 爆破手册[M]. 龙维祺等译. 北京：冶金工业出版社，1986.

[4] 刘忠卫，尤广生. 精确微差延时及逐孔起爆技术在爆破实践中的应用[J]. 矿业工程，2003(5)：38 ~ 41.

中深孔爆破在水下深基坑开挖中的应用

李春军　代显华

（长江重庆航道工程局，重庆，400011）

摘　要：千厮门嘉陵江大桥主基坑开挖施工中，根据工况条件采用水下中深孔爆破施工技术，很好地控制了爆破振动对周边建（构）筑物的影响，采用合理爆破设计技术参数，达到了较好的爆破效果，满足基坑成型的设计要求，节约了成本，满足了工期要求。

关键词：水下爆破；中深孔；深基坑；减振措施

The Application of Medium and Deep Hole Blasting in the Underwater Deep Foundation Pit Excavation

Li Chunjun　Dai Xianhua

（Changjiang Chongqing Waterway Engineering Bureau，Chongqing，400011）

Abstract：In the excavation construction of main foundation pit in Jialing River Bridge of Qiansimen，according to working conditions，the underwater medium and deep hole blasting construction technology was adopted，which efficiently controlled the influence blasting vibration had on the surrounding environment. Using reasonable technical parameters has achieved the designing requirement of the pit shaping，saved the cost and satisfied the schedule requirement.

Keywords：underwater blasting；medium-length hole；deep foundation pit；glissando

1　工程概况

千厮门嘉陵江大桥正桥为公轨两用桥梁，下层为双线轨道交通，上层为双向四车道汽车交通，为城市次干道，设计汽车行车速度40km/h。起于渝中区陕西路，与东水门长江大桥北岸桥台相接，下穿渝中半岛设连接隧道，于洪涯洞旁穿越隧道并跨越嘉陵江，止于江北城南大街，全长约1.60km，是密切联系渝中解放碑CBD、江北城片区的重要纽带，同时也是轨道交通六号线的重要过江载体。主桥主墩基础工程标段2009年12月底开工，2010年10月完工，整个工程原计划2013年9月完工。

本次施工主要是主墩的水下基坑开挖，基坑设计开挖范围轮廓为圆形，直径38m，开挖平均厚度10m，总开挖方量约13890m³。施工水位170m，该开挖范围现全部在水下。基坑设计底高为151.4m，设计要求开挖后高程不超过设计底高±25cm，施工水深约19m。施工区域北岸为高架桥（北滨路），距离220m，上游为三根江北城重庆大剧院热交换水源取水管道，距施工

李春军，高级工程师，455046492@qq.com。

区域最近一根约34m，下游有一根水源取水管道，距施工区域约100m。该施工区域地形较平坦，岩性为泥岩，可爆性较差。施工环境平面图如图1所示。

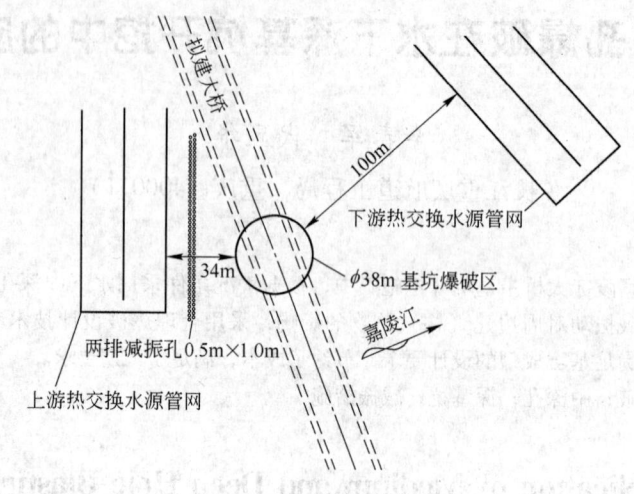

图1　施工环境平面图

Fig. 1　Construction environment diagram

施工典型断面如图2所示。

2　爆破总体方案

基坑开挖为圆形，开挖方量较大，开挖后高程不超过设计底高±25cm，工期要求两个月完成。根据爆区周围环境及地形、地质条件，爆破方案要求解决以下问题：

（1）降低大块率，提高挖掘效率，确保按期完成施工任务。

（2）合理科学选择爆破参数，确保爆破后清挖一次成型。

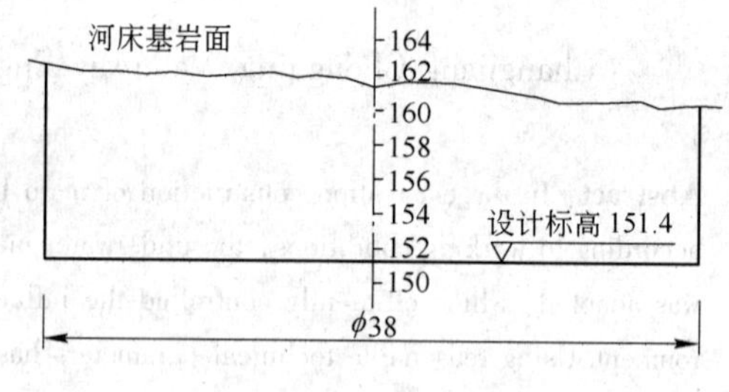

图2　施工典型断面（单位：m）

Fig. 2　The construction of typical section（unit：m）

（3）降低爆破有害效应，确保江北城重庆大剧院热交换水源取水管道安全。

根据上述要求，为按期完成施工任务，并结合水下爆破的特殊性，决定采用以下爆破方案：

（1）采用一次爆破方量较大的中深孔爆破。

（2）采用毫秒微差控制爆破技术，通过控制最大单段爆破药量以减小爆破振动。

（3）因爆破区域地形变化不大，在圆心处先进行掏槽孔爆破，然后以掏槽孔形成的工作面向周边进行爆破。

（4）在靠取水管道和爆区之间钻减振孔，以减小爆破地震波对取水管道的影响，确保重庆大剧院热交换水源取水管道安全。

3　爆破参数的设计

3.1　孔网参数

本工程采用专用水下钻爆船进行施工，潜孔钻机钻孔，钻孔直径 $D=110$mm。

（1）掏槽孔孔排距按 1.5m×1.5m，直眼掏槽，考虑到圆心处掏槽孔为开挖的起始位置（无工作面），结合水下爆破开挖的特殊性，故超深取 2.0m。

（2）为满足水下爆破钻爆船钻孔工艺要求，正常孔（辅助孔）按矩形布置，孔排距取为 2.0m×2.0m，超深 1.0m，正常孔在掏槽后分排起爆。

（3）周边孔布置在圆周轮廓线上，采用直孔非光面爆破，超深按 2.0m 取。

（4）超宽：考虑本基坑为一圆形，且清碴设备为 $4m^3$ 绳斗式挖泥船，圆周方向超宽取为 2.0m。

爆破钻孔平面布置如图 3 所示。

爆破钻孔断面布置如图 4 所示。

爆破钻孔断面布置图中，正常炮孔施工超深取为 1.0m。掏槽孔爆破无临空面，为避免留下残埂，保证爆破效果，超深按 2.0m 取，周边孔和超宽孔处于施工范围末端，为避免最后炮次爆破留下死角，超深适当加大，均取为 2.0m。

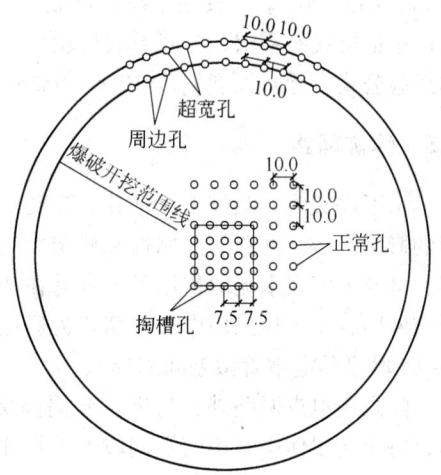

图 3　爆破钻孔平面布置图

Fig. 3　Blasting borehole layout

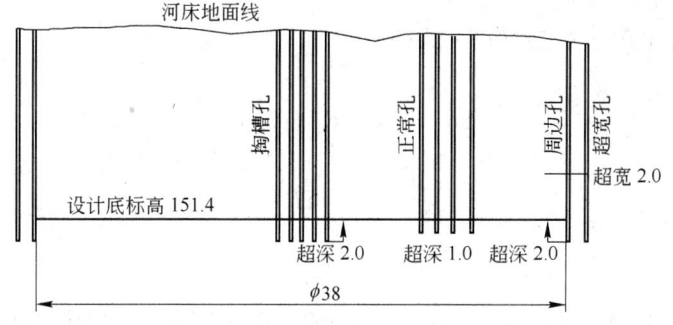

图 4　爆破钻孔断面布置图（单位：m）

Fig. 4　Blasting hole section plan（unit：m）

（5）炸药单耗：考虑到水下爆破时需克服的水体阻力，因此炸药量计算包括破碎岩石所必需的能量和克服阻力所做的功，水下爆破的炸药单耗较陆地爆破大，根据水下爆破类似工程经验，本次爆破炸药单耗 q 取 $1.1kg/m^3$。

3.2　炮孔布置

炮孔沿掏槽孔布置，每排 5 孔，每次起爆 10 孔。

3.3　装药结构

采用直径 80 的 2 号岩石乳化炸药连续耦合装药结构。采用三起爆体加强起爆，每个起爆体中双雷管并联。

3.4　堵塞

水下爆破因水压力的存在，特别是深水爆破水的竖向压力较大，压力与水深成正比（$P=$

$\rho g H$），因此爆破效果较差。在无爆破飞石的情况下（水深大于 6.0m），堵塞长度不考虑要大于最小抵抗线的要求，为降低表层块度，堵塞长度较陆上爆破应大幅减小。根据以往水下爆破的经验公式，堵塞长度 $L_{堵} = 10 \times 110\mathrm{mm} = 1.1\mathrm{m}$，取为 1.0m。

3.5　爆破网路

水下爆破为隐蔽施工，钻孔、装药不易，并且水下钻爆施工爆破线路容易受到各种复杂因素的影响，爆破网路的可靠性和确定性显得尤为重要。导爆管雷管因无法在起爆前检测爆破网路，且导爆管在水流的作用下，容易在孔口发生磨损及弯折，易造成瞎炮。因此，为便于检查爆破网路，本工程采用电爆网路。为避免孔间爆破振动叠加，保护爆破区周边地下管线，采用 5～15 段毫秒电雷管微差间隔爆破。

除采用电爆网路外，为进一步提高深水爆破起爆网路的安全可靠度，每孔使用三个起爆体，每个起爆体中采用两发同段电雷管并联后串联的电爆网路。

电爆网路优点：

（1）相对于导爆管雷管起爆来说，电爆网路回路连接情况能通过仪表检查，并能将阻抗计算数据与实测数据进行比较，及时发现问题，这一点对于水下爆破施工尤为重要。

（2）炮孔有两发电雷管并联，提高了水下爆破可靠性，故并串联法还具有可避免个别雷管质量不良产生盲炮的弊病。

并串联法电阻计算公式见式(1)～式(3)：

总电阻：

$$\Sigma R = R_{主} + R_0 + n \cdot r/m \tag{1}$$

总电流：

$$I = V/\Sigma R \tag{2}$$

雷管电流：

$$i = I/m \tag{3}$$

式中，V 为起爆器的起爆电压；$R_{主}$ 为网路主线电阻；R_0 为网路区间连接线电阻之和；n 为网路中的孔数；r 为每个电雷管内阻值；m 为同一个炮孔中并联电雷管数。

通过精确的阻抗计算，在起爆前能够确定水下电爆网路是否存在问题，基本避免了盲炮的产生。

4　爆破安全

根据《爆破安全规程》的有关规定，爆破施工对周边环境的有害效应主要表现为爆破振动、爆破空气冲击波的爆破飞石。在本工程的水下爆破中，爆破水击波的损害范围不是很大，不用考虑。因水深在 19m 左右，爆破飞石也不用考虑。

4.1　爆破振动

为控制爆破振动对江北城重庆大剧院热交换水源取水管道的影响，严格控制单段最大起爆药量。根据《爆破安全规程》及《水运工程爆破技术规范》中的公式（见式(4)）：

$$R = \left(\frac{K}{v} \right)^{\frac{1}{\alpha}} Q^{\frac{1}{3}} \tag{4}$$

式中，R 为爆破振动安全允许距离，m；K 为与爆破点至计算保护对象间的地形、地质条件有关的系数；v 为保护对象所在地质点振动安全允许速度，cm/s；Q 为最大单段药量，kg；α 为衰减指数。

在本工程地质条件下，取 $K=150$，$\alpha=1.8$，$V=3\text{cm/s}$，$R=34\text{m}$。代入式（4），可求得允许最大单段药量为 55kg。

4.2 减振措施

为了更好地保护江北城重庆大剧院热交换水源取水管道，爆破前在爆区和取水管道之间钻两排减振孔，钻孔深度为设计底高以下 3.0m，孔距 0.5m，排距 1.0m，排间减振孔交错布置。减振孔布置剖面如图 5 所示。

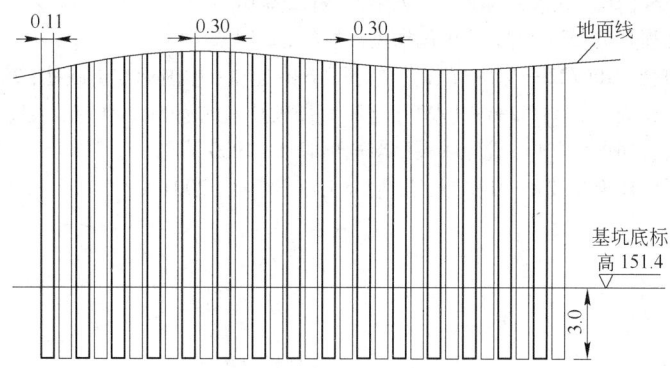

图 5　减振孔布置剖面图（单位：m）
（粗实线所示为前排减振孔，细实线为后排减振孔）
Fig. 5　Damping hole layout section（unit：m）

5　爆破效果与减振效果

5.1　爆破效果

挖泥船开挖后进行水下地形测量，爆破效果较理想，超宽及超深均控制在要求范围内，掏槽孔及周边孔的位置与技术参数选择合理，爆破后一次开挖成型。三峡水位消落期后，施工单位做围堰抽水后，基坑形状受到监理单位、建设单位高度评价，水下爆破施工达到理想效果，爆破效果图如图 6 所示。

图 6　爆破效果图
Fig. 6　The blasting effect

5.2　减振效果

单段最大起爆药量 Q_{max} 控制在 55kg 以下时，测得距爆破区最近距离 34m 的热交换取水管道处爆破振速 V 值均在 2.0cm/s 以下，说明减振孔起到了很好的减振作用，有效地保护了热交换取水管的安全。

参 考 文 献

[1] 刘殿中. 工程爆破实用手册[M]. 北京：冶金工业出版社，1999.

[2] 王玉杰. 爆破工程[M]. 武汉：武汉理工大学出版社，2007.

[3] 王海亮. 铁路工程爆破[M]. 北京：中国铁道出版社，2001.

[4] 中国工程爆破协会. GB6722—2003 爆破安全规程[S]. 北京：中国标准出版社，2004.

[5] 长江重庆航道工程局，等. JTJ286—1990 水运工程爆破技术规范[S]. 北京：人民交通出版社，1992.

[6] 王中黔. 水下爆破冲击波[M]. 北京：人民交通出版社，1980.

[7] 于亚伦. 工程爆破理论与技术[M]. 北京：冶金工业出版社，2004.

气泡帷幕在长江三峡泄水箱涵口爆破的应用

胡鹏飞

（长江重庆航道工程局，重庆，400011）

摘 要：长江三峡工程永久船闸泄水箱涵的临时封堵门由橡胶止水密封与永久船闸相连，箱涵出口爆破开挖时临时船闸正在无水施工，爆破不能引起橡胶止水漏水，否则，永久船闸的后期设备安装、闸门的无水调试等工作将无法进行。为此，必须降低爆破水击波压力。

关键词：气泡帷幕；水击波压力；封堵门；应用

Bubble Curtain in the Application of the Yangtze River Three Gorges Drain Tank Culvert Blasting

Hu Pengfei

（Changjiang Chongqing Waterway Engineering Bureau，Chongqing，400011）

Abstract：In the Yangtze River Three Gorges Project，In permanent ship lock, the drain tank culvert of temporary blocking the door by the rubber water stop seal. In the culvert outlet blasting, The temporary ship lock in anhydrous construction. Blasting cannot cause the rubber sealing Water Leakage，Otherwise，The permanent ship lock of the equipment installation and ship Lock gate debugging will not be carried out. Therefore，we must reduce the water hammer wave pressure.

Keywords：bubble curtain；surge wave pressure；temporary blocking the door；application

1 工程概况

1.1 地理位置及周围环境

长江三峡工程永久船闸旁侧泄水箱涵出口位于隔流堤的 GJ 围堰内，其桩号为 CK + 005 ~ CK + 103，全长 98m，其河床底标高 45 ~ 54m。GJ 围堰与隔流堤相连，泄水箱涵为隐蔽工程，在隔流堤以下，为围堰现浇的钢筋混凝土工程，其横断面为两孔箱涵，中间为隔墙，作用为永久船闸的泄水通道，以便永久船闸的水流能够通过泄水箱涵顺利排入长江。泄水箱涵出口为 U 形槽，U 形槽与爆破开挖槽的最近距离仅为 5m。泄水箱涵出口距临时封堵门的距离约为 500m。临时封堵门由橡胶止水密封与永久船闸相连，箱涵出口爆破开挖时临时船闸正在施工，爆破不能引起橡胶止水漏水，否则，临时船闸的后期设备安装、闸门的无水调试等工作将无法进行。工程平面布置示意图如图 1 所示。

胡鹏飞，高级工程师，yufd63@163.com。

1.2　水文条件

根据多年三峡流量与水位变化关系，洪峰出现在每年的6~8月，在此期间流速接近3m/s，其余时间施工条件较好。施工区表面流速在1m/s左右，主流偏南，流态较好。施工水深在12~21m之间。

1.3　地质及隔流堤填料组成

箱涵出口段河床表面由块球体和淤沙组成，底层为花岗岩，基岩的表层为强风化层，其下为弱风化层。隔流堤填料由风化沙、碎石、中石及大块石组成，堰体以下的河床表面为泥沙或块球体，下层为基岩。

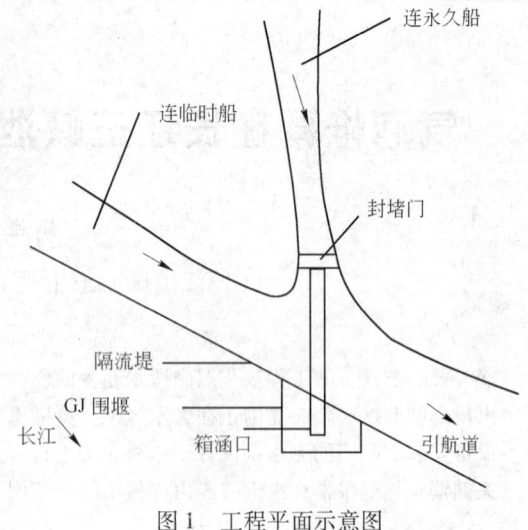

图1　工程平面示意图
Fig. 1　Engineering graphic schematic diagram

1.4　爆破工程量

水下岩石开挖：出流槽开挖长度98m，断面编号为 CK + 103 ~ CK + 005，宽度22.3 ~ 24.7m，设计底高为44.4m，设计断面为梯形断面，其边坡为1：1（见图2）。最大开挖厚度为9m，平均开挖厚度约为4m，爆破工程量为23300m³。

1.5　保护对象及爆破安全指标允许值

本工程的重点保护对象为泄水箱涵的临时封堵门、箱涵出口U形槽混凝土和隔流堤的安全。其安全振速、水击波压力允许标准见表1。

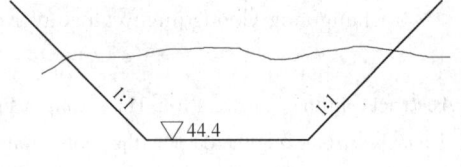

图2　爆破开挖横断面图
Fig. 2　Blasting excavation blasting excavation diagram

表1　安全振速、水击波压力允许值
Table 1　Safe vibration velocity water hammer waves pressure allowed values

序　号	监测部位	质点振动最大速度/cm·s⁻¹	水击波压/MPa
1	U形槽混凝土面	8	
2	隔流堤	7	
3	临时封堵门		0.06

该工程为水下炸礁，为保证保护对象的安全，需采取控制爆破措施，降低爆破震动效应，减小水击波压力值。

2　爆破方案的制定

箱涵口爆破开挖工程距重要的保护对象很近且为水下炸礁，在制定爆破开挖方案时，既要提高爆破功效，又要保证被保护的重要建筑物的安全。根据爆源与保护对象的距离，采用分区段控制爆破方案，即分三个区段爆破，严格控制单段起爆药量；爆破施工顺序按距箱涵口由远到近即由河心一侧向岸边推进的次序进行。

距离箱涵口最近的 CK + 020 ~ CK + 005 区段分三层爆破，其余区段单层爆破，但根据不同的距离控制单段的起爆药量并采取如下的爆破措施：

（1）雷管及炸药的加工。采用毫秒电雷管起爆。每个起爆体用两发雷管。鉴于雷管承受 3 个以上的压力，雷管应作防水处理。乳化炸药用 PVC 管加工成锥形，便于炸药装入孔底部。严格控制各段雷管的时间差，以控制单段齐爆药量，减小爆破地震波和水击波的危害。

（2）炮孔堵塞措施。用碎石堵塞至孔口，减小爆破产生的水击波。

（3）单段最大药量和一次性起爆药量。爆破初期用《爆破安全规程》的振速计算公式：

$$V = K\left(\frac{Q^{\frac{1}{3}}}{R}\right)^{\alpha}$$ 确定单段最大药量。结合爆破试验及爆破监测的水击波压力值和振速值，药量由小到大，直到最终确定一次性的起爆药量和单段最大药量数值。

（4）采用气泡帷幕降低水击波压力。分区段监测爆破水击波压力值和振速。CK + 020 ~ CK + 005 区段每炮次监测，其余区段开始阶段各监测 3 次。

3 爆破参数

3.1 孔距、排距最小抵抗线的选取

决定钻孔孔距及排距的主要因素为岩石性质、孔深、炸药种类、单孔装药量、清渣设备、起爆方式等。其计算公式见式（1）：

$$\left.\begin{array}{l} a = (1.0 \sim 1.5)W \\ b = (0.6 \sim 0.9)W \\ W = (0.6 \sim 0.8)H \end{array}\right\} \tag{1}$$

式中　W——最小抵抗线；

　　　H——爆破层厚度，1.5 ~ 9m。

实际工作中，孔、排距应与斗容为 4m³ 的挖泥船匹配，为便于清渣，实际布孔如下：$a = 2.5m$，$b = 2.20m$。

水下钻孔辅助时间长，工效比陆地上低得多。炮孔孔径较大，既便于装药又可适当加大孔排距，钻孔直径为 105mm。

3.2 钻孔超深

河床由于受到水流的冲刷，表面凹凸不平，裂隙较多，地形复杂，为使岩石一次均匀破碎到设计高程而不留残埂，考虑到水下爆破的复杂性和施工区岩石坚硬，超深应加大，取超深 1.5 ~ 2.0m。同一施工区域采用同一超深值，以便爆破清渣后的岩面达到同一标高。

3.3 单孔装药量计算

水下钻孔爆破单孔装药量计算见式（2）：

首排钻孔：　　　　　$Q = 0.9qabh$

后排钻孔：　　　　　$Q = qabh$ $\tag{2}$

式中　q——单位体积炸药消耗量，kg/m³。水下爆破受水文、地质、河床形态的影响，炸药单

耗比陆上大。水下钻爆炸药单耗取 $q = 1.3\text{kg/m}^3$；

　　a——炮孔间距，m；

　　b——炮孔排距，m；

　　h——设计开挖厚度。

3.4　装药和堵塞

当孔深小于 5m 时用一个起爆体，采用连续装药，起爆体布置在装药长度的中上部；孔深大于 5m 时，用两个起爆体。每个起爆体中用同段的两发电雷管，孔深大于 5m 的钻孔装药结构如图 3 所示。

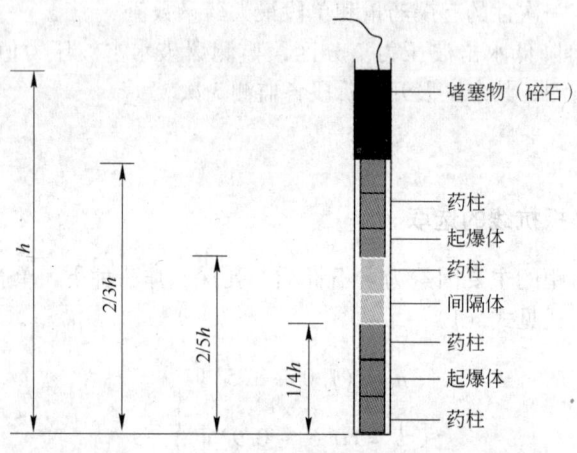

图 3　装药和堵塞示意图

Fig. 3　Charging and blocking diagram

堵塞长度：CK+020～CK+005 段距箱涵口最近，需加大堵塞长度，堵塞长度为 2.2m 左右，其余区段炮孔的堵塞长度取 1.8m 左右，用碎石夹砂堵塞至孔口。

3.5　各区段单段最大药量和一次起爆药量

（1）CK+103～CK+040 断面的爆破。该区段距箱涵口较远，开挖厚度在 3m 左右，每次钻爆的区域可大一些，一次钻爆的排数为 3～4 排，施工中最大单段药量控制在 200kg 以内，同排的 10 个钻孔布置两个段别的雷管，一次性起爆最大药量控制在 800kg 以内。

（2）CK+040～CK+020 断面的爆破。该区段距箱涵口较近，开挖厚度 5m 左右，单孔装药量亦较大，一次钻爆的区域应适当缩小。每次钻爆不超过两排，同排的 10 个钻孔，雷管布置 5 个段，单段最大药量控制在 60kg 以内，一次性起爆最大药量控制在 200kg 以内。

（3）CK+020～CK+005 断面的爆破。该区段距箱涵口 U 形槽最近，为施工的重点和难点。为减小每段的装药量分三层爆破，爆破分层最大厚度定为 3m，且雷管一孔一段，为避免爆破产生水击波压力叠加，相邻孔的雷管时间间隔应适当加大。水击波压力箱涵出口处应为最大，箱涵出口处满足了设计要求，封堵门距箱涵出口相距近 500m，更能满足设计要求。每钻一排就起爆一次，每孔布置不同段位的雷管，单段药最大量控制在 8kg 以内，一次性起爆的最大药量控制在 60kg 以内。

3.6　起爆网路

为能达到减小振动和水击波压力，获得好的爆破效果，需合理确定毫秒延期时间间隔。结合类似工程经验，CK+020~CK+005断面时间间隔定为75~100ms。其余区段毫秒延期时间间隔定为50~75ms。

段发雷管的布置方式由河心到岸边，雷管段位由低到高即河心一侧先爆，岸边一侧后爆。雷管段位为1~10段，即采用分排毫秒延期和同排相邻孔毫秒延期爆破。

每个起爆体两发雷管先串联，孔与孔之间（或起爆体之间）再串联，组成并串联的电爆网路。钻孔布置及起爆网路如图4所示。

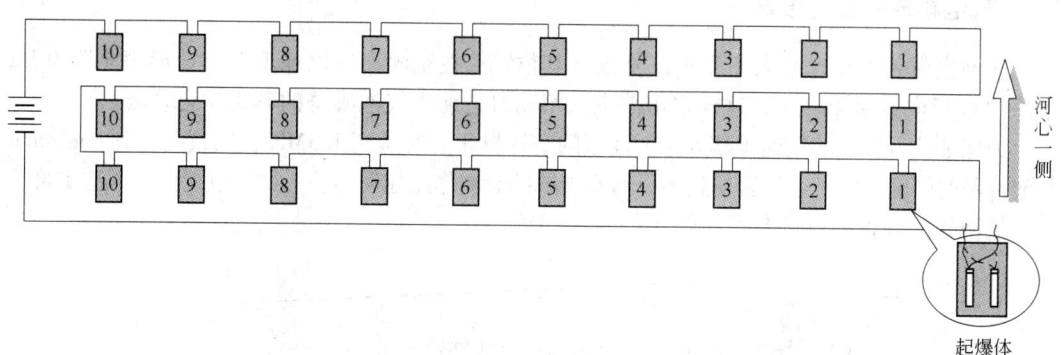

图4　并串联网路及段发雷管布置示意图
（图中数字为雷管段别）
Fig. 4　Parallel & serial network and sectionalized blasting detonators diagram

4　降低水击波压力的措施

4.1　封堵门受水击波压力影响的主要因素

单段药量的大小、爆破距离、毫秒延期间隔时间、堵塞情况、开挖厚度、水深、流速、爆破时淤沙是否"液化"、是否形成"管道效应"、是否采取封堵拦截措施等，这些因素皆为封堵门受水击波压力影响的主要因素。

4.2　降低水击波压力方案

方案一：砂卵石堵塞箱涵口。在泄水箱涵口前面抛筑一层砂卵石保护层，阻挡水击波进入泄水箱涵内，可以降低水击波对临时封堵门的破坏，但事后清理难度大、工作量大、成本高，施工时间将延长约20d，进入箱涵口的沙、卵石挖泥船无法清除。

方案二：气泡帷幕措施。气泡帷幕具有所需设备材料简单、易实施、成本极低、效果好的优点。为防止爆破时淤沙"液化"和形成"管道效应"，爆破前，要清除箱涵口前段的淤沙。

通过以上分析，宜采用气泡帷幕措施降低水击波压力值。

4.3　气泡帷幕装置构成

用一根长25m、φ70mm的无缝钢管，高压胶管一端与无缝钢管连接成气泡帷幕管，另一端与空压机相连。无缝钢管上钻孔的孔距0.5m、孔径φ10mm，钻两排相互交错的气泡孔，其两端封堵。气泡帷幕管的结构如图5所示。

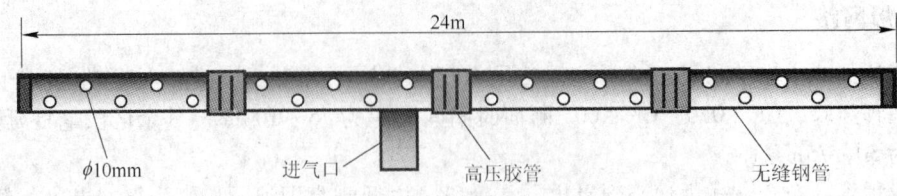

图 5　气泡帷幕装置结构图

Fig. 5　Bubble curtain device structure diagram

4.4　气泡帷幕装置的布置

气泡发射装置长度应大于 U 形槽宽度，其位置选在箱涵出口以外垂直于 U 形槽前端约 3m、水深约为 17m 的河床表面，这样水击波进入箱涵口之前受气泡帷幕的影响就会衰减。

为保证获得较好的气泡帷幕效果，连接的空压机压力要达到 1.3MPa，风量要达到 20m³/min。气泡帷幕的厚度越大，空气含量越多，对水击波的衰减作用越明显。为此，设置两层气泡帷幕。

气泡帷幕装置的连接布置如图 6 所示。

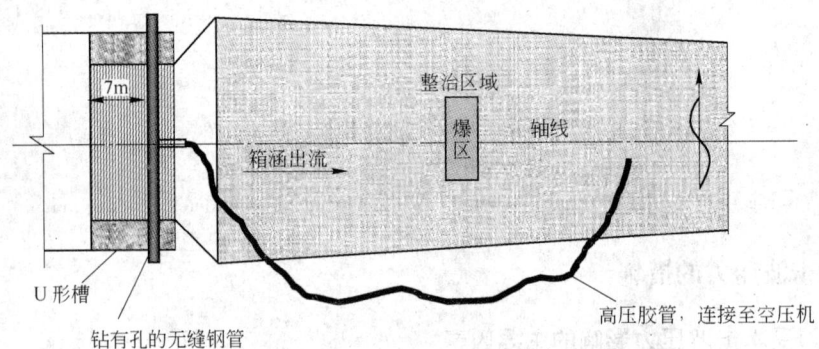

图 6　气泡帷幕连接布置图

Fig. 6　Bubble curtain diagram connection diagram

5　爆破振速监测

采用爆破振动记录仪测试爆破振速，该仪器是集振动测量、数据处理、结果输出为一体的测振仪器，配有专业软件进行数据处理和分析。每个测点能测试出水平横向、水平纵向和垂直向振速。箱涵口 U 形槽混凝土位于水下，仪器不能直接放置于该处，为此仪器放置于与箱涵口相连的陆上混凝土顶板和隔流堤处。

水击波测试，每次爆破之前在箱涵口和出流槽轴线上布设水下传感器，用浮标定位。PDL 击波测试仪配 INV 智能信号采集处理分析仪记录，通过计算机配 DASP 数据处理分析软件进行波形分析处理，输出测试成果。从测试波形可以明显看出，分段时间差大于 50ms，波形无明显的叠加现象，药量最大的段别产生的振动速度值，水击波压力值亦最大，通过气泡帷幕后的水击波压力值有明显的衰减。

5.1　不采取气泡帷幕措施的试验监测成果

在没有具体的数据可供参考与分析的情况下，我们在无气泡帷幕情况下（即不影响施工进度，同等爆破药量与爆破条件相似的区域）进行了试验，监测水击波压力数据结果见表2。

表2　水击波压力数据
Table 2　Water hammer waves pressure results

测次	单段最大药量/kg	总药量/kg	测点位置（距爆区）/m	测点水深/m	水击波压力/MPa
1	15	105	15	8	0.553
2	15	120	22	8	0.416
3	15	135	15	8	0.584

测得的水击波压力最小值为0.584MPa，远远大于泄水箱涵临时封堵门的设计水击波压力安全值0.06MPa，由此可知，如不采取任何降低水击波压力的措施，就不能保证泄水箱涵封堵门的安全。

5.2　施工时实施气泡帷幕后监测的水击波压力

在箱涵出口U形槽内设置气泡帷幕后，水击波压力降低明显，通过多次监测，水击波压力成果见表3。

表3　实施气泡帷幕后水击波压力
Table 3　Water hanner waves pressure after applying Bubble curtain

测次	单段最大药量/kg	总药量/kg	测点位置（距爆区）/m	测点水深/m	水击波压力/MPa	
					气泡帷幕前	气泡帷幕后
1	15	105	17	8	0.482	0.048
2	15	115	20	8	0.525	0.032
3	15	110	18	8	0.518	0.053
4	15	105	22	8	0.423	0.055
5	15	105	15	8	0.458	0.047
6	15	125	16	8	0.533	0.052

监测时在气泡帷幕前后各布置一个测点，对水击波压力的衰减情况进行了监测。以便于对气泡帷幕前后的水击波压力进行比较。测点布置情况如图7所示。

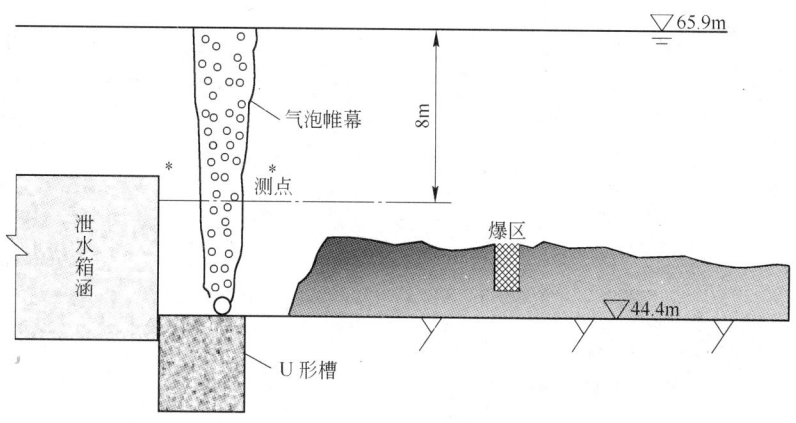

图7　水击波测点示意图
Fig. 7　Water hammer waves detection point diagram

　　为保证被保护建筑物的安全，共进行 14 次爆破振动监测，12 次水击波测试，实测隔流堤爆破振动速度为 0.28 ~ 2.54cm/s，推算出箱涵口 U 形槽混凝土的爆破最大振速为 6.8m/s，频率为 15 ~ 71Hz，实测箱涵出口处水击波压力值为 0.032 ~ 0.055MPa，均在安全控制标准以内。

6　爆破效果

　　钻爆结束后，用抓扬式挖泥船清渣，岩石粒径一般在 0.5m 以内，爆破效果好。U 形槽在水下，振速监测仪器不能直接放置于该处，为此，仪器放置于与箱涵口相连的陆上混凝土顶板上。混凝土顶板处所测得的最大爆破振速为 2.54m/s，由此推算出箱涵出口 U 形槽的最大爆破振速为 6.8m/s，U 形槽和隔流堤处产生的爆破振速均满足安全允许值。爆破产生水击波压力最大值为 $0.055M_P$，小于设计的 $0.06M_P$，水击波压力也满足设计要求。通过现场观察 U 形槽和隔流堤无任何裂纹产生，由此可知，爆破产生的振速、水击波压力对被保护的建筑物无害。因临时封堵门距箱涵口约 500m，该处水击波压力值难以定量，但在整个爆破开挖过程中并未发现闸门处的橡胶止水渗漏量增加，而致使 KL 围堰内积水水位明显变化。说明闸门及止水系统完好无损，确保了泄水箱涵和箱涵封堵门的安全。

参 考 文 献

[1] 李彬峰. 爆破地震效应及其控制措施分析[J]. 爆破，2003，20(2)：83 ~ 85.
[2] 梁锐，杨元兵，刘国军. 水压爆破在建筑物拆除中的应用[J]. 爆破，2003，20(1)：74 ~ 75.
[3] 宋琦. 水压控制爆破拆除大型灌浆石砌水池[J]. 爆破，2002，19(2)：49 ~ 51.
[4] 叶序双. 空气中、水中爆破理论基础[M]. 北京：国防工业出版社，1996.
[5] 中国工程爆破协会. GB 6722—2003 爆破安全规程[S]. 北京：中国标准出版社，2004.

爆破挤淤施工技术发展概述

刘永强　　杨仕春

（北京中科力爆炸技术工程有限公司，北京，100035）

摘　要： 本文回顾了爆破挤淤的发展历史，介绍了爆破挤淤机理的新认识和重要突破，总结了爆破挤淤新工艺和技术改进方面的进展，指出爆破挤淤良好的发展前景，并重点分析了爆破挤淤作业对环境的不良影响和制约爆破挤淤发展的关键因素，进而提出后续技术研究方向。

关键词： 爆破挤淤；爆破机理；复合软基；直立堤；水生生物

The Development of Blasting Compaction Technology

Liu Yongqiang　　Yang Shichun

（Beijing Zhongkeli Blast Technology Engineering Co., Ltd., Beijing, 100035）

Abstract： This paper reviews the developing of blasting compaction, new realizations and important breakthrough of blasting compaction mechanism are introduced, and the improvement and progress of new techniques and processes of blasting technology are summarized. The paper points out the good prospects for development of blasting compaction, and focuses on the analysis of adverse effects of blasting compaction on the environment and the key factors restricting the development of blasting compaction. The direction for future research of new blasting technology is offered.

Keywords： blasting compaction; blasting mechanism; composite foundation; vertical breakwater; aquatic organisms

1　爆破挤淤软基处理技术概要

1.1　软基处理分类及特点

在土建、交通、水利工程中，当天然的地基强度和变形不能满足工程要求时，需要对地基进行处理。软土地基的处理质量是保证建筑物安全、高效运营的关键，也直接影响到地基的基础承载力。地基处理方法众多，对每一个具体的工程往往都有其特殊性，通常的处理方法有两大类。

（1）软基加固法。主要包括：插纸板、堆载预压、真空预压、砂桩（井）、碎石桩、旋喷桩等方法。

（2）淤泥置换法。包括用开山石料或砂换填软基和爆破排淤填石法（或称爆破挤淤法）。

刘永强，高级工程师，18576602@qq.com。

1.2　爆破挤淤法的发展历史

20 世纪 80 年代中期，由于连云港西大堤建设的需要，由中国科学院力学研究所、连云港建港指挥部、中交三航设计院、连云港锦屏磷矿四家单位组成联合科研组开展了爆破排淤填石法的技术研究工作，并在连云港海军堤和连云港西大堤工程中得到应用（见图 1），研究成果曾获国家专利金奖和国家科技进步二等奖。从 20 世纪 90 年代开始，该项技术在南起三亚北至大连沿海海洋工程中得到普遍应用。淤泥处理深度由最初的 10m 左右，到目前普遍 20 多米，更深达到 38m（福建可门电厂工程），个别工程局部达到 42m 深（浙江头门港南围堤工程）。

图 1　连云港西大堤工程

Fig. 1　Lianyungang west levee

随着淤泥处理深度的加大，工程应用的扩大，促使对爆破挤淤的认识经历了三个主要阶段：理论探索期（20 世纪 80 年代）、实践反作用期（20 世纪 90 年代）和确立新认识期（2000 年以来）。

1.3　爆破挤淤发展前景

爆炸法挤淤的原理不同于其他软基处理方法，它不是通过提高和改善淤泥层的自身承载力，诸如排水固结或是加入某些特殊材料和加固等，而是在通过爆炸作用改变淤泥结构性强度的同时利用堆石体本身的自重作用挤淤，达到泥、石置换目的。这种方法实质上是抛石挤淤和压载挤淤的进一步发展。抛石挤淤仅限于淤泥层厚度小于 3m 的情况，即使是加载的情况下也只能达到 4~6m 的挤淤深度，而利用爆炸法则可以达到更深的挤淤深度，这无疑使其能应用于深厚淤泥层上的防波堤建设，具有很高的技术经济推广价值。

应用爆破挤淤新技术处理水下软基具有以下优点：使业主方填海设备更安全可靠、缩短沉降期、地基后期沉降小及造价低等。近几年在国内得到迅速地推广和应用，并且在环保、质量、安全等方面具有明显的优势。

根据国家沿海经济发展规划，需要在沿海海域扩展将海岸线衍生，大量的沿海水工工程的建设面临越来越复杂的地质状况，要求我们不断地解决深厚淤泥（20~40m）、特殊地质条件和复杂周边环境软基处理难题。

随着爆破挤淤新技术的不断发展，各种地质条件下的处理技术不断成熟，对石料的要求可以根据不同工程的要求适当放宽,应用范围也不断扩大,扩展到水利、火电厂、核电厂、造船厂、铁路、公路、矿山等,既可用于沿海海域也可以在江河内湖中应用。

2 爆破挤淤机理分析

2.1 爆破挤淤技术可行性分析

爆破挤淤技术是否可行,主要从充足的石料、足够的能量、淤泥的出路三方面进行分析。

(1) 充足的石料。主要有两层含义:一是石料的来源得到保障;二是置换过程中要有足够的石料。置换过程中要有足够的石料,这一点属于技术层面,需要有合理的抛填参数。

(2) 足够的能量。用石料置换淤泥的过程实际上也是能量做功的过程,置换越深需要做的功越大,需要的能量越大。能量除炸药爆炸做功的能量外,还包括势能-抛填高程,原则上抛得越高,势能越大,利用自重挤淤的深度越深。

(3) 充分的淤泥出路。为实现泥石置换,需要有淤泥排出的通道,还要有淤泥排出后的堆积空间,统称为淤泥的出路。在特殊地质条件及周围的环境下,淤泥的出路不良时,需创造充分的淤泥出路。

2.2 技术发展初期形成的爆破挤淤机理

初期机理建立在"几何相似理论"基础上,提出了"泥下石舌"和"瞬间置换"的概念,爆破置换淤泥深度与炸药在泥下爆炸形成的爆坑大小相关,爆坑的大小决定了能够置换的深度。

基于专利"水下淤泥质软基的爆炸处理法",采用陆上抛填和在水下淤泥质软基中埋置炸药控制爆破的方法,使排淤和填石同步进行,被称作爆炸排淤填石法[1]。

2.3 机理新认识

应用"强度相似理论",把土力学中承载力和有效应力等概念引入到爆炸力学中,将爆炸产生的冲击和振动载荷与淤泥强度的丧失相联系,利用炸药的强烈载荷扰动和上部抛石体重力的共同作用,使淤泥在瞬间丧失强度和承载能力,失稳并产生滑动,使抛石体下沉、落底。

新认识强调覆盖水对软化淤泥影响、抛填参数的合理设计、圆弧滑动计算的作用。

基于认识而获得新专利"水下淤泥质软地基爆炸定向滑移处理法",与以往认识的不同之处在于,限定位置的淤泥内埋置群药包,群药包爆炸产生的强扰动使深层淤泥的强度大大降低,形成抛石体定向滑移,实现泥、石置换,达到软地基处理的要求[2]。

2.4 重视防波堤、护岸堤身的失稳分析

爆破挤淤施工抛填参数设计至关重要,设计时,在堤身整体稳定验算满足要求的条件下,堤身坡脚结构应主要从构造上充分考虑,以防止局部失稳。确保堤身落底达到设计标高和堤侧水下平台完整形成是防止堤身发生失稳破坏的关键,合理的施工方法是保证堤身整体和局部稳定的重要条件。

王健等[3]结合工程实例,对爆炸挤淤防波堤、护岸堤身的失稳形式进行分析,讨论堤身失稳的两种主要形式,即整体失稳和局部失稳,并从设计和施工两个方面提出保证堤身稳定应注意的要点。

在施工中设计抛填参数时,要充分考虑堤身的失稳因素,重点注意堤身稳定的要点,保证

堤身断面轮廓的准确性，尤其是落底宽度、最大腰宽、水上水下平台高程与宽度以及堤身内外坡角的位置。

3 爆破挤淤新工艺应用与技术发展

随着爆破挤淤技术的发展，应用范围逐渐扩大，从常见的斜坡式围堤、护岸、防波堤发展到直立式海堤，由线式海堤发展到面式软基区大面积回填，由单一淤泥地质发展到含砂层、含卵石层复杂地质情况，由新建海堤发展到不稳定的陈旧老堤改造，由单一的陆上抛填石料发展到可结合水上抛填。工艺改进上由爆破推进尺 4～6m 发展到最大可达 8～10m，大大提高施工进度，使爆破挤淤工艺应用更加广泛。装药机具的改进主要有挖机直插式装药、吊机振冲式装药及船式装药。

3.1 水抛石爆破挤淤筑堤技术与工程应用

针对岛式防波堤、码头等离岸构筑物，提供一种水抛石水下淤泥质软地基爆炸处理方法。该方法根据水抛石施工的特性进行分层抛填，根据水抛石的厚度控制最佳布药位置。利用爆炸作用机理，横向与侧向同时布设药包，对淤泥质软基原位扰动，使水抛石原位均匀沉降，通过"抛填—爆破—抛填"循环施工多次后实现泥石置换，直至达到软地基处理的要求。

离岸构筑物（如岛式防波堤、离岸码头等）的深厚软基爆炸挤淤处理，采取多层抛填、堤身横向与侧向爆破联合起爆的方式，从而达到双向推进的目的。

3.2 控制海堤落底底层为软弱淤泥层的爆破挤淤技术

在遇到超深厚淤泥时，应用爆破挤淤置换处理软基时，考虑到足够的置换石料造价很高或超深厚淤泥爆破挤淤难度大时，在设计沉降计算、稳定性验算的基础上置换部分淤泥，运用控制海堤落底底层为软弱淤泥层的爆破挤淤技术。此项技术的推广应用更丰富了爆破挤淤的应用前景，为超深厚软基处理提供了新的解决思路。

以华润电力苍南电厂防波堤爆破挤淤工程为例，原泥面地质可勘查淤泥厚度超过 50m，具体深度不详，设计只置换其中 28m，控制海堤落底底层为软弱淤泥层，是一项典型的控制海堤落底底层为软弱淤泥层的新技术。抛填参数、爆破参数设计要求更加精细化，施工中应加强沉降观察，根据沉降情况和石料体积平衡计算情况，对防波堤抛填堤顶高程进行控制并作动态调整，如未达要求应及时补抛填石料，做好质量过程控制。处理后的堤身宽度与落底深度均能满足设计要求，未被爆破置换的淤泥没有被扰动破坏，工程于 2011 年竣工，竣工验收一次通过，防波堤经受了 2013 年超强台风考验。

3.3 复合软基条件下爆破挤淤技术

随着海岸线衍生发展，建设工程地质情况越来越复杂，由处理单一淤泥，转变为处理各种复杂复合软基，如：淤泥含砂、含黏土层、含贝壳层、含卵石层等。

此类复杂地质条件下的爆破挤淤软基处理，需要重点解决两个难题，一是如何进行穿透硬夹层的装药，二是如何解决淤泥出路将夹层形成流动，排出设计堤身断面，实现泥石置换。

在遇到此类工程难题时，首先解决装药器的问题，目前可用的有以下几种：（1）锤击式；（2）挖掘机液压震冲式；（3）吊机电震冲式。

解决另一个工程难点是含硬夹层的流动性问题，需要足够的爆炸能量和充分的排出通道，一方面将夹层液化，一方面随淤泥流动排出。处理方法有：（1）侧向挤淤法；（2）双排药包法；（3）双层药包法；（4）预处理法。

3.4 淤泥质软基直立堤爆破筑堤施工技术

通常的爆破挤淤筑堤为斜坡式海堤，这与直立堤、码头式海堤的修建工艺有较大的差别，爆填处理中，将堤头与堤的两侧同时爆破，使堤头与两侧同时落底。爆填处理后，进行基床爆夯和整平，并安放混凝土块。

3.5 大进尺爆破挤淤技术

《水运工程爆破技术规范》给出的爆破挤淤筑堤每次推进的水平距离为 4 ~ 6m。目前技术实施的进尺为 6 ~ 8m，个别工程达到 10m。其中，在长兴岛西防波堤的爆破挤淤筑堤施工过程中，根据环境、水深、泥厚、堤高以及工程进度要求条件，通过力学计算和可行性及风险分析，达到了最大单次进尺 18m，采用体积平衡验算和钻孔探测得到的挤淤效果检测表明，大进尺推进部位未发现有淤泥夹层，落底情况较好，达到了设计要求[4]。

3.6 侧向爆破挤淤技术

侧向爆破挤淤技术是先以子堤方式直接抛填，再以侧向爆填方式向两侧扩展，最终形成堤身全段面。适用于淤泥出路不畅的情况，尤其遇到海堤合拢段施工时常采用此项技术，特殊环境下可以借鉴使用。

成功的工程实例有：浙江省头门港南围堤工程，U 形槽地质，淤泥深度 40m，可以使堤下淤泥排出，应用效果良好；浙江三门二电厂老堤改造工程，开挖侧向槽后侧爆推进，侧向槽是创造的淤泥出路，侧爆后淤泥顺利从侧向槽中排出，应用效果良好；宁德电厂厂区大面积爆破挤淤，因行不成堤头式推进的工作面，利用侧向爆破逐步推进，应用效果良好。

4 爆破安全及不良影响控制

爆破挤淤施工的危害方式主要表现为：水中冲击波、爆破振动作用和淤泥及碎石的抛掷。

可能危及的对象包括：周边水域来往船只、水下工作人员、陆上施工人员、周围建（构）筑物和水下生物。

4.1 水下爆破振动安全核算

评价各种爆破对不同类型建（构）造物和其他保护对象的振动影响，应采用不同的安全判据和允许标准。

振动速度可按式（1）计算：

$$v = K(R/Q^{1/3})^{-\alpha} \tag{1}$$

式中　v——介质质点振动速度，cm/s；

　　　Q——同段起爆的最大药量，kg；

　　　R——爆心距，即测点至爆破源的距离，m；

　K，α——与爆破振动安全距离有关的系数、指数，它们与爆区的地质、地形条件和爆破方式有关。抛填石料地基，通常取 $K = 450$，$\alpha = 1.65$。

在爆破挤淤振动测试中得出振动频率约为 10Hz，与一般房屋的固有频率更为接近，对房屋的危害较土石方台阶爆破时要大。爆破挤淤测振数据分析时，需要关注振动频率的大小，在振动控制中需通过调整埋深和覆盖水深改变振动频率。

4.2　水下爆破作业对水生生物资源的影响

近年来，随着沿海养殖业的大规模发展，个别地区对养殖区域没有统一规划，与建设工程选址发生冲突，在养殖区周边进行爆破挤淤施工和养殖业中间的矛盾日益突出，在辽宁大连、福建省、广东等地都有出现因考虑到对养殖区的保护被迫取消爆破挤淤施工工艺，变更设计，改为其他非爆破办法的软基处理。爆破作业对水下生物的影响问题，建设方与设计方在项目立项和施工准备期中应予特别重视。

4.2.1　爆炸导致鱼类受伤或死亡的机理

爆炸导致鱼类死亡是由爆炸中鱼鳔破裂所引起的（对于有鳔鱼类来说）。除了鱼鳔以外，其他内部器官也容易受到损伤。随着到爆炸点距离的增大，鱼类受到爆炸的影响会越来越小。而对于无鳔鱼类来说，同样条件下存活的机会要大得多。对于同种鱼类来说，体重越轻的鱼受到爆炸的影响会越大[6]。

为了保护产卵区域鱼卵和仔幼鱼不受到爆炸的伤害，在加拿大渔业水域爆炸物使用指南中，还规定了在爆炸施工中，不同数量的爆炸物应该离开鱼类产卵地的最小距离。50kg 炸药量的爆炸对鱼类安全距离为143m，100kg 炸药量的爆炸安全距离为200m。在鱼类产卵区域及其附近进行爆破施工时，保持规定的安全距离对于减少或避免爆炸对鱼卵和仔幼鱼的影响很有必要。

水下冲击波对鱼类伤害可以按冲击波超压和安全能量密度进行安全核算。

4.2.2　水下冲击波超压安全核算

由库尔公式计算冲击波超压见式（2）：

$$P_{\mathrm{m}} = 287.3\left(\frac{Q^{\frac{1}{3}}}{R}\right)^{1.33} \tag{2}$$

式中　P_{m}——冲击波超压；

　　　Q——等效 TNT 当量的炸药（使用乳化炸药计算时需要等效为 TNT 当量的炸药）；

　　　R——到爆源的距离。

计算后的冲击波衰减曲线如图 2 所示。

梁向前等[7]对爆破挤淤水中冲击波特性进行了研究，并在实际工程中进行了水中冲击波的监测。运用数理统计方法进行综合回归分析后，可以得到使用乳化炸药爆破挤淤时，水中冲击波的传播衰减经验公式为：$P_{\mathrm{m}} = 195(Q^{1/3}/R)^{1.31}$。

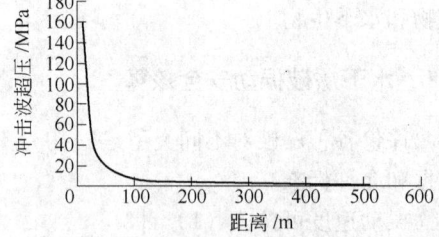

图 2　水中冲击波衰减计算曲线

Fig. 2　Underwater shock wave attenuation curve

赵根[8]等通过对试验实测成果和有关文献资料的分析，认为鱼类承受水中冲击波的能力不仅与鱼类的品种有关，还与鱼类的生活环境有关。对于石首鱼科鱼类的水中冲击波超压安全控制标准应小于 0.05MPa；对于处于自由状态的非石首鱼科鱼类，和处于约束状态如网箱内的非石首鱼科鱼类分别为 0.30MPa 和 0.20MPa。

4.2.3　由鱼类安全能量密度的公式估算鱼类的爆破安全距离

美国学者库尔在深水区进行了一系列实验，归纳水中冲击波波阵面的能量密度见式（3）：

$$E_{\mathrm{f}} = kQ^{\frac{1}{3}}(Q^{\frac{1}{3}}/R)^2$$

经过此公式变形为：

$$R = kQ^{\frac{1}{2}}/E_f^{\frac{1}{2}} \tag{3}$$

式中 R——安全距离，m；

  Q——齐发的总药量，延时爆破是单响的最大药量，kg；

  k——炸药系数；

  E_f——水中冲击波对鱼类的安全能量密度，J/m^2。

通过作图得出能量密度随距离变化的关系如图3所示。

计算结果：当药量为360kg的时候，石首科鱼类的安全距离为439m。

以上用于估算鱼类在爆炸中的安全距离的公式是用于在水中发生爆炸的情况。爆破挤淤作业时，往往是将炸药埋入淤泥中，这时发生爆炸对鱼类的影响往往小于在水中爆炸的情形。

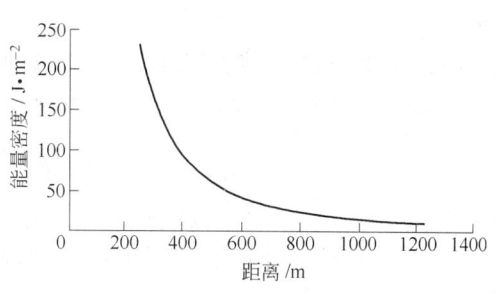

图3 能量密度计算曲线

Fig. 3 Calculation chart of energy density

4.3 减小爆破对水生物影响的措施

减小爆破对水生物影响的措施如下：

（1）有关爆破操作的优化设计以及建立在爆破设计基础上的减轻影响的措施。也就是说，通过采取适当措施，减少爆炸产生的压强、冲量和能量向水域中的传播。

（2）对爆炸的潜在影响进行评估，并从生物学方面考虑应采取的措施，包括施工时尽量避开鱼类的主要洄游、产卵季节，避开产卵区域或鱼类幼鱼生长区域。

（3）对爆炸的潜在影响进行评估，然后从物理学角度采取措施来减轻这种影响。从爆炸设计的角度采取必要的措施，减少渔业水域环境中爆炸冲击波的强度，以减轻爆炸可能对渔业资源的影响；另一方面，对爆破施工进行时间限制，尽量避免在敏感区域进行爆破作业。还可以利用爆炸以外的其他驱赶方法将鱼类赶出爆炸实施区域。还有一种物理方法就是在爆炸点周围制造气泡幕，可以大大减少从爆炸点传出的压力，从而有效地避免爆炸对周围鱼类和环境的影响。

为了研究气泡幕用于减轻爆炸对周围鱼类影响的效果，Keevin等人专门做了试验。试验是用2kg高爆炸药（T-100）在1.25m的水深对蓝鳃太阳鱼（L. macrochirus）进行的（每组蓝鳃太阳鱼为50尾，离炸药的距离分别为6.5m、9.0m、11.5m和14.0m）。试验结果表明，气泡幕可以将爆炸中能够导致鱼类受伤或死亡的3个重要指标峰值压强、冲量和能通量密度分别减少99.4%~87.5%、89.8%~80.7%和99.8%~89.7%，而蓝鳃太阳鱼的死亡率从不用气泡幕的100%减少到使用气泡幕时的零。由于使用气泡幕的成本很高，在有些情况下操作起来会有一定的困难，因此只在爆破施工对周围鱼类或环境带来很大危害的情况下才会被采用[9]。

5 结语

爆破挤淤施工技术经过近30年的理论研究、实践应用以及现场施工技术改进，取得了长足的进步，随着大量建设工程的应用，条件的不断变化，会出现更多需要解决的课题，后续研究与应用的方向有：

　　（1）爆破挤淤对周围环境的影响将是爆破挤淤发展前景上最不利的因素，施工中需要加强爆破安全控制，对爆破安全加大研究力度，研究适宜于爆破挤淤精细的延时爆破技术、对建（构）筑物起到有效防护的措施、减小对鱼类伤害的可靠措施等。

　　（2）对复杂地质环境下爆破挤淤工程的可行性需要在项目初设阶段作论证，分析技术的可行性，必要时做现场试验研究，为建设方、设计方提供可靠的论证依据。

　　（3）将数码雷管应用于爆破挤淤施工，通过理论研究与试验研究，采取延时干扰和叠加的办法实现对淤泥软化的改进措施，以减小炸药使用量，实现成本控制与环境保护的双重效果。

　　（4）发展物探实时监测技术，对泥石置换深度作实时监测，可更好地控制堤身落底深度和断面轮廓，更精细地控制石料消耗，保证工程质量与成本控制的双重效果。

参 考 文 献

［1］张建华，等. 水下淤泥质软基的爆炸处理法：中国，87106811.7［P］.1989.
［2］张建华. 水下淤泥质软地基爆炸定向滑移处理法：中国，99122358.6［P］.1999.
［3］王健，等. 爆炸挤淤防波堤、护岸堤身的失稳形式分析［J］.水运工程，2012，06.
［4］王田，等. 大进尺爆破挤淤筑堤施工方法的探讨［J］.爆破，2011，03.
［5］顾毅成，等. 工程爆破安全［M］.合肥：中国科学技术大学出版社，2009.
［6］李文涛，张秀梅. 水下爆破施工对鱼类影响的估算及预防措施［J］.科学视野，2003，27（11）.
［7］梁向前，谢定松，等，爆破挤淤水中冲击波对环境影响的安全评估与监测［J］.中国水利水电科学研究院学报，2011，17（4）.
［8］赵根，吴从清，等，爆破水中冲击波对鱼类损伤研究［J］.工程爆破，2011，17（4）.
［9］Keevin T M, Hempen G L. A tiered approach to mitigating the environmental effects of underwater blasting［J］. Journal of Explosives Engineering, 1995, 13: 20～25.

港口高桩码头前沿水下爆破振动控制技术应用

李红勇

（长江重庆航道工程局，重庆，400011）

摘　要：本文根据重庆长江果园港港池爆破开挖工程实例，介绍临近高桩码头爆破振动控制措施和技术要点，为今后类似工程提供了可借鉴的经验和数据。

关键词：高桩码头；水下爆破振动控制

The Blasting Vibration of High Pile Wharf Frontier Port Underwater Control Technology

Li Hongyong

（Bureau of Chongqing Waterway Engineering of Yangtze River，Chongqing，400011）

Abstract：According to the engineering example of excavation of Chongqing Yangtze River orchard harbor near the high pile wharf blasting，the blasting vibration control measures and technical points，which can provide experience and data for similar projects in the future.

Keywords：high pile wharf；underwater blasting vibration control

1　引言

重庆果园港港池开挖工程在完成码头桩基和上层框架结构后，部分港池开挖区还有部分浅点需要爆破开挖，对紧邻的高桩码头保护是清点爆破防护的重点和难点。

2　工程现状

（1）重庆果园港位于重庆市江北区鱼嘴镇，是目前长江最大的水路、铁路、公路联运枢纽港口，设计年吞吐能力3000万吨，为重庆规模最大的集装箱高桩码头。

（2）港池设计底高程149.77m，施工超深0.4m，超宽1m，设计边坡1∶0.75，基岩主要为泥岩，施工期正值长江三峡库区蓄水期，水深在20～25m之间。

（3）在码头桩基和上层框架结构修建前，码头前沿的港池炸礁和开挖主体工程基本完成，但仍存在部分设计底高以上的浅区，因抢进度等原因，造成最后清点只能在码头完成后进行，这部分需要炸除的浅区基线与码头桩基中心线只有5m，根据水下地形测图，清点高程在0.1～2.5m内，需要采取水下钻爆方式进行爆破，爆破后采用抓斗挖泥船清除，如图1所示。

李红勇，工程师，cqgcjyc@ vip. sina. com。

（4）清点爆破最大的难点是控制爆破产生的振动对紧邻码头的桩基影响，必须采取有效措施控制爆破地震效应，保证码头桩基的安全。

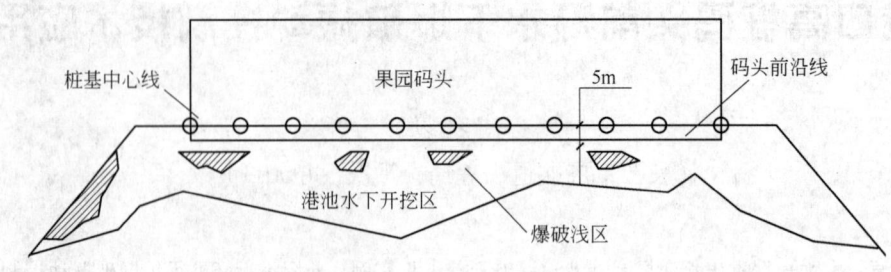

图1　码头港池平面示意图

3　爆破施工需解决的问题

（1）根据设计单位提供的码头桩基设防烈度（设防Ⅶ度）进行安全控制，对应的水平向地面峰值运动速度（峰值振速）为 13.0cm/s（10.0 ~ 18.0cm/s），为了保证桩基的绝对安全，拟将补爆施工的爆破振速控制在区间值的下限，按不超过 9.0cm/s 控制。

（2）爆源距桩基码头最近只有5m，理论计算最小有效当量炸药量1.5kg时爆破振动速度达到 13.1cm/s，必须采取减振措施，才能满足设计要求。

4　爆破设计

（1）根据《爆破安全规程》中的公式结合爆破距离进行最大单段药量计算，或者根据最大单段药量计算安全允许距离。

$$v = K\left(\frac{Q^{\frac{1}{3}}}{R}\right)^{\alpha}$$

即：

$$R = (K/v)^{1/\alpha}Q^{1/3}$$

式中　v——质点峰值振动速度，cm/s，取为 9.0cm/s；

　　　　K——与爆破点地形、地质等条件有关的系数；

　　　　α——与爆破点地质等条件有关的衰减指数；

　　　　R——爆破地震安全距离，m；

　　　　Q——最大一段装药量，kg。

根据上式计算不同距离和不同装药量的振速见表1。

表1　爆破地震速度计算

振速 $v/\text{cm} \cdot \text{s}^{-1}$	系数 K	装药量 Q/kg	距爆心距离 R/m	系数 α
13.1	250	1.5	5	2
9.1	250	1.5	6	2
6.7	250	1.5	7	2
5.1	250	1.5	8	2
4.0	250	1.5	9	2
3.3	250	1.5	10	2

注：表中 K 值按照中硬岩石最大值取，衰减指数 α 因设减振孔，适当增大，取为 2.0。

从以上计算可以看出，当进行距离桩基最近位置（5.0m）爆破施工时，将最大单段药量控制在1.5kg以内，计算振速不在安全范围内，需采取减振措施后，按试爆时的实测振速计算合理K值和α值，同时采取控制措施。

（2）爆破控制措施。

1）在爆源和码头桩基之间打减振孔，以衰减爆破振动。在距码头前沿2m处打两排孔径110cm，孔距0.2m，排距0.4m的减振孔，深度大于爆破孔超深底高1.5m，以降低桩基处的爆破振动。如图2和图3所示。

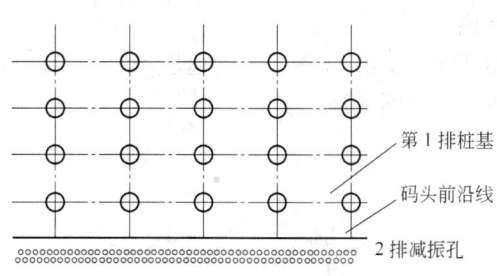

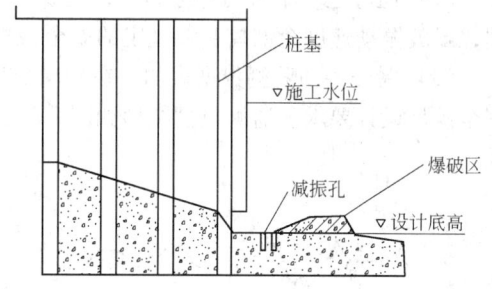

图2 减振孔布置图　　　　　　　　图3 减振孔施工示意图

2）在补爆施工时，施工顺序按由远到近原则向码头前沿方向推进，同时监测桩基处的爆破振动速度，根据距离的变化，调整单段用药量，结合监测的振速，确定上述理论计算的合理性，及时修正K、α值，确保爆破振速控制在9.0cm/s以内。水下钻爆施工图如图4所示。

图4 水下钻爆施工图

3）采用毫秒延时电雷管进行分段逐孔起爆，延期时间控制在75ms以上，并根据爆破区距桩基距离的远近，控制单段（单孔）最大药量。距离桩基最近时单段药量按$\phi70$药卷单节质量1.5kg控制，爆破层较厚，超过1.5kg药量时，采用分层爆破。

4）控制总药量。减小一次起爆孔数，一般控制在每炮次5个孔以内，距离桩基近的爆破区，每炮次2个孔和单孔起爆。

5）在施工中，为保证安全，对桩基处的爆破振速进行密集监测，测点在距离爆区最近的桩基处布置 3 个以上。

6）加强堵塞。炮孔的堵塞长度应大于 1.0m，用小碎石夹沙堵塞到孔口，防止堵塞不足或者堵塞质量不好影响爆破效果和降低水击波。

5　爆破效果

（1）首先在距桩基 8m 处进行试爆，实际监测数据比理论计算爆破振动数据小近 30%，钻爆施工采取由远到近的方式推进。

（2）通过近三个月的补爆施工，完成了码头港池前沿浅点清挖，通过 67 次监测 168 组数据，爆破振动速度全部控制在规定的安全振速范围内。

（3）爆破振动监测数据表明，在相同药量、高差和不同距离爆破振动速度均有一定降低，完全满足设计要求。监测典型图形如图 5 和图 6 所示，监测数据见表 2。

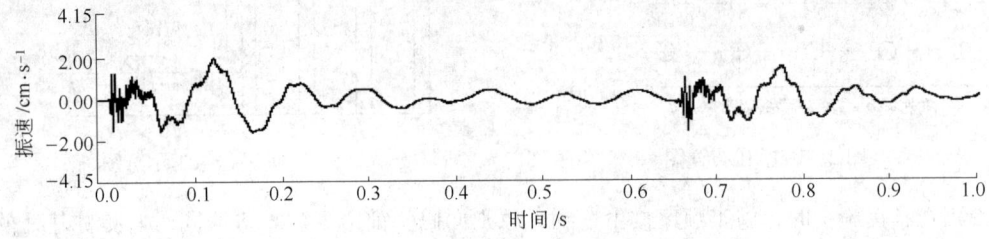

图 5　爆破振动检测图形（一）

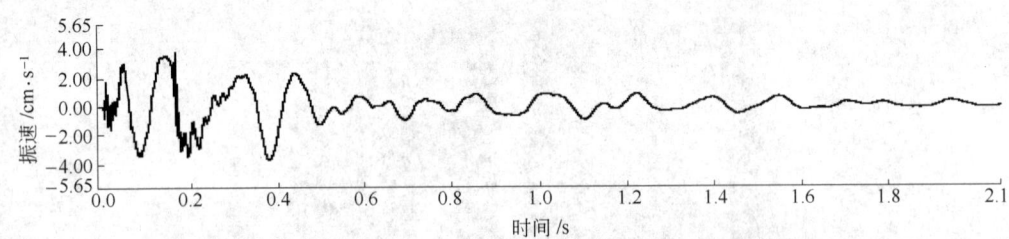

图 6　爆破振动检测图形（二）

表 2　实际爆破监测数据

水平距离/m	高差/m	单段药量/kg	最大振速/cm·s⁻¹	最小振速/cm·s⁻¹	平均振速/cm·s⁻¹
5	27	1.5	3.77	2.21	3.01
6	27	1.5	3.11	2.29	2.7
7	25	1.5	3.38	1.58	2.07
8	27	1.5	2.40	1.41	1.97
9	25	4.5	3.52	1.69	2.73
9	36	4.5	2.56	1.21	1.5
10	25	6	3.73	2.79	3.3

（4）爆破后靠近码头前沿区采用硬臂式挖泥船进行开挖，有效地避免了绳斗式挖泥船大臂过高无法挖到临近码头前沿浅区的难题，如图 7 所示。

图7　硬臂挖泥船清渣施工图

6　结语

对照爆破振动监测数据和理论计算爆破振速，由于采取了延时爆破和减振孔等措施，爆破振速有较大衰减，根据典型监测数据回归计算该工程爆破参数 K 值为247、α 值为2.2，通过回归计算的爆破参数为今后同等类型的水下爆破工程提供了翔实、可信的经验数据。

参 考 文 献

[1] 长江重庆航道工程局，等．JTS 204—2008 水运工程爆破技术规范[S]．北京：人民交通出版社，2009.
[2] 汪旭光．爆破设计与施工[M]．北京：冶金工业出版社，2011.

爆炸加固软土地基作用机理的试验研究

孟海利　　张志毅　　杨年华　　薛　里　　邓志勇

（中国铁道科学研究院，北京，100081）

摘　要：爆炸加固软土地基是一种新型的软基处理技术，对其进行深入细致的研究具有重要的理论意义和实践意义。本文采用模型试验对爆炸加固软土地基排水固结原理进行了研究，对饱和软黏土的爆炸效应研究，得出了炸药在饱和软黏土中爆炸的不同作用区域，试验结果可以看出爆炸可以加速饱和软黏土的排水固结，对深层的软基作用效果更明显。另外该技术在西合线、宁启铁路、佛山和顺-北滘公路进行了实际应用，取得了良好的效果，其优势得到了充分的体现。

关键词：爆炸动力固结法；软土地基；超静孔隙水压；沉降

Experimental Research on the Mechanism of Reinforcing Soft Clay Ground by Blasting

Meng Haili　Zhang Zhiyi　Yang Nianhua　Xue Li　Deng Zhiyong

（China Academy of Railway Sciences, Beijing, 100081）

Abstract：Reinforcement of soft clay ground by blasting method is a novel technique to treat soft clay ground and its in－depth and careful research will be of great theoretical and practical significance. In this paper model tests are used to research the drainage consolidation law of reinforcing saturated soft clay ground by blasting method. As a result, both the characteristics of change in the strength of saturated soft clay under blast loading and zone characteristics are obtained and the law of change in pore water pressure and consolidation settlement under blast loading is summed up. Test results show blasting has accelerated the drainage consolidation of saturated soft clay and the strength of soil mass is increased in the continuous drainage consolidation, thereby reinforcing the soft clay ground.

Keywords：blasting dynamic consolidation; soft soil foundation; excess hydrostatic pore water pressure; settlement

1　引言

在我国沿海地区、内河两岸以及有湖泊分布的地方广泛分布着软土[1]。软土一般具有高含水量、大孔隙比、低强度、高压缩性、灵敏性和触变性等特点，其物理力学性质变化较大，并且各地区的软土性质也不尽相同[2,3]。在软土上修建公路、铁路、高层建筑、机场、码头及水

孟海利，副研究员，hailimeng2006@126.com。

库等建（构）筑物时，会出现竖向变形不均、变形趋于稳定的时间长、工后沉降突出等问题。因此，在软土地基上施工时，必须采取一定措施对其进行加固处理。

目前，无论采用何种措施对软土地基进行处理，如何控制软土地基的稳定性和变形量，已成为工程界普遍关注的问题。对软土地基加固处理方法做出正确的选择，快速有效地提高软土的承载力，不仅关系到整个建设工程的质量、进度，也是降低工程造价的重要途径之一。

近年来随着工程建设的迅猛发展，需要不断寻求新的、高效的软基处理方法。爆破专家和土力学专家各自发挥其专业特长，将爆炸和软土地基处理紧密结合起来，提出了一种新型的软基处理方法——爆炸动力固结法[4]。

爆炸法处理软土地基的基本思路如图1所示[5,6]。首先在软基表面铺设砂垫层，作为水平排水通道；然后在软土内部设置竖向排水通道（如塑料排水板、袋装砂井、砂桩等），使地基内部构成完整畅通的排水网路；再填土至交工面标高（含预留沉降量），作为爆炸处理的上覆荷载；待由填土产生的沉降基本稳定后，在深层软基中钻取深孔，将炸药置于需加固处理的深度，并选择爆炸参数，进行一次或数次爆炸，装药结构采用导爆索串联间隔装药方式；土体在爆炸荷载作用下产生超静水压力，加之上覆荷载的约束，使部分孔隙水利用预先设置的排水通道排出土体，在此过程中，进行地表沉降、软土强度等土工观测；待地基达到稳定要求，爆炸处理完成。

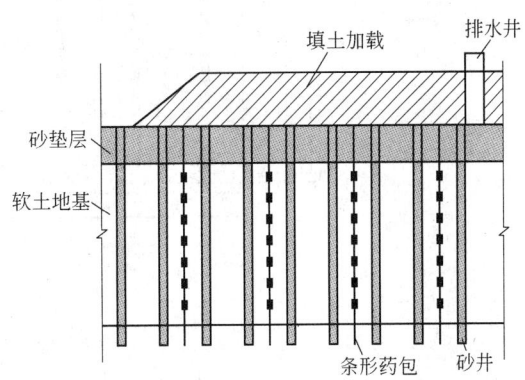

图1 爆炸法加固软土地基示意图

Fig. 1 The diagram of soft soil foundation reinforcement by blasting

长期以来，中国铁道科学研究院一直致力于爆炸加固软黏土地基的机理研究，通过一系列模型和现场试验，发现通过改变软黏土的排水条件，利用炸药爆炸产生的高能量瞬变动荷载引起软土扰动，并结合一定的上覆荷载，可降低软土层的压缩性，减少在设计荷载作用下的沉降量，同时又能提高软土层的抗剪强度，达到软土地基固结的效果，爆炸动力固结是一种有效的软基处理方法[7,8]。

2 模型试验研究

2.1 试验的实现方法

试验是在钢筋混凝土爆炸池中进行的，使用的软土为海相淤泥。爆炸池形状为圆柱形，内径2.0m，壁厚30cm，净高2.4m。刚性爆炸池可以保证土体沉降是体变而不是形变。

试验采用的方法和步骤与现场处理软基的工法基本相同，即在软土地基上设置排水通道，施加上覆荷载，并使其在此荷载作用下产生固结，然后在软土中埋设炸药进行爆炸，使软土地基进一步排水固结。整个试验装置如图2和图3所示。

2.2 试验测试内容

模型试验共进行以下四个方面的测试。

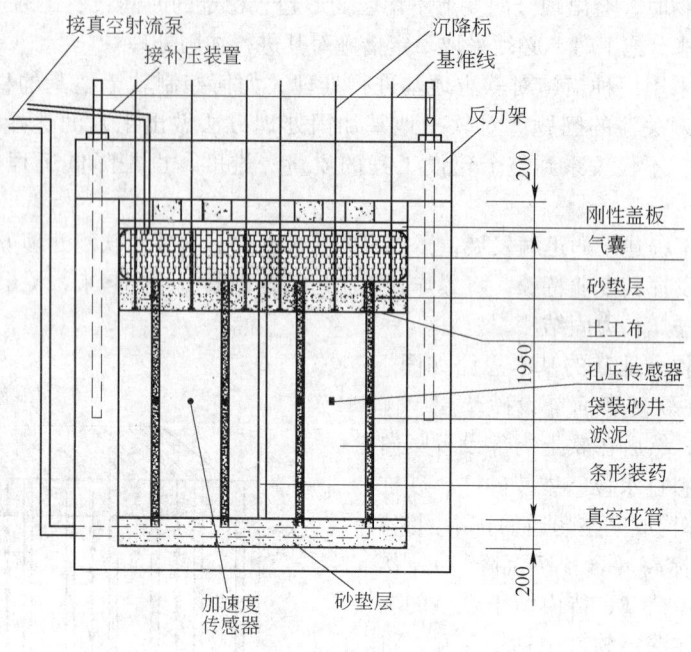

图 2　爆炸装置剖面示意图

Fig. 2　Profile sketch of blasting device

（1）炸药在软土中爆炸后，形成的冲击荷载对周围土体产生强烈的挤压作用，土体将受到严重的扰动。为了反映爆炸荷载对饱和软土的作用强度，在药包周围埋设加速度传感器，对爆炸荷载引起饱和软土的加速度进行测试。

（2）采用原位测试的方法观测爆炸前后土体强度的变化情况。原位测试包括十字板剪切和静力触探两种。

（3）观测爆炸法处理软土地基过程中孔隙水压力的变化情况。因爆炸处理过程软土中孔隙水压力经历了高速变化和缓慢消散两个过程，故选用了动、静态两套测试系统。孔隙水压力的测试采用 KY-2 型压阻式孔隙水压传感器，动态水压信号的采集使用 UBOX-1 型振动记录仪，静态的数据采集则使用 DTC-2010A 型多通道测试数显仪。

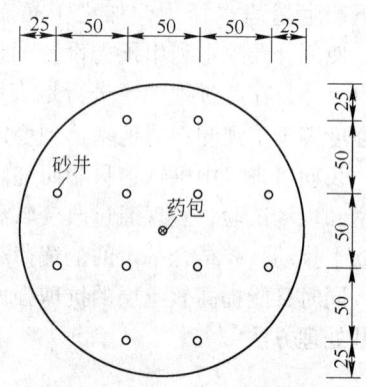

图 3　砂井平面布置示意图

Fig. 3　Sketch of sand well layout

（4）观测地基处理过程中不同时刻的沉降量，沉降量通过观测预先埋设在土体表面的沉降标得到。

2.3　试验方案

试验采用普通导爆索作为条形药包，8 号电雷管从顶部引爆。共进行了不同炸药量、不同上覆荷载、不同爆炸次数以及多孔爆炸等 20 余组模拟试验。从分析机理角度上讲，每组试验结果所得结论是相同的，因此，下面只给出了不同炸药单耗的试验参数（见表 1）。

表1　不同药量的爆炸试验初始条件

表1　不同药量的爆炸试验初始条件
Table 1　Explosion tests with different initial conditions of the charge

序号	淤泥厚度/m	导爆索长度/m	导爆索根数	药量/g	炸药单耗/g·m⁻¹
1	1.4	1.1	1	15.3	10.93
2	1.7	1.4	1.5	28.3	16.65
3	1.3	1.0	2	27.0	20.77
4	1.7	1.4	3	55.6	32.71

2.4　试验结果及分析

2.4.1　爆炸荷载下饱和软土的变化特征

炸药在软土中爆炸后，距药包不同区域的土体的变化特征不同。炮孔周围的土体由于受到爆炸冲击波和爆生气体的径向挤压作用，内部孔隙被压缩，形成一个爆炸空腔。图4所示为引爆一根半导爆索在淤泥中形成的空腔，空腔直径平均约15cm。

空腔以外一定区域内的软土，结构遭到破坏，表现出液态特征。图5所示为引爆一根半导爆索，距离药包40cm处测得的加速度波形，这与水中和含水量200%的泥浆中爆炸测得的加速度波形图（如图6和图7所示）极为相似，表明软土在爆炸荷载作用瞬间呈现流体特

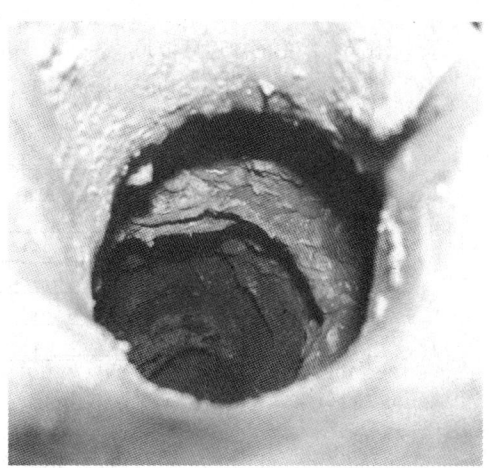

图4　爆炸后淤泥中形成的空腔
Fig. 4　Cavity of soft soil after blasting

征。土体产生的加速度与药量有关，药量越大，相同位置处土体产生的加速度越大。原位测试结果表明爆后该区域软土的强度明显降低，说明该区域软土的结构性受到较大程度的损伤，但随着孔隙水的排出，软土强度得到恢复，最终将超过原来的强度值。我们将该区域定义为触变损伤区。

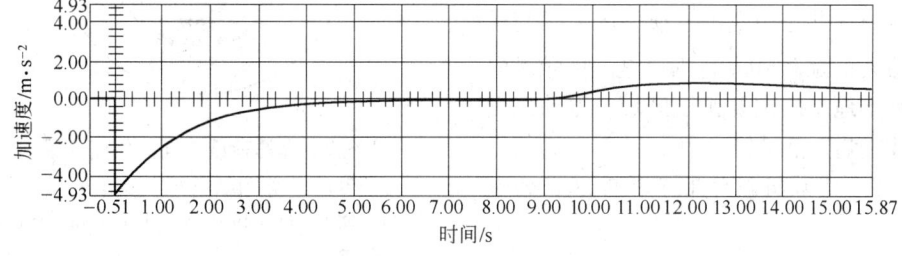

图5　软土中的加速度波形
Fig. 5　Acceleration curves in soft soil

触变损伤区以外一定范围的软土，由于受爆破地震波的影响，强度也有所降低，但已没有触变损伤区那么明显。该区域测得的加速度波形如图8所示，表明软土在爆破地震波的作用下做弹性振动。

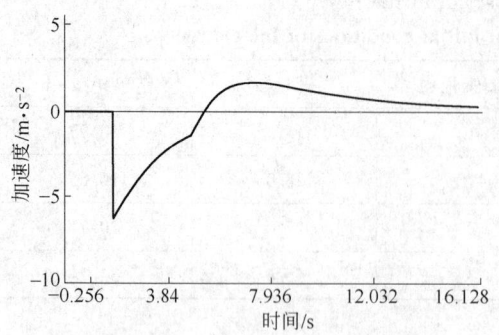

图 6　水中的加速度波形
Fig. 6　Acceleration curves in water

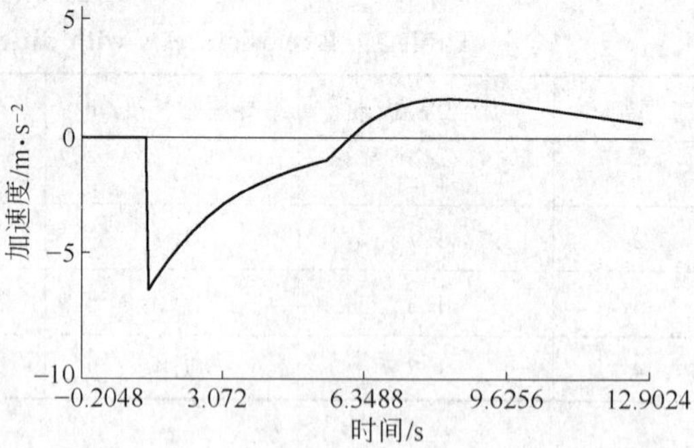

图 7　泥浆中的加速度波形
Fig. 7　Acceleration curves in mud

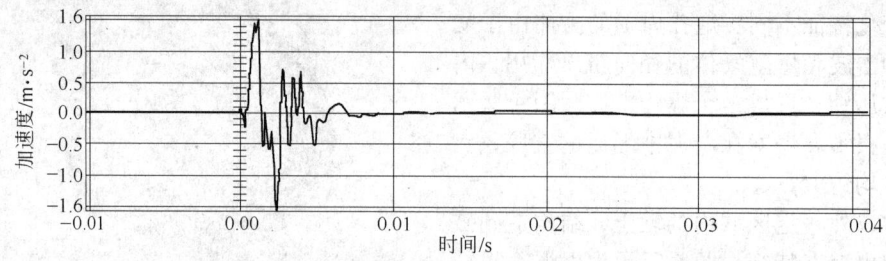

图 8　振动区中的加速度波形
Fig. 8　Acceleration curves in the vibration area

　　根据以上分析，饱和软土中的爆炸效应可以分为 3 个区域，如图 9 所示，即空腔区、触变损伤区和振动影响区。空腔区是爆炸产生的高温高压的作用结果，空腔的直径与药量成正比，约为 20 倍的药包直径，爆炸空腔在后期压力作用下将回缩；触变损伤区是受冲击扰动的主要作用范围，损伤区半径与药量之间的关系为 $R = 0.123 \sqrt{q}$，这一区域是爆炸加固软土地基的主要作用区域；振动区则受地震波影响，范围较大。

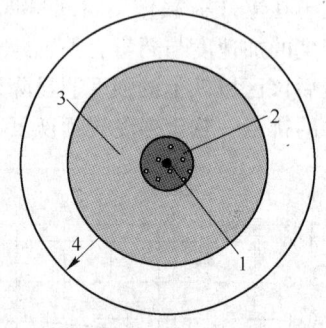

图 9　爆炸荷载不同的作用区域
1—药包；2—空腔区；3—损伤；4—振动区
Fig. 9　Different action area of blasting load area
1—charge；2—cavity area；3—damage area；4—vibration

2.4.2　爆炸荷载作用下孔隙水压的变化规律

　　图 10 给出了爆炸瞬间动态水压典型波形图。可以看出在爆炸荷载作用的瞬间，孔隙水压力骤然升高，大约是爆前的 2~3 倍，由于爆炸荷载是一个瞬间的动荷载，当爆炸荷载消失后，孔隙水压力迅速下降，整个过程所用时间非常短，仅有几十毫秒。孔隙水压下降后回落不到爆前的数值，而是比爆前有了较大幅度的提高，并能维持一段时间。

　　图 11 所示为爆炸荷载作用后，土体产生的超静孔隙水压力的变化情况。从图 11 中可以看

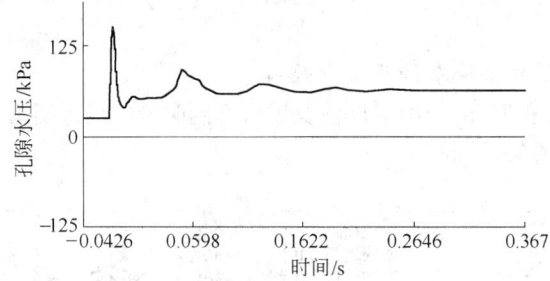

图 10　爆炸瞬间孔隙水压变化曲线

Fig. 10　The curve of pore water pressure at blasting transient

出，爆后土体产生了超静孔隙水压力，并且距离药包越近，超静孔隙水压力越大。超静孔隙水压力随时间的推移而逐渐消散，最终消散至零。整个消散过程分两个阶段：一是快速消散阶段，在超静孔隙水压力大于 10kPa 时，消散速度较快，大约用时为 100 ~ 120h；二是缓慢消散阶段，在超静孔隙水压力小于 10kPa 后，消散逐渐变缓，占整个消散过程的 2/3。爆炸瞬间产生的超静水压力与药量和距离的关系为 $p = 83 \sqrt[3]{q} / R$。

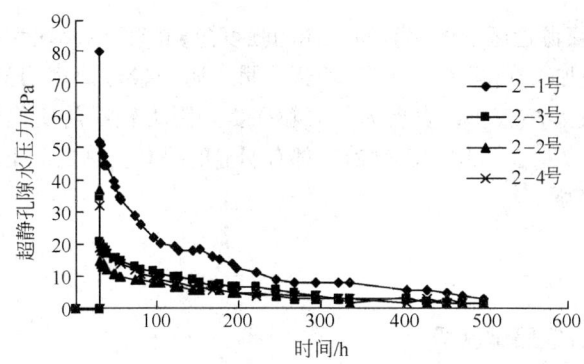

图 11　超静孔隙水压随时间变化曲线

Fig. 11　The curve of excess hydrostatic pore water pressure-time

2.4.3　爆炸荷载下沉降量的变化规律

图 12 给出了爆炸前后土体沉降量的变化曲线。可以看出土体在 40kPa 的上覆荷载作用下达到平衡，然后实施爆炸，土体再一次产生沉降，这表明在相同的上覆荷载作用下，爆炸可使土体产生二次沉降，且沉降量明显。与超静孔隙水压的消散规律相对应，爆后土体的沉降速度也分为两个阶段，前 5 ~ 8 天沉降速度较快，沉降量大，为快速沉降阶段，然后沉降速度变慢，沉降量逐渐减小，形成缓慢沉降阶段，该

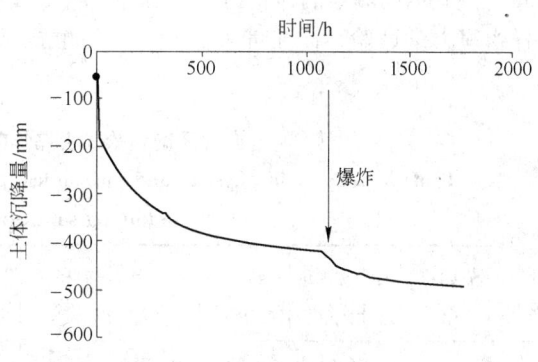

图 12　沉降量的时程曲线

Fig. 12　The time curve of consolidation settlement

阶段持续时间较长。单药包爆炸后，距离药包越近，软土的沉降量越大，致使土体断面沉降呈现锅底形。

2.4.4　爆炸作用下软土地基强度变化规律

分别在距爆源 25cm 和 75cm 处测定爆前及爆后不同时刻的贯入阻力 p_s，贯入阻力随时间及土层深度的变化曲线如图 13 所示。

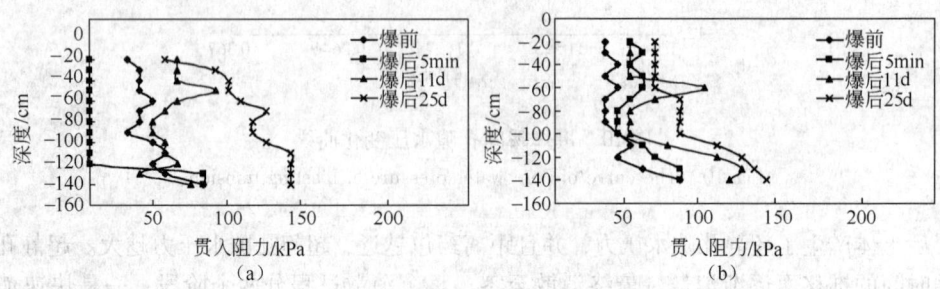

图 13　贯入阻力在不同时刻变化图

(a) 近孔（距爆源 25cm）；(b) 远孔（距爆源 75cm）

Fig. 13　Curve of penetration resistance as function of time and depth

由图 13 可知，在爆源近区，爆后瞬间土体的强度急剧降低，表现为静力触探贯入阻力几乎为 0，随着时间的增加，在爆后 11 天和 25 天，贯入阻力较爆前都明显增强；在爆源远区，爆炸瞬间软土的强度受影响较小，表现为静力触探贯入阻力较爆前变化不大，随着时间的增加，在爆后 11 天和 25 天，贯入阻力较爆前也都有明显的提升。总之，土体承载力随着爆后固结时间的增加而逐渐增强。

3　现场试验研究

3.1　西(安)—合(肥)铁路试验段

西合线 DK299 + 500 ~ DK299 + 550 段爆炸处理深层软土地基的试验场地长 30m、宽 20m、下覆深度为 7.5m 的含淤泥质土。试验过程如下：首先在试验场地预埋沉降板和孔隙水压力传感器，地表再覆盖 3m 厚填土，爆炸孔和排水砂井呈梅花形布置，炮孔至排水砂井的间距为1.5m，炮孔内间隔不耦合装药（总药量 2kg），逐孔分次起爆。爆后进行了孔隙水压力测量、土样物理力学试验、标准贯入试验、静力触探试验和沉降量观测，验证爆炸处理效果（见表 2）。

表 2　含淤泥质饱和软黏土爆炸前后主要物理力学性质指标

Table 2　The main physical and mechanical properties before and after the explosion of containing saturated silty soft clay

土样名称	取土深度 /m	天然含水量 W/%	密度 /g·cm⁻³	孔隙比 e	饱和度 /%	液限 W_L	塑限 W_P	压缩系数 α	压缩模量 E_{s1-2}	凝聚力 C/kPa	备注
含淤泥质黏土	2.9	25.9	1.83	0.875	85.5	30	15.1	0.671	2.795	14	爆前
	2.9	24.9	1.93	0.762	89	28.9	15	0.469	3.755	17	爆后

3.1.1 单孔爆炸的作用效果

三次单孔爆炸试验显示，爆后砂井中均有快速排水和冒泡现象，约持续15min。炮孔的平均空腔体积为原孔的8.8倍，半径为爆前的3.0倍。由此可知，单孔爆炸对周边软土具有一定的挤密破坏作用，爆炸产生的冲击扰动影响范围也较大。

3.1.2 爆后孔隙水压力变化情况

在爆炸场地中心距离炮孔1.5m、埋深7.5m处布设了钢铉式孔隙水压力传感器，实际测得爆炸后孔隙水压力变化曲线如图14所示。图14中两个峰值为两次爆炸产生，由图可知孔隙水压力在40h内有明显衰减，但在很长一段时间内仍保持较高超静孔隙水压力，能产生持久排水固结沉降。在爆后12h之内，孔隙水大量涌出地表或流向袋装砂井，其孔隙水压衰减很快；随后进入孔隙水缓慢排除阶段，孔隙水压也缓慢降低。孔隙水压力的变化过程从原理上充分证明爆炸作用可促进、加快固结沉降。

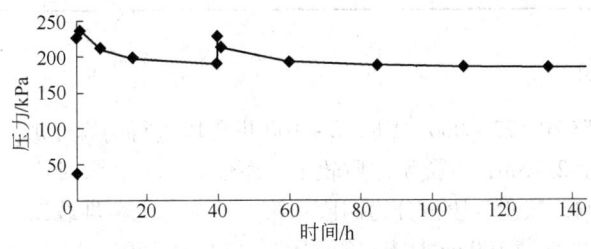

图14 孔隙水压力变化过程

Fig. 14 The change process of pore water pressure

3.1.3 爆炸后沉降观测

根据试验场地分区，本次试验共埋设了10个沉降板，中间的4号点沉降时程曲线如图15所示，爆炸引起的沉降十分显著，爆炸后仍有3~5天的明显沉降期，第一天的沉降最为显著，这一过程与超静孔隙水压力消散过程相对应。另外爆炸次数对沉降量的影响尤为重要。

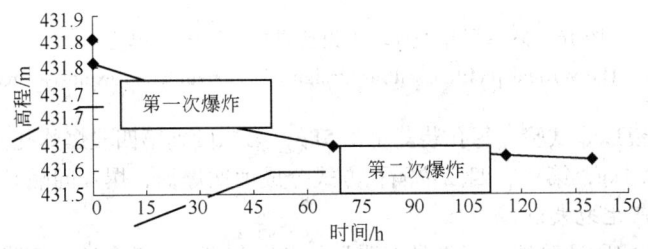

图15 4号测点沉降时程曲线

Fig. 15 The curve of settlement of 4# test point

3.1.4 标准贯入试验和静力触探试验

在爆前和爆后45天进行了轻型标贯试验对比，N_{10}击数比爆前提高了1.8倍（见表3）。爆后静力触探试验指标见表4，由此可知爆炸加固处理后，含淤泥质软弱土层的强度指标有所提高，承载力提高20%，压缩模量提高了20%。

表 3　爆炸处理前后标贯试验对比表

Table 3　The comparison table of standard penetration resistance test before and after explosion

标贯类型	标贯深度/m	爆前标贯击数	爆后标贯击数	备　注
N_{10}	4.8	4.5	8	爆后 45 天, 暗灰色淤泥质亚黏土, 探井孔壁潮湿, 有滴水
	7.8	5	10	

表 4　爆炸处理前后静力触探指标对比表

Table 4　The table of static cone penetration index before and after explosion

土　层	锥尖阻力 g_c/MPa		侧摩阻力 f_s/kPa		比贯入阻力 p_s/MPa	承载力 f_k/kPa	压缩模量 E_s/MPa	备　注
	值域	平均值	值域	平均值				
含淤泥质	0.2~0.8	0.3	3~20	5	0.33	65	2.5	爆　前
粉质黏土	0.2~0.8	0.55	7~50	15	0.61	78	3.0	爆后 25 天

3.2　宁启铁路试验段

2003 年在宁启铁路 DK172+000~DK172+100 里程段进行的爆炸加固软土地基试验, 地质条件为: 表层硬壳厚度 2~3m; 下覆淤泥质软土, 厚度 6~7m。为对比不同上覆荷载对爆炸加固软土地基效果的影响, 试验区段被分为四段: 第一段为无上覆堆载试验段; 第二段表层堆载 50cm 厚土; 第三段表层堆载 100cm 厚土; 第四段表层堆载 150cm 厚土 (如图 16 所示)。根据试验要求, 铺设覆盖土前预先设置袋装砂井, 砂井间距 1.5m, 深 9m。

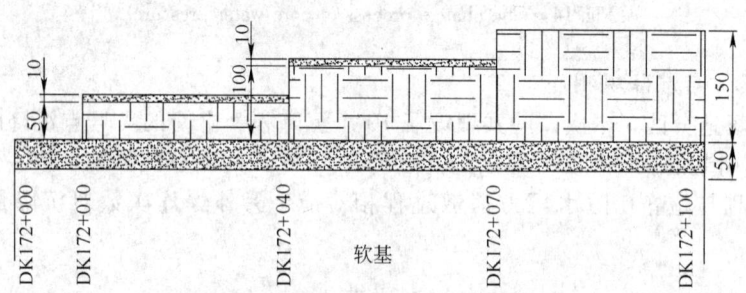

图 16　软基爆炸处理填土设计纵向剖面图 (单位: cm)

Fig. 16　The vertical profile of filling design of soft foundation explosive treatment

第一段做小规模爆炸试验, 每孔装药量 1.5kg, 第二段到第四段爆炸孔间距 3m, 深度 9m, 每孔装药量 2.0~2.4kg, 第三、四段按隔孔方式分成两次爆炸, 爆炸间隔时间为 1 天。

3.2.1　爆炸产生地表沉降

由图 17 可见, 四段试验地表沉降具有明显的共同特征: 5 天内地表沉降较显著, 其后为缓慢持续沉降, 沉降量相对较小。但各试验段爆炸后沉降效果仍有不同: 第四段 3 天内共沉降 140mm, 地表沉降量最大; 第一、二、三段 3 天内各沉降 80mm、83mm、103mm, 说明上覆堆载量越大, 爆炸后地表沉降量也越大。

3.2.2　室内试验结果

本次试验分别在爆前、爆后一周、爆后两个月、爆后九个月取土样四次, 并对 56 个试样进行剪切试验和压缩实验, 结果见表 5。对比表明, 土样的压缩系数在爆炸 16 天后变化非常明显, 已经从高压缩性土转化为中压缩性土, 压缩模量和压缩系数都有同样的变化情况, 说明爆

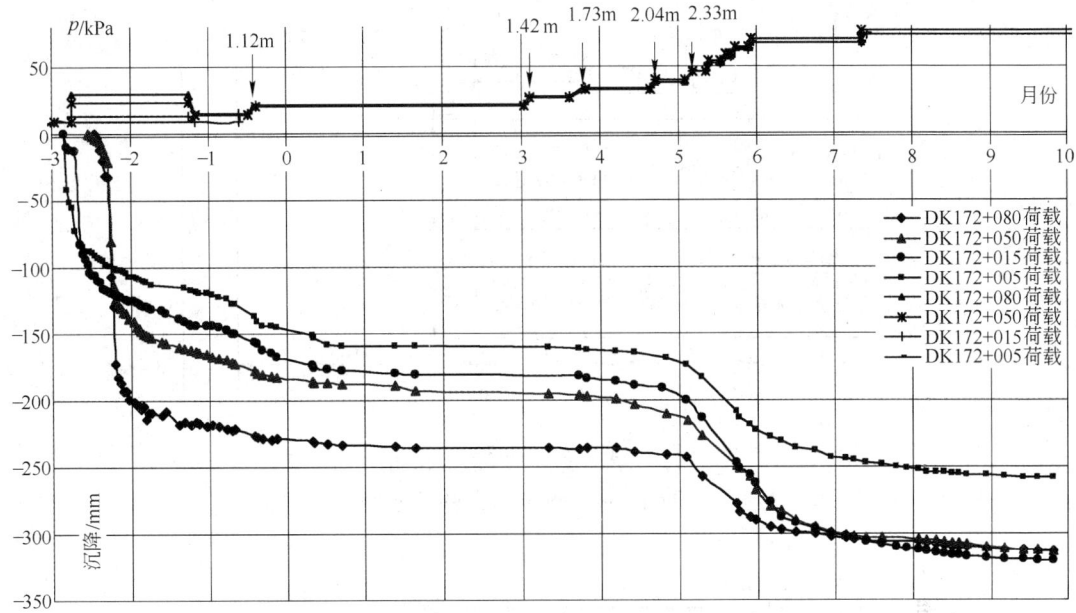

图 17　爆破区各断面填土荷载－地表沉降曲线

Fig. 17　The fill load-settlement curve of blasting many sections

炸对促进土体固结作用较显著。

表5　四次取土软土层压缩试验结果对比

Table 5　The comparison test results of soft soil compression of four sample

项　目	未爆炸	爆后 7~16 天	爆后 2 个月	爆后 9 个月
a_{1-2}/MPa^{-1}	0.47~0.81	0.29~0.46	0.17~0.44	0.15~0.25
$E_{s(1-2)}/\text{MPa}$	2.25~3.63	3.75~5.94	3.91~7.19	7.07~21.05
$C_v/\times10^{-3}\text{cm}^2\cdot\text{s}^{-1}$	2.67	1.58~1.98	0.54~2.10	

3.3　佛山和顺—北滘公路试验段

2004 年 5 月在佛山和顺—北滘公路干线公路 K3＋550~K3＋720 段再次进行爆炸加固软土地基试验。根据勘查报告，其软弱地层发育，主要是上覆 2~4m 的粉土或粉砂层，下卧中粗砂层，中间为冲积形成的淤泥和淤泥质土，整体呈"夹心饼"状。

爆炸试验段设计选取了 170m 长一段路基进行对比试验。以中间隔离带为分界，其中半幅 45m 宽、170m 长路基进行爆炸动力固结试验，相邻半幅路基采用堆载预压处理。实验段各分区平面图如图 18 所示。

试验地段路基设计填土总高度 3.0m，其中砂垫层厚度 0.8m，填土 1.7m，预留沉降量填土 0.5m。6-2 号区段爆炸处理时共埋设 90 个炮孔，其中 36 个炮孔间距为 3.6m，单孔装药量 3.4kg，炸药单耗 0.02kg/m³；54 个炮孔间距为 5.4m，单孔实际装药量为 7.6kg，炸药单耗 0.022kg/m³；8-2 号区段爆炸处理时共埋设 48 个炮孔，炮孔间距为 4.0m，单孔实际装药量为 6.2kg，炸药单耗 0.03kg/m³。爆炸动力固结典型断面如图 19 所示。

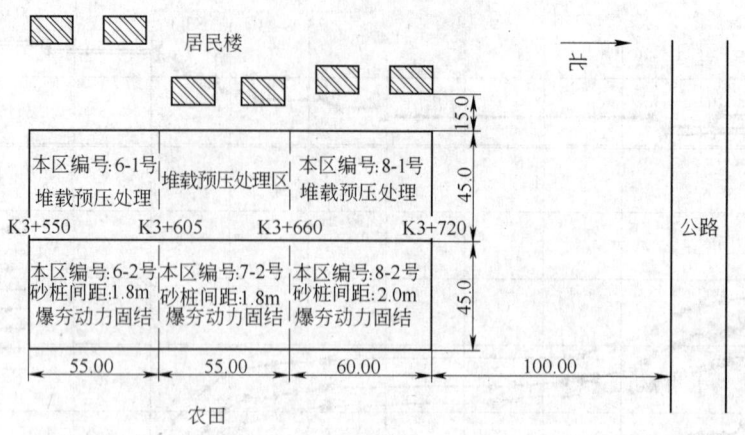

图 18　爆炸处理试验段平面图

Fig. 18　The plane graph of explosion section test

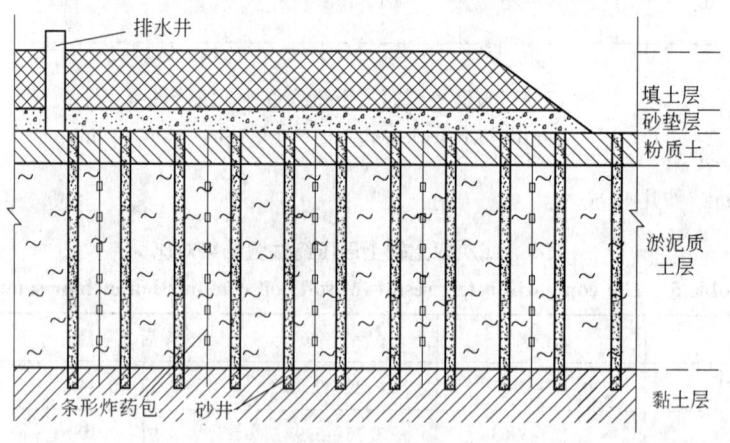

图 19　爆炸动力固结断面图

Fig. 19　The profile of explosion dynamic consolidation

3.3.1　爆后表面效应观测

两次爆炸后均出现了涌水现象，部分孔的出水量很大，集水井水量也有较大的增加，平时 7min 左右抽一次水，现在 2min 左右就达到需进行抽水的水位。集水井内涌水现象一直持续了 5 天左右。

3.3.2　沉降量

由图 20 和图 21 可见，6-2 号区段爆炸后连续观测了两个月，在此期间沉降量不断增加，沉降速率每天在 5mm 之内，但到第 40 天后，沉降量增加值逐渐变小，60 天时，沉降基本稳定，最小值为 162mm，最大值为 200mm，平均沉降量 180.2mm。8-2 号区段在爆后持续观测显示，到第 55 天后，沉降量基本稳定，最大值维持在 256mm。

3.3.3　孔隙水压力

在 6-2 号区段埋设了 3 个孔隙水压力传感器（如图 22 所示），埋设位置分别为原软土层下 6m、9m 及 12m。1 号和 3 号孔压观测传感器的超静孔压变化曲线如图 23 所示。

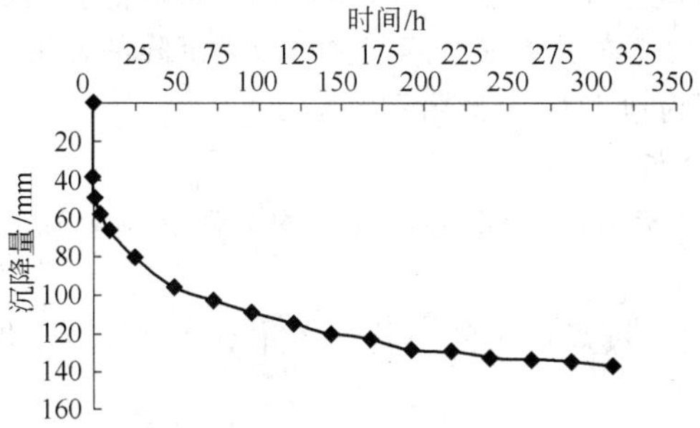

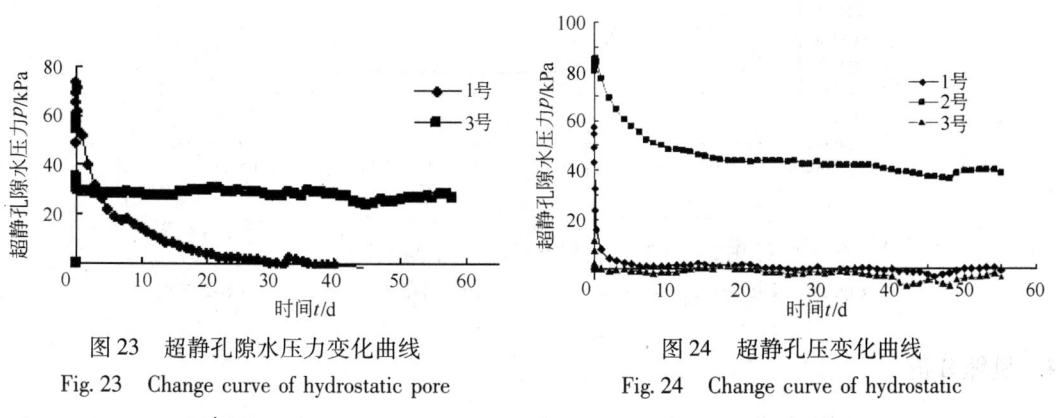

图 20　6-2 号区爆后 13 天内地表平均沉降曲线

Fig. 20　Average surface settlement curve of after 13 days of 6-2#

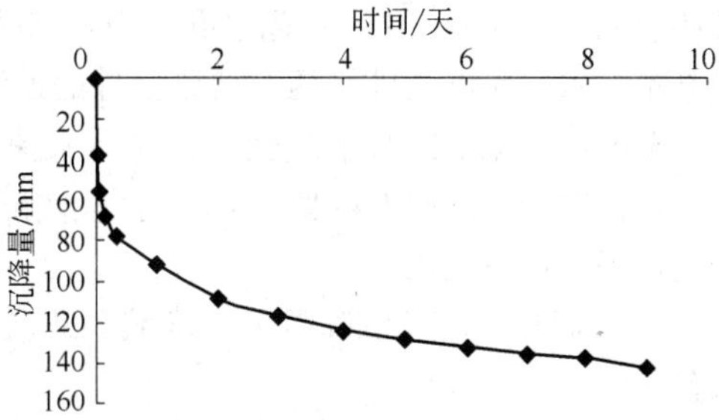

图 21　8-2 号区段地表平均沉降曲线

Fig. 21　Average surface settlement curve of 8-2#

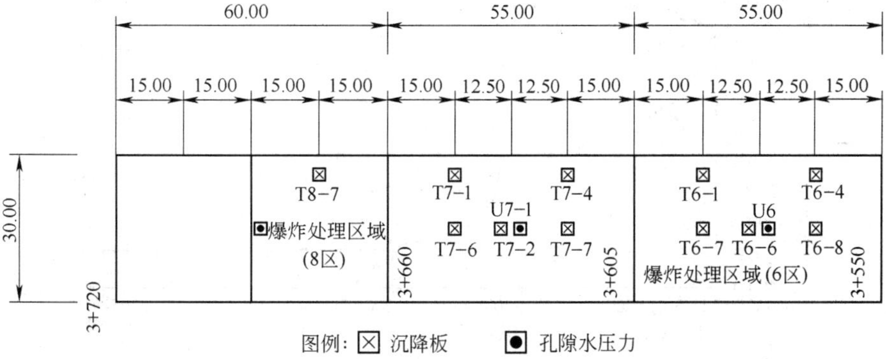

图例：⊠ 沉降板　　◙ 孔隙水压力

图 22　6-2 号区段、8-2 号区段观测仪器埋设示意图

Fig. 22　Schematic diagram of monitoring instruments installation of 6-2# and 8-2# segment

在爆炸后的极短时间内（2h），超静孔隙水压力峰值上升很快，达到一个最高点（73.27kPa），然后开始急剧下降（5～10 天内）超静孔压值下降幅度很大，之后缓慢回落。

图 24 所示为 8-2 号区段爆炸后超静孔隙水压力变化曲线。1 号、3 号曲线正常，均在爆炸后的极短时间内（约 1h）超静孔隙水压力达到一个最高点，然后开始急剧下降，5 天后超静孔压值下降到 1kPa 以下。

图 23　超静孔隙水压力变化曲线

Fig. 23　Change curve of hydrostatic pore water pressure

图 24　超静孔压变化曲线

Fig. 24　Change curve of hydrostatic pore pressure

上述试验数据表明,爆炸后超静孔隙水压力峰值上升很快,1~4h 基本达到最高点,之后开始急剧下降,5~10 天后超静孔压值下降幅度很大,之后缓慢回落。这与地表沉降的发展曲线基本一致,超静孔隙水压力急剧消散的过程,即为地表发生急剧沉降的过程。

3.3.4　爆炸区与堆载预压区工程效果对比分析

对比图 25 和图 26 可见,6-1 号区段实测沉降量 355mm,6-2 号区段平均沉降量为 453mm。由此可得出如下结论:

(1) 爆炸段的总沉降量大于堆载预压段,说明因爆炸产生的地基沉降并不完全等效于堆载预压。

(2) 经过爆炸后再堆载,在此荷载作用下,经爆炸后地基产生的沉降要明显小于未经爆炸处理地段,说明爆炸对消除沉降有明显的作用。

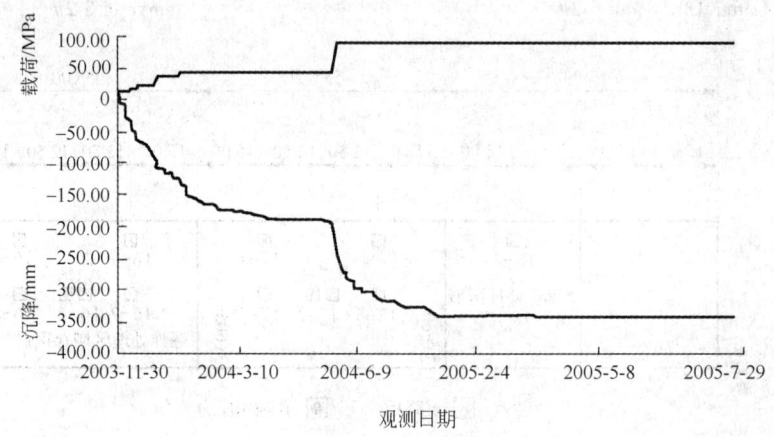

图 25　6-1 号区段平均沉降曲线

Fig. 25　The average settlement curve of 6-1# section

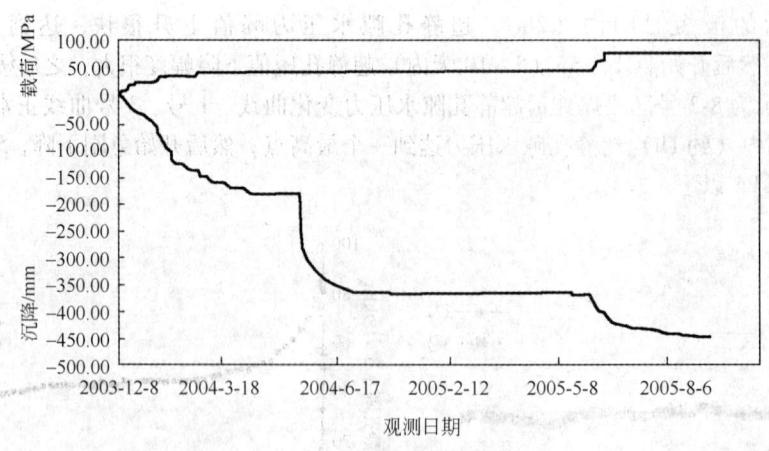

图 26　6-2 号爆炸后再堆载段平均沉降曲线

Fig. 26　The average settlement curve of the load after explosion of 6-2#

4　机理分析

由模型和现场试验结果可以看出,炸药在软土地基中爆炸,形成的冲击波和爆轰气体对周围土体产生强大的挤压作用，土体受到挤压而产生塑性变形，根据有效应力原理，爆炸产生的压应力主要由土体中的孔隙水承担，由于土体中孔隙水的压缩性很小，且爆炸压力又具有瞬时性，孔隙水来不及向外流出，故瞬间产生较高的超静孔隙水压力。同时，爆炸对土体扰动后，软土结构遭到破坏，强度明显降低，有效应力减小，上覆荷载又重新作用到孔隙水上，这是超静孔隙水压力升高的另一个重要原因。在爆炸冲击波的传播过程中，由于土体中的水和土颗粒的两种介质引起不同的振动效应，两者的动应力差大于土颗粒的吸附能时，土颗粒周围的弱结合水从颗粒间析出，产生动力水聚集。由于土体结构遭到破坏，土黏粒之间的相对位置与离子及水分子的定向排列被打乱，粒间的吸引作用也被削弱，近似于形成裂隙，这就使得渗透系数骤增，形成良好的排水通道。在超静孔隙水压力作用下，土体中的孔隙水向竖向排水砂井处流动、聚集，并通过砂井排出地表，超静孔隙水压力不断消散，在上覆荷载作用下，土体也逐渐沉降固结，形成新的结构，土体的强度得到恢复和提高，从而达到加固软土地基的目的。

爆炸法加固软土地基的过程实质上是爆炸动力排水固结的过程。这一过程可分为如下两个阶段：

（1）爆炸荷载作用阶段。在爆炸瞬间，强大的冲击波和爆生气体对周围土体产生作用，在离药包较近的波动影响范围内，瞬间产生超静孔隙水压力，离药包越近，产生的超静孔隙水压力越大。由于爆炸作用破坏了土体结构，使软土中的部分弱结合水转化为自由水，同时也使土体的渗透系数增大，这为土体快速排水固结提供了条件。此作用过程极为短暂。

（2）动力排水固结阶段。爆炸过后，土体中保持一定的超静孔隙水压力，在此压力作用下，土体中的孔隙水迅速汇集并排出地表。在这一阶段中，初期的排水速度快，排水量大，超静孔隙水压力消散也快，后期排水速度和排水量逐渐变小，孔隙水压力消散缓慢。与此相对应，在上覆荷载的作用下，土体沉降固结，先期沉降量大，后期逐渐减小。在此过程中，土颗粒之间的位置逐渐靠近，形成新的结合水膜和结构连接，土体的渗透系数逐渐变小，由于黏性土具有触变特性，土体的强度得到恢复与提高。软土的动力排水固结阶段大约持续 30 天左右。

5 应用前景

目前，软土地基加固处理方法很多，从原理上基本可分为两大类：一类是置换法，即将软弱土全部或部分移开，然后回填更高强度的材料，使地基承载力提高，例如爆炸挤淤法、置换拌入法等就是充分利用了这一原理；另一类是压实法，即使软弱土原地固结密实，以提高承载力，此类方法包括排水固结法、强夯法等。对于浅层软土而言，置换回填成本较低，常规的作用力也能使浅层软土固结密实。但当软土厚度达到一定深度时，置换法处理成本会显著增高；强夯法因其作用力难以达到深部，固结效果较差，而堆载预压又存在处理周期长，大量堆载成本高，后期还需外运超载体等问题。

爆炸排水固结法是在爆炸荷载作用下，并结合一定的上覆荷载和竖向排水砂井，使软土地基动力排水固结的方法。由于需要一定的上覆荷载，这与堆载预压法相近，同时它又是在爆炸荷载下使软土动力固结，这又与强夯法的作用原理相似。堆载预压法加固软土地基的时间长，一般都在 6 个月以上，且需要大量的堆载物，软基处理完毕后还需将超载体运走，成本高。强夯法的加固深度一般在 5m 以内，对厚度大的软土加固效果较差。与堆载预压和强夯法相比，爆炸法处理软土地基具有以下三个显著特点：

（1）炸药在设置有排水通道的软土地基中爆炸产生高能量瞬变荷载使土体结构发生变化，

软土中超静孔隙水压力急剧上升、缓慢消散，并与上覆荷载的作用使土体快速排水固结，从而缩短软基的处理周期。

（2）药包布置成条形，并分布在整个软土处理深度范围，炸药爆炸后的动载能量均匀分布在处理深度的土体内部，不受加固深度的影响，因此从理论上推断，爆炸动力固结法的加固深度是不受限制的。

（3）在相同上覆荷载下，采用爆炸法处理的软土地基比堆载预压法处理的地基的沉降量大。如果在处理后的地基上再堆同样的荷载，经爆炸处理后的地基产生的沉降要明显小于未经爆炸处理的地基，这表明爆炸可以代替一定的超载。

基于以上三个优点，爆炸法必将在软土地基处理工程中得到广泛的应用，且能产生巨大的经济效益和社会效益。

参 考 文 献

[1] 孙更生，郑大同. 软土地基与地下工程[M]. 上海：同济大学出版社，1984.

[2] 吴邦颖，张师德，陈绪禄. 软土地基处理[M]. 北京：中国铁道出版社，1995.

[3] 孙均. 岩土材料流变及其工程应用[M]. 北京：中国建筑工业出版社，1999.

[4] 孟海利. 爆炸动力固结法加固软土地基的试验研究[R]. 北京：中国铁道科学研究院，2008：1～2.

[5] 深层软弱地基爆炸法加固处理试验研究报告[R]. 北京：中国铁道科学研究院铁道建筑研究所，2002.

[6] 佛山市和顺—北滘公路干线软基试验段研究报告[R]. 铁道部科学研究院佛山院研究报告，2005.

[7] 杨年华，张志毅，蔡德钧，等. 上覆堆载压力对爆炸法加固深层软弱地基效果的影响[C]//第8届中国工程爆破学术经验交流会论文集，2004：10.

[8] 邓志勇. 爆夯动力固结法加固软土地基试验及机理研究 [D]. 北京：北京科技大学，2006.

孤 礁 爆 破

沙祖光

（长江重庆航道工程局，重庆，400011）

摘　要：水中孤立礁石形态各异，采用不同的爆破方法清除，对同类工程爆破具有一定的参考价值。

关键词：孤礁；形态；爆破

Solitary Reef under Water Blasting

Sha Zuguang

（Bureau of Chongqing Waterway Engineering of Yangtze River，Chongqing，400011）

Abstract：Water isolated reef shapes，different blasting methods were adopted to clear，has the certain reference value to the similar engineering blasting.

Keywords：solitary reef；morphology；blasting

因工程建设需要，在江河湖海水域爆破工程施工时经常会遇到水中孤立礁石需要爆破清除的情况。

水域中的孤礁有明礁、暗礁之分，暗礁全部潜在水中，礁顶水深深浅不一；明礁则小部分露出水面，大部分淹没水中。孤礁情况一般相同的是石质坚硬，结构紧密、礁石的可钻性与可爆性较差。孤礁情况不同的是礁体形状各异，有呈长条形、方块形、圆柱形的，也有呈不规则形状的。

采用爆破方法清除孤礁，如果方法得当可以高效率、低消耗达到工程目标。清除孤礁的爆破方案，需要根据孤礁的形状、水域环境条件及施工机具综合考虑来确定。

20 世纪 50 年代在长江三峡夔门上口清除滟滪堆孤礁，采用的是水下硐室爆破。开挖水下药室，集中抛掷药量，一炮清除障碍，充分发挥了炸药能量的抛掷爆破之长，有效克服了当时的机械设备不足之短。

20 世纪 70 年代以后钻孔机械发展，水下爆破以钻孔爆破为主，清除孤礁大多采用钻孔爆破方法。与水下硐室爆破相比，施工难度降低、有害效应减小、爆破安全及经济效益提高。本文通过几个工程案例，介绍水域中孤立礁石在不同形状、不同条件下的爆破方法。

1　长江上游宜渝段整治"小老鼠"礁石爆破工程

"小老鼠"孤礁，位于宜昌上游 565.9km、重庆涪陵石沱镇下游约 3km 处，其形状犹如一只

沙祖光，szg1948@162. com。

老鼠潜在水中，呈长条形据于长江主航道边沿。当礁顶完全被江水淹没后形成暗礁，对航行船舶造成很大威胁。交通部规划长江航道宜昌至重庆段时，"小老鼠"孤礁被列为整治清除对象。

"小老鼠"孤礁呈长条形状，上游圆、下游尖，全长约30m，平均宽度不足20m，总爆破工程量约2000m³。枯水季节礁石顶部露出水面约1m，礁体大部分淹没于水下，礁石周围水深流急。根据"小老鼠"孤礁的特殊形状和条件（如图1所示），四面临空条件较好，爆破工程量不大，适合采用分别钻孔，一次起爆。因钻孔部位大多数处于水面线交界处的浅水区，使用大型钻孔船许多孔位因船舶吃水深度不够无法定位实施；而露出水面的部分面积较小，也难以搭设陆用钻孔平台。介于这种非水非陆的施工条件，专业施工队伍重庆航道工程局一处采用两艘小吨位船舶（30t、吃水不到0.6m）搭设可移动式潜孔钻平台进行浅水区钻孔，对于局部水更浅或露出水面的部分，则利用船舶与礁石水陆结合，采用枕木、钢轨搭设钻孔平台进行钻孔。

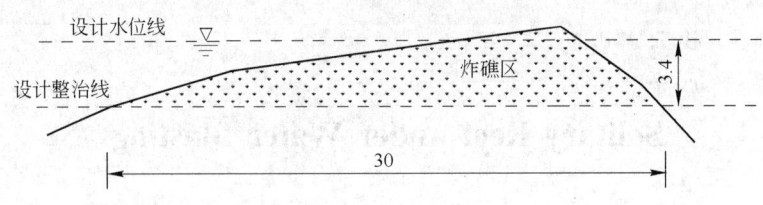

图1　"小老鼠"孤礁炸礁示意图（单位：m）

Fig. 1　The little mouse reef diagram（unit：m）

钻孔、装药、堵塞全部完成后，连线、警戒一次成功起爆。前长江流域规划办公室科学院同时进行多项爆破振动测试，取得许多宝贵数据。爆破质量根据水深扫测结果，发现仅有一个浅点，分析为松散爆渣堆积，采用小药包裸爆清除后，全部达到航道质量验收标准。

2　长江三峡临时船闸上口灯滩孤礁爆破工程

在长江三峡建设期间，临时船闸上口有灯滩孤礁阻碍航行，需要爆破清除。该孤礁呈长方柱状，长度约330m、宽度为30～70m，爆破总工程量约46700m³。枯水季节孤礁顶高出水面约2.0m，爆破需炸至水面线以下约4.0m，孤礁两侧水深流急，爆破临空条件较好。

根据孤礁的形状与环境条件，全部采用潜孔钻陆上钻孔、水下爆破。由于孤礁长度约330m，为安全可靠将礁体长度划为多段分别进行钻孔起爆（如图2所示），钻孔深度一钻到底，钻爆宽度一次到位，分段爆破后验收一次合格。

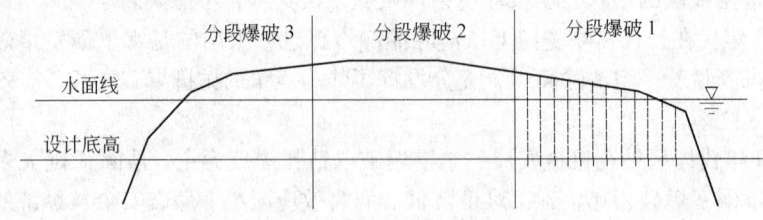

图2　灯滩孤礁分段爆破示意图

Fig. 2　Light tan solitary reef blasting diagram

3　黄河宁夏中卫南长滩乌龙漩滩1号孤礁爆破工程

乌龙漩滩1号孤礁位于黄河宁夏中卫市沙坡头景区内（系国家5A级景区），属于南长滩至沙坡头段航道整治工程之一。乌龙漩滩地处长滩峡谷之中，水陆交通不便。由于该航段目前尚无大型航船通航，陆上亦无公路及便道通达，人员交通极为不便，施工大型机械调遣十分困难。

施工点因沙坡头景区拦水坝阻碍，大型船舶不能从水路上行。施工大型设备（运输船舶、施工机械）只能从陆上经山区便道将船舶、机械运输至施工区上游黄河南长滩渡口，再将机械设备装船漂移至施工区靠岸。

根据 1 号孤礁的几何特征：礁体长度约 38m、宽度约 30m、总高度约 14m（孤礁顶部高程为 1279.26m、设计河底高程为 1265.36m）。孤石四面环水、水深流急、爆破临空面条件较好，爆破施工采用浅孔台阶与深孔台阶相结合的方法（如图 3 所示）。

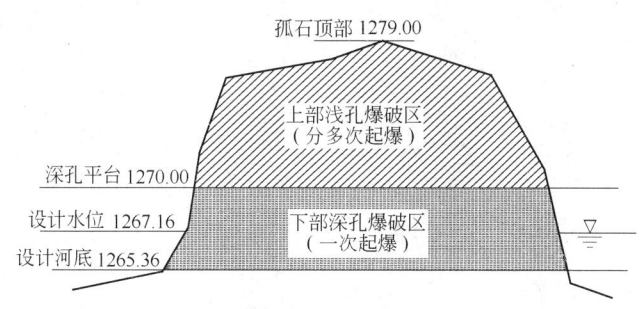

图 3　1 号孤石爆破示意图

Fig. 3　Schematic diagram of 1# solitary reef blasting

礁石上部采用浅孔爆破的作用主要是：一为降低孤立礁石的高度，便于大型钻孔设备进场；二为平整钻孔场地，便于深孔布孔、钻孔作业。下部深孔爆破的作用为替代水下（船钻）爆破，采用抛渣爆破、尽可能避免爆破后水下清渣，爆破抛渣方向选择在主流深槽一侧。

孤礁爆破的方法有多种选择，必须根据具体情况具体分析，扬长避短。应当综合考虑的问题有以下几个方面：

（1）水下爆破的效果必须以便于挖渣（块度适宜），能通过扫测验收（无浅点），综合效益好（施工成本低）来衡量。

（2）采用分别钻孔、分段（或逐孔）起爆，所谓"一炮清除"，必须注意以下问题：

1）礁石顶面部分平场，以便架设或行走钻机钻孔。

2）礁石水下延伸部分切角，创造良好的临空面，防止局部抵抗线过大。

3）为确保水下爆破效果，水下钻孔装药时间不宜过长，一般乳化炸药在水下浸泡的时间不宜超过 72h。

4）水下爆破要充分利用水流条件，孤礁一侧有急流深潭，可采用定向起爆方法，减少清渣工作量。

（3）采用抛渣爆破时，必须考虑水深对抛渣距离的影响。与露天爆破相比，相同条件下，水深大于 6m 时的抛距缩短 10 倍以上。

参 考 文 献

[1] 中国工程爆破协会. GB 6722—2011 爆破安全规程[S]. 北京：中国标准出版社，2012.

[2] 长江航道局. JTJ 286—1990 水运爆破技术规范[S]. 北京：人民交通出版社，1992.

[3] 库尔 P. 水下爆破[M]. 北京：国防工业出版社，1960.

[4] 刘殿中，等. 工程爆破实用手册[M]. 北京：冶金工业出版社，1999.

拆除爆破

CHAICHU BAOPO

3.5km 城市高架桥爆破拆除

谢先启　贾永胜　姚颖康　刘昌邦　孙金山

（武汉爆破有限公司，湖北武汉，430023）

摘　要： 高架桥总长3500m，由主桥和引道组成，其中主桥长2953.20m。主桥上部构造为先张法预应力混凝土空心板，桥墩为双柱式钢筋混凝土墩，共180排，360根。该桥位于城市主干道上，两侧有大量建筑，并有 ϕ720mm 高压天然气管道等各种市政管线32根从桥下横穿，环境十分复杂。高架桥总体拆除方案为主桥爆破拆除、引道机械拆除，主桥采用一次点火起爆，自中间分别向南北两端对桥墩实施逐排延时爆破，其中南段延时总长 24.77s，北段延时总长 21.52s。桥体实现完全坍塌，爆破有害效应得到有效控制，各种地下管线安然无恙。

关键词： 高架桥；爆破拆除；接力式起爆；有害效应控制

Blasting Demolition of Urban Viaduct 3.5km in Length

Xie Xianqi　Jia Yongsheng　Yao Yingkang　Liu Changbang　Sun Jinshan

（Wuhan Blasting Engineering Co., Ltd., Hubei Wuhan, 430023）

Abstract: The viaduct, 3.5km in total length, consists of main bridge and approach road. The main bridge composed of prestressed concrete hollow slab with pretensioning method is 3000m long. The piers made of reinforced concrete double-columns are in 180 rows, 360 piers in total. The viaduct is located in downtown area where the environment is extremely complicated. Alongside the viaduct, there are a mass of buildings and structures. Moreover, various municipal pipelines approximately 32 in quantity including a ϕ720mm high pressure nature gas pipeline are buried under the viaduct. The overall scheme for demolition blasting of main bridge combined with mechanical demolition of approach road was proposed. One-time initiating blasting was used in main bridge. From center to southern and northern ends, the delay blasting implemented on piers row upon row lasts 24.77s and 21.52s in total respectively. In consequence, the viaduct collapsed in whole while the adverse effects of blasting get effective control and various pipelines underground are safe.

Keywords: urban viaduct; blasting demolition; relay initiation; adverse effects of blasting control

1　前言

高架桥具有承载量大、分流速度快、安全可靠等优点，是缓解城市交通压力，提高城市通行效率的有效途径。然而，随着城市化进程的加快，20世纪八九十年代修建的部分高架桥在

谢先启，教授级高级工程师，xxqblast@163.com。

交通功能、荷载等级和运营安全方面逐渐暴露出各种弊端，给城市的公共安全带来隐患。因此，安全、高效、经济的高架桥拆除技术是城市交通重新规划建设的迫切需要。爆破拆除技术与机械拆除、人工拆除相比较而言，具有对既有交通影响小、安全性高、拆除效率高、工程造价低的优点，已成为城市高架桥拆除首选技术。

淀阳高架桥于 1997 年建成通车，位于湖北省武汉市经济技术开发区东风大道上，全长 3.5km，双向四车道，设计时速 40km/h。随着社会经济的发展，汽车保有量的快速增加，现有高架桥已不能满足使用要求，且高架桥中央和两侧未设置隔离墩和防撞墩，存在安全隐患。经技术经济比较研究，决定拆除现有高架桥，对现有道路进行快速化改造。

2　工程概况

2.1　周边环境

淀阳高架桥自北向南横贯武汉经济开发区，系武汉市西南交通咽喉，高架桥下部有 5 条城市干道与其相交。周边环境极其复杂：桥体两侧分布有大量居民楼、企事业单位办公楼和工厂厂房；桥体上部横跨 110kV 高压线，高压铁塔距桥体仅 24m；桥体地下分布有 φ720mm 高压天然气管道、φ800mm 自来水管和 110kV 高压线等各种市政管线共计 32 根。高架桥周边环境如图 1 所示。

图 1　淀阳高架桥周边环境

Fig. 1　Surroundings of the Zhuanyang viaduct

2.2　桥梁结构

淀阳高架桥总长 3500m，由主桥和引道两部分组成，其中主桥长 2953.20m，为先简支、后刚构-连续体系，南北引道为重力式混凝土 U 形挡墙结构。

主桥共 22 联，联长在 128 ~ 144m 之间，每 8 ~ 9 孔为 1 联，共 181 孔，其中 18m 跨径 26 孔，16m 跨径 154 孔，15.5m 跨径 1 孔。上部构造除两跨箱梁结构外，均为先张法 C40 预应力混凝土空心板，全桥不同跨径的预应力混凝土空心板构造相同，高度为 80cm，中部空心板宽度为 100cm，位于外侧的空心板宽度为 247cm，位于高架桥中心线的内侧空心板宽度为 220cm。下部构造为隐蔽式钢筋混凝土暗帽梁，梁高 90cm，固结墩、单排支座墩顶帽梁宽 120cm，双排支座墩顶帽梁宽 2×90cm。桥墩为双柱式 C30 钢筋混凝土墩，全桥墩柱截面尺寸相同，均为 55cm×100cm，桥墩基础为 C25 混凝土扩大基础。

3　总体拆除方案

3.1　难点分析

（1）城市高架桥爆破拆除基础理论与设计方法尚不成熟；

（2）该高架桥主桥3000m，一次性爆破拆除业界未有先例；

（3）该高架桥横跨5条城市干道，交通流量大，拆除期间需确保现有道路交通顺畅，施工时交通组织难度大；

（4）桥面地下管网众多，且埋深较浅，须采取周密保护措施，确保管网安全；

（5）作业面长，工程量大，工期紧张，项目管理难度大。

3.2 总体方案

根据沌阳高架桥工程结构与周边环境特点，确定沌阳高架桥拟采用机械拆除两端引道、逐排坍塌一次性爆破拆除主桥的总体方案。爆破拆除总体方案包括以下内容：

（1）采用一次点火起爆，自中间（83号、84号、85号桥墩处）逐跨向两端起爆，实现主桥自中间向两端呈多米诺骨牌式逐跨原地坍塌。

（2）爆破飞散物防护采用覆盖防护、近体防护和保护性防护相结合的综合防护措施。

（3）地下管线拟采用铺设钢板、沙袋墙、轮胎等综合减振措施。

4 爆破参数设计

4.1 墩柱破坏高度

合理选取桥墩爆高是高架桥爆破成功的关键。目前，具有代表性的立柱失稳模型有等直压杆模型和小型刚架模型等。论文基于大量墩柱爆后实际形态的观测分析，提出了更符合实际的裸露钢筋骨架初弯曲压杆失稳力学模型（如图2所示）。

根据初弯曲压杆失稳力学模型计算结果，确定沌阳高架桥墩柱爆高 $H = 3 \sim 8\text{m}$。

4.2 孔网参数

为准确获得高架桥爆破拆除的炮孔间距、炸药单耗等关键参数，为定量化爆破设计提供理论依据，针对高架桥结构特点，论文在代表性墩柱的 1:1 物理模型试爆基础上（图3），合理确定了高架桥墩柱炮孔孔径、最小抵抗线、炮孔间距、炮孔深度和单孔装药量及装药形式等孔网参数（见表1），墩柱钻孔情况如图4所示。其中，不连续装药采用 $\phi 32\text{mm}$ PVC 管为间隔器。

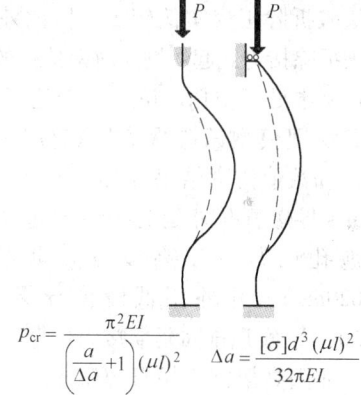

$$p_{\text{cr}} = \frac{\pi^2 EI}{\left(\dfrac{a}{\Delta a} + 1\right)(\mu l)^2} \qquad \Delta a = \frac{[\sigma] d^3 (\mu l)^2}{32\pi EI}$$

图 2 初弯曲压杆失稳力学模型
Fig. 2 Instability mechanical model of original bend

表 1 沌阳高架桥爆破拆除墩柱孔网参数
Table 1 Pattern parameters of pier blast hole of Zhuanyang viaduct blasting demolition

截面尺寸 /cm	孔径 /mm	最小抵抗线 W /cm	孔距 a /cm	孔深 l /cm	单孔药量 q /g	装药形式	备 注
55×100	40	30	30	70	200+200	连续装药	底部5个炮孔
		25	30	75	150+150	间隔装药（间隔长度20cm）	中部3个炮孔
		25	30	75	120+120	间隔装药（间隔长度26cm）	顶部剩余炮孔

拆 除 爆 破

图3 墩柱模型试爆

Fig. 3 Blasting test of pier model

图4 墩柱炮孔布置情况

Fig. 4 Layout of pier blast hole

4.3 起爆网路

起爆时差直接关系到起爆网路的安全、桥体的塌落形态、触地冲击荷载及塌落振动的大小，是起爆网路设计的重点和难点。由于高架桥爆破拆除工程实例较少，国内外关于高架桥爆破拆除接力式起爆网路时差选择的相关理论和方法基本处于空白。论文基于沌阳高架桥1∶1单跨物理模型试验塌落形态分析（如图5所示）和数值仿真结果（如图6所示），确定了250ms导爆管孔外延时接力的起爆网路，即每个炮孔内装一发高段位导爆管雷管Ms16（1020ms），孔外用低段位导爆管雷管Ms8（250ms）实现排间延期接力传爆。

图5 1∶1单跨物理模型试验

Fig. 5 1∶1 one-stride physical model test

沌阳高架桥主桥长3000m，一次性爆破拆除其起爆网路长度会达到数千米，其理论总延期时间长达24.77s，给起爆雷管的延期精度、起爆网路的可靠度提出了更高的要求。为此，研

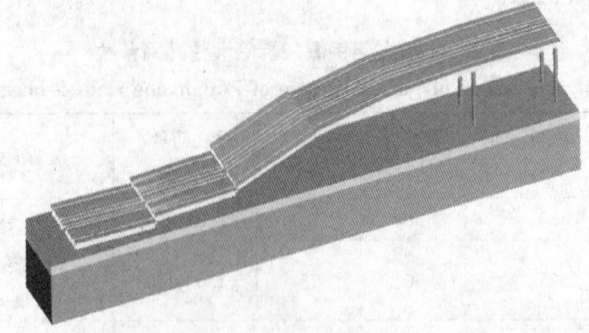

图6 塌落过程数值模拟

Fig. 6 Collapse process of numerical simulation

发了"宽间距、长延时、互动有序、复式交叉"起爆网路（如图7所示），并成功应用于沌阳高架桥爆破拆除工程。

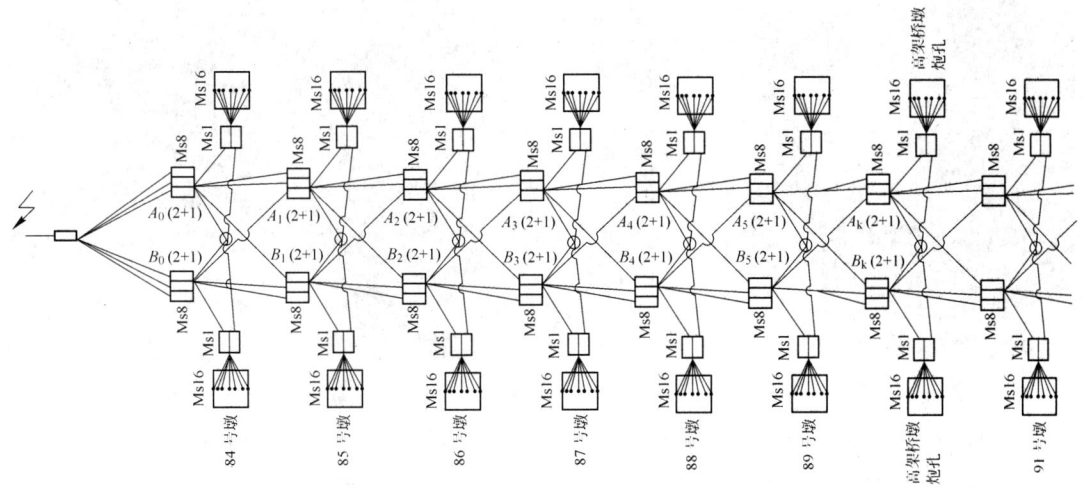

图7 武汉沌阳高架桥爆破拆除起爆网路（局部）部分

Fig. 7 Initiation circuit of Zhuanyang viaduct blasting demolition （portion）

5 有害效应防控

城市拆除爆破的有害效应主要包括爆破振动、触地冲击与振动、冲击波、飞石、噪声和粉尘等。沌阳高架桥位于人口众多、交通繁忙、建筑物林立、地下管线密布的闹市区，爆破环境异常复杂，有害效应防控是爆破成败的关键。

5.1 触地冲击与地下管网防护

为确保地下管线绝对安全，根据管线权属单位要求，决定采取主动减振和被动防护方法对地下管线进行保护。

5.1.1 主动减振

主动减振，即在临近地下管线的桥墩墩柱附近，通过降低墩柱爆破高度，使墩柱上部、帽梁和桥面首先冲击墩柱预留部分，主动形成悬空区，使塌落构件不直接冲击地面，减少桥梁上部结构对地下管线的冲击力的主动减振措施（如图8所示）。

5.1.2 被动防护

根据管道用途、材质和埋深不同，针对不同管线采取不同的缓冲降振措施：

（1）对于中压天然气干管，在管道正上方沿管道方向铺设宽2m、厚20cm的沙垫层，沙垫层上铺设宽2m、厚2cm钢板，钢板上再铺设4层废旧汽车轮胎。钢板两侧各铺设1条宽1.5m、高1m的沙袋墙，塌落体冲击力首先由沙袋墙承受，减缓冲击（如图9所示）。

（2）对于给排水管道，采取在管线两侧各铺设一道高0.6m、宽1.5m的沙袋墙的保护措施。

（3）对于电力电信管线，采取先铺设沙垫层和钢板再在管线两侧各铺设一道高0.6m、宽1.5m沙袋墙的防护措施。

各种管线触地冲击防护示意图如图10所示。

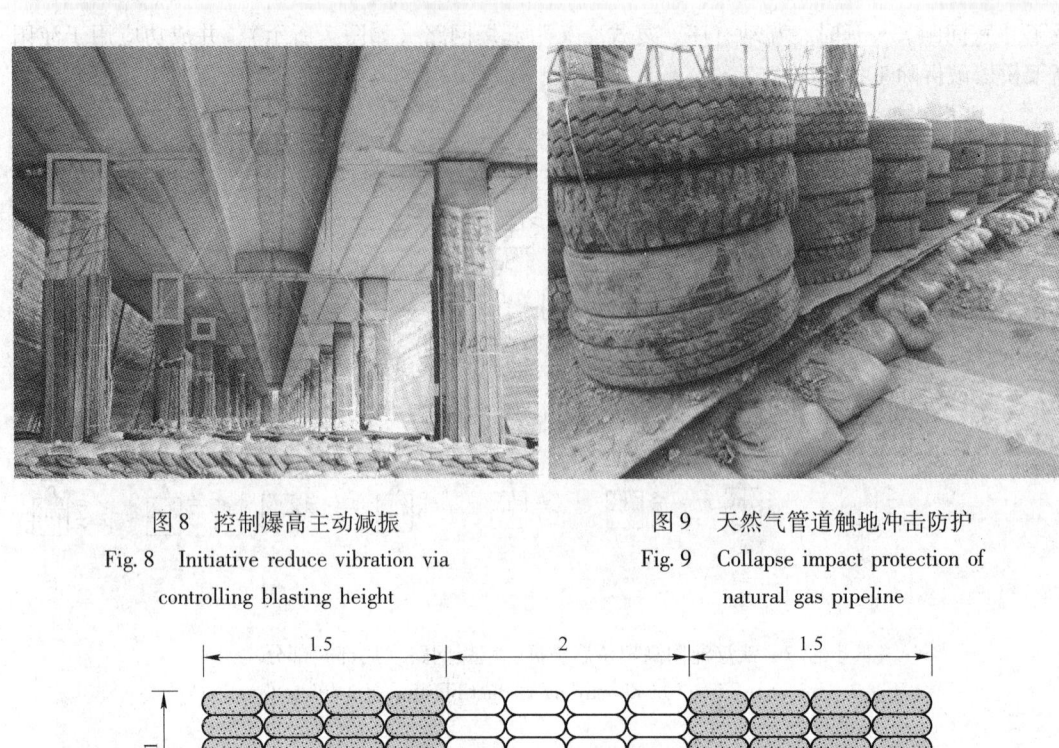

图 8　控制爆高主动减振

Fig. 8　Initiative reduce vibration via
controlling blasting height

图 9　天然气管道触地冲击防护

Fig. 9　Collapse impact protection of
natural gas pipeline

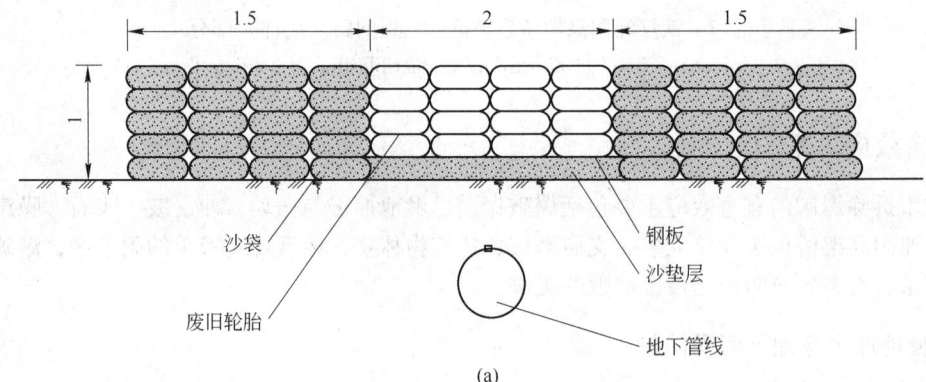

(a)

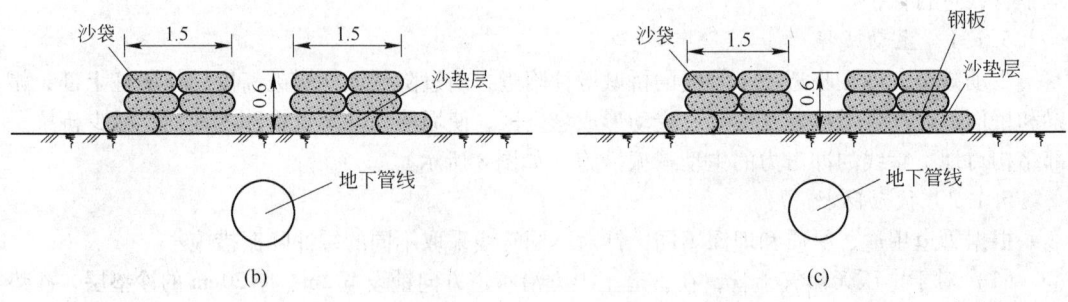

(b)　　　　　　　　　　　　　　　　　(c)

图 10　不同地下管道触地冲击防护示意图（单位：m）

（a）天然气管道防护；（b）给排水管道防护；（c）电力电信管道防护

Fig. 10　Sketch map of collapse impact protection of different underground pipeline（unit：m）

5.2　飞石防护

根据高架桥墩柱炸药单耗与飞石防护模型试验结果，确定飞石防护由内至外采用 3 层棉絮、1 层钢丝网，1 层竹跳板，立柱底部堆砌一圈 1m 高沙袋，近体防护采用从桥面两侧护栏向下悬挂 2 层密目网至地面的综合防护方式（如图 11 所示）。

5.3 粉尘控制

城市爆破拆除过程中产生大量的粉尘不仅影响爆破作业人员的健康，污染环境和设备，同时影响城市居民的正常工作与生活。为有效控制沌阳高架桥爆破拆除粉尘，进行了爆炸水雾降尘试验（如图 12 所示），探明了水袋尺寸、药包位置、药量和水雾形态之间的相互关系。

图 11 墩柱飞石防护
Fig. 11 Fly debris safeguard

根据爆炸水雾降尘试验和理论分析结果，确定沌阳高架桥爆破粉尘综合防护措施为：（1）爆破装药联网前对桥面进行清扫和洒水冲洗；（2）在变电站等敏感地段，在墩柱四周悬挂水袋，利用爆破飞散物击破水袋产生水雾和散落水滴吸附灰尘；（3）在桥面上铺设大型水袋，按 $100m^2$ 范围布置 1 个长 6m、宽 0.9m、装水高度约 0.15m 的水袋，采取 4 个单重为 50g 的药包起爆方式进行起爆，水袋起爆时间先于桥面塌落时间 250ms（如图 13 所示）。

图 12 爆炸水雾降尘试验
Fig. 12 Test of blast water fog dedust

图 13 桥面降尘水袋
Fig. 13 Fog dedust water bottle

6 爆破效果

沌阳高架桥于 2013 年 5 月 18 日 22：00 准时起爆，高架桥在 24.77s 内成功实现多米诺骨牌式逐排纵向倒塌。爆破后，高架桥桥体塌落充分，塌落姿态平稳，弯道部位未出现侧翻现象，桥体距地面仅 30~50cm；邻桥两跨桥体水平张开位移 10~20cm，垂向最大错位 20~30cm；采用水压爆破的箱梁破碎良好，且无飞散现象，说明各项爆破参数选取合理（如图 14 所示）。爆破后 30min 内，技术人员和管线权属单位对周边建筑物和各类市政管线运营情况进行了认真检查，均未出现破坏（如图 15 所示），爆破效果良好，爆破取得圆满成功。

图 14　高架桥塌落触地后形态　　　　　　　　图 15　触地冲击防护效果

Fig. 14　Profile of viaduct collapsed　　　　Fig. 15　Collapse impact protection effect

参 考 文 献

［1］武汉爆破有限公司．武汉沌阳高架桥爆破拆除技术设计与施工组织设计［R］．2013．

［2］武汉爆破有限公司，长江科学院，等．复杂环境下城市超长高架桥精细爆破拆除关键技术与应用
［R］．2013．

跨海大桥桥墩爆炸纠偏工程实例

蔡小虎

（厦门爆破工程公司，福建厦门，361000）

摘　要：杨家溪2号跨海大桥建设过程中出现桥墩位移，面临"拆除重建"和"超期完工通车"的风险。通过采取"爆炸纠偏法"改变桥墩外力平衡（采用炮孔爆炸法使桥墩一侧的淤泥液化），同时加载外力，成功迫使桥墩回复原位，保证大桥按时建成通车，挽回巨大的经济损失和工期损失，可为类似工程提供参考。

关键词：跨海大桥；桥墩位移；爆炸纠偏

Blasting Rectification to the Displacement of the Cross-sea Bridge Pier

Cai Xiaohu

（Xiamen Blasting Engineering，Fujian Xiamen，361000）

Abstract：The displacement of pier appeared when the Cross-sea Bridge was being constructed. And the Cross-sea Bridge would be pulled down and be reconstructed. By changing equilibrium of external force by the way of "Blasting Rectification（blasting disturbed liquefaction mud a side of the pier）" and loading external force，the pier was forced back to the original location successfully. It ensured that the bridge could be completed and opened to traffic on time，and greatly reduced economic loss and time limit for a project. It could provide a reference for similar engineerings.

Keywords：the cross-sea bridge；the displacement of pier；blasting rectification

1　工程概况

杨家溪2号跨海大桥建造难度大，为福宁高速公路建设的关键点，因征地问题及建造难度，工程进度已严重滞后于高速公路整体施工进度。该跨海大桥桥墩建造过程中，因便道改道加宽，致使已建造好的18号桥墩处的便道荷载加重，18号桥墩两侧受力平衡被打破，迫使18号桥墩顶端向一侧位移23cm。18号桥墩位移已大大超出施工允许偏差，若不及时复位，将严重影响高速公路的通车计划。18号桥墩位移发生后，高速公路建设指挥部立即指示全力恢复，短时间若无法恢复，坚决拆除重建。建设各方立即组织专家商讨应对办法，同时紧急清除靠近18号桥墩的便道填料，并施加机械拉力促使桥墩复位：除第一次复位2cm外，之后再无效果。各方讨论结果与指挥部意见一致，若桥墩无法复位，只有拆除重建，工程进度绝不能一再延误。

蔡小虎，高级工程师，2236093666@ qq. com。

2　纠偏方案选择

2.1　18 号桥墩位移情况

18 号桥墩距离海岸 25m（落潮后），桥墩位于淤泥面以下部分 16m，桥墩所处地质：软基处第四系地层主要为海积淤泥层，局部夹淤泥质黏土、淤泥质亚黏土、低液限黏土及海陆相交互相沉积的粗沙、中沙等。第四系地层总厚度 1.5 ~ 22.5m，灰黑色，成分以量粉粒为主，质较纯，细腻，有滑感，黏性强，有臭味，流塑，饱和，具有低强度、高压缩性、易触变等特点。各地质层主要物理力学特性见表 1。

表 1　各地质层主要物理力学特性

Table 1　Physical-mechanical parameters of each mud

名　称	层厚/m	$W/\%$	e	C/kPa	$\phi/(°)$	E_s/MPa
淤　泥	1.5 ~ 22.5	64.15	1.787	5.76	1.93	1.86
淤泥质黏土	0.5 ~ 2.0	45.65	1.21	7.85	2.75	2.55
低液限黏土	0.7 ~ 1.0	33.03	0.905	10.57	4.60	3.33

18 号桥墩初次测量位移 23cm，经第一次纠偏回复 2cm，外力卸载后桥墩纠偏幅度减小到 1.2cm。即桥墩纠偏后，一旦外力卸载，桥墩又处于不平衡外力作用下，桥墩位移回弹明显，纠偏效果无法保障。因此，必须想办法使纠偏后外力保持平衡，巩固纠偏效果。

2.2　方案选择

18 号桥墩处淤泥的黏滞力和正面的阻力（压力）是 18 号桥墩复位的主要阻力，采用爆炸法消减 18 号桥墩复位的主要阻力，在桥墩安全承载范围内施加外力，使其复位，既要保证复位效果，又必须保证复位后的桥墩不受损伤，能正常使用。如果爆破拆除 18 号桥墩，从爆破钻孔、爆破、淤泥面清渣均需要相当的时间，而且重新设计桥墩和施工需要更长的时间。从安全及工期上考虑，必须保证纠偏成功。

经专家论证，使桥墩复位需克服的困难有如下四点：

（1）单纯的外力无法使桥墩复位，如何克服 18 号桥墩复位阻力，使其顺利快速复位；

（2）如何在复位过程中使桥墩不断恢复外力平衡，保证复位效果不回弹或回弹较小；

（3）如何巩固纠偏效果，在纠偏后保证桥墩不再发生位移；

（4）如何在保证桥墩在纠偏过程中不受损伤。

爆炸纠偏方案如能克服上述难点，18 号桥墩复位定会取得成功。

2.3　爆炸纠偏可行性分析

根据最初的机械纠偏情况进行分析，桥墩位移主要是由于堆石体（便道）引起的淤泥侧压力所造成。而堆石体位于淤泥上方 3 ~ 6m 深度范围内，堆石体对桥墩的侧压力随淤泥深度的增加而减小，故挖除桥墩附近的土石方量，桥墩复位效果明显，后期靠拉力纠偏，复位缓慢。随着复位幅度的增加，复位侧淤泥密实度增大，复位阻力也越来越大，若采用小量炸药爆炸法液化淤泥，可减小桥墩复位阻力，加快纠偏进度。

爆炸纠偏就是在 18 号墩位移的背侧距墩一定距离处沿桥墩轴向等距离布置几个条形药包，深度 5 ~ 6m（在钢护筒长度范围内），利用爆炸对淤泥的液化和爆炸引起的淤泥空腔，形成负压，消减桥墩背面淤泥阻力，为防止淤泥回流再次形成桥墩复位阻力，炸药爆炸后立即配合拉力牵引桥墩正位。从图1所示机械纠偏和爆炸纠偏力学对比分析可知：爆炸液化淤泥大幅度减少了桥墩的纠偏阻力（$P_2 \ll P_1$），在相同机械加载外力F_1的作用下，桥墩复位效果将明显加大。

此外，在桥墩的复位过程中，淤泥的流动性会使18号桥墩在复位过程中正侧因桥墩复位产生的空隙得以及时填充，趋向形成新的力的平衡，有助于巩固纠偏成果。

由于埋药深度范围内有钢护筒的保护，并在护筒周围预留0.5m淤泥缓冲层，可保证桥墩不受爆炸损伤。工艺上采取爆炸→牵引→爆炸→牵引反复循环多次（每循环1~2天），半月内应可恢复原位，纠偏方案耗费周期短，经济、安全，是最佳的桥墩纠偏方案。

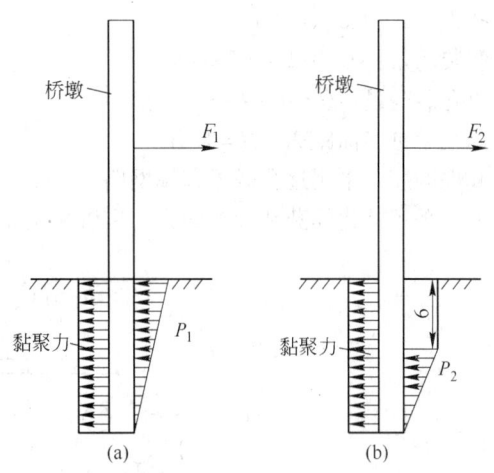

图1 机械纠偏和爆炸纠偏力学对比示意图（单位:m）
（a）机械纠偏力学模型；（b）爆炸纠偏力学模型
Fig. 1 Schematic diagram of mechanical rectification and blasting rectification mechanics comparison（unit：m）

3 爆炸纠偏方案及安全校核

3.1 爆炸纠偏现场实验

爆炸纠偏采用多分段、少装药、转移冲击波方向的设计原则，以保护桥墩不受损坏。

根据淤泥爆炸实验，在淤泥内分三组进行爆炸实验，实验数据（见表2）表明：淤泥中单耗确定在$k = 0.15 \sim 0.3 \mathrm{kg/m^3}$是安全的，为保证爆破时淤泥不飞起污染桥墩，取$k = 0.2 \sim 0.25 \mathrm{kg/m^3}$。

表2 淤泥爆炸实验数据
Table 2 Blasting test data in mud

组 号	试 验 参 数		试 验 结 果	
	埋深/m	药量/kg	坑深/m	爆坑直径/m
1	1	0.15	出现裂缝	隆起，无爆坑
2	1	0.3	1	0.75
3	1.05	0.45	0.7	1.5

3.2 爆炸纠偏方案

爆炸纠偏采用先在桥墩背侧爆炸，使淤泥液化，然后立即外力牵引桥墩复位，若一次回复不到原位，再次爆炸＋牵引，反复循环，直至复位。

爆炸纠偏布孔方式如图2所示。

在桥墩背侧各布3~4个孔，采用微差分段逐孔爆破，减小对桥墩的冲击，爆孔参数如下。

孔深：$L = 5 \sim 6\mathrm{m}$

孔距：$a = 0.8 \sim 1.2\text{m}$

线装药量：$q = 0.2 \sim 0.3\text{kg/m}$

单孔装药量：$Q = 0.75 \sim 1.25\text{kg}$

爆孔距桩表面距离：$H = 1.5\text{m}$

起爆顺序：采用逐孔微差起爆网路。

炸药采用乳化炸药和导爆索束，雷管采用非电防水雷管。

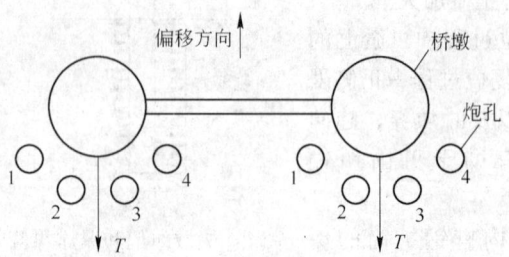

图 2　炮孔布置平面示意图

Fig. 2　Schematic diagram of blast hole layout in mud

3.3　爆炸纠偏安全校核

3.3.1　爆炸冲击波安全校核

采用中科院力学所提供的淤泥中爆炸冲击波压力峰值和距离的关系，则冲击压力峰值[1]为：

$$\Delta p = 60 \times 106 \left(\frac{\sqrt[3]{Q}}{R} \right) 0.85 - 6 \times 106 \left(\frac{\sqrt[3]{Q}}{R} \right) 0.12$$

式中　Δp——压力峰值，Pa；

　　　R——测点与爆心距离，m；

　　　Q——药量，kg。

由于炸药沿 18 号桥墩轴线均匀线性布置，线装药量仅对附近桥墩体产生明显冲击压力，故在爆炸纠偏方案中选取 $Q = 0.25\text{kg}$，$R = 1.5\text{m}$，则 $\Delta p = 23.3\text{MPa}$，小于钢筋混凝土动载强度 25MPa，表明爆炸冲击波对桥墩的作用处于安全范围内。

3.3.2　外力加载安全校核

通过前期的机械纠偏经验，电动葫芦加载外力达 6t 时，18 号桥墩未受损，且 18 号桥墩机械纠偏幅度达 1.2cm。

在爆炸纠偏方案中，淤泥中炸药爆炸原理是利用爆炸对淤泥的液化和爆炸引起的淤泥空腔形成负压，能大幅消减桥墩背面淤泥阻力。在爆炸纠偏作用下，爆炸后所需的加载外力值远小于机械纠偏时的加载外力值，说明在爆炸纠偏方案中，加载 6t 外力更能达到纠偏效果，且不会对 18 号桥墩造成损坏。

爆炸纠偏选定加载外力 6t 为极限值，确保 18 号桥墩完好。

3.3.3　爆炸地震波安全校核[2]

由于饱和土中总存在一些微小气泡，饱和土仍具有一定压缩性，即饱和土在一定程度上具有非饱和土的性质，理想的饱和土并不存在。

根据土中爆破机理，对无限非饱和土中的封闭爆炸，由于土体强度不超过数兆帕，土体的强度可忽略不计。非饱和土体中的爆炸作用影响分区，即爆炸空腔、塑性流动区、弹-塑性变形缩区（也叫压缩区）和弹性振动区。从压缩区往外为弹性振动区，应力波进一步衰减为弹性波，此时应力波强度已低于土体的弹性极限，地震波仅引起土体的弹性变形。

根据淤泥爆炸试验，集中药包 0.3kg，深度 1m 时，爆坑（即爆炸空腔和塑性流动区范围内的空腔）半径为 0.375m，远小于药包与桥墩表面的距离 1.5m。桥墩位于压缩区外的弹性振动区，且桥墩强度远大于淤泥的土体强度，故地震波引起的质点位移不会造成桥墩损坏。

4 爆炸纠偏施工工艺

4.1 装药器械

采用爆炸抛石挤淤[3]施工中挖机改装的直插式装药机，其他装置采用特制的缩小的装药设备。

4.2 施工流程

清除桩侧便道土石方和施工废料→测量桩位→外力准备（电动葫芦牵引）→爆破装药[4]→起爆→启动电动葫芦→监测外力荷载（不能超出安全值）→进入平衡期→测试本次纠偏效果→进入下一轮纠偏。爆炸纠偏流程如图 3 所示。

4.3 爆炸纠偏注意事项

（1）起爆前必须做好爆炸纠偏前外力加载准备，确保爆炸后桥墩的外力尚未平衡前即刻加载外力；

（2）加载外力时要逐渐加载，严密监视加载值，防止损坏 18 号桥墩；

（3）需持续加载外力，直至 18 号桥墩不再回位，且桥墩外力平衡后方可逐渐卸载；

（4）平衡期监测确保 18 号桩不再位移，桥墩外力重新平衡后方可再次纠偏，以巩固本次纠偏效果；

（5）爆后纠偏效果分析并及时修改纠偏方案。

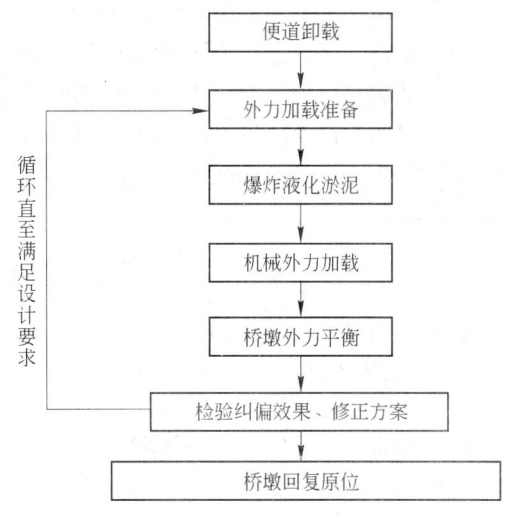

图 3 爆炸纠偏流程图

Fig. 3 Flow chart of blasting rectification

5 纠偏过程和实际效果

本项目纠偏共实施了 6 次（见表 3），纠偏效果逐次减弱，且每次桥墩复位值均有回弹，回弹幅度逐次减小，但回弹比例逐次加大。故第六次纠偏按预计纠偏超出预定数值 0.3cm，外力平衡后卸载回弹 0.5cm，最终结果处于允许范围内，通过建设各方检验合格，本项目纠偏成功。

表 3　桥墩爆炸纠偏监测数据

Table 3　Date of blasting rectification

纠偏序号	偏移值/cm			纠偏幅度/cm	回弹值/cm	回弹比例/%
	纠偏前	平衡后	卸载后			
机械纠偏	23	21	21.8	1.2	0.8	40.00
第一次	21.8	13.1	14.2	7.6	1.1	12.64
第二次	14.2	7.5	8.3	5.9	0.8	11.94
第三次	8.3	3.9	4.4	3.9	0.5	11.36
第四次	4.4	1.6	2.2	2.2	0.6	21.43
第五次	2.2	0.3	0.8	1.4	0.5	26.32
第六次	0.8	-0.3	0.2	0.6	0.5	45.45
累计纠偏				22.8		

6　结论

18 号桥墩爆炸纠偏共耗费 18 天，18 号桥墩成功复位并通过工程验收。在 18 号桥墩爆炸纠偏案例中有以下几点结论：

（1）淤泥阻力主要分布在上部，是桥墩复位的主要阻力。

（2）纠偏必须考虑桥墩的安全承载力范围，逐渐加载，防止损伤桥墩。

（3）爆炸采用药量必须依据桥墩承受动载能力，计算安全的爆炸参数。

（4）纠偏过程中必须严密监测纠偏效果，防止偏移反复，巩固纠偏效果。

（5）最初纠偏消除阻力后桥墩复位回弹比例小，纠偏效果明显；之后随着纠偏次数增多，未受爆炸影响的下部淤泥的阻力占总复位阻力的比值加大，复位幅度减小，回弹比例增加，纠偏效果逐步减弱。

参 考 文 献

[1] 刘殿中. 工程爆破实用手册[M]. 北京：冶金工业出版社，1999：461~462.

[2] 汪旭光. 爆破手册[M]. 北京：冶金工业出版社，2010：42~44.

[3] 冶金部安全技术研究所. GB 6722—2003 爆破安全规程[S]. 北京：中国标准出版社，2004.

[4] 郭雪珍，陆正，王学兵. 宁德核电站大面积爆破挤於施工技术应用[J]. 工程爆破，2014，20(1)：18~21.

全钢结构体育馆聚能切割爆破拆除技术

易　克[1]　李高锋[1]　马海鹏[2,3]　张迎春[1]　王俊岩[1]　张海涛[1]

(1. 河南省现代爆破技术有限公司，河南郑州，450016；

2. 中南大学资源与安全工程学院，湖南长沙，410083；

3. 国防科技大学指挥军官基础教育学院，湖南长沙，410073)

摘　要：待爆破的沈阳市绿岛体育馆采用钢结构框架形式设计，是亚洲最大的室内体育场，其主厅南北长228m，东西长180m，共有14层，高为53.6m，建筑面积$3.8 \times 10^5 m^2$、体积$2.20 \times 10^6 m^3$。如此巨大的钢结构爆破拆除是一次亚洲最大的线型聚能切割爆破，其复杂程度和难度都很高。本工程通过精心设计，立柱和顶层采取倾斜切割缝形成爆破切口，爆破部位首次采用沙袋作为防护材料对裸露装药进行防护，成功实施了爆破拆除，取得十分理想的效果。

关键词：线性聚能切割器；爆炸切割；钢结构

Cumulative Cutting Blasting Technology of Full Steel Structure of Green Island Gymnasium in Shenyang

Yi Ke[1]　Li Gaofeng[1]　Ma Haipeng[2,3]　Zhang Yingchun[1]
Wang Junyan[1]　Zhang Haitao[1]

(1. Henan Modern Blasting Technology Co., Ltd., Henan Zhengzhou, 450016；2. School of Resources and Safety Engineering, Central South University, Hunan Changsha, 410083；3. National University of Defense Technology, Hunan Changsha, 410073)

Abstract：Gymnasium in the city of Shenyang is the largest indoor stadium in Asia. It is designed as steel frame structure, and the mail hall awaiting blast stretches 228 metres from north to south and 180 metres from east to west, 14-storey, 53.6 metres high, Construction area of 3.8×10^5 square meters, 2.2×10^6 cubic meters. Such great steel structure blasting is one of the Asia's largest linear cumulative cutting blasting, rare in the world, having great complexity and difficulty. The project has successfully implemented blasting and demolishing by careful design, in which the column and top formed a blasting cut through inclined cutting seam, and sandbags were first used to protect bare charge as protective material in the blasting site, so the blasting achieved very good results.

Keywords：line shape charge cutter; blasting cutting; steel structure

易克，高级工程师，yi-ke@ vip. 163. com。

1　工程概况

1.1　建筑物概况

　　沈阳绿岛体育馆建于 1999 年，该体育馆坐落于沈阳市苏家屯区，沈苏快速干道东侧，浑河市场对面，是集人工草坪足球场、大型演出设施、博览等多功能于一体的现代化室内博览演艺中心，是亚洲最大的室内体育场，建筑面积 $3.8 \times 10^5 m^2$、体积 $2.20 \times 10^6 m^3$。

1.2　周围环境

　　体育馆北距沈阳体育学院 330m，东北 125m 处为绿岛学校，东南 105m 处和西南 114m 处均有变压器，西南 780m 处是国际会展中心五星级大酒店，以上建筑的外部装饰均为玻璃幕墙，极易受到空气冲击波的危害；体育馆西距车流量较大的南京南路 390m，为爆破施工的安全带来较大考验，如图 1 所示。

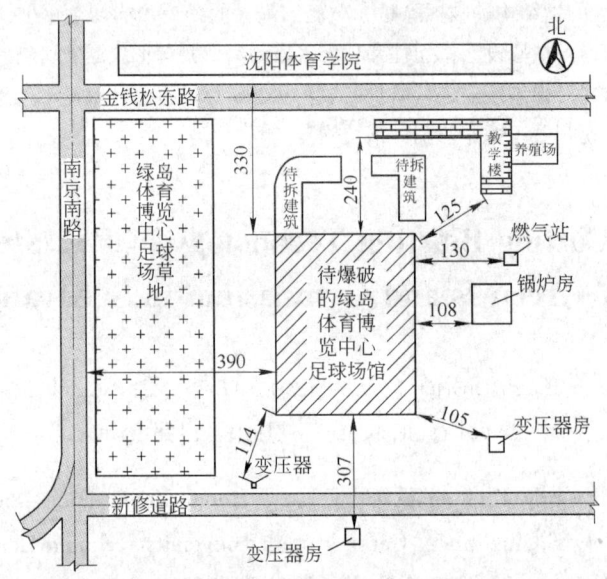

图 1　周围环境示意图（单位：m）

Fig. 1　Schematic diagram of surrounding environment（unit：m）

1.3　建筑物结构特点

　　待爆破的主厅南北长 228m，东西长 180m；主体采用钢结构框架形式设计，H 型钢立柱截面尺寸主要有 800mm×800mm×35mm、1100mm×1100mm×42mm 及 1100mm×1100mm×50mm 几种截面形式，屋顶东西两侧高度均为 10m，中间桁架高度 11m，顶端高出两侧 4m，采用大跨度桁架屋顶的结构形式（底部设置 40 个支点），屋顶相对地面标高为 53.6m，建筑面积 $3.8 \times 10^5 m^2$，体积 $2.20 \times 10^6 m^3$，结构图如图 2 所示。

2　施工难点

　　（1）体育馆体积庞大，作业面分散，设备、人员需要来回移动作业，施工效率受到影响。

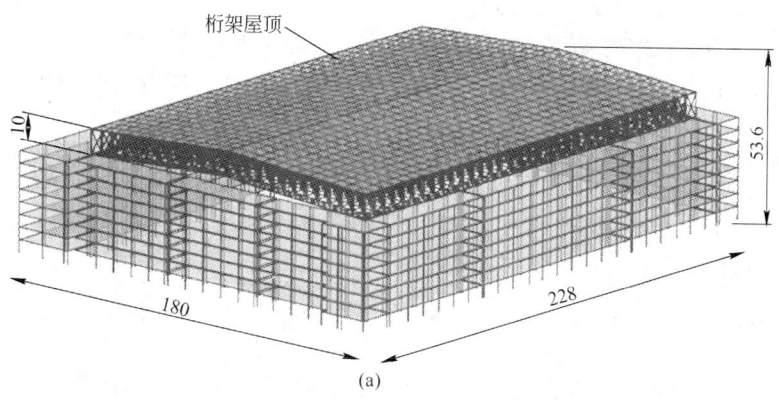

(a)

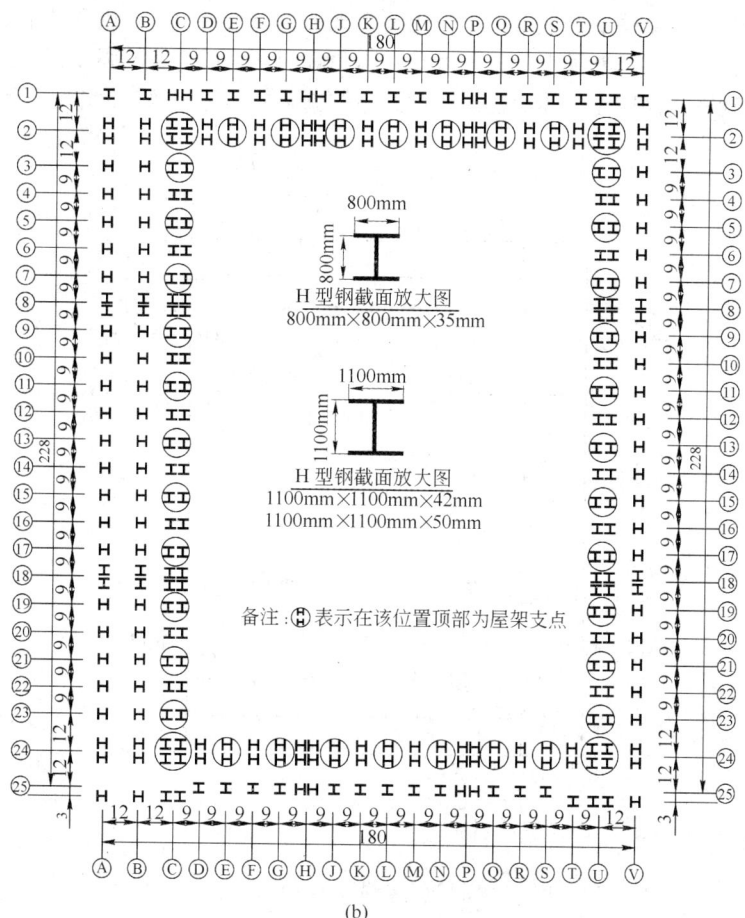

(b)

图 2　结构图（单位：m）

（a）结构三维图；（b）立柱平面布置图

Fig. 2　Structure diagram（unit：m）

（2）体育馆四个角点处均各自独立成"L"形，对定向倒塌的影响较大。

（3）H 型钢立柱的翼板较厚，大部分均在 40mm 以上，为爆炸切割增加难度。

（4）大跨度屋顶的爆破施工均为高空作业，给作业安全带来极大的困难；同时屋顶的爆破是否成功，将直接决定整个爆破的成败，是本次爆破施工的关键所在。

（5）体育馆周围的建筑物均有玻璃幕墙装饰，给爆破空气冲击波的防护提出了更高的要求。

（6）爆炸切割拆除如此规模的钢结构建筑物国内是史无前例的，没有经验可以借鉴，这对设计施工带来了压力。

3　爆破方案设计

3.1　总体方案

经实地勘察、理论计算及专家论证，基于金属材料爆炸切割理论和建筑物爆破拆除创新设计理念，决定采用聚能切割爆破技术使 H 型钢立柱形成斜断缝（控制角度 $\alpha = 30° \sim 75°$），整个体育馆在屋顶和上部结构的倾覆重力矩作用下实现体育馆四周向外、屋顶向下倒塌的总体方案，如图 3 所示；使用数码电子雷管分段延时控制和减少空气冲击波的强度；采用沙包、三防布、钢丝网、建筑密目网四位立体交互式防护措施控制金属破片飞散、冲击波及噪声等危害。

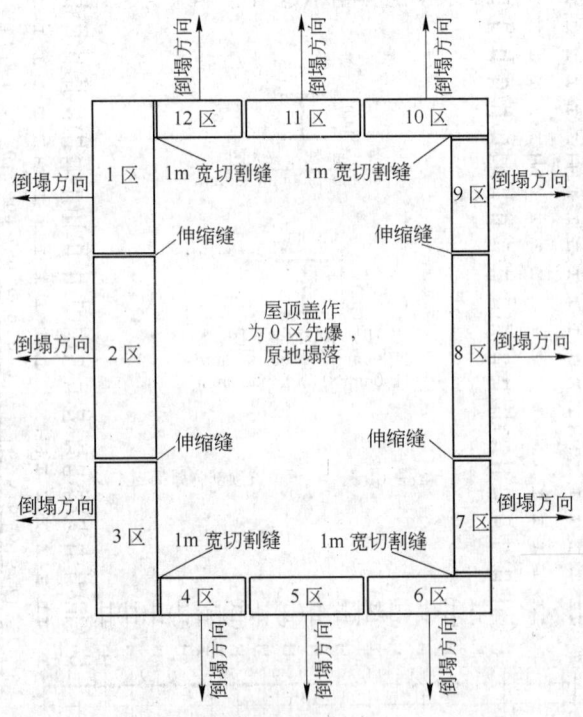

图 3　爆区划分及爆破倒向示意图

Fig. 3　Schematic diagram of blasting partition and toppling direction of building

3.2　爆破切口设计

3.2.1　切口参数设计

3.2.1.1　屋顶架爆破切口

为达到既定的爆破效果，采用在屋顶横梁关键受力杆件和其基座底部的立柱上设置斜切口，用聚能切割器沿基座外边缘下倾斜向内切割，在整体上形成类似倒锥形的切缝，使屋顶架与立柱及基座脱离，屋顶在其自身重力作用下下落，同时又对四周建筑主体形成下压及外张作用，并且通过起爆网路设计，达到顶网起爆后东、南、西、北侧各爆区依次起爆，实现建筑物的倒塌。

3.2.1.2　主体建筑爆破切口

钢结构爆破倒塌机理与一般建筑相同，其本质均要有足够的倒塌倾覆力矩，满足的必要条件是切口闭合后建筑物重心偏移出支点边界线，计算得出 1～3 爆区最低切口高度为 20.7m，4～12 爆区最低切口高度为 3.8m。采取弱化处理后实际取为：1～3 爆区最低切口高度为三层 16m，4～12 爆区最低切口高度为两层 12m，如图 4 所示。

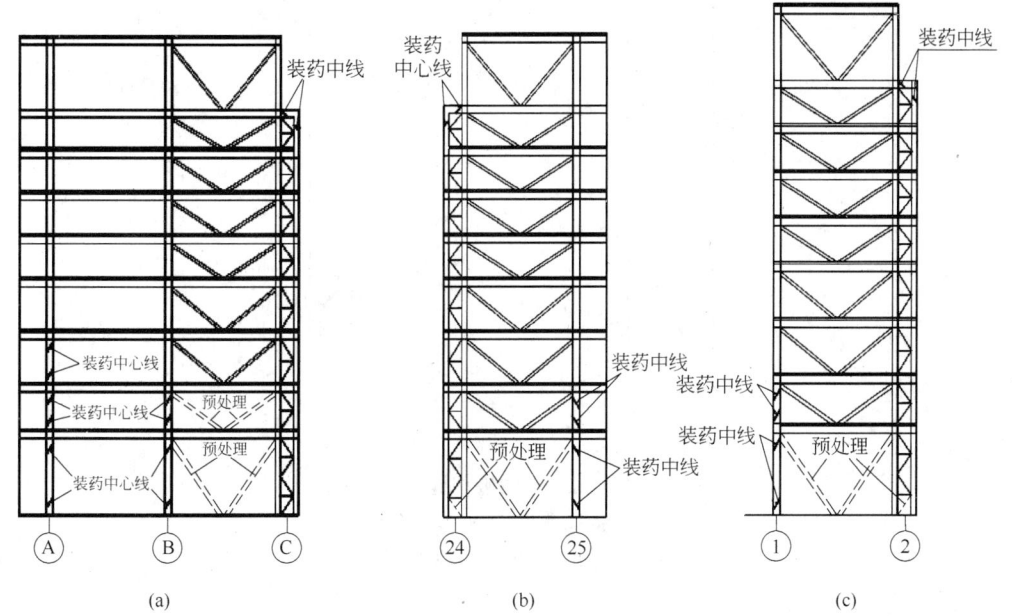

图 4　爆破切口示意图

(a) 1～3 爆区爆破切口；(b) 4～9 爆区爆破切口；(c) 10～12 爆区爆破切口

Fig. 4　Schematic diagram of blasting cut

3.2.1.3　爆破切口实现形式

钢筋混凝土结构建筑物爆破时形成切口的必要条件是用炸药将切口内部的结构构件炸碎，在力学特征上形成一个按照设计实现的空区，而钢结构因其特殊性不能采用此种方法，对此，根据力学分析提出了如图 5 所示的实现形式。

图 5 所示切缝既节省了炸药，又可以使切口内钢立柱自然滑落进而形成爆破切口，是一种较好的实现形式。

为了使得上述过程顺利实现，切缝角度 α 的大小应加以详细分析，对图 5(a) 做简单力学分析[1]，以切缝上部为研究对象（如图 5(b) 所示），重力 G 在切缝面上进行分解：

$$\begin{cases} G' = G\cos\alpha \\ G'' = G\sin\alpha \end{cases}$$

则切缝面上的摩擦力 F_s：

$$F_s = f_s G' = f_s G \cos\alpha$$

式中　f_s——动摩擦因数，可现场实测得到。

当 $F_s = G''$ 时为临界状态，此时 $\alpha = \alpha_{min}$，则由平衡关系 $F_s = G''$ 得出：

$$G \sin\alpha_{min} = f_s G \cos\alpha_{min}$$

$$\Rightarrow \alpha_{min} = \arctan f_s$$

可以看出 α_{min} 即为其摩擦角，也就是说，当切缝倾角 α 大于摩擦角时，不管 G 有多么小，切缝上部钢柱总能自然滑出；当 α 小于摩擦角时，不管 G 有多么大，切缝上部钢柱总不能自然滑出。

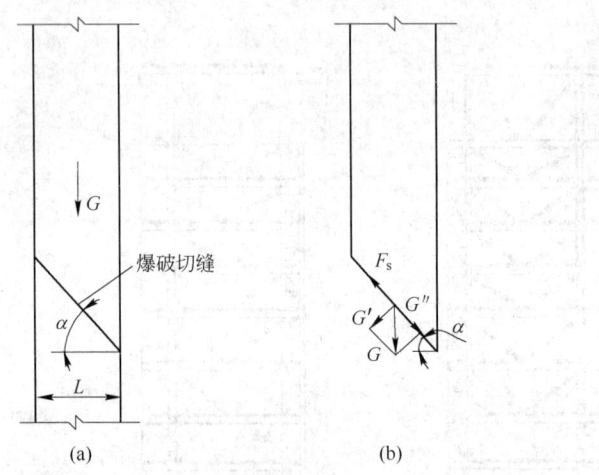

图 5　爆破切缝

（a）切缝形成；（b）受力分析

Fig. 5　Blasting kerf

3.2.2　计算机辅助校核

3.2.2.1　装药位置预处理后稳定性校核

在上述对立柱的切口形式中，我们采取的是"翼板装药，腹板预切割"的方法，即在装药前需对腹板在装药位置切割一条水平缝，则在处理后对立柱的承载能力我们运用计算机进行了模拟计算，采用双线性随动硬化材料模型模拟实际材料在常温下的力学性能，弹性模量为 2.06×10^5 MPa；根据立柱的结构特点选用 shell 63 壳单元进行建模、分析；将屋架与面板的荷载施加在柱端，在计算时考虑立柱结构自重，在柱根部施加全部约束。计算结果如图 6 所示。

从图 6 所示云图来看，切口处的应力较大，大部分还在材料的弹性范围内，但在边角处出现应力集中，个别地方应力达到 444MPa，已超过材料的屈服极限[2]，发生塑性变形，为了防止此类局部应力集中带来的不利影响，腹板切割外形为椭圆形或圆形最为有利，但此种切割形式会大大增加预处理的难度和工作量，考虑到在平口切割时集中应力仅出现在切口腹板与翼板连接处的很小的范围以

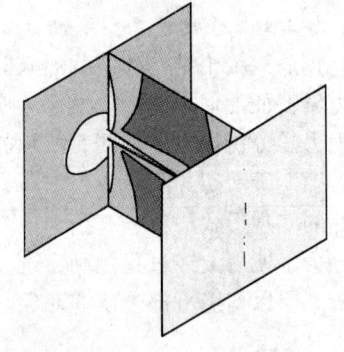

图 6　立柱下部切口处的压应力云图

Fig. 6　Pressure stress cloud of the incision at lower part of the column

内，在短时间内不会给结构的稳定安全带来影响，因此仍可采用平口切割。

3.2.2.2　4～12 爆区缺口高度校核

在保证屋顶爆炸切割效果的前提下，4～12 区顺利倒塌是整个爆破工程成功的关键，我们对体育馆 4～12 区进行建模分析，体育馆立柱和横梁尺寸均采用实际结构尺寸建模，立柱和横梁之间采用共节点刚接连接处理，地面设为刚体，切开角度为 30°，切开高度外立柱取 8m，中间立柱取 1m，内侧立柱底部与刚性地面设置接触，约束地面的上下运动自由度。计算结果如图 7 所示。

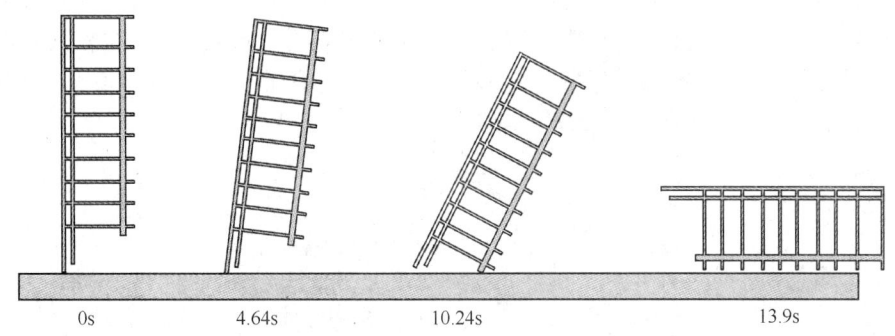

0s　　　　　　4.64s　　　　　　10.24s　　　　　　　　13.9s

图 7　倒塌模拟
Fig. 7　Simulation of collapsing

从模拟结果可以看到，模型在 4.64s 后在重力作用下开始向一侧倒塌运动，同时底部由于未设置约束，出现后坐运动，在 10.24s 外部立柱触底，在结构自重力偏心作用和框架结构运动惯性的共同作用下，框架继续向右侧倒塌，在 13.9s 以后整个框架结构侧面触地，整个倒塌过程完成。模拟过程说明结构的切口角度与切口形式设计是合理可取的，可以确保框架结构按照预想形式倒塌，为了增大成功率，确保爆破的成功，4～12 区实际切口高度取值为 12m。

3.3　线性聚能切割器设计

聚能罩外布炸药构成的线性切割器形状有多种。这类聚能装药切割效果与聚能罩顶角、聚能罩边长、聚能罩厚度、炸药爆速 v_d、布药形状、炸高、聚能罩的材料等因素有关，其结构参数包括顶角 θ、母线长 L、罩厚 t、装药高度 H 和爆炸高度 h。

（1）药罩选择：紫铜的密度大、塑性好、破深效果好，是药罩材料的首选。

（2）依据定常、理想、不可压缩流体理论，射流速度和质量分别为：

$$v_j = v_0 \frac{\cos\left(\dfrac{\theta}{2}\right)}{\sin\left(\dfrac{\beta}{2}\right)}$$

$$m_j = m\sin^2\left(\frac{\theta}{2}\right)$$

所以当 $\theta = 90°$ 时，动量 $\Delta mv = m_j v_j = mv_0 \sin\theta$ 变化为最大，这有利于破深提高。同时 $\theta = 90°$，罩角也有利于加工。

（3）罩厚选择：考虑到加工的方便和便于装药固定，本工程聚能切割器采用大多数工程采用的等壁厚的药罩。罩厚度根据切割厚度确定，并结合破深试验进行适当的调整。

（4）炸高选择：为了获得理想的切断效果和生产出的切割器便于工程上的安装施工，结合本工程实际情况和有关模拟结果，选取金属射流尾部杆体已经对钢板进行二次侵彻和开坑作用，并使开坑半径达到最大为最佳炸高。经过数值模拟和理论计算最终确定，大号切割器炸高为 30mm，小号切割器为 20mm。

（5）炸药选择：切割器需要选择高猛度高爆速的炸药，一般选择 T50/H50 作为爆炸切割主装药。本工程也做出了该选择。

（6）爆破模拟：为了检验切割器各项参数，我们通过建模模拟，其中炸药、药型罩和空气三种材料采用欧拉网格建模，单元使用多物质 ALE 算法，靶板采用拉格朗日网格建模，并且靶板与空气和药型罩材料间采用耦合算法，由于聚能装药是线性的，可以将模型简化成平面对称问题。模拟参数为切割器的实际工作参数，黄铜罩厚 0.15mm，T50/H50 炸药炸高 3cm，顶角 90°，靶板为 50mm 厚钢板，模拟结果如图 8 所示。

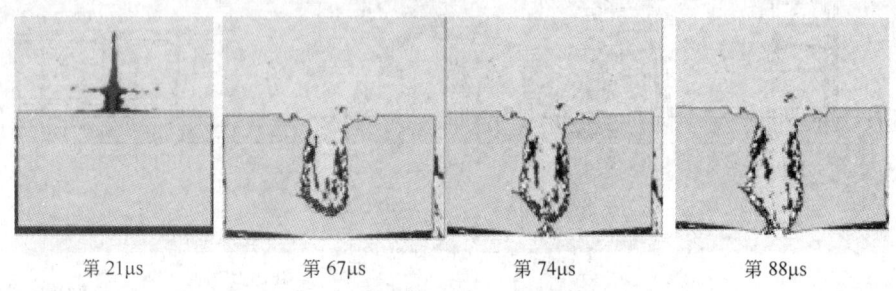

第 21μs　　　　　第 67μs　　　　　第 74μs　　　　　第 88μs

图 8　模拟结果
Fig. 8　Simulation results

模拟结果显示：在第 21μs 时，金属射流开始侵彻靶板，第 67μs 时靶板底面在射流作用下开始产生变形，第 74μs 时靶板底面开始出现裂纹，最终在 88μs 时靶板被彻底射穿。从整个模拟过程来看，靶板的击穿以 67μs 为界分为两个阶段：第一阶段属于射流的侵彻阶段；第二阶段靶板在高速射流的作用下被撕裂。结果表明切割器的设计可以满足本工程需要。

（7）现场试验：为了进一步验证切割器的切割能力，在现场进行了两组"现场试验"，结果显示，第一组的 50mm 厚钢板被顺利切断；第二组的 H 型钢立柱被完全切断，同时被切断的立柱在炸药作用下滑离原位，顺利倒地，实验效果如图 9 所示。

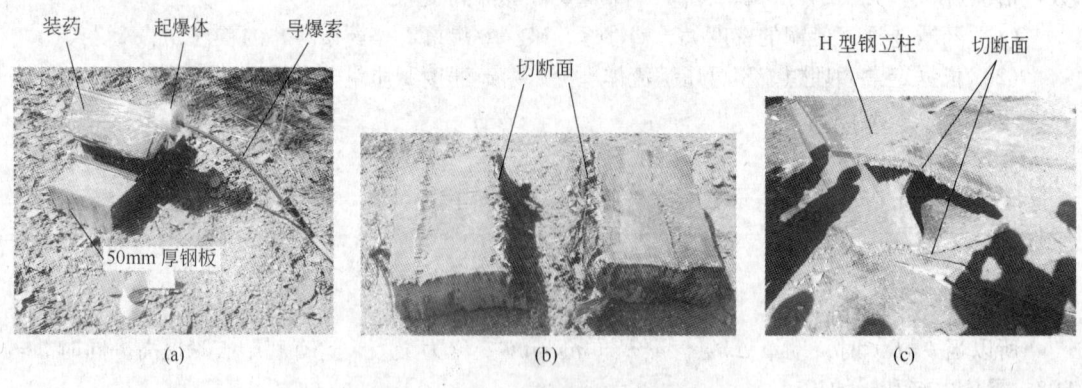

(a)　　　　　　　　　　(b)　　　　　　　　　　(c)

图 9　试验现场照片
(a) 装药形式；(b) 炸断情况；(c) 现场试爆情况
Fig. 9　Photos of test site

3.4 网路设计[3]

为防止空气冲击波的叠加，并精确控制延期时间和防止起爆后网路被损坏，特采用邦杰一号电子雷管控制，相邻炸点间的延期时间为13ms，爆区间延期时间为50ms，总段别1076段，总延期时间为7120ms。

起爆次序为：屋顶自东北角点先爆，然后沿北至西、东至南两条线路依次向西南角点传递；屋顶爆完后，9爆区自北向南起爆，传爆至7区南段中止；然后10爆区自东向西、6爆区自东向西两区同时起爆，传爆至12及4区西段中止；最后西区（1、2、3爆区）由两端向中间起爆，以2区的中心线为终爆点结束本次爆破，如图10所示，箭头表示传爆方向，内侧箭头为屋顶传爆方向，外侧箭头为建筑主体传爆方向；旗子为止爆点，总延期时间7120ms。

每200发数码雷管用数据线汇集于一台依波表，然后连接于计算机控制终端，由控制软件对每发雷管进行搜索、定位、延期参数输入及起爆信息输入等操作。

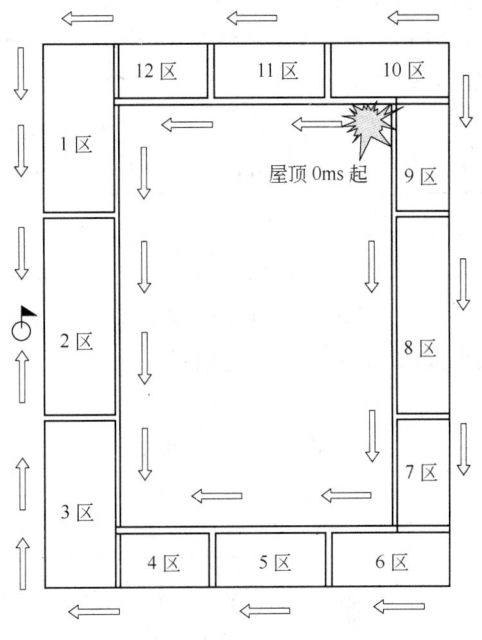

图10　传爆网路示意图

Fig. 10　Schematic diagram of booster network

4　安全校核和安全防护

4.1　爆破安全校核[4]

4.1.1　爆破振动安全校核

根据距爆破建筑物不同距离地面质点的振动峰值速度公式 $v = K(Q^{\frac{1}{3}}/R)^{\alpha}$ 计算出不同距离的地面质点振动速度的理论预测值。

本次爆破 K 值取150，α 值取1.54，且由于各个炸点的延期时间为13ms，为此，两根立柱并立的炸点药量最大，最大齐爆药量为10.6kg。爆破振动校核结果见表1。

表1　爆破振动校核结果

Table 1　The checking results of blasting vibration

R/m	50	100	150	200
$v/\mathrm{cm \cdot s^{-1}}$	0.17	0.06	0.03	0.02

依据《爆破安全规程》，一般砖房、非抗震性建筑物的最大安全允许振速为2.0cm/s，因此，根据计算即便考虑有一部分振动波会有叠加效应，对于在100m开外的建筑物也是安全的。

4.1.2　倒塌振动安全校核

根据周家汉教授提出的高大建筑物倒塌落地振动计算公式校核塌落振动效应：

$$v_t = k_t \left[R/(MgH/\sigma)^{1/3} \right]^{\beta}$$

式中，v_t 为塌落引起的地表振速，cm/s；M 为下落构件质量，t；g 为重力加速度，$g = 9.8\mathrm{m/s^2}$；H 为下落高度，m；σ 为地面介质的破坏强度，一般取10MPa；R 为观测点至冲击地面中心的距离，m；k_t、β 为衰减参数，分别取 $k_t = 3.37$、$\beta = -1.66$。

（1）屋顶重量 $M = 5400\text{t}$，下落高度 $H = 53\text{m}$，计算出不同距离的地面质点振动速度的理论预测值见表2。

表2　屋顶倒塌振动校核结果
Table 2　The checking results of collapsed vibration of the roof

R/m	50	100	150	200
$v/\text{cm} \cdot \text{s}^{-1}$	2.7	0.96	0.44	0.27

（2）建筑物主体2爆区最大重量 $M = 13879\text{t}$，下落高度 $H = 23\text{m}$，计算出不同距离的地面质点振动速度的理论预测值见表3。

表3　2区倒塌振动校核结果
Table 3　The checking results of collapsed vibration of the second area

R/m	80	100	150	0.9
$v/\text{cm} \cdot \text{s}^{-1}$	2.5	1.77	0.44	0.56

由于本次爆破距离最近被保护建筑为105m，因此，对照上述计算结果，本次爆破所产生的触地振动不会对周围建筑造成危害。

4.1.3　空气冲击波安全校核

根据裸露装药爆破超压计算公式：

$$\Delta p = 14 \frac{Q}{R^3} + 4.3 \frac{Q^{2/3}}{R^2} + 1.1 \frac{Q^{1/3}}{R}$$

式中　Δp——空气冲击波超压值，计算结果是 10^5Pa；

　　　Q——等效药量，kg，由于梯黑炸药比例为 $1:1$，为此 10.6kg 的等效药量为 10.0kg；

　　　R——等效距离，m。

可以计算不同距离的空气冲击波，结果见表4。

表4　冲击波超压校核结果
Table 4　The checking results of overpressure

R/m	105	108	114	125	130	200
$\Delta p/\text{MPa}$	0.024	0.023	0.022	0.02	0.019	0.012

根据《爆破安全规程》，对建筑物最小安全超压值为0.02MPa，通过上述数据分析可知，本次爆破对125m范围外的学校及博览中心玻璃幕墙没有影响，但对125m范围内变压器房的玻璃门窗则可能造成损坏，因此需要对其加大防护力度（详见下节）。

4.2　安全防护措施

由于体育场馆爆破采用的全部是外部装药，为此，如何更好地控制好冲击波和噪声是爆破安全防护的重中之重。根据大量工程实践，采用以下措施有效控制爆炸冲击波和噪声，并防止了意外金属破片的危害。

（1）根据实际情况制定合理的爆破方案，精心施工，最大程度提高爆破时爆炸能量的利用率，减少形成空气冲击波的能量。

（2）严格控制单段起爆药量。

（3）采取先进的电子雷管微差起爆技术，选择合理的微差起爆方案和微差间隔时间，消除夹制作用。

（4）选择周末学生放假时作为爆破时间，并提前告知，人员撤离到 400m 以外，并对相邻最近的绿岛学校建筑物的所有门窗打开，起到泄压作用。

（5）对装药进行三道外层直接防护、对爆破区进行一道空中隔离防护、对保护建筑物一道外层直接防护，具体为：首先对装药位置采用惰性介质（如沙、黄土等）直接防护，然后在其外侧用一层三防布及钢丝网包裹严实并用铁丝捆扎牢固；其次在体育馆的整体爆破缺口外侧悬挂两层建筑用密目网，并在缺口上沿及地面固定牢固；再次对玻璃幕墙装饰用胶带粘贴，防止其碎后伤人。

5　爆破效果及体会

5.1　爆破效果

体育场馆于 2012 年 6 月 3 日 10 时爆破，起爆一瞬间，体育场馆按照爆破设计的倒塌顺序和方向彻底解体倾倒，炮声低沉，振动微弱，没有碎块飞出，周围建筑物无损坏，爆破非常成功，如图 11 所示。

(a)　　　　　　　　　　　　　　　　(b)

(c)　　　　　　　　　　　　　　　　(d)

图 11　爆破效果

（a）爆破瞬间；（b）倾倒过程；（c）倒塌效果（西侧）；（d）倒塌效果（南侧）

Fig. 11　Blasting effect

5.2　几点体会

（1）针对线性聚能装药采用沙袋直接防护起到了很好的降低冲击波和噪声的作用。

（2）良好的线性聚能切割器设计对钢板的切割效果举足轻重，为了保证良好的切割效果，还应对切割器进行多次试验，如破深试验（侵彻试验）、炸断试验等。

（3）先进的电子雷管起爆系统对于建筑物严格按照设计顺序倾倒和减少爆炸冲击波作用等方面起到了关键作用，但应提高起爆网路的防水性能，特别要对接线连接头进行防水处理。

（4）立柱倾斜切口是爆破拆除钢结构建筑物的一种有效的、合理的切口形式，对其倾斜角度的分析指导了本工程的实践，并可为类似工程提供指导。

（5）屋顶倒锥形的切缝设计合理，既减少了工作量，又保证了良好的倒塌效果，可为类似结构的拆除提供经验。

参 考 文 献

［1］王铎，程靳. 理论力学［M］. 北京：高等教育出版社，2007.

［2］孙训方，方孝淑，关来泰. 材料力学［M］. 北京：高等教育出版社，2002.

［3］吴腾芳. 爆破材料与起爆技术［M］. 北京：国防工业出版社，2008.

［4］中国工程爆破协会. GB 6722—2003. 爆破安全规程［S］. 北京：中国标准出版社，2004.

基坑钢筋混凝土支撑爆破拆除技术

汪　浩　　陶顺伯　　徐建勇

（上海同炬爆破工程有限公司，上海，200092）

摘　要：基坑钢筋混凝土支撑是地下围护结构的一种新形式，其钢筋混凝土支撑围檩的爆破拆除也是随基坑围护体系发展起来的新方法。论文回顾了 20 年来这一拆除方法的发展与完善过程，介绍了利用非电微差和孔内、外接力传爆技术，结合专门设计的预埋孔和全封闭防护技术，增大了一次拆除量，免去了钻孔作业工作量，有效地控制了爆破有害效应，使城市中大规模的支撑爆破拆除得以实现，并逐步形成一种多、快、好、省的支撑爆破拆除方法，得到广泛的推广应用。

关键词：深基坑；钢筋混凝土支撑；孔内、外接力传爆；全封闭防护体系

The Technology of Blasting Demolition of Reinforced Concrete Foundation Pit Support

Wang Hao　Tao Shunbo　Xu Jianyong

（Shanghai Tongju Blasting Engineering Co., Ltd., Shanghai, 200092）

Abstract：The reinforced concrete support for deep foundation pit is a new type of underground envelope enclosure. The blasting demolition of reinforced concrete support is derived from the rapid development of foundation pit retaining system. This paper reviews the creation and improvement of blasting demolition for reinforced concrete bracing purlin in the past twenty years. The paper also elaborates how to increase the amount of demolition one time during construction by using techniques such as non-electricity Ms-delay detonator blasting combines with specifically designed pre-embedded holes, propagation of detonation inside and outside holes and fully enclosed protective techniques. These methods can not only reduce the heavy workload during drilling operation but also can help controlling the harmful effect effectively. With the utilization of new explosive technology, the large-scale blasting demolition in urban area can be achieved. Consequently, the new type of demolition method which can achieve greater, faster, better and more economical results is gradually formed and it has been widely used among support demolition field.

Keywords：deep foundation pit; reinforced concrete support; propagation of detonation inside and outside the holes; full enclosed protective system

汪浩，教授级高级工程师，wh@ shtjbp. com、tjbpwh@ gmail. com。

1　概述

随着我国改革开放的不断深入，建筑业蓬勃发展，大批高层建筑兴建和地下空间开发利用的需要，地下停车场、地下商业区和地铁车站的建设不断涌现。这些地下工程的建造，必须要在一个预先开挖好的基坑内进行，所以在软土地区的深基坑也大量出现，而作为支护深基坑的临时性钢筋混凝土支撑体系也就应运而生。随着工程规模的增大，单个基坑的面积和基坑的深度也不断增加，大量的支撑需尽快拆除。我公司自1994年起开始采用爆破这种新工艺进行拆除，至今已有20个年头，回顾这20年的历程，利用非电微差爆破技术，采用小药量多段别和全封闭式防护，使城市中较大规模的支撑爆破拆除得以成功，并得到了认可和应用，且在不断的改进中得到了发展和完善。

对于面积较小形状规则的基坑，以往一般采用钢管支撑，拆卸比较方便。但对平面形状比较复杂，面积较大的基坑，钢管支撑不稳坍塌的事故屡有发生。因此产生了整体性好，刚度大的现浇钢筋混凝土支撑体系作为临时支护。混凝土强度等级达到C30～C40，一般含钢量达150～200kg/m³甚至更高，非常坚固。当时用人工拆除，功效很低，施工进度很慢，远不能满足基坑施工进度。机械破碎在当时还没有相适应的液压镐头机。静态破碎剂对此类支撑的破碎效果很差，无法推广使用。

为了解决基坑支护新技术的推广，必须要解决好拆除工期过长，影响整个施工进度的难题。虽然当时我们的城市控制爆破技术已经比较成熟，在理论上和技术上都能实施支撑的爆破拆除。但爆破拆除的安全性、可靠性，对基坑围护结构的损伤，对周围建筑物及其内部设施以及地下管线的影响，爆破飞石和冲击波对人身的伤害等问题在当时很难讲清，为此我们和支撑设计部门多次协调、研究，经过反复试验，终于证明爆破的安全性和可靠性是有保障的；同时，利用非电微差起爆技术可以把一段起爆药量产生的爆破振动控制在国家规程允许的范围以内，而通过分段延期技术，把段别量增加到可以一次拆除任意多的工程量（理论上）；特别是围檩和基坑围护结构（工程灌注桩或地下连续墙）不是现浇的整体结构，中间有施工缝，因此围檩拆除爆破产生的裂缝延伸到施工缝为止，不可能向灌注桩或连续墙内发展延伸，也即爆破只会破碎支撑体系本身，不会损伤围护结构。至于对周围建筑物及其内部设施、地下管线的影响以及对人身的伤害等，已在城市建筑物拆除爆破中得到解决，所以将拆除爆破应用到支撑和围檩的拆除中是完全可行的。

2　支撑爆破拆除施工工艺的发展与提高

支撑拆除爆破属于城市控制爆破，首要的还是要控制爆破振动和爆破飞石；其次是根据城市爆破的特点要求爆破次数要少，因此单次破碎工程量就要大，以加快拆除速度。近年来为了加快施工进度，降低爆破负效应的影响，我们在爆破参数的确定、爆破振动的控制、施工工艺、安全防护及减小扰民等方面进行不断改进，使得爆破方案更加完善。

我公司仅1994年就承接并完成了6项支撑爆破拆除工程，总工程量约6000m³，其中包括江苏大厦、嘉兴大厦、华侨大厦、长发花园、置地广场和临江花园。一开始我们还是采用钻孔方案，孔距按常规确定，爆破效果也不错，但发现一些问题，如药量偏小，孔浅易发生冲孔，孔深易发生穿孔等现象；炸药采用粉状的2号铵梯炸药，爆前要加工药包，网络采用四通连接装药，连线时间过长，影响施工进度，一天只能爆破200～300m³；防护较差，飞石经常有，主要依靠安全警戒。为解决这些制约爆破拆除的难题，公司做了大量的试验研究工作，根据施工实践，进行了下列改进。

2.1 布孔技术改进

支撑布孔原先是按梁、柱爆破的布孔形式布置垂直孔，支撑截面较大（宽）就按"梅花形"布孔，孔径 d 取 40mm 左右，抵抗线 W 取 250～300mm，排距 $b \leqslant W$，孔距按毫秒爆破取 $a = 2W$，孔深 L 取 $\frac{2}{3}h$（梁高），如图 1 所示。大量实践表明，由于支撑爆破时抵抗线相对比较小，横向箍筋直径又小，混凝土抵抗横向变形的阻力相对比较薄弱，容易产生裂缝破碎，而纵向主钢筋粗炸不断，但钢筋向外移动会使纵向裂缝扩展得更加充分。同时我们也发现部分哑炮区的混凝土由于受邻近炮孔爆破影响，也已经破碎，只是块径大一些，这说明支撑爆破时主筋振动加强了爆破的效果，所以炮孔孔距还有潜力可挖，因此我们将炮孔孔距增加了近一倍，$a = 800～1000mm$，这样只要简单地调整单孔药量，就可以减少炮孔，不仅节约了成本，减少了工作量，而且还改善了爆破效果，实践证明这一改动非常成功，为现在绝大多数工程所采用。

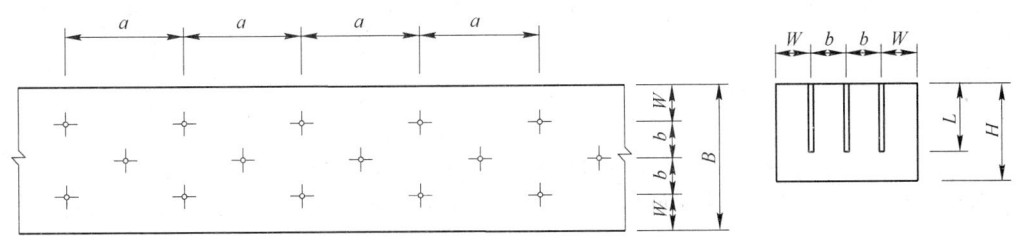

图 1　炮孔平面布置图

a—孔距；b—排距；L—孔深；B—截面宽度；H—截面高度；W—抵抗线

Fig. 1　Borehole layout plan

同时实践也告诉我们，常规炮孔深度设计对于支撑爆破来说也并不完美，支撑爆破应增加炮孔孔深，由原来的 $\frac{2}{3}h$，改变为留底 200mm，它不仅可以增加装药量和增加堵塞长度，更可以减少向上飞石和改善爆破效果，更加符合基坑支撑爆破拆除的特点。

2.2 起爆延期的改变和调整

采用非电微差起爆系统，就是为了控制一段最大起爆药量，增加起爆段数，以增加一次起爆的拆除工程量。为此要进行孔内外延期的传爆网络设计。早先采用常规的微差爆破网络设计，即采用孔内毫秒延期，由于段别数量有限，所以采用若干段为一组，组与组之间用毫秒延期传爆，如图 2 所示。在施工过程中，由于装药与连线这两道工序技术难度较大，施工速度较慢，而改为孔内单一的瞬发雷管起爆，孔外用毫秒延期传爆。这一改变虽然连线速度提高，瞬发雷管起爆时间离散性小，爆破效果好，但由于爆破速度快，传爆速度慢，传爆网络容易被飞石打断。为此必须用材料覆盖传爆网络进行保护。后改用孔内半秒高段位爆破，孔外毫秒低段位传爆，孔外毫秒低段位传爆速度快，孔内半秒高段位起爆慢（网络如图 3 所示），传爆网络不会被打断，也不需要覆盖保护网络，既节省材料又节省人工，但孔内雷管起爆时间离散性大，炸药爆破的共同作用性差，须适当提高炸药单耗，以保证爆破效果，此举可以大大提高爆破一次成功率，被广泛推广应用。

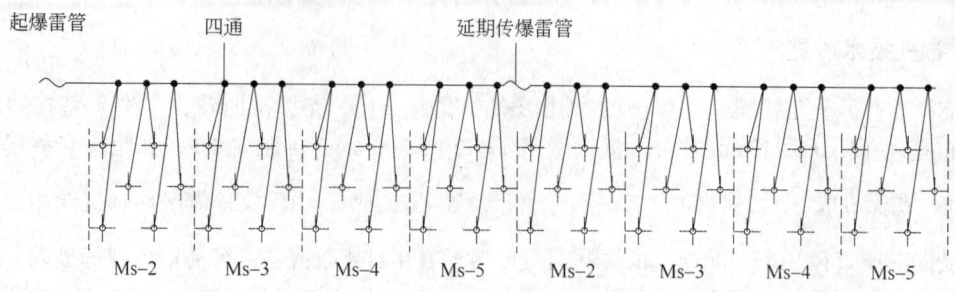

图 2　初期常规孔内毫秒延期网络图

Fig. 2　The early conventional hole millisecond delay network diagram

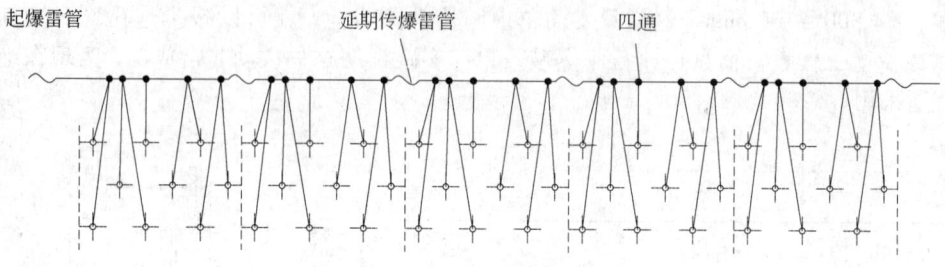

图 3　中期孔内半秒高段位，孔外毫秒低段位网络图

Fig. 3　Interim hole half a second high grade, outside the hole millisecond low grade network diagram

2.3　炮孔施工工艺改革

　　早期的炮孔是在支撑爆破前采用人工钻孔，但这类施工要等支撑混凝土达到一定强度，钻孔工期长，往往要提前进场施工，对整个基坑施工影响很大，而且噪声粉尘也很大，不满足环保要求。为了解决这一问题，我们考虑了预埋孔工艺，在浇筑混凝土时就派人员配合预埋，爆破时准备工作大量减少，只需在搭建防护时派人清孔、补孔、验孔，减少了钻孔噪声和灰尘，减少了耗电量，减少了准备工作量及时间，减少了施工压力。

2.4　起爆网络连接形式的改进

　　起爆网络连接是支撑爆破的一个关键工序。因为量大，传统的拆除爆破网络四通连接的方法不仅连线慢，还由于接口多，容易发生漏接和接线质量问题引起传爆中断；考虑到要保证网络传爆的可靠性，同时也要提高连线速度，改用大把抓的连线方式，如图 4（大把抓连线）所

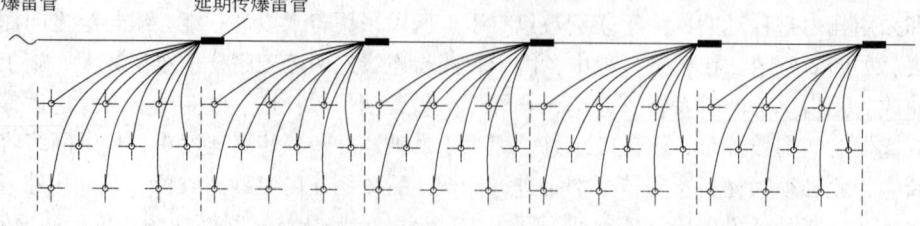

图 4　当期大把抓网络图（孔内半秒高段位，孔外毫秒低段位）

Fig. 4　The big catch network diagram (the hole high grade of a half second,
outside the hole millisecond low grade)

示，虽然导爆管用量增加但接线速度快，准爆率高，控制一段起爆药量更有效，这在许多基坑支撑爆破中体现出了优越性。

3　安全防护和减振措施的改善

技术上的发展给予支撑拆除爆破很大的生命力，逐步在上海以及各地推广应用，但安全防护工作乃是工程是否能顺利开展的关键。防护工程工作量大而繁重，爆前要搭设好，爆后要拆除，搭得马虎就满天飞，材料损耗大。最初支撑拆除爆破的防护只在支撑面上覆盖两层草包和两层竹排，爆破后防护材料和石块满天飞，如最早的1994年的中心广场支撑等。其后沿支撑两侧和顶面搭脱离式钢管脚手架，挂一层竹排，爆破后竹排基本飞光，延期起爆的飞石还是到处飞，如不夜城中心支撑的爆破拆除（1995年）。这种情况在上海这样的闹市中心显然无法生存立足，不控制好飞石就无法采用爆破方法进行拆除。

3.1　支撑爆破安全防护的改进

经过多次尝试之后我们采用全封闭脱离式防护（如图5所示），上盖双层竹排和一层密目绿网或草袋再加井字形钢管压住，爆破后能基本满足飞石不出基坑。自1996年以后的申华金融大厦、圣爱广场、南洋广场支撑等大量的支撑爆破拆除工程均采用这一方法，并推广到所有的支撑爆破项目中去。

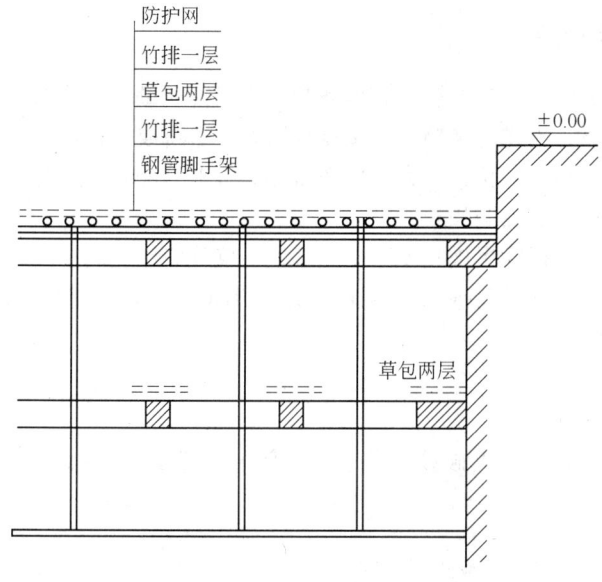

图5　第二及第二道以下支撑保护

Fig. 5　The second and the following support protection

全封闭防护虽然可保证飞石不出基坑，但是当处理上道支撑时，仍会有个别飞石飞出，所以我们对上层支撑设计了双层封闭式防护（如图6所示），而下层支撑爆破仅用一层封闭式防护就够了。防护棚的作用除防飞石外，还有降尘作用，所以在两层竹排间要夹一层密目绿网或草袋，潮湿的更好。此外防护棚还有降低噪声和减弱冲击波的作用。防护效果的好坏与防护材料的好坏和搭设质量的好坏有关。如果防护覆盖一旦被气浪冲开，防护材料、飞石和灰尘就满天飞。因此防护覆盖整体性要好，有一定重量，覆盖层还要与下部围檩设置拉结点，以保证飞石不出基坑。

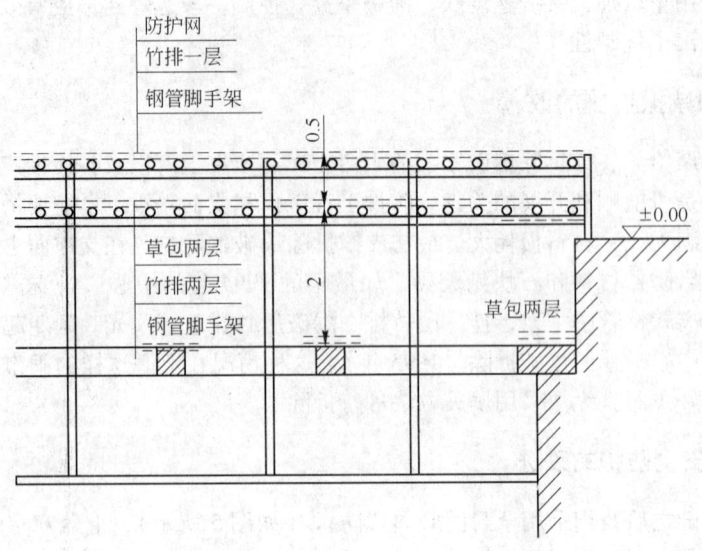

图 6　第一道支撑双层防护（单位：m）

Fig. 6　The double protection for first line of support（unit：m）

3.2　支撑爆破的振动控制

在爆破振动控制方面，严格控制爆破单耗和一段起爆药量，一般每段控制在 2～3kg 以内。在振动要求严格的地段，支撑与围檩的连接点采用人工切断或布置预裂孔在爆破时先进行预裂爆破切断。对振动要求高的部位，最大起爆药量还可控制在 1kg，甚至更低一些。这样不仅能控制爆破振动，还可以降低爆破噪声。

经过上述改变，支撑拆除爆破技术不断完善，不仅较好地控制了爆破振动和爆破飞石，拆除速度也大大提高，由原来的每炮 300～400m³ 增加到每炮 1000～2000m³，最多一炮引爆过上万发雷管，炸药 2～3t。

4　工程实例

为了说明上述经过改进的爆破技术，下面举例上海静安嘉里综合发展项目作为典型工程实例。

4.1　概况

静安嘉里项目位于延安中路铜仁路口，南侧距离高架 11m，北侧安义路上有重要历史文物保护建筑，距离仅 6m，西侧为常德路与 7 号线静安寺站地连墙仅 5m，周边环境十分复杂，环境如图 7 所示。基坑不仅面积大，深度大（地下 5 层，27m），而且方量也大，总拆除支撑方量为 $3.4 \times 10^4 m^3$，其中 2～5 层采用爆破拆除，计 $2.4 \times 10^4 m^3$。第一层采用机械拆除，计 $1 \times 10^4 m^3$。

4.2　支撑爆破技术参数

支撑爆破技术参数分别为：最小抵抗线 $W = 250 \sim 300mm$；孔距 $a = 1000mm$；排距 $b =$

图7　静安嘉里环境图

Fig. 7　Environment map of Jing' an Kerry Centre

$200 \sim 300$mm；孔深 $L = 0.7$mm。

支撑爆破采用乳化炸药，起爆系统采用塑料导爆管复式起爆网络，延期选择孔内半秒延期雷管 Hs-4、Hs-5、Hs-6，孔外用毫秒延期雷管 Ms-3 和 Ms-5，连线方式采用一把抓。爆破设计参数可参见表1。

表1　单孔药量（第 2 ~ 5 道）

Table 1　Single borehole charge（section 2 ~ 5）

编号	截面尺寸/m×m	孔距/m	排距/m	抵抗线/m	孔深/m	单耗/g·m⁻³	单孔药量/g
主撑1	1.0×1.0	1.0	0.25（3排）	0.25	0.70	820	200
主撑2	1.2×1.0	1.0	0.30	0.3	0.70	850	250
连梁	0.8×0.8	0.8	0.30	0.25	0.56	800	200
围檩	1.2×1.0	1.0	0.25	0.25	0.70	1300	400

4.3　爆破振动控制与防护

（1）孔内外微差爆破，一段药量小于2kg，重点保护部位控制在1kg以下；

（2）为确保地铁和保护建筑的安全，对这两个部位的支撑和围檩连接处爆破前用人工事先切断处理；

（3）整个基坑各点测试的振动值均控制在 $v = 2$cm/s 以下；

（4）防护采用标准形式全封闭防护，如图8所示，保证飞石不出基坑。

4.4　爆破效果

该工程自 2009 年 9 月开始至 2010 年 3 月最后一次爆破结束，共计爆破 24000m³，平均每层 6000m³，每次爆破 2000m³，每次消耗乳化炸药 2.4t，雷管 12000 发。爆破效果良好，破碎充分，如图9所示，周边地铁保护建筑未受影响，飞石不出基坑边界。

图 8　全封闭式防护图

Fig. 8　Totally enclosed protective figure

图 9　爆破后钢筋破碎效果图

Fig. 9　Picture of reinforced crushing effect after blasting

5　结论

　　深基坑工程是在软土地层（特别是饱和土）中大规模修建地下建筑（亦称埋入式结构）时采用的托换式施工方法，20 多年来得到广泛的推广应用。

　　在过去，这类工程很少，有也是规模不大，采用木材或钢结构作临时支护建造，进度很慢，还容易失稳，未被推广应用。由于现代建筑技术的发展，也为了合理地开发利用城市地下资源，开拓者将成千上万平方米甚至几万平方米的土地向下开挖几层，最深达到 27m 甚至更深，建造高层建筑的箱形深基础，用作地下停车库、地下商场等公共设施。到目前为止，深基坑工程就是在软土地层中完成这类工程的最好施工方法。

　　深基坑施工是在地面以下提供一个足够大的空间修建地下设施。为了克服周围巨大的水土压力，在这个空间的周围设置一道挡土止水的围护结构。为了节省材料，充分利用空间，围护结构必须自上而下，修建一道道临时支撑。施工中是浇筑一道支撑，开挖一层地层，直至设计底标高；然后浇筑永久性的大底板后进行换撑；再自下而上拆除一道临时支撑，浇筑一层地下室，并进行换撑，直至地面标高。由于基坑面积大，深度也大，临时支撑材料必须用高标号钢筋混凝土。用钢筋混凝土作临时支撑，可靠性有保障，但拆除难度大大增加，而且一层支护的混凝土量有几千立方米，根据工程进度要求尽可能压缩拆除时间，所以支撑采用拆除爆破成为与这一工法相配套的多、快、好、省的拆除方法。

基坑支撑和围檩的爆破拆除就是由此而发展起来的一门新技术，它是从 20 世纪 90 年代初地下围护结构改用钢筋混凝土以来，为配合新型围护结构而采用的拆除方法，经历了一个不断改进、完善和发展进步的过程，该过程见表 2。

表 2　基坑支撑和围檩的爆破拆除改进、完善和发展进步过程

Table 2　Excavation support and purlin blasting improved process improvement and development progress

内　容	单　位	初　期	中　期	当　前
成　孔		人工钻孔	PVC 预埋管	纸质预埋管
单　耗	kg/m³	常规设计 0.5 左右	硝铵炸药 0.5 ~ 0.8	乳化炸药 0.8 ~ 1.2
孔　距	m	常规设计硝铵炸药 2W	0.6 ~ 0.8	0.8 ~ 1.0
孔　深	m	常规设计 0.6h	0.7h	底部留 0.2
延　期		常规孔内延期	孔内外结合延期	孔内高段位，孔外低段位
段　数		几十段	几百段	上千段
减　振		控制一段药量	支撑围檩处预裂	支撑围檩处人工切断
防　护		常规覆盖	单根支撑脱离式防护	基坑全封闭，上道双层
数　量	m³/次	100 ~ 300	300 ~ 500	500 ~ 1500

如今支撑爆破拆除已经是一个相当成熟的工艺。它不仅在上海，凡是在有软土地基的地方如天津、苏州、无锡、常州、宁波、福建甚至武汉都在广泛地使用。回顾这一工艺方法 20 年来走过的路程，我们深深体会到实践出真知、技术出效益的真理始终是正确的。一个好的基坑围护方法，必须要有与之配套的拆除办法，而实践证明爆破拆除是基坑支撑拆除的最佳选择。

参 考 文 献

[1] 冯叔瑜，等. 城市控制爆破[M]. 北京：中国铁道出版社，1985.

[2] 汪旭光，于亚伦. 21 世纪的拆除爆破技术[J]. 工程爆破，2000，6(1)：32 ~ 35.

[3] 汪浩，郑炳旭. 拆除爆破综合技术[J]. 工程爆破，2003，3，9(1)：27 ~ 31.

[4] 陶顺伯. 深基坑钢筋混凝土支撑爆破拆除技术[C]//工程爆破文集（第六辑）. 深圳：海天出版社，1997.

[5] 张厚科，等. 天山世纪广场基坑钢筋混凝土支撑爆破拆除[C]//中国爆破新技术Ⅲ. 北京：冶金工业出版社，2008.

高卸荷槽在拆除 130m 高冷却塔中的应用

张英才[1]　范晓晓[2]　徐鹏飞[1]　盖四海[2]　董保立[2]　王　晓[2]

（1. 河南理工大学，河南焦作，454000；2. 河南迅达爆破有限公司，河南焦作，454000）

摘　要：本文主要介绍利用高卸荷槽技术成功爆破拆除华能渑池电厂130m冷却塔的工程实践，即：在倒塌中心线两侧对称布置了13条高卸荷槽复式切口，仅对冷却塔中的29对人字支柱进行爆破，使冷却塔在倾倒过程中发生扭转触地解体，达到了安全、快速、经济拆除高大建（构）筑物的设计要求。同时，利用 ANSYS/LS-DYNA 软件建立了冷却塔爆破拆除三维有限元实体模型，对高卸荷槽在冷却塔定向爆破拆除中的应用进行了数值计算。模拟倾倒过程和倒塌效果和实际有较好的一致性，可以为类似工程提供参考。

关键词：高大薄壁钢筋混凝土冷却塔；控制爆破；高卸荷槽；数值模拟

High Unloading Tanks in the Demolition of the 130m High Cooling Tower

Zhang Yingcai[1]　Fan Xiaoxiao[2]　Xu Pengfei[1]
Gai Sihai[2]　Dong Baoli[2]　Wang Xiao[2]

（1. Henan Polytechnic University, Henan Jiaozuo, 454000；
2. Henan Schindler Blasting Co., Ltd., Henan Jiaozuo, 454000）

Abstract：This article describes a practice what high unloading tanks technical was used in blasting demolition 130m high cooling tower at Huaneng Power Plant successfully, namely, arranging 13 high unloading tanks symmetrically on both sides of collapsed centerline, only blasting herringbone pillar of the cooling tower, reversing the cooling tower touchdown disintegrated during pouring, achieving a safe, fast, economical removal of tall constructs design requirements. At the same time, we used ANSYS/LS-DYNA software to build a cooling tower blasted dimensional finite element model, and the use of high unloading tanks in directional blasting cooling tower was calculated numerical. The simulation of the dumping process and collapse effect and practical were in good agreement. The cooling tower was better blasting, and can provide a reference for similar projects.

Keywords：tall and thin wall of reinforced concrete cooling tower；control blasting；high unloading tanks；numerical simulation

1　工程概况

为了遏制全球气候变暖，促进经济可持续发展，渑池县委县政府响应国家关停和淘汰能耗高、污染重的大量小火电机组的号召，决定对华能渑池电厂机组关停淘汰。厂区内的一座 130m 高冷却塔和两座高度分别为 180m、150m 的烟囱（见图 1），需采用控制爆破拆除技术将其进行安全、经济、快速地爆破拆除。

1.1 周围环境

冷却塔东侧 5m 和北侧 10m 为厂区围墙，紧邻北围墙外侧为村民自建的砖房，东北侧 75m 为村民的石砌房，西侧 145m 为待拆 180m 高烟囱，西南侧为碎煤机房和 2 号转运站，烟囱西侧 105m 处为电厂主厂房，南面 42m 为彩钢瓦房，条件较为复杂，如图 2 所示。

图 1 130m 高钢筋混凝土冷却塔
Fig. 1 130m high reinforced concrete cooling tower

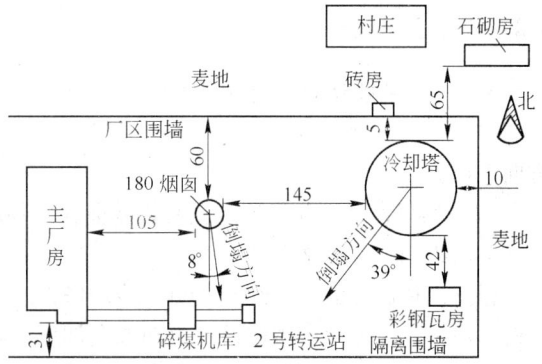

图 2 冷却塔周边环境示意图（单位：m）
Fig. 2 Schematic diagram of the surrounding environment（unit：m）

1.2 冷却塔结构

待拆除冷却塔为 6000m² 双曲线冷却塔，整体现浇钢筋混凝土高耸薄壁结构，塔高为 130m；底部最大半径 44.586m；喉部半径 26.591m；顶部半径 28.471m，塔壁呈双曲面形。塔壁最大壁厚 0.8m；最小壁厚 0.18m。人字支柱为直径 0.7m 的圆柱，高度为 7.8m，人字支柱共 48 对。圈梁高 1.29m，厚度 0.8m。冷却塔内部淋水平台为预制钢筋混凝土构件，其与塔筒之间没有结构性的连接，如图 3 所示。

2 本工程的难点与重点

（1）冷却塔高度为 130m，为国内最高。控制爆破技术难度大，没有经验借鉴。

（2）冷却塔高细比小，为 130/89 = 1.46，在爆破时

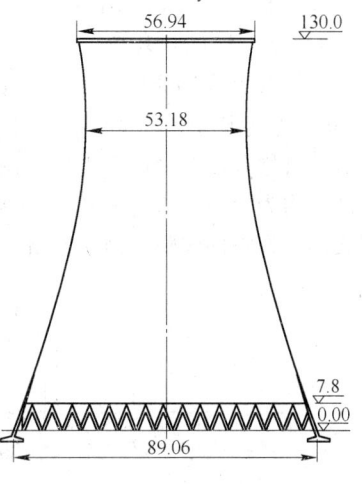

图 3 冷却塔结构示意图（单位：m）
Fig. 3 Structure scheme of cooling tower（unit：m）

应加倍重视，并要充分考虑到冷却塔底部直径大，重心偏低，结构比较稳定，圈梁钢筋布置较密，需防止坐而不倒，也应防止塌而不碎，造成爆堆过高难以处理。

（3）冷却塔为薄壁结构，钻孔数量多，起爆网路复杂，需采取可靠的网路连接技术。

（4）冷却塔钻孔数量多，装药填塞难，炮孔深度浅、抵抗线小，易产生飞石，因此必须严格控制单响药量，并加强飞石防护，同时严格控制爆破振动和塌落触地振动，保证对邻近建筑物不造成影响。

3　爆破设计

3.1　爆破拆除方案选择

根据冷却塔自身结构、周围环境情况、场地条件、各种需要保护设施的安全要求，并考虑到工期紧的要求，确定冷却塔和烟囱都采用单向定向倒塌的控制爆破拆除方案，冷却塔向南偏西39°倒塌，烟囱向南偏东8°倒塌。

3.2　爆破切口设计

3.2.1　爆破切口设计原则

（1）切口大小应满足：爆破后，在重力作用下能产生足够的倾倒力矩使冷却塔按照设计方向倒塌。

（2）切口设计必须保证爆破后，双曲线冷却塔产生扭曲、变形，塔身全部触地解体。

3.2.2　爆破切口设计

根据以往成功的施工经验，对于冷却塔仅对人字支柱钻孔爆破，塔壁提前机械处理适当高度的卸荷槽，即可使塔体按设计方向顺利倒塌、解体，可大大减少装药量，既有效地控制了爆破振动，又有利于缩短工期，提高安全系数。

（1）冷却塔切口宽度取塔壁周长的3/5，即168m。由于仅对人字支柱爆破，实际施工时取人字支柱的个数为29对。

（2）根据冷却塔的结构，切口下沿距地面的高度取人字支柱高度为7.8m。

3.2.3　爆破预处理

（1）预开高卸荷槽。为确保倾倒方向准确无误，预开两个三角形的定向窗，定向窗高度为6m。为实现塔体连续倒塌和减小塔体触地振动，在塔体倾倒正面塔身上增设高卸荷槽。高卸荷槽对称开设在倒塌中心线中两侧。高卸荷槽共有13个，两端的卸荷槽高度为13m，中间的高度均为18m，卸荷槽宽度均为1.2m。卸荷槽为隔跨开设。槽内混凝土除净，钢筋保留。圈梁部分为隔槽破碎，钢筋保留。如图4所示。

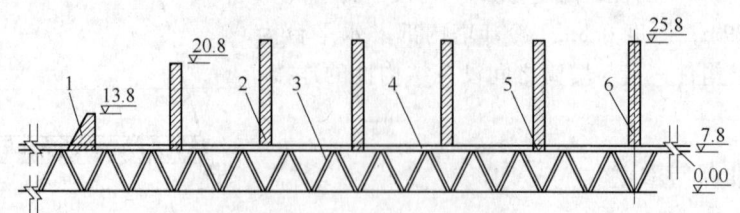

图4　冷却塔爆破切口布置示意图（1/2 切口）（单位：m）

1—定向窗；2—机械处理高卸荷槽；3—人字支柱爆破区；4—圈梁；5—圈梁中的卸荷槽；6—倒塌中心线的高卸荷槽

Fig.4　Schematic diagram of blasting cut layout on cooling tower （1/2 cut）（unit：m）

（2）爆破前采用机械对塔体内部的淋水平台进行拆除，钢爬梯也要切除，以免影响冷却塔倒塌方向的精度。

3.3　爆破参数设计

由于对人字支柱以上塔体部分采用了机械预破碎处理方案，在设计爆破缺口内仅需对人字支柱爆破即可。因此，仅设计人字支柱爆破参数。爆破参数详见表1。

表1　爆破参数汇总

Table 1　The blasting parameters summary

炮孔部位	孔深/mm	孔距/mm	排距/mm	单孔药量/g	孔数/个	总药量/kg
人字柱	400	500	—	100	812	81.2
支　墩	1000	500	800	80	232	18.5
合　计					1044	99.7

3.4　起爆网路设计

为减小单响起爆药量，控制爆炸振动对周边建（构）筑物和设施的影响，采用非电双向多点触发起爆网路，每个单向传爆网路为2根导爆管雷管，双向4根导爆管，最后形成一个闭合的网路，整个爆破缺口炮孔划分为10个段别。烟囱和冷却塔采用同一电起爆网路起爆。冷却塔先起爆，烟囱后起爆，间隔时间为900ms。

4　爆破安全设计

4.1　爆破振动控制

4.1.1　炸药爆炸振动效应

冷却塔定向倾倒炸药爆炸时产生的质点振动速度计算公式[1]见式（1）：

$$v = K\left(\frac{\sqrt[3]{Q}}{R}\right)^{\alpha} \tag{1}$$

式中　R——爆破振动安全允许距离，m；

Q——炸药量，齐发爆破为总药量，延时爆破为最大一段药量，kg；

v——保护对象所在地质点振动安全允许速度，cm/s；

K，α——与爆破点至计算保护对象间的地形、地质条件有关的系数和衰减指数。

根据经验取$K = 33.6$，$\alpha = 1.62$，由计算可知，对要保护的围墙处引起的质点振动速度计算得$v_{max} = 0.15\text{cm/s}$，爆炸振动是安全的。计算结果见表2。

表2　爆破振速安全校核计算结果

Table 2　Calculation results of blasting vibration velocity safety check

被保护建筑物	距爆炸中心距离/m	理论振动速度/cm·s^{-1}	允许安全振动速度/cm·s^{-1}
东侧围墙	54.6	0.26	2.3~2.8
北侧围墙	49.6	0.30	2.3~2.8
石砌房	109.6	0.08	2.3~2.8
结　论		安　全	

4.1.2　触地振动效应

对于塌落触地振动速度的计算，采用周家汉在《爆破拆除塌落振动速度计算公式的讨论》[2]提出的，建筑物爆破拆除时的塌落振动速度计算公式（见式（2）)：

$$v_t = k_t \left[\frac{R}{(MgH/\sigma)^{1/3}} \right]^\beta \qquad (2)$$

式中　v_t——塌落引起的地面振动速度，cm/s；

　　　M——下落构件的质量，t；

　　　g——重力加速度，$9.8 \mathrm{m/s^2}$；

　　　H——构件的重心高度，m；

　　　σ——地面介质的破坏强度，一般取 10MPa；

　　　R——离冲击触地点的距离，m；

　　　k_t、β——塌落振动速度衰减系数和指数，$k_t = 3.37 \sim 4.09$，$\beta = -1.80 \sim -1.66$。

对冷却塔周围不同距离，将 k_t、β 代入式（2），计算结果见表 3。

表 3　触地振速安全校核计算结果

Table 3　Calculation results of touchdown vibration velocity safety check

被保护建筑物	距倒塌中心距离/m	理论振动速度/cm·s⁻¹	允许安全振动速度/cm·s⁻¹	备 注
东侧围墙	54.6	3.77	2.3 ~ 2.8	采取措施后可保证被保护物的安全
北侧围墙	49.6	4.4	2.3 ~ 2.8	
石砌房	109.6	1.18	2.3 ~ 2.8	
结 论	安 全			

实际爆破时，冷却塔在倒塌触地过程中，常常在中上部产生折断并依次连续塌落，计算时按点荷载计算，因此实际的冲击振动速度要比理论值小得多，冷却塔爆破不会对周围建筑产生破坏性影响。

4.1.3　振动控制措施

（1）采取预先开出高卸荷槽以改变塔体倾倒的触地状态，延长触地时间，使能量转换向有利于减小振动速度的方向发展[3]。在冷却塔倾倒方向的正面塔体上共布置了 13 条高卸荷槽（倾倒中心线的两侧各 6 条），如图 5 所示。

（2）在冷却塔触地东北方向开挖减振沟，阻断触地振动的传播[4]，重点防护建筑物和机器设备，周围也增加减振沟，如图 6 所示。

图 5　高卸荷槽布置图　　　　　　　　　　　　　　图 6　减振沟

Fig. 5　High unloading tanks arrangement drawings　　　Fig. 6　Damping ditch

4.2　爆破飞石控制

（1）个别爆破飞石的最大水平距离可按式（3）和式（4）[5]计算：

$$v = 20k\left(\frac{\sqrt[3]{Q}}{w}\right)^2 \tag{3}$$

$$S = \frac{v^2\sin\alpha}{g} \tag{4}$$

式中　v——飞石初速度，m/s；

　　　Q——单孔最大药量，kg；

　　　w——最小抵抗线，m；

　　　k——防护系数，0.2 ~ 0.5；

　　　g——重力加速度，m/s^2；

　　　S——个别飞石水平方向的距离，m；

　　　α——飞石的抛射角。

当 $\alpha = 45°$ 时，个别飞石的水平距离最远。将烟囱爆破的单孔最大药量、最小抵抗线及系数 $k = 0.3$ 代入式（3）和式（4）得：$S = 36m$，飞石距离满足安全要求。

（2）防护措施。冷却塔人字柱上用不少于三层的湿草苫进行严密覆盖，并在外围用钢丝网捆绑住，如图 7 所示。

图 7　爆破飞石防护
Fig. 7　Blasting flyrock defence

（3）目前尚无冷却塔倒塌触地飞溅碎石距离的实用公式，只能根据不同触地介质强度等具体工程实践经验而定。

4.3　空气冲击波的控制

（1）爆破空气冲击波的安全距离按式（5）计算：

$$R = k\sqrt{Q} \tag{5}$$

式中　R——爆破空气冲击波的安全距离，m；

　　　Q——装药量，kg，瞬发爆破为总药量，延期爆破为单段最大药量；

　　　k——与装药途径和爆破程度有关的系数，对于建筑物 $k = 1 ~ 2$，对于人 $k = 10$。

6000m^2 冷却塔单段最大起爆药量 20kg，计算得对人和建筑物的安全距离分别是 44.7m、8.94m。安全警戒范围以待爆冷却塔为中心的周围 300m，所以爆炸冲击波不会对周围建筑物及警戒距离以外的人员造成危害。

（2）对于空气冲击波的控制主要采取分段微差爆破的方法，减少单段起爆药量。

5　冷却塔高卸荷槽复式切口爆破拆除倒塌数值模拟

利用 LS-DYNA 软件对高卸荷槽冷却塔爆破拆除倒塌过程进行数值计算，考虑钢筋混凝土冷却塔结构与材料特征，本构模型选用弹塑性损伤模型，选用实体单元建立钢筋混凝土和地面

的三维实体模型。对人字柱底座和地面施加
约束，定义单面侵蚀接触，动静摩擦系数为
$0.5^{[6]}$。在 K 文件中添加 * Mat_Add_Erosion
定义时间失效准则控制高卸荷槽和人字柱组
成的复式爆破切口的形成，数值计算时，爆
破缺口范围内塔体人字支柱隔跨开设一个高
卸荷槽，冷却塔高卸荷槽复式切口爆破塔体
模型和应力云图如图 8 所示。

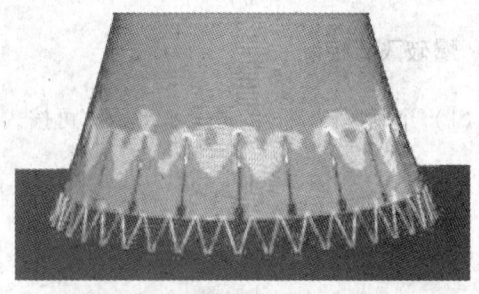

图 8　预设高卸荷槽塔体应力云图
Fig. 8　Default unloading tank tower high stress cloud

为了便于分析冷却塔倒塌触地冲击过程
和冲击状态，根据数值计算结果，取数值计
算 1.6s、2.2s、2.8s 和 4.9s 时的倒塌触地冲击图片，如图 9 所示。

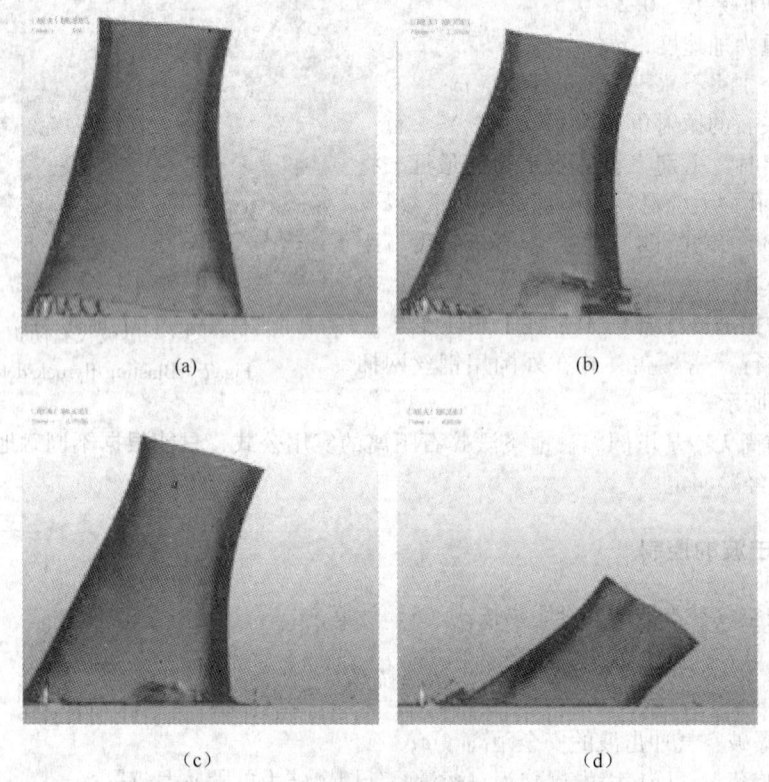

图 9　冷却塔爆破倒塌触地过程模拟
(a) $t=1.6s$；(b) $t=2.2s$；(c) $t=2.8s$；(d) $t=4.9s$
Fig. 9　Cooling tower blasting simulation of collapsed touchdown process

为了对比分析数值计算效果和精确程度，取冷却塔爆破拆除摄影图片，如图 10 所示，时
间分别为 1s、3.8s、5s 和 5.8s。这里主要对比冷却塔的倒塌过程，没有严格对照数值计算时间
进行取图。

为了验证数值计算的正确性与合理性，对比分析了高卸荷槽在冷却塔爆破拆除中的数值倒
塌触地振动波形与实测振动波形，如图 11 所示。

(a)　　　　　　　　(b)

(c)　　　　　　　　(d)

图10　冷却塔实际爆破倒塌过程

（a）$t=1s$；（b）$t=3.8s$；（c）$t=5s$；（d）$t=5.8s$

Fig. 10　The actual process of blasting the cooling tower collapse

通过振动速度波形图的对比可以得出：

（1）冷却塔爆破拆除倒塌触地实际振动波形有明显的四个阶段，且四个阶段与数值模拟计算结果一致。

（2）实测最大振动速度幅值为数值模拟计算结果的1/3，这与实际施工中开挖减振沟等安全防护措施有关。

6　爆破效果

华能渑池电厂130m高冷却塔起爆后按设计方向倒塌，倒塌过程中未发现后坐、剪断和前冲的现象，塔体在倒塌过程中下坐、扭曲、变形，塔体解体充分，实现了塔体在倾倒过程中边倾倒、边破碎。塔体爆堆局部高度约2m，村民的石砌房和其他需保护建（构）筑物未受到任何影响，达到了预期的爆破效果和目的。爆破效果如图12所示。

冷却塔起爆900ms后180m烟囱开始起爆，烟囱设计倒向为南偏东8°，实际倒向南偏西5°，偏离原设计方向13°。因为烟囱倒塌场地宽阔，未对周围建（构）筑物和设备造成损失。

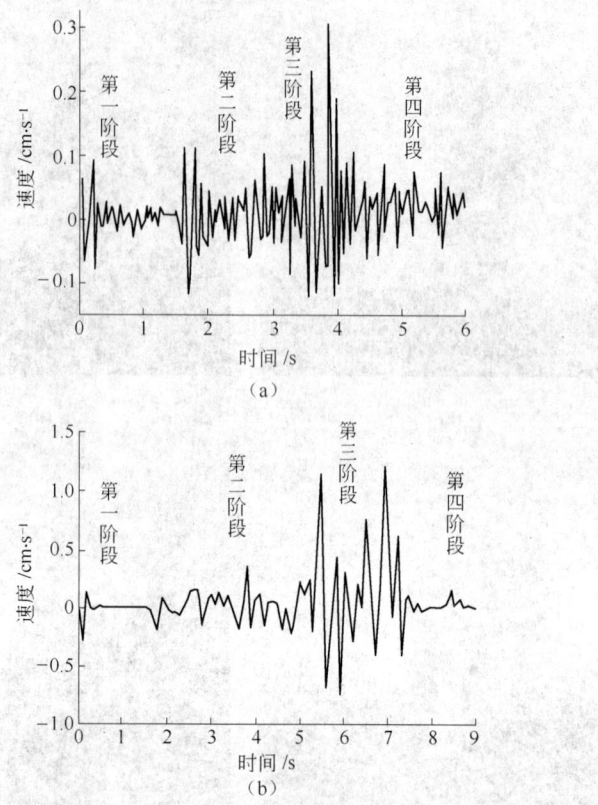

图 11　振动速度波形对比

（a）实测振动波形图；（b）数值振动波形图

第一阶段：爆破产生的振动信号；第二阶段：圈梁与地面初始接触产生的振动信号；

第三阶段：塔身主体触地产生的振动信号；第四阶段：振动的衰减信号

Fig. 11　Vibration velocity waveform comparison

图 12　冷却塔爆破效果图

Fig. 12　The blasting renderings of cooling tower

7　结语

（1）在冷却塔爆破拆除中，预开设高卸荷槽，仅对人字支柱进行爆破，可以大量减少塔体炮孔数量，提高施工效率，降低爆破成本，达到了安全、顺利、经济地拆除冷却塔的设计目的。

（2）冷却塔预开高卸荷槽后，降低炸药的单段起爆药量及爆破振动。

（3）冷却塔预开高卸荷槽可增大塔体倒塌过程中的解体程度，延长塔体触地冲击时间，弱化整体刚度，减小塔体触地冲击强度，实现了软着陆，有效控制触地振动强度。

（4）冷却塔塔壁较薄，塔体尺寸较大，在倒塌过程中发生扭曲、变形，而扭曲、变形是冷却塔爆破成功的标志，且破碎效果良好。

（5）烟囱偏离设计方向的原因是冷却塔扭曲、变形解体后瞬间释放筒体内的压缩空气流造成的，经分析，虽然烟囱与冷却塔相距 145m，但强大的空气流对倾倒过程中无根的烟囱产生了强大推力，使烟囱偏离原设计倒塌方向。因此同时起爆两座及以上冷却塔或烟囱时，需考虑先爆构筑物的压缩空气对后爆的构筑物的倒塌方向精确度的影响。

（6）采用 ANSYS/LS-DYNA 有限元软件进行模拟，可以较为真实地反映冷却塔的倒塌过程，可以为类似工程提供参考和借鉴。

参 考 文 献

[1] 中华人民共和国国家质量监督检验检疫总局 . GB 6722—2003 爆破安全规程[S]. 北京：中国标准出版社，2004.
[2] 周家汉 . 爆破拆除塌落振动速度计算公式的讨论[J]. 工程爆破，2009，15(1)：58～62.
[3] 付天杰，赵超群，等 . 竖向切缝在高大冷却塔拆除爆破中的作用[J]. 工程爆破，2011，17(4)：1～4.
[4] 方向，高振儒，等 . 减震沟对爆破震动减震效果的实验研究[J]. 工程爆破，2002，8(4)：20～23.
[5] 熊炎飞，董正才，等 . 爆破飞石飞散距离计算公式浅析[J]. 工程爆破，2009，15(3)：33.
[6] 褚怀保，侯爱军，等 . 冷却塔高卸荷槽复式切口爆破控制振动机理研究[J]. 振动与冲击，2014，33(9)：196～198.

复杂环境下 105m 冷却塔爆破拆除

申文胜　李清明　刘少帅

（上海消防技术工程有限公司，上海，200080）

摘　要：本文介绍了复杂环境下 105m 冷却塔定向爆破拆除技术特点，通过冷却塔筒体切口和切缝的处理，爆破切口形状等主要爆破参数的合理选择，对爆破飞石、爆破振动、爆破塌落范围等进行了安全性分析并提出具体安全措施，工程实践表明爆破效果非常好，不仅达到了安全拆除的目的，同时确保电厂内拆除区域 3m 处的供暖管线及循环水管道系统的安全，同时对同类工程的设计和施工具有参考价值。

关键词：冷却塔；拆除爆破；爆破参数

Blasting Demolition of 105m Cooling Towers under Complicated Environment

Shen Wensheng　Li Qingming　Liu Shaoshuai

（Shanghai Fire Technology Engineering Co., Ltd., Shanghai, 200080）

Abstract：Technical features of directional blasting demolition of 105m cooling towers was introduced under complicated environment. Through the cooling tower incision and cutting processing, reasonable selection of blasting parameters of blasting cut shape, the blasting fly rock, blasting vibration, blasting collapse vibration of safety analysis and put forward the specific safety measures, engineering practice indicated that the blasting effect is very good, not only to achieve the purpose of safe demolition, while ensuring that the heating pipeline plant demolition area at 3m and circulating water piping system security, also has the reference value to the similar engineering design and construction.

Keywords：cooling tower；blasting demolition；blasting parameters

1　引言

为了充分响应国家"上大压小、节能减排"政策，根据河北省邯郸市马头电厂要求对 3 ~ 4 号（90m）、5 ~ 6 号（105m）四座冷却塔进行爆破拆除，其中 5 号冷却塔的环境最为复杂，其爆破技术要求和施工要求都非常高，本文将着重介绍 5 号（105m）冷却塔爆破拆除过程。

2　工程概况

2.1　工程环境

北侧：7 号冷却塔，其距离 5 号冷却塔为 37.2m。

申文胜，工程师，shenws1314@163.com。

东侧：供热管线，其距离 5 号冷却塔最近距离为 3.5m，管道走向为南北向；东侧主变厂房距离 5 号塔为 58.1m。

南侧：管道架（复合管道电缆管及水管），距离 5 号冷却塔边沿为 7.0m，管道架南侧为化学品仓库，距离 5 号冷却塔最近距离为 30.8m。

西侧：自来水管，距离 5 号塔为 31.5m，水管西侧为 4 号冷却塔，距离 5 号冷却塔为 38.4m。

冷却塔周边环境如图 1 所示。

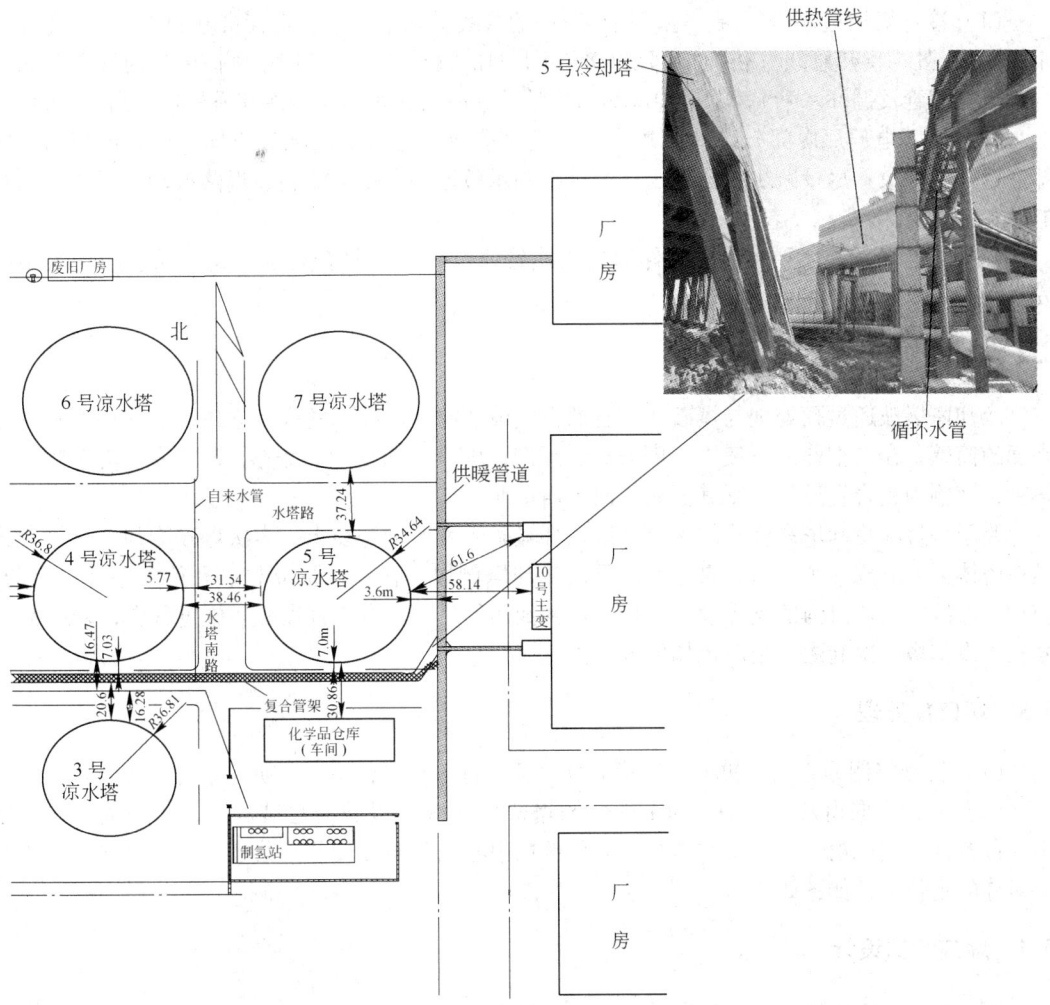

图 1　5 号冷却塔周边环境图

Fig. 1　5# cooling tower surrounding environment map

2.2　冷却塔结构特点

5 号冷却塔建于 1977 年，为厂区三期改造项目，均为双曲线型钢筋混凝土薄壳结构，壁厚由下部的 550mm 向上逐渐减薄至 160mm，高度为 105m，混凝土标号为 300 号，水平筋 $\phi10$ 在竖向筋 $\phi12$ 的外侧，水平筋保护层为 25mm。冷却塔出口（顶部）直径为 53.2m；冷却塔喉部

（标高80.00m处）直径为42.8m，底部（+7.800m处）直径为77.200m，在+7.800m处设一道0.6m×1.0m的混凝土圈梁，底部（+0.00m处）直径为85.2m。冷却塔下部±0.000~7.800m处采用44对人字形钢筋混凝土支柱撑，立柱规格550mm×550mm，支柱和支柱环梁及环形基础为钢性连接。

3 爆破拆除方案设计

3.1 周边环境及保护目标

（1）冷却塔周边环境复杂。电厂内运行中的管线设施密布，且贯穿塔基四周，5号冷却塔东侧3.5m处为供热管线（供应邯郸市60%以上的供热），5号冷却塔南侧7m处为管道架（复合管道电缆管及循环水管），管道架南侧为化学品仓库，其距离5号冷却塔最近距离为30.8m。

（2）由于电厂厂内部分设施无法停止，且要求冷却塔爆破的倒塌方向准确；严禁出现冷却塔后坐的现象；尽量减少塌落范围；严格控制爆破振动、爆破飞石、塌落振动，不能对运行的设备造成破坏。

（3）安全防护技术要求高。确保周边供热管线、循环水复合管道、化学品仓库和氢站的安全。

3.2 总体拆除方案

冷却塔爆破通过预处理与爆破相结合的方式破坏冷却塔底部的人字立柱、支柱环梁和一定高度的筒壁，在自重作用下使冷却塔失稳、倾倒，塔身扭曲变形、塌落。5号冷却塔东侧为供热管，南侧为复合管道架，则其倒塌方向为西偏北32°。

鉴于待拆除冷却塔高度、结构尺寸以及环境条件和安全等要求，本次爆破冷却塔总体方案是在塔体下方形成一个切口，自重作用下使冷却塔倒塌。在人字形立柱、环梁上钻孔、装药、防护、爆破，使切口内的支撑瞬间破坏，达到倒塌的目的。本工程爆破实施过程中，采用3~5号三个冷却塔一次起爆、延时倒塌的方案。

3.3 切口预处理

（1）机械将倒塌方向中央的人字形立柱打开，进入到塔体下方，拆除填充料和淋水立柱。
（2）开设定向窗及减荷槽，为了确保倒塌效果和减少爆破的总装药量，爆破前，在倒塌中心位置开设定向窗、在环梁和塔身上对称倒塌中心线两侧开设共减荷槽、在切口边沿开设两个对称的定位窗，如图2所示。

3.4 爆破切口设计

3.4.1 切口长度

切口长度的大小决定切口形成以后冷却塔能否实现偏心失稳，如果切口过大可能导致余留部分没有足够的支撑力而使冷却塔倒塌方向失去控制，甚至出现反向倒塌，反之可能出现倾而不倒的情况。根据该冷却塔的结构和受力情况，结合以往的成功经验，人字形立柱、立柱环以及塔身分别选择不同的切口长度，分别为：

人字立柱：
$$L_1 = \frac{1}{2}S_1$$

立柱环：
$$L_2 = \frac{210 \sim 230}{360}S_2$$

塔身：
$$L_3 = \frac{220 \sim 230}{360} S_3$$

3.4.2 爆破切口高度

对钢筋混凝土冷却塔而言，应考虑切口形成后，切口内裸露的竖向钢筋必须失稳。同时，还应使冷却塔在倾倒至较大角度时，切口的上下沿闭合相撞，防止相撞时使倾倒方向发生偏离。切口高度 H_p 包括人字形立柱高度 h_1、支柱环高度 h_2 以及塔身高度 h_3 三部分（见式（1））。

$$H_p = h_1 + h_2 + h_3 \tag{1}$$

3.4.3 爆破切口参数

105m 冷却塔（5 号）采用倒梯形切口，两侧边角度为 45°。切口高度中间高，两侧低，共开窗 15 个，宽 4.0m，高 4.0～9.0m，中间窗底宽 6.0m，高 9.0m，在中间窗上部至 +22.0m 位置开一条宽 50cm 的切割缝[1]，对应切口长度为 27 对人字撑，地面切口 221°，筒壁切口标高 5.0m 处圆心角为 236°，切口长度为 233.5°，每个切口对应圈梁处采用爆破方式切断圈梁，如图 2 所示。

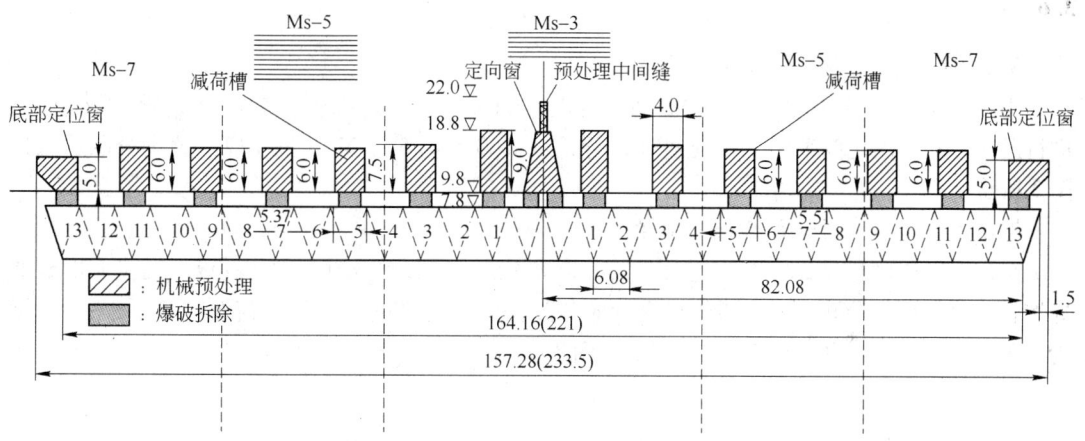

图 2　105m 高冷却塔倒梯形切口布置图——5 号塔

Fig. 2　105m cooling tower inverted trapezoid incision layout—5# tower

3.5　爆破参数

（1）最小抵抗线 w：取切口处冷却塔壁厚的一半，即 $w = \delta/2$（δ 为缺口位置壁厚或立柱最小边长）；

（2）药孔间距 a：$a = 1.5 \sim 1.8w$ 或 $a = (0.9 \sim 0.95)L$；

（3）药孔排距 b：$b = (0.85 \sim 0.9)a$；

（4）药孔孔深 L：$L = (0.67 \sim 0.7)\delta$；

（5）单孔药量 Q_1：$Q_1 = qab\delta$。

式中，Q_1 为单个装药量，g；q 为单位体积耗药量，g/m³，一般取 1000～1200g/m³，但对于位置较低的人字形立柱，该单耗可适当增加（1300～1600g/m³），以确保冷却塔内的主筋产生大变形，有利于冷却塔失稳倾倒；δ 为塔体壁厚，m；a、b 为药孔的孔距及排距，m。具体参数见表 1。

表1　5号冷却塔爆破参数

Table 1　5# cooling tower demolition table

爆破部位		单根孔数	孔深/mm	单孔药量/g	抵抗线/mm	孔距/cm	排距/cm	单耗/g·m⁻³	单根孔数	孔数	药量/kg
人字形柱	上	4	400	150	250	30	单排	1416	9	486	87
	下	5	400	200	250	30		2078			
单块圈梁立柱环	单排	5/6	1650	1100	240	50	单排	2243	5/6	83	91.3
合　计										569	178.7

注：1. 人字形支柱配筋：纵筋（4φ32、4φ30），箍筋（4φ32、4φ30）；

　　2. 环形圈梁配筋：纵筋（14φ20、15φ20），箍筋（φ12@222）；

　　3. 环形圈梁的爆破切口与塔体上减荷槽的位置相对应；

　　4. 第1、3、5、7、9、11、13、15窗下圈梁炸3m宽。

3.6　起爆网路

3.6.1　爆区划分及起爆顺序

为了控制炸药爆炸产生的爆破振动，可以倾倒中心线为对称轴，对称分10段（5个区）进行爆破。相邻段之间采用毫秒延期时间间隔为Ms-3、Ms-5和Ms-7段雷管，段别分区示意如图2所示。

3.6.2　起爆网路形式及连接方法

采用非电簇联法复式导爆管孔内延期雷管构成的网路起爆。每个装药孔设置两发非电延期导爆管雷管，同一药孔的双发雷管导爆管应分开在两个网路里（以每个窗对应其下2~4根梁为一单元进行连网，共分成13个单元，见图3）。

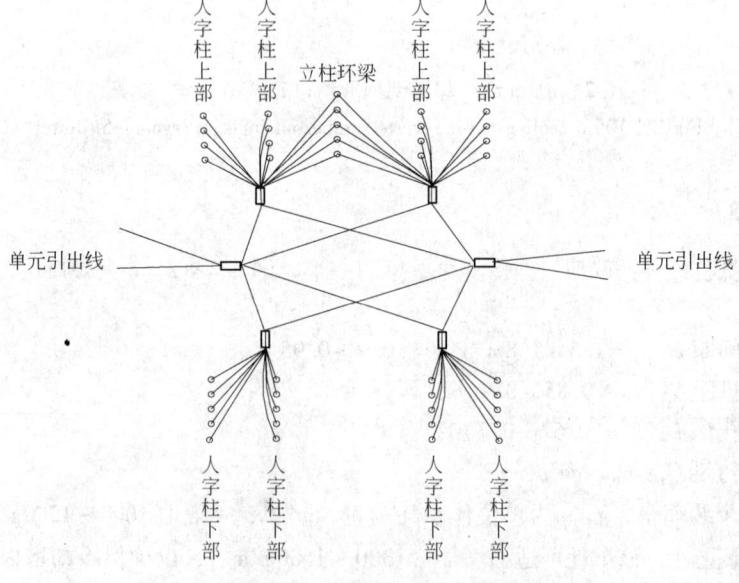

图3　网路连接示意图

Fig. 3　Schematic diagram of network connection

3.6.3 起爆方式选择

为避免杂散电流、射频电流对起爆网路的影响，防止早爆或误爆事故发生，所有雷管均采用非电导爆管雷管，起爆网路采用复式非电导爆管网路，最后用起爆导爆管专用起爆器起爆。

4 爆破安全校核和防护

4.1 振动控制

4.1.1 爆破振动

爆破时产生的地震波振动速度可根据《爆破安全规程》（GB 6722—2003）给出的质点垂直振速公式（萨道夫斯基公式）进行计算，考虑到此次爆破为内部装药多点分布的控制爆破，不同距离 R 处允许的最大一段（次）起爆药量 Q_{max} 计算式见式（2）：

$$v_c = KK' \left(\frac{\sqrt[3]{Q_{max}}}{R} \right)^\alpha \tag{2}$$

式中　Q_{max}——最大一段（次）起爆的炸药量（20kg）；

　　　　v_c——爆破产生的质点振动速度，cm/s；

　　　　R——爆点中心至被保护目标的距离，m，其中冷却塔的半径为 42.6m，对于凉水塔倒塌方向背向的管线及建（构）筑物而言可以按照半径距离来计算；

　　　　K，α——与地形、地质条件有关的系数和衰减系数，对于传播介质为软岩石时，$K = 250 \sim 350$，$\alpha = 1.8 \sim 2.0$；

　　　　K'——拆除爆破装药分散系数。

此次爆破最大一次齐爆药量在 20kg 以内，根据式（2），K，α 取中间值，计算得该药量在不同距离上的爆破振动速度见表 2。

表 2　爆破振动速度参照
Table 2　Blasting vibration velocity reference table

序号	药量 Q/kg	距离/m	KK'	α	相对建（构）筑物	振动速度/cm·s^{-1}
1	20	13.6	20	1.8	5 号塔对南侧循环水复合管道架	1.09
2	20	30	20	1.8	5 号塔对东侧供热管	0.26
3	20	58	20	1.8	5 号塔对东侧 10 号主变电室	0.08
4	20	≥50	20	1.8	对于 7~10 号冷却塔	0.10

4.1.2 爆破塌落振动安全校核

根据中国科学院力学研究所周家汉研究员提出的高大建（构）筑物倒塌落地振动公式[2]（见式（3））：

$$v_t = K_t \left[\frac{R}{(MgH/\sigma)^{\frac{1}{3}}} \right]^\beta \tag{3}$$

式中，v_t 为塌落引起的地面振动速度，cm/s；M 为下落建（构）筑物的质量，2500t；g 为重力加速度，9.8m/s^2；H 为建（构）筑物的高度，105m；σ 为地面介质的破坏强度，一般取 10MPa；R 为观测点至冲击地面中心的距离，取 $R = 35$m，125m；K_t，β 为塌落振动速度衰减系数和指数，$K_t = 3.37 \sim 4.09$，$\beta = -1.80 \sim -1.66$，本工程计算时取 $K_t = 3.5 \times 1/3 =$ 1.16，$\beta = -1.66$。

根据以上数据带入公式（3），可得距冷却塔塌落点最近的供热管道和 10 号主变电室的振动速度分别为 $v_{t_1} = 2.12 \mathrm{cm/s}$，$v_{t_2} = 0.25 \mathrm{cm/s}$。振动速度低于安全允许振速标准，满足《爆破安全规程》的要求。

4.2　防护措施

（1）由于冷却塔圈梁和底部支撑梁均属于小界面混凝土块体，为了确保爆破安全，在每个待爆圈梁和支撑梁外部均包裹两张长 2.5m、宽 1.8m 的防护毯，防护毯是采用 5 层强力安全网和 4 层强力钢丝网交叉覆盖而成，防护毯外侧用粗铁丝绑紧。

（2）为降低触地振动，冷却塔倾倒落地处用沙袋堆一带状缓冲垫层，垫层上覆盖一层强力安全网，减少二次飞溅。在冷却塔四周开挖一深 3.5m 的减振沟。

（3）为减少爆破飞石及冲击波对东侧供热管道、10 号主变电室、厂房和南侧管道架的影响，在冷却塔东侧和南侧紧贴管道搭设一个高 15m 的双排防护排架（见图 4）。

(a)

(b)

(c)

图 4　安全防护措施
（a）近体防护毯；（b）缓冲垫层；（c）减振沟和防护排架
Fig. 4　Safety protection measures

5　爆破效果和探讨

三座冷却塔于 2011 年 7 月 26 日 15：58 时一起爆破，依次间隔 1s 相继倒塌，按照设计方向倒塌，倒塌范围仅超出冷却塔底部边缘 5 ~ 10m，基本属于原地坍塌，5 号冷却塔东侧和南侧的保护管线均完好无损，取得了很好的爆破效果（见图 5 和图 6）。

(a)　　　　　　　　　　　　(b)

(c)

图 5　三座冷却塔爆破倒塌过程

（a）起爆后 2s；（b）起爆后 4s；（c）起爆后 8.5s

Fig. 5　The three cooling towers collapse process of blasting

(a)　　　　　　　　　　　　(b)

图 6　冷却塔爆破效果图

（a）5 号塔东侧爆破前；（b）5 号塔东侧爆破后效果

Fig. 6　Blasting effect chart

采用 TC-4850 爆破测振仪实测的振动速度见表 3。

表3 监测振动速度
Table 3 Monitoring vibration velocity

记录时间	2011-7-26	操 作 员：吕振皖	炮 次：1
记录长度	10.0000 S	仪器编号：01	距 离：157m/125m/35m
记录速率	16000，SPS	试验设备：TC-4850 爆破测振仪	药 量：5kg

测 点	最大振速/cm·s⁻¹	主 频	备 注
1 号	2.019	1599.658Hz	距离5号塔塌落中心东侧35m处
2 号	0.316	3.571Hz	距离5号塔塌落中心东侧125m处
3 号	-0.126	4.869Hz	距离5号塔塌落中心东侧157m处

《爆破安全规程》规定钢筋混凝土结构房屋安全振动速度最小为3cm/s，由表3可见爆破塌落振速均在安全范围内。

通过爆破视频分析，爆破飞石没有对周边建（构）筑物造成损坏，采用倒梯形切口方式使5号冷却塔形成弧形的牢固支撑体系，避免因后部支撑不稳而造成后坐或背向倒塌的可能性[3]，确保了冷却塔东侧供热管线和复合管架的安全，达到了预期效果。

参 考 文 献

[1] 付天杰，赵超群，等. 竖向切缝在高大冷却塔拆除爆破中的作用[J]. 工程爆破，2011，17（4）：58～62.

[2] 周家汉. 爆破拆除塌落振动速度计算工时的讨论[J]. 工程爆破，2009，15（1）：1～4.

[3] 申文胜. 冷却塔爆破拆除切口定向窗形状选取的探讨[C]//中国爆破新技术Ⅲ. 北京：冶金工业出版社，2012：709～715.

16 层 Y 字形全框剪结构楼爆破拆除

易　克[1]　吴克刚[2]　姜　洲[2]

（1. 河南省现代爆破技术有限公司，河南郑州，450008；

2. 国防科技大学，湖南长沙，410008）

摘　要：介绍了形状特殊的 16 层 Y 字形全框剪结构楼的控制爆破拆除。该楼结构复杂，拆除难度大。通过精心设计，正确地选取爆破参数，采用合理的分区和延时爆破以及安全措施，达到了预期的爆破效果。总结出的几点体会，为类似的工程设计提供了参考。

关键词：全框剪结构；爆破拆除；延时爆破；安全措施

Blasting Demolition of a 16-storey Y-shape Building in Full Frame-shear Structure

Yi Ke[1]　Wu Kegang[2]　Jiang Zhou[2]

（1. Henan Modern Blasting Technology Co., Ltd., Henan Zhengzhou, 450008；

2. National University of Defense Technology, Hunan Changsha, 410008）

Abstract：The present paper discussed a demolition of a 16-storey Y-shape building in full frame-shear structure by controlled blasting. The complicated structure implied a difficulty job in the demolition and therefore, should be blasted with elaborated design scheme by properly determining blasting parameters, adopting reasonable section division and delay blasting as well as safety precautions. The blasting saw an anticipated demolishing result and would like to share the experience with similar blasting engineering.

Keywords：full frame-shear structure；blasting demolition；delay blasting；security precaution

1　工程概况

河南省郑州市帝湖花园 2 号楼的修建，占压了郑州市金水河的汛期泄洪道约 1600m²，被郑州市政府定为违章建筑工程。为保证汛期金水河河道畅通，决定对其进行限期爆破拆除。

1.1　周围环境

该楼位于航海路与工人路交叉口，工人路西侧，航海路南 150m。该楼原计划建 34 层，实际已建成 16 层，地面以上高度 49.8m，地下室为两层，每层高度 4m，已建成建筑面积

易克，高级工程师，yi-ke@ vip. 163. com。

14700m²；由三个部分组成，整体呈 Y 字形分布，中央是电梯间和楼梯间，结构十分稳定，爆破拆除和解体的难度很大；周边环境也比较复杂，南侧距离帝湖花园围墙仅 1.5m，围墙下面有一根裸露的 10kV 的高压电缆管线，围墙外是小区内的道路（4m 宽），距离帝湖水面仅 7m；东侧距离在建建筑物 15m，东南侧 45m 是两栋高度为 3 层的居民楼；西侧是一些在建建筑物，距离 40m，北侧距离被保护建筑物 45m。

1.2 大楼结构特点

大楼为全框剪式结构，房屋的结构整体性能和抗振性能都非常好。大楼现为 16 层混凝土整浇结构（混凝土标号 C35），长 47.29m，宽 39.42m，高 49.8m，地下室的墙体厚度为 24cm，墙体内的钢筋是 $\phi14 \times 12$ 和 $\phi16 \times 12$ 的螺纹钢，构造柱内的钢筋是 $\phi18 \times 10$ 和 $\phi22 \times 10$ 的螺纹钢，环筋是 $\phi16 \times 12$；地面以上部分的墙体厚度为 20cm，墙体内的钢筋是 $\phi12 \times 12$ 和 $\phi14 \times 12$ 的螺纹钢，构造柱内的钢筋是 $\phi16 \times 10$ 和 $\phi18 \times 10$ 的螺纹钢，环筋是 $\phi14 \times 12$。大楼基础是整浇的钢筋混凝土大型承台，混凝土标号 C35，配置的钢筋是 $\phi25 \times 10$ 和 $\phi22 \times 10$ 的螺纹钢，环筋是 $\phi16 \times 10$。

2 爆破拆除方案

大楼为全框剪结构建筑物，整体性好，梁、柱和剪力墙的布筋密度大，楼体结构强度大，解体困难，并且整体形状呈 Y 字形，楼梯各部分相互牵扯，不便于整体朝一个方向倒塌，必须分割为几个部分依次朝不同的方向倒塌。为避免大楼两翼倒塌后，对中央楼梯间部分的倒塌过程形成支撑，影响大楼的倒塌效果，两翼部分必须先倒。

2.1 建筑物倾倒的方向

采取爆破切口高度差、延时起爆时间差相结合的定向倾倒方法。为了使整个建筑物实现全部解体，根据周围环境及施工时间可能出现的情况，最终确定定向倾倒方案：将 2 号楼分为 A、B、C、D 四个爆区。A 将向北偏西 15°倾倒；B 将向北偏西 10°倾倒；C 将向北偏东 35°倾倒；D 将向北偏东 35°倾倒。各区倾倒方向如图 1 所示。

2.2 大楼的预处理

为保证倒塌的准确性及解体的完全性，对大楼实施了预切割处理，将大楼分成了相对独立的四个区。四条缝都是纵向切割，切割位置如图 1 所示，缝宽约为 600mm。

将各区爆破切口范围的楼梯上下换步台横梁、踏步中间、横向隔断墙切断。地下室的墙体较厚、立柱较大、钢筋较粗，因此提前用风镐将墙体及立柱外表面混凝土剥离，将最外面的钢筋隔断，减小结构强度。

3 爆破参数设计

3.1 爆破切口高度

建筑物通常主要承重构件是立柱，起稳定作用的是梁、楼板、屋面梁（或板），一旦承重立柱破坏一定高度，楼体整体失稳，在重力作用下坍塌或定向倾倒。要使楼房可靠倒塌，确定立柱的破坏高度，是取得理想爆破效果的关键。根据理论计算和实践经验，墙体和构造暗柱的破坏高度按下式计算：

$$H = K(B + H_{min})$$

式中，H 为承重立柱的破坏高度；K 为与建筑物倒塌形式有关的经验系数；B 为立柱截面长边；H_{min} 为立柱最小破坏高度。

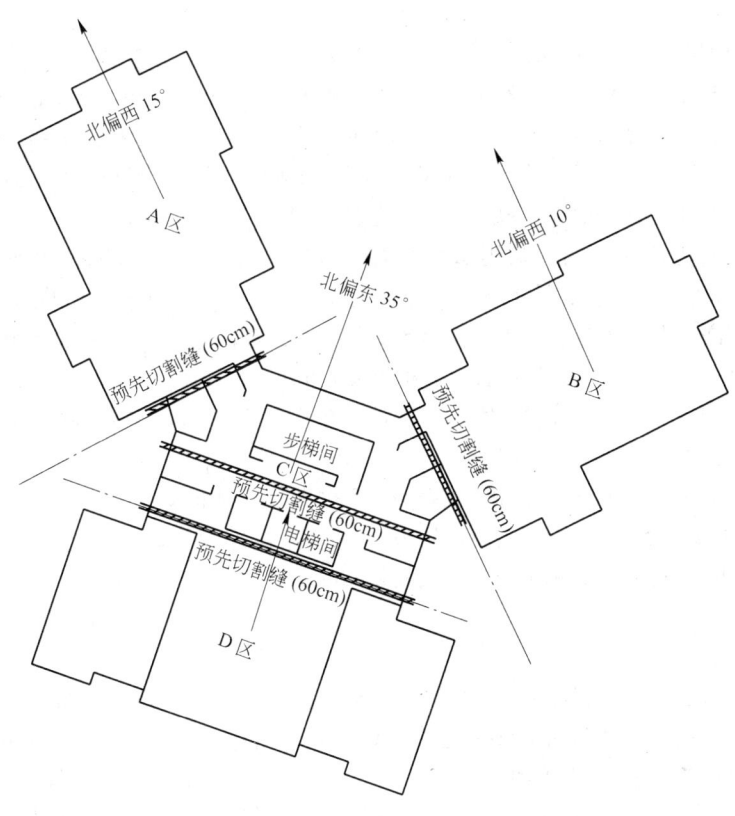

图 1　预切割缝及倒向示意图

Fig. 1　Precutting seam and collapsing direction

由于该工程建筑物为整浇框剪结构，其承重构件已经不是立柱了，而是每一层的所有墙体、构造暗柱，起稳定作用的是现浇梁和整浇楼板。承重墙体、构造暗柱破坏一定高度，楼体整体失稳，在重力作用下可以实现定向倒塌，但是解体不一定会十分充分。按照上述公式计算得出的切口高度，楼体虽然会整体失稳和倾斜，为了实现解体充分，各个爆区爆破的楼层必须提高至 1~8 层不等。每一层的爆破切口高度 $H = 2.5 \sim 3.5\text{m}$ 不等；各个爆区爆破切口高度，既要保证倒塌效果，同时又要做到节约成本，尽可能地减少钻孔量与装药量。

（1）A 区切口高度：地下 –1 层 3m、–2 层 3.5m，地面 1 层 3.1m、2 层 3.5m、3 层 3.3m、4 层 2.5m。

（2）B 区切口高度：地下 –1 层 3m、–2 层 3.5m，地面 1 层 3.5m、2 层 3.3m、3 层 2.5m。

（3）C 区切口高度：地面 1 层 2.5m、2 层 2.5m、3 层 3.1m、6 层 3.5m、7 层 3.3m、8 层 2.5m。

（4）D 区切口高度：第 2 层 2.5m、3 层 3.1m、4 层 3.5m、5 层 3.3m、6 层 2.5m。

3.2　爆破参数

单孔药量计算公式：

$$q = kV \tag{1}$$

式中，q 为单孔药量，g；k 为炸药单耗，g/m³；V 为单孔破坏介质体积，m³。对墙体（24 墙）孔距 $a = 30$cm，排距 $b = 25$cm，孔深 $L = 16$cm，炸药单耗 $k = 1600$g/m³，按式（1）计算得 $q = 28.8$g，实取 30g。对墙体（20 墙）孔距 $a = 25$cm，排距 $b = 25$cm，孔深 $L = 14$cm，炸药单耗 $k = 1600$g/m³，按式（1）计算得 20g，实取 30g。对构造柱（40cm × 30cm）孔距 $a = 40$cm，孔深 $L = 26$cm，炸药单耗 1800g/m³，按式（1）计算得 86.4g，实取 90g。

（1）A 区倒向为西北方向，采用毫秒延时分 5 次起爆，24cm、20cm 两种墙体钻孔 2283 个，单孔药量为 30g，结构柱钻孔 575 个，单孔药量为 90g，共使用炸药 120kg。

（2）B 区倒向为西北方向，采用毫秒延时分 5 次起爆，两种规格的墙体共钻孔 2191 个，单孔装药量为 30g，结构柱钻孔 345 个，单孔药量为 90g，共使用炸药 97kg。

（3）C 区倒向为东北方向，采用毫秒延时分 6 次起爆，墙体钻孔 2963 个，单孔药量为 30g，结构柱钻孔 528 个，单孔药量为 90g，共使用炸药 116kg。

（4）D 区倒向为东北方向，采用 1 次毫秒、5 次半秒延时起爆，墙体钻孔 3502 个，单孔药量为 30g，结构柱钻孔 528 个，单孔药量为 90g，共使用炸药 153kg。

本工程四个爆区共钻孔 12915 个，总装药量 486kg。

3.3　爆破网路

（1）起爆方式：本次爆破采用非电延时导爆管雷管复式混联起爆网路，网路采用分级簇联、双网路并联方式，主网路采用导爆管加四通的连接方式。即起爆网路系统由起爆雷管、过桥雷管、孔内导爆管雷管、四通和导爆管组成，首先由 2 个导爆管雷管连接一簇（20 发以内），完成第一次过桥连接；接着再由双发导爆管雷管进行第 2 次过桥连接，直接用四通将第 2 次过桥连接导爆管接入导爆管主干线形成复式混联起爆网路；最后用 2 发电雷管激发导爆管主干线。

（2）区段划分及延时间隔：孔内采用毫秒及半秒导爆管雷管实现延时起爆。四个分区共使用 19 个段别导爆管雷管延时约 4.5s。

4　爆破安全与校核

4.1　单响药量校核

为控制爆破振动效应，应严格控制最大单响起爆药量：

$$Q_{max} = R^3 (v/k)^{3/\alpha} \tag{2}$$

式中，Q_{max} 为一次齐爆药量，kg；R 为保护目标至爆点距离，m；v 为允许的振动速度，cm/s；k 和 α 分别为与地振波传播地段的介质性质及距离有关的系数和衰减指数，根据文献［1］，取 $k = 32.1$，$\alpha = 1.57$。

以居民楼作为保护目标，取 ［R］= 15m，［v］= 3cm/s，计算的 $Q_{max} = 36.49$kg。

以电缆管线作为保护目标，电缆管线离 D 区最近，D 区在保留支撑墙的情况下，最近药包离电缆线约 4m，以文献［4］的结论，取 ［R］= 4m、［v］= 5cm/s，计算的 $Q_{max} = 1.836$kg。

因此严格控制管线附近的最大一次单响药量不超过 1.836kg，被保护建筑物附近最大单响药量不超过 36.49kg，就可以保证相邻建筑物及电缆管线的安全。

4.2 塌落振动效应

楼体在塌落过程中冲击地面产生振动，其强度比爆破振动要大、频率低，对四周建（构）筑物危害更大，必须引起足够重视。为降低塌落振动效应的危害，应尽量防止构件同时触地，而采用分段分区使构件依次触地来控制塌落振动。

塌落振动由下式验算：

$$v = k_t \left[\frac{R}{(mgH/\sigma)^{1/3}} \right]^{\beta} \tag{3}$$

式中，v 为塌落引起的地表振速，cm/s；m 为下落构件质量，t；g 为重力加速度，m/s²；H 为构件重心的高度，m；σ 为地面介质的破坏强度，一般取 10MPa；R 为观测点至冲击地面中心的距离，m；k_t、β 为衰减参数，分别取 $k_t = 3.37$、$\beta = 1.66$。

以离电缆管线最近的 D 区为例，总质量约为 6000t，大楼倾倒并非自由落体，按总质量的 1/3 估算；重心落差 H 取 20m，R 取 30m。由式（3）计算得出在管线处塌落振动引起的地表振速为 4.14cm/s，根据文献［4］的结论，当 $v \leq 5$cm/s 时，可保证管线的绝对安全。重心落差 H 取 20m，R 取 45m。由式（3）计算得出受保护建筑物处塌落振动引起的地表振速为 2.1cm/s，小于国家规定的安全标准。

4.3 爆破飞石安全距离及防护措施

李守臣［3］通过实验，对爆破飞石的抛掷距离与炸药单耗之间的关系进行了回归分析，得到了无覆盖条件下，爆破飞石距离与炸药单耗之间的关系：

$$L = 70q^{0.58} \tag{4}$$

式中，L 为飞石抛掷距离，m；q 为炸药单耗，取 1.8kg/m³。计算出本次爆破飞石的距离为 98.44m，因此警戒必须在 98.44m 以外才能保证人员安全，在采取严密的防护措施后，可控制飞石的飞散距离。

本次爆破采取的防护措施如下：
（1）对爆破构件的装药位置，用荆笆或铁丝网等遮挡。
（2）用荆笆或铁丝网遮挡附近被保护建筑物的门窗和被保护的外部设备。
（3）在管线上垒一道高 1.2m、宽 1m 的沙袋墙，防止爆碴砸坏管线。

5 爆破效果及体会

5.1 爆破效果

2008 年 2 月 25 日 14 时起爆，B 爆区、C 爆区、D 爆区三区重叠处，爆堆高度为 11m，D 爆区反向没有任何后坐，紧邻 1m 的高压电缆线、围墙完好无损。A、B 爆区也按设计方向倒塌，没有后坐，完全达到了设计效果，爆破非常成功，16 层框剪结构楼爆破效果如图 2 所示。

5.2 几点体会

（1）段别分配合理有序，采取毫秒延时和秒延时相结合，为 D 爆区的爆破塌落争取了空

(a) (b)

相距仅 1m 的需保护 10kV 高压电缆安然无恙

(c)

图 2　爆破效果

（a）爆破前；（b）爆破瞬间；（c）爆破后

Fig. 2　Blasting effect

间，达到了理想的爆破效果。

（2）各区域都布置了预裂爆破孔，大大降低了结构的整体性。

（3）框剪结构建筑物定向爆破，要有效地利用倒塌场地、起爆网路的时间差和切口的高度差。

参 考 文 献

[1] 刘殿中. 工程爆破实用手册[M]. 北京：冶金工业出版社，1999.

[2] 于亚伦. 工程爆破理论与技术[M]. 北京：冶金工业出版社，2004.

[3] 李守巨. 拆除爆破中的安全防护技术[J]. 工程爆破，1995，1(1)：71～75.

[4] 王彦利，黄吉顺，周鹏. 分段爆破解体原地倾斜塌落法在拆迁过程中的应用[J]. 工程爆破，2005，11(1)：34～36.

22 层框剪结构楼房爆破拆除

王俊岩　马学霞　张海涛　李高锋　刘冬霞

（河南省现代爆破技术有限公司，河南郑州，450016）

摘　要：在繁华的商业区实施 1 次定向爆破，拆除了 1 栋高 66m 的框剪结构楼房。通过精心设计，采用了改进的复式网路，确保了爆破网路的可靠性；采取严格的防护措施减小爆破振动；3 级防护措施防护爆破飞石。爆破后，楼房倒向准确，周边建筑物完好无损，可为类似工程实践提供参考。

关键词：框剪结构；爆破拆除；复式网路；爆破振动；爆破安全

Blasting Demolition of a 22-storey Building of Frame-shear Wall Structure

Wang Junyan　Ma Xuexia　Zhang Haitao　Li Gaofeng　Liu Dongxia

（Henan Modern Blasting Technology Co., Ltd., Henan Zhengzhou, 450016）

Abstract：A 66 meters high building of frame-shear wall structure was demolished, it was implemented by directional blasting once in a bustling business zone. In order to ensure the reliability of the network, the improved duplicate network was used through particular design. Strict safeguards were taken to reduce blasting vibration, and three grades of protective measures were also adopted to prevent the blasting flying stone. After blasting, the collapse direction of building was exact, and the surrounding buildings were all intact. It could provide a reference for the similar projects.

Keywords：frame-shear wall structure; blasting demolition; duplicate network; blasting vibration; blasting safety

1　工程概况

1.1　工程环境

抚顺大酒店建于 1986 年，因城市整体规划的需要，该酒店需要爆破拆除。酒店地处抚顺火车站站前繁华商业区，人、车繁多，其北侧 26m 为市内东西交通干道（东一路）；西侧距中央大街约 22m；南侧 72m 处为待拆的抚顺大药房，114m 处为步行街；东侧距民主路最近 25m，距抚顺百货大楼 89m；东南侧紧邻中房大厦，需要特别保护的是中房大厦西侧约 5m、距主楼东侧 9m 处的配电箱。爆破周围环境如图 1 所示。

王俊岩，工程师，30676058@ qq. com。

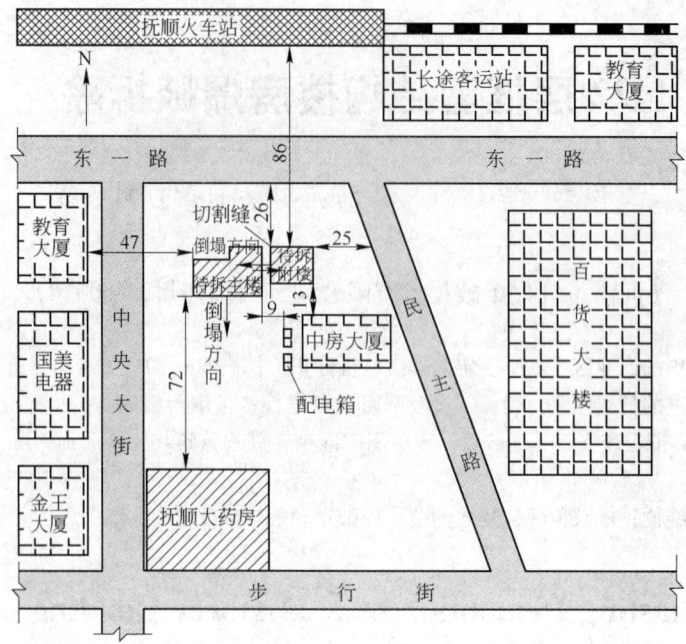

图 1　爆破周围环境示意图（单位：m）

Fig. 1　Schematic diagram of the blasting surrounding environment（unit：m）

1.2　楼房结构

酒店大楼长 50.4m，宽 20.1m，高 66m，由 35 根柱子支撑而成，建筑面积 13607m^2，采用框架-剪力墙结构体系。该楼 1、2 层立柱截面尺寸为 90cm × 90cm，每个面竖筋均为 7 根，按 4ϕ40、3ϕ32 布置，箍筋布置为 ϕ10@200；3 层以上立柱截面尺寸为 60cm × 90cm，短边竖筋布置为 4ϕ40，长边为 3ϕ32，箍筋为 ϕ10@200，3 层以上增设 14 根截面尺寸为 40cm × 60cm 的立柱；剪力墙厚 250mm，布置双层双片钢筋网，竖筋为 ϕ10@150，横筋为 ϕ12@200；整个楼体布筋相当粗密，整体性强。待拆大楼平面结构如图 2 所示。

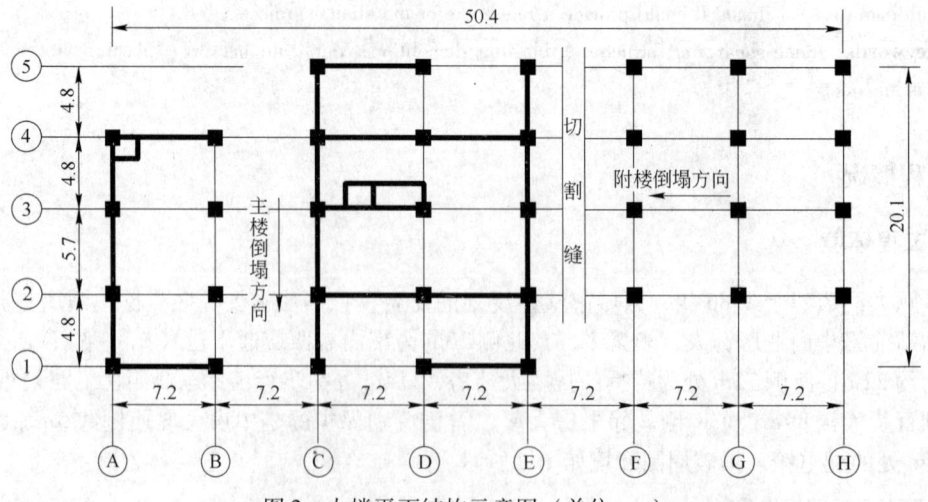

图 2　大楼平面结构示意图（单位：m）

Fig. 2　Planar structure of the building（unit：m）

2 楼房爆破拆除方案

2.1 倒塌方向的选择

根据楼房的周围环境,在 E 列和 F 列立柱之间设置宽度约 1m 的切割缝,将楼体分成两部分,即用风镐由上至下将楼板及横梁全部切断,并割断暴露出的钢筋,使楼体分成相互独立的两栋楼房(主楼和附楼)。分两次爆破:主楼先爆,整体向南倒塌;附楼后爆,借助主楼倒塌后的场地向西倒塌。

2.2 爆破切口设计

根据以往类似施工经验[1~4],主楼爆破时为保护附楼爆破网路,设定主楼爆破切口在 4 层以下,附楼爆破切口在 5~8 层。为确保楼房倒塌有足够的倾覆力矩,在不同立柱上设置不同的炸高。主楼:第 1 行立柱在第 1 层,切口高度 3.5m,第 2~4 层切口高度均为 2m;第 2、第 3 行立柱切口布置在第 1、2 层,第 1 层炸高 3.5m,第 2 层炸高 2m;第 4、第 5 行立柱在底部布置 1.5m 的爆破切口;剪力墙在前期进行预拆除处理。附楼:第 F 列立柱切口布置在第 5~8 层,每层炸高均为 2m;第 G 列立柱切口布置在第 5、第 6 层,每层炸高为 2m,最终形成如图 3 所示的爆破切口。

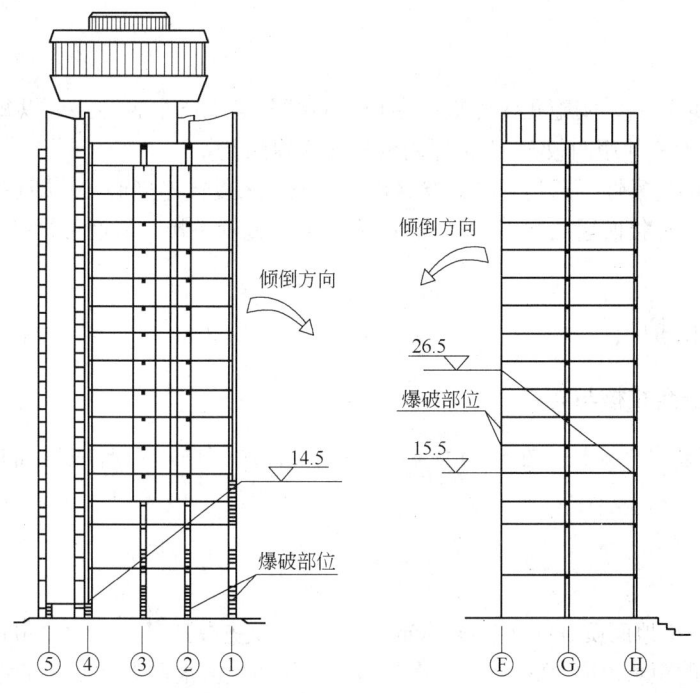

图 3 爆破切口示意图

Fig. 3 Schematic diagram of blasting cut

2.3 爆破参数

采用水平钻孔,并根据不同截面立柱采用梅花形及矩形相结合的布孔方式,炮孔深度按公

式 $L = (0.6 \sim 0.8)B$ 计算，B 为立柱断面边长。大截面立柱采用梅花形布孔方式，小截面立柱采用矩形布孔方式或布置单排孔，单耗按文献 [5] 取 1500g/m³。具体爆破参数见表 1。

表 1　爆破参数
Table 1　Blasting parameters

建筑物	立柱编号	截面尺寸/cm × cm	孔距/cm	孔深/cm	炮孔数/个	单孔药量/g	装药量/kg	起爆顺序
主楼	1—A ~ E	90 × 90	50	70	165	130	21.45	1
		90 × 60	50	70	24	400	9.60	1
		40 × 60	40	45	50	140	7.00	1
	2—A ~ E	90 × 90	50	70	165	130	21.45	2
	3—A ~ E	90 × 90	50	70	165	130	21.45	3
		90 × 60	50	70	56	200	11.20	3
	4—A ~ E	90 × 90	50	70	20	300	6.00	4
	5—C ~ E	90 × 90	50	70	12	300	3.60	4
附楼	2 ~ 5—F	90 × 60	50	70	128	200	25.60	5
	2 ~ 5—G	90 × 60	50	70	64	200	12.80	6

注：表中立柱编号，1—A ~ E 表示第 1 行与 A ~ E 列相交的柱子；2 ~ 5—F 表示 F 列与 2 ~ 5 行相交的柱子，余同。

2.4　起爆网路

采用非电起爆网路，实施孔内延期。主楼和附楼各设 1 条主爆网路，以每根立柱为单位，采用"大把抓"形式并用两枚 Ms-1 传爆雷管连入主爆网路。

为确保传爆的可靠性，通过现场试验，确定了改进的复式连接形式，即在主网路的两条子网路上，同层次的连接四通之间用一段长 60cm 以上导爆管桥接，从而形成"井"字形的复式连接改进型网路。

3　爆破安全与防护

3.1　爆破振动安全校核与防护

(1) 爆破振动安全校核。在建筑物拆除爆破中，炸药爆炸引起的地面振动速度按下式计算[6]：

$$v = K_1 K \left(\frac{\sqrt[3]{Q}}{R} \right)^\alpha$$

式中，v 为保护对象地面质点振动速度，cm/s；Q 为一次齐爆药量，取 38.05kg；R 为爆源中心至保护对象之间的距离，取 30m；K、α 为与地震波传播地区地质条件有关的系数和衰减指数，依据文献 [6] 分别取 $K = 150$、$\alpha = 1.8$；K_1 为折减系数，对于楼房 $K_1 = 0.25 \sim 0.35$，本工程取中间值 $K_1 = 0.3$。将以上数据带入公式可得 $v = 0.88 \text{cm/s}$。

(2) 爆破塌落振动防护。高耸建（构）筑物倒塌触地时引起的振动较大，是爆破振动危害常见的形式。但本次爆破中由于原始详细资料的缺失，楼体质量难以准确估计，因此无法对塌落振动进行理论预测。根据我们以往施工经验总结：在倒塌场地铺设松散的缓冲垫层以及早倒塌场地与被保护物之间开挖减振沟可以有效地降低塌落振动。在主楼南侧由于前期的施工，存有约 1.5m 厚的松散建筑碎渣，可以吸收大量冲击能，是一种较为理想的缓冲材料；同时我们在中房大厦的东侧开挖了 1 条宽 1m、深约 2m 的减振沟辅助减振，确保楼房倒塌振动为最低。按设计方案，附楼倒塌在主楼的爆堆之上，有爆堆的缓冲作用，可以不对附楼另设专门的防护。

3.2　飞石防护

对爆破飞石采取 3 级防护措施。

（1）1 级本质安全措施。对爆破飞石距离按下式[7]进行预估，确定重点防护对象：

$$S_{max} = 71q^{0.58}$$

式中，q 为炸药单耗，将 $q = 1.5kg/m^3$ 代入上式得 $S_{max} = 89.8m$。划定以大楼为中心、半径 90m 范围内为重点防护区。

（2）2 级主动防护措施。在混凝土立柱爆破部位覆盖 4 层草苫和 1 层钢丝网进行主动防护，主动减少飞石的飞散距离。

（3）3 级被动防护措施。在重点防护范围内的建（构）筑物前搭设高约 15m 的钢管架，上设密目防护网，对少数飞散物做最后的阻挡。

4　爆破效果与体会

起爆后 1~2s，主楼缓慢倒向预定方向，基本无后坐，飞石在可控范围内；8s 左右附楼起爆，准确倒向预定方向。爆破效果如图 4 所示，未对附近建（构）筑物造成影响，中房大厦东侧配电箱完好无损，保持正常工作。

图 4　爆破效果

Fig. 4　Blasting effect

本次爆破有如下几点体会：

（1）针对闹市区的酒店大楼爆破拆除的设计方案是切实可行的，成功地完成了拆除任务，并保护了附近对振动要求严格的配电箱的安全。

（2）采用"井"字形的复式连接改进型主爆网路是安全可靠的，经过爆后的检查，网路的传爆率为 100%。

（3）通过现场的试验证明，桥接两个连接四通间的导爆管长度大于 60cm 时，才能保证传爆的顺利进行。

参 考 文 献

[1] 黄荣强，程贵海，蒙少明. 复杂环境下大楼的定向爆破拆除[J]. 工程爆破，2008，14(1)：63～65.

[2] 范磊，沈蔚，李裕春，等. 复杂环境下两栋框架大楼定向爆破拆除[J]. 工程爆破，2008，14(1)：60～62.

[3] 汪旭光. 中国典型爆破工程与技术[M]. 北京：冶金工业出版社，2006.

[4] 易克，吴克刚，姜洲. 16 层 Y 字形全框剪结构楼爆破拆除[J]. 工程爆破，2009，15(1)：56～59.

[5] 汪旭光，于亚伦. 拆除爆破理论与工程实例[M]. 北京：人民交通出版社，2008.

[6] 中国工程爆破协会. GB 6722—2003 爆破安全规程[S]. 北京：中国标准出版社，2004.

[7] 李守巨. 拆除爆破中飞石抛掷距离的研究[J]. 爆破，1994，11(4)：10～12.

混凝土拆除爆破施工技术研究

田启超

（中国水利水电第三工程局有限公司，陕西西安，710032）

摘　要：安康水电站表孔消力池底板存在层间脱离等缺陷，经先后五次修复处理，未解决根本性问题。本次修复在电站厂房机电设备正常运行状态下进行，将表层1.0m厚钢筋抗冲磨混凝土进行爆破拆除，0.1m基础垫层混凝土人工凿除，新浇筑三级配C35钢钎维混凝土至原设计体形。

　　修复施工中，运用了实时爆破振动监测技术，采用了合理的覆盖材料和覆盖方法控制爆破飞石，确保了周边永久建筑物的结构安全和机电设备的正常运行。本次试验研究成果也将为类似工程施工提供技术参考和指导，有推广应用价值。

关键词：表孔消力池；钢筋混凝土拆除爆破；安全允许振速

Study on the Construction Technology of Concrete Blasting Demolition

Tian Qichao

（China Water Conservancy and Hydropower Third Engineering Co., Ltd., Shaanxi Xi'an, 710032）

Abstract: Ankang Hydropower Station has some defects like the interlayer detachment in the base of the surface outlet stilling pool which was repaired for five times and remained unsolved. The repair is carried out under the normal operation of mechanical and electric equipment of the station. A blasting demolition is conducted to the reinforced abrasion-resistant concrete whose surface is 1.0m thick. Blinding concrete of 0.1 thick is hand-chiseled and three-graded steel fiber reinforced concrete C35 is casted to the original structure.

In the repairing construction, the blasting vibration monitoring technology along with appropriate covering materials and methods to control the blasting flyrock is adopted to ensure the structural safety of surrounding permenant buildings and the normal operation of the mechanical and electrical equipment. The research result will provide the technological reference and guidance for the similar constructions and has a value of extension and application.

Keywords: the surface outlet stilling pool; blasting demolition of steel concrete; safety vibration velocity

1　引言

1.1　工程概况

安康水电站位于汉江上游，在陕西省安康市城西18km处。下游距已建丹江口水电站约

────────────

田启超，工程师，tqc1969@sina.com。

260km，上游距已建的喜河水电站约145km。安康工程以发电为主，兼顾防洪、航运、养殖、旅游等综合利用效益。

安康水电站于1978年开工，1998年2月主体混凝土施工基本结束，1990年12月第一台机组发电，1992年12月第四台机组发电。设计单位为原电力部水利部北京勘测设计研究院，施工单位为中国水利水电第三工程局。

水库正常蓄水位330m，死水位300m。正常蓄水位以下库容$2.58 \times 10^9 m^3$，可进行不完全年调节。水库预留$3.6 \times 10^8 m^3$防洪库容，可以削减5~20年一遇洪水洪峰流量3000~4500m^3/s。坝址多年平均流量608m^3/s，多年平均年径流量$1.92 \times 10^{10} m^3$/s，设计洪峰流量（$P = 0.1\%$）36700m^3/s，校核洪峰流量（$P = 0.01\%$）45000m^3/s。电站总装机容量800MW，保证出力175MW，多年平均发电量$2.8 \times 10^9 kW \cdot h$，年利用小时数3500h。电站枢纽工程由拦河坝、泄洪消能建筑物、坝后式厂房和通航设施等建筑物组成。

安康水电站表孔消力池底板存在层间脱离等缺陷，曾先后于1996年、2000年、2002年、2004年和2007年进行过五次修复处理，未根本上解决问题，鉴于表孔消力池安全对整个枢纽工程正常运行的重要性，从工程的长远出发，本次将对消力池底板表面抗冲层进行彻底修复处理，以确保大坝的安全运行。

本次修复将表层抗冲磨混凝土全部拆除，浇筑新混凝土至原设计体形。新浇混凝土采用三级配C35钢钎维混凝土，内布置两层钢筋网。在消力池底板范围内布置锚筋，下端深入老混凝土，上端与上层钢筋网焊接。新浇筑的消力池底板纵横缝设置一道U形铜止水，周边需要在老混凝土上凿槽重新设置止水。

1.2　工程背景

安康水电站表孔消力池底板存在层间脱离等缺陷，曾先后五次修复处理，未根本上解决问题，本次修复将表层1.0m厚钢筋抗冲磨混凝土采用爆破拆除，0.1m基础垫层混凝土采用人工凿除。新浇筑三级配C35钢钎维混凝土至原设计体形。

大型表孔泄流水电站消力池底板钢筋混凝土拆除施工技术的研究成果，也将为我国水工混凝土建筑物在正常运行和确保周边永久建筑物的结构安全条件下进行大面积消力池底板混凝土拆除爆破施工，提供技术参考和指导，为今后类似工程施工总结施工经验起到推广作用。

该工程不对周边永久建筑物结构安全产生较大影响的爆破拆除施工技术（即确定最优爆破参数）是工程的技术重点和施工难点，也是决定表孔消力池底板修复工程成败的关键。

国内20世纪50~80年代修建的大坝比较多，一般经过20~30年以上的运行都会不同程度地存在质量问题，修复改造施工项目将逐渐增多，在水电站施工中，此类大范围面层混凝土拆除施工案例较少，该项目的研究成果将为我国老坝、病险坝在正常运行条件下，进行大型表孔泄流水电站消力池底板修复总结出良好的施工经验。

2　抗冲耐磨层钢筋混凝土爆破拆除技术研究内容

表孔消力池自1989年3季度进水，至今已长达22年。消力池底板混凝土经长期运行后，出现了不同程度的破坏，主要表现为底板混凝土纵横伸缩缝破坏、池底板混凝土裂缝、钢筋环氧脱落及冲蚀坑。电站正常运行条件下，不对周边永久建筑物结构安全产生较大影响的爆破拆除施工技术（即确定最优爆破参数）的研究尤为重要。由于抗冲耐磨层钢筋混凝土爆破拆除工程量大，如何选用合理、最优的爆破参数才能在安全允许振速下既保证施工安全和质量又能确保证施工进度的施工技术需要进行深入研究。

3 科研成果综述

3.1 科研项目实施情况

3.1.1 科研生产情况

此次表孔消力池底板混凝土拆除爆破施工，自 2011 年 11 月 27 日开始至 2012 年 1 月 1 日全部完成，历时 36 天，共爆破拆除 5 个坝段，25 个单元。其中，$9m \times 18m = 162m^2$ 的 6 块，$19m \times 18m = 342m^2$ 的 19 块，总面积约 $7474.75m^2$，共完成 C30 钢筋混凝土拆除 $8786.14m^3$。共计进行 83 次爆破，钻孔约 15000m，最大孔深 1.91m，耗毫秒非典管 24313 枚，电雷管 167 枚，乳化炸药 6864.2kg，平均单耗 $0.78kg/m^3$。拆除爆破工程施工安全，质量和工期全部满足合同要求。

3.1.2 主要难题与对策

3.1.2.1 爆破安全允许振速要求高

为保证拆除爆破振速控制在周围建筑物和机电设备正常运行的安全允许振速要求范围，对爆破参数选取的精度要求很高。消力池底板混凝土拆除爆破对各类建筑物爆破振动的质点振速值控制见表 1。

表 1 拆除爆破振动安全允许控制值

Table 1 Demolition blasting vibration safety allows the control values

项 目	质点振速/$cm \cdot s^{-1}$	说 明
水电站及发电厂中心控制室设备	0.5	运行中
水电站及发电厂中心控制室设备	2.5	停机
坝基帷幕灌浆及闸门	2.0	
新浇大体积混凝土	2.0 ~ 3.0	初凝 3 天
新浇大体积混凝土	3.0 ~ 7.0	龄期：3 ~ 7 天
新浇大体积混凝土	7.0 ~ 12.0	龄期：7 ~ 28 天

为满足此要求，施工中必须对孔径、孔深、间排距及最大单响等参数进行严格控制，采取的主要措施有：

（1）采用常规变径（连接套 R45 变径 R38，50mm 钻头）HCR1200-ED 液压钻机和 YT28 手风钻（42mm 钻头）进行钻孔。

（2）孔底集中装药（ϕ32mm 乳化炸药），尽量使炸药充满炮孔，形成耦合连续装药，增加堵塞长度，水中采用纸卷进行炮孔堵塞，确保堵塞质量，提高爆炸气体的有效利用率，从而充分发挥炸药的能量来破碎混凝土和改善爆破质量。

（3）控制单孔装药量和最大单响药量即首先根据安全允许振速、爆心距保护对象距离和萨道夫斯基公式计算出最大单响药量，并根据振动监测数据随时进行调整。

3.1.2.2 采用先进的振速监测设备

为确保周边建筑物和机电设备的安全，使工程顺利进行，有针对性地对大坝基础帷幕灌浆及闸门、中控室机电设备和 4 号发电机组保护屏、开关站及尾水导墙进行实时爆破振动监测，及时提供爆破施工对已有建筑物和机电设备的影响情况，以便根据测试结果随时调整优化爆破参数。

工程采用美国 IOTECH 公司生产的 StrainBook 综合数据采集仪 WBK18 模块，每个模块有 8 个通道，可以配置 8 个单向速度传感器或加速度传感器。通过 USB 接口与 PC 电脑进行数据通信，运用专业软件进行处理分析及成果输出等，现场直接设置各种采集参数，能即时显示波形、峰值和频率。爆破振动监测使用美国 CTC 公司 VE102-1A 速度传感器，可对微小振动及超强振动进行测量。

通过 36 天的混凝土拆除爆破振速监测数据统计和分析，各测点爆破振速均在安全允许控制值范围内，详见"安康水电站表孔消力池底板修复处理工程混凝土拆除爆破振动监测报告"。

3.1.2.3　施工参数依据施工情况灵活调控

随着爆心距与受保护建筑物（4 号发电机保护柜）的距离越来越近，既要把爆破振速控制在安全允许范围，又要确保爆破效果。要求对单孔药量及最大单响药量等爆破参数必须精确控制。如果采用固定的爆破参数，必将形成爆破振速超标或无法达到爆破效果；若采取分层或者二次、多次爆破，势必会加大钻孔及爆破的作业量从而加大爆破施工成本，严重影响拆除爆破施工进度。因此，必须根据爆心距受保护对象的距离、振动监测数据资料及爆破效果等情况，灵活调控，随时进行爆破参数的调整，以保证拆除爆破的安全、质量和进度能满足设计要求。

3.1.2.4　爆破安全防护措施

炸药爆破能量以应力波和爆轰气体膨胀压力的形式作用于介质并使其破碎，多余的能量使碎块获得足够的动能而抛射，其初速度有时达 100m/s 以上，其中个别碎块抛射较远，形成飞石。

周围建筑物离拆除爆破施工部位距离较近，采用有效的覆盖材料及覆盖方法是控制爆破飞石的重点也是难点。

由于消力池底板钢筋混凝土属于薄壁结构，强度较高，爆破单耗较大，加之炮孔浅，自由面条件差，容易产生飞石，安全防护的覆盖质量要求高。爆破初期采用"单层运输带贴近覆盖法"进行爆破防护，开始效果较好，但经历数次爆破冲击后，运输带破损严重无法满足安全防护控制爆破飞石的要求。后又采用"钢管架覆盖竹夹板的间隙覆盖法"，仍难以满足要求。通过查阅资料和多种材料现场试验，最终确定采用成品炮被和废旧轮胎用钢丝绳串联的"贴近覆盖法"有效地了控制爆破飞石，满足了拆除爆破施工期安全防护的要求。

3.1.3　科研设备投入情况

为满足施工需要，投入了 2 台 HCR-12EDS 液压钻机、1 台神钢 260-8 液压反铲、1 台日立 225 液压反铲、1 台 3m³ 装载机、2 个破碎锤和 1 台 SY235C-8 型液压反铲及 15 部 YT28 手风钻等开挖施工设备，详见表 2。

表 2　主要拆除爆破施工设备
Table 2　Major demolition blasting construction equipment

名　称	型　号	用　途	台　数
古河液压履带式钻机	HCR-12EDS	钻孔	2
神钢液压反铲	260-8	钢筋剥离、清渣	1
日立液压反铲	225	大块破碎、钢筋剥离	1
三一液压反铲	SY235C-8	大块破碎、钢筋剥离及清渣	1
装载机	3m³	清渣	1
破碎锤		大块破碎、钢筋剥离	2
手风钻	YT28	钻孔	15
寿力螺杆式电动空压机		供压缩空气	1

3.2　科研项目取得的技术成果

3.2.1　爆破效果影像资料

爆破效果如图 1～图 13 所示。

 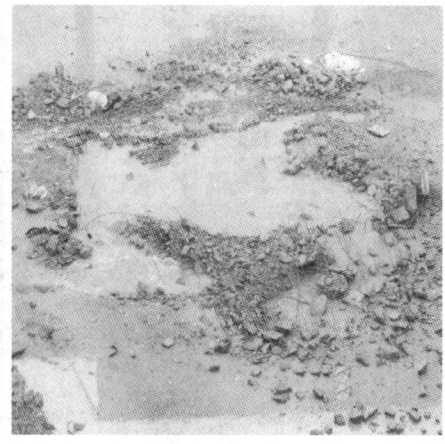

图1　2011 年 12 月 1 日爆破效果

Fig. 1　On December 1, 2011 blasting effect

图2　2011 年 12 月 2 日爆破效果　　　　　图3　2011 年 12 月 3 日爆破效果

Fig. 2　On December 2, 2011 blasting effect　Fig. 3　On December 3, 2011 blasting effect

图4　2011 年 12 月 4 日爆破效果

Fig. 4　On December 4, 2011 blasting effect

图 5　2011 年 12 月 5 日爆破效果

Fig. 5　On December 5, 2011 blasting effect

图 6　2011 年 12 月 6 日爆破效果　　　图 7　2011 年 12 月 7 日爆破效果

Fig. 6　On December 6, 2011 blasting effect　Fig. 7　On December 7, 2011 blasting effect

图 8　2011 年 12 月 8 日爆破效果

Fig. 8　On December 8, 2011 blasting effect

图 9　2011 年 12 月 9 日爆破效果

Fig. 9　On December 9, 2011 blasting effect

图 10　2011 年 12 月 10 日爆破效果

Fig. 10　On December 10, 2011 blasting effect

图 11　2011 年 12 月 11 日爆破效果　　　图 12　2011 年 12 月 20 日爆破效果

Fig. 11　On December 11, 2011 blasting effect　　Fig. 12　On December 20, 2011 blasting effect

图 13　2011 年 12 月 21 日爆破效果

Fig. 13　On December 21, 2011 blasting effect

3.2.2　技术成果

对 36 天 83 次爆破施工的效果和数据综合分析，得出以下结论：

（1）采取梯段一次控制爆破的施工方法，爆破深度及块度大小和施工进度等均满足要求。

（2）各测点部位振速监测值均在安全允许范围内，未见超标现象，爆破参数选取及调整，满足设计允许的安全振速范围。

（3）得到的各部位测点振速监测数据与萨道夫斯基公式 $R = \left(\dfrac{K}{v}\right)^{\frac{1}{\alpha}} \cdot Q^{\frac{1}{3}}$ 相一致，可以看出，当 R 为定值时，主频率随 Q 的增大而降低；当比例药量 Q 不变时，主频率随 R 的增大而降低，并具有明显的物理意义，而且和目前关于爆破振动频率衰减特性的研究结果相吻合，符合关于爆破振动频率衰减特性规律。

（4）爆破振动频率回归分析。由于单响药量较小，各测点离爆心距无规律，且有些爆心距过大以及所测爆破振速值较小，无法计算出准确的 K、α 值，或者计算值超出理论值范围，无可信度。对于其他爆破条件下的主频率进行预测时，K、α 的取值需进一步研究。

（5）从爆破后的效果及爆破后的宏观调查和电站运行管理监测数据表明，安康水电站表孔消力池底板修复处理工程的混凝土拆除爆破施工对周围已有建筑物的影响控制在安全范围以内，密集建筑物下施工的安全防护措施满足爆破安全规范要求，对于大型表孔消力池抗冲耐磨层钢筋混凝土分层爆破拆除施工总结出了一些经验，为今后类似工程提供一些参考和借鉴。

3.3　科研项目技术经济效果评价

"大型表孔泄流水电站消力池底板拆除爆破施工技术研究"课题，是以安康水电站表孔消力池底板修复处理工程施工为依托开展的，经过研究人员和施工人员的努力工作，克服了爆破安全允许振速要求高、密集建筑物控制爆破飞石难度大、拆除爆破参数不易掌控和工期紧等诸多难题，拆除爆破取得良好效果，各部位测点爆破振速均在安全允许范围内，完全满足爆破拆除施工要求。

通过爆破方案优化：原方案将厚度 1.0m 抗冲耐磨钢筋混凝土消力池底板采用 2 层进行拆除，第一层钻 0.3m 深孔进行爆破；第二层钻 0.7m 深孔进行爆破；预留 0.1m 底板保护层采用液压破碎锤凿除。优化后的方案将厚度 1.0m 抗冲耐磨钢筋混凝土消力池底板上部 1.0m 采用单层一次爆破的方法，预留 0.1m 底板保护层采用液压破碎锤凿除。

原计划火工材料需用量为 2 号岩石乳化炸药 12.6t，非电毫秒雷管 150000 枚；实际耗用量为 2 号岩石乳化炸药 6.86t，非电毫秒雷管 24313 枚。节省 2 号岩石乳化炸药 5.74t，非电毫秒雷管 12.6 万枚，直接经济效果约 100 万元，大大节省了爆破拆除费用。

原计划爆破拆除工期 57 天，实际完成工期 36 天，爆破拆除工期提前了近 21 天，经济效果十分显著，为今后类似工程施工积累了丰富的经验。

4 结语

4.1 研究成果应用前景

水工混凝土建筑物规模宏大，对国家的经济建设和防汛等多方面有巨大的社会效益和经济效益，我国 20 世纪 80 年代以前建设的混凝土坝由于设计标准低、施工质量不良、管理不善等原因，导致大坝混凝土过早地出现了老化和病害，许多工程需要进行大修。另外，国内 50 年代至 80 年代修建的大坝比较多，一般经过 20 ~ 30 年以上的运行都会不同程度的存在质量问题，修复改造施工项目将逐渐增多，该项目的研究成果将为在正常运行条件下，对大型表孔泄流水电站消力池进行修复、改造总结出良好的施工经验。对今后老坝、病险坝的修复、改造施工及老化、病害水工混凝土建筑物的处理也提供了良好的借鉴经验。

4.2 研究成果效益分析

安康水电站表孔消力池底板修复处理工程，老混凝土拆除面积约为 7474.75m²，按照招标文件，老混凝土拆除深度一般约 1.1m，反弧段最大深度 1.93m，老混凝土拆除量 8786.14m³，通过对老混凝土拆除爆破方案及爆破参数的研究和优化，将原方案 1.0m 抗冲耐磨钢筋混凝土消力池底板采用 2 层进行拆除，第一层钻 0.3m 深孔进行爆破；第二层钻 0.7m 深孔进行爆破；预留 0.1m 底板保护层采用液压破碎锤凿除。优化为的上部 1.0m 采用一次爆破拆除到位，预留 0.1m 底板保护层采用液压破碎锤凿除。节省工期近 21 天，直接经济效果约 100 万元，经济效果十分显著。为今后类似工程施工积累了丰富的经验。

通过混凝土施工技术措施的优化设计，获得在原枢纽工程正常运行和度汛条件下，工期紧、干扰大、混凝土施工强度高等不利条件下的混凝土施工技术措施，为我国大型表孔泄流水电站消力池底板修复工程施工提供技术支持，其经济效益不可估计。

参 考 文 献

[1] 郭进平，聂兴信. 新编爆破工程实用技术大全[M]. 北京：光明日报出版社，2002.
[2] 水利电力部水利水电建设总局. 水利水电工程施工组织设计手册[M]. 北京：中国水利水电出版社，1996.

不规则结构温度计大楼爆破拆除

苑茂育　刘桂苹　于　辉　陶永生

（沈阳消应爆破工程有限公司，辽宁沈阳，110036）

摘　要：沈阳市气象局大楼地处繁华闹市区，西侧、南侧均为主要干道，距被保护物过近，且大楼本身结构不规则，楼体西南侧的温度计导致楼体配重靠后，利用定向爆破延时控制和大楼重心位置确保倾倒方向准确，通过有效的防护、开挖多条减振沟、铺设柔性缓冲层的方法对爆破飞石触地振动进行了控制，爆破效果达到了预期目标。

关键词：不规则不对称；楼体质量分布不均；圆筒；预拆除

The Irregular Structure of Building Demolition Blasting Thermometer

Yuan Maoyu　Liu Guiping　Yu Hui　Tao Yongsheng

（Shenyang Stress Relieving Blasting Co., Ltd., Liaoning Shenyang, 110036）

Abstract：the meteorological office building is located in the bustling downtown, southwest on both sides for the main road, away from the protected object is too close, and the building itself irregular structure, the thermometer body building southwest side of the floor body weight caused by dumping, ensure the accurate direction of using directional blasting delay control and building the position of the center of gravity, the effective protection, a plurality of damping ditch excavation, laying flexible buffer layer for blasting slungshot, touchdown vibration of blasting effect control, to achieve the expected goal.

Keywords：irregular demolition asymmetry; building quality uneven distribution; cylinder; predemolition

1　工程概况

根据建设规划需要，决定将位于沈阳市沈河区金廊八号地气象局大楼进行拆除，因工期紧，采用爆破拆除方式。

1.1　周围环境

大楼地处中心繁华闹市区，东至东电医院，西至青年大街，南至文化路，北至用地界线。大楼东侧距建院街140m，其间建筑物均为待拆建筑，西侧距青年大街28m，距立交桥37m，西侧距最近地下煤气管道25m，南侧距文化路32m，距最近的立交桥49m，该楼北侧为空地。爆

苑茂育，工程师，syxygcb@163.com。

区附近煤气管道为沿青年大街南北走向，在气象局西侧约25m处靠近路边内侧，自来水泵房在气象局西侧20m处，气象局北侧10m处有地下电缆，以上管线情况及爆区周围所有管线在爆破前已全部切断，周围环境情况如图1所示。

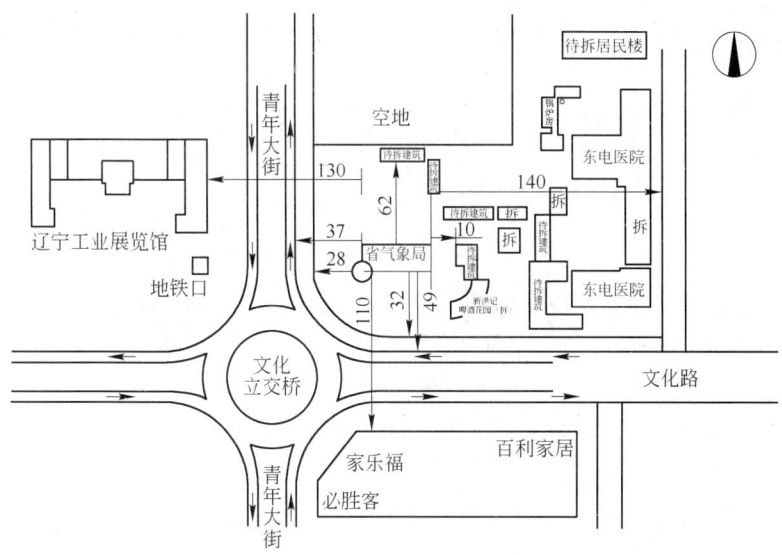

图1　爆体周围环境示意图（单位：m）

Fig. 1　Burst surroundings diagram（unit：m）

1.2　结构概况

大楼东西长40.2m，南北宽18.6m，共17层，总高度69.3m，总建筑面积10080m²。该楼属于框架剪力墙结构建筑，沿其纵向布置七排立柱，横向布置四排立柱，西南角筒形剪力墙内有楼梯和电梯井，其圆形直径8.4m，在东北角半圆形剪力墙内有楼梯间，构成楼房的核心筒，由于剪力墙结构的存在，增加了楼体的刚性和坚固性。气象局主楼首层＋0.00m平面如图2所示。

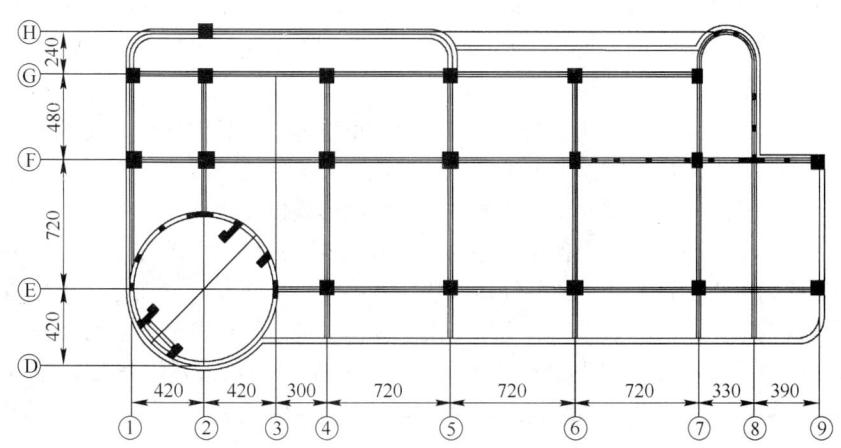

图2　气象局主楼首层＋0.00m平面示意图（单位：cm）

Fig. 2　Schematic diagram of the first floor of meteorological bureau building ＋0.00m plane（unit：cm）

1.3　重心位置计算

以大楼西北角为原点建立三维直角坐标系，由于大楼整体竖向倒塌，故只需计算竖轴径向质心位置，不需要计算 z 轴坐标。

大楼轴向质心位置计算：

$$x_G = \frac{\sum_{i=1}^{n} w_i x_i}{\sum_{i=1}^{n} w_i} = \frac{6.3 + 7.2 + 3.2 + \cdots + 14.5 + 3.3}{1.2 + 1.1 + 3.3 + \cdots + 4.3 + 2.1} = 10.25$$

$$y_G = \frac{\sum_{i=1}^{n} w_i y_i}{\sum_{i=1}^{n} w_i} = \frac{13.5 + 21.3 + 23.3 + \cdots + 12.2 + 21}{3.3 + 2.5 + 2.2 + \cdots + 3.6 + 1.8} = 16.4$$

经计算可知大楼重心位置距北侧墙体 10.25m，距西侧墙体 16.4m，以此为基础设计起爆顺序与延期时间。

1.4　爆破施工要求及难点

（1）楼体西南角有较大（外直径 8.4m）的圆筒剪力墙且内有楼梯和电梯井，具有较大质量，使楼房西侧的重心偏南偏西与倾倒方向相反，必须正确处理此圆筒及内部楼梯和电梯井，要确保在本楼各排立柱起爆前，该圆筒西南侧有足够的支撑能力。

（2）大楼距离底下管线仅 25m，距立交桥仅 37m，并且距地铁较近，需严格控制爆破振动对它们的影响。

（3）大楼西南角圆筒形结构重量较大，对倒塌方向产生影响，必须严密设计起爆顺序及起爆时差。

2　爆破拆除设计总体方案

气象局主楼为框架剪力墙结构建筑，由于剪力墙的存在，增加了结构的坚固程度，同时也增加了拆除爆破的难度。该建筑物地处闹市区，周围环境较为复杂，倒塌方向受到很大限制。

由于周围环境复杂，仅有距气象局主楼北侧有一块空地，满足倒塌距离要求。根据气象局大楼的结构以及周边场地情况，经过多种方案进行比较，最终选择向北一次定向倾倒方案，此种方案工作量少，解体较好。该方案是由各排立柱不同炸高以及合理的起爆时差来实现定向倾倒的，所以选择科学合理的炸高和各排立柱的起爆时差成为该楼房爆破方案设计的关键。根据相关资料和以往的工程实践经验，选择仰角经验公式确定合理炸高，拟确定爆破楼体 1~3 层，开设三角形爆破缺口。本次爆破保护的对象是气象局西侧地下煤气管道、立交桥及文化路，南侧文化路和立交桥。为了防止后坐，对楼体最后一排柱子采用细部定向爆破技术（见图 3），同时严密控制起爆时差。对圆筒形结构进行预拆除（见图 4）。

3　爆破参数设计

结合工程实际，针对不同结构选取爆破参数，试爆后药量可适当调整，具体见表 1。

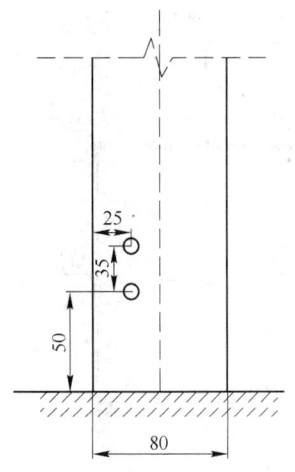

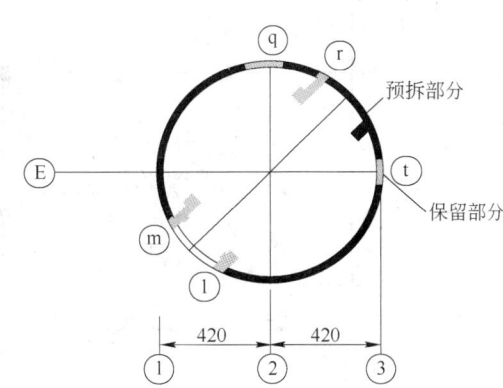

图 3　后排立柱布孔示意图(单位:cm)

Fig.3　The rear column hole layout diagram(unit:cm)

图 4　圆筒预拆部位示意平面图

Fig.4　Cylinder pre demolition site schematic plan

表 1　主楼立柱爆破参数表

Table 1　Table column blasting parameters of main building

爆破部位	尺寸/m×m	柱编号	孔深/m	单耗/kg·m⁻³	抵抗线/m	孔距/m	排距/m	单孔药量/kg
一层	0.8×0.8	G2~G6	0.7	1.4	0.28	0.56	0.24	0.2
	0.6×0.8	G7	0.7	1.4	0.3	0.45	—	0.3
	0.9×0.9	F2~F5,F9	0.8	1.4	0.3	0.6	0.3	0.3
	0.6×0.9	F6~F7	0.8	1.4	0.3	0.45	—	0.3
	0.8×0.8	E4~E9	0.7	0.8	0.25	0.35	—	0.15
二层	0.8×0.8	G2~G6	0.7	1.4	0.28	0.56	0.24	0.2
	0.6×0.8	G7	0.7	1.4	0.3	0.45	—	0.3
	0.9×0.9	F2~F5,F9	0.8	1.4	0.3	0.6	0.3	0.3
	0.6×0.9	F6~F7	0.8	1.4	0.3	0.45	—	0.3
三层	0.8×0.8	G5,G6	0.7	1.4	0.28	0.6	0.24	0.25

4　起爆顺序及网路连接

　　整个起爆网路共分四个段位。G4、G5、G6 和 G7 立柱采用 Ms3(50ms)段,G2、F4、F5、F6、F7 和 F9 立柱采用 Ms9(310ms)段,F2、E4、E5、E6、E7 和 E9 立柱采用 Ms10(380ms)段。为了保护楼体西侧的马路和地下煤气管道,楼体西侧的支柱在楼体塌落过程中应起到一定的支撑作用,因此,G 轴的 G2 支柱采用 Ms9 段,与 F 轴立柱同时起爆,F 轴的 F2 支柱采用 Ms10 段,与 E 轴立柱同时起爆,这样可以延长楼体西侧支柱在塌落过程中的支撑时间,控制大楼向北偏东方向倾倒。圆筒暗柱 r 采用 Ms9 段,q 和 t 采用 Ms10 段,暗柱 m 和 L 采用 Ms10+Ms3 段(430ms)。毫秒延期起爆顺序平面图如图 5 所示。

　　各开口网路汇总在一起,成两路复式闭合网路,用激发笔和高压充电式起爆器起爆。

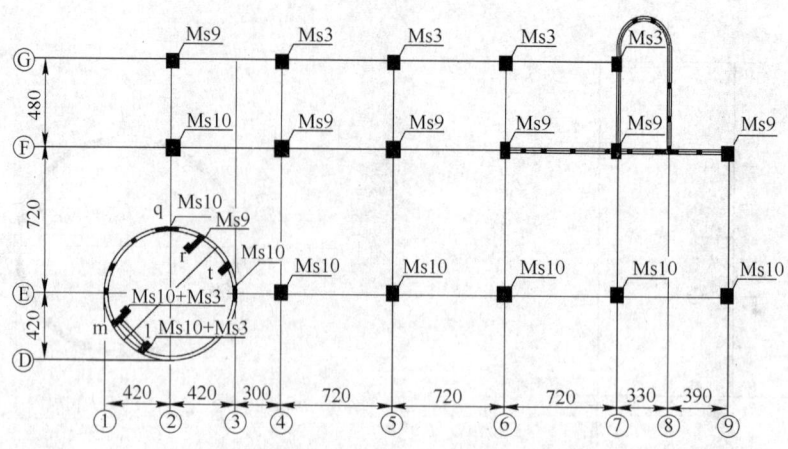

图 5　毫秒延期起爆顺序平面示意图

Fig. 5　Millisecond delay blasting sequence chart

5　安全防护措施

5.1　爆破飞石防护

根据省气象局主楼爆破的实际情况，我公司决定采取如下防护措施：

（1）炮孔直接防护。在柱上有炮孔部位包围六层草帘子，每三层草帘子用 8 号钢丝每隔 50cm 捆扎一道，要求捆草帘子长度比炮孔上下长 50cm，捆紧绑牢。草帘子的搭接长度不少于 55cm。前三层草帘子捆好后，外层用铁丝网捆绑一次。捆好后，按照同样方法再捆绑另外三层草帘子，最后覆盖捆绑一层细目尼龙丝防护网，同样捆紧绑牢。

（2）围挡防护。在楼体缺口范围内和楼体南侧有门窗处挂一层草帘子，要挂严密，不留空隙，草帘子挂好后，再挂一层密孔尼龙网，捆紧绑牢。

（3）对楼房塌落溅起飞石的防护。在预计楼房倒塌的范围内铺设两层草帘子，并在其上压沙袋和洒水，铺设草帘子的宽度应超过楼体两侧各 5m 左右。

（4）在倒塌方向北侧 60m 处利用拆除石渣填筑挡土墙，高度为 2.5m，控制飞石的飞散距离。

5.2　降尘措施

（1）将预拆除时堆积于楼内地面的残渣清理干净，爆破前清理各楼层并淋湿地板，减少楼体倒塌过程中产生的粉尘。

（2）起爆前，在倒塌方向上布置的草垫子上洒水，从而有效减少大楼塌落触地时产生的灰尘。

（3）起爆后洒水车洒水降尘。

5.3　塌落振动预防

为了减小在倒塌时产生的振动，根据以往的成功经验，采取以下方法：

（1）在倒塌方向上 30m 和 40m 处铺垫沙土（高度 1m，宽度 1.5m），在上部再覆盖两层草帘子缓冲材料，并在其上洒水，减小塌落振动。

（2）开挖减振沟。在气象局楼体的西侧10m处和南侧10m处开挖减振沟（深度2m，宽度1m），有效减小爆破塌落振动对煤气管道及周围的影响。

6 爆破效果及体会

爆后大楼按照预定方向倒塌，无后坐，爆体彻底解体，爆堆高度3m左右，倒塌长度55m，飞石在5m以内，周围地下管线及立交桥没有受到损坏，达到很好的爆破效果，大楼爆破过程中及爆破后的照片（如图6和图7所示）。

图6 起爆瞬间向预定方向倾倒图片

Fig. 6 The initiation moment toward a
predetermined direction dumping

图7 爆后效果图片

Fig. 7 After the effect of picture

通过本次爆破施工得到了以下几点体会：

（1）电梯井剪力墙经过预处理成柱型，墙体自由面增多，爆破时容易形成爆破缺口，达到很好的爆破效果。

（2）采取铺设细沙、松土、草垫等软性缓冲材料和开挖减振沟技术措施控制，减振效果良好。

（3）本次爆破圆筒形结构重量大，对倾倒方向影响很大，通过合理的预拆除，设计起爆顺序和起爆时差，能有效达到定向效果。

（4）对于不规则大楼定向爆破，其倾倒方向由爆破初期的倾倒趋势和后排倾倒翻转支撑构件的方位决定，本次爆破通过合理的调整后排圆筒预拆除后的支撑方位，使其与设计的倾倒方向一致。

参 考 文 献

[1] 崔晓荣，郑灿胜，温健强，等. 不规则框剪结构大楼爆破拆除[J]. 爆破，2012，29(4)：95～98.
[2] 冶金部安全技术研究所. GB 6722—2003 爆破安全规程[S]. 北京：中国标准出版社，2004.
[3] 张应力. 工程爆破实用技术[M]. 北京：冶金工业出版社，2005.

海塘塘坝人工凿孔爆破拆除工程

曾春桥[1]　李运喜[2]　俞明来[3]　葛兆林[1]

（1. 宁波永安爆破工程有限公司，浙江宁波，315700；

2. 浙江省高能爆破工程有限公司，浙江杭州，310012；

3. 象山县公安局，浙江宁波，315700）

摘　要：采用人工凿孔爆破拆除海塘塘坝，无爆破资料参考，爆破设计和施工难度很大。本文介绍了人工凿孔爆破拆除海塘塘坝爆破方案设计、爆破参数选取、网路连接和安全防护措施，并对爆破效果进行了分析，得到了一些有益的经验，可供类似工程爆破设计和施工借鉴。

关键词：人工凿孔；塘坝；拆除爆破

Artificial Borehole Project of Seawall of Small Reservoir

Zeng Chunqiao[1]　Li Yunxi[2]　Yu Minglai[3]　Ge Zhaolin[1]

（1. Ningbo Yongan Explosion Engineer Co., Ltd., Zhejiang Ningbo, 315700；

2. Zhejiang Gaoneng Explosion Engineer Co., Ltd., Zhejiang Hangzhou, 310012；

3. Xiangshan Public Security Bureau, Zhejiang Ningbo, 315700）

Abstract：Without reference for explosion, it is difficult for explosion design and construction by means of artificial borehole to dismantle seawall of small reservoir. This paper introduces the design of explosion of artificial borehole that dismantles the seawall of small reservoir, the selection of blasting parameter, network connection and protection measures. It also analyzes the effect of explosion and gain a lot of beneficial experience that can be learned by analogous explosion project and construction.

Keywords：artificial borehole；reservoir；demolition explosion

1　工程概况和工程周边环境

1.1　工程概况

根据象山县海洋与渔业局责令停止违法行为通知书（象海执责［2013］004 号），要求对象山县墙头镇翘头嘴海塘违章塘坝进行拆除。象山县墙头镇人民政府委托宁波永安爆破工程有限公司对该塘坝进行爆破拆除，爆区位于象山县墙头镇翘头嘴海塘。需要爆破拆除的塘坝长约 30m，上层宽约 0.5m，下层宽约 1.5m，高约 3.0m，爆区为浆砌片石，总爆破方量约为 200m³，爆破时间 5d。

曾春桥，工程师，zzchn0211@126.com。

1.2　工程周边环境

从总体爆破拆除环境看，爆破环境很好，具体如下：爆区北侧为海涂，南侧为待拆除海塘，南侧约309m为村小庙，东侧距移动通信塔350m。

1.3　水文地质

（1）气象概况：该海域属亚热带季风湿润气候区，年平均表层水温17.9℃，实测最高、最低表层水温分别为32.9℃和4℃；雨量充沛，年平均降水量为1250mm；平均无霜期248d；风向主要表现为季风特征，冬季盛行偏北风，夏季盛行偏南风；受季风气候影响，春、秋、冬季冷空气多，累年平均大风日为8.1d，海面风力可达10级以上，强冷空气频繁，危害大，多发生于11月至来年2月。

（2）潮汐状况：该海域潮汐为正规半日潮型，平均涨潮历时6小时14分，平均落涨潮历时6小时11分，涨、落潮历时大致相等。潮流平缓属正规半日浅海流，以往复流为主，落潮流速大于涨潮流速，涨潮平均流速为48cm/s，落潮平均流速为61cm/s，底层分别为45cm/s和46cm/s。

2　爆破设计原则

（1）精心设计与施工，爆破过程中严格控制爆破的有害效应。

（2）因待拆除塘坝是浆砌片石，且施工设备无法进入，而且工期非常紧，根据工地现场情况，只能采用人工凿孔，利用榔头、錾子及撬棒从外侧塘坝底部基础开凿水平孔，由于这种爆破施工方法在以往爆破中无资料可参考，现场只有采取先试爆2~4个孔，根据试爆效果，为施工提供最优爆破参数，确保工程质量。

（3）坚持高起点、高标准、严要求，统一指挥，分工负责，充分利用时间和工作面，多工序交叉平行作业，争取主动，保证质量，全面完成施工任务。

3　爆破方案的选择

因待拆除塘坝是浆砌片石，且施工设备无法进入，而且工期非常紧，根据工地现场情况，只能采用人工凿孔，利用榔头、錾子及撬棒，从外侧塘坝底部基础开凿水平孔进行爆破拆除的技术和方法。

4　凿孔

4.1　凿孔设备及孔径

采用人工凿孔，用榔头、錾子及撬棒掏孔，从外侧塘坝基岩底部用人工开凿水平炮孔，孔径为115~150mm。

4.2　凿孔施工

（1）布孔。布孔由爆破工程师按照爆破设计参数正确标注每个孔的位置、孔深、倾角及方向；布孔时要注意在底盘抵抗线过大处布孔，以防止在过大的底盘抵抗线情况下产生根底；同时要注意抵抗线的变化，特别是防止因抵抗线过小而出现飞石事故。

（2）凿孔。凿孔时要把质量放在首位，凿孔就是为了给爆破提供高质量的炮孔，孔深、角度、方向及位置都应满足设计要求。

（3）检查验收。炮孔检查是指检查孔深和孔距，由技术人员验收，验收不合格的炮孔重新凿孔，直到达到要求为止。

5　爆破参数设计

5.1　布孔形式及孔径

从外侧塘坝布置水平炮孔，采用梅花形布孔，布双排孔。为便于施工，从基岩往上0.5m处开始布孔。

5.2　炸药单耗 q 值的选取

本工程爆破拆除的为浆砌片石，又无以往爆破施工经验，并要一次性爆破到位，在确保安全的前提下炸药单耗应适当增大，在试爆后再确定爆破参数，综合考虑此处取 $q = 0.8 \sim 1.2 \mathrm{kg/m^3}$，上排孔单耗取小值，下排孔单耗取大值。

5.3　孔网参数

孔距 a 取 $a = 1.0 \sim 1.5 \mathrm{m}$，抵抗线 w 取 $w = 1.0 \mathrm{m}$，排距 b 取 $b = 0.6 \sim 0.8 \mathrm{m}$，孔深 h 为 $h = 0.5 \sim 0.7 \mathrm{m}$（根据每个孔的实际情况确定开凿孔深度）。

5.4　装药量及装药结构

装药量随凿孔的深度和孔内裂隙情况变化而变化，单孔装药量为 $6.0 \sim 8.0 \mathrm{kg}$，上排孔装药量取小值，下排孔装药量取大值。

5.5　装药及联网

5.5.1　装药

装药前先核对孔深和孔内裂隙情况，然后再清理孔口附近浮渣、松石，做好装药准备。每孔装药量、雷管段别及堵塞应与设计一致，装药完后再用海泥堵塞并在炮孔处加挡砂袋。

5.5.2　海泥堵孔

待凿孔工作完毕，并验收确认炮孔符合设计要求，即可进行装药工作，在放入起爆药包之前可用木棍压紧，以增加炮孔的装药密度。爆破施工必须按照爆破拆除设计方案进行，对每一个炮孔的装药情况，最后根据孔内裂隙情况进行最后的调整，以确保安全。炸药装好后，采用海泥封堵炮孔。注意海泥中不要夹带石子等杂物，并在炮孔处加挡砂袋。

5.5.3　联网

起爆网路可采用中间开口、逐孔向两端推进，微差复式起爆网络。孔内装10段非电毫秒雷管，多孔一响，段与段之间用3段非电毫秒雷管延时，孔外两排之间用5段非电毫秒雷管延时，联网结束后必须经爆破技术负责人检查，经确认无误后才可起爆。

6　爆破安全验算

6.1　爆破振动安全验算

根据本工程的周围环境实际情况，最大一段齐爆药量用下式计算：

$$Q_{max} = R^3 v^{3/\alpha}/K^{3/\alpha}$$

式中 Q_{max}——最大一段齐爆的药量，kg；

v——被保护目标的安全振动速度，cm/s；

K——与地形、地质有关的系数；

α——与地质有关的爆破振动衰减系数；

R——爆破中心至被保护目标的距离，m。

根据《爆破安全规程》（GB 6722—2003）的规定，一般砖房、非抗震的大型砌块建筑物允许振速为 2～3cm/s，现根据现场实际的建筑物（一般砖房），取允许振速为 2.5cm/s，取 $K = 180$，$\alpha = 1.6$，计算出爆破中心距离被保护目标不同距离处的最大一段齐爆药量，见表1。

表1 距保护对象不同距离最大齐爆药量

Table 1 The most explosive charge at different distance of protection

爆破中心距被保护目标距离 R/m	40	55	60	70	80	100	110	150
安全用药量 Q/kg	21.1	54.8	71.1	112.9	168.6	329.2	438.2	1111.2

爆破中应合理选取最大一段齐爆药量。根据周围环境，最大一段齐爆药量可控制在36.0kg以内，一次爆破的总药量不超过200.0kg，炮孔排数控制在2排。爆破拆除前，要通过现场爆破试验，合理地选取爆破参数和单位炸药消耗量，选取较合理的间隔时间和起爆方案，减小爆破振动。

6.2 爆破飞石安全验算

控制爆破飞石距离，确保周围设施和人员的安全，也是安全设计的重要内容，爆破产生的个别飞石的最大距离按下式确定：

$$R_f = (15 \sim 16)d$$

式中 R_f——飞石的飞散距离，m；

d——凿孔直径，mm。

现取 $d = 115mm$，代入上式，有 $R_f = (15 \sim 16) \times 11.5 = 172.5 \sim 184m$。

根据上述对飞石、空气冲击波、爆破振动等的验算，结合周边具体环境条件及爆破安全规程规定，陆地上安全警戒距离为300m，海上安全警戒距离扩大到500m。

6.3 空气冲击波（水击波）影响的校核

控制空气冲击波，主要是保护建筑物门窗玻璃及海上过往船只安全，可用下列公式计算：

$$\Delta p = 209Q^{1/3}/R$$

式中 Δp——空气冲击波超压值，g/cm²，一般门窗要求 $\Delta p \leqslant 27g/cm^2$；

Q——最大单响药量，按36.0kg计；

R——爆区至最近保护物距离。

则 $\Delta p = 209 \times 36^{1/3}/500 = 1.38g/cm^2 \leqslant 27g/cm^2$，因此空气冲击波（水击波）对附件保护物危害影响可以忽略不计，但在爆破作业时要考虑过往船只（预防水中冲击波），海上安全警戒距离扩大到500m，海上采用固定式泡沫警示标志和警戒小船进行爆破警戒。

7 凿孔质量控制措施

（1）布孔测量。凿孔前，由爆破技术人员现场布孔，标明凿孔的位置、孔深、角度，并把凿孔数据及时准确地提供给凿孔组。

（2）凿孔。凿孔组根据爆破凿孔参数表及爆破设计进行凿孔作业，凿孔时现场施工员必须到场，保证位置准确无误。

（3）凿孔质量检验。施工员在凿孔完成后，应检查炮孔位置、深度、角度、排距、孔径等参数是否符合爆破设计，并填写相关记录。如不符，现场进行返工，直至符合要求为止。

8　装药质量控制措施

（1）严格按照爆破设计及孔内裂隙情况调整装药量。

（2）按段别雷管、药包药量分类编组放置，防止出现差错。

（3）装药时爆破技术人员现场指导装药，对装药过程中出现的各种问题及时处理。

（4）装药完成后由爆破员根据设计要求用黄泥糊孔。

（5）现场技术人员对每一个炮孔的装药情况进行详细记录。

9　连线质量控制措施

（1）雷管连线按照爆破网路设计进行。

（2）网络连接采用双回路复式网路，按照规定操作，防止连错、漏接，保证可靠起爆。

（3）网络连接后，由总技术负责人最后进行详细的检查与验收。

10　爆破效果和分析

2014年3月20日进行海塘塘坝拆除爆破，共消耗乳化炸药200.0kg，圆满完成了象山县墙头镇海塘塘坝爆破拆除工程，浆砌片石松散，爆后效果良好，爆破有害效应控制在安全范围之内，达到了预期的爆破效果，如图1和图2所示。

图1　塘坝爆破前

Fig. 1　The reservoir before explosion

本次爆破施工有以下几点体会：

（1）爆破施工准备充分，施工组织安排合理，现场管理严格，技术监督、安全监理监督到位是爆破达到预期效果的保证基础。

图 2　塘坝爆破后

Fig. 2　The reservoir after explosion

（2）人工凿孔爆破拆除海塘塘坝，确保凿孔质量，根据每个炮孔孔内的裂隙情况，确定每孔装药量是完成塘坝拆除的关键，如图 3 所示。

图 3　人工凿孔示意图

Fig. 3　The schematic diagram of artificial borehole

（3）采用毫秒非电导爆管雷管，孔外复式接力延时起爆网路，降低爆破振动等有害效应，爆破更安全。

（4）爆破施工前优化爆破设计方案和落实安全防护措施，爆前试爆，及时合理调整最优爆破参数，严格控制堵塞质量，对爆区覆盖是控制个别飞石的重要措施。

参 考 文 献

[1] 顾毅成，史雅语，金骥良. 工程爆破安全[M]. 合肥：中国科学技术大学出版社，2009.

[2] 冶金部安全技术研究所. GB 6722—2003 爆破安全规程[S]. 北京：中国标准出版社，2004.

[3] 汪旭光. 爆破手册[M]. 北京：冶金工业出版社，2010.

电厂锅炉房保护性爆破拆除

李清明　刘文广　申文胜

（上海消防技术工程有限公司，上海，200080）

摘　要：利用控制爆破技术，在靠近保护建筑一侧爆破切口将建筑的保护部分与爆破部分断开，并采用多项预处理措施，达到保护性拆除的目的。

关键词：锅炉房；保护性爆破拆除；措施

The Protection of Blasting Demolition in the Power Plant Boiler Room

Li Qingming　Liu Wenguang　Shen Wensheng

（Shanghai Fire Technique Engineering Co., Ltd., Shanghai, 200080）

Abstract：The use of controlled blasting, blasting incision in the protection of the side of a building structure, and break off between the structure to be protected of building and the structure of blasting off. we had protected the demolition purposes by the number of pre treatment measures.

Keywords：boiler room；protection of blasting demolition；measures

1　工程概况

上海电力股份有限公司吴泾热电厂旧锅炉房从 20 世纪 50 年代开始经多期建设，形成南北长 187.8m，东西宽 36.4m，最高 42m 的大型钢筋混凝土排架结构厂房，总建筑面积约 15000m² 。旧锅炉房（含煤仓）的爆破拆除工程环境较复杂：北侧距离 8 号、9 号输煤栈桥 20m，距离变电站 11m；东北侧是 5 层临时办公室；南侧地下是循环水管，距离 20m；东侧 48m 外面是新建成的煤场；西侧紧贴待拆的除氧间和汽机房，结构相连。环境平面图如图 1 所示。

2　工程难点

难点一：锅炉房、煤仓紧邻除氧间和汽机房，除氧间和煤仓共柱，而且除氧间和汽机房需继续使用而不得损伤，技术难度大。

难点二：沿倒塌方向，前轻后重。后面是煤仓间，重量比前面重得多，爆破后煤仓不易往前倒，控制不好会引起保留部分的结构损伤。

李清明，高级工程师，jxlqm02@126.com。

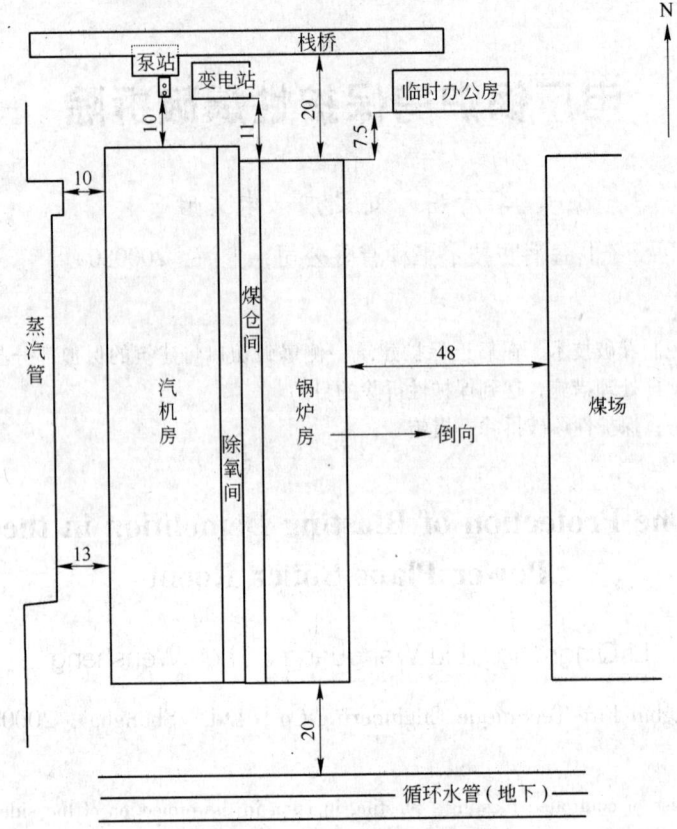

图 1　环境平面图（单位：m）

Fig. 1　Environmental plan（unit：m）

3　爆破拆除方案

3.1　结构参数

锅炉房南北总长 187.8m，宽 25 ~ 28.4m，北部屋架支座高 36.5m，南部屋架支座高 38.5m，屋顶高 42m，装配式排架结构。煤仓间与锅炉房长度相同，宽 8m，三层。锅炉房与煤仓间结构连为一体。纵向共 33 排立柱，横向为 3 排立柱。纵向和横向梁搭于立柱牛腿上。煤仓在 +14.8 ~ +26.0m 之间，煤仓板为现浇钢筋混凝土板，厚 200mm。后排立柱主要为 1000mm × 700mm、600mm × 600mm 两种矩形柱，前排为 1900mm × 600mm 工字形柱，中间空的，实际两侧需炸的尺寸为 600mm × 200mm。矩形梁主要 600mm × 1300mm（煤仓）。底层柱平面图如图 2 所示。

3.2　倒塌方向

由于东侧有 48m 空地可供建筑物倒塌，因此设计向东定向倒塌。

3.3　切口高度

考虑到东侧立柱必须炸倒，东侧立柱切口高度 9.5m，也就是切口高至第一层平台上 1.5m。中间柱炸至煤仓下 +14.0m 水平。

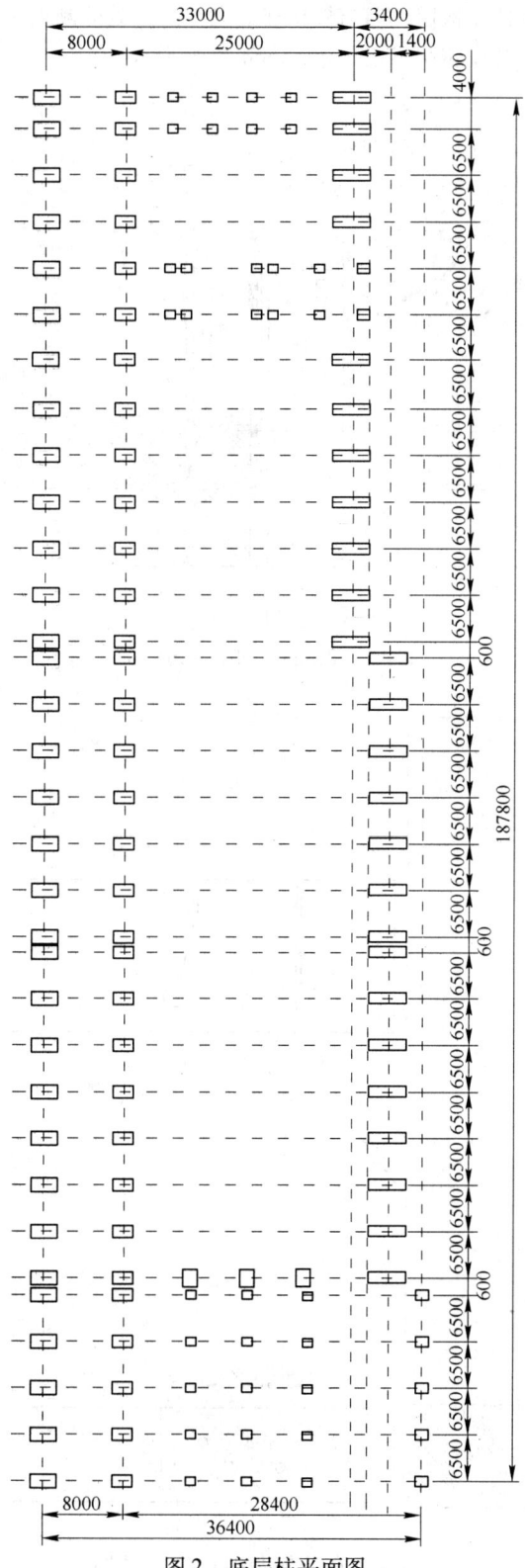

图 2 底层柱平面图

Fig. 2 The column plan of bottom

　　最西边柱与除氧间共柱需保留，但与柱相连的梁在连接处炸断或预先人工切断。爆破切口布置图如图3所示。煤仓梁爆破切口炮孔布置图如图4所示。

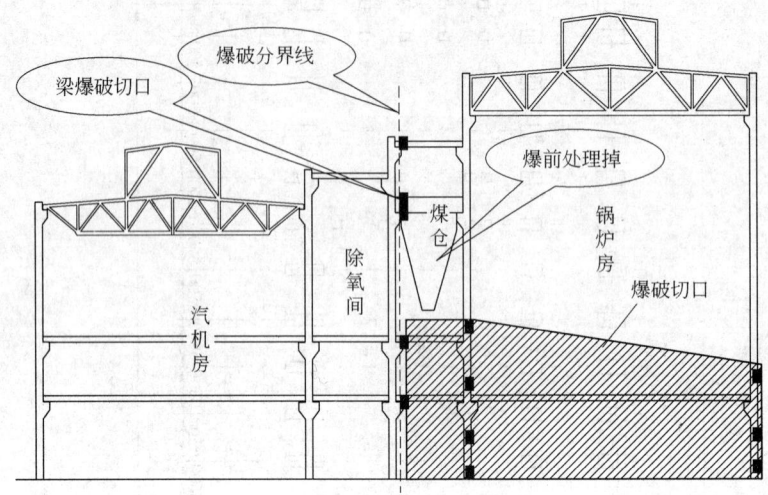

图3　爆破切口布置图

Fig. 3　The plan of blasting cut

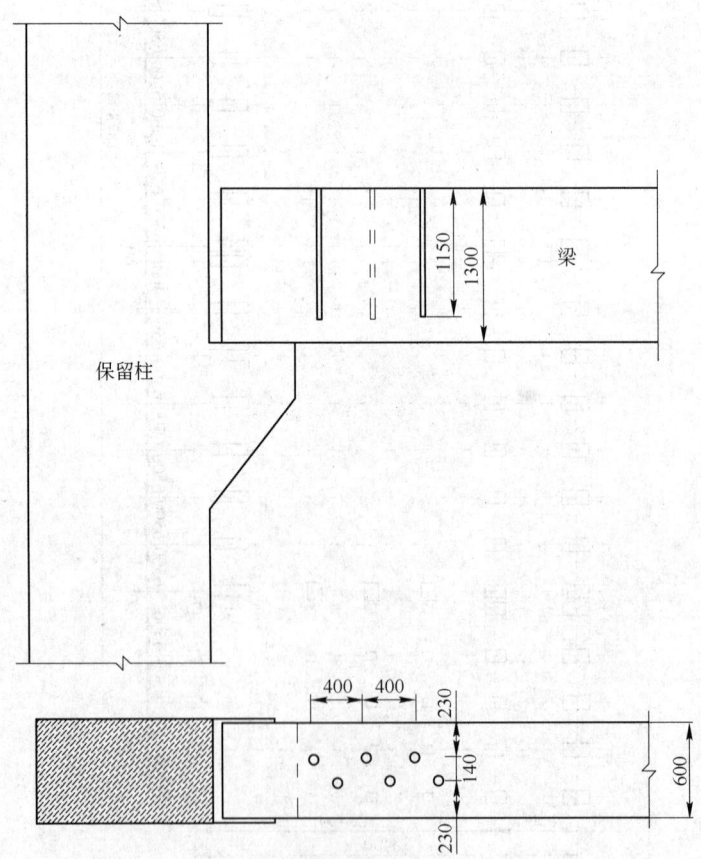

图4　煤仓梁爆破切口炮孔布置图

Fig. 4　Blasting hole's layout of blasting cut in coal bunker's beams

3.4　爆破参数

爆破参数见表1。

表1　爆破参数表

Table 1　The parameter table of blasting

序号	名　称	规格 /mm × mm	布孔排数	孔距 /mm	排距 /mm	孔深 /mm	炸药单耗 /g·m⁻³	单孔药量 /g
1	矩形柱	1000 × 700	2	800	200	800	1200	335
2	工字形柱	1900 × 600, 中空两肋 600 × 200	1	300		520	2500	90
3	矩形柱	600 × 600	2	600	140	400	1200	130
4	矩形梁切口	600 × 1300	2	400	140	1150	2000	312（2 节装药）

3.5　装药结构设计

工字形柱采用两节装药，孔内两个药包，每个药包一发雷管。孔口堵塞长度不小于 15cm，其装药结构图如图5所示。

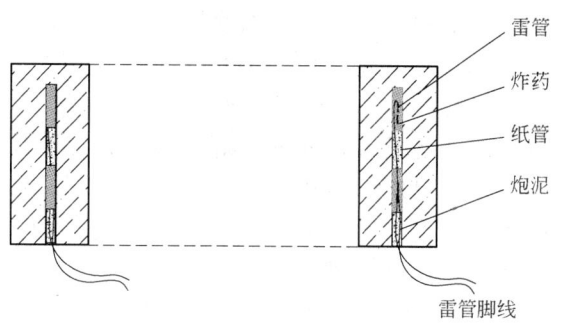

图5　工字形柱装药结构图

Fig. 5　The charge structure diagram of I-section column

矩形柱均采用两节装药，孔内两个药包，每个药包一发雷管。孔口堵塞长度不小于 25cm，装药结构图如图6所示。

矩形梁均采用两节装药，孔内两个药包，每个药包一发雷管。孔口堵塞长度不小于 25cm，装药结构图如图7所示。

3.6　工程难点的技术处理

由于锅炉房、煤仓紧邻除氧间和汽机房，并且共柱，技术难度大。如果爆破后钢筋没有被炸断，由于钢筋的牵拉使煤仓在下落过程对立柱有一反冲作用，将对立柱的稳定性和结构产生影响。从而影响到与之相邻的除氧间和汽机房的结构安全。为此采取以下技术措施：

（1）各层板在爆破分界线上用风镐开缝，横梁留下，纵梁不处理，在处理8m平台的同时

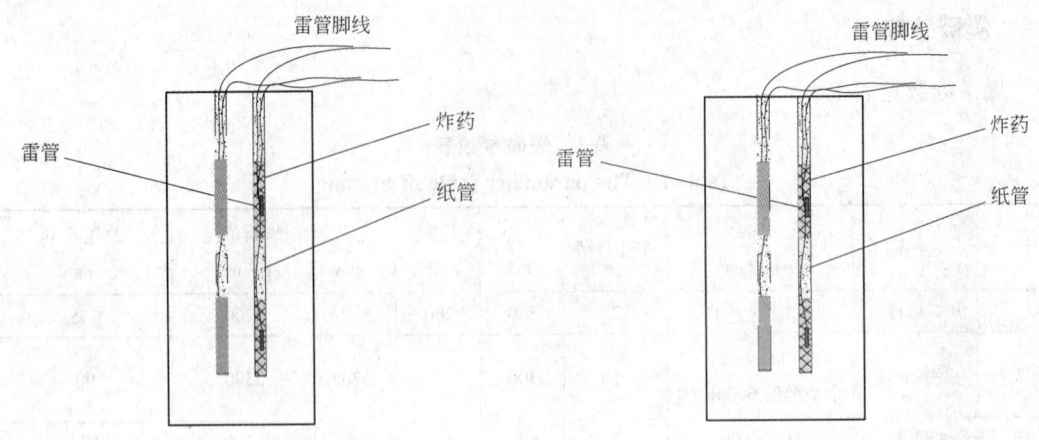

图 6　矩形柱装药结构图
Fig. 6　The charging structure diagram of
rectangular column

图 7　煤仓梁切口装药结构图
Fig. 7　The charging structure diagram of
blasting cut in coal bunker's beams

尽可能用机械打掉一些煤仓漏斗，至少打掉 2/3 的煤仓高度，以减轻煤仓部分的重量。

（2）对横梁结构进行弱化，主要对矩形梁顶部和两侧上部钢筋剥出并割断，下部钢筋保留，因现在设备已拆除，主要荷载已解除，经弱化处理后结构仍然是安全的。

（3）对爆破切口的炸药单耗增加 20%，以确保爆破后只剩下钢筋。

3.7　爆前预处理

（1）在爆破实施前对 8m 平台及平台柱拆除，以降低爆堆高度。

（2）对需打炮孔爆破部位的 1900mm×600mm 工字柱中间肋用机械或风镐打掉。

（3）与除氧间相连的平台板应事先用人工风镐切断，横梁用爆破方法切断。

（4）+14m 以下东西向填充墙用机械拆除。

（5）对部分立柱下部钢筋和横梁上部钢筋进行弱化处理。

3.8　爆破网路

采用非电导爆管起爆系统。每炮孔内使用两雷管，柱或梁炮孔内雷管的导爆管用四通连接，炮孔内两雷管分别于两起爆单元网路中，同段间用导爆管至少连接两路，形成复式起爆网路。从起爆点引出两根导爆管作起爆线，然后用激发枪引爆导爆管，最后实施爆破。

延期时间：东侧柱 1 和中间柱采用 Ms-9，西侧柱 2 采用 Ms-12，横向梁端切口用 Ms-12。南北方向每 4~7 排为一起爆单元，起爆单元间用 Ms-5 延时，从北向南传爆。雷管布置分区图如图 8 所示。

复式起爆网路：同排柱子和梁的网路联结，每根柱子中每孔两雷管脚线分别接到两起爆网线上，两起爆网线间若干处并联形成回路；柱间和梁间通过上下两路双线联结而形成多回路；同段排间采用上下各两线的联结方法通过导爆管传爆；每 4~7 排为一起爆单元，通过上述方法联网，单元间以非电 Ms-5 雷管延时，面布线方式与排间布线方式相同。同排柱爆破网路图如图 9 所示。

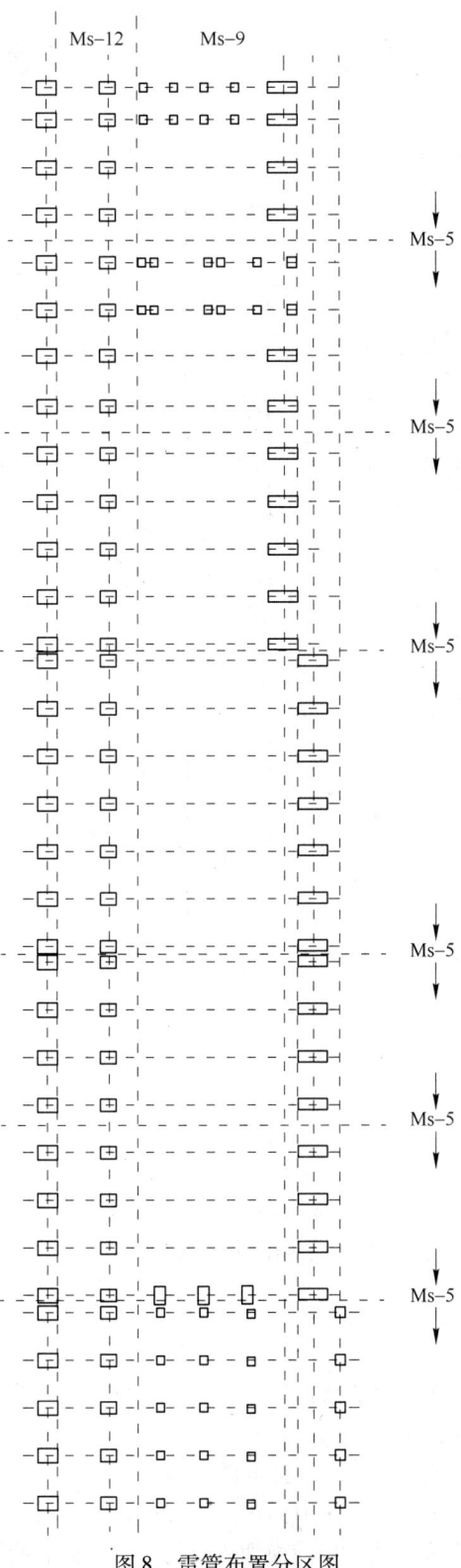

图 8　雷管布置分区图

Fig. 8　The partition map of detonator

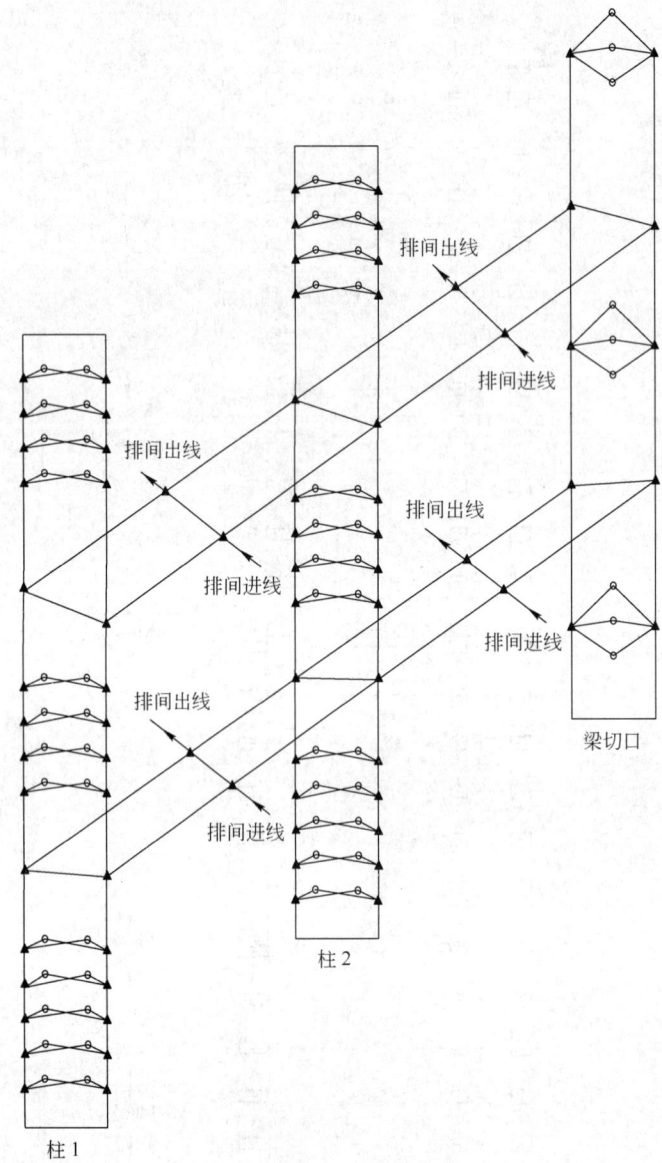

图 9　同排柱爆破网路图

Fig. 9　Blasting network diagram of the same row

4　爆破效果及经验

爆破以后,前部往东倒塌,后部结构往东下倾倒,落地后与保留柱距离约 1m,达到了保护后排柱的目的。效果照片如图 10 所示。

通过此次保护性爆破实践,有如下经验可供参考:

(1) 对于装配式结构共柱厂房,采取措施后可以保证共柱及其后部结构的安全。

(2) 后部切口可适当提高,甚至比前面切口更高,以保证后部结构有足够的前倾空间。

(3) 后部较重的煤仓尽可能用机械于爆破前拆除,以减少质量。

图 10　爆破效果图

Fig. 10　Blasting effect

（4）煤仓梁切口与前排柱起爆延时应适当，在柱被爆破后煤仓形成悬臂，有一个往前倾的力矩后再爆破梁切口，使煤仓往外倾倒。延时短了煤仓会直接贴着需保护的柱往下掉，到地面后会撞伤结构柱。延时长了可能损伤共柱的连接部位。

参 考 文 献

[1] 汪旭光. 爆破手册[M]. 北京：冶金工业出版社，2010.

[2] 汪旭光，于业伦. 拆除爆破理论与工程实例[M]. 北京：人民交通出版社，2008.

[3] 史家垿，程贵海，郑长青. 建筑物爆破拆除理论与实践[M]. 北京：中国建筑工业出版社，2009.

[4] 史雅语，金骥良，顾毅成. 工程爆破实践[M]. 合肥：中国科学技术大学出版社，2002.

复杂环境下 15 层 L 形商务楼定向爆破拆除

张迎春　王　琳　刘振军　李高锋　刘冬霞

（河南省现代爆破技术有限公司，河南郑州，450008）

摘　要：通过复杂环境下 15 层 L 形商务楼定向爆破拆除实例，结合工程难点，制定了爆破方案，并阐述了爆破拆除的设计思路，以及爆破切口的选择，爆破参数的选取、预处理、起爆网路设计及安全防护等控制楼房准确倒向的技术措施，并对爆破灾害采取了有效控制措施，达到预期效果。

关键词：框架结构；复杂环境；定向爆破；安全防护

Directional Blasting Demolition of a 15-storey Business Building of L-shape Structure under Complicated Environment

Zhang Yingchun　Wang Lin　Liu Zhenjun　Li Gaofeng　Liu Dongxia

（Henan Modern Blasting Technology Co., Ltd., Henan Zhengzhou, 450008）

Abstract：The directional blasting demolition example of a 15-storey business building of L-shape structure under complicated environment was introduced. According to the difficulties of engineering, the blasting scheme was formulated and the blasting demolition design thought was stated. The technical measures were also elaborated in order to control the exact backward of the building, such as the selection of blasting cuts and parameters, pre-processing, design of detonating network, and the safety protection. The anticipated effect was reached by the effective control measures for blasting disasters.

Keywords：frame structure; complicated environment; directional blasting; safety protection

1　工程概况及难点

1.1　工程情况

正园商务楼为框架结构，其平面结构呈 L 形，共 15 层（含 1 层地下室），地面以上建筑物高 46.2m，每层高为 3.3m；商务楼南北长为 32.6m，东西最宽处为 23.1m。该商务楼平面结构为东西向 4 排立柱，南北向 6 排立柱。其平面结构如图 1 所示。

1.2　周边环境

正园商务楼坐落在郑州最繁华的二七核心商业区内，北距旅郑清真寺 6m、二七纪念塔320m，西距万博商城 11m、郑州火车站 450m，正南 30m 处为德化步行街，东南方向 30m 为一

张迎春，工程师，22833284@qq.com。

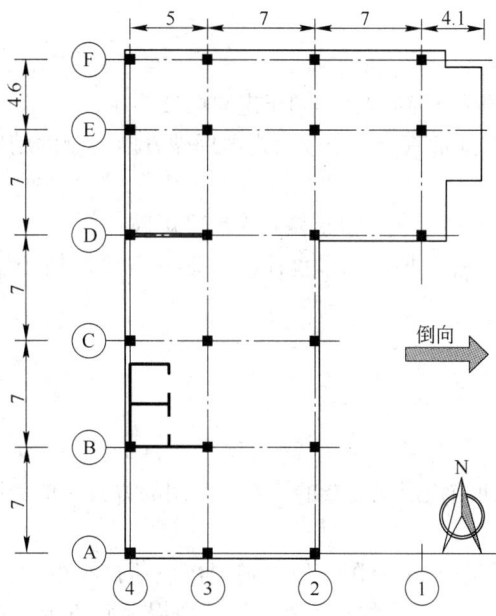

图 1　平面结构布置图（单位：m）

Fig. 1　Plane structure layout（unit：m）

座在营业商铺，该商铺北边为一台在用配电器。整个商业区每天人、车流量都很大，环境复杂，如图 2 所示。

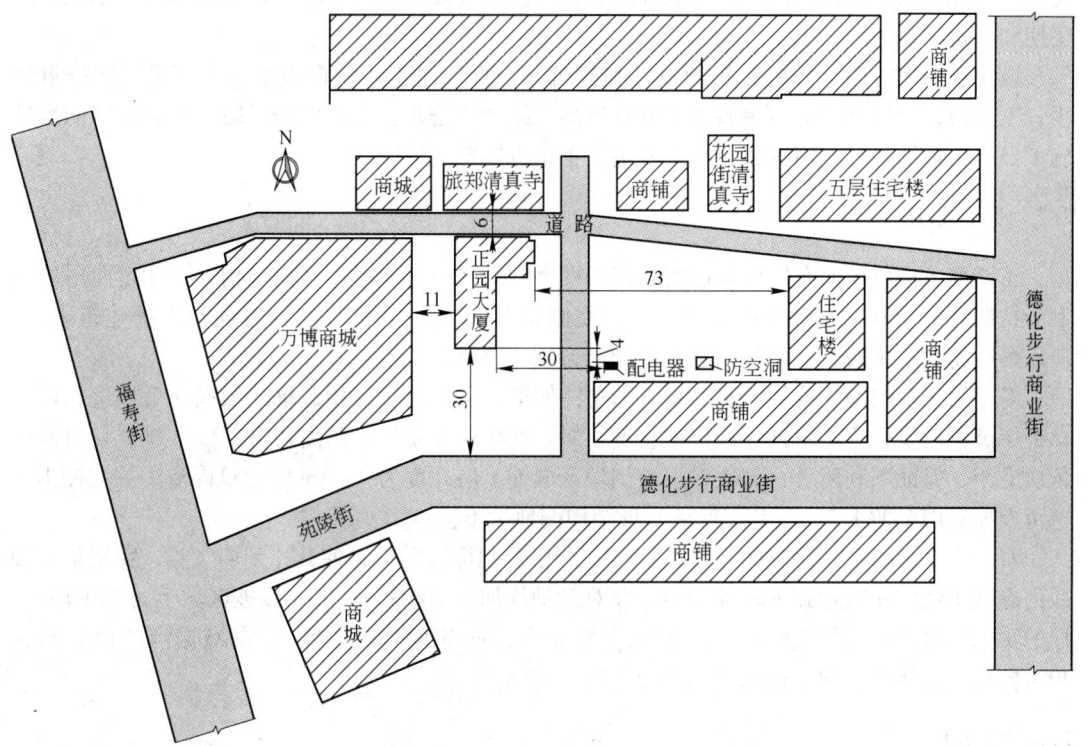

图 2　周边环境示意图（单位：m）

Fig. 2　Surrounding environment（unit：m）

1.3　工程难点

（1）正园商务楼为 L 形平面结构，不利于定向爆破倒塌；

（2）正北方向 6m 为旅郑清真寺，不仅对定向爆破方向控制的精度要求较高，而且对飞石控制要求也较高；

（3）正西方向 11m 为万博商城，要求做到无后坐爆破；

（4）爆破粉尘、飞石、爆破振动和塌落冲击振动都需要严格控制，以防止对周围商业圈正常运营带来过大损失。

2　爆破方案

2.1　爆破方案选择[1,2]

目前，业界内对于平面结构形状复杂的建筑，采用的方式一般为原地坍塌爆破、切割分区爆破、定向爆破三大类。

对于此工程，由于其工程环境所限，原地坍塌爆破后产生的建筑垃圾势必要堆到其北面 6m 处的清真寺范围内，这是不允许的；此外，原地坍塌爆破肯定会在较高层进行爆破，其产生的振动、飞石、粉尘对商业区影响较大，而且原地坍塌爆破钻孔量、防护量惊人，造价太高。

切割分区爆破为 L 形建筑常见的爆破方式。对此建筑若在南北方向分成 A、B 两区，北面的 B 区肯定要向南倒，因 B 区背面 6m 处为清真寺，所以 B 区不允许有一点后坐，并且对网路连接可靠性要求较高，因此分区爆破风险较大，且若将此建筑分为 A、B 两区，切割量大，对工期和造价不利。

该建筑东南方向有需要保护的设备和建筑，若直接向正东定向爆破，工程量、防护量较少，工期短，造价低，但对爆破技术要求较高。结合我公司已有成熟的爆破技术和丰富的爆破施工经验，再综合各方面因素，最终确定向正东方向定向爆破。

2.2　设计要点

正园商务楼整体向东定向爆破需要解决两大问题：（1）L 形的平面结构，整体定向爆破不利于精确定向，但又不允许倒塌过程中向北倾斜；（2）因正北、正西方向与保护建筑太近，所以爆破粉尘、飞石、爆破振动和塌落冲击振动需要严格控制。

对于第 1 个问题，我们的思路是 4 轴立柱保留，从 1 轴线开始起爆，依次向后推进，可以保证爆破无后坐；为了保证爆破定向精度，对 1 轴线先爆立柱采用高切口，2、3 轴线切口高度依次变小，保证顺利闭合；其次在爆破倒塌区域铺 1 层高度为 2~3m 的建筑碎渣，且北侧 12m 宽范围要比南侧薄 1.5m 左右，保证 L 形结构倒地后不会过大变形。

对于第 2 个问题，解决的思路是：（1）严格控制爆破单耗，使其达到弱飞溅，特别是 F 轴线的爆破单耗，使其达到强松动即可，并对 F 轴线加强防护；（2）在爆破区域上再铺 1 层 1m 厚的黄土，以避免二次飞溅；（3）在商务楼北侧、西侧挖深 3m、宽 1m 的减振沟；（4）对保护对象采用近体防护和远体防护相结合的防护措施。

2.3　预处理

正园商务楼爆破前需要做两方面预处理工作：

（1）除 F 轴线外，对爆破切口范围内其他的非承重墙进行预拆除。

（2）爆破切口内的电梯井和剪力墙进行预防支撑的楔口形预处理。

2.4 爆破切口设计

设计炸高为地下室至第 4 层，其中 1、2、3 轴线立柱炸高分别为 2.60m、1.75m、1.50m。爆破切口如图 3 所示。

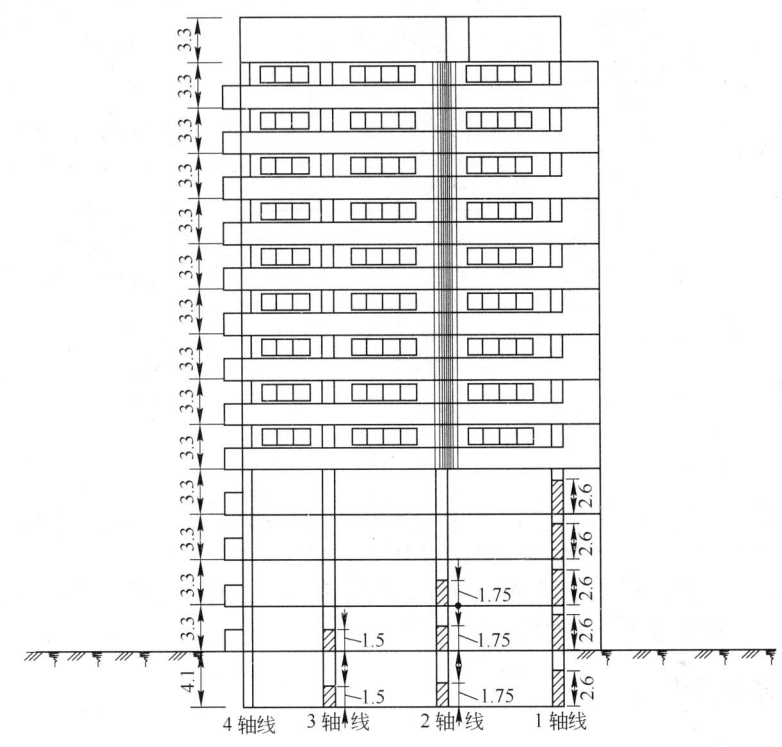

图 3 爆破切口示意图（单位：m）

Fig. 3 Blasting cuts（unit：m）

2.5 炮孔设计及单孔装药量[3]

立柱炮孔布置根据其断面尺寸确定，单孔装药量根据配筋情况、混凝土强度及以往施工经验选择炸药单耗进行确定。

地下室至第 4 层立柱断面均为 0.7m × 0.7m，孔距 $a = 0.35$m，排距 $b = 0.1$m，孔深 $L = 0.5$m，除 F 轴线外，其他轴线上爆破单耗 $q = 1500$g/m³，单孔药量 $Q = 150$g；F 轴线上爆破单耗 $q = 1000$g/m³，单孔药量 $Q = 100$g。

2.6 爆破时差及网路设计

为降低爆破振动以取得良好爆破效果，本次爆破采用延时爆破，所有立柱炮孔均采用毫秒非电导爆管雷管，从 1 轴线第 4 层开始逐层向下至地下室，然后依次 2、3 轴线起爆。爆破段别依次为 Ms1、Ms3、Ms5、Ms7、Ms9、Ms11、Ms12、Ms13、Ms14、Ms15、Ms16、Ms17、Ms18、Ms19、Ms20。起爆网路采用复式闭合导爆管网路。

3　试爆作业

为了保证爆破安全及评估爆破飞石影响范围,在主体爆破前,选择截面参数相同的四根不同部位的立柱进行试爆,分组情况及试爆效果见表1。

表1　试爆情况

Table 1　Blasting test

分组	立柱位置	孔网参数		孔数/个	单孔药量/kg	爆 破 效 果
		a/cm	b/cm			
1	4楼D2	35	10	8	55	在炮孔开口处棉毡破碎,钢网凸起;立柱西面炸开5~18cm,柱立上部东面出现2道裂缝
2	4楼B2	35	10	12	100	钢网炸开1/3;立柱混凝土破碎,部分被抛出,主筋微向外凸起;10cm×5cm×2cm混凝土块向北飞出6.5m
3	地下室D2	35	10	7	150	钢网炸开;立柱大部分混凝土被抛出,主筋向外凸起;直径8cm混凝土块最远向西北飞出7.3m
4	地下室B3	35	10	9	200	钢网完全被炸开,主筋呈喇叭,立柱混凝土块完全抛出;直径5cm石块最远飞出12m

通过试爆结果可知,第2、第3组试爆参数既能满足楼房倒塌需要,又能满足飞石安全距离的要求,也是本次爆破所选用的爆破参数。

4　安全校核及防范措施

4.1　爆破振动校核

保护对象所在地质点振动速度计算式为:

$$v = K_1 K \left(\frac{Q^{1/3}}{R} \right)^{\alpha}$$

式中,v 为爆破引起的地面振动速度,cm/s;Q 为齐发爆破的总药量,延时爆破时为最大一段药量,取11.5kg;R 为爆源至保护对象之间的距离,取6m;K_1 为折减系数,对于楼房可取 K_1 为0.25;K、α 为爆破点至保护对象间的地形、地质条件有关的系数和衰减指数,岩性根据现场情况定为软岩石,K 可取280、α 可取2.0。计算得 $v = 9.907\text{cm/s} > 3.0\text{cm/s}$,为保证清真寺的安全,爆破前在正园大厦与清真寺之间开挖1道减振沟。

4.2　塌落振动校核

建筑物爆破拆除时的塌落振动速度计算公式[4]为:

$$v_t = K_t \left[\frac{(MgH/\sigma)^{1/3}}{R} \right]^{\beta}$$

式中,v_t 为塌落引起的地面振动速度,cm/s;M 为下落构件的质量,取1380t(4层以上);

g 是重力加速度，9.8m/s^2；H 是下落高度，取 13.2m；σ 为地面介质的破坏强度，一般取 10MPa；R 为观测点至冲击地面中心的距离，冲击地面中心至最近的清真寺为 $6\text{m}+16.3\text{m}=22.3\text{m}$；$K_t$、$\beta$ 为塌落振动速度衰减系数和指数，K_t 取 3.37，β 取 1.66。经计算得 $v_t=4.39\text{cm/s}>3.0\text{cm/s}$，但在开挖减振沟后振动可减至计算值的 $1/4\sim1/3$，则可满足安全要求。

4.3 安全防护措施[5]

合理的设计，保证炮孔的堵塞长度和填实质量，控制装药量，爆破前进行合理的近体和远体防护，尤其是距离近的清真寺应重点防护，这样不仅可以使飞石控制在要求范围内，还可以将本工程对周边的危害降到最低。

（1）近体防护。首先，对立柱内裹棉毡、外裹钢丝网进行防护，然后用铁丝紧捆钢丝网；其次对爆破建筑楼层区域的窗户部分及透光部分，均采用竹笆和铁丝网进行密封，防止飞石飞出或减弱其飞出的能量；最后人工从第 5 层楼拉上 1 张高分子塑料网，进一步阻挡飞石。

（2）远体防护。为安全起见，在商务楼的正北侧（清真寺）临街一侧设条形竹笆，固定编排成 1 个面，进一步阻挡越过近体防护的个别飞石；同样在变电器北面和西面也围半圈条形竹笆进行防护。

（3）在正园商务楼倒塌场地四周开挖一道减振沟，以保护其周围建筑安全。

5 爆破效果与体会

5.1 爆破效果

正园商务楼按预定方案精确倒塌，实现了在复杂环境中爆破"零损失"的目标，特别是紧临待爆体 6m 处的清真寺玻璃均完好无损；由于设计周密，爆破粉尘、飞石、爆破振动和塌落冲击振动得到有效控制。爆破效果如图 4 所示。

(a) (b)

图 4 爆破效果

（a）爆破中；（b）爆破后

Fig.4 Blasting effects

5.2 体会

（1）精心设计是根本。工程结构特殊，环境复杂，又位于商业核心区，设计不仅要考虑各个方面，还要比较不同方案、参数的优劣，定出最佳方案。

（2）安全防护至关重要。对于复杂的商业区，安全防护要做到精细施工，多种防护措施相结合，做到万无一失。

（3）试爆作业不可少。试爆不仅对爆破效果可靠性进行检验，还可以将试爆数据进行优化，最终优化了爆破参数，使爆破粉尘、飞石和爆破振动等危害降到最低程度。

（4）周密的周边关系协商计划和完善的警戒方案制订及执行，是确保爆破工作顺利完成的关键因素之一。

参 考 文 献

［1］汪旭光，于亚伦. 拆除爆破理论与工程实例［M］. 北京：人民交通出版社，2008.
［2］刘殿中，杨仕春. 工程爆破实用手册［M］. 2 版. 北京：冶金工业出版社，2003.
［3］于亚伦. 工程爆破理论与技术［M］. 北京：冶金工业出版社，1999.
［4］周家汉. 爆破拆除塌落振动速度计算公式的讨论［J］. 工程爆破，2009，15(1)：1~4.
［5］易克，吴克刚，姜洲. 16 层 Y 字形全框剪结构楼爆破拆除［J］. 工程爆破，2009，15(1)：56~59.

复杂环境下 55m 钢筋混凝土烟囱爆破拆除

王　群　李　丹　刘崇尧　胡　军

（沈阳消应爆破工程有限公司，辽宁沈阳，110036）

摘　要：待拆烟囱为钢筋混凝土结构，高55m，处于抚顺水泥股份有限公司院内，现场环境复杂，距离精密设备厂房仅2.2m，且倒塌方向非常有限，要求倒塌方向精确定位，采用定向爆破方法使烟囱向西偏北6°方向定向倒塌。采用正确的爆破参数，设计合理的网络及延时，采取有效的安全防护措施，爆破达到了非常理想的效果。

关键词：定向爆破；爆破切口；复杂环境；爆破振动

Blasting Demolition of 55 Meters of Reinforced Concrete Chimney under Complicated Environment

Wang Qun　Li Dan　Liu Chongyao　Hu Jun

（Shenyang Should Elimination Blasting Engineering Co.，Ltd.，Liaoning Shenyang，110036）

Abstract：The demolition of chimney for the reinforced concrete structure，high 55m，in the Fushun cement Limited by Share Ltd hospital，the complex environment of the scene，the distance of new equipment plant is only 2.2m，and collapse direction is very limited，the collapse direction of precise positioning requirements，using directional blasting method makes the chimney collapse of north west direction 6°. Using the correct blasting parameters，network delay and reasonable design，adopt effective safety protection measures，blasting achieves the ideal effect.

Keywords：directional blasting；blasting incision；the complex environment；blasting vibration

1　工程概况

抚顺水泥股份有限公司因设备改造，现有一座钢筋混凝土烟囱需要爆破拆除。烟囱高55m，底部直径6.2m，壁厚为0.3m，在烟囱南北两侧距地面4.7m为两个对称排烟道，东侧为排灰口，排灰口宽为1.6m，高为1.7m，烟囱内衬为0.24m耐火砖，空气隔热层厚0.05m，隔热层内堆满水泥灰。

待拆55m高烟囱东侧2.2m有一精密设备房，西侧32m为正在运转生产厂房，南侧6.1m有一正在运作中的生产厂房，北侧13m有一待拆连体水泥仓，东北方向上5m有一圆筒铁罐（烟囱周围环境如图1所示）。

———————————————
王群，工程师，syxygcb@163.com。

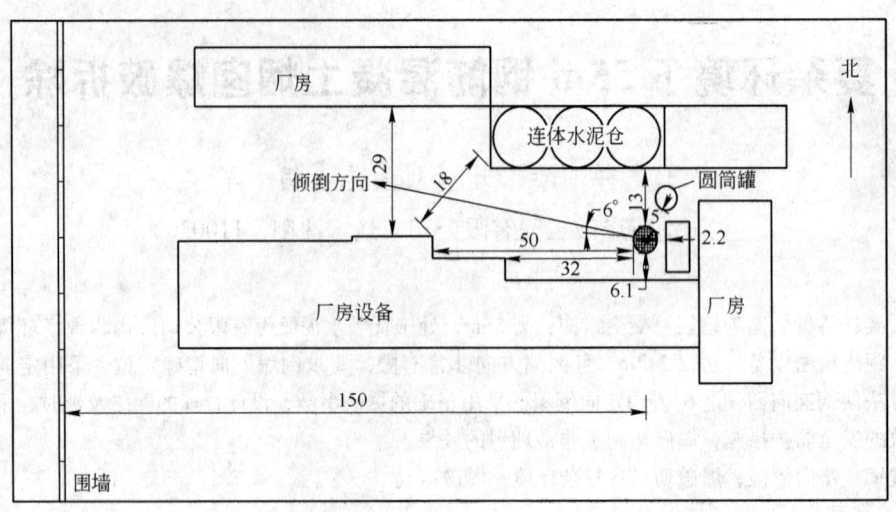

图 1　烟囱周围环境示意图（单位：m）

Fig. 1　Schematic diagram of the surrounding environment（unit：m）

2　工程难点

（1）待拆除烟囱周围环境复杂倒塌范围有限，距离东侧精密设备房仅 2.2m，一旦发生后坐后果不堪设想。北侧和南侧均有需要保护的生产车间，该生产线为水泥厂核心设施，若发生倒塌偏移或者振动过大有导致全厂生产瘫痪的危险。南北两侧厂房间距仅 18m，烟囱本身的直径为 6.2m，倒塌后解体预计残骸直径为 12m 左右，允许倒塌范围烟囱残骸两侧仅为 3m，要求倒塌方向必须精准。

（2）烟囱本身水泥层内竖筋加强，较多、较密。爆破设计必须满足倾倒力矩大于钢筋牵拉力矩才能确保倒塌，又要防止保留部分支撑力矩过小提前垮塌产生后坐。为了保证以上要求，通过建立结构失稳的力学模型分析，结构失稳的力学模型主要包括三个方面：1）计算结构的内力分布；2）计算结构中各构件的承载力；3）确定结构整体是否稳定，即根据前两步的计算结果，在考虑结构内力分布的基础上，分析结构的几何构造，确定结构是否失稳。

（3）烟囱内沉积有 130m³ 左右的烟道灰（生石灰），清除工作为预处理增加了施工难度，为防止烟囱整体重心位移，导致后坐或倒塌方向偏移事故发生，必须清除烟道生石灰等杂物。

3　爆破设计

3.1　爆破依据

烟囱定向爆破拆除设计原理是根据刚性整体绕定轴稳定转动倾倒，将烟囱势能转化为动能，在触地的瞬间产生的以冲势载荷作用下破碎解体。烟囱失稳条件是在烟囱底部倾倒一侧爆破一个缺口，产生重力偏心力矩，导致烟囱整体失稳、倾倒。

3.2 爆破方案确定

根据烟囱的高度、结构状况、平面位置、周围环境和业主对施工的要求，确定在烟囱下部炸开爆破缺口，利用全站仪进行精确定位，采用定向爆破方法使烟囱向西偏北6°方向定向倒塌。

3.3 爆破切口及预处理

3.3.1 爆破切口

相关的计算和实践经验表明，爆破切口太长或太短，都会影响烟囱的爆破效果。本次爆破烟囱倾倒方向的反方向距离精密设备房仅2.2m，因此必须严格控制烟囱的后坐，烟囱爆破选用矩形爆破切口，缺口长度为12m。爆破切口角即爆破切口弧长所对应的圆心角选用220°，爆破切口底线位置于标高 +0.5m处，切口高度为1.8m。为保证爆破倾倒方向的准确性，在爆破切口两端预先开设两个对称的定向窗，定向窗夹角不宜过大，以保证烟囱平缓准确倾倒，定向窗夹角取30°，在烟囱倾倒中心处开一宽1.8m的导向窗。爆破切口展开示意图如图2所示。

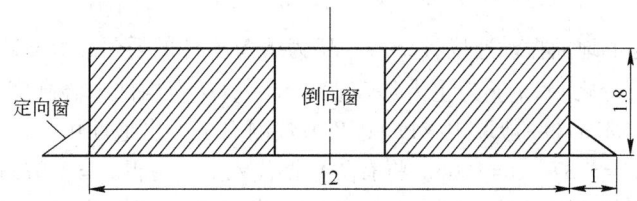

图2 爆破切口展开示意图（单位：m）

Fig. 2 Schematic diagram of blasting cut out（unit：m）

3.3.2 预处理

烟囱的预处理对烟囱的准确定向及顺利倾倒作用重大，经过内衬预处理既可以减少一次爆破炸药量，简化爆破网络，提高爆破的可靠性又可以提高定向倒塌的准确性，还有利于烟囱顺利倒塌。爆破切口部分内衬耐火砖用人工拆除大部分，拆除高度大于1.0m，长度以倾倒中心为对称的周长一半；定向窗内和导向窗内的钢筋全部割除，清理烟囱内的灰尘。

3.4 爆破参数

在爆破切口范围内布设水平炮孔，炮孔的方向朝向烟囱中心。炮眼呈排布设。相邻两排炮孔矩形布置，有利于提高破碎效果。相关爆破参数为：

最小抵抗线 $W = \delta/2 = 0.15m$（δ 为壁厚）；炮孔间距 $a = (1.2 \sim 1.5)W = 0.22m$，取0.3m；炮孔排距 $b = (0.85 \sim 1)a = 0.26m$；炮孔深度 $L = (0.67 \sim 0.8)\delta = 0.24m$；单孔装药量 $Q = gv = 75g$。

3.5 爆破网络

为确保爆破网络安全、准确、经济、合理，以及避免杂散电流等因素影响，此次爆破采用毫秒延期雷管，分两个段别起爆，以设定的倒塌中心线向两侧方向对称延时起爆，减小爆破振动。每个药包放两只同段别导爆管雷管确保准爆，起爆网络采用四通连成复式环形闭合网络。

4 爆破安全校核

4.1 爆破振动校核

爆破振动速度采用以下公式进行设计校核：

$$v = k'k(Q^{1/3}/R)^{\alpha}$$

式中，Q 为一次起爆药量，分段爆破时为最大一段装药量，$Q = 7.95\text{kg}$；v 为质点振动速度，cm/s；R 为爆心至保护对象的距离，$R = 8.2\text{m}$；k、α 为与爆破点地形、地质等条件有关的系数和衰减指数，$k = 200$，$\alpha = 1.8$；k' 为修正系数，取 $k' = 0.2$。将有关数据代入上式可得 $v = 3.14\text{cm/s}$。

4.2 烟囱倒塌触地时的振动校核

烟囱倾倒后，冲击地面引起振动大小与烟囱切口上部的质量、质心高度和触地点土层刚度有关。中科院力学所提供触地冲击振动公式如下：

$$v_t = K_t[(MgH/\sigma)^{1/3}/R]^{\beta}$$

式中，v_t 为塌落引起的地面振动速度，cm/s；M 为下落构件的质量，$M = 176\text{t}$（由于爆破体是逐段解体，取爆体三分之一）；g 为重力加速度，m/s^2；H 为构件中心高度，$H = 19\text{m}$；σ 为地面介质的破坏强度，MPa（一般取 10MPa）；R 为观测点至冲击地面中心的距离，$R = 20\text{m}$；K_t 和 β 为衰减参数，$K_t = 3.37$，$\beta = 1.66$。将有关数据代入上式可得 $v_t = 2.07\text{cm/s}$。

通过在倒塌位置铺设松软物可减少 20% 振动，能达到减振的作用。即 $v_t = 2.07\text{cm/s}$，而《爆破安全规程》（GB 6722—2003）规定，钢筋混凝土结构房屋 $v_t = 3.5 \sim 4.5\text{cm/s}$。

5 爆破安全措施

（1）严格按照爆破设计方案施工，每道工序都要经过严格的检查验收。

（2）采用多段微差爆破技术，降低一次齐爆药量，以减少爆破引起的振动效应。在爆破时在重点保护地段，使用测振仪监测爆破及烟囱触地引起的振动。

（3）倾倒中心线，定向窗口的位置用全站仪测精确定位。

（4）为防止爆破时产生飞石，采用多层草垫子围挡的近体防护措施；每三层草帘子捆三道铁丝，共计 12 层草帘子，确保周围建筑物安全。为防止烟囱倒塌触地飞溅，在烟囱倒地区域铺草垫子等松软物。

（5）为防止烟囱倒地产生的触地飞溅，在烟囱倒地区域铺草帘子。草帘子铺设在烟囱倾倒中心线上，距离烟囱 30m 处开始铺设，每 5m 一道草帘墙，共铺设 3 道。草帘之间用铁丝连接防止脱离。

6 结论

由于烟囱倒塌空间的限制，关键要控制好烟囱的倒塌中心线，精确测量，还要合理选择爆破参数，爆破缺口设计精确，爆破安全措施完善。经爆后检查，爆破没有对周围保护物造成任何影响，爆破没有发生后坐现象，保证了精密设备厂房的安全，同时由于采取了适当的减振措施，爆破振动没有对周围保护物、生产线产生任何影响，爆破达到了预期的爆破效果（烟囱倒塌效果图如图 3 所示）。

图 3　烟囱倒塌效果图

Fig. 3　Collapsed chimney effect chart

参 考 文 献

[1] 刘国军. 复杂环境下 50m 高砖结构烟囱爆破拆除[J]. 爆破，2010，27(3)：70 ~ 72.

[2] 魏忠义，顾家巅. 复杂环境中的烟囱双向折叠爆破拆除[J]. 爆破，2014，31(1)：89 ~ 91.

[3] 袁岳琪，周洪文. 复杂环境下 65m 高砖烟囱定向爆破拆除[J]. 爆破，2012，29(1)：81 ~ 83.

[4] 王希之，吴建源. 3 座 180m 高钢筋混凝土烟囱爆破拆除[J]. 爆破，2012，29(4)：76 ~ 79.

复杂环境下的排气筒爆破拆除

李 伟　胡晓艳　顾 江　王 强

（沈阳消应爆破有限公司，辽宁沈阳，110036）

摘　要：待爆破拆除排气筒高 55m，处于抚顺钛业有限公司院内，现场十分环境复杂，为确保安全和工期，决定采用西侧偏南 30°方向定向倾倒的爆破法将其拆除。

关键词：烟囱；精确定位；措施；定向爆破

Removal of the Exhaust Tube Blasting in Complicated Environment

Li Wei　Hu Xiaoyan　Gu Jiang　Wang Qiang

（Shenyang Should Elimination Blasting Engineering Co., Ltd., Liaoning Shenyang, 110036）

Abstract：The blasting demolition of exhaust tube high 55m, in Fushun Titanium Industry Co., Ltd. in hospital. The scene is very complex, so as to ensure the safety of blasting method and time, decided to adopt the South West 30° direction of directional blasting removed.

Keywords：chimney；accurate positioning；measures；directional blasting

1　工程概况

抚顺钛业有限公司生产改造，现将厂区内一座氯气排气筒拆除。为确保安全和工期，决定采用爆破法将其拆除。该排气筒高 55m，排气筒底部直径在标高 +0.5m 处为 5.5m，周长 17.3m，复合壁厚 0.54m。外层为现浇钢筋混凝土结构，壁厚度均为 30cm 厚，内衬（防腐层）为 24 砖到顶，两层之间没有空隙。在东北和西南方向各有同样大小人孔一个，其高宽为 1.3m 和 0.8m，在排气筒内部有挡风墙（返风墙），为 24 砖墙，高 2m。排气筒位于厂区南侧，排气筒南侧距土堤 28m，东距空置厂房 32m，北邻厂内铁路围墙 4m，墙外是两条厂区铁路，铁路北侧有氯气罐和氯气管道，西边 86m 处有四个储罐。周围环境如图 1 所示。

2　工程难点

2.1　爆破重点及难点

由于周围环境复杂，排气筒北侧距离 23m 处有氯气罐，振动过大以及飞石、倒塌方向不准确都会造成氯气泄漏事故。氯气一旦泄漏会迅速扩散，防护困难，毒性极强，危害范围广，持续时间长，对社会影响大，大大增加了爆破的难度。要想成功爆破该排气筒必须做好"三控"

李伟，工程师，syxygcb@163.com。

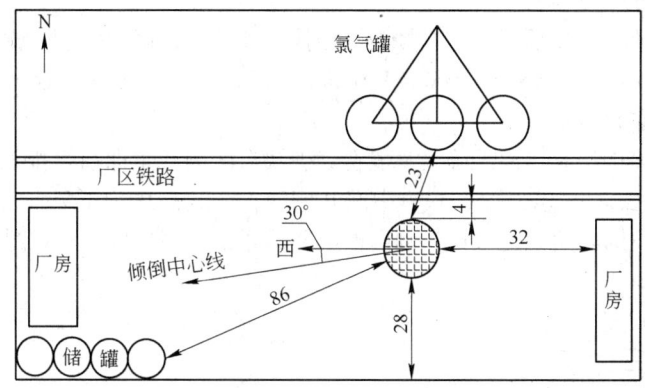

图 1　周围环境示意图（单位：m）

Fig. 1　Schematic diagram of the surrounding environment（unit：m）

才能确保氯气罐的安全，一要保证烟囱倒塌的方向位置准确，二要保证爆破振动及触地振动值小于安全允许值，三是必须控制飞石距离。

2.2　爆破作业施工难点

被拆除的排气筒内有残留的氯气，氯气是一种有毒气体，它主要通过呼吸道侵入人体并溶解在黏膜所含的水分里，生成次氯酸和盐酸，对上呼吸道黏膜造成有害的影响。1L空气中最多可允许含氯气 0.001mg，超过这个量就会引起人体中毒。所以在施工时给爆破施工增加了难度。为了避免施工人员中毒受伤，爆破作业人员作业时都配带有防毒面具进行施工，并且进行轮流作业制度，2h一交班，防止氯气中毒。

3　方案选择与设计

3.1　方案选择

根据排气筒结构和周围环境，现场只有西南侧有一空场地适合倒塌，此方向可满足倒塌要求。因此该排气筒采用西偏南30°方向定向倾倒的爆破拆除方案。

若想烟囱爆破后倒塌方向及位置精准，首先要在待爆的烟囱上确定倒塌中心线，这是是否按设计方向及位置倒塌的关键。利用测距仪和全站仪等科学仪器在西偏南30°方向对烟囱倒塌中心线精准定位，确保倒塌方向及位置准确。

3.2　爆破缺口及预处理

3.2.1　切口位置的确定

爆破切口位置以倾倒中心线为中心，在地面标高 0.5m 处设置倒梯形爆破切口。倒梯形有利于防止后坐。

3.2.2　爆破切口长度确定

本次拆除排气筒特点，外层是壁厚 0.3m 的钢筋混凝土，里面紧套一个壁厚 0.24m 砖层（防腐层），中间有一道 V 型挡风墙，结构带来的特点是自重大，内外强度不一。因此爆破圆心角不宜过大，根据实践经验选取圆心角 220°。切口长度 $L = 220° \cdot \pi D/360° \approx 10.6\text{m}$，$D$ 取 5.5m。

3.2.3　缺口高度的确定

为了确保爆破缺口形成后排气筒能够顺利倒塌，以便大部解体，根据大量的类似工程实践，按经验取炸高 $h = 5.5\delta = 5.5 \times 0.30 = 1.65$ m，排气筒缺口高度取 1.7m。

3.2.4　定向窗的确定

为了确保排气筒倒塌时定向准确，一般在爆破缺口两侧开定向窗。排气筒定向窗底角 $\alpha = 40°$，定向窗的底边长为 0.5m；爆破缺口中间开倒向槽，其高度为 1.7m，宽为 0.4m。图 2 和图 3 所示为爆破切口圆心角、定向窗、倒向槽位置示意图，切口展开示意图。

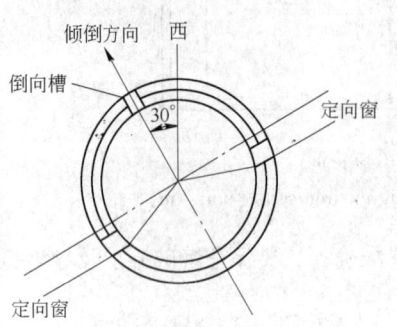

图 2　爆破切口圆心角、定向窗、
　　　倒向槽位置示意图

Fig. 2　Schematic diagram of the central angle of
blasting cut, directional window,
backward slot position

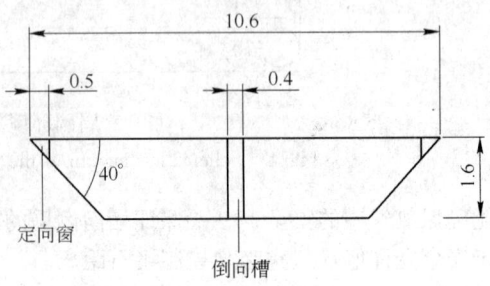

图 3　切口展开示意图（单位：m）

Fig. 3　Incision of schematic diagram（unit：m）

3.2.5　预拆除

（1）爆破前将排气筒上的避雷针、有碍施工的爬梯和与地面连接的一切设备割断。

（2）将定向窗人工拆除。

（3）在梯形窗口中心线对称掏槽。

（4）内衬按开口形状拆除。

（5）挡风墙爆破缺口部分预拆。

3.3　爆破参数设计[2]

最小抵抗线为：

$$W = \delta/2$$

外层（钢筋混凝土层）：$W = 30/2 = 15$ cm。

孔深：通常取孔深 $l = (0.65 \sim 0.68)\delta$，此次取 $l = 270$ mm。

孔距：$a = 1.5W \approx 300$ mm；采用梅花型布孔。

排距：$b = 0.87a = 260$，取 250mm。

单孔药量：药量由 $Q = qab\delta$，此次取 $q = 1.4$。

钢筋混凝土层：$Q = qab\delta$，取 $Q = 50$ g。

3.4　起爆网络[3]

为确保爆破网络的安全性、准爆性、科学性以及避免杂散电流等因素影响，此次爆破采用非电导爆管毫秒延期雷管，分三个段别起爆，控制一次单响药量，减少振动。每个药包放两只同段别导爆管雷管，起爆网络采用四通连接复式环形网路，提高网路的准爆性。

4 安全技术措施[4]

4.1 爆破振动计算[4]

质点峰值振动速度由下式确定：

$$v = K \cdot K' (Q^{1/3}/R)^\alpha$$

式中　R——爆破振动安全允许距离，m；

　　　Q——炸药量，kg，延时爆破为最大一段药量，取 4kg；

　　　v——保护对象所在地质点振动安全允许速度，cm/s；

　　　R——爆破中心到建筑物的距离，m，本设计 R 取 32m；

K，α，K'——地震波传播的介质的系数，根据工程实际，类比相关工程，$K = 250$；$\alpha = 1.8$；

　　　$K' = 0.3$。

$v = 0.34\text{cm/s} < 2.8\text{cm/s}$（一般砖房非抗震大型砖砌建筑物安全允许振速 2.8cm/s）。

4.2 塌落振动核算[4]

塌落振动速度采用以下公式计算：

$$v_t = K_t \left(\frac{\sqrt[3]{MgH/\sigma}}{R} \right)^\beta$$

式中　v_t——爆破坍塌物触地引起的地表振动速度，cm/s；

　　　R——坍塌物重心触地点距建筑物的距离，取 32m；

　　　M——坍塌物的质量，根据体积公式 $(\pi R^2 - \pi r^2)H$，忽略排气筒上部变径因素，排气筒外径 5.5m，壁厚 0.54m，高 55m，$M = \rho v$，估算排气筒总质量 1020t，触地质量一般取总质量的 1/3，即 $M = 340$t；

　　　g——重力加速度，m/s²，$g = 9.8\text{m/s}^2$；

　　　σ——地面截止的破坏强度，一般取 10MPa；

　　　H——爆破坍塌建筑物重心落差，m，取 18.5m；

K_t，β——衰减参数，分别取 $K_t = 3.37$，$\beta = 1.66$。

经计算得 $v_t = 1.34$cm/s。

为了减小爆破触地振动对周围建筑物的影响，在爆破前，在倒塌范围 30m 处用土堆成 0.5m 高，10m 宽，15m 长的减振层，在土层上铺垫草帘子防止烟囱倒塌时溅起飞石。

4.3 飞石及振动的防护[4]

根据中科院力学所实例资料分析得到公式为：

$$R = 70K^{0.58} = 104\text{m}$$

校对结果：需对爆破飞散进行严密的防护，确保飞散物控制 5m 左右。为了防止爆破飞石造成损害，此次爆破采用的飞石防护措施主要用多层草帘子和铁丝捆绑的方法防护。具体方法如下：

（1）防护范围四边要比炮孔范围最少大于 0.5m 以上。

（2）上下层草帘子搭接长度不少于0.5m。

（3）每铺3层草帘子捆绑一次，间隔0.5m捆绑一道铁丝，要捆紧绑牢。

（4）上述操作重复5次即用15层草帘子，五层捆绑。确保控制飞散物不超5m，确保周围环境的安全。

（5）在北侧围墙上设置安全网作围挡。

5　爆破效果

在当地公安机关的配合下，排气筒按照预定时刻实施了爆破。起爆后约3s，排气筒按照预定的西南方向倒下，并准确地倒塌在了预定的范围内，无爆破飞石出现，而且倒地振动非常小。

6　结论

通过对55m高钢筋混凝土排气筒成功爆破拆除的实践，得出以下结论：

（1）利用科学仪器精准定线，设定向窗、定位窗施工方法提高了在爆破目标倒塌方向及位置准确度。

（2）设置减振层能减小触地振动10%~20%左右。

（3）近体防护可有效地控制飞石飞散距离。

（4）在减振土层表面覆盖草帘、沙袋等材料，可有效地控制二次飞溅物。

参 考 文 献

[1] 汪旭光，于亚伦．拆除爆破理论与工程实例[M]．北京：人民交通出版社，2008.5.
[2] 汪旭光，于亚伦．爆破设计与施工[M]．北京：冶金工业出版社，2011.
[3] 汪旭光，于亚伦，刘殿中．爆破安全规程实施手册[M]．北京：人民交通出版社，2004.
[4] 吴腾芳，丁文，李裕春，杨莎．爆破材料与起爆技术[M]．北京：国防工业出版社，2008.

26 层楼房定向坍塌爆破

公文新　张忠义　于振东

（哈尔滨恒冠爆破工程有限公司，黑龙江哈尔滨，150080）

摘　要：复杂环境下的高层楼房爆破各具代表性。本文介绍了在东、南、西、北四个正面均无理想倒塌场地，四周又无足够原地坍塌场地的情况下，运用"预先切割、延时起爆、自重压碎、斜向倾倒"爆破方案，成功地向南偏西方向，将哈尔滨市同乐世界 26 层楼房进行定向坍塌爆破。

关键词：框架楼房；斜向倾倒；定向坍塌；爆破拆除

The Twenty-six Storeys Building Directional Collapse Blasting

Gong Wenxin　Zhang Zhongyi　Yu Zhendong

（Harbin Hengguan Blasting Engineering Co., Ltd., Heilongjiang Harbin, 150080）

Abstract：Blasting high-rise building in the complex environment have its own character. This paper introduces the use of "pre cutting, delay blasting, crushing weight, oblique dumping" blasting scheme when there were no ideal venues in the East, South, West, North of four positive around the collapse, and no enough collapse in situ site conditions. Then the 26 storey building of Tongle world in Harbin was directional collapse blasted in south west direction successfully.

Keywords：frame buildings；tilt；directional collapse；blasting

1　工程概况

哈尔滨市同乐世界 2 号楼位于道里区尚志大街与兆麟街、东五道与东六道街之间，根据城市规划要求需拆除。该楼位于市中心繁华地带，三面环道，一面有在建楼房（如图 1 和图 2 所示）。北侧 18m、地下 1.8m 处埋有通往哈尔滨市委及黑龙江省农业发展银行的次高压煤气管线；北侧 16m 处为东五道街；北偏西方向 31m 处，为黑龙江省农业发展银行 14 层办公大楼；西偏北 60m 为市电力调度中心的 17 层办公楼；西侧 46m 为尚志大街；西侧 55m 处为市工商局的 17 层办公楼；南侧 2m 为东六道街；距该楼南侧 10m 处，地下埋有一道 20 世纪 60 年代的铸铁煤气管线；东南侧 28m 为 14 层的保险公司办公及住宅楼；东侧 13m 为需保护的 8 层在建楼房。

该楼为整体浇筑的框架-剪力墙结构，地上 26 层，地下 2 层，地面以上高度为 89.4m，东西长为 23.5m，南北长为 22.5m。1～4 层每层高为 4.8m，第 5 层楼为设备层，高度为 2.2m，

公文新，高级工程师，574197095@qq.com。

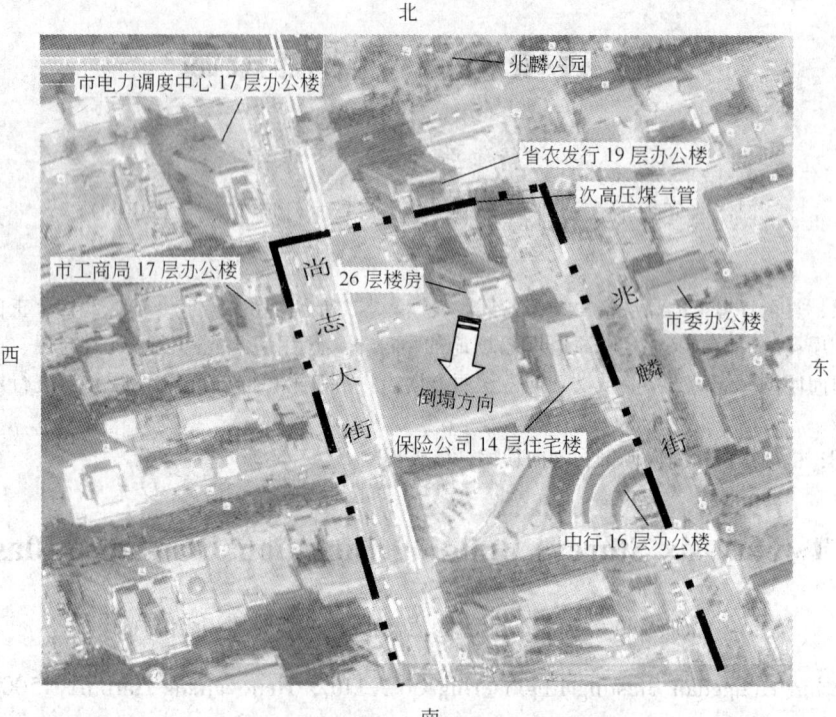

图 1　爆破现场卫星图

Fig. 1　Blasting site satellite images

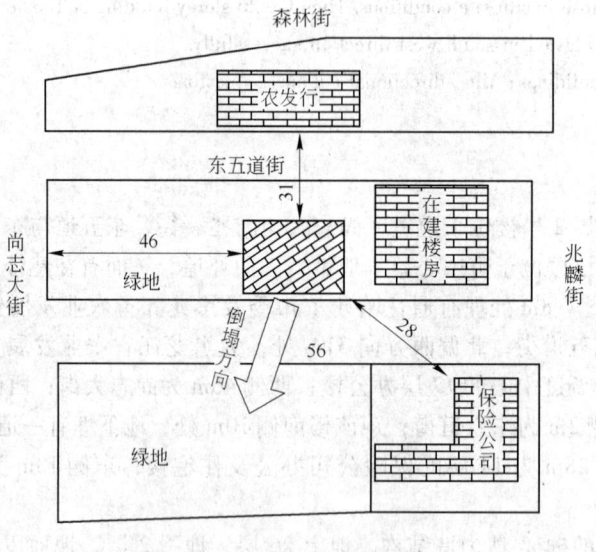

图 2　爆破现场平面示意图（单位：m）

Fig. 2　Scheme of blasting environment（unit：m）

第 6 层以上为住宅层，每层高度为 3m。14 层以下，每层共 14 根立柱，其中楼梯间通道两侧各 1 根（如图 3 所示），断面为 0.4m×0.9m；楼房四周每边 4 根立柱，1～4 层立柱断面为 0.9m×0.9m，5～14 层立柱断面为 0.8m×0.8m；15 层至顶层，仅剩周边 12 根主立柱，其断面为 0.6m×0.6m。楼房中间部位为电梯井和楼梯间组成的剪力墙结构，墙体为 0.35m 厚的钢筋混凝土结构，东西长 9.8m，南北宽 8.6m，东、西两侧各有一通道口，南侧有两挂楼梯，北侧有三个电梯井及一个管线井；每层底板厚度为 0.15m，横、纵各 4 道大梁，截面为 0.4m×0.6m。6 层以上，楼内砌有间壁墙，8 层以上外部墙体基本装修完毕。

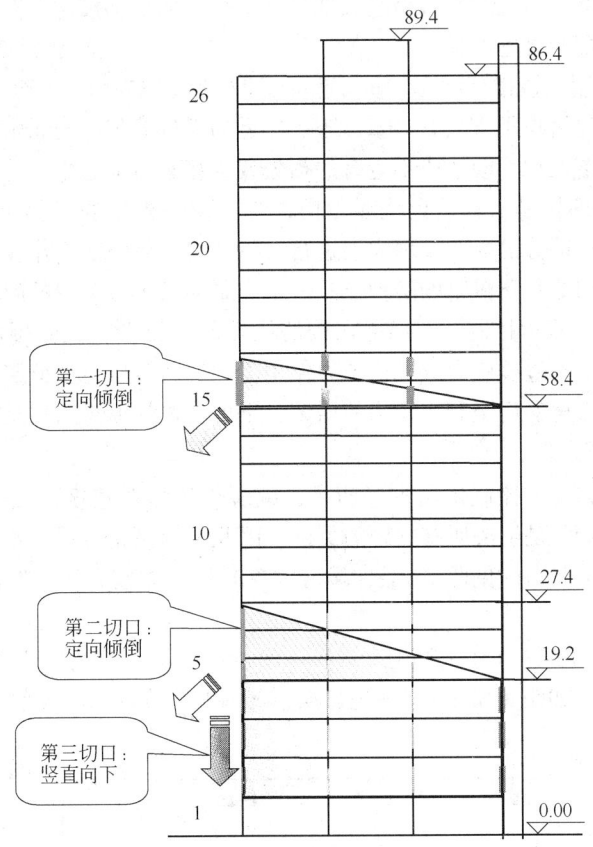

图 3　爆破切口示意图

Fig. 3　Schematic blasting cuts

2　方案选择与论证[1～5]

2.1　总体方案

2.1.1　方案设计原则和要点

该楼为框架结构，结构坚固，整体稳定性好，混凝土强度高，高宽比为 3.9。楼房自身条件适合定向倒塌。然而由于周围环境非常复杂，不允许直接倒塌；东侧 13m 有在建楼房，更不允许原地坍塌。根据设计图纸及现场勘察情况进行全面设计、论证，认为对该楼进行爆破拆除必须解决以下关键问题：

（1）高空定向解体控制。由于该楼占地面积小，楼体又非常高，很容易在下落过程中重心失稳，导致倾倒方向偏离预定方向。楼房解体折叠作用也可能造成部分解体后的楼体反向塌落或后坐，冲击作用可能会对北侧18m处的次高压煤气管线和31m处的农业银行大楼造成破坏。如果在数十米的高空解体过早、过于彻底，可能对东侧未建成楼房及东南侧的保险公司大楼构成很大威胁。

（2）爆破堆渣控制。根据施工图纸估算，该楼混凝土量约为8500m³，折合成虚方约12000m³。如果全部采用原地坍塌的爆破方案，过高、过多的堆积物会向四周挤压，对东侧未建成楼房立柱造成损坏，而且非常容易造成堆积物不均，使上部楼体在下坐过程中产生偏差而导致对周围建筑物和配套设施的损坏。

（3）爆破振动控制。该楼高度89.4m，重量超22000t，方圆100m范围内有5座14层以上高大建筑物，最近的建筑物距离只有13m，地下最近的煤气管线只有18m，且深度只有1.8m。过大的爆破振动和塌落振动都会造成不应有的损失或给将来留下隐患。

（4）爆破飞散物的控制。为保证倒塌方向，必须使该楼的切口部位在爆破中解体充分。这就需要在几十米高空部分的立柱及剪力墙进行过量装药。高空防护作业难度较大，加之因过量装药需加强防护，因此对飞散物的防护也是一个困难而又十分关键的问题。

（5）爆破中不确定因素控制。因烟道在楼房倒塌的反方向，相对楼体具有独立性，与楼体连接较少，在楼房下坐过程中形成的剪切力作用下，切断楼房与烟道连接的钢筋，使烟道脱离楼房的束缚，随着楼房的后坐和堆积物的增多，很可能将烟道挤向相反方向倒塌。

2.1.2　具体措施

分段解体，多段起爆，控制每段齐爆药量，减缓楼体塌落速度，减小该楼体对地面的冲击，减少每次触地冲量，是解决所有问题的关键。因此采用预先拆除、预先切割、分段延时起爆、自重压碎解体、由北向南偏西10°缓冲塌落的单向折叠爆破方案，将楼体自上而下切割为三部分。

（1）第一部分为倾倒段（15～26层），切口部位选在15～16层，进行倾倒定向。自电梯井前五分之三处切口（如图4所示），保证爆破后楼体向南偏西10°倾斜，确保楼体按预定方

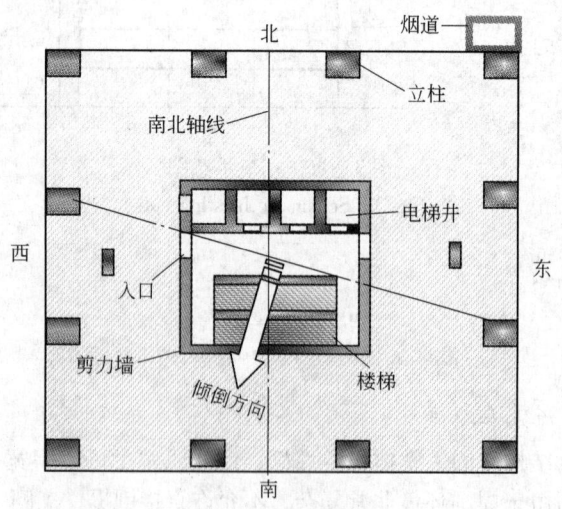

图4　5～7层和15～16层爆破切口示意图

Fig. 4　Schematic diagram of 5～7 and 15～16 building by blasting incision

向倒塌。目的在于控制楼房的倾倒方向，首先在空中对楼房进行一次解体、折叠过程，减小楼体高度和倒塌距离。

（2）第二部分为倒塌段（5~14 层），切口部位选在 5~7 层，按照第一部分的切口形式和倾倒方向，进行单向折叠爆破，进一步加大倾倒角度，降低楼体重心高度。

（3）第三部分为垂直下落段（2~4 层），即对 2~4 层进行坍塌爆破。2~4 层立柱及剪力墙全部布孔装药，形成切口，保证爆破后楼体原地下落，降低楼体高度，缓冲上部楼体下落时的能量，减小一次触地冲量，这些部位的装药量也不必过大，所有立柱及剪力墙装药标准要一致，确保楼体能够平稳垂直塌落。该过程可以缓冲楼房的下落速度，消耗楼房下落所产生的部分能量，从而减少触地冲量、减小触地振动。

2.2 预处理

为减少钻孔和装药的工作量及一次齐爆药量，以达到减少爆破振动的效果，对影响塌落和倒塌方向的非主要承重部位进行预先拆除和结构破坏。

（1）将 2~4 层所有内部间壁墙和外墙及其他附属设施全部拆除，对部分剪力墙进行拱形切口，钢筋切断。

（2）将 5~7 层东、南、西三个方向的外墙和纵向的内部间壁墙全部拆除，将东、南、西三侧的部分剪力墙进行拱形切口，钢筋切断。

（3）将 15~16 层南侧外墙和纵向内部间壁墙全部拆除，中部剪力墙的东、南、西三侧进行部分拱形切口，钢筋切断。

（4）将 2~4 层三个电梯井部分墙体东、南、西三侧拱形切口，5~12、15~16 层按图 4 中切线向南侧切口。

（5）将 7 层以下楼梯间两面立墙拱形切口。

（6）将楼梯进行纵向切割，切口宽 0.2m，保证其同剪力墙一起塌落。

（7）楼房东北角的烟道在第 2 层、第 6 层、第 10 层的高度，分别用双股 $\phi25mm$ 的钢丝绳对烟道进行绑固，使楼房下坐过程中烟道不脱离楼房。

2.3 对预处理后的施工安全进行估算

根据施工图纸所提供的数据，概算楼体地面以上重量约 22000t。预处理后，2~4 层立柱及剪力墙可承载 35000t 的负荷，5~12 层可承载 27000t 的负荷，因此可保证后续施工的安全性。

2.4 爆破切口位置的确定

为尽可能保护地下室楼板和剪力墙，第 1 层作为缓冲层不进行破坏处理；第 2 层切口位置在距楼板地面 50cm 处，使爆破尽量不破坏第 1 层顶板，保持楼板原有的整体结构和稳定性；3~7 层切口位置选在距离楼板 10cm 处，正常爆破高度 2.4m；15~16 层切口位置在距地面 10cm 处，正常爆破高度为 2m。2~4 层爆破范围为所有立柱，5~7 层、15~16 层均为南侧第 1 排 4 根立柱、第 2 排两根立柱、第 3 排西侧 1 根立柱，其中第 2 排东侧立柱只在底部钻 3 排孔，第 3 排西侧立柱在底部钻 4 排孔。

2.5 切口高度

切口高度为：

$$H_p = K(b + H_{min}) = 1.94 \sim 2.425m$$

式中，K 为经验系数，$K=1.5\sim2.0$；H_{min} 为临界破坏高度，$H_{min}=12.5d$，d 为承重立柱竖向主筋直径，$d=0.025m$；b 为承重立柱边长，$b=0.9m$。

按照设计，各楼层的爆破切口高度均满足失稳条件。

2.6　延期设计

本方案采用延期的主要目的是：

（1）减少单次齐爆药量，减少爆破地震波和冲击波。

（2）保证楼房在空中解体，使楼体分成若干部分依次触地，减少楼体塌落所产生的地震波。

（3）控制楼房解体后的倾斜方向，使解体后的每一部分均产生向预定塌落点的适度倾斜，但必须保证 14 层楼房以下触地前，其倾角不能超过 30°，达到在设计范围内倒塌，不影响周围建筑物的安全，所以延期不宜过长。

因此，本次爆破决定采用空中立体延期设计，共分三个段次自上而下依次起爆。首先起爆的是 15～16 层的定向切口，确保楼房的重心前移；间隔 50ms 后，起爆 5～7 层的定向切口，进一步加大倾斜角度，并完成楼房全部的空中解体工作；再间隔 50ms，起爆 2～4 层，使楼房整体开始下落，在楼体的自身作用力下压碎第 1 层，并在 5～16 层逐层触地时，加大倾角，最终在 17 层触地时，剩下的近乎解体的 10 层楼房，开始倾倒、解体，全部最后落地。

2.7　起爆网络设计

本方案采用孔内延期和孔外延期相结合的非电起爆方法。15～16 层采用 1 段导爆管进行两级传爆；5～7 层孔内采用 3 段延期导爆，孔外用 1 段导爆管进行传爆；2～4 层采用 3 段导爆管进行孔内和孔外延期。每级导爆管之间用 10cm 厚的草垫覆盖，保证传爆能够顺利进行。

2.8　参数确定及装药计算

各楼层立柱及剪力墙采用的最小抵抗线分别为 0.45m、0.4m、0.3m、0.27m、0.2m，不同楼层选用的爆破孔网参数也不同。

装药量也有很大差距，其中底部 3 排孔最多可取 2 倍过量装药，保证爆破后的钢筋变形，上部药孔最少应为标准药量的 2/3，中间孔应为边孔药量的 2 倍。3 层底部 3 排孔的单个装药量实取 150g，其余分别为 75～50g；2 层和 4 层底部 3 排孔的单个装药量实取 100g，其余分别为 75～40g；5 层下部 3 排孔的单个装药量实取 75g，其余分别取 50～40g；6～7 层底部单个装药量实取 50g，其余分别取 40～30g；15～16 层底部单个装药量实取 50g，其余分别取 40～30g。

实际总装药个数 $N_{柱总}$ 为 1438 个；实际总装药量 $C_总$ 为 211.7kg。

3　安全计算

经计算，最大一段齐爆药量为 144kg。

3.1　爆破冲击波计算

经计算，该方案所产生的冲击波影响范围为 24.01m，爆破点距周边需保护建筑群距离远远大于此安全距离，并有多层防护措施，故方案可行。

3.2　爆破地震波计算

经计算，该方案所产生的地震波影响范围为 26.21m，因爆破点距需保护建筑大于安全距离，并在待爆楼房四周开挖一道宽 3m、深 5m 的减振沟，进一步阻止地震波对周边建筑物的影响；而煤气管深度仅有 1.8m，减振沟远深于煤气管线的埋设深度，故方案可行。

3.3 塌落地震波计算[6]

根据中科院工程力学所的公式：触地振动速度

$$v = 0.08\left(\frac{\sqrt[3]{I}}{R}\right)^{1.67}$$

触地冲量

$$I = M\sqrt{2gH}$$

式中，楼房总质量 $M = 22000$t；爆破切口形成后最大部分楼体质量 $\Delta M = 8460$t；重力加速度 $g = 9.8$m/s^2；下落高度取楼房第一次触地的高度，即第 2 层的爆破高度，$H = 2.4$m；最近保护建筑物距离 R 取楼房到北侧煤气管线的计算距离，约 29m。

计算结果：最大触地冲量 $I = 3.2 \times 10^6$N・s

触地振动速度 $v = 1.2$cm/s

4 防护措施

安全防护措施重点考虑地震波和飞石两方面。

4.1 对地震波的防范措施

第一是采用分段倒塌的方法延长楼体触地时间，即减小产生振源的强度；第二是尽量使楼体达到软着陆，将落地点的土壤松散、松软或者垫上沙土；第三是要阻断和削弱地震波的传播，即切断地震波的传播途径，在落地点周围挖出一条 5m 深的减振沟。

4.2 对冲击波和飞石的防范措施

对冲击波和飞石的防护应以柔为主，结合多年实践，考虑到本工程主要爆破切口均为加强抛掷装药，故采取柔、韧、硬、松四种手段，五层防护。

(1) 第一层为柔性防护：根据装药量和防护重要程度的不同，分别三至五层草垫子直接包裹爆破部位，主要目的是降低爆破噪声，减少冲击波，降低爆破飞溅物的初始速度。

(2) 第二层为韧性防护：在第一层防护的基础上，对所有爆破部位用两层铁筛网进行第二道防护。铁筛网即透气又有韧度，能有效缓冲、阻滞飞出的爆破物。

(3) 第三层为硬性防护：用一层湿的杨木板防护在铁筛网的外面，将冲破前两道防护的大块混凝土挡住。

(4) 第四层为包裹层：用 2~3 层草垫加两层铁筛网进行第四道防护。要求用淬火线适当兜紧即可，尽可能将所有爆出的混凝土块全部挡住。

(5) 第五层为松软防护：用建筑施工用的密目安全网，在最外层宽松地防护，确保兜住所有飞石。

(6) 在减振沟外侧 3m 处，用脚手杆和高密度安全网设立一道 6m 高防护屏障，作为最后一道防护。防止楼房落地速度过快时，溅起石块和产生气流对周围建筑物造成破坏。

5 爆破效果

随着起爆命令，三声连续的爆破声响起，26 层大楼应声下坐并向预定方向倾斜。3s 后，第 17 层触地，大楼剩余部分倾斜加快，3s 半后，解体落地。四台洒水车喷淋 5min 后，烟尘散尽。经测量废墟长 65m、宽 35m，最大堆积高度 13.5m，平均堆积高度约为 8～9m。整个楼体倒塌后的废墟全部躺在预先挖好的减震沟内侧，个别石块离爆堆不超过 15m，均未飞出防护屏障。西侧约有 15m 长防护屏障被楼房塌落所产生的气流冲倒，周围所有玻璃无一破碎，建筑物、水、电、气安然无恙，距爆破点不到 50m 的起爆站没有振感，所有的效果均比预期的还要好。爆破过程如图 5～图 7 所示。

图 5　起爆前全景
Fig. 5　Anorama before detonating

图 6　开始倾倒
Fig. 6　Begain dumping

图 7　爆后废墟
Fig. 7　After blasting the ruins

6　结语

（1）高层建筑爆破时，必须考虑其自重问题，应该在施工前对被爆建筑物的整体安全性、稳定性进行计算、校核，确保预处理后的施工安全。

（2）斜向倒塌更有利于框架结构建筑物解体。

（3）夹心组合式防护体更有利于飞石防护和减小噪声。

（4）在复杂环境下，开挖减振沟和松动落地点土壤或垫土防护，对减少建筑物触地振动的作用非常大。

（5）爆破过程中，可以考虑爆炸产生水雾的办法提高降尘效果。

实践证明，高大建筑物在复杂环境下的爆破是完全可行的。只要勘察细致、设计周密、施工严谨，无论地震波、冲击波、堆积范围和飞石都可以控制到预想状态。

参 考 文 献

[1] 夏常青，李玉岭，周俊珍，等. 爆破[M]. 长沙：中国人民解放军长沙工程兵学院，1988.
[2] 冯叔瑜，吕毅，杨杰昌，等. 城市控制爆破[M]. 北京：中国铁道出版社，1985.
[3] 周家汉. 爆破拆除建筑物时震动安全距离的确定[J]. 爆破，1993，增刊，165.
[4] 李守巨. 拆除爆破中的安全防护技术[J]. 工程爆破，1995(01)：71～75.
[5] 汪旭光. 爆破设计与施工[M]. 北京：冶金工业出版社，2012.
[6] 于亚伦. 工程爆破理论与技术[M]. 北京：冶金工业出版社，2007.

高层工作间及双排联体立筒仓爆破拆除

公文新　　张忠义　　张家军　　彭美学　　于海滨　　蒋桂祥

（哈尔滨恒冠爆破工程有限公司，黑龙江哈尔滨，150080）

摘　要：双排联体圆筒状建筑物以其整体结构良好的稳固性，在许多领域中被广泛采用。然而像这样高宽比小、跨度大的筒状建筑物，在拆除时却是个较大的难题，在国内已多次爆破失败。本方案采用转点前移、减小转矩、加大倾角等措施，成功地进行了 20 世纪 80 年代亚洲最大的立筒仓储粮塔的爆破拆除。文中详细叙述了施工方案中的每个环节，并对成功和不足之处分别做以小结。

关键词：框架楼；双排联体立筒仓；大开口高度；转点前移

Blasting in Senior Workplaces and Double Siamese Silos

Gong Wenxin　Zhang Zhongyi　Zhang Jiajun　Peng Meixue

Yu Haibin　Jiang Guixiang

（Harbin Hengguan Blasting Engineering Co., Ltd., Heilongjiang Harbin, 150080）

Abstract：The double integral vertical cylindrical structures are widely used in a lot of fields because of its good stability of the whole structure. However, there is a large problem when such high aspect ratio, span cylindrical buildings are blasting. So many blasting facts in other provinces have been failed. The largest vertical cylinder grain storage tower of Asia in 1980's has been blasted successfully through the scheme of the turning point forward, reducing the torque, increasing the angle of demolition blasting measures. The paper describes each link of construction scheme in detail, and summary the good point and shortcomings respectively to.

Keywords：frame buildings; double siamese silo; increase the height of the opening; turning point forward

1　工程概况

因城市规划需要，原哈尔滨面粉厂全部搬迁到机场路，原厂区内将重新开发建设。工厂一车间厂房为一座钢筋混凝土储粮塔。该储粮塔始建于 1982 年，为当时亚洲最大的储粮塔。该储粮塔由 12 个连在一起的混凝土立筒仓和一座 11 层的工作间组成（见图 1），每两个相邻立筒仓的钢筋混凝土壁相连处形成一个长 2m、宽 1m 的混凝土立柱（见图 1）。每个立筒仓高 45m、内径 8m、壁厚 0.2m，墙壁内侧有 4 个 40m×40m 钢筋混凝土结构柱，高 6m，立

公文新，高级工程师，574197095@qq.com。

柱顶端为圈梁，上面托有一个倒置的圆锥钢板，作为粮仓的底。两排立筒仓之间，又组成了 5 个小仓体（见图 1 的 b 轴）；立筒仓顶部有一个观察室，高 4m、宽 10m、长 42m，为砖结构。

南侧的工作间为 11m × 11m，1 ~ 10 层，每层高 5.5m；11 层高 3m，总高度为 58m，全部为框架结构。每层 3 排立柱，每排 3 根，共 9 根。工作间西南角为电梯间，东南角为外楼梯。工作间第 9 层北侧墙体距离楼板 0.5m 高处有两条通道与储粮塔顶部观察室相通。储粮塔东侧 45m 为变电所，30m 处有两条厂内铁路专用线；北侧 10m 为一条铁路专用线，40m 处为大发批发市场仓库；西北侧 50m 为新建成的居民楼房；西侧 15m 为已挖好的新楼基坑，100m 为埃德蒙顿路和工厂大门；东南侧 15m 为铁路道口信号灯和配电箱（见图 2）。

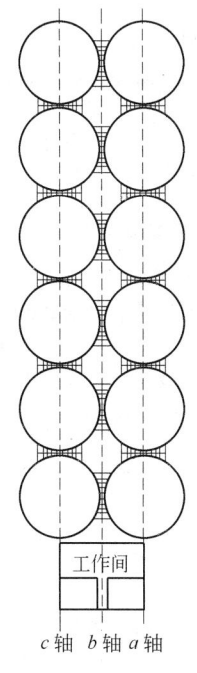

图 1　连体筒仓水平剖面图
Fig. 1　Silo level profile

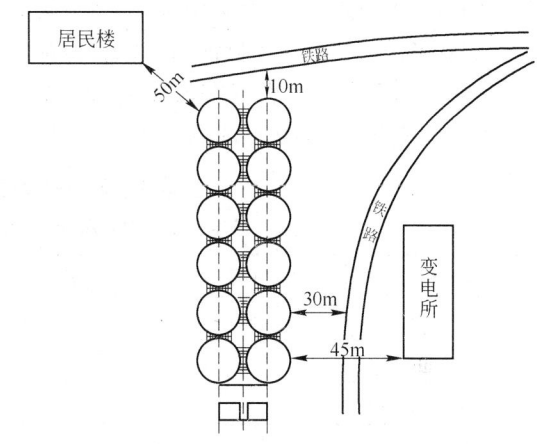

图 2　连体筒仓现场平面图
Fig. 2　Silo site plan

2　方案选择与论证

方案选择与论证措施如下：

（1）爆破分两次进行，首先将工作间进行原地坍塌式爆破。预先将 9 楼与储粮塔观察室连接处彻底断开，以保证储粮塔顺利倒塌。

（2）储粮塔结构较为稳定，高宽比较小，只能采取向东或向西方向倒塌方式，而西北侧 50m 处为新建成的居民楼，如果向西倒塌，储粮塔落地后与之最近距离将小于 20m，塌落震波较大，爆破飞石也比较多，防护难度加大，因此向西侧倒塌不可取。而东侧 38m 处为厂内铁路专用线，正好在储粮塔有效倒塌范围内；东侧 45m 处的厂变电所正在使用，暂不能拆除，如果储粮塔向东侧倒塌将对厂变电所构成一定威胁。经协商，最终储粮塔的倒塌方向选择在东侧。同时做好变电所设备、铁道线路的防护和意外事故的抢修工作。

（3）工作间采取先下坐，再稍向西侧倾斜的坍塌式爆破方案。如果直接倾倒，通道过桥拉扯工作间，将造成工作间倒塌不彻底或者根本不倒；如果全部采取原地坍塌式爆破，则堆积物过多，可能影响储粮塔顺利倒塌。

（4）对储粮塔的爆破难度最大，应作为重点考虑。具体方案：倒塌正面高开口，转点前移，减小转矩，中间立柱及连接立柱彻底破坏，预先切断后排立柱的钢筋。保证储粮塔有足够的倾角和倒塌速度，防止倒塌不彻底。工作间的电梯间（6m 以下部分）和储粮塔的东侧筒壁（见图 3 所示阴影部位）全部用挖掘机彻底清除。

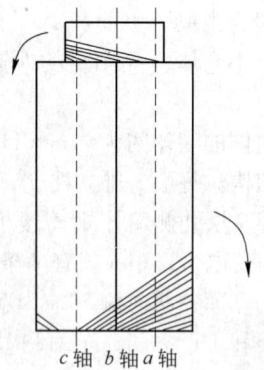

c 轴　b 轴 a 轴

图 3　连体筒仓切口立面图
Fig. 3　Schematic diagram of silo opening

3　施工方案设计

3.1　工作间的爆破

3.1.1　开口布局

因工作间为框架结构，高宽比为 5.3，非常适合采用定向倒塌爆破。由公式 $H_p = K(B + H_{min})$ 可以计算出立柱的最小爆破高度，经验系数 K 取最大值 2，立柱截面边长 B 为 500mm，最小失稳高度 H_{min} 为 12.5 倍的钢筋直径（$D = 25mm$），最后计算结果 H_p 为 1625mm。

因此，具体开口设计见表 1。

表 1　各楼层立柱爆破高度

Table 1　The floor pillar blasting height

楼　层	1 楼	2 楼	3 楼	4 ~ 11 楼
西侧第一排/m	2	2	1.5	只对节点进行松动爆破
西侧第二排/m	2	1.5	1	只对节点进行松动爆破
西侧第三排/m	1.5	1	0.5	只对节点进行松动爆破

3.1.2　预处理

将外墙壁、电梯间及外楼梯（三楼以下部分）用挖掘机的破碎锤预先处理掉，并切割全部钢筋，只保留立柱。

3.1.3　参数确定及药量计算

炮孔直径 $d = 40mm$，最小抵抗线 $w = 250mm$，炮孔间距 $a = 200mm$。经计算，标准单个药量 $q = 40g$。

3.1.4　网路设计

受当地爆破器材供应的限制，设计网路为混联电点火线路网路，全部采用瞬发电雷管，共计 267 枚，分为 9 个支路，每条支路电阻在 $100 \sim 110\Omega$，采用 380V 动力电作为起爆电源，每条支路上可获得的电流强度为 3A。

3.1.5　爆破振动

根据爆破地震波的计算公式：

$$V = K \times \left(\frac{\sqrt[3]{Q}}{R} \right)^{\alpha}$$

式中，经验系数 K 取 200，一次齐爆药量 $Q = 10.68\text{kg}$，震源中心到保护建筑（新建居民楼）的最近距离 R 为 100m，衰减系数 α 取 1.6。

计算结果：爆破振动速度 $v = 0.45\text{cm/s}$。

根据以上计算结果可知，爆破振动小于国家所要求的 3cm/s，符合安全设计要求，方案完全可行。

3.1.6 塌落振动

根据中科院工程力学所的公式：

触地振动速度：
$$v = 0.08 \times \left(\frac{\sqrt[3]{I}}{R}\right)^{1.67}$$

触地冲量：
$$I = M \times \sqrt{2gH}$$

式中，工作间的质量 M 约为 1748600kg，重心高度 29m，但工作间在塌落过程中，并未完全解体，每层楼板仍保持完好，所以工作间每次下落触地的高度 H 应为它的层高，即 5.5m；垂直加速度 g 取 9.8m/s^2；保护建筑物距离 R 取工作间到新建居民楼的距离约 100m。

计算结果：最大触地冲量 $I = 18155150.54\text{N·s}$；触地振动速度 $v = 0.4\text{cm/s}$。

根据以上计算结果可知，工作间的塌落振动远远小于国家所要求的 3cm/s，符合安全设计要求，方案完全可行。

3.2 储粮塔的爆破

3.2.1 切口高度确定

因储粮塔为整体浇筑的联体筒式结构，高宽比为 2.8，且跨度较大，所以只有选择高开口、大倾角的倒塌方式。本方案选择以 c 轴为支点的倾倒方式，使同等开口高度的情况下联体筒仓的倾倒角度更大。

经计算，开口高度确定为 10m 时，开口合拢后，联体筒仓重心超出闭合处 1.88m，符合倾倒条件。

3.2.2 观察室的爆破

为减少倒塌长度，要求将筒仓顶部观察室向相反方向倒塌，与立筒仓形成折叠爆破。由于作用力与反作用力的结果，更有利于筒仓与观察室的双向倾倒。

3.2.3 预处理

预处理工作如下：

（1）将前排筒仓外墙壁（10m 以下部分）用挖掘机的破碎锤预先处理掉，并将钢筋全部切割，只保留立柱。

（2）割断后排 12 根立柱的主筋。

（3）观察室为砖结构，爆破量较大，预先开设若干个拱形门洞，以减少最后一次起爆药量。

3.2.4 连接柱布孔形式

连接柱布孔形式如图 4 所示。

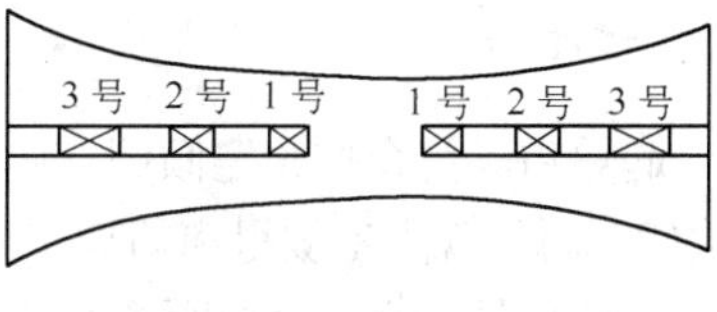

3.2.5 网路设计

采用非电延期起爆网路。起爆原则为：南侧筒仓先行起爆，北侧筒仓与筒仓顶部的观察室稍后同时起爆，这样既保证联体筒仓有足够的倾覆力矩，又能有效地减

图 4 连接柱钻孔及装药示意图
Fig. 4 Connecting pillar drilling and schematic charge

少一次起爆药量，从而减少因爆破而产生的地震效应。

3.2.6　安全计算

根据第 3.1.5 小节中地震波公式的计算结果：爆破振动速度 $v = 2.78\,\text{cm/s}$。

根据第 3.1.6 小节中塌落振动公式的计算结果：触地振动速度 $v = 2.37\,\text{cm/s}$。

综合以上计算结果可知，工作间的塌落振动符合安全要求，方案可行。

4　安全措施

4.1　厂内铁路的安全防护

铁道线路的防护是本次爆破安全防护的重点之一，原有铁道线已基本不用，但相应手续尚未办理完毕，不能立即拆除，可将原有铁道线及其附属设施进行安全防护。具体措施如下：

（1）对铁轨进行硬性支护。在联体筒仓倒塌范围内的铁轨两侧用废旧枕木排成两排，然后用铁路上专用的"扒拘"将两侧枕木固定成一体，保证筒仓落地时，不直接砸在铁轨上；并分别用半米长木桩植入地下将其固定住，防止筒仓触地时前冲，对铁轨造成横向损坏。

（2）除硬性支护外，在枕木上面覆盖 1.5m 厚黄黏土，作为柔性防护，用以缓冲筒仓下落时的冲量，保证铁轨的安全。

（3）在土堆上面，用 0.5cm 厚钢板加 20cm 黄黏土作为第一道防护，用以增加筒仓的第一着地面积，避免先着地部分砸地过深，从而造成铁轨的局部损坏。

4.2　变电所和居民楼的安全防护

变电所和居民楼是距离筒仓最近的保护建筑，也是筒仓的倒向，无论飞石、冲击波、地震波对其影响都是最大的，也是安全防护的一个重点目标。具体措施如下：

（1）在筒仓和变电所居民楼之间，开挖一道 50m 长、3m 深的减震沟，用来阻断爆破地震和塌落地震向变电所的传播。

（2）在筒仓的所有爆破部位，悬挂 2 层 5cm 厚草垫子，以阻挡飞石和空气冲击波。

（3）用木板封闭变电所面向立筒仓的所有窗户。

5　爆破效果

5.1　工作间

起爆后，楼房按设计先下坐，然后拉断工作间第 9 层与筒仓顶部观察室的连接（见图 5）。当第 2 层楼房底板着地时，楼房已经向前产生倾斜。随着楼房的逐层下坐，倾斜不断加大，至最后一层楼房触地时，倾斜角度约为 35°（见图 6）。整个楼房解体较为充分，粉碎效果较好，楼板有多处裂缝，梁、柱基本没有过大块体。

5.2　储粮塔

起爆后，筒仓按预定倾倒，同时筒仓顶部观察室向相反方向倾倒（见图 7）。当筒仓倾斜大约 20°时，观察室被甩离筒仓顶层。最后，筒仓完全倒在预定范围内，筒壁全部压扁，最高处为 3m（见图 8），前端距离变电所只有 6m 左右，变电所正面有 11 块玻璃被弹起的石块打碎。变电所旁的一个临时板房的顶盖被筒仓落地所产生的气浪掀离原位。经检测，变电所一切正常，没有任何损坏，铁轨也安然无恙。

图 5 工作间起爆瞬间

Fig. 5 Workplace detonate instantaneously

图 6 工作间倾倒过程

Fig. 6 Workplace dumping process

图 7 连体筒仓起爆瞬间

Fig. 7 Siamese silo detonate instantaneously

图 8 爆后现场平面图

Fig. 8 Siamese silo detonate instantaneously

6 结语

由于自重原因，高层建筑物更宜选择原地坍塌的爆破方式。高宽比较大的建筑物必须选择倒塌爆破时，应尽可能地提高爆破切口高度，同时前移倒塌的支点。在复杂环境下，开挖减震沟和松动落地点土壤或垫土防护，对减少建筑物触地振动的作用非常大。

实践证明，定向倒塌式爆破也可以运用于高宽比大的建筑物的爆破拆除工程。

参 考 文 献

[1] 冯叔瑜，吕毅，杨杰昌，等. 城市控制爆破[M]. 北京：中国铁道出版社，1985.

[2] 葛怀，李建设，李建彬，等. 大型连体水泥筒仓群的控制爆破拆除[J]. 工程爆破，2000，6(2)：21~26.

[3] 杨年华，张志毅，张嘉林. 大型连体筒仓拆除爆破技术[J]. 工程爆破，2003，9(3)：25~28.

[4] 马建军，钟冬望，杨军，等. 大型筒仓的机械与爆破综合控制拆除技术[J]. 武汉科技大学学报（自然科学版），2000，23(4)：369~372.

[5] 黎剑华，赵江倩，罗文海，等. 大型水泥筒仓结构物群体的拆除爆破技术[J]. 工程爆破，2006，12(1)：35~38.

[6] 高文乐，王晨，孙文进，等. 联体筒形圆仓爆破拆除的触地振动分析研究[J]. 工程爆破，2010，27(2)：25~28.

高危钢筋混凝土桥梁二次拆除爆破技术

严匡柠　张利荣　孟祥军

（武警水电第二总队，江西南昌，330096）

摘　要：在建大型工程区域内的钢筋混凝土桥梁需要拆除，由于某专业队伍对其实施拆除爆破失败而使该桥梁成为高危桥梁，桥墩残留未爆炸药，桥梁摇摇欲坠，导致二次爆破处理难度极大。利用"远程"监控钻孔施工技术，有效规避了残留炸药被引爆以及桥梁突然坠落的风险，确保了二次爆破拆除时作业人员的安全。"远程"监控钻孔施工技术的应用，可为地震或战争损毁建筑物的拆除爆破施工提供有益借鉴。

关键词：拆除爆破；交通危桥；远程监控钻孔；施工技术

Secondary Demolition Blasting Technology of a Dangerous Reinforced Concrete Bridge

Yan Kuangning　Zhang Lirong　Meng Xiangjun

（No. 2 Hydropower Corps of Armed Police，Jiangxi Nanchang，330096）

Abstract：A reinforced concrete bridge, in one large project construction area, became a dangerous bridge because of failures of demolition blasting technology by a professional team. The bridge piers retained explosives which were not detonated and the bridge was shaky and unsteady. These brought great difficulties for its secondary demolition blasting. Using the construction technology of drilling by remote monitoring, effectively avoids the risks of the detonation of the residual explosives and the bridge suddenly falling, and ensures the safeties of the workers in the secondary demolition blasting construction. The successful application of construction technology of drilling by remote monitoring provides a useful reference for demolition blasting construction of buildings damaged by earthquake or war.

Keywords：demolition blasting；dangerous bridge；drilling by remote monitoring；construction technology

1　钢筋混凝土桥梁概况

华东境内某在建大型工程，其区域内有一座钢筋混凝土桥梁需要拆除。按设计要求并经当地政府同意，在改线道路贯通后，对该桥进行爆破拆除施工。

该桥建于 2000 年，为三跨 3×20.0m 简支梁结构，全桥总长 73.15m；桥面净宽 7.0m+2×0.5m，上部采用 6 块标准跨径为 20m 的预应力空心板，中间四块桥面板宽 1.25m，两边两块桥面板宽 1.5m，桥面板高 0.9m，桥面板翼板厚 0.2m，上下底板厚 0.1m；桥梁两端桥台采用

严匡柠，高级工程师，525029262@ qq. com。

重力式 U 形砌石桥台，桥台顶部正面长 8.0m，顶部宽 1.4m；中间两座桥墩采用实体式钢筋混凝土结构墩体，为矩形结构，上部断面为 1.7m×5.0m，高约 35.0m，周边主筋 $\phi22@150$；桥墩顶部盖梁长 8.2m，宽 1.9m，高 1.5m，周边主筋 $\phi22@230$，如图 1 所示。

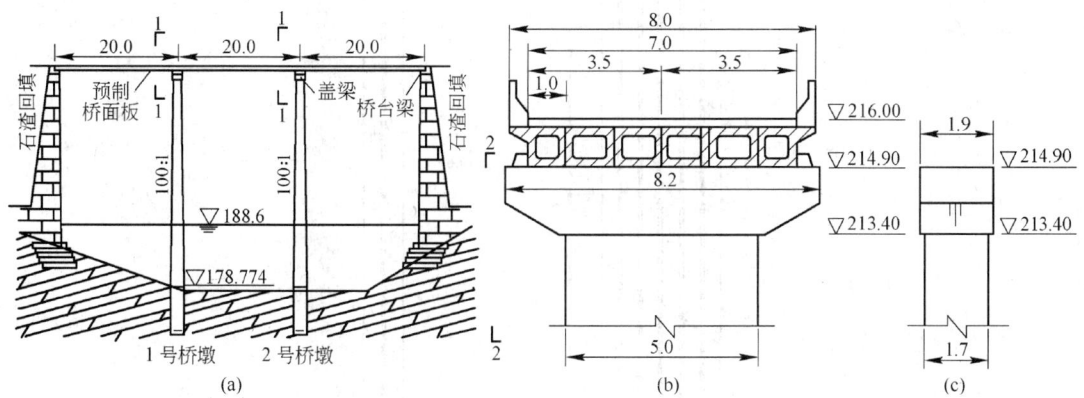

图 1 桥梁结构示意图（单位：m）

（a）立视图；（b）1—1 视图；（c）2—2 视图（上部结构未示）

Fig. 1 Schematic diagram of the bridge（unit：m）

该桥位于山凹冲沟底部，介于下水库进出水口与围堰之间，附近无永久民房，无高低压电网等设施，距桥 110～190m 范围为施工区、主要临时建筑设施及设备。围堰塑性混凝土防渗墙已浇筑完成（强度大于 7 天龄期强度），进出水口尚未开始施工，该桥梁在围堰改线道路贯通后已处于封闭状态。

2 第一次拆除爆破方案及其失败原因分析

2.1 第一次拆除爆破方案

经方案比选，桥梁采用爆破方式予以拆除，委托了一家具有拆除爆破资质的施工单位组织实施。实施方案拟将 178.774m 高程以上部分进行爆破拆除。由于拆除施工时桥下水位（也即基坑内水位）为 188.6m，桥墩基础以上尚有 9.83m 淹没水中，无法在桥墩底部实行水平钻孔作业。为此，该单位采取了分别从 2 个桥墩顶部实施垂直造孔，在深孔底部爆破形成"楔形"缺口进而使桥梁倒塌的拆除爆破方案，桥墩布孔及装药结构如图 2 所示。

由于垂直孔较深，为保证钻孔精度，施工时采用了地质钻机进行造孔，孔径为 90mm。同时为了保证桥梁倒塌后能完全破碎解体，除对桥墩进行钻孔装药外，爆破前也对桥面板的连接点铺装层采用破碎锤进行分段切割破坏。

爆破网路为非电毫秒微差系统，孔内装药间隔分段，中间用砂隔开，每段药柱设一个段别的引爆雷管，尾端的导爆管全部引到孔外进入起爆网路，孔外用非电雷管进行分别延时，控制起爆顺序和起爆时差，确保桥墩起爆时间有一定的间隔，保证桥墩在爆破后能迅速倾倒。

2.2 拆除爆破失败

实施爆破后，桥梁并未倒塌，水面以上桥墩侧面出现垂直贯通裂隙，约 1～3cm，水面以下爆破破坏程度不明，桥台、桥面部分结构已遭爆破破坏。经现场检查，桥墩有部分垂直孔拒

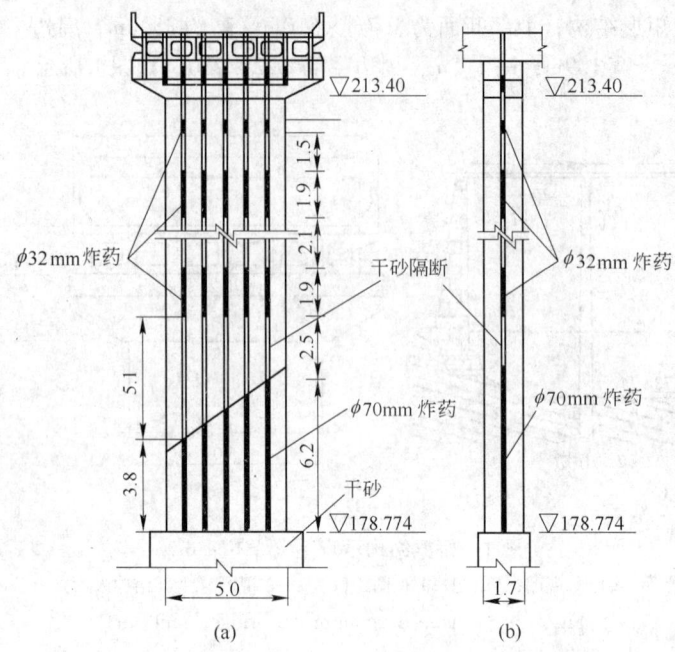

图 2　桥墩布孔、装药结构图（单位：m）

(a) 纵剖面；(b) 横剖面

Fig. 2　Holes arrangement and explosive charge structure on the piers (unit: m)

爆，孔内残留雷管、炸药，成为真正意义上的危桥，如图 3 所示。

2.3　失败的原因分析

在承揽二次拆除爆破处理任务后，即对原实施方案进行了详细了解，在查阅原爆破设计文件并经现场察看后，认为爆破失败或与以下因素有关：

（1）经复核，爆破设计的整个传爆网路的传爆顺序并非十分清晰，甚至存在个别段位延时错误，可能导致先爆孔段毁坏后续传爆网路。

图 3　首次爆破后桥梁损毁情况

Fig. 3　The damage bridge after the first blasting

（2）未采用复式双向传爆网路，导致网路的传爆可靠性较低，一旦某段网路拒爆，即可导致后续传爆失败。

（3）桥墩钢筋较粗且密集，原爆破设计完全仿照城市拆除爆破要求，过于考虑爆破振动、飞石等所带来的影响，炸药单耗选取过低，导致即使已爆破的孔段也未能克服钢筋网片的束缚将桥墩粉碎，而仅使桥墩侧面出现部分微小的竖向裂缝。

（4）孔外传爆网路过于复杂，分段太多。据了解，现场联网人员数量不足，本应在当天下午实施的爆破因联网时间过长推迟到晚上才得以爆破。因此，不排除因网路联结操作仓促而存在联结质量问题的可能性，且因推迟到晚上，网路联结后也无法做系统检查。

3 二次拆除爆破方案

第一次爆破拆除失败后，给工程施工带来了安全和进度的双重影响。为此，原专业爆破队伍退场，改由我部承担该桥的二次拆除爆破处理。

3.1 二次拆除爆破施工的风险

由于桥梁毁而不倒，处于摇摇欲坠状态，且桥墩内还存在拒爆炸药，桥面已不能再进入钻机对桥墩原有钻孔"扫孔"再利用，只能在桥墩下部重新钻水平孔实施爆破。对于常规的拆除爆破钻孔作业，一般采用手风钻进行造孔。在该危桥下实施手风钻造孔时风险将极大，主要原因有以下两点：

（1）在桥墩底部实施钻孔时，上部桥梁受钻机扰动的影响，随时可能坍塌，如人员躲闪不及，必将造成伤亡。

（2）桥墩孔内尚残留部分拒爆的雷管、炸药，虽然在理论上水平布孔可避开原垂直钻孔位置，但实施上由于原垂直孔较深（约36m），采用地质钻机造孔，桥墩底部的钻孔偏差仍然较大，水平钻孔与原垂直钻孔仍然存在交叉的可能性。水平钻孔作业时，如风钻钻头触及残留雷管、炸药，极有可能将其引爆而导致人员伤亡。

3.2 二次拆除爆破方案选择

鉴于以上风险，为确保人员的作业安全，曾设想并尝试了一系列安全措施，如采用地质雷达对桥墩底部原有垂直孔进行扫描，以期能在桥墩侧面标示出原垂直孔的实际位置，从而在水平布孔时可以避开原垂直孔，确保钻孔时不触及原有雷管、炸药。但实际上，或许是受桥墩四周密集钢筋网片的影响，利用地质雷达扫描普查，也未能很准确地定位出原垂直孔位置，所以该措施难以奏效；又如在预防桥梁突然坍塌措施上，拟采用测量仪器进行监测，如发现桥梁出现明显位移，迅速通知钻孔作业人员撤离，但通过现场模拟演练，撤离时间仍然过长，达不到安全撤离要求。

由于设想的一系列安全措施的可靠性均不高，手风钻的钻孔作业安全并不能得到有效保障。为此，提出了摒弃手风钻，采用轻型架子钻替代造孔的初步设想。采用轻型架子钻钻孔时，施工人员无需近距离作业，将钻孔就位固定后，可通过摄像头的监控远距离操控钻机的钻进情况，如此，即使钻孔过程中桥梁突然坍塌或是引爆残留炸药，也可确保人员的安全。

采用轻型架子钻钻孔带来的新问题是，桥墩宽度仅为1.7m，钻孔深度一般也仅能为1.3~1.4m，轻型架子钻最小成孔直径为76mm。对于孔浅、直径粗的炮孔，炸药的爆炸能量极有可能从孔口方向冲出而影响爆破效果。所以，在进行炮孔孔口封堵时，应做相应的特殊处理。

3.3 爆破设计

在初拟方案的基础上，进一步进行其二次拆除爆破的布孔及联网设计，如图4所示。在每个桥墩底部布置6列水平孔，计27个孔。为控制桥墩的倒塌方向，爆破孔在立面上呈"楔形"分布。孔深1.3m，孔径76mm，装药长度0.7m，堵塞0.6m。考虑桥墩混凝土强度较高，且需克服钢筋网的束缚作用，炸药单耗取为 $2.65kg/m^3$，每孔装药约 3kg，单个桥墩总装药为 81kg，孔网担负的爆破面积约为 $19m^2$，最大单响 42kg。孔外采用 Ms1 非电导爆管雷管联结，为增加传爆的可靠性，设复式双向传爆网路，每列爆破孔孔内敷设 Ms3、Ms5、Ms7、Ms9、Ms11 共 5 个段位依次毫秒微差起爆。

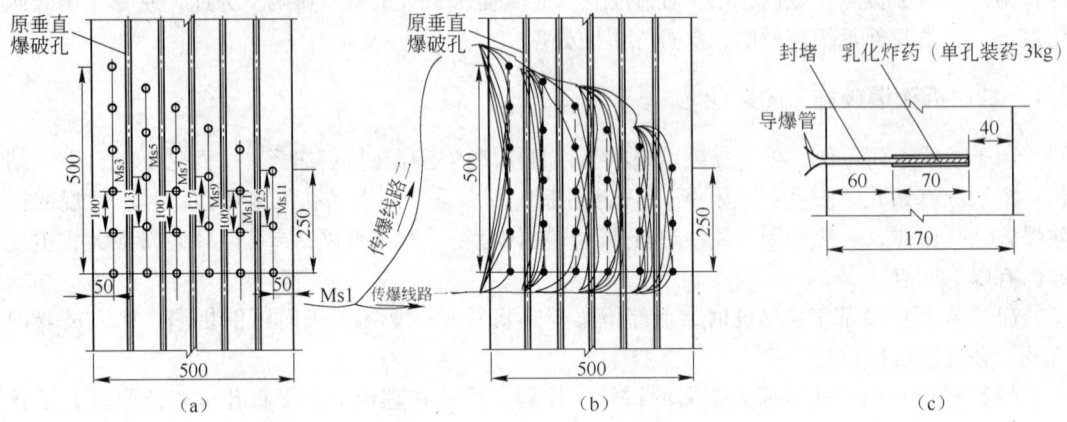

图 4　单个桥墩布孔、装药及联网示意图（单位：cm）

（a）立面布孔图；（b）复式双向传爆网路图；（c）单孔装药结构图

Fig. 4　Holes arrangement and explosive charge structure and blasting network on one pier（unit：cm）

3.4　施工关键要点

（1）二次爆破处理时基坑已形成，桥墩底部积水经抽排已有一定程度下降，可填渣修筑便道至桥墩底部，并采用钢管架搭设作业台，根据爆破设计在桥墩立面上标设爆破孔孔位，如图 5 及图 6 所示。

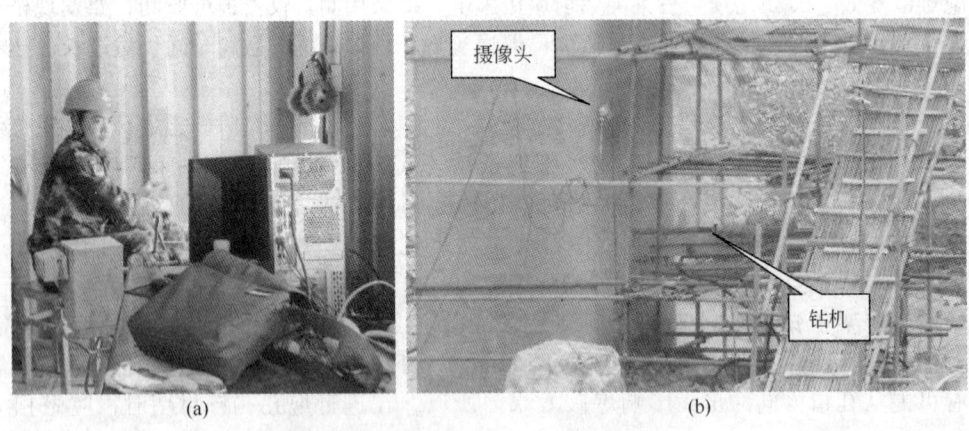

图 5　通过监控"远程"操作钻机实施钻孔作业

（a）在避炮房内操作钻机；（b）钻孔作业

Fig. 5　Operating drilling rig by monitoring

（2）为保证造孔人员的安全，采用轻型架子钻机代替手风钻进行湿式造孔。架子钻对准拟钻孔位，并将其固定在操作平台上，在钻杆上采用油漆标识终孔钻进位置，在桥墩适当位置安装摄像头，将钻机操作控制器以及监管终端设在距桥墩 80～100m 的避炮房内，如图 5 所示。

（3）钻机就绪后，桥墩以下作业人全部撤离，在避炮房内通过钻机操作控制器启动钻机，观看监控终端控制钻机的钻进情况，当钻杆的标识油漆线与孔口平齐时，结束该孔的造孔工作。移动钻机，进入下一孔的造孔工作，如图 5 所示。在实际钻孔中，经测量仪器监测，桥梁未出现明显位移，从孔段吹出的粉屑成分分析可看出，部分孔段钻孔时的确触及了残留炸药，所幸未将其引爆。

（4）造孔全部完成后，在装药前，采用风镐对桥墩周边部分混凝土进行剥离，露出钢筋，采用气割将

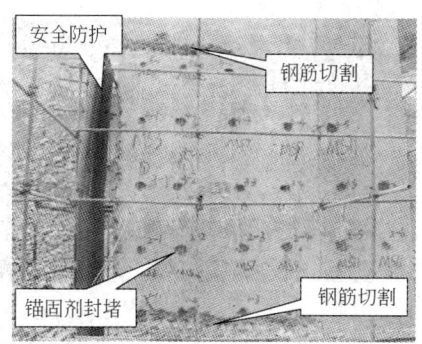

图 6　装药、封堵、联网、防护就绪
Fig. 6　The works before secondary blasting

钢筋予以割断，以减小钢筋网片的束缚作用。该工序作业存在较大风险，一是采用风镐剥离混凝土，对桥梁有扰动，且人员正在桥下作业，所以理论上有桥梁突然坍塌造成伤亡的风险。但实际上在前一工序采用架子钻造孔时，架子钻的扰动要明显强于风镐的扰动，如架子钻的扰动未能使桥梁坍塌，则风镐作业时桥梁坍塌的可能性将较小。二是切割钢筋时采用气割，带"火"作业，有引爆孔内残留炸药的可能性，因此气割时其附近已钻水平孔应用适当封堵，以防火苗吹入孔内引爆残留炸药。

（5）按照爆破设计进行装药联网，由于孔深较浅（仅 1.3m）且孔径较粗，装药后对每个孔的堵塞做了特殊处理。炮孔堵塞段长 60cm，先采用膨润土加水搓成比炮孔直径略小的条状（如图 7 所示），塞入炮孔的堵塞段，膨润土的堵塞段长约 50cm，孔口剩余 10cm 长则改用水泥锚固剂进行加强封堵，利用锚固剂的微膨胀性进一步将孔口封堵严实。如此，可有效减小爆破能量朝孔口方向冲出的可能性。

图 7　加工堵孔材料
Fig. 7　Processing hole-blocked materials

（6）网路联结完成后，利用作业平台在桥墩爆破抛掷方向绑扎竹笆，以控制飞石距离，如图 6 所示。

3.5　二次拆除爆破效果

一切准备就绪后，实施起爆，拆除爆破过程如图 8 所示。桥墩基本按预定方向倒塌，桥梁坠地后基本粉碎，达到了预期的处理目的。

4　结语

原本难度不大的桥梁的拆除爆破施工，由于第一次拆除爆破失败，导致二次处理的风险明显加大。处理过程中，利用轻型架子钻代替手风钻钻孔、安装摄像头"远程"操作钻机钻进、采用水泥锚固剂封堵孔口等措施，使常规的拆除爆破施工变为非常规化，有效地规避了危桥处理时所带来的安全风险，并成功将危桥爆破拆除。

武警水电部队在抢险救灾中，不可避免要涉及因地质灾害或战争导致的、尚构成安全威胁

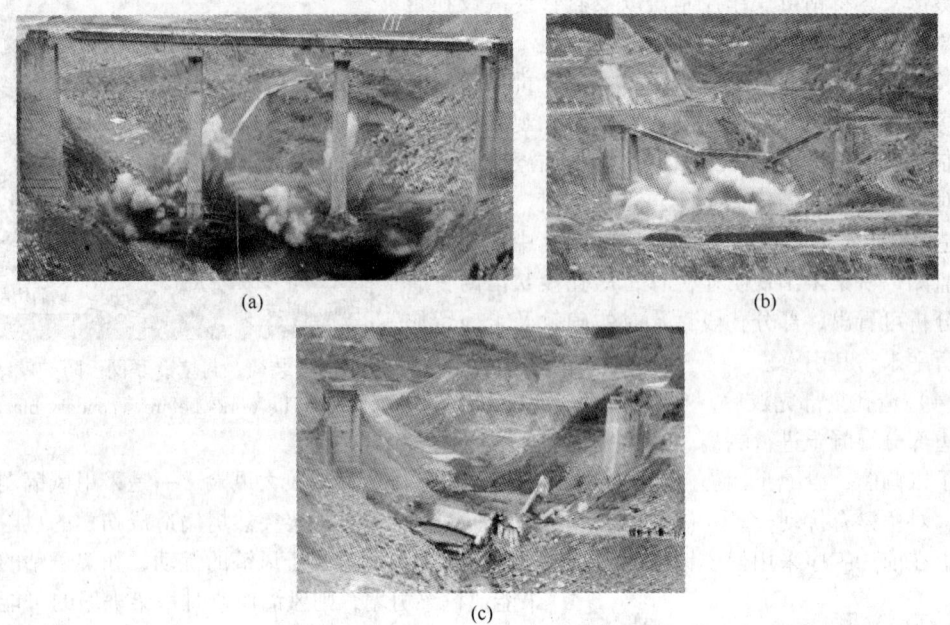

图 8　桥梁二次拆除爆破过程

（a）起爆瞬间；（b）爆破倒塌；（c）拆除效果

Fig. 8　The secondary demolition blasting process of the bridge

的一些桥梁、房屋等损毁建筑物的拆除作业。因此，该危桥的成功拆除，对今后其他损毁建筑物拆除将有一定的借鉴意义。

参 考 文 献

［1］费鸿禄，付天光，蔡伟，等．钢筋混凝土大桥爆破拆除技术［J］．工程爆破，2004，10（3）：37～40.

［2］刘军，秦根杰．某桥梁爆破拆除及预处理措施［J］．爆破，2008，25（4）：73～76.

［3］吴静，宋正利．桥梁钢筋混凝土墩柱爆破拆除技术［J］．建筑技术，2005，36（6）：429～430.

［4］朱奎卫，王科峰，姚春雨，等．水电站主坝工作桥拆除爆破技术及安全分析［J］．工程爆破，2012，18（3）：66～69.

［5］中国工程爆破协会．GB 6722—2011 爆破安全规程［S］．北京：中国标准出版社，2012.

双栋高层楼房重叠垮落爆破拆除

刘 昆 傅建秋 崔晓荣

（广东宏大爆破股份有限公司，广东广州，510623）

摘 要：双栋高层建筑重叠垮落爆破拆除具有占地面积小，对周边环境影响较小的优点，但是必须解决爆堆叠加后过高和同一方向爆破振动的叠加效应使得振动加大的问题。作者在广州大源四栋12层楼房爆破施工中，为解决这两个问题，采用高切口、大倾斜度切口设计，合理选配延时时间，并且对楼房内剪力墙电梯井、立柱进行预处理的方法，实现了楼房本身解体充分。双栋楼层爆破中，第二栋倒地对前一栋造成二次撞击，降低爆堆高度；利用前栋楼房的爆堆来缓冲第二栋倒地撞击；第二栋楼房落地动能取到最优值，减小楼房爆破振动。

关键词：重叠垮落；爆堆高度；爆破振动；切口

Control of Blasting Demolition of Buildings Overlapping Caving Technology of High-rise Buildings

Liu Kun Fu Jianqiu Cui Xiaorong

（Guangdong Hongda Blasting Engineering Co., Ltd., Guangdong Guangzhou，510623）

Abstract：Overlap more tall building demolition blasting caving method is cover an area of an area small, the advantages of less influence on the surrounding environment, but have to solve the problem of too high after blasting heap overlay and superposition of the blasting vibration in the direction of the same effect could make vibration problems. This project in order to avoid these two problems, adopts the high incision, large slope incision design, reasonable selecting delay time, and for building shear wall elevator well, pillar preprocessing method, realized the disintegration of the building itself fully, in the second building to the ground before for a secondary impact, reduce heap blasting height; Use before building blasting heap to buffer a fall on the ground behind the impact, reduce building blasting vibration; Second collapsed building landing kinetic energy to get the optimal value, and reduce building blasting vibration.

Keywords：overlapping caving；blasting；blasting vibration；incision

1 工程概况

1.1 周边环境

随着城市化进程的加快推进，城中村违章建筑现象日益突出。严重影响了城市整体规划。广

刘昆，工程师，liukunqin@163.com。

州市政府选定 2 栋高层违章建筑群进行爆破拆除，以此为契机展开全市的违章建筑治理工作。

该高层建筑群，东面 14m 为高层民居、厂房；北面两座楼前堆积大量建筑用料，35m 为小学校园；南侧为绿地花园；西侧有物流公司停车场，较大的一块空地；周边环境如图 1 所示。

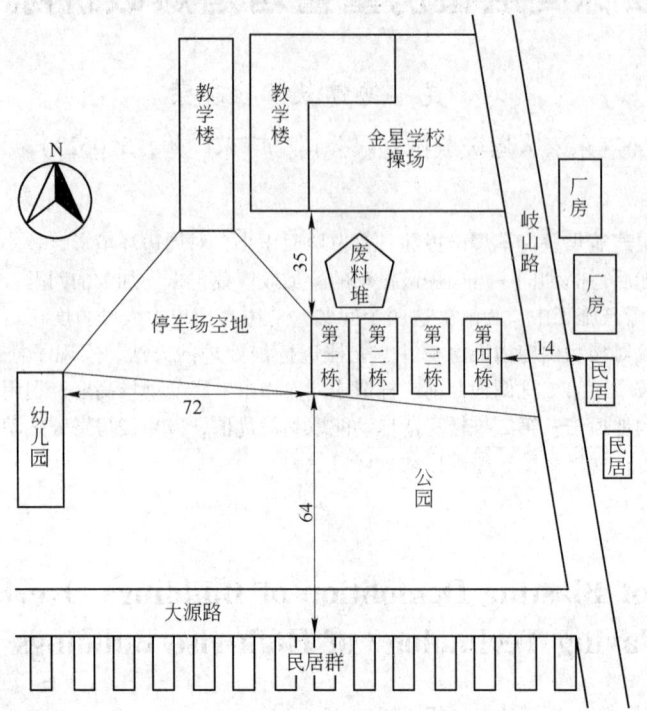

图 1　周边环境示意图（单位：m）

Fig. 1　Sketch map of surroundings （unit：m）

1.2　楼房结构

两栋待拆建筑呈"一"形排列，底层为整体。框架结构每栋南北长 21.4m，5 排立柱；东西宽 14.6m，5 排立柱，高约 38m，总建筑面积约 8500m²。第二栋内有两道"L"形剪力墙电梯井，贯穿 1~12 层楼。

1.3　拆除难点分析

（1）倒塌方向。两栋 12 层楼房北面已经堆积大量建筑废料高约 7m，且向北倒塌距离不足，极有可能对学校校舍造成损坏。

（2）爆堆高度控制。最终方案中选定两栋楼房均倒向西侧停车场空地，这将形成爆堆的叠加。

（3）减小爆破振动。两栋建筑距离小学教学楼很近，同时西侧 72m 处还有幼儿园综合楼，减小建筑物爆破和塌落振动至关重要。

2　爆破设计

2.1　倒塌方式

根据现场实际情况分析，两栋楼房向北、南定向倒塌距离不足，会对附近设施造成比较大的损坏。选择向西面空地倒塌是比较理想的，第二栋倒在第一栋楼房的爆堆之上，但是存在爆堆会比较高和爆破振动波叠加振动增大两个突出问题[1~3]。降低爆堆高度通过两种途径：首先，通过对每一栋楼房的切口进行设计，实现单栋楼房充分解体；其次，通过第二栋倒塌触地与第一栋已经形成的爆堆进行撞击完成二次破碎。振动效果的减弱主要通过对第二栋的切口闭合触地瞬间的振动进行有效控制来实现[4]，第二栋是倒在第一栋的爆堆之上，所以第二栋切口的最先着地点处的爆堆要存在一定的空隙为第二栋楼触地提供一定的缓冲空间，来实现降低振动的效果[5,6]。

2.2 切口设计

根据该建筑群向西面定向倒塌，切口高度要尽可能地保证楼房整体解体充分。同时也要考虑到第二栋切口闭合时是在第一栋的爆堆之上，转动动能将会大大减小。两栋楼房切口高度均选择1~3层，三角形状，后两排爆破立柱低位，加大切口坡度，以此加速楼房的空中解体。爆破切口示意图如图2所示，切口起爆顺序如图3所示。

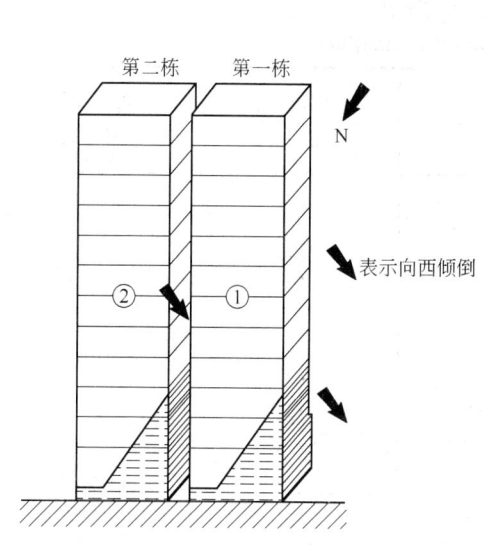

图2 爆破倒塌切口示意图
Fig. 2 Diagram of blasting

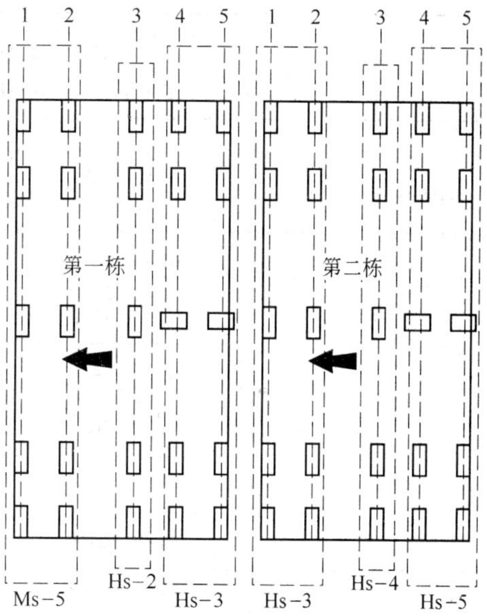

图3 立柱起爆顺序图
Fig. 3 Diagram of blasting of detonating sequence

2.3 预处理

两栋楼房的预处理工作主要包括以下三个方面：
（1）两栋楼房一层的梁和板连为一体，用人工截断，使其成为两个独立的单体建筑；
（2）爆破切口内的电梯井剪力墙与楼板的连接处打断；．
（3）楼梯与楼板连接处破断。

2.4 炮孔及联网参数

炮孔布置采用梅花孔型布置，分为三列（1.2m宽柱为5列），中间一列在立柱宽边中心线上，炮孔直径38mm，孔深为短边长度的0.65倍；炸药单耗确定为1500~1750g/m³[7]。楼房建筑切口范围内的立柱类型不一，具体参数见表1和表2。

表1　爆破参数表

Table 1　Parameter table of blasting hole

序号	立柱尺寸/cm×cm	排距/cm	孔距/cm	孔深/cm	单耗/g·m⁻³	单孔药量/g
1	80×40	40	20	24	1750	下部3孔100，其他75
2	90×40	40	25	24	1750	下部5孔100，其他75
3	90×45	40	25	26	1700	下部5孔100，其他75
4	80×45	40	20	26	1750	下部3孔100，其他75
5	90×30	30	25	18	1500	下部5孔750，其他50
6	80×30	30	20	18	1500	下部3孔75，其他50
7	120×35	30	20	20	1500	50

表2　爆破切口工程量统计表

Table 2　Statistics of blasting's quantities

轴线（西侧开始编1轴）	每柱孔数	炸高/m	雷管段别（第一栋）	雷管段别（第二栋）
1轴	第一层20孔	2.6	Ms-5	Hs-3
	第二层17孔	2.2		
	第三层14孔	1.8		
2轴	第一层20孔	2.6	Ms-5	Hs-3
	第二层17孔	2.2		
	第三层14孔	1.8		
3轴	第一层20孔	2.2	Hs-2	Hs-4
	第二层14孔	1.8		
4轴	第一层8个	1.0	Hs-3	Hs-5
5轴	第一层6个	0.8	Hs-3	Hs-5

2.5　爆破网路选择

孔内炸药用高安全的非电导爆管半秒雷管起爆；孔内雷管用"大把抓"捆绑的非电导爆管毫秒雷管起爆；用四通和导爆管连接"大把抓"引出的雷管脚线，形成封闭的回路。

最终从"大把抓"和四通的复式网路形成的封闭回路中引出两条导爆管，形成起爆网路，用击发枪进行起爆[8]。起爆网路连接如图4所示。

为了减少爆破冲击振动，每一栋楼房采用孔外延期分栋爆破，孔外延期时间不少于110ms，需采取措施保护好孔外延期雷管。

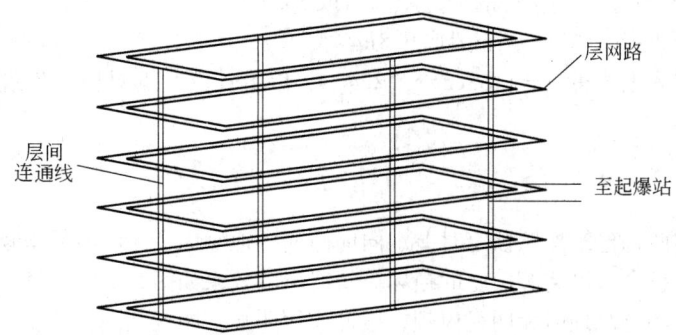

图4　一栋楼房起爆网路示意图

Fig. 4　A building initiation network diagram

3　爆破振动核算

3.1　爆破振动速度核算

常用的垂直振动速度计算公式[9~11]如下：

$$v = K'K\left(\frac{\sqrt[3]{Q}}{R}\right)^{\alpha}$$

式中　v——保护对象的质点的最大允许振动速度，cm/s；

　　K，α——受爆破地点到保护对象之间的地形情况、岩层赋存等条件影响的系数、衰减指数，分别取 $K = 150$，$\alpha = 1.6$；

　　K'——拆除爆破衰减系数，这里取 $K' = 0.33$；

　　Q——炸药量，延时爆破为最大一段药量，21kg；

　　R——爆破振动安全允许距离，m。

爆破振动安全核算药量取第一、第二栋 Hs-3 段为最大单响药量，本工程中 $Q = 21$kg。

安全核算距离为需要保护楼房距离爆破单体的平均距离，R 取 30.7m。

计算最大爆破振动速度，得 $v = 1.05$cm/s。

3.2　塌落振动的验算

楼房塌落倒地时对地面的冲击也会产生振动，目前楼房塌落振动的计算公式为[5~7]：

$$v_t = K_t \left[\frac{\sqrt[3]{\dfrac{MgH}{\sigma}}}{R}\right]^{\beta}$$

式中　v_t——振动速度，cm/s；

　　K_t，β——衰减参数，一般取 $K_t = 3.37$，$\beta = 1.66$；

　　M——楼房质量，t，本项目取顶层楼房塌落质量 $21.4 \times 14.6 \times 0.5 \times 2.4 = 375$t；

　　H——楼房质心高度，本项目取顶层楼房塌落高度 26m；

　　σ——介质的破坏强度，MPa，一般取 10MPa；

　　　R——冲击地面中心到楼房的最近距离，取 30.7m；

　　　g——重力加速度，m/s²，一般取 9.8m/s²。

　　将有关数据代入上式得 $v_t = 1.83\,cm/s < 2\,cm/s$，以上计算数据对周围建筑的振动影响是符合要求的。

4　爆破效果

　　第 1 次爆破的两栋建筑按照预定时差定向向西面空地倒塌，无明显后坐现象，飞石在可控范围以内，未造成校舍、民宅等房屋的损坏。最终爆破效果如图 5 所示。通过录像回放可以发现第二栋建筑切口闭合触地时无明显停顿，缓冲作用明显，顺畅倒地。

图 5　爆破效果图

Fig. 5　The blasting effect

　　第 2 次爆破与第 1 次爆破相同。第 2 次爆破中的第三、第四两栋建筑与第一、第二栋建筑（9 层）结构相同（如图 1 所示），采用相同爆破参数分别爆破拆除。经测量第三、第四两栋爆堆最高处分别为 6.0m、6.3m；第一、第二栋重叠垮落爆破后的爆堆最高处为 4.5m，爆堆向西长度为 27.5m，爆堆高度明显降低。

5　结论

　　（1）重叠依次定向爆破拆除楼房可以通过合理的设计切口高度、倾角等经历自身解体破碎、二次撞击破碎来降低爆堆高度。

　　（2）通过低位爆破、预拆除等手段确保第二栋倒塌建筑触地时，接触爆堆有充裕的缓冲空间以此减小第二栋建筑的触地振动。

　　（3）重叠依次定向爆破拆除楼房很大程度上降低了对周边环境的依赖，避免了对周边楼房的损坏。

参 考 文 献

[1]　李孝林，王少雄，高怀树. 爆破震动频率影响因素分析[J]. 辽宁工程技术大学学报，2006，25(2)：204～206.

[2]　许红涛，卢文波. 几种爆破震动安全判据[J]. 爆破，2002，19(1)：8～10.

[3]　言志信，言浬，江平，等. 爆破震动峰值速度预报方法探讨[J]. 震动与冲击，2010，29(5)：179～182.

[4] 王永庆, 魏晓林, 夏柏如, 等. 爆破震动频率预测研究[J]. 爆破, 2007, 24(4): 17～20.

[5] 崔晓荣, 沈兆武, 等. 剪力墙结构原地坍塌爆破分析[J]. 工程爆破, 2006, 12(2): 52～55.

[6] 黄士辉. 国内城市高层建筑爆破拆除方式探讨[J]. 工程爆破, 2006, 12(4): 22～27.

[7] 曹万林, 胡国振, 崔立长, 等. 钢筋混凝土带暗柱异形柱抗震性能试验及分析[J]. 建筑结构学报, 2002, 23(1): 16～20, 26.

[8] 刘昌邦, 王洪刚, 贾永胜, 等. 8 层砖混结构楼房的逐段坍塌爆破拆除[J]. 爆破, 2011, 28(4): 66～68.

[9] 张玉明, 张奇, 白春华, 等. 爆炸震动测试技术若干基本问题的研究[J]. 爆破, 2002, 19(2): 4～6.

[10] 谢先启, 王洪刚, 刘昌邦, 等. 两栋混合结构楼房纵向延时定向倾倒爆破拆除[J]. 爆破, 2011, 28(2): 87～89.

[11] 冶金部安全技术研究所. GB 6722—2003 爆破安全规程[S]. 北京: 中国标准出版社, 2004.

控制爆破在大体积混凝土拆除施工中的应用

李东锋

（中国水利水电第三工程局有限公司，陕西西安，710016）

摘　要：某水电工程二期纵向围堰结合段混凝土拆除采用控制爆破施工，爆区周边环境复杂，安全控制要求高。在爆破施工中，采取了国内目前科技含量较高的数码电子雷管联网起爆的方案，一次性拆除 C25 素混凝土 20500m³，爆破振动满足安全控制标准要求，爆破效果良好。
关键词：大体积；混凝土拆除；控制爆破

Blasting Demolition Construction of the Large Volume Concrete Application in Construction

Li Dongfeng

（Sinohydro Engineering Bureau 3 Co., Ltd., Shaanxi Xi'an, 710016）

Abstract: In the Hydropower Station project, the controlled blasting construction was utilized to demolish the joint concrete of the second stage longitudinal cofferdam; the blasting zone surrounding environment is complex, this requires a high security control. During the blasting construction, we adopted the network detonating program of digital electronic detonators, which has a higher science and technology content currently in domestic, and removed 20500m³ of C25 prime concrete in one time; the blasting vibration meets the security control standards' requirements, and the blasting effect is nice.
Keywords: the large volume; concrete demolition; blasting

1　引言

控制爆破是指通过一定技术措施严格控制爆炸能量和爆破规模，使爆破的声响、振动、飞石、倾倒方向、破坏区域以及破碎物的散坍范围在规定限度以内的爆破方法。控制爆破目前在工程施工中已得到广泛应用。

不同于一般的工程爆破，控制爆破多用于城市或人口稠密、附近建筑物群密集的地区建（构）筑物的拆除以及为减小爆破对被保护对象有害效应的爆破。本文以某水电工程中的混凝土爆破为例，阐述控制爆破方法在大体积混凝土拆除施工中的应用。

2　工程概况

某水电站坝址位于金沙江下游河段，电站混凝土重力坝最大坝高162m，电站共装8台单

李东锋，高级工程师，ldfwyj@126.com。

机容量800MW的发电机组，总装机6400MW。工程采用分期导流方案，一期围左岸非溢流坝段、冲砂孔坝段，在非溢流坝段内留导流底孔和缺口，同时施工二期混凝土纵向围堰，由右岸河床泄流。二期围右岸，在二期基坑中进行右岸非溢流坝、泄水坝、左岸坝后厂房及升船机等建筑物的施工，由左岸一期预留的导流底孔和坝段缺口泄流。按工程总体设计要求，施工期第6年枯水期时，需拆除二期纵向围堰结合段（指冲砂孔坝段上二期纵向围堰279m高程以上部分混凝土），开始冲砂坝段部位的厂房安装间施工。需拆除的堰体的长度90.1m，堰体断面呈梯形形状，顶部宽度6.0m，底面宽度15.0m，高度16.0~23.0m，拆除方量约20500m³，堰体材料为C25素混凝土，采用控制爆破拆除施工方法。堰体位置示意如图1所示。

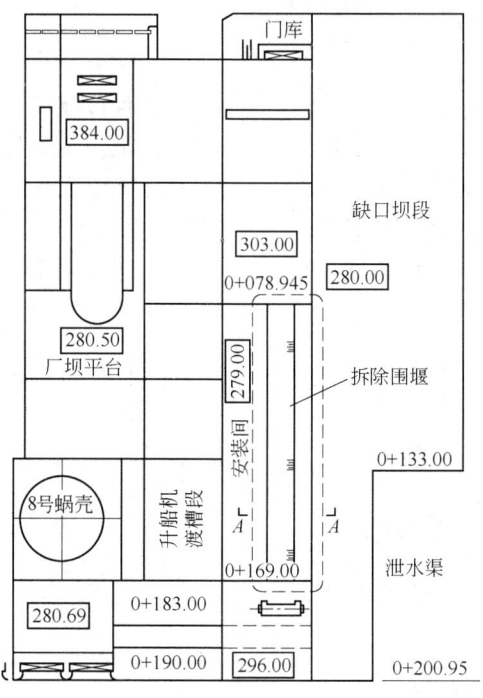 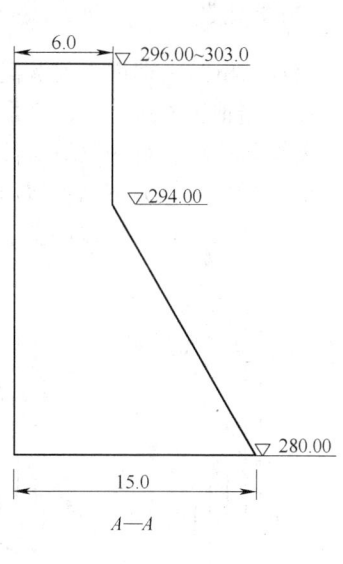

图1　二期纵向围堰拆除平面示意图（单位：m）

Fig. 1　The second stage longitudinal cofferdam demolition plane diagram（unit：m）

拆除堰体与冲砂孔坝段相连，属零距离，堰体底部与6号导流底孔拱顶垂直距离仅有6.0m，与厂房安装间边墙最近距离15.0m，与厂房8号机帷幕灌浆区距离43.0m，·与已安装8号机蜗壳的最近距离79.0m。

3　施工难点分析

（1）拆除围堰周边环境非常复杂，爆破难度大。待拆除围堰紧邻大坝，与厂房上下游边墙的最近距离不足10.0m，与冲砂孔坝段下游坡脚的最近距离17.15m，与已安装8号机蜗壳的最近距离79.0m；围堰爆破的左侧为缺口坝段280平台，因此爆区周围环境十分复杂，爆破施工难度大。

（2）安全控制要求高。爆区周围均为重要的永久性建筑物，爆破安全控制标准要求高，必须严格控制爆破振动效应的影响，确保爆区周围建筑物的安全，安全防护要求高。

（3）爆破块体、爆渣堆积方向控制要求高。由于堰内不宜堆积大量的爆渣，因此，应使爆渣绝大部分向堰外抛掷，结合周边建筑物安全防护上的要求，爆渣块度绝大部分应控制在0.8m以下，而且爆渣应尽量向堰体左侧的280.0m高程平台抛掷。

（4）爆破方量大、施工精细化程度要求高。由于爆破方量大，钻孔数量多，钻孔、装药、联网大部分需在施工排架上进行，因此，施工难度大，精细化程序要求高，钻孔施工时，孔位、孔向、倾角、孔深等必须精确控制，装药时必须按设计装药结构进行操作；网路连接时，必须严格按设计精确设置各孔内的起爆雷管延期时间，并精心连接，保护好起爆网路。

4　爆破设计

4.1　方案比选

根据该电站二期纵向围堰拟拆除部位的工程特点、技术要求、现场施工条件以及周围结构物的分布情况，进行了多个爆破设计方案的比选。经过4个方案的比较，以堰内堆渣量小为主要评价指标，认为以坡面倾斜孔为主的方案最为合理，并对该方案进行优化设计，最终形成的爆破总体方案是：堰内全部布置倾斜孔、堰顶辅以垂直浅孔，围堰两侧边界预裂、底部预裂加光爆，采用数码电子雷管起爆网路严格控制单段药量的总体爆破方案，如图2所示。

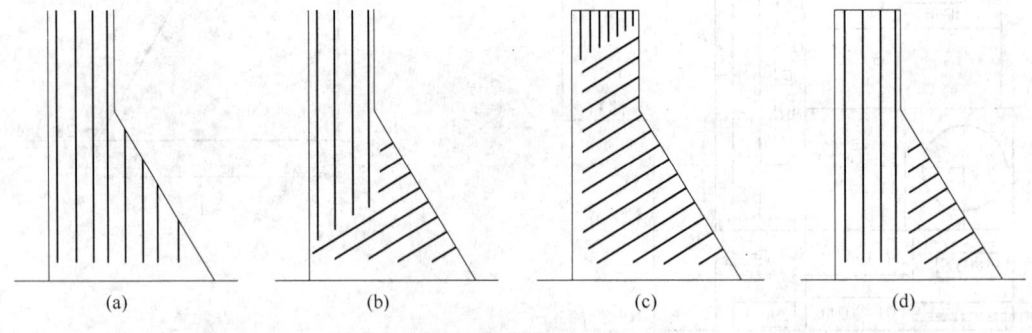

图2　爆破方案比选

（a）全部垂直孔；（b）垂直深孔为主（坡面浅斜孔）；（c）坡面倾斜孔为主

（辅以堰面浅垂孔）；（d）垂直孔＋坡面斜孔

Fig. 2　Comparison and selection of blasting scheme

4.2　爆破参数

根据相关国家标准、行业标准[1,2]及工程设计[3]要求，结合现场爆破试验，确定主要爆破参数如下：围堰拆除预裂孔、光面爆破孔、破碎孔、主爆孔及隔振孔孔径均为$\phi79mm$；边界预裂孔孔距为0.60m，底部预裂孔孔距为0.80m，光爆预裂孔孔距为0.80m，主爆孔孔排距为1.50m×1.50m，破碎孔孔排距为0.80m×0.80m。

爆破选用卷状乳化炸药，主爆孔以$\phi60mm$药卷为主，局部使用$\phi32mm$药卷；光爆、预裂和破碎孔的药卷直径均为$\phi32mm$。炸药总单耗按照0.70kg/m³设计；其中围堰上部及两端为控制爆破振动机飞石，单耗略有降低，取值为0.65～0.70kg/m³；围堰中下部为克服多排孔夹制作用，同时增加向堰外抛掷量，炸药单耗适当调增为0.70～0.80kg/m³。爆破参数详见表1。

表 1　二期纵向围堰结合段爆破参数表

Table 1　The second stage longitudinal cofferdam concrete of blasting parameter table

类　型	孔距/m	行距/m	孔数/个	孔深/m	单孔药量/kg	总药量/kg
倾斜主爆孔	1.5	1.5	614	4.94~9.99	7.40~22.0	9400.2
破碎孔	0.8	0.8	1232	0.8~4.66	0.2~3.8	2006.4
边界预裂孔	0.6	—	63	5.0~13.4	1.2~3.6	133.6
堰底光爆孔	0.8		112	13.4	3.6	396.0
堰底预裂孔	0.8		112	12.8	3.6	403.2
导向孔	—		8	13.0	—	—
隔振孔	0.5		26	13.0/20.0	—	—
合　计	—		2167	—	—	12339.4

4.3　起爆网路

4.3.1　雷管选择

由于纵向围堰周围环境复杂，需严格控制爆破振动等有害效应的影响，为此，需严格控制爆破单段药量、段间时差，不允许出现重段、串段现象。而常规塑料导爆管雷管、高精度电子雷管由于延时误差较大，难以满足上述要求，因此，围堰拆除爆破需采用数码电子雷管。因拆除爆破的方量巨大，炮孔数量多，数码雷管延期时间按设计要求在 0~6000ms 范围内设置。

4.3.2　起爆顺序

总体起爆顺序：以拟拆除堰体顺水流长度中间处（总长 90m，选在 45m 处）炮孔为中心，采取 V 形开口起爆，依次向上下游方向起爆、自上而下逐排传爆。

4.3.3　起爆延期时间

根据试验成果，为进一步降低爆破振动，孔间延时设定为 36ms，排间延时设定为 205~216ms，总延期时间为 5238ms。

4.3.4　网路连接

各孔装药时，炮孔的编号在数码雷管脚线端部贴上标签，并与数码雷管编号进行一对一的登记造册，以便设定相应孔内数码雷管的起爆时间。每 160 发数码雷管为一组，用一个 LOGGER 数码雷管控制器。LOGGER 控制器可逐一输入数码雷管位置编号和对应的延期时间，也可先对数码雷管位置进行逐一编号，然后再统一输入对应的延期时间。在数码雷管延期时间设定后，通过 LOGGER 控制器对起爆网路的数码雷管位置编号、身份编码、延期时间等信息进行检查。然后将各 LOGGER 数码雷管控制器用导线连接到数码雷管专用起爆器中，并进行网路的整体导通检测。

5　爆破施工

5.1　火炮设计及钻凿

根据爆破设计，拆除造孔总数为 2167 个，其中爆破孔 2133 个，导向孔 8 个，堰顶隔振孔 26 个，孔径 φ79mm，造孔总延米 11497.43m，单孔深度 0.8~13.4m 不等。围堰右侧坡面主爆孔、三排破碎孔设计造孔角度下倾 31°，坡面预裂、光爆孔水平布置，堰顶破碎孔垂直布置共设八排。因拆除爆破对爆渣投掷方向要求非常高，因此要求造孔需达到"对位准、方向正、精度高"的要求。造孔开孔及施工部位选择在围堰右侧,利用围堰右侧279平台搭设造孔脚手架进行,设置造孔样架进行造孔角度的控制,并采用全站仪将每一个爆破孔的孔位精确测量,用喷漆标在堰体混凝土表面,同时在后方脚手架钢管合适位置测出相对应的方向点,用贴纸贴在方向点上,并与开孔点标上同一序号。

5.2 装药

根据爆破设计,拆除爆破共需炸药12339.4kg,其中ϕ32mm药卷2939.2kg,ϕ60mm药卷9400.2kg,数码雷管使用数量3000发,导爆索14000m。

5.2.1 主爆孔装药结构

堰体两端主爆孔采用双节ϕ32mm药卷竹片绑扎连续装药,双股导爆索连接,其余主爆孔均采用ϕ60mm药卷连续装药,在装药段上部和下部各安装1发数码雷管。为了最大限度地降低爆破振动对周边构筑物的影响,对单孔药量超过21kg的爆破孔,在孔段中部将设计药量按照设置50cm间隔体分段装药,单孔上部和下部雷管采取微差延时5ms起爆。堵塞长度0.8m,底部采用20cm编织袋,中间40cm河沙,上部20cm黄泥进行堵塞。

5.2.2 预裂孔及光爆孔装药结构

为取得较为理想的不偶合系数及更加均匀地分布炸药,预裂孔药卷按设计线装药密度连同导爆索一起用胶布均匀地绑扎在竹片上。底部预裂孔采用ϕ32mm药,双股导爆索连接,装药段上部安装1发数码雷管,堵塞方法与主爆孔相同。光爆孔采用ϕ32mm药卷竹片绑扎,双股导爆索连接,装药段上部安装1发数码雷管,每间隔25cm绑扎半节ϕ32mm药卷,堵塞方法与主爆孔相同。

5.3 联网

爆破拆除共使用3012发数码电子雷管,划分为22个区进行网路连接管理,联网严格按爆破设计要求进行,详见本文3.3节内容,不再赘述。

5.4 安全防护

因拆除爆破周边环境复杂,爆破安全防护主要分为近体防护和远体防护,近体防护主要指对爆区堰体本身的主动防护,远体防护指对厂房安装间、蜗壳、坝体等采取的被动防护。防护措施主要有压网防护,铺设砂袋缓冲垫层,铺设柔性防护层,设置挡渣坎、防护网、防护墙等。

6 结语

该电站二纵围堰结合段于2011年11月实施了一次性控制爆破拆除,根据振动监测结果,质点振动速度均小于该电站设计方对二纵围堰拆除爆破质点振动速度控制标准中提出的安全值,未对周边建筑物、大体积混凝土及金属结构造成不利影响,拆爆破取得了全面成功。尤其是在方案中采取了数码电子雷管进行网路连接,大大提高了爆破网路延时的精度,为满足振动安全要求提供了保障,可供类似工程借鉴。

参 考 文 献

[1] 冶金部安全技术研究所. GB 6722—2003 爆破安全规程[S]. 北京:中国标准出版社,2003.
[2] 长江水利委员会长江科学院,水利部岩土力学与工程重点实验室. DL/T 5333—2005 水电水利工程爆破安全监测规程[S]. 北京:中国电力出版社,2005.
[3] 二期纵向围堰拆除爆破质点振动速度控制标准[R]. 中国水电顾问集团中南勘测设计研究院. 2009.

连续箱梁临时固结支墩爆破拆除技术

王军辉　杨　威　李程远

（武警水电第二总队五支队，江苏常州，213135）

摘　要：杭长客运专线跨上瑞高速公路特大桥主桥为三跨连续箱梁，采用挂篮悬臂施工，其临时固结支墩由四根混凝土支墩组成。临时支墩常规拆除方法需高空作业，难度大、时间长、安全风险高，甚至会因各个支墩拆除不同步而造成箱梁底标高偏差。本文通过研究跨上瑞高速公路特大桥连续箱梁临时固结支墩结构特点、作业条件、周边环境，选定爆破拆除方法。通过初拟爆破参数，多次爆破试验，逐步甄选出最适合现场实际条件的爆破参数和最佳防护措施，实现了安全、优质、快速拆除，并将爆破作业对上瑞高速公路的不利影响降到最低，取得较好效果。实践证明，悬浇箱梁临时固结支墩爆破拆除方法，具有安全可靠、对主体结构危害小、破碎效果好、拆除速度快等优点，为类似工程提供了可贵的参考经验，具有广泛的推广价值。

关键词：临时固结支墩；爆破拆除；技术；方法

Continuous Box Girder Temporary Consolidation Piers of Blasting Demolition of Technology

Wang Junhui　Yang Wei　Li Chengyuan

（No. 5 Detachment，No. 2 Hydropower Force of Armed Police，Jiangsu Changzhou，213135）

Abstract：Hangchang long passenger dedicated line up red high speed large for three span continuous box girder, the main bridge of the hanging basket cantilever construction, the temporary rigid fixity piers is composed of four concrete piers. Temporary piers conventional demolition methods need to aerial work, difficulty big, time is long, high security risks, even caused by different piers dismantle sync the bottom of the box girder elevation deviation. This paper through studies up red highway super-large bridge piers continuous box girder of temporary consolidation structure characteristics, operation conditions, surrounding environment, the selected method of blasting demolition. By proposed at the beginning of blasting parameters, blasting test for many times, gradually to select the most suitable for the actual conditions of blasting parameters and the best protective measures, implement the safety, high quality and rapid demolition, and demolition operations against the red to minimise the adverse effects of highway, achieved good effect. Practice proves that the method of blasting demolition of hanging concrete box girder buttress temporary consolidation, with safe and reliable, small damage to the main structure, crushing effect is good, dismantle the advantages of fast speed, and provided a valuable ref-

王军辉，高级工程师，594842241@qq.com。

erence for the similar engineering experience，has wide popularization value.

Keywords：temporary consolidation piers；blasting demolition；technology；methods

1　概述

　　杭长客运专线跨上瑞高速特大桥位于江西省分宜县境内，横跨上瑞高速公路。主桥为三跨连续箱梁，主跨100m。采用挂篮悬臂施工，其临时固结支墩由四根混凝土支墩在墩梁间四周连接组成，支墩平面尺寸为1.5m×1.5m，混凝土强度等级为C50，高度比永久性支座高5mm。锚固钢筋采用φ28mm螺纹钢，通长设置，埋入承台1.2m，梁体内1.0m，共计50根，如图1所示。

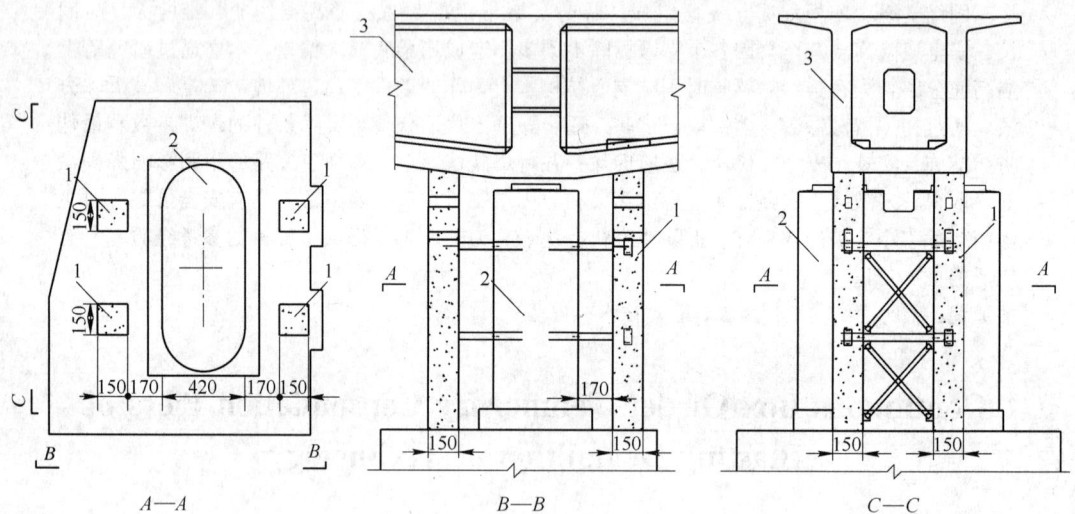

图1　跨上瑞高速特大桥临时支墩布置示意图（单位：cm）

1—临时固结支墩；2—桥墩；3—连续梁

Fig. 1　High speed up red big bridge temporary piers arrangement diagram（unit：cm）

　　每根临时支墩待桥梁合龙前需进行拆除，其常规拆除方法是先人工凿除临时支墩顶部10cm范围内的混凝土，然后用气割割断各锚固钢筋的方法。但是此方法作业时间长、耗时费力，工期无法保障，且属高空作业，施工非常困难，有时甚至会因拆除临时支墩不同步而造成箱梁的标高出现偏差。为此，施工中采用了爆破拆除方案。

2　爆破设计方案

2.1　爆破特点

　　（1）钢筋比较密集，并且采用的是φ28mm的粗钢筋。

　　（2）混凝土强度高，其实际强度已达60MPa。

　　（3）跨上瑞高速特大桥8号、9号墩位于上瑞高速公路两侧，公路为双向四车道，车辆来往频繁，且公路两侧有架立电线和电缆线，爆破环境复杂，因此对爆破方法的安全性和可靠性要求较高。

　　（4）施工中需确保箱梁与临时支墩连接处不过度损坏，确保周围建筑、管线和人员安全，且应确保高速公路通行安全。

2.2 爆破设计原则

为了严格控制爆炸能量和爆破规模，使爆破振动影响区域、破碎物的散落范围等控制在规定限度以内，采用毫秒微差爆破。通过采用低威力、低爆速的炸药，选择或制造较多的临空面，多钻孔，少药量，选取最佳的微差间隔时间和起爆顺序，达到"破散不抛"、"就近坍落"的效果。

2.3 炸药选用

选用 SB 型乳化炸药，爆速 4150m/s，殉爆距离 9cm，临界直径 13cm，SB 型乳化炸药爆炸性能好，爆轰感度高而机械感度低，成本低廉。

2.4 爆破参数初拟

2.4.1 不耦合系数

采用手风钻钻孔，炮眼直径 d_k 为 42mm，炸药直径 d_t 为 18mm，故不耦合系数 $D = d_k/d_t = 2.39$。

2.4.2 周边眼间距

周边眼间距 E 取炮眼直径的 $8 \sim 12$ 倍，取为 52cm。

2.4.3 抵抗线

理论和实践均证明爆破炮眼间距 E 与最小抵抗线 W 之比取 0.8 为好，即 $E/W = 0.8$，这样得到 $W = 65cm$，因此炮孔间距取为 65cm。

2.4.4 炮眼装填系数

炮眼装填系数计算公式如下：

$$\beta = (EW\tau + \sigma_e EL)/[(\sigma_c d_k + \sigma_e E)L]$$

$$= (52 \times 65 \times 35.7 + 35.7 \times 52 \times 115)/[(510 \times 4.2 + 35.7 \times 52) \times 115] = 0.726$$

式中　β——爆破炮眼装填系数；

　　　τ——支墩混凝土抗剪强度，kg/cm^2；

　　　σ_e——支墩混凝土抗拉强度，kg/cm^2；

　　　σ_c——支墩混凝土三轴抗压强度，kg/cm^2；

　　　d_k——炮眼直径，cm；

　　　L——炮眼深度，取为 115cm。

2.4.5 单孔装药量初始值的计算

单孔装药量初始值的计算公式如下：

$$Q_K = \pi d_t^2 \beta L \rho_0/4 = 3.14 \times 1.8^2 \times 0.726 \times 115 \times 1/4 = 212g$$

式中　Q_K——单孔装药量，g；

　　　d_t——炸药直径，cm；

　　　ρ_0——炸药的密度，g/cm^3；

　　　其他符号说明同前。

2.5　爆破试验

结合施工生产进行爆破试验，每次爆破使用一排钻孔，试验完成后再在该支墩上进行第二排爆破孔的钻孔，进行第二次试验，直至试验完成。

2.5.1　第一次爆破试验

按照计算装药量对第一个背靠高速公路的支墩进行钻孔与爆破，爆破结果显示，仅能将混凝土炸松，无法形成抛掷效果，钢筋仅发生变形，并未脱离支墩。

试验结果表明，爆破参数不合理，主要原因是在计算过程中未考虑钢筋对混凝土的影响，解决方案为增加装药量或减小钻孔间距。

由于此处临近高速公路，为防止爆破飞石，决定采用减小钻孔间距的方法再次进行试验。

2.5.2　第二次爆破试验

将钻孔间距由理论计算的65cm调整为40cm，装药量不变，爆破结果显示，临时支墩混凝土已经全部碎裂，钢筋向外弯曲10°~15°，但同样未形成抛掷效果。

试验结果表明，临时支墩的钢筋布置过密（10~12cm），直径过粗（主筋28mm，箍筋16mm），导致其对混凝土的包裹作用远大于混凝土本身的抗爆作用。为此，调整爆破钻孔间距至20cm再次进行爆破试验。

2.5.3　第三次爆破试验

按照钻孔间距20cm，单孔装药量210g进行爆破，爆破结果较为理想，钢筋弯曲15°~30°，支墩形成完整爆破漏斗，爆破抛掷作用明显，飞石距离30~50m。

因此以本次的爆破试验参数用于正式的爆破施工中，钻孔间距20cm；孔排距按照爆破试验结果应该为16cm，但考虑到安全因素，采用弱抛掷爆破，将排距调整为20cm。由于单根乳化炸药的重量为200g，若采用210g的单孔装药，药量难以控制，调整为200g，分4节，每节50g，平均布置在单孔内。

3　炮孔布置与装药联网

每根临时支墩炮孔成三角形对称布置（如图2所示），分5排，每排间距10cm，最上一排距离墩顶25cm，孔距20cm，孔径3.8cm，孔深1.15m。炮孔采用YT20手风钻凿孔，当遇到钢筋时，稍微调整，整体距离不足时，可以减少一排钻孔，即减少一个5号钻孔。

采用乳化炸药，每个炮孔内装药200g，将炸药平均分成四节等间隔绑在竹片上缓缓送入孔内，每节通过导爆索连接，如图2所示。由此每根临时支墩实际装药总量为 $Q = 200 \times 12 = 2400g$。

采用普通毫秒延期电雷管起爆，为减少地震波对桥墩和箱梁的影响，根据孔位不同分别绑上1段、3段、5段毫秒雷管以控制起爆顺序。同一个桥墩的四根临时支墩同时爆破，段位成对称布置，每根临时支墩采用先两侧后中间的顺序，各段延期时间见表1。爆破网路采用串联网路，起爆电源使用专业MFB-200型起爆器。

表1　爆破各段延时表

Table 1　Blasting paragraphs delay list

段　别	1	3	5
延时/ms	<13	50	110

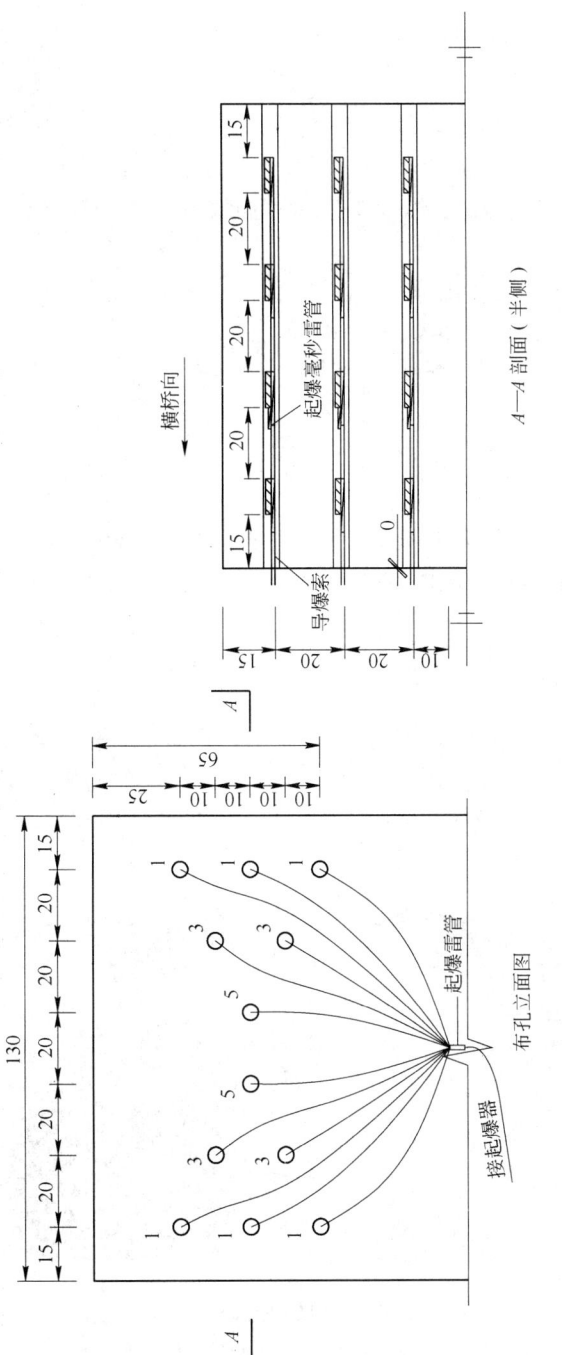

图 2　炮孔布置示意图（单位:cm）

Fig. 2　Hole arrangement diagram（unit:cm）

4 安全检算与安全防护

4.1 爆破质点振动速度

爆破质点振动速度按下式进行估算：

$$v = K\left(\frac{\sqrt[3]{Q}}{R}\right)^{\alpha}$$

式中 v——建筑物质点振动速度，mm/s；

  K——与混凝土强度、爆破方法、爆破条件相关的系数；

  Q——最大一段装药量，kg；

  R——自爆源到被保护建筑物的距离，m；

  α——爆破地震波随距离的衰减指数。

对于本爆破工程，$K = 90$，$Q = 0.564\text{kg}$，$R = 2\text{m}$，$\alpha = 1.4$。

由此可得

$$v = 90 \times \left(\frac{\sqrt[3]{0.564}}{2}\right)^{1.4} = 26\text{mm/s} < 40\text{mm/s}$$

根据《爆破安全规程》，坚固的混凝土构筑物的振速临界值是40mm/s，因此其爆破振动不会对周围箱梁、墩身和其他建筑物造成损坏。

4.2 安全防护措施

4.2.1 正面防护

面对高速公路方向，距离高速公路仅20~30m，为重点防护对象，采用双层柔性防护措施（如图3所示）。柔性防护材料由塑料篷布外包密目铁丝网制作而成，分别悬挂在距离临时支墩2m和5m的位置，形成二重防护体系，防护高度为箱梁底面至爆破区域以下3m的范围。

图3 双层柔性防护措施

Fig. 3 Double soft protective measures

4.2.2 侧面防护

侧面距离高速公路较远（40~60m），采用单层柔性防护措施，柔性防护材料、防护范围与正面防护相同。

4.2.3　公路防护棚架上的防护

由于悬臂施工在高速公路上搭设了防护棚架，这项措施使得可以在防护棚架上采取措施，增加防护的效果。在距离路面1.5m范围内，采用刚性防护，防护材料为木模板，其作用是防止碎石滚入公路区域。在距路面1.5m以上至防护棚架顶，采用单层柔性防护网，柔性防护材料与正面防护相同。

5　爆破效果和结语

跨上瑞高速特大桥共2座主墩，8根临时固结支墩，分两次爆破。爆破时混凝土约1/2粉碎飞出，无遮挡下飞石范围在20m以内，无大块飞石，塑料篷布遮挡范围无飞石穿透；剩余混凝土约1/4就地坍落，约1/4破碎松动，锤击即可敲落。爆破后对周围箱梁、墩身、盆式支座均无损坏。爆破效果良好。爆破防护效果如图4所示。

图4　爆破防护效果

Fig. 4　Blasting protective effect

临时固结支墩爆破方法的关键在于根据具体情况调整相应的布孔方式、装药量和起爆网路，以确保在安全的前提下，达到最佳的爆破效果。

临时固结支墩爆破拆除方法具有破碎效果好、拆除速度快的特点，可以节省人力物力，缩短工期，保证体系转换的质量，且保证了跨上瑞高速特大桥按计划日期合龙，值得推广应用。

参 考 文 献

[1] 刘殿中，等. 工程爆破实用手册[M]. 2版. 北京：冶金工业出版社，2003.
[2] 吴静，宋正利，等. 桥梁钢筋混凝土墩柱爆破拆除技术[J]. 建筑技术，2005，36(6)：429~430.
[3] 方明山，冯运增，黄志军，等. 襄河公路大桥拆除定向爆破施工技术[J]. 爆破，2004，21(2)：68~70.
[4] 孟祥军. 控制爆破在泉港分洪闸工程中的运用[J]. 水力发电，2003，29(5)：65~66.
[5] 刘玲平，唐涛，李萍丰，等. 装药结构对台阶爆破粉矿率的影响研究[J]. 采矿技术，2010(1)：67~70.
[6] 中国工程爆破协会. GB 6722—2003 爆破安全规程[S]. 北京：中国标准出版社，2004.

南水北调垂直升船机支墩爆破拆除施工技术

刘　辉　姜海英

（中国水利水电第三工程局有限公司，陕西西安，710016）

摘　要：本文主要对丹江口工程钢筋混凝土爆破拆除的技术措施进行论述，从爆破参数的选择、试验，安全距离的控制逐一进行计算，并对爆破效果进行分析，最终确定了钢筋混凝土爆破拆除的最优参数。爆破效果达到了预期效果。论文的研究成果对于类似工程具有参考应用价值。

关键词：爆破拆除；爆破参数；安全距离

The South to North Water Diversion Vertical Ship Lift Pier Construction Technology for Blasting Demolition

Liu Hui　Jiang Haiying

（Sinohydro Engineering Bureau 3 Co., Ltd., Shaanxi Xi'an, 710016）

Abstract：This paper mainly discusses the technical measures of blasting demolition of reinforced concrete engineering in Danjiangkou, from the selection of blasting parameters, test; the control one by one calculation of safety distance, and the blasting effect is analyzed, finally the optimal parameters of blasting demolition of reinforced concrete is determined。The blasting effect to achieve the desired effect.

Keywords：demolition blasting；the blasting parameters；safe distance

1　工程概况

丹江口大坝加高是南水北调中线水源工程的重要组成项目之一，位于湖北省丹江口市，汉江干流与支流丹江的汇合处下游约800m，控制流域面积95200km²。丹江口水利枢纽由两岸土石坝、混凝土坝、升船机、电站等建筑物组成，初期工程于1973年建成，正常蓄水位157m，坝顶高程162m。

挡水建筑物由河床及岸边的混凝土坝和两岸土石坝组成，总长由原来的2494m加长为3442m，其中混凝土坝全长1141m，共分54个坝段，最大坝高117m。自右向左分别为右岸联结坝段、溢流坝段、厂房坝段、左岸联结坝段。溢流坝段主要为溢流面和闸墩加固加高，其他混凝土坝段在原混凝土坝的基础上加高14.6m，贴坡厚度一般为8~14m，最厚达40m左右。

丹江口大坝加高右岸土建工程，为了增强新老混凝土结合，对深孔底板加固，止水埋设，裂缝处理等，需对部分老混凝土、房屋进行拆除，并在老混凝土表面切割键槽。

刘辉，31779803@qq.com。

拆除工程项目分布整个右岸标的大坝坝体范围，包括右联坝段、深孔坝段、溢流坝段。

2008 年 1 月份，2 号门机拆移至右联 6 号 ~ 7 号坝段老坝顶，具备支墩混凝土拆除施工条件。2008 年 6 月垂直升船机支墩共计 12 个，其中 11 号及 12 号支墩混凝土已于前期与坝体混凝土同时拆除。本次计划拆除剩余支墩，其中上游布置 4 个，下游布置 6 个，支墩混凝土最大拆除高度 13.31m，设计拆除量约 1300m³。

本文论述的是 9 号、10 号垂直升船机支墩爆破拆除，因为此处距坝顶较近，且周边有小水电厂和门机等需防护的建筑物，要求参数控制精确，具有代表性。

2 施工难点分析

（1）施工区域周边环境复杂（建筑物及施工机械离爆破区域很近），对爆破飞石、冲击波等要求高，且爆破警戒难度大。

（2）因爆破工作面高且没有可依附的物体，在上面施工极其危险，不能进行预裂或者光面爆破，混凝土内有钢筋，基岩面的平整度很难保证。

3 爆破参数的确定

因支墩距坝顶较近，且附近有小水电厂等建筑物，在施工过程中按照"密布孔，布浅孔，小药量，微差爆破"的原则进行分层松动爆破，使爆破体达到"破散不抛"、"就近塌落"的爆破效果。同时做好警区的警戒及防护工作。爆破时的声响减弱到允许的程度，爆破后的混凝土块度以人工能够清撬为准。

为了选取合适的爆破参数，现场选取 10 号支墩进行了爆破试验。采用 YT-28 手风钻造孔（孔径 ϕ42mm），将爆破深度控制在 1.0m 进行爆破。

3.1 间排距的选取

因爆破后采用人工清渣，取最小抵抗线长度 W = 350 ~ 500mm，采取多排布孔，相邻两排炮孔的间距 b 可近似采用与第一排炮孔的 W（最小抵抗线）相等，即 $b = W$，但 b 不小于 200mm；在此次爆破作业中，取排距 b = 600mm。

炮孔间距 a，对混凝土及毛石混凝土，a = (1.0 ~ 1.5)W；对钢筋混凝土，a = (1.3 ~ 1.8)W，但 $a \geqslant$ 200mm；对板式结构（如地坪、路面、楼板等）采取分割式爆破时，$a_板$ = (1.5 ~ 2.0)L，计算装药量时，取 $W = a_板$。W 为最小抵抗线，L 为炮孔深度。此次爆破作业中，取间距 a = 800mm。

在左岸方向有一浮船，距爆破顶面高度约 30m。为了更好地控制飞石的方向，在布孔过程中，将浮船方向的抵抗线稍微加大。

3.2 炸药及爆破单耗的选取

根据以往的爆破经验，初步将爆破单位耗药量定为 0.4 ~ 0.45kg/m²。结合现场实际情况，选取 ϕ32mm 乳化炸药底部集中装药进行爆破（单卷药量为 200g）。

3.3 药量计算

浅孔爆破多排布置炮孔时，每个炮孔爆破的药量可用下式计算：

$$Q = eqabh$$

式中　Q——每炮孔爆破的药量，kg；

　　　e——炸药换算系数；

　　　q——炸药单位消耗量，kg/m³；

　　　a——炮孔间距，m；

　　　b——炮孔排距，m；

　　　h——炮孔深度，m。

经过计算，当爆破孔间距 $a=0.8$m，$b=0.6$m，$L=1$m 时，单孔装药量为200g。

3.4　爆破网路

在进行爆破试验时，选取毫秒微差导爆管进行孔内、孔外延时，采用"V"字形爆破网路。具体网路连接如图1所示。

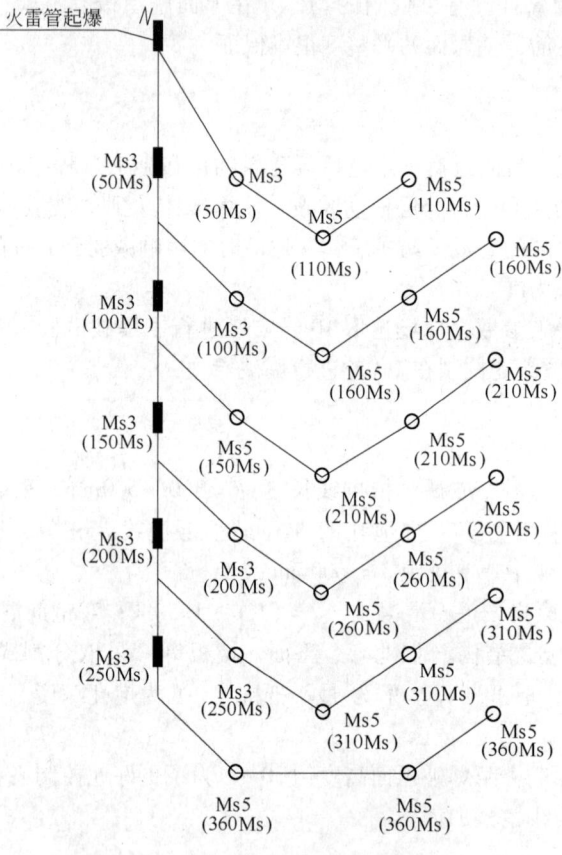

图1　起爆网路示意图

Fig. 1　Initiation network diagram

4　爆破安全计算校核

4.1　爆破振速控制要求

控制爆破应对周围的建筑物和施工机械进行保护，除了对爆破的飞石防护以外，重点是爆破质点振动速度的控制。

质点振动速度采用《爆破安全规程》（GB 6722—2003）中提供的公式进行计算，其计算公式如下：

$$v = K[(Q^{1/3})/R]^a$$

式中　v——爆破地震对建筑物（或构筑物）及地基产生的质点垂直振动速度，cm/s，为安全起见，取 $v = 5.0$ cm/s；

　　　Q——炸药量，kg，齐发爆破时取总装药量，延期爆破时取最大单响装药量；

　　　K——与岩土性质、地形和爆破条件有关的系数；

　　　a——爆破地震随距离衰减系数；

　　　R——从爆破地点药量分布的几何中心至观测点或被保护对象的水平距离，m。

根据公式，当安全距离为 1.0m 时，最大单响药量为 3.9kg。此次爆破最大单响药量 0.6kg 完全满足施工现场的要求。

4.2　个别飞石的安全距离验算

$$R = 20K_f n^2 W$$

式中　R——飞石安全距离，m；

　　　K_f——安全系数，一般取 1.0 ~ 1.5，为确保建筑物和施工机械的安全，取 1.5；

　　　n——一次爆破中最大一个药包的爆破作用指数，根据现场条件应采用松动爆破，取 0.5；

　　　W——最小抵抗线，一般取 $(0.6 ~ 0.8)h$，在本工程中取 0.6m。

$$R = 20K_f n^2 W = 20 \times 1.5 \times 0.5^2 \times 0.6 = 4.5m$$

5　爆破网路

采用以上参数进行爆破试验取得了良好的爆破效果，但每次只能爆破 1m（约 15m³），极大地影响了施工进度。所以采用加大造孔深度的方法来增加爆破方量，继而加快施工进度。在不改变爆破参数及联网方式的前提下，将爆破孔深加大至 2m，采用分层装药的方法进行爆破施工（最大单响为 1.2kg）。

在爆破施工过程中，发现采用此法进行爆破，效果不理想，混凝土周围钢筋布置过密，未完全爆开或局部出现未爆开的小挡墙，给清渣工作带来了很大的不便。后经研究决定，将爆破网路连接方式进行改变，如图 2 所示。

图 2 所示为修改参数后的爆破网路布置图。图中爆破孔孔深为 2m，采用上、下分层装药。上层采用 Ms3 入孔，下层采用 Ms5 入孔，上下分别同时起爆。爆破最大单响药量为 4.4kg。通过此次改进，爆破效果得到了很大的改善。

6　结语

目前，9 号、10 号垂直升船机支墩已经爆破拆除至设计高程，大坝加高工程的混凝土得以顺利浇筑。

当前，我国正处在新的历史时期，随着生产力建设的发展，施工技术水平和管理水平的提高以及经济管理体制的改革，使用以往的经验自然应结合现实情况，因地制宜，参考借鉴，以期达到最优的社会经济效益。

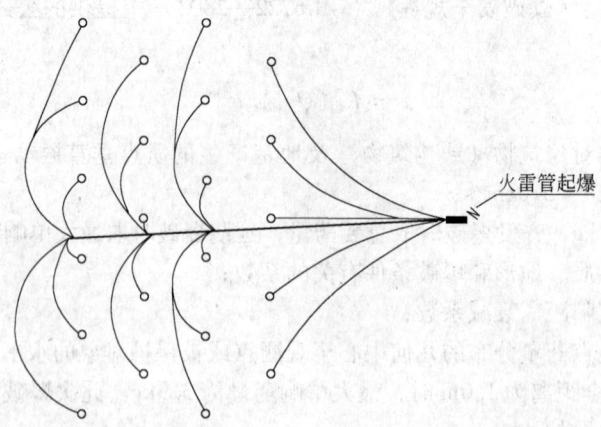

火雷管起爆

钻孔设备	类别	孔径/mm	孔深/m	孔距/m	排距/m	药径/mm	炸药单耗/kg·m⁻³	最大单响/kg
YT-28 手风钻	爆破孔	D42	2.0	0.8	0.6	φ32	0.4 ~ 0.45	4.4

图 2　改变连接方式的起爆网路

Fig. 2　To change the connection initiation network mode

参 考 文 献

[1] 中国工程爆破协会. GB 6722—2003 爆破安全规程[S]. 北京：中国标准出版社，2004.

[2] 长江水利委员会长江科学院，等. DL/T 5389—2007 水工建筑物岩石基础开挖工程施工技术规范[S]. 北京：中国电力出版社，2007.

[3] 葛洲坝集团公司三峡工程施工指挥部. DL/T 5135—2001 水电水利工程爆破施工技术规范[S]. 北京：中国电力出版社，2002.

三峡工程左非 13 号坝段地质缺陷岩体
控制爆破设计与实施

王　刚　叶立志

（中国水利水电第三工程局有限公司，陕西西安，710016）

摘　要：本文介绍了通过对爆破参数的计算选取，以及采取地表柔性覆盖方法，取得了对飞石的控制效果，使爆区周边建筑物、设备得以保护；通过施钻减振孔、减小单响药量等措施消减爆破产生的地震效应，取得对邻近大体积混凝土的保护效果。

关键词：控制爆破；爆破参数；柔性覆盖；减振孔；地震效应

Controlled Blasting Design and Construction for the Rockmass
Section under Difficult Geological Condition of No. 13
Non-overflow Gravity Dam in Sanxia Project

Wang Gang　Ye Lizhi

（Sinohydro Engineering Bureau 3 Co., Ltd., Shaanxi Xi'an, 710016）

Abstract：This paper introduced the controlled blasting design and performance for the rock mass section under difficult geological condition of the No 13 non-overflow gravity dam in Sanxia project. In order to reduce the blast damage for the surrounding building and equipment, the methods for determining the blast parameters and the flexible cover are studied for the controlled blasting of the non-overflow gravity dam. Through arranging the vibration absorption holes and reducing the magnitude of single explosive, the seismic effect is reduced. Consequently, the surrounding concrete masses are protected well during the explosive process.

Keywords：controlled blasting; blast parameter; flexible cover; vibration absorption hole; seismic effect

三峡工程左非 13 号坝段基岩为前震旦纪闪云斜长花岗岩，缓倾角节理较为发育，受 $23°\angle35°$ 及 $225°\angle32°$ 两组节理切割，在坝基上形成一条长约 40m，宽 25m 的条带状楔形体的不利结构，按照设计地质部门要求，必须对地质缺陷部位开挖至设计线以下 2.5m，开挖方量约 2000m³。

坝基岩体为弱风化至微风化，岩质较为坚硬，爆区无地下水出露，除地质缺陷部位，总的来说岩石的物理力学特性较为良好。

王刚，教授级高级工程师，wg690525730@163.com。

1　问题的提出

与左非 13 号坝段相邻的左非 12 号坝段葛洲坝公司浇筑的混凝土已达 20m 高，左非 14 号坝段青云公司堆放有大量设备及材料，而且，周围 20m 远处有一台 2000 型门机和一台胎带机。不良的边界条件给这一部位开挖造成极大的困难。如果采取常规的爆破方法，不但会造成飞石对爆区周围设备、机具的损害，而且爆破地震效应产生的地震波可能会造成坝体混凝土的开裂；不但会影响到三家承包商的关系，而且对三峡工程带来极大的损失。

对于此种情况，通常采取静态爆破方法，可以解决飞石和地震波的破坏造成的危害。然而，静态膨胀剂价格较高，需用量极大。该方法不仅提高了成本，而且需要一个多月的工期，将会对工程的总进度造成严重影响。由于气温已逐渐变低，气温过低不能充分发挥静态膨胀剂的效能，因此，经讨论弃用了静态爆破方法。

鉴于此，决定采取控制爆破方法对该地质缺陷部位岩体进行开挖。

2　控制爆破采取的措施

采取控制爆破方法，必须很好地进行两个方面的控制，即对爆破产生的飞石的控制和对地震效应产生的地震波的控制。爆破产生的空气冲击波和噪声对周边危害不大，可不作为控制项目。

2.1　防止飞石的措施

（1）该爆区呈槽形、条带状，四周受到围岩夹制，仅有向上一个方向的自由面，因此，只要对地表自由面加以约束，可以限制飞石沿自由面射出，拟对爆区地表进行全面柔性覆盖，实现对该自由面约束的效果。

（2）改变爆破孔的装药结构，加强孔口堵塞来减少飞石。遇到夹层、节理、断层时适当减少装药量，炮孔上部预留足够的堵塞长度，采用一半黏土一半细沙混合后堵塞，并用炮杆捣密实，以提高堵塞质量。

（3）清理地表的浮石和松动岩块，尤其将炮孔孔口附近的石块清理干净，以免在起爆时抛射远处。

（4）合理设计起爆顺序和时间间隔来减少飞石，确保岩石向临空面方向抛掷，保证沿抵抗线方向完全开裂。

（5）减少装药集中量。采取多钻小孔径炮孔，并分散、均匀装药，加大不耦合系数的方法，也可以避免飞石的产生。

（6）对飞石可能抛掷到的地方的设备及建筑物进行预先防护。

2.2　消减地震效应的措施

（1）实践证明，采取微差爆破方式降振效果较为显著，根据振幅叠加原理，爆破形成地震波的振幅不是各个药包起爆时所产生的简单总和，而是相互干扰，有着很复杂的叠加关系，叠加值小于总和值，所以采取分段微差网络对降振效果比较好。

（2）在距离爆区不远处施钻多排减振孔，通过减振孔吸收消耗掉大部分振动的能量，并改变地震波的传播途径，以达到消减地震效应的目的。

（3）优化爆破网络设计，降低最大单响药量，从而降低地震强度，以达到消减地震效应的目的。

（4）合理地选取炮孔相邻系数 m，一般情况下，增大孔距，减小排距，不但能获得比较好的爆破效果，而且对降低地震强度也非常有利。

（5）实践证明，在孔底放置柔性垫层不仅起到对建基面石的保护作用，而且对降低地震强度也起到了一定的作用。

我国爆破振动的破坏标准见表 1。

表 1　我国爆破振动破坏标准
Table 1　Vibration damage criterion induced by the blasting method

保护对象类别		允许安全质点振动速度峰值/mm·s^{-1}		
		<10Hz	10~50Hz	50~100Hz
新浇筑大体积混凝土	龄期：初凝~3d	20~30		
	龄期：3~7d	30~70		
	龄期：7~28d	70~120		

3　控制爆破的方案设计

本次爆破设计是在围绕着防飞石和消减地震效应的思路下展开的。

3.1　爆破参数的确定

3.1.1　钻孔角度及孔径

根据两组节理面的倾角 32° 及 35°，钻孔角度以爆区中心向节理面方向渐变。即钻孔角度向左岸方向由 90° 渐变至 32°，向右岸方向由 90° 渐变至 35°。

为减少装药集中量，采取小孔径炮孔。用 YT-26 型手风钻造孔，钻头直径为 42mm，孔径为 45mm。

3.1.2　单位长度装药量及不耦合系数

单位长度装药量取决于药卷直径及炸药密度等，药卷直径需要与孔径相匹配，每米装药量可按下面公式计算：

$$Q_1 = \pi d^2 \rho/4$$

式中，Q_1 为每米孔装药量，kg/m；d 为药卷直径，m；ρ 为炸药密度，g/cm^3。

为了取得较大的不耦合系数，选取炸药库中的最小直径的药卷，即直径为 25mm 的乳化炸药，乳化炸药密度 $\rho = 1.1$g/cm^3，通过计算可以得出每米装药量为：

$$Q_1 = \pi d^2 \rho/4 = 540\text{g/m}$$

不耦合系数可按下面公式计算：

$$K = D/d$$

式中，K 为不耦合系数；D 为钻孔直径；d 为药卷直径。通过计算可以得出不耦合系数为 $K = 1.8$。

3.1.3　孔距、排距与炮孔布置

针对该部位围岩构造小裂隙发育、岩石为弱风化至微风化的特点，为达到控制爆破的目的，参照类似工程相关资料，炸药单耗取 $q = 0.3$kg/m^3。

在单位装药量和炸药单耗一定的前提下，单孔炸药承担的爆破面积可用下面公式计算：

$$S = Q_1/q$$

式中，S 为单孔量炸药承担的爆破面积，m^2。

单位炸药量承担的爆破面积等于孔距（a）与排距（b）之积，即 $S = ab$。

为了便于网络连接，钻孔按矩形布置，经计算可以得出单孔承担的爆破面积为 $S = 1.8m^2$。爆区形状近似为矩形，中部布置垂直掏槽孔，向两侧钻孔倾角逐渐渐变为与结构面角度一致。孔距取 $a = 1.5m$，排距取 $b = 1.2m$。单孔爆破面积为 $S = 1.5 \times 1.2 = 1.8m^2$。

3.1.4　孔深、孔底垫层及孔口封堵

（1）孔深：根据设计地质人员提出的要求，需要将地质缺陷部位开挖至建基面以下 2.5m，因此，孔深 $H = 2.5/\sin\alpha$，其中 α 为钻孔角度。施工时超钻 20cm。

（2）孔底垫层：在孔底放置长为 20cm 的柔性垫层，以降低爆破对下部岩石的破坏，柔性垫层材料选用锯末材料。

（3）孔口封堵：根据炮孔堵塞长度计算公式 $L_0 = (1.0 \sim 1.2)W$，其中 W 为最小抵抗线，取封堵长度为 1.2m。采用一半黏土一半细沙混合堵塞，并用炮杆捣密实，以提高堵塞质量。

3.1.5　装药量计算

采取连续装药，每孔装药量可按下面公式计算：

$$Q = Q_1(L - L_0)$$

平均孔深为 $L = 3.4m$，$Q_1 = 0.54kg$，单孔平均装药量 $Q = 0.54 \times (3.4 - 1.2) = 1.2kg$。

总装药量可按下面公式计算：

$$Q_总 = Qn$$

式中，n 为总孔数。根据布孔图，总孔数为 513 个，则总装药量 $Q_总 = 1.2 \times 513 = 615kg$。

3.2　爆破网络的设计

3.2.1　爆破网络的选择

为降低爆破对邻近建筑物的振动影响，对单响药量进行了严格控制，爆破振速需控制在 $7 \sim 12cm/s$ 以下（见我国振动破坏标准），由于炮孔数量多，需要分段数量较多，所以采取了导爆管雷管接力的孔间微差起爆网络，即在炮孔内放置段位高的 Ms9 段非电毫秒延期雷管，在地表通过双发 Ms2 段雷管逐排接力传爆，网络设计图如图 1 所示。其中，孔内全部装 1 发 Ms9 段非电毫秒雷管，地表用 2 发 Ms2 非电毫秒雷管并联接力。起爆点位于爆区中心，采取 2 发电雷管起爆。

由于采取了导爆管接力网络，所以入孔的 Ms9 段雷管需要有足够的脚线长度，经计算宜选取脚线长度为 5m 的规格。

最大单响药量计算 $Q_{max} = Qn$，式中 Q 为单孔装药量；n 为同时起爆的最多炮孔数。该部位孔深为 2.5m，$Q = (2.5 - 1.2) \times 0.54 = 0.7kg$，$n = 12$，经计算最大单响药量为 $Q_{max} = 8.4kg$。

3.2.2　网络可靠度分析

为减少地面接力雷管的总延时，改善爆破效果，采取中部先掏槽，逐级向周边传递起爆。整个起爆网络为相邻段间隔 25ms 的微差式接力式网络，孔外接力雷管的总延时为 $t = 14 \times 25 + 2 \times 50 = 450ms$。

本次起爆网络任一结点的准爆率可按下面公式计算：

$$R_{dn} = \left[1 - (1 - R_i)^m \right]^n$$

式中，R_{dn} 是网络中第 n 个结点的准爆率；R_i 为单发雷管的准爆率；m 为结点雷管的并联数；n 为雷管结点序号。

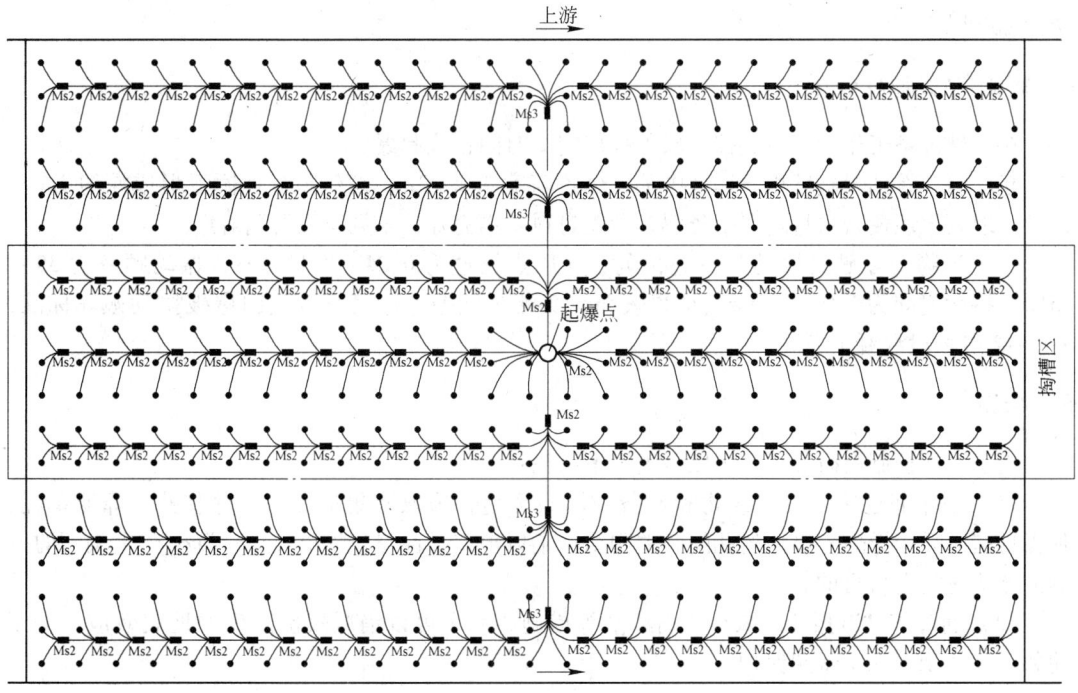

图 1　爆破网络图

Fig. 1　Blasting design scheme

网络最后一个结点的准爆率，就是整个外接力网络的可靠度。本网络传爆雷管为 2 发并联，即 $m=2$，最末一个传爆雷管的结点序号为 $n=16$，导爆管单发准爆率为 $R_i=95\%$。将以上数据代入公式，计算得出整个网络的可靠度为：

$$R_{dn} = \left[1 - (1 - R_i)^m \right]^n = \left[1 - (1 - 0.95)^2 \right]^{16} = 96.1\%$$

由此可见，整个网络的设计比较可靠。

3.3　减振孔的设计

（1）设计思路：在爆破区和 12 号坝段之间的缓冲地带，钻多排深孔，当爆破的振动波传至此时，就会被这些孔吸收消耗掉大部分振动的能量，使 12 号坝段的混凝土受到的地震波速降低至允许的安全质点振动速度。

（2）根据同类工程经验，在爆区和 12 号坝段之间施钻减振孔，减振孔的主要参数见表 2。

表 2　减振孔参数表

Table 2　Parameters of vibration absorption hole

孔径/mm	孔深/m	孔距/m	排距/m	排　数	范　围
100	5	0.3	0.3	3	超出爆区 5m

3.4 爆破的安全监测

为了确保左非 12 号坝段以及周围建筑物的安全，爆破期间在主要部位设置了动态振动监测点。主要测定左非 12 号坝段距爆区最近点的质点振动速度和加速度，控制爆破振动量级在防护标准以内。

4 爆破的实施及效果

在爆破准备工作就绪后，按三峡工程规定的时间正式起爆。

起爆后，看到爆碴堆积于爆区中部，爆碴高度约 2 ~ 3m，两侧节理面附近形成深约 2m 的沟槽，地表柔性覆盖材料随爆碴隆起，覆盖材料基本完好，未见有飞石抛射出。

对建筑物在爆破时振动参数进行测定，质点振速为 0.04 ~ 0.11cm/s，振动频率为 35 ~ 85Hz，持续时间为 150 ~ 500ms。结果表明，实测爆破振动速度符合我国爆破振动破坏标准，左非 12 号坝段混凝土完好无损。

5 结论

通过本次控制爆破实践，可以得出以下结论：

（1）对于邻近区域有建筑物和设备的爆破环境，采取密集造孔、分散装药、降低单耗、加强封堵、采用导爆管接力的孔间微差网络，辅以地表柔性覆盖等措施，对爆破产生飞石的控制的方法是完全可行的。

（2）通过施钻减振孔、减小单响药量等措施，完全可以消减爆破产生的地震效应，进而使邻近大体积混凝土得到保护。

参 考 文 献

[1] 张正宇，等. 现代水利水电工程爆破[M]. 北京：中国水利水电出版社，2002.
[2] 陶颂霖. 爆破工程[M]. 北京：冶金工业出版社，1979.
[3] 张正宇，张文煊. 塑料导爆管接力起爆网络的实用研究[J]. 爆破器材，1993(3)：23 ~ 29.

象山县黄避岙乡第三砖瓦厂 56m 烟囱定向爆破拆除

李运喜[1]　曾春桥[2]　俞明来[3]　管国顺[2]

（1. 浙江省高能爆破工程有限公司，浙江杭州，310012；

2. 宁波永安爆破工程有限公司，浙江宁波，315700；

3. 宁波象山县公安局，浙江宁波，315700）

摘　要：在爆破拆除环境复杂、被拆除物变形、倒塌方向受到限制的条件下，爆破切口的参数、形状及位置、合理的爆破参数、准爆的起爆网路、认真细致的爆破拆除组织施工和可靠安全的防护措施，对保证爆破拆除烟囱倒塌方向与设计方向一致及周边保护物得到保护不受破坏有着重要意义。

关键词：变形烟囱；定向倒塌；爆破切口；爆破参数；起爆网路；防护措施

Directional Blasting Demolition of 56-meter Chimney in the Third Brick Kilns in Huangbi'ao Village of Xiangshan County

Li Yunxi[1]　Zeng Chunqiao[2]　Yu Minglai[3]　Guan Guoshun[2]

（1. Gaoneng Explosion Engine Ltd. , Zhejiang Hangzhou, 310012；

2. Ningbo Yongan Explosion Ltd. , Zhejiang Ningbo, 315700；

3. Public Security Bureau of Ningbo Xiangshan, Zhejiang Ningbo, 315700）

Abstract：In case of complicated blasting demolition environment, distorted building, and limited direction of collapse, the parameter, shape and place of the explosion cut, proper explosion parameter, accurate blasting network, careful blasting demolition organization and safe protection measures are very important. As they can ensure that the direction of the collapsed chimney is in accord with the designed direction and the surroundings is prevented from being destroyed.

Keywords：distorted chimney；directional collapse；explosive cut；explosion parameter；explosion network；protection measures

1　工程概况

根据《2012 年宁波市砖瓦行业落后产能专项整治行动实施方案》（甬淘汰办［2012］5号）和《2012 年节能和淘汰产能工作目标责任书》要求，关停象山第三砖瓦厂，决定拆除象

李运喜，高级工程师，Liyunxi1963@163. com。

山县黄避岙乡第三砖瓦厂高约56m、红砖砂浆砌筑而成的烟囱。本着安全、高效的原则，象山县黄避岙乡人民政府决定对该烟囱进行定向爆破拆除。

1.1　爆区环境

待拆烟囱位于象山黄避岙乡第三砖瓦厂，周边环境复杂：烟囱西侧约12.0m为一栋三层居民楼房，烟囱烟道与北侧砖窑大棚相连；烟囱东北侧67.0m为低压电线；烟囱北侧105m为第三砖瓦厂办公用房；烟囱东南侧115.0m为厂房；烟囱西南侧90m为厂房；烟囱南侧5.0m为乡村路，12.0m为河道；烟囱西南侧30.0m为河道闸门。爆区环境平面如图1所示。

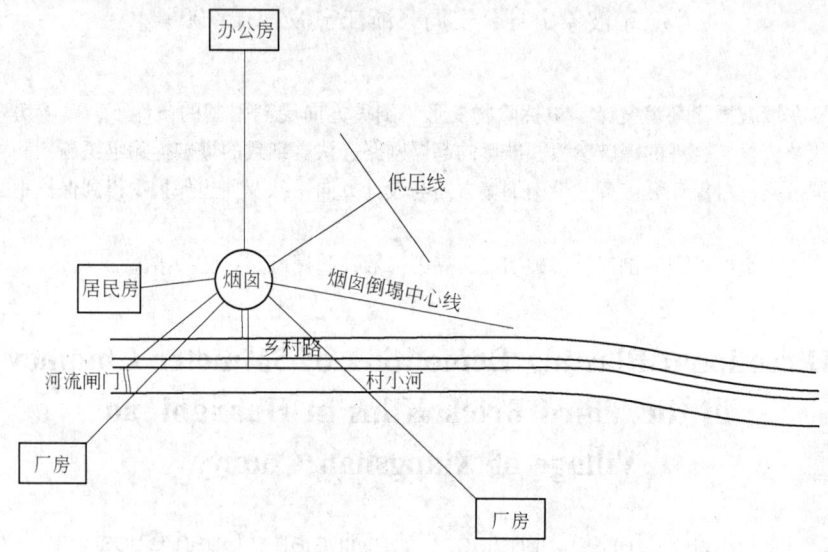

图1　象山县黄避岙乡第三砖瓦厂烟囱拆除平面图

Fig. 1　The plan of the demolished chimney of the Third Brick Kilns in
Huangbi'ao Village of Xiangshan County

1.2　结构特点

烟囱用红砖砂浆砌筑而成，呈圆形，烟囱的底部 +0.5m 处直径为4.78m，周长为15.0m，高56m；据现场测量，底部壁厚0.75m，无内衬，烟囱北侧距离底部2.0m处有一拱形的进烟口，东侧和西侧各有宽0.9m、高1.8m的出灰口。由于烟囱年久失修，上端10m左右出现变形，向西北侧偏弯约8°。

2　总体爆破方案的设计

根据定向倒塌的原理，要求烟囱倒塌方向的水平距离不得小于其高度的1.2倍（即67.2m），横向宽度不得小于爆破部位直径的2倍。因该烟囱周边环境复杂，为了确保爆破对周边建筑物影响最小，利用东侧出灰口作中间窗，两侧对称开三角形定向窗，确定该烟囱正东偏南10°方向倾倒。烟囱布孔及倾倒方向如图2所示。

2.1　爆破切口设计

由于待爆烟囱周边环境复杂，上端10m左右出现变形，向西北侧偏弯约8°，进烟道在正

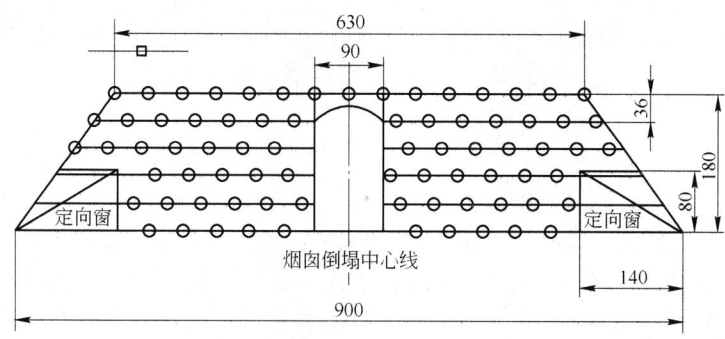

图 2　烟囱炮孔布置平面图

Fig. 2　The plan of the distribution of chimney boreholes

北方向，正东和正西方向为出灰口，爆破前要切断烟道与烟囱的连接，保证烟囱的独立性，并对烟道口和西面方向的出灰口进行加固封堵，加固封堵后的强度与原来烟囱筒壁的强度基本一致，用测量仪器准确地把爆破中心线标在烟囱圆形筒壁上，再从中心线向两侧均匀对称布置爆破切口。爆破缺口选择在离地面 +0.5m 处开始布孔钻眼，钻孔时炮孔应指向截面的圆心，为了方便施工和增加安全系数，应减少高空作业。参考各类同类烟囱爆破拆除资料[1~4]和以往类似工程经验，采用梯形爆破切口，切口形式为两边三角形切口与矩形切口的组合形式。切口总弧长为烟囱外圆周长的 0.6 倍，切口下底弧长为 9.0m，支承块弧长为 6.0m，保证烟囱留有足够的支撑长度，防止下坐，矩形部分切口高为 1.8m。切口底标高为 +0.5m。两侧预切三角形定向窗弧长为 1.4m，高为 0.8m，三角形顶角为 29.7°。要准确地测定三角形底角顶点的位置，定向窗口预先用人工拆除，两边三角形定向窗的剔凿面要尽量对称，其连线的中垂线是烟囱的倒塌方向，切口圆心角度为 216°。当 $\alpha = 216°$ 时对应的最小爆破切口高度为 0.80m，实际取 0.80m。

（1）爆破切口的设计参数。缺口高度：$H \geqslant (3.0 \sim 5.0)$，$\delta = (3.0 \sim 5.0) \times 0.75 = 2.25 \sim 3.75$m，取 $H = 1.80$m。

（2）缺口宽度。因烟囱为圆形，周长 15.0m，即直径为 4.78m，因此：

缺口下底宽度：$S_{\text{下}} = 0.62\pi d = 0.62 \times 3.14 \times 4.78 = 9.3$m，取 $L_{\text{下}} = 9.0$m。

缺口上底宽度：$S_{\text{上}} = 0.43\pi d = 0.43 \times 3.14 \times 4.78 = 6.45$m，取 $L_{\text{上}} = 6.3$m。

2.2　爆破参数的设计

由于烟囱筒壁厚 0.75m，孔网参数经计算选定如下：

（1）炮孔深度：$l = 0.65$，$\delta = 0.65 \times 0.75 = 0.49$m，取 $l = 0.50$m。

（2）炮孔间距：$a = 0.9 \times l = 0.9 \times 0.5 = 0.45$m，取 $a = 0.45$m。

（3）炮孔排距：$b = 0.85 \times a = 0.82 \times 0.45 = 0.37$m，取 $b = 0.36$m。

（4）炸药单耗 q 值的选取，由于烟囱待爆部位材质较好，根据以往类似工程爆破经验和参考有关资料，取单耗 $q = 1.0\text{kg/m}^3$。

单孔装药量计算：

$$Q = q \cdot a \cdot b \cdot \delta = 1.0 \times 0.45 \times 0.36 \times 0.5 = 0.8\text{kg} = 80\text{g}，取 Q = 80\text{g}$$

对于底部二排孔，由于受到夹制作用，其单孔装药量按正常药量的 1.15 ~ 1.3 倍计算：

$$Q_1 = 1.15Q = 1.15 \times 80 = 92\text{g}，取 Q_1 = 100\text{g}$$

$$Q_2 = 1.3Q = 1.3 \times 100 = 104\text{g}，取 Q_2 = 110\text{g}$$

堵塞长度控制在 0.26 ~ 0.32m 之间，堵塞材料采用有黏性的黄泥制成炮泥团堵塞并压实。烟囱共需布孔 6 排，炮孔呈梅花形布置，因定向窗爆前开好，需钻孔 75 个，其中每孔 80g 有 53 个，每孔 100g 有 12 个，每孔 110g 有 10 个，所以爆破该烟囱共需炸药为 6.54kg，毫秒导爆管雷管 180 发。

2.3 爆破网路

为了确保每个药包可靠起爆，提高药包的准爆率，共分三段延时起爆。第一响中心线两侧第一和第二竖排共 25 个孔，每个孔内装入双发 1 段非电毫秒雷管，起爆总药量为 2200.0g；第二响中心线两侧第三和第四竖排共 24 个孔，每个孔内装入双发 3 段非电毫秒雷管，起爆总药量为 2120.0g；中心线两侧第五、第六和第七排竖排共 27 个孔，每个孔内装入双发 5 段非电毫秒雷管，起爆总药量为 2300.0g，孔外用瞬发塑料导爆管雷管捆扎，每 12 根导爆管为一束，最后用四通导爆管从中间连接出来，用即发针起爆，即采用"簇-串"起爆网。

3 爆破安全校核

3.1 爆破地震波的验算

根据《爆破安全规程》（GB 6722—2003）中"一般砖房、非抗震的大型砌块建筑物"安全允许振速为 2.0 ~ 3.0cm/s，本工程为确保安全取 $V = 3.0$cm/s，由 $Q = \dfrac{R^3 \cdot V^{\frac{3}{\alpha}}}{K^{\frac{3}{\alpha}}}$ 公式，代入已知数 $R = 12.0$m（待爆烟囱 12.0m 内有一栋三层楼房），K、α 分别取 150 和 1.8，经计算得 $Q_{max} = 2.55$kg，因该烟囱共布孔 75 个，总药量为 6.54kg，且已分为三响，最大一响齐发药量为 2.30kg，小于 2.55kg，因而爆破烟囱的地震波不会影响三层楼房等周边建（构）筑物。

塌落振动地震波的验算：烟囱在塌落触地时，对地面的冲击较大，产生塌落振动。塌落振动根据中科院力学所的公式：

$$V_t = K_t [R/(mgH/\sigma)^{1/3}]^{\beta}$$

式中 V_t——塌落引起的地面振动速度，cm/s；

m——下落构件的质量，t；

g——重力加速度，m/s^2，取 9.8；

H——构件的高度，m；

R——观测点至冲击地面中心的距离，m；

σ——地面介质的破坏强度，MPa，一般取 10；

K_t，β——衰减系数，取 $K_t = 3.37$，$\beta = -1.66$。

经计算该烟囱的总质量 $m = 354.4$t（烟囱体积 $V = 177.2$m^3，密度 2.0t/m^3），烟囱高度 $H = 56$m，因烟囱塌落中心线西面约 12.0m 为三层楼房，则西面约 12.0m 为三层楼房塌落的振动速度其值为 0.88cm/s，小于《爆破安全规程》（GB 6722—2003）中"一般砖房，非抗震的大型砌块建筑物"安全允许振速为 2.0 ~ 3.0cm/s，本工程为确保安全取 $V = 3.0$cm/s，150m 外的建（构）筑物的塌落振动地震波速度均在允许范围内[5]。

3.2 爆破地震波、塌落振动地震波及爆破飞石的控制及防护措施

待拆除的烟囱的质量完好，为了减小爆破振动及倒塌时对地面的撞击冲击产生的振动强度，防止烟囱筒体砸扁产生的破碎物或地面的碎石被砸飞溅，在烟囱设计倒塌方向上从底部开

始每间隔8.0m，用砂袋砌三道高1.5m、长5.5m、宽1.0m的缓冲带。同时对倾倒方向的空旷场地进行清理，并铺设一层大于烟囱直径1.5倍的细沙，以防烟囱着地的瞬间溅起个别飞石，造成不必要的损害。为了确保后侧建（构）筑物的安全，防止烟囱倒塌下坐，在烟囱根底部爆破切口对面支承块弧的地面上堆积长大于支承块弧的长度、宽2m、高2m的沙袋墙。

预防爆破飞石安全防护措施有：

（1）在待爆切口部位（装药连线完毕）覆盖8层柔性遮阳网，覆盖范围超过切口尺寸0.5m以上，烟囱后侧覆盖3层柔性遮阳网，安全网用细铁丝捆扎，每间隔0.5m捆一道，捆扎时要有适当的松紧度。

（2）距离烟囱西面约12.0m为三层楼房的玻璃窗口从上向下用双层草垫紧贴捆扎并用两层柔性遮阳网从上到下遮挡。

4 爆破效果及分析

起爆后，前2s时烟囱原地不动，挤压保留支承红砖砂浆砌体并慢慢往下坐，在第3s时向后下坐到地面，在第4s时烟囱距顶端15m左右断裂，然后快速倾倒触地，倒塌用时9s左右（见图3）。

图3 烟囱倒塌效果图

Fig. 3 The working sketch of the collapse of the chimney

　　爆破倒塌触地后经检查测量，烟囱倒塌方向与设计方向一致。没有明显的后坐，距离烟囱西面约 12.0m 为三层楼房内测得振速为 2.2cm/s，爆破后产生的飞石也得到了非常有效的控制，对周围建（构）筑物进行检查，被保护物未受到爆破地震波及爆破飞石的破坏，爆破取得圆满成功。爆后分析：爆破切口设计参数的准确性和合理的倒塌方向，对保证烟囱定向爆破拆除方向的准确性及安全性具有重要的意义。同时，合理的爆破设计参数、准确的起爆网路、认真细致的爆破施工组织及新型安全可靠的保护措施是保证爆破拆除成功的基础。

参 考 文 献

[1] Conny Sjoberg, et al. 拆除爆破高层建筑物倒塌过程研究[C]//第四届国际岩石爆破破碎学术会议论文集. 北京：冶金工业出版社，1995：455~460.

[2] 冯叔瑜，吕毅，杨杰昌，等. 城市控制爆破[M]. 北京：中国铁道出版社，1987.

[3] 李东山，邵晓宁，胡坤伦. 爆破切口形状对细高建筑物倒塌效果的影响[J]. 爆破，1998，15(3)：66~68.

[4] 李守巨，等. 爆破拆除砖烟囱爆破切口范围的计算[J]. 工程爆破，1999，6(2)：1~4.

[5] 吕毅，唐涛，傅建秋. 100m 高烟囱定向爆破拆除[J]. 爆破，2000，17(4)：36~38.

折叠爆破技术在框剪结构大楼拆除中的应用

易　克　李高锋　张迎春　王俊岩　张海涛

（河南省现代爆破技术有限公司，河南郑州，450016）

摘　要：采用折叠爆破技术，在复杂环境下对 84.8m 高的框剪结构大楼实施了爆破拆除。通过精心设计，采取合理的安全防护措施，保证了爆破的安全。爆破后楼房实现了折叠倒塌，爆堆在设计范围之内，周围设施完好无损，可为类似工程提供借鉴。

关键词：框架-剪力墙结构；折叠爆破；安全防护

The Application of Folding Blasting Technique in the Demolition of Frame-shear Wall Structure Building

Yi Ke　Li Gaofeng　Zhang Yingchun　Wang Junyan　Zhang Haitao

（Henan Modern Blasting Technology Co., Ltd., Henan Zhengzhou, 450016）

Abstract：A 84.8-meter-high building of frame-shear wall structure was demolished by using folding blasting technology in a complex environment. On the basis of careful design, reasonable security measures were taken to ensure the safety of blasting. After blasting, the building was folded to collapse, muck pile was in the design range, and the surrounding facilities were all intact. It could provide a reference for similar projects.

Keywords：frame-shear wall structure；folding blasting；safety protection

1　工程概况

1.1　周围环境

鞍山自来水公司大楼地处鞍山火车站站前繁华商业区，人和车繁多，其北侧 10m 是站前街，沿街路北有公司、酒店、广播电视台等，路中央地下埋设自来水上水、电力和通信电缆；西侧毗邻需保留的裙楼、距天河大厦 45m；南侧距待拆楼房最近距离 7m；东侧较开阔，距铁东三道街最近处 50m，但沿街有下水、煤气、通信等地下管线，如图 1 所示。大楼四周建筑及地下管线爆破前无法排迁，给爆破增加了很大难度。

1.2　结构特点

鞍山自来水公司大楼地面以上 19 层，局部 22 层，地下 1 层。大楼长 45.2m、宽 20.7m、

易克，高级工程师，yi-ke@ vip. 163. com。

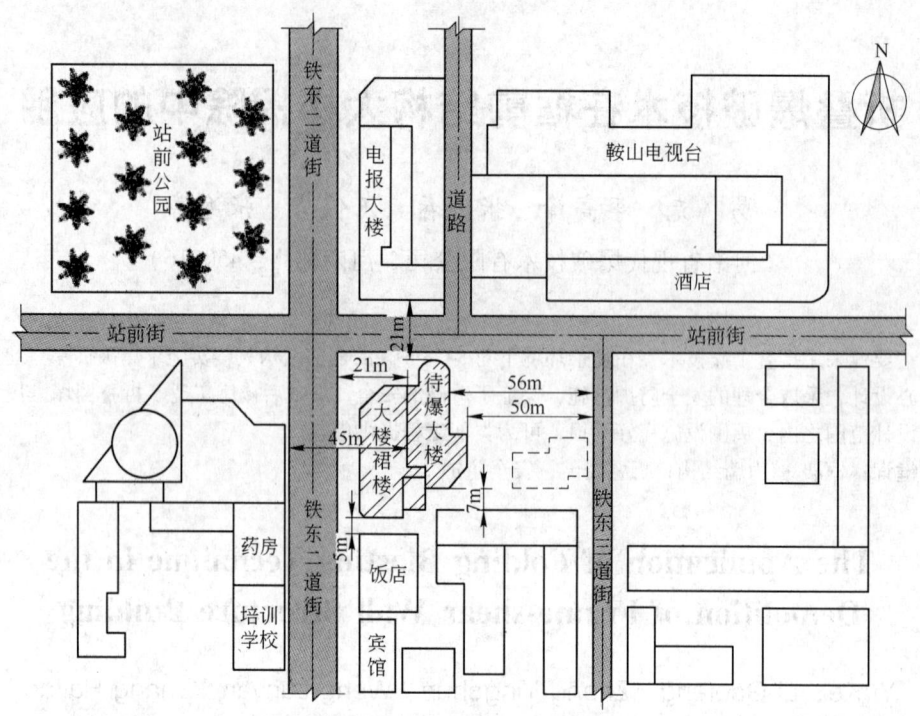

图 1　爆破周围环境示意图

Fig. 1　Schemaic diagram of surroundings around the building

高 84.8m，共布置立柱 35 根，建筑面积 15200m²。

大楼采用框架-剪力墙体系设计，圆柱截面 4 层以下直径 950mm，5 层以上 800mm，纵向受力筋布置为 16φ25；方柱截面 6 层以下（含 6 层）有 700mm×700mm 和 800mm×800mm 两种规格，其中 700mm×700mm 立柱纵向受力筋布置为 16φ25，800mm×800mm 立柱纵向受力筋布置为 20φ32；方柱截面 7 层以上（含 7 层）700mm×700mm 和 800mm×800mm 的立柱分别对应变为 600mm×600mm 和 700mm×700mm 两种规格，其中 600mm×600mm 立柱纵向受力筋布置为 16φ22；以上立柱箍筋布置均为 φ8@100。该楼剪力墙厚度为 250mm，均为双层双片钢筋网，布置纵向受力筋 φ10@150，布置横筋 φ12@200。大楼平面结构如图 2 所示。

1.3　工程难点

（1）爆破工程位于鞍山市繁华商业区，人多、车流量较大，施工时产生的噪声、粉尘及爆破飞石等危害须严格控制。

（2）待爆大楼周围环境复杂，建筑物、市政管线等遍布大楼周围，给爆破实施带来极大的不确定因素。

（3）楼房倒塌场地必须严格控制在东侧 50m 范围内，增加了对爆破技术的要求。

2　爆破方案设计

大楼的高宽比较大，适合定向倾倒，但因其东侧 50m 处的铁东三道街地下管网密布，倒塌受限，因此考虑采用单向折叠爆破技术，以缩短爆堆塌散长度。爆破前，使用施工机械将切口

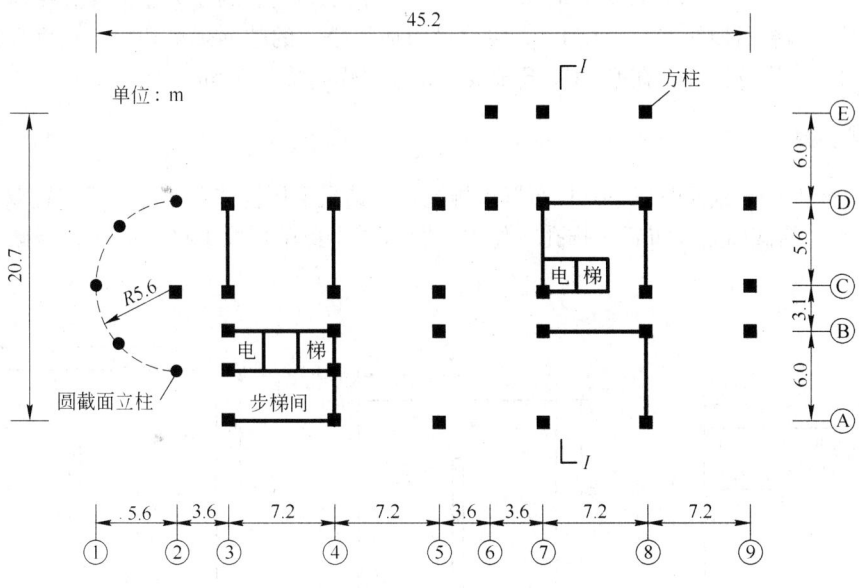

图2 大楼平面结构示意图

Fig. 2 Planar structure of the building

内的剪力墙破碎清理。采取降振措施和飞石防护措施，以降低对周围保护物的影响。

2.1 爆破切口设计

根据施工经验[1,2]，并结合该大楼的结构特点和周围环境，决定在9～11层设置主爆破切口。同时考虑让切口能够均匀、有效地压缩，以进一步缩减大楼爆堆的长度，改变了传统的一个大切口的做法，而设置成3个小三角形切口（见图3），其中B、C、D、E轴线上的立柱其

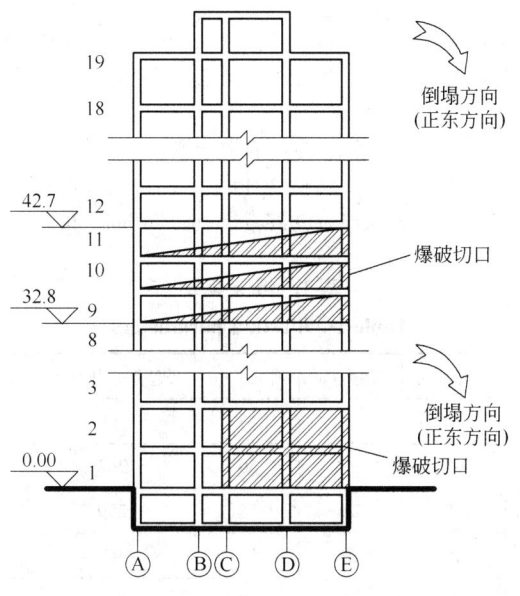

图3 Ⅰ—Ⅰ剖面爆破切口示意图

Fig. 3 The schematic diagram of the blasting cut in profile of Ⅰ—Ⅰ

单层炸高分别为 0.8m、1.2m、2.0m、2.7m。设计下部切口时，为了防止大楼在倒塌过程中产生后坐，避免影响裙楼的安全，在 1、2 层设置为加强松动的辅助爆破切口，且增大预留区面积，切口内立柱炸点仅设置在 C、D、E 轴线上，单层炸高均为 3.6m。

2.2 孔网参数

700mm×700mm 截面及以下立柱布置单排炮孔，其余采用梅花形布孔方式布置双排孔，其中 950mm 直径圆截面立柱布置 3 排孔，如图 4 所示。炸药单耗取 1500g/m³[3]，爆破参数详见表 1。

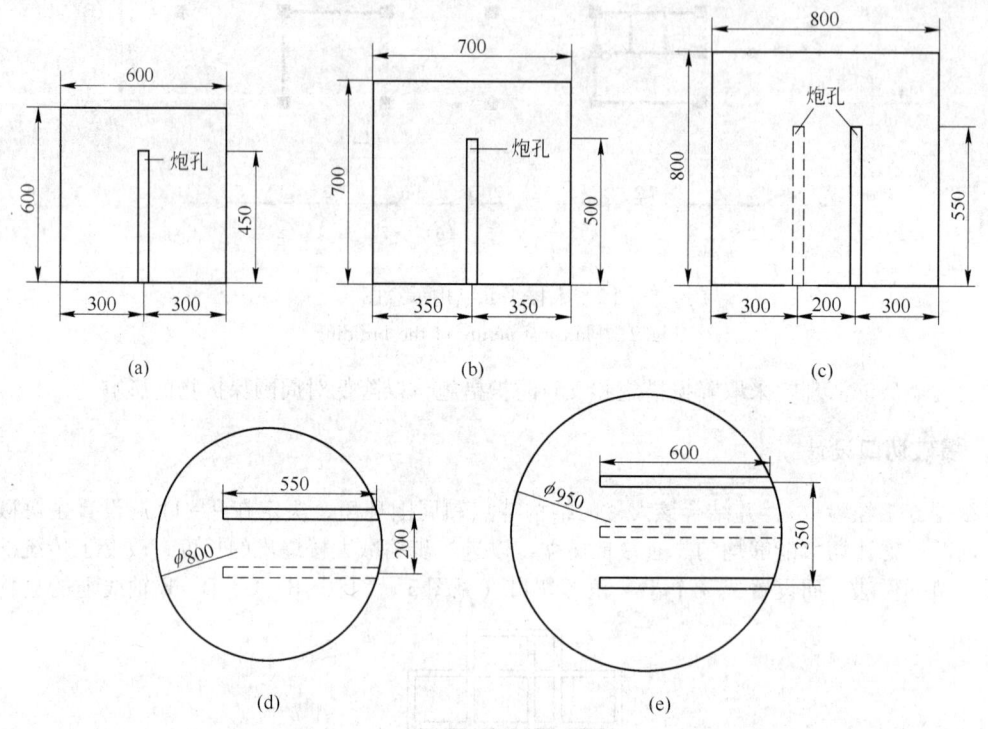

图 4　炮孔布置示意图

(a) 1 号立柱；(b) 2 号立柱；(c) 3 号立柱；(d) 4 号立柱；(e) 5 号立柱

Fig. 4　The schematic diagram of blastholes layout

表 1　爆破参数

Table 1　Blasting parameters

立柱编号	截面尺寸/mm	孔距/cm	排距/cm	孔深/cm	炮孔总数/个	单孔药量/g	装药量/kg
1	600×600	40	—	45	33	216	7.13
2	700×700	45	—	50	262	330	86.46
3	800×800	45	20	55	259	216	55.94
4	φ800	45	20	55	94	170	15.98
5	φ950	50	35	60	144	177	25.49
合　计					792		191

2.3　起爆网路及延时时间

本次爆破采用非电导爆管复式起爆网路实施孔内延时，孔内雷管用连接四通直接连入两条主爆网路，网路连接如图5所示。

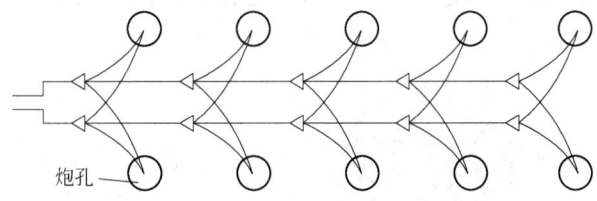

炮孔

图 5　起爆网路

Fig. 5　Initiation network

一般而言，折叠爆破应使上部切口先形成，并保证下部切口起爆时，上部建筑物已有定向倾倒的趋势。考虑上部切口起爆后爆破飞石及下落的建筑物不会影响到孔内延时雷管的正常起爆，同时使上部建筑物形成更加明显的倾倒趋势[4~6]，因此确定下部切口与上部切口之间的起爆时差为1950ms，切口内各排立柱延时时间见表2。

表 2　雷管段别及延时时间

Table 2　The detonators segment and delay time

切口位置	立柱编号	雷管段别	延时时间/ms
上部切口	E—6~8	MS3	50
	D—2~9	MS3	50
	C—1~5、7~9	MS5	110
	B—3~5、7~9	MS9	310
下部切口	E—6~8	HS5	2000
	D—2~9	HS5	2000
	C—1~5、7~9	HS6	2500

注：表中 E—6~8 表示第 E 行轴线与 6~8 列轴线相交的立柱，其余同。

3　安全防护措施

本次爆破主要的安全问题是楼房倒塌时产生的触地振动和上部切口爆破产生的飞石。根据楼房的周围环境条件确定采取如下防护措施：

（1）沿倒塌场地四周开挖宽度 1m、深度 2m 以上的减振沟，以阻断地表振动波的传播。

（2）用施工机械将倒塌场地内的地表翻松，既能加强冲击能的衰减降低触地振动产生的强度，又能有效避免建筑物倒塌触地引起的二次飞石。

（3）在倒塌场地内的地表上覆盖 1 层建筑密目网，楼房触地区域加盖 1 层钢丝网，进一步减少二次飞溅。

（4）对爆破体实施三级安全防护，即用草垫和钢丝网对爆破体进行近体覆盖防护，在待爆楼房和保护目标之间搭设钢管架并悬挂密目网进行隔挡防护，在重点保护物（玻璃幕墙）上覆盖草垫。

4 爆破效果与总结

　　2012 年 10 月 19 日早上 6 时 10 分，大楼成功爆破，上部切口起爆后，切口上部楼体微倾并略有下坐，继而下部切口起爆，下部楼体在上部楼体的带动下整体实现单向折叠倒塌，爆堆在设计范围之内，周围建筑、市政管网完好无损。爆破效果如图 6 所示。

图 6　大楼爆破倒塌过程

Fig. 6　The collapse process of building by blasting

　　本次爆破通过采用折叠爆破技术，成功地对大楼进行了爆破拆除，总结经验如下：

　　（1）对传统三角形切口进行适当调整，使切口闭合时产生了均匀、有效的压缩，进一步减小楼房倒塌后爆堆的长度。

　　（2）下部切口闭合时楼体无明显后坐，爆破后裙楼安全无恙，表明下部切口设置合理。

　　（3）本次爆破产生的爆破飞石最远距离大楼仅为 15m，同时未见明显的二次飞溅现象，采用的飞石防护措施合理有效。

　　（4）现场振动的监测数据表明，距离大楼 23m 处的最近测点振速为 0.5cm/s，在安全允许范围之内[7]，说明本工程所采取的振动控制措施效果明显。

参 考 文 献

[1] 中国工程爆破协会. 中国典型爆破工程与技术[M]. 北京：冶金工业出版社，2006.
[2] 易克，吴克刚，姜洲. 16 层 Y 字形全框剪结构楼爆破拆除[J]. 工程爆破，2009，15（1）：56~59.
[3] 汪旭光，于亚伦. 拆除爆破理论与工程实例[M]. 北京：人民交通出版社，2008.

[4] 谢先启，韩传伟，刘昌邦. 定向与双向三次折叠爆破拆除两栋19层框剪结构大楼[C]//刘殿书. 中国爆破新技术Ⅱ. 北京：冶金工业出版社，2008：366～370.

[5] 高主珊，孙跃光，张春玉，等. 20层剪力墙结构大楼定向与双向折叠爆破拆除[J]. 工程爆破，2010，16(4)：51～54.

[6] 王晨，高乐文，方昌华，等. 100m高钢筋混凝土烟囱的双向折叠爆破拆除[J]. 工程爆破，2010，16(3)：58～71.

[7] 中国工程爆破协会. GB 6722—2003 爆破安全规程[S]. 北京：中国标准出版社，2004.

砖烟囱高位爆破切口实践

李清明　　刘文广　　申文胜　　李介明

（上海消防技术工程有限公司，上海，200080）

摘　要：国内外有很多对钢筋混凝土烟囱实施高位爆破切口进行爆破拆除的例子，而对砖烟囱高位切口爆破的较少见。本文就是利用控制爆破技术，对砖烟囱在地面以上 9m 的高位实施爆破切口，达到了对保护物保护的目的，并取得了一些经验供参考。

关键词：砖烟囱；爆破拆除；高位切口；实践经验

The Practice of High Blasting Cut in Brick Chimney

Li Qingming　Liu Wenguang　Shen Wensheng　Li Jieming

（Shanghai Fire Technique Engineering Co., Ltd., Shanghai, 200080）

Abstract：There are many examples for the implementation of high blasting incision reinforced concrete chimney blasting demolition at home and abroad, however, brick chimney high cutting blasting is rare. This article is the use of controlled blasting techniques to implement high blasting cut of brick chimney above ground 9 meters, reach the purpose of protection of the surrounding objects, and get some experience for reference.

Keywords：brick chimney；blasting demolition；high incision；experience

1　工程概况

1.1　工程环境

上海大众汽车厂内一锅炉房改造地块内有一座 60m 砖烟囱需爆破拆除，烟囱四周环境较复杂（见图 1）。北侧为十号路，距离待爆烟囱 39m，十号路北侧为厂区零部件堆放处，距离待爆烟囱 45m。南侧为十一号路，路南侧为厂区内管架，距离待爆烟囱 25m；东侧为待拆引风车间、待拆除的锅炉房及输煤系统（爆破后拆除）；西侧为厂区内的五号路，离待爆烟囱 42m，中间隔着待拆沉渣池（爆破前拆除）。五号路西侧为塔山路，距离待爆烟囱 57m。十号路和五号路下有厂内消防水管需保护不得损伤，东侧 40m 和南侧 25m 架空管道是厂内蒸汽管，需保护不受损伤。

1.2　爆破对象

砖烟囱，高度为 60m，顶部直径 1.4m，底部直径 8.9m。混凝土灌注桩，直径 650mm，承台基础厚 2.5m（见图 2）。

李清明，高级工程师，jxlqm02@126.com。

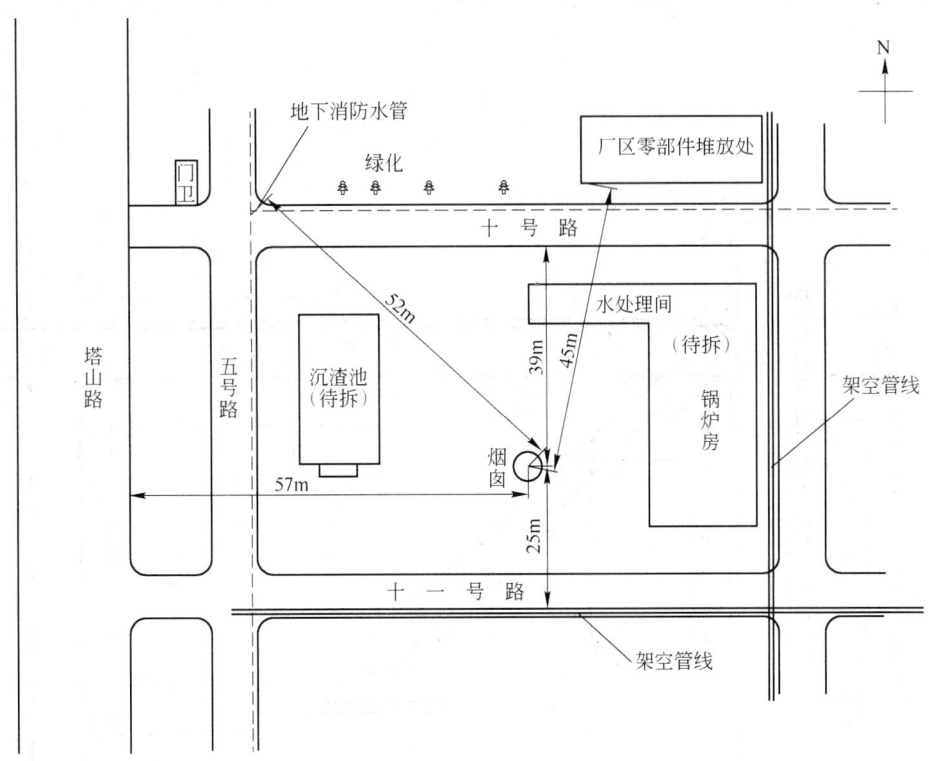

图 1　烟囱环境平面图

Fig. 1　Chimneys of environmental plan

1.3　拆除要求

（1）保护厂内所有管线不受损伤。

（2）爆破振动和塌落振动控制在国标范围内。

（3）保护好厂内道路。

1.4　本工程拆除重点及难点

（1）待爆破拆除的 60m 砖烟囱，位于场地中心，烟囱底外周向北距离道路 39m，向西距离道路 42m，东、南两侧均有管架。烟囱底外周距离道路 50m，距离地下管道 54m，环境较复杂。

（2）爆破拆除区外为厂内道路，需正常使用，爆破拆除前对拆除区用围挡与道路隔开，以保证道路通畅安全。

2　爆破技术方案

2.1　爆破方案的确定

根据本工程环境和结构特点，沉渣池上部结构拆除，倒塌方向设定为北偏西 45°，使倒塌方向到道路和

图 2　60m 砖烟囱照片

Fig. 2　The photo of 60m brick chimney

地下消防管的距离最大。利用锅炉房做天然的防护屏障，提高爆破切口高度，控制倒塌范围（见图3）。

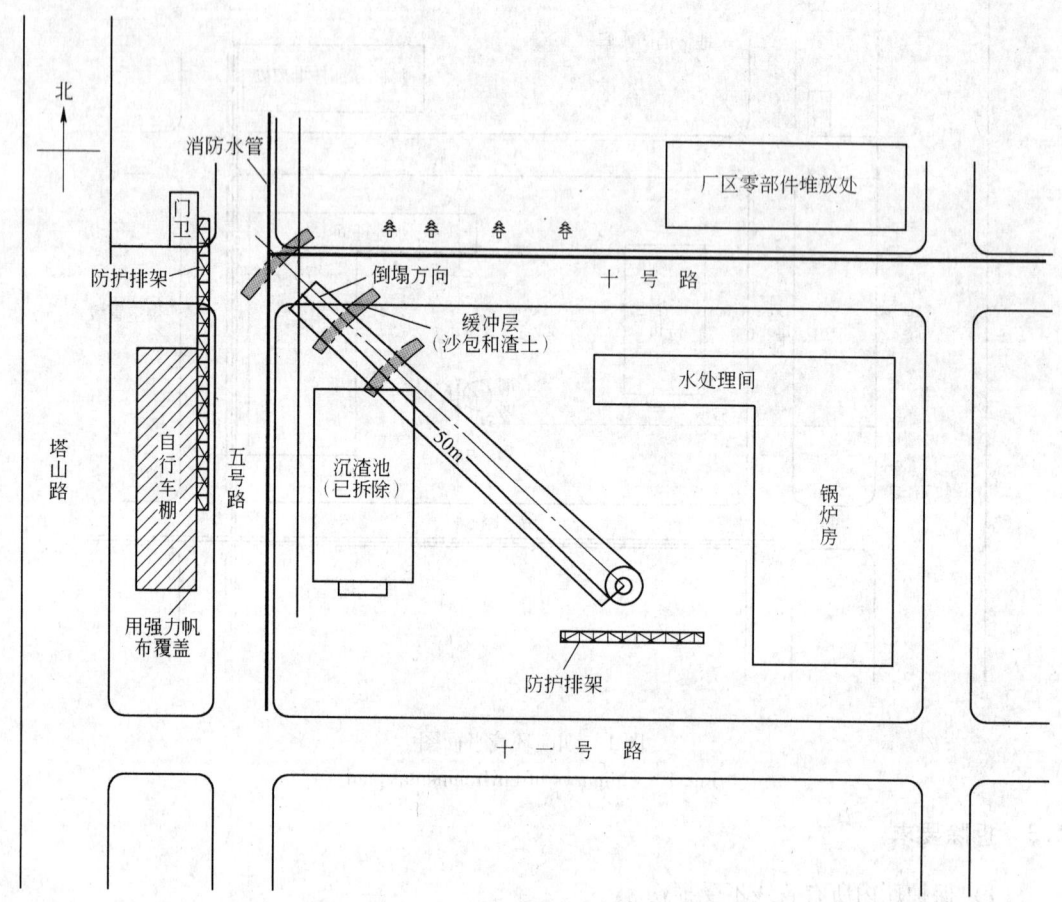

图3　烟囱爆破防护平面布置图

Fig. 3　Layout plan of the blasting protection

2.2　60m 烟囱结构

烟囱的结构形式为：预制钢筋混凝土桩，圆形基础，砖筒身，高60m，承台基础直径为8.9m，烟囱（±0.00m）直径为4.0m，壁厚为500mm，顶部直径为1.4m，壁厚为240mm。烟道位于标高 −0.150～3.900m 处，高度4.0m，宽度1.80m，烟道口向东。

2.3　切口位置

根据环境条件和烟囱结构形式，烟囱的爆破切口位置选择在烟囱 +9.0m 处。采用高位切口可以避开烟道口位置对爆破切口的影响，使爆破倒塌方向更准确。

为了确保倒塌方向的准确性，在设计切口位置时，对保留截面强度进行校核。其基本原则是：在烟囱切口形成瞬间，确保保留筒体强度能短暂支撑烟囱的质量，防止烟囱反方向倒塌和控制后坐；另外在烟囱向前倾倒过程中，必须保证支撑比较薄弱的一侧筒体具有一定强度，防止烟囱倒塌过程中向该侧倾斜，结合对烟囱结构的理论分析和长期工程实践经验，通过上述技术措施完全能够确保烟囱的倒塌方向按照设计方向定向倾倒。

2.4 爆破切口数据

切口 +9.0m 处壁厚 380mm；切口处外半径 1.850mm，外周长为 11.6m（见图 4）。

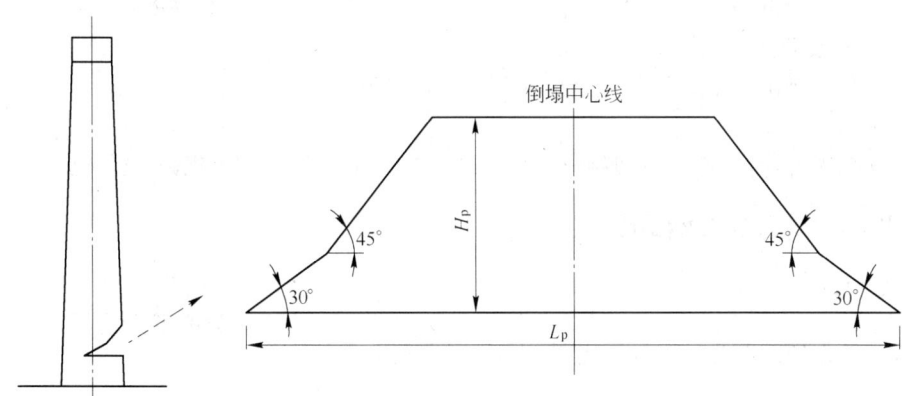

图 4 烟囱爆破切口形式及位置示意图

Fig. 4 Schematic of blasting cut form and location in chimney

2.4.1 切口形状

采用双梯形，底部梯形底角 30°，上部梯形底角 45°。

2.4.2 切口高度 H_p

对钢筋混凝土烟囱而言，应考虑切口形成后，切口内裸露的竖向钢筋必须失稳。同时，还应使烟囱在倾倒至较大角度时，切口的上下沿才闭合相撞，防止相撞时使倾倒方向发生偏离。同时，还应使其倾倒至爆破切口闭合时，重心位置偏移到切口标高处筒壁范围以外。切口高度 H_p 根据以往经验按公式（1）确定：

$$H_p \geqslant (3 \sim 5)B \tag{1}$$

式中　H_p——切口高度，m；

　　　B——烟囱切口处的筒壁厚度，$B = 0.38m$。

按照式(1)计算，最大切口高度 $H_p = 1.14 \sim 1.9m$。

综合考虑，烟囱的爆破切口高度取 1.5m。

2.4.3 爆破切口长度 L_p

切口长度的大小决定切口形成以后烟囱能否实现偏心失稳，如果切口过大可能导致余留部分没有足够的支撑力而使烟囱倒塌方向失去控制，甚至出现反向倒塌，反之可能出现倾而不倒的情况。根据该烟囱的结构和实际受力情况，选择切口对应的圆心角 α 为 225°（见图 5），计算得切口长度为：切口下沿长度梯形下底长 $L_p = 225°/360° \times 1.850 \times 2 \times 3.14 = 7.26m$，切口上沿长度取 3.2m。

2.4.4 切口预处理

在切口两侧开三角形定位窗，底长度 1000mm，

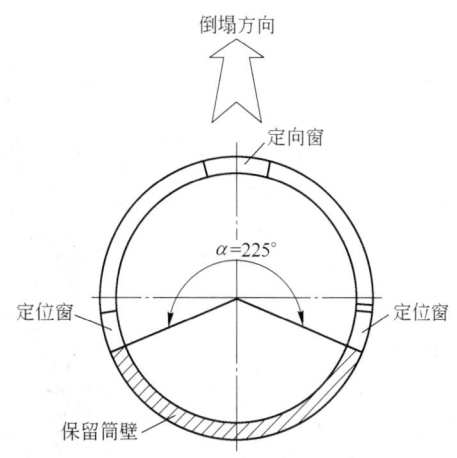

图 5 爆破切口角度示意图

Fig. 5 Schematic of blasting cut's angle

高 577mm；以倒塌中心线为中开定向窗长 1500mm，高 1500mm。

2.4.5　爆破参数

孔距：$a = 40$cm；排距：$b = 30$cm；孔深：$L = 23$cm。炸药单耗：$K = 1050$g/m^3，单孔装药量：$q = 47.9$g（实际取 50g），炮孔装药示意图如图 6 所示。

共布置 6 排炮孔，共计炮孔 56 个，炸药量：50g/孔 × 56 孔 = 2800g。

非电导爆管雷管：200 发；塑料导爆管：500m。

3　起爆网路设计及起爆网路图

3.1　起爆器材

本工程考虑到杂电及射频电干扰因素，决定采用非电导爆管起爆系统。

3.2　起爆器及起爆方法

起爆方法：装好炸药，采用孔内外延时非电雷管，用激发枪引爆导爆管雷管。

3.3　起爆网路设计

采用簇联的连接方式（见图 7）。每 20 根炮孔内雷管的导爆管捆扎成一簇，同时绑扎两发非电引爆雷管（此法称为簇联），该两发非电雷管与其他簇联交叉连成接力的簇联，构成复式起爆网路，最后用两发雷管绑扎最终一组簇联的导爆管，然后用激发枪引爆导爆管实施爆破。

延期时间：采用孔内延期，沿倾倒中心线两侧各 1.5m 范围内用 ms-5，其余炮孔用 ms-6 毫秒雷管。

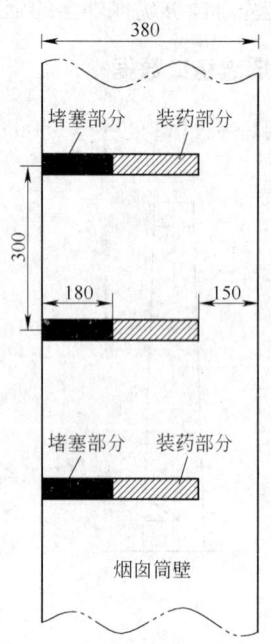

图 6　炮孔装药示意图

Fig. 6　Schematic of charge in blasthole

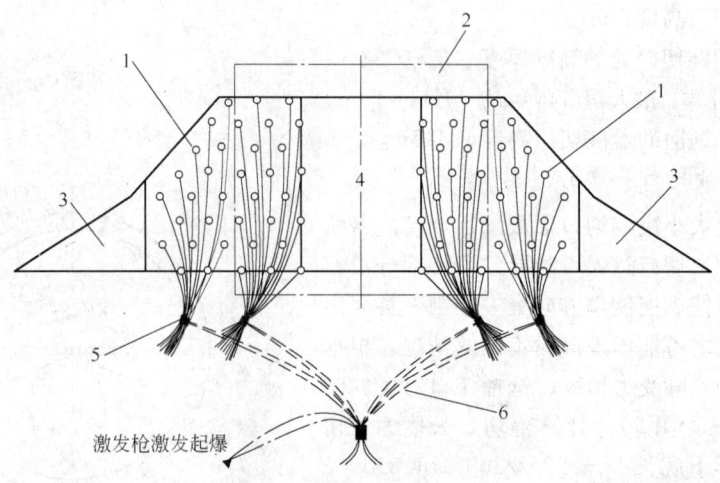

图 7　起爆网路图

1—孔内 ms-6 毫秒延期雷管；2—孔内 ms-5 毫秒延期雷管；3—定向窗；4—中间窗；5—簇联；6—导爆管

Fig. 7　Figure of blasting network

为保证可靠准爆，底部两排炮孔采用双雷管。

3.4 起爆网路

起爆网路如图7所示。

4 安全设计及防护

4.1 爆破安全防护措施

4.1.1 爆破切口作业安全措施

烟囱炸高为1.5m，沿烟囱四周搭设脚手架，铺设作业面，平台高8.5m，平台宽度3.0m，平台设有2m高的护栏，护栏用安全防护网围住。人员通往作业平台利用旋转楼梯或之字形楼梯。

4.1.2 烟囱爆破瞬间个别飞石防护的安全措施

当爆体在无遮挡情况下飞石距离计算见式（2）：

$$R = 70 \times q^{0.58} \tag{2}$$

$q = 1.05 \mathrm{kg/m^3}$（取炸药单耗中最大值），计算得：$R = 72\mathrm{m}$。

为减缓爆破时飞石抛出的速度和控制飞石在规定的安全范围内，爆体采用竹笆（草袋）进行覆盖防护（双层），外再加帆布。

4.1.3 烟囱体着地倒塌时，防止泥土及碎块侧向飞溅措施

烟囱体倾倒水平着地时，对地面的冲击作用很大，地面松软时，泥土易被抛出，且抛距较大。若不采用措施，烟囱上半部分着地时破碎较为充分，烟囱体内的压缩气体可能将囱体混凝土碎块抛出。因此，从根部开始，在烟囱的倒塌中心线方向左右5°范围内，铺设垫层缓冲带，缓冲带上部铺设一层绿网，垫层缓冲带可以使囱体塌落着地时避免直接与地面接触，而是经过沙袋缓冲层带，可以大大减少泥土和碎块侧向飞溅距离。

烟囱爆破前，锅炉房和水处理房未拆除，利用其作为天然防护屏障，防止飞石飞溅，在五号路东侧，利用钢管和竹笆搭设一道防护架，防止爆破飞石和落地后的二次飞溅。

4.2 爆破振动安全设计

按《爆破安全规程》中的公式计算爆破振动速度（见式(3)）：

$$v = KK'\left(\frac{Q^{\frac{1}{3}}}{R}\right)^{\alpha} \tag{3}$$

式中　Q——允许的一次齐爆药量，kg，本次最大一次齐爆药量为2.8kg；

　　　R——保护目标到炸点中心的距离，m；

　　　v——质点振动速度，cm/s；

　　　K——与爆破地质有关的介质系数；

　　　K'——与爆破方式有关的装药分散经验系数；

　　　α——爆破地震波衰减指数。

本次计算按：$K = 150$，$K' = 0.25$，$\alpha = 1.6$，$R = 25\mathrm{m}$，烟囱的单段最大起爆药量为：$Q = 2.8\mathrm{kg}$，$v = 0.38\mathrm{cm/s}$。

4.2.1 烟囱冲击地面振动计算

烟囱均距离西侧的门卫室较近，烟囱倒塌区域为拆除场区，周边环境较好，根据公式，冲击振动可用式（4）进行计算：

$$V = KK'\left[\frac{\left(\frac{Gh}{4\times10^5}\right)^{\frac{1}{3}}}{R}\right]^{\alpha} \tag{4}$$

式中　K，K'，α——意义同前，$K=150$，$K'=0.33$，$\alpha=1.5$；

　　　　G——烟囱切口以上质量，烟囱 $G=320000$kg；

　　　　h——烟囱中心高度，$h=29.5$m。

门卫室：烟囱距离为 $R=25$m，1kg 标准炸药爆炸时释放的能量为 4×10^5J。

代入式（4）计算是：烟囱 $v_1=1.9$cm/s。

经以上计算，本工程不管爆破振动还是冲击振动，均在国标允许范围内，均可确保安全。

4.2.2　空气冲击波及噪声计算

炸药在炮孔内爆破，在空气中产生冲击波的强度用 Δp 表示。炮孔内爆破超压可按萨道夫基经验公式计算（见式(5)）：

$$\Delta p = KK'\left(\frac{Q^{\frac{1}{3}}}{R}\right)^{\alpha}\times10^5 \tag{5}$$

式中　Δp——空气冲击波超压值，Pa；

　　　　Q——最大齐爆药量，$Q=2.8$kg；

　　　　R——测量到爆源距离，烟囱离门卫室最近，$R=25$m；

K，K'，α——经验系数和指数，$K=1.48$，$K'=0.25$，$\alpha=1.6$。

代入式（5）计算得：

$$\Delta p = 1.48\times0.25\times\left(\frac{2.8^{\frac{1}{3}}}{25}\right)^{1.6}\times10^5 = 0.00371\times10^5\text{Pa}$$

根据实测资料，当 $\Delta p=0.05\times10^5$Pa 时可造成玻璃窗开裂，$\Delta p=0.02\times10^5$Pa 时可以造成房屋顶棚抹灰局部掉灰。本工程计算的 $\Delta p=0.00371\times10^5$Pa 与 $\Delta p=0.05\times10^5$Pa 相比，只有 1/4 左右，即使在没有任何防护的情况下，爆破冲击波不会造成周边建筑物的门窗玻璃破损。

4.3　爆后效果及经验

爆破后倒向准确，倒塌长度 25m，只有切口上部长度的一半，倒塌物主要集中在倒塌方向的 20m 范围内。倒塌过程有后坐现象，后方 5m 范围内有由后坐塌下的大砖块（见图8）。

图8　爆破效果图
Fig. 8　The effect chart of blasting

通过此项目，有以下几点经验供同行参考：

（1）砖烟囱高位切口容易产生后坐或下坐，反向安全距离不够时应慎用。

（2）高位切口砖烟囱爆破，由于下坐倒塌长度大大缩小，对于场地局限性较大的可参考。

（3）防塌落冲击防护应考虑后坐或下坐情况，不能忽视烟囱底座附近的防护。

参 考 文 献

［1］汪旭光，于亚伦．拆除爆破理论与工程实例［M］．北京：人民交通出版社，2008.

［2］史家埙，程贵海，郑长青．建筑物爆破拆除理论与实践［M］．北京：中国建筑工业出版社，2009.

［3］史雅语，金骥良，顾毅成．工程爆破实践［M］．合肥：中国科技大学出版社，2002.

复合船坞围堰爆破拆除关键技术与运用

蒋跃飞　何华伟　唐小再　汪竹平　宋志伟　王　璞

（浙江省高能爆破工程有限公司，浙江杭州，310012）

摘　要：复合船坞围堰爆破拆除工程具有类型结构多样、施工条件复杂、保护设施近、爆破规模大、技术含量高、施工工期紧等特点。针对上述特点，本文从复合船坞围堰结构类型特点、爆破拆除要求、不同爆破方案比选、爆破参数设计、网路设计原则、爆破安全及防护措施、施工技术、工程运用及效果等方面进行了详细的论述，对复合船坞围堰爆破拆除的关键技术和措施进行了系统的总结，据此能有效地解决同类工程中遇到的难题。

关键词：复合船坞围堰；爆破方案比选；灌注桩爆破；网路设计原则

The Key Technology and Application of Composite Dock Cofferdam Blasting Demolition

Jiang Yuefei　He Huawei　Tang Xiaozai　Wang Zhuping　Song Zhiwei　Wang Pu

（Zhejiang Gaoneng Corporation of Blasting Engineering，Zhejiang Hangzhou，310012）

Abstract：Composite dock cofferdam blasting demolition project have diverse structures, complicated construction conditions, protection facilities near, blasting scale, high technology content, short construction period etc.. In view of the above characteristics, this paper from the composite dock cofferdam structure types, blasting requirements, comparison of different blasting schemes, the design of blasting parameters, blasting network design principles, safety and protection measures, construction technology, engineering application and effect are discussed in detail. The key techniques and measures of the composite dock cofferdam blasting demolition are summarized, which can effectively solve the problems encountered in similar engineering.

Keywords：composite dock cofferdam；comparison of different blasting schemes；bored pile blasting；blasting network design principles

随着世界经济和海洋运输业快速发展，我国沿海修造船业得到迅速发展。船坞建设数量遍布近海众多岛屿，规模已发展到数十万吨级。船坞围堰爆破拆除是在船坞内部设施建造完成后进行的，爆破时不仅要保证船坞围堰顺利拆除，还需要保证周边设施不受影响，爆破后需清除坞门前爆碴至设计标高，船坞即可投入使用。

蒋跃飞，工程师，jyff2006@aliyun.com。

1 常见复合船坞围堰类型

船坞围堰既需要抵挡内外水头的压力，又要抵抗海浪、台风的侵袭，往往由两种及以上结构组成，使之形成稳固的挡水体系，确保船坞内设施修建的干地施工条件。根据船坞围堰主体结构不同，复合船坞围堰可以分成以下类型。

1.1 天然岩坎复合船坞围堰

当船坞选择在基岩较好海岸上建造时，一般采用基岩作为船坞围堰的主体，这种围堰称天然岩坎围堰。由于岩坎围堰具有非常好的整体性和完整性，因此这类围堰稳定、安全，也是最常见的船坞围堰类型。一般岩坎围堰的最高程仍低于高潮位，需要在岩坎上面再修建挡墙防止海浪对船坞内部结构的影响。挡墙的形式较多样，一般有浆砌块石、混凝土挡墙等结构，一般浆砌块石较厚约 $1 \sim 2m$，混凝土挡墙底部厚约 $0.5 \sim 1m$，上部厚约 $0.3m$，挡墙的一般高度约为 $1.5 \sim 2.5m$。图 1 所示为天然岩坎加浆砌块石复合船坞围堰。

图 1　天然岩坎加浆砌块石复合船坞围堰

Fig. 1　The natural rock ridge and stone masonry composite dock cofferdam

1.2 灌注桩防渗墙复合船坞围堰

部分船坞受地形条件的限制，基岩面低于船坞底板，必须修筑挡水围堰。灌注桩防渗墙复合船坞围堰就是人工修筑的船坞围堰，灌注桩通常位于围堰内侧（靠近船坞口），长度随基岩面的变化而不同，顶部用联系梁连接成一个整体。灌注桩外回填泥石渣形成一定厚度的覆盖层，再经过水泥注浆或旋喷，利用水泥的胶结作用将石渣固结为整体形成一定厚度的混凝土防渗墙，阻止海水渗入围堰内部。最后在灌注桩、防渗墙、抛渣上面修筑混凝土底板及挡浪墙等结构组成稳固的围堰体系。图 2 所示为灌注桩防渗墙复合船坞围堰。

1.3 灌注桩钢支撑复合船坞围堰

因船坞开挖较深，围堰内外水头大，单排灌注桩无法抵挡外部压应力时，需要在围堰内布置钢支撑，保持内外应力平衡，称为灌注桩钢支撑船坞围堰复合围堰。图 3 所示为灌注桩钢支撑复合船坞围堰。

图 2　灌注桩防渗墙复合船坞围堰

Fig. 2　Bored piles and impervious wall composite dock cofferdam

图 3　灌注桩钢支撑复合船坞围堰

Fig. 3　Bored piles and steel shotcrete composite dock cofferdam

2　船坞围堰爆破拆除要求[1]

（1）船坞围堰应一次爆破拆除。尽管一次爆破具有规模大、技术难度高等特点，但也具有工期短、经济效益高、作业环境好的优点。

（2）需要根据船坞围堰的工程特点选择科学合理的爆破方案，满足围堰破碎、拆除、挖渣等多重要求。

（3）应充分论证爆破地震波、水中冲击波、涌浪及动水压力、个别飞石等爆破有害效应对邻近建（构）筑物的影响，采取有效的防护措施，将爆破有害效应控制在安全范围内。

3　船坞围堰爆破拆除方案的比选

根据船坞围堰的工况、施工工艺等特点分为多种爆破拆除方式：根据坞门防护要求可分为关闭坞门爆破和不关坞门爆破；根据爆破施工工艺又可分围堰内侧充水与不充水爆破；依据钻孔方式又可分垂直钻孔与倾斜钻孔爆破。

3.1　关坞门与开坞门爆破方案选择

关闭坞门爆破是在围堰爆破前将坞门安装就位，爆破后只需清除坞门前残碴，基底开挖达到设计标高后，船坞即可投入使用。其优点是：爆破时进入坞门内飞散物少；坞门内修造船作业仍可进行；残碴易于清除；船坞能提前投入使用，业主经济效果好。缺点是：安全防护条件复杂风险大；爆破技术难度高；爆破堆渣及飞石可能造成坞门损坏及变形；须防止溃坝现象发生[2]。不关闭坞门爆破的优点是：爆破安全性相对较好；防护量少。其缺点是：爆破后坞内残碴较多，清理底板石渣及安放坞门困难。

综上所述，关闭坞门爆破技术难度大，安全要求高，但爆后清渣工作量少，易于操作，能提前使用船坞，经济效益好。采用何种方法要视业主要求、爆破技术水平、科学合理选择，在条件允许前提下宜优先选择关坞门爆破。

3.2　堰内充水与不充水方案选择[3]

3.2.1　充水与不充水爆破施工程序分析

充水爆破是在装药、联网、安全防护等工作全部结束后，在围堰的适当位置开渠利用潮位差向围堰内充水，以减少围堰内外的水头差，防止爆破后发生溃坝，减少后期围堰内侧的清渣工作量。

不充水爆破是在装药、联网、安全防护全部结束后低潮位爆破，不充水爆破施工程序简单，环节少，施工进度快，但安全防护条件要求高，尤其是关门爆破时防护安全施工必须可靠，确保坞门的安全。

3.2.2　充水与不充水爆破安全性分析

充水爆破的危害：围堰内充水可以有效地防止飞石危害，因为爆破飞石在水中移动速度和距离大大减少，一般不会对坞门产生危害，但是增大了爆破振动对坞门影响，同时水击波将成为充水爆破主要危害，危及坞门和花岗岩贴面安全。

不充水爆破的危害：不充水爆破的危害主要是爆破飞石、爆破振动及过流或溃坝产生的动水压力。飞石和振动属可控的危害，通过一定技术和措施可将其危害控制在一定影响范围之内，但过流产生水石流形成动水压力则是主要的危害，应特别予以重视。

3.2.3　充水与不充水方案选择

两种工况在实际施工中均有采用，各有利弊。在施工程序方面，充水爆破需增加充水、网路保护、气泡帷幕等工序，其中网路保护尤为重要，因此选择缓倾斜孔方案时，应避免选用充水爆破方案。在安全方面，充水需要解决水中冲击波超压问题，不充水需要解决过流溃坝时水石流的动水压力问题。是否充水应根据围堰类型、爆破安全和施工难易程度、施工技术水平以及业主要求等进行综合考虑。在有把握实现爆破不过流的条件下，选择不充水爆破为佳，否则可以选择充水爆破。

3.3　缓倾斜孔与垂直钻孔爆破方案比较

3.3.1　垂直钻孔制约因素

（1）围堰形状的影响，围堰上部宽度有限不利于布置凿岩设备垂直钻孔，需搭设海上钻孔平台。（2）地形地质条件影响，当堰顶堆渣较多，岩石破碎，有人工挡墙时，不宜采用垂直钻孔。（3）受爆破安全因素影响，垂直孔爆破时爆渣向堰内飞散，堆渣向坞门坍塌，对坞门危害较大，且无法有效消除。

3.3.2　缓倾斜钻孔制约因素

（1）受围堰内侧削坡的影响，当围堰距离坞底板太近时，需爆前进行围堰内侧削坡。（2）必须搭建钻孔作业平台或围堰内垫渣钻孔施工才能完成围堰内所有缓倾斜孔的施工。（3）受岩石地质条件影响，钻孔中若遇软弱夹层，出现渗水或漏水现象，需及时排除堰内积水。（4）保证钻孔精度的技术要求高。

3.3.3　垂直孔与缓倾斜孔优点比较

（1）垂直钻孔优点：钻孔速度快、定位准；装药、堵塞方便，施工速度快；钻孔不受堰内清底及削坡影响；堰内积水不会影响钻孔作业。

（2）缓倾斜钻孔优点：不受潮水影响，在涨潮及大风天均可进行钻孔作业；爆破安全性好，爆堆形状易于控制，有利于防止溃坝和过流现象产生，飞散物及爆堆对坞门安全的影响相对较易控制；可以在围堰爆破后再进行海上炸礁，有利于施工总体安排，缩短工期。

3.3.4　爆破方案选择

缓倾斜孔方案虽然钻孔较困难，但它不受涨潮及大风天气影响，爆堆形状易于控制，有利于防止溃坝和过流现象产生，飞散物及爆堆对坞门安全的影响相对较易控制，爆破安全性好。此外还具有适用范围广、爆后无根底、爆破振动小等优点，在围堰爆破拆除时应优先选用。

4　围堰爆破设计

4.1　岩坎围堰爆破设计

岩坎围堰常采用缓倾斜矩形布孔方式，倾斜孔角度应与岩基自然坡度大致一致。岩坎围堰地质条件较差，特别是临近海水面的岩石比较破碎，钻孔及成孔条件差，塌孔现象经常发生。因此采用"钻大孔径，装小药卷"的施工方法，炮孔直径采用 $\phi140mm$，使用 $\phi86mm$ 或 $\phi96mm$ 药卷装药。对岩石破碎孔壁不光滑的炮孔，装入 $\phi110mm$ 的 PVC 套管，减小装药难度，提高装药质量[4]。

船坞围堰爆破与陆上中深孔爆破相比应选择更高的炸药单耗，一般为 $1.0 \sim 1.4kg/m^3$，同时爆破危害效应（特别是爆破振动）控制又非常严格，因此必须采用"高单耗、低单段"的方法。

缓倾斜孔钻孔长度不宜超过 $25 \sim 30m$，特别是倾斜角度较小的炮孔应该取小值。炮孔太长会造成钻孔效率明显下降，装药到位困难，底部爆破效果差，常出现根脚。缓倾斜孔之外的区域可以采用海上炸礁的方法实现。图 4 所示为缓倾斜钻孔剖面图。

4.2　灌注桩爆破设计

灌注桩直径一般为 $0.6 \sim 1m$，深度在 $10 \sim 20m$ 不等，可采用从顶部沿整桩钻孔的方式实现装药爆破。

（1）布孔形式及孔径：每根灌注桩都进行钻孔，炮孔孔径取 $\phi140mm$。

（2）炸药单耗：围堰灌注桩爆破在确保安全的前提下，炸药单耗应适当增大，此处取 $k = 0.8 \sim 1.0kg/m^3$。

（3）装药：灌注桩采用间隔装药，将灌注桩局部炸断，便于挖泥船后期打捞清渣。一般灌注桩装药长度为 $1.5 \sim 2.5m$，间隔段长 $4 \sim 5m$，间隔装药段不堵塞。灌注桩的连系梁处均装

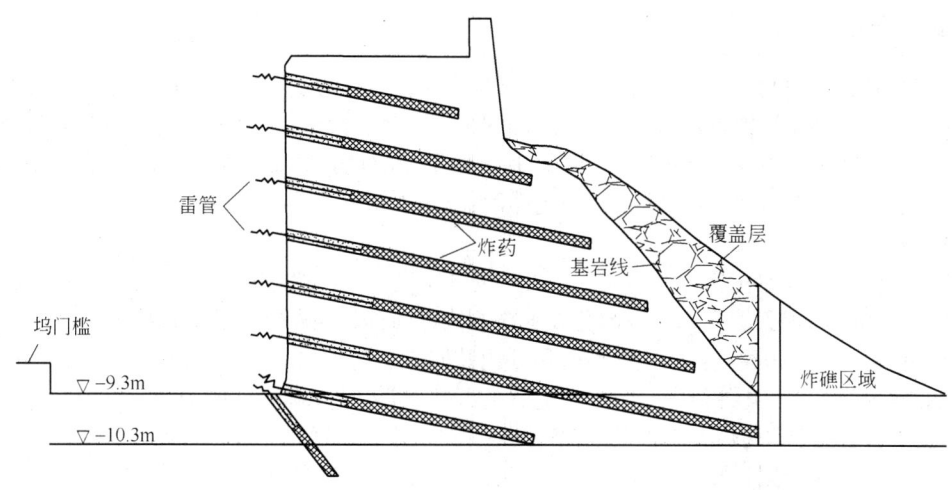

图4　缓倾斜钻孔剖面图
Fig. 4　Gently inclined drill profile

药，破坏其整体连接，顶部堵塞长度为5m。

4.3　浆砌块石挡墙爆破设计

浆砌块石挡墙位于围堰顶部，阻挡海浪之用，受到的压力较小，一般高度为2～4m，厚度为1～3m，截面呈梯形，底部较厚，上部较窄。浆砌块石挡墙钻孔可以根据施工条件的不同选择不同的方式：条件受到限制时可采用简易潜孔钻施工，施工条件较好时可采用移动式液压钻施工，钻孔直径常采用90mm或76mm。

浆砌石挡墙为非均匀介质，装药量过大时薄弱区域将产生大量飞石，因此炸药单耗不宜过大，爆破施工中单耗为$q = 0.35～0.4\text{kg/m}^3$[5]。

4.4　挡墙爆破设计

混凝土挡墙形状不规则，呈墙体薄壁结构，只能采用浅孔爆破法施工。为减少挡墙钻孔和装药工程量，爆破拆除设计时可每隔1.5m布3排炮孔，将挡墙进行块状分割，便于爆破后挖装和切割。挡墙为钢筋混凝土，炸药单耗取$q = 1.0～1.5\text{kg/m}^3$[6]。

4.5　预裂爆破设计

预裂爆破常运用于船坞围堰的以下位置：坞底板前布置倾斜预裂孔，能够有效减少爆破振动对坞门坎的影响；坞墩前或围堰两侧开口处布置竖直预裂孔，能够有效降低船坞围堰两侧的爆破振动，同时确保船坞进口的平整度。坞底板前倾斜预裂孔装药长度3.5m，底部60cm连续装药，其余采用不耦合装药，线装药密度为0.4kg/m；围堰两侧垂直预裂孔底部2m连续装药，其余采用不耦合装药，线装药密度为0.35kg/m。

5　爆破网路设计

船坞围堰爆破采用"高单耗，低单段"爆破原则，周边建（构）筑物多且近，必然要求炮孔多、单响药量小，造成围堰爆破网路非常复杂。

5.1　设计原则

单响药量控制原则：围堰爆破安全的重点是振动控制，为了确保振动在允许范围之内，必须控制最大单响药量。围堰爆破主炮孔必须遵循单孔单响的原则，即30m范围内任何两个炮孔之间起爆时间间隔不得少于7ms；对于距保护物特别近的炮孔必要时采用一孔两响，即底部药包先响，孔口药包滞后25ms再响；辅助炮孔距离保护物较远可两孔一响；手风枪浅孔甚至可以多孔一响。

不可避免的重段炮孔位置安排原则：由于受高精度雷管的段数限制，经常会遇到段位重叠或相差小于3ms的现象，应将重叠炮孔设置在两侧不同排、距离较远的斜角线上。

孔外传爆时间最短原则：围堰爆破采用孔内装同段别高段位雷管，孔外用低段位雷管接力。为确保爆破网路安全，孔外传爆时间应尽量缩短，工程量小于10000m³的围堰，应确保主爆孔起爆时，孔外雷管已全部传爆；工程量较大的围堰，第一个孔起爆时，排间传爆应不小于5排炮孔。

延期精度控制原则：孔外传爆时间最短化是确保网路安全的必要条件，同时孔内雷管延期误差不应超过孔外接力雷管时间。

网路设计简单化：在保证单孔单响和孔外传爆时间最短的基础上，孔间尽量使用同段位雷管接力，排间尽量选用同一种接力雷管，整个网路选用雷管段别尽量少。这样既方便网路连接施工、网路检查，又能确保网路按时准爆，并能提高雷管利用率。

5.2　网路保护

根据围堰爆破拆除经验，当孔外接力雷管传爆时间超过孔内雷管延期时间2倍时，需进行网路安全防护才可确保网路准爆。例如孔内雷管延期时间为600ms，孔外接力雷管传爆时间为2.5s，那么传爆时间在1.2~2.5s之间的区域均需进行安全防护。选用竖直孔方案时，网路防护最好选用沙袋覆盖；选用缓倾斜孔方案时，最好选用竹笆和毛竹搭设防护棚。网路防护最好在联网前进行，安全防护结束后必须有专人对联网再次检查，确保防护施工没有破坏网路连接。

5.3　起爆网路开口方式选择

起爆网路开口方式有三种可供选择：（1）一端起爆。该方法孔外延期时间长，网路安全性差，适用工程量较小的围堰。（2）围堰两端起爆。该网路总延时时间短，但两套网路完全分开，网路连接施工复杂，总网路不能保证逐孔起爆，一般不选用。（3）围堰中间起爆。施工简单，能保证单孔一响，孔外延期时间短，围堰爆破拆除常选用这种方式。

6　爆破安全

6.1　爆破安全控制标准

目前《爆破安全规程》（GB 6722—2003）对船坞围堰及周边建筑物安全振动标准内容缺乏，我公司通过对十余次围堰爆破拆除时的实测数据进行分析整理后认为以下安全控制标准较合适：坞墩和坞底板振速安全控制标准为25cm/s、水泵房20cm/s、码头8cm/s、花岗岩贴面8cm/s。

6.2　坞门安全防护

关坞门爆破时围堰与坞门之间的距离非常近，坞门为钢结构箱体，内部有抽水机等设备，抗压、抗撞能力较差。坞门安全防护是船坞围堰爆破的重点，主要采用如下防护方法：坞门底部易受爆渣堆压及滚石的冲击，可采用一定厚度的沙墙防护；坞门中、上部易受飞石、滚石、冲击波等影响，可采用双层轮胎及三层竹笆防护，竹笆埋入底部沙墙与下部防护重合；坞门顶部易受飞石危害，可采用表面覆盖30cm石粉，石粉上再覆盖一层竹笆防护；坞门上的出水孔用钢板密封。

6.3 坞墩、花岗岩贴面及坞底板防护

坞墩正面、侧面主要采用轮胎和竹芭层进行安全防护：首先使用钢索将轮胎连接成串，再使用吊机从顶部将轮胎整齐地安放在坞墩立面上，防止大块石对坞墩的危害；最后将串联成片的竹芭安放在轮胎的上面防止小飞石的危害。坞墩的顶部漏空部位先用枕木覆盖，再在上面加盖双层竹笆，其余部位直接用一层沙袋覆盖，主要防止爆破时产生的飞石。防护范围长度为前部15m区域，宽度为整个坞墩顶部。

花岗岩贴面的平整度关系到船坞运行时的隔水性能，是船坞围堰爆破安全防护的又一重点。花岗岩贴面的防护仍然采用耐压和柔性较好的轮胎进行安全防护，但较之坞墩其安全防护要求更高，需采用双层轮胎交错安放增加防护的可靠性，竹芭也需采用双层防护。

坞门底板防护全部采用沙袋覆盖。靠近围堰4m范围防护加大，覆盖厚度一般为1.2m；靠近门槛2m沙袋覆盖呈斜坡状，并高出门槛约0.6m，最低为中间底板防护厚度。图5所示为坞底板防护图。

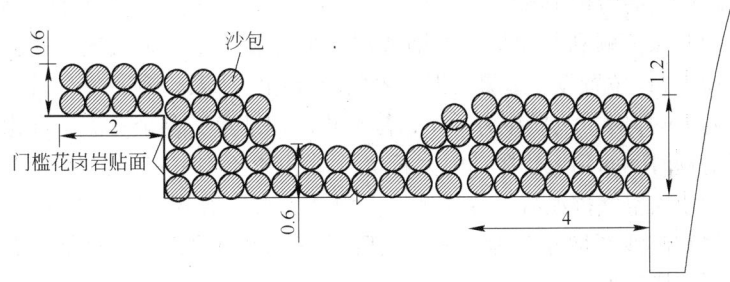

图5 坞底板防护示意图（单位：m）

Fig. 5 Schematic diagram of the dock floor protection（unit：m）

6.4 水泵房进、出水口防护

为防止爆渣涌入进、出水口对水泵房中设备造成破坏，进、出水口是安全防护的重点。首先在出水口四周悬挂2层轮胎，轮胎外覆盖钢板将进出水口封堵，为加强钢板强度，钢板中间加焊槽钢，形成稳固防护体系。

7 施工关键技术措施

7.1 超深缓倾斜孔钻孔技术

超深缓倾斜孔是指孔深大于30m的缓倾斜炮孔。由于围堰临水基岩面不规则，岩石地质条件差，钻孔难度大，会出现渗水、孔壁掉渣等现象，影响成孔率、爆破效果及工程进度。超深缓倾斜孔施工步骤包括：钻机平台修建、钻机架设、对位、钻孔、下套管及钻孔保护等内容。

钻机架设三要素为：钻机要"稳"、对位要"准"、钻杆要"正"。超深缓倾斜钻孔的基本要求为：孔口要完整、孔壁要光滑、孔直且左右无偏移。

7.2　围堰爆破装药施工技术

装药前先进行洗孔工作，吹净孔内泥沙、碎石，测量校核孔深，这是完成装药工序的前提。对于较风化的岩石，钻孔结束后应立即下 PVC 套管至孔底，防止孔壁坍塌影响装药及爆破效果。装药质量控制要求：装药到位、节头连续，孔内雷管不受损坏。采用装药数量和填塞长度双控方法校核装药质量。装药完毕后，将孔外雷管脚线盘好用胶带粘牢固定在脚手架上。

7.3　爆破器材防水要求

船坞围堰爆破拆除选用起爆器材必须满足以下要求：
（1）对爆破器材抗水性能要求较高，并能经受一定时间的海水腐蚀；
（2）雷管脚线抗拉强度必须满足围堰水下装药；
（3）爆破器材耐压性能要求高；
（4）起爆器材的准爆性好，雷管延时精度高，常选用奥瑞凯高精度雷管；
（5）爆破器材除满足上述技术要求外，还应经济合理，方便购买。

7.4　快速清渣技术

围堰爆破后坞底板的清理全部依靠潜水员在水下进行，速度慢、效率低、费用高，如何快速完成坞底板清理并保证顺利关闭坞门是围堰爆破拆除施工中一道关键工序：在坞底板清理时，距花岗岩贴面 1.5m 位置设一道警戒绳，界内全部用潜水员清理；界外首先选用挖泥船抓斗清渣，石渣剩约 1m 厚时，改抓斗为平斗，待平斗清理结束后剩余石渣全部由潜水员人工清理。潜水员水下清理时，遇到无法搬动的大石块，则用钢丝绳捆绑后吊起；沉积在底板上的淤泥和碎沙石，采用压缩空气排泥器进行吸排；再用高压水枪沿着花岗岩贴面向坞外冲洗两遍，将吹吸漏掉的淤泥和碎沙石彻底清理干净；最后用一根加工的方子木对整个底板进行平推检查，检查确认清理完毕后方可关闭坞门。

8　复合围堰爆破效果及讨论

8.1　天然岩坎复合爆破效果和讨论

浙江同基船业 1 号船坞围堰是以天然岩坎和浆砌块石为主的复合型围堰，该围堰采用缓倾斜孔爆破方法，钻孔最长超过 30m，钻孔直径为 $\phi140mm$，在岩坎临水破碎岩体部分钻孔时，出现了个别孔透水情况。施工中及时采取堵塞措施，并补充钻孔防止围堰局部出现爆破不充分，留大块的现象。从爆破后爆堆的形态可以看出，爆破后岩坎石渣向中心开口处运动，形成较缓的鼓包，爆破石渣非常破碎且均匀，块度不超过 60cm。挖泥船挖渣清运表明，围堰爆破区域底部标高均符合设计高程要求。

天然岩坎围堰爆破具有单耗大、孔网小等特点。爆渣块度均匀、粒径小、爆堆集中，有利于后续清渣船的挖运，但是对于孔深较长的缓倾斜炮孔装药比较困难，装药不到位会影响爆破效果，因此建议缓倾斜孔不要超过 25m，超出部分岩石采用炸礁方案解决。天然岩坎围堰无法准确测量临水面的边界，钻孔往往会穿透岩层而引起漏水，造成后续施工困难，建议钻孔时加强观察，掌握岩石变化，随时调整钻孔深度。

8.2　灌注桩爆破效果和讨论

浙江中基船业船坞围堰有灌注桩150根，是典型的以灌注桩为主的复合船坞围堰。该工程中主要采用液压履带钻机精确定位，沿灌注桩钻孔至基岩，灌注桩底部连续装药，上部间隔装药的方法爆破拆除灌注桩。从爆破后灌注桩的挖装效果来看，灌注桩底部与基岩全都脱离，但是个别灌注桩与联系梁连接处仍没有彻底炸透，导致灌注桩与联系梁相互牵连，降低了清渣装运的效率。

围堰爆破拆除工程中不需要将灌注桩整体破碎，只需破坏灌注桩和基岩的结合面，使灌注桩能够顺利地被挖泥船吊起、运走。当灌注桩较长时可以将其爆破成多段，有利于吊运。根据这一爆破原则，灌注桩爆破时采用"高精度定位、全桩钻孔、局部装药"的爆破方法。在炮孔底部装药使灌注桩和基岩结合的部位充分破碎，将灌注桩成为"无根"的立柱，而后根据需要将灌注桩爆破分割成数节，能获得很好的经济的清渣效果[7]。

8.3　混凝土防渗墙爆破效果和讨论

浙江中基船业船坞围堰主要是由灌注桩、混凝土防渗墙、泥石渣、挡浪墙等结构综合建设而成的复合型围堰，其中的混凝土防渗墙采用垂直炮孔爆破方法。由于防渗墙建造时有漏浆等情况，造成局部石渣没有和水泥胶结，钻孔较难成形，因此需采用 $\phi110mm$ 的 PVC 套管护孔才能确保成孔后不塌孔，确保装药时孔壁完好。中基船业混凝土注浆防渗墙采用这种爆破方法，取得了非常好的效果，从挖渣清运过程看，混凝土防渗墙区域均被破碎充分，挖泥船能够轻松地挖起、装运。

防渗墙为素混凝土结构，强度不高，爆破时可适当减少炸药单耗。取得混凝土防渗墙较好爆破效果的关键是确定防渗墙的空间位置，施工前应根据建筑图纸和资料掌握其厚度、深度，确保钻孔准确到位，否则会出现混凝土大块，给清渣带来不便。

8.4　挡浪墙爆破效果和讨论

龙山船厂围堰爆破拆除工程中遇到了大面积挡浪墙和联系梁结构，本工程根据挡浪墙的形状采用垂直孔和水平孔相结合的浅孔布孔方法，并针对挡浪墙浅孔爆破钻孔数量多、雷管布线密集、网路容易受到破坏的特点，专门对网路走线进行布局和适当的保护。通过多项保护措施，使挡浪墙和联系梁均全部准爆，爆破效果良好，混凝土全部脱落。

船坞围堰挡浪墙位于围堰的上部，具有干地施工环境，且多为薄壁钢筋混凝土结构，需采用浅孔爆破方法，选择合理的爆破参数能够取得较好的破碎效果。但挡浪墙爆破拆除也存在两个问题：首先薄壁结构的挡浪墙爆破时容易产生非常多的爆破飞石，可能危及围堰周围的设备，必须采用多种安全防护措施；其次，挡浪墙爆破采用浅孔方式，钻孔数量多，炮孔密集，应采取措施避免爆破网路中断而引起大面积的盲炮，对延期时间控制、网路连接和网路保护等提出了非常高的要求，在围堰挡浪墙爆破中能够处理好以上两点就能够取得较好的爆破效果。

参 考 文 献

[1] 刘殿中. 工程爆破实用手册[M]. 北京：冶金工业出版社，1999.
[2] 宋志伟，陈锋华，汪竹平，唐小再. 船坞围堰爆破拆除过流控制研究及工程运用[J]. 工程爆破，2010，16(1):52～54.

［3］王宗国，王斌，张正忠．船坞围堰拆除爆破技术研究及工程运用［C］//中国爆破新技术Ⅱ．北京：冶金工业出版社，2009：382～387.

［4］吕庭刚，黄克强．倾斜深孔爆破拆除船坞围堰［J］．工程爆破，2007，13(1)：62～65.

［5］冯叔瑜，吕毅，杨杰昌．城市控制爆破［M］．北京：中国铁道出版社，2000.

［6］陈华腾，钮强，谭胜禹．爆破计算手册［M］．沈阳：辽宁科学技术出版社，1991.

［7］蒋跃飞，王宗国，张正忠，宋志伟．钢支撑灌注桩复合船坞围堰的爆破拆除技术［C］//水利水电工程爆破技术新进展．北京：中国水利水电出版社，2012：135～140.

复杂环境高大双曲线冷却塔爆破拆除技术

邓志勇[1,2] 张志毅[1,2]

（1. 中国铁道科学研究院，北京，100081；

2. 深圳市和利爆破技术工程有限公司，广东深圳，518040）

摘 要：本文介绍了双曲线冷却塔爆破拆除技术和成功实例。通过合理选择冷却塔爆破拆除的爆破切口尺寸、爆破孔网参数和起爆网路，以及优化爆破施工工序等，使该冷却塔结构的爆破拆除达到了预期效果。结合对倒塌过程的观测以及通过对测试数据的分析，得到了冷却塔塔体的倒塌位移与时间的关系，以及冷却塔爆破切口的闭合过程。论文研究结果对于电厂冷却塔的爆破拆除设计具有指导意义和应用价值。

关键词：双曲线冷却塔；爆破拆除；爆破切口；爆破参数

Demolition of High Hyperbolic Curve Cooling Tower in Complex Environment

Deng Zhiyong[1,2] Zhang Zhiyi[1,2]

（1. China Academy of Railway Sciences，Beijing，100081；

2. Shenzhen Heli Blasting Co.，Ltd.，Guangdong Shenzhen，518040）

Abstract：This paper introduces the technology and successful example of hyperbolic cooling tower been demolition blasting. Through reasonable selection of cooling tower demolition blasting cut size，blasting parameters and blasting network，and the optimization of blasting construction process，the blasting demolition of the cooling tower structure to achieve the desired effect. Combining with the observation of the collapse process and by analyzing the test data，and obtained the relationship between the cooling tower body collapse displacement and time，and the process of blasting cut closed. The research results have guiding significance and application value for blasting design of power plant cooling tower demolition.

Keywords：hyperbolic cooling tower；blasting demolition；blasting cut；cut parameter

　　双曲线冷却塔一般为钢筋混凝土圆筒形高大构筑物，其爆破拆除具有一定的难度，与其他高耸建筑物（烟囱、水塔等）有着不同的特点：（1）冷却塔结构直径下大上小、重心偏低、结构稳定；（2）冷却塔高细比小，其底部直径较大，爆破后结构失稳重心不易偏出，容易发生后坐或坐而不倒现象；（3）冷却塔为薄壁结构，爆破过程中筒身容易发生扭曲现象，扭曲是导致其顺利倒塌的重要环节；（4）冷却塔属于薄壁结构，其钻孔数量多、炮孔浅，装药填塞困难，因此必须严格控制单响药量，加强安全防护。为此，必须根据冷却塔的结构特点，科学设计爆破切口、爆破参数等，保证爆破施工安全及爆破效果。

邓志勇，研究员，dzy68@hotmail.com。

　　本文以广东省茂名市热电厂两座双曲线冷却塔的爆破拆除为工程背景，详细说明了其技术和设计方法，通过观测数据的分析给出了塔体倒塌位移与时间的关系以及爆破切口的闭合过程，可为类似工程提供参考。

1　工程概况

　　广东省茂名市热电厂待拆除的有 1 号、2 号两座冷却塔，高度和底部直径分别为 123.2m、90.7m 和 90m、71.8m，由于两塔的结构基本相同，本文只针对 1 号冷却塔加以介绍，其结构为：1 号冷却塔为钢筋混凝土结构（标号为 300 号），塔筒人字柱底部直径 90.7m、顶部直径 54.1m、高度 123.2m。塔基础为环形基础，基础以上均匀分布 44 对直径 70cm 钢筋混凝土人字柱，底面标高为 +0.00m，柱顶端标高为 +8.15m，此标高处通风筒直径 85.5m，壁厚 800mm，自 +8.15 ~ +20.5m 壁厚渐次缩小为 200mm，而从 +20.5 ~ +115.8m 壁厚稳定为 200mm，+92.4 标高处为塔筒细腰处，最小直径 50.6m。冷却塔内部设有淋水平台，其与塔筒没有结构性的连接。

　　周围环境十分复杂，1 号冷却塔南侧 150m 为正在运营铁路线，北侧 46m 为待拆除的 2 号冷却塔，东侧 15m 地面有输油管道，20m 以远为生产厂区，西侧 67m 以远为民房；2 号冷却塔南侧 46m 为待拆除的 1 号冷却塔，北侧 20m 为电厂煤灰场，东侧 15m 地面有输油管道，东侧 20m 以远为生产厂区，西侧 30m 为正在运行的一座冷却塔。1 号、2 号冷却塔之间地下 1m 处有正在使用中的排水箱涵。1 号、2 号冷却塔周围环境如图 1 所示。

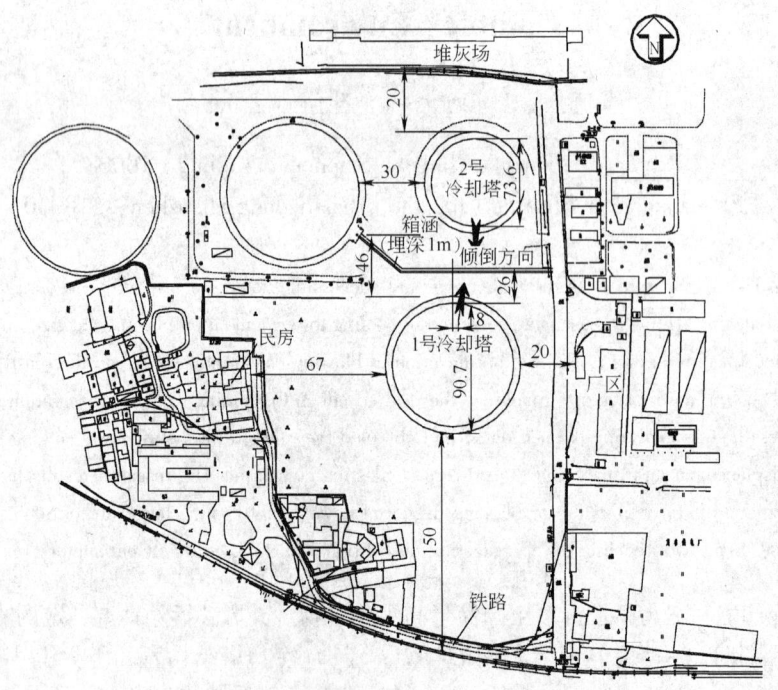

图 1　1 号、2 号冷却塔周围环境平面图（单位：m）

Fig. 1　The surrounding environment plan of 1# and 2# cooling tower（unit：m）

2　方案选择

2.1　倒塌原理

　　冷却塔爆破失稳倾倒的原理是：采用控制爆破方法，在塔体下部爆破形成一定尺寸的切口，上部筒体在重力与支座反力形成的倾覆力矩作用下失稳，同时，在强大的重力作用下，切口上部的筒体会发生剪切破坏。随后，人字柱首先发生压弯破坏、失稳，塔体下坐。此后在剪切和倾覆力矩的作用下，塔体发生大面积扭曲变形，触地部分形成铰接支点，塔体最终完全倒塌。

2.2 方案选择

依据冷却塔爆破失稳倾倒原理，选择"预开定向窗，预处理部分塔壁板块、预留部分塔壁支撑板块"的定向爆破方案，并根据周围环境条件确定，1号冷却塔倒塌方向为北偏东8°，2号冷却塔倒塌方向确定为正南方向，如图1所示。2号冷却塔先爆破，1号冷却塔延后150ms起爆。冷却塔筒内淋水平台结构在筒体实施爆破前采用机械方式进行拆除。

3 爆破切口设计

冷却塔失稳倾倒须满足的条件：（1）爆破后塔体倾倒初期支撑体截面有一定的强度，使其不至于立即受压破坏而使筒体提前下坐；（2）切口形成后，重力引起的倾覆力矩必须大于支撑体截面的极限抗弯力矩。因此，爆破切口是影响结构失稳倾倒的关键因素。

科学合理选择爆破切口形式、长度和高度是冷却塔爆破成功的关键。目前，国内爆破拆除冷却塔所采用的爆破切口形状基本上可分为三类：正梯形、倒梯形和复合型。本工程经对比论证采用倒梯形爆破切口形式。

3.1 爆破切口长度

根据冷却塔失稳倾倒原理，爆破切口长度计算有材料抗弯曲强度法和应力分析检验法。

（1）材料抗弯曲强度法。上部筒体自身重力对预留支撑体偏心引起的倾覆力矩 M_G 应大于或等于预留支撑体截面的极限抗弯力矩 M_R。

（2）应力分析检验法。爆破切口形成瞬间，上部筒体自重造成支座部分偏心受压，应力瞬时重新分布，根据结构力学原理计算出切口角度大小与支座部分应力分布的关系，从而可以判断所选切口角度下高耸筒式结构能否顺利倒塌。

在实际设计施工中，一般采取半理论半经验的方法。冷却塔爆破切口按重心偏出原理计算，并结合经验设计方法选取。切口长度可由式（1）计算选取。

$$L = \left(\frac{1}{2} \sim \frac{2}{3} \right) \pi D \tag{1}$$

根据资料显示，大部分的冷却塔爆破选取的切口圆心角度在190°~240°，即切口长度为（见式（2））：

$$L_h = \left(\frac{190 \sim 240}{360} \right) \pi D \tag{2}$$

式中，L 为爆破切口长度，m；L_h 为合理切口长度，m；D 为切口处筒壁外直径，m。

经计算和实践经验类比确定1号冷却塔爆破切口圆心角为240°、切口长度180.15m、人字支柱爆破27对，如图2所示。

3.2 爆破切口高度

冷却塔底部直径达到90.7m，其高细比只有1.36，爆破后塔体重心不可能偏出新支撑点

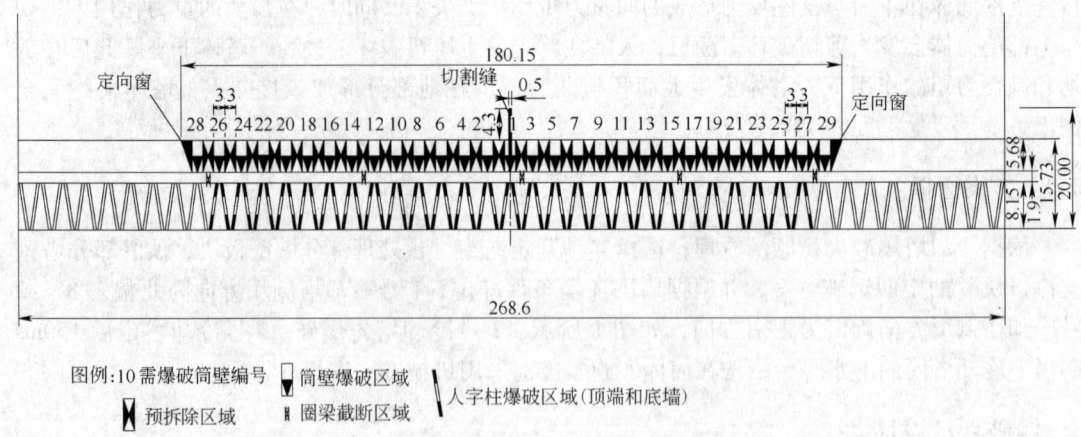

图2　1号冷却塔爆破切口展开示意图（单位：m）

Fig. 2　The expansion diagram of 1# cooling tower blasting cut（unit：m）

外，因此，其倒塌的后半部分为塔体触地后筒身扭曲变形而引起。爆破切口高度应满足塔体触地后由重力 G、惯性力 F 和支撑力 N 共同作用发生筒身的扭曲变形，一般由人字支柱高度、圈梁高度、塔身切口高度三部分组成。

　　整体切口高度必须超过圈梁并延伸至塔身，但过高的切口高度不仅浪费大量的人力物力，而且也不是塔体倒塌解体必须。经过反复比选和计算确定，1 号冷却塔爆破切口高度为15.73m，如图 3 所示。

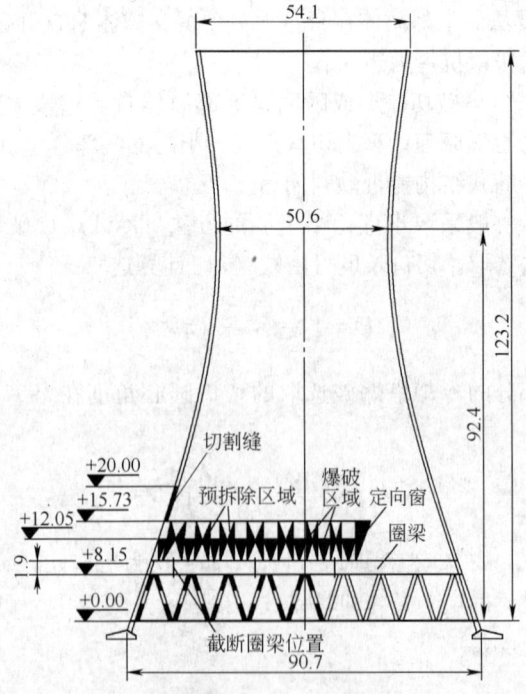

图3　1号冷却塔爆破切口位置示意图（单位：m）

Fig. 3　Position schematic diagram of 1# cooling tower blasting cut（unit：m）

3.3 爆破切口预处理

如图 2 所示，在确保塔体稳定的前提下，对爆破切口范围内进行预拆除处理，环状圈梁的上面开设卸荷窗口，顺序上应先开中间、再开两侧，最后的两个窗口为定向窗。窗口内部的混凝土必须破碎，钢筋割断。保留筒壁应在人字立柱顶端上部。

1 号冷却塔预拆除部分为 28 个 3.11m × 5.68m 的窗口和 2 个 3 × 5.68m 三角形定向窗口，均匀分布在倾倒中心线两侧。冷却塔圈梁上选 5 个部位截断，截断部位钢筋同时切断。

4 爆破参数和起爆网路设计

4.1 爆破参数设计

针对切口内保留筒壁和人字支撑立柱进行爆破，1 号冷却塔总炮孔数为 1758 个，总装药量 332.96kg，具体爆破参数见表 1 和表 2。

表 1 1 号冷却塔筒壁爆破参数
Table 1 Blasting parameters of 1# cooling tower

爆破部位	壁厚 δ /cm	最小抵抗线 W /cm	孔距 a /cm	排距 b /cm	孔深 L /cm	堵塞长度 l /cm	排数	孔数	炸药单耗 q /kg·m^{-3}	单孔药量 Q /g	总药量 /kg
上三排	65	32.5	40	40	40	25	3	21	1.44	150	3.15
下三排					44	27	3	21	1.48	166	3.49

表 2 1 号冷却塔人字柱爆破参数
Table 2 Blasting parameters of miter column of 1# cooling tower

爆破部位	直径 d /cm	最小抵抗线 W /cm	孔距 a /cm	孔深 L /cm	堵塞长度 l/cm	孔数	炸药单耗 q /kg·m^{-3}	单孔药量 Q /g	总药量 /kg
切口（下部）	70	35	40	50	20	6	1.95	300	1.8
切口（上部）	70	35	40	45	25	4	1.5	200	0.8

4.2 起爆网路设计

采用非电起爆网路，孔内、孔外全部采用导爆管毫秒雷管，按设计要求顺序延时起爆。

冷却塔各部位起爆时差为：人字立柱孔内全部使用 ms-8 段导爆管毫秒雷管，筒壁孔内全部使用 ms-6 段导爆管毫秒雷管，孔外连接雷管使用 ms-1 段导爆管毫秒雷管。同一冷却塔形成网格式闭合起爆网路，1 号冷却塔延后 150ms 起爆，由 ms-6 段导爆管雷管联动起爆。

5 爆破安全

设计中对爆破振动和塌落振动均进行了安全校核。在实际爆破时根据现场情况布置了 10 个振动监测点，记录得到最大垂直振动速度为 1.41cm/s。结果表明，爆破振动和塌落振动对周边建（构）筑物安全未产生危害。

针对爆破飞石，本次爆破采取的措施主要是在爆破部位直接覆盖 2 ~ 3 层竹笆，并用铁丝贴壁捆绑。爆破后基本控制了爆破飞石，未对周边建构筑物产生影响。

6　爆破效果分析

6.1　塔体倒塌位移-时间曲线分析

　　将现场拍摄的录像按分帧数以图片的形式保存，在电脑上用图像处理软件进行分析。每帧之间的时间间隔是40ms，按每5帧保存一幅图片，转存结果如图4所示，每幅图之间的时间间

图4　冷却塔倒塌分帧图像

Fig. 4　Trame image of cooling tower collapsed

隔为200ms。

在图像上长度是由像素来表示的，要将像素转换成实际长度，需要实际尺寸比例进行换算，换算公式见式（3）：

$$L = k \cdot S_c \tag{3}$$

式中，L 为换算后的长度，m；k 为换算系数，$k = R/S_y$；R 为原型已知的尺寸，m；S_y 为已知原型尺寸 R 对应的像素数，即 k 表示每个像素代表的实际长度，此处 R 可以用 1 号冷却塔的顶部直径 54.1m，S_y 为其对应的像素数 172，因此 $k = 0.315$；S_c 为需要换算的像素数。由于筒体倒塌时上部整体性保持得较好，而且在拍摄角度观察最清晰，所以在塔顶最右侧筒体上选取一点观察筒体的运动情况，如图 5 所示。将每幅图中跟踪点的像素坐标记录下来，换算成实际长度坐标，绘出其位移-时间曲线，如图 6 和图 7 所示。

图 5　跟踪点位置示意图

Fig. 5　The location diagram of tracking point

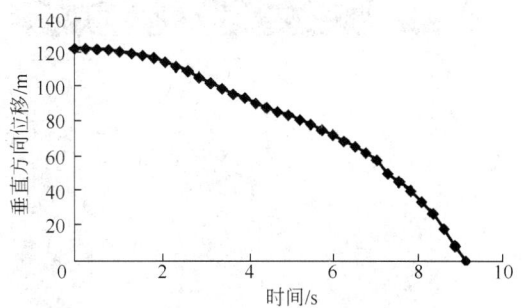

图 6　跟踪点竖直方向位移曲线

Fig. 6　The vertical displacement curve of tracking point

由图 6 竖直方向位移可以看出，爆后塔体在垂直方向并未出现马上移动，而是从 1s 处开始倾倒，竖向位移曲线的斜率开始增加，表明塔体的转动角速度是稳步增加的，至 4s 时出现一个拐点，曲线斜率由增加变为减小，表明塔体在此时触地；6s 时，曲线再次出现拐点，表明触地的减速作用期已过，速度重新开始增加，塔体加速倾倒；至 9s 时，位移曲线趋于一条与 x 轴平行的直线，表明位移不再增加，塔体倒塌完毕。

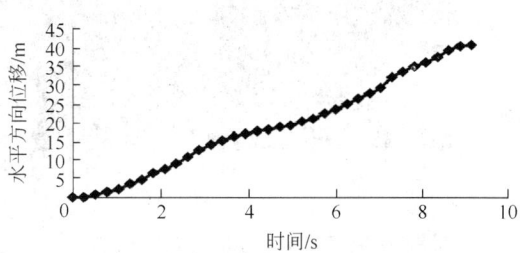

图 7　跟踪点水平位移曲线

Fig. 7　The horizontal displacement curve of tracking point

从图 7 水平方向位移曲线可以看出，爆后，塔体绕着支撑点开始倾倒，位移逐渐增加；4s 时出现拐点，说明此时切口、圈梁触地，塔体开始以新的支撑点倾倒，位移增速由缓慢逐渐增大。6s 后一直到结束阶段，位移曲线的斜率有微小的变化，表明塔体水平速度在初始阶段开始增大，结束阶段由于摩擦力作用，速度减小到零；中间很大一段时间，位移曲线的斜率变化很小，表明塔体前冲时，一直是以恒定的速度向前运动，塔体并未发生后坐和下坐现象。

6.2　切口闭合过程分析

为了研究塔体倾倒时切口闭合的过程，爆破时在塔体倒塌向的侧面布设了相机，专门对爆破切口进行了跟踪拍摄，将快速的变化过程记录下来，以图像的形式在电脑上进行分析，图 8 所示为选拍的切口闭合照片。

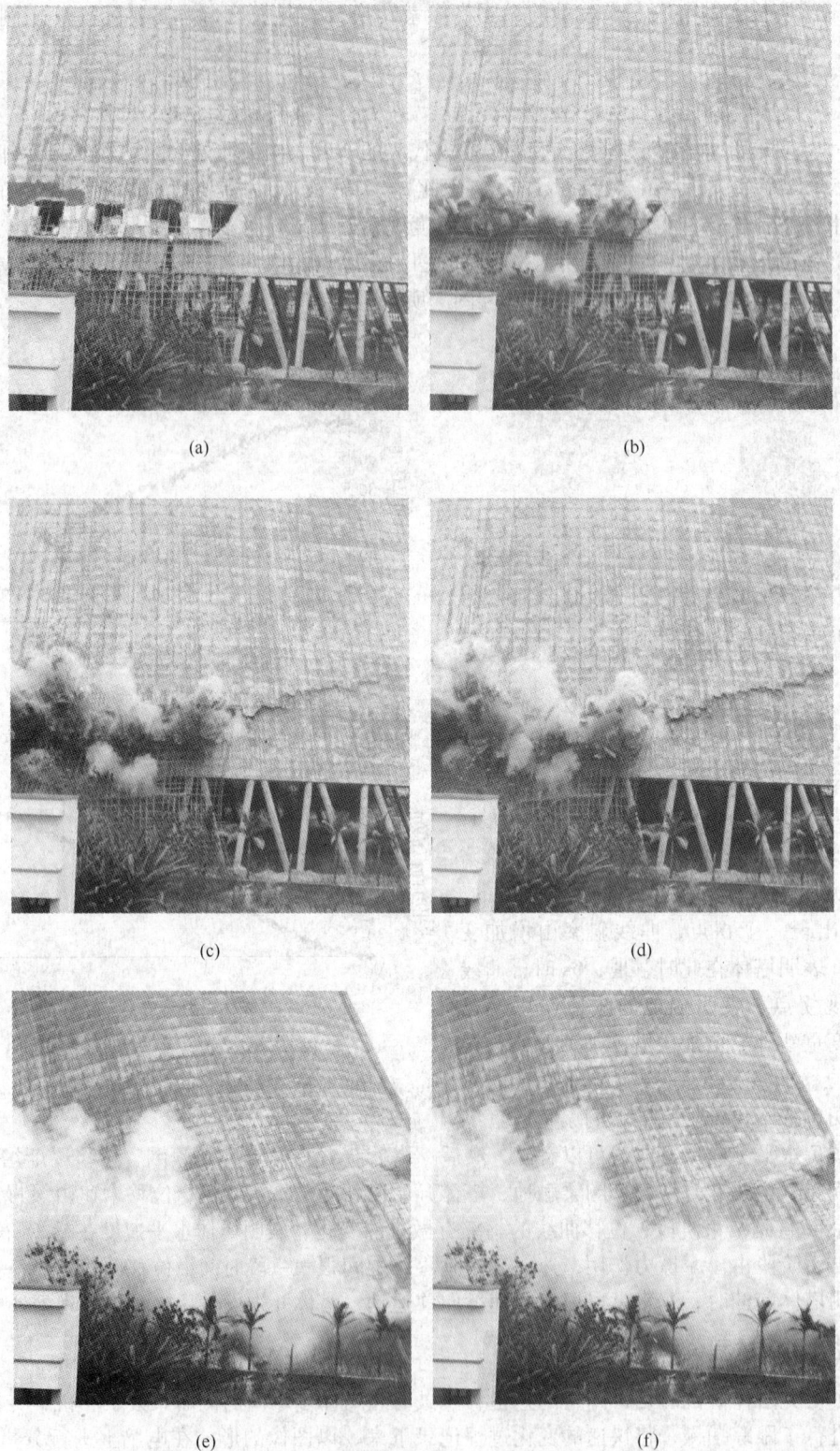

(a)　　　　　　　　　　　　　(b)

(c)　　　　　　　　　　　　　(d)

(e)　　　　　　　　　　　　　(f)

(g)　　　　　　　　　　　　　　　　(h)

图 8　切口闭合过程照片

(a) $t=0$ s；(b) $t=0.125$ s；(c) $t=0.25$ s；(d) $t=0.375$ s；(e) $t=1.0$ s；
(f) $t=1.125$ s；(g) $t=1.25$ s；(h) $t=1.375$ s

Fig. 8　The photos of cut closed

从图 8 中可以看出，在爆破切口形成后，紧贴定向角的保留体部位先出现裂缝，如图8(c)所示，随后裂缝逐渐向后上方扩展，直至与另一侧的裂缝贯通，随后裂缝加深，此部分混凝土虽然破坏，但钢筋并为断裂，因此后期随着塔体的倒塌，将人字支柱拉倒。

同时从图 8 中也可看出，在爆破后 1.0 s 时，切口上部塔体开始出现变形（见图 8(e)），在 1.125 s 时，塔体出现裂缝，之后变形加大，裂缝加深。而裂缝的底端正好为定向角所在的位置，说明塔体出现裂缝的位置与切口的大小有很大关系。

在这种切口参数情况下，爆破切口形成瞬间，预留截面内最大压应力首先大于钢筋混凝土的动载抗压强度，该处混凝土被压碎，塔体开始倾倒。随着塔体的倾斜，倾覆力矩逐渐增加，切口外塔体保留部分受到的最大拉应力和最大压应力也逐渐增大，致使裂缝逐渐增大加深。因此，认为切口从形成到最终破坏可以分为三个阶段。

第一阶段：爆破切口形成瞬间，受塔体自重作用，结构以中性轴为界分为受拉区和受压区，由于受压区范围较小，受压区的最大压应力首先大于钢筋混凝土的极限抗压强度，该处混凝土被压碎，出现裂缝，冷却塔开始倾倒，且承压区扩大。

第二阶段：随着塔体的倾倒，弯矩增加，因裂缝的扩展使中性轴向后移，而在新受拉区承受的拉应力增大，受拉区最大拉应力超过混凝土的极限抗拉强度，塔体保留部分截面上开始出现裂缝，即裂缝扩展至贯通，此时全部拉力由钢筋承担，钢筋拉应力突然增大。

第三阶段：为破坏阶段。当弯矩继续增加，由于钢筋的屈服，钢筋的应力保持不变而应变骤增，裂缝宽度明显增大并很快延伸，此后钢筋在塔体倾覆力矩的作用下受拉并产生颈缩断裂。此时塔体倾倒使爆破切口闭合，塔体绕支撑面旋转并最终倾倒，落地破碎。

7　结论

（1）冷却塔高细比小、重心偏低，在倒塌过程中重心很难移出底部直径以外，其破坏形式以定向倾倒结合原地塌落为主。冷却塔失稳倒塌或坍塌破碎、解体是自身重力作用的结果，爆破只是使其结构失去稳定性的手段，爆破切口形式、切口高度、切口长度等参数是冷却塔定向爆破拆除的关键技术。

（2）冷却塔倒塌过程，首先切口形成瞬间，塔体在自身重力矩作用下开始定向倾倒；在切口闭合后，塔体受重力、惯性力和地面支撑力共同作用下开始发生变形、扭曲，结构破坏最终倒塌。扭曲是高大、薄壁冷却塔坍塌的一个必要过程，也是爆破成功的关键所在。

（3）爆破切口范围内合理预拆除，不仅可以减少爆破工作量，而且可以实现理想的爆破效果。

参 考 文 献

[1] 杨朴，白立刚. 高大薄壁双曲钢筋混凝土冷却塔定向爆破拆除技术[J]. 铁道工程学报，2006(3)：66～69.

[2] 吴剑锋. 双曲线冷却塔爆破拆除切口参数研究[J]. 爆破，2009，26(1)：65～68.

[3] 张立国，李守巨，董振斌. 冷却塔爆破拆除起爆网路可靠性的研究[J]. 工程爆破，2000，2(6)：50～54.

[4] 王汉军，杨仁树，李清. 薄壁结构双曲线冷却塔的定向爆破拆除技术[J]. 煤炭科学技术，2006，34(7)：36～38.

[5] 王永庆，高荫桐，张春生，等. 冷却塔拆除爆破失稳数值分析[J]. 有色金属(矿山部分)，2008，1(60)：38～41.

[6] 乐松，池恩安. 复杂环境下的冷却塔控制爆破拆除[J]. 爆破，2009，26(2)：48～52.

[7] 王永庆，高荫桐，李江国，等. 复杂环境下双曲冷却塔控制爆破拆除[J]. 爆破，2007，24(3)：49～51.

高大建筑物爆破拆除工程实践

曲广建　崔允武　朱朝祥　单　翔　夏裕帅

（广东中人集团建设有限公司，广东广州，510515）

摘　要：本文论述了爆破拆除技术在高大建（构）筑物拆除工程中的应用，根据不同环境、不同建筑结构针对性选择合理的施工方法，同时对比了不同外部条件下爆破方式的确定。重点介绍了高大建（构）筑物爆破拆除的施工技术、施工重点以及施工组织。

关键词：高层建筑；高大烟囱；冷却塔；高大厂房；爆破拆除

Tall Building of Blasting Demolition of Engineering Practice

Qu Guangjian　Cui Yunwu　Zhu Zhaoxiang　Shan Xiang　Xia Yushuai

（Guangdong Zhongren Group Construction Co., Ltd., Guangdong Guangzhou, 510515）

Abstract：This paper discussed the blasting demolition technology application in the demolishing engineering of tall building structures, choose according to different environment, different structures targeted and reasonable construction method, and compared the determination of blasting way under different external conditions. The construction technology and construction organization of blasting demolition of tall building structures is mainly introduced.

Keywords：high-rise buildings；tall chimneys；cooling tower；tall building；blasting demolition

1　引言

随着我国经济建设的迅速发展，在城市现代化建设的进程中，需要改建、拆除的建（构）筑物日益增多。自从1976年天安门邮电职工大楼爆破拆除以来的30多年时间里，我国采用控制爆破技术相继拆除了高达240m的钢筋混凝土烟囱和高达104.1m的楼房（34层）。这些高大建（构）筑物的拆除表明爆破拆除技术在国民经济建设中发挥着不可替代的作用，本文根据作者多年来的施工经验，将高大建（构）筑物爆破拆除核心技术加以总结，以供参考。

2　高层建筑物的爆破拆除

2.1　高层建筑物爆破拆除的特点

采用爆破拆除的建筑物一般都具有以下特点：
（1）建筑高度较高，采用其他方法难以拆除。
（2）建筑结构强度较高，采用其他方法难以控制拆除成本。
（3）周边环境复杂，采用其他方法拆除难以保障安全。

2.2　高大建筑物爆破拆除的总体方案

依据建筑物的建筑结构形式的不同、周边环境的限制，高大建筑物的拆除主要有定向倾倒、原地坍塌、逐跨坍塌、折叠倒塌等四种方式。定向倾倒用于建筑物一侧有较为宽阔场地的建筑物拆除；原地坍塌用于周边场地有限，不允许建筑物往侧向倾倒的建筑物拆除；逐跨坍塌用于建筑长宽比较大、高宽比较小的建筑物拆除；折叠倒塌用于场地受限、安全影响大、允许振动小的建筑物拆除。下面通过实际案例逐一叙述。

2.2.1　中山市石岐山顶花园烂尾楼爆破拆除

2.2.1.1　工程概况

中山市石岐山顶花园烂尾楼南北宽 33.8m，东西长 38.5m，建筑面积为 27875m²。大楼属框支剪力墙结构，井字形布置，一层和地下室为框架结构，2~32 层均为剪力墙结构。中间部分为核心筒，平面结构如图 1 所示。一层层顶有 150cm×80cm 框支梁；核心筒四周有 32 根立

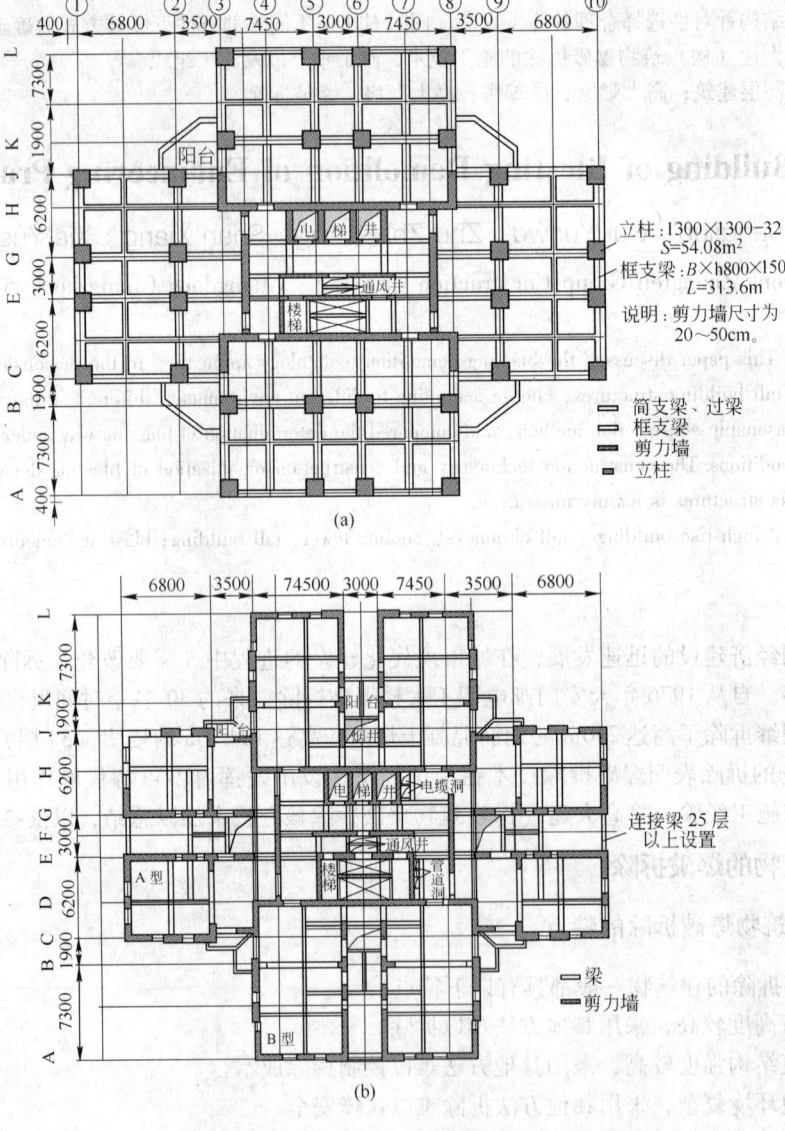

图 1　平面结构图

（a）首层平面结构图；（b）标准层平面结构图

Fig. 1　The plane structure

柱，立柱高 5.5m，截面尺寸均为 1.3m×1.3m。2~32 层为标准层，布局相同，核心筒部分剪立墙厚 20~40cm，其他部分剪力墙厚度为 20~30cm。

2.2.1.2 爆破方案

选用三个爆破切口，第一个爆破切口位于 1~5 层，切口夹角为 23°，该切口是为了保证楼房顺利定向倒塌；第二个爆破切口位于 12~14 层，切口夹角为 12°，该切口缩短倒塌长度，降低塌散长度；第三个爆破切口位于 22~24 层，切口夹角为 12°，该切口再次缩短倒塌长度。为使楼房主体倒塌后转动铰链有足够的支撑力，铰链前移至⑧轴，⑧~⑩轴同时起爆，切口布置具体如图 2 所示。

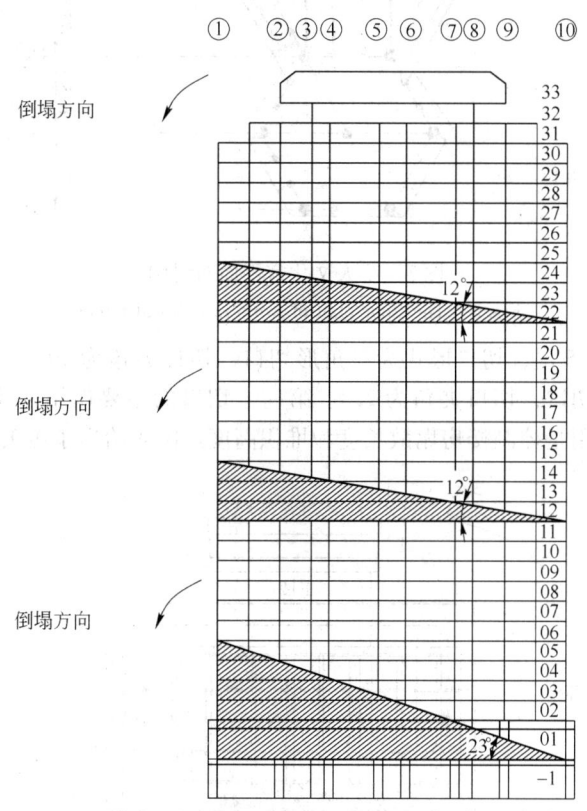

图 2　山顶花园切口布置图

Fig. 2　Mountain garden layout of incision

2.2.1.3 爆破效果

爆破后楼房按设计方向向西准确倒塌，倒塌长度（从楼房前沿算起）为 47m，密集塌散宽度 38m，个别块体向南 14m、向北 10m。第三个切口以上部分塌散长度 37m，堆积高度 18m，楼体一半被压碎，上半部分分解成四块，裂缝较多。第一切口至第二切口全部压碎，楼房从 25m 高处至第三切口堆积高度 8m，楼房东侧到西侧堆积高度 25m，楼体后部南北两侧有三片墙体，从楼体脱落，散落两侧。后排立柱向后位移 1.3m，无后坐，有少量飞石砸坏 15m 范围内民房的几片瓦片和玻璃，5.2m 处围墙部分倒塌。爆破效果相当理想。

2.2.2　昆明市老工人文化宫楼爆破拆除

主楼高 70m，建筑面积 21000m²，地上 18 层，地下一层，主体建筑基座由四个六边形结构组成，平面结构如图 3 所示。

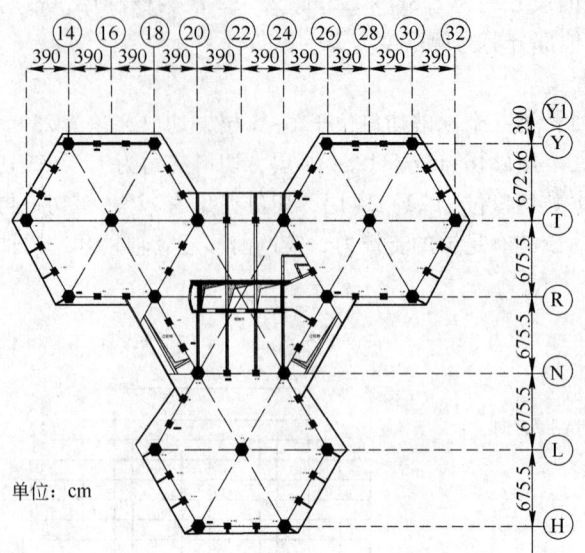

图3　工人文化宫平面布置图

Fig. 3　The floor plan of workers cultural palace

第一切口位于1~5层，切口形式为三角形切口，切口夹角为29°，第二切口位于10~11层，切口形式为梯形切口，切口夹角为22°。第一个切口的主要作用是控制楼房的倒塌方向，第二个切口的主要作用是控制楼房塌散长度和堆积高度。图4给出了爆破切口位置示意图。

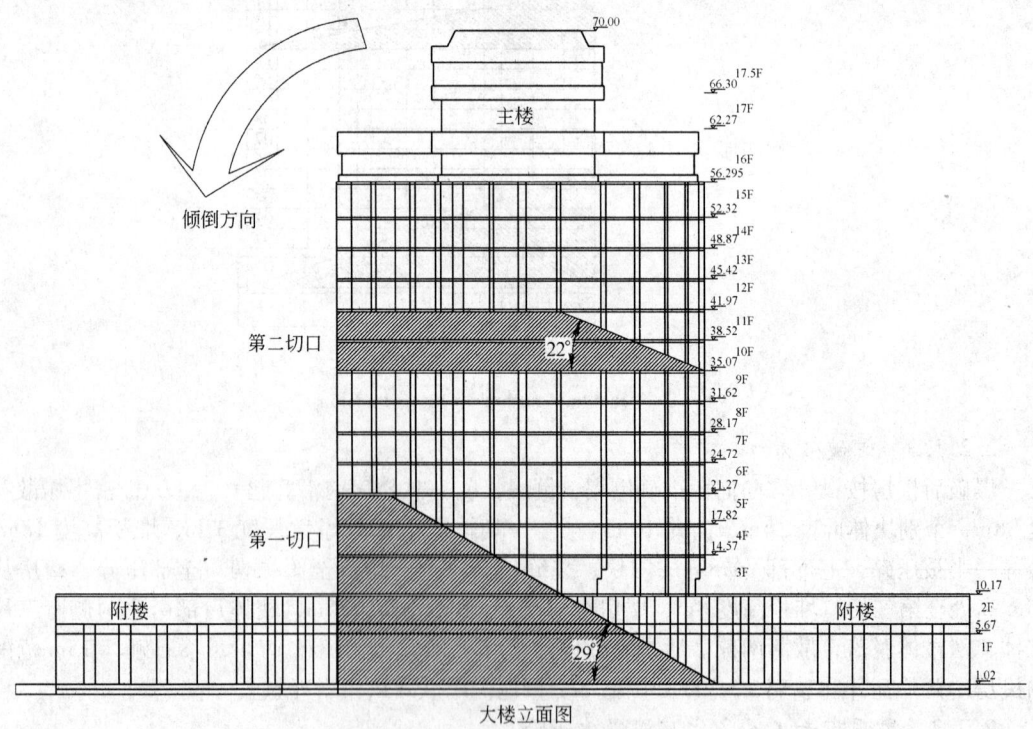

图4　工人文化宫爆破切口示意图

Fig. 4　The blasting cut diagram of workers palace

2.3 高大建筑物爆破拆除的技术要点

2.3.1 爆破切口的选择

高大建筑物爆破拆除一般多采用定向倾倒或者是折叠倒塌的施工方案，爆破切口的选择要综合考虑周边场地限制、建筑结构形式、建筑高度、爆破危害、保护目标等多种因素。根据笔者的经验，20层以上或者是高度超过80m的高层建筑宜选用三个及以上的爆破切口，其中，第一个切口最为关键，它关系到建筑物能否准确倒塌，第一个切口的夹角一般为30°左右。20层以下的建筑物一般选择1~2个爆破切口，个别受场地限制较严者，可以适当增加切口个数。

2.3.2 起爆网路的选择

确保爆破拆除的成功，起爆网路至关重要，目前国内广泛采用的多为毫秒微差、半秒差非电导爆管起爆网路。这种网路有抗干扰强、安全准爆的特点。选择合适的起爆网路，必须综合考虑建筑倒塌的时间，倒塌过程中的二次破碎程度以及合理控制一次齐爆的最大药量。

2.3.3 后坐的控制

为了城市的美观，很多建筑不是方方正正的对称建筑，加大了爆破拆除的技术难度。如何控制倒塌方向的准确，不向两侧偏离和后坐是爆破拆除高层建筑中最重要的技术环节。倒塌过程中的后坐控制不好，直接导致被保护目标损坏的案例很多。对于沿倒塌方向不对称的建筑结构而言，后坐的控制尤为关键，根据笔者参与施工的项目，不对称结构建筑爆破拆除，后排采用双轴立柱（墙）作为支撑，是能有效控制建筑倒塌后坐的。

2.3.4 预处理施工

高层建筑爆破施工中的预拆除也是不可忽视的重要环节，预处理不仅仅包括门窗、隔断、外墙装饰等非承重部位的拆除，还包括剪力墙、电梯井、楼梯间、管道井等承重部位的拆除。预拆除的原则是在保留足够强度的前提下最大化的拆除影响倒塌的不必要部位，避免个别构件或墙体影响建筑倒塌的准确性。根据类似工程的经验总结，周围环境复杂条件下可采用碟式切割或绳锯的方式进行高强度混凝土的预拆除，周围环境相对较好的地段可采用爆破法预处理。

2.3.5 安全措施

爆破拆除高层建筑物必须对影响周边安全的措施进行重点设计。主要包括爆破个别分散物的覆盖、包裹；爆破冲击波的防护；爆破振动的控制以及建筑物倒塌后的触地振动。行之有效的措施一般包括在装药部位采用竹篱笆、稻草、安全网进行包裹，在外围挂安全网以控制爆破飞散物的飞散距离。措施合理的话，可以把爆破飞散物控制在被爆建筑楼体以内。在楼房倒塌的正前方砌筑柔性土堤，用以缓冲触地振动。在被保护目标与待爆建筑中间开挖减振沟用以削弱地震波的传播。

3 高大烟囱的爆破拆除

3.1 江苏华电扬州电厂210m高烟囱爆破拆除

3.1.1 基本情况

拆除的烟囱为钢筋混凝土圆筒形结构，高210m。烟囱筒身标高为0~130.0m，采用300号混凝土，标高为130.0~210m，采用250号混凝土，内衬均采用普通红砖25号混合砂浆砌筑。

3.1.2 爆破切口形式

采用正梯形爆破切口。切口形式及位置如图5所示。

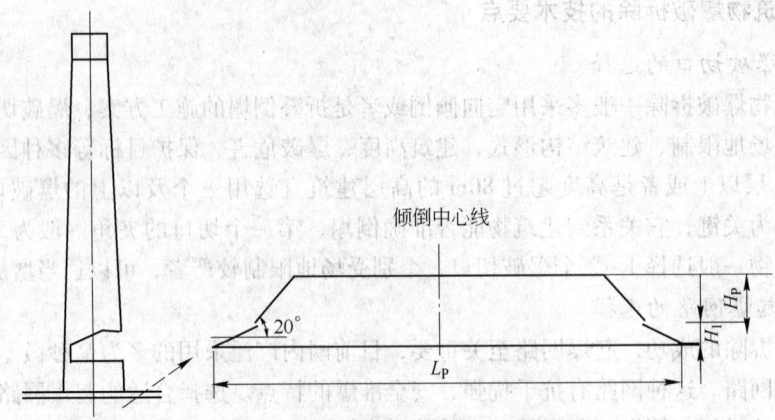

图 5　烟囱爆破切口形式及位置示意图

Fig. 5　Chimneys blasting cut form and sketch map

3.1.3　爆破切口长度 L_p

选择切口对应的圆心角 α 为 220°。则切口长度为：210m 高烟囱切口下沿选取距地面以上 10m 处，烟囱外直径为 16.0m，周长 50.24m，切口下沿长度 $L_p = 16.0 \times \pi \times 220/360 = 30.7$m。

3.1.4　爆破切口高度 H_p

切口高度 H_p 根据以往经验按式（1）确定：

$$H_p \geqslant (1/6 \sim 1/4)D \tag{1}$$

式中　H_p——切口高度，m；

　　　D——烟囱切口处的直径，m。

按照式（1）计算，210m 高烟囱的最大切口高度为：$H_p = 2.66 \sim 4.0$m。

爆破切口高度 H_p 也可按照式（2）计算：

$$H_p = \frac{5}{8}\left(1 + \frac{7\sigma_T}{4P}S\right)\frac{D^2}{Z_c} \tag{2}$$

式中　σ_T——钢筋的抗拉强度，Pa，Mn 钢 $\sigma_T = 510$MPa，A3 钢 $\sigma_T = 370$MPa；

　　　P——烟囱爆破切口以上的自重，kg；

　　　S——余留区钢筋的总横截面积，cm^2；

　　　D——切口处烟囱的外径，m；

　　　Z_c——烟囱切口以上的重心高度，按照 0.39 倍烟囱切口以上高度确定，m。

根据烟囱的实际情况及计算结果综合考虑，210m 高烟囱爆破切口高度取 3.6m。

3.1.5　爆破切口参数

（1）最小抵抗线 W：取切口处烟囱壁厚的一半，即 $W = \delta/2$（δ 为壁厚）。

（2）药孔间距 a：$a = 1.5 \sim 1.8W$ 或 $a = (0.9 \sim 0.95)L$。

（3）药孔排距 b：$b = (0.85 \sim 0.9)a$。

（4）药孔孔深 L：$L = (0.67 \sim 0.7)\delta$。

（5）单孔药量 Q_1：$Q_1 = qab\delta$。式中，Q_1 为单个装药量，g；q 为单位体积耗药量，g/m^3；$\delta = 30 \sim 50$cm 厚的钢筋混凝土，取 $1500 \sim 1200 g/m^3$；δ 为筒壁壁厚，m；a，b 为药孔的孔距及排距，m。

图 6 给出了烟囱预处理与穿孔示意图。

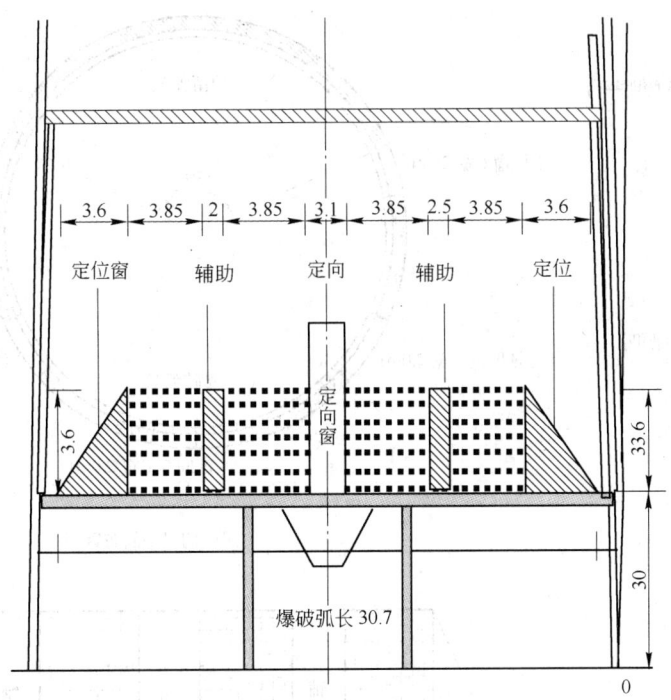

图 6　210m 高烟囱预处理与穿孔示意图（单位：m）

Fig. 6　210m chimney pretreatment and opning holls schematic diagram（unit：m）

3.2　荆门电厂高 150m 烟囱爆破拆除

3.2.1　爆破方案

烟囱的爆破倒塌方案为：采用单向切口并预先开设好定向、定位窗，对预留部位穿孔爆破，使烟囱切口上部实体定向倒塌；150m 烟囱因其烟道口与倒塌方向不对称，每个方向均有不同程度的限制，最长方向有 138m 的倒塌空间（2 号冷却塔边沿），拟将切口位置提高到烟道上沿 3m 处，切口下沿位于地面以上 18m。

3.2.2　爆破切口设计

根据本工程的实际情况，爆破切口选择在 +18.00m 处（以切口下沿为准），为保证烟囱倒塌方向准确，切口采用正梯形切口，具体如图 7 所示。

切口长度：根据烟囱的结构特点，切口长度按式（3）确定：

$$L = (3/5 \sim 2/3)\pi d \tag{3}$$

式中　L——爆破切口弧长，m；

　　　d——爆破切口处外径，m。

切口圆心角取 230°。

切口高度：切口高度是烟囱爆破的重要参数，切口高度过高或过低都会影响烟囱失稳，一般情况下切口高度按式（4）计算：

$$H = (1.5 \sim 3.0)B \tag{4}$$

烟囱为钢筋混凝土结构且高度较高，荷载较大，若切口过小则可能在形成倾倒趋势前闭合，从而影响倒塌方向的准确性。根据以往电厂烟囱施工经验，拟定烟囱切口参数见表 1。

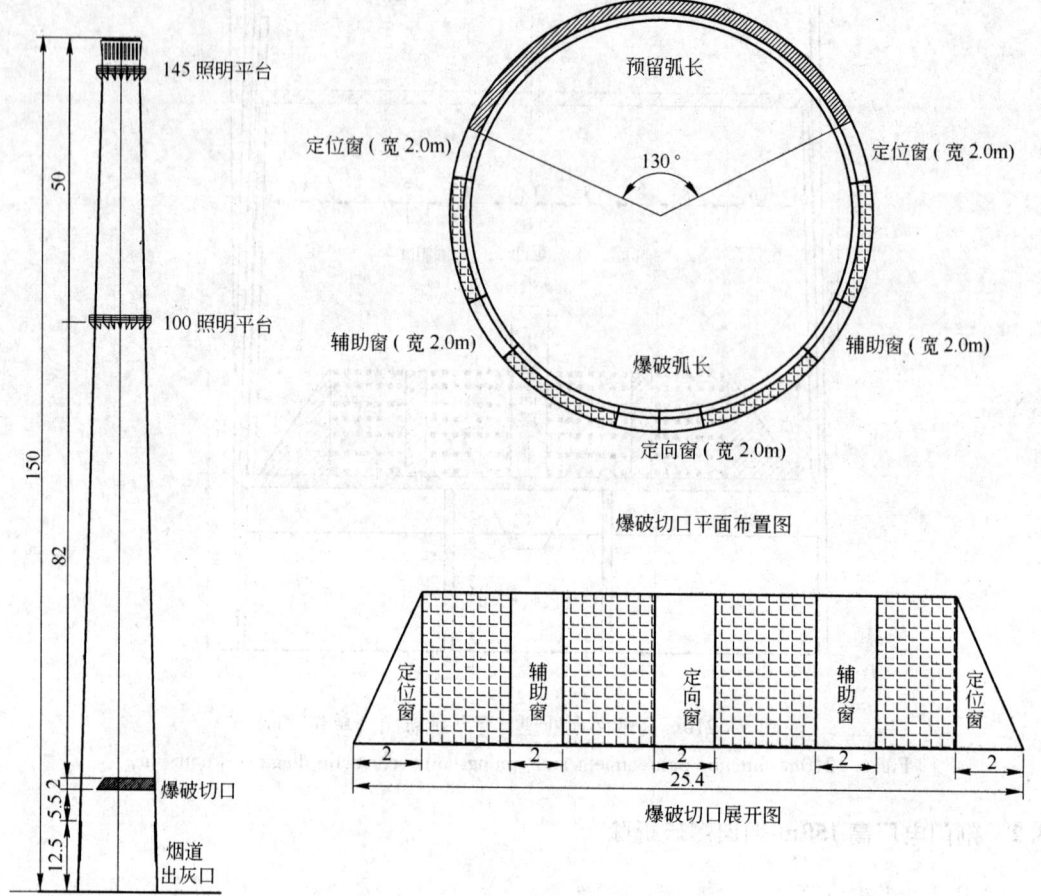

图 7　烟囱爆破切口示意图（单位：m）

Fig. 7　Chimneys blasting cut diagram（unit：m）

表 1　烟囱切口参数

Table 1　The parameters of the chimney incision　　　　　　　　　　（m）

位　置	下沿周长	切口下沿弧长	预处理弧长	预留弧长
+18.00	39.8	25.4	8.0	31.8

位　置	直　径	爆破弧长	切口圆心角	切口高度
+18.00	6.33	17.4	230°	2

3.2.3　爆破参数的确定

炮孔参数：根据炮孔参数设计原则，炮孔参数确定如下：

最小抵抗线：$W = B/2$　　　（B 为烟囱切口位置的外壁厚）

间距：$a = (1.0 \sim 2.0)W$

排距：$b = (0.8 \sim 1.2)a$

深度：$L = (0.58 \sim 0.8)B$

单孔装药量计算：其 $q = KabB$（其中 K 为炸药平均单耗）。

根据以上公式计算并根据实际情况调整，则烟囱爆破的孔网参数见表2。

表2　烟囱爆破参数

Table 2　The parameter table of blasting chimneys

参数	壁厚 /cm	最小抵抗线 /cm	孔距 /cm	排间距 /cm	孔深 /cm	平均单耗 /kg·m⁻³	孔数 /个	单孔药量 /g	总药量 /kg
数值	40	20	35	35	25	2.5	315	122	38

3.2.4　爆破效果

爆破后烟囱按设计方向准确倒塌，下部22m大部分被上部坐坏，烟囱背后5m的备品仓库完好无损。烟囱向前倒塌距离130m，烟囱倒塌正前方的库房仅有少量玻璃被冲击波损坏。爆破效果达到设计要求。

3.3　高大构筑物爆破拆除技术要点

（1）烟囱类高大构筑物的爆破拆除切口形式、切口部位、切口圆心角、切口高度是爆破设计中的重点。

（2）烟囱倒塌方向的定向窗与两侧的定位窗施工必须做到精确控制，确保保留部位强度不被削弱。

（3）倒塌场地范围受限的情况下可采用提高切口部位或折叠爆破拆除。

（4）烟囱倒塌方向上砌筑减振土堤和开挖减振沟是有效的防护措施，特别是减振土堤，除满足高度和长度的要求外，必须做好覆盖措施，杜绝由于烟囱冲击造成二次飞溅。

4　冷却塔爆破拆除

4.1　工程概况

荆门发电厂的四座冷却塔淋水面积为3500m²，高度90m。2号冷却塔西侧37m是冷作车间，南侧20m是油罐，需重点保护；2号冷却塔距离3号冷却塔20m，3号冷却塔北侧30m是6号A转运站，周围环境复杂。如图8所示。

4.2　爆破切口形式

切口形式：采用"倒梯形"切口，如图9所示。

切口高度（H）为人字支柱高度（h_1）、圈梁高度（h_2）、筒壁切口高度（h_3）之和，总高度10.3m；$H = h_1 + h_2 + h_3$，见图10。其中筒壁只做预处理不进行穿孔爆破，筒壁处减荷槽高度为3m，宽度选取在人字柱中间2~3m。

切口长度是根据切口各组成部分的作用不同取不同长度，其中，人字支柱长度 $L_1 = 220/360S$，圈梁长度 $L_2 = 220/360S$，塔身切口长度 $L_3 = 240/360S$，式中 S 为该处的塔体周长。切口角度：筒壁240°、人字柱220°，如图11所示。

4.3　塔身预处理

冷却塔的炮孔参数：塔身不做爆破预处理，只开设定向窗、定位窗及减荷槽。定向窗开设高度为4m，定向窗两侧两个减荷槽开设高度也为4m，其他减荷槽开设高度为3m。开设形式如图12所示。

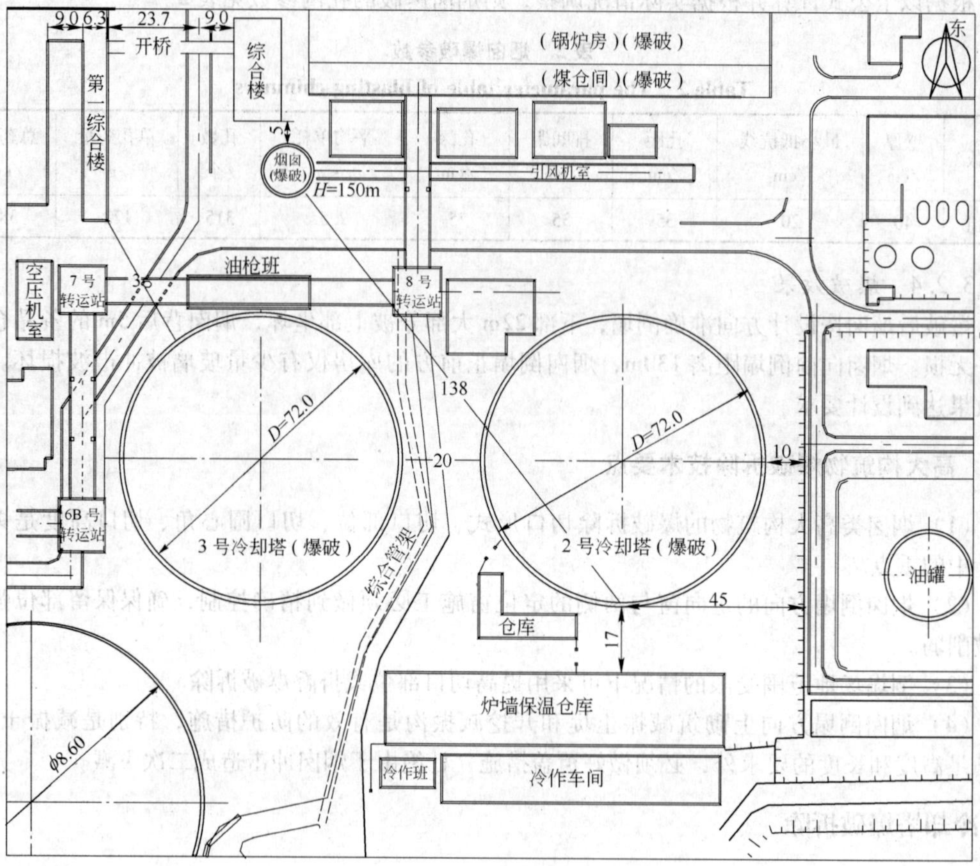

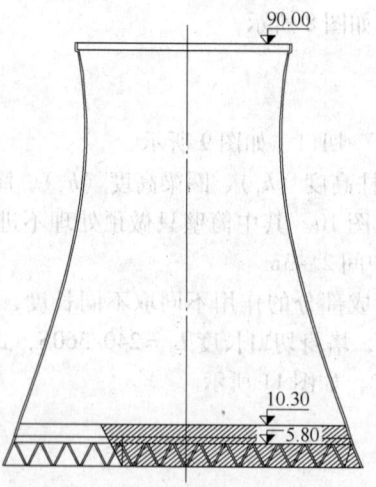

图 8　荆门电厂冷却塔周围环境示意图

Fig. 8　Jingmen power plant cooling tower surroundings

图 9　冷却塔切口示意图

Fig. 9　Cooling tower incision

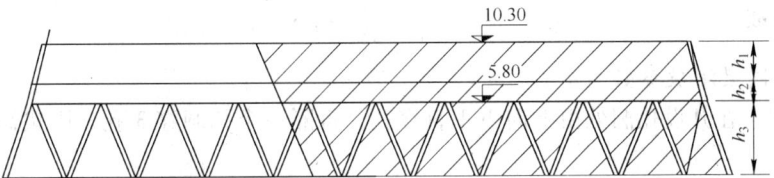

图 10　切口高度示意图

Fig. 10　Highly schematic of incision

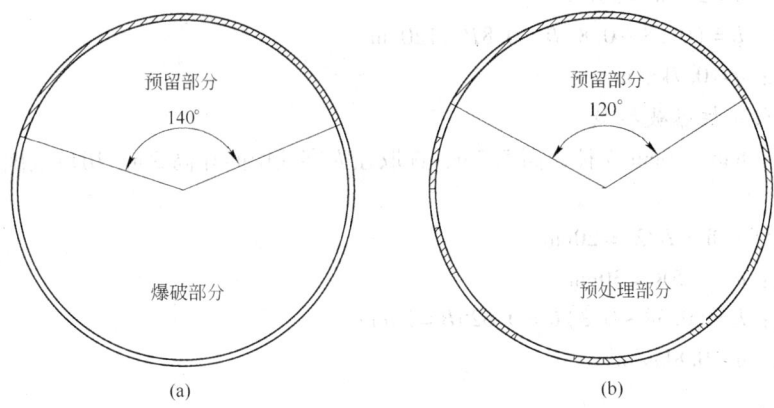

(a)　　　　　　　　　　　　　　　　　(b)

图 11　切口圆心角示意图

（a）人字柱、圈梁切口圆心角；（b）筒壁切口圆心角

Fig. 11　The central angle of incision

图 12　预处理孔洞开设示意图（单位：m）

Fig. 12　The schematic diagram of preprocessing hole（unit：m）

4.4　爆破参数

4.4.1　圈梁爆破参数

对于圈梁，在开设孔洞处由上向下垂直穿孔，每隔一个孔洞穿 3 孔，圈梁高度 1.5m，圈梁厚度 50cm。

圈梁处 $R = 33.9$，切口弧长 $L_2 = 220/360S = 130\text{m}$，共开设孔洞约 21 个，钻孔 63 个。

最小抵抗线：$W = B/2 = 25\text{cm}$

炮孔间距：$a = 2.0W = 50\text{cm}$

炮孔深度：$L = (0.58 \sim 0.8)B = 0.8B = 120\text{cm}$

炸药单耗：$q = 0.7\text{kg/m}^3$

4.4.2　人字柱爆破参数

人字柱为 40cm×40cm 立柱，高 5.5m，选取在人字柱中间炸高 3m。切口范围内有 24 对人字柱。

最小抵抗线：$W = B/2 = 20\text{cm}$

炮孔间距：$a = 1.5W = 30\text{cm}$

炮孔深度：$L = (0.58 \sim 0.8)B = 0.625B = 25\text{cm}$

炸药单耗：$q = 0.8\text{kg/m}^3$

4.5　起爆网路

采用非电毫秒延期起爆网路，以倒塌中心线为轴沿两侧均匀使用 Ms3、Ms5、Ms7 段雷管。孔内雷管每 10 ~ 20 发用双发毫秒 3 段雷管簇联，簇联后的双发雷管用导爆管与四通连接成复式闭合网路，由两条主线引至起爆站用脉冲起爆器起爆。

4.6　爆破效果

起爆后，塔体向设计方向倾斜，切口闭合后向下后方挤压，塔体上部开始出现扭曲变形，几秒钟后加速扭转下落，最后全部坍塌。预留支撑部位残留 5 ~ 7m 高筒壁，其他部位得到充分解体。

4.7　冷却塔爆破技术要点

（1）冷却塔结构简单，形式多样，高宽比小，主要有现浇式和装配式，大部分因淋水面积不同而高度不同，设计时必须充分考虑塔身的构造。

（2）人字柱、圈梁、塔身部位结构变化明显，必须充分考虑结构差异。

（3）塔身部位的减荷槽对于冷却塔的倒塌，起着决定性的作用。有条件的情况下，应将减荷槽处理至较高位置。

5　高大厂房爆破拆除

5.1　江苏华电戚墅堰电厂 220MW 机组主厂房爆破拆除

火力发电厂厂房平面布置一般按照锅炉房、除氧煤仓间、汽机房的顺序排列，锅炉房一般为排架和钢架结构，除氧煤仓间一般为框架结构，汽机房多为排架结构。具体如图 13 所示。

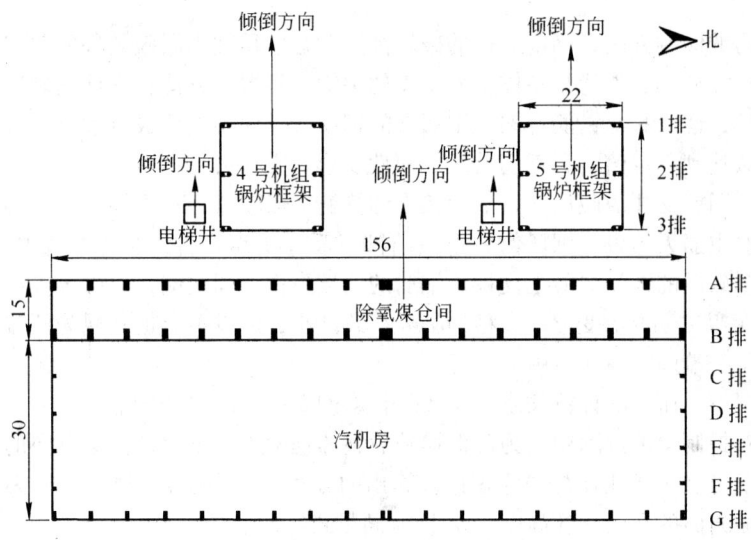

图 13　主厂房平面结构图（单位：m）

Fig. 13　Main workshop plane structure（unit：m）

5.1.1　爆破部位

对于排架结构的厂房，承重立柱承受整个厂房的上部荷载，一旦底层的承重立柱遭到彻底破坏，且达到一定破坏高度后，则整个结构必然向侧下塌落。本厂房的爆破部位确定为：底层所有立柱，爆高加大；二层、三层倒塌方向 3/4 的立柱和部分梁，爆高适当减小。定向爆破切口剖面如图 14 所示。

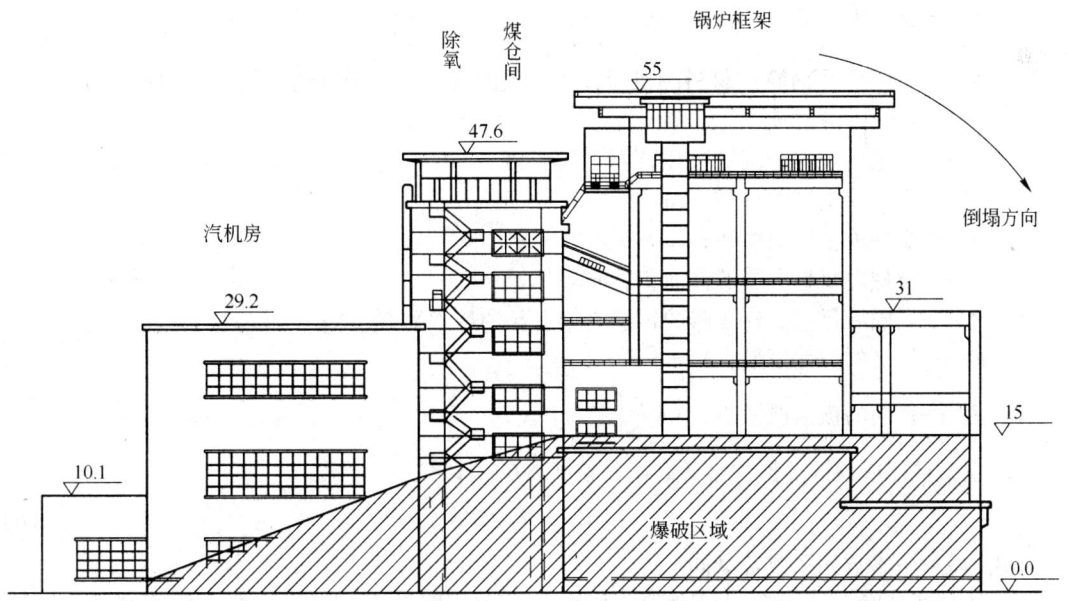

图 14　定向爆破切口剖面示意图（单位：m）

Fig. 14　Directional blasting cut profile sketch（unit：m）

5.1.2　破坏高度

要控制厂房的倾倒方向，确定立柱的破坏高度，是取得理想爆破效果的关键因素之一。

框架的承重支柱偏心失稳是整体框架倒塌的关键。用爆破方法将支柱基础以上一定高度的混凝土充分破碎，使之脱离钢筋骨架，则孤立的钢筋骨架便不能构成有效支撑，当钢筋骨架顶部承受的静荷载达到一定值时，钢筋就发生塑性变形，支柱失稳下落。

爆破实践表明，支柱爆破后，钢筋骨架中的箍筋一般断开，对主筋的横向约束减小甚至解除。假设箍筋对主筋无约束，则任何一根主筋都可看作受压杆件。根据《结构力学》中压杆稳定的理论，爆破后的钢筋混凝土支柱，钢筋的两端虽都是固定端，但由于爆破的作用，爆后钢筋向外膨胀变弯发生残余变形，失稳的临界荷载减小，所以不能把它视为两端固定的压杆考虑，可以看成是一端固定一端自由的压杆。

在这种情况下，压杆的计算长度等于实际长度的 2 倍，即 $H_x = 2H_0$。

框架结构在控制爆破拆除中，为确保爆破后整体框架失稳倒塌，倒塌方向的支柱必须有足够高的破坏高度（要大于用压杆失稳理论计算出的最小破坏高度）。根据压杆失稳理论和爆破实践经验，倒塌方向的支柱破坏高度（H_P）应满足式（5）：

$$H_P = K(B + H_{min}) \tag{5}$$

式中　K——经验系数，一般取 $1.0 \sim 1.5$；

B——支柱截面在倾倒方向上的边长，cm；

H_{min}——支柱的最小破坏高度，cm，

$$H_{min} = \begin{cases} \dfrac{\pi}{2}\sqrt{\dfrac{EJn}{P}} & (\lambda \geq 100) \\[3mm] \dfrac{d}{8b}\left(a - \dfrac{P}{nF}\right) & (60 \leq \lambda < 100) \end{cases}$$

λ——支柱内主筋的长细比，$\lambda = \dfrac{H_x}{\sqrt{J}\sqrt{F}} = \dfrac{4H_x}{d} = \dfrac{8H_0}{d}$（$H_x$ 为钢筋的计算长度）；

a，b——与压杆（钢筋）材料的机械性质有关的常数，对于普通钢筋：$a = 31\text{kN/cm}^2$，$b = 114\text{N/cm}^2$；

H_0——爆破后暴露的钢筋（压杆）实际长度，cm；

d——支柱内主筋的直径，cm；

n——支柱内主筋的根数；

F——支柱内每根主筋的截面积，cm^2；

P——爆破后每根支柱暴露的钢筋骨架上部的压力荷载，N；

E——钢筋的弹性模量，N/cm^2；

J——钢筋的截面惯性矩，$J = \dfrac{\pi d^4}{64}$，cm^4。

承重支柱形成铰链部位的破坏高度可按式（6）计算：

$$H_j = K \cdot B \tag{6}$$

式（6）中参数和系数含义同上。

墙体破坏高度 H_P 通常不小于墙厚 δ 的 $2.5 \sim 3$ 倍，即 $H_P \geq (2.5 \sim 3)\delta$，并充分破碎。

5.1.3　破坏程度

对于爆破切口范围内的立柱必须充分破碎，并抛离原位，以形成连续的爆裂口。如破碎不

充分，则容易形成支点，造成爆后不倒的严重后果。松散范围内的药孔，其药量适当减小，只对梁柱进行削弱，混凝土不必抛离原位，以控制飞石距离。

5.1.4 爆破网路

高大厂房主要以排架结构为主，排架柱之间的连接多以牛腿上的搭接、屋顶的桁架梁为主，桁架梁与排架柱之间多用螺栓连接，强度不及建筑物框架结构联系牢固，爆破后相互之间的影响较小，因此起爆网路对于厂房的倒塌影响较大。厂房倒塌的好坏与相邻两排立柱的起爆时间差关系密切，一般情况下前后排时差在500ms左右，即可保证排架柱按顺序倒塌。

5.2 高大厂房爆破的技术要点

（1）高大厂房爆破拆除技术难点主要在于工业厂房的特殊性，设计必须充分考虑排架结构、钢架结构、框架结构等不同结构的特点，区别对待。

（2）框架结构类的除氧煤仓间，由于其高宽比较大，可参照高层建筑物爆破进行设计。

（3）锅炉间框架因其上部都有大板梁结构，必须充分破坏其承重，并选择500ms左右的前后排起爆时差。

（4）汽机房为典型的排架结构，两排主要排架柱主要靠屋顶的桁架梁连接，前后排的爆高及起爆时差有明显区别才能保证顺利倒塌。

6 结束语

高大建（构）筑爆破拆除技术，在最近20年内取得了飞速的进步，我们的建筑物拆除高度已经达到107m，楼层数已达34层，爆破拆除最高的烟囱已经高达240m，爆破拆除的冷却塔高度已经达到120m。爆破拆除的技术和经验从无到有，从粗到精，我国高大建筑物拆除爆破技术不断攻坚克难，取得了长足的进步，并稳居世界爆破拆除领先行列。我们深信，以精益求精、勤恳钻研的态度，拆除爆破技术会发展得更高效、更安全！

参 考 文 献

[1] 汪旭光，郑炳旭，张正忠，等. 爆破手册[M]. 北京：冶金工业出版社，2010.
[2] 史家埮，程贵海，郑长青. 建筑物爆破拆除理论与实践[M]. 北京：中国建筑工业出版社，2010.
[3] 顾毅成，史雅语，金骥良. 工程爆破安全[M]. 合肥：中国科学技术大学出版社，2009.
[4] 冯叔瑜，吕毅，杨杰昌，等. 城市控制爆破[M]. 第2版. 北京：中国铁道出版社，2000.
[5] 刘玲. 工程结构[M]. 北京：中国计划出版社，2008.
[6] 曲广建，朱朝祥，等，爆破技术在电厂冷却塔拆除工程中的应用[J]. 工程爆破，2009，2.

钻孔爆破在盾构穿越地下障碍物工程的应用

刘少帅　何　军　申文胜　李介明

（上海消防技术工程有限公司，上海，200080）

摘　要：根据上海轨道9号线施工实例，结合本工程实际情况，介绍了利用钻孔爆破技术实现盾构快速通过混凝土地下连续墙的施工实例。采用精密钻孔取芯技术，保证了炮孔质量。并通过布置监测点，监测爆破对水、土及周边环境的影响，阐述了爆破参数、爆破网路的设计与施工以及爆破安全等技术问题。对同类的工程有一定的借鉴意义。

关键词：地下连续墙及桩；钻孔取芯；盾构；监测点；爆破效果

Borehole Blasting Application in Shield Through the Underground Obstacles

Liu Shaoshuai　He Jun　Shen Wensheng　Li Jieming

（Shanghai Fire Technology Co., Ltd., Shanghai, 200080）

Abstract: According to line 9 of Shanghai rail construction in combination with the practical situation of the project, introduces the use of drilling blasting technology of shield quickly through the practice for construction of underground continuous concrete wall. The drilling core technology, ensure the quality of the hole. And through the arrangement of monitoring points, monitoring of the blasting impact on water, soil condition and surrounding environment. In this paper, the design of the blasting parameters and blasting network construction, blasting safety and other technical problems have been introduced. It has certain reference significance for similar engineering.

Keywords: underground continuous wall and pile; drilling core; shield; monitoring; blasting effect

1　工程概况

1.1　工程简介

文化中心交通枢纽工程位于天津市河西区文化中心的西侧，西临友谊路，北临乐园道，包括地面公交枢纽场站、轨道交通 M5、M10、Z1 线及其相邻的地下商业场所及停车库等。天津市文化中心地下交通枢纽工程具体包括地铁5 号、6 号线文化中心站、围堤道站、宾馆西路站、Z1 线尖山路站及 Z1 线尖山路站至 Z1 线文化中心站地下区间隧道。在地铁施工过程中需在三个区域内穿越文化中心交通枢纽工程地下连续墙，分别为：

1 号点：2 标段5 号、6 号宾馆西路~文化中心站区间隧道，盾构需穿越一侧地下连续墙。

2 号点：3 标段 5 号线围堤道站～文化中心站区间隧道，盾构需穿越一侧地下连续墙。

3 号点：Z1 线区间隧道在已建文化中心土建 2 标地下空间下穿越，先后穿越文化中心地下室 11 根立柱桩及一侧地下墙等障碍物。其中，右线盾构区域有 7 根立柱桩，左线盾构区域有 4 根立柱桩，盾构隧道以 50°夹角穿越文化中心地下连续墙。

文化中心地铁施工周边环境如图 1 所示。

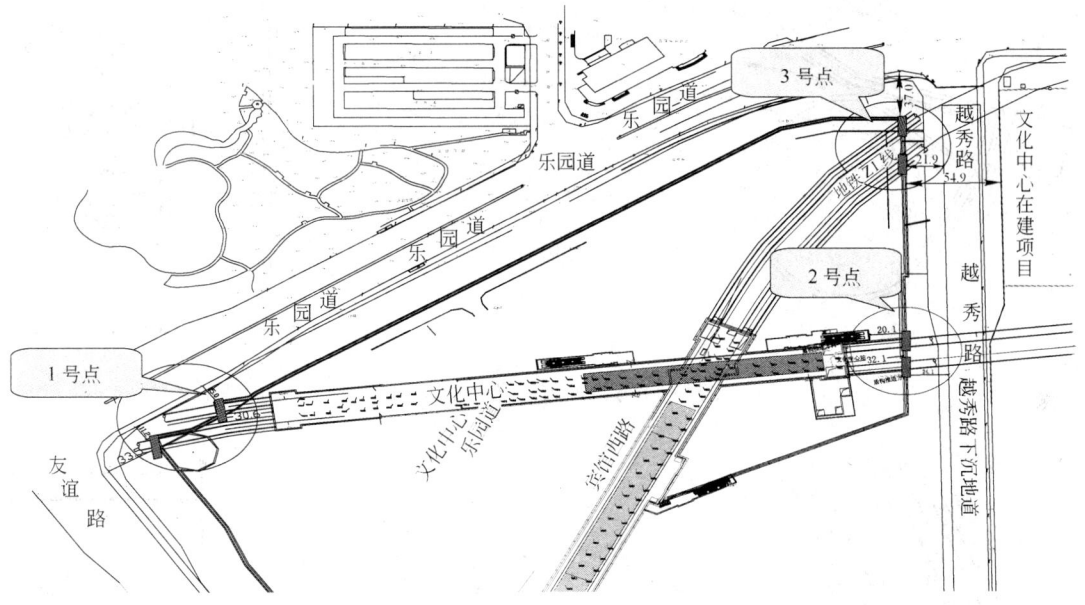

图 1　文化中心地铁施工周边环境

1.2　周边环境

1 号点：5 号、6 号线 2 标段区域：

北侧：为乐园道，爆破区域距离乐园道水平距离为 15m。

东侧：为文化中心地下室结构，爆破区域距离地下室为 30.6m。

西侧：为友谊路，爆破区域距离友谊路为 33.5m，地表有一未使用污水管道。

南侧：为在建工地（空地）。

1 号点爆破位置平面示意图如图 2 所示。

2 号点：5 号、6 号线 3 标段区域：

北侧、南侧：为地面景观施工工地。

东侧：为越秀路地下隧道（在建）24.1m。

西侧：为文化中心地下室结构，爆破区域距离友谊路为 32.1m。

2 号点爆破区域周边示意图如图 3 所示。

3 号点，即 Z1 线区域：

北侧：为乐园道，爆破点距离乐园道 37m。

东侧：为越秀路隧道（在建）21.9m，越秀路东面是文化中心工地在建工地，距离爆破区域最近距离为 54.9m。

西侧：为文化中心项目地下室。

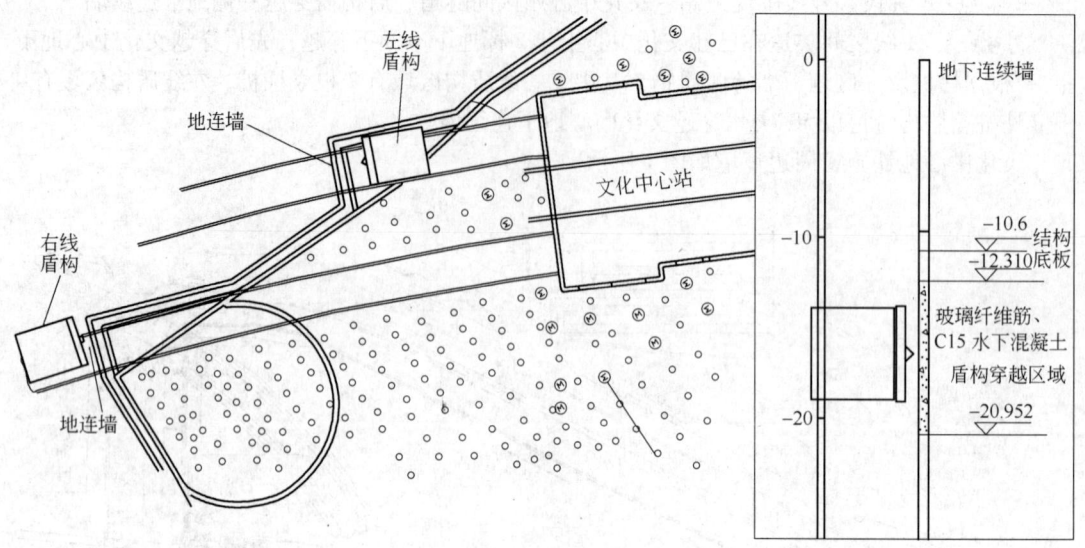

图 2　1 号点爆破位置平面示意图

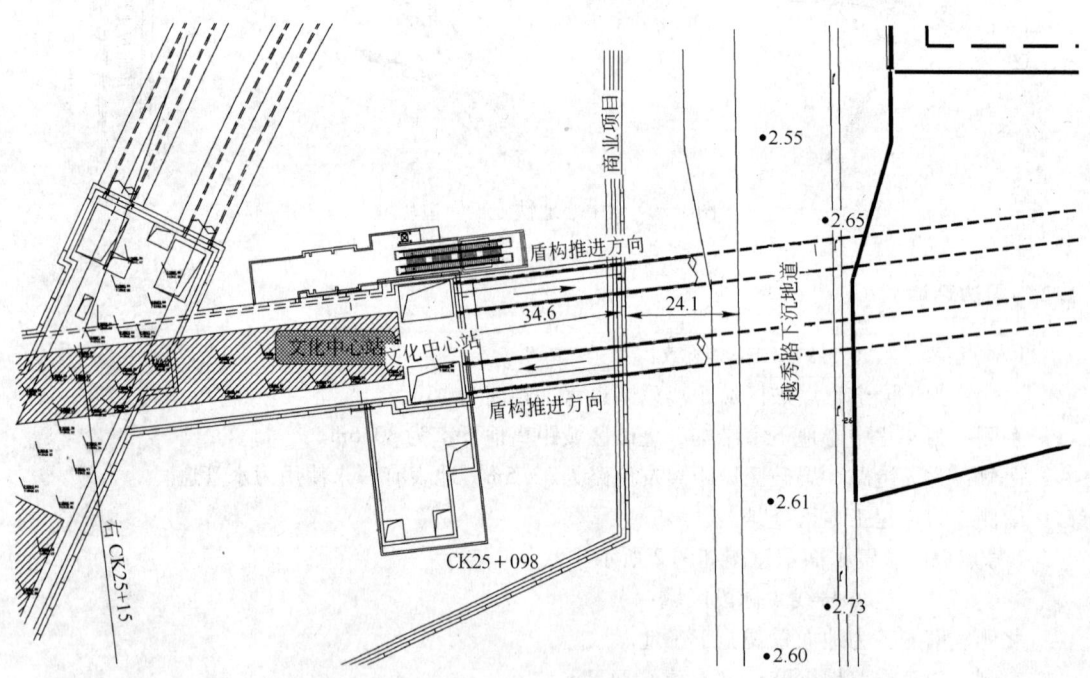

图 3　2 号点爆破区域周边示意图

南侧：为在建工地。

3 号点 Z1 线穿越地墙及立柱桩剖面图如图 4 所示，隧道桩基和地下连续墙平面关系图如图 5 所示。

根据工程特点拟采取爆破法对盾构穿越区域内的 6 幅厚度均为 800mm 的连续墙及 11 根立柱桩进行爆破。预留穿越位置为玻璃纤维混凝土，预留区域大小为 10m × 10m，墙厚度均为 0.8m，玻璃纤维混凝土强度为水下 C30。盾构与待爆破区域位置关系见表 1。

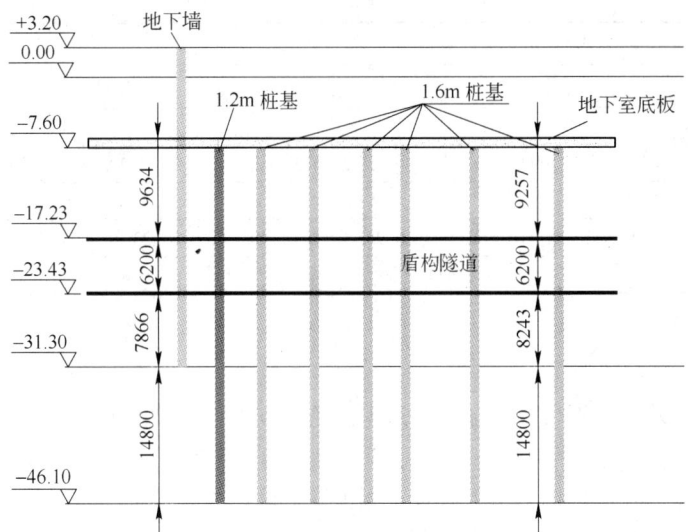

图 4　3 号点 Z1 线穿越地墙及立柱桩剖面图

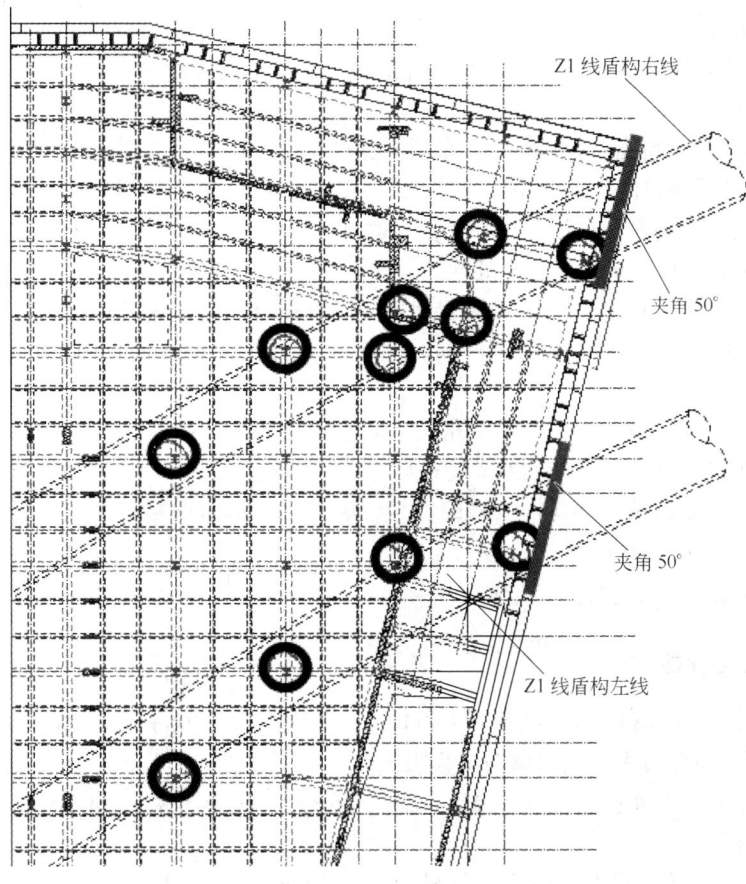

图 5　3 号点 Z1 线隧道桩基和地下连续墙平面关系图

表 1　盾构与待爆破区域位置关系

区　域	1 号点	2 号点	3 号点	
	2 标段	3 标段	Z1 线	立桩
地墙厚度/mm	800			1600
隧道中心标高/m	-12.992	-10.625	-20.33	1200mm
盾构直径/m	6.34			6.4
爆破处理范围/m	-9.322 ~ -16.662	-6.955 ~ -14.295	-16.23 ~ -24.43	
爆破高度/m	7.34		8.2	

1.3　控制要点

（1）保证爆破效果，不仅要保证爆破过程的绝对安全，还要保证爆破后块度小于 20cm 符合盾构掘进要求。

（2）考虑文化中心项目地下室大底板及底板以上结构和底板上的管线的安全。

（3）考虑周边建筑物安全及越秀路隧道外墙安全。

（4）做好水平监测、水土影响测试及爆破振动测试。

2　爆破方案设计

（1）施工方面。

1）采用地质钻 300 型岩芯钻机，保证钻孔垂直度及成孔质量。大底板部分采用金刚石取芯钻进行开孔、钻孔。

2）适当调整机架高度，采用多段分节拼接钻杆。

3）做好成孔后洞口防护及冬季防冰冻工作。

（2）按照设计，将药包分段固定在韧性好的 $\phi12$PVC 软管上，从而确保装药位置及装药结构，药包放置位置保证准确性及防水处理。

（3）在每个单体药包上采用三发雷管起爆，确保准爆，整个网路采用复式网路确保网路传递的准爆性。同时采用孔内、孔外延时起爆网路，降低爆破振动，使爆破振动控制在国家规定的安全范围内。

（4）为防止大量地下水外泄，在钻孔时，设置止水装置。

（5）在爆破区域的地下连续墙及立柱桩周边设置泄压孔。

（6）为确保爆破区域上部建构筑物的安全，爆破后，迅速对爆破区域进行注浆，以保证爆破后形成的暂时性空洞得以填补。

3　爆破设计参数

3.1　地连墙爆破参数

孔距：$a = 1.0 \times h = 800$mm，孔径：$d = 110$mm，厚度：$h = 800$mm，孔深：16 ~ 28m，抵抗线：$W = 400$mm，单段最大一次起爆药量为 3kg。

单孔药量计算（中间孔为最大药量）：$Q = KV = 3.0 \times 0.8 \times 8.2 \times 0.8 = 15.7$kg（乳化炸药），分 5 节装药。

当完成钻孔后，利用仪器对钻孔进行测量，参考地连墙浇筑时的斜度，计算钻孔误差，根据钻孔的偏差，进一步调整单孔药量。

其中，1 号点和 2 号点中间 3 个孔，上部 2m 处单体药包采用 0.6kg，其他按原设计制作药包。地墙爆破钻及装药孔示意图如图 6 所示。

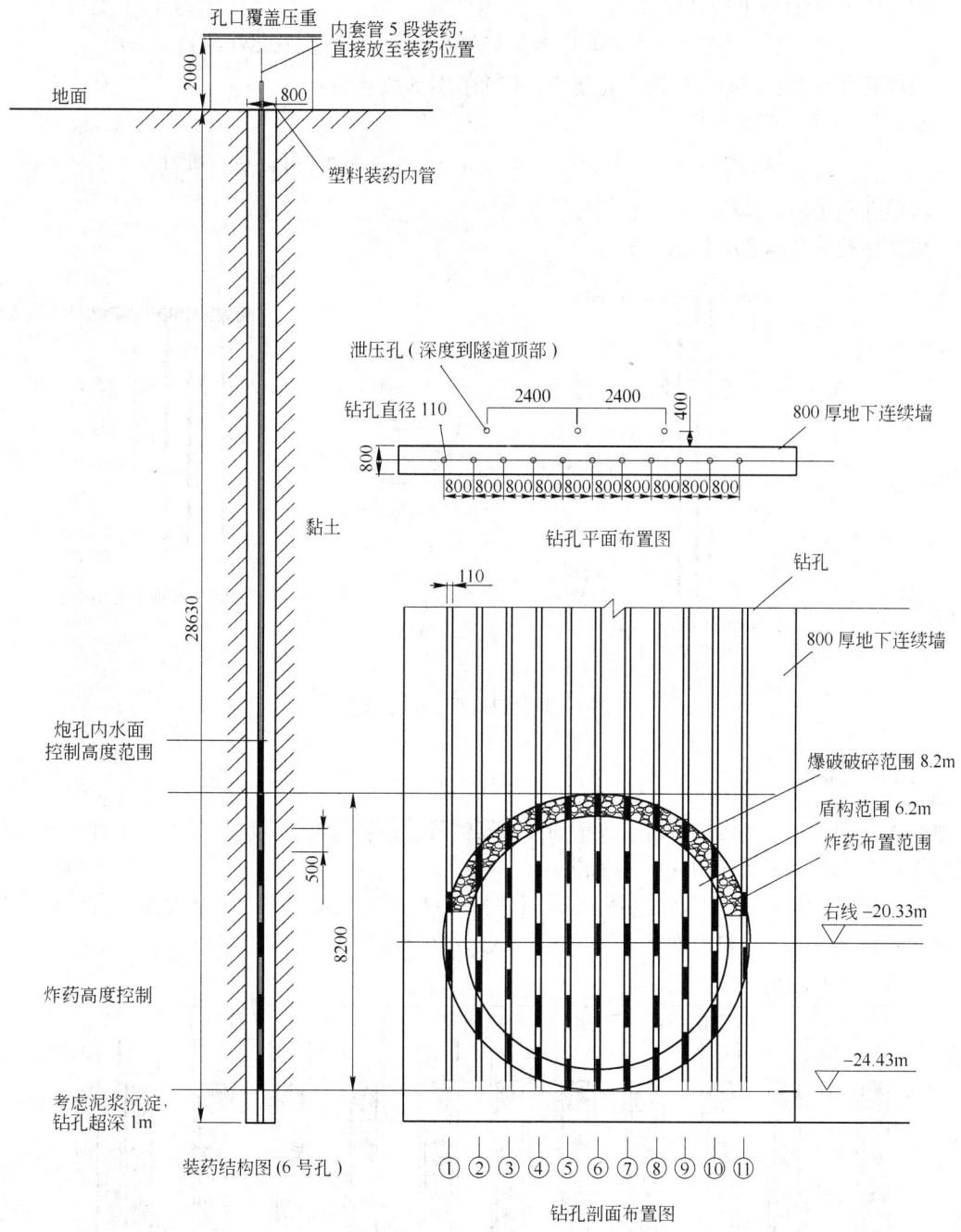

图 6　地墙爆破钻及装药孔示意图（单位：mm）

3.2　灌注桩爆破设计参数

本工程爆破范围内的立柱桩分为两种规格，即 φ1200mm（2 根）、φ1600mm（9 根）。根据立柱桩直径不同采用两种取孔方式，即 ϕ1200mm 取两个孔，ϕ1600mm 取两个孔，深度均为 16.4m，钻孔直径均为 110mm。

ϕ1200mm 单装药量计算：

$$Q = KV = 2.5 \times 3.14 \times 0.6^2 \times 8.2 = 23.1kg(乳化炸药)$$

故单孔药量取：25kg（分两个孔装药，每个孔分 5 段装药）。

ϕ1600mm 单装药量计算：

$$Q = KV/2 = 2.5 \times 3.14 \times 0.8^2 \times 8.2 \times 0.5 = 20.5kg(乳化炸药)$$

故单孔药量取：22kg（分 7 节装药）。

桩体钻孔装药示意图如图 7 所示。

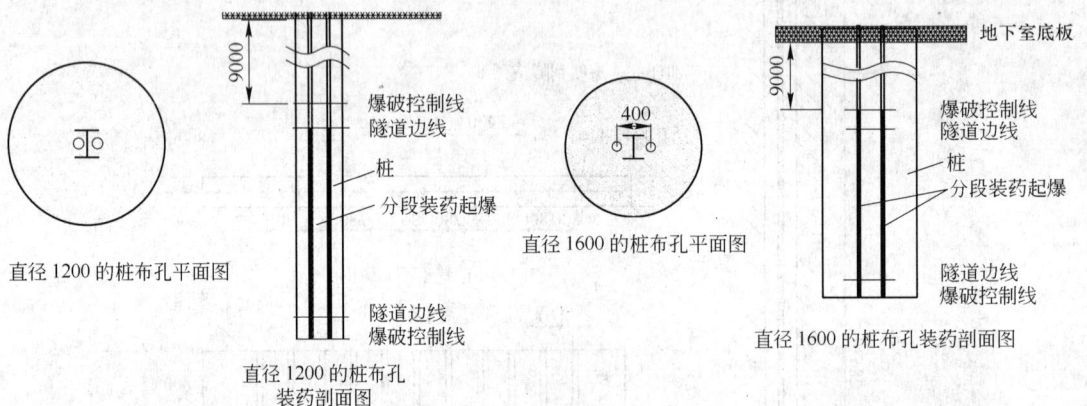

图 7　桩体钻孔装药示意图

3.3　爆破网路

孔内延期：每个药包均设置 3 枚延期导爆管雷管，雷管线均为 30m，延伸到地面。孔内药包延期，自上向下依次采用 Ms3-Ms7 段。

孔外延期：孔外采用双回路网路，采用雷管 Ms-9 控制起爆顺序，根据地面上雷管脚线长短判定药包深度位置，自上而下逐个药包用 3 枚延期导爆管雷管，如图 8 所示。

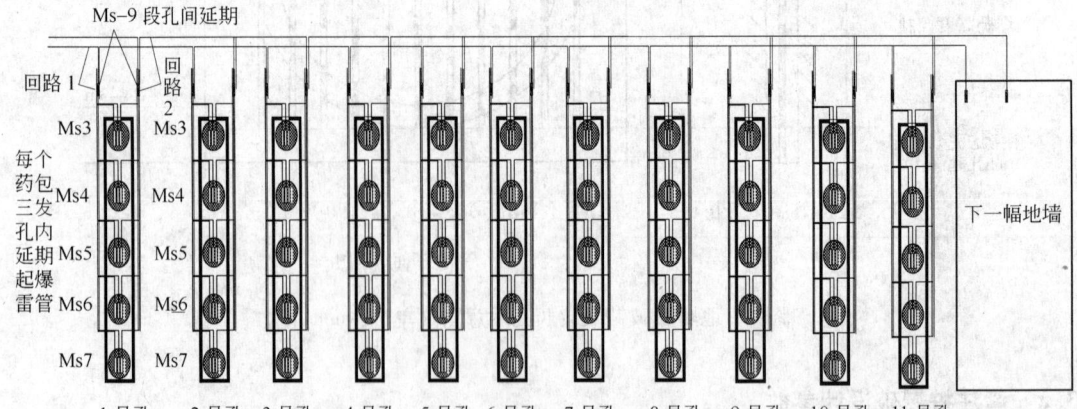

图 8　爆破网路示意图

4 爆破安全校核

4.1 周边沉降监测

在爆破施工过程中,应对爆破点周边环境进行沉降监测,准确了解爆破后对周边环境的影响,本工程委托中国地震局进行监测。

在爆破施工前,对两处地连墙爆破点分别布设沉降观测点,其中爆破墙的顶端各布设 4 个沉降观测,两侧各布设 3 个沉降观测点,左线增加布设 4 个管线沉降观测点,本工程两处地连墙共布设 24 个沉降观测点,图 9 所示为沉降观测点布设位置图。3m 距离土压力变化速率曲线如图 10 所示。

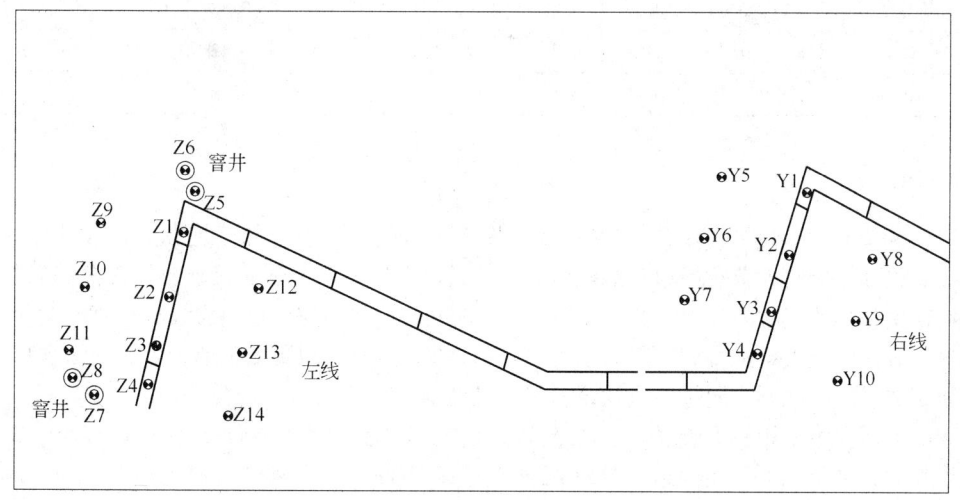

图 9 沉降观测点布设位置图

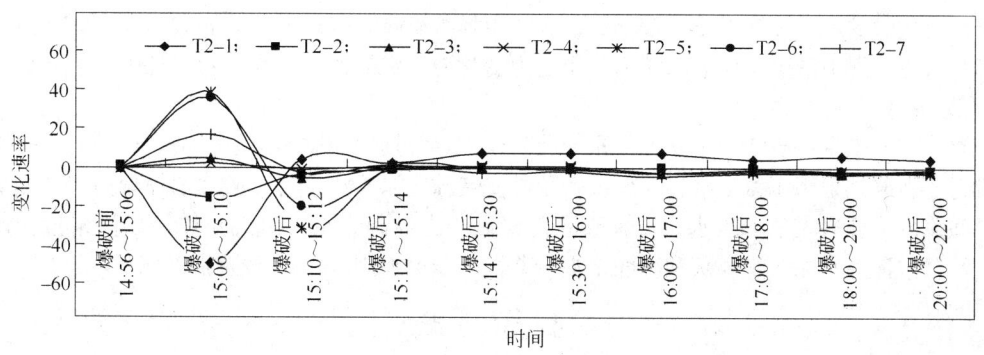

图 10 3m 距离土压力变化速率曲线

4.2 振动监测

本工程委托天津地震局进行振动测试工作,采用瑞士产 MR2002 型强振动数字记录器和中国地震局工程力学研究所产 SLJ-100 型力平衡加速度计组成的数字强振动观测系统。共设置 8 个观测点,工程结束后各观测点设备都完好地记录了爆破全程三分向加速度和速度的有效波形记录。通过基线校正、数字积分、滤波处理,分别给出了 0 ~ 100Hz、0 ~ 10Hz、10 ~ 50Hz、

50 ~ 100Hz 四个频段内速度波形，各频段速度峰值 PGV 见表 2。

表 2 各频段速度峰值

测点编号	0 ~ 100Hz/cm·s⁻¹			0 ~ 10Hz/cm·s⁻¹			10 ~ 50Hz/cm·s⁻¹			50 ~ 100Hz/cm·s⁻¹		
	X	Y	Z	X	Y	Z	X	Y	Z	X	Y	Z
1	1.97	1.99	3.91	1.14	1.6	1.34	0.84	0.7	2.66	0.04	0.02	0.3
2	0.83	1.22	1.92	0.62	0.66	0.66	0.5	0.56	0.8	1.39	0.05	0.07
3	0.48	0.63	0.8	0.23	0.39	0.66	0.36	0.3	1.43	0.03	0.05	0.19
4	0.42	0.77	2.2	0.09	0.29	0.62	0.26	0.69	1.9	0.3	0.31	0.41
5	0.98	0.99	2.57	0.65	1.01	2.14	0.47	0.46	1.57	0.2	0.14	0.59
6	0.27	0.14	0.95	0.17	0.08	0.33	0.21	0.11	0.88	0.12	0.07	0.31
7	1.04	1.8	10.33	0.23	0.73	5.87	0.91	1.46	6.42	0.4	0.42	1.86
8	1.78	2.14	4.86	0.37	0.45	1.41	1.37	1.85	3.18	0.61	0.44	1.48

5 爆破效果

2012 年 2 月 23 日下午 2：30 准时起爆，地下有沉闷的声响，部分炮孔有水柱冲出。爆破后经过有关部门监测，未对周边建筑产生影响，通过对地表导爆管的检查未发现拒爆现象。爆破振动作用整个持续时间在 10s 以内，振动明显时间段为 2s 左右，且衰减较快，垂直方向幅度要比水平方向幅度大，垂直方向最大值为 10.33cm/s，但考虑到测点距离较近、振幅衰减较快、周边建筑的设防标准，对周边建筑物结构影响甚微。

爆破前对左右线爆破的监测点进行观测，最大累计变化为 0.8mm，变化量较小，符合要求。爆破后，进行观测，地面最大单次沉降为 -1.15mm，最大累计沉降为 -1.4mm，地连墙最大累计沉降为 0.55mm，爆破后的变化量较小，符合要求。爆破后第三天进行 3 次观测，最大累计沉降为 -1.65mm，变化量较小，符合要求。通过爆破前后的数据对比与分析，得出爆破施工对周边的地面和管线影响较小，没有产生异常影响。根据上述监测数据及实际爆破后效果影响可见，爆破产生的地下水压力及土压力变化属于弹性作用，在自然条件下 2 ~ 3h 可以逐渐恢复到稳定状态。

在工程施工中，要特别重视地下水变化的研究。根据地表监测结果，爆破后及时对爆破部位进行了注浆。采用压力灌浆，在爆破管顶部安装球阀以及注浆管，通过预埋管向爆破区域注浆，注浆压力应略大于承压水头，爆破孔注浆以压力控制为主，引气孔注浆以注浆量控制为主。注浆浆液为水泥、粉煤灰和膨润土混合浆液，强度控制在 M10 砂浆强度以下。

参 考 文 献

[1] 中国工程爆破协会．爆破安全规程[S]．北京：中国标准出版社，2012．
[2] 汪旭光．爆破手册[M]．北京：冶金工业出版社，2010．
[3] 天津地震局监测报告、中国地震局监测中心测试报告．

爆破器材与起爆方法及爆破施工机械

BAOPO QICAI YU QIBAO FANGFA JI BAOPO SHIGONG JIXIE

数码电子雷管起爆的降振原理及工程实际应用效果

薛　里[1]　刘世波[1]　伏天杰[1]　李子华[2]　刘光铭[2]

（1. 中国铁道科学研究院，北京，100081；2. 中铁三局集团有限公司，山西太原，030001）

摘　要：文章对高精度电子雷管减振的主要原理及效果进行研究分析。首先利用波动理论分析了波形叠加达到干扰降振的条件，并从爆破地震波之间相互叠加干扰降振的原理出发，研究了毫秒延时爆破波形叠加干扰降振时延时间隔时间的计算方法。最后在深圳地铁 11 号线基坑和隧道爆破工程中进行了成功应用，反映了错相减振爆破设计达到了理想的减振效果。

关键词：微振动；控制爆破；地铁基坑；电子雷管；干扰降振

The Mechanism of Vibration Reduction for Detonating with Electronic Detonator and the Effect of Application in Engineering

Xue Li[1]　Liu Shibo[1]　Fu Tianjie[1]　Li Zihua[2]　Liu Guangming[2]

（1. China Academy of Railway Sciences, Beijing, 100081；2. China Railway No. 3 Group Co., Ltd., Shanxi Taiyuan, 030001）

Abstract：In this paper, the main principles and effects of vibration reduction of high-precision electronic detonators are analyzed. The condition of fault-phase vibration reduction was discussed by using the wave theory. Based on the theory that the interference of seismic waves each other has a function of vibration reduction, the paper studied the delay time and proposed reasonable calculating methods. The engineering application of tunnel blasting in Shenzhen city rail transportation line 11 showed that the blasting design with fault-phase vibration reduction has an ideal effect on vibration reduction.

Keywords：micro vibration；control blasting；subway foundation；electronic detonator；waveforms interference for vibration reducion

1　引言

数码电子雷管是一种可以任意调节并实现精确延期发火时间的新型电雷管，延期精度可以达到1ms，同时具有很高的安全性，是近年来起爆器材领域里新进展之一，被称为爆破技术的一场革命。目前国内已具有自主知识产权的高安全、高精度、宽延期范围、在线可编程的电子雷管，且已成功应用于多项交通、市镇、矿山等重点工程，其显著地降低振动、改善爆破块度、提高炸药利用率和爆堆松散度的优势已逐渐得到体现。

电子雷管可以有效降低爆破振动的特性已得到广泛的认可，国内外众多应用实践表明，使用电子雷管可以降低振动30% ~60%，但其减振的机理还处于探讨阶段。郭学彬等[1,2]通过试验

薛里，副研究员，ylg538515@163.com。

和理论分析论证了微差爆破干扰减振存在的条件。魏小林等[3,4]集合之前的研究成果，采用电算和提取子波的方法研究了精确延时干扰减振技术，为干扰减振技术提供了新的思路。文献[5]通过实验和理论分析，认为错相减振的机理在于通过精确的起爆延时间隔设计，从而使爆炸波到达被保护点时相位错开约1/2周期。陈继强等[6,7]通过对爆破地震波形的变化特征和微差爆破地震波的段间叠加特性的分析，从而提出确定微差爆破合理间隔时间应考虑距离因素的观点。郭学彬等[8]认为使相邻段别的爆破地震波的主振相在时间上错开，就可以获得较明显的降振效果。

本文利用波动理论分析了波形叠加达到干扰降振的条件，并在深圳地铁11号线进行了实际应用，取得了很好的减振效果，验证了所得结论的正确性。

2　电子雷管降振原理

2.1　波的叠加性

当两个或多个扰动同时传到某一点时，这点的总状态参量等于这两个扰动或多个扰动在这点的参量代数和，即所谓的波的叠加性。两波相遇时，质点振动速度、振幅和应力发生叠加，但波的频率和波速不发生叠加，每个波仍继续按照原来的传播方向、速度进行传播。

设波幅相等、频率相近并满足连续频散关系的两个谐波 $u_0\cos(\omega_1 t - k_1 x)$ 和 $u_0\cos(\omega_2 t - k_2 x)$ 沿相同方向传播，则两者叠加的结果可以写成：

$$u = 2u_0\cos\left(\frac{1}{2}\Delta\omega t - \frac{1}{2}\Delta kx\right)\cos(\omega t - kx) \tag{1}$$

式中，$\Delta k = k_2 - k_1$，$\Delta\omega = \omega_2 - \omega_1$，$\omega = (\omega_1 + \omega_2)/2$，$k = (k_1 + k_2)/2$。由于频散关系是连续的，当 ω_1 接近于 ω_2 时，k_1 接近 k_2，则 Δk 及 $\Delta\omega$ 均趋向于零。

可以看出式（1）的第一个因子是合成波形的包络线，通常称为波包或调制波，第二个因子为高频载波。这两个因子的传播速度通常是不同的，由这两个谐波组成的波群所携带的能量的传播速度，即振幅的传播速度或波包的传播速度，称为群速度。由式（1）的第一个因子可知群速度为：

$$c_g = \frac{\Delta\omega}{\Delta k} \tag{2}$$

当 ω_1 趋于 ω_2 时：

$$c_g = \frac{d\omega}{dk} \tag{3}$$

在频散情况下，c_g 与相速度 $c = \omega/k$ 一般不相同，所以波包内载波的相位在不断地变化。

2.2　系列谐波叠加

实际工程中出现的暂态波是具有连续频谱的一系列简谐波的叠加，考虑以频率 ω_0 为中心的频带 $(\omega_0 - \Delta\omega, \omega_0 + \Delta\omega)$ 内具有频谱密度 $U(\omega)$ 和频散关系 $k(\omega)$ 的所有谐波的叠加，叠加的表达式为：

$$u = 2Re\int_{\omega_0-\Delta\omega}^{\omega_0+\Delta\omega} U(\omega)\exp[i(\omega t - k(\omega)x)]d\omega \tag{4}$$

假设在频带宽度 $2\Delta\omega$ 内，$U(\omega)$ 近似为常数 U_0，在式（4）的积分区间内将波数 $k(\omega)$ 在 ω_0 附近作泰勒展开，略去二阶以上极小值，可得

$$k(\omega) = k_0 + (\omega + \omega_0)\left(\frac{\mathrm{d}k}{\mathrm{d}\omega}\right)_0$$

式中，$k_0 = k(\omega_0)$，$\left(\frac{\mathrm{d}k}{\mathrm{d}\omega}\right)_0 = \frac{\mathrm{d}k}{\mathrm{d}\omega}\Big|_{\omega - \omega_0}$。将上式代入式（4）并完成积分运算后得到

$$u = F\left(t - \frac{x}{c_g}\right)\cos(\omega_0 t - k_0 x + \varphi_0) \tag{5}$$

$$F\left(t - \frac{x}{c_g}\right) = 4\,|\,U_0\,|\,\frac{\sin\xi}{\xi}\Delta\omega \tag{6}$$

$$c_g = \frac{\mathrm{d}\omega}{\mathrm{d}k}\Big|_{\omega = \omega_0} \tag{7}$$

$$\xi = \left(t - \frac{x}{c_g}\right)\Delta\omega \tag{8}$$

式中，$U_0 = U(\omega_0)$，φ_0 为 U_0 的幅角。对于给定时刻 t 和 $t + \Delta t$，在合成波动中能量集中于一个主要波包，波包的包络线形状由式（5）中的因子 $F\left(t - \frac{x}{c_g}\right)$ 控制，并以群速度 c_g 向前传播。因此每个波群的包络线在传播过程中是不变形的，如果在频带 $(\omega_0 - \Delta\omega, \omega_0 + \Delta\omega)$ 上考虑频谱密度 $U(\omega)$ 的变化，或在波数展开式中计入高阶小量，则波包也可以散开，因此稳态波群只能在特定频带内形成。群速度与相速度的关系可由群速度定义式（3）导出，注意到 $\omega = kc$，并将波数 k 或角频率 ω 分别视作独立自变量，则

$$c_g = \frac{\mathrm{d}\omega}{\mathrm{d}k} = \frac{\mathrm{d}(kc)}{\mathrm{d}k} = c + k\frac{\mathrm{d}c}{\mathrm{d}k}$$

或

$$c_g = \left(1 - \frac{\omega}{c}\frac{\mathrm{d}c}{\mathrm{d}\omega}\right)^{-1}c \tag{9}$$

如果相速度与波数或频数无关，即无频散，则群速度与相速度相等，若取波长 λ 为自变量，注意到 $k = c - 2\pi/\lambda$，可得

$$c_g = c - \lambda\frac{\mathrm{d}c}{\mathrm{d}\lambda} \tag{10}$$

通常，将 $\frac{\mathrm{d}c}{\mathrm{d}\lambda} > 0$ 情形称为正常频散。就正常频散而言，群速度小于相速度。

2.3 波的干涉条件

虽然爆破振动波的波形并不完全符合正弦波，但当两个振动波错峰叠加时，还是可以借鉴和参照正弦波在介质中传播的情况进行分析。设在弹性系统中传播的两列简谐波具有相同的振幅、频率和传播方向，只是相位不同。设两列波的振幅为 U，频率为 ω，相位分别为 α 和 β，则它们的运动方程可写为如下形式：

$$y_1 = U\cos(\omega t + \alpha) \tag{11}$$

$$y_2 = U\cos(\omega t + \beta) \tag{12}$$

则线弹性系统地上任一质点在 t 时刻振动的位移为：

$$y = y_1 + y_2 = 2U[\cos(\omega t + \alpha) + \cos(\omega t + \beta)]$$

$$= 2U\cos\left(\frac{\beta - \alpha}{2}\right)\sin\left(\omega t + \frac{\alpha + \beta}{2}\right) \tag{13}$$

对式（13）进行分析，$-1 \leqslant y_1 \leqslant 1$，$-1 \leqslant y_2 \leqslant 1$，$t$ 为任意值，即 $t \in (0, \infty)$，所以有 $-1 < \sin\left(\omega t - \frac{\alpha + \beta}{2}\right) < 1$。要使式（13）满足叠加相消的条件，两列波叠加后振幅不增大，即小于等于两者中幅值较大的一个。而若要 $-1 \leqslant y \leqslant 1$，则需 $-\frac{1}{2} < \cos\left(\frac{\beta - \alpha}{2}\right) < \frac{1}{2}$。根据以上条件，如果 $\alpha - \beta$ 满足：

$$\frac{(1 + 3k)\pi}{3} < \frac{\beta - \alpha}{2} < \frac{(2 + 3k)\pi}{3} \tag{14}$$

则两列波是叠加相消的，此时的相位差也可认为是两列波开始传播的时间间隔。所以，对于主振周期为 T 的两列爆破振动波，当间隔时间 Δt 满足：

$$(3k + 1)T/3 < \Delta t < (3k + 2)T/3 \tag{15}$$

在能产生叠加的情况下，两列振动波就能达到不同程度的叠加相消。

对于爆破振动，主振主要发生在前面 1 ~ 2 幅波，后面的波振幅很小，因此主要是促使前面的几幅波发生叠加，式（15）可改写为：

$$T/3 < \Delta t < 2T/3 \tag{16}$$

3　工程应用

3.1　工程概况

深圳市城市轨道交通 11 号线工程福永站 ~ 地下-高架区间分界段位于深圳市宝安区福永站至桥头站之间宝安大道下。福永站为地下 2 层车站，基坑深 17m，开挖方量约 80000m³，设计采取明挖法；区间长约 654.5m，地下线拟采用马蹄形断面，隧道埋深 0 ~ 10.133m，初步设计拟采取暗挖法 + 明挖法。周边环境非常复杂，施工场地两侧有许多厂房、办公楼以及给水、电信、电力、燃气等管线，其中 $DN500\text{mm}$ 次高压（1.6MPa）燃气管道距基坑边最近距离只有 12m，埋深约 1.86 ~ 2.39m，要求振速控制在 2cm/s 以内，是影响施工设计控制的重点。综合考虑环境、工期等因素，决定采用电子雷管进行爆破开挖。

3.2　爆破试验

根据前面的理论分析知道，产生干扰降振的关键技术是确定合理延时时差，保证波形能发生错相叠加，达到减振的目的，因此在正式爆破前需通过爆破试验来确定最佳延时时差；另外通过几次试爆还可以得到该地质条件下的振动衰减规律和施工工艺，为优化爆破设计和编制科学的施工组织设计提供依据。爆破试验分露天爆破和隧道爆破两项，下面分别进行介绍。

3.2.1　基坑露天爆破

该延时时差和地质条件、地形条件、爆破方式、装药结构等因素有关，为了确定适合本工程的最佳延时时间，设计了单孔和群孔共 9 个试验组，群孔爆破试验采用由 8 ~ 20ms 不同秒量的延时间隔。通过对爆破振动波形进行分析，最终确定适合本工程的延期时差。

为了满足粒径要求，降低大块率，满足爆破、挖装、运输效率的最优化，满足振动控制要求，主爆破区域钻孔直径不宜选择过大。根据工程经验，本工程浅孔爆破钻孔直径选择 $d = 76mm$。由于爆破区域内多为泥岩、砂岩，应针对不同的岩石类型，选用不同的炸药单耗。由以往工程经验，炸药单耗应在 $0.35 \sim 0.4kg/m^3$。

第一组试验，为16个孔，孔深3.2m，孔间距为 $1.6m \times 1.7m$，每孔的药量为3kg。第一个孔单独响，响完280ms后，其余的孔以17ms间隔逐孔起爆，起爆顺序及延时秒量如图1所示。通过这组试验可以得到单孔的振动波形参数和群孔延时17ms的振动情况。

另8组为不同延时间隔的爆破试验，延时设置情况见表1。前5组为4排孔，分两个延时时差，第6组为3排孔，分别设置了3种不同的延时时差，最后2组分别试验了不同孔间和排间的延时时差。试验中各孔的装药量均与第一组相同。

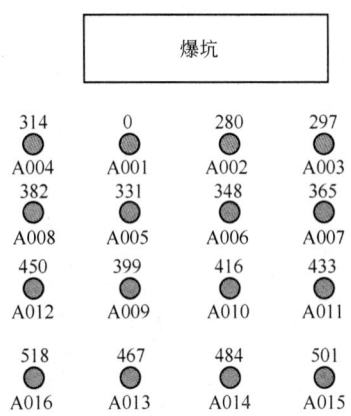

图1　爆破设计示意图

Fig.1　Plane layout of blasting design

表1　爆破试验延时秒量设置情况

Table 1　The time-delay of blasting experiment

序　号	爆破方式	孔间延期/ms	排间延期/ms
1	逐　孔	8、16	—
2	逐　孔	9、17	—
3	逐　孔	10、18	—
4	逐　孔	11、19	—
5	逐　孔	12、20	—
6	逐　孔	13、14、15	—
7	孔、排结合	17	42
8	孔、排结合	20	73

3.2.2　隧道爆破

隧道爆破试验在进口端进行，孔径为40mm，先进行3组单孔试验，然后做5组全断面群孔试验。单孔试验，药量为1kg，群孔试验采取进尺 $1 \sim 1.5m$ 全断面开挖，孔间延时分别为3ms、4ms、5ms、6ms、7ms，可根据试验效果，补充几组试验，确定减振效果。群孔爆破孔位布置及延时设置如图2所示。

3.3　测试方案

测试采用TC-4850爆破测振仪和三向速度传感器。传感器安装在爆区一侧，共布设5个测点，距爆区分别为10m、21m、35m、49m和87m，其中4号测点布设在次高压燃气管上方，通过多次测试结果来分析得到最佳延时时差和回归得到振动衰减规律。

隧道监测，同样是布设5个测点，测点1布设在拱顶正上方，其余4个点依次按不同距离向路一侧布设，其中4号测点布设在燃气管上方。

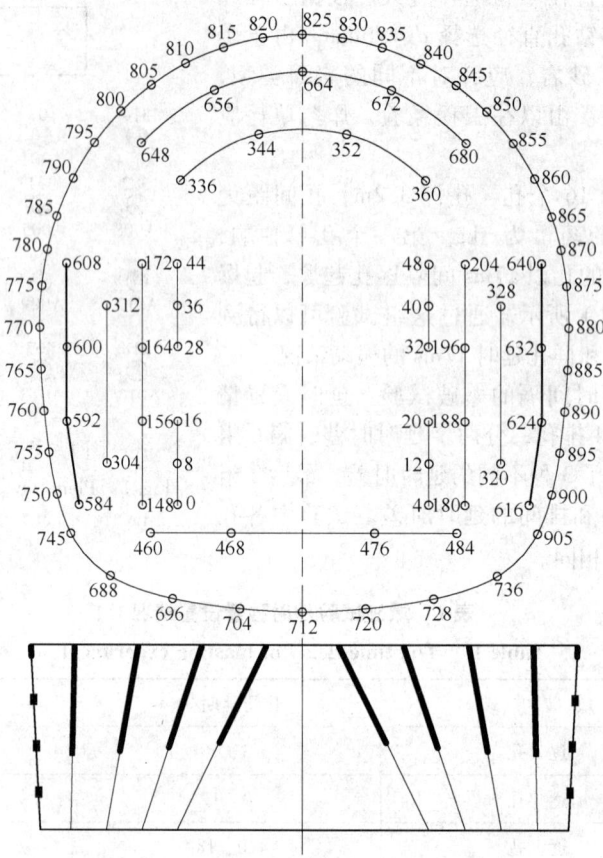

图 2 隧道爆破电子雷管起爆顺序图

(图中数字为电子雷管起爆延时,单位:ms)

Fig. 2 The drawing of initiation order of tunnel blasting use electronic detonator

3.4 测试结果

3.4.1 基坑露天爆破

第一组试验,爆后最远的 5 号测点未触发,其余均采集到振动波形,图 3 为 3 号测点的振动波形图。从测试结果可以看出,单孔爆破的主振周期为 20 ~ 35ms,根据现有的理论,认为要达到波形叠加减振的效果,孔间延时为 10 ~ 17ms 较为合理。另从 z 轴的振动波形看,群孔爆破的振速值明显小于单孔的振速值,说明群孔爆破发生了波形叠加,振速降低。

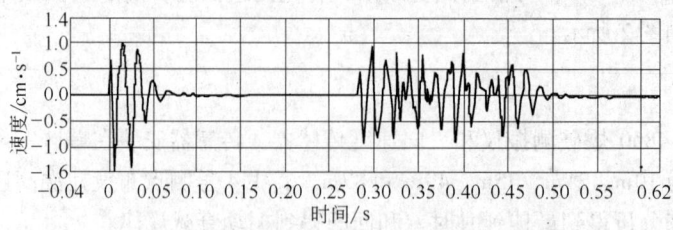

图 3 3 号测点 z 轴的爆破振动波形图

Fig. 3 The waveform of blasting vibration (z axis of 3# measure point)

电子雷管爆破振速均匀分布，主振频率较高，降振效果显著。

通过一系列试验发现，在单响药量相同的情况下，当孔间延时为17ms时，振速最小。图4为第2组试验孔间延时分别为9ms和17ms时3号测点的振动波形，从图中可以看出，延时间隔为17ms时，振速值明显小于9ms时。通过追加几次试验，结果相同。

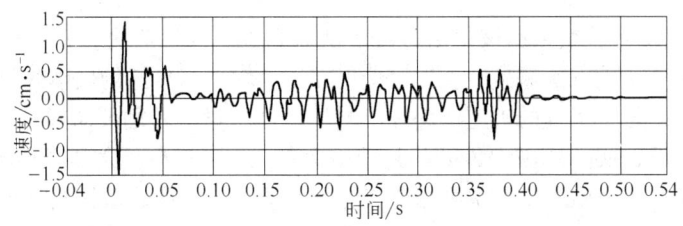

图4 第2组试验3号测点z轴的爆破振动波形

Fig. 4 The waveform of blasting vibration of No. 2 group experiment (z axis of 3# measure point)

通过后面几组的一系列试验发现，在该地质地形条件下，采用17ms的延时间隔，可以达到较好的减振效果，振动值最小，在后期的爆破施工中统一采用延时17ms的逐孔起爆形式。

3.4.2 隧道爆破

从监测结果来看，不论采用何种延时时差，燃气管线上方的振动值均未超出设计值，因此延时间隔为3～7ms时，爆破均不会对燃气管线产生影响。以拱顶正上方测点测试结果来分析干扰减振效果。图5所示为该测点单孔振动波形图。

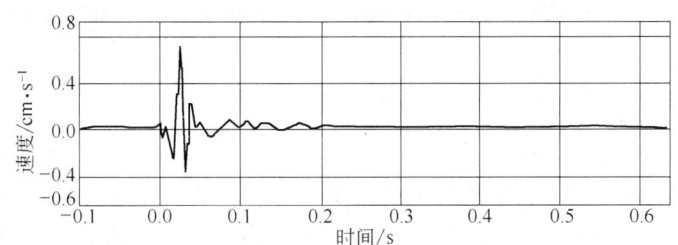

图5 单爆孔振动波形图

Fig. 5 The waveform of single hole blasting vibration

单爆孔爆破往往只有一对主波峰波谷，其余为小幅的余振，振动最大值一般都出现在第一个波峰处。单爆孔爆破主振频率大致在65～82Hz范围内，主振波周期在10.2～12.4ms范围内，最大振速值出现在3.1～3.9ms处，根据式（16）知道，当主振周期为12.4ms时，产生干扰减振的时差为4.1～8.3ms，当主振周期为10.2ms时，产生干扰降振的时差为3.4～6.8ms。通过群孔试验结果可以看到，当延时时间间隔在4ms以下或6ms以上时，爆破振速均大于1.2cm/s，但当延时时间间隔控制在4～6ms之间时测点振速均在1.2cm/s以内，因此在实际施工中以4～6ms作为延时间隔进行爆破作业。

3.5 爆破方案

3.5.1 基坑爆破

基坑主爆区每次爆破布孔不超过6排。采用梅花形或长方形布孔，堵塞长度2.5m。各雷管脚线并联接入起爆主线上，逐孔起爆，延时时差为17ms。

3.5.2　隧道爆破

隧道爆破采用掏槽孔孔间延时为4ms，其余孔延时间隔为6ms，入口段采用上下台阶开挖，进深20m后采取全断面开挖。平均单耗为0.9kg/m³。

3.6　爆破效果

工程于2013年7月首次采用该工法进行了试验爆破，到目前为止，包括福永车站和福桥区间段在内，共进行了上百次爆破，基坑已接近完工，取得了良好的爆破效果，保证了周边建筑、设施的安全，满足了工程的进度。爆区西侧的次高压燃气管的要求振速是小于2cm/s，从第三方监测的结果看，实际爆破中该处的振速最大值为1.4cm/s，大部分小于1cm/s，振动控制效果明显，图6所示为施工中在次高压燃气管上方测点的一次爆破振动波形图，振动速度未超出控制标准，且波形振幅在一定范围内分布均匀，达到了很好的控制爆破振动的效果。上述爆破监测数据表明爆破设计方案是成功的，爆破振动不会对周边建筑设施造成危害，也不会影响次高压燃气管的安全运营。

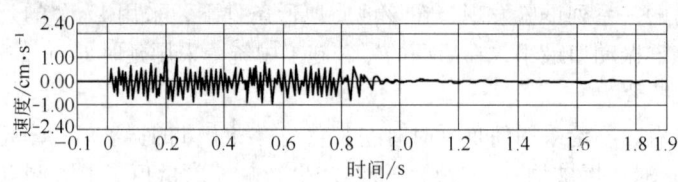

图6　电子雷管微振动控制爆破振动波形图

Fig. 6　The waveform of micro-vibration blasting with electronic detonator

4　结论

通过波动理论对干扰减振进行了分析，得出的结果与实际监测结果基本一致；通过理论分析和试验研究相结合的方法，得到露天大直径浅孔台阶爆破最佳延时间隔为17ms，隧道爆破孔间间隔时差延时为4~6ms时，可以达到波峰错相叠加的减振效果，该结论在随后的工程应用中达到了显著的降振效果，可为以后的类似工程提供参考。

对于隧道爆破，一次性使用的电子雷管较多，成本较高，后续可研究电子雷管和导爆管雷管混合起爆的可行性，在控制振动的前提下最大限度地降低施工成本。

参 考 文 献

[1] 郭学彬，张继春，刘泉. 微差爆破的波形叠加作用分析[J]. 爆破，2006，23(2)：4~8.

[2] 甄育才，朱传云. 中远区微差爆破振动叠加效应影响因素分析[J]. 爆破，2005，22(2)：11~16.

[3] 邢光武，郑炳旭，魏晓林. 延时起爆干扰减震爆破技术的发展与创新[J]. 矿业研究与开发，2009，29(4)：95~97.

[4] 魏小林，郑炳旭. 干扰减震控制分析与应用实例[J]. 工程爆破，2009，15(2)：1~6.

[5] 田振农，孟祥栋，王国欣. 城区隧道电子雷管起爆错相减震机理分析[J]. 振动与冲击，2012，21(31)：108~111.

[6] 陈继强，刘为洲. 多孔爆破振动强度的单孔波形叠加计算[J]. 金属矿山，2000，8(290)：23~25.

[7] 张光雄，杨军，卢红卫. 毫秒延时爆破干扰降振作用研究[J]. 工程爆破，2009，3(15)：17~21.

[8] 郭学彬，张继春，刘泉，等. 微差爆破的波形叠加作用分析[J]. 爆破，2006，2(23)：4~9.

EXEL™ TLDs 雷管在准东露天煤矿的应用

王宗泉

（葛洲坝易普力新疆爆破工程有限公司，新疆乌鲁木齐，830002）

摘 要：准东露天煤矿通过引进 EXEL™TLDs 型延时雷管，在易发火煤层爆破中推广应用了一种全新的起爆器材，有效地解决了煤层爆后着火问题，大大降低了露天煤矿的防灭火费用，提高了煤炭的回采率，减少了环境污染。

关键词：露天煤矿；爆后起火；起爆器材；EXEL™TLDs 延时雷管；应用

The Application of EXEL™ TLDs Detonators in Zhundong Open-pit Coal Mine

Wang Zongquan

（Gezhouba Explosive Co., Ltd., Xinjiang Urumqi, 830002）

Abstract：Quasi-East Open-pit Mine by introducing EXEL™ TLDs type delay detonators, blasting in coal combustion and easy to promote the application of a new detonating devices, effectively solve the problem of coal fire after the explosion, which greatly reduces the cost of opencast coal mine fire prevention, improve the recovery rate of coal, reducing environmental pollution.

Keywords：opencast; after the burst of fire; detonating equipment; EXEL™ TLDs delay detonators; application

1 工程概况

准东露天煤矿由神华新疆能源有限公司投资开发，矿区位于准东煤田西部矿区的东侧，煤炭储量丰富、资源可靠、开采条件优越、市场条件良好，是目前新疆维吾尔自治区境内规模最大的现代化大型露天煤矿。首采区内 Bm 煤组的单一煤层区、分叉双煤层区、分叉多煤层区中煤炭的物理性质基本相同，煤质较硬，具有高水分、低灰低硫、易风化兼有高挥发性的特点，局部夹有亮煤条带，含有少量丝炭，易污手。

2 问题的提出

导爆索是我国目前最为常见的起爆器材之一，因其具有传爆可靠、操作简单、爆后无残留、对煤质不良影响小等优点，在国内露天煤矿炮采工艺中得到了广泛应用。但同时导爆索作为一种高能起爆器材，爆轰波的传递过程伴随着大量火焰，用于易发火煤层爆破存在爆后起火

王宗泉，助理工程师，95667929@qq.com。

的风险，特别是在高温多风的夏季，采煤工作面上的微尘因吸热能力强导热能力差而产生热聚积，导爆索的火焰极易将高温煤尘点燃甚至引发强烈爆轰。即便在初始状态下的少量零星火点，凭借风力的助推作用火势也能迅速向四周蔓延。准东露天煤矿自2006年进入基建期开采以来，煤层爆后起火现象屡有发生，不仅给开采企业带来了巨大的经济损失，也造成了煤炭资源的大量浪费，加剧了准东地区的环境污染。

3 EXEL™TLDs 雷管

EXEL™TLDs 延时雷管由 Qrica（澳大利亚）公司生产，近年来在国外易发火煤层爆破中应用较多，但迄今为止，国内尚未有使用类似产品的文献与报道。EXEL™TLDs 延时雷管（见图1）是一种可起爆导爆索或导爆管的非电毫秒延时雷管，它由一发非电雷管半成品，一段 NONEL 导爆管及一个 J 形钩组成，是具有高精度、高强度特性的雷管，装配在一个带有颜色的塑料连接块内，

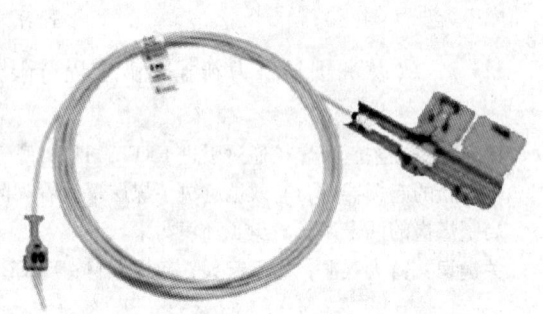

图 1 TLDs 延时雷管
Fig. 1 TLDs delay detonator

NONEL 导爆管的一端插入雷管管壳，另一端用超声波封尾后，可接收、传递起爆信号。

EXEL™TLDs 延时雷管在煤层爆破中最大的优点是爆轰波仅在导爆管内传递，微露出孔口的孔内导爆索端头直接连入 TLDs 雷管的塑料连接块内，只要将卡好导爆索的 TLDs 连接面朝下，并用沙土掩埋连接处，便可防止雷管爆炸时金属碎片飞溅至煤层而形成发火点，从而避免了地表起爆系统火焰、火点的产生，可大大降低煤层爆后起火的概率。

4 试验与应用

4.1 爆破试验

准东露天煤矿于2012年8月从 Qrica（澳大利亚）公司引进 EXEL™TLDs 延时雷管，并结合当时煤炭的销售情况进行了全采煤工作面的生产性试验，以检验不同煤层、不同爆破条件下该型雷管在准东露天煤矿的适用性。

4.1.1 主要爆破参数

典型试验参数见表1。

表 1 典型试验参数
Table 1 Typical experimental parameters

试验日期	试验部位	梯段高度/m	炮孔直径/m	炮孔间距/m	行距/m	炮孔深度/m	延米药量/kg·m⁻¹
2012 年 8 月 12 日	北采区 +462	8	115	7.5	4.0	8.5	9.0
2012 年 8 月 19 日	北采区 +446	8	115	7.0	4.5	8.5	9.0
2012 年 9 月 4 日	南采区 +438	8	115	6.5	4.5	8.5	9.0
2012 年 9 月 13 日	南采区 +446	8	115	7.0	4.0	8.5	9.0
2012 年 10 月 6 日	南采区 +462	8	115	7.5	4.5	8.5	9.0
2012 年 10 月 15 日	北采区 +430	8	115	8.0	3.2	8.5	9.0

4.1.2 装药结构

典型装药结构如图2所示。

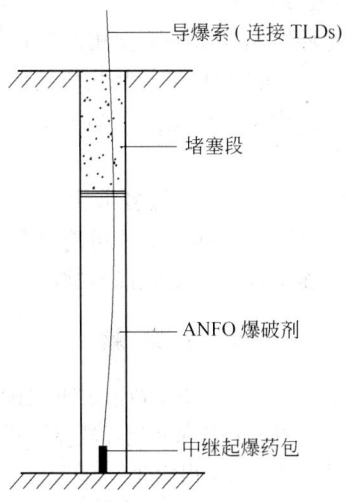

图 2 典型装药结构

Fig. 2 TLDs delay detonator

4.1.3 爆破网路

爆破网路如图 3 所示。

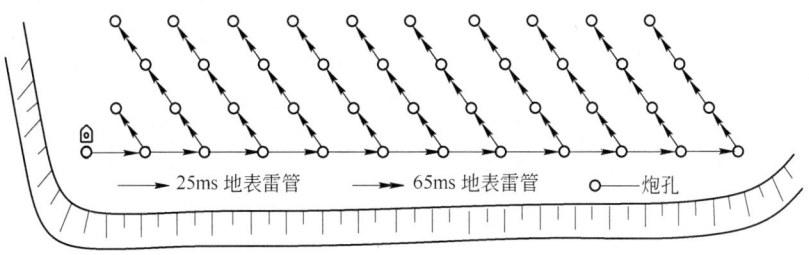

图 3 爆破网路

Fig. 3 Circuit diagram

4.2 实际应用

2012 年 8 ~ 10 月，在准东露天煤矿的四个采煤工作面进行了 TLDs 雷管现场试验，爆破后块度均匀，爆堆集中，地震作用小，试验中均未发现着火现象。准东露天煤矿于 2012 年 10 月开始在准东露天煤矿全面推广应用 TLDs 雷管，至今已使用该型雷管爆破 70 余次，采煤 300 余万吨，未发生一起因爆破而引起的煤层发火事故。

5 结语

（1）TLDs 延时雷管作为一种全新的起爆器材，具有操作简单，使用方便，网路连接速度快，人工劳动强度低等优点。

（2）TLDs 雷管具有良好的抗静电、抗杂散电流、抗无线电波等外来电的性能，可在高达 70℃ 环境温度下使用，其特制 NONEL 导爆管的抗拉、抗压、抗剪强度及抗弯折能力远高于普遍塑料导爆管，适用范围比较广。

（3）TLDs 延时雷管内的敏感组分与普通非电雷管并无实质性差别，使用过程中必须谨慎操作，以免过度的冲击、摩擦及超环境温度条件下使用而导致早爆事故。

（4）在露天煤矿的煤层爆破中，用 TLDs 雷管替代传统的导爆索网路，使得地表传爆系统的爆轰在塑料导爆管内传播，爆轰过程平静稳定，火焰强度低，且完全与煤尘隔离，从而降低了爆破火焰点煤尘的可能性。

（5）TLDs 延时雷管的塑料连接块未能完全包裹雷管，与孔口导爆索的连接处需要人工用沙土掩埋，若操作不当，雷管爆炸时产生灼热金属片可能飞散到煤尘中，飞散方向随机的金属片仍能形成火点，该型雷管的塑料连接块结构形式尚有缺陷。

参 考 文 献

[1] 于亚伦. 工程爆破理论与技术[M]. 北京：冶金工业出版社，2007.

[2] 庙延钢，高文远，张智宇. 兰尖铁矿边坡破碎带控制爆破[J]. 矿冶，2003，12(2)：7～9.

[3] 王玉杰. 爆破工程[M]. 武汉：武汉理工大学出版社，2007.

[4] 周春锋. 光面爆破在松软破碎岩体中的应用[J]. 工程爆破，2000，6(2)：70～73.

地面远距引爆井下非电起爆系统
安全性和可靠性研究

费鸿禄　郭宝义　杨智广

（1. 辽宁工程技术大学爆破技术研究院，辽宁阜新，123000；

2. 辽宁工大爆破工程有限责任公司，辽宁阜新，123000）

摘　要：选用可控高压起爆器作为导爆管的激发起爆能源，选用了铠装屏蔽控制电缆 KV-VRP22 为干线铺设到井下作业面附近，设计了专用的连接控制开关，再连接上设计的激发针并插入井下非电导爆管中，便可在地面对井下的导爆管爆破系统进行远距离激发起爆。经过大量的实验研究与井下大爆破验证与应用，地面远距引爆井下非电起爆系统是安全可靠的。这对于金属矿山井下（无瓦斯、粉尘爆炸危险的矿井）安全生产有着重大的意义，可以避免意外起爆事故的发生，从而避免了重大的经济损失。

关键词：非电起爆系统；电火花感度法；地面远距起爆；可靠性；安全性

Research on Safety and Reliability of Underground Non-electric Initiation System with Ground Long Distance Detonation

Fei Honglu　Guo Baoyi　Yang Zhiguang

（1. Institute of Blasting Technique, Liaoning Technical University, Liaoning Fuxin, 123000；

2. Liaoning Gongda Blasting Engineering Co., Ltd., Liaoning Fuxin, 123000）

Abstract：Choose controllable high-voltage initiation device as initiation energy exciting detonating tube, the choice of a shielded controlling armored cable KVVRP22 is route laying near the underground operation, designed the special connection control switch, and then connected the needle designed to stimulate and insert it in the underground nonel tube, can be in the face of the underground detonating tube blasting system to stimulate the initiation at a distance. After a lot of research and experimental verification of underground bulk blasting and application of underground non-electric initiation system with ground long distance detonation is safe and reliable. For underground metal mines (no gas and dust explosion dangerous mines) safety in production is of great significance, can prevent accidental detonation accidents, so as to avoid substantial economic losses.

Keywords：non-electric initiation system；the electric spark sensitivity method；ground long distance detonation；reliability；safety

费鸿禄，教授，博士生导师，feihonglu@163.com。

1　引言

1.1　问题的提出

地下金属矿山爆破时一次使用的炸药量达到 50 ~ 60t，爆破的危害较大，必须保证在大爆破时不允许有任何人在井下。在原有的起爆系统中，必须由爆破员在井下点燃插在火雷管上的导火索来引爆非电起爆系统，爆破员在点燃了火雷管的导火索后，井下所有人员撤离爆区，乘坐提升罐升井，到达地面后等待导火索点燃火雷管来起爆非电导爆系统，在这种起爆系统中，如果撤离过程中提升罐出现意外，或导火索发生速燃都可能发生重大的安全事故，因此该起爆系统存在着很大的安全隐患，针对这一问题，我们研究开发了地面远距引爆井下非电起爆系统，并对其安全性及可靠性进行了研究。

1.2　地面远距引爆井下非电起爆系统的组成

选用高压起爆器作为导爆管的激发起爆能源，选用了铠装屏蔽控制电缆 KVVRP22 为干线铺设到井下作业面附近，设计了专用的连接控制开关，再连接上设计的激发针并插入井下非电导爆管中，便可在地面对井下的导爆管起爆系统进行远距离激发起爆。

将可控高压起爆器充电到一定能量后进行放电，其能量经过铠装屏蔽控制电缆和转换开关的传导瞬间加到激发针上，产生火花放电，使不同能量的电火花在导爆管管腔内直接作用于导爆管，观察导爆管是否被起爆，利用勃罗西登统计方法求出导爆管在 99.99% 起爆概率下的临界激发电压，进而计算出导爆管在 99.99% 起爆概率下的激发电压，再根据能量公式，便可计算出导爆管在 99.99% 起爆概率时的激发能量。用该能量的大小来表征导爆管的感度。

将这种表征导爆管感度的方法称为电火花感度法，所测感度简称电火花感度，可用于指导塑料导爆管电火花起爆安全性与可靠性定量研究。

实验器材：（1）选用 YJGY-新 2000A 型高压起爆器（导爆管远程电子引爆机）和 GYGN-2000F 型导爆管电子激发器；（2）选用铠装屏蔽控制电缆 KVVRP22，其铜芯线截面积为 $3 \times 1.5mm^2$；（3）设计了专用的连接控制开关；（4）激发针（放电器或称为电火花发火件）；（5）ZS-1A 型杂散电流测定仪。

2　导爆管感度研究

2.1　导爆管感度表征方法现状

目前导爆管的感度的表征方法主要有两种：一种是连接块法；另一种是标准管法。本研究选用了一种新的方法，在定量激发源的选择方面做了探索，选择能量可控的电火花做激发源，用 99.99% 起爆概率时激发能量的大小来表征导爆管的感度。

2.2　利用电火花能量表征导爆管的感度

（1）把爆破正常使用的变色导爆管作为待测导爆管，将其剪成长度约为 1m。

（2）使用 GYGN-2000F 型导爆管电子激发器，其引爆电容器容量为 25μF。使用 YJGY-新 2000A 型高压起爆器，其引爆电容器容量为 36.6μF。

（3）将待测变色导爆管起爆端管腔内插入激发针，调整电容器充电电压至一定数值后放电，观察导爆管是否被起爆（变黑）。以整根导爆管完全爆轰判为起爆。

（4）采用勃罗西登法进行统计，计算出导爆管99.99%起爆的激发电压，再根据 $E = \frac{1}{2}cu^2$ （式中，E 为激发能量；c 为储能电容器电容；u 为储能电容器充电电压），便可计算出导爆管在99.99%起爆概率时的激发能量。

导爆管的感度统计与计算结果见表1及表2。

表1　正常使用的变色导爆管发火情况（25μF）

Table 1　The firing conditions of using chromotropic detonating tubes normally（25μF）

激发电压/kV	发　火　情　况
0.2	
0.3	×　　　　　　×
0.4	×　×　0　×　×　0　×　×　×　　　　×　×　×　×
0.5	0　0　0　　　0　0　0　　　0　0　×　0　0　0　0
0.6	0

注：导爆管被起爆用"0"表示，导爆管不被起爆用"×"表示。

表2　测试记录整理

Table 2　Test documenting

测试条件		测试结果		结果整理	
激发电压/kV	i	$N_i(0)$	$N_i'(\times)$	$iN_i(0)$	$i^2N_i(0)$
0.3	0	0	2	0	0
0.4	1	2	12	2	2
0.5	2	12	1	24	48
0.6	3	1	0	3	9

注：i 为等差级数序号，测试的最小刺激量对应 $i=0$，随着刺激量增加按自然数排列依次增大；$N_i(0)$ 为每个测试水平的发火数量；$N_i'(\times)$ 为每个测试水平的不发火数量；$iN_i(0)$ 为每个测试水平的等差级数序号与相应发火数量乘积；$i^2N_i(0)$ 为每个测试水平的等差级数序号的平方与相应发火数量乘积。

$$N = \Sigma N_i(0) \tag{1}$$

式中　　N——每个测试水平的发火数量之和；

　　$N_i(0)$——每个测试水平的发火数量。

$$N' = N_i'(\times) \tag{2}$$

式中　　N'——每个测试水平的不发火数量之和；

　　$N_i'(\times)$——每个测试水平的不发火数量。

由式（1）及式（2）计算 N 及 N'，当 $N=N'$ 时，任选一个进行后续计算；当 $N \neq N'$ 时，选取较小的一个进行后续计算。

$$N = \Sigma N_i(0) = 0 + 2 + 12 + 1 = 15, N' = \Sigma N_i'(\times) = 2 + 12 + 1 + 0 = 15$$

$N=N'$，可以任意选取一组进行结果整理：

$$A = \Sigma iN(0) \quad 或 \quad A = \Sigma iN_i'(\times) \tag{3}$$

式中　A——每个测试水平的等差级数序号与相应发火（或不发火）数量乘积；

　　　i——等差级数序号。

$$B = \Sigma i^2 N_i(0) \quad 或 \quad B = \Sigma i^2 N_i'(0) \tag{4}$$

式中　B——每个测试水平的等差级数序号的平方与相应发火（或不发火）数量乘积。

　　由式（3）及式（4）可得：

$$A = \Sigma i N(0) = 0 + 2 + 24 + 3 = 29$$

$$B = \Sigma i^2 N_i(0) = 0 + 2 + 48 + 9 = 59$$

　　50%发火率为：

$$U_{50\%} = U_0 + d\left(\frac{A}{N} - \frac{1}{2}\right) \tag{5}$$

$$U_{50\%} = U_0 + d\left(\frac{A}{N'} - \frac{1}{2}\right) \tag{6}$$

式中　$U_{50\%}$——50%发火电压；

　　　U_0——试验刺激量最小值，即试验电压最小值；

　　　d——试验水平之间的间隔值；

　　　其余符号同前。

　　由式（5）得：

$$U_{50\%} = U_0 + d\left(\frac{A}{N} - \frac{1}{2}\right) = 0.3 + 0.1\left(\frac{29}{15} - \frac{1}{2}\right) = 0.443\text{kV}$$

标准离差 S 的计算，首先用下式算出参数 M：

$$M = \frac{NB - A^2}{N^2} \tag{7}$$

式中　M——计算标准离差 S 的参数；

　　　其余符号同前。

　　当 $M \geq 0.4$ 时，有

$$S = F(M)d \tag{8}$$

式中　$F(M)$——由参考文献［2］的附表1查出。

　　当 $M < 0.40$ 时，有

$$S = F(Mb)d \tag{9}$$

式中，$F(Mb)$由参考文献［2］的附表2查出。

　　式（9）中 b 由下式计算：

$$b = \frac{\min|U_1 - U_{50\%}|}{d} \tag{10}$$

式中　U_1——选择与 $U_{50\%}$ 最相近的试验水平。

　　由式（7）计算得：

$$M = \frac{NB - A^2}{N^2} = \frac{15 \times 59 - 29^2}{15^2} = 0.20$$

　　当 $M < 0.40$ 时，

由式（10）计算得：

$$b = \frac{\min |U_1 - U_{50\%}|}{d} = \frac{\min |0.4 - 0.443|}{0.1} = 0.43$$

由参考文献［2］的附表 2 查出 $F(Mb) = F(0.2 \times 0.43) = 0.402$

$$S = F(0.2 \times 0.43) \times 0.1 = 0.402 \times 0.1 = 0.0402$$

$$U_p = U_{50\%} \pm \mu(p)S \tag{11}$$

式中　U_p——发火率 p 对应的刺激电压；

　　$\mu(p)$——发火率 p 对应的正态分位数，由参考文献［2］的附表 3 查出。

当刺激量增加发火率增加时，发火率 $p > 50\%$，上式取 " + "，发火率 $p < 50\%$，上式取 " － "。

$$U_{99.99\%} = U_{50\%} + \mu(99.99\%)S \tag{12}$$

由参考文献［2］的附表 3 查得 $\mu(99.99\%) = 3.719$。

$$U_{99.99\%} = U_{50\%} + 3.719S \tag{13}$$

$$U_{99.99\%} = 0.443 + 3.719 \times 0.0402 = 0.593\text{kV}$$

当引爆电容器容量为 25μF 时，可计算出导爆管在 99.99% 起爆概率时的激发能量为：

$$E_{99.99\%} = \frac{1}{2}cu_{99.99\%}^2 = 0.5 \times 25 \times 10^{-6} \times (0.593 \times 10^3)^2 = 7.41\text{J}$$

（1）使用 GYGN-2000F 型导爆管电子激发器（引爆电容器容量为 25μF）直接起爆本试验用导爆管的可靠起爆电压为 0.593kV；

（2）当引爆电容器容量为 25μF 时，直接起爆本试验用导爆管的可靠起爆的激发能量为 7.41J。

3　排山楼金矿地面远距引爆井下非电起爆系统研究

3.1　远距离（2000m）电火花起爆感度试验

排山楼金矿地下放炮干线的长度约为 1000～1300m，为了达到防杂散电流、防水、防破损、牢固、激发电能损失小的要求，根据选型设计选用了铠装屏蔽控制电缆 KVVRP22（铜芯聚氯乙烯绝缘和护套编织屏蔽控制软电缆），其铜芯线截面积为 $3 \times 1.5\text{mm}^2$，为了确保足够的起爆可靠性，选用长度为 2000m 的该导线为干线进行起爆可靠性模拟试验。导爆管轴向静电火花感度测试装置如图 1 所示。

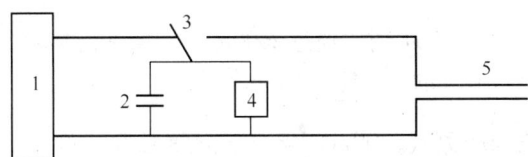

图 1　导爆管轴向静电火花感度测试装置示意图

1—集成电路振荡器；2—储能电容；3—高压开关；4—静电伏特计；5—铠装
屏蔽控制电缆并在尾部连接激发针（放电器或称为电火花发火件）

Fig. 1　Detonating tube axial electrostatic spark sensitivity test device

干线为铠装屏蔽控制电缆长度2000m，把爆破正常使用的变色导爆管作为待测导爆管，将其剪成长度约为100cm。干线首端连接高压起爆器，末端接上激发针，将激发针发火端插入待测导爆管内。导爆管的感度统计与计算结果见表3和表4。

表3　干线长度2000m变色导爆管发火情况

Table 3　The firing conditions of trunk length 2000m chromotropic detonating tubes

激发电压/kV	发　火　情　况
1.1	
1.2	× ×
1.3	× × 0 × × × × × 0 × ×
1.4	0 0 0 0 0 0 × 0 0 0
1.5	× 0
1.6	0

注：导爆管被起爆用"0"表示，导爆管不被起爆用"×"表示。引爆电容器容量为25μF。

表4　测试记录整理

Table 4　Test documenting

测试条件		测试结果		结果整理	
激发电压/kV	i	N_i（0）	N'_i（×）	iN_i（0）	i^2N_i（0）
1.2	0	0	2	0	0
1.3	1	2	9	2	2
1.4	2	9	1	18	36
1.5	3	1	1	3	9
1.6	4	1	0	4	16

采用前述的方法计算出：

（1）使用 GYGN-2000F 型导爆管电子激发器（引爆电容器容量为25μF）通过2000m铠装屏蔽控制电缆 KVVRP22，利用激发针起爆本试验用导爆管的可靠起爆电压为1.70kV。

（2）当引爆电容器容量为25μF时，通过2000m铠装屏蔽控制电缆 KVVRP22，利用激发针起爆本试验用导爆管的可靠起爆的激发能量为36.1J。

3.2　加入干线转换开关长距离（2000m）电火花起爆感度试验

干线为铠装屏蔽控制电缆长度2000m，把爆破正常使用的变色导爆管作为待测导爆管，将其剪成长度约为100cm。干线首端连接高压起爆器，末端接上转换开关，从转换开关引出2条各1m长的支线，支线连接激发针，再将激发针发火端插入待测导爆管内。导爆管的感度统计与计算结果见表5和表6。

表5　干线长度2000m变色导爆管发火情况（加转换开关）

Table 5　The firing conditions of trunk length 2000m chromotropic detonating tubes（plus switch）

激发电压/kV	发　火　情　况
1.1	
1.2	×
1.3	× × 0 × × × × ×
1.4	0 0 0 0 × 0 × × 0 0
1.5	0 × 0 0
1.6	0

注：导爆管被起爆用"0"表示，导爆管不被起爆用"×"表示。引爆电容器容量为25μF。

表6　测试记录整理

Table 6　Test documenting

测试条件		测试结果		结果整理	
激发电压/kV	i	N_i（0）	N'_i（×）	iN_i（0）	$i^2 N_i$（0）
1.2	0	0	1	0	0
1.3	1	1	7	1	1
1.4	2	7	3	14	28
1.5	3	3	1	9	27
1.6	4	1	0	4	16

采用前面的方法计算得到：

（1）使用 GYGN-2000F 型导爆管电子激发器（引爆电容器容量为25μF）通过2000m铠装屏蔽控制电缆 KVVRP22，再加上本试验用转换开关，利用激发针起爆本试验用导爆管的可靠起爆电压为1.73kV。

（2）当引爆电容器容量为25μF时，通过2000m铠装屏蔽控制电缆 KVVRP22，再加上本试验用转换开关，利用激发针起爆本试验用导爆管的可靠起爆的激发能量为：37.4J。

使用 GYGN-2000F 型导爆管电子激发器（引爆电容器容量为25μF）通过2000m铠装屏蔽控制电缆 KVVRP22，再加上本试验用转换开关，利用激发针起爆本试验用导爆管的可靠起爆电压为 $U_{99.99\%}$ = 1.73kV。折合成25μF电容器的激发能量为37.4J。

3.3　井下250工段及175工段电火花起爆感度试验

共用干线为铠装屏蔽控制电缆从地面控制始端箱沿着竖井铺设到250工段，其长度为250m，在安全、干燥处设置转换箱安装转换开关，转换开关的输入端连接竖井共用干线，输出端之一连接800m长铠装屏蔽控制电缆到250工段作业面附近的安全处并设置干线终端箱，另一个输出端连接950m长的铠装屏蔽控制电缆到175工段作业面附近的安全处并设置干线终端箱。加转换开关的导爆管静电火花感度测试装置如图2所示。

（1）使用导爆管电子激发器，通过250工段干线（总长度1050m）和转换开关，利用激发针起爆本试验用导爆管的可靠起爆电压为 $U_{99.99\%}$ = 1.21kV，折合成25μF电容器的激发能量为18.3J。

（2）使用导爆管电子激发器，通过175工段干线（总长度1200m）和转换开关，利用激发

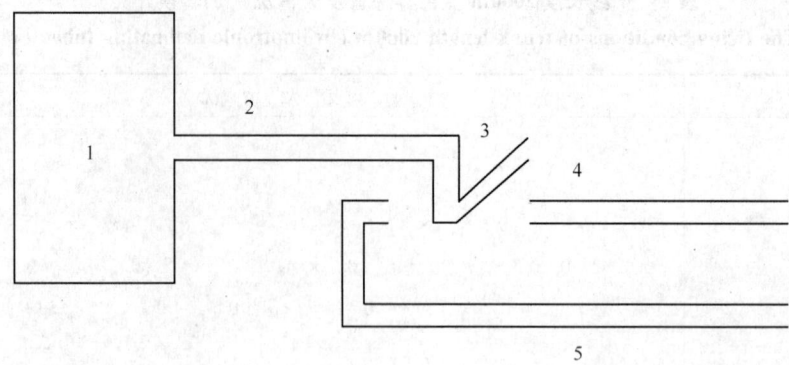

图 2　加转换开关的导爆管静电火花感度测试装置示意图
1—起爆器；2—干线；3—转换开关空挡；4—250 工段干线；5—175 工段干线

Fig. 2　The schematic diagram of device about detonating tube with switch electrostatic spark sensitivity test

针起爆本试验用导爆管的可靠起爆电压为 $U_{99.99\%} = 1.42\text{kV}$，折合成 25μF 电容器的激发能量为 25.2J。

3.4　转换开关耐电压击穿试验

利用 YJGY-新 2000A 型高压起爆器起爆，其最高脉冲电压为 3000V，引爆电容器容量为 36.6μF。使用所选用的转换开关不会被击穿。

从试验结果得到以下结论：

（1）根据 GYGN-2000F 型导爆管电子激发器主要技术参数（最高脉冲电压 2000V，引爆电容器容量 25μF，输出能量 50J），可以得出结论，即该激发器可以满足本要求，用于激发起爆非电导爆管起爆系统，但考虑进一步提高系统的起爆可靠度，采用电火花能量更高的（最高脉冲电压 3000V，引爆电容器容量 36.6μF，点燃冲能 $109\text{A}^2 \cdot \text{ms}$）YJGY-新 2000A 型高压起爆器作为本起爆系统的起爆器，本系统具有很高的起爆可靠度。

（2）关于激发针，激发针用两根 0.69mm 线经绝缘漆包线或两根电雷管铁芯脚线绕制而成，以每 10mm 5 扣为宜，激发针前端用剪刀剪齐，尾端去除绝缘层，然后把激发针尾端与分开的干线终端的两根线分别绞合在一起，并用绝缘胶布包扎好后锁上终端箱。客观上，每起爆一次，激发针放电端都要产生一定的破损，激发针每次现场插管都应先剪断 3 ~ 5mm，去掉被火药污染和电蚀氧化造成失效的一段端头，以确保打火正常。引爆效果好的电火花，光发蓝，声发脆。除此之外，激发针放电两极的几何尺寸及周围介质也会对放电有直接影响，还需要进一步的研究。

4　导爆管电火花起爆系统周围的杂散电流及静电安全性

在巷道休息室周围（7 个测点）、175 工段周围（26 个测点）、250 工段周围（17 个测点）、125 工段周围（30 个测点）以及在铺设起爆干线电缆后、井下变压器送电及断电时、井下正常生产情况下连续采用 ZS-1A 型杂散电流测定仪测定杂散电流。测量得到如下结论：尽管铺设起爆电缆经过的周围环境有很多地方有杂散电流，有的地方的杂散电流值较高，但是由于铠装屏蔽控制电缆 KVVRP22 具有很好的绝缘屏蔽性，杂散电流及变压器通断不会影响到电缆芯线的电压，只要终端箱处杂散电流很小，通过实际测量，铠装屏蔽控制电缆的芯线间，芯线与铠装屏蔽控制电缆的外绝缘层间，芯线与电缆屏蔽线及铠层间的杂散电流都为0mA，我们在使用过程中，只要严格保证以上几项杂散电流都为0mA，安装上激发针后，插到导爆管中，用电工胶布缠好接头保证不受外来杂散电流的影响，该系统是安全的。

5　结论

（1）首次提出了导爆管99.99%起爆概率时起爆器产生的放电火花能量来表征导爆管感度的方法，可用于指导塑料导爆管电火花起爆安全性与可靠性定量研究；

（2）激发针用两根直径0.69mm绝缘漆包线绕制而成，以每10mm 5扣为宜，激发针前端用剪刀剪齐，尾端去除绝缘层，激发针每次现场插管都应先剪断3~5mm，去掉被火药污染和电蚀氧化造成失效的一段端头，以确保打火正常；

（3）在排山楼金矿尽管铺设起爆电缆经过的周围环境有很多地方有杂散电流，但是由于铠装屏蔽控制电缆具有很好的绝缘屏蔽性，我们在使用过程中，用电工胶布缠好接头保证不受外来杂散电流的影响，该系统是安全的；

（4）在排山楼金矿经过试验与应用验证了该地面远距引爆井下非电起爆系统是安全可靠的。

参 考 文 献

[1] 刘大斌. 塑料导爆管的起爆、传爆及输出性能研究[D]. 南京：南京理工大学，2002.

[2] 淮南矿业学院火工教研室. 矿用起爆器材实验指导书，1985.

数码电子雷管在露天深孔爆破中的应用试验

江国华　王　华

（江西铜业集团公司德兴铜矿，江西德兴，334224）

摘　要：本文介绍了国产某型号数码电子雷管针对德兴铜矿露天深孔爆破的复杂应用环境所做的常规测试、安全性试验、环境适应性试验以及工业应用试验情况。通过爆破振动测试分析和爆破效果分析，说明了数码电子雷管在露天深孔爆破中控制爆破振动、改善爆破效果等方面的优势和应用前景。

关键词：数码电子雷管；露天矿；深孔爆破；爆破振动；试验

Application and Tests of Digital Electronic Detonator in Open-pit Long-hole Blasting

Jiang Guohua　Wang Hua

（JCC Dexing Copper Mine，Jiangxi Dexing，334224）

Abstract：Aiming at the complex field environment of open-pit long-hole blasting in Dexing Copper Mine，regular tests，safety tests，field adaptability tests and industrial application tests of a domestic model digital electronic detonator are presented. The superiority and open vast prospects of digital electronic detonator in decreasing blasting vibration and upgrade blasting effects are demonstrated by analyzing the test data.

Keywords：digital electronic detonator；open-pit；long-hole blasting；blasting vibration；test

1　引言

在 20 世纪 90 年代，国外电子雷管及其起爆系统已趋于成熟并进入工程爆破实用阶段[1]。应用结果表明，电子雷管不仅具有精确的延时和本质安全性能，而且在降低爆破振动和改善岩石破碎上有明显效果[2]。2006 年在我国三峡围堰爆破中，Orica 公司 i-kon™ 数码电子雷管及其起爆系统得到成功应用[3]。2009 年 i-kon™ 数码电子雷管在神华集团黑岱沟露天煤矿抛掷爆破技术中使用，具有明显的经济和安全效益[4]。

2001 年，国内第一代电子雷管通过技术鉴定和设计定型。2007 年 1 月，北京北方邦杰科技发展有限公司"隆芯 1 号"数码雷管通过国防基础科研项目验收，作为第二代电子雷管，其主要技术指标达到国际先进水平[1]。

德兴铜矿是中国最大的露天铜矿，年爆破矿岩总量达 1.3 亿吨，是一个特大细脉浸染型斑

江国华，工程师，117528813@ qq. com。

岩铜矿。随着开采深度的增加，露天采区最高出露边坡已超400m，下部难爆矿岩的面积增大，对爆破振动控制和难爆区爆破质量也有更新要求。自2003年引进Orica公司EXEL™高精度导爆管起爆系统，德兴铜矿的爆破技术取得巨大进步[5]。近年来，由于导爆管雷管有其固定延时，爆破技术人员优化爆破参数的空间已很有限。为熟悉和检验国产数码电子雷管产品在深孔爆破中的实用性能，促进矿山爆破技术的提升，2009年底国产"隆芯1号"数码电子雷管在德兴铜矿进行了深孔爆破应用试验。

试验过程中使用的设备主要有专用数码电子雷管起爆系统，包括EBC-908型铱钵起爆器、EBR-908型铱钵检测表、EBtronicPLUS爆破设计软件等；爆破振动测试仪器采用6台成都中科测控TC-4850测振仪、3台四川托普测振仪。

2 地表试验

2.1 试验方案

德兴铜矿露天采区深孔爆破炮孔一般深17.5m，雨季大部分孔内有酸性水；用现场混装车装乳化炸药，入孔炸药初始温度达65℃，爆区周边有钻机交流6kV高压电缆。考虑到数码电子雷管在深孔爆破实际使用条件下的复杂周边环境，在制定地表试验方案时，除对数码电子雷管进行常规秒量测试、起爆可靠性试验外，还模拟雷管使用环境，安排特别的安全性试验和环境适应性试验。

2.2 常规测试和试验

由于雷管在出厂时已经过标准质量测试和相关试验，这里常规测试中主要对数码电子雷管延期时间的精确性进行抽样测试，并进行雷管组网起爆可靠性和引爆起爆弹试验。

2.2.1 秒量测试

从库内取规定数量的试验样品，用数码电子雷管专用测时发火设备对样品进行发火测时。测时结果应满足指标要求。

对进行环境适应性试验的部分样品同样做秒量测试，分析使用环境对数码电子雷管延时精度可能产生的影响。

部分秒量测试结果见表1。

表1 部分秒量试验数据

Table 1 Delay-time test data of digital electronic detonator

样品来源	序号	预设/ms	实测/ms	误差/ms	精度/%	样品来源	序号	预设/ms	实测/ms	误差/ms	精度/%
	1	10	9.81	-0.19	-1.90		11	784	784.01	0.01	0.00
	2	10	9.83	-0.17	-1.70	浸水试验样品	12	784	784.87	0.87	0.11
	3	10	9.8	-0.2	-2.00		13	784	785.65	1.65	0.21
	4	100	99.77	-0.23	-0.23		14	978	977.91	-0.09	-0.01
库内抽样	5	100	99.99	-0.01	-0.01		15	978	978.68	0.68	0.07
	6	1000	999.95	-0.05	0.00		16	17	16.83	-0.17	-1.00
	7	1000	998.37	-1.63	-0.16	浸炸药试验样品	17	17	16.91	-0.09	-0.53
	8	1000	999.6	-0.4	-0.04		18	42	41.85	-0.15	-0.36
	9	1000	999.91	-0.09	-0.01		19	65	64.94	-0.06	-0.09
	10	1000	994.2	-5.8	-0.58		20	416	417.23	1.23	0.30

续表1

样品来源	序号	预设/ms	实测/ms	误差/ms	精度/%	样品来源	序号	预设/ms	实测/ms	误差/ms	精度/%
	21	563	562.21	-0.79	-0.14		26	150	149.96	-0.04	-0.03
浸高温硝铵溶液试验样品	22	56	55.81	-0.19	-0.34	浸油试验样品	27	150	149.51	-0.49	-0.33
	23	56	55.91	-0.09	-0.16		28	1000	1000.51	0.51	0.05
	24	234	233.81	-0.19	-0.08		29	1000	1000.43	0.43	0.04
	25	234	234.23	0.23	0.10		30	1000	1000.46	0.46	0.05

注：使用数码电子雷管专用检测系统，预设时间由技术人员任意设定。

2.2.2　起爆可靠性试验

取一定数量的试验样品，用专用的数码电子雷管起爆系统做并联发火试验，应按照设定的延时序列可靠发火。

对进行环境适应性试验的样品同样做起爆可靠性试验，分析使用环境对数码电子雷管起爆可靠性可能产生的影响。

起爆可靠性试验结果见表2。

表2　数码电子雷管起爆可靠性试验表
Table 2　Result of detonating reliability test

试验序号	试验数量/发	样品来源	试验方式	试验结果
1	40	从库内取样	模拟网路起爆	全部可靠起爆
2	36	浸药试验样品10发、浸水试验样品10发、浸油试验样品10发、浸高温硝酸铵饱和溶液试验样品6发	模拟网路起爆	全部可靠起爆
3	64	从库内取样	模拟网路起爆	全部可靠起爆
4	4	浸高温硝酸铵饱和溶液试验样品4发	与起爆弹加工，并联起爆	3发可靠起爆，1发在检测时发现问题

2.3　安全性试验

数码电子雷管用电发火，而露天采区电铲钻机等采矿设备都用高压供电，为确认工业应用试验的安全，在检测数码电子雷管安全性能时重点做3个电加载试验项目。

2.3.1　交流电压加载试验

调节交流调压器输出电压，加载到雷管两脚线间，并保持5s。记录电压值，观察样品是否发火，不发火时，检测样品电性能。交流电压加载试验结果见表3。

2.3.2　直流电压加载试验

在雷管两脚线间加载高于50V的直流电压，保持5s。记录电压值，观察样品是否发火，不发火时，检测样品电性能。直流电压加载试验结果见表4。

表3　交流电压加载试验结果
Table 3　Test result of AC voltage loading on digital electronic detonator

试验项目	试验序号	试　验　条　件	试　验　结　果	备　注
	1	216V，5s	不发火，雷管损坏	
	2	216V，5s	不发火，雷管损坏	
	3	150V，5s	不发火，雷管损坏	
	4	120V，5s	不发火，雷管完好	
交流电压	5	同一发雷管，120V，5s	不发火，雷管完好	使用电压调整器
加载试验	6	102V，5s	不发火，雷管完好	（上海，0～240V）
	7	同一发雷管，102V，5s	不发火，雷管完好	
	8	同一发雷管，102V，10s	不发火，雷管完好	
	9	238V，5s	不发火，雷管损坏	
	10	238V，5s	不发火，雷管损坏	

表4　直流电压加载试验表
Table 4　Test result of DC voltage loading on digital electronic detonator

试验项目	试验序号	试　验　条　件	试　验　结　果	备　注
	11	53.2V，5s	不发火，雷管完好	
	12	52.4V，5s	不发火，雷管完好	
直流电压	13	52.5V，5s	不发火，雷管完好	使用干电池组
加载试验	14	52.5V，5s	不发火，雷管完好	
	15	52.5V，5s	不发火，雷管完好	
	16	52.5V，30s	不发火，雷管完好	

2.3.3　普通电雷管起爆器激发试验

将雷管两脚线分别连接到电雷管起爆器的接线端子上，电雷管起爆器充电，记录充电电压，并激发，观察样品是否发火，不发火时，检测样品电性能。试验结果见表5。

表5　普通电雷管起爆器激发试验
Table 5　Detonating test result using normal electronic priming apparatus

试验项目	试验序号	试　验　条　件	试　验　结　果	备　注
	17	第一发第一次充电至1500V	未发火，雷管损坏	
	18	第一发第二次充电至1800V	未发火，雷管损坏	
普通电雷	19	第一发第三次充电至1800V	未发火，雷管损坏	电压1800V，
管起爆器	20	第二发充电至1800V	未发火，雷管损坏	电容40μF
激发试验	21	第三发充电至1800V	未发火，雷管损坏	
	22	第四发充电至1800V	未发火，雷管损坏	
	23	第五发充电至1800V	未发火，雷管损坏	

2.4　环境适应性试验

环境适应性试验是模拟在露天深孔爆破应用中所处的复杂外部环境，如压力酸性水、油相、炸药及其高温水相等，对数码电子雷管在应用环境中可能发生的性能改变进行较为严格的检验。试验流程如图1所示。

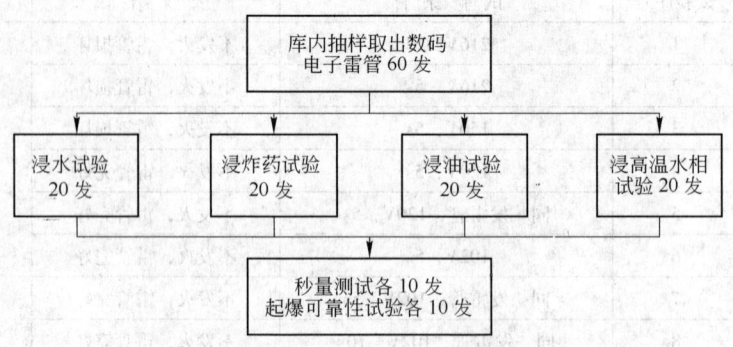

图1　环境适应性试验流程图

Fig. 1　Flow chart of detonator circumstance adaptability test

（1）浸水试验。在采区选择水深10m以上的炮孔，将样品放入炮孔，浸水72h后取出，检测样品性能。

（2）浸炸药试验。在采区选择合适的炮孔，模拟现场使用，将样品放入炮孔，用炸药车装入乳化炸药，放置72h后取出，检测样品性能。

（3）浸油试验。将样品浸入 -35 号柴油，室温并保持72h后取出，检测样品性能。

（4）浸高温硝酸铵饱和溶液试验。将样品浸入 80℃ 的硝酸铵饱和溶液中，放置72h后取出，检测样品性能。

环境适应性试验结果反映在延期秒量精确度和起爆可靠性上，见表1和表2。

2.5　地表试验结果分析

从表1和表2的试验结果可以看到数码电子雷管在延时精确度和安全性上的优越性能：0～100ms范围，延时偏差最大 0.23ms，最小 0.01ms；在 101～16000ms 范围，延时偏差最大 5.80ms，百分比为 0.58%。能在标称交直流电压内保持完好，即使远超电压范围，也不会引爆。在经过耐油、耐水及模拟炮孔浸药72h的环境适应性试验后，数码电子雷管延时精确度没有变化。组网起爆可靠，如存在问题，因数码电子雷管起爆系统有双向通信功能，在检测时能及时发现。

在进行浸高温硝酸铵饱和溶液试验时，20发中出现1发渗水，在可靠性试验时检测发现，分析认为硝铵溶液渗入雷管造成内部短路，雷管的密封塞高温防水性能仍需进一步改进。

地表试验结果表明，这批数码电子雷管已满足露天深孔爆破工业应用试验基本要求。

3　工业应用试验

3.1　爆区概况及爆破参数

露天深孔爆破台阶高度15m，炮孔直径250mm，按三角形布置钻竖直孔，设计孔深17.5m，每孔分上下两处各放置一发起爆弹，用现场混装炸药车装乳化炸药，人工充填，充填料为钻孔碎屑。在铜厂采区和富家坞采区共进行了四次数码电子雷管的应用试验，具体爆破参数见表6。

表6　数码电子雷管工业应用试验爆破参数

表6　数码电子雷管工业应用试验爆破参数
Table 6　Blasting parameter in industry application of digital electronic detonator

试验序号	爆破编号	爆破孔数	孔网参数		单孔药量/kg	总装药量/t	充填高度/m	延期时间	
			孔距/m	排距/m				孔间/ms	排间/ms
1	TC80-08-36	21	7	6	650 ~ 750	15	5.0 ~ 8.0	20	70
2	TC95-12-39	41	8	6	600 ~ 700	29	6.8 ~ 9.0	25	65
3	FJW500-14-32	53	8	8	500 ~ 700	37	7.0 ~ 10.0	20 ~ 30	70 ~ 100
4	TC275-07-38	55	8	6	450 ~ 650	36	7.5 ~ 9.0	22	57

3.2　数码电子雷管现场使用过程

对数码电子雷管起爆系统在应用试验中的使用步骤按顺序归纳为以下四步：

（1）雷管注册和延时的设计。雷管运输到现场后先使用铱钵表进行注册，把雷管的编码读入并存储在铱钵表内，根据炮孔布置图给定编号，并给雷管贴上相应编号的标签。

（2）雷管发放和加工。雷管由负责该面炮爆破设计的技术人员发放，按雷管标签编号和炮孔布置图的孔编号对应发放；在雷管和起爆弹的加工时，需要将雷管脚线穿过起爆弹空孔后再打个结，确保起爆弹放入孔内时雷管与起爆弹不会损坏和脱落。

（3）炮孔装药和充填后雷管的检测。为分析装药或充填对雷管及其脚线可能造成的损坏，试验时在装药和充填后分别检测一次，发现问题及时分析处理。

（4）网路连接、检测和起爆。装药充填完成后，根据爆破设计图放主干线，雷管的脚线通过专门的线卡连接到主干线。铱钵表通过主干线读取每发雷管，检测每发雷管是否都完好，有问题雷管编号会在铱钵表上反映，可以直接找到问题雷管。主线延伸到避炮点，铱钵起爆器通过铱钵表对网路再次进行检测，将编程输入的延期时间发送到每发雷管。在起爆前，铱钵起爆器通过控制铱钵表，对通过检查的雷管解除保险，并确认可以爆炸点火。

3.3　爆破效果分析

与高精度导爆管雷管起爆系统的爆堆相比，数码电子雷管应用试验的爆堆破碎均匀，松散性好，难爆区表面大块明显减少，电铲挖掘效率也得到提高。试验爆破效果见表7。

表7　数码电子雷管应用试验效果
Table 7　Application result of digital electronic detonator

试验序号	爆破编号	矿岩可爆性	自由面情况	炸药单耗/kg·m⁻³	爆破效果
1	TC80-08-36	矿石，难爆，$f=10 \sim 12$	两个自由面，部分清渣	0.793	表面大块少，爆堆松散性好，局部有后翻
2	TC95-12-39	矿石，较易爆，$f=6 \sim 8$	两个自由面，预留渣	0.687	表面无大块，爆堆松散，后沟明显
3	FJW500-14-32	岩石，易爆，$f=5 \sim 7$	两个自由面，压渣	0.509	表面无大块，爆堆松散
4	TC275-07-38	岩石，较易爆，$f=6 \sim 8$	两个自由面，部分清渣	0.636	表面无大块，爆堆集中，松散性好，后沟明显

3.4　爆破测试情况及其分析

数码电子雷管起爆系统在工程爆破中不仅能改善爆破效果，其突出优势还在于能有效控制爆破振动。在工业应用试验中布设爆破振动测试仪器。

测振点布置在与爆区侧方同一水平上，沿一条直线布置 1 ~ 6 号测振点，采用三通道并行采集数据，采样频率为 1 ~ 50kHz，测量爆区侧方爆破振动强度及其规律。为取得单孔爆破振动图谱作比较，在做爆破微差设计时特将最后一个炮孔增加延时 300ms。

3.4.1 爆破振动图谱比较分析

第一次爆破试验中，1 号测振点（距离爆区中心 88m）垂向振动图谱如图 2 所示；第二次爆破试验中，1 号测振点（距离爆区中心 70m）垂向振动图谱如图 3 所示。

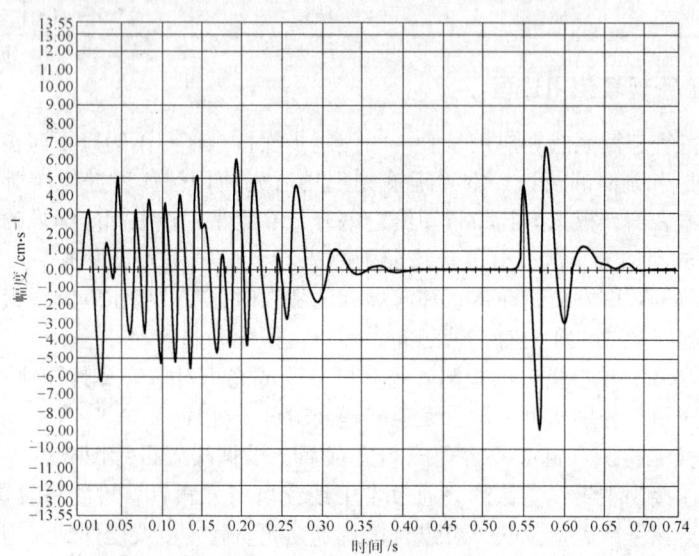

图 2 TC80-08-36 爆破 1 号测振点垂向振动图谱

Fig. 2 Vertical vibration spectrum of 1# measure spot in blasting No. TC80-08-36

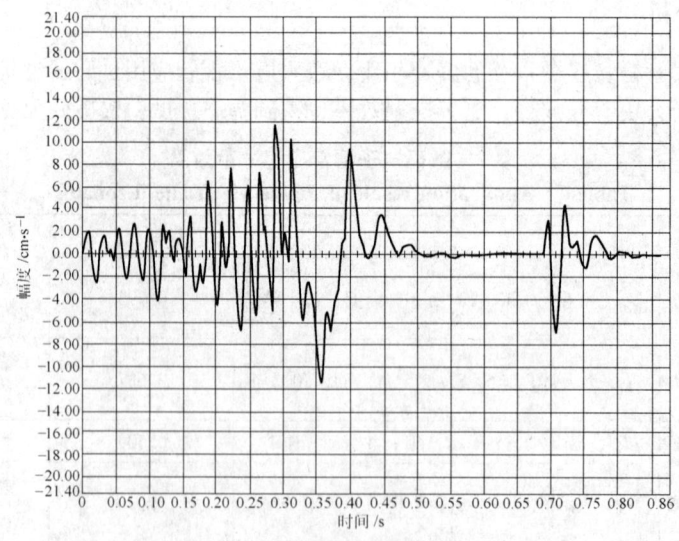

图 3 TC95-12-39 爆破 1 号测振点垂向振动图谱

Fig. 3 Vertical vibration spectrum of 1# measure spot in blasting No. TC95-12-39

图 2 表明，第一次爆破试验中采用孔间延时 20ms，排间延时 70ms，最短起爆间隔时间为

10ms，有效降低了爆破振动；第二次爆破试验中采用与导爆管起爆网路相同的延期时间，该面炮中有三个时点有 2~3 个孔起爆间隔只有 3~5ms，在图 3 中反映出振动的加强。

经过比较得出，利用数码电子雷管精确延时、合理的方案设计，可以把爆破振动降低到单个炮孔振动水平之下。

图 4 所示为第二次爆破试验当天，相邻台阶采用高精度导爆管起爆系统的 TC80-06-35 爆破时 1 号测振点的垂向振动图谱。与数码电子雷管起爆的振动图谱有明显不同，导爆管雷管起爆造成的振动幅度稳定在较大幅度上。

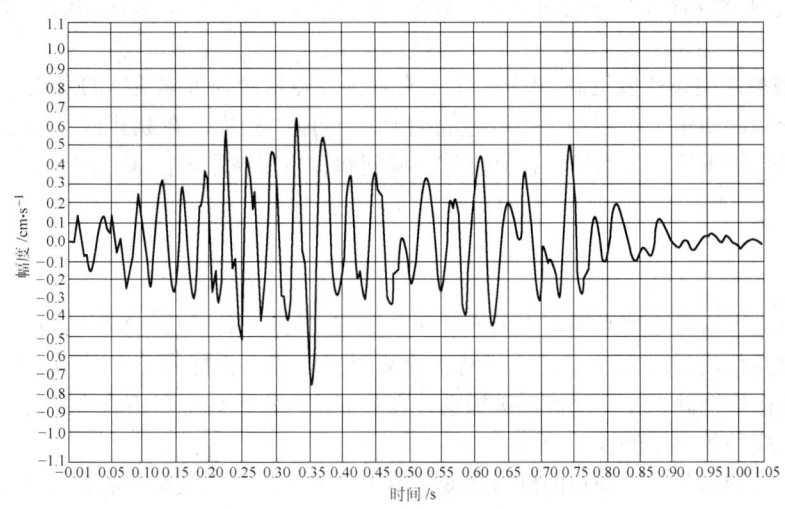

图 4　TC80-06-35 导爆管系统爆破 1 号测振点垂向振动图谱

Fig. 4　Vertical vibration spectrum of 1# measure spot in blasting No. TC80-06-35（nonel tube system）

通过傅里叶变换，对图 3 和图 4 所示振动图谱进行频谱分析，图 3 中的振动主频为 37.38Hz，图 4 中的振动主频为 21.11Hz。可见使用数码电子雷管系统可以提高爆破振动主频，有效地避免建筑物共振，保障建筑物安全。

3.4.2　爆破振动速度比较分析

第二面爆破试验中，4~6 号测振点的振速见表 8。作为比较，在同一区域，选择爆破参数相同，总计 40 孔的 TC95-12-40 次炮，采用高精度导爆管雷管起爆系统，爆破振动测试结果同列于表 8。比较可见，在距爆心 477m 左右，数码电子雷管起爆系统的爆破振速比高精度导爆管雷管起爆系统的爆破振速低 0.18cm/s，降低了 30%。

表 8　爆破振动速度测试结果比较

Table 8　Result compare of blasting vibration velocity test

爆破编号	起爆系统	测点编号	爆破振速/cm·s^{-1}			矢量合速度 /cm·s^{-1}	距爆心水平距/m
			横向	轴向	垂向		
TC95-12-39	数码电子雷管	4 号	0.4	0.84	0.87	0.97	296
		5 号	0.34	0.45	0.39	0.54	355
		6 号	0.26	0.43	0.24	0.43	482
TC95-12-40	高精度导爆管雷管	1 号	0.56	0.59	0.6	0.71	419
		2 号	0.35	0.51	0.43	0.61	472
		3 号	0.27	0.26	0.31	0.36	555

3.5　工业应用试验情况小结

在露天深孔爆破应用试验中，数码电子雷管起爆系统表现出化学延期雷管起爆系统所无法比拟的优势：

（1）采用专用起爆设备，有双向通讯功能，智能密码起爆，具有本质安全性。

（2）可以根据地质条件进行微差间隔时间的优化，实现孔内两点同时起爆，提高炸药能效，进一步改善难爆区爆破效果。

（3）通过科学设置微差间隔时间，可以实现干扰降振，减少对采区高陡边坡和邻近建筑物的影响。

（4）爆破振动主频普遍提高 10Hz 以上，有利于保障爆区邻近建筑物的安全。

在现场应用试验施工过程中，出现过雷管加工时掉入孔内，在装药或充填过程中雷管失效，存在比导爆管雷管起爆系统操作复杂等一些问题，也反映了产品还有需要不断改进和完善之处。

4　结语

国产数码电子雷管在德兴铜矿露天采区深孔爆破中的应用试验，验证了数码电子雷管起爆系统具有延时高精度、时间设定灵活、网路检测智能、安全性能可靠等特点，能提高炸药能效，有效改善矿岩破碎，显著降低爆破振动，也为促进国产数码电子雷管产品的成熟及其在露天矿山的推广应用积累了经验。

数码电子雷管因其近乎理想的延时精度，给了爆破工程技术人员在爆破设计优化上无限的想象空间。也相信国产数码电子雷管在工程应用中不断成熟和推广，必将对爆破产业产生深远影响，推动国内工程爆破理论和技术的飞跃[6]。

参 考 文 献

[1]　国内电子（数码）雷管发展概况. http：//wenku. baidu. com/view/cfe0910b79563c1ec5da7159. html.

[2]　王鹏. 可编程电子延期雷管研究[D]. 武汉：武汉理工大学，2007：3.

[3]　赵根，吴新霞，等. 数码雷管起爆系统在三峡三期碾压混凝土围堰拆除爆破中的应用[J]. 工程爆破，2007，13(4)：72～75.

[4]　宋日，冯宁. I-kon 数码雷管在露天煤矿抛掷爆破技术中的应用[J]. 爆破器材，2009，38(4)：28～29.

[5]　吴朝阳. 导爆管起爆网路在德兴铜矿露天爆破中的应用[J]. 铜业工程，2007，(3)：4～7.

[6]　张乐，颜景龙，等. 隆芯1号数码电子雷管在露天采矿中的应用[J]. 工程爆破，2010，16(4)：73～76.

利用电子雷管精确延时控制爆破效果研究

杨军[1]　邹宗山[1,2]　李顺波[3]　佐建君[2]　陈占阳[1]

（1. 北京理工大学爆炸科学与技术国家重点实验室，北京，100081；2. 北京理工北阳爆破工程技术有限责任公司，北京，100081；3. 中国矿业大学（北京），北京，100083）

摘　要：本文研究高精度雷管取代普通毫秒雷管实行毫秒级精确延时逐孔起爆，及其对控制爆破振动、改善爆破质量等方面所带来的影响。采用理论研究、模型试验和工程实践研究相结合的手段，对精确延时条件下控制爆破作用进行了分析，得出合理设定毫秒延时间隔时间不仅有利于爆破振动控制，同时可改善岩石破碎效果。进一步现场工程实践表明：合理的毫秒延时间隔时间设定可以使爆破产生的地震频率宽度增加，改善频带能量的分布范围，有利于降低爆破振动效应；同时精确延时起爆方式的改变，还有利于改善爆堆形态，提高生产效率。

关键词：精确延时；微差爆破；电子雷管；爆破振动

Studies on the Blasting Effect Control of Using Electronic Detonator Precise Delay

Yang Jun[1]　Zou Zongshan[1,2]　Li Shunbo[3]　Zuo Jianjun[2]　Chen Zhanyang[1]

（1. State Key Laboratory of Explosion Science and Technology, Beijing Institute of Technology, Beijing, 100081；2. Beijing Bit Blasting Engineering Technology Co., Ltd., Beijing, 100081；3. China University of Mining Technology (Beijing), Beijing, 100083）

Abstract：This paper studies high-precision detonators replacing ordinary millisecond delay detonators implement precise millisecond-by-hole initiation, and its superiority on the control of vibration, improving the quality and other aspects impact of blasting brought. Theoretical studies, model tests, and engineering practice were used to study blasting effect under the precision delay. The main conclusions of the study are as follows：the blasting seismic frequency width increases can be generated by reasonable millisecond delay time interval settings, improve the distribution of energy in the band, at the same time is conducive to reducing the blasting vibration；changes in the way of precision delay initiation, also help improve the rock pile shape and production efficiency.

Keywords：precision delay；millisecond blasting；electronic detonators；blasting vibration

1　引言

现代爆破技术正在向着精细化、科学化和数字化的方向发展，高精度电子雷管作为新一代爆破器材的开发应用，既是爆破技术进步的需要，又能促进爆破理论的发展。逐孔起爆技术在

杨军，教授，yangj@ bit. edu. cn。

国内外的露天爆破中已被普遍采用，如何合理地确定延时间隔是取得良好的爆破效果的核心问题。随着电子雷管的逐渐推广使用，对毫秒延时爆破机理、延时改善的爆破振动都带来新的挑战，对此展开深入的研究，有利于促进爆破技术的长足发展。

在我国露天矿山开采过程中，随着机械化水平和自动化水平不断提高，对岩石破碎效果提出了更高的要求，同时对爆破振动对周围机械设备和构筑物造成的损害也提出了新的挑战，特别是在城市建设过程中，在复杂环境中进行的岩体开挖，对爆破振动提出了严格的要求。这就要求采取一些行之有效的手段进行爆破振动控制，在保证爆破效果的同时，孔网参数一定的情况下，毫秒延时爆破作为一种有效的手段被广泛应用，特别是在精确毫秒延时电子雷管的产生和应用，对传统毫秒延时间隔时间的设定提出了新的挑战。在提高岩石破碎效果方面取得了良好的工程应用效果，但对毫秒延时间隔与岩石破碎之间的关系没有很明确的认识，同样在对合理的毫秒延时间隔设定上也没有形成共识。

毫秒延时爆破技术被越来越多地应用于矿山开采、井巷掘进、拆除爆破等工程中。目前，毫秒延时爆破已成为爆破工程中不可缺少的控制爆破技术[1]。随着毫秒延时爆破技术在爆破工程中的广泛应用，毫秒延时爆破的理论发展也日趋成熟，毫秒延时爆破不仅仅可以起到分散爆破能量的作用，同时对爆破地震波的干扰叠加作用也非常明显，爆破地震效应的大小和岩石破碎与毫秒延时时间选择的合理与否有重要的关系，从而使如何确定合理的毫秒延时时间成了毫秒延时爆破技术研究的核心和焦点问题[2]。

2　毫秒延时爆破延期时间理论

2.1　毫秒延时间隔时间计算原理

近些年来，许多学者对毫秒延时爆破的作用机理进行了大量的研究，从不同的角度和理论来对其进行描述，但由于爆破过程中的影响因素较多，目前关于毫秒延时爆破的作用机理主要有以下几个方面：（1）应力波干涉计算；（2）形成新自由面计算；（3）地震效应最小原则确定；（4）依据经验公式。

如果两个相邻的爆源以一定间隔时间进行起爆，若毫秒延时间隔时间选择合理，则可以实现地震波最大峰值的错开，实现波峰和波谷的叠加。若设置不合理，存在相互叠加，振动峰值增大。当两个振源非同时起爆时，二者之间毫秒延时间隔较小的话，爆炸产生的地震效应有可能比一次集中装药爆破时高。若起爆时间毫秒延时增大，爆炸地震强度会下降，如果毫秒延时时间选择合理，可以明显地降低地震效应。在实际工程中，若考虑一次爆破所装的药量，其降振效果会更加明显。反之，毫秒延时时间选择不合理会增加地震效应。

2.2　基于能量原理的合理毫秒延时时间确定

炸药在岩石中爆炸产生的能量主要用于岩石的破碎、地震波传播和岩石的抛掷，可以用下式表示[3]：

$$E_E = E_F + E_S + E_K + E_{NM} \tag{1}$$

式中，E_E 为炸药爆炸产生的能量；E_F 为岩石破碎能量；E_S 为地震波能量；E_K 为动能；E_{NM} 为其他能量。式（1）中前三项为炸药爆炸能量主要消耗部分。

爆破工程中产生的爆破振动对建筑结构的破坏主要体现为炸药爆炸产生的地震波能量的大小，因此主要考察式（1）中地震波能量部分。在距爆源一定距离处的能量通量可表示为[4]：

$$\Phi = \tau_{ij} n_i v_j \tag{2}$$

根据纵波在均匀半无限介质中的传播规律，应力张量可以表示为：

$$\tau_{11} = (\lambda + \mu)\frac{\partial u_1}{\partial r} + 2\lambda\frac{u_1}{r} \tag{3}$$

$$\tau_{22} = \tau_{33} = \lambda\frac{\partial u_1}{\partial r} + 2(\lambda + \mu)\frac{u_1}{r}, \tau_{ij}(i \neq j) = 0$$

式中，r 为距爆源距离；u_1 为给定距离处的位移函数；λ 和 μ 为拉梅常数。

由式（2）和式（3）可以得到，单位向量在主轴上的能量通量可以用下式表示：

$$\Phi = \left[(\lambda + \mu)\frac{\partial u_1}{\partial r} + 2\lambda\frac{u_1}{r}\right]v_1 \tag{4}$$

则通过半径为 r 的球面的总能量可以假定其能量通量为：

$$P = 4\pi r^2\Phi \tag{5}$$

因此，地震波能量可以表示为：

$$E_S = \int_0^{\infty} 4\pi r^2\Phi\mathrm{d}t = 4\pi r^2 \times \int_0^{\infty}\left[(\lambda + \mu)\frac{\partial u_1}{\partial r} + 2\lambda\frac{u_1}{r}\right]v_1\mathrm{d}t \tag{6}$$

$$u_1(t) = \int_0^t v_1(t)\mathrm{d}t \tag{7}$$

位移函数的空间导数可以表示为：

$$\frac{\partial u}{\partial r} = -\frac{v}{c} \tag{8}$$

式（8）在 $v \leq c$ 时适用。因此地震波能量最终可以表示为：

$$E_S = -4\pi r^2\int_0^{\infty}\left[(\lambda + 2\mu)\frac{v_1^2}{c_p} + 2\lambda\frac{u_1v_1}{r}\right]\mathrm{d}t \tag{9}$$

其中，$c_p^2 = \dfrac{\lambda + 2\mu}{\rho}$，式（9）可以表示为：

$$E_S = -4\pi r^2\rho c_p\int_0^{\infty} v_1^2\mathrm{d}t \tag{10}$$

在实际计算中取式（10）的绝对值：

$$E_S = 4\pi r^2\rho c_p\int_0^{\infty} v_1^2\mathrm{d}t \tag{11}$$

假设爆破产生的振动速度可以采用带阻尼的余弦函数表示[5]，各孔爆破的阻尼相同，如式（12）所示：

$$v(t) = K\left(\frac{\sqrt[3]{Q}}{r}\right)^{\alpha} e^{-\xi\omega t}\cos(\omega\sqrt{1 - \xi^2}\, t) \tag{12}$$

式中，$v(t)$ 为一段爆破速度；K、α 为场地系数；Q 为单段药量；r 为测点到爆区的距离；ξ 为阻尼；ω 为振动圆频率。

将式（12）代入式（11）并进行积分可以得到：

$$E_S = 4\pi r^2\rho c_p K^2\left(\frac{\sqrt[3]{Q}}{r}\right)^{\alpha}\frac{1 + 2\xi^2}{4\xi\omega} \tag{13}$$

一般的计算过程中，阻尼一般可以取 $\xi = 0.05$，振动圆频率[6] $\omega = \dfrac{2\sqrt{2}c_p}{3r_0}$，$r_0$ 为空腔半径，则式（13）可以表示为：

$$E_S = 30\sqrt{2}\pi r^2 \rho K^2 \left(\frac{\sqrt[3]{Q}}{r}\right)^{\alpha} r_0 \tag{14}$$

从式（14）可以看出在岩石性质、炸药量和孔网参数一定时，地震波能量大小主要和距爆源的距离有关，因此在实际工程中对于同一爆破工程在不同的地点观测得到的爆破振动的破坏情况不同。振动信号呈现周期衰减，因此前后两个振动波形在理论上相差 1/2 周期，即可实现波峰和波谷的相互叠加。

下面对不同距离处的振动进行讨论，在逐孔起爆的情况下，观测点距离炮孔 1 和炮孔 2 的距离定义为 r_1 和 r_2。两者距离差定义为 $\Delta r = |r_1 - r_2|$，两者之间的毫秒延时间隔定义为 $\Delta t = t_2 - t_1$。

（1）$r_1 > r_2$ 时，此时毫秒延时间隔时差为：

$$\Delta t = \frac{3\sqrt{2}\pi}{4}\frac{r_0}{c_p} - \frac{\Delta r}{c_p} \tag{15}$$

（2）$r_1 < r_2$ 时，此时毫秒延时间隔时差为：

$$\Delta t = \frac{3\sqrt{2}\pi}{4}\frac{r_0}{c_p} + \frac{\Delta r}{c_p} \tag{16}$$

（3）$r_1 = r_2$ 时，此时毫秒延时间隔时差为：

$$\Delta t = \frac{3\sqrt{2}\pi}{4}\frac{r_0}{c_p} \tag{17}$$

从以上的分析可以看出，由于观测点距离炮孔的距离不同，利于降低爆破振动的合理的毫秒延时时间间隔存在着一定的差异，因此设定利于降振的毫秒延时时间间隔应该从被保护的建筑物出发，根据被保护建筑和各个炮孔之间的距离进行合理的设定。

3　试验研究

模型试验主要研究在精确延时条件下对爆破作用的影响，选取具有应用广泛的露天台阶爆破为研究对象。因此本试验主要是考虑单一因素即毫秒延时延时间隔这一条件，根据现有的雷管精度和国内露天矿山的一些实际情况，设计出五组不同延时时间间隔试验。

3.1　模型设计与制作

模型试验的目的主要用来研究精确延时控制对爆破振动和岩石爆破块度的影响，因此根据目前国内露天矿生产进行设计模型试验。在国内，露天矿山台阶高度 H 一般为 10~15m，这里取 10m。台阶坡面角 $\alpha = 70°$，台阶面上从钻孔中心至坡顶线距离 $B = 3m$，因此可以确定出其他几何参数，考虑到现场的试验条件限制，模型试验中几何缩比 $k = 1:50$。模型尺寸和实际尺寸见表 1 和图 1。

表 1　模型几何尺寸

Table 1　Model geometry size

项 目	台阶高度	钻孔直径	堵塞长度	孔间距	孔排距	坡角/(°)	超深
模型尺寸/mm	200	8	80~100	160	100	70	40
实际尺寸/m	10	0.2	4~5	8	5	70	2

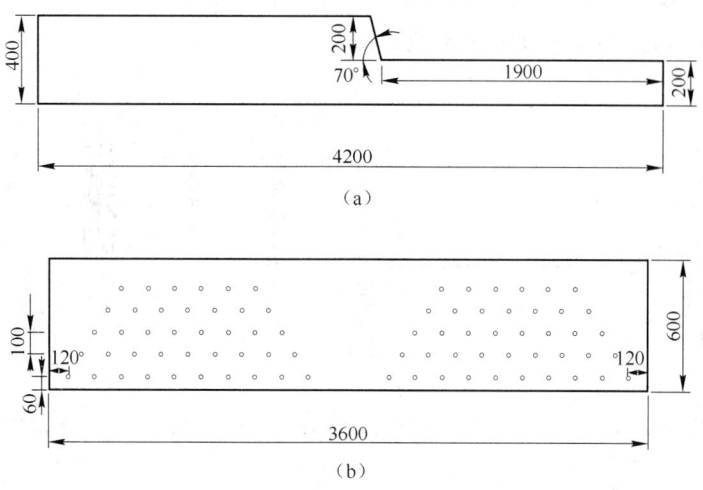

图 1　模型尺寸图（单位：mm）

（a）模型平面图；（b）爆破区域炮孔布置图

Fig. 1　Model size chart（unit：mm）

　　模型制作采用混凝土浇筑，并且养护 28 d。浇灌前，取直径为 8 mm 的钢筋，按照炮孔深度制作成钢筋棍，并用砂纸将其打磨光滑，去除钢筋表面铁锈，并在上面做上刻度标示。在预留炮孔区域制作模板，并在模板上事先按照炮孔布置情况钻孔，便于后面钢筋的固定。

　　测得模型基本力学参数，见表 2，由于延时时间在试验过程采用真实的延时时间，因此计算延时时间需采用真实的炮孔直径。

表 2　模型材料的基本力学性能参数

Table 2　The basic mechanics performance parameters of the model materials

密度/g·cm⁻³	纵波波速/m·s⁻¹	弹性模量/GPa	抗压强度/MPa
2.49	2740	1.591	28.97

　　根据公式可以计算出位于孔间连线中垂线上的孔间延时间隔为 1.2 ms，电子雷管设定时间是以 1 ms 为单位，同时考虑到岩石的破碎，其毫秒延时间隔时间可以设定为 4 ms。在图 1（b）所示的爆破区域中，左面区域采用排间延时，延时时间分别为 4 ms、6 ms、10 ms、15 ms，孔间无延时间隔。右面区域采用孔间延时，第一排孔间延时间隔 2 ms，第二排孔间延时间隔 4 ms，第三排孔间延时间隔 7 ms，第四排孔间延时间隔 9 ms，第五排孔间延时间隔 12 ms，排间采用等时延时间隔 100 ms。传感器布置在距离爆区最后一排孔 1.3 m 处，同时位于爆区的中垂线上。

3.2　试验结果分析

　　图 2 所示为爆破左右区域的速度时间曲线。从图 2（a）中可以看出，速度峰值经历了先增大后减小再增大的一个变化过程，由于孔间不存在延时时间间隔，每排所有炮孔同时起爆，从前排到后排孔数逐次减小。由于第一排孔中药量的最大，所以振动的速度峰值呈现出逐渐减小的现象。

　　从图 2（b）中可以看出，由于逐排间延时间隔较大，很清晰显示出五簇振动波形，从左到右依次为 2 ms、4 ms、7 ms、9 ms、12 ms，4 ms 和 12 ms 延时间隔的速度峰值要明显小于其他延时间隔速度峰值 50% 左右，但每排炮孔数量只少 1 个，药量带来的速度峰值的差异不明显。振动波形在 2ms 延时区域波形显得比较紧凑，随着延时间隔的增加，振动波形逐渐开始趋于发散，延时间隔为 12ms 的区域形成的波形分散范围较大。

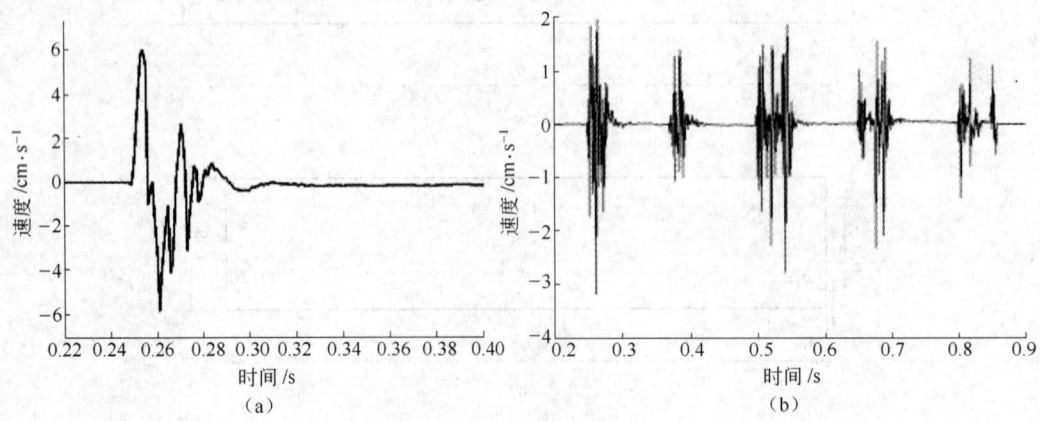

图 2　速度时间曲线

（a）爆破左区速度时间曲线；（b）爆破右区速度时间曲线

Fig. 2　Speed-duration curve

在图 2（b）中，由于各排间、相邻孔之间延时间隔采用同一值，观测点到两孔之间的距离差会影响延时间隔值的大小，因此对于同一延时间隔可能不是爆破振动衰减 1/2 周期的奇数倍。进一步观察图 2（b）可以发现，2ms 延时间隔情况下的波形峰峰相遇占据主导地位，4ms 延时间隔情况下波形中的峰谷相遇占据的比例较大，在 7ms 和 9ms 延时间隔中，峰峰和峰谷相遇的两种情况都存在，因此波形中出现了明显 3 个部分，7ms 中每部分峰值依次有增大的趋势，9ms 中每部分峰值先增大后减小。12ms 延时间隔情况下，其中峰谷相遇的情形占据了较大部分，由于距离观测点距离最近，其延时间隔可能导致波形无法在第一个衰减周期进行相互干涉，进而出现多个峰值现象。

由于延时间隔设定的不同会对爆破振动峰值产生一定的影响，特别是孔间逐次起爆，对爆破振动波形的改变有重要的影响，在短毫秒和精确延时条件下这一优势表现得更加明显。为了进一步观察图 2 中速度波形的变化趋势，利用 matlab 软件编程对图 2 所示波形进行 HHT 变换，得到图 2 中左右区域振动波形的瞬时能量，如图 3 所示。从图 3（a）中可以明显地看出，瞬时能

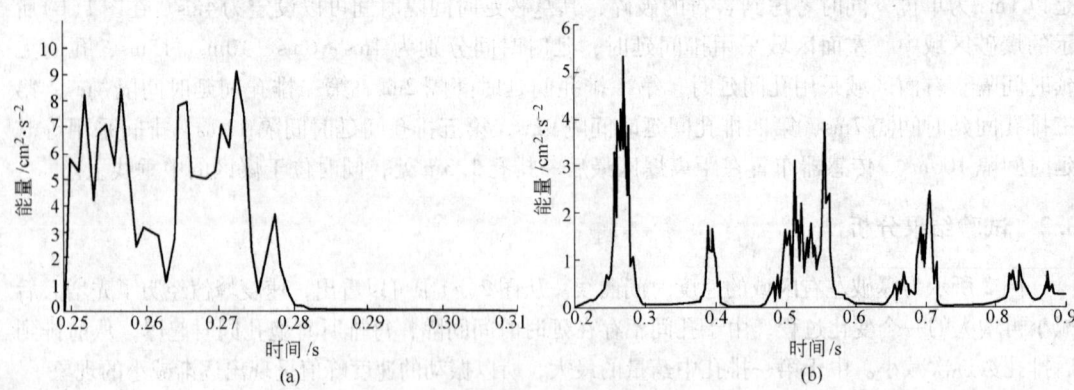

图 3　瞬时能量图

（a）爆破左区瞬时能量；（b）爆破右区瞬时能量

Fig. 3　Instantaneous energy diagram

量呈现相同的两个变化部分，这是由于每排间的延时间隔的不同引起的。对比图3和图2可以发现速度峰值最大时刻，即瞬时能量出现最大时刻。

从图3(b)中可以看出，2ms延时间隔区域形成瞬时能量最大比4ms延时间隔高出63%，12ms延时区域瞬时能量最大值是7ms延时间隔区域瞬时能量最大值的25%，同时是2ms延时间隔区域的19%，是9ms延时间隔的36%。由于第一排孔（2ms）比最后一排孔（12ms）多出4个炮孔，但是采用的逐孔起爆，每个炮孔装药量相等，因此具有一定的可比性。

进一步观察图3(b)可以发现，2ms和4ms瞬时能量范围比较紧簇，其他延时间隔形成的瞬时能量中需要经历多次峰值。12ms延时区域形成的瞬时能量明显形成三个波峰和明显的两端区域且瞬时能量峰值差别不大，较其他延时区域瞬时能量峰值较小。

4 工程应用

4.1 工程概况

平朔东露天煤矿位于山西省朔州市境内，矿区范围东西长4.42~5.47km，南北宽6.53~10.3km，总面积约48.73km²，设计服务年限为75年。矿田的岩石属于中硬岩类~硬岩类，抗压强度大于15MPa的硬岩约占总量的22.2%。抗压强度小于6MPa属于软岩类的新生界松散土层约占总量的20.73%。东露天煤矿因其岩石较硬，不适合切割力较低的轮斗开采工艺，因此剥离采用单斗-移动式破碎站-带式输送机的半连续工艺，在我国露天采矿工艺技术方面属于首次采用。根据开采工艺设计要求，为了保证胶带机的安全，爆破作业时前冲距离必须控制在50m以内，后翻距离必须控制在15m以内。

4.2 爆破振动信号监测结果

使用NOMIS测振仪在A爆区后方共布设测点4个，测点1为三相振动信号，其余各测点为垂直振动信号。测点与A区爆源基本成直线，比爆区高一台阶，4个测点距A爆区振源的距离分别为70m、85m、110m、123m。而测点与B爆区振源的距离分别为156.2m、166.2m、184.4m、194.5m，每个测点距B爆区振源的距离大于A爆区振源的距离。

利用前面的公式进行计算可以得出毫秒延时时间间隔为1.7ms，可以看出其值过小，因此需要采用计算值的倍数，同时考虑到岩石的破碎效果，最终取值为20ms。

A爆区采用了电子雷管逐孔起爆技术，孔间延时20ms，排间延时65ms，最后排延时150ms，总延时650ms，总装药量33257.2kg。B爆区采用了高精度塑料导爆管雷管，孔间延时17ms，排间延时100ms，总装药量45264kg。B爆区比A爆区晚起爆2s。

爆破后使用GPS对爆堆进行了测量，采用电子雷管的A爆区，充分发挥电子雷管可以对任意孔随意设置延迟时间的优势，使逐孔起爆等时线可以灵活调整，爆破后未发生后翻现象，前冲距离28m，没有个别飞石。采用高精度塑料导爆管雷管的B爆区，爆破后发生了后翻现象，前冲距离也比A爆区远。

表3、表4分别给出了A爆区、B爆区的爆破振动监测结果，对于A爆区，从监测结果可以看出，振动的持续时间约为1s。监测的振动速度最大值为5.715cm/s，对应的爆源距离为85m。对比测点1至测点4的振动速度，随着监测点离爆源中心越远，振动速度总体呈衰减的趋势。其主频分布范围较广，为5~14Hz。虽然含小于10Hz的振动主频成分，然而考虑到该矿区与爆区的实际情况，爆破地震影响还是可以接受的。

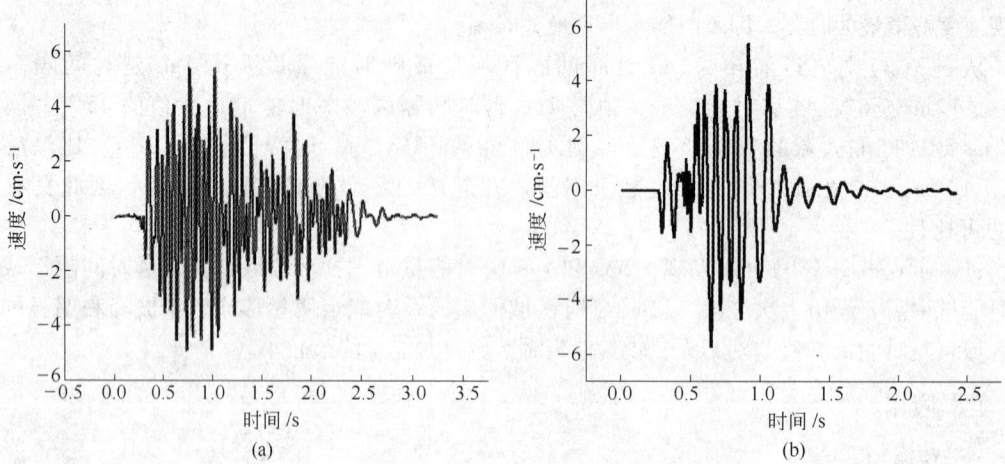

图 4　速度时间曲线

(a) A 爆区测点 1 波形；(b) B 爆区测点 1 波形

Fig. 4　Speed-duration curve

表 3　A 爆区振动监测结果

Table 3　Blasting vibration monitoring results in A area

A 爆区振动监测结果（总装药量 33.2572t）						
测　点	1			2	3	4
与爆源距离/m	70			85	110	123
峰值振动速度/cm·s⁻¹	R	T	V	5.715	2.882	3.848
	4.3053	3.670	3.1496			
振动主频/Hz	14.109	13.366	14.109	13.365	5.940	5.50

表 4　B 爆区振动监测结果

Table 4　Blasting vibration monitoring results in B area

B 爆区振动监测结果（总装药量约 45.264t）						
测　点	1			2	3	4
与爆源距离/m	156.2			166.2	184.4	194.5
峰值振动速度/cm·s⁻¹	R	T	V	5.448	4.001	3.950
	4.889	3.365	3.797			
振动主频/Hz	16.770	18.866	18.856	18.856	15.190	18.856

　　对于 B 爆区，从监测结果可以看出，振动持续时间约为 1.25s。监测的振动最大速度为 5.448cm/s，对应的爆源距离为 166.2m。对比测点 1～测点 4 的振动速度，随着监测点离爆源中心越远，振动速度总体也呈现衰减的趋势，其主频分布范围为 15～19Hz。

　　对比实验结果可得，尽管在平均单孔装药量基本相同条件下，监测点距离 A 爆区比 B 区要近 70～80m，而实际振动监测结果显示测点 1 和测点 2 处，A、B 爆区主振频率、峰值波速都差不多。考虑到 B 区的距离监测点远，这就体现了电子雷管精确延时起爆有利于控制爆破地震效应。分析主频分布范围发现，A 爆区较 B 爆区主频分布范围宽的多，这证实了文献［7］所得出的采用了电子雷管精确延时可使爆破地震波的频域能量分布更广的结论。

5 结论

逐孔精确延时爆破工程试验表明，采用电子雷管网路能够取得较好的爆破效果，能够较好地控制爆堆前冲和后翻现象。模型试验及现场试验分别验证了毫秒延时时间计算公式的正确性。精确延时电子雷管的应用，可以有效降低爆破地震效应，通过优化延期时间，可调整爆破振动波形频域及峰值，以便进一步降低爆破振动效应。

参 考 文 献

［1］ 吴腾芳，王凯. 微差爆破技术研究现状［J］. 爆破，997，14(1)：53～57.
［2］ 王军跃. 爆破振动信号叠加法及其在露天矿的应用［D］. 武汉：武汉理工大学，2007.
［3］ Spathis AT. On the energy efficiency of blasting［C］//Proceedings of the sixth international symposium on rock fragmentation by blasting, Johannesburg, 8～12 August. Johannesburg：The South African Institute of Mining and Metallurgy, 1999：81～90.
［4］ Achenbach JD. Wave propagation in elastic solids［M］. Amsterdam：Elsevier, 1975：166.
［5］ 李洪涛. 基于能量原理的爆破地震效应研究［D］. 武汉：武汉大学，2007.
［6］ Roberts D K, Wells A A. Velocity of Brittle Fracture［J］. Engineering, 1954, 17(8)：220～224.
［7］ 杨军，徐更光，高文学，等. 精确延时起爆控制爆破地震效应研究［C］//2011 全国爆破理论研讨会论文选编，2011.

我国混装炸药车爆破应用技术发展与瞻望

周桂松

（葛洲坝易普力股份有限公司，重庆，401122）

摘　要：本文结合笔者从事混装车爆破多年工作实践，回顾了 20 年来我国在混装车爆破施工技术、混装炸药配方与工艺技术、混装炸药生产装备技术等方面取得的一些成绩，并瞻望了混装车爆破技术发展未来，提出多样化、小型化、便捷化、区域化、规模化、精细化、机械化、自动化、智能化、信息化等技术发展思路，以供民爆行业科研与管理工作人员参考借鉴。

关键词：混装炸药车；爆破技术；发展；瞻望

The Conventional Blasting Explosive Car Application Technology Development and Look Forward

Zhou Guisong

（Gezhouba Explosive Co., Ltd., Chongqing, 401122）

Abstract: In this paper, the author is engaged in the conventional car blasting work practice for many years, 20 years in our country is reviewed in the conventional car blasting construction technology, the conventional formula and processing technology, mixed loading explosive production equipment technical aspects of some of the achievements, and look to the conventional car blasts technological development in the future, put forward the diversified, miniaturization, facilitation, regionalization, scale and intensification, mechanization and automation, intelligence, information technology development ideas, to provide reference for the industrial explosive industry, scientific research and management staff reference.

Keywords: conventional explosive car; blasting technology; the development; look forward

近 20 年来，我国工程爆破事业取得了飞速发展，其中混装炸药车爆破应用技术（以下简称混装车爆破技术）从无到有并不断突破，对我国工程爆破技术发展做出了卓越贡献。本文结合笔者从事混装车爆破的多年实践，回顾了混装车爆破技术发展经历，并对其未来进行瞻望，以抛砖引玉，与行业同仁共同推进我国混装车爆破技术的发展。

1　混装车爆破技术简介

现场混装炸药生产系统包括混装炸药车地面辅助设施（以下简称地面站）和现场混装炸药车（以下简称混装车）两个部分。地面站是为混装车配套进行原材料储存以及水相、油相、敏化剂、乳胶基质等半成品制备的场所，在地面站将原材料、半成品装入混装车相应料仓，而

周桂松，高级工程师，genhuazhu1979@163.com。

混装车就像移动式炸药加工厂，在爆破现场完成混制装填。对于化学敏化的混装乳化炸药，通常乳胶基质在炮孔内经过 $10 \sim 20\mathrm{min}$ 的发泡才成为真正意义上的炸药。所以，混装车爆破技术是集现场制药、装填、起爆于一体的爆破技术。

由于混装车爆破作业采取一体化生产作业方式，在安全性、可靠性、高效性、经济性等方面，相对传统炸药生产和人工装药爆破的方式具有明显优势。在安全方面，由于混装车在爆破现场混药，在炮孔内形成炸药，减少了炸药的运输、储存等环节，有利于避免炸药流失造成公共安全隐患；在装药质量方面，混装炸药流动性好，有利于保证炮孔装药的连续性，杜绝了在炮孔装药过程中卡孔、断药等现象，有利于提高炮孔装药质量；在装药效率方面，由于采用机械化装药方式，装药效率通常在 $200\mathrm{kg/min}$ 以上，相对于人工装药作业，减少人工65%，节约时间60%以上[1]；在经济性方面，混装炸药无包装等传统炸药生产工序，在材料运输、储存等环节的费用也大大降低。

2　混装车爆破技术回顾

1985 年经国家经贸部批准，南芬铁矿引进美国埃列克公司混装车技术，开启了混装炸药车在国内矿山应用的先河。经过 20 多年的发展，混装车爆破技术在大型矿山开采、国家重点工程建设中得到了较快的推广应用。据统计，我国现场混装炸药年使用量占工业炸药用量比例约20%。下面结合笔者的工作实践，重点介绍葛洲坝易普力股份有限公司（以下简称易普力公司）20 年来在混装车爆破施工技术、混装炸药配方与工艺技术、混装炸药生产装备技术方面的一些经验。

2.1　混装车爆破施工技术

20 世纪 90 年代初，宏伟的世纪工程——三峡工程开工建设，总土石方施工量约 $1.3 \times 10^8\mathrm{m}^3$，面对如此巨大的工程量，采取传统的人工装药爆破方式根本不可能满足施工进度的要求。作为易普力公司的前身，葛洲坝集团爆破公司被批准为"国家级科技成果重点推广计划"项目"乳化炸药混装车应用技术"的技术依托单位，在国内水电领域首次引入乳化炸药混装车应用技术，承担了约70%的爆破工程量，爆破作业效率大幅提高，对保障三峡工程施工进度起到了至关重要的作用。爆破作业效率提升的直接体现的是爆破作业规模的提升，近二十九年来，在我国大型矿山开采领域，随着大孔径穿孔设备的应用，混装车爆破作业规模有了明显提升，露天深孔台阶爆破的当天单次爆破炸药用量，大多数已从原来几百公斤至几吨增加到了十几吨至几十吨的规模，在新疆的一些大型煤矿爆破，一天单次爆破炸药用量已超过百吨；随着预装药技术的应用，在山西平朔煤矿、内蒙古黑岱沟煤矿等矿山，采用混装车技术，单次爆破规模更是达到数百吨乃至上千吨，其爆破规模的提升，大大提升了综合开采效率。

混装车爆破作业方式不仅带来了作业效率的提升，爆破质量水平也不断提升。爆破的用途不同，对爆破质量指标要求也不同，通俗地讲有三类：第一类是要求控制大块率与根底，减小破岩块度，如矿山开采爆破；第二类是要求降低细料比例，要求爆破后块石比例越高越好；第三类是要求控制粗细料比例，满足级配曲线要求，如堆石坝级配料开采。应用混装车爆破作业方式，第一类爆破应用混装车爆破技术后普遍非常成功；第二类爆破也有成功应用混装车的案例，如我们在广东阳江核电站防波堤块石料开采中成功应用了混装乳化炸药车爆破技术；第三类爆破应用混装车的难度最大，但我们的工程技术人员，通过大量爆破试验，系统分析块度与岩体性质、爆破参数、装药结构、起爆方式的关系，建立起块度级配的经验数据库文件，形成块度优化预测模型，成功将混装车应用于贵州洪家渡水电站[2]、湖北水布垭水电站、四川瀑布沟水电站的面板堆石坝坝料开采，相关技术已处于世界领先水平。

混装车爆破质量与安全的改善不是一劳永逸的工作，是一个动态过程，必须在实践中不断总结经验、完善提高。混装炸药采取耦合装药方式，有利于降低大块率、减少根底产生，改善梯段爆破质量，但是，对于水电工程，边坡、保护层开挖量很大，对建基面的保护要求高，直接装填混装炸药，必然会增加对建基面岩体的损伤，我们的工程技术人员，在综合采取水平预裂、孔底设柔性垫层、孔内分层装药、孔内延时分段等技术措施后，成功将混装炸药车用于建基面开挖爆破，在大幅度加快施工进度的同时，很好地解决了对建基面保护的问题。比如三峡工程永久船闸开挖，最高边坡达 160m，闸室结构复杂，开挖进度要求高，易普力公司工程技术人员采取差异化的炮孔装药结构：主爆孔（直接装填混装乳化炸药）→次缓冲孔（塑料套管内连续装填混装乳化炸药实现径向不耦合装药）→主缓冲孔（塑料套管内间隔装填混装乳化炸药实现径向与纵向的不耦合装药）→预裂孔（采用包装炸药间隔装药）。爆破振动等监测表明，这种混装乳化不耦合装药爆破未对直立墙岩体造成损伤，同时工程进度大幅度提高[3]。再如，混装炸药流动性好，但对于石灰石开采爆破，溶洞较多，直接装填混装炸药，不仅浪费炸药，而且漏药造成的集中药包效应会导致飞石事故，我们采取炮孔内套编织袋再装填混装炸药的装药施工工艺，较好地解决了混装炸药漏药问题。

混装车爆破作业方式不仅带来制药装药环节成本费用降低，还从钻、爆、挖、破等多个环节整体上降低了综合费用。比如，在易普力公司服务的某个矿山项目，工程技术人员采用混装乳化炸药替代包装炸药后，由于混装乳化炸药密度高、全耦合装药，炸药体积威力与延米装药量相对增加，延米爆破方量增加了 32%，钻孔费用与联网费用明显下降，大块率下降了 30%，根底面积减少了 93%，电铲作业效率增加了 45%，电铲斗齿消耗下降了 18%，破碎效率增加了 12%，二次爆破处理费用与后续的挖装、破碎费用都有了明显下降。

另外，在混装车配套的起爆技术方面也有很大进步。比如，混装乳化炸药入孔温度一般较高（通常在 50~80℃），不能采用普通塑料导爆管入孔起爆，起初孔内采用"导爆索 + 起爆具"方式起爆，并通过地表分段的方式实现延时起爆，先爆炮孔容易对地表网路造成扰动破坏，经常出现盲炮现象。随着我国起爆器材技术的发展，耐温抗拉的高强度导爆管雷管投入市场，混装乳化炸药车爆破的起爆方式也随之进步，采用高强度、高精度的导爆管雷管起爆，实现了高段导爆管雷管入孔的逐孔起爆破技术，爆破块度得以优化，振动危害效应减轻，盲炮率也大大降低。

2.2　混装炸药配方与工艺技术

易普力公司最初混装乳化炸药配方工艺采用美国埃列克公司混装炸药技术，混装炸药配方中组分有 8 种原材料，半成品配制工艺复杂，我们经过对配方的优化试验，将用于普通露天爆破的混装车炸药配方材料减少到 5 组分，工艺更为简洁，炸药成本有所降低[4]。另外，最初混乳化炸药装车制药工艺主要靠人工操作，需定期对半成品配比进行标定，这种方式计量误差大（约 5%）、初始制药阶段工艺损耗大（约 60~120kg），易普力公司自主研发的混装乳化炸药车自动控制系统，降低了计量误差（小于 2%）与工艺损耗（小于 20kg）。针对不同的爆破作业要求，我国混装炸药配方技术也不断提升，举例如下：

（1）适合深水下爆破的配方工艺。在三峡三期上游 RCC 围堰爆破中，要求炸药在 50m 深水下浸泡 7 天后爆速大于 4500m/s，爆力大于 320mL，猛度大于 16mm，传统的混装炸药性能不能满足这些要求。在汪旭光院士的悉心指导下，易普力公司经过多次室内外试验，研制成功了高爆速、高威力、高抗水性能并便于长距离多次泵送的混装乳化炸药，炸药在 50m 深水下浸泡 7 天后爆速 5460m/s，爆力 346mL，猛度 18.6mm，刷新了世界同类混装炸药性能指标的记录。

（2）适合硫化矿爆破的配方工艺。硫化矿与传统的硝铵类炸药接触会发生反应，反应不断加速，温度不断积累，最终将导致炸药自燃或爆炸。易普力公司科研人员采用物理隔离（通过提高乳胶粒子油膜强度增强炸药与矿岩的隔离效果）与化学抑制（通过添加高效抑制剂阻断炸药与矿石的放热反应）相结合的方法，成功研制出在硫化矿爆破全耦合装药条件下的防自燃自爆本质安全型混装乳化炸药，该混装乳化炸药与硫化矿粉接触时，在90℃温度条件下持续24h以上没有发生升温现象，已在多个硫化矿区爆破中成功应用。

（3）适合高寒环境爆破的配方工艺。传统的混装炸药配方工艺不适合在高寒爆破作业环境下使用，如多孔粒状铵油炸药在 -15℃以下环境条件下，吸油效果明显下降，爆破效果不好，甚至出现拒爆现象，而混装乳化炸药在高寒条件下，也常因发泡速度变慢而影响敏化效果，甚至导致拒爆现象的发生。易普力公司科研人员成功研制了适合在高寒作业条件下使用的混装乳化炸药配方，解决了低温化学敏化关键技术难题，并成功采用自动控制技术，使乳胶基质在10~80℃区间温度变化的条件下都能在20min内实现正常敏化，同时配合相应的保温技术措施，使混装炸药车在高寒作业条件下得以成功应用。

（4）适合乳胶基质远程配送的配方工艺。乳胶基质远程配送是国外常用的混装作业组织方式，也是我国混装车爆破的一个发展方向，乳胶基质的安全性、质量可靠性是推广乳胶基质远程配送技术的关键。乳胶基质要满足储存与运输条件，必须通过联合国第8列试验才作为氧化剂进行储运，乳胶基质还要满足抗颠簸性能、反复泵送性能、储存期性能等质量指标要求，易普力公司科研人员采用高分子乳化剂新材料技术研制的乳胶基质已完全满足这些安全质量要求，乳胶基质在颠簸条件下运输半径大于800km，反复泵送超过10次，储存期大于2个月，并在区域市场成功应用。

2.3　混装炸药生产装备技术

我国最早引进的混装车主要包括混装乳化炸药车、混装多孔粒状铵油炸药车、混装重铵油炸药车几种车型，经过这些年消化吸收，我国山西惠丰特种汽车制造厂、北京星宇惠龙公司、湖南金能科技公司等企业成功研发了相应的车型，实现了国产化。混装乳化炸药车主要适用于露天、水孔或干孔、中硬岩爆破，混装多孔粒状铵油炸药车主要适用于露天、干孔、软岩爆破，混装重铵油炸药车主要适用于露天、水孔或干孔、坚硬岩体爆破，这些车型都已在我国成功应用。多功能混装炸药车可以根据爆破现场需求，在混装车上灵活混制乳化、铵油、重铵油三个炸药品种，代表了国外混装车领域的先进技术，这些年，继澳瑞凯公司在江苏板桥生产多功能混装炸药车后，我国多功能混装炸药车技术也逐渐成熟。

除了露天爆破领域外，我国在地下混装车爆破领域也不断突破。如北京星宇惠龙公司在21世纪初成功研制了BCJ型地下装药车，成功应用于地下爆破作业。易普力公司在21世纪初成功引进加拿大BTI乳化炸药地下装药车技术，并成功应用于水电工程地下开挖[5]。针对地下矿山开采特点，我国煤山铁矿等矿山也引进了国外诺曼特等公司的地下装药车，国内地下装药车研制工作也在不断推进，但总体上还处于起步阶段。

传统的地面站建设周期长、投入大，不适合水电、场平等"短、平、快"工程爆破的需要。21世纪初，为满足混装炸药车跨省服务、全国漫游的需要，易普力公司与山西特种汽车制造厂合作开发了移动式地面站，将半成品制备、动力、供热、检测等集成在可移动的集装箱内，占地面积小、投资省、建设快，对易普力公司在国内快捷地实施爆破服务提供了可靠保障，目前已在国内成功应用几十套。

随着爆破服务项目的增加，客观上要求提高混装车的信息化水平。近年来，易普力公司自主开发了混装炸药车动态信息管理系统，实现了混装车生产数据、地理位置等信息的动态传输，同时实现了与行业信息管理系统的对接，混装车信息化管理水平得以提升。

3　混装车爆破未来瞻望

畅想未来，我认为混装车爆破作业的应用领域与区域范围将不断拓展，规模化与精细化水平将不断提升，机械化、自动化、智能化、信息化程度也将随之提高。

3.1　混装车爆破应用领域将继续拓展

我国混装炸药车目前应用市场主要集中于大型矿山与基础设施建设，现场混装炸药占工业炸药用量约20%，但我国国情决定了爆破市场是以中小型矿山或短周期的基础设施建设项目为主，这部分炸药用量占工业炸药总量约40%，目前主要采用大包散装成品炸药与直径大于φ40mm的药卷型炸药进行人工装药爆破。从技术角度看，这类爆破市场多采取台阶爆破作业方式，具备机械化装药的条件，但目前混装车车体相对庞大、移动不便，不太适合这种作业条件。另外，随着我国大型矿山逐渐从露天开采转入深部地下开采，对地下装药设备的需求也将不断增长，地下矿山装药作业也必然催生小型、便捷混装设备的出现。所以，笔者认为混装炸药车除了在传统规模化爆破市场继续发展外，中小规模露天矿山、地下矿山、临时性工程建设项目也将会成为混装设备应用的新兴市场，类似国外系列化的混装设备（如用于露天的 MMU、用于地下的 MCU、用于狭窄工作面施工的便携式 PCU），我国混装装备也将向多样化、小型化、便捷化方向发展。

3.2　混装车爆破跨区域服务将成为主流

我国混装炸药车以往主要采用"一点一站"的建设方式，即一个爆破点建设一套地面站，混装车的应用范围常被限定在特定区域，跨区域混装车爆破服务受到诸多限制。而国外混装车应用模式通常采取地面站集中制备乳胶基质，然后对乳胶基质进行远程配送，最终实现对多个爆破作业点的辐射服务。我国爆破作业相对分散、点多面广，尤其适合乳胶基质远程配送技术的发展，将来国内传统的混装车爆破服务模式必将被远程配送服务模式所取代，实现混装车爆破的省区内、甚至跨省区的快捷服务。当然，随着乳胶基质远程配送技术的发展，需要地面站在乳胶基质大产能制备技术方面进一步突破，未来年产能5万吨、10万吨乃至20万吨以上的乳胶基质制备地面集中制备站有望在我国不断涌现。

3.3　混装车爆破规模化水平将不断提升

露天深孔台阶爆破是混装车爆破的主战场。露天深孔台阶爆破作业规模的增加，有利于减少爆破频次，减少爆破警戒时设备频繁撤离，提高劳动生产率与施工组织效率。传统人工装药爆破方式的钻孔直径通常在100mm以下，单孔装药量通常为几十公斤；目前混装车装药爆破方式的钻孔直径通常在100~200mm之间，单孔装药量通常为几百公斤；随着牙轮钻机等大孔径穿孔设备在我国的推广应用，很多混装车爆破的钻孔直径已达到200mm以上，单孔装药量增加到1t以上，单次爆破作业规模过100t。随着乳胶基质安全性、抗颠簸性、储存期等性能的提高，采用混装车进行预装药爆破，规模化水平将进一步提升。

3.4　混装车爆破精细化水平将有质的提升

混装车台阶爆破主要体现为大量的、重复性的施工作业，但是爆破条件（如台阶高度、钻孔直径、岩石性能、炸药类型、环境要求等）是不断变化的，而目前爆破设计主要依赖爆破作业人员的经验来完成，单靠经验是难以保证设计科学性的。物联网应用技术的发展为混装车爆破精细化提供了机遇。借助物联网技术，爆破人员可以快速采集爆破现场的主要技术参数，形成经验数据库，通过具有学习能力的爆破设计软件，指导爆破设计与施工，这样，爆破设计的科学性将更有保障。随着爆破设计软件等数字化爆破技术、混装炸药柔性化配方工艺技术、混装车个性化现场装药技术、数码电子雷管起爆破技术在台阶爆破中的不断创新，相信未来混装车爆破作业的精细化水平也将有质的提升。

3.5 机械化、自动化、智能化、信息化程度将不断提高

目前混装车的现场制药已基本实现机械化与自动化控制，但是输药管的送拔管还需要人工辅助来完成，劳动强度还较大，拔管速度的不均匀也会影响装药质量，但是，随着新技术的应用，混装车将会集成自动送管系统与智能寻孔技术，这些问题有望得以解决。混装车爆破的堵塞作业也主要靠人工完成，劳动强度也很大，随着新型堵塞材料及堵塞机械的不断应用，相信未来也会有所改善。随着我国工程爆破事业的发展，必将产生具有国际一流水平的大型爆破企业，这类大型爆破企业旗下爆破作业项目成百上千，客观上要求对爆破作业项目建立科学的集团管控模式，这也必将推动爆破管理信息化水平的提高。

参 考 文 献

[1] 段明，等．乳化炸药混装车在三峡工程中的应用[J]．工程爆破，1996，2(4)：90~94.
[2] 周桂松，等．铵油炸药混装车在中小型水电站中的研究应用[J]．长江科学院院报，2003，20：128~130.
[3] 饶辉灿，等．混装乳化炸药不耦合装药爆破技术的研究和应用[J]．工程爆破，2002，8(4)：79~84.
[4] 段明，等．车制乳化炸药配方的优化研究[J]．工程爆破，1998，4(2)：30~32.
[5] 饶辉灿，等．浅谈散装药地下装药车技术在水电工程中的试验与应用[J]．爆破，2001，18：81~83.

我国乳化炸药现场混装车现状与发展

查正清 李国仲

（北京矿冶研究总院，北京，100160）

摘 要：本文介绍了我国乳化炸药现场混装技术及其混装车的历史和现状，重点介绍了混装车的几种实现方式、代表性产品及其技术特点、适用范围等，最后预测了该项技术与装备的未来发展趋势。

关键词：现场混装乳化炸药；现状；发展趋势

The Current Situation and Development of Site Mixed Emulsion Explosives Vehicle in Our Country

Zha Zhengqing　Li Guozhong

（Beijing General Research Institute of Mining & Metallurgy，Beijing，100160）

Abstract：This article describes the history and current status of site mixed emulsion explosives technology and mixed vehicles，highlights several implementations，typical products，scope and its technical characteristics of the mixed vehicle ，Finally predict the future development trend of the technology and equipment.

Keywords：site mixed emulsion explosive；current situation；development trends

　　20 世纪 80 年代初，美国、瑞典、加拿大等国在世界上研究开发成功了现场混装乳化炸药装药车[1]，开创了乳化炸药制造与装填的新方式。装药车装载硝酸铵水溶液等炸药原料，到爆破现场后由装药车制备成为乳胶基质并混入敏化剂，同时装入炮孔，在炮孔中敏化成为炸药。20 世纪 80 年代末，ICI 炸药公司采用地面制备乳胶基质技术，进一步稳定了乳胶基质的质量，显著提高了其抗颠簸性能，实现了远程配送，使装药车的服务半径大幅度扩大，爆破效果进一步提高。20 世纪末，国外以澳瑞凯公司、国内以北京矿冶研究总院为代表的一批企业相继发明"水环减阻"技术，研制成功中小直径乳化炸药装药车[2]，使得装药车很好地应用于隧道、硐库开挖与地下矿山开采，终结了现场混装技术只能露天使用的历史。

　　在 20 世纪 80 年代中期，我国从美国 IRECO 公司成套引进了装载油水相溶液的露天矿装药车成套技术[3]，在辽宁本钢南芬铁矿、江西德兴铜矿 2 个大型露天矿山开启了我国炸药现场混装的历史。20 世纪 90 年代，北京矿冶研究总院将自主研发的露天乳化炸药装药车与地面站技术成套转让给蒙古国，至今生产、使用情况良好。21 世纪初，该院又在国内率先研制成功中

查正清，研究员，13910738603@139.com。

小直径乳化炸药装药车，已经形成完整的 BCJ 系列，适用于露天、地下矿山开采及水利、水电工程各类装药爆破。

1 我国现场混装炸药发展总体情况

我国 20 世纪 80 年代引进美国埃列克公司现场混装乳化炸药、铵油炸药、重铵油炸药技术与装备以来，在相当长的时间内仅在少数几个大型露天矿山以炸药"自产自用"方式使用，用量很低。此时的乳化炸药混装车一直沿用引进时的技术，车载油水相溶液，在车上制乳。20世纪 90 年代中期，北京矿冶研究总院对该类技术再创新，研究设计了地面制乳、车载乳胶基质现场混合敏化的第二代乳化炸药混装车，并出口蒙古国和俄罗斯。90 年代末，该院研制成功的适合于地下矿山的乳化炸药混装车，开启了现场混装技术的新纪元，同时也使混装车市场启动并快速升温。截至目前，我国已形成 130 个左右的现场混装炸药生产点，近 400 台各类现场混装炸药车（乳化车约 150 台左右），完成现场混装炸药 90 余万吨，占炸药总量的 21%。

2 我国乳化炸药现场混装车现状

乳化炸药现场混装车经历了三个发展阶段，也称为三代发展技术。第一代为车上制乳、高温装药方式，第二代为地面制乳、高温装药方式，第三代为地面制乳、常温装药方式。在我国，这三代技术均有应用。

2.1 车上制乳、高温装药方式

这种方式是装药车装载水相、油相和敏化剂，行驶至爆破现场，在现场乳化、敏化、泵送至炮孔，实现炸药装药。该类装药车除原材料储存箱体外，还有水相、油相计量输送系统，乳化器、敏化器、乳胶输送泵等设备及其自动控制系统，如图 1 所示。每装一个炮孔需要移动装药车 1 次，所有设备均需启停 1 次，装药车结构较为复杂，操作较为繁琐，炸药性能不够稳定。当班剩余硝酸铵溶液和油相材料均需输送回地面站的储罐内保温，避免在车上结晶。

图 1 车上制乳型乳化炸药装药车

Fig. 1 Onboard emulsification explosives charging truck

该类装药技术的乳胶基质含水量较高，一般在 17% 以上，油相以柴油为主，乳胶基质温度在 70℃ 以上，乳胶基质流动性好、黏度较低，可直接经过输药软管泵送至炮孔完成装药。为了弥补高含水量带来的炸药能量的降低，有时需要添加 10% ~ 20% 的颗粒硝酸铵或 ANFO。此类方式是以最早引进美国 IRECO 公司的技术为原型改进生产的，生产企业主要是山西惠丰特种汽车有限公司，使用企业有德兴铜矿、南芬铁矿、葛洲坝易普力股份公司等较早应用装药车的企业。

2.2 地面制乳、高温装药方式

与第一种方式相比，乳胶基质在地面站集中制备，配比的准确性、质量的稳定性大大提高，装药无料头料尾的浪费，爆破效果显著改善。乳胶基质不需冷却直接装入装药车或地面站的乳胶储罐，混装车装药时混入敏化剂，实现炸药的现场混装，其外观结构如图 2 所示。乳胶基质含水量大，使用温度高，流动性好，可直接泵送装填，也可采用"水环减阻"技术低阻力输送装填。

图 2 出口蒙古国的 BCJ-01 型乳化炸药装药车
Fig. 2 BCJ-01 emulsion explosives charging truck exported to Mongolia

此类方式适合于大型矿山自用或在矿山附近设立地面站，装药车仅为该矿山提供装药服务，其缺点为服务半径较小，需要使用耐温或加强型起爆器材，成本较高。北京矿冶总院早期转让给蒙古国的装药车即为该类装药方式，用于额尔登特铜矿预装药的装药爆破，使用情况良好。我国这类混装车的生产商还有山西惠丰、湖南金能等。

2.3 地面制乳、常温装药方式

地面制乳、常温装药方式被称为第 3 代乳化炸药现场混装技术，是国内外乳化炸药技术的发展方向，易于实现乳胶基质大规模集中制备与远程配送，是炸药与爆破企业实现乳胶基质制备、运输、储存、装药爆破一体化服务的技术基础。该项技术采用"水环减阻"技术，可实现高黏度物料在小直径软管内的超长距离输送，降低现场混装车对低黏度、高流动性乳胶基质的依赖程度，与第一、第二代装药车相比，乳胶基质在较高黏度的情况下仍可使用小直径软管装药。较细的输药软管和较高的乳胶基质黏度使地下矿上向孔装药成为可能。输药软管直径可低于 32mm，长度可达 120m，用于露天矿山无需频繁移动装药车，只需牵拉软管到可及的炮孔即可，如图 3 所示。该技术能很好地应用于路况条件差、装药车不能到达但输药软管可及的爆破现场。还可装填地下矿中小直径水平与上向炮孔，可满足上向炮孔深度 40m 装药。乳胶基质用于地下矿山开采或隧道、硐库开挖时（如图 4 所示），其配方中水含量为 13% ~ 17%，用于露天矿山时水含量大于 17%，具有储存期长、常温使用、可使用普通起爆器材、剩余物料不需返回地面储罐等技术特点。

图 3 露天型乳化炸药混装车
Fig. 3 Open-pit emulsion explosives mixed charging truck

该类技术以北京矿冶研究总院的 BCJ 系列乳化炸药装药车为代表，国内其他几家

图4　地下矿用乳化炸药装药车
Fig. 4　Underground emulsion explosives charging truck

研发单位也已开展相关技术研究，发展势头强劲。

2.4　我国现场混装乳化炸药质量、安全控制技术

混装车控制系统一般由 PLC 可编程控制器，温度、压力、流量传感器等组成，通过自动控制油相、水相流量，乳胶基质与敏化剂流量比例实现现场混装炸药的质量控制。控制系统一般可实现单孔装药量设置、设备启动与自动停止功能，同时累积记录总的装药量，满足基本的炸药装填需要。

混装车设有安全联锁保护报警系统。通过在线监测压力、温度、流量，一旦超出正常工作范围，系统将报警并停机保护，确保装药过程安全。为避免自动控制仪器仪表故障造成的保护失灵，北京矿冶研究总院设计了系统开机自检功能，开机时首先自行检测温度、流量、压力等传感器状态，如果检测到传感器状态异常，系统将弹出故障原因，无法进入装药界面，以便及时排除故障。

按照工信部和公安部要求，混装车设计有动态信息监控与自动上报功能，用于监控装药车作业的地理位置、装药量等信息。

3　我国乳化炸药现场混装技术发展趋势

3.1　向数字化智能化方向发展

利用现代自动控制技术、信息化技术，实现混装车运行状态参数的远程监控，具有故障自诊断与报警保护功能，确保混装车运行安全、混装炸药质量稳定；利用 GPS 卫星定位技术实现混装车工作区域限定，只有到达指定区域（合法的爆破场地）才可启动装药功能，避免混装车被非法利用，确保社会公共安全。井下混装车朝着智能化方向发展，实现自动寻孔、自动送管、自动探知送管到位并自动装药、自动退管，最终实现炸药装药的无人化。

3.2　结合爆破设计实现与岩性的匹配

现场混装技术最大的优势就是炸药的密度、爆速甚至炸药品种可以现场调整，这为实现炸药与岩性的匹配提供了技术支撑。先进的钻机随钻参数检测与存储技术与混装车密度、爆速智能调节技术结合个性化爆破设计，实现炸药性能甚至炸药品种与岩性的最佳匹配，从而降低爆破成本，提高爆破效果。系列化、具有一定能量密度梯度的炸药配方与混装车相关控制技术是

炸药与岩性匹配的关键技术。

3.3　乳胶基质大规模集中制备与远程配送

　　研究高端乳化剂技术，开发流动性好、储存期长、抗颠簸振动好的大产能乳胶基质生产技术与成套设备，研究乳胶基质大规模存储、运输技术与装备并给予合理的政策保障，实现乳胶基质的大规模集中制备与远程配送是乳化炸药现场混装技术的又一发展趋势，对优化我国现场混装炸药合理布局，克服目前小散低的问题具有重要意义。

参 考 文 献

[1] 汪旭光. 乳化炸药[M]. 2 版. 北京：冶金工业出版社，2008：407~408.

[2] 熊代余，李国仲，等. BCJ 系列乳化炸药现场混装车的研制与应用[J]. 爆破器材，2004(6)：12~16.

[3] 刘俊龙，张东升，等. 加快现场混装炸药行业标准体系建设 推动我国爆破装备技术的发展[J]. 国防技术基础，2009(7)：14~19.

现场混装作业技术的研发现状与发展趋势

李小波[1,2] 宋锦泉[1,2] 郑炳旭[1]

（1. 广东宏大爆破股份有限公司，广东广州，510623；
2. 北京广业宏大矿业设计研究院，北京，100035）

摘 要：文章首先介绍了现场混装作业技术具有安全可靠、计量准确、占地面积小、建筑物简单、减轻劳动强度、提高装药效率、降低成本、改善爆破效果和改善工作环境等优点，它已成为当今工程爆破技术的一个主要发展方向；然后分别介绍了国内外现场混装作业技术的研发现状，并着重介绍了国内地面辅助设施、现场混装车的发展现状及面临的障碍和我国的行业标准及规范；最后从五个方面阐明了现场混装作业技术的发展趋势。

关键词：现场混装作业技术；工程爆破技术；研发现状；发展趋势

Research Actuality and Development Tendency of Site Sensitized Technology

Li Xiaobo[1,2] Song Jinquan[1,2] Zheng Bingxu[1]

（1. Guangdong Hongda Blasting Co., Ltd., Guangdong Guangzhou, 510623;
2. Beijing Guangye Grand Mining Design and Research Institute, Beijing, 100035）

Abstract：Firstly, the paper introduced the site sensitized technology of explosives had so many advantages which are safe and reliable, accurate measurement, less occupied area, simple building, reducing labor intensity, improving the charging efficiency, cost reducing, improving blasting effect and working environment and so on, it has been one of the major development directions of blasting technology today. Secondly it introduced the research and development of technique for site mixing and loading home and abroad separately, and it highlights domestic auxiliary facilities on the ground, development and the facing obstacles of the site mix-load vehicles and the standards and specifications of our country. At last it put forward the development tendency of the site sensitized technology from seven aspects.

Keywords：site sensitized technology; blasting technology; research actuality; development tendency

1 引言

现场混装作业技术是在爆破现场将炸药原材料以散装形式用机械装填炮孔的爆破作业技术，是集原材料（半成品）运输、机械化装填、爆破作业于一体的一种爆破新技术。现场

李小波，工程师，654700228@qq.com。

混装作业的经济性、便利性、安全性都是目前模式（传统固定工厂生产，再经运输、储存到现场装填）所无法比拟的。它是当今爆破技术最重要的进展之一，是爆破装药机械和爆破作业方式发展的必然结果[1]。因此，现场混装作业技术是当今工程爆破技术的一个主要发展方向。

2　现场混装作业技术的优点

现场混装作业技术具有较强的适应性和优越性，它不仅能满足矿山爆破的要求，同时经济效益和社会效益可观，使用方便，不用外购及储存成品炸药。现场混装作业技术的优势主要体现为以下几点：

（1）安全可靠。混装车在运输过程中，料仓内装载的是生产炸药的原料，并不运送成品炸药，只有在现场装填时才混制成炸药，不仅解决了炸药在运输、储存过程中的安全问题，而且在厂区内只存放一些非爆炸性原材料，无需储存和运输成品炸药，大大减少仓储费用和爆炸危险性。

（2）计量准确。混装车上安装有先进的微机计量控制系统，计量准确，误差小于 ±2%。

（3）占地面积小、建筑物简单。与地面式炸药加工厂相比，混装车只需建设原料库房及相应的地面制备站，根据《民用爆破器材工厂设计安全规范》，地面站仅为防火级。安全级别降低，减小了安全距离，减少了占地面积，节省了投资。

（4）减轻劳动强度、提高装药效率。现场混装作业技术，可实现机械化装药作业，大直径炮孔的装填速度达 200 ~ 600kg/min，地下中小直径炮孔可达 15 ~ 100kg/min。由于混装车的机械化程度高，装药效率也高，因此能大大减轻工人的劳动强度，提高劳动生产率，缩短装药时间。与人工装药相比，工作效率可提高数十倍。

（5）降低成本、改善爆破效果。与包装产品装填炮孔相比，现场混装可以显著提高炮孔装药密度，提高炸药与炮孔壁的耦合系数，扩大爆破的孔网参数，减少钻孔工作量。通过以前的工作可以得知，由于装药密度和耦合系数的提高，可扩大孔网参数 20% ~ 30%，减少钻孔量达 25% ~ 30%，钻孔成本明显降低，既可使爆破成本保持最低，又可以使爆破效果获得优化。

（6）改善了工作环境。现场混装车采用了先进的配方，配方也简单，不含 TNT，减少了环境污染，混装过程没有废水排放，现场不残留炸药，减少了对工作环境的污染，保证了职工的身心健康[2]。

3　现场混装作业技术国内研发现状

3.1　地面辅助设施

地面辅助设施是现场混制炸药的生产场所，其发展经历了从无到有，从固定式到移动式的发展阶段。前期是将现场混装炸药直接在现场混制、装填，后来发展到采用固定式车间或厂房制备半成品。但对于工期短的工程，如果投入固定式地面站，不能重复利用，成本较高，且建站速度较慢。为满足不同爆破工程需要，自从将现场混装炸药系统用于水电开挖后，发展成了移动式地面站，该系统具有机动性、灵活性与方便性特点。目前，移动式地面站主要是针对混制乳化炸药而言，铵油炸药生产系统仍为固定式[3]。国内现场混装作业技术主要地面制备站基本情况见表1。

表1　国内主要地面制备站现状

Table 1　Situation of the main ground preparation station in Domestic

生 产 企 业	主 要 产 品
山西惠丰特种汽车有限公司	BYDZ 型号不同规格的地面制备站（如图 1 所示）
北京北矿亿博科技有限责任公司	多孔粒状铵油地面站（如图 2 所示）、MEF 移动式乳胶基质地面制备站、固定式乳胶基质地面站
湖南金能科技股份有限公司	BCYD 型乳化基质移动地面站（如图 3 所示）
深圳市金奥博科技有限公司	JWL-S 型移动式散装乳化炸药地面站系统（如图 4 所示）、JWL-S 型固定式散装乳化炸药地面站系统

图 1　固定式地面站——装药车

Fig. 1　Fixed ground station—charging truck

图 2　多孔粒状铵油地面站

Fig. 2　Porous granular ANFO ground station

图 3　BCYD 型乳化基质移动地面站

Fig. 3　BCYD emulsion matrix mobile earth stations

图 4　JWL-S 型移动式散装乳化炸药地面站系统

Fig. 4　JWL-S type mobile ground station system of bulk emulsion explosives

3.2　现场混装车发展现状

我国在现场混装车技术方面的发展主要是在引进的基础上进行创新。主要创新包括六个方面：（1）车型的系列开发；（2）改进炸药配方，实现了配方的系列化；（3）控制系统的自动化；（4）液压系统的改进；（5）水相、油相流量控制的改进；（6）地面站的自动化水平全面升级[6]。目前，我国主要有山西惠丰特种汽车有限公司、北京北矿亿博科技有限责任公司、湖南金能科技股份有限公司、江苏澳瑞凯板桥矿山机械有限公司和深圳市金奥博科技有限公司等厂家生产现场混装车，详情见表2。

表 2　国内主要现场混装车现状
Table 2　Situation of the main site mixed truck in Domestic

生产企业	主 要 产 品
山西惠丰特种汽车有限公司	BCRH-15（D）型现场混装乳化炸药车、BCJ-65 型井下现场混装乳化炸药车（如图 5 所示）、BC-2 型井下铵油炸药装药车、炸药远程输送装填车
北京北矿亿博科技有限责任公司	BCJX 铵油炸药现场混装车、BCJ 型铵油装药车、BCJ 型多品种装药车、BCJ－5M 型小型乳化炸药装药机（如图 6 所示）、BCJ-4 型地下矿用乳化炸药装药车、BCJ-3 型乳化炸药装药车
湖南金能科技股份有限公司	BCHR 系列现场混装乳化炸药车（如图 7 所示）、BCHZ 系列现场混装重铵油炸药车、BCHZ 系列现场混装多孔粒状铵油炸药车
江苏澳瑞凯板桥矿山机械有限公司	BC-6 型、BC-15 型多功能铵油、重铵油（乳化）炸药现场混装车
深圳市金奥博科技有限公司	JWL-BCZH 型多功能现场混装炸药车（如图 8 所示）、JWL-BCLH-15 型现场混装铵油炸药车、JWL-BCRH-15 型现场混装乳化炸药车、JWL-DXRH 型地下现场混装乳化炸药车

图 5　BCJ-65 型井下现场混装乳化炸药车
Fig. 5　BCJ-65 type underground site mixed
emulsion explosive truck

图 6　BCJ-5M 型小型乳化炸药装药机
Fig. 6　BCJ-5M type emulsion explosive small
charging machine

3.3　现场混装车发展面临的障碍

我国虽已引进、消化并研制成功现场混装炸药车及其炸药产品，爆破市场需求也很强烈，但由于我国国情、历史和体制的原因，现场混装炸药实际应用占炸药总量的比例才 20% 左右，差距很大。现场混装炸药特别是炸药混装车发展过程中存在以下主要问题，需国家有关主管部门、科研单位和民用爆炸物品从业单位共同努力解决：

（1）在现场炸药混装车购买和销售问题上，对是否需经行政许可及行政许可主体存在争议。

（2）对现场炸药混装车的购买和销售以及混装车炸药生产的行政审批问题。

（3）现场炸药混装车流动施工服务的审批手续问题。

（4）现场混装铵油炸药、现场混装重铵油炸药、现场混装乳化炸药的产品标准问题。

（5）现场混装车炸药生产过程的安全及监控问题。

（6）现场混装炸药车的流动服务过程以及炸药产品的流动、流向管理控制问题。

（7）现场混装炸药与相关爆破工艺的匹配衔接问题[7]。

图 7　BCHR 系列现场混装乳化炸药车
Fig. 7　BCHR series site mixed emulsion explosive truck

图 8　JWL-BCZH 型多功能现场混装炸药车
Fig. 8　JWL-BCZH site mixed explosives-utility truck

3.4　行业标准及规范

行业主管部门已逐渐意识到现场混装炸药技术在生产和使用过程中的安全性、经济性、高效性。国家先后修订出台了《现场混装炸药车及地面站设施生产安全考核与管理技术条件（试行）》、《现场混装炸药车移动式地面辅助设施》（JB/T 10173—2010）、《现场混装重铵油炸药车》（JB/T 8432.1—2006）、《现场混装粒状铵油炸药车》（JB/T 8432.2—2006）、《现场混装乳化炸药车》（JB/T 8432.3—2006）、《现场混装炸药车地面辅助设施》（JB/T 8433—2006）、《井下现场混装乳化炸药车》（JB/T 10881—2008）、《矿用混装炸药车安全要求》（GB 25527—2010）、《现场混装炸药生产安全管理规程》（WJ 9072—2012）等管理规范及标准。

我国目前对现场混装炸药模式的管理仍在探讨中[3]，存在以下几方面的不足：（1）环境条件问题。2006 年版的标准只对环境温度有具体要求，但对环境湿度和环境高度未做具体要求。（2）与其他行业标准之间存在矛盾。比如车的型号问题、基本参数问题、性能参数问题、主要部件的技术要求和检验规则等[8]。

4　现场混装作业技术国外研发现状

在北美、南美、澳洲、欧洲、南非等地区和国家的年消耗炸药总量中，绝大部分是在爆破现场制备的，混装车运往爆破现场的只是原材料或半成品，只是在装填炮孔时才敏化成为爆破剂。德国年炸药消耗量的近 1/2 是由移动式混装车制备装填。21 世纪前后，印度散装炸药市场正以平均 35% 的速度快速增长。在欧美等经济发达国家，散装炸药的使用量正在持续增长，特别是小型移动式炸药混装车的研制成功，更适用于地下和露天爆破装药作业，使乳化炸药获得了更加广泛的应用。如今在国外炸药混装车的使用已经很寻常了[5]。

5　现场混装作业技术的发展趋势

现场混装作业技术虽然已经发展了几个阶段，技术日趋成熟，管理更规范，产品适用范围更广泛，但因条件或者技术所限，其在发展过程中始终存在这样那样的弊端。科技发展永无止境，针对目前技术的现状，提出现场混装作业技术将来可能的发展趋势如下：

（1）先进生产技术更完备。实现乳胶基质远程配送与现场混装技术，实现以点带面的远程配送技术；移动式地面站的进一步广泛应用；井下乳化炸药现场混装技术的进一步发展和应用；配方系统化，现场混装车采用多功能混装车，能够在同一台车上混制装填乳化炸药、多孔粒状铵油炸药、重铵油炸药；车载自动控制技术的应用等[5]。

（2）作业更高效、控制更智能化。在混装炸药车将半成品制备成炸药的操作系统上，计量和生产控制以前为机械式控制，目前已发展成 PLC 编程的电子程序控制。在装药过程中，需要装药技术人员同炸药生产操作人员通过语言或手势交流，效率较低，且容易出现错误理解。未来将可能发展成红外遥控控制，即装药人员直接在炮孔通过遥控控制装药。在地面站生产过程中，硝酸铵搬运、破碎及卸料、上车，主要靠人力完成，未来将逐步用机械代替人工作业。在作业现场，炸药输入炮孔，始终需要人力拨拉输药管或转运炸药，未来可能将用小型装药车代替人力，由此减轻劳动强度，提高效率[3]。

（3）作业过程更安全。实现现场混装作业技术，无需储存和运输成品炸药，并且作业过程中自动控制技术的应用，可以保证作业更安全。

（4）行业管理更规范、标准更完善。随着行业主管部门对混装炸药作业模式的逐步重视，未来对其管理将更加合理和完善。行业管理规范将逐步完善，办理混装炸药生产及使用过程各环节手续更清晰，主管部门间职责更明确。推动取消混装炸药品种限制和许可能力限制。产品也将逐步建立和完善国家标准，更便于指导生产。

（5）理论技术更系统。随着各科技工作者对混装炸药系统的深入研究，必将会有一系列关于混装炸药技术系统的理论教材出版面世。届时，混装炸药技术不再神秘，其技术将会更快得以推广[3]。

6　结语

在近 50 年的时间里，现场混装作业技术从最初的"一站一点"的模式，到之后的露天现场混装乳化炸药技术和"地下现场混装乳化炸药技术及其装药车"的发展和应用，到"乳胶基质远程配送"技术系统的试验与发展，现场混装作业技术飞速地发展着。相信随着科技技术的发展，随着我国采矿业的迅速发展，现场混装作业技术必将向更高效、安全、规范发展。将来，现场混装作业技术应用越来越广泛，其工艺、装备、生产及使用技术发展也将越来越完善，行业主管部门管理更规范，其本质安全性也将越来越高。

参 考 文 献

[1] 韩修栋，熊代余，等. 工业炸药现场混装系统的新进展[J]. 爆破器材，2009，38(3)：8～11.
[2] 陈中亿. 工业炸药现场混装技术的发展现状与展望[C]// 吕春绪. 中国兵工学会民用爆破器材专业委员会第七届学术年会论文集，北京：兵器工业出版社，2012：45～48.
[3] 李宏兵，江小波. 现场混装炸药系统现状及未来发展构想[C]// 吕春绪. 中国兵工学会民用爆破器

材专业委员会第七届学术年会论文集，北京：兵器工业出版社，2012：23~26.

［4］靳永明，冯有景，秦启胜．现场混装炸药车的发展与应用［J］．机械管理开发，2006(6)：1~4.

［5］邱位东．工业炸药现场混装技术的发展现状与新进展［J］．科技创新导报，2013(10)：96~97.

［6］冯有景，秦启胜．露天矿现场混装炸药车的发展与应用［J］．金属矿山，2009(11)增刊：474~479.

［7］佟彦军，孙伟博，等．炸药现场混装车发展面临的障碍探究［J］．科技资讯，2011(03)：48.

［8］邱朝阳，邹柏华．《现场混装炸药车》标准现状及修订建议［J］．国防技术基础，2009(10)：10~12.

［9］曹爱龙．现场混装乳化炸药技术综述［C］//吕春绪．中国民用爆破器材学会第六届年会论文集，中国民用爆破器材学会，2004.4：118~121.

［10］熊代余，顾毅成．岩石爆破理论与技术新进展［M］．北京：冶金工业出版社，2002.

现场混装炸药系统现状及未来发展构想

肖青松　　江小波

（葛洲坝易普力股份有限公司，重庆，400023）

摘　要：本文对现场混装炸药系统现状进行了描述与分析，提出了混装炸药未来的发展构想，以供行业主管部门和科研工作者参考借鉴。

关键词：现场混装炸药；现状；发展趋势

Actuality and Development Supposing in Future of Site Mixed Emusion Explosive System

Xiao Qingsong　　Jiang Xiaobo

（Gezhouba Explosive Co., Ltd., Chongqing, 400023）

Abstract：In the paper, the actuality of site mixed emusion explosive system is described and analyzed. And the development supposing in the future is given out. By this, it can be a referrence for trade departent in charge and research worker.

Keywords：site mixed emusion explosive；actuality；trend of development

1　概述

现场混装炸药生产系统由地面制备站和现场混装车构成，自20世纪80年代从美国引进国内后，其发展经历了几个阶段。技术日趋完善，产品更加多样化，适用条件更广，管理更成熟。行业主管部门已在《民用爆炸物品安全管理条例》中明确指出，鼓励发展现场混装炸药生产、使用一体化作业模式。科技发展日新月异，随着人类生活的不断向前发展，对爆破技术及安全要求也愈来愈高。因此，现场混装炸药爆破技术将会不断推广发展。

2　发展现状

2.1　地面制备系统

地面制备系统是现场混制炸药的生产场所，其发展经历了从无到有、从固定式到移动式的发展阶段。前期是将现场混装炸药直接在现场混制、装填，后来发展到采用固定式车间或厂房制备半成品。但对于工期短的工程，如果投入固定式地面站，不能重复利用，成本较高，且建站速度较慢。自从将现场混装炸药系统用于水电开挖后，为满足不同爆破工程的需要，发展成了移动式地面站，该系统具有机动性、灵活性、方便性等特点。目前，移动式地面站主要是针

肖青松，高级工程师，95667929@qq.com。

对混制乳化炸药而言，铵油炸药生产系统仍为固定式。表1所示为国内现场混装乳化炸药移动式地面站基本情况。

表1 国内乳化炸药移动式地面站现状
Table 1 The domestic current situation of the emulsion explosive mobile ground station

序号	生 产 企 业	型号	性 能 参 数
1	湖南金能科技股份有限公司	BCYD	2~3.5t/h，能耗：40kW
2	北京星宇惠龙科技发展有限责任公司	MEF	按生产线分各种产能。5~15t/h，能耗：45~100kW
3	山西惠丰特种汽车有限公司	BYDZ	不同规格具有不同的产能

2.2 现场混装车发展现状

根据炸药产品的不同，现场混装炸药车主要包括现场混装乳化炸药车、多孔粒状铵油炸药车和重铵油车。国内现场混装车的发展经历了两代，现已进入第三代。第一代是从美国 Ireco 公司引进，产品系统极不稳定，且适用性不强，主要表现在：易产生大量料头无法处理；流量计极易跑偏造成计量不准；油、水相过滤系统经常发生杂质卡住流量计而导致配比不准；取力器控制系统故障率高，润滑系统和发动机自动排空气系统不完善；水相溶液仓和干料仓设计不合理，存在积料太多和经常堵仓等现象[1]。第二代产品克服了第一代产品的缺点，并将半成品制备与现场混制分离出来[2]。近年来发展的"乳胶基质远程配送"、"地下现场混装乳化炸药技术"（或称"小直径乳化炸药现场混装技术"）等技术，表明现场混装车已进入第三代产品。根据民用爆炸物品专用生产设备最新目录，国内目前具备生产现场混装车的厂家及性能参数见表2~表4。

表2 国内乳化炸药车生产厂家及性能参数
Table 2 Domestic emulsion explosive car manufacturers and the performance parameters

序号	生 产 企 业	规格型号	性 能 参 数
1	北京星宇惠龙科技发展有限责任公司	BCJ系列	装药量：100~25000kg；装药效率：20~350kg/min
2	湖南金能科技股份有限公司	BCHR-15	装药量：15t；装药效率：180~280kg/min
3	江苏澳瑞凯板桥矿山机械有限公司	BC-15	装药量：15t；装药效率：400kg/min
4	山西惠丰特种汽车有限公司	BCRH系列	装药量：8~15t；装药效率：220~280kg/h

表3 国内多孔粒状铵油炸药车生产现状
Table 3 Domestic porous granular ANFO explosives production status

序号	生 产 企 业	规格型号	性 能 参 数
1	江苏澳瑞凯板桥矿山机械有限公司	BC系列	装药量：4~15t；输药效率：160~400kg/min
2	山西惠丰特种汽车有限公司	BCLH系列	装药量：4~15t；装药效率：250~450kg/min

表4 国内重铵油车生产厂家及性能参数
Table 4 Ammonium domestic heavy oil vehicles manufacturers and performance parameters

序号	生 产 企 业	规格型号	性 能 参 数
1	湖南金能科技股份有限公司	BCHR-15	装药量：15t；装药效率：180~280kg/min
2	江苏澳瑞凯板桥矿山机械有限公司	BC-15	装药量：15t；装药效率：400kg/min
3	山西惠丰特种汽车有限公司	BCZH-15	装药量：15t；装药效率：200~280kg/min
4	北京星宇惠龙科技发展有限责任公司	BCJ型	装药量：10t；装药效率：200~450kg/min

2.3 行业标准及规范

行业主管部门已逐渐意识到现场混装炸药系统在生产和使用过程中的安全性、经济性、高效性。国家先后修订出台了《现场混装炸药车及地面站设施生产安全考核与管理技术条件（试行）》、《现场混装炸药车移动式地面辅助设施》（JB/T 10173—2000）、《现场混装重铵油炸药车》（JB/T 8432.1—2006）、《现场混装粒状铵油炸药车》（JB/T 8432.2—2006）、《现场混装乳化炸药车》（JB/T 8432.3—2006）和《现场混装炸药车地面辅助设施》（JB/T 8433—2006）、《现场混装炸药生产安全管理规程》（WJ 9072—2012）等管理规范及标准。期间也印发了关于现场混装炸药的管理办法与通知，如《关于加强现场混装炸药车系统跨省作业管理工作的通知》和《关于加强散装炸药流向信息化管理工作的通知》是对混装炸药作业模式的规范管理提出进一步要求。对于现场混装炸药产品国家标准，目前只有分别参考《多孔粒状铵油炸药》（GB 17583—1998）和《乳化炸药》（GB 18095—2000），因现场混装炸药的特殊性，仍没有专门针对现场混装炸药产品的国家标准。

2.4 炸药产品

炸药产品目前主要有多孔粒状铵油炸药、现场混装乳化炸药及重铵油炸药。近来，乳胶基质远程配送技术也得到发展。但产品仍较单一，未形成针对不同岩石地质和装药直径的系列化配方炸药。

2.5 理论技术

目前现场混装炸药系统涉及的科研院所、生产机构及使用单位较多，有专门研究炸药及生产系统的院所和生产混装系统的厂家，也有生产及使用混装炸药的企业。各自都有其一套成熟的技术，但因保密性要求，目前尚没有一套专门介绍混装炸药系统从设备到炸药生产及使用的系统理论教材，缺乏系统性，不利于其在行业的推广发展。

2.6 应用现场

混装炸药系统在现场的应用经历了从矿山到水电、从露天到地下、从大直径装药到中小直径装药的过程。最初只用在大型露天矿山，1993 年，首次在三峡水电工程中得到应用。目前，已在水利水电及各种矿山中得到应用，且已从露天发展到地下，装药直径也逐渐缩小，从大直径台阶爆破发展成中小直径装药。

3 未来发展构想

混装炸药系统虽然已经发展了几个阶段，技术日趋成熟，管理更规范，产品适用更广。因条件或者技术所限，其在发展过程中始终存在这样那样的弊端。针对目前系统现状，提出混装炸药系统将来可能的发展趋势如下：

（1）炸药生产工艺更合理。乳胶基质制备以地面集中生产为主，生产工艺以静态乳化方式为主，并实现大产能、工业化、自动化生产；以乳胶基质为基础，通过添加任意比例的多孔粒状铵油炸药或其他组分，可以形成系列炸药配方，满足不同岩石的爆破要求，并实现地下、露天应用。

（2）生产过程更安全。乳胶基质应不具备起爆弹感度，并能通过危险品运输分类试验第8组第5项试验，保证其配送的安全性；将解决结料堵塞、除杂质、超温、超压等问题。

（3）装备技术更完备。地面站将分为集中生产乳胶基质的地面工厂和为爆破现场服务的以储存原材料为主的地面辅助设施两类，实现以点带面的远程配送技术；乳胶基质地面站采用液态硝铵、静态乳化技术，并采用相应的设备，爆破现场辅助设施设置多孔粒状硝酸铵、柴油等库房和乳胶基质储罐及上料装置；乳胶基质采用槽罐车运输到爆破现场的地面辅助设施储存；现场混装车采用多功能混装车，能够在同一台车上混制装填乳化、多孔粒状铵油、重铵油炸药。

（4）配方系列化、功能多样化。目前，各家生产单位都有自己的配方，但针对软、硬岩石，没有一个统一系统的配方，未来将发展成适合各种软硬岩石及大中小直径装药的系列炸药。同时，混装车将向多功能方向发展，使同一生产系统能生产出不同需要的炸药产品，实现同一炮孔装填不同威力和密度的炸药。

（5）作业更高效，控制更智能化。在混装炸药车将半成品制备成炸药的操作系统上，计量和生产控制以前为机械式控制，目前已发展成PLC编程的电子程序控制。在装药过程中，需要装药技术人员同炸药生产操作人员通过语言或手势交流，效率较低，且容易出现错误理解。未来将可能发展成红外遥控控制，即装药人员直接在炮孔通过遥控控制装药。

在地面站生产过程中，硝酸铵搬运、破碎及卸料、上车，主要靠人力完成，未来将逐步用机械代替人工作业。在作业现场，炸药输入炮孔，始终需要人力拉拔输药管或转运炸药，未来可能将用小型装药车代替人力，由此减轻劳动强度，提高效率。

（6）行业管理更规范，标准更完善。随着行业主管部门对混装炸药作业模式的逐步重视，未来对其管理将更加合理和完善。行业管理规范将逐步完善，办理混装炸药生产及使用过程各环节手续更清晰，主管部门间职责更明确。推动取消混装炸药品种限制和许可能力限制。产品国家标准也将逐步建立和完善，更便于指导生产。

（7）理论技术更系统。随着科技工作者对混装炸药系统的深入研究，必将会有一系列关于混装炸药技术系统理论的教材出版面世。届时，混装炸药技术将会更快得以推广。

4　结语

科技发展永无止境，相信随着科学技术的发展，混装炸药系统必将向更高效、更安全、更规范的方向发展，混装炸药爆破技术应用将越来越广，其工艺、装备、生产及使用技术发展将越来越完善，行业主管部门管理更规范，其本质安全性也将越来越高。

参 考 文 献

[1] 韩修栋，等. 工业炸药现场混装系统的新进展[J]. 爆破器材，2009，38（3）：8~11.
[2] 徐成光. 乳化炸药现场混装技术的新进展[J]. 贵州水力发电，2005，19(5)：56~59.
[3] 薛云新. 混装乳化炸药车的现场应用[J]. 金属矿山，1999，274(4)：19~21.

现场混装炸药车的发展

靳永明　　刘敏杰　　吉学军

（山西惠丰特种汽车有限公司，山西长治，046012）

摘　要：本文阐述了现场混装炸药车的发展史，首先介绍了现场混装炸药车的历史背景，其次介绍了现场混装车的优点，接着阐述了现场混装车引进后各方面的发展。而现场混装车所具有的高效安全性，决定了它在民用爆破领域良好的应用前景。

关键词：现场混装炸药车；高效；安全；动态监控系统

The Development of On-site Mixed Explosive Charging Vehicle

Jin Yongming　　Liu Minjie　　Ji Xuejun

（Shanxi Huifeng Special Vehicle Co., Ltd., Shanxi Changzhi, 046012）

Abstract：This paper described the development history of on-site mixed explosive charging vehicles, first introduced the historical background of on – site mixed explosive charging vehicles, secondly presented the advantages and characteristics of them, then stated the development of all aspects after they were introduced from elsewhere. And because of the efficient and safe properties of on-site mixed explosive charging vehicle, they will have good application prospect in the field of civil explosives.

Keywords：on-site mixed explosive charging vehicle；effective；safety；dynamic monitoring system

1　国产混装炸药车的历史背景与现状

山西惠丰特种汽车有限公司（原长治矿山机械厂）从 20 世纪 60 年代起就开始研究生产爆破装药机械，是我国最早生产装药器的企业。60 年代初研制生产的 BQF-100、BQ-100 装药器，现在还在很多中小型矿山使用，这是一种较手工有所进步的极简单的装药机械。

为提高装药的机械化水平，1965 年山西惠丰特种汽车有限公司联合马鞍山矿山研究院及马钢南山铁矿共同研制了 YC-Z 型露天矿用粉状铵油炸药装药车，1969 年在马钢南山铁矿通过冶金部鉴定，后来又开发了 BC-8、BC-15 等几种型号，各种型号总共生产了 20 多台。

这一时期铵油炸药是用粉状硝酸铵、柴油和木粉等原料配成，炸药在储存箱内由于吸湿与箱壁粘连再加上结块，易成拱悬料，这样需人工辅助，否则在输送过程中炸药与计量装置粘连造成计量不准。当时炸药装药时都采用风力输送，炸药在输送管中高速流动使炸药与炸药之间发生摩擦产生静电，那时非电导爆系统还未问世，使用的是电雷管，容易引起早爆，很不安全，由于该设备存在很多弊病，所以很多被淘汰。

靳永明，高级工程师，jinyongmingtc@163.com。

　　加拿大在20世纪六七十年代，研制出了多孔粒状硝酸铵，开始使用多孔粒状硝酸铵混制炸药，即多孔粒状铵油炸药。多孔粒状硝酸铵在造粒过程中需要添加一种干燥剂，成品不结块，本身又具有足够的孔隙，且吸油率高。其工艺比用粉状硝酸铵混制炸药大大简化，只要将多孔粒状硝酸铵和一定比例的柴油进行简单的混制即成为炸药；而粉状铵油炸药的制作，则要求在轮碾机中粉碎、烘干，再与柴油、TNT等进行混合，配制工艺非常复杂，环境污染严重，所以必须经过一定规模的专门车间加工，才能完成。多孔粒状铵油炸药不但混制工艺简单，而且它的主要优点还在于不易吸湿结块、不含TNT、流动性好、散装处理方便，为机械化创造了良好的条件。与此同时，美国埃列克公司、AM公司、加拿大的ICI公司以及前苏联利用这一炸药制作工艺简单的特点，把混制、装填结合在一起，研制出了粒状铵油炸药现场混装车，由于其具有很多优点，很快得到广泛的推广应用，从而装药机械由装药车阶段进入了混装车阶段。

　　随着炸药的发展，混装车也在发展，随着浆状炸药、水胶炸药、乳化炸药、重铵油炸药等的发明，与之配套的混装车也相继出现。1963年，美国埃列克公司研制成功了浆状炸药混装车，把各种原料装在车上的各容器内，现场混制并装入炮孔；瑞典诺贝尔公司也研制了这样的设备。20世纪70年代，美国、加拿大、瑞典等国家又研制了乳化炸药现场混装车，1983年美国埃列克公司又研制成功了重铵油现场混装车。

　　而在同一时期，我国的露天爆破作业仍在使用将炸药加工厂加工的炸药人工搬运装填的原始落后工艺。但是世界技术的进步，必然要影响到我国。

　　1984年经国家纪委、国家经贸委、机械部批准，1986年由山西惠丰特种汽车有限公司和美国埃列克公司签订了引进粒状铵油炸药混装车、乳化炸药混装车、重铵油炸药混装车以及和上述三种车配套的地面辅助设施（即地面站）技术引进合同，进行了现场混装炸药车及地面站的设计和生产。随后，江苏澳瑞凯板桥矿山机械有限公司、北京北矿亿博科技有限公司等相继加入了研制、生产混装车的行列。

2　混装炸药车的优点

　　现场混装炸药车是集炸药的原料及半成品运输、爆破现场混制、装填为一体的设备。它具有以下优点：

　　（1）安全。现场混装炸药车不运输成品炸药，料仓内盛装的是炸药的原料及半成品，这些原料及半成品在自动控制下按一定的比例在现场混制成炸药并装入炮孔。

　　（2）配方简单。该车所用原材料来源广、价格相对低廉。

　　（3）污染小。比TNT炸药对环境污染小，保证了工人的身体健康。

　　（4）计量准确。计量误差小于±2%。

　　（5）动力都取自于汽车发动机，采用液压传动、微机控制，自动化程度高，操作方便、可靠。炸药原料匹配供给、装药速度、单孔装药量都在计算控制下自动进行。

　　（6）装药效率高。使用螺杆泵输出装药，每分钟可装填200~280kg，使用螺旋输出装药的每分钟可装填400~450kg，是人工装药效率的数十倍。

　　（7）现场混装炸药车现制现装，无需炸药库，既节约了建库费用与保管费用，又无保管中的安全问题。

　　（8）爆破效果好。炸药各组分的比例实现了智能化控制，比例非常准确。实现了从孔底装药，炸药和炮孔耦合性好，提高了装药密度，并且在同一个炮孔内可装填不同密度、不同种类的炸药，使炸药能量得以充分发挥，降低了大块率，克服了根底，爆破效果令人满意。与常规的包装炸药相比可扩大孔网参数约20%~30%，减少炮孔量25%~30%，钻爆成本明显降低。

（9）现场混装炸药车取代了炸药加工厂，该车只需要一个与之配套的地面站（固定与移动均可）。地面站是炸药原料储存与半成品加工的地方；地面站与炸药厂相比占地面积小，建筑物简单，安全级别低，投资少。

（10）使用方便，不受时间、运输、库存量等因素的影响[1]。

3　混装炸药车的发展

3.1　车系的发展

山西惠丰特种汽车最初引进的现场混装炸药车只是 BCRH-15 型（15t 现场混装乳化炸药车）、BCZH-15 型（15t 现场混装重铵油炸药车）、BCLH-15 型（15t 现场混装粒状铵油炸药车）等三个标准车型。矿山的规模不同，对产量的要求不同，只有单一的车型不能适应矿山的使用要求，公司首先对三种装药车进行了系列化的开发。经过 20 多年的发展，在引进的基础上不断创新，现已发展为四大系列 26 个品种。这四大系列如下：

（1）L 系列（即 BCLH 系列）。L 系列现场混装炸药车可现场混制粒状铵油炸药，这种炸药价格低廉，是无水炮孔理想的装药设备。L 系列发展为 BCLH-X 型和 BCLH-XG 两个支系，BCLH-X 型包括了 BCLH-4、BCLH-6、BCLH-8、BCLH-12、BCLH-15、BCLH-20 等 6 个型号；BCLH-XG 包括了 BCLH-8G、BCLH-15G（其中 15G 型分为前置式和后置式两个车型）等两个型号。

（2）R 系列（即 BCRH 系列）。R 系列现场混装炸药车可现场混制乳化炸药，这种炸药具有最佳防水性能，最适用于装含水炮孔。经改进后可生产添加粒状硝酸铵的重铵油炸药。R 系列发展为 BCRH-X 型和 BCR（D）H-X 型两个支系，其中 BCRH-X 为车上制乳型，包括 BCRH-8、BCRH-12、BCRH-20、BCRH-25 等 4 个车型，而这 4 个车型同时分为带干料和不带干料两种；BCR（D）H-X[2] 为地面制乳型，包括 BCR（D）H-8 和 BCR（D）H-15 等 2 个车型，而这 2 个车型同时分为带干料和不带干料两种。BCRH-15 现场混装乳化炸药车被国务院重大办授予"国家重大技术装备成果二等奖"，国家计委、科委、财政部授予国家"七五"重大科技攻关成果奖。

（3）Z 系列（即 BCZH 系列）。Z 系列现场混装炸药车集以上两种车的功能为一体，可现场混制乳化炸药、粒状铵油炸药、重铵油炸药。包括了 BCZH-8、BCZH-12、BCZH-15、BCZH-20、BCZH-25 等 5 个型号。

（4）井下车系列。井下车系列现场混装炸药车的工作原理同 R 系列工作原理，该系列的出现大大提高了国内井下矿采矿机械技术的水平。

3.2　产品的发展

经过 20 多年的发展，更新到了第四代产品[3]，具体如下：

（1）第一代产品。20 世纪 70 年代生产的装药车，代表车型有 YC-2、BC-8、BC-15 三个型号。技术特征：装成品炸药，机械传动，机械计量，机械计数，风力输送。

（2）第二代产品。20 世纪 90 年代引进美国埃瑞克公司技术生产的产品，代表车型有 BCLH-15 型多孔粒状铵油炸药现场混装车，有侧螺旋式和高架螺旋式两种；BCRH-15 型乳化炸药现场混装车，为车上制乳，它可混制纯乳化炸药和加 20% 干料的重乳化炸药；BCZH-15 型重铵油炸药现场混装车，即多功能车，为地面制乳，能全部混制铵油炸药 10t，全部混制乳化炸药 5t，混制 7:3 比例的重乳化炸药 15t。单一比例，单一配方。有与三种混装车配套的地面站。

技术特征：车上各料仓内盛装的是炸药的原材料或炸药半成品（如乳胶基质），驶入爆破现场混制炸药并装入炮孔。液压传动，液压系统元件采用单体式，调车很不方便，BCZH-15型重铵油炸药混装车，一车可装四个配方，四组液压件，装在汽车驾驶室内，驾驶员手工调整。计量误差为2%，铵油炸药混装车和重铵油炸药混装车很难达到。电器控制系统以钮子开关、继电器和计数器为主。

（3）第三代产品。在第二代产品基础上做了大量创新，技术特征：液压系统由单体式元件改为叠加式，手动调节阀改为电压比例阀。流量计采用了带电信号的智能流量计，有利于实现计算机控制。电器控制系统采用了PLC，炸药组分跟踪配比，比例准确，炸药能量得以充分发挥。装有超温、超压、断流停机安全保护装置。地面站部分实现了计算机控制。

（4）第四代产品。在第三代产品基础上又做了大量的创新，用上了质量流量计，GPS定位，数据、图像远传，用上了物联网技术。技术特征：炸药组分分配更加准确，水相、油相能准确到0.01kg。多孔粒状铵油炸药和重铵油炸药混装车计量精度由2%提高到1%。数据上传，静态制乳，地面站一键启动，全部实现数字化。

3.3 控制系统的发展

经过20多年的发展，混装车的控制方式也朝着数字化、信息化、智能化的方向发展。按照工信部和市场要求，我公司设计研发了第二代工业炸药现场混装车动态监控系统（见图1)[4]。本控制系统包括炸药生产数据的实时检测、采集、保护、测控和通信模块，可实现生产控制调度系统、数据安全监测监控系统、作业地理位置监控系统、视频图像监控系统，设置了实时打印机，其完整的无缝隙无线连接设计，真正实现实时、安全、可靠的炸药生产信息控制

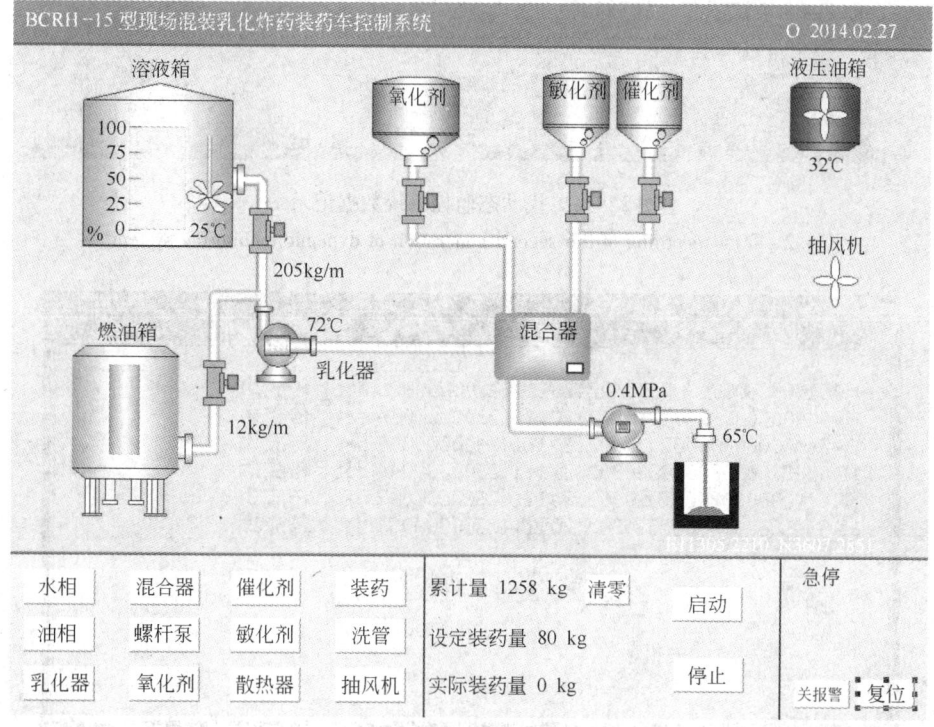

图1 第二代动态监控系统

Fig. 1 The second generation of dynamic monitoring system

系统综合自动化。

第二代动态监控系统特点：

（1）所有设计部件均升级为高质量、高安全和高可靠性的安全产品。避免了低可靠性部件带来的质量隐患。同时也提高了产品故障监测的及时性和有效性。

（2）采用了第二代人机交互界面，同时支持多种交互技术，加强了信息指标的清晰性。所有内置软件均采用通过安全可靠性检测的最新正版软件，大大提高了整体控制系统操作的流畅和安全性。

（3）信息控制采用了全新的算法，提高了计量精度。

（4）采用实时数据库和历史数据库相结合的方式，系统具有极强的通用性和可扩性，是当今先进数据库技术的典型应用（见图2和图3）。

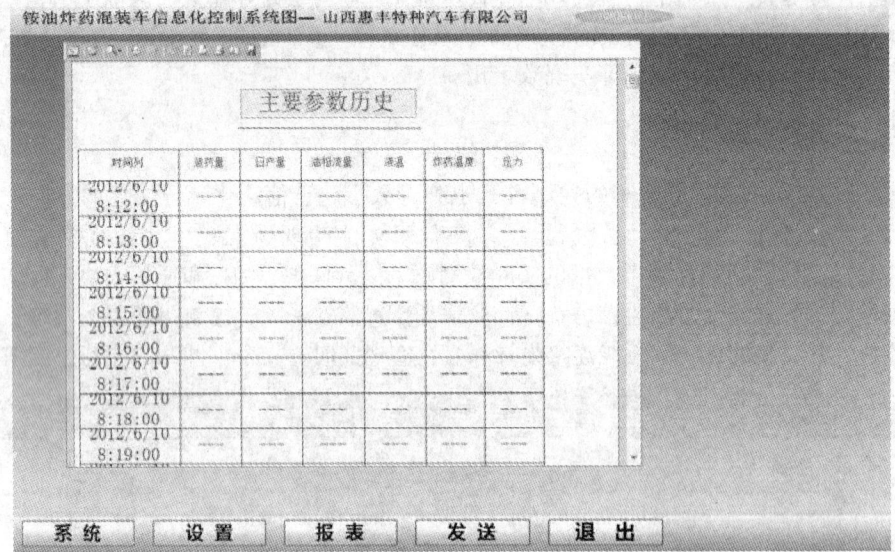

图2　第二代动态监控系统数据记录

Fig. 2　Data recording of the second generation of dynamic monitoring system

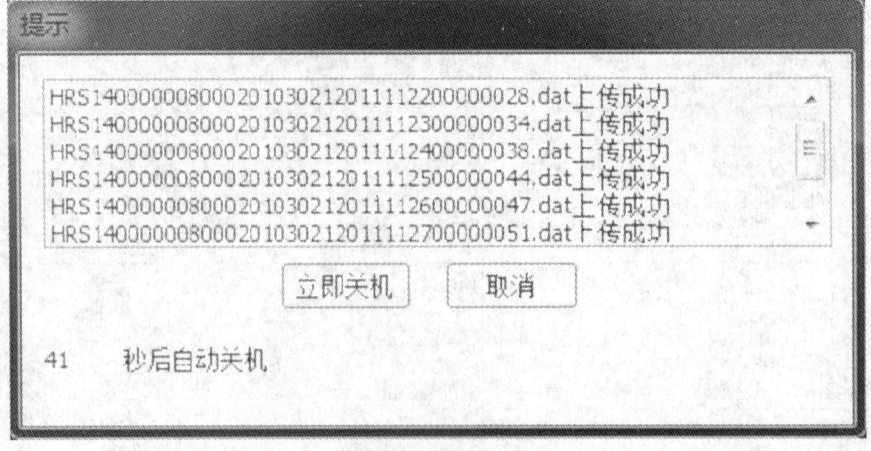

图3　第二代动态监控系统数据上传

Fig. 3　Data uploading of the second generation of dynamic monitoring system

（5）全球定位系统 GPS 的增强升级运用，提供了在视频录像上叠加 GPS 位置信息和同步时间信息，具有电子围栏、行车路线监控的功能。在系统屏幕界面的右上角找到本系统所在位置的实时经纬度信息，此信息会自动保存在所有的生产记录中。同时，具有网络实时监控功能。在任何地方都可以随时方便地查看混装车的活动路线。随时在混装车上对录像图像的范围进行控制，确保图像完全监控装药孔的工作状态，满足监管要求（见图4）。

图4 第二代动态监控系统 GPS 监控

Fig. 4 GPS monitoring of the second generation of dynamic monitoring system

4 结论

我国现场混装炸药车的发展已有30多年的历史，在这30年里现场混装炸药车以其安全、高效、准确等特点逐渐代替了传统的人工装药模式，有效地解决了露天采矿爆破环节工作效率低的问题。而工业炸药现场混装车动态监控信息系统的出现，又使现场混装车的安全生产、实时监控上升到了一个新的高度。现井下矿掘进和开采爆破虽大多用装药器，主要原因为井下爆破特殊性以及井下现场混装车还不成熟，随着各企业研发能力的不断提升，井下现场混装车使用的空间将逐步打开。

现场混装炸药车本着安全高效地满足各矿山作业需求的原则，已成为各矿山开采必备的设备和主力军，随着现场混装车管理和应用的提升和完善，在我国经济建设中将发挥其更大的作用。

参 考 文 献

[1] 崔树宏，周建伟，王强，等. 现场混装车的管理与应用[J]. 工程爆破与器材，2013(3)：61~64.
[2] 工信部安全生产司. 民用爆炸品专用生产设备目录(增补14). 2013.
[3] 冯有景. 现场混装乳化炸药车[M]. 北京：冶金工业出版社，2014.
[4] 山西惠丰特种汽车有限公司. 信息化动态监控系统手册（内部资料）.

各种炸药混装系统在矿山中的应用

周军成

（广东宏大爆破股份有限公司，广东广州，510623）

摘　要：本文介绍多孔粒状铵油炸药、乳化炸药、重铵油炸药三种炸药混装系统的优缺点以及目前在露天矿山开采中的应用情况。

关键词：多孔粒状铵油炸药；乳化炸药；重铵油炸药；混装系统

All Kinds of Explosive Mixture System Application in Mines

Zhou Juncheng

（Guangdong Hongda Blasting Co., Ltd., Guangdong Guangzhou, 510623）

Abstract：This paper presents the advantages and disadvantages of three kinds of explosive mixing system that are ammonium nitrate fuel oil explosive, emulsion explosive, heavy ANFO explosives. And then introduces the current application situation in open-pit mining.

Keywords：ammonium nitrate fuel oil explosive; emulsion explosive; heavy ANFO; mixing system

1　引言

随着露天矿山越来越多，规模越来越大，钻孔设备及爆破技术的不断提高，适用于大型露天矿山、大孔径爆破作业的炸药混装系统的应用也越来越广泛。2013年混装炸药的用量已占到全国炸药总用量的20%左右[1]。矿山业主、采掘施工企业对炸药混装系统也越发的关注。但是很多矿山业主、采掘施工企业对混装炸药系统的应用还不太了解，本文介绍各种炸药混装系统在矿山中的应用。

2　混装炸药系统

现场炸药混装系统是集原材料运输、炸药混制、炮孔装填于一体的机电一体化产品，可谓移动式高效炸药加工厂，是爆破装药机械化的一次重大变革。目前国内使用的现场炸药混装系统按照所生产的炸药类型可以分为多孔粒状铵油炸药现场混装系统、乳化炸药现场混装系统、重铵油炸药现场混装系统三类。

2.1　多孔粒状铵油炸药现场混装系统

多孔粒状铵油炸药混装系统由多孔铵油炸药现场混装车、硝酸铵仓库、柴油库及地面上料

周军成，工程师，zhoujuncheng1209@163.com。

系统等辅助设备设施组成[2]。

2.2 乳化炸药混装系统

乳化炸药混装系统是由乳化炸药现场混装车、乳化基质制备站、原材料仓库（包括硝酸铵仓库，专用脂、乳化剂等油相材料仓库）等地面辅助设备设施组成[2]。

2.3 重铵油炸药现场混装系统

重铵油现场混装系统由重铵油炸药现场混装车、乳胶基质制备站、原材料仓库、柴油库等地面辅助设备设施组成[2]。

3 炸药现场混装系统在矿山中的应用

现场混装炸药系统的广泛应用极大改善了爆破炸药装药的瓶颈问题，提高了效率，降低了成本，提升了经济效益，降低环境污染，为实现安全、绿色、环保、清洁爆破作业提供了有力的支持。

3.1 炸药现场混装系统

三种现场混装系统从现场混装车结构、地面辅助设施、产能等方面比较见表1。

表1　三种混装系统的比较
Table 1　Comparison of three kinds of mixed system

比 较 项 目	乳 化	铵 油	重 铵 油
车辆结构	较复杂	简 单	复 杂
地面辅助设施	较复杂	简 单	复 杂
单车产能	大	小	较 大
成 本	高	低	较 高

由表1可以看出，三种混装炸药系统中多孔粒状铵油炸药混装系统结果最为简单，地面辅助设施少、成本低，单从混装系统本身而言是最为理想的炸药混装系统。

3.2 炸药现场混装系统在矿山中的应用

三种炸药现场混装系统在矿山开采中均有应用，主要是根据成本、矿山岩石性质、涌水量等条件来选择合适的炸药混装系统。炸药现场混装系统在矿山中的应用比较见表2。

表2　三种炸药现场混装系统的应用比较
Table 2　Application of three kinds of explosive site mixing system

比 较 项 目	乳 化	铵 油	重 铵 油
做功能力	小	大	较 大
应用范围	广	窄	较 广
操作便利性	较困难	方 便	困 难
抗水性	好	差	较 好

由表2可知，就矿山的实际应用而言，铵油炸药混装车使用方便，做功能力强，但是由于

其抗水性能差,限制了其在爆孔中有水的矿山中的应用。

4 结论

多孔粒状铵油炸药混装系统具有机构简单、操作方便、做功能力大、成本低等优点,是目前在矿山中应用最为广泛的炸药混装系统,但因抗水性差、装药密度小等缺点也限制了其在涌水量较大的矿山中的应用,特别是在地下水丰富、降水量大的南方地区,缺点尤为突出。

参 考 文 献

[1] 中国民爆行业协会. 2013 年民爆行业运行情况通报,2014.
[2] 冯有景,秦启胜,贺长庆. 露天矿现场混装炸药车的发展与应用[C]//第八届全国采矿学术会议论文集,2009.

一种低爆速爆炸焊接粉状炸药的研究

陈成芳　　张英豪　　张　强

（山东天宝化工股份有限公司，山东平邑，273300）

摘　要：本文从炸药的配方、装药流散性、爆速的控制等方面介绍了一种以膨化炸药为主要材料，再加以密度调节剂、稀释剂混合而成的粉状低爆速炸药，其爆速在 1800～2200m/s，装药密度可在 $1.12～1.20g/cm^3$ 范围内进行调节。

关键词：粉状炸药；低爆速；焊接

Study on the Low Detonation Velocity Explosive Insensitive Explosive Welding

Chen Chengfang　　Zhang Yinghao　　Zhang Qiang

（Shandong Tianbao Chemical Limited by Share Ltd., Shandong Pingyi, 273300）

Abstract：The explosive formulation, fluidity, detonation velocity control etc are introduced by this article. It is a kind of expanded explosive powder as the main material, then density regulator, diluent mechanical mixing of the low detonation velocity explosive, the detonation velocity in the 1800～2200m/s, the charge density can be adjusted in the range of $1.12～1.20g/cm^3$.

Keywords：powdery explosive；low velocity；welding

1　引言

随着现代科学技术和工业的不断发展，金属复合材料高能加工中的爆炸焊接技术已经在各个领域得到广泛的应用。爆炸焊接所用的炸药宜采用低爆速炸药，民爆企业常规生产的炸药难以满足这一要求，针对这一客观事实，本文用来研究一种低爆速、低威力、合适密度混合型粉状炸药[1,2]。

2　理论基础

目前山东天宝化工股份有限公司生产的膨化炸药经过特殊加工，储存期长，相对其他炸药爆速低，但是其装药密度达不到 $1.0g/cm^3$ 以上，我们以这种膨化炸药为基础，在不改变炸药氧平衡的前提下，通过添加密度调节剂及其他辅助添加剂来调节装药密度，同时也由于添加了其他添加剂，使原本储存期短的铵油炸药的性能在 8 个月内基本无变化。

陈成芳，中级工程师，ayccf@163.com。

3　研制步骤

3.1　原材料的选择

首先考虑原材料要货源充足且廉价，在产品制造、运输、使用、储存过程中要安全，这对保证炸药的安全性能和降低生产成本有重要意义。

3.2　制成的成品的流散性

考虑到使用的方便，我们选择了呈固体颗粒状的材料，流散性能满足装药要求，并能保证炸药在炮孔内黏结良好，返药率低，对工作面空气污染少。

3.3　加工工艺选定

首先，加工工艺的选择应结合公司现有生产工艺设备，并能实现大批量生产。其次，加工工艺要简单。鉴于以上要求，我们选择用物理冷混的方式，将组分材料按比例混合，通过多次试验完全可以实现设计要求。

4　炸药的配比及生产工艺

4.1　产品具体组成

炸药产品具体组分配比见表1。

表1　炸药组分配比
Table 1　Explosive components

配　比	膨化炸药	密度调整剂 A	密度调整剂 B
质量分数/%	40 ~ 50	15 ~ 30	20 ~ 35

该炸药因为是以膨化炸药为基本成分，外加 A、B 两种能调节炸药密度和改善炸药流散性的材料，机械混合而成，铵油炸药本身是流散性很好的固体颗粒状，另外的两种材料也是流散性极好的颗粒状固体，这就满足了炸药在流散性好、易装药方面的要求。另外，因铵油炸药本身是一种价格低廉、加工工艺简单的炸药，其他的三种添加剂也均为价格低廉、来源广泛的材料，从而满足了产品经济、实惠的要求。

4.2　生产工艺

先加工膨化炸药，在膨化炸药加工过程中要加入适量的添加剂，以提高其储存期；按比例将膨化炸药和其他的两种添加剂计量好并按比例添加；三种组分在常温下机械混合 5 ~ 10min 即可。

5　炸药性能指标及爆炸焊接试验

（1）对混制的炸药进行了堆积密度、爆速、临界直径及起爆感度的测定（爆速测定条件：使用内径为 71mm 的 PVC 塑料管，壁厚为 2mm，用 150g 的起爆具做起爆药，药卷长度为 1.2m）。炸药性能测试指标见表2。

表2　炸药性能测试指标
Table 2　The explosive performance test index

爆速/m·s⁻¹	临界直径(PVC)/mm	密度/g·mL⁻¹	起爆感度
1990～2146	50	1.11～1.20	150g 起爆具

（2）爆炸焊接试验。用户焊接试验结果见表3，从表3中复合率数据不难看出，用制得的低爆速爆炸焊接炸药，其爆炸性能可达到焊接复合率95%以上的要求。

表3　爆炸焊接试验结果
Table 3　Explosive welding test results

序号	复板厚/mm	基板厚/mm	焊接复合率/%	序号	复板厚/mm	基板厚/mm	焊接复合率/%
1	6	20	96	3	8	20	98
2	10	20	96	4	12	20	97

6　结论

（1）低爆速爆炸焊接炸药加工工艺简单，生产成本低，材料来源广。

（2）低爆速爆炸焊接炸药安全系数高，无雷管感度，制造、运输等过程安全可靠。

（3）低爆速爆炸焊接炸药密度适中，低爆速，完全能满足爆炸焊接的需要并有推广使用价值。

参 考 文 献

[1] 刘祖亮，陆明，胡炳成. 爆破与爆炸技术[M]. 南京：江苏科学技术出版社，1995.

[2] 龙维祺. 特种爆破技术[M]. 北京：冶金工业出版社，1993.

浅谈数码雷管的设计

张英豪　陈成芳

（山东天宝化工股份有限公司，山东平邑，273300）

摘　要：新型数码延期雷管是由数码延期体和基础雷管组成。民爆行业已将其作为"十一五"和"十二五"期间的雷管发展方向。因此它的设计既要达到电子延时精度准确、密码起爆的性能要求，又要适合中国国情，满足成本适中、使用方便的特点。作者对在研制新型数码雷管过程中遇到的问题进行了分析和探讨，并就其产品设计和市场定位提出了自己的观点和建议。

关键词：电子；雷管；设计；探讨

The Discuss on Design Electronic Detonator

Zhang Yinghao　Chen Chengfang

（Shandong Tianbao Chemical Industry Co., Ltd., Shandong Pingyi，273300）

Abstract：New digital delay detonator is composed of a digital delay element and foundation of detonator. The explosive industry will have its "detonator as development direction of the eleven five" and "Twelfth Five Year Plan" period. It is designed to achieve the performance of the electronic delay accuracy, password initiation requirements, but also suitable for the China conditions, meet the moderate cost, easy to use. The author analyzes and discusses the development of a new digital detonator encountered in the process of problem, and their views and suggestions on its product design and market positioning is proposed.

Keywords：electronic；detonator；design；discuss

1　引言

在民用爆破器材行业"十一五"规划纲要中明确提出了指导思想与目标，其中主要有：坚持节约发展、清洁发展、安全发展，促进行业技术进步、安全生产、环境保护，加快优化产品结构。"十一五"期间的主要任务是优化产品结构：工业雷管等起爆器材向高精度、高可靠性、高安全性、环保型方向发展，发展以导爆管雷管、电子雷管为代表的新型高技术产品，提高工业雷管火工元件的科技含量，实现产品技术升级。同时在 2010 年工信部发布的关于民用爆炸物品行业技术进步的指导意见——工信部安〔2010〕227 号中指出：工业雷管向安全可靠、高精度、智能型、环保型方向发展，电雷管向导爆管雷管方向发展，研制电子雷管及智能起爆系统。另外，公安部和工信部先后多次召开有关电子雷管推广和工艺技术研讨会，足见电子雷管越来越受到大家

张英豪，高级工程师，zyhao1998@ sina. com。

的关注。工业雷管目前主要有电雷管和导爆管雷管两种。二者分别存在延期精度不高、联网复杂、使用环境受限、网络无法检测、一旦丢失或被盗后易于被非法起爆等这样或那样的缺点。而微电子的逻辑控制火工品在民用爆破中的应用，对于提高应用效率和提高操作安全性更有特殊的意义[1]。基于此，国内火工品生产企业纷纷着手开发电子雷管（也称数码雷管）。

作者曾利用前后近四年时间研制开发了适合我国国情的新型数码延期雷管，且完成了工业化生产前的所有试产等准备工作，并顺利通过了工业和信息化部科技司组织的科技成果鉴定。数码雷管的优点在于它克服了上述电雷管与导爆管雷管的缺点，加之采用密码起爆技术和电子延期技术增加了使用安全性和社会安全性，杜绝了铅延期体带来的环境污染问题，符合民爆行业清洁发展、安全发展的发展方向，有开发和研究的必要。

2 国内外数码雷管的发展概况及存在的问题

国外在民爆领域早已开始生产和使用电子延期雷管，电子延期雷管较普通延期雷管延期精度高，能很好地解决串段问题[2]。数码延期雷管的研究开发始于20世纪80年代初。80年代中期，电子延期雷管产品进入民爆器材市场，但总体上还处于技术、产品的研发应用试验阶段。90年代后，该技术发展迅速。如：瑞典DynamitNobel公司、法国DeltaCapsInternational（DCI）公司、南非Aletch公司、日本旭化成工业公司、美国The Ensign-Bickford公司、德国DynamitNobelGmbh公司、澳大利亚（ICI）Orical公司等世界著名制造商和企业，均研制开发出了电子延期雷管及其起爆系统。目前在市场上具有先进水平的系统主要是法国DaveyBickford公司的Daveytrionic系统、德国DynamitNobel公司的Dynatronic系统及（ICI）Orical公司的Ex2000系统。1998年澳大利亚用Dynatronic电子延期雷管起爆系统进行了大型的爆破实验，1999年前后，美国在几个州用法国DaveyBickford的Dynatronic系统也进行了大量的爆破试验，均取得了很好的爆破效果和巨大的成功。2006年6月6日，长江三峡围堰爆破采用Orical公司生产的电子延期起爆系统进行了爆破。但是国内在电子延期的技术研究和产品开发方面，特别是在民用爆破领域里大多还处于研发阶段，尚未实现大规模工业化生产。有关国内外电子雷管性能对比见表1和表2。

表1 国外典型电子雷管性能指标对比
Table 1 Typical electronic detonator performance abroad

项 目		Orica公司	非洲炸药有限公司（AEL）	奥斯汀公司	戴诺诺贝尔
		I-kon系统	Smartde系统	E*STAR	Smartshot
主要性能参数	延期时间范围/ms	0~15000	0~16000	0~10000	0~20000
	延期时间/ms	0~1300±0.13 1301~15000±0.01%（电子延期部分精度）	±1（电子延期部分精度）	±1（电子延期部分精度）	±1（电子延期部分精度）
	网络	并联网路	并联网路	并联网路	并联网路，最大起爆1600发
	编程	现场编程	现场编程	现场编程	现场编程
	组网	并联	并联	并联	并联
	价格	30澳元	未知	未知	未知
	应用范围	露天煤矿，露天金属矿山，地下矿，采石场	大规模地下开采，露天煤矿，采石场	露天煤矿，露天金属矿山，地下矿，采石场，基础建设	大型网路爆破和高精度爆破工程、水下爆破

表 2　国内数码延期电雷管（电子雷管）性能指标对比

Table 2　The domestic digital delay electric detonator（electronic detonator）

comparative performance index

项　目		华北某公司	北方某公司	南方某公司
技术性能	延期范围/ms	0 ~ 8000	0 ~ 16000	0 ~ 9999
	延期精度/ms	±3	1 ~ 100，<1；101 ~ 16000，<0.1%	0 ~ 2500ms 延期时间误差不大于标称值的 ±3ms；2501 ~ 7500ms 延期时间误差不大于标称值的 ±4ms；7501 ~ 9999ms 延期时间误差不大于标称值的 ±5ms
	抗交直流电性能	交流 220V ± 5%，50Hz，通电 30s，不发生爆炸；抗直流，50V ± 1%，通电 30s，不发生爆炸	直流 50V，交流 220V 不爆炸	输入脉冲高度为（10V ± 0.2mV），脉宽为（25 ± 2ms），2000 个脉冲信号，雷管不发生爆炸
	耐电压冲击性能	交流 20V ± 1%，50Hz，通电 30s，不发生爆炸但用起爆器可以正常起爆；直流，15V ± 1%，通电 30s，不发生爆炸但用起爆器可以正常起爆		耐交流 50V，1ms；耐直流 100V，1ms
	安全性能	双密码起爆 双钥匙控制 起爆器记录起爆时间 起爆器非法拆解自毁	密码起爆	对码设定
	耐温性能	在 – 20 ~ 70℃ 静置 2h，能正常起爆	– 20 ~ 70℃	– 40 ~ 70℃ 静置 2h，能正常起爆
	可燃气安全度试验	符合 GB 18096 标准要求	满足煤矿许用要求	符合 GB 18096 标准要求
	抗静电	抗静电 20kV/2000pF 的静电条件下，对电子雷管壳脚不发生爆炸	电子雷管在 15kV/2000pF 的静电条件下，对电子雷管壳脚不发生爆炸	电子雷管在 12kV/2000pF 的静电条件下，对电子雷管壳脚，两极间放电，均不发生爆炸
	环境适应性	防水、耐压、抗拉、抗冲击震动	防水、耐压、抗冲击震动	抗震、抗拉
系统基本性能	起爆器带载能力/发	1 ~ 100	1 ~ 200	1 ~ 200
	起爆器组网能力/个	1 ~ 128	1 ~ 26	
	爆破网路规模（电子雷管）/发	12800	5000	
	两脚极性	两脚无极性	两脚无极性	两脚有极性（分正负极）
	连接方式	串联	并联	并联
	延期时间设定方式	出厂前设定	现场设定	出厂前设定
	使用温度/℃	– 20 ~ 70	– 20 ~ 50	– 40 ~ 70
售价	人民币/元	30	50	30

注：1. 华北及北方某公司电子雷管资料摘自其有关书面文字宣传材料；
　　2. 南方某公司电子雷管性能指标摘自该公司网站。

当前制约数码雷管发展的主要问题为成本高、自动化程度低、操作技术水平要求高、组网能力低和可靠性差等方面。要想在民爆行业发展和推广该项技术，必须解决这些问题。我认为解决这些问题的关键是如何对数码雷管产品进行设计和市场定位。下面结合在研制数码雷管过程中有关产品的设计问题进行探讨。

3　数码雷管性能

安全性是首先要考虑的问题，没有安全也就无质量可言。安全涉及使用、运输、储存和生产多方面[3]。在产品设计研制时，我们充分考虑了产品的使用安全性与社会安全性，以及如何与现有生产线嫁接提高自动化程度进而改变手工焊接方式，提高产品延期精度，产品成本严格控制使其价格能被用户接受、操作简单方便尽量不改变用户又能达到电子雷管效果等等问题。山东天宝化工股份有限公司设计的产品采用多种手段和技术，确保了产品处于安全受控状态，基本满足了上述性能要求。

3.1　密码控制

每发数码电子雷管都设有唯一身体识别码（ID码），与现有公安雷管编码系统规定的13位编码对应并生成一个新的密码，这一密码授权后才能起爆，以防止私下流通和非法起爆。

3.2　双密码技术和密码起爆技术

每个起爆器都具有双密码控制，由安全员和爆破员掌控。在每次起爆之前，现场安全员和爆破员必须同时输入正确的操作密码，起爆器才能进入起爆界面，否则新型数码延期雷管就无法起爆；并且在连续三次输入错误密码后，起爆器将直接锁死。锁死后的起爆器必须返回设计单位进行解锁。每只数码延期模块的可编程延时芯片在出厂前都被写入一个固定的起爆密码，在接收到来自发爆器的密码序列之后，每只芯片都会与自身存储的密码逐位对比，如果完全一致，则执行后续的延时起爆操作；否则不做任何响应。

3.3　使用年限管理

可对使用期限进行控制，超过规定使用期限后雷管将不能再被起爆。这样可便于公安管理部门掌控每年雷管用量和非常时期禁止爆破作业命令的执行力，又能在很大程度上杜绝民间长期私藏雷管伺机作案的发生。

3.4　记忆功能

起爆器具有存储记忆功能，能滚动记录该起爆器引爆新型数码延期雷管的起爆日期和时间及使用地点（通过GPS定位），使用单位不具备删除功能，记录可在起爆器上查阅，也可由管理部门通过起爆器通信接口由电脑读出，便于管理部门的管理和追溯及涉爆案件的查处。

3.5　防非法流通功能

起爆器内置起爆密码。产品在出厂时专门设置了起爆器内置密码和新型数码延期雷管的内置密码，起爆前利用通信机制进行密码校验，每一个用户采购的新型数码延期雷管只能由授权给该客户的智能起爆器起爆，每一个新型数码延期雷管只能由对应的起爆器起爆，可防止用户之间的非法流通和使用。

3.6　起爆器自毁技术

起爆器一旦被非法解剖就会将内部主芯片烧毁，从而防止起爆器被非法仿制。

3.7　抗非法起爆能力

新型数码延期雷管具有抗交、直流电和普通发爆器的能力。高于35V的电压或普通发爆器无法使其起爆，只能破坏雷管部分电路，但是这些部分被破坏以后，控制芯片将自动锁死起爆功能，此后无论如何也无法再起爆（35V及以下电压也不能起爆，但此后该雷管还可以被专用密码起爆器起爆）。此外，由于基础雷管特殊结构，即使延期模块部分被非法拆解后，剩余部分也不能被导火索点燃，做到了本质安全。

3.8　安全排盲炮功能

新型数码延期雷管具有自动排"哑炮"功能，其功能表现在正常起爆后，如果新型数码延期雷管有未爆管，就会启动自动放电电路，在半小时之内放电完成，可避免因排哑炮而产生的危险，提高爆破施工的安全性。

3.9　精确延期功能

目前，国内延期药搞得好的电雷管和导爆管雷管也只能做到25ms等间隔，而国外爆破实践和研究表明10~15ms的段间隔爆破效果和减振作用明显，目前的电雷管和导爆管雷管都无法做到。山东天宝化工股份有限公司开发的新型数码延期雷管延时精度可达到±3ms。其功能实现是以晶振作为基本定时元件，由于晶振的高精度、高稳定性和极低的温度系数，加之发火元件一致性好，高精度延期功能得以顺利实现。因此，数码电子雷管可以设计任意时间间隔且精度准确，改变了传统雷管每段25ms时间间隔且存在串段的现象，使逐孔起爆真正做到了一孔一响，减振成为可能。

首批产品在顺义试用，从北京理工大学杨军教授指导参与的测振结果分析来看，效果远好于现有毫秒延期电雷管。表3为测试结果。

表3　采用数码雷管的降振率

Table 3　The use of digital detonator vibration reduction rate

普通雷管		数码雷管		降振率/%
段别/Ms	振速 $V/cm \cdot s^{-1}$	段别/Ms	振速 $V/cm \cdot s^{-1}$	
25	1.133	25	1.092	3.6
25	0.7747	10	0.3084	60.2
25	0.1499	20	0.1143	23.7

测试的结论是：采用10ms间隔数码雷管延时起爆，因采用的是逐孔起爆技术，单段最大药量减少35~50kg，与延迟时间为25ms的普通雷管比较，减振效果显著，降振率为60.2%。

4　数码雷管的产品设计建议

众所周知，数码延期雷管难于推广的原因主要集中在成本高、爆破作业要求技术水平高、生产自动化程度低、改或建生产线费用高、组网能力有限等方面。因此，在产品初步设计阶段要充分考虑这些因素，以便使开发出的产品有生命力和发展前景。

4.1 产品设计时要考虑成本

相比电雷管而言，数码雷管成本高，所以设计时要考虑我国国情，要考虑成本控制和用户接受能力。国外数码雷管每发售价100美元，远远超出目前国内大多数用户的接受能力，无市场推广前景。正是基于这方面原因，在保证安全可靠前提下严格控制成本，降低售价是电子雷管在国内推广的重要因素。

4.2 产品设计要尽量使其使用简便

用户是上帝，设计时要充分考虑现有放炮员素质，尽量使操作简便不改变用户使用习惯。比如，要研发专用快速网路连接卡子，开发简捷网路测试仪及起爆仪器，仪器界面设计要友好、人性化，尽量不改变用户使用习惯。

4.3 产品生产工艺要提高自动化程度（效率安全质量）

目前国内大多在PCB板分切、脚线与芯片焊接、点火元件生产等方面采用手工方式，这会带来很多弊端：一是工序繁琐、效率低；二是质量受人为因素影响，也无法保证。同时，手工方式也与数码雷管产品的先进性不匹配。研制单位应当在电子雷管生产工艺及设备自动化方面下些工夫，为工业化生产及产品可靠性创造条件。

4.4 设计生产线时要充分立足现有生产线

为降低费用投入，要尽量立足现有生产线。有的厂家只考虑了产品性能未过多考虑以后的工业化生产需花费大量资金重新建线，这就为以后推广应用、扩大生产设置了障碍。

4.5 产品设计要有足够组网能力以满足用户需求

爆破业的飞速发展，对爆破器材的性能提出了新的要求。如：为提高爆破效率、增大爆破规模、降低爆破振动往往选择电子雷管，一次起爆的雷管数量很多，要求产品配套起爆器的组网能力要大。因此，电子雷管及其起爆系统在设计时要充分考虑这一点。

5 结论

（1）鉴于目前电雷管和导爆管雷管存在的诸多缺陷：如延时精度无法满足爆破技术飞速发展的要求；铅延期体污染大不利于行业清洁发展的需要；一旦丢失或被盗后存在易于被非法起爆的社会安全风险。所以，数码雷管所具备的巨大优越性和社会效益就体现出来，而且数码雷管符合行业产业技术政策，是起爆器材的发展方向。

（2）研发的数码电子雷管、专用起爆器及配套专用生产检测设备应设计合理、技术先进、使用简便安全、密码起爆功能要满足流通环节管理，减少涉爆案件的发生。

（3）只要从我国国情出发，认真进行产品设计，降低成本，提高组网能力，走工业化发展道路，数码雷管的推广和应用是必然趋势。

参 考 文 献

[1] R. W. Bickes，jr.，scb Explosive Studies. DE87005620. 1987.

[2] 徐振相，周彬. 我国工业起爆器材产品发展现状及发展趋势[J]. 爆破器材，2003(5):1~3.

[3] 陈福梅. 火工品原理与设计[M]. 北京：兵器工业出版社，1990.

乳化炸药生产工艺安全性探讨

张英豪　　陈成芳

（山东天宝化工股份有限公司，山东平邑，273300）

摘　要：乳化炸药是 20 世纪 70 年代末发展起来的新产品。最早是 1969 年 6 月 3 日，由美国的 H. F. 布卢姆（Blabm）首先在美国专利中比较全面地阐述了乳化炸药技术[1]。乳化炸药在我国是从 20 世纪 80 年代才开始研究发展起来的。乳化炸药因其具有优良爆炸性能和抗水性能，生产过程绿色环保、无毒无污染，并且一度被奉为生产使用安全、火烧不炸、枪击不响的"安全炸药"，是我国民爆器材行业的重点发展产品。但乳化炸药毕竟是爆炸品，特别是近几年来相继发生的乳化炸药爆炸或燃烧事故，给乳化炸药生产企业敲响了警钟，督促行业和企业重新审视乳化炸药这种产品，开展生产工艺安全性研究势在必行。

　　本文对近些年来乳化炸药生产过程中发生的事故着重进行统计分析，从安全理论、生产工艺、设备等方面对乳化炸药生产工艺的安全性进行了深入探讨和研究，旨在找出尽量避免事故发生的措施，从人机料法环管等诸多方面着手防范事故，确保人身财产安全。

关键词：乳化炸药；生产工艺；安全；探讨；对策

The Safety Discuss on Production Process of the Emulsion Explosive

Zhang Yinghao　Chen Chengfang

（Shandong Tianbao Chemical Industry Co., Ltd., Shandong Pingyi，273300）

Abstract：Emulsion explosive is a new product of the seventy's of the last century developed. The earliest in June 3, 1969, by the American H. F. Bloom (Blabm) in the first America patent comprehensive description of the emulsion explosives technology[1] of emulsion explosive in China is eighty years from the last century began to research and development. Emulsion explosive owing to its excellent explosion properties and water resistance, environmental friendly production process, no pollution, and was once regarded as：the production of safe use, not the fire fried, shooting is not the sound of "explosive", is to focus on the development of product of our country civil explosive industry. But, after all, is not the bread of emulsion explosive explosives, especially in the past few years have occurred in emulsion explosives or burning accident, for emulsion explosive production enterprises sounded the alarm, this product to industries and enterprises to re-examine the emulsion explosive, carry out the production process be imperative security research.

　　This paper in recent years in the process of emulsion explosive production accidents mainly carried out the statistical analysis, from security theory, production process, equipment, safety of emulsion

张英豪，高级工程师，zyhao1998@ sina. com。

explosive production process conducted in-depth discussion and research, in order to find out as much as possible to avoid accident measures, from the human material ring pipe and so on many aspects of prevention accidents, ensure the safety of property.

Keywords: emulsion explosives; production process; safety; discuss; countermeasure

1 绪论

乳化炸药是 20 世纪 80 年代在我国发展起来的一种绿色环保炸药。因其在运输、贮存、使用过程中安全性较好，同时由于其呈流体，在矿山爆破施工中，装填、泵送快捷，已经成为我国民爆器材行业的重点发展产品。而该项技术在之后 30 多年的发展过程中，发生了多次爆炸事故，彻底警醒了人们对乳化炸药生产安全的认识。惨重损失、血的教训让我们认识到乳化炸药的生产安全是一个复杂的、综合性的系统工程。过去，民爆行业发生了事故，往往就事论事，未从生产工艺的诸多安全影响因素方面进行过全面、系统、科学的分析研究，对一些未发生过事故的关键设备、工艺的安全风险评估与预防几乎没有。

乳化炸药的生产工艺包括配方、配比，原材料标准，乳化、敏化方式，使用的泵以及制药、装药、包装设备等，生产工艺关键参数的控制，超温、超压、断流、震动超限报警与安全联锁，监视测量仪器仪表的频响范围与频响能力等。上述因素不但关系到产品质量，而且重要的是关系到生产安全。虽然现在乳化炸药的生产方式有间断式、半连续式、全连续式、现场混装等方式[2]，各不相同，但从我国统计发生的乳化炸药爆炸事故来看，哪种生产方式都不是绝对安全的，尤其是近些年来倡导的连续化生产工艺安全性方面的研究相对滞后；一些工艺控制参数缺乏足够的数据支持。同时，行业技术进步和政策近几年来也变化很大，对由此引起的安全隐患辨识不足。因此，只有认真开展乳化炸药的理论研究，探讨生产工艺的安全性，认真开展"四新"的隐患辨识、风险评价和超前控制是保证其生产安全的关键。

2 乳化炸药事故统计分析

2.1 事故统计与国内事故概况分析

尼特罗·诺贝尔公司曾对全世界 1988 ~ 1995 年乳化炸药事故进行了统计，期间全世界共发生 11 起乳化炸药事故，死亡 38 人[3]。就我国而言，从 20 世纪 90 年代以来，发生的乳化炸药生产事故（含国外中资机构）是 12 起，死亡 146 人，重伤 48 人，轻伤 40 人。从国内发生的 12 起乳化炸药生产事故来看，纯设备设施原因仅占 2 起，纯人为因素管理原因的占 5 起，设备、管理、天气等综合因素所致的占 5 起。具体见表 1。

表 1 乳化炸药事故统计表

Table 1 The statistics of emulsion explosive accident

序号	事 故 概 况	主要原因或教训
1	1991 年 5 月 7 日，福建爆炸事故，正在工房内操作的 7 人全被炸死，周围建筑物内的 17 人受伤（重伤 6 人，轻伤 11 人）	爆炸原因是坚硬异物（可能是一个螺丝帽）落入混拌罐内，并被夹带在搅拌桨叶与罐壁之间随着转动，强烈摩擦产生的热点引起了罐内乳化炸药爆炸
2	1997 年 5 月 26 日，河北某矿务局民爆厂乳化炸药爆炸事故。事故共造成 2 人死亡，2 人重伤，部分设备被炸毁	事故初步分析是因胶体磨内混入金属杂质或高速运转的机械部件发生异常变化产生剧烈的摩擦

序号	事 故 概 况	主要原因或教训
3	1998 年 7 月 22 日下午，山东某公司新型乳化炸药爆炸事故，事故造成 3 人死亡，7 人重伤，6 人轻伤	这起爆炸事故爆炸原点是粗乳器，由于调试过程中出现过物料断流以及可能混入砂子等固态杂质，使得该粗乳器腔体内的乳化基质在剧烈摩擦作用下而发生爆炸
4	2002 年 6 月 24 日上午，浙江某公司乳化炸药爆炸事故，自控室 1 人轻伤	乳化炸药生产车间乳化工序胶体磨电机轴承损坏造成电机轴向窜动，致使 O 形机械密封圈一侧定位槽拉断，基质泄漏，由于剧烈摩擦，造成局部温度过高而发生爆炸
5	2004 年 2 月 22 日 17 时，河北某厂新建乳化炸药生产线在试生产时发生爆炸事故，造成 13 人死亡，1 人重伤	标高 2m 的平台上的乳化器是爆炸原点，当时正生产胶质乳化炸药，断料空转发生爆炸。该爆炸引发了该平台上约 600kg 炸药爆炸，接着殉爆了 20m 远处堆积的约 2~3t 成品药
6	2005 年 4 月 21 日，重庆某厂乳化-乳化粉状联建线发生爆炸事故，19 人死亡，10 人轻伤	在车间地面上晾药的 1.8~2t 乳胶基质因球形雷的作用被引爆，殉爆了车间里的制粉塔等其他有药设备（爆炸前 4 次停开机不成乳，待成乳后 15min 发生爆炸）
7	2006 年 6 月 16 日 15 时 9 分，安徽某公司乳化-喷粉车间发生爆炸事故。事故共造成 14 人死亡，2 人失踪，3 人重伤，21 人轻伤	原因是一级螺杆泵空转干磨而造成一级螺杆泵爆炸，通过输送乳化基质的钢制管道引爆储存罐中约 1200kg 的乳化基质，从而再引起胶体磨和制粉塔等设备的爆炸，造成众多人员伤亡和重大财产损失
8	2005 年 4 月 20 日，赞比亚某公司炸药生产车间发生爆炸事故（中资），造成 46 人死亡，1 人轻伤	乳化炸药生产线混拌罐内可能掉入了某种坚硬异物，由于强烈摩擦并产生局部热点而引起爆炸
9	2013 年 3 月 11 日 6 时 20 分，云南某厂胶乳制药工序发生爆炸事故，造成 3 人死亡	精乳器设计存在缺陷，骨架密封，隔套与主轴未固定仅通过轴台阶固定，油封与隔套、隔套与主轴间存在摩擦，产生的热量不能被及时带走（精乳器无冷却装置）引起 AN 热分解产生气体对乳胶基质进行了敏化，六次停开机未对精乳器进行冲洗造成 AN 结晶，摩擦产热形成热点导致爆炸（班组长现场监控人员要具备相关基质异常的判断和应急处置能力。爆炸前 6 次停开机不成乳，待成乳后不久，钢带上基质变淡并冒汽，发生爆炸）
10	2013 年 3 月 21 日 9 时 50 分左右，江西省某采矿场一台乳化炸药现场混装车在洗车台洗车时突然发生爆炸事故，造成 3 人死亡，1 人失踪，9 人受伤	洗车无人值守，造成螺杆泵残留基质干磨发生爆炸
11	2013 年 5 月 20 日 10 时 45 分左右，民爆济南科技公司（山东章丘曹范镇）乳化震源药柱生产车间突然发生爆炸事故，造成 33 人死亡，19 人受伤	事故直接原因是：震源药柱废药在回收复用过程中混入了起爆件中的太安，提高了危险感度。太安在 4 号装药机内受到强力摩擦、挤压、撞击，瞬间发生爆炸，引爆了 4 号装药机内乳化炸药，从而殉爆了 502 工房内其他部位炸药。存在问题：（一头两尾）严重超员，管理混乱，作业员工 34 人、无关人员 18 人进入生产现场
12	2013 年 6 月 20 日 15 时，青岛某公司发生爆炸事故，1 人重伤后死亡	废药销毁发生爆燃引起的事故

2.2　规律性探讨

对 20 多年来的乳化炸药生产事故每五年进行分类统计，探讨其中存在的某些规律性。周期性分析详见表2。

表2 事故周期性分析
Table 2 Analysis of accident period

年 份	事故数量/起	重大以上事故数量/起	死伤人数/人
1991~1995	1	0	24
1996~2000	2	0	20
2001~2005	4	3	131
2006~2010	1	1	40
2011~2013（不足5年）	4	1	69

依据表2绘制折线图，如图1所示。

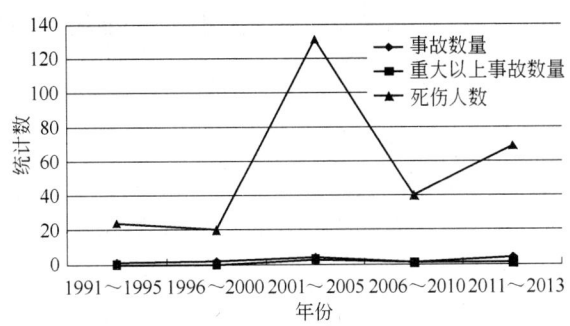

图1 事故统计折线图
Fig.1 Accident statistical line chart

从图1不难看出，从1991年开始前十年来看，事故数量与死伤人数较少，原因大体有两个方面：一是各企业乳化炸药刚刚上马，处于起步阶段，乳化炸药年产量占全国炸药年产的20%左右（约50万吨）；二是新产品、新技术大家比较重视安全。从本世纪开始，前五年尤其是2004年之后事故频发，且大多是重大以上事故，死亡人数剧增。分析其中的原因是：乳化炸药在我国经过近20年的发展，人们自认为该种炸药生产安全环保，放松了警惕，最为关键的是从2004年之后，乳化炸药所占比例大大提高，占全国年炸药总量的比例由2000年的19.4%提高到2006年的41.9%（达109.30万吨）[4]，各企业产能也大大增加，年产由6000t以下扩大至12000~24000t，这也是事故频发的一个重要因素。2007~2012年间的五年，乳化炸药生产未发生过事故，但年产量却是之前的近一倍，这是值得我们深思和认真总结[5]。究其原因：主要是经历了前几年的事故高发期，从行业到企业都加大了安全管理力度，尤其是行业推行技术进步，科技兴安受到认同，安全工作得到了空前重视。但2013年，连续又发生了四起爆炸事故，又一个事故频发的周期到来。其原因也是显而易见的：长期不出事，人们放松了警惕，重生产轻安全的思潮又有所抬头，有章不循，冒险蛮干造成了四起事故。事故频发呈现周期性特点，大约以5~6年为一周期。

3 生产工艺安全性分析

3.1 生产工艺

乳化炸药是以硝酸盐水溶液为分散相、复合油相组分为连续相构成的一种乳胶体系，属于油包水（W/O）型，它是通过油包水的物理内部结构来获得良好的抗水性能和防止组分分离的。乳化炸药的基体乳状液是一个具有高内相比、高密度、易晶析破乳、黏稠度变化大的热力学不稳定体系[6]。目前国内的生产工艺主要分为间断式生产工艺、半连续式生产工艺、连续式生产工艺和现场混制与装药生产工艺。

间断式生产工艺的特点是规模小、效率低、产能小、工作量大、劳动强度高、能耗大、成本较高。

半连续式生产工艺的突出特点是较间断式生产工艺取得了一定进展，但在工艺设备、自动化控制技术方面还存在较大差距，与国外技术相比还有待完善和提高。

连续式生产工艺的特点是设备布局紧凑、生产效率高、产品性能稳定、成本低、能耗少、自动化程度高、用人少。

现场混装生产工艺的主要特点是机械化程度高、装药效率高、危险等级低、投资少、用人少。现产现用，降低了运输安全，解决了储存稳定性问题，还能优化爆破设计，节约了常规建生产工房和库房的基建投资[7]。

3.2 工艺技术的安全性

乳化炸药生产工艺包括许多方面，如工艺路线，工艺参数，产品配方，配比组成，采用的生产方式，在线诸参数的控制，显示如温度、压力、流量、转速等。这些因素不但直接关系到产品质量，更重要的是关系到安全问题。

3.2.1 配方、配比的安全性

通常而言，乳化炸药配方所用材料不同，其本质的安全性就大不一样。比如有的厂家，为提高炸药的爆轰感度在配方中加入高氯酸盐、次氯酸盐、甲胺硝酸盐、硫黄粉等，这种配方的炸药安全性就大大降低，为生产和使用埋下了安全隐患。比如1988年3月广东某厂为提高乳化炸药感度就在配方中加入了硫黄粉，导致混拌机中存放的炸药在保温时发生自燃进而引起爆炸，万幸的是发生在夜间停产保温时，工房没人，未造成人员伤亡但工房设备受损严重。所以在炸药配方中尽量不使用单质炸药和敏感材料，以提高生产工艺的安全性。

还有配比中水的比例，也很关键。乳化基质含有10%左右的水，在不含金属粉末时，水算惰性添加剂，含水量越大，乳化炸药的机械感度（摩擦、撞击）、热感度、火焰感度、静电感度等都会大大降低，增加了生产和使用环节的安全。但不利的一面是含水量越大，炸药爆炸能量会降低，在有金属粉末时，水会促进硝酸铵与金属粉末发生剧烈而复杂的放热化学反应，从而导致燃烧和爆炸发生。所用水相罐若含锌粉末，在酸性环境下锌与硝酸铵反应生成亚硝酸铵，进而分解放出氮气，从而将基质敏化，在热量不断积累作用下发生燃烧转爆轰。反应式如下：

$$NH_4NO_3 + Zn + 2H^+ \longrightarrow NH_4NO_2 + H_2O + Zn^{2+}$$

$$NH_4NO_2 \longrightarrow N_2 \uparrow + 2H_2O$$

所以，合适的含水量配比对乳化炸药生产安全很是重要。

3.2.2 乳化基质的安全性

乳化基质本身是一种爆炸品，有一定的感度，产品配方的不同，其感度就会相异。乳化基质生产过程中遇到的初始能量主要为热能和机械能，在强烈的冲击、摩擦下可发生爆炸。据相关资料和一些乳化炸药生产厂家对其生产的乳胶基质的试验测定结果得知，我国商品乳化炸药的乳胶基质在100℃左右大都具有雷管感度，其雷管起爆时的传爆直径一般为30~40mm；常温下的乳胶基质具有雷管感度的配方也不少，其雷管起爆时的传爆直径约为50~60mm；从爆炸事故的统计分析来看，国内发生的几起乳化炸药生产安全事故大多发生于乳化和基质输送阶段。所以，我们需要在生产中特别注意，要避免在乳化基质生产和输送过程中发生强烈冲击和摩擦。

3.3 设备的安全性

乳化炸药生产技术中，对安全影响较大的不仅有工艺路线、工艺参数、产品配方、生产安全管理等多方面因素，但最重要的影响因素是主要生产设备的安全性，它直接关系到乳化炸药生产的本质安全性。而对民爆行业而言，过去大家往往熟悉工艺而在设备研制、选材和选型方面重视不够是弱项，而在过去发生的乳化炸药爆炸事故中，设备原因几乎占到了一半。通过近三十年的探索和事故统计分析，得出影响乳化炸药生产安全的主要设备是乳化器、敏化器、螺杆泵三个设备，而这三个设备是否具有较好的安全性，重点应该看其内部结构与工作原理。总体上来说，影响三种设备安全性的共性方面主要有结构设计、转速、温度、压力、间隙、功率、效率、超限保护、安全联锁等。

4 防范生产事故的对策

根据以上分析和探讨，为确保乳化炸药生产安全，防范事故，找到预防方法和对策很关键。

4.1 人、法、管因素方面

（1）在"人"的因素方面。人的因素是决定性因素，因为再先进的生产控制系统也要靠人来管理维护。加大安全教育和培训，提高员工安全素质和操作技能；定期组织事故应急演练，提高员工自救能力至关重要。通过前面对乳化炸药生产事故的统计分析，不难看出人的因素不可忽视。人的安全素质和安全技能直接决定着安全生产工作的绩效，决定着企业的安全生产状况。而安全教育培训则是提高员工安全素质和安全技能的有效手段。定期组织学习、事故演练对提高员工在紧急情况下自防自救能力和应急逃生能力必不可少。比如2013年3月11日云南某厂发生的爆炸事故，在爆炸前基质已发生变色且冒烟现象，当班班长也发现了这一现象。但由于他不具备这方面的安全知识和技能，不知道这种现象预示着即将发生爆炸，爆炸前他发现这种变色、冒烟现象后，还神态自若，若无其事地走着，而不是赶紧逃生。据事后现场录像调取显示，从基质变色、冒烟到爆炸经历了35s，假如班长具备这方面的安全知识和技能，利用35s时间招呼现场操作人员逃生是来得及的，就不会发生一次死亡3人的较大事故。

（2）在"法"的因素方面。所谓"法"指的是安全技术操作规程和行业安全管理规程和设计规范。在这方面一要做到规程特别是企业指导生产的规程要做到生产过程全覆盖，做到操作有规程，执行有标准，危险有辨识，防范有措施。二是必须严格执行。规程往往是前人用血的教训换来的，切不可心存侥幸，有章不循甚至违规作业。

（3）在"管"的因素方面。乳化炸药能否安全生产，企业管理很重要。加强管理，杜绝习惯性违章；严肃纪律，提高制度规程执行力。在企业必须建立严格的安全奖惩机制、安全绩效考评机制和日常检查考核细则以确保规程和制度落到实处。

4.2 机、料、环因素方面

（1）在"机"的因素方面。这里的"机"泛指乳化生产过程中用到的所有设备、设施和计量器具、电子视频监控设施。对关键设备安全运行参数进行定期监测，对实现异常报警和安全连锁装置进行定期验证，确保其安全可靠，避免设备故障引发事故。完好的设备、设施是安全生产的保障。首先，设备选型要选择行业规定目录上的设备。其次，要建立设备设施维护保养和定期检查制度，落实设备设施维检修期间的安全措施，及时更换安全使用年限到期的设备。再次，要确定设备归口管理职能部门，并明确其责任。这一部门要认真组织编制设备、设施的大、中、小修计划以及日常检修计划，建立关键设备档案，加强生产过程巡查，严禁生产设备带病或超负荷运转。另外，设备设施、安全联锁设计单位要从设计上保证本质安全。在设备设计上尽量做到低转速、大产能、敞开式、能卸压、大间隙、能隔爆、安全联锁、安全裕度双保险等来防止爆炸事故发生和蔓延。

（2）在"料"的因素方面。要严把原料关，制定原材料标准和检验规程，对关键性原材料如硝酸铵、乳化剂、敏化剂、复合油相要加大检验频次和检验力度，增加检验项目，严禁不合格原料流入生产线，杜绝带来安全隐患。严格按工艺配方进行生产，严禁加入单质炸药和敏感性物质，埋下安全隐患。

（3）在"环"的因素方面。树立"科技兴安"思想。通过技术创新和技术进步，提升生产线本质安全度，减少在线作业人员和在线药量，降低事故风险，对乳化炸药安全生产起到了核心的作用。

5　结论

我国乳化炸药经过了30多年的发展，经历了血与火的洗礼，积累了丰富的生产工艺、安全管理经验。尤其是在生产工艺技术方面，已初步形成了完整、系统、科学、适用的安全生产控制体系。对其安全理念、安全生产、安全管理、安全措施有了一定的实践经验。安全生产是一个永恒不变的主题，时刻不能掉以轻心，应对生产中的每一个安全隐患进行预测与防范，特别是对一些新产品、新工艺、新设备、新材料更应认真对待，仔细辨识，有效控制，切实防范。

从近几年发生的乳化炸药爆炸或燃烧事故来看，任何一种生产方式都不是绝对安全的，都存在潜在的不安全因素。乳化炸药生产工艺的安全性控制是一个系统工程，不可盲目一味相信电子自动控制就能实现乳化炸药生产本质安全了，必须从人、机、料、法、环、管各个环节同时着手，进行产学研相结合，研究对策并认真实施；警钟长鸣，长抓不懈；以期达到有效防范事故，实现行业长治久安的目的，这是每名民爆科技工作者孜孜追求的境界。我们有理由相信：在全国乳化炸药产、学、研各级人员的共同努力下，我国乳化炸药生产工艺一定会达到一个更高的安全水平。

参 考 文 献

[1] 汪旭光. 乳化炸药[M]. 北京：冶金工业出版社，2008：3.
[2] 宋敬埔，等. 我国乳化炸药的研究近况及发展建议[J]. 爆破器材，2003，4：6～11.
[3] 汪旭光. 乳化炸药[M]. 北京：冶金工业出版社，2008：11.
[4] 汪旭光. 乳化炸药[M]. 北京：冶金工业出版社，2008：274.
[5] 魏新熙. 近年来乳化炸药安全生产经验教训[C]//乳化炸药生产线安全生产专题研讨会论文集，2012.
[6] 徐鹏，等. 浅谈乳化炸药生产过程中安全性[J]. 煤矿爆破，2008，2：26～27.
[7] 赵昱东. 露天矿炸药混装车在我国应用与展望[J]. 爆破，1998，2：49～54.
[8] 周康波. 论乳化炸药安全生产[C]//乳化炸药生产线安全生产专题研讨会论文集，2012.
[9] 吴隆祥，等. 乳化炸药连续乳化生产工艺安全性浅析[J]. 爆破器材，2003，2：3～8.

乳化炸药生产线油水相流量自抗扰控制

王德瑞

（葛洲坝易普力新疆爆破工程有限公司，新疆乌鲁木齐，830000）

摘　要： 为了满足乳化炸药生产过程中油相流量和水相流量的控制要求，设计了油相流量和水相流量的自抗扰控制器（ADRC），通过设计跟踪微分器（TD），合理安排过渡过程，设计扩张状态观测器（ESO）估计扰动，利用误差信号设计非线性反馈控制律，从而实现油相和水相流量的高性能控制。为了验证控制器的优越性和可行性，在 Matlab/Simulink 中搭建被控对象模型，分别对比例积分微分（PID）控制器和 ADRC 进行仿真比较，结果表明采用 ADRC 的油相流量和水相流量控制系统的响应时间短，响应过程无超调，且抗干扰能力更强。

关键词： 乳化炸药；油相流量；水相流量；自抗扰控制器

Auto Disturbance Rejection Control of Oil and Water Phase Flow in Emulsion Explosives Production Process

Wang Derui

（Gezhouba Explosive Xinjiang Blasting Engineering Co., Limited, Xinjiang Urumqi, 830000）

Abstract: In order to meet the control requirements of oil and water phase flow in emulsion explosives production process, the auto disturbance rejection controllers (ADRC) of oil and water phase flow are designed. Tracking differentiator (TD) is designed to arrange transition process reasonably. Extended state observer (ESO) is designed to estimate disturbance. The error signal is used to design nonlinear feedback control law. So it can achieve high performance control of oil and water phase flow. In order to verify the superiority and feasibility of the controllers, the controlled plants are built in the Matlab/Simulink and then the ADRC effect is compared with proportion integration differentiation (PID) controllers. Simulation results show that the oil and water phase flow control systems based on ADRC have not only shorter response time and no overshoot, but also stronger anti-interference ability.

Keywords: emulsion explosives; oil phase flow; water phase flow; ADRC

1　引言

乳化炸药作为一种新型环保的工业炸药，具有稳定可靠的爆破性能和良好的抗水性能，其生产工艺简单，成本低廉，便于存储运输，是最具优势、最具发展潜力的工业炸药，在我国民爆行业中得到了广泛应用[1,2]。

王德瑞，工程师，95667929@ qq. com。

　　为了能够满足乳化炸药的大量需求，其自动化、连续化的生产是其主要发展方向，而在生产过程中，乳胶基质的混合配对是整个生产过程中的关键部分，它是由油相溶液和水相溶液按一定比例混合后，经过高速剪切乳化得到[3]，因此油相流量和水相流量的精确控制决定着炸药质量。如果油相流量偏低，则炸药会出现"破乳"现象；如果油相流量偏高，则爆炸速度降低，威力减小，反之如果水相流量偏低，炸药的爆破效果降低；如果水相流量偏高，炸药稳定性能降低，缩短了炸药的储存周期。因此油相流量和水相流量的高性能控制在连续化、自动化的乳化炸药生产过程中起着决定性作用[4]。

　　由于比例积分微分（proportion integration differentiation，PID）控制器结构简单，不依赖于被控对象的精确数学模型，容易实现，所以在大多数乳化炸药的生产线中，均采用 PID 控制器对油相和水相流量进行控制，但是 PID 控制器由于其比例和积分的同时作用，快速性和超调量存在矛盾，不能同时满足，所以往往不能对控制对象进行精确有效的控制，且当外界存在干扰时，稳定性能降低，使产品的质量受到影响。

　　近年来，一种由中科院研究员韩京清提出的基于 PID 控制理论和现代控制理论的自抗扰控制器（auto disturbance rejection controller，ADRC）得到了广泛应用[5~7]，ADRC 能够解决快速性和超调量的矛盾，且不依赖于被控对象的精确数学模型，能够使被控系统获得良好的动静态性能和抗干扰能力，因此本文采用 ADRC 设计油相流量和水相流量控制器，且与 PID 控制器的控制效果进行对比，结果表明 ADRC 响应过程无超调，响应时间短，具有更强的抗干扰能力。

2　乳化工艺流程及控制器设计

2.1　乳化工艺流程

　　乳化炸药的生产工艺技术流程由原材料的制备、油相和水相的控制输送、乳化器乳化以及后期处理等几个环节组成，其主要的工艺流程图如图 1 所示。

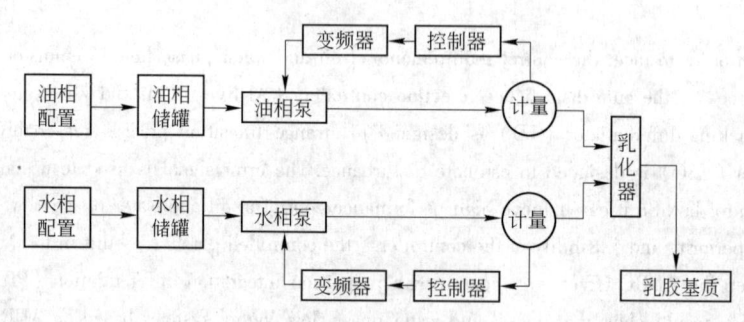

图 1　乳化工艺流程图

　　乳化炸药由油相溶液和水相溶液组成。油相溶液由乳化剂和柴油按比例混合后加热得到；水相溶液由硝酸铵、柠檬酸和水按比例混合加热后得到。分别将油相溶液和水相溶液装入油相储罐和水相储罐中，然后对油相泵和水相泵进行反馈控制，将油相溶液和水相溶液抽入乳化器中进行乳化，在乳化器的高速剪切乳化下形成乳胶基质，最后对乳胶基质进行冷却和敏化从而得到成品炸药。

2.2　油相流量和水相流量 ADRC 的设计

　　ADRC 由跟踪微分器（tracking differentiator，TD）、扩张状态观测器（extended state observer，ESO）和非线性误差反馈控制律三部分组成[8]，在此选取二阶 ADRC 进行设计控制器设计，其结构框图如图 2 所示。

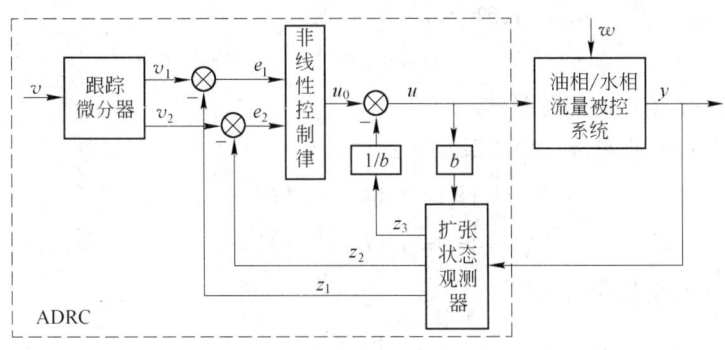

图 2　ADRC 结构框图

2.2.1　跟踪微分器

跟踪微分器 TD 的主要作用是解决超调量和快速性之间的矛盾，它根据输入和对象安排过渡过程，同时提供各阶导数，从而有效解决了实际系统中微分信号难于获得的问题。

油相流量和水相流量的给定信号 v 经过 TD 后可得到两个输出，分别为跟踪给定信号 v_1 和给定信号微分 v_2，这两个信号的离散形式为：

$$\begin{cases} v_1(k+1) = hv_2(k) + v_1(k) \\ v_2(k+1) = hu(v_1(k) - v(k), v_2(k), r, h) + v_2(k) \end{cases} \tag{1}$$

式中，h 为采样时间；r 为速度因子。

$u(x_1, x_2, r, h)$ 为离散的最速控制函数，其计算表达式为：

$$\begin{cases} a_0 = \sqrt{d^2 + 8r \cdot |m|} \\ a = \begin{cases} v_2 + \text{sign}(m)(a_0 - d)/2 & |m| > d_0 \\ v_2 + m/h & |m| \leq d_0 \end{cases} \\ u = \begin{cases} -r \cdot \text{sign}(a) & |a| > d \\ -r \cdot a/d & |a| \leq d \end{cases} \end{cases} \tag{2}$$

式中，$d = rh$，$d_0 = hd$，$m = v_1 + hv_2$，$\text{sign}(*)$ 为符号函数。由此可得到给定信号 v 的跟踪给定信号 v_1 和给定信号微分 v_2。由此可以看出 TD 能够实现快速无超调地跟踪给定，同时可得到良好的微分信号，因此可以避免 PID 控制器中因给定值突变而导致控制量突变，从而避免了油相流量和水相流量被控系统的超调。

2.2.2　扩张状态观测器

ESO 能够将油相流量和水相流量被控系统的建模、未建模动态以及外界扰动归结为"总和扰动"，从而实现了单一扰动的估计，便于进行补偿，因此油相流量和水相流量被控系统具有良好的稳定鲁棒性能，是 ADRC 的核心部分，其表达式为：

$$\begin{cases} e(k) = z_1(k) - y(k) \\ z_1(k+1) = z_1(k) - h[z_2(k) - \beta_1 e(k)] \\ z_2(k+1) = z_2(k) - h[z_3(k) - \beta_2 fal(e, v_1, \delta) + bu] \\ z_3(k+1) = z_3(k) + h[-\beta_3 fal(e, v_2, \delta)] \end{cases} \tag{3}$$

式中，β_1，β_2，β_3 为可调参数。

$$fal(x,\alpha,\delta) = \begin{cases} \dfrac{x}{\delta^{1-\alpha}} & |x| \leqslant \delta \\ \mathrm{sign}(x)\,|x|^{\alpha} & |x| > \delta \end{cases} \quad (4)$$

2.2.3　非线性误差反馈控制律

通过 TD 和 ESO 可得过渡过程的误差信号为：

$$\begin{cases} e_1 = v_1(k) - z_1(k) \\ e_2 = v_2(k) - z_2(k) \end{cases} \quad (5)$$

生成的误差积分信号为：

$$e_0 = \int_0^t e_1(\tau)\,\mathrm{d}\tau \quad (6)$$

取非线性误差反馈控制律为 $u_0 = k_0 e_0 + k_1 e_1 + k_2 e_2$，$u_0$ 经过补偿后可得油相流量和水相流量 ADRC的输出为：

$$u = u_0 - z_3/b \quad (7)$$

3　仿真研究

为了验证 ADRC 的有效性和优越性，在 Matlab/Simulink 中搭建油相流量系统和水相流量系统模型。由于油相流量系统和水相流量系统为非自衡系统，因此取油相流量和水相流量被控系统为单容对象和积分环节的串联，其表达式为：

$$G(s) = \frac{K}{T_a s(T_s s + 1)}\mathrm{e}^{-\tau s} \quad (8)$$

式中，K，T_a，T_s，τ为待定参数。根据乳化工艺生流量控制的先验知识，结合控制系统的各项指标[9]，在油相流量被控对象中取 $K=1$，$T_a=6$，$T_s=12$，$\tau=0.5$，则可得油相流量被控对象的模型为：

$$G_1(s) = \frac{1}{6s(12s+1)}\mathrm{e}^{-0.5s} \quad (9)$$

在水相流量被控对象中 $K=1$，$T_a=8$，$T_s=20$，$\tau=0.5$，则水相流量被控对象的模型分别为：

$$G_2(s) = \frac{1}{8s(20s+1)}\mathrm{e}^{-0.5s} \quad (10)$$

分别对 PID 控制器和 ADRC 的控制效果进行仿真对比。取油相流量控制系统中的 PID 控制器参数为 $k_p=10$，$k_i=0.08$，$k_d=0.002$，水相流量控制系统中的 PID 控制器参数为 $k_p=13$，$k_i=0.1$，$k_d=0.003$。根据经验对 ADRC 控制器参数进行整定，油相流量控制系统中取 $b=1.1$，$h=0.01$，$r=400$，$\beta_1=100$，$\beta_2=400$，$\beta_3=700$，$k_0=3$，$k_1=2$，$k_2=5$，水相流量控制系统中取 $b=1.3$，$h=0.008$，$r=500$，$\beta_1=70$，$\beta_2=350$，$\beta_3=600$，$k_0=4$，$k_1=5$，$k_2=2$。油相流量给定值为 140L/h，水相流量给定值为 2660L/h，在第 4 分钟时油相流量给定值突变至 210L/h，水相流量给定值突变至 3990L/h。图 3 和图 4 给出了 PID 控制器和 ADRC 的对比仿真结果。

由图 3 中可以得到，在油相流量被控系统中，采用 PID 控制器需要 64s 的调节时间跟踪给定值，当在第 4 分钟给定值突变时，需要再经过 50s 达到稳态，且超调量大。而采用 ADRC，

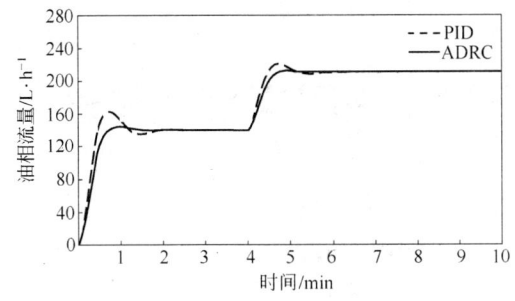
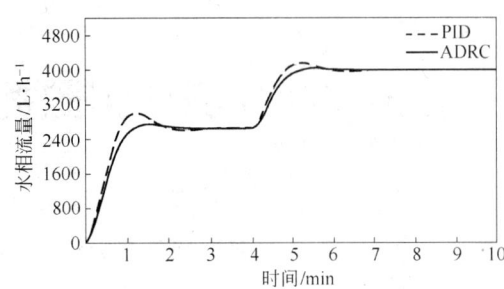

图3 油相流量PID控制器和ADRC仿真结果对比   图4 水相流量PID控制器和ADRC仿真结果对比

油相流量系统在启动过程中仅仅需要38s的调节时间到达稳态，给定突变后也只需要31s进入稳态，相比于PID控制器调节时间明显变短，且调节过程无超调。由图4可以看出，PID控制器下，水相流量经过102s的调节时间到达稳态，在第4分钟流量突变为1890L/h后，PID控制器经过54s的调节时间跟踪给定值，且超调量大，而ADRC启动过程中经过60s跟踪给定值，给定值变化后经过48s达到稳态，且都没有超调。可见ADRC的调节时间明显小于PID控制器，且抗干扰能力更强，保证了油相流量和水相流量严格按照工艺要求进行控制，从而生产出高质量的乳化炸药。

同时由图3和图4对比可知，油相流量超前于水相流量到达稳态，从而保证了生产初期就能够生成油包水型乳胶基质，将初始废料的产生量降到最低，最大化利用原材料。

4 结论

本文采用ADRC对乳化炸药生产工艺流程中的油相流量和水相流量进行控制，设计了跟踪微分器、扩张状态观测器以及非线性控制律。仿真结果表明本文设计的ADRC控制效果明显优于PID控制器，在动态响应过程中无超调量且响应时间短，抗干扰能力强，能够满足油相流量和水相流量的控制要求，保证了乳化炸药自动化、连续化的高质量生产。

参 考 文 献

[1] 马耀川. 全连续化乳化生产线影响炸药爆炸性能的几个因素[J]. 爆破器材，2010，39(5)：20~21.
[2] 汪旭光. 乳化炸药[M]. 北京：冶金工业出版社，2008.
[3] 彭建飞，王越胜，张贵平. 乳化炸药油水相流量模糊控制器的设计[J]. 机电工程，2007，24(12)：75~78.
[4] 柯成银，何波，廖长风，等. 控制图在乳化炸药水相密度控制中的应用[J]. 爆破器材，2008，37(3)：34~36.
[5] 陈茂胜. 基于自抗扰控制永磁同步电机伺服系统研究[J]. 微电机，2013，46(12)：51~54.
[6] 程启明，程尹曼，汪明媚，等. 基于混沌粒子群算法优化的自抗扰控制在蒸汽发生器水位控制中的应用研究[J]. 华东电力，2007，23(1)：42~45.
[7] 陈红，曾建，王广军. 蒸汽发生器水位的自抗扰控制[J]. 中国电机工程学报，2010，30(32)：103~107.
[8] 韩京清. 自抗扰控制技术[M]. 北京：国防工业出版社，2008.
[9] 黄德先，王京春，金以慧. 过程控制系统[M]. 北京：清华大学出版社，2011.

乳化炸药性能测试数据不稳定原因探析及改进

刘大维　杨敏会　徐秀焕　徐德成

（葛洲坝易普力股份有限公司，重庆，401121）

摘　要：本文通过试验对比了测试方法不同对测试数据的影响，并研究了被测药卷的密度和温度对测试数据的影响，分析了炸药性能测试数据不稳定的可能原因。结果表明，爆速数据波动的主要原因是炸药质量，殉爆数据波动的主要原因是炸药质量和药卷温度，猛度数据异常的主要原因是人为操作。同时对现有的测试方法提出了改进意见。

关键词：乳化炸药；性能测试；猛度测试

The Reason of Unstable Test Data of Emulsion Explosive Performance and Suggestions of the Performance Test Methods

Liu Dawei　Yang Minhui　Xu Xiuhuan　Xu Decheng

（Gezhouba Explosive Co., Ltd., Chongqing, 401121）

Abstract：Experiments were conducted to compare the influence of performance data attained by different test method, investigated how the density of the emulsion explosive affect the performance test as well as the temperature. The reason of unsteady test data of emulsion explosive performance was analyzed. The consequence show that, unstable VOD was caused by the quality of explosive, unstable gap test data was caused by the quality and the temperature of explosive, and unstable brisance test (lead cylinder compression test) data was caused by human factors. Whist the suggestions of the performance test methods were presented.

Keywords：emulsion explosive; performance test; brisance test

1　引言

炸药性能常规检测项目包括爆速、殉爆及猛度等。炸药性能测试数据保持稳定，是产品质量的保证。某公司进行炸药性能测试试验，在测试结果中发现，爆速单组数据相差 200 ~ 2000m/s，部分同批次药卷储存期长的殉爆距离比储存期短的大。另外，猛度数据缺乏规律性。

本文将从测试方法入手，分析测试方法的差异以及被测药卷的密度及温度对测试数据的影响，从而推断可能原因。

刘大维，助理工程师，turemanliu@ vip. qq. com。

2　测试方法对测试数据的影响

2.1　现用爆速和殉爆测试方法对测试数据的影响

该公司爆速测试与殉爆测试同时进行，以减少药卷消耗及工作量。探针两根导线的开路端并没有每次都折向爆轰波传播方向，可能会造成对测试信号的干扰。殉爆时没有去掉主爆药卷的窝口，所产生的聚能效应可能影响炸药殉爆的稳定性能。测试时雷管插入药卷的深度不一，也可能对爆速测试结果造成影响。为研究以上影响操作对爆速与殉爆测试结果的影响，我们开展了以下实验工作。

爆速测试参考《工业炸药爆速测定方法》（GB/T 13228—1991），殉爆参考《工业炸药密度、水分、殉爆距离的测定》（MT/T 932—2005）。选取新生产的 YR 型乳化炸药药卷，截去端口与窝口，同时选取不同的雷管插入深度，并保证雷管底部到第一靶探针距离大于8cm，尾部探针离端口3cm，殉爆药卷头部去掉5cm左右。与同批次药卷采用现用测试方法作对比，数据列于表1。

表1　雷管插入深度对爆速的影响和窝口对殉爆的影响

Table 1　Insertion depth of detonator affecting VOD and concavity affecting gap test

样　品	爆速/m·s^{-1}	殉爆距离	雷管插入深度/mm
调整后方法 1	5263	[7] 0/1（余1/2）	15
2	5263	[6] 2/2	25
3	5208		30
现用测试方法 1	5155	[7] 3/3	约35
2	5208		约35
3			约35

试验结果表明，雷管插入深度对爆速测试没有明显影响。测试时，探针与雷管底部之间的距离保证大于药卷两倍直径以上（7~8cm），爆轰波成长较好，确保探针所接受的爆轰波是稳定的爆轰波，对爆速的影响较小[1]。爆速数据较稳定，还与截取药卷的开口端有关系，药卷开口端的装药密度较小，且各药卷装药情况不一，炸药被引爆后，爆轰波到达第一靶的强度不一，即使爆速测试的位置一致，爆速也会有较大的不同。截去部分药卷后，炸药的殉爆有一定的下降，原因是主爆药药量减少和没有窝口的聚能效应。

2.2　现用猛度测试方法对测试的影响及方法改进

现用的方法是手工装药，由于操作员的力度把握、力度方向控制都各不相同，因而制作出来的药柱密度分布不均匀，甚至没压实，药柱高度有偏差，致使试验后被压缩的铅柱产生较大的倾斜。倾斜较大的铅柱对数据的采集和数据的可靠性都有较大影响。猛度数据因而缺乏规律性。

对现有的粉状炸药用模具进行改造，木棒代替冲头，做42mm的刻度线，木棒推至刻度线与套筒上边缘齐平。将药柱放入模具中压制成型。参考《炸药猛度试验　铅柱压缩法》（GB 12440—1990）测试样品猛度，选用的药卷是1.10YR型（"1.10"为批次，下同）乳化炸药，药温9℃。试验数据见表2。

表2　模具压药猛度试验数据
表2　模具压药猛度试验数据
Table 2　Brisance test data by pressing in mould

样品编号	铅柱压缩值1/mm	铅柱压缩值2/mm	铅柱压缩值3/mm	铅柱压缩值4/mm	猛度值/mm	标准差/mm
1	18.04	17.74	16.76	16.80	17.33	0.57
2	18.64	18.70	17.84	17.10	18.07	0.65
3	17.20	17.00	17.70	18.06	17.49	0.42

从数据中看出，单个猛度测试的数据标准差小于1mm，极差分别为1.28mm、1.60mm、1.06mm，偏差小于2mm。猛度数据一致性较高。

为此，我们对测试模具进行了改进，内垫由硬纸片组成12mm垫片，垫片使用前需压实。将冲头打磨成直径38.50～39.00mm，避免对纸筒的刮擦。模具冲头30mm，模具套筒79mm，如图1所示。

选取同样的药体做猛度测试，通过对比猛度值，考察模具压药会不会对药体的性能产生影响。

选取6支新生产的YR型乳化炸药药卷，质量为200g±2.5g。剥开药卷选取距尾部6cm的药体，用模具压装药柱。药柱质

图1　修改后的模具组件
Fig.1　Components of modified mould

量50g，高37～38mm，同时采用手工装药，药柱质量50g，高38～39mm。药柱直径均为39mm。1号、2号、3号样品用模具压制，4号、5号、6号样品为手工装药。测试数据见表3。

表3　模具压药与手工装药猛度测试数据对比
Table 3　Brisance test data by pressing in mould compared with manually

样品编号	药柱高度/mm	药卷密度/g·cm⁻³	铅柱压缩1/mm	铅柱压缩值2/mm	铅柱压缩3/mm	铅柱压缩值4/mm	猛度值平均值/mm	平均值/mm
1号	36.89	1.183	18.30	18.36	17.60	17.70	17.99	17.525①
2号	37.30	1.176	17.52	17.70	16.58	16.44	17.06	
3号	37.68	1.159	17.50	15.70	15.78	15.48	16.12	
4号	38.72	1.121	16.58	16.22	15.74	16.24	16.20	16.527
5号	38.88	1.116	17.60	17.66	17.14	17.12	17.38	
6号	39.00	1.112	16.42	16.02	15.58	16.00	16.00	

①3号铅柱倾斜了2mm，数据偏差比较大，在计算平均值时，排除了这组数据。

表中3号数据偏差较大，主要是由于冲头与纸筒之间的摩擦较大，冲头下压时，将纸卷下，纸出现褶皱，造成压药不均匀。从表3中数据可知，模具压装的药卷密度要比手工装药大，密度分布在1.18～1.11g/cm³之间，跨度较大，炸药的猛度试验都成功，且在这个范围内炸药的猛度随着密度增加而增加。人为控制下压深度时，猛度数据有较大的变化。

若药体的性能变化较小，对猛度测试影响最大的是药柱制作。现将冲头的直径打磨到38～38.50mm，避免与纸筒的刮擦。通过制作猛度测试用药柱，对比药柱的密度。选取200g±2g、20℃左右的YR型乳化炸药药卷作为实验对象。将药卷剥开，截取距窝口长约6cm、重约50g

药体[4]，用排水法测量其密度为 1.14 ~ 1.15g/cm³。截取其他药卷的同样位置，放入纸筒中，压制成为直径 39mm 的药柱。剥开纸筒后，测量药柱的高度并计算密度，观察药柱的外观。统计数据见表4。

表4 药柱制作数据
Table 4 Length and density of explosive cylinders

样 品	药柱高度/mm	药柱密度/g·cm⁻³	样 品	药柱高度/mm	药柱密度/g·cm⁻³
1 号	38.5	1.088	5 号	36	1.163
2 号	35	1.196	6 号	36	1.163
3 号	36	1.163	7 号	35	1.196
4 号	35	1.196	8 号	36	1.163

操作员 1 操作时直接将纸筒中的药柱压制到不能压缩。操作员 2 先将药柱用粗锉刀压到纸筒的死角，再用纸筒压制药柱到不能压缩。4 号、7 号、8 号三个药柱由模具压制而成。2 号、3 号药柱为操作员 1 制作，5 号、6 号药柱为操作员 2 制作。外观如图 2 所示。

图2 药柱制作效果图（从右到左依次为 1~8 号药柱）
Fig.2 Explosive cylinders（count from right to left：1~8）

从图 2 可知，没有采用模具压制的药柱，底部中间凸出，药柱的上面硬纸片倾斜，药柱整体倾斜。3 号药柱药体装药并不饱满，制作效果差。而采用模具压制药柱，开始制作时药柱的底面和上面也是不平整的。随后发现原因是模具老化，造成套筒的垫片倾斜，受力不均，药面倾斜。换用另外一个模具，压制出 8 号药柱，药柱的平整性得到改善。

根据表 4 的数据可知，平均高度为 35mm 的药柱密度过大，密度增大了 0.05g/cm³ 左右，炸药的部分气泡可能被挤压逃逸。平均高度为 36mm 的药柱密度约增大了 0.01g/cm³，炸药的密度变化较小，对炸药的整体性能改变较小。

模具压制成的 36mm 的药柱与炸药药卷密度接近，且外观要比手工制作的更规整。猛度测试时，压缩后的铅柱倾斜度较小。单个操作员手工装药的高度虽然只有 1mm 的差别，但是炸药密度会改变 0.04g/cm³ 左右。1mm 的偏差造成的猛度变化超过 1mm。且炸药的气泡损失后，测试数据不是炸药性能真实体现。另外，从表 3、表 4 数据中可知，操作员对炸药的密度很难控制，密度的随机性增大，猛度的结果随机性必然增大，数据的参考价值存疑。

3 药卷密度、温度对测试的影响

3.1 药卷密度对测试的影响

药卷密度不一，对爆速也会造成影响。取同批次质量分别为 181g、191g、194g 的药卷，测试的密度分别为 1.057g/cm³、1.130g/cm³ 和 1.134g/cm³，爆速分别为 4673m/s、5155m/s 和 4808m/s，爆速最大相差约 500m/s，相差较大。这次试验取样量较小，只做定性的解释。药卷密度波动，相应的爆速数据也是波动的[2]。

3.2　药卷温度对测试的影响

选取 1.10YJ 型乳化炸药和 1.07EJ 型乳化炸药各三组，置于 25℃烘箱中，烘 4.5h，药卷温度为 24℃。与在室温 5.5℃、药卷 5.5℃条件下获得的数据对比，数据列于表 5。

表 5　药卷温度对炸药测试的影响
Table 5　Explosive performance test affected by its temperature

室温下，药卷温度 5.5℃

样　品	密度/g·cm⁻³	爆速/m·s⁻¹	殉爆	备　注
1.10YJ 型		4902, 4762, 0, 1866	[6] 1/3	
1.10YJ 型		5000, 5102, 5000	[6] 2/3	
1.07EJ 型		3788, 4762, 4587	[6] 1/3	

25℃下烘 4.5h

样品	密度/g·cm⁻³	爆速/m·s⁻¹	殉爆	备注
1.10YJ 型	1.156	4902		
	1.106	4717	[6] 3/3	
		4808		
1.07EJ 型	1.135	5051		第一发做殉爆时殉爆药柱开口端炸药不充足，并没有做相应处理
	1.176	4274	[6] 2/3	
		4717		

表 5 中数据表明，药温 5.5℃的 1.10YJ 型乳化炸药做性能测试试验时，有一发主爆药柱爆速测试失败。在未爆完药柱爆轰波停止的位置发现有较厚的压缩区，剥开药卷发现有部分地方出现泛白。表 1 采用 YR 型乳化炸药做殉爆试验时有一个失败，被压缩的部分很薄，不超过 3mm。可知，YJ 型乳化炸药测试中药卷在爆轰波的压缩下失效，该药卷的装药密度过大[3]。而前述 YR 型乳化炸药的原因是殉爆距离较大，殉爆药获得的能量不足，爆轰波衰减造成的[4]。随后在同一批中重新取样，爆速恢复正常，殉爆出现一个失败。温度较低（5.5℃）时炸药的殉爆试验数据有较大的下降。通过升温（24℃），殉爆数值恢复了，但是 EJ 型乳化炸药的爆速仍然有一定的波动。

雷管起爆形成的冲击波使得炸药起爆。由于雷管起爆产生的能量足够大，能够克服低温条件下炸药的能垒，达到起爆炸药的目的。当药体温度降低，根据理想气体状态方程，气泡的尺寸会变小（减少有效气泡量），会消耗更多爆轰波的能量，这也是 YJ 型乳化炸药低温条件下爆速失败的可能原因之一。主爆药起爆以后，冲击波需要经过空气介质传播，到达殉爆药端，引爆殉爆药。距离越远，到达殉爆药端的能量越小，药卷越冷，需要的能量也越高。因此造成了相同距离不同温度殉爆试验，低温的成功率小。即低温情况下，炸药的殉爆会减小[5]。

3.3　其他原因

爆速波动的测试方面的原因有：操作员在穿探针的时候，先穿一靶探针，而这个探针的位置仅凭视觉定，另一靶是参照前一靶穿，如果第一靶出现倾斜（不平行或不经过药柱中心），第二靶也会出现同样问题。穿探针的时候，针头较粗（生锈的针头直径达到 1.10mm），每一靶的偏差都超过 1mm，造成爆速 ±200m/s（选取 5000m/s 计算）左右的偏差。

其他可能的原因还有爆速仪的灵敏度等。

4　结果讨论

（1）试验结果表明，控制雷管底部与第一靶之间的距离，雷管插入的深度对爆速测试影响较小。药量减少，取消窝口，都会降低炸药的殉爆性能。

（2）采用模具制作猛度测试用药柱，药柱成型效果较好，一致性较好，并能较好地反应炸药的真实性能。药卷装药密度波动会造成爆速测试数据不稳定。药卷的温度较低时，殉爆试验成功率偏低。

（3）近期的 YJ 型和 EJ 型乳化炸药采用试生产，量少（2t），炸药密度等在生产中都在调整，且装药机老化，药卷的质量有较大波动，因此炸药的性能不稳定。

因此推测，爆速波动的主要原因是炸药质量，殉爆波动的主要原因是炸药质量和药卷温度，猛度异常的主要原因是炸药质量和人为操作。

5　测试问题总结与改进意见

操作员测试性能时，并没有完全按照标准操作，造成一定的人为偏差。依据测试标准，我们总结了测试时操作员操作不规范之处，并对测试提出改进意见。

5.1　测试主要问题

（1）爆速测试：探针的插入不准确，两根探针不平行；探针开路端未做到每次都朝向药卷的窝口端；靶线没有放置在爆轰波前进方向的前端；炸药的开口端药卷并未切除。

（2）殉爆测试：殉爆药的开口端有时会出现未装满的情况，试验时若未发现，将为殉爆测试增加人为误差；沟槽深度深浅不一；不同组操作员对砂层处理方式不一，这使得测试时，药卷的约束条件不一致，对殉爆和爆速的测试都有一定的影响[4]；药卷的窝口一般为 1cm。殉爆距离测量时，直接测量主爆药卷的窝口到殉爆药卷端口的距离不准确。

（3）猛度测试：手工操作存在力度控制、方向控制不准确等问题，造成药柱密度不一，高度不一；当铅柱倾斜较大时，数据可靠性存疑；不同操作员对倾斜的铅柱测量选择不同；不同操作员雷管插入深度不同。

5.2　测试改进意见

（1）爆速测试：更换新针头，每次用完针头后擦干净放入油中防锈；指导操作员，将探针伸出部分折向药卷的尾部，探针连接线部分可压在药柱下面；切除主爆药和殉爆药的开口端部分，并保证殉爆药比主爆药长；为方便穿针并选取药卷固定位置，设计一个固定药卷的钢制半圆形槽，直径 33mm，长 40mm，在槽边缘设置两个 0.5mm 小沟，相距 50mm ±0.02mm；采用两根探针同时穿线，保证探针相对位置的准确度。

（2）殉爆测试：切除主爆药和殉爆药的开口端部分，并保证殉爆药比主爆药长；测量殉爆距离时，从主爆药的尾部到殉爆药的开口端，将尺寸增加 1cm，如测距 7cm，实际为 8cm；试验的砂层只需要整平，不需要压实；设置沟槽时，只需形成半圆形沟槽即可；推荐使用悬空法做殉爆试验[6]。

（3）猛度测试：采用改进模具压制药柱的方法做猛度测试试验，需要注意的是，先测炸药的密度（推荐使用排水法），再根据炸药的密度调整模具中垫片的厚度（目前采用的是12mm 垫片，对应的药柱是 36mm，药柱密度为 $1.163\text{g}/\text{cm}^3$）；为保证炸药充满纸筒，压药密度要比炸药的密度略大，避免密度增加太多，气泡逃逸；取样时，尽量取药卷中段；乳化炸药质地柔软，冲头可依靠重力作用，压药时只需轻推即可压制成型；模具的冲头较纸筒小，冲头直径比纸筒直径小 1~1.5mm，可保证冲头进出方便，下滑时不会刮擦纸筒。雷管插入深度可调整为 12~13mm[7]，每次试验需固定为某一个值，以保证数据的平行性。

参 考 文 献

[1] 黄寅生. 炸药理论[M]. 北京：兵器工业出版社，2009.

[2] 宋锦全，熊代余，汪扬. 乳化炸药密度对其冲击波感度的影响[J]. 工程爆破，2003，9(3)：62~65.

[3] 段宝福，汪旭光，宋锦泉. 装填密度对乳化粉状炸药燃烧转爆轰敏感性的影响[J]. 有色金属，2003，55(4)：150~152.

[4] 汪旭光. 乳化炸药[M]. 2 版. 北京：冶金工业出版社，2008.

[5] Bourne N K, Field J E. Bubble collapse and the initiation of explosion[J]. Proceedings of the Royal Society A：Mathematical physical & engineering sciences. 1991，1894：423~435.

[6] 李仕洪. 浅谈工业炸药殉爆距离试验方法的改进[J]. 爆破器材，2005：13~14；16.

[7] 朱时清. 乳化炸药猛度测试[J]. 爆破器材，1983：37~39.

新型黏性粒状铵油炸药研究

王　磊　徐　晖　季腾飞　张　真　陈成芳　卜令涛

（山东天宝化工股份有限公司，山东平邑，273300）

摘　要：应用多孔粒状铵油炸药、乳化炸药及增黏剂研制出了一种适应风动机械装药的新型黏性粒状铵油炸药。这种炸药加工和使用安全可靠，黏附性好，防潮、防结块性强，爆破效果好。

关键词：铵油炸药；乳化炸药；增黏剂；风动机械装药

The Research of New-type Glutinous Granular ANFO Explosive

Wang Lei　Xu Hui　Ji Tengfei　Zhang Zhen　Chen Chengfang　Bu Lingtao

（Shandong Tianbao Chemical Industry Co., Ltd., Shandong Pingyi，273300）

Abstract：Using porous granular ANFO explosive, emulsion explosive and tackifier developed a new-type glutinous granular ANFO Explosive, which can adapt wind-motive mechanical loading. This explosive is safety processing and usage, good adhesion, strong moistureproof and prevent caking property, as well as excellent blasting effect.

Keywords：ANFO explosive；emulsion explosive；tackifier；wind-motive mechanical loading

1　引言

黏性粒状炸药是为了适应浅孔或中深孔风动机械装药的需要，减轻装药劳动强度，降低返药量，提高炮孔利用率而发展起来的一类新型工业炸药[1]，近30年来在矿山爆破工程中被广泛应用，需求量不断增大，推动了黏性粒状铵油炸药的快速发展[2~5]。长沙矿山研究院在国内首家研制成功其关键组分——爆炸黏稠剂，用于生产 T 系列和 M 系列增黏粒状黏性炸药，但最初生产这类炸药使用的黏稠爆破剂中含有一定量的 TNT[6]，不利于生产和使用的安全性，也在一定程度上对人体的健康有危害。铵油炸药、乳化炸药等无梯炸药的出现，给无梯黏性粒状铵油炸药的研制带来了可行性。经过不断的实验，我们研制出了一种新型黏性粒状铵油炸药，这种炸药主要由铵油炸药、乳化炸药、增黏剂组成，具有工艺简单，生产和使用安全可靠，黏附性好，无粉尘污染，爆炸性能好等一系列优点，且在中深孔风动机械装药过程中不发生返药现象。

2　炸药组分的选择及配方设计

2.1　炸药的组分

2.1.1　铵油混合物

王磊，工程师，wl502136@163.com。

铵油混合物是由多孔粒状硝酸铵和多孔粒状铵油炸药专用复合油相按比例混合而成的。

（1）多孔粒状硝酸铵。它是组成黏性铵油炸药的主要成分，一般选择技术指标满足 ZBG 21007—1990 要求的多孔粒状硝酸铵，因为这种硝酸铵粒度均匀，吸油率高，水分含量少。

（2）多孔粒状铵油炸药专用复合油相。该油相是由我公司自主研发的，其材料为复合型燃料油，吸附性好、不脱油，热安定性与相容性与柴油相当。该复合油是通过先进的技术对国标油改进而成的，有别于市面上出现的用芳烃油代替柴油的品种，苯衍生物含量低，无毒，环保。与柴油相比该复合油价格较低，能够直接带来较大的经济效益。各项性能指标及储存性能达到或超过《多孔粒状铵油炸药》（GB 17583—1998）的要求，是目前取代多孔粒状铵油炸药许用柴油的首选油相材料，适用于多孔粒状铵油炸药地面及混装车生产。其质量指标见表1。

表 1　多孔粒状铵油炸药专用复合油相的质量指标
Table 1　The quality index of the porous granular ANFO explosives special composite oil phase

项　　目	质 量 指 标
密度(20℃)/g·cm^{-3}	0.8 ~ 0.85
闪点(闭口)/℃	>70
凝固点/℃	< −5 < −20 < −35

2.1.2　乳化炸药

选择做功能力大、油膜强度高的乳化炸药配方：硝酸铵78%，硝酸钠7%，水9%，复合乳化剂2%，复合油相4%，做功能力300 ~ 320mL[7]。

2.1.3　增黏剂

增黏剂在黏性粒状炸药中的主要作用是将炸药各组分很好地黏合在一起，保障炸药在运输、贮存和装药过程中不会因重力沉降和外力作用而使各组分分离，影响炸药的爆炸性能，所以要求此增黏剂与炸药中的各组分具有良好的相容性，并且还要保证在贮存过程中不与各组分发生化学反应，其本身必须是一种可燃物质，通过不断的试验和对比我们选择了一种有机高分子聚合物 R 作为黏合剂。

2.2　配方设计

在综合考虑炸药的爆轰性能、储存稳定性、表面黏性和使用可靠性的基础上，经过反复的实验研究和分析，确定了新型无梯黏性粒状铵油炸药的常用配方：多孔粒状硝酸铵85% ~ 87%；多孔粒专用复合油相4% ~ 5%；乳化炸药6% ~ 9%，增黏剂3% ~ 5%。

2.3　加工工艺

根据确定的配方按照比例把多孔粒硝酸铵加入到带搅拌的容器中，放入多孔粒专用复合油相混合 3 ~ 5min，然后加入计量好的乳化炸药继续搅拌 2 ~ 3min，最后加入增黏剂 R 混合 3 ~ 5min，即成新型黏性粒状铵油炸药。为保障混药的质量和储存期，各种物料的混合最好在常温下混合，混合温度应小于35℃。其工艺流程如图 1 所示。

3　炸药性能

根据测定多孔粒铵油炸药的方法测定了新型黏性粒状铵油炸药的爆轰性能，其与多孔粒状铵油炸药的性能指标和储存期对比见表2。从表2中可以看出新型黏性粒状铵油炸药的性能要

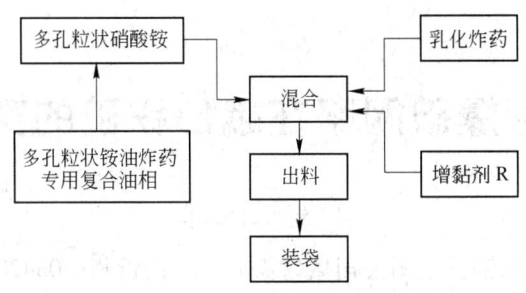

图 1　新型黏性粒状铵油炸药的加工工艺流程

Fig. 1　The processing of new-type glutinous granular ANFO explosive

优于多孔粒状铵油炸药。

表 2　两种炸药的性能和储存期对比

Table 2　Comparative performance and storage period of two kinds of explosives

炸药名称	装药密度/g·cm⁻³	猛度（钢管）/mm	爆速/m·s⁻¹	做功能力/mL	储存期/月
新型无梯黏性粒状铵油炸药	0.93 ~ 1.05	21 ~ 24	3150 ~ 3400	280 ~ 310	3
多孔粒状铵油炸药	0.86 ~ 0.88	15 ~ 20	2800 ~ 3000	260 ~ 280	1

4　结论

综上所述我公司生产的新型黏性粒状铵油炸药具有以下优点：

（1）制备过程中无尘毒产生，对操作人员无危害，对环境无污染，且原材料来源广泛，工艺配方简单，加工和使用安全可靠。

（2）乳化炸药的加入不但可以提高黏性粒状铵油炸药的防吸湿、防结块性能，延长炸药的储存期，而且还可以增大装药密度，提高做功能力。

（3）该炸药具很好的黏结流动性及爆破性能，且在中深孔风动机械装药过程中不发生返药现象。

参 考 文 献

[1] 高梦义，韩清．郑文德．粘性粒状炸药[J]．煤炭科学技术，1983(03)：44~46.

[2] 崔勇，姜国荣．煤矿许用粘性粒状硝铵炸药的研制[J]．爆破器材，2002，4(31)：20~21.

[3] 谭琳，张源钢．WBN 增粘粒状铵油炸药的新进展[J]．矿业研究与开发，2003，3(23)：48~50.

[4] 唐友生．无梯粘性粒状炸药的研究[J]．采矿技术，2009，5(9)：135~137.

[5] 肖代军，肖渝翔，肖俐娟．黏稠多孔粒状铵油炸药及其制备方法：中国，CN102924195 A．[P].

[6] 高梦义，韩清，马振洲．T-1 号和 M-2 号粘性粒状炸药试验总结[J]．金属矿山，1983(01)：24~29.

[7] 陆明．工业炸药配方设计[M]．北京：北京理工大学出版社，2002.

高精度雷管爆破网路在峨口铁矿的实践与应用

吕锐　陈真

（太原钢铁集团公司峨口铁矿，山西忻州，034207）

摘　要： 太钢在 2003 年引进奥瑞凯雷管爆破网路试行，通过近一年的运行，相比以前所使用的导爆索爆破网路爆破，网路连接简单、明晰、灵活，精度控制度高，延米爆量相对原基础提高，炸药单耗相对原基础降低，爆破效果大幅提升。所以逐步取代了原来的爆破网路模式，开始取代导爆索爆破网路模式在太钢矿业公司峨口铁矿推广使用。

关键词： 奥瑞凯雷管；爆破网路

High-precision Detonator Blasting Network Practice and Application in Ekou Iron Mine

Lü Rui　Chen Zhen

（Ekou Iron Mine, Taiyuan Iron and Steel Group Co., Ltd., Shanxi Xinzhou, 034207）

Abstract： TISCO introduced in 2003 Custchem Detonators network trial, by nearly a year of operation, detonating cord used in blasting network than before the blast, the network connection is simple, clear, flexible, high precision control, linear meter burst increase the relative amount based on the original, reducing the consumption of explosives on the basis of the relative original, significantly improved blasting effect. So gradually replace the original blasting network mode, detonating cord begin to replace the network model to promote the use of blasting in mining companies Ekou TISCO.

Keywords： orica detonator; blasting network

1　奥瑞凯雷管爆破网路的概念

奥瑞凯雷管的延时分设 400ms、9ms、17ms、25ms、42ms、65ms、100ms 7 个段别，其中 400ms 为孔内延期时间，其余 6 个为孔外延期时间。奥瑞凯雷管爆破网路理论上分为：孔内时间 400ms 为基数，孔外六个段别为延期毫秒微差，逐孔爆破，形成多个自由面，根据岩石节理发育、地质情况选择段别进行匹配。合理的毫秒微差可以在介质内产生冲击波的叠加，更好地破坏岩石的机理，从而达到理想的开采原料[1]。例如在岩石普氏硬度系数较大（$F > 12$）部位采取控制排 25ms、穿爆列 42ms 延期较短的雷管网路匹配（如图 1 所示），而在普氏硬度系数较小（$F < 12$）部位采取控制排 42ms、穿爆列 65ms 延期较长的雷管网路匹配均已取得较好的爆破效果（如图 2 所示）。

吕锐，助理工程师，1044354979@qq.com。

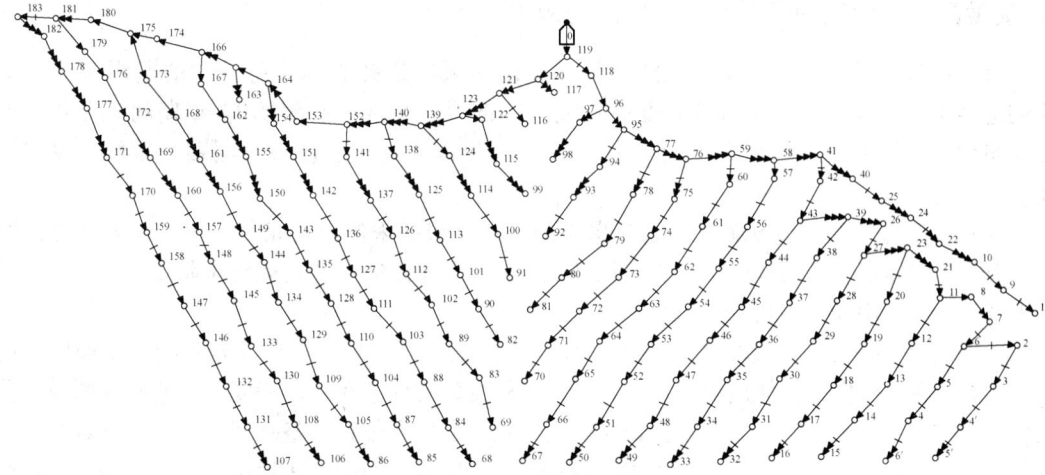

图1　25～42ms 爆破网路

Fig. 1　25～42ms blasting network

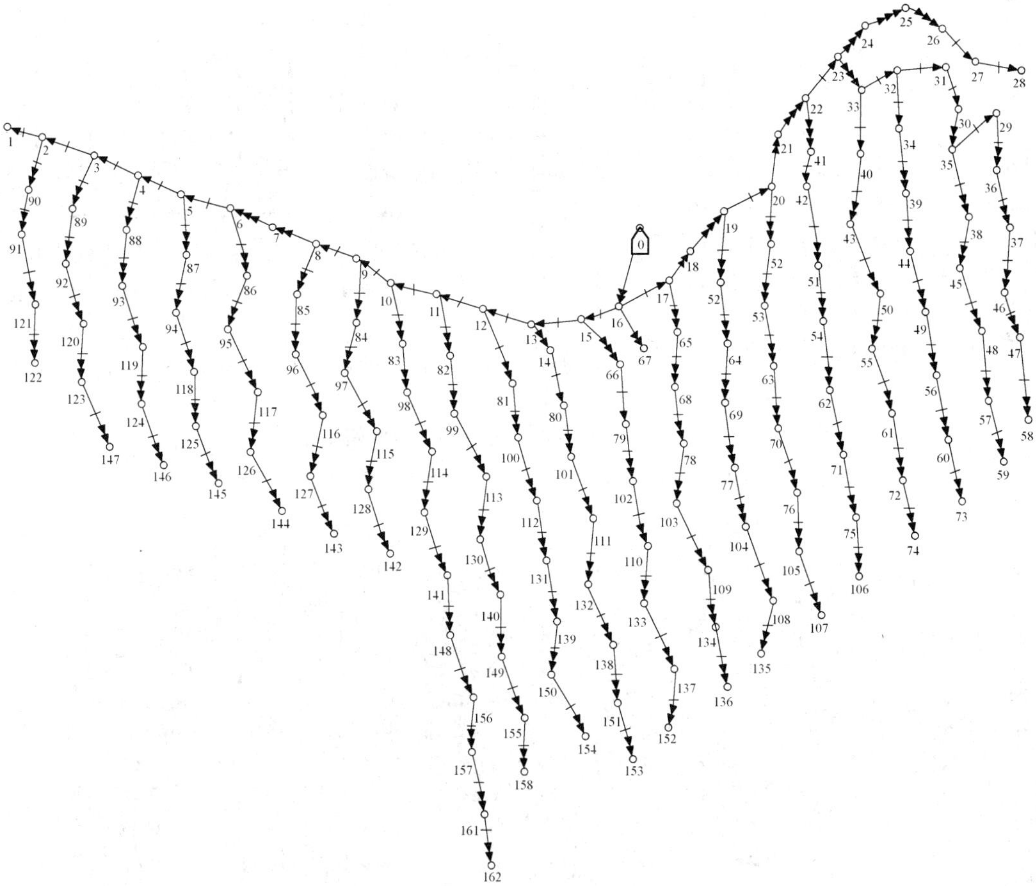

图2　42～65ms 爆破网路

Fig. 2　42～65ms blasting network

2　奥瑞凯雷管爆破网路在峨矿的实践与应用

（1）提高爆破质量。由于奥瑞凯雷管爆破网路采用逐孔起爆，每一孔的起爆都为下一孔创造多个自由面，因此岩石破碎度高，大块率低[2]。在峨矿使用的 11 年期间，在相同的爆破参数下大块率由以往的 6‰降低到 4‰，且爆堆形状均匀、规整，侧翻与后翻现象明显减少。

（2）控制爆破方向。奥瑞凯雷管起爆点的选择需根据采场环境条件、生产需要多方面综合考虑选择起爆点，从而进一步控制爆堆堆积方向，利于组织生产、提高作业效率。在峨矿爆破作业中主要应用在以下几个方面：

1）矿岩分离。在采矿过程中如何最大限度地降低矿石的损失与贫化是每个矿山面临的问题[3]，奥瑞凯雷管网路的使用可以在矿岩分布比较规整的区域在一定程度上降低矿石的损失贫化率，即在一个穿孔区矿位与岩位分设两个起爆点，在矿岩位置调整延期时间保证矿岩交界处的孔两两对应同响，可使得爆堆沿矿岩界限分别向不同方向抛掷，达到矿岩分离（如图 3 和图4 所示，左边为岩，右边为矿），从而降低矿石的损失与贫化。经过多次实践，应用此种方法可降低矿石损失贫化率 2~3 个百分点。

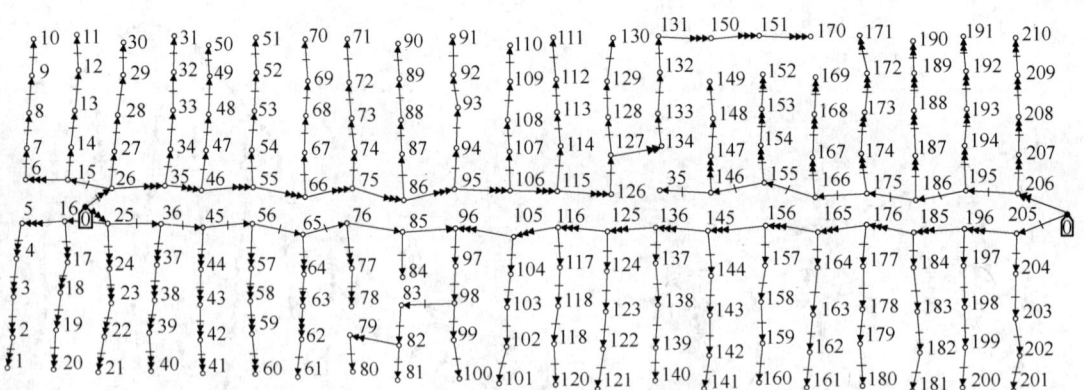

图 3　双起爆点矿岩分离爆破网路

Fig. 3　Double initiation point ore and rock blasting separation network

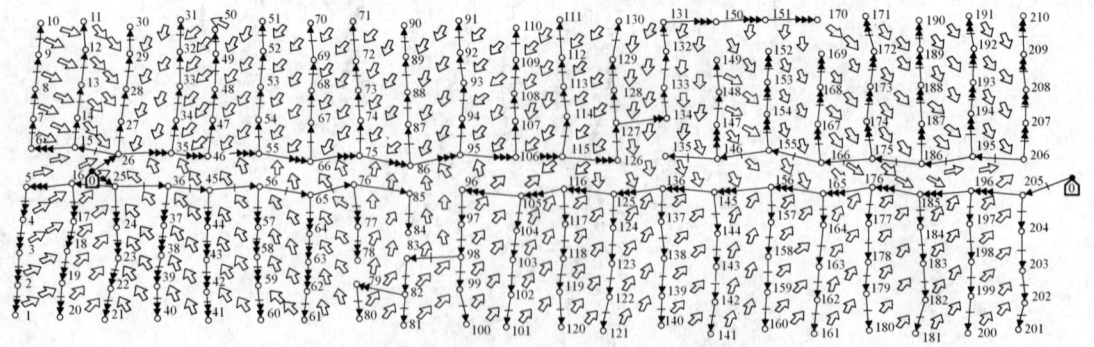

图 4　双起爆点矿岩分离爆破岩石抛掷方向

Fig. 4　Double initiation point ore and rock blasting direction

2）溜井降段。在采矿工程中，随着采场台阶的下降，每年需要进行前半壁与后半壁溜井降段，而降段成功与否，除井壁的破碎程度外，还包括溜井口爆堆的堆积量，溜井口的堆积量越少越有利于生产的顺利衔接[2]，这就要求在溜井降段中使得爆堆最大限度地沿井口中心线向两边分别抛掷，从而使得溜井口在最短时间出露（如图5和图6所示）。

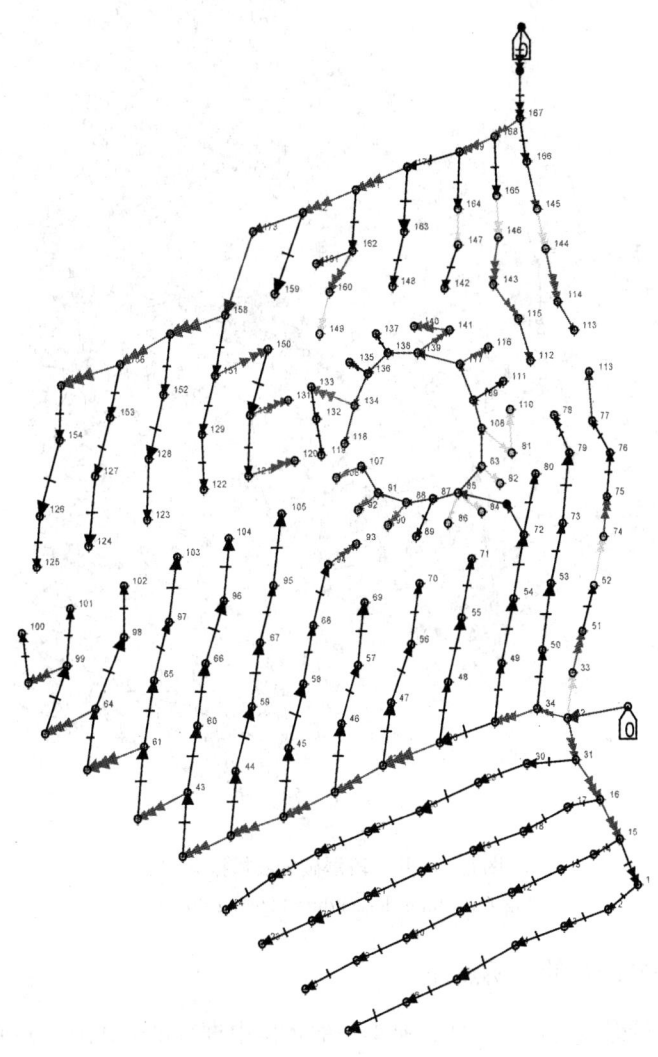

图 5　溜井降段爆破网路

Fig. 5　Chute descending blasting network

3）在采场比较复杂的条件下，选择爆区的抛掷方向可以避免重复修路、架线、设备远距离撤离等负面影响。

（3）保护边坡。奥瑞凯雷管爆破网路采用逐孔起爆方式，因此容易通过控制雷管同响数目以达到降振目的[4]，保护边坡及周边建筑物、设施的稳定性（如图7所示）。在图7所示爆破设计中，雷管同响数最多为8个，能最大限度地达到降震效果，降低对边坡稳定性的影响。

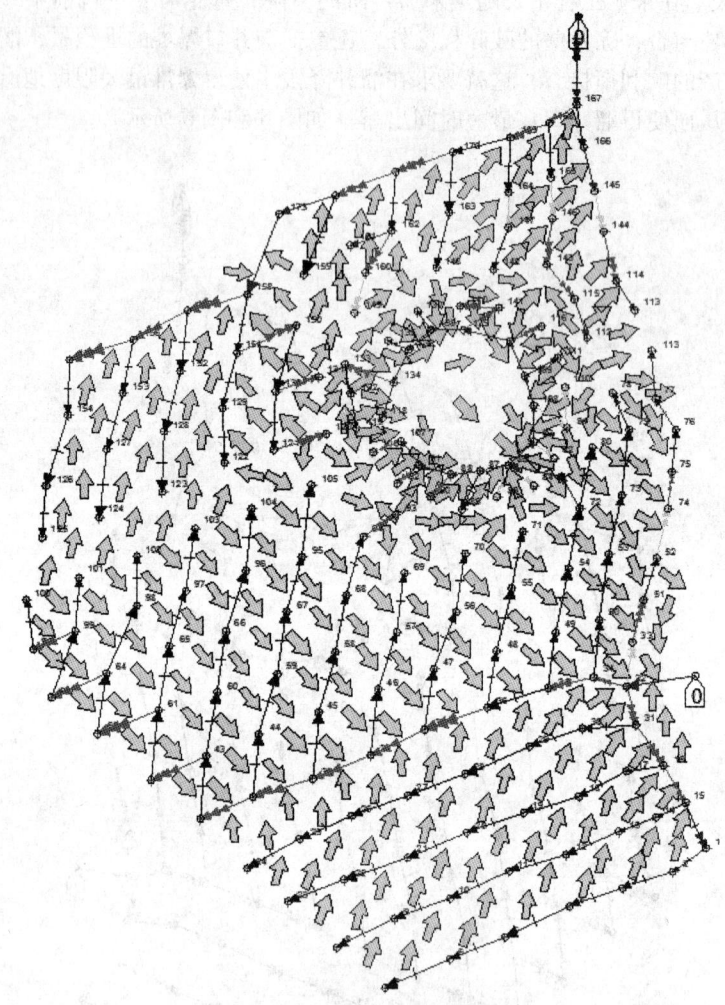

图 6　溜井降段爆破岩石抛掷方向

Fig. 6　Chute descending blasting direction

3　奥瑞凯雷管爆破网路的分析点评

（1）奥瑞凯雷管爆破网路在爆破介质单一的环境中进行爆破作业可达到优质效果，但在介质分布不规律、节理面或断层发育的地质环境中，如果设计网路不采取措施，容易造成抛掷方向的变化，从而留下岩坎或岩墙，此时就需要在不同介质交界处采用小毫秒雷管或通过时间计算进行局部连接，保证交界处雷管同响，可克服此类问题发生频率。

（2）在地形复杂的爆破作业中，需采用多种延时雷管配合或添加虚拟孔以保证雷管的延时顺序，进而保证爆破质量。

4　结论

奥瑞凯雷管爆破网路较传统的爆破网路适用性强，延时精确，破碎效果好，安全系数高，不容易发生漏连或拒爆，且容易控制爆破抛掷方向，实现多点爆破，从而达到爆破作业中不同的生产需求。

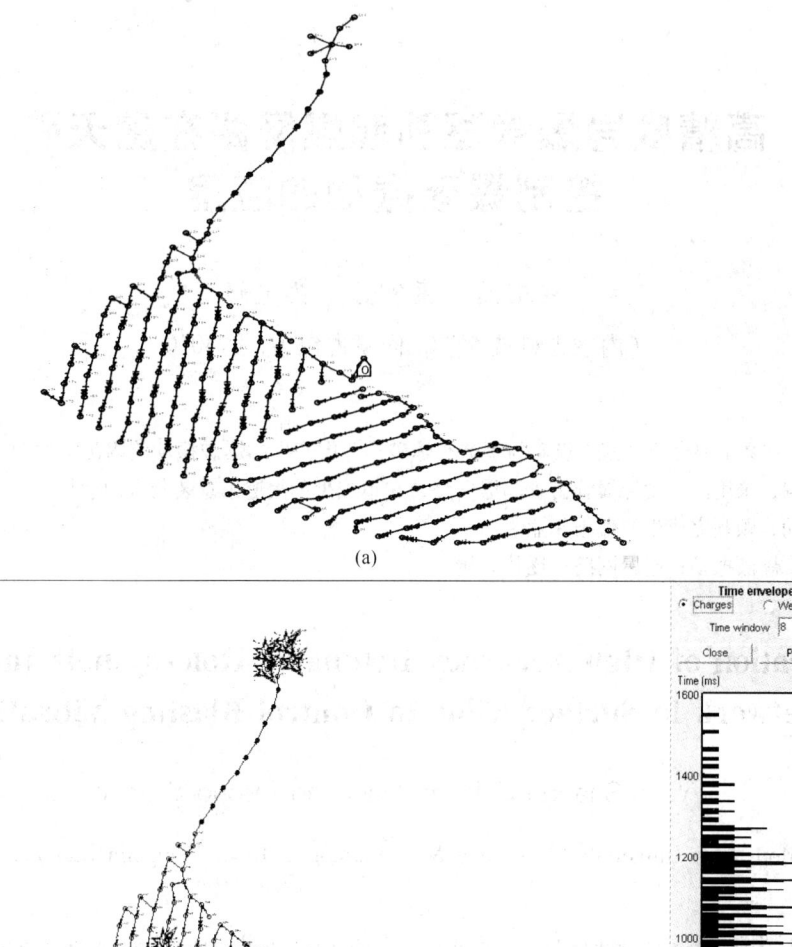

图 7　靠帮位置爆破网路

Fig. 7　Near the slope position blasting network

参 考 文 献

［1］张树伟，董秀艳. 降低中深孔爆破大块根底的实践[J]. 中国矿山工程，2009，38(3)：22～24.

［2］徐小荷，等. 采矿手册（第2卷）[M]. 北京：冶金工业出版社，1990.

［3］董武斌，白俊. 峨口铁矿矿产资源综合利用生产实践[J]. 露天采矿技术，2007(2)：67～69.

［4］龙云玲，颜世龙，孙玉玲. 浅谈影响延期雷管秒量精度的重要因素[J]. 煤矿爆破，2006(3)：14～17.

高精度导爆管逐孔起爆网路在露天矿控制爆破振动的应用

袁绍国　康宏垚　孔艳婷

（内蒙古科技大学，内蒙古包头，014010）

摘　要：本文主要介绍某露天煤矿为了减小爆破作业中产生的爆破振动给附近居民日常生活带来的影响，采用高精度导爆管雷管起爆网路，在不减少单次爆破总装药量的前提条件下，减小爆破振动，顺利完成生产爆破作业。

关键词：爆破振动；起爆网路；逐孔起爆

Application of High Accuracy Detonator Hole-by-hole Initiation Network in Surface Mine to Control Blasting Vibration

Yuan Shaoguo　Kang Hongyao　Kong Yanting

（Inner Mongolian University of Science & Technology，Inner Mongolia Baotou，014010）

Abstract：This thesis introduces the application of high accuracy detonator hole-by-hole initiation system in a surface mine to reduce the effect of blasting vibration on neighborhood. It reduces blasting vibration while maintaining the explosive weight per blast and successfully completing the blast.

Keywords：blasting vibration；blasting network；hole-by-hole detonation

1　工程概况

内蒙古鄂尔多斯市是我国的重要产煤地区之一，该地区拥有大量的露天煤矿。在露天煤矿的开采作业中，采用爆破方法剥离煤层上部岩石是必不可少的。在常年的生产爆破作业中，爆破振动等危害对周围建筑物造成一定的影响，使得村民与企业的关系紧张，在社会上产生了很强烈的影响，不仅损害了当地居民的利益，同时也严重影响了煤矿的正常生产秩序。为了保护矿山附近居民建筑不受爆破振动的影响，同时又能保证矿山正常进行生产，当地政府有关部门决定对某露天煤矿进行爆破测振研究，掌握矿山的爆破振动衰减规律，从而指导该露天煤矿的生产爆破。

通过本项目的实施，可以测出所测矿山的爆破振动的衰减规律和振动参数，然后根据测振数据分析出的振动参数和矿山周围建筑物的抗振能力来指导测振矿山的爆破设计，因此，对该

袁绍国，教授级高级工程师，sgyuan. btcn@ yahoo. com. cn。

露天煤矿进行爆破测振，不论是对于保护四周村民利益，还是保证矿山的正常生产、发展地方经济，都是非常必要的。

2　爆破测振分析

要对爆破设计进行改进首先必须对原始设计进行测振分析，找出控制范围内最大单响药量，再进行设计优化。

2.1　爆破参数

该矿原始爆破设计采用的是普通瞬发电雷管环形网路起爆方式，孔径100mm，孔网参数为4m×4m，孔深5m，超深0.5m，单孔装药量20kg。

考虑到现场能够展开测点的范围以及煤矿周围地形的情况，本次测振在距离爆点最近的民房布设了测点，各测点与爆源之距见表1。

表1　测点距离及振源药量表

Table 1　Explosive weight and distance to detecting point

时　间	爆破次数	孔数/个	药量/kg	测点位置	测点与爆源距离/m
	第1次	10	199	最近民房	530
	第2次	16	309	最近民房	542
	第3次	18	339.1	最近民房	547
5月9日	第4次	23	396	最近民房	549
	第5次	22	502.4	最近民房	590
	第6次	22	457.9	最近民房	610
	第7次	25	518.5	最近民房	625

2.2　数据采集

测振采用TC-4850爆破振动自记仪，这是一款适合于爆破现场，对地震波及各种瞬态、随机信号进行采集、记录和分析的一种微型记录仪。

现场只需将自记仪直接放在预定测点上，与传感器连在一起，免去了烦琐的现场布线工作，待测点上的自记仪触发记录后，即可取回。

TC-4850爆破振动自记仪的特点是轻小、便携，自带传感器和电源，不需现场布线，操作简便，可多台、多测点独立工作，同步或异步触发，自动完成数据采集和存储。TC-4850爆破测振仪可以在现场没有电脑的情况下，通过按键和液晶显示屏快速设置参数，从而达到信号快速、准确采集的目的。同时，仪器可以在现场通过仪器本身的功能读出特征值，还能大致预览到已采集到的信号波形。仪器采用自适应量程，采集时无需做量程调整。时间可以单独设置，可根据实际需要设置采集时间。

本仪器使用分离式振动传感器，可对微小振动及超强振动进行测量。传感器是反映被测信号的关键设备，为保证真实反映被测对象的振动特征，除了传感器本身的性能指标满足要求外，传感器的安装、定位极其重要，传感器与测点必须牢固地结合在一起，否则在爆破振动时往往会导致传感器松动、滑动，造成相对运动寄生二次振动，使振动信号完全失真。为此，在测点附近寻找有坚硬岩石的平面位置，将传感器水平放置，用紧固螺钉固定于地面，传感器附近严禁随意走动，避免传感器位置发生变化。

2.3 爆源

为了在测点获得振动波形，需要人为在采场设置爆源，考虑到要保证周围建筑物的安全，爆源药量从小到大逐渐增大。炸药采用多孔粒状铵油炸药，起爆药包用乳化炸药加工而成，为增加齐发爆破的药量精度，采用电雷管齐发起爆方法。炸药装入孔径100mm的浅孔中，孔深在3~8m之间，保证堵塞长度以达爆破效果为松动爆破。

测振爆破药量的变化见表1。

2.4 数据分析

经过一系列小药量的测振爆破和小型生产爆破，在测点获得了一系列的爆破振动波形图和数据，见表2。

表2　爆破振动数据1
Table 2　Blasting vibration data 1

爆破次数	药量/kg	距离/m	x方向/cm·s^{-1}	y方向/cm·s^{-1}	z方向/cm·s^{-1}	最大值/cm·s^{-1}
1	199	530	0.075	0.152	0.135	0.152
2	309	542	0.081	0.218	0.118	0.218
3	339.1	547	0.093	0.155	0.119	0.155
4	396	549	0.097	0.176	0.098	0.176
5	502.4	590	0.106	0.133	0.155	0.155
6	457.9	610	0.090	0.156	0.135	0.156
7	518.5	625	0.089	0.213	0.164	0.213

根据上表收集的测振数据，利用萨道夫斯基公式，即

$$v = k\left(\frac{Q^{1/3}}{R}\right)^{\alpha}$$

进行线性回归计算，得该露天矿爆破振动参数为 $k = 149.86259$，$\alpha = 1.56751$。

矿区内民居为单层砖房建筑，《爆破安全规程》规定"一般建筑物和构筑物的爆破地震安全性应满足安全振动速度的要求"，并规定了建（构）筑物地面质点振动速度控制标准，对于砖房、大型砌块及预制构件建筑物，基础质点最大允许速度为2~3cm/s。

结合民房具体情况，经过认真研究分析认为爆破振动引起的民房建筑物处的基础质点振动速度以不超过2cm/s为宜，此时振动烈度相当于4级偏下，也就是室内少数人和室外少数人有振动感觉。

由萨道夫斯基公式可得

$$Q = R^3\left(\frac{v}{k}\right)^{3/\alpha}$$

取距离 $R = 150$m，$v = 2$cm，$k = 149.86259$，$\alpha = 1.56751$，得 $Q = 871.5$kg，即最大单响药量为871.5kg，这严格控制了单次爆破的总药量，影响了煤矿的生产开采效率。

3　高精度导爆管逐孔起爆网路

如果继续采用原始爆破设计，爆破规模无法扩大，这对煤矿的生产带来极大的不便。为了

增加爆破规模，减小爆破振动，采用澳瑞凯高精度导爆管起爆网路进行逐孔爆破。

3.1 逐孔爆破机理

逐孔爆破[1]的基本原理就是在爆破过程中，借助高精度雷管的高精度准确延时，通过孔内雷管与地表雷管的合理时间组合，使炮孔由起爆点按顺序依次起爆，每个炮孔的起爆顺序都是相对独立的；当相邻炮孔的延期间隔选取合理时，相邻炮孔间的矿岩在移动过程中会发生相互碰撞挤压，使岩石进一步破碎，从而保证了比较好的爆破块度，利于铲装作业[3]。"逐孔起爆"炮孔爆破动态过程如图1所示。

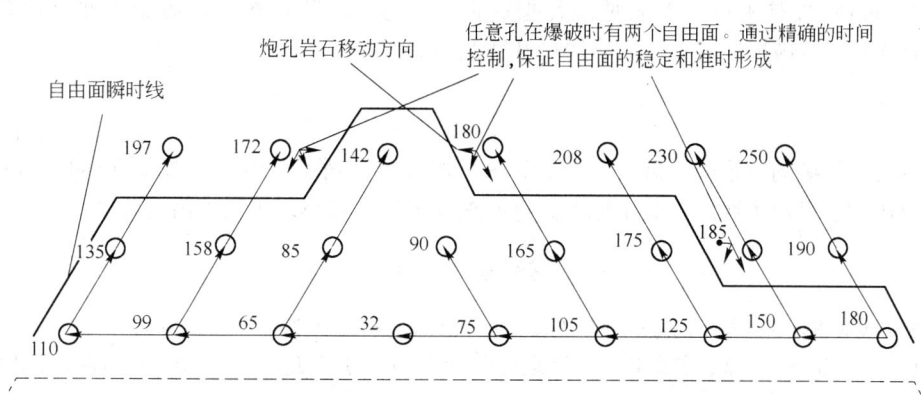

图1 "逐孔起爆"炮孔爆破动态过程

Fig. 1 "Hole-by-hole" initiation sequence

高精度导爆管的逐孔爆破与普通的排间微差爆破相比，实施逐孔起爆时，先爆炮孔为后爆炮孔创造了更多的自由面，爆破应力波反射充分，从而达到充分利用炸药能量的叠加作用，炸药用量最经济合理，产生的爆破作业振动也最小[2]。

3.2 逐孔爆破数据收集分析

经过一系列澳瑞凯高精度导爆管逐孔起爆实验爆破测振，在测点获得了一系列的爆破振动数据，见表3。

表3 爆破振动数据2

Table 3 Blasting vibration data 2

爆破次数	药量/kg	距离/m	x方向/cm·s^{-1}	y方向/cm·s^{-1}	z方向/cm·s^{-1}	最大值/cm·s^{-1}
1	1965	265	0.105	0.142	0.125	0.142
2	2309	269	0.145	0.211	0.132	0.218
3	2339	275	0.171	0.226	0.134	0.155

从表3可以看出在加大药量后爆破振动值并没有增加，关键原因在于严格控制了单响药量。

3.3 高精度导爆管逐孔起爆网路的优势

高精度导爆管逐孔起爆网路和普通的排间微差爆破网路相比，有很多优势。

（1）延期时间搭配按岩性匹配，能方便实现"不同矿岩的大规模逐孔降振、块度最佳要求的控制爆破"。

（2）雷管延期时间十分精确，杜绝隔断跳段的现象发生，从而保证真正实现大规模的逐孔起爆，有利于组织生产，减少设备移动，提高劳动生产效率。

（3）安全可靠，可最大限度杜绝盲炮的产生，连线简捷方便，提高生产的安全性，降低了工人的劳动强度。

（4）改善爆破效果，爆破块度好，大块率低，二次爆破量少，无根底或根底少，提高了铲装作业效率。

（5）逐孔起爆技术可以有效地降低爆破振动，与排间微差相比，降振幅度可达 50% ~ 60%，有效减少爆破振动对爆区周边居民和建筑的影响[4]。

4 结语

通过对该煤矿的一系列爆破振动测试，采用澳瑞凯高精度非电导爆管雷管逐孔起爆技术，解决了煤矿和居民产生纠纷的关键原因，爆破振动大幅度减小，达到了预期效果。

参 考 文 献

[1] 孟帆. 浅谈逐孔起爆技术的爆破网路连接[J]. 矿业工程，2010(2)：35~37.
[2] 柳振宇，黄建新，张猛，王彦君. 复杂爆区逐孔起爆技术应用[J]. 有色金属(矿山部分)，2010(3)：51~54.
[3] 张志呈，熊文，杏曼卿. 露天矿逐孔爆破技术的应用及效果[J]. 爆破器材，2010(6)：21~25.
[4] 张志呈，熊文，杏曼卿. 浅谈逐孔起爆技术时间间隔的选取[J]. 爆破，2011(2)：49~52，75.

支撑梁爆破中毫秒延期网路与
半秒延期网路应用的比较

齐普衍

（北京中科力爆炸技术工程有限公司，北京，100035）

摘　要：近几年，在沿海城市淤泥质软地基上建设高层建筑，基础和地下室位置大都采用临时支护的施工方案。用爆破法拆除临时支护，在全国范围内已有很多成功的案例。支撑梁爆破方法具有工期短、进度快、效率高等特点。支撑梁一次爆破的规模比较大，炸药使用量多至数吨的爆破施工很常见。在环境复杂的城市区域内实施如此大规模的爆破，对爆破技术的要求很高，其主要体现在如何通过爆破网路实现炸药能量的分段释放，通过细化的网路延期设计来降低爆破作业对周围环境的影响。

关键词：支撑梁爆破；延期网路；爆破危害控制

Comparison of the Application of Millisecond and Half a Second Delay Network in Support Beam Blasting

Qi Puyan

（Beijing Zhongkeli Blast Technology Engineering Co., Ltd., Beijing, 100035）

Abstract：In recent years, high-rise buildings in the coastal city are constructed on soft silt foundation, so temporary support beam has been adopted widely in most foundation and basement construction. There are many successful cases nationally to use the way which is demolition of temporary support beam blasting. The blasting of support beam has the advantage of short working period, fast process and high efficiency. It is usually needed several tons of explosive because of the large scale of support beam blastin. High level technology of blasting is required to implement such a large-scale blasting in a complicated city. The key techniques are how to control the release of explosive energy segementally by blasting network, and how to refine the design of delay network to reduce the influence of blasting on the surrounding environment.

Keywords：support beam blasting；delay network；blasting hazard control

1　引言

钢筋混凝土结构的支撑梁爆破的炸药单耗比较大，一般为 $0.8 \sim 1.5 \mathrm{kg/m^3}$，一次爆破炸药量也多至数吨，使用的雷管数量多至数千甚至上万。各地对支撑梁爆破施工的要求比较高，天

齐普衍，工程师，qipuyan@ zhongkeli. cn。

津市公安主管部门要求在环境复杂的城市区域爆破时，爆破的单响药量不能超过2kg。

支撑梁爆破的起爆网路主要有半秒延期起爆网路和毫秒延期起爆网路。半秒延期起爆网路有利于网路的准爆性，同时也存在延期误差大、重段、跳段等现象，无法从技术上解决单响药量大、振动大、飞石多的关键问题。毫秒延期起爆网路相对于半秒延期起爆网路可以有效减少重段、跳段的问题，但因毫秒雷管总的延期时间短，对于大规模的爆破施工，容易出现网路不完全准爆的现象。两种网路各有优缺点，对采用何种网路争议较多。

2　两种网路对比分析

支撑梁厚度较薄，常见的梁型厚度在0.5～1.5m之间，孔深不会太深，单孔装药量小，抵抗线也较小（一般在250～400mm之间）。采用梅花形布置炮孔，单根梁炮孔的排数从2排至6排不等，梁与梁交叉位置，会出现梁宽大，布置炮孔排数多至10排的情况。

2.1　孔内雷管段位对比

2.1.1　半秒延期网路

半秒延期网路主要有以下两种：孔内全部使用同一段位的半秒雷管，以梁厚800mm，宽度1800mm，布置5排炮孔，单孔药量300g，孔内使用半秒4段（Hs3）雷管，孔外使用毫秒4段（Ms4）雷管为例，网路连接情况如图1所示。

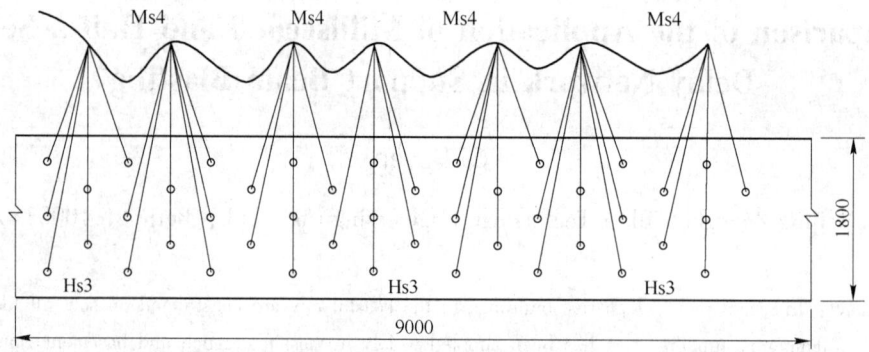

图1　尺寸1800mm×800mm的支撑梁半秒延期网路孔外延期网路连接图

Fig. 1　Half a second hole outside delay network connection diagram which support beam size is 1800mm×800mm

为使单响药量不超过2kg，每束包含的炮孔数目不能超过6个，孔外连接雷管数目较多，传爆的时间较长，增加了传爆网路被破坏的风险，也大大增加了施工的工作量。且此种网路中部炮孔没有形成有效自由面，抵抗线较大，爆破能量向两侧挤不开，就会向上冲，形成飞石，不利于爆破安全，也会影响爆破效果。

孔内使用不同段位的半秒雷管，以同一梁型为例，孔内使用半秒4段（Hs4）、半秒5段（Hs5）、半秒6段（Hs6）雷管，孔外使用毫秒4段（Ms4）雷管为例，网路连接情况如图2所示。

按照从外侧到中部依次增大雷管段位的原则，前排炮孔先起爆，为后爆炮孔提供自由面。每束可以至少连接15个炮孔，有利于减少孔外连接雷管的数量，但半秒雷管的延期时间较长，相邻两个段位的延期时间为0.5s，前排爆破完后有可能破坏后排炮孔的抵抗线，特别是中间一排，两侧的抵抗线大小均不能控制，不利于飞石的控制。梁宽较大、炮孔排数较多的梁型，孔内必然要使用多个段位的半秒雷管，延期时间的误差也更难以控制，增加失控的风险。

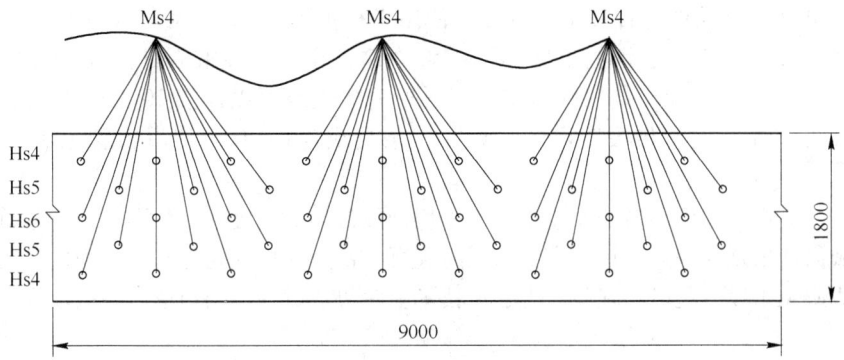

图2　尺寸1800mm×800mm的支撑梁半秒延期网路孔内外联合延期网路连接图

Fig. 2　Half a second delay network with the combination of hole outside and inside connection diagram which support beam size is 1800mm×800mm

2.1.2　毫秒延期网路

孔内采用不同段位的高段毫秒导爆管雷管，孔外采用不同段位的低段毫秒导爆管雷管传爆。以上述同一梁型为例，孔内采用毫秒9段（Ms9）、毫秒10段（Ms10）、毫秒11段（Ms11）导爆管雷管。孔外采用毫秒3段（Ms3）导爆管雷管，网路连接情况如图3所示。

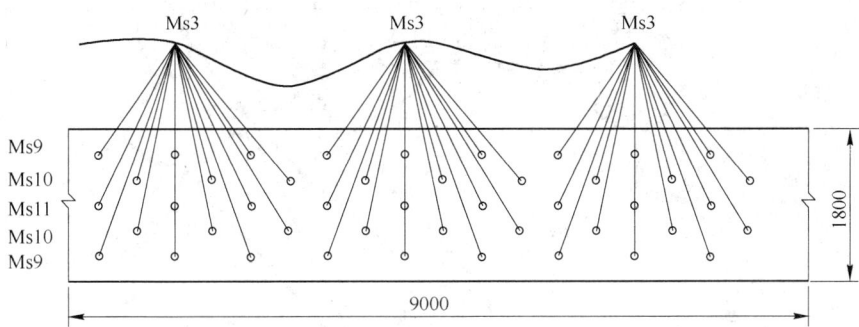

图3　尺寸1800mm×800mm的支撑梁毫秒延期网路孔内外联合延期网路连接图

Fig. 3　Millisecond delay network with the combination of hole outside and inside connection diagram which support beam size is 1800mm×800mm

毫秒雷管相邻段位之间的延期时间间隔小，雷管自身延期时间的误差也小，孔外连接网路可以使用不同段位的毫秒延期雷管搭配进行设计，能够为每个炮孔提供自由面，对重段、跳段情况也能有效控制。对于梁宽较大、炮孔排数较多的梁型，孔内可以使用多个段位的毫秒雷管，确保每排炮孔都有合理的抵抗线，有利于飞石的控制。

毫秒延期网路在网路的精确性和爆破安全方面的可靠性要优于半秒延期网路。能够解决重段、跳段而造成的单响药量大的问题，也能解决后爆炮孔没有合理抵抗线而造成的飞石问题，有利于减小爆破震动和减少爆破飞石。但毫秒延期雷管的延期时间短，易出现先爆炮孔破坏传爆网路的情况。

2.2　孔外连接网路比较

2.2.1　半秒延期孔外连接网路

孔内使用半秒延期雷管，孔外使用毫秒延期雷管网路，半秒延期雷管的延期时间比较长，便于孔外连接网路的设计施工，以孔内使用半秒4段（Hs4，延期时间1.5s）雷管，孔外使用毫秒4段（Ms4，延期时间75ms）雷管为例，孔外连接雷管自接收起爆信号后总的传爆时间不超过1.5s，即可确保网路安全，孔外一条支线可以连接20束传爆雷管，再考虑飞石飞出速度和孔外网路传爆距离的关系，一条支线连接30束传爆雷管也不会破坏孔外网路。

因半秒延期雷管的延期时间误差很大，采用低段位的毫秒延期雷管不能进行精确延期，整个爆破区域内会出现前一束与后一束雷管同时起爆，甚至后排炮孔先起爆的现象，支线与支线之间也无法避免重段、跳段的现象，无法从技术上解决造成的单响药量大、振动大、飞石多的关键问题。

2.2.2 毫秒延期孔外连接网路

孔内外均采用毫秒延期雷管的网路，总体的延期时间短，延期时间间隔小且延期的精度高。可以通过计算对爆破网路进行设计，使相邻炮孔、支线之间的传爆时间不同，以孔内使用最小毫秒9段雷管（Ms9，延期时间310ms），孔外使用毫秒1~5段雷管（Ms1~5，延期时间分别为0ms，25ms，50ms，75ms，110ms）为例，一个区域内孔外连接雷管接收起爆信号后，总的传爆时间不超过第一个炮孔的起爆时间，即可确保网路安全，如图4所示。

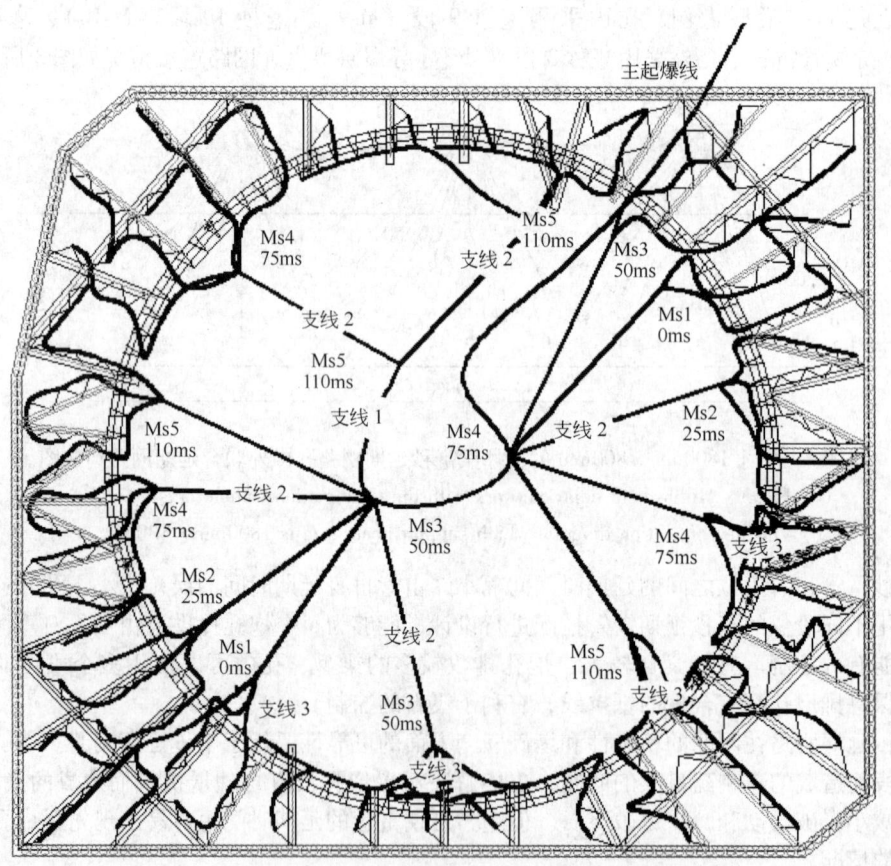

图4　毫秒延期网路孔内外联合延期网路整体网路连接图

支线1—主起爆线；支线2—主起爆线的分支；支线3—支线2的分支

Fig. 4　Overall network connection diagram of millisecond delay network with the combination of hole outside and inside

2.3　两种网路每束炮孔连接方式的分析比较

在单响药量不能超过 2kg 的条件限制下，孔内采用半秒延期雷管的网路只能通过减小单束炮孔的个数来减小一束炮孔起爆时的炸药量，且只能进行串联连接。孔外采用不同段位的雷管无法精确延期，特别是在两条支线交汇处，基本无法确保单响药量在 2kg 以下。

孔内外采用毫秒延期的雷管网路，单响药量限制在 2kg 以下时，孔外延期雷管可以采用毫秒 1-5 段雷管 5 种段位进行组合延期，单条支线采用串联连接，支线间用不同段位雷管进行并联连接，可在任意位置，通过改变连接雷管段位改变一条支线、一束炮孔的起爆时间。通过精心设计、精细化的施工管理可将每束炮孔的爆破时间充分分开，如图 5 所示。

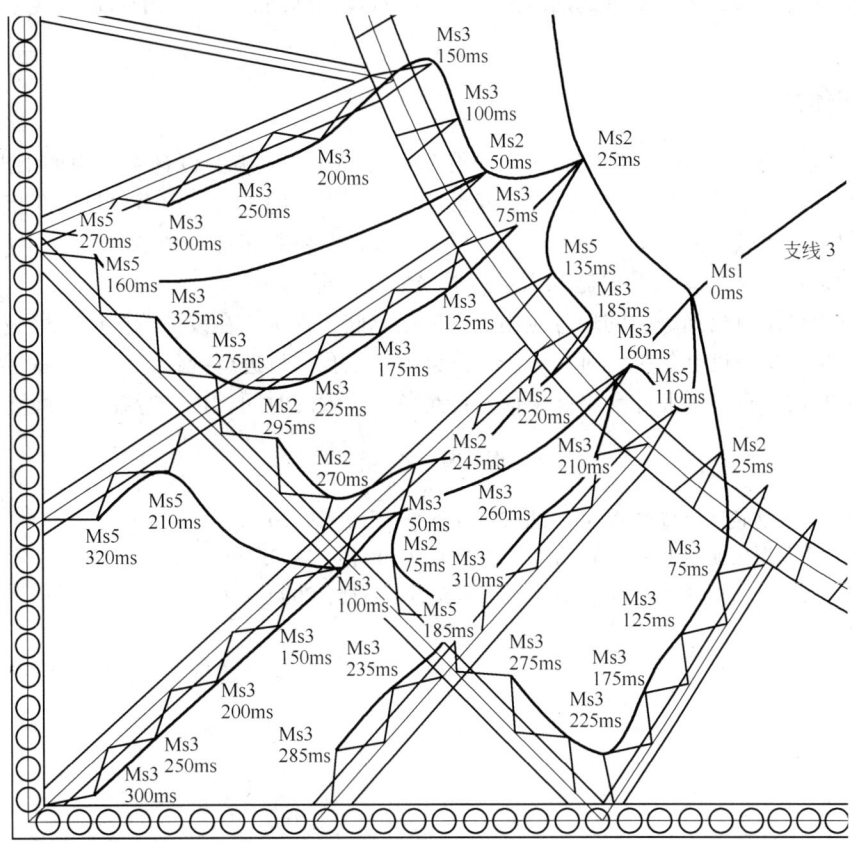

图 5　毫秒延期网路传递至每一束炮孔的延期时间及每束炮孔连接图

Fig. 5　The delay time of millisecond delay network pass to each borehole
and a single borehole connection diagram

同一等级支线的延期时间根据分段雷管段别及数量进行计算，每条支线的第一发传爆雷管间隔使用毫秒 1、2、3、5 段雷管，确保起爆信号在传至第一发雷管时即有不同的时间向相邻支线分别传爆。对有可能引起重段的支线，可以接一组毫秒 2 段、3 段或 5 段的雷管改变该束及向后传的整条支线的延期时间。一般到每条支线最后的一束炮孔，已经经过了 3 ～ 5 次不同时间的延期，在同一区域内能够使每束传爆雷管的起爆时间都不相同，严格控制单响药量。

3　效果及爆破危害情况比对

在相同条件下,对同一项目同一层支撑梁分两次进行爆破试验。第一次采用半秒延期网路,15m 处的测振数据为 3.44cm/s,25m 处的测振数据为 1.7cm/s。第二次采用毫秒延期网路,15m 处的测振数据为 2.5cm/s,25m 处的测振数据为 1.22cm/s,毫秒延期网路的振动数据要比半秒延期网路的数据小很多,能够有效减小爆破振动对周围环境的影响。

采用半秒延期网路产生的飞石量明显多于毫秒延期网路产生的飞石量,且采用半秒延期网路进行爆破产生的飞石飞散距离较远,最远超过基坑边缘达 55m,而采用毫秒延期网路进行爆破仅有小部分飞石飞出基坑外,飞散最远距离不超过基坑边缘 15m。通过实践证明在大规模支撑梁爆破拆除施工中,采用毫秒延期网路要优于半秒延期网路,更有利于对爆破飞石、爆破振动的控制。

4　总结与体会

复杂环境下的城镇支撑梁爆破,越来越受到社会关注。爆破的设计施工中如果出现偏差,会造成爆破危害的不可控,给主管部门、建设单位带来很大的压力,很多项目因此拒绝使用爆破方法,限制了爆破工艺在工程中的应用。但精心设计、精心施工、严格管理,支撑爆破拆除将不会对周边建(构)筑物及设施和人员造成损坏或伤害。

毫秒延期网路将精细爆破的理念应用于支撑梁爆破工程中,在设计阶段应对爆破规模、支撑的整体结构、梁型进行分析,对每一条支撑梁上的炮孔数目进行统计,计算传爆雷管数目和每条支线的长度,在图纸上计算出起爆信号传至各个位置的时间,再进行细化和调整。

参 考 文 献

[1] 于亚伦. 工程爆破理论与技术[M]. 北京:冶金工业出版社,2004.
[2] 刘殿中. 工程爆破使用手册[M]. 北京:冶金工业出版社,1999.
[3] 冯叔瑜,等. 城市控制爆破[M]. 北京:中国铁道出版社,2000.

工程爆破技术与设备的研究与应用

高菊茹　李　林　涂文轩　刘正雄　张　博

（中铁西南科学研究院有限公司，四川成都，611731）

摘　要：本文首先介绍了中铁西南院的业务范围，然后介绍了中铁西南院 20 年来在工程爆破技术发展中所取得的科技成果以及这些成果在工程中的应用情况。

关键词：工程爆破；隧道；设备；应用

Research and Application of the Engineering Blasting Technology and Equipments

Gao Juru　Li Lin　Tu Wenxuan　Liu Zhengxiong　Zhang Bo

（China Railway Southwest Research Institute Co.，Ltd.，Sichuan Chengdu，611731）

Abstract：In this paper it introduces the business scope, scientific and technological achievements over 20 years in the development of engineering blasting technology of China Railway Southwest Research Institute as well as the application in engineering projects.

Keywords：engineering blasting；tunnel；equipment；application

1　引言

中铁西南院是从事隧道及地下工程、桥梁工程、地质灾害防治工程等专业方面的科研、设计、咨询、施工及配套产品开发的高新技术企业，20 年来在工程爆破技术与设备研究方面做了大量结合重难点工程的关键技术研究，包括硬岩特长隧道平导钻爆法快速施工技术、炮泥制作设备、铁路隧道散装炸药自动装药技术与设备、石方控制爆破技术及城市区岩石路堑与浅埋隧道安全控爆技术等，并编著出版著作《隧道爆破现代技术》，承办工程爆破学术会议并编辑出版会议论文集等。取得的研究成果对提高工程爆破施工技术水平，保障爆破工程质量与安全，推动爆破技术的发展发挥了重要作用。

2　硬岩特长隧道平导钻爆法快速施工技术

西康线秦岭隧道是我国当时修建的最长铁路隧道，它由相距 30m 的两座单线隧道组成，Ⅰ线长 18459m，首次采用 TBM 施工，Ⅱ线长 18456m，采用钻爆法施工。为了确保工期，探明地质和水文地质条件，为 TBM 施工提供条件，并为今后特长隧道钻爆法施工提供经验，决定在Ⅱ线中心位

高菊茹，教授级高级工程师，博导，gaojuru20@ sina. com。

置预先用大断面平导（26～30m²）贯通后扩挖成型，因此平导必须采用快速施工。秦岭隧道埋深大（最大埋深1600m）；地质情况总体较好，基本为花岗岩、混合片麻岩，其干抗压强度为100～300MPa（除软弱围岩地带）；累积出现中等以上的岩爆地段长670m，断层12处，总延长1200m，最大断层为F4，长400m；导坑中部最高岩温35℃，洞内作业温度28℃。针对秦岭隧道Ⅱ线平导埋深大、硬岩、独头掘进里程长和工期紧等特点，中铁西南院等单位共同主持完成了铁道部重点科研项目"秦岭硬岩特长隧道平导钻爆法快速施工技术（95G48-M）"的研究。

通过研究取得了以下研究成果：（1）轨行式机械配套模式；（2）"四轨三线制"轨道布置形式；（3）坚硬岩爆破参数（掏槽：五大空孔直眼深孔或四大空孔圆形直眼深孔，大孔直径102mm。钻眼深度：4.5～5.0m。钻眼密度：2.8～3.0个/m²，最小2.54个/m²。炮眼利用率：>90%。炮眼堵塞长度：炮眼深度的10%左右。炸药单耗：3kg/m³左右，最小2.6kg/m³。硬岩光爆：孔间距70～80cm，最小抵抗线70～80cm。）；（4）硬岩合理掘进速度：大断面（26～30m²）平导每月开挖250m；（5）炮泥机研制；（6）施工管理模式——网络信息化管理模式（NIMM）。1999年10月，研究成果通过了铁道部组织的技术鉴定，整个项目的研究成果达到国内领先水平，其中独头掘进长度和掘进速度达到国际先进水平。研究成果在秦岭特长隧道Ⅱ线平导以及其后的大量长大单线隧道采用，加快了工程进度，保证了平导快速、安全地建设，产生了显著的经济效益和社会效益。秦岭特长隧道Ⅱ线平导的贯通显示了我国在当时已完全具有采用钻爆法修建长大隧道的能力。研究成果获2002年度中国铁道学会科学技术一等奖。

3　炮泥制作设备研制

在铁路隧道钻爆法施工中，普遍存在着炮孔装药后不堵塞炮泥或堵塞其他代用炮泥造成堵塞不足的现象，从而使炸药单耗严重超标，增大爆破成本，并严重影响爆破效果。原因主要有二，一是施工单位对炮孔堵塞的重要性认识不足，二是因为没有适用于现场的炮泥。炮孔装药后充分堵塞炮泥具有十分重要的意义，因此，研制能在现场生产优质炮泥的专用机械设备——炮泥机就显得尤为重要。另外，由于当时秦岭隧道Ⅱ线平导岩石特别坚硬，造成炸药单耗超标严重，急需采用炮泥制作设备快速制作机制炮泥堵塞炮孔。鉴于以上情况，中铁西南院主持完成了铁道部重点科研项目"秦岭特长隧道修建技术——炮泥制作设备的研制（95G48-M2）"的研究，提出了炮孔堵塞工艺和方法以及炮泥制作工艺，研制出了PNJ系列炮泥机（如图1所示）。

该机于1997年7月获得国家专利（专利号：ZL98228991.X）（如图2所示），1999年8月

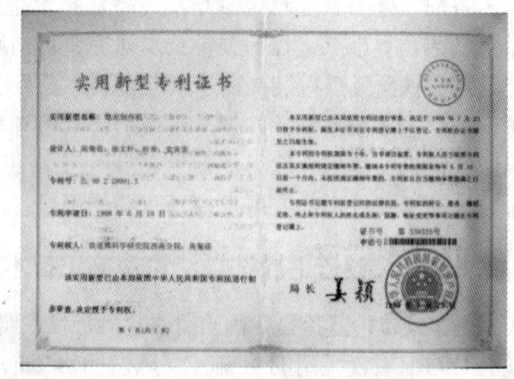

图1　PNJ系列炮泥机批量生产图片　　　　　图2　"炮泥制作机"专利证书

Fig. 1　The batch production of PNJ series　　　Fig. 2　The patent of the stemming machine

stemming machine

通过四川省产品质量监督检验所组织的质量检验，2000 年 8 月通过了铁道部组织的技术鉴定，填补了我国爆破工程施工配套机械的空白，具有广阔的推广应用前景。PNJ 系列炮泥机结构简单、体积小、重量轻、能耗低；操作维修方便、生产效率高；生产的炮泥柔软性好，密实度高，堵塞效果好。PNJ 系列炮泥机已广泛应用于铁路、公路、水利水电、军事、金属矿山和煤炭矿山等爆破工程以及城市拆除爆破工程中，为施工用户创造了良好的社会效益、经济效益和环境效益，得到一致好评。2003 年，该机荣获中国铁道学会颁发的科学技术三等奖。

4　铁路隧道散装炸药自动装药技术与设备研究

　　为改变铁路隧道爆破施工装药工序仍停留在手工装填药卷的落后状态，从而实现装药工序的机械化乃至隧道施工的全面机械化，中铁西南院主持完成了铁道部重点课题"铁路隧道散装炸药自动装药技术与设备方案研究（97G35）"和"铁路隧道散装炸药自动装药设备的研制（99G49）"，提出了防水散装重铵油炸药配制方案和合理配比，研制了散装炸药自动装药机样机并进行了样机工业性试验（如图 3 所示）。

　　研究成果解决了防水散装炸药的装填难题，能实现装药自动化，且装药速度快、装药质量高、钻爆成本低，适用面广，具有广阔的应用前景。1999 年 10 月研究成果通过了铁道部组织的技术评审，本课题研究在国内尚属首次，具有国内领先水平。成果之一"气动式炸药装填机"获实用新型专利（专利号：ZL02221664.2）（如图 4 所示）。

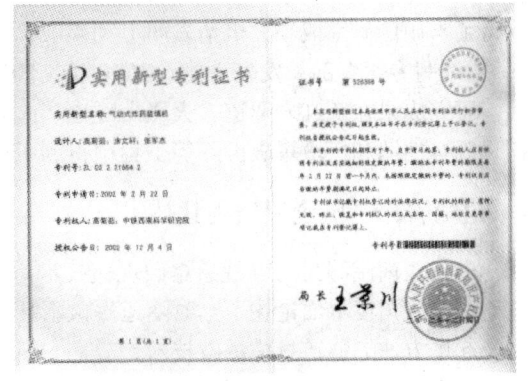

图 3　散装炸药自动装药机样机
Fig. 3　The prototype of the automatic charging equipment for explosive in bulk

图 4　"气动式炸药装填机"专利证书
Fig. 4　The patent of the pneumatic type explosive charger

5　石方控制爆破技术

　　铁路电气化扩建二线大量石方控制爆破工程，是控制爆破条件最为苛刻的工程。它不仅要确保爆破施工自身的安全，还要保证铁路线路、接触网、通讯电路以及其他铁路设施的完好，保证铁路大动脉的畅通。中铁西南院参加完成了铁道部重点课题"宝成电气化铁路增建第二线石方控制爆破技术研究"的研究，该课题是结合国内第一条电气化铁路并肩修建第二线的应用科研项目。

　　课题在保证既有线安全畅通的前提下，通过研究电气化铁路复线控制爆破技术、安全防护措施、爆破振动监测与评估、石方控制爆破定额单价分析、爆破技术软件优化、控制爆破施工组织及经济分析，提出了有突破性应用价值的科研成果。提出的"电气化既有复线钻孔台阶非电微差松动控制爆破技术"在宝成电气化复线施工中得到应用，在保证铁路行车安全运营和施工安全方面，取得了显著的经济和社会效益，其研究成果总体上居于国内领先水平，可作为类似工程设计施工借鉴和经济分析参考，也是制定电气化复线控制爆破施工工法的科学依据；课题首次提出应用的 SNS 柔性金属网防护技术及金属防护排架的电安全性研究，对电气化铁路石方控制爆破防护及安全技术有重要的实用和科学价值；课题提出的"电气化复线不同控制爆破等级的石方施工定额"，有所创新，填补了铁路电气化复线石方控制爆破空白，为类似施工工况投资预算提供了科学的经济分析依据。研究成果在我国铁路电气化扩建二线工程中已经得到了广泛的应用，于 2001 年通过了铁道部组织的技术鉴定，获 2002 年度四川省科技进步三等奖。

6　城市区岩石路堑与浅埋隧道安全控爆技术

为解决重庆铁路枢纽区成渝客专等新建线路有关路堑及浅埋隧道施工的难题，尽量减少建筑物的拆迁，实现环境友好、安全快速的城区铁路爆破施工目标，中铁西南院参加完成了铁道部重大课题"城市区岩石路堑与浅埋隧道安全控爆技术研究（2010G016 – L）"。

课题开展了城市石方爆破安全环保精细技术、浅埋及临近建（构）筑物隧道安全快速爆破技术、铁路建设典型建（构）筑物爆破拆除安全技术、重庆枢纽区域常见建筑物爆破振动施工安全控制标准、电子雷管爆破降振综合技术、城区铁路隧道减振施工新技术的研究工作，取得了丰硕的研究成果，申请发明专利 4 项，形成了《城市区路堑及浅埋隧道安全控爆技术指南》，编写专著 1 部，发表科技论文 10 篇。2014 年 2 月，研究成果通过了中国铁路总公司验收。研究成果在新红岩隧道、火风山隧道、人和场隧道、重庆北站站场开挖、渝涪二线扩堑开挖、既有挡墙和桥墩爆破拆除等工程中得到了成功应用。

7　出版著作《隧道爆破现代技术》

中铁西南院编写的《隧道爆破现代技术》一书于 1995 年由中国铁道出版社出版，该书从理论和实践角度全面论述了当时隧道爆破新技术，内容包括概论、爆破工程地质、隧道爆破器材及起爆方法、隧道掘槽爆破技术、隧道光面爆破技术、隧道爆破的设计、特殊条件下的隧道爆破技术、隧道爆破质量评价及隧道爆破量测技术九个方面，可为爆破工程技术人员提供很好的参考与借鉴。

8　承办工程爆破学术会议并编辑出版会议论文集

2011 年 10 月，由中国铁道学会铁道工程分会爆破专业委员会主办、中铁西南院承办的第八届三次铁道爆破专业委员会学术会议在成都召开。中国工程院院士冯叔瑜，中国中铁科技设计部副部长、中国铁道工程分会秘书长何宁参加会议，与会代表来自铁道部、铁道学会爆破专业委员会、中国铁道科学研究院及相关企业、研究机构、高等院校的爆破专家、学者共 60 余人。中铁西南院《现代隧道技术》编辑部编辑出版了会议论文集。

9　结语

20 年来，中铁西南院结合我国重难点工程进行工程爆破技术与设备研究，取得了包括硬岩特长隧道平导钻爆法快速施工技术、炮泥制作设备、铁路隧道散装炸药自动装药技术与设备、石方控制爆破技术及城市区岩石路堑与浅埋隧道安全控爆技术等方面的研究成果并成功应用，取得了良好的经济和社会效益，通过编著出版相关著作和举办学术会议为爆破工程技术人员提供了学习和技术交流的平台。在新的历史时期，中铁西南院将继续努力提升科技创新能力，为推动我国爆破技术的发展做出新的更大的贡献。

参 考 文 献

[1] 高菊茹. 提高铁路隧道装药技术水平的对策[C]// 第六届全国工程爆破学术会议论文集. 深圳：海天出版社，1997：513～518.

[2] 高菊茹，涂文轩，杨年华. 铁路隧道施工长药卷装药的试验研究[J]. 铁道工程学报，1998，(Z)：166～170.

[3] 高菊茹，等. 秦岭隧道Ⅱ线平导快速装药技术研究[J]. 世界隧道，2000(4)：39～43.

[4] 高菊茹，杨年华，涂文轩. PNJ-1 型炮泥的研制与应用前景[C]// 铁道工程爆破文集. 北京：中国铁道出版社，2000：343～346.

[5] 高菊茹，涂文轩. 隧道散装炸药自动装药设备的研制[C]// 第七届全国工程爆破学术会议论文集. 乌鲁木齐：新疆青少年出版社，2001：660～663.

[6] 高菊茹，涂文轩. 隧道散装炸药自动装药设备的应用前景[J]. 现代隧道技术，2002，(Z)：254～257.

[7] 高菊茹，涂文轩. 隧道开挖炮孔填塞技术试验研究[J]. 铁道建筑，2005，(Z)：47～50.

[8] 梅志荣，李林. 中铁西南科学研究院成立 50 周年科技成果集. 2009.

深孔台阶爆破盲炮原因分析及预防

罗伟涛　吴校良

（广东宏大爆破股份有限公司，广东广州，510623）

摘　要：某深孔台阶爆破采石工程采用导爆管雷管起爆网路，在施工过程中多次发现盲炮，经盲炮挖掘发现，导爆管雷管未起爆，且大部分在距离雷管卡口 1m 处导爆管被击穿。根据导爆管击穿现象，结合现场装药操作情况和导爆管质量要求，得出这些盲炮主要由炸药在孔内下放时拉伸导爆管产生颈缩的结论，同时在抽检导爆管雷管质量时，也发现导爆管存在脱拔、管径大小不均匀等现象。因此，针对这些原因，分别采取了用挂钩吊药下放、装药前剔除不合格导爆管雷管等预防措施，大大减少类似盲炮事故的发生。

关键词：深孔台阶爆破；盲炮原因；预防措施

Analysis and Prevention of Deep Holebench Blasting Blind Holes Causes

Luo Weitao　Wu Xiaoliang

（Guangdong Hongda Blasting Co., Ltd., Guangdong Guangzhou, 510623）

Abstract：Blind shots were repeatedly found in a deep hole bench blasting quarrying with the nonel tube detonator initiation network construction process. Through the blind shot investigation, nonel tube detonator didn't initiate and most broke down one metre from nonel tube detonator crimping. According to the phenomenon of the breakdown nonel tube, the loading operation and nonel tube quality requirements, the paper reaches the conclusion that the explosives in the hole extend nonel tube leading to necking, which is the mainly cause of blind shot. While in the sampling the quality of nonel tube detonator also find the nonel tube are pulling, diameter size uneven. So, for these causes, adopting the precautions such as hook hanging explosives down and rejecting unqualified nonel tube detonator before charging etc. These can greatly reduce the occurrence of similar blind shot accidents.

Keywords：deep hole bench blasting; cause of blind shot; preventive measures

1　引言

随着国民经济的高速发展，矿山资源开发利用的步伐进一步加大，矿山深孔台阶爆破技术由于产生的污染少、生产效率高、爆炸物品的安全性好，在矿山采剥工程中广泛使用。由于现场使用爆炸物品不同、爆破作业人员的技术水平不同、南北气候周边环境不同，出现爆破盲

罗伟涛，高级工程师，554089467@qq.com。

炮、瞎炮等意外情况时有发生，给施工现场留下极大的安全隐患。如何了解具体原因，快速找出解决方法，是现场工程技术人员必须掌握的一项基本技能，可最大限度提高工作效率，加快工作进度，提高爆破效益[1]。一般可分为内因和外因两方面，内因主要是爆炸物品的质量、性能等，比如出现炸药变质，炸药直径小于临界直径而导致传爆过程中断，雷管的起爆能不足以引爆药包，雷管卡口过松无法传爆引火头，用不同批次爆破器材等；外因包括地质条件、气候以及现场操作人员的技能水平高低不同。一次盲炮的出现往往是内因、外因交叉出现的影响结果，我们要找出主次，对症下药，才能更好地服务于现场，不断提高爆破技术。本文通过一个工程现场实例，分析盲炮的产生原因和提出了相应的预防措施。

2　盲炮事故统计

某采石工程位于海南三亚，气候湿润，雨水多，开采对象为燕山晚期花岗斑岩。采区煌斑岩岩脉、辉绿玢岩岩脉发育，境内工程总开采量为200.1万立方米，其中石料开采量112.0万立方米，表土剥离量35.1万立方米。2010年9月正式开采，提供规格石料，工期两年。在爆破施工过程中，采用深孔台阶爆破方法开采，起爆网路为导爆管雷管起爆网路。在施工过程中，曾出现多次盲炮现象，影响了施工进度和挖装效率。盲炮统计情况见表1。

表1　盲炮统计情况
Table 1　The statistical tables of the blind shot

发生时间	爆区位置	现象描述	拒爆实物	处理方法
2011.8.4	125平台东侧	28个炮孔，出现3个盲炮，导爆管雷管传爆不完全，出现击穿、半爆、导爆管连接四通内未全部引爆现象		地表导爆管全部更换后，重新联网2个成功起爆，1个未能起爆
2011.10.20	110平台西	14个炮孔，出现1个盲炮，接近雷管端部处导爆管被击穿，雷管未被引爆现象		重新更换孔内导爆管雷管和地表管，成功引爆
2011.11.13	125平台西侧	20个炮孔，出现2个盲炮，雷管端部处导爆管被击穿，雷管未被引爆现象		重新更换孔内导爆管雷管和地表管，成功引爆
2012.2.16	150平台东侧	24个孔，出现3个孔未传爆。发现半爆、导爆管连接四通内未全部引爆、接近雷管端部处导爆管被击穿现象		重新更换孔内导爆管雷管和地表管，成功引爆

3　盲炮原因分析

盲炮产生后，根据《爆破安全规程》的操作要求进行了处理，为寻找盲炮产生的原因，在盲炮处理时还有意识地进行了挖掘，经盲炮挖掘发现，导爆管雷管未起爆，且大部分在距离雷管卡口 1m 处导爆管被击穿。根据导爆管击穿现象，结合现场装药操作情况和导爆管质量要求，可以得出以下三个引起产生盲炮的主要原因。

（1）施工操作不当造成盲炮。从现场照片分析可得出，大部分是接近导爆管雷管卡口塞 1m 内出现击穿现象，进而无法引爆雷管，出现盲炮。现首先分析导爆管雷管起爆全过程，如图 1 所示。

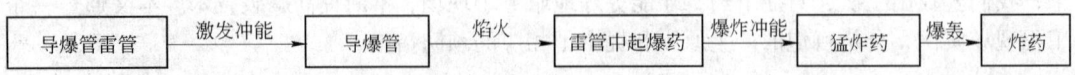

图 1　导爆管雷管传爆示意图

Fig. 1　Scheme of the nonel tube detonator detonation

导爆管雷管是一种在塑料管内壁涂有由猛炸药、铝粉和添加剂三部分的爆炸混合物，塑料管外径 3.0mm ± 0.1mm，内径 1.5mm ± 0.1mm，导爆管通过卡口塞与雷管内部连接成为一个整体[2,3]。为保证普通导爆管的传爆性能，导爆管药量控制在 16mg/m 左右，具体结构如图 2 所示。

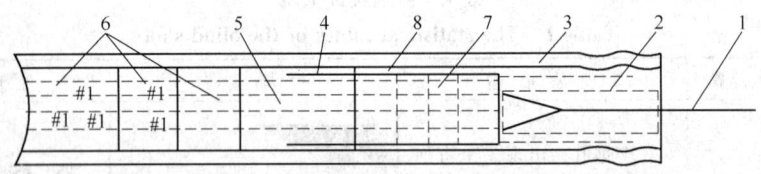

图 2　导爆管雷管结构图

1—导爆管；2—卡口塞（橡胶）；3—管壳；4—加强帽；5—起爆药；6—猛炸药；7—延期药；8—延期管

Fig. 2　Scheme of the nonel tube detonator structure

根据导爆管雷管国家标准（GB 19417—2003）规定，普通型导爆管雷管在静拉力 19.6N（2kg）作用下持续 2min，导爆管不允许从卡口塞内脱出来[3]。由于现场采用的是每条 4kg（100mm）药卷炸药，操作人员不注意施工细节，导致导爆管直接受力吊放起爆，或者因炮孔内壁粗糙不平整，容易因吊放不畅而使导爆管直接受力，超过导爆管雷管静拉力 2kg 标准作用力，在接近雷管端部卡口 1m 左右处，因集中受力点而导致此处导爆管管径拉长变细，造成内壁导爆药颗粒团聚，药量部分段增大，而其他后面部分段少于标准药量或者没有导爆药。根据规定，当导爆管药量（m）在 18 ~ 20mg/m 时，导爆管爆速增长速度（dv/dm）达到最大值；当 $m < 16$mg/m 时，发射压力随 m 增加而放缓，并且管口的发射压力测定值出现不稳定；当 $m > 20$mg/m 时，导爆管传爆时往往出现塑料管管壁破洞现象[2,3]。起爆后，在接近雷管端部卡口处导爆管先被击穿，在破裂口处有效爆热迅速降低，火焰无法点燃延期药，从而无法使导爆管雷管爆炸以及引爆炸药，最终造成盲炮事故。

（2）仓储环境差造成火工品质量变化引起盲炮事故。根据规定，作为临时火工品仓库，必须满足如下要求：雷管存放于通风、良好、干燥的库房；库房注意防潮、防火、防盗。本工程地处海南，濒临大海，雨水充沛，空气湿度大，当地民爆销售单位利用工程附近山底旧洞库作为火工品临时储存点，储存期通常 1 年以上；长期在潮湿、海水气含盐高的环境下，导爆管雷管卡口塞（塑料）容易老化，失去弹性，致使卡口塞连接部位出现缝隙，连接不牢，同时水气容易进入，导致导爆药中的延期药硫化锑容易受潮，出现盲炮现象。现场抽查发现导爆管雷管卡口塞连接不牢，稍用力就可把导爆管从雷管卡口塞处拔出，起爆后，只是导爆管击穿破坏而无法引爆炸药，从而造成盲炮事故。

（3）导爆管管径大小长度不均匀造成盲炮。现场施工过程中，发现导爆管管径尺寸不一，有时无法顺利插入四通；根据研究，当导爆管单位药量相等而塑料导爆管管径变化增大时，可引起管内导爆药粉与空气组成的混合物（燃烧空气炸药）的氧平衡系数增大，传爆时有效爆热提高，爆速太高，造成导爆管管壁被击穿，能量无法输出点燃起爆药，最后导爆管雷管瞎火[2,3]。同时发现多批次18m脚线导爆管雷管长短不一，有些相差50~100cm。这些导爆管雷管质量问题，极易造成盲炮等事故，影响现场安全和施工进度。

4　预防措施

根据以上盲炮产生原因分析，找到了产生盲炮的主要因素，因此，针对这些原因，现场施工时分别采取了用挂钩吊药下放、装药前剔除不合格导爆管雷管等预防措施，大大减少类似盲炮事故的发生。具体预防措施如下：

（1）做好安全技术交底工作，正确掌握装药、堵塞、连线等方法，合理布置炮孔。爆破作业前，爆破技术人员要对所有爆破现场作业人员进行一次安全技术交底教育，对装药、吊放起爆药包、堵塞、连线等关键工艺要高度重视，不得马虎大意，认识盲炮的危害，通过班前安全技术教育，使爆破现场作业人员快速了解盲炮产生的具体原因，有针对性采取预防措施，掌握各种盲炮的处理方法[4]。其次，对所有炮孔进行验收，炮孔深度超深或者不达到设计要求的，要进行回填或补孔加深，直至合格为准；装药前，安排专人正确摆放爆区每排炮孔的孔内导爆管雷管，根据临空面方向从低段到高段排放；孔内装段别高、延时长的导爆管雷管，孔外连接用段别低、延时短的导爆管雷管，避免出现相反高、低段别，而引起先爆孔产生的飞石切断或者拉断爆破网路，最终造成后排无法起爆而形成盲炮；清理炮孔周围碎渣，以防装药时落入孔内，造成导爆管受损破坏；控制每个起爆药包质量，分为每个2kg以内，不超过导爆管雷管允许静拉力2kg，保证吊放过程顺畅，改用挂钩吊药下放，不得使导爆管直接受力，如图3所示挂钩吊药下放；堵塞时，选用大小均匀的碎渣石或者黄泥土，每堵塞一段，用木质炮棍轻轻捣动，保证导爆管不破坏的前提下，堵实堵塞段，保证不因堵塞不实而产生冲孔现象，破坏周围爆破网路而产生盲炮；网路连接时，安排技术熟练的爆破员专门负责，清理爆破区域的其他杂

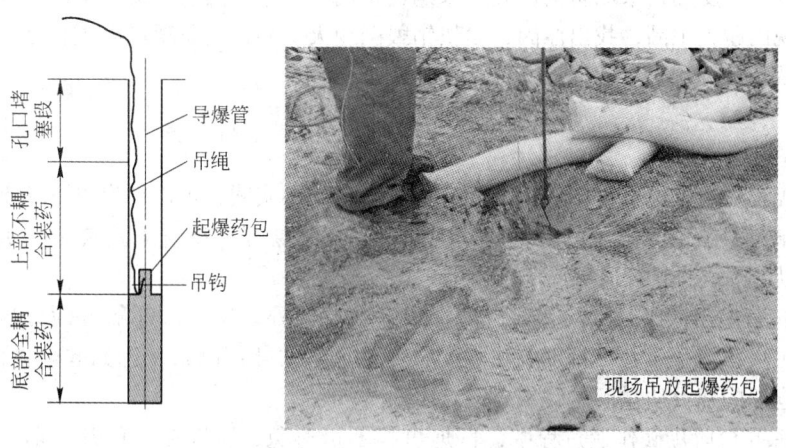

图3　挂钩吊药下放示意图

Fig. 3　Scheme of the hanging down explosive with hook

物，保证连接顺畅，保证炮孔内雷管有多个回路连通，用防水胶布包扎四通，摆放整齐、清晰，便于监督检查。安排现场有经验的爆破员负责监督所有作业过程，发现错误做法，及时纠正，把隐患消灭在萌芽状态，杜绝意外事故发生。

合理布置炮孔参数，遇到地质环境复杂的爆破区域，及时调整参数，保证每孔有效；垂直钻炮孔，减小装药过程产生的摩擦力，保证装药畅通，减小导爆管直接受力的机会和提高装药效率，如图4所示。

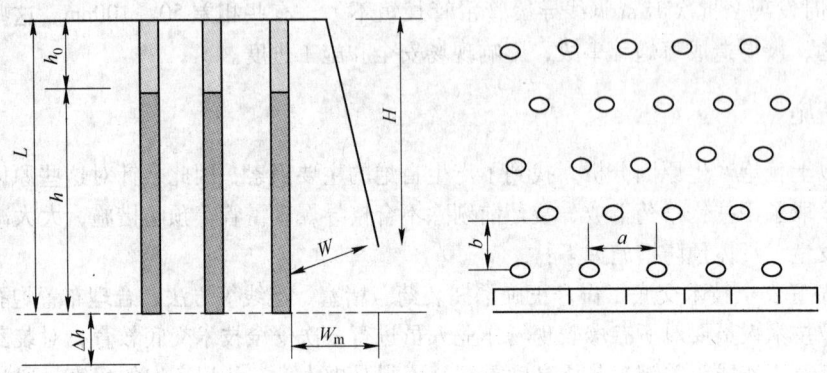

图 4　深孔台阶爆破炮孔剖面和平面示意图

Fig. 4　Scheme of the profile and plan of the deep hole bench blasting

（2）认真检查火工品质量，发现问题，及时处理。装药前，仓管员认真检查火工品质量，包括炸药是否变质、受潮，导爆管雷管壳是否有生锈现象或者变形受损，塑料导爆管是否有穿孔，导爆管直径大小是否均匀一致，有条件时剪断导爆管，检查内含导爆药是否含量均匀[5]；用力拉导爆管雷管，检查卡口塞是否连接牢固，如有问题，及时报告现场爆破技术人员及现场管理负责人，暂停使用当次导爆管雷管，以免出现盲炮事故。检查火工品是否属于同一厂家、同一批次。生产有效期是否在合理时间内等。

（3）临时火工品储存仓库科学、合理建设，符合安全要求。工程临近大海时，临时仓库要科学、合理布置，尽量远离海边，防止因海水湿度大影响导爆管雷管质量；库房要保证干燥、通风良好，不受潮，采取防潮措施；采购进货同一厂家、同一批次火工品，存储期尽量在一年内；发现问题火工品，找出原因，尽快销毁问题火工品，以免现场出现盲炮，把安全隐患消灭在萌芽状态。

5　结论

经过某工程盲炮的原因分析和采取相应的预防措施的实践，可以得出以下几点体会：

（1）爆破前认真检查火工品质量，发现问题，及时处理和报告工程现场负责人，把盲炮消灭在萌芽状态。

（2）出现盲炮事故时，除从火工品内在因素找原因外，还要从外部方面分析，综合多种原因，分清主次，切中要害，特别要注意大家容易忽略的外部因素，比如起爆体的安装过程、火工品临时仓库的建设质量问题。

（3）在深孔台阶爆破作业过程中，盲炮事故不可避免，所以在工程开工前，做好现场所有爆破作业人员进行安全技术交底教育工作，哪些地方要特别注意、小心，习以为常的习惯要更加注意，从外部源头把关，杜绝盲炮事故出现的概率，提高爆破作业人员的综合素质；介绍盲炮出现的种类、原因，如何预防，并且做好盲炮专项应急预案，万一出现，现场马上启动专项应急预案，能快速处理盲炮，减少损失。

（4）南方地区特别是临近海边爆破作业，火工品临时仓库要特别注意建设地点，仓库要通风、干燥，库存时间不能超过一年。

参 考 文 献

[1] 刘殿中，杨仕春. 工程爆破实用手册[M]. 2 版. 北京：冶金工业出版社，1999.
[2] 汪旭光. 爆破手册[M]. 北京：冶金工业出版社，2010.
[3] 刘自锄，蒋荣光. 工业火工品[M]. 北京：兵器工业出版社，2003.
[4] 马建军，黄凤雷. 导爆管起爆网路设计及其可靠性研究[J]. 矿冶工程，2002，22(2)：26 ~ 28.
[5] 王清华，江小波. 某工程盲炮原因分析及预防措施[J]. 金属矿山，2009(1)：177 ~ 178.

特种爆破

TEZHONG BAOPO

基于利文斯顿漏斗理论的爆破破冰试验研究

梁向前[1]　吴瑞波[2]　武彩岗[2]　杨　译[1]　张富贵[3]

（1. 中国水利水电科学研究院，北京，100048；

2. 中国人民解放军 66267 部队，河北石家庄，050081；

3. 包头市正大爆破有限责任公司，内蒙古包头，014000）

摘　要： 利文斯顿爆破漏斗理论是土岩爆破机理研究的基础。论文以黄河包头磴口段开河期冰盖为试验对象，采用 2 号岩石乳化炸药集中药包，从炸药重量、入水深度两个参数系统试验了冰盖爆破破冰体积的变化情况。试验得到在 2kg、4kg、6kg 和 8kg 药量下，爆破破冰体积随药包入水深度 L_y 的变化遵循利文斯顿爆破漏斗理论，同一炸药量下存在临界入水深度 L_e、最佳入水深度 L_j 和最大破冰体积 V_{max}。总结提出了在黄河开河期，使用乳化炸药包爆破破冰时，炸药包最佳入水深度比 Δ_j 为 0.36～0.40，冰体变形能量系数为 2.36。研究成果为冰凌爆破设计、破冰装备研制和除险工艺提供理论支持。

关键词： 黄河破冰；乳化炸药；C. W. Livinston 理论；临界入水深度；最佳入水深度比；冰体变形能量系数

Experimental Research of Ice Breaking Blasting Applied Livingston Crater Theory

Liang Xiangqian[1]　Wu Ruibo[2]　Wu Caigang[2]　Yang Yi[1]　Zhang Fugui[3]

（1. China Institute of Water Resource and Hydropower Research，Beijing，100048；

2. 66267 PLA Troop，Hebei Shijiazhuang，050081；

3. Baotou Zhengda Blasting Co.，Ltd.，Inner Mongolia Baotou，014000）

Abstract： Livingston crater theory was the foundation for studying the geomaterial blasting mechanism. Experiment study on the blasting of chick ice in the inner Mongolia section of the Yellow River was carried out. By used the concentrated charge of 2# Rock emulsion explosive，and by changing parameters of explosive weight and the underwater blasting depth，systematic research on the variation of the ice breaking volume was conducted. The relation between ice breaking volume and underwater depth L_y of explosive was found out and by following the Livingston crater theory，and found out the critical underwater depth L_e and optimum underwater depth L_j and max ice breaking volume V_{max} by choosing the weight of 2kg，4kg，6kg and 8kg. The optimum underwater depth ratio Δ_j was from 0.36 to

基金项目：国家"十二五"科技支撑计划（2011BAK09B00）；国家自然科学基金资助项目（51339006）；中国水利水电科学研究院科研专项（岩集 1308）。

梁向前，高级工程师，807171568@qq.com。

0. 40, and the ice deformation coefficient of energy was 2. 36 when emulsion explosive was used to ice breaking of the Yellow River, The research result provided that theoretical support for the design and equipment and technology of the ice breaking.

Keywords: ice breaking of the Yellow River; emulsion explosive; C. W. Livinston theory; critical underwater depth; optimum underwater depth ratio; ice breaking coefficient of energy

1　引言

　　论文以"十二五"国家科技支撑计划"防凌破冰关键技术研究及装备研制"课题为依托，于 2012~2014 年在包头黄河磴口段，根据该地区冰层厚度、河道水深等环境参数，对炸药量、入水深度、药包孔网参数等关键技术进行了爆破破冰综合试验，借鉴于土岩爆破中已有的利文斯顿爆破漏斗理论，探讨黄河冰盖的爆破规律，为爆破破冰机理研究、凌灾除险及工程应用提供支撑。

2　C. W. Livingston 爆破漏斗理论

2.1　C. W. Livingston 基本理论

　　利文斯顿（C. W. Livingston）是美国科罗拉多（Colorada）矿业大学的教授，他在矿山爆破中对不同矿岩进行了大量试验，发现"同一种矿岩在一定药量情况下，随着药包埋深的变化，爆破矿岩的体积也随着改变，但是在药包埋深由深入浅变化过程中，存在一个最佳埋深，在此深度爆破的矿岩体积达到最大值"。他根据试验的资料，总结得到了矿山爆破的一套经验公式，尤其是最佳深度和最佳深度比的计算，在美国和加拿大等国家矿山爆破中得到了广泛的应用，并且取得了极大的经济效益。西方把他提出的矿山最佳爆破理念，称为利文斯顿漏斗理论（Livingston Crater theory）[1]。

　　利文斯顿把将药包埋深由深入浅爆破矿岩的破坏变形状态分成四区[2]：

　　（1）弹性变形区：药包在岩体内部深处爆破，爆破后地表的岩石略有隆起，而内部处于弹性变形状态。此时，药包的埋深称为临界深度（L_e）。

　　（2）冲击破裂区：当药包上移超过临界深度 L_e 时，内部岩体受到冲击破坏变形，地表岩石出现飞片、裂缝和大鼓包，进而形成爆破破碎漏斗。当药包埋深达到某个深度时，此时炸药能量得到最大限度的利用，使爆破破碎的体积达到最大值，此时的埋深称为最佳深度（L_j）。

　　（3）破碎区：当药包继续上移时，地表附近的岩石出现粉碎性破坏变形，破碎岩块被抛散，地表面出现可见漏斗，爆炸气体冲出形成空气冲击波和噪声。

　　（4）空爆区：药包继续上移，岩石冲击变形加剧，破碎岩块得到的动能增加，抛掷更远，爆炸气体冲出形成强烈的空气冲击波和更大声响，地面形成了更大的可见爆破漏斗。

2.2　冰下水中爆破破冰的作用机理

　　在 2013 年 3 月的爆破破冰试验中，得到了冰下水中爆破破冰比冰上裸露爆破的破碎效果要大十倍以上的效果；而在冰下水中爆破破冰试验结果中发现："同一药量在不同入水深度爆破时，得到的破冰体积不同。在药包入水深度由浅入深变化中，存在一个最佳深度，在此深度破冰体积达到极大值"。这个现象与土岩爆破中的利文斯顿爆破漏斗效应十分相似。但是土岩爆破中，炸药是埋在同一介质中，爆破得到的利文斯顿爆破漏斗理论适用于该介质的爆破规律，可是冰下水中爆破破冰与此不同，它是把炸药包埋置在水中，爆炸是通过水这种不可压缩的介质把能量传递给冰体而使冰体破坏的。因此两者在爆破破碎的机理上是不同的。冰下水中爆破破冰的机理与水压爆破相似：由于水介质的不可压缩性，水中炸药爆炸后首先产生压缩冲击波，直接作用到冰体，当其强度超过冰体抗压强度时，冰体就会出现破坏，之后压缩波在临空面反射产生拉伸波，在超过冰体抗拉强度时会使冰体进一步破碎；同时，爆炸产生的气体在水中上升并产生脉动，脉动压力使冰体受到二次冲击，当爆炸气体上升自冰体裂缝中冲出时，由于负压作用，会把破碎冰块和水裹携到空气中散落。比较两者，在爆破效应上，有相似之处，在机理上又有不同特点。因此，为了进一步探讨冰下水中爆破破冰的作用规律，拟参考土岩爆破中的利文斯顿爆破漏斗理论，从试验找到药包的临界入水深度和最佳入水深度，找出药包入水深度与爆破破冰体积的关系，从而得到与利文斯顿爆破漏斗理论相似的经验公式。

3 现场爆破破冰试验

2014 年 2 月中旬，在黄河包头磴口段开河期进行了爆破破冰的相应试验。试验区条件为冰厚 50 ~ 80cm，冰下水深浅处为 3.8m，深处大于 6.0m，水流流速为 1.0 ~ 1.5m/s。为研究水中爆破破冰作用特性，试验采用集中药包在不同入水深度处爆破，深度从冰下 0 ~ 9.0m 不等，分析对比爆破后冰洞直径、冰洞体积等效果参数，总结不同重量炸药的最佳爆破参数。

试验采用 2 号岩石乳化炸药，药卷直径 ϕ180mm，炸药密度最大为 1.30g/cm³，爆速不小于 3200m/s。试验区爆破点布置及爆破效果如图 1 所示，从北到南，8kg 药包入水深度分别为 0 ~ 9.0m，共 14 点，6kg 药包分别为 0 ~ 8.0m，共 12 点，4kg 药包分别为 0 ~ 7.0m，共 11 点，2kg 药包分别为 0 ~ 4.0m，共 12 点，共计 49 个爆破点位。

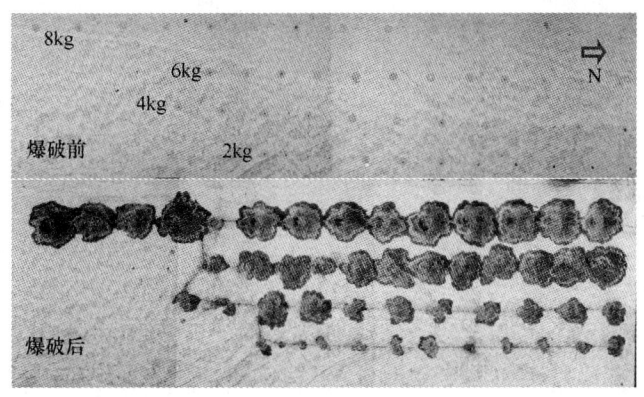

图 1 爆破试验区布置及爆破效果图

Fig. 1 The layout of explosion test area and the result of explosion

试验得到的相同药量下爆破破冰体积 V 随药包入水深度 L_y 的变化规律如图 2 所示。

从爆破后破冰效果宏观观测和图 2 所示曲线可知，在相同药量条件下，破冰体积 V 随药包入水深度 L_y 的增加而增大，当 L_y 达到最佳入水深度 L_j 时 V 达到最大值，随后 V 随 L_y 增加而减小，当 L_y 达到某一深度（临界入水深度 L_e）时，冰面不再有破碎冰块的飞散，只有冰面鼓包隆起的现象出现。该变化规律基本符合土岩爆破中的利文斯顿（C. W. Livingston）爆破漏斗效应。同时，破冰体积 V 随药包入水深度 L_y 的关系曲线呈近似正态分布规律，正态拟合曲线与实测数据点相关性较好。

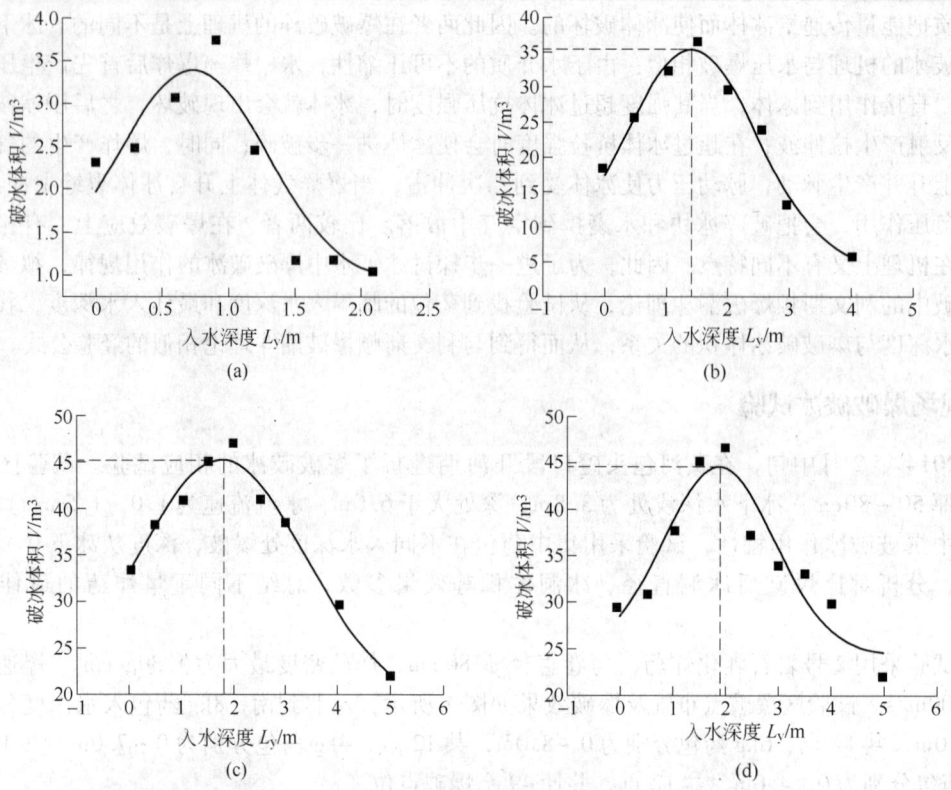

图2　爆破破冰体积随药包入水深度关系曲线

（a）药量2kg；（b）药量4kg；（c）药量6kg；（d）药量8kg

Fig. 2　The relationship between ice breaking volume and the underwater depth of explosive

4　冰体爆破漏斗特性分析

4.1　V/Q-Δ 曲线

从现场爆破破冰试验效果和图2所示曲线拟合规律推算，不同炸药药量下的最佳入水深度 L_j、临界入水深度 L_e、最大破冰体积 V_{max} 的实测值和计算值见表1。

表1　爆破破冰参数表

Table 1　Parameters of ice blasting

炸药重量/kg	临界入水深度 L_e/m	试验实测值		拟合计算值	
		最佳入水深度 L_j/m	最大破冰体积 V_{max}/m³	最佳入水深度 L_{cj}/m	最大破冰体积 V_{cmax}/m³
2	2.1	0.9	3.75	0.73	3.39
4	4.0	1.5	36.19	1.41	35.32
6	5.0	2.0	46.89	1.82	45.11
8	5.0	2.0	46.90	1.87	44.52

根据利文斯顿爆破漏斗特性，为消除炸药量 Q 的变化影响，以单位炸药重量下爆破破冰体积（V/Q，m^3/kg）为纵坐标，深度比 Δ（药包入水深度 L_y 除以临界深度 L_e）为横坐标，绘制 V/Q-Δ 曲线，如图 3 所示。

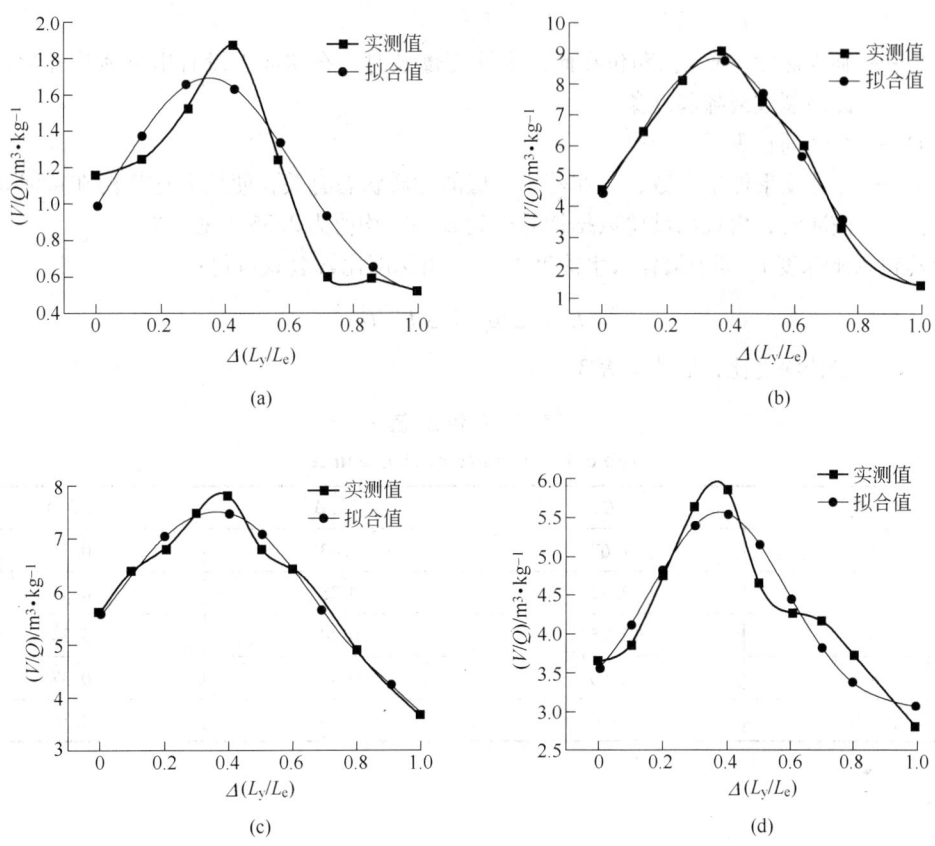

图 3　V/Q-Δ 曲线

（a）药量 2kg；（b）药量 4kg；（c）药量 6kg；（d）药量 8kg

Fig. 3　Curve between V/Q and Δ

由图 3 得到不同药量下的最佳入水深度比 Δ_j 和最大破冰效率 V/Q，见表 2。

表 2　最佳破冰效果参数

Table 2　The parameter of optimum blasting

炸药重量/kg	临界入水深度 L_e/m	试验实测值		拟合计算值	
		最佳入水深度比 Δ_j	最大破冰效率 (V/Q)/$m^3 \cdot kg^{-1}$	最佳入水深度比 Δ_j	最大破冰效率 (V/Q)/$m^3 \cdot kg^{-1}$
2	2.1	0.43	1.88	0.35	1.70
4	4.0	0.38	9.05	0.35	8.83
6	5.0	0.40	7.82	0.36	7.52
8	5.0	0.40	5.86	0.37	5.57

4.2 L_e 和 L_j 计算

依据土岩爆破利文斯顿爆破漏斗理论，推导水中爆破破冰的经验公式：

$$L_e = E \sqrt[3]{Q}$$

式中 L_e——临界深度，m，指药包在此入水深度爆破时，在冰面上没有出现冰块碎片，只有
冰面裂纹或隆起现象；

Q——炸药药包重量，kg；

E——冰体变形能量系数，与炸药、冰层的性质状态有关，使用乳化炸药在黄河开河期
破冰时，由现场试验数据计算得到 E 的平均值为 2.36（见表3）。

当药包入水深度 L_y 等于最佳入水深度 L_j 时，由深度比 Δ 公式可得：

$$L_j = \Delta_j L_e = \Delta_j E \sqrt[3]{Q}$$

式中 Δ_j——最佳深度比，取值见表3。

表 3 E 和 Δ_j 值

Table 3   Parameters of E and Δ_j

炸药重量/kg	E	实测 Δ_j	计算 Δ_j
2	1.67	0.43	0.35
4	2.52	0.38	0.35
6	2.75	0.40	0.36
8	2.50	0.40	0.37
平 均	2.36	0.40	0.36

5 结论

论文以黄河包头磴口段开河期冰盖为试验对象，采用2号岩石乳化炸药，集中药包形式，
进行了2kg、4kg、6kg、8kg四种药量分别在不同入水深度处的爆破破冰试验。通过对试验数据
的分析计算，得到了如下结论：

（1）冰盖封闭的水中爆炸机理较土岩介质中的爆炸机理复杂，但是与水压爆破的作用机
理相似。

（2）四种药量在不同入水深度处爆炸的破冰效果，反映了破冰体积 V 随药包入水深度 L_y
的增加而增大，当 L_y 达到最佳入水深度 L_j 时，V 达到最大值，随后 V 随 L_y 增加而减小，当 L_y
达到临界入水深度 L_e 时，冰面不再有破碎冰块的飞散，只有冰面鼓包隆起的现象出现。该变
化规律符合土岩爆破中的利文斯顿（C. W. Livingston）爆破漏斗效应。

（3）根据利文斯顿（C. W. Livingston）爆破最佳深度理论，分析计算单位药量爆破破冰体
积（V/Q）随深度比 Δ 的关系曲线，得到了不同药量下的最佳入水深度比 Δ_j 和最大破冰效率
V/Q。

（4）在黄河开河期，使用乳化炸药爆破破冰时，试验得到冰体变形能量系数 E 均值为
2.36，最佳入水深度比 Δ_j 为 0.36 ~ 0.40。

（5）随着新型破冰装备的研制，爆破破冰法应用越加广泛。试验提出的爆破破冰的"利
文斯顿爆破漏斗效应"和爆破入水最佳深度的经验公式为爆破破冰关键技术参数的计算提供了

科学依据，为爆破破冰基础理论增添了新的内容，在爆破破冰理论和破冰工程上有着十分重要的价值。

参 考 文 献

[1] Livingston C W. Theory of Fragmentation in Blasting[C]//Sixth Annual Drilling and Blasting Symposium, University of Minnesota, 1956.

[2] 中国力学学会工程爆破专业委员会. 爆破工程[M]. 北京：冶金工业出版社，1979.

[3] 殷怀堂，杨学海，江淼，金骥良. 冰凌下水中延长药包爆破破冰的试验研究[J]. 工程爆破，2010，16(3):12~15.

[4] 梁向前，何秉顺，谢文辉. 黄河冰层的爆炸破冰及作用效应试验[J]. 工程爆破，2012，18(2):83~85.

[5] 梁向前. 水下爆破技术[M]. 北京：化学工业出版社，2013.

[6] 刘殿中，杨仕春. 工程爆破实用手册[M]. 北京：冶金工业出版社，2007.

深水下爆破拆除"世纪之光"沉船

肖绍清　杨朝阳　林中原

（厦门爆破工程公司，福建厦门，361012）

摘　要："世纪之光"货轮沉没于威海成山头海域，需拆解船体并彻底清捞，不留残骸。根据该货轮结构特征、沉船状态、海底介质、水深等条件，基于炸药爆炸切割、爆炸冲击及膨胀驱动的作用原理，在船体上布置条形药包，在船舱中布置集中药包，切割、撕裂、膨胀驱动船体，使船体结构充分解体。在69m水深处试验了雷管浸泡24～72h、药柱浸泡48～104h的抗水性能，试验了药柱径向、轴向殉爆性能；在船体上试验条形药包切割效果。联合采用条形药包和集中药包，成功爆破拆除了该沉船。

关键词：沉船；深水；爆破；拆除；条形药包；集中药包

Blasting Demolition of "Bright Century" Sunken Ship in Deep Underwater

Xiao Shaoqing　Yang Chaoyang　Lin Zhongyuan

（Xiamen Blasting Engineering Co., Fujian Xiamen, 361012）

Abstract："Bright Century" cargo ship sank in Weihai sea area, it is need to dismantle the hull and clear it thoroughly and not leave the debris. According to the cargo's structure characteristics, the sunken ship condition, underwater medium, the depth of the water conditions, based on the principle of explosive cutting、the explosion shock and expansion drive, decorated bar charge on the hull, concentrated charge in the cabin layout, and cut, tore, expansion drove the hull, make the hull structure fully disintegrated. Tested the water resistance of the detonator immersed 24～72h, the grain immersed 48～104h in the 69m deep water, tested the radial and axial of the medicine column's sympathetic detonation performance, tested strip cartridge cutting effect on the hull. Blasting demolition of the sunken ship successfully by using bar charge and concentrated charge.

Keywords：sunken ship; deep underwater; blasting; demolition; bar charge; concentrated charge

1　工程简介

"世纪之光"货轮沉没于山东威海海域，需爆破拆除船体以便于抓捞，达到清障目的。

"世纪之光"为香港籍货轮，船长289m，船宽47m，型深24m，吃水17.3m，9大货舱，沉没时有该航次载运的矿砂17万吨。沉船位置是37°38.433N/123°07.535E，沉船点水深69m，

肖绍清，教授级高级工程师，xsq@ xm-bp. com。

沉船艏向137°，船艏甲板水深51m，船舯5号~6号货舱交接断裂处水深43m，船艉7号~8号货舱交接处甲板水深49m，沉船陷泥约4m。沉船的艉部断裂，艉封板朝上，沉船最高点距水面约7m，舵轴距水面约15m。沉船点的海底泥质为沙性硬质黏土；沉船点属开阔海域，24h为不规则的往返潮；沉船海区潮差2~3m，流速约2~3节，由于是无遮蔽的开阔海区，6~7级以上大风时海面浪、涌较大。

沉船艉部断裂，约呈90°倒竖；左倾约10°，前倾约呈100°倒竖状。倒竖的沉船艉段左右舷两大重油舱破损严重。左舷油舱甲板凹凸不平，有明显裂缝；右舷重油舱破口长度达5m左右。1号~4号货舱未变形，自5号货舱后沉船出现裂缝，船体拱起，拱起处最高点距水面43m并向左扭曲，甲板呈波浪形凹凸不平，靠近艉部，船体扭曲变形严重，沉船的左右二舷护栏全部倒塌。沉船的第8号、第9号舱交接处明显向左弯曲，整体断裂，断裂处钢板锋利。

总之，"世纪之光"沉船沉没后在水下已出现严重扭曲变形、断裂倒竖现象，且该海区受水深、涌浪大、低温等恶劣条件的影响，但该沉船30km范围内无任何建（构）筑物。

选择在70m水深下能可靠传爆、起爆、爆炸的爆破器材，爆破拆除"世纪之光"沉船，其解体后的残骸重量、尺寸满足打捞船的抓捞要求。

2　爆破拆除方案选择

对于水下钢质船体的爆破切割拆除，已有多次可借鉴的成功实践[1~3]，主要方法有聚能切割索切割方式，条形药包、集中药包或二者相结合的方式。但是，切割索在水中的切割能力明显降低，切割效果不理想；在船体上布设切割索工作量非常大，水下作业时间长；因此，对于水深近70m的"世纪之光"沉船不宜采用聚能切割索爆破拆除方式。

在近70m海水下，水压大、温度低、海流急、能见度差，要求每次水下作业时间不超过30min；潜水员作业难度大、工作效率低、危险性高。沉船已严重扭曲变形，不易布设条形药包或聚能切割索。在水中，相对条形药包而言，布设集中药包的工序少、操作简单、时间短。因此，综合考虑多方因素，采用集中药包为主、条形药包为辅的爆破拆除方案。

3　深水下爆破器材性能试验

选用山东银光化工集团有限公司生产的爆破器材，分别是：长度500m、橡胶卡口塞的非电导爆管毫秒雷管，直径140mm、密度1.30g/cm³的胶质炸药震源药柱；外皮为塑料、线密度为12g/m、每圈长度120m的高抗水导爆索，均为定制产品。

导爆索药芯为高能炸药，微溶于水，且两端铅封，整圈无搭接点，并整圈不拆开使用，有很好的抗水性，故不试验其抗水性能。

但是，厂家没有大于30m水深的雷管、震源药柱抗水性能指标，因此需进行近70m水下的雷管、震源药柱性能试验。由此，在69m水深的海底，试验了雷管、震源药柱的抗水性能。

3.1　雷管抗水试验

将雷管置于69m海底分别浸泡24h、48h，但导爆管需拉出水面，每组10发；雷管需配重，不能被海流移动和漂浮，并做好导爆管的保护，不能使导爆管受力。这些浸泡后的导爆管雷管经电火花枪激发，导爆管能被正常引爆、传爆，雷管能可靠起爆震源药柱。

3.2　震源药柱抗水试验

将震源药柱置于69m海底分别浸泡48h、72h、96h、104h，每组2节药柱；需做好药柱海底的固定，不能被海流移动。这些浸泡后的震源药柱固定在10mm的钢板上，安放好雷管后置于海底并引爆；起爆后钢板上均有爆炸压痕或钢板部分撕裂现象。

3.3　震源药柱殉爆试验

震源药柱在深水下，相互之间应可靠传爆。为此，试验了药柱轴向和径向殉爆性能。2 条药柱轴线对齐固定在钢板上，如图 1 所示，安放雷管的药柱为主动药柱，没有雷管的为被动药柱，即殉爆药柱，主动与被动药柱端间距离分别设置为 4cm、8cm，置于水下起爆；在被动药柱处的钢板存在爆炸压痕，表明被动药柱被引爆。2 条药柱平行固定在钢板上，如图 2 所示，药柱间距离为 2cm、4cm，在水下起爆，间距为 2cm 时在被动药柱处的钢板存在爆炸压痕，间距为 4cm 时压痕不明显。

图 1　轴向殉爆试验装药　　　　　　　　图 2　径向殉爆试验装药
Fig. 1　The axial gap test charge　　　　　　Fig. 2　The radial gap test charge

3.4　试验结果

抗水试验表明，雷管及震源药柱均具备良好的抗水性能，在水深 69m 之内的水下使用是安全可靠的，能满足施工要求。

殉爆试验说明，震源药柱具有良好的水下轴向、径向殉爆性能，因此在船体上布设单条形药包或并行双条形药包均能可靠传爆。

4　爆破方案设计

4.1　设计思想

依据沉船结构特征、沉船状态、海底介质的特点和吊捞船的吊力要求和潜水作业条件的要求，采用条形药包爆炸切割及集中药包爆炸冲击波和膨胀驱动的作用原理，在船体上接触式安放条形药包、在船舱中悬挂集中药包，使船体被切割、撕裂和结构解体。

根据船体已倒竖、断裂的状态，主要以断裂处划分为 4 个爆破单元，每个单元单独爆破拆除。倒竖的 9 号货舱、10 号船艉舱为第一单元，6 号 ~8 号货仓为第二单元，3 号 ~5 号货舱为第三单元，艏尖舱、1 号 ~2 号货舱为第四单元。

4.2　爆破参数设计

4.2.1　条形药包线装药量

条形切割药包的线装药量按钢材每延米切割的断面积确定。该万吨轮船用钢板的厚度为

2.2~4.0cm, 加上角钢、槽钢等加强结构, 折合厚度为5cm, 则每米折合断面面积500cm²。

切断的钢板厚度2.2~10.0cm的装药量计算式[4]:

$$Q = 10\delta F$$

式中 Q——TNT 药量, g;

　　　　F——钢板切割断面积, cm²;

　　　　δ——钢板厚度, cm。

由此计算得到线装药量为 $Q = 10\delta F = 10 \times 5 \times 500 = 25\text{kg}$。由于考虑到水对炸药的负面作用, 且使用的是胶质炸药, 因此实际使用的胶质炸药线装药量需加大, 应不小于40kg。

4.2.2　集中药包水中冲击波超压、正作用时间和比冲量

炸药在水中爆炸时, 水中冲击波超压、正压作用时间、比冲量的库尔计算公式[4,5]为:

$$\Delta p = 522(Q^{1/3}/R)^{1.13}$$

$$t_0 = 0.092 Q^{1/3}(Q^{1/3}/R)^{-0.22}$$

$$i = 57.6 Q^{1/3}(Q^{1/3}/R)^{0.89}$$

式中 Δp——水中冲击波超压值, 10^5Pa;

　　　　Q——一次爆破的TNT炸药当量, kg, 毫秒延时爆破为总药量;

　　　　R——药包到船体的距离, m;

　　　　t_0——水中冲击波正作用时间, ms;

　　　　i——水中冲击波比冲量, 10^5Pa·ms。

对于水下爆破拆船而言, 集中药包作用在船体上的水中冲击波超压、正压作用时间和比冲量各数值均应尽量大。

4.2.3　布药方式

1号~8号舱沿着泥面线横向切一道, 在船舷板与舱隔板结合处竖向切一道, 均布设在船体外面, 为双条并行药包。

集中药包布置在船舱中下部, 到舱口直线距离为24m×2/3=16m。为了比较多药包与单个药包的作用效果, 假设在每个舱总装药量相等的条件下, 分别布置1个、2个、4个药包, 药包位置如图3所示; 各药包中心与A、B、C各点均在同一水平位置上, 集中药包视为球形状,

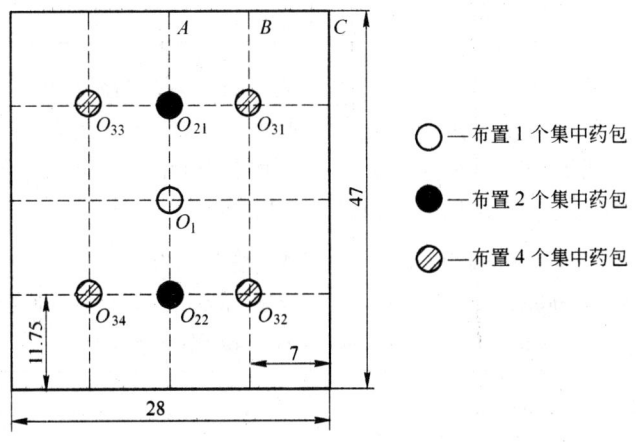

图3　船舱中集中药包布置图 (单位: m)

Fig. 3　The plan of concentrated charge in the cabin (unit: m)

O_1、O_{21}、O_{22}、O_{31}、O_{32}、O_{33}、O_{34} 为各集中药包中心，A、B、C 为船舷上 3 个作用位置。船舱长 28m、宽 47m；由此可计算出各药包中心分别到 A、B、C 之间的距离。假设多药包同时爆炸后形成的水中冲击波互不影响，则在船舷 A、B、C 各点处的水中冲击波压力、正作用时间、比冲量计算值见表 1，震源弹的 TNT 当量系数为 0.95。

表 1　集中药包水中冲击波压力、正作用时间、比冲量计算值
Table 1　Shock wave pressure, positive effects time and specific impulse
calculated value of concentrated charge under the water

药包数/个	Q/kg	作用位置	R/m	$\Delta p/10^5$ Pa	$i/10^5$ Pa·ms	t_0/ms
1	6000	A	$O_1A = 23.50$	863.7	806.1	1.75
		B	$O_1B = 24.52$	823.2	776.2	1.76
		C	$O_1C = 27.35$	727.6	704.3	1.80
2	3000	A	$O_{21}A = 11.75$	1456.0	965.3	1.25
		B	$O_{21}B = 13.68$	1226.1	843.1	1.29
		C	$O_{21}C = 18.28$	883.6	651.4	1.38
	3000	A	$O_{22}A = 35.25$	420.7	363.1	1.59
		B	$O_{22}B = 35.94$	411.6	356.9	1.60
		C	$O_{22}C = 37.93$	387.3	340.2	1.62
4	1500	A	$O_{31}A = 14.69$	871.3	511.3	1.10
		B	$O_{31}B = 11.75$	1121.4	623.7	1.05
		C	$O_{31}C = 13.68$	944.3	544.8	1.08
	1500	A	$O_{32}A = 35.94$	317.0	230.6	1.34
		B	$O_{32}B = 35.25$	324.1	234.6	1.33
		C	$O_{32}C = 35.94$	317.0	230.6	1.34
	1500	A	$O_{33}A = 14.69$	871.3	511.3	1.10
		B	$O_{33}B = 18.28$	680.6	420.9	1.15
		C	$O_{33}C = 24.06$	498.9	329.6	1.22
	1500	A	$O_{34}A = 35.94$	317.0	230.6	1.34
		B	$O_{34}B = 37.93$	298.3	219.8	1.35
		C	$O_{34}C = 41.03$	273.0	205.0	1.38

表 1 说明，水中冲击波正作用时间均在同一数量级，即在船舱范围内在总装药量 6000kg 的条件下，药包数目及药包位置对冲击波正作用时间影响不明显。但是，水中冲击波压力、比冲量有较大差距；假设多药包在同时爆炸后，水中冲击波对船舷的冲击波压力及比冲量具有累加效应，则对表 1 中相同作用位置的数据相加后列入表 2 中。

表 2　集中药包水中冲击波总压力、总比冲量
Table 2　Shock wave total pressure, total specific impulse calculated
value of concentrated charge under the water

药包数/个	1			2			4		
作用位置	A	B	C	A	B	C	A	B	C
$\Sigma\Delta p/10^5$ Pa	863.7	823.2	727.6	1876.7	1637.7	1270.9	2376.7	2424.3	2033.3
$\Sigma i/10^5$ Pa·ms	806.1	776.2	704.3	1328.3	1199.9	991.5	1483.8	1499.0	1309.9

表2中数据不完全符合实际水中冲击波压力和比冲量，但是能说明：布置4个药包最优、2个次之、1个最差。基于该结果，并为了减少水下布置药包工作时间，且尽量使药包在舱盖板下，不采用1个集中药包的布药方式；因此采用多药包布药方式，具体为相邻两船舱，一个舱采用2个，另一个舱采用4个集中药包。

4.2.4 装药量计算

船长289m，宽47m，高24m，1号~8号货舱、10号驾驶舱长28m，9号货舱长27m，船艏艉舱长10m。线装药量 $q = 2 \times [3.14 \times (0.14/2)^2 \times 1 \times 1.30 \times 10^3] = 40$kg；每个舱集中药包的总装药量为6000kg，则炸药使用数量统计见表3。

表3 炸药用量
Table 3 The amount of the explosives

爆破单元	舱号	舱长度/m	横向条形药包		竖向条形药包		集中药包	
			长度/m	重量/kg	长度/m	重量/kg	数目/个	总重量/kg
一	10	28	0	0	2×28	3840	4	6000
	9	27	2×24	1920	2×27	2160	2	6000
二	8	28	2×28	2240	0	0	2	6000
	7	28	2×28	2240	2×20	1600	4	6000
	6	28	2×28	2240	2×20	1600	2	6000
三	5	28	2×28	2240	0	0	4	6000
	4	28	2×28	2240	2×20	1600	2	6000
	3	28	2×28	2240	2×20	1600	4	6000
四	1	28	2×28	2240	2×20	1600	4	6000
	2	28	2×28	2240	2×20	1600	2	6000
	船艏艉舱	10	2×10	800	0	0	1	3000
合 计				19040		14000		63000

4.2.5 起爆药包及起爆网路

与条形药包等长度的双根导爆索捆绑在条形药包上，增强条形药包的传爆可靠性。水下药包均用非电导爆管雷管起爆，船体外的条形药包采用2段雷管，船舱中集中药包采用4段雷管。起爆药包于爆破之日入水布设，与水下船体装药搭接捆绑，船体两侧各条形药包分别安放3个起爆药包，首、尾、中间各安放一个；每个集中药包安放2个起爆药包。每个起爆药包配置3~4发雷管，重量40kg。

整个非电导爆管起爆网路采用簇联方式连接，电火花起爆器引爆。

5 爆破效果及结语

在爆破施工前，船用燃油已被抽完，17万吨矿砂的80%已被清捞。

在10号艏艉舱船舷上试验了3m长的条形药包，结果累计约2m被完全切割开，但在连接肋骨等加强部位未被切割开；因此在船舱中还应布设集中药包使切割部位进一步解体。

根据表3对各船舱安装条形药包和集中药包，于2012年7月~10月、2013年6月~9月期间，依一~四爆破单元顺序进行了4次较大药量的爆破以及多次不等药量补炸，共使用炸药120t。爆后水下探摸和"基德6"号打捞船抓捞表明，未发现拒爆炸药，倒竖的9号、10号舱高度降低 50% 以上，其他舱舷板沿条形药包切割处被冲击向外摊开，靠近集中药包附近的船舷板完全破洞和撕裂，舱盖板与船舷板仍部分连接较好但严重变形，舱隔板大部分撕裂，满足抓捞要求。

在最深 69m 水下，成功爆破拆除了沉于我国海域的 17 万吨、长度为 289m 的"世纪之光"货轮，表明选用的爆破器材和起爆网路可靠；在大部分船舱中总装药量 6000kg 分设 2 个或 4 个集中药包，在船舷板布设双条形药包、线装药量 40kg 的设计合理。

参 考 文 献

[1] 程才林，等."长宇"轮沉船水下爆破解体[J]. 工程爆破，2001，7(1):34～39.

[2] 张正平，等."金航"轮沉船水下爆破解体[J]. 工程爆破，2003，9(2):65～68.

[3] 范学臣，等."吉丰 689"沉船水下爆破打捞[J]. 爆破，2010，27(2):81～83.

[4] 汪旭光. 爆破手册[M]. 北京:冶金工业出版社，2010.

[5] 陆遐龄，等. 水中爆炸的理论研究与实践[J]. 爆破，2006，23(2):9～14.

爆炸焊接铵油炸药现场混装技术与装备的研究与应用

龚　兵　熊代余　孙大为　查正清　李国仲　马　平

（北京矿冶研究总院北矿亿博，北京，100160）

摘　要：结合金属板材爆炸焊接炸药的特性以及现场混装炸药技术特点，研究开发了一种采用硝铵与柴油冷混工艺技术生产爆炸焊接用粉状铵油炸药的技术和装备，并成功实现了工业化应用，拓展了现场混装技术的应用领域。

关键词：爆炸焊接；混装车；地面站；铵油炸药；安全

Research and Application of ANFO On-site Mixing Technology and Equipment in Explosive Welding

Gong Bing　Xiong Daiyu　Sun Dawei　Zha Zhengqing　Li Guozhong　Ma Ping

（Beijing General Resarch Institute of Mining and Metallurgy，Beijing，100160）

Abstract：Combined with characteristics the sheet metal explosive welding on – site mixing technology，research a cold mixed technology and equipment of powdered ANFO for explosive welding using ammonium nitrate and diesel，and the successful implementation of the industrial application，expand the application field of site mixing technology.

Keywords：explosive welding；mixing loading truck；ground station system；ANFO；safe

1　引言

爆炸焊接是利用炸药爆炸瞬间产生的巨大能量作为能源使金属产生塑性变形、熔化，并达到原子间结合的一种崭新焊接技术。爆炸焊接而成的金属复合材料具有单一金属材料不可比拟的综合性能和性价比。目前，包括我国在内为数不多的几个国家利用爆炸焊接技术进行产品的开发和生产，其产品大量地应用于石油、化工、冶金、机械、造船等工业领域，而我国爆炸焊接金属板材产量超过全世界产量的50%。

众多学者的研究表明，影响爆炸焊接产品质量的因素除复合金属的材质、焊接工艺技术外，还与炸药性能密切相关，笔者单位在国内外首次将炸药现场混装技术引入爆炸焊接行业，实现了爆炸焊接用粉状炸药的现场混制[1~5]。

2　爆炸焊接现场混装铵油炸药配方研究

金属板材爆炸焊接结合面通常有大波状、小波状和微波状三种结合形态，其中以微波状结

龚兵，高级工程师，gongbing@ bgrimm. com。

合面的结合强度最高、质量最好。在爆炸焊接工艺和方法相同的情况下，导致结合面形态不同的主要原因是炸药爆速不稳定。因此控制炸药的爆轰速度，使飞板获得足以保证焊接质量的稳定的爆炸能量，成为控制爆炸焊接质量的关键。用于金属板材爆炸焊接的炸药俗称三低炸药（即低密度、低爆速、低猛度），国内外多采用向成品粉状炸药中加入调节剂而成，降低其密度和爆速后使用，常用成品炸药有 2 号岩石硝铵炸药、膨化炸药等。要求三低炸药性能满足如下特点：（1）具有雷管感度；（2）爆速为 1800 ~ 2500m/s；（3）堆积密度为 0.50 ~ 0.70g/cm³；（4）猛度小于 10mm。

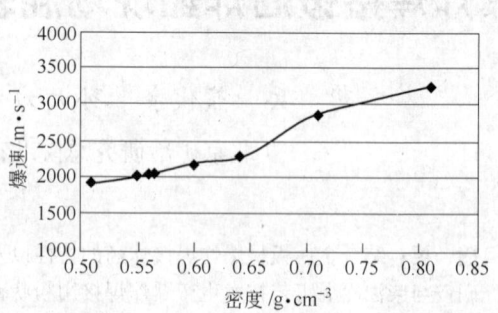

图 1　爆炸焊接现场混装铵油炸药密度与爆速的关系
Fig. 1　Relationship of density and detonation velocity of Mixed ANFO in explosive welding

试验研究了硝铵粒度范围和密度调节剂含量不同对炸药性能的影响。结果表明，硝铵粒度越细、密度调节剂加入量越少，最终产品的密度大、爆速高、猛度大、传爆性能好，产品密度与爆速关系如图 1 所示，最终确定了表 1 所示工艺配方。

表 1　爆炸焊接现场混装铵油炸药配方
Table 1　The formula of mixed ANFO in explosive welding　（%）

组　分	多孔粒状硝铵	柴　油	调 节 剂
比　例	88 ~ 92	5 ~ 7	3 ~ 5

本项研究由地面站和混装车两部分组成，在地面站完成炸药原料或半成品的准备，即完成多孔粒状硝铵破碎后与密度调节剂的均匀混合，然后装入混装车硝铵料仓内，最后按需装载柴油。在爆破作业现场，通过车载系统将上述两种物料按比例混合，直接出料到钢板上，实现爆炸焊接铵油炸药的现场混制。在运输和使用过程中只涉及炸药半成品，避免了成品炸药的运输、二次加工和使用，本质安全性高[6,7]。

3　地面站的设计

地面站是炸药现场混装车配套使用的技术和装备，包括上料系统和辅助设施。上料系统由皮带输送机、破碎机、螺旋输送机、调节剂储存与计量系统、除尘系统和自动控制系统等组成，生产设备布置如图 2 所示。上料系统设计了引风除尘装置，可有效避免硝铵破碎过程中产生粉尘，使工作环境整洁。在硝铵投料口加装不锈钢防护栏确保操作人员安全，加装除铁装置确保破碎机运转安全，并对破碎机轴承通冷却水，防止轴承长时间工作过热发生危险，有利于安全生产。辅助设施包括硝铵库房、调节剂库房、车库、办公室、消费、防雷以及安防设施等。

鉴于硝铵粒度和添加剂含量对炸药性能影响很大，因此地面站上料系统控制关键是确保多孔粒状硝铵粒度范围和加入密度调节剂满足工艺配方要求，确保半成品质量稳定。

4　BCJX 铵油炸药现场混装车的设计

与球粒状多孔粉状硝铵相比较，破碎后的多孔粒状硝铵为多边形结构，表面的防潮防结块涂层被破坏后，极易吸湿结块，静态堆积角超过 80°，流散性急剧下降，采用料仓固定式的常规铵油炸药现场混装车不能正常工作，出现出料不畅、配比不准、产品性能不稳定，甚至产生

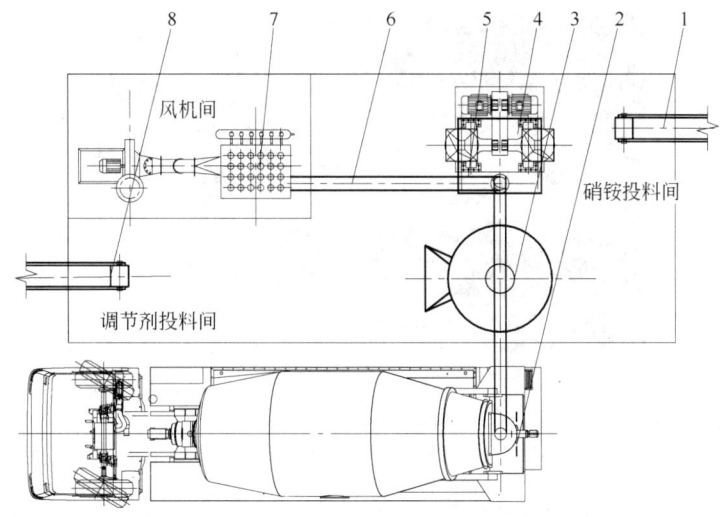

图 2　爆炸焊接铵油炸药地面站上料系统设备布置

1—硝铵输送皮带；2—混装车；3—调节剂料仓；4—破碎机；

5—输送螺旋；6—除尘管道；7—除尘器；8—调节剂皮带

Fig. 2　The field of mixed ANFO ground station equipment layout of explosive welding

废品等现象。面对上述难题，通过大量调研后借鉴水泥搅拌车的工作原理，开发出一种硝铵料仓可旋转的新型铵油炸药现场混装车，将硝铵因静态堆积失稳出料变革为动态滚动出料。料仓正向旋转实现进料，反向旋转实现出料，在料仓旋转过程中结块物料被翻转和破碎，出料更加均匀，可满足粉状铵油炸药生产的需要。

　　本项目研制的 BCJX 型铵油炸药混装车由汽车底盘和装药系统组成，其中装药系统包括硝铵进料系统、硝铵储存输送系统、柴油储存输送系统、液压系统以及动态监控信息系统。为提高混装车工艺配比和计量精确性，在柴油输送管路上安装数字流量计，应用电液比例控制技术精确控制配比；设计了粉状物料中间料仓，并在中间料仓上加装料位计，确保粉状料位基本稳定，提高了计量精度，主要性能参数见表2，混装车在地面站上料现场，上料过程自动化程度高，无需干预（如图3所示）。

表 2　BCJX 铵油炸药现场混装车主要参数

Table 2　The performance of BCJX mixing loading truck

类　别	粉状铵油炸药	类　别	粉状铵油炸药
载质量/t	7 ~ 10	炸药密度/g·cm^{-3}	0.50 ~ 0.60
装药速度/kg·min^{-1}	100 ~ 200	爆速/m·s^{-1}	1800 ~ 2500
计量误差/%	±1	猛度/mm	7 ~ 10

　　混装车动态监控信息系统除实现生产数据的实时采集，定时、自动上传至行业主管部门外，还对生产过程中关键工艺参数实施在线监测，一旦发现液压油超温、粉状物料断料、柴油断流等情况，立即发出声光报警并延时自动停车，确保产品质量稳定可靠。

　　此外，混装车控制系统系统定时采集设备状态参数，随生产数据上传至混装车企业管理平台，与平台数据库设定参数进行对比，发现超出设定范围，将发出报警提示作业人员设备故障

图 3　混装车在地面站上料

Fig. 3　The feeding site of ANFO mixing loading truck

需维护，避免混装车带病作业；混装车研制单位可根据报警信息远程判断故障原因，指导用户进行维护保养，确保生产过程安全可靠。

5　工业应用

该项研究成果已在四川通达化工有限公司宜宾分公司进行应用，生产的爆炸焊接用粉状铵油炸药经国家安全生产淮北检测中心检验，完全达到了企业标准要求，与市场上常用的成品炸药的性能对比结果见表3。

表 3　爆炸焊接用铵油炸药性能对比

Table 3　The performance of the velocity explosive in explosive welding

序　号	炸药种类	爆速/m·s^{-1}	密度/g·cm^{-3}
1	现场混装炸药	2100	0.57
2	成品铵油炸药1	2033	0.52
3	成品铵油炸药2	2423	0.60

BCJX型铵油炸药现场混装车在金属板材爆炸焊接现场的工作状态，通过操作手柄将混合螺旋摆出到钢板上方，输入单孔药量后，点击装药开始即可，达到设定药量后自动停止。制药过程仅需2～3人即可，自动化程度高，劳动强度低，减少了成品炸药的运输和使用，有利于社会公共安全（如图4所示）。

在应用该项成果开展金属板材爆炸焊接初期，也曾出现过金属表面烧蚀严重，颜色不均匀或焊接质量不稳定等现象。深入分析仍是炸药性能不稳定所致，采取高效固液混合技术等多项措施提高产品均匀性，提高金属板材复合质量，最终得到了用户的认可。

图 4　BCJX铵油炸药现场混装车在四川的应用

Fig. 4　Application field of BCJX ANFO
mixing loading truck in Sichuan

6　结论

　　该项研究成果的成功应用表明，采用将多孔粉状硝铵破碎后与柴油冷混生产金属板材爆炸焊接用粉状铵油炸药工艺技术是可行的，具有高效、安全、低成本等优点，扩大了现场混装技术的应用领域，符合民爆行业发展方向。

参 考 文 献

[1] 王耀华. 金属板材爆炸焊接研究与实践[M]. 北京：国防工业出版社，1985.

[2] 王建民，朱锡，刘润泉. 爆炸焊接的应用与发展[J]. 材料导报，2006，20(1)：41～45.

[3] 田建胜，陈青术. 爆炸焊接专用炸药实验研究[J]. 工程爆破，2008，14(3)：59～62.

[4] 岳宗洪，李亚，韩刚. 爆炸焊接专用炸药的研究与应用[J]. 工程爆破，2011，17(2)：73～75.

[5] 王勇，张越举. 赵恩军等. 金属爆炸焊接用低爆速膨化铵油炸药实验研究[J]. 含能材料，2009，17(3)：326～329.

[6] 聂云端. 爆炸焊接专用粉状低爆速炸药的研制[J]. 爆破，2005，22(2)：106～108.

[7] 孙光，熊代余，龚兵等. 粉状铵油炸药现场混装车的设计与应用[J]. 爆破器材，2013，42(5)：27～30.

双级时差安全破冰弹的研制技术

吴瑞波[1]　　武彩岗[1]　　牛跃许[1]　　张明方[2]　　张富贵[2]　　韩　翔[2]

（1. 中国人民解放军 66267 部队，河北石家庄，050081；

2. 包头正大工程爆破有限公司，内蒙古包头，014000）

摘　要：本项目是"防凌破冰关键技术研究及装备研制"科研课题的任务之一。为了适应冰盖下水中爆破的要求，采用双级时差弹，一级弹应用聚能原理进行打洞，二级弹钻洞在水中爆破，省去了人工机械钻孔工序，提高了功效。全弹炸药采用乳化炸药，弹体全部采用塑料，达到了安全、民用化、实用化和经济化的目的，是爆破破冰的一项创新技术。

关键词：双级；时差；安全；破冰弹

Technology Research of Dual-level Time Difference Security Ice-broken Bomb

Wu Ruibo[1]　　Wu Caigang[1]　　Niu Yuexu[1]　　Zhang Mingfang[2]
Zhang Fugui[2]　　Han Xiang [2]

（1. Chinese PLA 66267 Unit，Hebei Shijiazhuang，050081；2. Baotou Zhengda Blasting Engineering Co.，Ltd.，Inner Mongolia Baotou，014000）

Abstract：The project is one of the tasks of scientific research subject of "key technology research and related equipment design of ice-broken". In order to meet the requirements of underwater blasting the two-class time difference bomb is adopted，in the level 1，energy-gathered principle is used to make hole，secondary bomb is to drill a hole and blast in water，it can get rid of the artificial mechanical drilling process，improve the efficacy. In the bomb the emulsion explosive is adopted，and the bomb is made of plastic，thus it reaches the level of the security，civil application，and the purpose of practical application and economization. It is an innovative technology of blasting ice.

Keywords：two class；time difference，security；ice-broken bomb

1　引言

根据"十二五"国家科技支撑计划"应急装备关键技术研究与装备研制"科研项目中"防凌破冰关键技术研究及装备研制"课题的要求，首先进行了爆破破冰关键技术的试验研究，从集中药包破冰试验得到：水中爆破破冰比冰上裸露爆破的效果大 5 ~ 10 倍，但是水中爆破必须先在冰上机械钻孔。能不能做到一弹两用，即打洞和入水爆破一体化。我们调研和查阅

吴瑞波，工程师，rxzfnwrp@ sohu. com。

国内外资料，对已有的两级破冰弹（水科院、重庆5013工厂合作研制的专用冰下破冰弹和淄博732工厂研制的黄河防凌弹，如图1和图2所示）在2013年3月爆破破冰试验中进行了实弹爆炸试验，发现了一些问题，进行改进设计后，使新型的破冰弹达到了安全、民用化、实用化、经济化的要求。

图1　CBD-I（732工厂）

Fig. 1　CBD-I（732 factory）

图2　SK-PBD（5013工厂）

Fig. 2　SK-PBD（5013 factory）

2　双级时差安全破冰弹的研制过程

首先我们对国内外的资料进行了调研，了解了有关情况：

（1）2003年，内蒙古工业大学爆破研究所佟铮教授提出一种新式高能破冰弹的设想。

（2）2008年，黄河水利委员会山东黄河河务局与山东省机械厂研究所研制了防凌弹（全称CBD-I型黄河防凌弹）。

（3）2008年，水科院与重庆5013工厂同时研制出了集打洞与爆破于一体的专用破冰弹。

对已有的两种破冰弹在2013年3月爆破破冰试验中进行了实弹爆炸试验。从试验结果可以看到：（1）732工厂和5013工厂的破冰弹破冰效果相差不大；（2）两种使用的炸药都是军用炸药，民间使用很少，申请购买困难；（3）都使用了金属，爆炸碎片飞到200m外，安全性差；（4）两种破冰弹的制作成本比较高。由于存在的问题不符合安全、民用、实用的要求。我们吸取了上述两弹的长处，进行了改进。

3　双级时差安全破冰弹的设计

根据上述试验结果，我们自行设计研制了如图3所示的全塑形专用破冰弹（KT-Y型和KT-Z型）。

3.1　破冰弹的材料选择

弹体材料选择安全、实用和低廉的塑料，圆筒体材料选择乳白色的有机玻璃圆管，外直径为180mm，厚度为2.5mm，内径为175mm（亚克力管，密度$\rho = 1.2 \text{g/cm}^3$）；三角支撑架采用塑料管件制作。聚能弹的聚能罩材料选择厚度为$0.2 \sim 0.5$mm的薄钢板，制作成顶角为直角的圆锥体和半球形，如图3所示。

(a)   (b)

图 3　KT-Y，KT-Z 两级时差安全破冰弹

（a）聚能罩形状；（b）KT 破冰弹的安装图

Fig. 3　KT-Y，KT-Z two-class time difference security ice-broken bomb

炸药选用民用的、密度大于 1 的 2 号岩石乳化炸药。起爆雷管采用秒差导爆管雷管或电雷管。

3.2　破冰弹的关键技术参数

3.2.1　炸药量与弹体尺寸的计算

破冰弹的炸药采用密度为 1.1g/cm³ 的 2 号岩石乳化炸药。

根据 5013 和 732 工厂两弹的资料和试验结果，我们设计的破冰弹：一级聚能弹的药量控制为 4.5kg，二级爆炸弹的药量选取 8kg。按照药量和采用有机玻璃圆管的直径，确定了弹体的设计长度。

3.2.2　两弹距离与重心高度的确定

聚能弹和爆炸弹之间的静距离间隔，必须考虑聚能弹先爆炸产生的空气冲击波对后爆二级弹的影响，根据计算和实际试验情况看，选择大于 0.5m 时，聚能弹爆炸的空气冲击波不会对爆炸弹的位置产生偏移影响。聚能弹底面离开冰面的距离在 5~10cm 之间，产生射流效应较强。为减少空气冲击波的压力，爆炸弹的弹头设计成子弹形，其重心高度离开地面应该大于 1.0m。

3.2.3　两级弹爆炸的延时计算

两级弹体之间的延时时间，5013 工厂的破冰弹为 1.5s；732 工厂为 1s 和 5s；从试验效果看延时时间取 1.0~1.5s 比较好。

我们通过理论计算进行验证。如果不考虑水的动压力影响和水的黏滞力。设爆炸弹体积为 V，密度为 ρ，其横截面面积为 S，水的密度为 ρ_1。爆炸弹在入水深度 H 处爆炸，而爆炸弹达到水面时的动能为：$mu^2/2 = \rho gh$（h 为爆炸弹重心离水面高度），爆炸弹具有的动能全部消耗在克服浮力和水压力所做的功 $(\rho_1 gV + \rho_1 gHS)H$。因此有：

$$(\rho_1 gV + \rho_1 gHS)H \geqslant Mgh = \rho Vgh$$

整理得到：

$$\rho/\rho_1 \geqslant (H/h + H^2S/Vh) = H/h + H^2/H_1 h \tag{1}$$

如果弹体的密度为 $\rho = 1.2$，则方程式可化为：

$$(H^2/H_1 h + H/h) - 1.2 \leqslant 0, \quad H^2 + H_1 H - 1.2 H_1 h \leqslant 0 \tag{2}$$

将设计参数代入式（2），爆炸弹体高度 $H_1 = 30\text{cm}$，若弹体重心离开冰面距离为 1.0m，加上冰厚以 50cm 计，则 $h = 1.5\text{m}$，由此式得到水面入水深度 $H \leqslant 60\text{cm}$。显然，只有增加爆炸弹离开地面的距离和密度，才能增加入水深度。如果弹体重心离水面 $h = 2.0\text{m}$，则入水深度达到 $H = 0.71\text{m}$；如果 $h = 3.6\text{m}$，则 $H = 1\text{m}$；$h = 7.5\text{m}$，则 $H = 1.5\text{m}$。

爆炸弹达到水面的时间可以近似应用自由落体公式求得：

$$t = \sqrt{\frac{2h}{g}} = \sqrt{\frac{2 \times 1.5}{9.8}} = 0.61s \tag{3}$$

爆炸弹达到水面的速度，由重力势能转化求得：

$$因为 \frac{1}{2}Mu^2 = Ph, \quad 所以 \ u = \sqrt{2gh} = 5.4\text{m/s} \tag{4}$$

假设弹体在水中做匀减速运动，弹体水中运动距离为 H 时，则弹体减速为 0，则得到所需时间为：

$$u_t = at, \quad H = \frac{1}{2}at^2 = \frac{1}{2}u_t t, \quad t = \frac{2H}{u_t} \tag{5}$$

如果，$H = 0.6\text{m}$，则弹体在水中减速到 0 的时间，$t = 0.22s$；

$H = 0.7\text{m}$，则弹体在水中减速到 0 的时间，$t = 0.26s$；

$H = 1.0\text{m}$，则弹体在水中减速到 0 的时间，$t = 0.37s$。

把上述数据整理成表 1。

表 1　两级弹体距离和延时时间计算数据表

Table 1　Calculation data of distance and delay time of two-class bomb

序　号	爆炸弹重心离开冰面距离/m	爆炸弹重心离开水面距离 h/m	爆炸弹重心入水深度 H/m	爆炸弹达到水面的速度/m·s^{-1}	爆炸弹重心达到水面时间/s	爆炸弹重心水中运动时间/s	两级弹之间延时时间/s
1	1.0	1.5	0.6	5.4	0.61	0.22	0.83
2	1.5	2.0	0.7	6.3	0.64	0.23	0.87
3	3.1	3.6	1.0	8.4	0.86	0.24	1.10
4	7.0	7.5	1.5	12.1	1.24	0.25	1.49

从表 1 可以清楚地看到，增加爆炸弹离开地面高度，对于弹体入水深度增加不大，对于弹体在水中的运动时间几乎没有增加，只是增加了爆炸弹的自由落体时间，而增加爆炸弹离地的高度，会给爆炸弹的安装支撑带来不必要的负担。因此，理论计算告诉我们，增加爆炸弹的高度是没有必要的。

综上所述，由理论计算和实际试验结果，考虑到水的黏滞力和动压力的影响，对上述理论计算结果应该适当增加，参考已有试验结果，选取爆炸弹重心离开冰面高度 1.0～1.5m，两级弹之间延时时间选择 1.0～1.5s 是合适的。

3.2.4　KT 型破冰弹的试验结果

我们于 2013 年 3 月初在黄河包头市澄口段，对自行设计的 KT-Y 型和 KT-Z 型破冰弹进行了试验（如图 4 所示）。

从试验结果分析得到：

（1）KT 型破冰弹的破冰效果与 SK 型和 732 型两种弹的效果相当，爆破产生的塑料碎块飞散在 40～50m 范围内，其安全性比它们要好；缺点是由于使用的炸药量大，弹体比较大，质量比较重。

（2）从聚能射流打洞情况和破冰效果比较，采用圆锥体聚能罩比半球形聚能罩要好。

图 4　KT-Z 型破冰弹试验

Fig. 4　Test of KT-Z ice-broken bomb

4　新研制两级时差安全破冰弹的应用试验

经过 2013 年 3 月的破冰试验，我们在弹体的外形和支撑架上做了改进，设计如图 5 所示的新型两级时差安全破冰弹。在 2014 年 2 月 19 日～2 月 21 日，对 PBD-01 型破冰弹进行了实际应用试验。

图 5　两级时差安全破冰弹（KT-Z 型）

Fig. 5　Two-class time security ice-broken bomb（KT-Z）

4.1　预防冰塞冰坝形成，开凿流凌通道

如图 6 所示的上游漂移的冰凌遇到尚未开化的冰盖，就会形成冰塞和冰坝，从而造成冰凌

灾害。因此在黄河的开河期，在下游冰盖往上开凿流凌通道，使冰凌下泄，是避免冰塞、冰坝形成的主要方法。

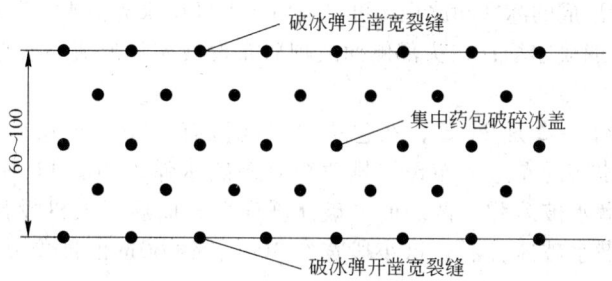

图 6　冰盖爆破开凿流凌通道的药包布置（单位：m）

Fig. 6　Cartridge layout of ice blasting digging bullying in flow channel（unit：m）

用爆破开凿流凌通道，一般是在冰盖上爆破生成宽度为 60~100m 的沟槽，长度视冰凌情况确定。通常在预设沟槽两边爆破形成宽度约 2~3m 的裂缝，在两裂缝之间用集中药包爆破破碎冰盖，如图 7~图 9 所示。

图 7　两侧布设破冰弹爆破形成沟槽

Fig. 7　Groove of ice-broken bomb blasting arranged on two sides

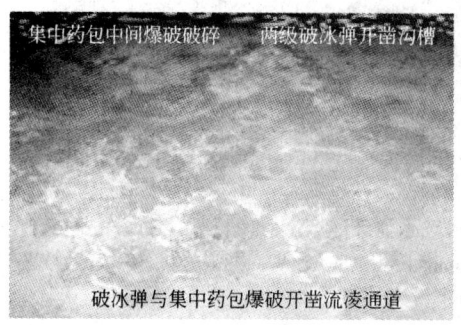
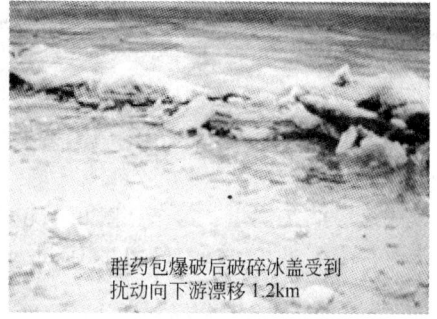

图 8　爆破开凿流凌通道

Fig. 8　Digging flow channel through blasting

图 9　群药包爆破扰动使破碎冰盖漂移

Fig. 9　Ice drift by the disturbance of group of blasting crushing

4.2 配合无人机投弹，消除冰塞和冰坝

对于已经或正在形成的冰塞和冰坝，可以采用无人机在冰塞和冰坝头部上游水面投掷潜水爆炸弹，瓦解冰塞，崩溃冰坝；在头部侧面或坝后布设破冰弹形成宽裂缝，疏导炸碎的冰块下泄。

2014 年 2 月 20 日～2 月 21 日，在包头磴口地区有一小段正在形成的冰塞，如图 10 所示。我们设计在冰塞的左边，布设一排两级时差破冰弹，如图 11 所示；在冰塞上游采用无人机连续投掷潜水破冰弹。两级时差破冰弹先爆，而后无人机投弹（如图 12 所示）。在无人机投掷两发潜水破冰弹后，这小段宽约 30m 长约 60m 的冰塞就开始瓦解而产生了移动。

图 10　形成的冰塞
Fig. 10　Ice plug

在冰塞一边布置两级时差破冰弹爆破开沟

图 11　两级破冰弹爆破开沟
Fig. 11　Trenching of two-class ice-broken bomb blast

无人机投弹爆破破冰瞬间

图 12　无人机投掷潜水破冰弹破冰
Fig. 12　Diving ice-broken bomb thrown by UAV

5　结论

两级时差安全破冰弹的研制是"十二五"国家科技支撑计划"应急装备关键技术研究与装备研制"科研项目中"防凌破冰关键技术研究及装备研制"课题的任务之一，它是在已有

两级破冰弹基础上的革新，为爆破防凌破冰技术开发了一项安全、民用、实用、经济的新产品。它的研制成功为主动预防和消除冰凌灾害提供了有力的手段，必将在爆破破冰工程上发挥它应有的特殊作用。

参 考 文 献

[1] 佟铮，马万珍，王宁. 黄河内蒙古河段凌汛期爆炸破冰的基本方法[J]. 人民黄河，2003，12：12～13.

[2] 中国水利水电科学研究院. 人工干预开河防凌措施及方案制定研究报告. 2009.

PFGun 脉冲爆燃压裂技术在煤层气井中的应用

汪长栓[1]　　姚元文[1]　　冯国富[1]　　杨兴波[2]　　袁结连[3]

（1. 北方斯伦贝谢油田技术（西安）有限公司，陕西西安，710065；2. 长庆油田第七采油厂，陕西西安，710000；3. 中国石化河南油田分公司采油一厂，河南南阳，473132）

摘　要：PFGun 脉冲爆燃压裂技术利用火药能源在近井带燃烧产生多级脉冲气体压力，在裂缝方向不受地应力控制的前提下，使地层产生多条裂缝体系，改善了地层近井带的导流能力。为验证脉冲爆燃压裂技术在煤层气井的应用效果，选择部分井层开展了现场试验及使用效果评价。结果表明，在煤层气井实施脉冲爆燃压裂措施，工艺简单，成本较低，不污染煤层，对提高煤层气井开发初期出水量，解除煤层气储层近井带污染及堵塞，提高产气量，具有较好的效果。

关键词：脉冲；爆燃压裂；煤层气；应用；效果评价

Application in Coalbed Methane Wells of Multi-Pulses Propellant Fracturing Technology（PFGun）

Wang Changshuan[1]　Yao Yuanwen[1]　Feng Guofu[1]　Yang Xingbo[2]　Yuan Jielian[3]

（1. North Schlumberger Oilfield Technology（Xi'an）Co., Ltd., Shaanxi Xi'an, 710065；
2. The Seventh Oil Plant, Changqing Oilfield, Shaanxi Xi'an, 710000；3. Oil Production Plant I, Henan Oilfield Branch of SINOPEC, Henan Nanyang, 473132）

Abstract：Application in coalbed methane（CBM）wells of multi – pulses propellant fracturing（PFGun）was discussed. The fundamental, processing requirements, main factors impacting stimulation effect associated with MPPF were introduced briefly. In order to verify the stimulation effect of MPPF in CBM well, some of CBM wells were selected for effect evaluation. The results show that MPPF has many distinguishing features with simple processing, good cost effectiveness, no damage or pollution on reservoir, increasing initial water output, removal of blockage near wellbore, improving methane production.

Keywords：pulse; propellant fracturing; coalbed methane; application; effect evaluation

　　煤层气是指储存于煤层及其周围的天然气，全世界煤层气中的 99% 集中分布在俄罗斯、美国、加拿大、中国等 12 个国家[1,2]。中国煤炭资源居世界第二位，煤层气资源丰富，已将其视为战略性接替能源，但是中国 73% 的煤气层渗透率在 $0.05 \times 10^{-3} \sim 25 \times 10^{-3} \mu m^2$，具有低含气量、低渗透率和低原始地层压力"三低"等的特点[3]，这是中国煤层气开发需要解决的难题。

汪长栓，高级工程师，wang.changshuan@xtc.slbcn.com。

目前，国内外煤层气开采的主要手段是水力加砂压裂措施[4]，由于我国煤层多埋深在1000m 以内，地层温度低、易吸附，易受伤害、污染，并且层多、层薄，夹层较多、较大，投产一定时间后因地层污染堵塞导致出气量降低的井越来越多，而水力压裂措施受地应力的控制，只能形成某一方向的一条或两条裂缝，因此多次重复水力压裂，出气效果并不理想。针对煤层气的地质特点及开发现状，在分析了高能气体压裂技术[5]研究成果的基础上，提出并开展了煤层气井 PFGun 脉冲爆燃压裂技术的试验及应用。

1 脉冲爆燃压裂技术

1.1 技术原理

PFGun 脉冲爆燃压裂是一种新型的高能气体压裂技术，它以不同燃速的推进剂为动力源，通过装药结构的优化设计，精确地控制压力上升时间、压力峰值和压力作用过程，对多段煤气层可同时压裂改造，产生多条裂缝，并与煤层内的天然裂缝沟通，获得增产效果。

美国气体研究所和美国能源部共同资助 J. F. Cuderman 等人在美国桑迪亚实验室经过模拟实验及理论研究确定了产生径向裂缝的增压时间关系式[5]（见式(5)）：

$$\pi D/2C_R < t_m < 8\pi D/2C_R \tag{1}$$

式中 t_m——达到峰值压力的增压时间；

$\quad D$——井径；

$\quad C_R$——瑞利表面波速度。

压力上升到地层破裂压力的增压时间 t_m 决定着压开裂缝的分布形状和方向。高能气体压裂的增压时间为毫秒级，t_m 一般控制在 $1 \sim 100ms$，相应加载速率为 $1 \sim 100MPa/ms$，它不像爆炸压裂（增压时间为微秒级）会使井眼周围岩石产生压实带，也不像水力压裂（增压时间为分秒级）那样形成受地应力控制的单条裂缝，而是在井筒周围形成多条放射状裂缝（见图1）。这种放射状裂缝可以和煤储层中的割理（见图2）、天然裂缝沟通，提高煤气层初期出水量和最终产气量。

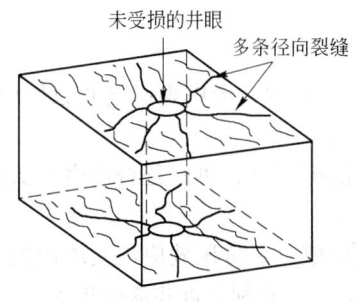

图 1 脉冲压裂造缝效果示意图

Fig. 1 The schematic diagram of multi-pulses fracture initiation effect

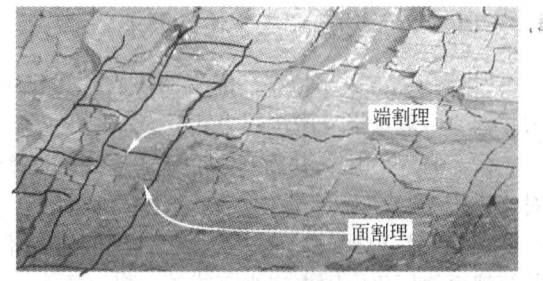

图 2 煤储层中的割理结构图

Fig. 2 Cleat structure in the coal reservoir

1.2 影响 PFGun 脉冲压裂效果的主要因素

煤层气压裂效果与压裂装置的装药结构、装药量、点传火结构、井筒液面高度、套管射孔密度、射孔孔径以及煤层气的孔隙度、渗透率、地层破裂压力等多数参数有关。井筒内峰值压力和相关参数的关系式见式 (2)[6]：

$$p_{max} = p_0 + \frac{K \cdot mf\psi}{V_0 - \dfrac{m(1-\psi)}{\rho} - m\alpha\psi} \tag{2}$$

式中　p_{max}——压裂火药燃烧时产生的最大峰值压力，MPa；

　　　p_0——井筒压挡液柱的静压力，MPa；

　　　K——经验系数，无量纲；

　　　m——压裂火药装药量，kg；

　　　f——压裂火药的火药力，kg·m/kg；

　　　ψ——达到最大峰值压力时火药燃烧的质量分数；

　　　V_0——压裂火药在套管中燃烧形成的气体空腔，m^3；

　　　ρ——压裂火药的密度，kg/m^3；

　　　α——压裂火药燃烧产物的余容，m^3/kg。

煤层气中脉冲压裂产生的裂缝长度 L 见式 (3)[6]：

$$L = \left[\frac{EV_t}{5.6(1-\mu^2)(p_{max}-p_0-q_\infty)h} \right]^{\frac{1}{2}} \tag{3}$$

式中　E——岩石弹性模量，MPa；

　　　V_t——岩石裂缝总体积，0.1~0.3 m^3；

　　　μ——泊松比；

　　　p_{max}——井筒最大压力，MPa；

　　　p_0——压挡液柱静压力，MPa；

　　　q_∞——地层侧向应力，MPa；

　　　h——裂缝垂直高度，m，为射孔井段长度的0.7~0.8。

　　影响压裂效果的因素主要是峰值压力、压力上升时间和作用时间，合理控制峰值压力和压力上升时间可以在保护套管的前提下，对煤层产生多级脉冲压裂造缝效果。

1.3　PFGun 脉冲压裂工艺设计要求

　　(1) 压挡方式：根据高能气体压裂作用机理及负压效应原理，考虑煤层气井原始地层压力较低，一般选择液压压挡方式。

　　(2) 环空介质：井筒环空介质的选择，直接影响煤层的配伍性，决定是否产生二次污染。对于一般煤层宜采用清水或活性水压挡。

　　(3) 负压值或井筒液柱高度：选择最佳的环空临界负压值，是负压效应压裂增产的关键。井筒液面静压值原则上应小于或等于煤层压力，负压值越大，越有利于近井流体进入井筒。一般来说，对地层压力较高，渗透率小于 $20 \times 10^{-3}\ \mu m^2$ 的新井投产，都要把井筒灌满，以获得燃烧时的最大压力，使地层达到最大的破裂效果。而对于储层压力较低、渗透率大于 20×10^{-3} μm^2 的煤层气储层，燃烧时既要使地层破裂，又要使近井地带的污染堵塞得到清除，这就要使井筒液柱压力小于或等于储层压力，产生负压或平衡压力。

　　(4) 压裂火药位置：压裂火药位置直接影响压裂效果及对套管的伤害程度。一般来说，压裂火药分布于射孔段，有利于能量释放，直接作用于储层改造段，提高压裂效果显著。在选层压裂时必须使装药直接对准目的层。

（5）药量控制：药量设计多少决定着作用是否有效以及对套管的伤害程度。设计药量多效果好，但有可能损伤套管，设计药量少则效果不佳。一般设计药量的原则是药量产生的峰值压力大于地层破裂压力的 1.0～1.5 倍，并低于套管极限压力值为最佳。

（6）施工工艺：油管或电缆工艺均适用于煤层气井的脉冲压裂措施，但是对于夹层较大的多个煤层同时压裂改造，一次施工一般采用油管传输工艺作业。

2 煤层气井应用效果评价

煤气层中有许多面、端割理，只有将割理系统中的全部水开采出来，降低储层压力之后才能大量开采气体。在大多数煤层气储层中，最初产水量都很高，随着水从割理和裂缝内移出，水产量降低，气饱和度和气产量就会增加。

依据 PFGun 脉冲压裂原理及设计工艺要求，结合煤层气井的地质结构特点，2010～2011年，在中石油某煤层气区块选择了部分井进行了探索试验及应用。该煤层区块基本地质特征见表1，该煤层埋藏较浅，渗透率较低，含气量较高，经水力加砂压裂后能获得较好的产气量，但是部分井初期产水量较低，生产一段周期后产气量下降较快，判断地层污染堵塞情况严重，采用二次水力压裂，效果不佳。为了正确评价脉冲爆燃压裂技术效果，分别筛选了部分产气量下降的井开展施工作业，通过观测该井排采曲线的变化来评价作用效果[7]。表2 提供了部分煤层气井脉冲爆燃压裂装药量数据。图3 是 MCQ1004 井施工前后排采曲线效果图。结果显示，施工后 MCQ1003 井、MCQ2008 井恢复了产量，MCQ1004 井产量从 500m³/d 提高到 1 450m³/d，产能增加 2.9 倍。

表1 某煤层区块基本地质特征
Table 1 A basic geological characteristics of coal block

煤层编号	埋深/m	厚度/m	渗透率/$10^{-3} \mu m^2$	解吸压力/MPa	含气量/$m^3 \cdot t^{-1}$
MCQ-3	350.0～800.0	2.0	0.10～1.00	1.30	10.86
MCQ-5	380.0～900.0	2.5	0.10～1.00	1.48	10.7
MCQ-11	420.0～1000.0	6.0	0.10～1.00	2.50	10.8

表2 部分煤层气井脉冲爆燃压裂装药量数据
Table 2 Part of coalbed methane Wells pulse deflagration fracturing charge data

编号	人工井底/m	套管规格	固井质量	压裂井段/m	火药量/kg
MCQ1003	435.1	139.7/7.72/N80	合格	424.5～429.0	20.8
MCQ1004	453.5	139.7/7.72/N80	合格	444.0～446.5	17.2
MCQ2008	718.0	139.7/7.72/N80	合格	618.0～621.5 591.5～594.0	17.2 15.2

3 结论

（1）PFGun 脉冲爆燃压裂技术利用火药能源在近井带燃烧产生多级脉冲气体压力，在裂缝方向不受地应力控制的前提下，使地层产生多条裂缝体系，改善了地层近井带的导流能力。该技术工艺简单，成本较低，不污染煤层，对提高煤层气井开发初期出水量、解除煤层气储层近井带污染及堵塞、恢复产能、增加产气量，具有较好的效果。

（2）PFGun 脉冲爆燃压裂技术在煤层气井的深入研究及应用，对探索适合我国煤层气低成

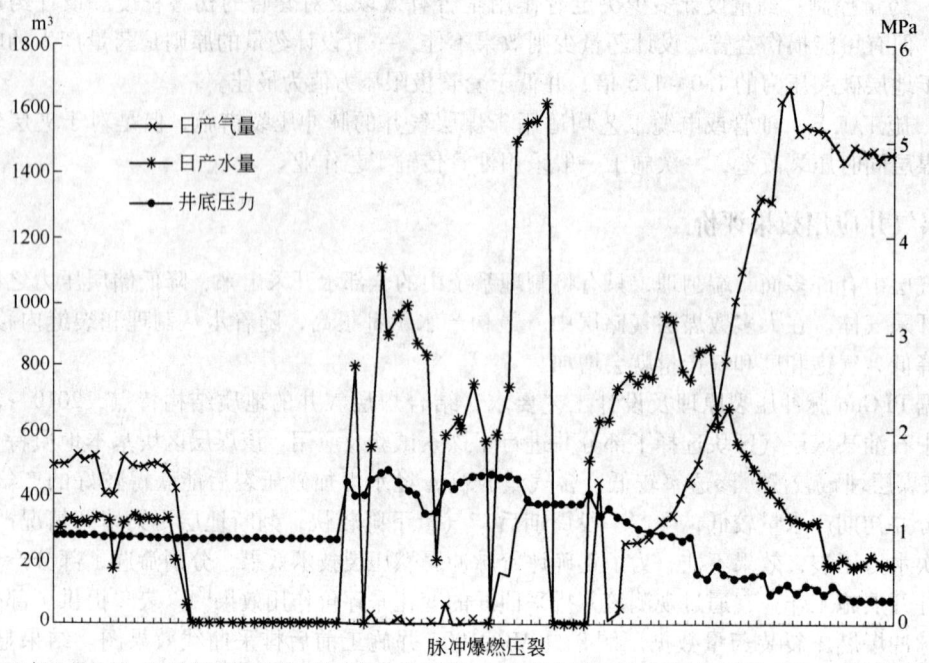

图3　MCQ1004 井施工前后排采曲线效果图

Fig. 3　Production profile for before and after the operation of well MCQ1004

本有效开发具有重要的经济意义。

参 考 文 献

[1] 赵庆波，等. 煤层气地质与勘探技术[M]. 北京：石油工业出版社，1999.

[2] 孙茂远. 国外煤层气开发的特点及鼓励政策[J]. 中国煤炭，2001(2)：55～58.

[3] 张新民. 中国煤层气地质与评价[M]. 北京：科学出版社，2002.

[4] 鲜保安. 煤层气高效开发技术[J]. 特种油气藏，2004(4)：63～66.

[5] J. F. Cuderman. 杨海滨译. 高能气体压裂技术年度报告[R]. 美国：1987. 4.

[6] 王安仕，秦发动. 高能气体压裂技术[M]. 西安：西北大学出版社，1998.

[7] 李颖川. 采油工程[M]. 北京：石油工业出版社，2002. 2：1～16.

爆破破冰新技术的研究

杨学海[1]　吴瑞波[1]　梁向前[2]　郝明盛[2]　殷怀堂[3]

吴建明[4]　张明方[5]　牛维博[6]　王泽民[6]

（1. 中国人民解放军 66267 部队，河北石家庄，050081；2. 中国水利科学研究院，北京，100089；
3. 北京军区工程爆破设计研究院，北京，100089；4. 军械工程学院，河北石家庄，050003；
5. 包头正大工程爆破有限公司，内蒙古包头，014000；
6. 河北久信减灾装备研究所，河北石家庄，050081）

摘　要：根据"十二五"国家科技支撑计划"应急装备关键技术研究与装备研制"科研项目的"防凌破冰关键技术研究及装备研制"课题要求，通过爆破破冰的大量试验，掌握了爆破破冰的关键技术参数（药量、破冰体积、药包入水深度、药包间距等）之间的关系，发现了爆破破冰的"利文斯顿爆破漏斗"效应，得到了爆破破冰水中冲击波和振动的传播规律，这些研究成果填补了我国爆破破冰基础理论的空白。应用这些科研成果，创新研制了"两弹、两车"破冰装备（两弹是潜水破冰弹和两级时差安全破冰弹；两车是轻型两栖钻孔台车和冰上新型混装炸药车），这些装备已在黄河破冰爆破中得到了应用，获得了很好的效果。

关键词：爆破；水下破冰；新技术

New Research and Technology on Cover-Ice by Blasting

Yang Xuehai[1]　Wu Ruibo[1]　Liang Xiangqian[2]　Hao Mingsheng[2]　Yin Huaitang[3]
Wu Jianming[4]　Zhang Mingfang[5]　Niu Weibo[6]　Wang Zemin[6]

（1. PLA 66267 Unit，Hebei Shijiazhuang，050081；2. China Institute of Water Resources and Hydropower Research，Beijing，100089；3. Engineering and Research Institute of Beijing Regional Army Unit，Beijing，100089；4. Ordnace Engineering College，Hebei Shijiazhuang，050003；5. Baotou Zhengda Blasting Engineering Co.，Ltd.，Inner Mongolia Baotou，014000；
6. Hebei Jiuxin Reduce-Disaster Equip Institute，Hebei Shijiazhuang，050081）

Abstract：On the basis of The question for Research Key Technology and Equips Manufacture in Key Technology and Manufacture of Urgent Equip was made in China 12th Five Year Plans of Science and Technology，bay means of the great blasting experiments in cover ice，The relations of the key technical parameters （charge，volume，depth under water，space between charges etc.）have been grasped，and the effect of C. W. Livingsdton cratertheory has been discovered. The propagating regulars of the shocking waves and vibrations by underwater blasting have been obtained. This research results are filled up the blanks in the fundamental theory of Blasting ice. Using this new research results，the e-

杨学海，高级工程师，yh19761957@163.com。

quips of two ammunitions（underwater broken-ice bomb and two steps time-difference underwater broken-ice bomb）and two vehicles（light-duty amphibious drilling mechanism and new emulsion explosive mixing-loading car up cover ice）have been made. This equips have been used in broken-ice of Yellow River，and its are obtained the good results.

Keywords：explosive；explosive cover-ice under water；new technology

1 引言

我国北方的大河，如黄河、黑龙江、松花江，容易发生凌汛。历史上每年封、开河时都要发生不同程度的冰凌灾害。冰凌会破坏水利设施和水工建筑物，阻断河水造成漫流，给沿岸人民生命财产带来巨大损失。如黄河，新中国成立以后的 60 多年间，发生严重灾害造成极大损失的就有 8 次。为了解决冰凌灾害，国家每年都要投入大量人力、物力，各部门采取了不少方法和手段，如民兵投药包、飞机扔炸弹、排炮轰冰盖等，但是成效不大。为了从根本上消除冰凌灾害，2011 年，国家把"防凌破冰关键技术研究及装备研制"列为"十二五"科技支撑计划"应急装备关键技术研究与装备研制"科研项目内的一个课题，根据该课题的任务要求，我们于 2012 年 3 月 1 日至 2014 年 3 月 10 日黄河开河期间，先后三次在内蒙古包头市东河区河段进行了大量爆破破冰试验，得到了爆破破冰许多新的研究成果和设备技术创新。

2 爆破破冰基础理论的新成果

2.1 冰下水中破冰爆破效果

冰下水中破冰爆破比冰上裸露爆破的破冰效果大得多，在相同药量条件下，冰下水中破冰体积是冰上裸露爆破破冰体积的 10 ~ 12 倍。

爆破破冰试验采用 2 号岩石乳化炸药，按照设计药量人工制作集中药包。冰上裸露爆破和冰下水中爆破破冰的试验数据（见表 1）表明：冰下爆破形成的冰洞直径和冰洞破碎体积比冰上爆破效果要好；从安全上看，冰上裸露爆破产生的空气冲击波和噪声很大，而冰下爆破就没有这些有害效应，比较安全。

表 1 水中破冰与冰上裸露爆破的比较

Table 1 The contrast between explosive cover-ice under water and exposed explosive up cover-ice

试验概况		爆破时间		2013 年 3 月 5 日	爆源位置		N 40°31′50. 2″ E 110°10′0. 5″
爆破参数		炸药种类		乳化炸药	药包直径/mm		φ180
		起爆方法		导爆索 + 雷管			
爆破效果		冰厚/m	河深/m	单药包重量/kg	冰洞平均直径/m	冰洞平均体积/m³	体积比（冰下/冰上）
药包位置	裸露	0. 56	2. 3	10. 0	2. 9	3. 7	11. 8
	冰下	0. 59	2. 3	10. 0	9. 7	43. 6	
药包位置	裸露	0. 50	2. 9	12. 0	3. 2	4. 0	10. 6
	冰下	0. 50	2. 9	12. 0	10. 4	42. 5	

2.2　水下爆破破冰时主要参数间的关系

炸药包在水中不同深度爆破破冰时，其主要参数间的关系与土岩爆破中的利文斯顿爆破漏斗效应十分相似，这是一个崭新的发现。

2012～2014 年在黄河包头段试验地区进行了大量乳化炸药不同药量集中药包的爆破破冰试验，分别得到了不同入水深度下爆破破冰的结果，典型的曲线如图 1 所示。

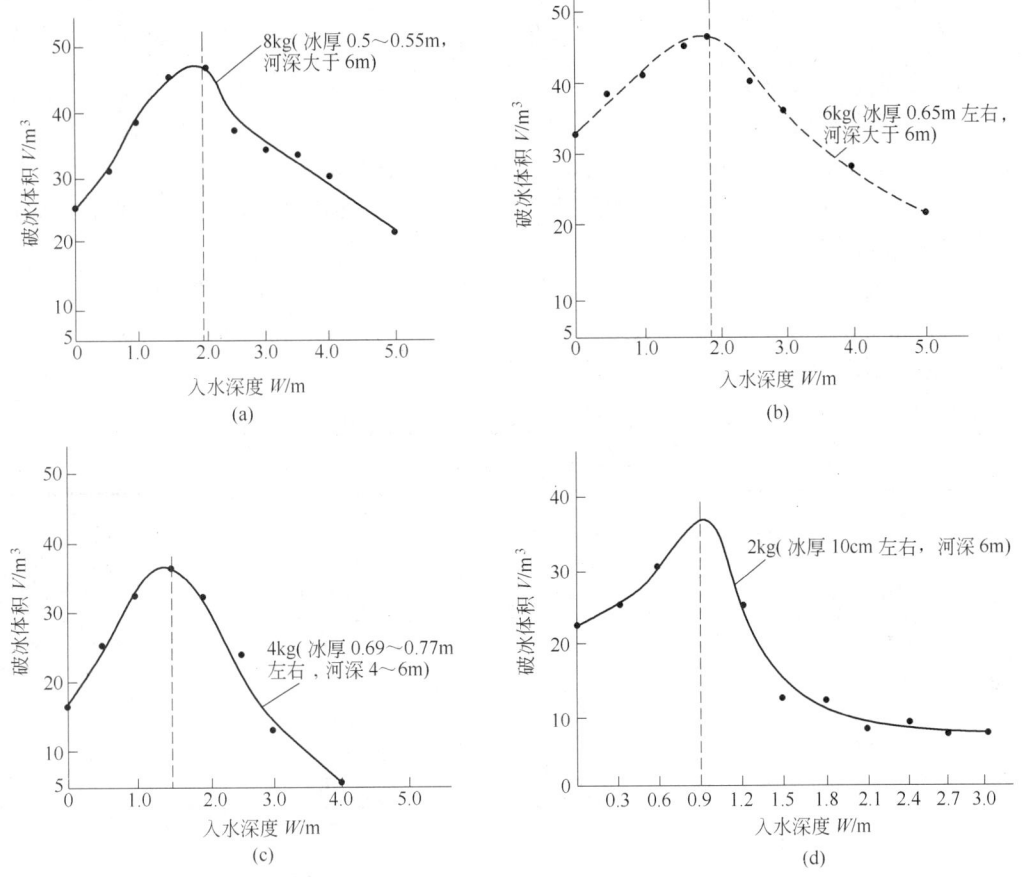

图 1　集中药包试验的入水深度（W）-破冰体积（V）关系曲线
（a）8kg 药包的 W-V 关系曲线；（b）6kg 药包的 W-V 关系曲线；
（c）4kg 药包的 W-V 关系曲线；（d）2kg 药包的 W-V 关系曲线
Fig. 1　Curve of W（depth under water）-V（volume）

从图 1 所示可以看到，在药量一定的情况下，爆破破冰体积随着入水深度的增加而增加，在达到最佳入水深度时，爆破破冰的体积达到最大值，而后爆破破冰体积随着入水深度增加而减少。这与土岩爆破中的利文斯顿爆破漏斗效应十分相似。

依据土岩爆破中的利文斯顿爆破漏斗经验公式，我们推导爆破破冰的经验公式，设公式为：

$$W_e = E \sqrt[3]{Q} \tag{1}$$

式中　W_e——临界深度，是指药包在此入水深度爆破时，在冰面上没有出现冰块碎片，只有冰面隆起鼓包，m；

　　　E——冰块的变形能量系数；

　　　Q——炸药药包的质量，kg。

从药包入水深度与破冰体积之间关系曲线可以得到实测的 W_e 和 W_j 数据，再应用几何相似原理，可以得到最佳深度比 Δ_j 和破冰变形能量系数 E。

从而得到爆破破冰时，药包入水深度 W 与药包药量 Q 之间的经验公式为：

$$W = \Delta_j W_e = \Delta_j E \sqrt[3]{Q} \tag{2}$$

式中　W——药包入水深度，m；

　　　W_e——最佳药包入水深度，m；

　　　E——破冰变形能量系数，与炸药、冰层的性质状态有关；

　　　Δ_j——最佳深度比，与炸药、冰层的性质状态有关，使用乳化炸药在黄河开河期破冰时，可取。

根据集中药包不同入水深度与破冰体积的试验数据，可以得到不同药量情况下的最佳入水深度、临界深度和最大破冰体积见表2。分析总结可以得到：使用乳化炸药，对黄河开河期的冰体，破冰变形能量系数为 $E = 2.4$；最佳深度比为 $\Delta_j = 0.4$。

表2　不同药量的破冰效率与深度比关系数据（V/Q-Δ）
Table 2　Curve of V/Q-Δ

2kg		4kg		6kg		8kg	
$\Delta(W/W_e)$	(V/Q) /m³·kg⁻¹	$\Delta(W/W_e)$	(V/Q) /m³·kg⁻¹	$\Delta(W/W_e)$	(V/Q) /m³·kg⁻¹	$\Delta(W/W_e)$	(V/Q) /m³·kg⁻¹
0	1.15	0.0	4.52	0.0	5.58	0.0	3.65
0.14	1.25	0.13	6.38	0.1	6.39	0.1	3.87
0.29	1.53	0.25	8.17	0.2	6.83	0.2	4.73
0.43	1.88	0.38	9.05	0.3	7.49	0.3	5.65
0.57	1.24	0.5	7.45	0.4	7.81	0.4	5.86
0.71	0.6	0.63	6.0	0.5	6.83	0.5	4.67
0.86	0.6	0.75	3.34	0.6	6.43	0.6	4.28
1.0	0.5	1.0	1.44	1.0	4.91	0.7	4.16
						0.8	3.75
						1.0	2.85

通过三年多大量的爆破破冰试验，发现了爆破破冰的规律符合土岩爆破中的"利文斯顿爆破漏斗效应"，这是一个崭新的研究成果，它填补了我国爆破破冰基础理论的空白。

2.3　冰下爆炸破冰时水中冲击波和爆破振动的传播规律

集中药包爆炸能量在破碎冰盖或大块流凌的同时产生强烈的水中冲击波和地震波，它可能会给周围环境产生有害效应，因此必须对此进行测试，以确保爆破破冰时的安全。我们对集中药包爆破破冰水中爆炸冲击波和振动进行了测试，从大量的数据中归纳分析得到了水中冲击波和振动传播规律。

2.3.1　单个集中药包冰盖下爆炸破冰时水中冲击波的规律

以单发或有延时的单发集中药包为主，药包布置于水深1.5m处的爆破监测数据为基准，并参考药包在1.2m和1.8m的数据，归纳得到以下回归关系公式：

$$p_1 = 467.7 \left(\frac{Q^{1/3}}{R} \right)^{1.47} \tag{3}$$

回归统计的相关系数为 $\gamma = 0.97$。

2.3.2　群发集中药包冰盖下爆炸破冰时水中冲击波的规律

把按一定间距组合的多个集中药包，同时或多段起爆的集中药包爆破破冰试验时的监测数据进行回归，得到水中冲击波经验公式：

$$p_2 = 112.2 \left(\frac{Q^{1/3}}{R} \right)^{1.53} \tag{4}$$

式中，p_2 为压力，$10^5 Pa$；Q 为乳化炸药药量，kg；R 为爆点至测点距离，m。

回归统计的相关系数为 $\gamma = 0.99$。

2.3.3　冰盖覆盖下爆破破冰振动传播衰减规律

破冰爆破的地震效应主要来自三个方面：一是爆破直接作用形成的地震波；二是水中爆破冲击波水底边界所产生的冲击地震波；三是爆破能量和水中冲击波冲击压力作用于上覆冰盖引起冰盖的振动。以集中药包试验期间监测的冰盖和黄河内堤大量数据为基础，来分析冰盖覆盖下爆破地震波沿冰盖和黄河内堤的传播衰减规律。

应用公式 $v = K \left(\frac{Q^{1/3}}{R} \right)^{\alpha}$ 形式，由试验得到的冰盖体振动传播衰减公式为：

$$v_{垂直} = 156.5 \left(\frac{Q^{1/3}}{R} \right)^{1.21} \tag{5}$$

$$v_{综合} = 132.4 \left(\frac{Q^{1/3}}{R} \right)^{0.97} \tag{6}$$

式中　v——质点峰值振动速度，cm/s；

　　　Q——乳化炸药一次齐爆药量，kg；

　　　R——测点到爆源的距离，m；

　　K，α——与爆破方式、装药结构、爆破点至测点间的地形、地质条件等有关的系数或衰减指数。

建（构）筑物受地震波作用时，一般表现为水平受剪破坏，因此，黄河内堤的振动特征分析主要以水平径向振速值和三向振速矢量和为主，进行振动传播衰减规律分析。试验得到黄河内堤爆破振动的衰减公式为：

$$v_{水平} = 197.3 \left(\frac{Q^{1/3}}{R} \right)^{1.36} \tag{7}$$

$$v_{综合} = 292.6 \left(\frac{Q^{1/3}}{R} \right)^{1.32} \tag{8}$$

黄河冰盖下水中爆破冲击波和冰盖爆破振动特征及冰盖地震波传播特征研究在国内外水中爆破冲击波很少见到，这次现场爆破破冰试验获取了大量的科学数据，分析得到了冰盖下水中爆破冲击波的传播规律和冰盖、黄河内堤的振动传播衰减规律，这在国内外是第一次，这对于进一步研究冰盖破碎机理和爆破对周围环境安全具有极大的参考价值，也为我国爆破破冰理论增添了新的内容。

3　爆破破冰技术的创新（"两弹、两车、一机"）

根据爆破破冰理论研究的成果，应用获得的爆破破冰关键技术参数，我们研制了实施爆破破冰的关键装备，即"两弹、两车"。

3.1　潜水破冰弹的研制

试验初期，集中药包采用的是用尼龙布包装的药包，在水中定位采用的是吊绳，如图2所示。后来经过多次试验改进，又根据试验得到的药量与入水深度关系，我们研制了能够调节入水深度和具有在水中漂浮定位功能的专用潜水破冰弹（QSPBD），如图3所示。

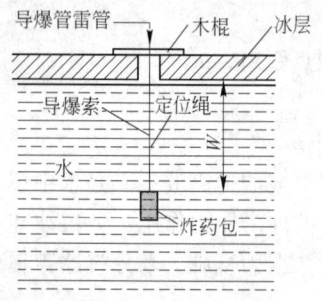

图2　集中药包水中定位方法

Fig. 2　Location of collect charge

图3　潜水破冰弹（QSPBD）

Fig. 3　Underwater broken-ice bomb

潜水破冰弹的构造分成弹体和浮子腔两部分，弹体部分包括装药腔外端盖、内端盖，定时起爆及延时销毁装置，防水垫，定深绳，防水插头，连接电缆等，如图3所示。

2014年2月20日，在包头磴口地区的黄河冰盖上，我们对研制的定型潜水破冰弹与相同药量的集中药包进行了对比试验。结果如图4所示。

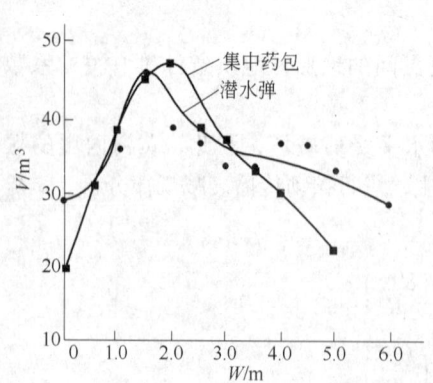

图4　同药量潜水破冰弹与集中药包的破冰试验和效果曲线

Fig. 4　Blasting effects and curve of V-W between underwater broken-ice bomb and collect charges

从图形比较，两者的最佳入水深度在 1.5~2.0m 之间，最佳破冰体积为 46~47m³。基本没有什么太大的变化。因此潜水破冰弹是集中药包试验结果的定型化，这为破冰弹药的商品化提供了科学依据。

3.2 两级时差安全破冰弹的研制

从集中药包破冰试验得知，水中爆破破冰比冰上裸露爆破的效果大 10 倍以上，但是水中爆破必须先在冰上机械钻孔，能不能做到一弹两用，即打洞和入水爆破一体化。调研和查阅国内外资料后，对已有的两级破冰弹（水科院、重庆 5013 工厂合作研制的专用冰下破冰弹和济宁淄博 732 工厂研制的黄河防凌弹）在 2013 年 3 月爆破破冰试验中进行了实弹爆炸试验。从试验结果可以得到：（1）732 工厂和 5013 工厂破冰弹的破冰效果相差不大；（2）两种破冰弹使用的炸药都是军用炸药，民间使用很少，申请困难；（3）都使用了金属，爆炸碎片飞到 200m 外，安全性差；（4）两种破冰弹弹体小、轻型，但是制作成本比较高。由于存在上述问题，我们进行了改进，吸取了 732 工厂和 5013 工厂破冰弹的长处，炸药采用乳化炸药，弹体制作全塑化，改进后的新型破冰弹（S-A-PBD-01）如图 5 所示。

图 5 两级时差安全破冰弹

Fig. 5 Two steps time-difference underwater broken-ice bomb

2014 年 2 月 18 日 ~ 2 月 20 日，对改进后的两级时差安全破冰弹进行了试验，其破冰效果与 2013 年的试验相近，安全效果十分理想，破碎的塑料飞散在 40~50m 范围内，不存在安全隐患。

3.3 轻型两栖钻孔台车

研制了专用破冰弹，下一步就是应用什么装备予以实施。由于冰上作业与陆地作业不同，特别是冰上作业的安全性必须保证，因此研制相应配套的设备和机具，也要适合冰上安全作业的条件，以完成钻孔、装药、起爆整个爆破破冰的施工作业。

在试验初期，冰盖钻孔采用的是内燃螺旋钻机，钻头直径为 $\phi180~250mm$。它需要两个人在冰上操作，安全得不到保障。因此，需要研制能够在冰上进行机械钻孔的台车来取代人工作业。

钻孔台车必须适应水、冰两栖作业。我们进行了大量调研，参考了国外引进的破冰机械，应用了军用装甲车的技术，与有关单位共同研制了轻型的冰上钻孔台车，如图6所示。根据冰性脆且抗拉强度小的特点，配备液压螺旋钻机进行钻孔作业。

图6　轻型两栖钻孔台车

Fig. 6　Light-duty amphibious drilling mechanism

轻型冰上钻孔台车的技术性能参数见表3。

表3　技术性能参数

Table 3　Technical performance parameter

钻孔速度/s·个⁻¹	3~5	外形尺寸（长×宽×高）/m×m×m	6.6×3.3×2.4
爬坡度/(°)	30	机动速度/km·h⁻¹	5（陆地和冰上）；1.5（水中）
入水角/(°)	≤25	越过垂直高度/mm	≤1
发动机功率/kW	83	出水角/(°)	≤15
整机质量/t	4.2	驱动方式	液压
工作温度/℃	-40~50	浮力储备/%	≥50

台车上有爆破作业配套的液压螺旋钻机、装药作业平台和切割锯，具有冰上钻孔、冰盖切割、布设破冰弹和连接爆破网路等作业功能，可以承担破冰开凿流凌通道，破碎水中和冰塞上面的大块冰凌，在冰坝关键部位上布置破冰弹瓦解溃坝的任务。

3.4　冰上轻型混装炸药车

试验初期，采用的是卷装的乳化炸药，人工制作药包。在制作成定型的潜水破冰弹以后，弹体用药卷来装药比较麻烦，如果采用现场混装炸药灌装就比较方便，可以提高作业效率。在2013年3月的破冰试验中，我们应用混装乳化炸药车在现场灌装了大量的条形药包，事实证明装药速度有很大提高（如图7所示）。但是矿山应用的混装装药车比较大，我们需要的是能在冰上进行装药作业的小型台车。于是与北京矿冶研究总院、山东沃尔华集团公司合作研制了新型的冰上混装乳化炸药车（如图8所示）。

图 7 应用大型混装炸药车灌装条形药包
Fig. 7 Lengthy charge filled using great mixing-loading car

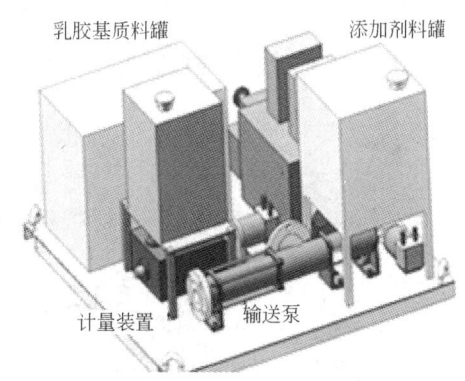

图 8 新型混装炸药车
Fig. 8 New emulsion explosive mixing-loading car

新型冰上混装乳化炸药车的技术参数见表 4。

表 4 技术参数
Table 4 Technical parameters

乳胶基质料箱容积（PE 材质）/L	30	添加剂料箱容积/L	14
可装填炮孔范围/mm	$\phi 40 \sim 150$	可装填炮孔深度/m	$10 \sim 50$
装药密度/g・cm^{-3}	$1.0 \sim 1.25$	装药软管直径/mm	$\phi 38$
装药速度/kg・min^{-1}	$7 \sim 60$（可调）		

3.5 无人机投送破冰弹专用系统

破除大块流凌是防止冰塞、冰坝形成的有效方法，但是冰凌是流动的，用船只靠近冰凌人工投掷炸药包的方法很不安全，而且药包定位不好控制，能不能应用近年来发展的无人机进行地面遥控投弹，我们进行了初步设计构想，如图 9 所示。

2012 年 3 月，应用风扇形无人机和螺旋桨形无人机的无人机进行了投弹试验。试验结果显示：风扇形无人机的性能不稳定，遥控装置操作复杂，难以操纵；螺旋桨形无人机载重量小，最大不能超过 4kg，不能满足破冰的要求，必须予以改进。

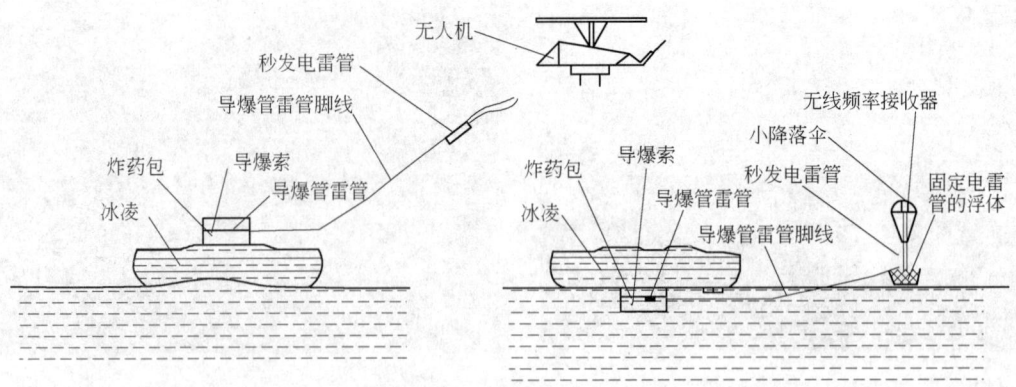

图 9　无人机投弹破碎大块冰凌的构想图

Fig. 9　Imagine of throwing underwater broken-ice bomb by unmanned plane

　　课题组在总结上述试验的基础上，根据破冰的具体要求，研制了多旋翼形无人机，如图 10 所示。

图 10　研制的八旋翼形无人机

Fig. 10　Unmanned plane used 8-rotary-wing aircraft

　　无人机的技术性能参数见表 5。

表 5　技术性能参数

Table 5　Technical performance parameter

最大航速/km·h⁻¹	40	最大升高/m	1000
控制半径/km	5	载重量/kg	0 ~ 15
抗风能力	地面 5 级	GPS 定位精度/m	≤5

　　无人机在破冰爆破上的主要作用是投弹破冰，它可以运载专用破冰弹投掷到指定的大块冰凌上进行爆破，还可以对冰塞和冰坝的关键部位投掷潜水破冰弹进行水下潜伏爆破，也能够连续投掷两级时差破冰弹对冰盖实施破碎爆破。

　　它的投弹装置有电磁锁的挂弹器和延时起爆系统（如图 11 所示）。挂弹器可以套入专用破冰弹，卡住弹体。无人机可以携带破冰弹飞行至预定投放点后，通过地面遥控指令使电磁锁释放，破冰弹下落潜入到冰下，同时包裹破冰弹的水溶膜在水中溶解，破冰弹的浮子腔和弹体分离，由于浮力和定深绳的相互作用，弹体定深于水中（冰下）一定深度，按照设计指定的延时起爆，实施破冰。

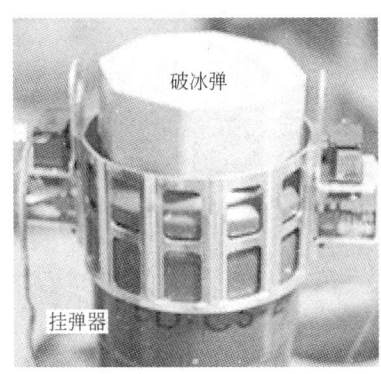 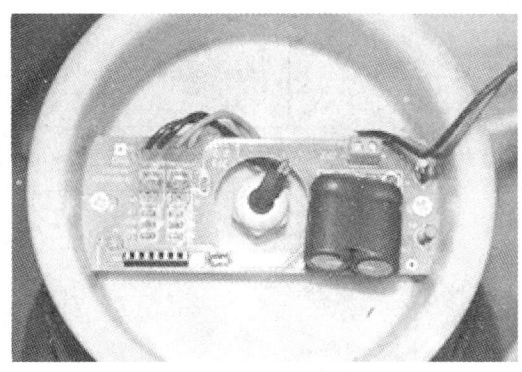

图 11　无人机挂弹装置和延时系统

Fig. 11　Installation of link up with bomb and delayed action in unmanned plane

4　研究和技术创新成果的应用

4.1　爆破理论研究成果的应用

（1）爆破破冰的"利文斯顿爆破漏斗效应"和爆破入水最佳深度的经验公式为爆破破冰关键技术参数的计算提供了科学依据，在爆破破冰工程上有着十分有用的价值。

（2）冰盖下水中爆破冲击波的传播规律和冰盖、黄河内堤的振动传播衰减规律，这在国内外是第一次，这对于进一步研究冰盖破碎机理和爆破对周围环境安全具有极大的参考价值，也为我国爆破破冰工程安全规程的制定提供了丰富的资料数据。

4.2　技术创新成果的应用

防凌破冰爆破技术创新的成果已经在黄河防凌破冰中进行了实际应用，收到了很好的效果，得到黄河水利委员会、内蒙古水利厅等领导和当地政府有关部门的赞扬和肯定。

（1）群药包爆破冰盖，开凿流凌通道，疏导冰凌，预防冰塞冰坝的形成。应用集中药包，按照需要开凿冰凌通道的长度和宽度，在冰盖上用两栖钻孔台车钻孔，布放弹药，连线起爆。如 2013 年 3 月 6 日，布设的试验爆破孔位设计如图 12 所示。试验采用 12 个 3kg 集中药包，10 个 5kg 的集中药包，入水深度 1.5m，瞬时起爆，切割冰盖范围 42m×60m，中心区域均匀布置 3 个 10kg 集中药包，入水深度 1.5m，延时 2.5s 起爆。利用爆破能量和水中压力使整块冰盖破碎。试验破碎冰盖 2520m²，在经过 24h 以后，发现爆破后已经破碎冰盖，整体向下游漂移了 1.2km，达到了快速开启流凌通道的目的（如图 13 所示）。

（2）无人机投弹破碎大块冰凌、瓦解消除冰塞、冰坝。应用无人机装载潜水破冰弹，在上游投放，潜入大块冰凌和冰塞、冰坝下面，进行爆破破冰，能够阻止和瓦解冰塞、冰坝的形成，达到避免和消除冰凌灾害的目的。

2014 年 3 月 4 日，在包头王大汉浮桥下游 3km 处有正在形成的冰塞，如图 14（a）所示，

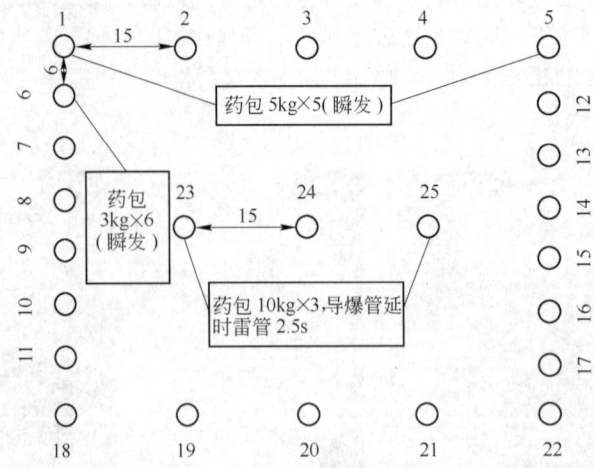

图 12　爆破开辟流凌通道试验区布置（单位：m）

Fig. 12　Design of blasting experiment region for opening up ice-broken flowing（unit：m）

图 13　群药包快速开启流凌通道爆破

（a）群药包爆破形成整片冰洞破碎区；（b）河床冰面整体向下游漂移 1.2km

Fig. 13　Explosives group of charge for opening up ice-broken flowing

我们设计在冰塞的左边，布设一排两级时差破冰弹，如图 14（b）所示；在冰塞上游采用无人机连续投掷潜水破冰弹。两级时差破冰弹先爆，而后无人机投弹，如图 14（c）所示。在无人机投掷两发潜水破冰弹后，这小段宽约30m长约60m的冰塞就开始瓦解溃移。

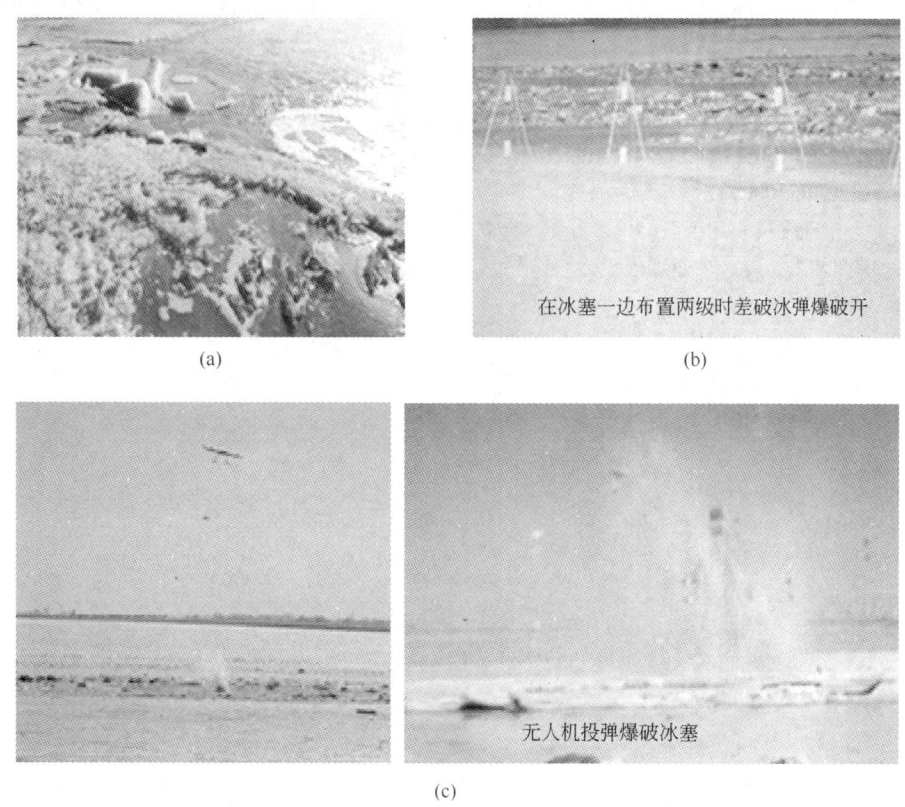

(a)   (b)

在冰塞一边布置两级时差破冰弹爆破开

(c)

无人机投弹爆破冰塞

图14　应用无人机投掷潜水弹破冰塞

（a）形成的部分冰塞；（b）两级时差破冰弹；（c）无人机投掷潜水破冰弹

Fig. 14　Throwing underwater broken-ice bomb by unmanned plane for blasting ice-stop

5　结论

上述爆破破冰理论研究和技术创新成果是"十二五"国家科技支撑计划"应急装备关键技术研究与装备研制"科研项目"防凌破冰关键技术研究与装备研制"课题中的一部分。总课题已于2014年4月28日，由主持单位公安部科技信息化局组织专家通过了验收。验收报告（即成果鉴定）中的有关结论如下：

（1）研制的以两栖破冰车、潜水爆破带、潜水破冰弹、双级差时破冰弹等为主体的疏导处险装备，主要指标经相关单位测试，均达到课题任务书的考核要求。

（2）课题研究在防凌工作思路、破冰理论和工艺方法、破冰技术装备等方面具有重大突破和创新。

（3）主要研究成果在黄河开河期进行了试验试用，运用该成果先后消除三处冰塞，实现了提前干预、主动疏导、平稳开河的良好效果，得到了国家防总、水利部黄河水利委员会、内蒙古自治区等单位领导和专家的认可，具有广泛的推广和应用前景。

参 考 文 献

[1] Livingston C W. Theory of Fragmentation in Blasting［C］//Sixth Annual Drilling and Blasting Symposium,

University of Minnesota，1956.

［2］佟铮，马万珍，王宁．黄河内蒙古河段凌汛期爆炸破冰的基本方法［J］．人民黄河，2003，12：12～13.

［3］中国水利水电科学研究院．人工干预开河防凌措施及方案制定研究报告．2009.

［4］美国陆军工程师委员会．凌坝爆破研究报告984［R/OL］，DDM 3515.

［5］Engineering and Design Ice Engineering. Department of the Army U. S. Army Corps of Engineerings Washington，DC 20314-1000.

［6］刘殿中．工程爆破实用手册［M］．北京：冶金工业出版社，1999.

［7］B. H. 库图佐夫，等．工业爆破设计［M］．顾佑鳌，史家垌译．北京：中国建筑工业出版社，1986.

露天冻土爆破技术

张志毅　　杨年华

（中国铁道科学研究院，北京，100081）

摘　要：论文结合季节性冻土和青藏高原永久性冻土的爆破开挖实例，论述了冻土爆破的关键技术，包括冻土中炮孔钻凿和装药技术、钻爆参数、爆破器材选型和爆破施工中必须注意的问题。特别对季节性冻土的爆破振动问题及永久性冻土的爆破规模做了深入探讨，它是冻土爆破的特有技术。

关键词：冻土；爆破；边坡；路堑

The Opencast Blasting Technology in Frozen Soil

Zhang Zhiyi　　Yang Nianhua

（China Academy of Railway Sciences，Beijing，100081）

Abstract：On some examples of blasting excavation in seasonal frozen soil and the Qinghai-tibet plateau permafrost，this paper discusses the key technologies of frozen soil blasting，including drilling，charging，blasting parameters，blasting equipment and materials，and the problems in blasting construction. Special blasting vibration in seasonal frozen soil and blasting scale in permafrost are discussed，which is a special technology about frozen soil blasting.

Keywords：frozen soil；blasting；slope；cutting

1　引言

天然冻土在我国北方和青藏高原普遍存在，如何实施高效、安全和环保的冻土爆破开挖，始终是国内爆破界关注的问题之一。中国铁道科学研究院结合青藏铁路的建设和其他工程需要较为全面地开展了相关爆破施工技术的试验研究。本文旨在系统地整理有关研究成果和工程实践经验，供爆破界同仁在进行露天冻土爆破开挖时参考。

所谓天然冻土是指由自然原因而形成的冻土，以青藏高原冻土为例，按冻土的粒度成分及总含水量可分为少冰冻土、多冰冻土、富冰冻土、饱冰冻土和含冰层五类；而按冻土的施工年平均地温又可将其分为低温冻土、中温冻土和高温冻土三种类型。但是若仅从爆破开挖的角度看，目标就是破碎冻土，不涉及将其构造成型或维护保养，因而没有必要针对如此详细的分类探讨其爆破技术，只需根据施工目的加以工程爆破分类即可。为此本文将露天冻土分成季节性冻土和多年冻土（高原永久性冻土），并针对两种类型的冻土分别给出其钻爆施工方法。

张志毅，研究员，zzy13602647455@163.com。

2　季节性冻土爆破

　　一年之中的数个月里因气温低而使大地表面冻结形成的冻土称为季节性冻土，其最大特点是冻土层不厚，一般为 0.5~3m，冬季施工，气温在 -40 ~ -10℃，施工条件相对恶劣。

2.1　钻孔

　　季节性冻土层虽然较薄，但由于冻结土层坚硬，韧性好，一般冲击钻钻凿过程产生的热量会使冻土热融形成塑冻状态或融化状态，黏性很大，钻头出气孔极易被融化冻土封闭，钻屑无法吹出，钻孔效益很低，甚至不能形成有效炮孔，为此，对这类冻土宜采用以下钻孔方法：

　　（1）麻花钻钻孔。适用于黏土和砂性土冻结层中钻孔，钻孔直径 $\phi = 60 ~ 100mm$，钻孔深度为 1~3m，无需接杆，效率较高，且可满足设计孔深的要求。

　　（2）高风压冲击钻钻孔。因冻土层不厚，一般孔深都在 3m 以内，使用大直径（$\phi = 100 ~ 150mm$）高风压冲击钻钻孔，也能快速形成所需孔深的炮孔。

　　（3）聚能弹穿孔。穿孔深度可达 3~4m，成孔速度快，操作简单，但成本高，孔深精确控制难，只宜在机械设备不易操作的特殊条件下少量使用。

　　（4）热力钻孔。利用高速喷射的炽热气体，使导热性很低的冻土层在喷射点产生温差应力和气流动能而破碎或融解。该法适用于在砂土、黏性土的冻土中钻孔。

　　工程实践经验表明，冻土中钻孔的直径应是拟装药卷直径的 2 倍以上，否则会因热融回冻造成炮孔直径缩小，使药卷无法下装孔内。同理，冻土炮孔钻成后最好立即装药，避免回冻卡堵炮孔，若不能立即装药，则应将孔口封堵严实。

2.2　装药

　　针对季节性冻土爆破孔深较浅、施工气温较低、孔内基本无水等特点，爆破器材均应选用抗冻型。由于普通的乳化炸药、水胶炸药在低于 -10℃ 时感度很低或产生冻结而失效，使用雷管起爆率较低，故而不宜使用。2 号岩石炸药可在较低温度下使用雷管引爆，并且无需进行防水处理，供货渠道广泛，对于季节性冻土爆破较为适宜。

　　季节性冻土爆破的装药结构根据冻土深度不同可分为两种。

　　（1）当冻土层厚度不足 1m 时，钻孔穿过冻层，在冻层以下放置药包（如图 1 所示），这种浅孔下层装药爆破既能顶起破碎的冻土层，也无飞石产生，效果较好。但由于炸药放在不冻层内，所需药量较大。

　　（2）当冻土层厚度超过 1m 时，在冻层下面装药不易使冻土层鼓胀凸起，宜将药包放在冻层中爆破（如图 2 所示）。当单孔装药量较少时，每孔做一个延时段起爆，当单孔装药量较大

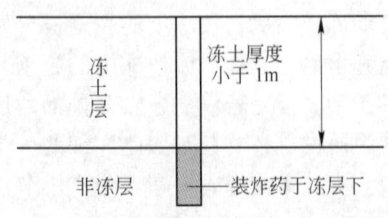

图 1　薄冻土层爆破的装药结构

Fig. 1　Blasting charge in thin frozen soil

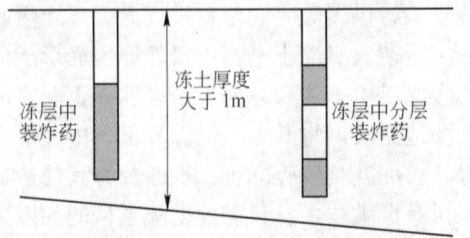

图 2　厚冻土层爆破的装药结构

Fig. 2　Blasting charge in thick frozen soil

时,孔内分上下 2 层装药,每孔分 2 个延时段起爆,以上层先爆、下层后爆为原则。

2.3 爆破参数

季节性冻土爆破中最重要的是临空面,临空面条件越好,爆破效果越好,且有害效应低。因此初次平地冻土爆破开挖应采用掏槽爆破原理来开创临空面。开创临空面爆破可采用楔形掏槽法和空孔直眼掏槽法,无论哪种掏槽法,其爆破炸药单耗都较高,一般应达到 0.5 ~ 0.8kg/m³,爆破性质为抛掷爆破。当良好的临空面开创后,季节性冻土爆破的炸药单耗只需 0.3 ~ 0.4kg/m³,爆破性质为松动爆破,对于药包位于冻层之下的装药结构,炸药单耗相应提高到槽爆破的水平。

根据装药结构确定钻孔深度 L,一般可用以下公式计算确定,即

薄冻土层爆破的装药结构 $L = H + (2 \sim 3)d$ (1)

厚冻土层爆破的装药结构 $L = H - (2 \sim 3)d$ (2)

式中 L——钻孔深度,m;

H——冻土厚度,m;

d——钻孔直径,m。

表 1 和表 2 分别列出了当 $d = 80 \sim 100$mm 时,两种装药结构下的爆破参数经验数值表。

表 1 第一种装药结构下的爆破参数
Table 1 Blasting parameters in thin frozen soil

H/m	L/m	W/m	a, b/m	Q/kg
0.4	0.6	0.6	0.8	0.15
0.6	0.8	0.6	0.8	0.25
0.8	1.0	0.8	1.0	0.50
1.0	1.3	1.0	1.2	0.90

注:W—最小抵抗线;a,b—炮孔间距、排距;Q—单孔药量。

表 2 第二种装药结构下的爆破参数
Table 2 Blasting parameters in thick frozen soil

H/m	L/m	W/m	a, b/m	Q/kg
1.2	1.0	0.9	1.2	0.45
1.6	1.4	1.5	1.6	1.40
2.0	1.8	1.8	2.0	2.50
2.4	2.1	2.0	2.0	3.20
3.0	2.7	2.0	2.0	4.20

2.4 爆破振动安全

对于季节性冻土来说,由于其整体性和内部的黏滞性较强,正常药量下爆破个别飞散物是很难出现的,但其爆破振动的影响却较一般岩石爆破的范围广,效应强。其原因在于其地质条件的特殊性,使其振动波传播较远,衰减较慢。季节性冻土呈薄壳状,其表面冻土完整性、坚硬性是地震波的良好传播体,由图 3 可知,当药包在冻土中爆炸,应力波主要由表层冻土传

播，下部的非冻层波速低，波阻抗系数小，应力波能量较大部分折射到冻层中传播，因此，爆炸应力波在冻层中类似于二维板块中的传播模型。实际上与岩石爆破应力波相比，冻土中爆破振动波传播有两个不同特点：（1）岩石爆破应力波在半无限三维介质中传播，而冻土爆炸应力波主要在二维表层冻土中传播，所以冻土中爆破地震波衰减慢，传播较远；（2）岩体中或多或少地发育一些软弱结构面，特别是表层岩体风化严重，对地震波的传播有吸收阻隔作用，而表层冻土是一块非常完整的硬壳，几乎不存在破裂面，并且在冻胀力作用下内部存在一定挤压预应力，冻土层

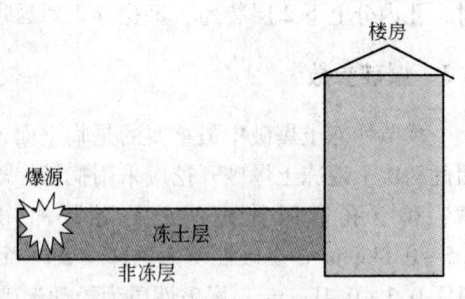

图 3　冻土爆破地震波传播条件示意图
Fig. 3　Blasting seismic wave propagation in frozen soil

相当于中硬岩石，因此，冻土层中无结构面阻隔，地震波传播衰减慢，而且冻土层直接与建筑物基础连为一体，地震波通过冻土层直达建筑物基础上，造成基础结构强烈振动，危害性较大。为此，在实施季节性冻土爆破时要对其爆破振动的危害性给予高度重视，视工程环境条件采取严格控制单响药量、增加分段延时、单排孔爆破以降低夹制作用以及干扰降振等多种方法减轻爆破振动危害。

2.5　施工注意事项

限于受爆体的特殊性和施工期的气温条件，在季节性冻土的钻爆施工中还应特别注意以下事项：

（1）一次爆破规模的确定。冻土爆破后应立即进行清挖，一次爆破量应控制在当天即可清挖完毕的规模，否则，一旦过夜，由于夜间气温很低，爆破的冻土块会有再次冻结在一起的可能，给清挖工作带来巨大困难，甚至需要重新爆破。

（2）钻孔与装药的工艺衔接。原则上钻孔完成后应立即装药，以避免因孔内再次回冻难于完成装药，确实无法立即装药时，在炮孔内插入竹筒，将孔口封闭严实，保证炮孔通顺。

（3）填塞。填塞材料应选用不易冻结成块的介质，如中粗沙，保证堵塞质量。

（4）爆破松散体应使用挖机一次性挖出，不宜使用推土机等进行二次倒运，防止因再冻结给清挖工作带来困难。

2.6　工程实例

2000 年 4 月在内蒙古呼伦贝尔盟牙克石市中心大市场改建工程中实施了季节性冻土的爆破开挖，开挖场地为杂填土（季节性冻土层），其下为干砂层（非冻土层），冻土层厚薄不均，一般为 2.0 m 左右。爆破场地北侧 13 m 为一年前新落成的六层居民楼，东侧 20 m 为一座 3 层商用楼，当时的气温为 -19 ~ -14℃，工程要求冻土爆破开挖中必须确保周围建筑物的安全。

施工中采用简易麻花钻成孔，钻孔直径 $d = 60mm$，孔深 $l = 1.5 ~ 3m$，孔间距 $a = b = 1.5 ~ 2.0m$，使用 2 号岩石卷状炸药（$\phi = 25mm$），非电导爆管雷管起爆。工程前期当地施工单位曾实施过单响药量 24kg 的爆破，造成距爆破点 80m 处的公安局振感强烈，局部墙体裂缝扩展，而后将单响药量缩减至 3kg，周边居民楼的振感仍然十分强烈。为此，我们在施工中将单响药量控制在 1.5kg 以内，采用接力式爆破网路，单排孔逐孔爆破，安全顺利地完成了约 5000m³ 的季节性冻土爆破。

3 多年冻土爆破

所谓多年冻土即指常年都不融化的冻土，在夏季气温较高时其表层虽然有一定的融化，但其下部仍呈冻结状态，因此也称永久性冻土。季节性冻土只有在天气寒冷的冬季在大地的表层呈硬壳状的存在，而多年冻土在冬季自表向内全部冻结，冻结深度达数十米，甚至上百米，作为工程开挖而言（深度有限），其开挖和基底都是冻结状态，因而其爆破特性与季节性冻土有很大不同。

3.1 青藏铁路多年冻土区的地质结构特征

青藏高原多年冻土地带地势高，地质结构复杂，铁路沿线冻土区的冻土特性也各不相同，见表3。

表3 青藏高原北部冻土特性
Table 3 The permafrost features in northern qinghai-tibet plateau

位　置	松　散　堆　积			山　地　基　岩		
	年平均地温/℃	冻土厚度/m	最大季节融深/m	年平均地温/℃	冻土厚度/m	最大季节融深/m
昆仑山	−1.0 ~4.0	40 ~100	1.0 ~4.0	−1.2 ~ −1.0	50 ~400	3.2
风火山	−1.5 ~4.4	70 ~155	1.1 ~4.5	−4.4 ~ −1.5	70 ~155	1.1
唐古拉山	−4.5 ~ −1.7	20 ~130	1.5 ~3.2	−9.0 ~ −4.0	130 ~300	

青藏铁路格拉段要通过的连续多年冻土地段出露地层以中生代的灰岩、泥灰岩、页岩和砂岩等海相沉积为主。其中风火山地处多年冻土的腹部，其冻土地质结构具有典型的多年冻土特征，地表至5m深左右为第四纪覆盖层，一般为砂土、黏砂土夹碎石或块石，含量为5% ~10%，5m以下为几乎不含冰的砂页岩风化层。季节融化层最大厚度为1.3m左右，称为上限，大约在每年5月初开始融化，到当年10月底又冻结。上限以下为永冻层，永冻层地下冰极其发育，即在砂土、黏砂土中不但含有碎石或块石，而且还含有"冰"，根据含冰量多少冻土分饱冰冻土、富冰冻土、多冰冻土和少冰冻土。这种地质结构（尤其是土中含石又含冰）给钻爆开挖带来很大困难。

3.2 钻孔及机械选型

高原冻土钻孔还是以机械能钻机最常用，试验研究表明，高原冻土的钻孔应按不同的孔深选择钻孔机械，具体建议为：

（1）浅层开挖爆破可选择麻花钻，钻孔深度不超过2.0m。该钻机功率2kW左右，钻孔直径为40 ~60mm，钻孔效率为2 ~2.5m/h，在浅埋深（钻孔深度小于3m）不含硬夹石的均匀冻土施工中宜采用。

（2）中深层开挖爆破可选择高风压冲击钻，钻孔深度2 ~7m较合适，特别适合于含碎石的冻土中钻孔。如河北宣化产潜孔冲击钻机，钻孔直径为100mm，中铁三局在沱沱河地区（DK1210 +310 ~DK1210 +490 段）进行了高含冰量冻土爆破开挖试验，冻土的含冰总量为22.1% ~42%时，潜孔冲击钻钻孔速度为0.2 ~0.5m/min，钻6m深的孔需要40 ~50min（包括换钻杆时间）。生产试验表明该钻机可以在含碎石冻土中钻孔，适合于冻土爆破方量较小、炮孔深度不大的爆破区。

（3）开挖深度大于5m，且开挖方量比较集中的工点，可选择牙轮冲击回转式钻机。沙驼牌地质钻机（称沙漠钻车，如图 4 所示）即为冲击回转式钻机中的一种，如 201SZ 沙漠钻车在青藏线昆仑山地区的冻土爆破施工中使用情况良好，取得了较好的效果。中铁五局选用的沙驮牌地质钻机在其施工的 DK984 + 183 ~ DK984 + 660 段高含冰量冻土路堑爆破中进行试验和应用，在钻孔直径为 80mm 时，钻孔速度可达 1 ~ 2m/min，孔深小于 20m 时，单日可钻进 1000m 以上。另外该机越野能力强，轮胎接地比压小，非常适合于高原冻土层施工。

图 4　沙驮牌地质钻机

Fig. 4　Geological drilling rig

3.3　装药及爆破器材选型

高原冻土爆破的装药形式均为图 2 所示的第二种装药结构，且以连续满孔装药为主。在具体的装药和器材选型上可参照以下方法：

（1）高原冻土钻孔困难，回冻速度快，依据快速施工和减少人员劳动的原则在有条件的情况下尽可能采用机械化装药技术，它可节省人工，提高爆破效率，钻孔后立即装药可解决孔内回冻问题。若不能投资机械化装药设备，也尽可能采用高威力炸药，以便尽量减少炮孔数，降低钻孔成本，提高钻爆效率。

（2）暖季和寒季进行露天爆破施工时，炸药选型上应有所区别。暖季施工因地表水可能会流入炮孔而回冻，因此通常钻孔后应立即装药，对于存水炮孔需要装填防水炸药，此时其抗冻温度可适当提高，暖季爆破一般用普通乳化炸药就能满足要求，没水的炮孔可直接装填散装粉状硝铵炸药，尽可能提高线装药密度。而寒季施工，工地气温低、温差大，冻土中成孔困难，在饱冰冻土和富冰冻土中刚钻成的炮孔内会有少量水或泥浆，若不立即装药就会很快回冻，孔深变浅，因此深孔爆破的炸药必须防水抗冻。选用抗冻型乳化炸药或钝感水胶炸药爆破效益最佳。

（3）一般导爆索和导爆管在暖季施工时均可满足施工要求，但在寒季施工必须考虑抗冻要求。塑料管在极低温条件下会变硬变脆，所以寒季施工应选耐冻型强力导爆管。此外高原紫外线强，要注意防止导爆索和导爆管长时间暴晒，避免因强紫外线照射使炸药变质失效。

（4）由于青藏高原雷电频发，尤其以地滚雷较多。因此在露天爆破作业，禁止采用电起爆网路。一般孔内药包由导爆索引出，孔外使用非电导爆管雷管快速连成起爆网路，最后用激发笔引爆。

3.4　爆破参数

多年冻土爆破布孔方法和爆破参数的选取仍需遵循一般岩土爆破的原则，但因回冻问题，炮孔一般以垂直布设为宜。路堑开挖爆破单孔装药量采用体积公式计算确定，不同之处如下：

（1）钻孔直径 d 的选择。因钻孔完成后回冻现场的普遍存在，d 值一般应大于装药直径的 1.5 倍以上，故而 d 值应不低于 60mm。由于冻土爆破挖深不大，一次爆破规模受到后续铲装工作的限制，同时应遵循快速钻孔、紧随装药和环境保护（干扰范围受控）的施工原则，炮孔直径也不宜过大，所以应根据挖深大小和爆破规模在 $\phi = 60 \sim 140mm$ 之间选取 d 值。试验经验表明，挖深小于 5m，d 取 60 ~ 100mm 为宜，挖深大于 5m，d 取 80 ~ 120mm 为佳，其中挖深愈浅，取小值。

（2）钻孔超深 h。试验表明，要使底板平整不欠挖，多年冻土爆破也应设置超深，超深的大小与钻孔直径有关，对于富冰碎石冻土，在 $d=100mm$ 时应为 $0.2\sim0.4m$。一般情况而言，钻孔超深可按以下经验公式估算，并根据施工情况加以调整。

$$h=(3\sim5)d \tag{3}$$

式中　d——钻孔直径，m；

　　　h——钻孔超深，m，富冰冻土取小值，少冰冻土取大值。

在底板需严格保护时，需于孔底设置空气缓冲垫，缓冲垫的高度 h' 应为：

$$h'=(1\sim1.3)h \tag{4}$$

其中，富冰冻土取大值，少冰冻土取小值。

（3）单位炸药消耗量 k（简称炸药单耗）。青藏高原冻土爆破依据环保要求一般采用松动爆破和加强松动爆破。对于铁路路堑钻孔爆破而言，必须严格控制爆破对路堑边坡和底板的扰动，同时单位长度内的爆破量较小，加之有大功率的挖掘设备，因而一般采用减弱松动爆破形式。不同强度爆破的炸药单耗 k 可按表4选取。

至于其他爆破参数，如 w、a、b、l'（堵塞长度）等可按一般钻孔爆破确定，而单孔装药量 Q 依据体积公式，按 $Q=kwaH$ 或 $Q=kabH$ 计算确定。

表4　高原多年冻土炸药单耗

Table 4　Specific charge in plateau permafrost blasting

冻 土 种 类	$k/kg\cdot m^{-3}$		
	减弱松动爆破	松动爆破	加强松动爆破
高含水量角砾冻土和碎石冻土	$0.20\sim0.25$		
高含冰量砾砂冻土	$0.28\sim0.35$		
砂黏土		$0.30\sim0.40$	$0.60\sim0.75$
泥灰土		$0.40\sim0.50$	$0.80\sim1.00$
砂页岩		$0.50\sim0.65$	$1.00\sim1.20$
石灰岩		$0.60\sim0.75$	$1.10\sim1.30$
风火山饱冰冻土（5～9月）		$0.55\sim0.65$	$0.75\sim1.00$
清水河地区冻结泥灰土（7～8月）		$0.45\sim0.55$	$0.70\sim0.90$

注：上述数值均由爆破漏斗试验获得。

3.5　爆破开挖施工原则

多年冻土爆破开挖的施工条件限制多，环境恶劣，因而在施工中必须遵循以下三大原则。

3.5.1　快速施工的原则

（1）合理确定一次爆破规模。对于路堑开挖来说，为防止爆后因开挖及后续作业衔接不紧而造成病害，应实施分段爆破开挖，并且做到开挖一段清运一段，清挖工作最好在当天完成，防止爆堆再次冻结而无法施工。铁路路堑爆破规模由爆破清碴和对基底及边坡的处理能力来确定，只有在对前次爆破、挖运、基底处理循环完成后，方可进行第二次爆破作业。

（2）努力提高钻孔和成孔效率。首先，为满足大规模施工的需要，应根据孔深的不同，选择钻进效率最高的钻机。若一个工地仅限一种钻机，则应考虑钻机具有钻孔深度可达 $10\sim12m$、钻孔直径 $80\sim120mm$、钻进效率可达 $0.5\sim1.0m/min$ 的性能，并且要具有一定的爬坡能力，且行走以轮胎式为佳。其次，应尽量保持钻孔在装药时保持良好状态，防止回冻、回淤引起炮孔变浅、变细。

（3）优化爆破设计参数，做到路堑爆破一次成型。首先应因地制宜选择爆破方案，对开挖冻土方量较小、地形较复杂的工地，可采用浅孔爆破；对开挖冻土方量比较集中、开挖台阶高度大于5m的工地，可采用深孔爆破。其次应按表4选取合理炸药单耗。不同地质条件下的炸药单耗差别较大，且与地温有关，必要时应在现场进行标准爆破漏斗试验予以确定。另外，对于挖深不超过15m的冻土路堑，爆破设计应做到一次爆破成型。为防止钻孔深度因塌孔、回淤、回冻而造成的减少，在实际钻孔中，可考虑增加20~50cm的附加超钻量。

（4）做好施工组织设计，实现不间断高效作业。冻土爆破前，应将爆破后冻土的开挖设备、工具、路基隔热层施工材料及其他建筑材料准备就绪，并放置在爆破工地周围安全、使用方便的适当地点。冻土爆破后应立即开挖，对浅堑开挖，可先基底后边坡；对深堑开挖，宜先边坡后基底。开挖应注意在基面位置拉出一定宽度的排水槽，以防融化泥流淤积堑内。

3.5.2 保护生态环境的原则

多年冻土地区的生态环境极其脆弱，一旦破坏难以恢复，有时甚至是不可逆的。因此，爆破开挖施工应尽量减少对多年冻土环境的破坏，认真贯彻"预防为主，保护优先，开发和保护并重"的原则。

（1）严格控制爆破开挖在设计界限内进行。为保护冻土生态环境，不留病害隐患，多年冻土爆破应严格控制超爆超挖。为提高边坡质量，使爆破后形成的边坡稳定、平整、光滑，对边坡上部的炮孔深度应严格控制，绝不允许炮孔伸入边坡，且爆破时孔底应设置空气缓冲段。地表为松软土质时，应沿开挖限界设置预裂沟。

（2）努力避免爆破开挖对工点周围生态环境的破坏。高原冻土地区施工中，原则上宜采用松动爆破。为降低爆破振动，提高爆破破碎效果，多排和多孔爆破宜采用毫秒间隔起爆。对爆破体的开挖清运，宜配备挖掘机和自卸汽车，不宜使用履带式推土机和铲运机。

（3）在施工中采取措施，减少冻土的热融。爆破开挖范围内的草皮在施爆前一般不宜破坏。即使表层无草皮，施爆前也应保持原有状态。

3.5.3 安全作业的原则

（1）采用防水抗冻爆破器材，提高爆破的准爆率。

（2）确保高原雷电气象环境下爆破器材的安全。

（3）确保恶劣气象条件下施工人员的作业安全。

3.6 工程实例

2002年7月在青藏线风火山路段实施了路堑冻土的爆破开挖。

待爆冻土表层为角砾冻土，厚度为0~2.1m，浅红~灰色，菱角状，属于季节融化层，中密Ⅱ级普通土。下部为碎石冻土，厚度大于5.3m，褐黄~褐灰色，菱角状，含冰丰富。爆破之前其上部3.0~3.2m的季节性冻土已清除，剩下坚硬的富冰碎石冻土挖机无法挖动，等待进行松动爆破。本段地温位于高温极不稳定区（Tcp-I区），多年冻土上限3.0~3.2m。

根据经验确定炮孔布置形式为梅花形，由爆破漏斗试验确定冻土中2号岩石散装炸药的单耗量为0.3kg/m³。选用炮孔直径 $d = 100$mm；前排孔底盘抵抗线 $W = 3.5$m；孔深 $l = 3.5 \sim 4.0$m；排距 $b = 3$m，孔距 $a = 4$m；堵塞长度大于2m。单孔装药量按 $Q = qwal$ 或 $Q = qabl$ 计算，得 $Q = 14 \sim 16$kg。

青藏高原为多雷区，且天气变化无常，针对防雷安全，装药结构为孔内用导爆索捆绑2支

150g 的乳化炸药送入孔底作起爆药柱。孔内有水装乳化炸药、无水装散装 2 号岩石炸药，导爆索在孔外留 20~30cm，等装药全部完成后再绑接雷管。本次爆破共三排孔，第一、二、三排分别用 1、3、5 段非电雷管引爆孔外导爆索，非电雷管簇联后由单发雷管引爆。

为防止成孔后因搁置时间过长而出现热融坍孔、回淤、回冻和炸药经历太大温度变化而降低威力，在每个钻孔完成后立即装药，爆破规模限制在当班或当天完成的炮孔数。

爆破后爆堆较分散，无大块，个别飞石距离基本控制在 100m 以内。爆堆清挖后测量结果为：炮孔深度为 3.5m 处，实际挖深 3.2~3.3m；炮孔深度为 4.0m 处，实际挖深 3.6~3.7m。完全达到预期目的。

本次爆破后，施工队基本按上述参数进行冻土爆破，只是在含冰量更大的地段将炸药单耗下调为 0.25kg/m³，均取得了良好的效果。

4 结语

通过试验研究和工程实践的总结，得到了季节性冻土和多年冻土（高原永久性冻土）露天钻爆施工方法，工程应用效果表明其可作为这两类冻土爆破的设计参考和施工指导。但是，由于我国冻土爆破的工程量有限，实际施工作业不够广泛，尚有许多问题需要进一步深入研究，主要包括：

（1）通过试验，研究冻土爆破机理，建立冻土爆破模型。

（2）冻土光面爆破、预裂爆破机理研究，为冻土隧道、路堑及基坑开挖作技术储备。

（3）冻土路堑边坡坡度很小，缓倾斜钻孔因热融、回冻等原因成孔率很低，沿坡面钻孔进行光面或预裂爆破不太实用，需进一步研究利用垂直孔控制边坡开挖的技术。

（4）深入研究季节性冻土的爆破振动传播规律，给出定量的计算方法。

（5）研究冻土爆破破坏范围和裂隙发展情况以及对冻土边坡的影响程度。

（6）通过大量实践总结分门别类地给出各种冻土爆破的参数选择范围，且其类型应与一般冻土的工程分类相一致。

参 考 文 献

[1] 傅洪贤，冯叔瑜，张志毅. 冻土爆破研究的最新进展[J]. 铁道学报，2002，24(6):106~111.

[2] 顾毅成，冯叔瑜. 高原冻土地区路堑爆破开挖施工的基本原则[C]//青藏铁路学术研讨会论文集，格尔木，2001.

[3] 杨年华，张志毅，傅洪贤，张翠兵. 青藏铁路冻土爆破开挖技术[J]. 中国铁道科学，2005，26(3): 12~16.

[4] 杨年华. 冻土爆破的实践与认识[J]. 铁道工程学报，2000，68(4):95~97.

[5] 戈鹤川，冯叔瑜. 青藏铁路冻土爆破技术原则与器材选型[J]. 中国铁路，2003，4: 30~32.

影响聚能切割器切割效果的探讨

陈成芳　　张英豪　　魏绪珂

（山东天宝化工股份有限公司，山东平邑，273300）

摘　要：聚能切割技术广泛应用于预裂爆破、光面爆破和油气井作业中，此外在拆除钢架桥梁、水下工程、贵重石材开采等方面也有着广泛的应用[1]，切割效果直接影响工程质量和进度。本文分别从影响聚能射流侵彻效果因素即炸药的性能，药型罩的材料、锥角、壁厚和罩形状，炸高，装药外壳等方面进行了试验和论述。装药组分为（TNT/PETN = 50/50），药型罩材料的选择为厚度1mm铁板，药型罩形状的选择为轴对称轴向聚能罩，固定药型罩的高度，取25mm，角度从30°~120°实验装药。

关键词：聚能射流；装药组分；装药形状；炸高；装药外壳

Influence Shaped Cutter Cutting Effect

Chen Chengfang　　Zhang Yinghao　　Wei Xuke

（Shandong Tianbao Chemical Co., Ltd., Shandong Pingyi, 273300）

Abstract：Shaped cutting technology is widely applied in pre-split blasting, smooth blasting and oil and gas wells, the cutting effect directly affect the engineering quality and progress. This paper respectively from the factors influencing the shaped jet penetration effect of explosive performance, medicine cover material, the cone Angle, the wall thickness and shape, high, charging shell, etc were tested and discussed. Charge group is divided into（TNT/PETN = 50/50）, and medicine type cover the choice of material thickness 1 mm iron plate, medicine type cover axisymmetric axial can not cover the choice of shape, the height of the fixed type medicine cover, 25 mm, 30 ° ~ 120° Angle from loading experiment.

Keywords：shaped jet; charging component; charge the shape; fry high; explosive shell

1　引言

聚能效应是炸药爆炸直接作用的一种特殊情况。随着测试手段的科学化和现代化，高压做功的物理力学过程得到揭示，使炸药爆炸的聚能作用、聚能效应得到日益广泛的应用。众所周知，爆轰产物运动方向与表面垂直或近似垂直。利用这一基本规律，将药包制成特殊形状如锥形空穴，当爆轰时，靠空穴闭合产生冲击、高压、碰撞、高密度、高速运动的气体流或金属流（带金属罩时），使爆轰产物聚集，能量密度提高。这种沿轴线向外射出的高能流密度的聚能流统称为聚能效应或诺尔曼效应，能形成聚能流的装药称为聚能装药，能形成聚能流的装置称为

陈成芳，工程师，ayccf@163.com。

聚能装置。聚能装置首先用于军事，以后又逐渐推广用于工程技术领域。在解体拆除钢架桥梁、快速挖坑、抢险、打捞沉船疏通航道、拆除海上钻井平台和贵重石材开采等方面都有着大量的应用[2]。

本文试图通过聚能切割器的实验，探讨找出影响聚能切割效果因素的最佳参数，为改善切割器的设计乃至提高工程应用质量创造条件。

2　实验设计

本实验方案主要是利用聚能效应原理，参照聚能矿岩破碎具的结构的基础上，将聚能罩由半球体改为长三角体，在不同角度下对目标切割能力进行试验，为进一步提高炸药爆炸能的利用率和控制爆炸能的转化率及为聚能切割装置更广泛地在爆破工程中的应用提供有力的实验依据。

3　实验方案

3.1　聚能装药类型的选择

影响聚能射流侵彻效果的因素很多，主要因素是炸药的性能，装药形状，药型罩的材料、锥角、壁厚和罩形状，炸高，装药外壳等[3]。依据影响聚能爆破威力的上述因素，进行了装药参数和实验器材等的设计。

（1）炸药的选择：为提高药包聚能威力必须选用爆速高、猛度大的炸药。因此本实验就选择 TNT/PETN 为 50/50 的浇注成型的方式为实验装药。

（2）药型罩材料的选择：可压缩性要小；密度大；延展性要好。

根据实际情况和现有条件，本实验选择厚度为 1mm 的铁板作为聚能罩的材料。

（3）药型罩形状的选择：设计成轴对称轴向聚能罩。

（4）药型罩参数及炸高的选择：取药型罩的高度分别为 25mm（炸高为 0）、35mm（炸高为 10mm），角度从 30°~120°，每隔 15°加工 1 个药型罩进行实验，其结构如图 1 所示。

3.2　切割目标和试验条件

切割对象为 3/4″厚的钢板（20cm×10cm）；装药量 190g，钢板被水平放置在孤立的石头上。切割器一端采用单发 8 号电雷管起爆。实验装置设置如图 2 所示。

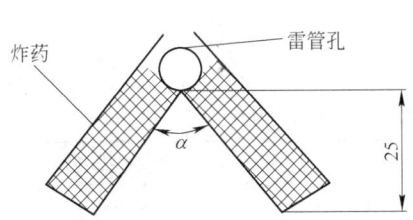

图 1　药型罩结构示意图

Fig. 1　Type medicine cover structure diagram

图 2　实验装置

Fig. 2　Experimental apparatus

3.3　切割试验

（1）炸高为 0 时，角度从 30°~75°试验，钢板没有被切开，如图 3 所示。

（2）炸高为0时，角度从75°~120°试验，钢板被切开，如图4所示。

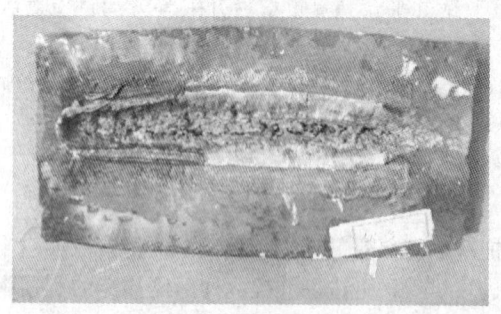

图3　30°~75°试验图片　　　　　　　　　图4　75°~120°试验图片
Fig. 3　30 ° to 75 ° test images　　　　　　Fig. 4　75 ° to 120 ° test images

（3）炸高为10mm时（切割器与钢板之间放置10mm的钢片），角度从30°~90°试验，钢板没有被完全切开，如图5所示。

（4）炸高为10mm（切割器与钢板之间放置10mm的钢片）时，角度从90°~120°试验，钢板被完全切开，如图6所示。

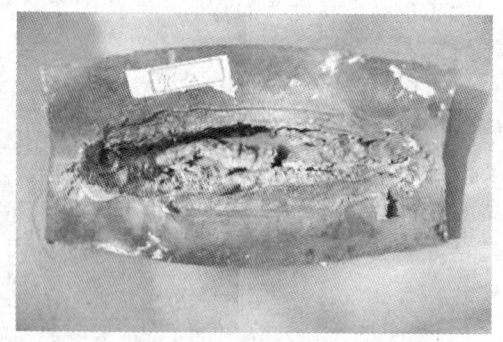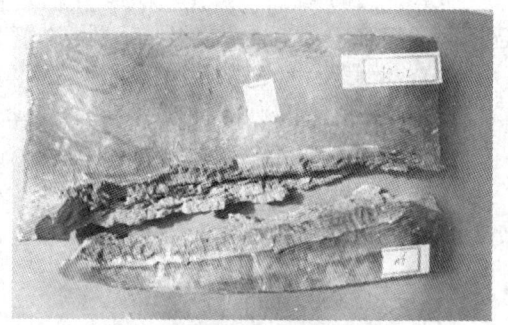

图5　30°~90°试验图片　　　　　　　　　图6　90°~120°试验图片
Fig. 5　30 ° to 90 ° test images　　　　　　Fig. 6　90 ° to 120 ° test images

4　实验结果

实验结果见表1和表2。

表1　实验结果（切割器中心高度25mm，炸高为0）

序号	药型罩角度 $\alpha/(°)$	实验结果	实验描述
1	120	炸痕最宽处28mm；最深钢板开裂	
2	90	炸痕最宽处30mm；最深钢板开裂	
3	75	炸痕最宽处28mm；最深钢板开裂	
4	60	炸痕最宽处23mm；最深钢板开裂	切割器直接放在钢板上
5	45	炸痕最宽处30mm；最深13mm	
6	30	炸痕最宽处30mm；最深16mm	

表 2　实验结果（切割器中心高度 35mm，炸高为 10mm）

序号	药型罩角度 α/(°)	实 验 结 果	实 验 描 述
1	120	炸痕最宽处 42mm；最深钢板完全裂开	切割器与钢板中间放置 10mm 的钢片（相当于将切割器中心高度提高至 35mm）
2	90	炸痕最宽处 40mm；最深钢板开裂	
3	75	炸痕最宽处 25mm；最深 16mm	
4	60	炸痕最宽处 26mm；最深 16mm	
5	45	炸痕最宽处 17mm；最深 11mm	
6	30	炸痕最宽处 15mm；最深 10mm	

5　结论

总结实验实际情况和从上述实验的数据不难得出：

（1）相同装药量时，切割效果主要受切割器的开口角度、爆炸高度的影响。

（2）钢板下方支撑对爆破效果也有影响。

（3）选择切割器中心高度 25mm（炸高为 0），开口角度大于 75°较适宜，可以切断钢板。

（4）选择切割器中心高度 35mm（炸高为 10mm），开口角度大于 90°较适宜，可以完全切断钢板。

参 考 文 献

[1] 罗勇，沈兆武，崔晓荣. 线性切割器的应用研究[J]. 含能材料，2006，14(3)：236～239.

[2] 纪冲，龙源，王耀华，等. 线性聚能切割器在工程爆破中的应用研究[J]. 爆破器材，2004，33(1)：27～29.

[3] 刘祖亮，陆明，胡炳成. 爆破与爆炸技术[M]. 南京：江苏科学技术出版社，1995：136.

[4] 龙维祺. 特种爆破技术[M]. 北京：冶金工业出版社，1993：160.

爆破法清除电厂锅炉内的高温凝聚物

石　勇　骆云刚

（葛洲坝易普力新疆爆破工程有限公司，新疆乌鲁木齐，830000）

摘　要：本文详细描述了电厂锅炉内高温凝聚物的爆破施工工艺。提出了炉内强制降温的措施，爆破前测量高温炉膛内炮孔内温度，探寻降低炉膛温度的最优措施，制定合理的安全施工技术措施，使炮孔内的温度不超过 50℃。通过神东电力五彩湾电厂锅炉凝聚物的爆破实践验证了该工艺的可行性及正确性。

关键词：高温凝聚物；降温；隔热；爆破参数；爆破施工工艺

Blasting to Clear the High Temperature Inside the Power Plant Boiler Condensate

Shi Yong　Luo Yungang

（Gezhouba Explosive Co., Ltd., Xinjiang Urumqi, 830000）

Abstract：This paper describes in detail the blasting construction technology of high-temperature condensation product in the power plant boiler, and it also puts forward the measures of forced cooling and measuring high temperature of the blast hole in the hearth before it blow up. Through this paper, we can explore the optimal measures which will reduce the furnace temperature, and formulate reasonable measures in safety construction technology in order to make the temperature inside the hole not more than 50. Through the boiler condensate blasting practice in the power plant of shendong electricity multi-coloured bay, it verify the feasibility and correctness of this process.

Keywords：high-temperature condensation product; reducing the temperature; thermal insulation; blasting parameter; blasting construction technology

神东电力五彩湾电厂距离神新准东露天煤矿 2.5km，属于坑口电厂，神东电力五彩湾电厂 2010 年 10 月一期两台 35MW 机组，2 号锅炉在运行过程中出现锅炉底部至出渣口有 3.5m 左右的高温凝聚物（见图 1），必须停炉进行清理，采用风镐人工清理速度慢，且只能清除较小部分的凝聚物。采用爆破法进行清除，必须采取强制措施进行降温。

1　施工难点

（1）高温凝聚物是一种金属与炉渣的凝聚物，其特点是温度高、韧度大，只有一个自由面，且是在密闭容器内进行爆破。

石勇，工程师，95667929@ qq. com。

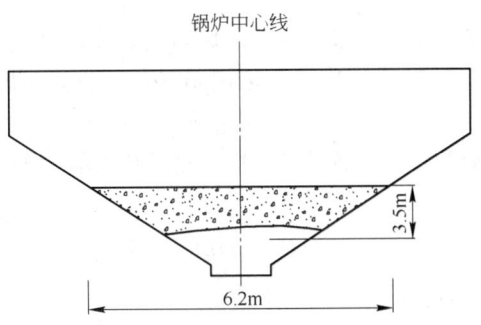

图 1 电厂高温凝聚物

Fig. 1 High-temperature power plant condensate

（2）高温凝聚物的温度高达 1000 ~ 2000℃，有时温度会达到 2000℃ 以上，爆破需采用耐高温火工器材，并按照爆破安全规程必须采取强制措施进行降温处理。

（3）此次爆破高温凝聚物在 2 号机组锅炉内进行爆破，由于锅炉内都是管屏，对爆破提出了更高的要求，且旁边是 1 号机组和集控室，对爆破振动要求极其严格。

（4）爆破是在密闭容器里进行爆破，相当于水压爆破，爆破冲击波是主要危害之一。

2 爆破方案与参数

2.1 爆破方案

爆破施工前，预先在炉膛底部进行人工凿孔或者进行掏槽爆破成一个直径为 20 ~ 30cm 的大孔，然后在其周围钻孔，这种方法称为崩落法，主要目的之一是为下次爆破提供一个自由面，减弱爆破振动对周围管屏的影响；目的之二是出渣比较便利，崩落以后直接采用出渣机及时清理。具体做法如图 2 所示。

图 2 崩落法

Fig. 2 Caving method

2.2 爆破参数

（1）钻孔直径：钻孔直径比药包直径大 5 ~ 10mm，我们需采用成品乳化炸药 ϕ32，因此，

$d = 50 \sim 60mm$。

（2）钻孔深度：根据炉瘤的厚度确定，本次爆破的炉瘤厚度为 3.5m，因此需采用分层爆破的方法，每次垂直深度为 1.0m。本次钻孔采用倾斜钻孔方式，倾斜钻孔时的 $L = (B - \delta)/\sin\alpha$，式中，$B$ 为每次降深厚度，m；δ 为孔底距离炉壁的距离，一般 $\delta \geqslant 0.1m$，考虑炉壁周围的冷却水管的布置，因此取 1.0m；α 为钻孔角度，这里角度取 55°；L 取值为 1.4m。

（3）药量计算：

$$Q = qaLW$$

式中　Q——单孔装药量，kg；

　　　a——孔距，m；

　　　L——孔深，m；

　　　W——最小抵抗线，$W = 0.3 \sim 0.5m$，这里取 0.5m；

　　　q——单位体积炸药消耗量，硅铁凝结物 $q = 0.2 \sim 0.4kg/m^3$，电石凝结物 $q = 0.3 \sim 0.6kg/m^3$，这里取 $0.25kg/m^3$。

（4）爆破网路。爆破网路连接采用导爆索进行连接，导爆索必须采取耐高温处理，孔外接力采用奥瑞凯公司产的高精度雷管 TLD 雷管。炸药采用成品岩石乳化炸药，使用前必须对火工器材隔热处理并做燃烧试验。爆破网路连接如图 3 所示。

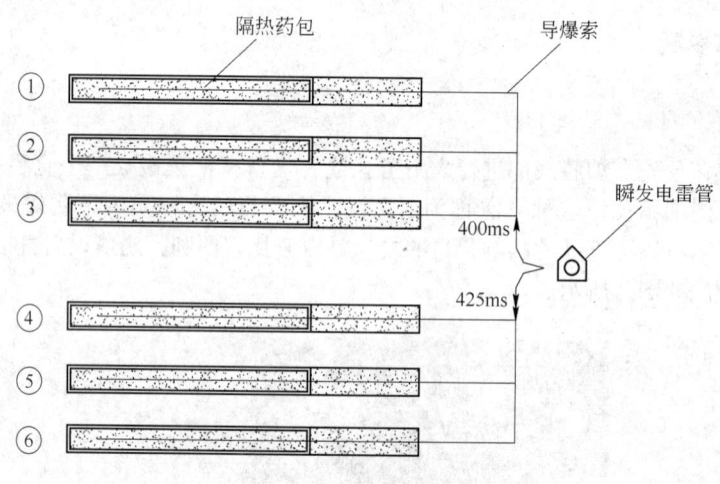

图 3　爆破网路连接

Fig. 3　Blasting network connection

3　施工工艺

3.1　爆破施工前炉内通风及降温措施

（1）炉内通风。待停炉后，首先将炉膛门打开，在炉膛里面搭设脚手架，迅速人工清理里面的炉渣，以形成自然通风，将炉内的有毒有害气体迅速排放。

（2）炉内降温处理。水是最经济、来源最广泛的吸热降温材料，其热容量大，1L 水转化成蒸汽时吸收 2256.7kJ 热量，同时生成 $1.7m^3$ 水蒸气，能很快降低高温凝聚物。这里主要采用以下两种方案进行强制降温：一是表面注水法。对于大表层明火，采用大面积注水，利用表面裂隙的自然渗透能力，水逐渐渗入炉渣下面达到降温的目的；二是钻孔注水降温，俗称"马蜂窝法"降温，即表面温度降到50℃以下，再采用手风钻进行钻孔，钻孔如同"马蜂窝"状，但钻孔过程中容易出现卡钻，这时需要水钻进行钻孔，钻完后集中注水，等温度降到50℃以下，再进行二次钻孔，以达到理想的状态。

3.2 钻孔

待炉内的温度迅速降至50℃以下，按照设计参数进行钻孔，当炉瘤厚度发生变化时及时调整爆破参数，每次钻孔不宜太多，尽量减少操作人员炉内的工作时间，只有孔内温度降至常温情况下，方可大规模进行爆破。

钻孔要求：选择合适的位置进行，炮孔底部距离管屏的位置不得少于0.5m，管屏边缘部分采用人工清除。

3.3 高温条件下的装药与起爆

（1）温度测量。钻孔过程中要逐孔进行孔温测量，目的是编制温度下降的时间曲线及温度升高的时间曲线，为后序装药提供可靠的数据支持。装药前必须再逐孔进行孔温测量。这里的测量设备主要是采用红外线测温枪，装药前温度测量必须采用两台不同型号的测温枪进行测量，以免仪器本身的误差造成事故。

（2）隔热药包制作。将乳化炸药装入耐温PVC管，在管外涂0.5～1.0cm的黄泥，然后再缠绕1～2层石棉布，制作成的隔热药包在爆破前必须进行耐高温模拟实验，保证10min内部出现自爆，以确保人员的安全。

（3）装药。装药前必须逐孔进行孔温测量，一人装药一人进行洒水降温。堵塞后，采用人工预先装好的土袋，直接覆盖在孔口上面。

4 爆破安全控制

4.1 爆破安全注意事项

（1）爆破振动与冲击波。受装药时间的限制（5min之内每人限装2孔）每次爆破的孔数较少，且采用延时爆破，单响药量小于0.5kg。

（2）爆破飞石。在炮孔上方悬挂铁丝网并采用湿棉被进行覆盖，管屏采用木板或者其他材料进行覆盖，防止爆破飞石。

（3）爆破后产生的有毒有害气体，需进行洒水降温并通风，等候30min以上才可以查看是否有未爆破的孔。

（4）受限空间作业，在其高温凝聚物顶部2m处搭设脚手架，并采用高强度钢丝网进行覆盖，目的是防止高空坠物，并在其管屏覆盖木板。

4.2 爆破过程中的安全警戒

（1）装药前必须实施警戒，起爆后确认无拒爆时才能解除警戒。若有拒爆炮孔，药包一般会在30～40min内自爆，必须1h后方可以进入爆破区进行检查。

（2）起爆前，无关人员撤出爆区50m以外。

（3）装药人员装好药之后，迅速撤出，到达安全地点后通知指挥长，由指挥长确认是否起爆。

（4）起爆结束后，等待1h以后，待爆破作业人员确认无盲炮时，其他人员才可以进入施工区域。

5　爆破效果与分析

（1）爆破采用药包隔热法在神东电力五彩湾电厂取得了满意的效果，保证了生产的正常进行，为业主赢得了效益。

（2）采用钻孔注水法能快速地进行降温处理，节约了时间，提前开炉发电。

（3）采用崩落法进行爆破，大大提高了出渣的速度，减少了人工强度。

参 考 文 献

[1] 中国工程爆破协会. GB 6722—2003 爆破安全规程[S]. 北京：中国标准出版社，2004.

[2] 汪旭光. 爆破设计与施工[M]. 北京：冶金工业出版社，2011.

[3] 张正宇. 现代水利水电工程爆破[M]. 北京：中国水利水电出版社，2003.

[4] 刘殿中，杨仕春. 工程爆破实用手册[M]. 北京：冶金工业出版社，2003.

爆破技术在处理雪崩中的应用

胡 锐

（葛洲坝易普力新疆爆破工程有限公司，新疆乌鲁木齐，830000）

摘 要：采用爆破手段，利用炸药爆炸产生的冲击波和振动作用使积雪滑落，从而控制雪崩发生时间与影响范围，达到防止灾害发生的目的。本文介绍了药包布置方式和起爆网路，分析了应用效果。

关键词：爆破技术；雪崩；应用效果

Blasting Technology in Dealing with the Application of the Avalanche

Hu Rui

（Gezhouba Explosive Xinjiang Blasting Engineering Co., Limited, Xinjiang Urumqi, 830000）

Abstract：In order to prevent avalanche occurs, it adopts blasting method, making use of the blast wave and vibration effect that produced during the explosive blast to make the snow slide off, so as to control the time and impact area of avalanche occurs. This essay introduced the way of cartridge arrangement and detonation nets, analyzed the application effect too.

Keywords：blasting technique; avlanche; application effect

雪崩与滑坡、崩塌、泥石流和山洪共同构成了山区主要的自然灾害类型。受气温条件影响，雪崩往往发生在人烟稀少的高海拔地区，过去常常被人类忽视。随着人类活动在雪山地区的逐渐涉及和全球气候变化的影响，雪崩对人类生命财产的影响程度及雪灾发生频率正逐步扩大，使得对雪崩防治工作的研究迫在眉睫[1]。进入春季之后，伊犁地区的牧民开始进行春季转场。转场路径上的部分牧道位于狭窄的峡谷之中，两侧山体陡峭，冬季下雪天气造成山体堆积大量积雪，极易发生雪崩，给牧民的生命和财产安全带来严重隐患。为解决这一重大危险源，我们改变思路，主动出击，采用爆破法引发雪崩，使两侧山体上的积雪提前滑落，防患于未然，使牧民能够安全通行。

1 施工设计

1.1 设计思路

雪崩是由于自然积雪内部的内聚力抵抗不了它所受到的重力引起剪切破坏，便向下滑落，引起大量雪体崩塌的现象。要使隐患区积雪滑落，我们需要克服其内部内聚力，从而使积雪发

胡锐，助理工程师，95667929@ qq. com。

生下滑，解除滑落隐患。

对积雪块进行力学分析（见图1），静止时，积雪块内部内聚力与其重力在滑落方向（即沿山体坡度方向）处于静力平衡状态：

$$F_{下滑力} = F_{内聚力} \quad\quad\quad (1)$$

炸药爆炸产生的冲击波接触积雪时会给积雪块施加一定的压力，同时爆炸振动会减小积雪内部内聚力临界值，当冲击波压力与重力在滑落方向的合力大于积雪块内部内聚力临界值时，积雪块滑落，引发雪崩。

$$F_{合力} > F_{内聚力} \quad\quad\quad (2)$$

由于冲击波压力与接触面积大小有关，为了保证有足够的压力，可以将药包呈扇形布置，用以增大接触面积。

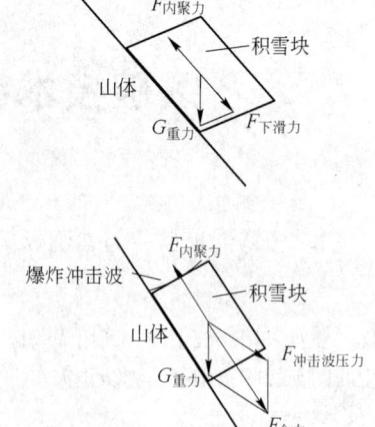

图1　积雪块体力学分析图

Fig. 1　Snow blocks of strength analysis diagram

1.2　设计参数

由于爆破地点位于峡谷深处，交通不便，考虑到爆破器材的安全运输问题，本次爆破选用的爆破器材为电雷管、导爆索、ϕ32 成品乳化炸药。

由于爆破条件不同，药包爆炸能量转变为空气冲击波的能量也不相同。本次爆破药包埋置于厚厚的积雪中，可视为覆土药包爆破，其空气冲击波波阵面上的超压计算公式为[2]：

$$\Delta p = 7.8 \frac{\eta \varepsilon}{R} + 38 \sqrt{\frac{\eta \varepsilon}{R}} \quad\quad\quad (3)$$

式中　η——能量转换系数；

　　　R——测点至爆破地点的距离，m；

　　　ε——冲击波的能量密度，J/cm^2。

根据 M. A. 萨多夫斯基等国外学者研究的成果表明：空气冲击波波阵面上的压力不取决于药包的质量，而完全取决于离爆炸地点的距离与药包半径之比值，以及该炸药爆炸的比能和周围空气的压力。由此可知，只要增大接触面积，就能增加冲击波对积雪块的冲击压力，从而引发雪崩。

经过现场勘查，炸药待埋区长度约为14m，单个起爆药包为3支 ϕ32 成品乳化炸药，药包间距为0.1m，装药线密度约为1.8kg/m，计算得炸药量为25.2kg，考虑到单箱 ϕ32 成品乳化炸药质量为24kg，选取本次爆破炸药计划量为24kg。

1.3　安全距离

本次爆破安全警戒措施应考虑爆炸冲击波安全距离和爆破振动影响安全距离。为了保证人员安全，爆破时，峡谷内的牧民和牲畜必须全部撤离，警戒人员应仔细观察峡谷两侧山体，防止爆破振动引起其他部位发生雪崩灾害。

爆破冲击波安全距离可参考露天裸露爆破安全距离计算[3]：

$$R_k = 25 \sqrt[3]{Q} \quad\quad\quad (4)$$

式中　R_k——空气冲击波对避炮人员的安全距离，m；

　　　Q——一次爆破消耗炸药量，kg。

经计算后，得出本次爆破冲击波安全距离为72m。

根据爆破安全规程[4]和实际地形，考虑振动影响范围，在峡谷两端300m处均设置警戒点，封锁峡谷。

2　施工方法

通过观察分析隐患部位当前状态和区域大小，经计算后，确定在坡面2/3处布置药包（见图2）。

首先在安全绳的保护下，利用铁锹在药包布置点挖出一条扇形沟槽，将成品炸药用胶布绑扎在导爆索上串联起来呈扇形布置埋于积雪中；采用电雷管起爆，绑扎好电雷管后，沿预定安全路线敷设起爆线，到达预定起爆点后，检查网路是否接通；起爆点应设置在爆区侧后方安全区域，在安全警戒确认无误后起爆。

3　结论

爆破后，爆炸区积雪迅速下滑，产生的连锁反应破坏了下方积雪的静力平衡，从而引起积雪整体下滑，产生雪崩（见图3）。

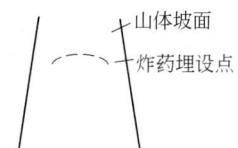

图2　山体炸药布置示意图

Fig. 2　Mountain explosive arrangement diagram

图3　爆破后效果图

Fig. 3　After blasting effect

经过观察测试，本次爆破造成的积雪下滑量超过爆破区下方范围内积雪总量的1/3，爆破覆盖区域宽度约为16m，滑落积雪在山脚堆积约1.1m，剩余积雪已经无法自然形成雪崩，隐患已经基本排除，本次爆破成功实现预期目标。

参 考 文 献

[1] 刘大翔，程尊兰，赵鑫，等. 雪崩防治研究工作与应用现状[J]. 山地学报，2013，4.

[2] 孟吉复，惠鸿斌. 爆破测试技术[M]. 北京：冶金工业出版社，1992.

[3] 王玉杰. 爆破工程[M]. 武汉：武汉理工大学出版社，2007.

[4] 中国工程爆破协会. GB 6722—2011，爆破安全规程[S]. 北京：中国标准出版社，2012.

石油天然气井下高温高压模拟试验室建立及应用

杨新锋　耿彬潇　李森茂　马晓亚

（1. 甘肃省化工研究院，兰州甘肃，730020；

2. 甘肃兰金民用爆炸高新技术公司，兰州甘肃，730020）

摘　要：针对石油天然气能源开发需求，建立油气井下高温高压模拟试验室，对井下录井、测井及勘探开发等工具、设备、装置及精密仪器等进行下井前耐温、耐压性能检测，为下井系统的安全可靠性做出科学的预测。

关键词：石油天然气；高温高压；模拟试验室；应用

The Establishment & Application of Simulation Lab for Oil & Natural Gas with under Well High Temperature and Pressure

Yang Xinfeng　Geng Binxiao　Li Senmao　Ma Xiaoya

（1. Gansu Research Institute of Chemical Industry，Gansu Lanzhou，730020；

2. Gansu Lanjin Civil Blasting Hi-tech Company，Gansu Lanzhou，730020）

Abstract：For the purpose of meeting the development requirements for oil and natural gas，it needs to establish simulation lab for oil & natural gas with underground high temperature and pressure. Checking the heat and pressure resistance for tools，equipments and precise instruments which are used for under hole logging，well logging and exploration development in order to ensure the safety and reliability for under well system.

Keywords：oil & natural gas；high temp and pressure；simulation lab；application

1　前言

　　随着石油天然气开采深度难度进一步提升，对井下录井、测井、勘探开发工具、设备及装置等的耐温、耐压性能提出了更高的要求。因此，建立一个模拟石油天然气井下环境条件的试验室，对下井的工装、火工品、测试机具进行出厂或应用前的模拟测试是非常必要的。通过对关键部件的模拟试验检测，可确保录、测井及勘探开发下井的所有关键部件能可靠、稳定、准确地工作，可大大提高施工作业成功率和安全性。

2　设计思路及参数

　　全真模拟石油井下高温高压环境条件，建立一套模拟高温高压条件的试验室，主要从以下三方面考虑：

杨新锋，工程师，673795653@qq.com。

（1）高温高压容器完全模拟井筒形状装置；
（2）自动升温升压、远距离隔离操控装置；
（3）自动卸压、管路、安全装置。

主要参数有：温度150℃；压力100MPa；溶液（根据井深和地质条件配比）。

3 模拟试验室的组成及建立

全真模拟试验室，既要具有安全的环境条件和自动操控手段，又要能正确显示、记录和分析数据，整体设计由六板块组成。

3.1 高温高压容器的设计

高温高压容器作为一个独立的单元是该试验室的核心，其中整体结构是模拟油气井筒，用$5m×5$加厚油井套管[1]作容器，其中套管抗外挤、抗滑扣等性能符合标准，两端采用螺纹连接紧固，螺纹配合受力和堵头耐压作用力根据公式计算：

$$p = F/S$$

式中，p为压强；F为压力；S为作用面积。

两端用一次性封堵头封堵（先采取密封，再螺旋紧固，最后焊接处理）。在下端堵头上设计安装单向排液阀来控制容器液面和溶液置换；上端作为工件装卸口，由于反复操作，用可拆卸封堵头（先采取螺旋紧固，再密封，最后旋转楔形夹具机械加紧），结构特别，操作便捷，封堵装夹安全可靠。压力容器整体结构如图1所示。

3.2 自动升、降温控制系统设计

建立一个能自动盛满导热油[2]的常压油浴容器，如图2所示，用来给压力容器自动加热和冷却，根据实际需要，按目前8000m井深，最高井温240℃要求设计，用400℃热传导油作为导体，采用棒式热欧对油浴热传导油[2]进行加热升温，根据理论公式$W = I^2Rt$（式中，W为电加热功；I为加热电流；R为热欧电阻；t为加热时间）。对

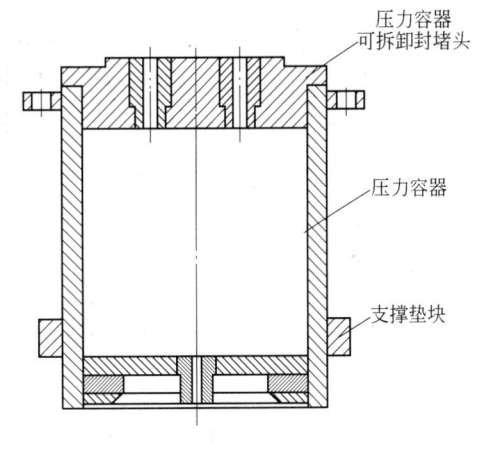

图1　压力容器
Fig. 1　Pressure vessel

加热时间和加热功率进行控制；通过热传导油循环冷却进行降温，根据$Q_{吸} = Q_{放}$[3]，运用温度传感器对油浴温度进行遥控和检测，确保温度升降自若，并能准确使温度达到特定的条件值，充分满足试验要求。

3.3 自动升、降压系统的设计

压力控制主要是对压力容器内的压力自动升降进行控制，高温高压容器如图3所示。由于温度和固定容积的容器压力成正比，$Q = PVt$，所以先升温，待温度保持恒温时，再利用自动油压泵自动输入压力，根据试验条件提供设计的压力。同时要装载一个过载保护装置。

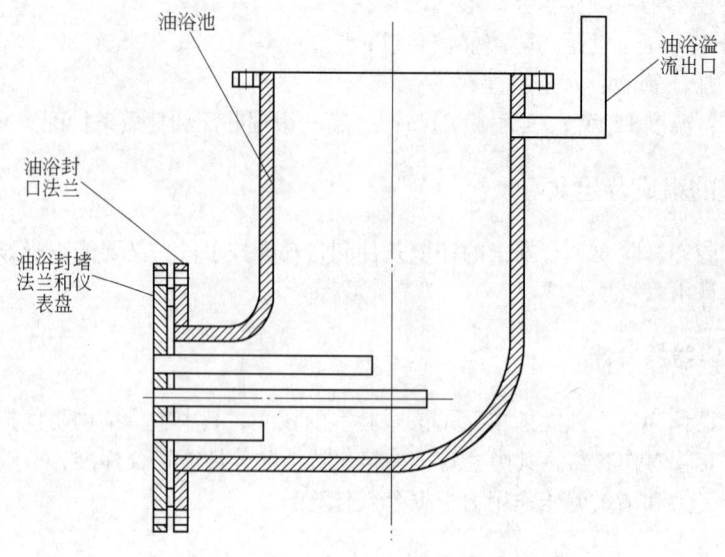

图 2　常压油浴器

Fig. 2　Atmospheric oil bath

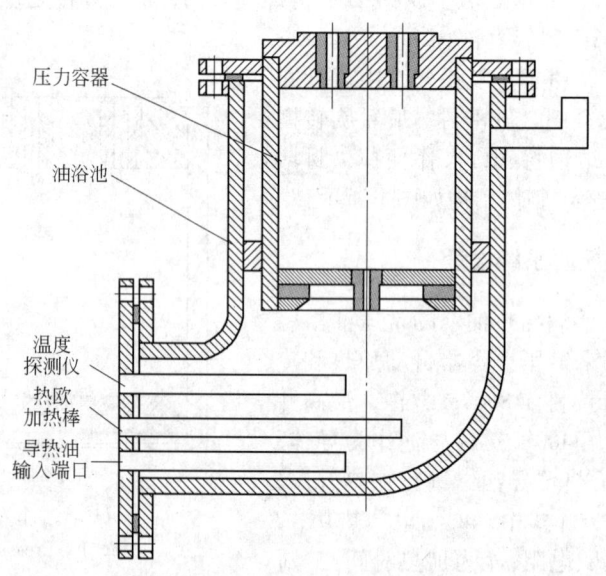

图 3　高温高压容器

Fig. 3　High temperature and high

3.4　远程操控系统设计

高温高压试验条件苛刻，必须要求隔离操作、远程安全控制，所以在控制方面分为两个模块，第一温度控制，是应用温度传感器测试热油浴温度，通过精密数显仪直观显示和自动闭合或断开加热系统达到自动控制要求；其二压力控制，是用电动液压泵直接升降压，在泵体和输入端口安装高精度数字化压力显示仪直接控制压力实现压力自动控制。

3.5　自动卸压双控系统设计

压力容器既要考虑常温高压和高温高压回油管路堵塞、卸压装置失灵，又要考虑压力容器能安全、可靠地卸下载荷，所以单油路、单一卸压装置满足不了高压容器使用要求，为此设计了双油路双卸压装置，其一采用电自动卸压装置，远程遥控，轻松自如可达到卸压目的；其二采用连杆机构和杠杆原理[4]，机械拨叉卸压，安全可靠。

3.6　防爆试验间的建立及示意

利用原214兵器部建立的防爆试验室，空间宽敞，墙体牢固，防爆卸压通道完备，其平面结构示意如图4所示，据试验记载试验间的所有设施的防爆能力和机械冲击能力完全可以满足高温高压试验要求。

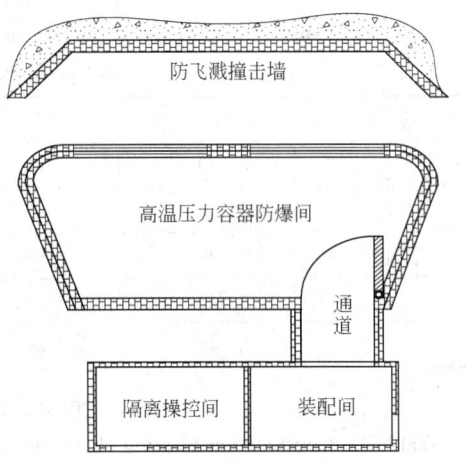

图4　防爆实验室平面示意图
Fig. 4　Schematic diagram of explosion
proof laboratory plane

4　试验室的应用

本试验室主要用于科研开发和常规油田器材生产，根据油田用户对油田器材的不同要求，本单位每年对所有批次的撞击式起爆器起爆芯件[5]、油气井射孔用传爆管[6]、高能气体压裂点火装置、特种爆破用药包等产品进行全真环境条件模拟试验检验和检测，试验、检验和检测记录见表1~表4。

表1　撞击式起爆器起爆芯件耐温耐压性能检测
Table 1　Percussion detonator detonating core testing temperature and pressure resistant performance

组　别	检测数量/套	温度/℃	压力/MPa	耐温性能	耐压性能
1	80	140	60	不燃不爆	不渗不漏
2	80	140	60	不燃不爆	不渗不漏
3	80	140	60	不燃不爆	不渗不漏
4	80	140	60	不燃不爆	不渗不漏
5	80	140	60	不燃不爆	不渗不漏

表2　油气井射孔用传爆管耐温耐压性能检测
Table 2　To detect the temperature and pressure resistant performance of tube for oil gas well perforation

组　别	检测数量/只	温度/℃	压力/MPa	耐温性能	耐压性能
1	2000	140	60	不燃不爆	不渗不漏
2	2000	140	60	不燃不爆	不渗不漏
3	2000	140	60	不燃不爆	不渗不漏
4	2000	140	60	不燃不爆	不渗不漏
5	2000	140	60	不燃不爆	不渗不漏

表3　高能气体压裂点火装置耐温耐压性能检测

Table 3　High energy gas fracturing ignition device for detecting temperature
and pressure resistant performance

组　别	检测数量/套	温度/℃	压力/MPa	耐温性能	耐压性能
1	40	140	60	不燃不爆	不渗不漏
2	40	140	60	不燃不爆	不渗不漏
3	40	140	60	不燃不爆	不渗不漏
4	40	140	60	不燃不爆	不渗不漏
5	40	140	60	不燃不爆	不渗不漏

表4　特种爆破用药包耐温耐压性能检测

Table 4　Construction blasting charge temperature and pressure resistant performance detection

组　别	检测数量/个	温度/℃	压力/MPa	耐温性能	耐压性能
1	1	120	50	不燃不爆	不渗不漏
2	1	120	50	不燃不爆	不渗不漏
3	1	120	50	不燃不爆	不渗不漏
4	1	130	60	不燃不爆	不渗不漏
5	1	140	60	不燃不爆	不渗不漏

5　小结

　　油气井下高温高压模拟试验室的建立，根据生产和试验要求可以对所有下井装置、设备、工具和火工器材进行模拟耐压耐温性能检测，为下井检测和施爆前提供更有力的安全保障，消除井下不稳定的温度、压力突变因素危害，大大提高了生产和施爆作业成功率和可靠性，降低现场劳动强度，减少反复作业次数，大大减少因器材参数性能不符造成的事故及重大损失。

　　目前模拟试验室建立仍然存在很大的局限性，为了更好适应油田爆破事业需求，应在现有的试验室基础上建立一个全面、现代化的爆破器材测试中心，更好地为石油天然气能源开发贡献力量。

参 考 文 献

[1]《采油技术手册》编写组. 采油技术手册[M]. 北京：石油工业出版社，1977.

[2] 第一汽车制造厂生产组编写. 机械工程材料手册[M]. 北京：机械工业出版社，1977.

[3] 王较过. 中学物理教材研究与教学设计（高等师范院校教师教育系列教材）[M]. 陕西：陕西师范大学出版社，2014.

[4] 闻邦椿. 机械设计手册[M]. 北京：机械工业出版社，2010.

[5] 陆学斌，梁锐，李森茂. 全通径压力起爆器的研制与应用[J]. 工程爆破，2009，4：81~85.

[6] 向旭，赖康华. 油气井用传爆管性能影响因素探讨[J]. 测井技术，2011，4：92~94.

"曙星1"沉船水下爆破解体工程

刘少帅　李介明　程荣明　李连送　刘少锋

（上海消防技术工程有限公司，上海，200080）

摘　要：结合以往施工经验对沉船进行水下爆破解体，是目前处理水下沉船、清障疏航的常用方法。通过沉船爆破打捞实例，介绍了具有切割效应的条形药包和具有撕裂作用的集中药包在沉船爆破解体中的布设方法、药量计算、网路设计、铺设以及新型火工品的应用，对同类工程有一定借鉴价值。

关键词：沉船；水下爆破；打捞

"Start 1" Round Sunken Ships Disintegration of Underwater Blasting Engineering

Liu Shaoshuai　Li Jieming　Cheng Rongming　Li Liansong　Liu Shaofeng

（Shanghai Fire Technology Engineering Co., Ltd., Shanghai, 200080）

Abstract：Combined with previous construction experience to disintegration of underwater blasting, sinking is sunken wreck currently processing, repair the commonly used method in thin air. Through blasting wreck examples, the article introduces the effect of cutting type medicine package and have tear effect of concentrated charge blasting disintegration of a vessel in setting methods, dose calculation, network design, laying, and the application of new type of initiating explosive device, has certain reference value to similar projects.

Keywords：sunk ship；underwater blasting；refloatation

1　沉船概况

1.1　沉没时间、原因、位置

2013年1月12日傍晚，宁波曙星海运有限公司所属的"曙星1"轮，满载约15794t钢材在长江口1号锚区（北纬31°15.9′，东经122°30.1′，长江口鸡骨礁东北约8.5海里处水域）锚泊时，不慎被"永星7"轮碰撞，致使"曙星1"轮破损进水沉没。

1.2　沉船主尺度

沉船为艉机型杂货船，共有四个货舱，船长149.48m，船宽21.00m，型深11.20m。

刘少帅，工程师，shaoshuai1028@163.com。

1.3　沉船状况

根据海图和探摸资料，沉船所处位置水深21m，发现沉船为正沉，平陷于泥中，下陷深度6.5～7.0m，两舷甲板至泥面约4m。沉船四周水深21m左右，甲板处水深约17m。

1.4　沉船海况

沉船位于长江口水域，该海域海面宽阔，风浪大，水较深、流速快，最快流速可达4节，流向为顺时针方向旋转的回转流。可供潜水员水下作业的慢流时间少，水下能见度为零。时值寒冬腊月季节，强冷空气和寒潮频频南下，该海区经常刮7级以上强风，浪高2～3m，对施工作业带来较大影响。一旦有大风，施工船舶就需避风，可供潜水员水下作业的慢流时间少，有效工作较少，安全隐患多，风险大。沉船位于长江口A警戒区水域北侧，该水域是长江口通航的重要命脉，南北向航行船舶众多，沉船严重影响水域正常的航行安全。

2　清航打捞方案综述

沉船位于航道附近，严重影响航行船舶的安全。由于沉船破损，扭曲厉害，决定采用解体清航打捞方法。在爆破解体前首先采用电吸盘吸捞方式将船内的货物打捞出水；为了减少该区域爆破后油污染，我们采用从国外进口的专用抽油设备进行水下抽油，将沉船内剩油尽量抽空，然后对沉船进行水下爆破解体，最后用专用大抓斗清除船体和货物残骸；验收时应达到泥面上无碍航物，恢复原海图水深的要求。

3　爆破方案设计

3.1　总体爆破方案设计

根据沉船海域的条件，爆破方案为采用接触式爆破切割、爆破撕裂和爆破挤压相关作业的原理，在沉船上合理布设炸药，对沉船进行爆破解体并使解体后的残骸定向运动，使沉船钢板相对集中，符合抓捞要求，防止残骸飞散。爆破前在沉船四周沿泥线设置一圈钢丝绳，在机舱处开一个边长为2m的正方形洞。

3.2　条形药包的药量计算、加工与布设

水下爆破作业要求炸药的防水性能好。根据以往的工程实践，主体炸药选用江苏溧阳矿山化工材料厂生产的EL系列袋装乳化炸药，该厂生产的乳化炸药爆轰感度高，爆炸性能好，爆炸后有毒气体产生量少，抗水性能强，使用安全。山东银光科技有限公司生产的起爆具（黑索金起爆药柱500g/块）作为起爆药，选用西安庆华生产的毫秒电雷管作起爆元件。药量根据摆放位置的不同用多种颜色加以区分（见表1），计算按经验公式：

$$Q = KS$$

式中　Q——条形药包药量，kg；

　　　K——单位断面积耗药量，对钢材K为0.025～0.04kg/cm²；

　　　S——切割处断面积，cm²。

表1 装药位置及药量表

Table 1 The drug loading location and scale

位　置	序　号	长度/m	颜　色	条　数	堆　叠	药条质量/t·条⁻¹	药量/t
泥　线	1	35	白	2	3垒2	1.3	2.6
	2	30	绿	8	3垒2	1.14	9.12
舷　挂	3	16	橘红	12	3垒2	0.6	7.2
	4	17	海蓝	6	3垒2	0.64	3.84
舱　横	5	18	黄	5	3垒2	0.68	3.42
前后机舱	6	15	灰、帆布	6	5垒4	0.98	5.88
尾　堆	7	10		1	6垒5	0.8	0.8
总　　计							32.86

（1）火工品保管：本工程火工品自上海打捞局浮筒基地码头装船，炸药分别装入2个集装箱中，每个集装箱约14t，其余的用编织袋吊至甲板。电雷管本身有木制储存箱，上船后放置在专门的小储物箱里。自上船后每天安排专人值班看守，未出现隐患。

（2）炸药加工：本工程炸药首次采用袋装，方便了搬运和储存。同时由于增加了药包长度也增强了药条的牢固性，在整个吊装过程未出现破裂。药条绑扎用12号钢丝绳，采用铁丝和铅丝穿插。彩条布采用上海出产的加重型（4×35）和浙江出产的加重型（3×50），虽价格相同，但实际操作中上海产彩条布质量明显高于浙江产彩条布。药条外绑扎绳子采用4号旗蜡绳。本工程按安放位置的不同，总共加工药条41根，详细规格附后。

（3）雷管加工：上船后在会议室进行雷管电阻测试，采用绝缘材料吸污棉铺在办公桌上。雷管电阻在$1.6 \sim 2.5\Omega$之间。根据工程需要选取电阻为$1.8 \sim 2.1\Omega$之间的雷管100发，在本工程中使用，另选取10发雷管做防水试验。选材结束后对雷管管体和端口进行防水处理。

（4）起爆块加工：将2发雷管并联后放置在起爆具内，利用电线打结将起爆具固定，避免雷管脚线受力。按照安装位置和区域加工并编号、分组。

（5）炸药安装：安装顺序为机舱—后泥线—舱内横向—垂直瓜药—船艏，利用4个潮水约16个小时总共安放41条药。

（6）起爆块安放：起爆块安放在大力号进行，大力号骑在沉船上自机舱向船艏后退式安装。总共安装起爆块46个，其中300m线12个，其余150m线共34个。

（7）网路连接：网路连接采用并串并的形式，起爆网路总电阻计算如下。

1）150m起爆支线电阻3.2Ω共34根、300m起爆支线6.4Ω共12根、主线9Ω。

2）两发雷管并联后电阻为0.9Ω。

3）总网路分两组并联，每组150m线17根、300m线6根，每组电阻为$(3.2+0.9) \times 17 + (6.4+0.9) \times 6 = 113.5\Omega$。两组并联后电阻约为$71\Omega$。

网路连接完毕后经导通测试，实际电阻与计算电阻相差不到2Ω。

（8）爆破：15时小艇入水，16时30分放线到位。17时大力号撤离至安全区域，17时10分爆破成功。

4　爆破安全判据

4.1　水中爆破冲击波效应的评估

目前，国内外在进行水下工程爆破时，对于冲击波通常仍习惯于采用库尔公式计算冲击波压力峰值，并以此来判断船舶水下工程爆破对附近航行船舶的破坏和对人体、鱼类的伤害程度。

海上爆破作业一般都在茫茫大海中实施，同陆地上爆破作业相比较不存在飞石和噪声危害，主要考虑因素是爆破产生的水中冲击波对施工船舶及航行船舶的影响，水中爆破冲击波效应按水中裸露药包爆炸所激起的水中冲击波效应进行考虑（见表2）。根据库尔公式进行计算（式中 Q 为 TNT 当量值）。

$$p_m = 533 \left(\frac{Q^+}{R} \right)^{1.13}$$

式中　p_m——水中冲击波最大峰值压强，kg/cm^2；

　　　R——离爆破中心的距离，m；

　　　Q——最大一段齐爆药量，kg。

表 2　水下冲击波计算表
Table 2　Underwater shock wave calculation table

$p_m/kg \cdot cm^{-2}$　　　R/m 　　　　　　　 Q/kg	600	800	1000	1200	1500
5000	9.4	6.8	5.3	4.3	3.3
10000	12.2	8.8	6.8	5.6	4.3
15000	14.2	10.3	8.0	6.5	5.0
20000	15.8	11.4	8.9	7.2	5.6
25000	17.2	12.4	9.7	7.9	6.1
30000	18.4	13.3	10.3	8.4	6.5
35000	19.5	14.1	11.0	8.9	6.9
40000	20.5	14.8	11.5	9.4	7.3

一般认为，船舶的距离应保证船舶受冲击波压力小于 $50kg/cm^2$。根据我们的实践，为了保证船上设备的安全，保证船上机器的正常运转，建议工程船舶承受的冲击波压力限值 p_m 在 $20kg/cm^2$ 以下，航运船舶限值在 $10kg/cm^2$ 以下。航行船舶水中冲击波安全距离为 1500m。

4.2　地震波效应

按经验公式计算：　　　　　　　　　$v = 94 \ (Q^+/R)^{0.84}$

式中　v——振动速度，cm/s；

　　　R——爆心距离，m；

　　　Q——一次爆破药量，kg。

通过计算，与起爆点距离不同处的地震波见表3。

表 3　爆破振动计算表

Table 3　Blasting vibration calculation table

$v/\mathrm{cm \cdot s^{-1}}$　　R/m Q/kg	1500	2000	2500	3000	3500
5000	2.2	1.7	1.4	1.2	1.1
10000	2.7	2.1	1.7	1.5	1.3
15000	3.0	2.3	1.9	1.7	1.5
20000	3.2	2.5	2.1	1.8	1.6
25000	3.4	2.7	2.2	1.9	1.7
30000	3.6	2.8	2.4	2.0	1.8
35000	3.8	3.0	2.5	2.1	1.9
40000	3.9	3.1	2.6	2.2	1.9

　　根据《爆破安全规程》规定，建筑物的地面质点安全振动速度为：土窑洞、毛石房屋 $v=1.0\mathrm{cm/s}$；一般砖房，非抗震大型砌块建筑物 $v=2\sim3\mathrm{cm/s}$；钢筋混凝土框架房屋 $v=5\mathrm{cm/s}$。

　　爆破点四周 5000m 内无重要建筑和构筑物，因此不会伤及建构物。

5　起爆安全措施

　　依据《爆破安全规程》综合考虑工程地点的海况及环境，决定将起爆操纵点安放在小艇上进行。

6　爆破总结

　　（1）炸药：本次使用炸药为 90 型每包长 50cm 的炸药，炸药规格的改变大大提高了本工程药条牢固性，在整个吊装过程中未发现以前的不均匀、断裂现象。

　　（2）雷管：本次使用的电雷管本身具有防静电、杂感电流功能，大大提高了工程安全。另外本次使用的雷管锁口处用橡胶代替了原来的塑料，大大提高了雷管本身的防水性能。在经 72h 浸泡后均能完全起爆，在实验过程中发现本次使用的雷管起爆后管体全爆，未发现以前出现的中间炸开等现象。

　　（3）起爆具：本次使用的起爆具在放雷管的孔内做了一个橡胶塞，雷管插入后橡胶塞正好卡住管体，若想取出只能继续往下填从下口取出。此装置的应用保证了雷管不会从起爆具脱出。

　　（4）本次爆破工程由于前期准备充分，总共 11 天就结束了爆破施工。其中影响工期的主要就是药条加工时间，本工程共 32t 炸药，共绑扎 40h。安放炸药前后 16h，安放起爆具至起爆共 11h。

　　（5）2013 年 3 月 8 日下午 17 时 10 分，随着一声"起爆"令下，地处长江口锚地北侧的海面上，顿时爆发出一声沉闷的巨响，一股 60m 左右高的水柱，伴随浓浓的青烟和飞溅的浪花从海底冲天而起。至此，沉没在水下 51 天、对长江口安全通航构成重大威胁的"曙星 1"轮沉船终于安全实施爆破作业，在经过了检测、抽油、捞货等作业后，为清除埋伏在长江口的"地雷"，确保航道的安全、畅通完成了关键的作业。

参 考 文 献

［1］刘殿中，杨仕春．工程爆破实用手册［M］．北京：冶金工业出版社，2003.

［2］刘少帅，缪玉田，贡书生．"海峰"轮沉船水下爆破解体打捞［C］∥中国爆破新技术Ⅱ，北京：冶金工业出版社，2008.

爆破测试与安全管理

BAOPO CESHI YU ANQUAN GUANLI

爆炸物品示踪安检技术与产品和设备的研究开发

汪旭光[1]　闫正斌[2]　王尹军[1]　亓希国[2]　刘奇祥[3]

（1. 北京矿冶研究总院，北京，100160；2. 公安部治安管理局，北京，100741；
3. 金发科技股份有限公司，广东广州，510663）

摘　要：在国际反恐大背景下，为了有效管控爆炸物品，防范爆炸恐怖袭击，成功研发示踪安检技术、产品和设备。通过专家组考核验收，达到国际领先水平，效果优于国际民航组织1991年国际公约所采用的技术措施。研究成果以安检示踪剂为核心形成一个完备的体系，主要解决爆炸物品的本体标识、示踪、溯源、安检与打非等五大问题。

关键词：爆炸物；恐怖袭击；标识；示踪；安检；溯源

Research and Development on the Technology, Products and Equipments of Tracing and Security-check of Explosives

Wang Xuguang[1]　Yan Zhengbin[2]　Wang Yinjun[1]　Qi Xiguo[2]　Liu Qixiang[3]

（1. Beijing General Research Institute of Mining & Metallurgy, Beijing, 100160；2. Public Order Administration Department of the Ministry of Public Security, Beijing, 100741；
3. KINGFA SCI. & TECH. Co., Ltd., Guangdong Guangzhou, 510663）

Abstract：In the general international anti-terrorist context, in order to control explosives effectively and keep away from explosive terrorist attacks, the tracing and security-check technology, products and equipments are researched and developed successfully. The research results are examined and accepted by the expert group smoothly, and are considered reaching the international advanced level, and the effect is superior to the technology and measures adopted by the International Civil Aviation Organization (ICAO) in the 1991 international convention. The research results have formed a complete system with the security-check and tracing agents as the core, which can solve 5 main problems of ontology identification, tracing, finding the sources, security check and eliminating illegal manufacturing and selling of explosives.

Keywords：explosives；terrorist attack；identification；tracing；security check；finding the sources

1 引言

恐怖主义是当今世界公共安全的主要威胁之一，是世界和平与发展进程中所面临的一个严峻挑战。为有效防范爆炸恐怖袭击活动，世界各国都非常重视爆炸物品的安全管控工作，尤其是爆炸物品的流向管控与安全检查。为了适应反恐形势的需要，加强我国民用爆炸物品的安全管理，国务院于2006年公布了《民用爆炸物品安全管理条例》，明确规定对民用爆炸物品的流

汪旭光，中国工程院院士，blast@ cseb. org. cn。

向实行监控制度。

解决爆炸物品的流向管控难题，示踪技术是一项重要的解决方案，西方发达国家相继提出数十种示踪技术方案，并投入巨资进行研发，但在众多的技术方案中，达到实用要求的研究成果却寥寥无几，仅有瑞士为减少本国的爆炸恐怖袭击活动而于 1980 年在国内推广应用了一种示踪技术和产品。为解决可塑性炸药的安检难题，国际民航组织发起《关于在可塑炸药中添加识别剂以便侦测公约》(Convention on the Marking of Plastic Explosives for the Purpose of Identification (1991))，以下简称《公约》，通过向可塑性炸药内添加挥发性有机物来标记炸药，并通过探测这种挥发性标记物来进行安全检查。

瑞士和《公约》采取的技术措施均是向爆炸物内添加标记物，但均存在明显不足且价格昂贵而使其应用范围受到局限。

尽管瑞士和《公约》采取的示踪安检技术有很多不足，但示踪安检的理念和方法却是一个解决爆炸物品的流向跟踪和管控与安全检查国际难题的非常具有潜力的解决办法，问题的关键在于能否开发出一种能够完全满足性能指标要求，且成本较低，具有商业价值的示踪安检技术与产品。

我国在这方面的研究工作，之前一直是个空白。开展独立自主的示踪安检技术研发工作非常必要。只要在技术上取得突破并获得实际应用，不仅对于加强我国的爆炸物品安全管理和反恐防爆建设意义重大，对于国际上的反恐防爆斗争也会产生积极的影响作用。

项目组先后攻克了唯一性化学编码技术、单个微小安检示踪剂颗粒的快速分析检测技术、微弱示踪信号的安检探测技术等多项核心技术，成功研发出两大类安检示踪剂（玻璃体安检示踪剂和高分子材料安检示踪剂）、快速精密分析检测仪器和示踪安检设备。经大量试验验证和第三方检测机构的测试，所研发的安检示踪剂完全满足要求，化学示踪安检技术与产品和设备的研发取得圆满成功。

2　化学示踪安检技术研究

在我国，爆炸物品的化学示踪安检技术是一项全新的技术，没有基础可言，完全依靠创新。核心目标是要通过化学方法对爆炸物品进行身份标识，达到跟踪流向、追溯来源和安检探测的主要目的。

2.1　基本要求

要达到对爆炸物品的化学示踪安检目标，安检示踪剂的研发是首要的关键问题，必须同时满足如下几个基本要求：

（1）良好的化学稳定性。要达到示踪安检目标，安检示踪剂与爆炸物品的相容性要好，不能发生化学反应，以保证两者能够长期共存。而爆炸物品的主要组分通常会具有氧化性、还原性和一定的酸碱性，因此，研发的安检示踪剂必须具备优良的化学稳定性。

（2）明确的识别特征。安检示踪剂的基本作用之一是作为爆炸物品的身份标识（身份证或 DNA），因此它必须具有明显的化学识别特征，即化学编码，且每种安检示踪剂的化学识别特征应具有唯一性。只有这样，才能准确区分不同生产企业的不同产品。

（3）编码检测的便捷性。要满足实用要求，安检示踪剂化学编码的检测既要准确又要简便快速。

（4）庞大的品种数量。为了区分不同企业、不同生产点、不同生产线、不同时间段、不同品种的爆炸物品，安检示踪剂的品种数量必须达到一定规模。

（5）符合环保要求。安检示踪剂及其生产过程必须符合国家环保标准要求。

（6）耐爆性能。为使安检示踪剂在炸药爆炸之后能够遗留在现场，以实现炸后溯源，安检示踪剂就必须具备一定的耐爆性能，而且在经受爆炸瞬间的高温高压和强冲击作用之后，其物化特征不变，仍然能够保持其原有的化学编码。

（7）安检示踪信号的独特性。为了达到准确探测和识别爆炸物品的目标，安检示踪剂必须具备独特的化学信息，这种化学信息应在日常物品中极少存在，还要具备一定的穿透力，以便处于行李包裹之内仍能够被探测到。而环保要求这种独特信息必须是无害的，因此，它必须是非放射性的。

（8）较低的成本。在合理的添加比例下，安检示踪剂不应给爆炸物品的生产增加较多成本，能够被企业接受。

2.2　研究难点

为满足上述基本要求，在研发安检示踪技术的过程中，需要重点解决如下几个主要难点：

（1）基本原理和技术路线。这是研发成败的决定性因素，科学合理的原理和正确的技术路线是成功的基础和保证。

（2）安检示踪剂的组分、配方、生产工艺和生产技术。

（3）安检示踪剂的快速分析检测技术。

（4）微量安检示踪剂的探测技术。

2.3　技术原理

经过大量的理论分析和探索性试验研究，项目组提出一条行之有效的技术思路，即选用稳定性优越的物质作基体，优选一些元素作为标识元素，通过不同元素组合及其含量梯度组成不同的化学编码。

2.4　安检示踪剂的基本特征

图1和图2分别为玻璃体安检示踪剂和高分子材料安检示踪剂。它们的共同特点是稳定性好，不仅能够与各类爆炸物品相容共存，在经历爆炸之后依然有颗粒遗留在爆炸现场，且颗粒所携带的化学编码保持完整，通过快速精密检测仪的分析能够方便准确地判读其化学编码。试验证明，将安检示踪剂制成颗粒，且粒度在 $200 \sim 500 \mu m$ 范围之内，对于炸后收集和检测最为有利。

图1　玻璃体安检示踪剂

Fig. 1　Glass safety-check tracer agents

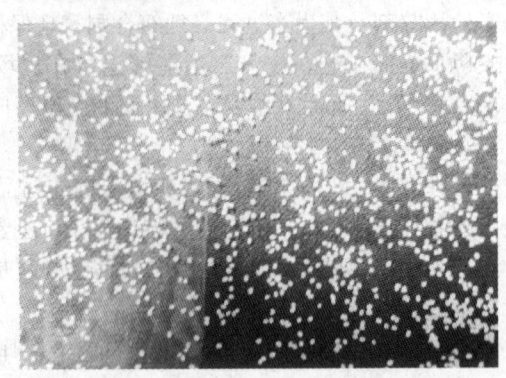

图 2 高分子材料安检示踪剂

Fig. 2 High polymer material safety-check tracer agents

2.5 安检示踪剂的性能检测

安检示踪剂的各项性能分别经第三方机构进行了检测，均达到目标要求。其中，环保性能由国家环境分析测试中心检测，与工业炸药的相容性分别经国家安全生产淮北民用爆破器材检测检验中心和国家煤矿防爆安全产品质量监督检验中心检测，炸前炸后示踪编码检测的准确率由总装工程兵装备认证试验研究所（63956 部队）检测。

（1）添加安检示踪剂的工业炸药性能检测。表 1 ~ 表 3 为添加微量安检示踪剂的工业炸药的性能检测结果，数据表明各项性能符合国家标准，添加微量安检示踪剂前后工业炸药的性能无明显变化。

表 1 添加安检示踪剂的工业炸药机械感度测试结果

Table 1 Test results of mechanical sensitivity of civil explosives mixed
with safety-check and tracer agents （%）

样品名称		三级煤矿许用乳化炸药	二级煤矿许用粉乳炸药	改性铵油炸药	膨化硝铵炸药
撞击感度	标准规定值	≤8	≤15	无	无
	添加前检测值	0	0	2	2
	添加后检测值	0	0	2	2
摩擦感度	标准规定值	≤8	≤8	无	无
	添加前检测值	0	0	6	2
	添加后检测值	0	0	4	0

注：安检示踪剂的添加量 0.2%（质量分数）。

表 2 添加安检示踪剂前后工业炸药爆炸性能检测结果

Table 2 Test results of the detonation performance of civil explosives before and after mixed
with safety-check and tracer agents

工业炸药种类		爆速/m·s^{-1}	猛度/mm	殉爆/cm
二级煤矿许用型膨化硝铵炸药	未添加示踪剂	3205	—	—
	添加后	3165，3289，3226，3289	—	—
岩石型粉状乳化炸药	未添加示踪剂	3846	14.98	5
	添加后	3704，3797，3876	15.05，14.06	[5] 3/3

注：安检示踪剂的添加量 0.1%（质量分数）。

表3 添加安检示踪剂前后水胶炸药贮存性能检测数据
表3 添加安检示踪剂前后水胶炸药贮存性能检测数据
Table 3 Test results of storage performance of water-gel explosive before and after mixed with safety-check and tracer agents

类别	生产日期	测试日期	殉爆/mm	爆速/m·s⁻¹	猛度/mm
未加	2009. 3. 17	2009. 3. 18	20	3507	15. 10
	2009. 5. 11	2009. 5. 12	20	3552	14. 66
	2009. 6. 9	2009. 6. 10	20	3600	15. 20
	2009. 6. 24	2009. 6. 25	20	3510	14. 80
	2009. 7. 28	2009. 7. 29	20	3423	14. 75
	2009. 10. 20	2009. 10. 21	[4] 2/2	3529, 3538	14. 5, 15. 2
	2009. 10. 20	2009. 10. 23	[4] 2/2	3876, 3750	14. 47, 14. 80
添加	2009. 10. 20	2009. 10. 20	[4] 2/2	3797, 3817	15. 55, 14. 7
未加	2009. 10. 20	2009. 11. 18	40 +	3529, 未出数	12. 22, 11. 97
添加	2009. 10. 20	2009. 11. 18	30 +	3521, 3513	12. 62, 12. 92
未加	2009. 10. 20	2009. 12. 16	20 +	3442, 3497	12. 65, 10. 80
添加	2009. 10. 20	2009. 12. 16	20 +	3521, 3513	12. 62, 12. 92
未加	2009. 10. 20	2010. 3. 29	20 +	3442, 3497	10. 10, 10. 30
添加	2009. 10. 20	2010. 3. 29	20 +	3345, 3397	11. 70, 10. 98
未加	2009. 10. 20	2010. 5. 6	20 +	3529, 3505	17. 73, 13. 10
添加	2009. 10. 20	2010. 5. 6	20 +	3529, 3456	13. 17, 13. 27

注：水胶炸药型号为 T-320，药卷规格 φ27mm×400mm，安检示踪剂添加量0.03%（质量分数）。

（2）炸前和炸后检测试验。耐爆性是安检示踪剂的另一个重要性能指标，因为只有具备这项性能才能实现炸后溯源。耐爆性系指安检示踪剂在经受爆炸之后不仅有颗粒遗留在爆炸现场，而且其化学编码与爆炸之前保持一致。为了能够在爆炸现场准确地找到遗留的安检示踪剂颗粒，它还应该具备一定的识别特征，以便于与环境进行区分。开展安检示踪剂爆炸试验的主要目的，一方面为检测其耐爆性，另一方面为检测其炸后收集效率。某编码安检示踪剂炸前炸后检测的谱图如图3所示。

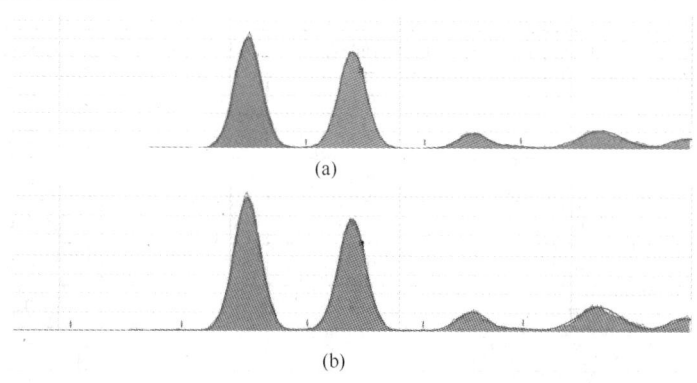

(a)

(b)

图3 某编码安检示踪剂炸前炸后检测的谱图
（a）炸前；（b）炸后
Fig. 3 Spectrograms of some safety-check and tracer agents before and after explosion

考核单位对150种安检示踪剂进行了严格的测试，分别做了炸前检测、炸后收集和检测。炸前炸后检测结果的准确率均达到100%，且炸后收集顺利，在2~20min之内能够收集到数个至数十个安检示踪剂颗粒。炸药的药量有150g、1.5kg和30kg三个级别，爆炸条件分别为裸露和掩埋两种。共做了72次爆炸试验，表4和表5为部分检测结果。爆炸试验和测试的操作步骤如下：

1）随机抽取安检示踪剂，按照0.03%的比例均匀混合于称量好的炸药中。

2）将混合好的药包带到爆炸试验场，选择爆炸地点，连接炮线，起爆。

3）爆炸后在爆炸点附近用收集设备收集安检示踪剂颗粒。

为了防止爆炸过程中相邻药包距离较近时安检示踪剂的飞溅干扰试验结果，在布置药包时，相邻爆炸点之间的距离一般保持20m以上。

表4 150种安检示踪剂中随机抽取样品进行直接检测的结果

Table 4 Test results of random samples of 150 varieties of safety-check and tracer agents

序号	用时/min	检测的编号	结果	序号	用时/min	检测的编号	结果
1	21	038	正确	12	12	090	正确
2	13	186	正确	13	12	157	正确
3	10	032	正确	14	18	100	正确
4	16	050	正确	15	11	123	正确
5	14	022	正确	16	12	201	正确
6	14	144	正确	17	13	176	正确
7	16	228	正确	18	15	027	正确
8	12	127	正确	19	8	251	正确
9	11	055	正确	20	12	042	正确
10	11	054	正确	平均	13.1	—	—
11	12	209	正确				

表5 1.5kg炸药爆炸后收集的安检示踪剂颗粒检测结果

Table 5 Test results of the safety-check and tracer agents collected after 1.5kg explosive's explosion

序号	爆炸条件	洗样时间/min	检测时间/min	颗粒数/个	检测编号	结果
1		8	8	2	017	正确
2		9	9	3	219	正确
3		6	9	3	077	正确
4		6	8	2	110	正确
5	裸露	6	9	3	009	正确
6		—		1	037	正确
7		6	8	3	147	正确
8		6	9	1	076	正确
9		7	6	1	004	正确
10		6	9	2	082	正确

续表5

序号	爆炸条件	洗样时间/min	检测时间/min	颗粒数/个	检测编号	结果
11	掩埋	8	7	2	017	正确
12		8	8	3	219	正确
13		6	8	3	077	正确
14		6	9	3	110	正确
15		7	8	2	009	正确
16		—	—	3	037	正确
17		6	9	3	147	正确
18		6	8	1	076	正确
19		6	5	1	004	正确
20		6	7	3	082	正确

2.6 安检示踪剂的工业添加试验

先后在国内6省1市12条工业炸药生产线、两条工业硝酸铵生产线和两家烟花爆竹生产厂家进行了安检示踪剂的工业添加试验和性能检测，解决了微量安检示踪剂在爆炸物品工业生产线上连续、均匀、稳定、准确地添加的技术问题，达到了理想的混合均匀度。

3 相关技术与设备的研发

围绕着安检示踪剂的编码检测、炸后收集、工业添加、安检探测等问题，项目组展开了相应的技术、仪器和设备的研究开发工作。形成了以安检示踪剂为核心，配套快速精密检测仪和示踪安检设备，辅以炸后收集仪、添加设备和在线监测仪，完备、实用的技术体系如图4所示。

3.1 快速精密检测仪

为了方便快捷地检测安检示踪剂的编码，研制快速精密检测仪，开发配套的操作软件，建立安检示踪剂化学编码数据库。经过大量的分析、测试、检验，研制的快速精密检测仪满足了要求，其外观如图5所示，性能指标如下：

（1）检测精度。粒径不小于$100\mu m$的安检示踪剂颗粒，能够稳定准确地检测其示踪编码。

（2）检测时间为$50\sim300s$（根据颗粒大小自动调整）。

（3）可靠性。无故障连续工作时间不小于1000h。

（4）工作温度为$-10\sim+50℃$。

（5）能量分辨率为$145\pm5eV$。

（6）管压$5\sim50kV$，管流$50\sim1000\mu A$。

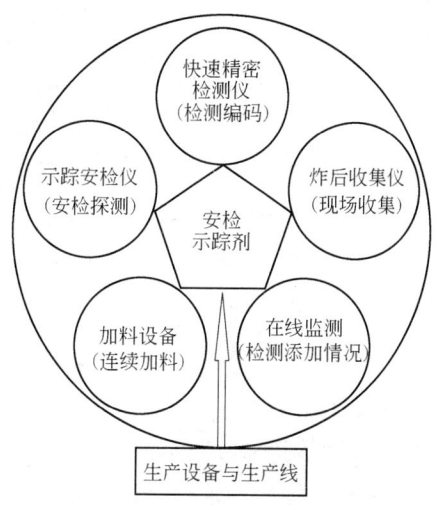

图4 示踪安检技术体系示意图

Fig. 4 Schematic diagram of the tracer and safety-check technology system

3.2　示踪安检设备

以微弱安检示踪信号的准确探测技术为基础，
可根据实际需求研发不同形式、外观和型号的示踪安检设备，如移动式、通道式、手持式、车载式等。图 6 为一款通道式示踪安检设备，实现了对行李包裹等物品的非接触、在线、连续、自动检测，其性能指标如下：

（1）可检测行李的最大尺寸：宽×高 = 600mm×550 mm，长度不限。

（2）皮带速度：根据行李体积和材质，在 2 ~ 20cm/s 之间自动调节。

（3）平均检测时间：5 ~ 20s。

图 5　安检示踪剂快速精密检测仪

Fig. 5　Instrument of safety-check and tracer agents

图 6　通道式示踪安检设备

Fig. 6　The channel tracer security inspection equipment

表 6 为 50g 炸药分别均匀混合 0.1%、0.05%、0.04%、0.03%、0.02%、0.01%（均为质量分数）的安检示踪剂，在空气、布料、纸张、木板、几种常见金属等介质中不同距离的安检测试结果。

表 6　示踪安检设备 100% 报警的最大探测距离

Table 6　The maximum detectable ranges of tracer security inspection equipment under 100% alarm

安检示踪剂添加量(质量比)/%	炸药与探测器间的介质	最大距离/mm
0.1	空气	180
	布料	120
0.05	空气	120
	布料	80
	纸张	35
	木材	70
	泡沫	90
0.04	空气	90
	布料	60
	纸张	35
	木板	70
	泡沫	80

安检示踪剂添加量(质量比)/%	炸药与探测器间的介质	最大距离/mm
0.03	空气	70
	布料	50
	纸张	29
0.02	空气	60
	布料	40
	纸张	23
0.01	空气	40
	布料	30
	纸张	12
	木板	30
	泡沫	30

由表6数据可知，示踪安检设备准确探测爆炸物的结果与安检示踪剂的添加量、介质材料和探测距离三个条件密切相关。

4　结论

示踪安检技术是一个有效管控爆炸物品、防范爆炸恐怖袭击活动的先进技术、理念和方法，同时也是一个国际性的难题。我国近几年来，通过自主研发，开辟出一条科学合理的技术路线，不仅攻克了几项核心技术，还开发出相应的产品和设备，解决了安检示踪剂的工业化生产问题，建立了生产线，形成了满足安检示踪剂的生产、添加、收集、检测、安检等要求的完整技术、产品与设备体系。一体化解决爆炸物品的示踪、溯源与安检难题，优于国际民航组织《关于在可溯炸药中添加识别剂以便侦测公约》所采用的技术和产品。

经过大量的研究测试和第三方机构检测，以及长期添加试用，各技术、产品和设备的性能指标均达到实用要求。专家组的考核验收意见认为，研究成果具有原创性和开创性，属于国际前沿技术领域，其系统性、完整性、创新性、先进性、实用性等方面达到了国际领先水平，为加强我国爆炸物品安全管控提供了重要的技术支撑。

爆破振动控制与文物保护

周家汉

（中国科学院力学研究所，北京，100190）

摘 要：爆破作业的有害效应之一是爆破振动，矿山爆破、城市地铁隧道开挖爆破振动、建筑物拆除塌落振动都有可能影响附近的文物安全。本文介绍了文物建筑物的特点和保护要求，讨论了有关文物的振动控制标准，用典型实例说明只要采取有效的减振措施，严格控制爆破振动，可以避免爆破作业对文物的损害；要遵循"为文物让道，保护文物为先"的原则，保护好文物，远离文物，是我们爆破工程师的职责。

关键词：爆破；振动；文物保护

The Controll Vibration by Blasting and the Protection of the Historical Relics

Zhou Jiahan

（Institute of Mechanics，Chinese Academy of Sciences，Beijing，100190）

Abstract：The vibration is one of the harmful effects in blasting. The vibration of mining and drilling the subway or collapse of building demolition are all probable caused the historic relics unsafe nearby. The paper introduces the characteristics of the historic building and the demands for protecting them and discusses the vibration standards for various the historic relics. It demonstrates with typical examples how to avoid mistake if the effective absorption of shock measure is adopted. It is known to dodged historic building by changing the construction plan for protecting historic relics. To protect historic relics far away them is our sacred duty in blasting.

Keywords：blasting；vibration；protection of historical relics

1 振动对文物影响问题的提出

振动是自然界常见的一种物理现象，现代社会发展的生产活动和现代人们的生活活动都在产生振动。一方面人们在利用振动作用的功效，同时又在受到振动的损害。振动冲击强夯加固地基，锤击破碎石料，这些作业在达到一定的施工目的的同时，又可能危及相邻近建筑物的安全和影响人们的正常生活。《中华人民共和国环境保护法》明确定义振动是一种公害。因此防止振动造成损害是许多工程建设设计和施工中要关心的重要问题。

爆破作业的有害效应之一是爆破振动对周围环境的影响；矿山爆破一次起爆装药量较大，

周家汉，研究员，zhoujh403@263.com。

如果周边一定距离内有文物就要严格控制爆破规模；有的城市轨道交通建设要进行地下隧道开挖爆破，爆破振动可能影响沿线的文物，还有居民住房的安全。当然，轨道交通运行振动影响也应予于重视。

我国历史悠久，文物建筑或古迹较多。为保护文物艺术宝库，国家于1982年颁布了《文物保护法》。对于我国许多重要的古建筑、名胜古迹，国家先后确定了一批国家级或省级重点文物保护单位。随着国家经济建设的发展，一些现代社会活动对文物保护的负面影响也相应出现。

古建筑物或是重要的文物古迹，特别是古塔类建筑物由于它们的建筑年代久远，有的数百年，有的上千年，甚至更长，经历了无数自然灾害的袭击或人为的伤害，都存在着不同程度的损害和破坏。它们的现状难以用现代力学给予准确的描述和评价。一方面我们从古代建筑看到了我们祖先聪睿的智慧、高超的建筑艺术和施工质量，同时又不得不承认当时认知的局限性、有限的生产能力和材料品种，或是结构设计不合理，使得有的建筑物基础承载能力不够，不少建筑就难以保存到现在。由于累积的损害，严重降低了它们抵抗自然灾害和现代社会活动带来的干扰的能力。因此，专门研究确定它们可以承受的振动安全控制值是十分必要的。

20世纪80年代初，洛阳市想在龙门石窟东边3km处建设一个年产120万吨的石灰石矿山（如图1所示）。矿山建设和生产都要进行爆破作业，爆破时总有一部分炸药的能量引起爆破区附近地面的振动，尽管3km外的爆破在龙门石窟区产生的振动量值很小，但是这样大小的振动若长期地存在，就会对早已遭受风水剥蚀的石窟文物的保护极为不利。为了保护龙门石窟文物，即使是具有很高品位的矿山资源，我们也只能选择保护好文物，放弃矿山开采。

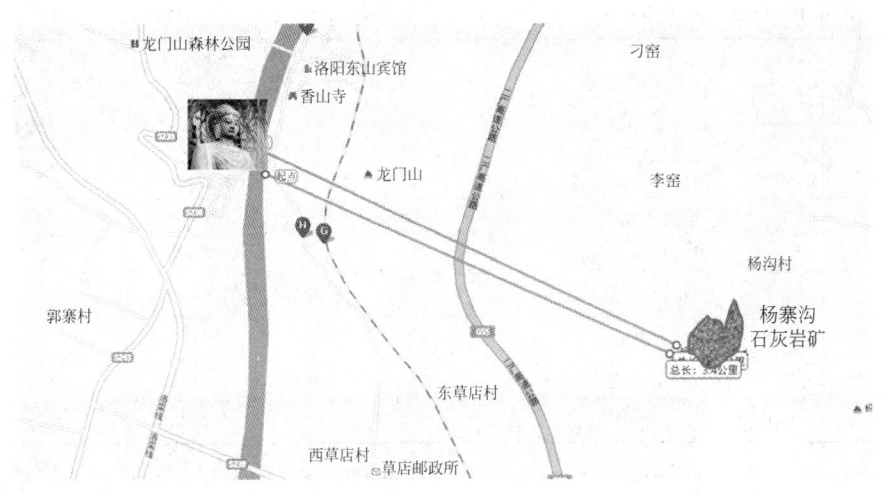

图1　杨家寨石灰岩与龙门石窟的位置

Fig. 1　The location of Yangjiazhai limestone mine and Longmen Grottoes

同样，为了保护好龙门石窟文物，铁路也要让道。在修建焦枝铁路复线确定洛阳龙门段选线方案时，当时任国务院副总理的邹家华同志曾指示说，铁路要建设，文物要保护。铁路列车运行振动是存在的。铁路振动有多大，铁路要外移，移多远合适要进行科学论证。1992年在国家计委评价焦枝铁路复线选线方案时，提出以龙门石窟区的地脉动为标准，让焦枝铁路复线东移700m，为龙门石窟在2000年一次申报世界文化遗产成功奠定了必要的基础条件。

2　爆破振动对文物的影响

矿山爆破或是沟槽爆破等各种土石方开挖爆破，或是建筑物拆除爆破，爆破时，炸药爆破除了破坏介质，还有部分能量经地面传播产生振动，要通过人为的措施阻止它的产生是困难的，但控制一次爆破的装药量，采用延迟爆破技术等手段，减小地面振动的强度，可以使它不致引起相邻建筑物和文物的损坏。大量测量数据和工程实践说明，振动造成建筑物、结构物受损程度与地面振动速度的大小相关性最好。若以地面质点振动速度 v 描述振动强度，计算地面质点振动速度可采用下式计算：

$$v = K(R/Q^{1/3})^{\alpha} \tag{1}$$

式中，K、α 为衰减常数。K 主要反映了炸药性质、装药结构和药包布置的空间分布影响，α 决定于地震波传播途径的地质构造和介质性质。Q 为一段延迟起爆的总药量，R 为观测点至药包布置中心的距离，实际工程中多数不是一个药包。建筑物拆除爆破采用的是小药量装药。每个药包量小，但药包个数多，它们分散在不同楼层和不同部位的梁柱，炸药爆破有较多能量散失在空气中，所以炸药的爆破作用经过建筑物基础后引起的地面振动比矿山爆破、基础拆除爆破引起的振动强度要低，衰减要快，振动速度衰减常数 K 要小。不过，这时要重视建筑物解体塌落造成的振动。

《爆破安全规程》（GB 6722—2003）规定了不同建（构）筑物的爆破振动安全允许标准（见表 1）。区别于《爆破安全规程》（GB 6722—1986），我们在搜集整理了各国对文物遗迹提出的振动控制标准的基础上，给出了我国一般古建筑与古迹的振动速度控制标准。

表 1　《爆破安全规程》（GB 6722—2003）规定的容许振动速度（节录）

Table 1　Allowable vibration velocity from "Safety regulations for blasting"（GB 6722—2003）（extracted）

序　号	保护对象类别	安全允许振速/cm·s⁻¹		
		< 10Hz	10 ~ 50Hz	50 ~ 100Hz
1	土窑洞、土坯房、毛石房屋	0.5 ~ 1.0	0.7 ~ 1.2	1.1 ~ 1.5
2	一般砖房、非抗震的大型砌块建筑物	2.0 ~ 2.5	2.3 ~ 2.8	2.7 ~ 3.0
3	钢筋混凝土结构房屋	3.0 ~ 4.0	3.5 ~ 4.5	4.2 ~ 5.0
4	一般古建筑与古迹	0.1 ~ 0.3	0.2 ~ 0.4	0.3 ~ 0.5
5	水工隧道	7 ~ 15		
6	交通隧道	10 ~ 20		
7	矿山巷道	15 ~ 30		
8	水电站及发电厂中心控制室设备	0.5		

武汉市轨道交通二号线宝通寺站Ⅲ、Ⅳ号出入口采用爆破法掘进，地面上方为城市交通主干道，车流量大，道旁有古建筑群。宝通寺是武汉市唯一的皇家寺院，至今已有 1600 余年历史，在建筑上彰显皇家气派。文物古迹有宋朝古钟、寿云石刻摩崖、古石刻须弥座、明朝石狮，还有大量清朝藏经等佛教文物珍品。寺内有黄龙泉、白龙泉、乳泉等诸多名泉。山上还有古岳飞松及古烽遗痕等名胜古迹。为防止隧道掘进爆破对文物的损害，必须严格控制爆破振动影响。

重庆渝中连接隧道工程是贯通连接"重庆两江大桥"（千厮门嘉陵江大桥和东水门长江大桥）的关键，如图 2 所示。为了不影响地面交通，两座大桥间只有采用隧道连接。隧道设计为双向四车道，时速 40km。隧道上方为渝中区主要商业中心，地面地下建构筑物密集分布。隧道上方有文物单位罗汉寺，隧顶距罗汉寺最近处仅 18.9m。罗汉寺始建于宋朝治平年间（1064 ~ 1067 年），原名治平寺元明废圮，清乾隆十七年（1752 年）重建。清光绪十一年

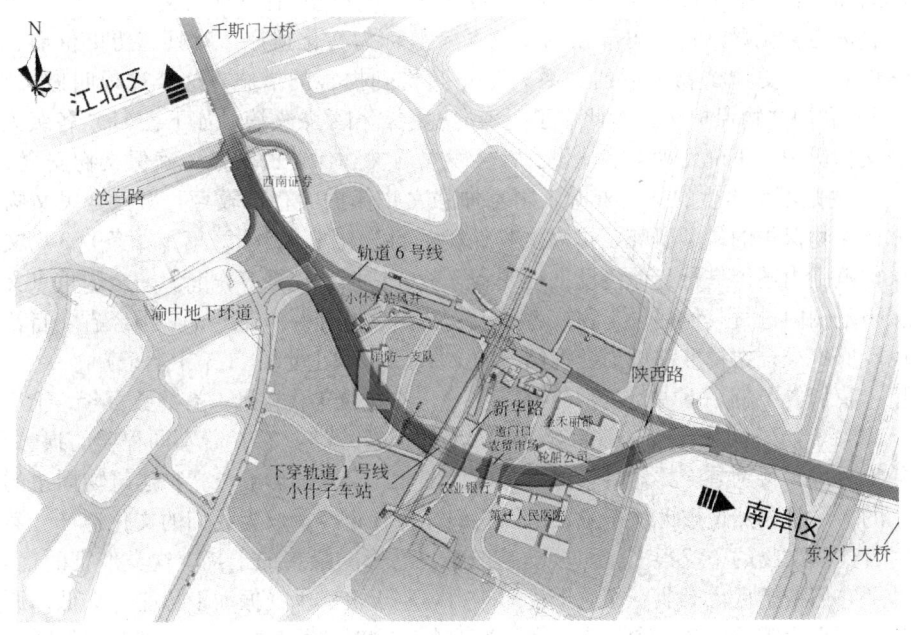

图2　重庆渝中连接隧道的位置

Fig. 2　The location of Yuzhong underground load in Chongqing city

（1885年），治平寺住持隆法和尚修建了五百罗汉堂，遂改称罗汉寺。抗日战争时，罗汉寺被日军飞机炸毁，1945年佛教界予以修复。1983年罗汉寺被列为汉族地区全国重点寺院，1984年罗汉寺重修罗汉堂，重塑五百罗汉像。罗汉寺拥有大量藏经、文物和字画。在门前，有明朝天启三年（1623年）石碑一通，刻"西湖古迹"四字。门内通道两旁石壁名"古佛岩"，长20余米，上有不少佛像浮雕，是市级文物保护单位。爆破设计采用了最安全的开挖顺序，最大分段药量控制小于1.2kg，实测罗汉寺地区最大振速为0.15cm/s，施工期间爆破振动控制在《爆破安全规程》（GB 6722—2003）规定的一般古建筑与古迹的安全允许振速范围内。

建筑物爆破拆除塌落撞击地面造成的振动随着高大建筑物拆除工程的增多已引起人们的广泛关注和重视。拆除爆破工程实践表明，建筑物拆除时塌落振动往往比爆破振动大。有的建筑物拆除工程临近地段有古建筑文物需要保护，如果不能准确预测评估塌落振动对文物的影响，可能会影响爆破拆除方案能否实施，无锡曾经有一高楼需要爆破拆除，由于临近的有要保护的阿炳纪念馆，爆破拆除方案经不同方案比选后放弃，阿炳故居是国务院批准公布的国家级文物保护单位。

3　文物保护的要求

振动是一种公害，有报道说，在捷克一个繁忙的公路、轨道交通线附近，有一座古教堂因振动而产生裂缝，裂缝不断扩大导致古教堂的倒塌。

在北京，亦有多处文物受地铁运营列车振动的影响，有墙体开裂、损坏的现象。据有关媒体报道，国家文物局公布了全国人大常委会执法检查组关于检查《中华人民共和国文物保护法》实施情况的报告，近30年来全国消失的4万多处不可移动文物中，有一半以上毁于各类建设活动。北京有报道说戒台寺古建筑和佛像遭遇周边采石场爆破振动受损害，导致古建筑墙体开裂，诱发和加剧已有裂缝的扩展。对此种情况，人们痛心地说道，文物消失多毁于"建"！

众所周知，我国把可移动的和不可移动的一切历史文化遗存都称为文物。其中，可移动的文物，一般称为文化财产；不可移动的文物，一般称为文化遗产。对具有历史价值、文化价值、科学价值的历史遗留物采取的一系列防止其受到损害的措施，这个过程叫做文物保护。《中华人民共和国文物保护法》对此作了明确的规定，相关条文摘录如下：（1）各级人民政府应当重视文物保护，正确处理经济建设、社会发展与文物保护的关系，确保文物安全。（第九条）（2）文物是不可再生的文化资源。国家加强文物保护的宣传教育，增强全民文物保护的意识，鼓励文物保护的科学研究，提高文物保护的科学技术水平。（第十一条）（3）文物保护单位的保护范围内不得进行其他建设工程或者爆破、钻探、挖掘等作业。在全国重点文物保护单位的保护范围内进行其他建设工程或者爆破、钻探、挖掘等作业的，必须经省、自治区、直辖市人民政府批准，在批准前应当征得国务院文物行政部门同意。（第十七条）

这里，我们要了解一下古建筑物的特点：（1）古建筑年代久远，有的数百年，上千年，甚至更长；（2）经历了无数自然灾害的袭击或人为的伤害；（3）存在着不同程度的损害和破坏。在过去的岁月里，特别是冷兵器时代，没有现代工业、交通的影响，文物建筑物周边的环境振动是很小的，尽管天然地震无法避免，所以它们能保存至今，成为我们的文化遗产。然而，现代社会对古建筑文物的干扰很多，而振动是最常见、影响最多的干扰。这类伤害的逐渐累积，严重降低了它们抵抗现代工业、交通干扰的能力。鉴于古建承受振动干扰能力降低，原则上我们要尽量控制人为震源的产生和强度，在无法避免产生时要尽量控制人为震源的强度（特别是现代交通产生的振动）。因此，我们希望它们远离需要保护的文物建筑。对古建筑的振动安全标准原则上应是以回避现代社会活动的干扰影响确定一个保护范围，依据科学分析给出有足够安全性的约束值。

4　关于振动控制标准和说明

振动对地面建筑物的影响程度用地震烈度表示，描述工程建筑物的损坏或破坏程度、地表的变化状况。地面振动强度用地面质点振动速度表示。关于地震烈度和振动速度（量级）与对地面建筑物的影响情况，引用相关标准和文件要求列于表 2 中。

表 2　不同量级振动速度相应的状态

Table 2　The corresponding state for various dimension class vibration velocity

振动速度/mm·s^{-1}	状 态 及 说 明
200（烈度 8 度）	多数民房破坏，少数倾倒； 坚固的房屋也有可能倒塌
20（烈度 5 度）	室外大多数人都能感觉到振动； 抹灰层出现细小裂缝； 为一般砖房、非抗震的大型砌块建筑物的允许振动值
2（烈度 1~2 度）	可感振动； 原机械委部颁标准《机械工业环境保护设计规定》（JB 16—1988）； 对于古建筑严重开裂及风蚀者，控制振动速度 $v = 1.8$ mm/s（10~30Hz）
0.20	《古建筑防工业振动规范》（GB/T 50425—2008）对国家重点文物建筑（砖木结构）的振动控制标准； 国家文物局文物保函〔2007〕99 号文对西安钟楼、城墙（地面）的垂直振动速度要求的控制值 0.15~0.20mm/s
0.02	苏州虎丘塔地脉动值（0.01~0.03mm/s）； 洛阳龙门石窟地脉动值（洛阳地震台监测）； 莫高窟石窟地脉动值

从表 2 中我们看到，当地面振动速度为 20mm/s 时，其振动强度相当于地震烈度 5°，振动可能造成一般民房产生新的细小裂缝，产生裂缝是人们不能接受的。因此，多数国家（包括我国）把振动速度 20mm/s 定为民房的振动控制标准。振动速度为 2mm/s，是一般人稍加注意可以感觉到的振动（也叫"可感振动"），其振动强度相当于地震烈度 1°~2°。我们很难接受这样的标准，就是让文物古建筑处在可感的振动环境状态下，特别是全国重点文物保护单位（注意：原机械委部颁标准《机械工业环境保护设计规定》(JB 16—1988) 对于古建筑严重开裂及风蚀者，控制振动速度 $v = 1.8$mm/s($10 \sim 30$Hz)）。因此我们说，再低一个量级，即振动速度为 0.2mm/s，定为国家级文物建筑的控制标准，不算苛刻或是要求过分。只有这样，才能让国家级文物古建筑处在一个安静的环境中。

2008 年我国颁布实施了专门针对古建筑保护的《古建筑防工业振动规范》（GB/T 50452—2008），以避免交通车辆、动力设备、工程施工等工业振源引起的地面振动对古建筑结构的有害影响，表 3 是该规范对不同类文物古建筑砖结构的容许振动速度。

表 3   古建筑砖结构的容许振动速度 $[v]$
Table 3   The allowable vibration velocity for brick structure (mm/s)

保护级别	控制点位置	控制点方向	砌体 v_p		
			<1600m/s	1600~2100m/s	>2100m/s
全国重点文物保护单位	承重结构最高处	水平	0.15	0.15~0.20	0.20
省级文物保护单位	承重结构最高处	水平	0.27	0.27~0.36	0.36
市、县级文物保护单位	承重结构最高处	水平	0.45	0.45~0.60	0.60

注：当 v_p 介于 1600~2100m/s 之间时，$[v]$ 采用插值法取值。

一般而言，古建筑的振动安全标准原则上应是回避现代社会活动的干扰影响，其振动安全控制的最高标准就是环境振动的本底大小。换言之，对古建筑的振动控制的最佳状态应是原生环境的状态。

5   焦枝铁路复线龙门隧道爆破设计施工

洛阳龙门石窟（如图 3 所示）是我国宝贵的历史文化遗产，是国务院 1956 年颁布的全国重点文物保护单位。焦枝铁路既有线在洛阳龙门石窟区文物保护区内通过，对石窟文物保护不利。为避免列车振动对龙门石窟区文物影响，国家有关部门根据列车运行振动对石窟文物影响

图 3   龙门石窟奉先寺卢舍那大佛
Fig. 3   The famous Court in Longmen Grottoes

确定了复线外移距离。新线隧道开挖爆破的振动影响需要实地监测和严格控制，我们知道，隧道开挖爆破振动一般要大于列车运行的振动，然而其作用时间相比之下要短得多。

隧道开挖采用钻爆法施工。该项工程施工是在《古建筑防工业振动规范》（GB/T 50452—2008）颁布之前，为此，中国国际工程咨询公司专项组织专家研究过石窟的振动安全阈值。我国地球物理学家傅承义、爆炸力学家郑哲敏和有关专家对研究报告的结果给予了充分肯定。认为选取在爆破时石窟区"无感"作为安全标准是合适的。国家文物局发文要求龙门石窟区焦枝复线隧道开挖施工，爆破振动到龙门各点的振动速度低于0.4mm/s的振动安全阈值。这项研究工作不仅为龙门地区矿山建设提供了科学依据，而且为龙门石窟保护区的确定提供了数据，同时对于我国其他石窟的安全问题也有重要的参考价值。

龙门隧道复线开挖爆破设计方案采取分段微差减振控制爆破和接力式起爆网路，控制最大段用药量，周边眼采用不耦合间隔装药形式。在隧道期间监测数据表明反馈的结果，在新龙门隧道开挖施工过程中，开挖爆破引起的四个控制测点的最大速度值均未超过安全阈值0.4mm/s，最大值仅为0.02mm/s。爆破振动传到龙门石窟各测点的振动速度小于0.4mm/s。当地洛阳市地震台（一类监测基准台）也进行了长期跟踪监督测量。

6　宁波育王岭隧道开挖爆破对阿育王寺庙的影响

宁波轨道交通1号线二期工程育王岭隧道位于阿育王寺庙文物保护区二级建筑控制地带，局部线路在一级建筑控制地带内，根据国家文物保护法相关条文规定，需要对阿育王寺保护区的影响进行评估论证。

阿育王寺是我国禅宗名刹，由于寺内珍藏着一座名闻天下的佛祖舍利宝塔而享誉中外佛教界，也是国内现存的唯一以印度阿育王命名的千年古刹。阿育王寺1983年被国务院确定为汉族地区佛教全国重点寺院，2006年6月被国务院公布为第六批全国重点文物保护单位。阿育王寺内现存建筑大都为明、清时期重建、重修，很多建筑外墙为土坯垒成，梁柱为木结构。

隧道全长约1260m，为单洞双线结构，断面轮廓约11.8m×9.8m。育王岭山体以含角砾晶屑熔结凝灰岩为主，岩石坚硬、节理裂隙发育，轨道线穿山隧道拟采用钻爆法进行开挖施工，隧道进口距离国家级文物保护单位阿育王寺核心保护范围最近处大约98.6m，隧道向出口方向施工逐渐偏离阿育王寺（如图4所示）。为减少爆破对阿育王寺建筑物的振动影响，采用了"短进尺、弱爆破、强支护、快封闭"施工方法。

中国铁道科学院铁建所参照类似工程招宝山隧道的爆破振动衰减规律，考虑到阿育王寺和

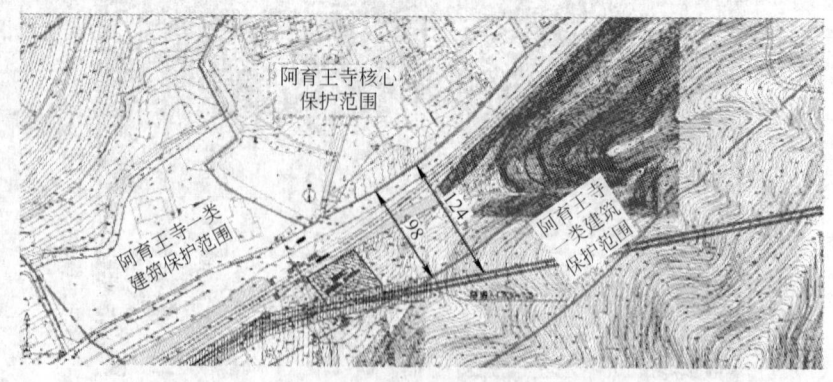

图4　宁波地铁1号线隧道与阿育王庙的位置

Fig. 4　The location of subway Line 1 and Ayuwang temple in Ningbo city

隧道的相对位置和其间的地质地形条件，爆破设计选取掏槽爆破振动速度衰减参数。他们选用其衰减速度中选取掏槽爆破的衰减系数 $K = 140$ 和衰减指数 $\alpha = 1.6$ 作为爆破设计计算参数。

根据爆破安全规程规定，阿育王寺应按古建筑物类确定振动速度控制标准，并取最严格的标准，隧道采用浅孔爆破方法，其爆破振动波频率范围 $40 \sim 100Hz$ 考虑，参照以上标准，阿育王寺的爆破振动安全允许标准取为爆破振动速度峰值小于 $0.3cm/s$。根据实测洞口爆破产生的最大振动，调整爆破设计参数，随着隧道向前掘进爆破掌子面逐渐远离阿育王寺保护区，可以控制阿育王寺内需要保护的国家级文物建筑的爆破振动小于 $0.15cm/s$，确保国家级文物阿育王寺的安全。

7 保护戒台寺周边矿山应禁止

戒台寺位于北京门头沟区的马鞍山麓，始建于隋代开皇年间（581～600 年），距今已有1400 多年的历史。寺内建有全国最大的佛教戒坛，位居全国三大戒坛（另为福建泉州开元寺、浙江杭州昭庆寺）之首，以"戒坛、奇松、古洞"著称。戒台寺是全国重点文物保护单位，已被列入我国申报世界文化遗产的后备名录。

千佛阁位于戒台寺大雄宝殿后面的台基之上，始建于辽代咸雍年间，原是寺中最宏伟的建筑。千佛阁宽 $21m$，进深 $24m$，为三重檐楼阁式木结构建筑，其殿顶采用了古建筑最高等级的"大五脊庑殿式"，阁内供有卢舍那铜质佛像和 1680 尊小佛像，是名副其实的千佛阁。史料记载，历史上官方对戒台寺的保护一直很严格，至今仍存于戒台寺中的就有明宪宗朱见深所撰《敕谕碑》、清康熙帝所撰《万寿寺戒坛碑》、民国总统徐世昌撰《戒台寺碑》以及其他名流所立的《戒台寺禁矿碑》。这些碑文一律明令禁止在戒台寺周边凿山采石，挖掘煤窑，毁坏林木，并规定对上述行为采取严厉的惩罚办法。

曾经有监测研究报告《北京市建材化工厂采石爆破对戒台寺建筑物影响评价》中指出，"采石场爆破对戒台寺古建筑墙体开裂有诱发和加剧裂缝扩展的影响"，"长达 40 年的爆破、累积效应不可忽视"。但是随着年代推移，采石与保护的矛盾仍不断出现。我们呼吁，为保护戒台寺，严格执行《古建筑防工业振动规范》（GB/T 50452—2008），戒台寺周边矿山应禁止爆破采石作业。

8 结语

文物建筑、文化遗产是前人给我们后人留下的宝贵遗产，是全民族、全人类的共同财富。它们不但属于今天，更属于未来。因此，将它们真实、完整地流传下去，是我们义不容辞的职责。

保护好文物，人人有责。我们必须提高全民族的爱护、保护文物的意识，保护好文化遗产，为子孙后代造福。在现代化建设和文物保护要兼顾时，应当遵循"为文物让道，保护文物为先"的原则，保护好文物，离文物远点。

参 考 文 献

[1] 编制组. GB 10071—1988 城市区域环境振动测量方法[S]. 北京：中国标准出版社，1989.
[2] 五洲工程设计研究院. GB/T 50452—2008 古建筑防工业振动技术规范[S]. 北京：中国建筑工业出版社，2009.
[3] 日本高速列车沿线居民区噪声和振动的允许标准[S]. 钱德生，马筠，译.
[4] John R Schuring, Jr., Walter konon. Vibration Criteria for Landmark Structures.
[5] 周家汉. 高速铁路列车运行振动传播规律研究[C]//力学，北京：科学出版社，2000.
[6] 杨振声，周家汉，周丰俊，等. 爆破振动对龙门石窟的影响测试研究报告[C]//工程爆破文集（第三辑），北京：冶金工业出版社，1988.

水利工程开挖爆破对新浇筑混凝土影响研究与应用

刘治峰[1]　张戈平[2]　迟利梅[1]

（1. 河北省水利工程局，河北石家庄，050021；

2. 南水北调中线干线工程建设管理局，河北石家庄，050035）

摘　要：为满足水库防汛安全需要，岗南水库新增溢洪道抗滑竖井爆破开挖与混凝土浇筑交替进行。为控制爆破施工对新浇混凝土的危害，本工程通过试验监测应力、应变、质点振动速度、声波等数据，得出了新浇混凝土附件的爆破控制依据，以指导施工，也为类似工程施工提供了参考。

关键词：新浇混凝土；控制爆破；监测；控制标准

Study and Application of Hydraulic Projects Excavation and Blasting's Impaction Newly Pouring Concrete

Liu Zhifeng[1]　Zhang Geping[2]　Chi Limei[1]

（1. Hebei Water Conservancy Engineering Bureau，Hebei Shijiazhuang，050021；

2. Middle Route of the South-to-North Water Transfer Project Construction

and Management Bureau，Hebei Shijiazhuang，050035）

Abstract：In order to meet the security needs of flood control reservoirs，Gangnan Reservoir spillway new anti-slide pile shaft excavation and blasting concrete pouring alternately. Blasting for the control of hazards for fresh concrete，the test works by monitoring the stress，strain，particle velocity，acoustic data，obtained fresh concrete accessories blasting control standards to guide the construction，but also for the construction of similar projects provided reference.

Keywords：newly poured concrete；controlled blasting；monitoring；control standards

1　前言

　　水利水电改扩建及除险加固工程中，由于施工场地限制及施工进度等原因，往往需要在新浇混凝土附近采用控制爆破进行石方开挖。炸药爆炸时所产生的冲击和振动，是否会对新浇混凝土产生一定的影响作用，其影响程度如何，能否引起新浇混凝土的破坏，是否会降低它的后期强度，是大家所关心的问题，因此对在新浇混凝土附近的爆破开挖进行研究是十分必要的。

2　工程概况

　　岗南水库位于河北省平山县，是以防洪、城市供水、灌溉为主，结合发电的综合性水利枢

刘治峰，教授级高级工程师，hbsgjlzf@126.com。

纽，总库容为11.63亿立方米，大（Ⅰ）型水库。为确保水库下游石家庄市和京广铁路等重要设施的防洪安全，岗南水库扩建新增溢洪道工程。新增溢洪道采用大直径钢筋混凝土抗滑竖井来承受挑坎的荷载和利用自身抗剪能力来承担闸室以下陡坡至挑坎全段的剩余下滑力。为防止齿墙上、下游较破碎岩体的下滑，满足深层抗滑稳定的需要，保证齿槽开挖的施工安全，设计将齿槽划分为31个连续的竖井，分奇偶数列跳仓开挖。连续竖井布置图如图1所示。井体断面为椭圆形，奇数井为6.6×4.5m，深20m，偶数井6×4m，深15m，奇偶井互相紧贴，接触面宽度为2m。奇数井先开挖后即浇筑混凝土，随后进行偶数序列井的开挖、回填。

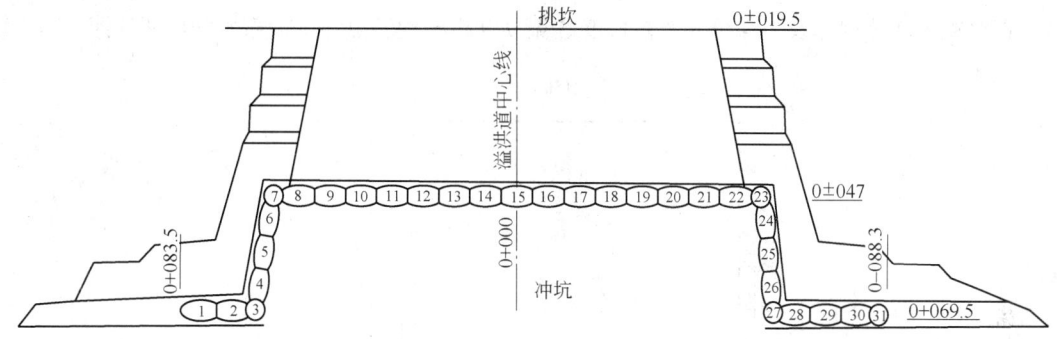

图1　连续井桩平面布置示意图

Fig. 1　Continuous well pile layout diagram

由于开挖工程量大，工期紧迫，在施工中形成爆破开挖与混凝土浇筑相互交错施工的局面。爆破开挖是否会造成竖井的破坏或降低后期强度，如何减少这种不利因素的影响及在施工中采取何种程度的保护措施是迫切需要解决的生产实际问题。

3　抗滑桩受力分析和观测方法

爆破对新浇混凝土的影响涉及诸多因素，包括炸药品种、药量、钻孔质量、堵塞质量、爆源距离、地质情况、边界条件和混凝土材料的物理力学特性等，目前还难以从理论上找到简单而明确的计算方法求解药包周围介质的应力场来指导工程实践。在爆破工程中，一般采用一维应力波模型，根据现场试验得到的应力波参量核算介质受到的最大应力并根据材料的强度理论进行判断，动应力值超过混凝土材料的极限破坏值则材料被破坏，反之是安全的。爆炸应力波衰减很快，作用时间又短，对大体积的结构物而言，破坏往往是局部的，特别对混凝土这种脆性材料拉应力造成的破坏范围很小。因此在新浇混凝土靠近开挖区一侧沿不同高程埋入应变计进行观测。

大量现场实验表明质点振动速度可以作为爆破振动安全的控制参量，且根据一维应力波关系，介质中某点应力值与该处的质点振速成正比，因而振动观测可以与应力应变观测互相验证。因此在新浇混凝土内部和表面分别埋入速度传感器进行观测。

除了观测混凝土的应力应变和运动参量来研究爆炸波在混凝土中传播和衰减规律外，还可以根据超声波来确定爆源周围混凝土在动载作用下的物理力学特性和内部破坏状态。如果介质内部结构发生变化，出现开裂或损伤、骨料脱落等就会造成声波的绕射或衍射使波速降低，通过爆炸前后混凝土块体超声波传播速度的变化可以判断是否产生某种程度的破坏。声波的传播速度与介质的密度和弹性模量之间存在一定的函数关系，而介质的弹性模量往往与强度相关联，因此超声波观测还是介质抗压强度的检测手段之一，根据声波的变化来判断混凝土的强度以及随着龄期的增加强度变化状况。

4 模拟试验

为了解新浇混凝土在 1d、3d 龄期时抵抗爆破振动的能力，研究爆破对新浇混凝土的作用规律，本工程进行了模拟试验。试验地点选择在与实际开挖区有着类似地质条件的开挖齿槽下游侧。在基岩中开挖出 1.5m×1.5m×1.5m 的正方形深坑并回填混凝土，设计标号为 C20，骨料为 2 级配。

4.1 测点布置

在混凝土块体内部及表面分别布置应变、振动和声波观测点，平面布置如图 2 所示。

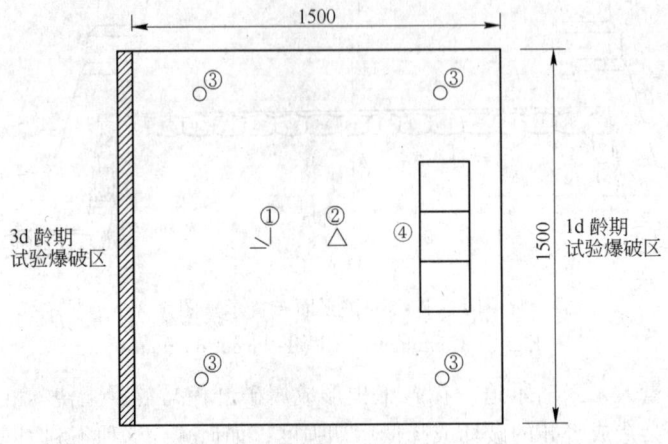

图 2　测点平面布置图

Fig. 2　Measuring point layout

图 2 中①表示三个应变仪按 x、y、z 三个互相垂直方向固定在用钢筋焊接的试验支架上埋入混凝土中。②为振动观测仪器。③为声波测试孔。

4.2 炮孔布置

4.2.1 1d 龄期爆破炮孔布置

炮孔共布置 4 排，与试块距离分别为 2.5m、4.5m、8m、12m。每排 3 孔，孔间距 25cm，沿轴线对称布置，孔深 2.5m，每孔装药 600g，每排 1800g，从孔底连续装药，上部用黏土堵塞。由炮孔与混凝土块体的距离来调整爆破产生的振动强度。从远到近逐次爆破，试块受到的振动影响逐渐增加。1d 龄期爆破炮孔布置如图 3 所示。

4.2.2 3d 龄期爆破炮孔布置

为了模拟竖井开挖实际的爆破布孔，3d 龄期炮孔采取浅孔密孔的炮孔布置，斜孔为掏槽孔，与地平面夹角为 70°，共两排，每排 5 孔，孔距 0.3m，孔深 0.8m，每孔装药 300g，掏槽孔共装药 3000g。垂直孔共 4 孔，孔距 0.4m，孔深 0.8m，每孔装药 300g，共装药 1.2kg。斜孔用 1 段非电雷管起爆，垂直孔用 3 段非电雷管起爆。3d 龄期炮孔布置如图 4 所示。

4.3 试验结果及分析

4.3.1 振动与应变

1d 龄期的混凝土块体质点振动速度最大值水平方向为 35.67cm/s，竖直方向为 12.52cm/s，

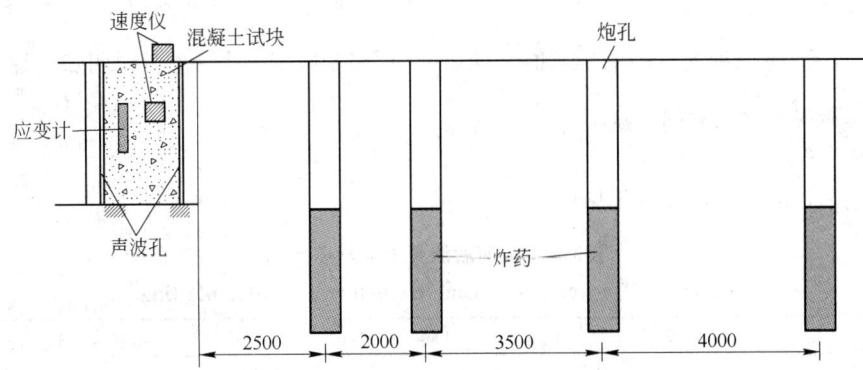

图 3　1d 龄期爆破试验炮孔布置图

Fig. 3　1 day age blasting test hole arrangement

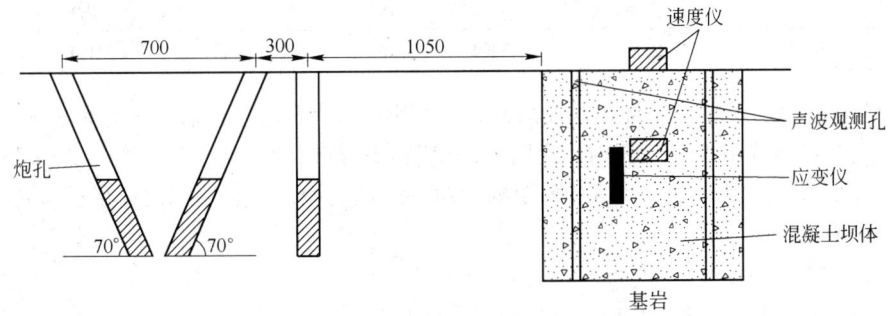

图 4　3d 龄期爆破试验炮孔布置图

Fig. 4　3 day age blasting test hole arrangement

振动卓越频率为 25 ～ 108Hz，振动持续时间为 0.1s。在试验选定的爆源与地质条件下，振动波的衰减规律为：

$$v_{水平} = 681 \left(\frac{Q^{\frac{1}{3}}}{R} \right)^{2.85} \tag{1}$$

$$v_{垂直} = 98.1 \left(\frac{Q^{\frac{1}{3}}}{R} \right)^{2.03} \tag{2}$$

式中，$v_{水平}$ 和 $v_{垂直}$ 分别为混凝土质点振动速度，cm/s；Q 为药量，kg；R 为爆源与测点距离，m。

3d 龄期的混凝土试块质点最大振速水平方向为 30.58cm/s，竖直方向为 10.75cm/s，振动频率为 27.8 ～ 62.5Hz，振动持续时间不到 0.1s。

从应变测试结果来看，传感器均能较好地反应应变波形，波形上升时间约为 10ms，作用时间为数百毫秒。实测最大压应变为 29με，最大拉应变为 30.4με。将实测数据进行回归分析可得试验块体 1d 龄期混凝土的应变与炸药量和距离的关系式如下：

径向压应变
$$\varepsilon_{压} = 319.2 \left(\frac{Q^{\frac{1}{3}}}{R} \right)^{2.2} \tag{3}$$

竖直向拉应变
$$\varepsilon_{拉} = 29.1 \left(\frac{Q^{\frac{1}{3}}}{R} \right)^{1.45} \tag{4}$$

式（3）和式（4）的适用条件为：$0.09 < \frac{Q^{\frac{1}{3}}}{R} < 0.4$。

3d 龄期进行爆破试验时，实测最大压应变为 22.8με，最大拉应变为 6.24με，虽然此时 $\frac{Q^{\frac{1}{3}}}{R}=0.5$，大于 1d 龄期时试验的最大值 $\frac{Q^{\frac{1}{3}}}{R}=0.4$，而实测应变要小一些。说明随混凝土强度的增加，受荷载时的应变量相应减小。

4.3.2　声波

爆破前后混凝土的声波变化见表 1。

表 1　爆破前后混凝土的声速变化

Table 1　The velocity of concrete before and after blasting

观测孔号	孔间距/cm	爆前波速(龄期 14h)/m·s⁻¹	1d 龄期波速/m·s⁻¹			3d 龄期波速/m·s⁻¹		
			爆前	爆后	变化率/%	爆前	爆后	变化率/%
1-2	99.5	2960	3317	3361	1.3	4078	4112	0.80
2-3	99.0	2826	3311	3289	-0.6	4091	4160	1.70
3-4	89.5	2821	3243	3219	-0.7	3981	3908	0.44
4-1	98.5	2880	3494	3456	-1.1	4087	4191	2.50

利用跨孔法观测混凝土块体内部受爆破振动的影响范围和程度。表 1 中结果表明爆破前后声速的变化在仪器测试误差范围内，说明 1d 龄期和 3d 龄期的混凝土块体受了 30～35cm/s 的水平振速后未产生破坏和裂缝。随着龄期的增加，声速也增加，表明混凝土的强度亦在提高，处于完好状态。

4.3.3　室内试验

15cm³ 的标准试块浇筑 24h 后进行抗压强度试验，结果见表 2。

表 2　1d 龄期的混凝土强度

Table 2　1 day age strength of concrete

试件编号	试₁	试₂	试₃	平均
抗压强度/kN·cm⁻²	0.51	0.60	0.53	0.55

在埋有应变计的标准试块（编号为岗 1、岗 2、岗 3）1d 龄期时进行抗压强度试验，应力应变关系保持良好的线性，如图 5 所示。

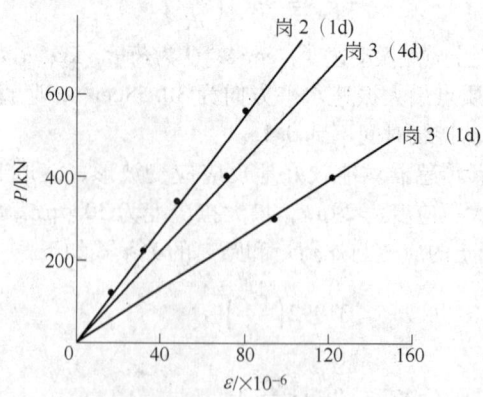

图 5　混凝土试件的应力应变关系

Fig. 5　The stress-strain relationship for concrete specimens

在岗2、岗3试件4d龄期时再做抗压试验，加至5t时，试件完好无损，应力应变关系仍保持良好线性。与1d龄期试验比较可看出，虽加荷压力增加较多，但应变量增加不大，主要是混凝土的弹模提高及塑性减小之故。试件继续加压，得到4d的抗压强度为16.4MPa。从破碎的试件可以发现应变计与混凝土结合很好，整体性强，能准确反映混凝土的应力应变历程。28d龄期的混凝土抗压强度为25.2MPa。

4.3.4 宏观检查

宏观检查未发现由于爆破振动在试验块体表面产生任何纵向或横向裂纹，也未发现其他异常现象，混凝土质量良好。

4.3.5 混凝土后期强度检验

声波观测结果表明爆破前后混凝土强度没有发生变化。但是经过强烈的爆破振动以后是否会影响后期强度，为此也进行了模拟试验。将1d龄期的混凝土标准试件浇筑在混凝土块体中，置于同一高程靠近炮孔一侧受振动影响最大的位置，24h后进行爆破振动试验，爆后分离取出标准条件下养护28d做抗压强度试验，结果见表3。

表3 经受振动后28d强度试验

Table 3　Withstand strength of 28 days after vibration test （MPa）

标准养护下28d强度	经受爆破振动后28d强度
25.3	23.1

经受爆破振动后28d试件抗压强度为23.1MPa，与标准养护条件下试件抗压强度变化不大，说明2d龄期的混凝土经受35cm/s的强烈振动后对其后期强度会有一定影响，但强度仍然较高，若适当控制，对后期强度不会产生大的影响。

4.4 实验结果

考虑到试验块体的尺寸形状与竖井实际情况的差别，以及地质情况爆源和材料的差别，试验中单次爆破与施工中多次爆破频繁振动的差别，对试验结果应考虑一定的安全系数，确保工程安全。结合施工进度和现场情况全面综合比较，岗南水库竖井开挖爆破建议1d龄期混凝土块体允许质点振速控制在2~3cm/s，3d龄期的混凝土块体控制在6~8cm/s。上述控制标准与现行爆破安全规程的规定基本相符。

5 采取的控制爆破措施

根据试验结果，虽确定了施工中的各项控制指标，但在施工中必须控制爆破规模，采取合理的爆破方法，减小振动影响，充分保护新浇筑混凝土竖井的质量安全。为此提出如下的控制爆破措施：

（1）控制单响最大药量，增加雷管分段，采用毫秒延迟爆破及合理的起爆顺序。单响药量开始应不超过3kg，根据观测结果，随龄期增长混凝土的强度变化和施工需要再逐渐增加药量。

（2）新浇混凝土竖井1d龄期时，开挖井与其相隔距离至少两个井宽（12m）以上，3d龄期以上时方可进行相邻井的爆破施工。

（3）竖井上部因混凝土龄期短，强度低，易于变形，相邻井应避免全断面开挖，应采用台阶爆破分两次开挖。

（4）当奇数井回填混凝土时，两侧加双层稻草保护垫层，厚约8~10cm，用塑料袋包好放在新浇混凝土外侧与岩体紧密贴合。

（5）当奇数井的混凝土浇筑时，在混凝土的材料配比中加入早强剂，提高早期强度，以增加抗振能力。

6　爆破开挖监测

　　实际爆破开挖时，选取两个竖井作为试验井，在施工时进行监测，了解爆破对新浇混凝土影响的规律，取得科学资料，指导其他竖井的施工。

6.1　测点布置

　　在 19 号竖井 154.5m、150.5m、145m、139.5m 四个高程分别埋设三分向振动传感器，在 150.5m、149.0m、139.5m 三个高程沿竖井两侧距钢筋内侧 30cm 处（距混凝土边缘 50cm）分别埋设三分向应变计，共设 10 个观测点，30 台仪器，以观察 18 号井和 20 号井的爆破施工对 19 号竖井新浇混凝土的影响。为进一步校核 19 号井的监测结果，又在 29 号井的 ▽154.5m 设置三分向振动传感器，▽150.5m 埋入三分向应变计观测 28 号井和 30 号井开挖爆破对 29 号井的影响，具体布置如图 6 所示。

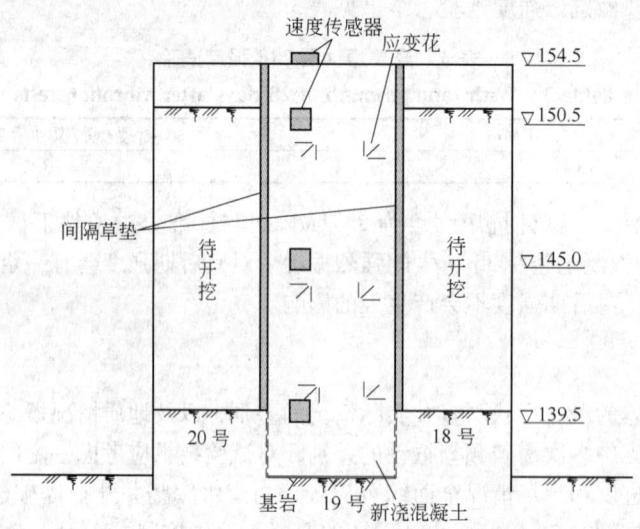

图 6　测点理设示意图

Fig. 6　Measuring point embedding schematic diagram

　　声波管埋设位置如图 7 所示，在奇数井的一侧浇筑混凝土时埋入两根平行的硬塑料管，内径 φ8cm，壁厚 1mm，从 154.5m 直到 139m 高程，两管间距 1m，其连线中点距混凝土外侧 50cm。钢筋外侧混凝土厚 10cm。

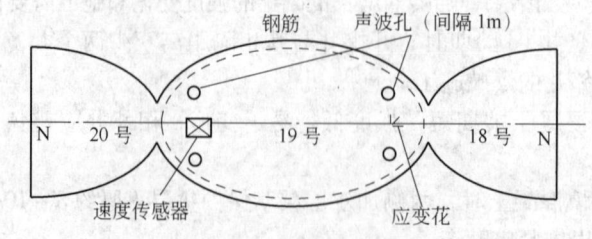

图 7　声波孔位置

Fig. 7　Acoustic hole location

6.2 观测结果与数据分析

实测爆破开挖 21 炮，其中 19 号井 14 炮，29 号井 7 炮。经统计最大装药 44.4kg，单响最大药量达到 16.8kg。开挖方式由分段开挖过渡到全断面开挖，使用 1~6 段非电雷管，毫秒延迟爆破，炸药单耗约 2kg/m³。

6.2.1 应力应变观测

应力应变实测结果见表 4。

表 4 混凝土的爆炸应力与强度对照表

Table 4 The explosion of the concrete stress and the intensity of CRT

混凝土龄期 /d	弹模 E/MPa	实测压应变 /με	计算压应力 /MPa	混凝土极限抗压强度 /MPa	实测拉应变 /με	计算拉应力 /MPa	混凝土极限抗拉强度 /MPa	动态极限抗拉强度 /MPa
3	10400	138.3	1.43	10.0	67.2	0.7	1.0	1.4
7	15600	178	2.78	15.0	132	2.06	1.5	2.1
14	20800	144.5	3.00	20.0	119	2.48	2.0	2.8
21	23400	85	1.99	22.5	103.9	2.43	2.25	3.15
22	23400	252	5.89	22.5	126	2.94	2.25	3.15

3~7d 龄期实测最大压应变 178με，拉应变为 132με，随着龄期增加混凝土强度也增加，同样规模的爆破应变量则减少。7~14d 龄期实测最大压应变 144.5με，最大拉应变 119με，14d 以上龄期最大压应变 85με，最大拉应变 103.9με。由表 4 可以看出压应变尚有余地，而拉应变已接近混凝土的静态抗拉极限值；压应力尚有很大安全度，有 5~7 倍的安全系数，而拉应力大部分超过了极限抗拉强度。

6.2.2 振动观测

振动观测见表 5。

表 5 不同龄期的混凝土振动应力计算

Table 5 The vibration of concrete stress calculation of different age

混凝土龄期/d	实测最大振速 /cm·s⁻¹	用一维波计算应力 /MPa	混凝土极限抗压强度/MPa	用一维波计算切向拉力/MPa	混凝土极限抗拉强度/MPa
3	5.9	0.52	10.0	0.223	1.0
5	9.8	0.86	13.0	0.369	1.3
7	14.45	1.42	15.0	0.473	1.5
8	14.84	1.45	15.0	0.483	1.5
>8	5.98	0.59	>15.0	0.195	>1.5

由表 5 可以看出小于 8d 龄期的混凝土实测最大质点振速为 14.84cm/s，8d 以上龄期振速一般小于 9cm/s，基本满足试验确定的控制标准。

6.2.3 声波观测

声波观测结果见表 6。

表6　竖井声波观测记录

Table 6　Shaft acoustic observation records

测点高程/m	爆　前		爆　后	
	时间/ms	声速/m·s^{-1}	时间/ms	声速/m·s^{-1}
−3	249	3936	244	4016
−4	241	4066	234	4188
−5	262	3740	229	4279
−6	257	3813	225	4355
−7	252	3889	235	4170
−8	288	3403	262	3740
−9	279	3513	262	3740
−10	276	3551	253	3873
−11	269	3643	247	3968
−12	269	3643	245	4000
−13	272	3603	257	3813
−14	261	3755	233	4206
−15	258	3798		
−16	252	3889		
−17	256	3828		

由表6可以看出爆破前后波速的变化量很小，并且还有所增大，说明混凝土强度随龄期增长而提高，未受到爆破施工的影响。

6.2.4　宏观检查

爆后清渣时对两侧混凝土竖井进行了外观检查，未发现混凝土表面有裂缝及破坏现象。

6.3　控制爆破施工监测结果

经过实际爆破施工监测，在偶数井的爆破施工中对奇数井新浇混凝土内部和表面未产生破坏影响，质量是有保证的，可以满足设计要求。

7　结论

（1）经过岗南水库模拟试验和爆破施工过程中进行的应力应变、质点振速、声波传播速度多项观测以及爆破前后混凝土强度对比和宏观调查综合分析表明，新浇混凝土经过一定时期的硬化，本身具有一定的强度和整体性，能够抵御一定强度的爆破冲击。

（2）在施工过程中采用的控制单响药量、增加分段、毫秒延期、分次爆破、防振垫层等工程措施有效降低了爆破施工对新浇混凝土的影响和破坏。

（3）岗南水库爆破产生的动态拉应力已接近混凝土材料的抗拉强度，风险较大，建议类似工程实践中留出足够的安全余地。

参 考 文 献

[1] 刘治峰，张戈平，等. 大型病险水库除险加固控制爆破技术［M］. 北京：中国水利水电出版社，2011.

[2] 冶金部安全技术研究所. GB 6722—2003 爆破安全规程［S］. 北京：中国标准出版社，2004.

近基础设施爆破开采安全性分析与控制技术

施富强

（四川省安全科学技术研究院，四川成都，610045）

摘　要：结合爆破开采区保护对象安全性论证的实例，系统分析爆破振动对桥梁、隧道及边坡的影响以及相互间的力学关系。应用风险分析原理提出安全论证方法和控制危险有害因素的技术手段，并以划区控制爆破参数的普适工艺建立标准化的过程控制体系。经过多次应用，日臻完善。

关键词：爆破开采；安全论证；桥梁隧道；高陡边坡

Mine-field Blasting Adjacent to Infrastructure Safety Analysis and Control Technology

Shi Fuqiang

（Sichuan Academy of Safety Science and Technology，Sichuan Chengdu，610045）

Abstract：With mine-field blasting examples meeting the needs of protected object safety demonstration for a long time，systematically analyze the impact of blasting vibration to bridges，tunnels and slopes，etc.，also the mechanical relationships between each other. Using of risk analysis principles put forward safety demonstrating method and hazardous factors controlling technique，and establish the common procedure of blasting parameters zoning control to realize a standardized process control system. The technology has been gradually improved after several applications.

Keywords：mine blasting；safety demonstration；bridges and tunnels；high-steep slopes

1　引言

由于缺乏长远的科学规划，经常会遇到矿山采区与周边铁路、公路等基础设施建设相邻的问题，特别是涉及桥梁、隧道及高边坡穿越矿山造成冲突，都要在保证交通运输安全的前提下，最大限度地降低对既有矿山资源利用的影响，并采用最简便有效的开采工艺，达到基础建设与资源开发和谐发展的目标。2003年以来，先后完成了《株六线增建第二线及电气化工程进入贵阳枢纽川黔货车外绕线经贵州水泥厂采区边缘安全性论证评估报告》、《成昆铁路渡口支线攀枝花徐家沟铁矿采矿爆破安全性论证》[1]和《攀枝花徐家沟铁矿与丽攀高速公路临近区域爆破开采限界安全性论证报告》等影响较大的论证项目。在经历十年的安全生产考验、深化、总结后，技术方法日臻成熟，供学者分享。

施富强，教授级高级工程师，sfq@ swjtu. cn。

2　全面分析制订方案

安全性论证应充分体现科学、公平、公正、合法，在实地勘察的基础上，系统分析和预测论证对象存在的固有风险、条件风险和关联风险，从法律层面考量刚性要求和弹性尺度，从技术层面剖析本构关系并优化实施工艺，在管理层面制定科学方案和过程控制方法，为服务对象提供全方位的技术支持。法律、条例、标准及办法、通知、批复等内容涉及面广且常有自相矛盾之处，特别是不同管理部门从各自管理角度出发颁布的文件多有相背之处，应本着共同遵守上位法的原则，提出与现实和谐妥当的安全建议，这往往是论证工作的难点，通常需要严谨的技术分析来提供支撑。据此，需要设计出论证工作的主体方案，编制出详细的实验研究计划和安全论证报告大纲。

通常爆破区临近的基础设施主要有桥梁、隧道及高陡边坡，特别是当基础设施高于采区时，更应注意防控工程灾害，下面逐一分析。

3　桥梁安全性分析

通常桥梁具有较高的抗振能力，当临近爆破开采区时，一方面要分析持续的爆破振动对桥梁结构本身的作用和影响，另一方面要分析桥梁基础的承载能力与开采设计的安全保障。

3.1　桥梁抗振稳定性分析

由于桥梁结构类型繁多，使用状况差异很大，在此条件下，不易通过载荷实验判定其安全现状。通常参考《爆破安全规程》规定的安全允许振速，并结合现场勘察结果，在征求运维专家意见的基础上，综合确定安全允许质点峰值振动速度。几年的实践，认为取 $[v_{max}]_B = 8cm/s$ 比较符合常规桥梁的安全要求，测振点选择在桥梁主跨的跨中位置。对于采区高程高于桥墩承台顶面的工况，一般只做上述分析即可。当爆破开采区低于桥墩承台顶面时，则必须进行基础稳定性分析。

3.2　桥梁基础稳定性分析

近20年建设的大桥多为承台 + 群桩基础，桥面与桥墩以及基础自身的载荷都由桩体直接传至基岩，理论上不需要桥墩周围的岩体提供承载力即能保证大桥桩基的稳定性。实际上，桩身与岩体之间存在摩擦，会影响到桥墩周围岩体的应力状态。爆破开挖后形成边坡，打破了岩体原有的局部平衡状态，对桥墩周边岩体产生不良影响。

西南交通大学赵文博士对高陡边坡桥基安全距离提出了经验公式（见式（1））[2]：

$$S = 0.031\alpha^{1.4823}\left[(1 - 1.8655^B)q/K_r\right]^{0.6965} \tag{1}$$

式中　S——桥基水平距离，m；

　　　α——边坡坡角，（°）；

　　　K_r——岩体质量系数，通过现场勘测获取；

　　　q——荷载强度，MPa；

　　　B——桥基宽度，m。

丽攀高速徐家沟大桥测得基岩质量系数 $K_r = 0.805$，边坡角 $\alpha = 60°$，桥基宽度 $B = 8.5m$，荷载强度 $q = 0.8MPa$，于是得到桥基水平安全距离为 10.5m。即要求爆区边坡上缘距桥基边缘应大于 10.5m。

4 隧道安全性分析

隧道抗振能力通常高于桥梁，根据《爆破安全规程》确定安全允许质点峰值振速$[v_{max}]_T = 10cm/s$较为常见。当隧道高程高于采区时，则还应当计算分析边坡卸荷带对隧道安全性的影响。

重庆交通大学陈洪凯建立了开挖岩体边坡卸荷带宽度计算公式（见式（2））[3]：

$$B = 0.045\alpha \frac{CH\tan\beta}{b\gamma\tan\varphi} \tag{2}$$

式中　B——边坡开挖卸荷带平均宽度，m；

H——边坡开挖高度，m；

b——边坡开挖台阶宽度，m；

β——边坡开挖坡度，(°)；

C——边坡岩体黏聚力，kPa；

φ——边坡岩体内摩擦角，(°)；

γ——边坡岩体容重，kN/m^3；

α——开挖修正数，爆破开挖时$\alpha = 1.2$，机械、人工开挖时$\alpha = 1.1$。

丽攀高速徐家沟隧道附近采区永久性边坡设计参数为台阶高度$H = 12m$，台阶宽度$b = 2m$，边坡角$\beta = 60°$，岩体容重$\gamma = 30.38kN/m^3$，$\alpha = 1.2$，$C = 1000kPa$，$\varphi = 46°$。于是得出开挖边坡卸荷带宽度为17.8m，即要求采区边坡限界应保持在隧道外廓17.8m之外。

5 边坡稳定性分析

为了全面掌握矿区永久性边坡对桥梁隧道的时效应影响，还应该对边坡设计进行安全性、稳定性分析。采用有限元法，建立开挖后的二维边坡有限元模型，研究不同坡角的荷载分布，为工程控制和持续运维提供技术依据。这里给出应用 Midas GTS Trial 软件，研究徐家沟矿区（微风化辉长岩）当台阶高度为12m，台阶宽度为2m，坡角分别为65°、60°、55°和50°时的变形分析结果（见图1~图4）。

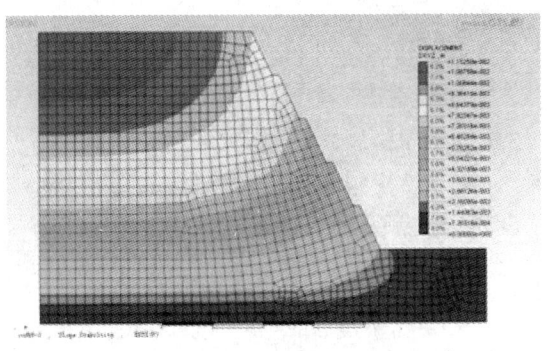

图1　坡角为65°的山体位移情况

Fig. 1　Slope angle 65°mountain displacement

计算分析结果表明，当边坡角为65°、60°、55°和50°时，对于形成的五个台阶永久性边坡来讲，因开挖造成的岩体偏移量分别为0.69mm、0.62mm、0.56mm和0.56mm，即当边坡角小

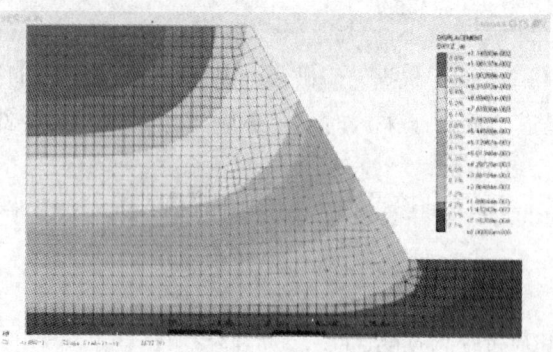

图 2　坡角为 60° 的山体位移情况

Fig. 2　Slope angle 60° mountain displacement

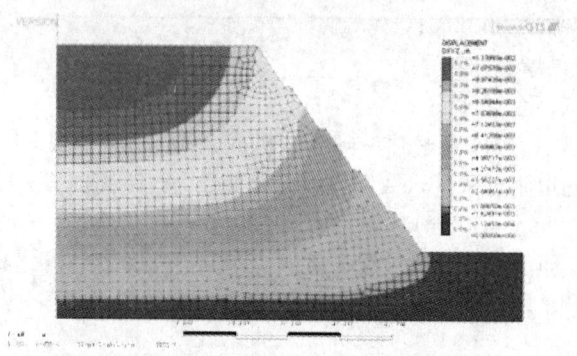

图 3　坡角为 55° 的山体位移情况

Fig. 3　Slope angle 55° mountain displacement

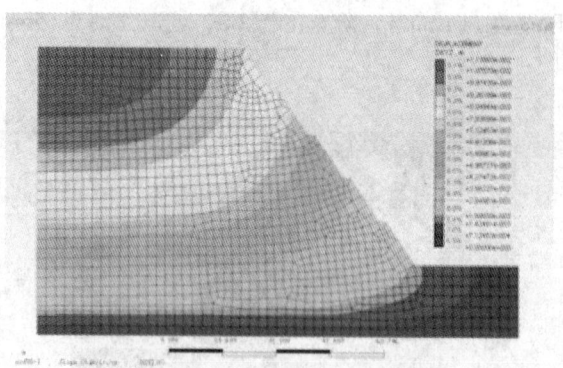

图 4　坡角为 50° 的山体位移情况

Fig. 4　Slope angle 50° mountain displacement

于 55° 时，偏移量变化很小，可视为处于稳定状态。

　　但当边坡角为 70° 时，边坡角出现较大位移，特别是最下端台阶可能会出现溃裂，伴随着风化过程，极易导致崩塌，如图 5 所示。若将桥基载荷加在距边坡上缘 10.5m 处时，即在 8.5m 范围内，施加 0.8MPa/m² 的载荷，对于边坡角为 65° 的边坡仍可处在稳定状态（见图 6）。

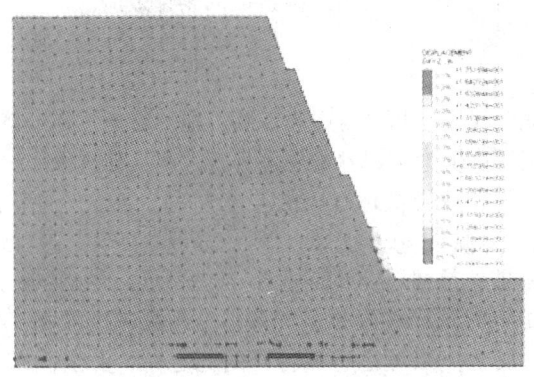

图 5　坡角为 70°的山体位移情况

Fig. 5　Slope angle 70°mountain displacement

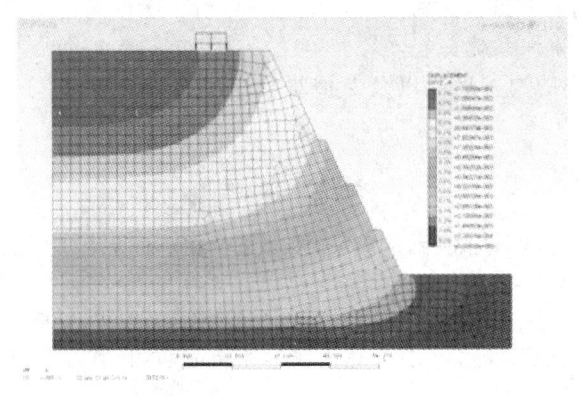

图 6　坡角为 65°的山体位移情况

Fig. 6　Slope angle 65° mountain

在持续爆破振动影响下，可能对永久性边坡造成两种类型的失稳。一类是爆破振动引起自然高边坡失稳，另一类为在振动与风化共同作用下发生塌方失稳。长沙矿冶研究院通过实测得出，当振速 $v = 8.1 \sim 11.1$cm/s 时，出现松石及小块震落；当 $v = 13.5 \sim 24.7$cm/s 时，产生细裂纹或原裂缝扩张；当 $v \geqslant 46.8$cm/s 时，会导致边坡持续破坏。因此，相比桥梁、隧道而言，在相同的环境条件下若能满足桥梁的安全性，正常隧道及边坡的稳定性得以保障。

6　爆破开采区划界控制

综合上述分析结果，合理的安全控制方案是针对基础设施所处的条件，分别提出安全控制要求，并以爆破振动安全允许距离划分采区限界，构成完整的采区控制爆破区划。实践表明，将采区划分为禁采区、谨慎控制爆破区、控制爆破区和常规开采区四个区划比较实用[4]。为了便于现场管理，通常根据爆破振动控制要求将区域内最大单段药量下限值作为计算区划的主要参数，即，将限制最大单段药量不超过 100kg 的区域设定为禁采区；将限制最大单段药量介于 100 ~ 1000kg 的区域设定为谨慎控制爆破区，并严格控制实际单段药量不超过 100kg；将限制最大单段药量介于 1000 ~ 2000kg 的区域设定为控制爆破区，并严格控制实际单段药量不超过 100kg；将最大单段药量可超过 2000kg 的区域设定为常规开采区，同样严格控制实际单段药量不超过 100 ~ 200kg。这样有利于控制持续爆破造成的累计效应。

7 结语

　　全面系统地分析论证矿区爆破开采与周边基础设施的安全性是经济发展带来的新问题，需要因地制宜应用系统安全评价理论辨识各种危险有害因素，分析致损机理，提出安全控制设计和有效的过程控制体系，为企业提供标准化的实施方案。经过十多年的经验总结，得出以下体会：

　　（1）划区控制采区爆破参数和规模是简便易行、安全可靠的科学方法。

　　（2）采区与临近保护物的高程关系是重要条件，当爆破区域高于保护对象时，一般只考虑爆破振动对其的影响；反之应当考虑边坡自身的稳定性、安全性以及边坡对保护对象的影响，还应考虑爆破振动放大效应等因素。

　　（3）高边坡稳定性分析结果表明，与保护设施相关联的永久性稳定边坡坡角应控制在 60°以内为宜。

　　（4）当采区附近存在多处保护对象时，应逐一分析、逐一满足安全要求，当出现交叉区划时，需要合成分析，确保系统安全。

　　（5）对于空间狭小的沟谷地段以及保护对象存在脆弱结构时，还应对空气冲击波进行防控。

参 考 文 献

[1] 施富强，汪平，柴俭，等. 铁路干线附近采矿爆破安全性论证研究[J]. 工程爆破，2009，15(2)：82 ~ 86.
[2] 赵文，谢强，李娅. 高陡边坡桥基安全距离研究[J]. 铁道工程学报，2006，6(Ser96)：47 ~ 50.
[3] 陈洪凯，易丽云，唐红梅，等. 开挖岩体边坡卸荷带宽度的计算方法[J]. 防灾减灾工程学报，2011，31(4)：358 ~ 368.
[4] 施富强. 爆破振动影响安全评价定量分析研究与应用[J]. 工程爆破，2009，15(4)：62 ~ 65.

浅析不同爆破条件下爆破振动信号能量分布规律

张文平

（太钢集团矿业分公司峨口铁矿，山西代县，034207）

摘 要：本文采用小波分析法，在不同爆心距、段药量及总药量的爆破条件下，分析爆破产生的振动信号，得出了不同爆破条件下爆破振动时频分布的规律：总药量的增加引起中低频信号成分所占能力比重的增加，并且主振频带有向低频发展的趋势；同一爆次随着爆心距的增加，同样引起中低频信号成分所占能力比重的增加和主振频带有向低频发展的趋势。

关键词：爆破条件；爆破振动信号；小波分析；MATLAB

Analysis of Different Blasting Conditions of Blasting Vibration Signal Energy Distribution

Zhang Wenping

（Ekou Iron Ore Mine of Taigang Mining Company, Shanxi Daixian, 034207）

Abstract：In this paper, by means of the wavelet analysis, the blasting conditions of center distance, dosage and total dosage of segments in different explosion, blasting vibration signal analysis, the regularity of frequency distribution of blasting vibration under different blasting conditions：increase the total amount of the low-frequency signal components caused by the increasing force proportion, and the band there is a tendency towards low frequencies；the same time with the increase of the distance from the explosion center explosion, also causes in the low – frequency signal components accounted for the increase in the proportion of the band and the ability to have a tendency towards low frequencies.

Keywords：blasting condition；the blasting vibration signals；wavelet analysis；MATLAB

1 引言

衡量爆破振动的三要素为振动幅度、频率及持续时间[1]。由于爆破条件、爆破能量传播介质和被保护构筑物的不同，爆破振动能量分布规律也会有所不同，由此需要采用不同的控制措施来实现爆破目的。

小波分析技术在国内爆破工程领域已经有了较为成熟的应用。李夕兵等[2]利用小波包分析技术对满足分析要求的单段微差爆破振动信号的能量分布特征进行了研究；陈士海与魏海霞等[3]采用小波分析和快速傅立叶变换相结合的方法，对实际工程中爆破振动近、中远区的实测原始信号进行了小波分解和重构，得到了重构后各子频带的时间信号及频谱；朱权洁与姜福兴

张文平，工程师，zwp73@sohu.com。

等[4]将矿山爆破振动信号与岩石破裂微振信号进行对比研究，为矿山识别爆破振动事件与岩石破裂事件提供了思路。

2　小波分析算法

　　本文计算基于 MATLAB R2011a 平台，运用 MATLAB 语言编程实现。爆破振动信号经小波包分解得到不同频带的能量和能量百分比，从而可以找出爆破振动信号在传播过程中能量的变化规律[5]。爆破振动信号频带能量分布的小波包分解程序如图 1 所示。

3　爆破条件对信号频带能量分布的影响

　　影响爆破振动信号波形特征的因素有很多，如起爆方式、最大段药量、毫秒延期时间、爆破场地条件以及测点布置方向等，因此对爆破振动信号分析是非常复杂的工作[6]。分析爆破条件对爆破振动信号影响的同时应尽量排除其他因素的干扰[7]。为此，抽取满足上述要求的七条信号进行分析，其爆破条件见表 1。

　　取表 1 相应条件下爆破振动信号，分别进行深度为 9 层的小波分析，各信号不同频带能量百分比统计见表 2。

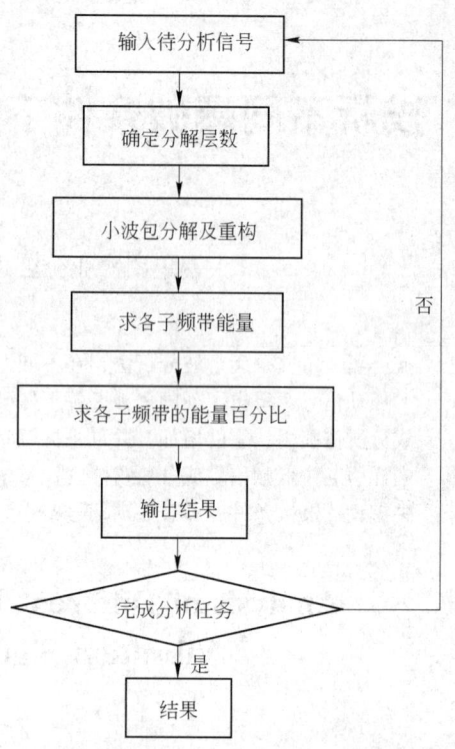

图 1　小波包分解的程序流程图

Fig. 1　The program flow chart of wavelet packet decomposition

表 1　测试点的爆破条件
Table 1　The blasting condition of measuring points

信　号	爆心距/m	最大段药量/kg	总药量/kg	排间延时/ms	排　数
2 - a	270	409	2850	50	8
2 - b	390	409	2850	50	8
8 - a	280	315	1165	50	4
8 - b	335	315	1165	50	4
9 - a	260	535	3005	50	6
9 - b	340	535	3005	50	6
10	390	405	1670	50	6

表 2　各频带能量百分比统计表
Table 2　Statistics of the band energy percentage　　　　　　　　（%）

频带/Hz	测 点 信 号						
	2-a	2-b	8-a	8-b	9-a	9-b	10
0 ~ 7.813	28.211	65.102	23.411	58.834	29.125	72.135	56.921
7.813 ~ 15.625	40.373	15.9763	22.5714	16.6712	51.773	14.1127	19.9231

续表2

频带/Hz	测点信号						
	2-a	2-b	8-a	8-b	9-a	9-b	10
15.625~23.438	5.8411	2.42912	7.9827	5.9642	3.318	1.7321	3.168
23.438~31.250	20.9524	9.60519	42.649	8.9749	7.2159	3.92541	13.52217
31.25~39.063	0.843233	0.232993	0.046991	0.236616	0.93135	0.28123	0.218942
39.063~46.875	0.25336	0.21543	0.076153	0.21946	0.612	0.41249	0.354781
46.875~54.688	2.11176	2.72143	2.167	1.78121	2.61786	1.22356	0.83492
54.688~62.500	0.96431	0.62192	0.44425	0.51215	1.12897	0.140021	0.4415
62.5~70.313	0.00084	0.000479	0.005716	0.009157	0.057721	0.005892	0.0094852
70.313~78.125	0.003142	0.005716	0.009925	0.55137	0.074301	0.400021	0.524319
78.125~85.938	0.007921	0.004839	0.007146	0.045129	0.112331	0.030125	0.044512
85.938~93.75	0.005102	0.006241	0.007928	0.20771	0.049124	0.08213	0.099782
93.75~101.563	0.253827	0.610244	0.03512	0.62203	0.52348	0.50123	0.69142
101.563~105.469	0.016152	0.26587	0.00302156	0.39178	0.16257	0.17682	0.40172
105.469~200	0.07351	1.3369	0.01023	1.3027	1.2834	0.978	1.824

4　结果分析

表1和表2对比分析可得：

（1）七条信号在0~200Hz的频带范围内的能量分布百分比为99.91%，99.13%，99.43%，96.32%，98.99%，96.14%，98.98%。由此可得，在毫秒延期爆破振动信号的能力发布中，大部分能量集中在0~200Hz的频带范围内。

（2）各信号在0~40Hz的能量百分比分别为96.22%，93.35%，96.66%，90.68%，92.36%，92.19%，93.75%，表明毫秒延期爆破振动信号的优势频带主要分布在主振频带，主振频带又可分成多个分振频带，即一个工程结构是包含众多子结构的系统，各子结构的固有特性各不相同，所以对其爆破振动的响应具有多模态、多振型的特点。

（3）对比2-a与2-b、8-a与8-b、9-a与9-b可得，对于同一爆破不同爆心距处的爆破振动信号，随着传播距离的增加，中低频信号成分所占能量百分比增加，爆破振动信号的主振频带有往低频发展的趋势。由于工程结构体的自振频率较低，因此爆破地震波在传播过程中，虽然其振动强度不断衰减，但其破坏效应可能更大，这一点可以从有些爆破工程中爆源近处的结构体没有受到破坏而远处的结构体被破坏的现象中得到验证。

（4）对比8-a、2-a、9-a三条信号可得，对于同一测试地点的相同爆心距、不同最大段药量的爆破地震波信号，随着最大段药量的增加，信号能量的分布越来越倾向低频带，即信号的主振频带有向低频发展的趋势。由于工程建（构）筑物的自振频率较低，显然不利于建（构）筑物的安全。

（5）对比10与2-b，在其他条件基本相同的情况下，信号2-b比10的总药量多，而信号2-b中低频信号所占能量比重增加。说明随着总药量的增加，中低频信号成分所占能量比重增加，爆破振动信号的主振频带有往低频发展的趋势。

5　结论

（1）虽然毫秒延期爆破振动信号的能量在频域上分布比较广泛，但是绝大多数能量都集中在 0～200Hz 的频带范围内。

（2）对于同一爆次不同爆心距处的爆破振动信号，随着传播距离的增加，中低频信号成分所占能量百分比增加，爆破振动信号的主振频带有往低频发展的趋势。

（3）对于同一测试地点的相同爆心距、不同最大段药量的爆破地震波信号，随着最大段药量的增加，信号能量的分布越来越倾向低频带，即信号的主振频带有向低频发展的趋势。

（4）随着总药量的增加，中低频信号成分所占能量比重增加，爆破振动信号的主振频带有往低频发展的趋势。表明炸药总量（爆破规模）对爆破振动的强度也有较大影响。

参 考 文 献

[1] 李夕兵，张义平，刘志祥，等. 爆破振动信号的小波分析与 HHT 变换[J]. 爆炸与冲击，2005（06）：528～535.

[2] 凌同华，李夕兵. 单段爆破振动信号频带能量分布特征的小波包分析[J]. 振动与冲击，2007（05）：41～43.

[3] 陈士海，魏海霞，杜荣强. 爆破震动信号的多分辨小波分析[J]. 岩土力学，2009（S1）：135～139.

[4] 朱权洁，姜福兴，于正兴，等. 爆破震动与岩石破裂微震信号能量分布特征研究[J]. 岩石力学与工程学报，2012（04）：723～730.

[5] 陈士海，魏海霞，杜荣强. 爆破震动信号的多分辨小波分析[J]. 岩土力学，2009（S1）：135～139.

[6] 池恩安，梁开水，赵明生，等. 小波分解下单段爆破振动信号 RSPWVD 时频分析[J]. 武汉理工大学学报，2010（13）：106～109.

[7] 蒋复量，周科平，邓红卫，等. 基于小波理论的井下深孔爆破振动信号辨识与量衰减规律分析[J]. 煤炭学报，2011（S2）：396～400.

铜坑矿细脉带火区 SO$_2$ 烟气治理

王湖鑫[1]　陈　何[1]　吴桂才[2]　张绍国[2]

（1. 北京矿冶研究总院，北京，100160；2. 华锡集团铜坑矿，广西南丹，545006）

摘　要：铜坑矿细脉带矿体自燃主要生成气体为 SO$_2$，给当地环境造成了一定的污染。经过对其发火机理进行深入研究，提出了回收残矿以根除火源、密闭空区以隔绝氧气、喷洒碱水以无害化处理溢出 SO$_2$ 的处理方案。该方案实施后，消除火区隐患，自燃产生的 SO$_2$ 得到彻底治理，达到了治理目标。

关键词：SO$_2$ 污染治理；火区隐患；环境治理

Treatment of SO$_2$ in Tongkeng Tin

Wang Huxin[1]　Chen He[1]　Wu Guicai[2]　Zhang Shaoguo[2]

（1. Beijing General Research Institute of Mining & Metallurgy，Beijing，100160；
2. Tongkeng Mine of Liuzhou China Tin Group Co.，Ltd.，Guangxi Nandan，545006）

Abstract：The gas SO$_2$ produces by spontaneous combustion of the veinlet belt orebody of Tongkeng Mine causing much pollution to the environment. After thoroughly study to the firing mechanism, the treatment plan, including recoverying residual ore to eradicate fire source, closing goafs to deprive oxygen, spraying limewater to harmless the reeked gas of SO$_2$, is proposed. After the implementation of the program, the fire hazard is eliminated, the pollution of SO$_2$ is thoroughly governance, and the goal of governance is achieved.

Keywords：treatment of SO$_2$ pollution；fire hazard；environmental management

1　项目背景

　　铜坑矿主要开采对象为细脉带、91 号、92 号三大矿体。开采的三大矿体从上至下依次为细脉带、91 号、92 号矿体，在竖直方向局部呈重叠状态。

　　最先开采的细脉带矿体位于铜坑矿三大矿体最上部。1976 年矿岩崩落带发生了矿岩自燃，燃烧物质随着出矿而进入到工作面，对采矿作业造成极大的威胁。铜坑矿经过 30 多年的开采，遗留下大量空区，随着时间的推移，空区围岩的稳定性逐步降低，形成空区垮塌、隔火矿柱冒落等事故隐患。如果发生事故，必将造成火区蔓延、地压灾害失控的情况出现。1997 年，被广西认定为特大事故隐患区。河池市环境保护局、南丹县环境保护局将其列为"环境问题突出挂牌督办企业"。

王湖鑫，高级工程师，wanghuxin1980@163.com。

多年来，虽然铜坑矿投入了大量的人力物力进行治理，使火区和地压灾害隐患基本处于受控状态。但是，触发事故的因素依然存在。1998 年、1999 年、2003 年均出现了地表塌陷。采场局部垮塌和采区岩层移动也时有发生，火区自燃产生的 SO_2 气体对环境也造成很大的污染。细脉带火区与空区隐患成为困扰铜坑矿正常生产的重大难题。从 2003 年，受华锡集团委托，北京矿冶研究总院矿山所开始进行铜坑矿隐患治理研究。

2　发火机理

物质要发生燃烧的必要条件是：具有可燃烧的物质，达到一定的温度和供物质燃烧的氧气。根据研究，铜坑矿细脉带火区自燃的可燃烧物质是含碳的碳质页岩，达到发生燃烧温度的热量是通过矿石中（特别是经过预氧化的黄铁矿）的氧化而聚集。当同时具备充足的氧气时，矿石即发生自燃[1]。

由于细脉带上部矿体大部分为含锡黄铁矿和磁黄铁矿，含硫量高达 10.16% 以上，如暴露在通风好的情况下易引起自燃。只有硫化物中硫铁矿的硫含量达到足以引起矿岩自燃的量才发火自燃，因此该矿物是引起火灾的主要物质。经试验表明，接触破碎带是主要的自燃发火带，其原因是黄铁矿不同程度地演变为无定形黄铁矿，经历了预氧化过程。随着深度增加，矿石中黄铁矿预氧化程度降低。矿岩自燃可能性减小。

现场试验还表明，炭质岩中只有局部地点的炭质岩有自燃特性，由于炭在高于 140℃ 以上时即开始氧化并放出热量，主要是 FeS_2、C 与氧气复合作用引起。由于炭质页岩成片伸入，矿段内大量留矿，以及炭质页岩大量冒落，其中的单质碳参与氧化，释放热量，同时放出 SO_2 与 CO_2。

也就是上述原因，在细脉带火区封闭多年得到治理后，由于民窿非法在隔火矿柱及其上部崩落大量矿石和围岩，造成地表原来已填平的 6 号、8 号等陷坑发生新的塌陷，从而导致了 1999 年以来火区的复燃，给生产与矿山环境带来很大危害。

3　治理方案

铜坑矿细脉带火区烟气治理方案是回收残矿除去燃烧源，密闭隔绝氧气供应，对地表处理溢出 SO_2 进行无害化处理。

采用集束孔区域整体崩落采矿、高阶段斜面大量放矿等先进技术对残矿进行回收，除去火区燃烧源，从源头上控制烟气的产生，同时治理空区隐患。

井下修建密闭墙，地表采用硐室爆破覆盖结合机械取土覆盖塌陷坑等技术措施，隔绝火区氧气供应，阻止 SO_2 溢出对井下工作影响和地表环境破坏。

地表溢出 SO_2 无害化处理。采用碱吸收法——氢氧化钙湿式洗涤法吸收塌陷坑溢出的 SO_2、2 号回风井排出的 SO_2，喷淋液渗入到塌陷坑内吸收 SO_2，并抑制火区的燃烧。

同时，建设安全保障系统工程，包括井下地压监测系统、地表岩层移动观测网、有害气体监测系统。

4　方案实施

4.1　残矿回收和空区处理

细脉带经过多年开采，650m 水平以上已形成至地表的崩落带；625~650m 水平留作隔火矿柱；570~625m 水平为细脉带开采主体。开采形成的空区部分用废石充填、块石胶结充填进行了处理，部分发生垮落。截至 2003 年 12 月底，570~625m 水平剩余空区量为 $8.8 \times 10^4 m^3$。

根据细脉带矿体剩余矿量的分布情况及开采条件，对560m以下关键部位的空区进行充填治理后，分两个区域逐次采用大爆破进行细脉带矿石资源回收。采用空区部分充填、深孔区域整体崩落隔火柱矿、空区方案。按不同爆破条件和预期的效果要求，采用束状竖直大直径深孔为主，局部辅以100mm的上向中深孔和小型硐室分次爆破技术。关键技术有：阶段束状深孔变抵抗线爆破技术、区域整体崩落、高阶段斜面放矿等技术。建立了爆破震动衰减模型、井下冲击波传播衰减模型，对爆破有害效应进行准确预测。采用预裂降震、柔性阻波墙、实时监测等技术手段，对爆破有害效应进行有效控制[2~4]。空区分布图和空区群区域整体崩落如图1和图2所示。

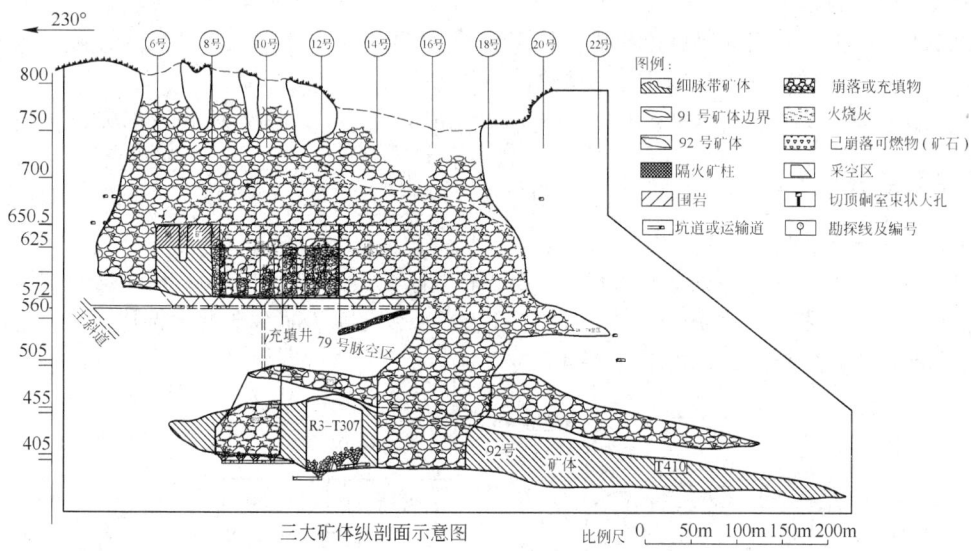

图1 空区分布图

Fig. 1 Distribution map of the goaf groups

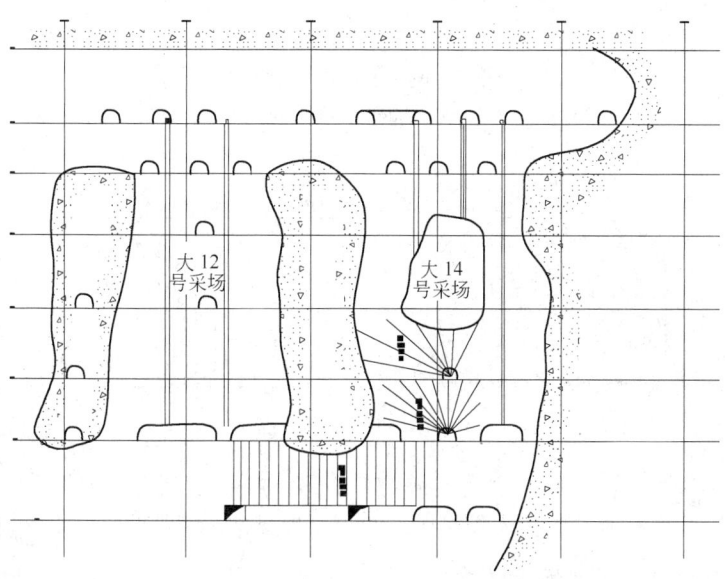

图2 空区群区域整体崩落

Fig. 2 Zonal mass caving of goaf groups

2005 年 3 月 28 日，在铜坑矿进行了装药量为 150t 的地下大爆破。这次大爆破是到目前为止国内最大爆破量的大直径深孔地下矿山爆破。爆区爆破崩落面积为 6500m²，崩落矿量 77 万吨，总装药量达 150t。

2007 年 2 月 6 日，成功实施了第二爆区大爆破。爆破崩落矿岩总量为 2.2 万吨，其中束状大孔崩落 1.5 万吨，硐室崩落 0.7 万吨。强制放顶面积 1500m²。采空区内冒落存窿矿石 11 万吨。

在大爆破后，开始进行放矿和覆盖岩层下分段无底柱开采爆区西部相对完整的细脉带矿体。根据采区情况，分别采用 φ65mm，φ100mm 两种孔径中深孔进行爆破落矿。中深孔控制崩矿总量为 44.1 万吨。

细脉带爆破后，即开始高强度出矿，从 2005 年至 2011 年，共计出矿 195.5 万吨。该方案实施后，成功地消除空区地压隐患，消除火区燃烧源。

细脉带火区治理充填空区 $8 \times 10^4 m^3$，崩落空区 $6.4 \times 10^5 m^3$，回收残留矿石 195.5 万吨。

4.2　空区密闭

4.2.1　井下密闭墙

井下密闭工程的布置原则是密闭范围为 560m 以上各水平细脉带范围的出矿穿与细脉带火区联通的通道，根据生产系统的要求，对上、下盘的一些溜井及通风天井要保持畅通，继续使用。共设计了 94 道密闭墙（如图 3、图 4 所示）。

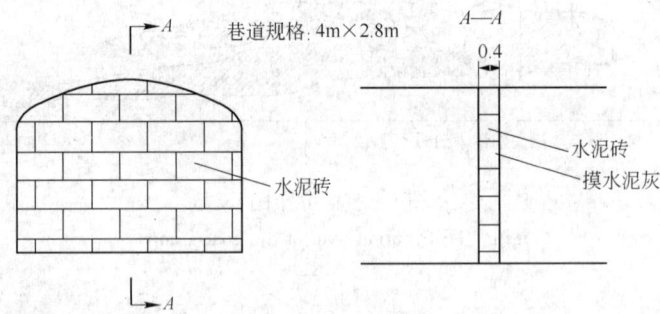

图 3　刚性密闭墙示意图
Fig. 3　Schematic diagram of rigid sealling wall

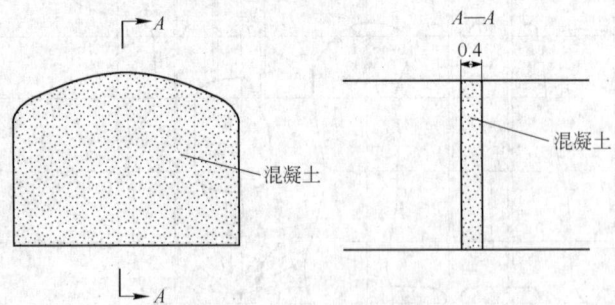

图 4　混凝土密闭墙示意图
Fig. 4　Schematic diagram of concrete sealing wall

4.2.2　地表塌陷坑硐室爆破覆盖

地表塌陷坑硐室爆破覆盖方案，利用地表塌陷坑附近山体，通过施工平巷、装药硐室，利用硐室加强松动爆破或抛掷爆破，将塌陷坑边壁的山体崩落至坑内，将塌陷坑填满（见图 5）；

爆破后根据覆盖层的密封效果,决定是否采用喷浆胶结等进一步的密实措施,使其形成良好的覆盖层。在塌陷坑周边开挖水沟排水,阻止地表水流入塌陷坑。

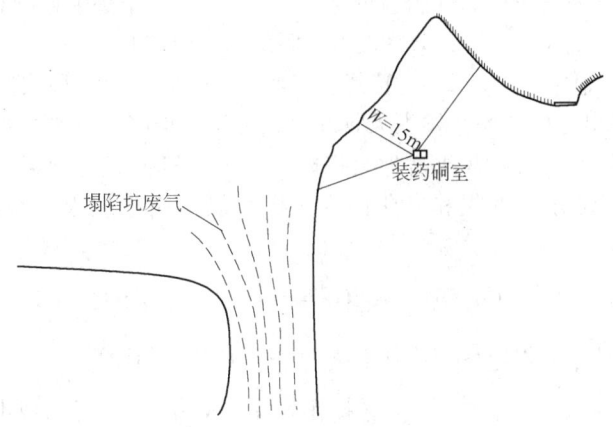

图5　塌陷坑硐室爆破覆盖方案示意图
Fig. 5　Covering collapse pit by chamber blasting

　　爆破区域属于铜坑矿地表允许塌陷区域。爆破地点所揭露的岩层为灰岩、泥质页岩、碳质页岩等,岩层上部有黄土覆盖层,岩层含少量水,但不滴水。

　　根据塌陷坑空间估算每次需要填方量。将塌陷坑边壁的山头崩落至坑内,形成覆盖层。同时考虑爆破规模对周边环境影响的控制和组织实施的可操作性,每次爆破的规模控制在15t炸药量以内,崩落岩土方量 $6 \times 10^4 m^3$ 以内。一般选择单层多硐室或单层单硐室集中药包布置方式。

4.2.3　地表塌陷坑机械取土覆盖方案

　　由于塌陷坑周边形成大量裂缝,部分塌陷坑无法采用大规模硐室爆破,采用机械铲装、汽车拉运进行覆盖。

　　土方由现场指定地方进行挖掘,填方量根据地形图施工前后现场实测量为准。有明显塌陷坑的区域要填平,无明显下陷但正在冒烟的区域覆盖厚度以覆土压实后不再冒烟为准。

　　地表塌陷坑硐室爆破覆盖共计爆破11次。地表机械取土覆盖量计 $1.121 \times 10^5 m^3$。

4.3　SO$_2$ 无害化处理

　　SO$_2$ 废气的治理方法共有两种,即收集法和转化法。这两种方法又分为若干方法,具体分类见表1。

表1　SO$_2$ 废气的治理方法
Table 1　Treatment methods of SO$_2$

收集法			转化法				
吸收法		吸附法（再生的吸附法）	还原		氧化		
不再生的吸收法	再生的吸收法		催化还原法	生物还原法	催化氧化法	化学氧化法	电化学氧化法
石灰-石灰石类法,其他碱性溶液法,海水吸收法	亚硫酸钠法,碱式硫酸铝法,磷酸钠法,物理吸收法	活性炭法,分子筛法,氧化铜法,碳酸钠法	常压催化还原法,高温高压催化还原法	湿式生物还原法	气相催化氧化法,液相催化氧化法	过氧化氢法,黄磷法	电辐射化学氧化法,点解化氧化法

　　按脱硫过程是否加水和脱硫产物的干湿形态，烟气脱硫分为湿法、半干法、干法三大类脱硫工艺。湿法脱硫技术较为成熟，效率高，操作简单；但脱硫产物的处理较难，烟气温度较低，不利于扩散，设备及管道防腐蚀问题较为突出。半干法、干法脱硫技术的脱硫产物为干粉状，容易处理，工艺较简单；但脱硫效率较低，脱硫剂利用率低。

　　由于铜坑矿危害气体为 SO_2 毒气，选择碱吸收法——氢氧化钙湿式洗涤法予以处理。雾状的石灰水首先与冒出地面的 SO_2 发生吸收反应，再渗入塌陷坑内吸收废气，抑制火区的燃烧[1,2]。实践证明，均匀喷射石灰水对地表塌陷坑废气治理有显著效果。石灰水与 SO_2、O_2 等气体发生反应，主要分为吸收和氧化两个步骤，但反应机理很复杂，主要反应方程式如下：

$$Ca(OH)_2 + SO_2 =\!=\!= CaSO_3 \cdot 1/2H_2O + 1/2H_2O$$

$$2CaSO_3 \cdot 1/2H_2O + 3H_2O + O_2 =\!=\!= 2CaSO_2 \cdot 2H_2O$$

　　氢氧化钙湿式洗涤法原料来源广，工艺操作简单、成熟可靠，运行成本低，副产品不会对环境产生二次污染。

　　井下的 SO_2 经过回风系统，通过 2 号回风井排除，采用碱吸收方案对其进行处理。如图 6 所示为地表废气碱吸收工艺图。

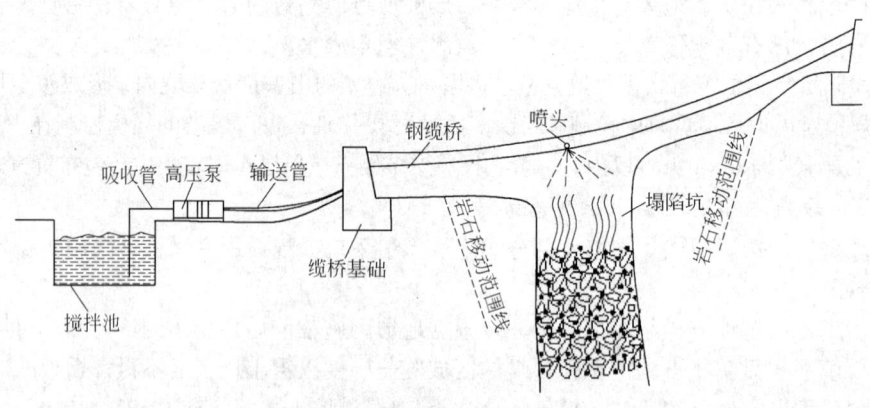

图 6　地表废气碱吸收工艺图

Fig. 6　Alkali absorption process to the waste gas

4.4　SO_2 气体监测

　　根据铜坑细脉带火区燃烧的特性，影响环境的主要因素为矿岩燃烧释放的 SO_2 等有害气体，因此，将 SO_2 作为重点监测内容。

　　为掌握铜坑矿地表塌陷区废气治理效果，铜坑矿聘请河池市环境监测站、广西矿山救援大队华锡中队与铜坑矿安环科组成专业监测组，对塌陷区及其周边矿区环境进行长期的跟踪监测与分析，并对治理措施、效果进行评价。

　　在地表塌陷坑四周布置环境监测点，重点监测塌陷坑附近，铜坑矿生产区、生活区，长坡矿生产区、生活区。采样方法采用甲醛溶液吸收法。分析方法采用甲醛副玫瑰苯胺比色法。主要仪器采用 TH-150 智能流量悬浮颗粒采样器、721 分光光度计。

　　井下环境因素变化监测区域为细脉带作业区。环境因素变化主要受作业区通风情况、放矿速度及火区燃烧物质下降速度的影响。

环境空气评价标准执行《环境空气质量标准》（GB 3095—1996）中的二级标准。

5　治理效果

根据相关部门的监测表明，监测点位环境空气中的 SO$_2$ 小时平均浓度及日平均浓度、NO$_2$ 小时平均浓度及日平均浓度、TSP 日平均浓度、PM10 日平均浓度均符合《环境空气质量标准》（GB 3095—1996）及其修改单中的二级标准。如长坡口生活区治理前最高超过 7×10^{-6}（日平均），治理后低于 0.009×10^{-6}（日平均），达到了治理目标，2014 年 2 月 26 日，通过河池市环境保护局的工作验收。烟气治理前后的效果图分别如图 7 和图 8 所示。

图 7　烟气治理前
Fig. 7　Before treatment

图 8　烟气治理后
Fig. 8　After treatment

6　结论

（1）细脉带矿体开采过程中留下的采空区，随着时间的推移，空区围岩的稳定性逐步降低，从而形成空区垮塌、隔火矿柱冒落等事故隐患。上述情况有造成火区蔓延、地压危害失控的可能性，造成资源浪费，因此开展相关采矿技术的研究是非常必要的，对消除安全隐患和细脉带资源回收有重大意义。

（2）总体治理措施包括：

1）脉带火区残留矿体回收，消除火区燃烧源；

2）火区的密闭采用井下密闭墙，地表塌陷坑崩落覆盖，地表塌陷坑机械取土覆盖等技术措施，隔绝火区氧气供应，阻止 SO$_2$ 溢出对井下工作影响和地表环境破坏；

3）地表溢出 SO$_2$ 无害化处理采用碱吸收法——氢氧化钙湿式洗涤法吸收塌陷坑溢出的 SO$_2$、2 号回风井排出的 SO$_2$，通过渗入到塌陷坑内吸收 SO$_2$，并抑制火区的燃烧。

（3）细脉带火区烟气治理充填空区 $8 \times 10^4 \text{m}^3$，崩落空区 $6.4 \times 10^5 \text{m}^3$，回收残留矿石 195.5 万吨；井下建立了 94 道密闭墙，进行了 11 次地表硐室爆破覆盖，地表机械取土覆盖方量 $1.121 \times 10^5 \text{m}^3$；建设了地表石灰水喷淋系统，处理溢出 SO$_2$。

（4）河池市环保监测站的监测数据表明，细脉带火区环境数据已符合《环境空气质量》（GB 3095—1996）中的二级标准，达到了治理目标要求。

参 考 文 献

［1］韦显云．广西大厂铜坑矿火区烟气治理与控制［J］．采矿技术，2009，(3)．

［2］罗先伟．特大事故隐患矿柱群回采技术研究［J］．中国矿业，2007，(9)．

［3］陈何，孙忠铭，等．铜坑矿细脉带矿体特大事故隐患区治理方案的研究［J］．中国矿业，2008，(3)．

［4］陈何，韦方景．铜坑矿细脉带特大事故隐患区火区治理技术与工程实施［J］．中国矿业，2009，(11)．

复杂环境条件下的高温采空区爆破治理工程实践

周宝文　　肖青松

（葛洲坝易普力股份有限公司，重庆，401121）

摘　要：针对在露天煤矿爆破的高温采空区治理难题，从爆破器材的选取、爆破参数、起爆网路等几个方面进行摸索实践，采用反序爆破施工法，成功地处理了高温采空区，积累了一定的高温采空区爆破治理经验。

关键词：复杂环境；高温采空区爆破；反序爆破施工法

Practice of High-temperature and Mined-out Area Blasting in Complicated Surroundings

Zhou Baowen　Xiao Qingsong

（Gezhouba Explosive Co., Ltd., Chongqing, 401121）

Abstract：Focusing on the problem of high-temperature and mined-out Area Blasting in open coal mine, exploration and practice on several aspects on the selection of explosive materials, blasting parameters and initiating circuit. Using the reverse order blasting method to treat high-temperature and mined-out Area successfully, and accumulating a certain experience on high-temperature and mined-out Area Blasting management.

Keywords：complicated surroundings; high-temperature and mined-out area blasting; the reverse order blasting method

1　工程概况

中煤平朔东露天矿工作帮1260及以上平盘北部已进入沟底新井小煤窑空区范围，沟底新井矿空区范围为155万平方米。该工程位于东露天矿西帮1275平盘，正好处于沟底新井小煤窑采空区上方。采空区面积大，且采空区内因部分煤层发火产生高温火区（以下简称高温区），高温区热源热点不清，岩石表面裂隙多、冒烟现象严重。

2　爆破施工方案选取

拟采用爆破崩落法治理高温采空区。高温采空区炮孔布置平面如图1所示。其中，采空区炮孔设计孔深27.5~35.8m，高温区炮孔设计孔深17.3~19.7m，孔网参数6m×6m，炮孔直径均为250mm。

周宝文，助理工程师，beijing11808@126.com。

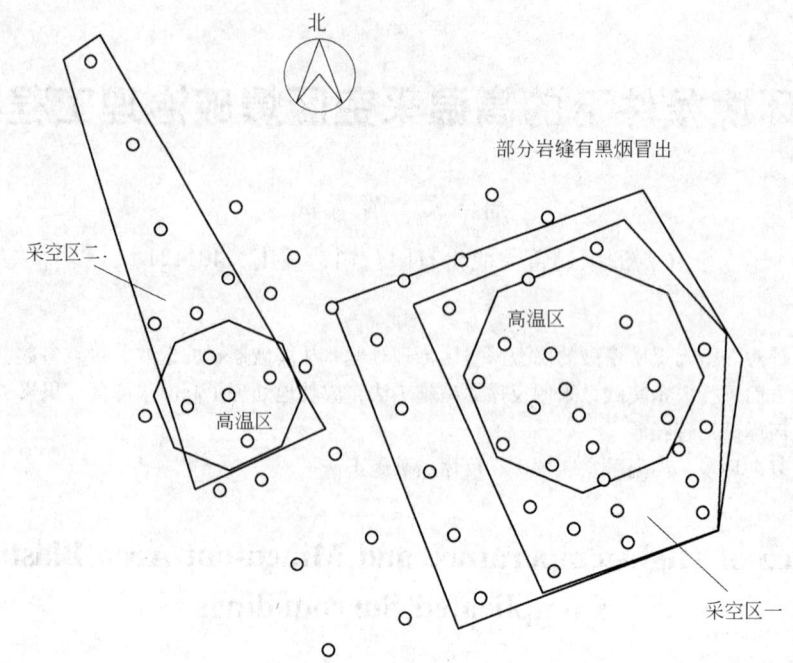

图 1　高温采空区炮孔布置平面图

Fig. 1　High temperature goaf blast hole layout plan

　　通过对施工现场钻孔资料进行认真分析，在采空区一原有孔位上补加 4 个探测孔，设计孔深 30m；在采空区二原有孔位上补加 3 个探测孔，设计孔深 42m；北部补加 9 个炮孔（见图 1）。根据探测孔孔温情况制定施工方案如下：

　　（1）若采空区一、采空区二补加探测孔均为高温孔，采取分区分段、多次爆破施工方案，单次爆破高温炮孔孔数不超过 10 个。

　　（2）若采空区一、采空区二补加探测孔均为常温孔或中温孔，采取一次爆破的处理方法。

　　（3）若采空区一补加探测孔为常温孔或中温孔，采空区二补加探测孔为高温孔，先行对采空区一进行爆破处理，后续进行采空区二爆破处理。

　　经过对高温炮孔注水降温处理，爆破当天对孔温详细跟踪测量，高温区内炮孔孔温超过 60℃的孔共 7 个，加之矿方对施工进度要求紧迫，最终决定采取方案（2）一次爆破处理高温采空区。

3　爆破设计

3.1　爆破器材选取

　　高温爆破是指炮孔孔内温度高于 60℃的爆破作业。爆破器材有一定的热感度，在高温条件下，如果达到了热感度，爆破器材便会发生早爆或失效，从而威胁爆破作业人员的生命安全。因此，高温采空区爆破作业必须选用热感度低、耐高温爆破器材（起爆弹、导爆管、导爆索、炸药等），选取所需爆破器材时应详细了解产品的温度适用范围。爆破器材在不同温度下的性能情况见表 1。

表1　爆破器材在不同温度下的性能
表1　爆破器材在不同温度下的性能
Table 1　The performance of blasting equipment under different temperature table

爆破器材	建议最高温度/℃	高温下的性能变化		
		温度临界值/℃	炸药物理效应	结　果
起爆弹	70	70	开始软化	损失敏感度
		80	熔化	损失完整性
		>100	熔化并分解	PETN分解并存在爆轰可能性
		120	PETN分解	拒爆或存在爆轰的可能性
导爆管	80	80	管材软化	拒爆
导爆索	80	80	塑料软化	拒爆
		120	PETN分解	快速分解
铵油炸药	70	75	闪点	潜在的易燃性
		170	硝铵熔化	
		220	硝铵分解并自维持	密闭状态产生爆炸的可能性
乳化炸药	70	75	闪点	潜在的易燃性
		100	水蒸发	氧化剂溶液沸腾

考虑到导爆索起爆网路连接的快捷性、易操作性，故选取耐高温导爆索作为起爆材料；高温炮孔经注水降温处理后，炮孔内积水多，且水汽大，而混装乳化炸药抗水性能良好，输入炮孔时的乳胶基质为未发泡的半成品，且乳胶基质温度可达80℃，耐高温性能良好，故高温炮孔选用混装乳化炸药；由于混装乳化炸药装药效率慢，而高温炮孔爆破要求快装快放，以保证爆破作业人员安全，因此采空区炮孔、常温炮孔（50℃以下）及中温炮孔（50~60℃）使用混装铵油炸药。

3.2　装药结构

3.2.1　采空区装药结构

装药前对见空洞炮孔底部空腔应封堵处理。在距离空腔上缘1m处使用1发空气间隔器（规格：φ250mm）封堵，待完全充气后，采用细岩粉反充填1.5m，为防止药柱下沉，再使用1发空气间隔器封堵，应保证空气间隔器与孔底反充填岩粉充分接触，不留空隙，待完全充气后，反充填0.5m细岩粉。本次爆破采空区炮孔使用混装铵油炸药，延米量为43.5kg/m。为减小爆破振动，采取分层装药结构，底部药柱装至距孔口13.0m，岩粉回填3.5m，上部药柱长度3.5m，堵长为6.0m。为保证起爆可靠性，采空区炮孔使用3发起爆具。采空区炮孔装药结构如图2（a）所示。

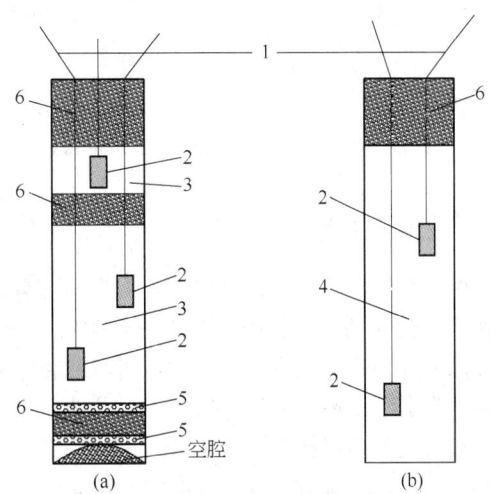

图2　装药结构示意图

（a）采空区炮孔装药结构；（b）高温区炮孔装药结构

1—耐高温导爆索；2—起爆具；3—混装铵油炸药；

4—混装乳化炸药；5—空气间隔器；6—堵塞岩粉

Fig. 2　Charging structure diagram

3.2.2　高温区装药结构

高温区炮孔装药前应进行二次测温，对高温炮孔应注水降温处理。待常温炮孔、中温炮孔、采空区炮孔全部装药完毕后，再对高温区炮孔进行装药。本次爆破高温区炮孔使用混装乳化炸药，延米量为62.5kg/m。考虑到分层装药效率低下，故采取连续装药结构，堵长为7.5m（混装乳化炸药未发泡前堵长，实际堵长应为6.7m左右）。高温区炮孔装药结构如图2(b)所示。

3.3　起爆网路设计

采用复式导爆索网路连接起爆。选用西安庆华生产的导爆索双向继爆管（延期时间40ms），为保证起爆网路传爆可靠性，使用两发双向继爆管并联绑扎。高温采空区起爆网路如图3所示。

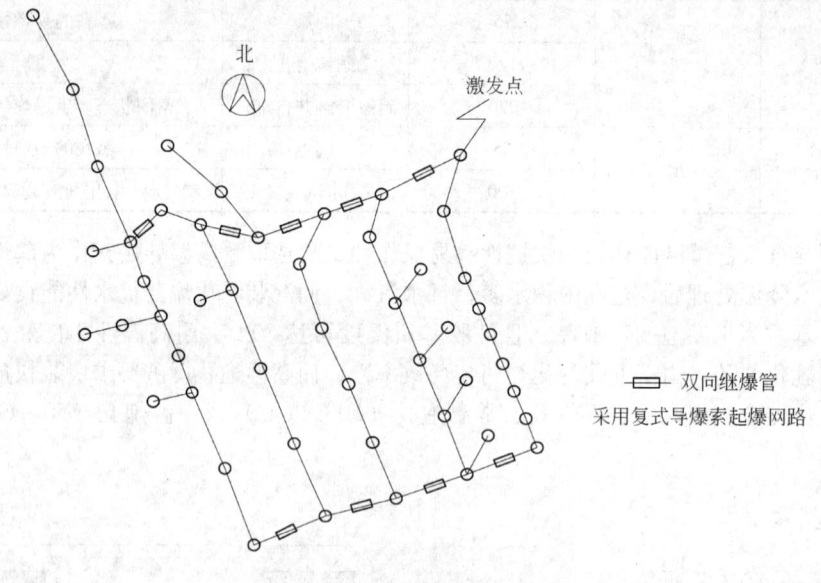

图3　高温采空区起爆网路

Fig. 3　Initiating circuit of high-temperature area

4　爆破施工工艺

由于高温区的存在，决定了本次爆破工程施工的特殊性及其复杂性。如果按照常规深孔爆破施工工艺（装药—联网—警戒—起爆），炸药在高温孔中滞留时间长，潜在危险性大，不能有效保证爆破作业人员的安全。经过反复摸索及查阅相关资料，决定采用反序爆破施工法，并根据本次爆破工程的特性，对其进行优化，研究出一套针对高温采空区爆破的施工工艺（见图4）。此工艺具有可操作性强、施工安全高效、施工成本低等特点。

验孔—测量孔温—根据孔温情况补加炮孔—爆破设计（含详细施工组织）—施工前物资准备—装药前二次测温—高温孔预处理—施工安全技术交底—材料加工、敷设网路—采空区炮孔装药—常温孔装药—中温孔装药—联网—布置警戒、放起爆引线—高温孔装药—联网—起爆—爆后检查

图4　高温采空区爆破施工工艺

Fig. 4　High temperature goaf blasting construction technology

5　效果评价及结论建议

（1）本次爆破成功治理了高温采空区，达到了采空区沉降封闭、高温区灭火的工程目的。经过此次治理，消除了矿区一个重大的安全隐患，对安全生产起到了重要的保障作用。同时积累了一定的高温采空区治理经验，为后续类似工程提供了参考。

（2）高温区爆破应慎重选取爆破器材。混装乳化炸药的使用，大大提高了高温区爆破作业的安全性。

（3）高温采空区爆破施工条件复杂，危险性大。爆破施工前应进行精心的施工组织，选取合理的施工工艺，应将保证爆破作业人员人身安全放在首位。若无特殊工期要求，建议合理安排施工进度，进行分区治理。

参 考 文 献

[1] 叶图强，等. 露天深孔爆破处理大型采空区的实践[J]. 中国矿业，2008，17(8)：97～101.
[2] 蔡建德. 露天煤矿高温区爆破安全作业技术研究[J]. 工程爆破，2013，19(1-2)：92～95.
[3] 刘殿中，杨仕春. 工程爆破实用手册[M]. 第2版. 北京：冶金工业出版社，2003.
[4] 顾毅成. 爆破工程施工与安全[M]. 北京：冶金工业出版社，2004.

深圳市 SCT 三期开挖爆破振动控制与监测

周浩仓

（1. 长沙矿山研究院有限责任公司，湖南长沙，410012；

2. 江西国泰五洲爆破工程有限公司，江西南昌，330038）

摘　要：本文结合具体的工程实际，详细介绍了振动速度控制方面的工作和采取的措施，这些措施将确保在复杂的环境条件和采用常规爆破孔网参数的情况下，大量工程爆破的爆破振动速度被控制在 0.25cm/s 以内，此外，本文对爆破振动速度的控制指标进行了总结。

关键词：爆破振动；控制与监测

The Blasting Vibration Control and Monitoring of SCT Three Stage Excavation in Shenzhen

Zhou Haocang

（1. The Limited Corporation of Changsha Mine Research Institution，Hunan Changsha，410012；

2. The Limited Corporation of Jiangxi Guotai Wuzhou Blasting Engineering，

Jiangxi Nanchang，330038）

Abstract：Combined with the concrete engineering practice，the work and measures in terms of vibrator speed control are detailed in this paper. This ensures，that，in complex environmental conditions and by means of adopting the hole parameters of the conventional blasting，a vast amount of engineering blast with blast vibration velocity under 0.25cm/s can be controlled. Therefore，it comes to a conclusion concerning the control index of blasting vibration velocity.

Keywords：blasting vibration；control and monitor

1　前言

随着社会的不断发展，城市爆破和近居民区的爆破情况在不断增加。因此，对爆破振动、爆破噪声、爆破冲击波和爆破飞石的控制变得越来越严格。由于爆破飞石和爆破冲击波对人和建筑物的损害是显性的，出现问题时也容易进行评估损失，所以爆破工作者对此都比较重视。然而，爆破振动引起的危害是隐性的，很难客观地对问题进行评估，处理上也增加了很多麻烦。加之《爆破安全规程》（GB 6722—2003）中有关振动控制速度的规定有时难以符合不同的实际情况，所以实际操作中出现纠纷的情况比较多，爆破振动甚至影响到工程的进度和社会的和谐。

周浩仓，高级工程师，351931092@qq.com。

2　工程概况

深圳市 SCT 三期项目需要爆破山体约 $2 \times 10^6 \, \mathrm{m}^3$，山体周围环境复杂，爆破区南边 180m 为浮法玻璃厂；西边 80m 为深圳嘉宝厂；北边为山体；东边 60m 为石场生产线和办公区，186m 为油库罐区，爆破环境如图 1 所示。

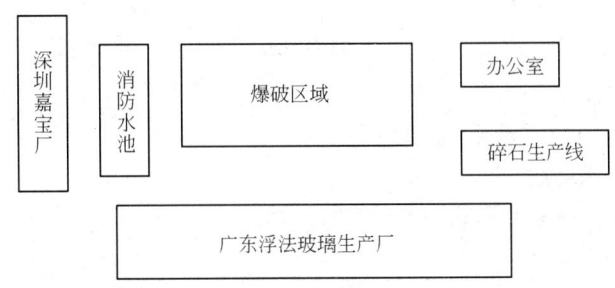

图 1　爆破环境示意图

Fig. 1　The diagram of blasting circumstances

为了确保爆破工程安全正常进行，业主对爆破振动速度和安全要求如下：

(1) 浮法玻璃厂生产线的振动速度不大于 0.25cm/s；

(2) 高位水池不能出现裂纹和渗水；

(3) 爆破飞石不能对周围建（构）筑物造成损害；

(4) 爆破施工期间港湾大道必须正常通行；

(5) 边坡部分必须进行预裂爆破并确保坡面平整光滑，无松石。

3　爆破参数

由于施工承包单位的爆破设备限制，山体采用孔径为 $\phi140\mathrm{mm}$ 的深孔台阶爆破，边坡采用孔径为 $\phi76\mathrm{mm}$ 的预裂爆破，这就给爆破工作带来了一定的难度，特别是爆破振动的控制。为此，我们采用的主要爆破参数见表 1。

表 1　主要爆破参数

Table 1　The diagram of main blasting parameter

序号	直径 /mm	台阶 高度/m	抵抗线 /m	间距 /m	最大段 药量/kg	炮孔类型	起爆 时间/ms	起爆方式	装药 结构	每次起 爆孔数
1	140	10.0	3.8 ~ 4.2	4.0 ~ 4.5	45	常规孔	25	单孔	分层	70 ~ 132
2	76	10.0	2.0 ~ 2.2	0.8 ~ 1.0	30	预裂孔	25	3 段以上	药串	30 ~ 60

4　爆破网路

爆破采用两种网路，一种是常规炮孔，单孔装药量超过 45kg，采用孔内分段装药；对于单孔装药小于 45kg 的，采用孔内连续装药。每段装药为一段分别起爆，以控制最大段起爆药量小于 45kg。我们每次爆破炮孔数一般控制在 70 ~ 90 个，有三次为 128 ~ 132 个炮孔。分段微差时间选用 25ms，以防止地震波叠加和先爆炮孔飞石打断传爆网路。另一种是预裂孔的起爆，为控制振动速度和确保边坡平整度，我们对边坡采用一次装药分段微差起爆，微差时间为

25ms，每段起爆炮孔数量为 10 ~ 20 个，我们最多时一次爆破 60 个预裂孔，具体每段起爆预裂孔数量按照计算的最大起爆药量控制，最多一次边坡分五段微差起爆，爆破后的边坡光滑平整，符合设计要求。

5　振动控制措施

爆破质点振动速度公式如下：

$$v = K(Q^{1/3}/R)^{\alpha}$$

式中　　v——质点振动速度，cm/s；

　　　　R——建（构）筑物距爆源中心的距离，m；

　　　　Q——最大段单响药量，kg；

　K，α——与地质条件有关的系数，根据我们实验，取 $K = 557$，$\alpha = 1.99$。

根据业主规定 $v \leqslant 0.25$ cm/s。

在每次爆破施工前，需根据上次对爆破施工的设计，进行爆破振动预估，以提前进行控制。若发现爆破振动接近或超过规定值时，应修改爆破施工设计，直到满足要求。具体施工中，考虑到地质情况和施工误差等因素存在，我们按照计算最大段起爆药量的 85% 来进行爆破施工设计，以控制爆破振动速度不超过 0.25cm/s，这样可以满足实际爆破需求。

主要建（构）筑物爆破振动预估值见表 2。

表 2　主要建（构）筑物爆破振动预估值

Table 2　Forecast table of blasting vibration with the main constructions

序　号	需要保护建(构)筑物名称	允许振速/cm·s⁻¹	距离/m	计算允许最大段起爆药量/kg
1	浮法玻璃生产线	0.25	180	52
2	嘉宝厂房	5.0	80	419
3	碎石生产线	10.0	60	503
4	油罐	0.5	186	163

从表 2 可以看出：

（1）允许的最大段起爆药量为 52kg，根据我们测振数据和现场情况，我们确定深孔爆破的最大段药量为 45kg，在考虑到尽量满足预裂爆破效果的前提下，为减少预裂爆破起爆段别，按照分散装药原理，我们确定预裂爆破的最大段起爆药量为 30kg。

（2）由于爆破环境无法改变，钻机设备也已选定，因此要控制爆破危害，特别是爆破振动的控制，只能采用改变爆破参数、控制爆破规模、改变起爆顺序和控制单段药量的措施，这是减弱爆破震源的爆炸能量、降低振动效应和改变爆破振动传播方向最直接的方法。

（3）采用精确的单孔逐段爆破，精确控制每段爆破时间，以最大限度杜绝爆破能量叠加。我们在爆破中采用孔内装 13 段或 15 段毫秒非电雷管，孔外用 2 段毫秒非电雷管连接网路，使爆破间隔都控制在 25ms，将每次爆破分成若干个单孔爆破，对提高爆破效果和降低爆破振动及减少爆破振动叠加非常有效。

（4）爆破开口位置选择是控制爆破振动的一个关键因素。在实践中，我们发现每次爆破若选择第一段起爆引起的振动较大，整个爆破的振动速度必然增大，若选择的第一段爆破速度较小，整个爆破的振动速度随之减小。因此，我们通常选择临空面比较好、装药量较少、夹制作用小、岩石不是很坚硬的地段作为开口位置，但同时要注意控制飞石。另外对一些地质结构面要特别注意，因为它们的存在不仅可以改变爆破抵抗线，而且还会引起爆破振动的很大变化，这一点必须得到足够的重视。

（5）装药结构和起爆方式的控制。由于振动速度的限制，很多情况下，为了满足爆破振动的要求，需严格控制单响药量和起爆时间。在实际施工中，由于单孔装药量在很多时候超过估算的最大起爆药量，所以采用孔内分段装药，最多时一个炮孔分三段装药，孔内堵塞间隔一般大于 2.0m。同样对边坡孔，我们按照正常装药后，也要对其进行振动估算。通过对以往的爆破案例分析，我们发现每次最多起爆边坡孔数为 10~15 个，但施工中考虑到边坡的一致性和平整度要求，每次爆破必须完成一个梯段长度的边坡孔爆破才能保证边坡质量，只有这样才能充分保证爆破振动的控制和爆破效果。在实际台阶爆破操作中，我们通常将一个炮孔分成 2 段进行起爆，采用的方法是先起爆上部装药段，再起爆下部装药段；此外，在少数情况下，我们会采用一个炮孔分 3 次起爆。最初边坡孔在施工中没有引起我们重视，然而它却成为了导致振动速度超过规定的主要因素。在经过分析和实践后，我们对边坡孔采用分段爆破。在后来施工中，每次边坡爆破都被分成 2~5 段进行爆破，每段间隔时间控制在 25ms，这种爆破模式同样达到了合同要求的效果，也没有出现振动超标的现象。

（6）网路的可靠性是引起振动超标所不能忽视的原因。如何确保每个炮孔按照设计的时间起爆，并及时将引爆能量传递给后续炮孔，是控制振动的重要因素。在施工中，我们采用复式双网路，确保每个炮孔都能得到两个传递的起爆能量。起爆过程中，即使有一个起爆网路出现问题，另一个也会引爆炮孔。因此我们采用敷设两个起爆网路来确保炮孔精确起爆。

（7）精确钻孔是控制振动速度又一重要因素。只有加强现场钻孔控制，确保每个炮孔都在设计规定的范围内，才能保障爆破能够按照预定的起爆方式和破裂方向进行，使爆破过程不会因产生大的夹制作用，而引起振动突然增加或者叠加，以最大限度降低爆破振动。

（8）应及时地对爆破抵抗线和台阶的情况进行精确的测量与控制，做到设计和施工高度吻合。最大限度地做到规范化、程序化、标准化施工，是控制爆破振动不可缺少的措施。

（9）其他考虑因素，如爆破场地情况有无压渣、抵抗线，炮孔间距有无过大和过小情况出现以及炮孔有无太大超深等，都需要在施工过程中进行控制，才能保障振动不超标。

6　测振仪器和测振结果

6.1　测振仪器

测振仪为型号 IDTS2850 的爆破振动记录仪，精度 12bit，频带宽 0~60kHz；传感器为型号 CD-1 型的速度传感器，最大可测位移 ±1mm，灵敏度 604mv/cm/s。为确保观测精度，观测前观测单位首先对该观测系统按照标准要求进行标定，观测后用计算机与 IDTS3850 爆破振动记录仪通信，对实测波形进行时域分析和频谱分析。

6.2　测振结果

在整个爆破施工中，业主为了确保工程顺利进行和减少周边单位投诉，聘请了测振单位对每一次爆破进行现场监测，并派爆破监理现场监督爆破施工。根据业主监测的测振结果显示，整个项目实施测振爆破次数为 513 次，合格率为 97.27%，不合格率为 2.73%，其中超标的最大一次振动速度为 0.38cm/s，其余 13 次振动速度都为 0.25~0.27cm/s。通过分析我们发现，振动超标大多发生在爆区两个地段：一个是边坡爆破地段，为了确保边坡质量，预裂爆破时不能分段太多是造成该地段振动超标的主要原因；二是在靠近碎石生产线附近，主要是由于施工时考虑此地段离消防水池和浮法玻璃厂最远，爆破对其不会产生危害，思想上放松了对振动的控制，导致该地段超标。总体来说客观和主观因素都会造成振动超标。

我们与浮法玻璃厂技术人员一起对超标振动实际调查得知：振动速度为 $0.25 \sim 0.27 cm/s$ 的 13 次超标中，所生产玻璃中气泡含量和次品率基本没有变化，但是在振动速度为 $0.38 cm/s$ 的超标中，所生产玻璃中气泡含量有所增加，废品率比平时增加了 3%，说明爆破振动超标会引起了玻璃质量下降，因此我们停工整改一个星期以解决爆破振动超标问题。

7　结论

我们通过本工程大量爆破施工和对爆破施工测振数据分析，有以下体会和结论：

（1）在复杂爆破环境下，只要通过科学的、系统的、严格的施工就可以完成对爆破振动的严格控制，达到不扰民的爆破目的。

（2）同等条件下，在较小振动速度爆破的过程中，质点振动速度不一定随着爆破药量的增大而增大，也不一定随着爆破中心离建（构）筑物距离的增大而减小，它会因一个微小的变量而使其发生突变，这种特殊情况需要爆破工作者加以注意。

（3）质点的水平振动速度和垂直振动速度没有一定的相关性，并且在本工程中，尽管我们有大量的测振数据，也无法找到水平振动速度的规律。因此，在较小的振动速度下，水平振动速度变得更加难控制。

（4）在浮法玻璃生产线实测到 13 次 $0.25 \sim 0.27 cm/s$ 的超标准振动，宏观调查生产线未受到任何不利影响，因此，建议可将其爆破允许质点振动速度值提高至 $0.3 cm/s$，以降低爆破施工成本。

参 考 文 献

[1] 王迪安. 深圳地区爆破地震波传播规律的初步研究[C]//中国爆破新技术，北京：冶金工业出版社，2004：942 ~ 945.

[2] 袁小冈，冯武平. 长江三峡水利枢纽永久船闸预裂爆破设计与施工[J]. 爆破，1996，13(3)：39 ~ 41.

[3] 郑瑞春，马柏令，高士才. 爆破参数对破岩质量的影响规律及小抵抗线大孔距爆破机理的探讨（上）[J]. 爆破，1987(2)：7 ~ 12.

和谐振速在减少采石场爆破振动
"扰民与民扰"中的应用

侯臣三　　张志翰

（山东鲁昊建设工程有限公司，山东济南，250031）

摘　要：爆破振动产生的"扰民与民扰"，是爆破作业中经常遇到的一个比较棘手的难题，尤其是采石场的爆破作业属于一种累积爆破，"扰民与民扰"问题表现得尤为突出。为减少"扰民与民扰"，我们在采石场爆破作业中坚持"以人为本"，采用"和谐振速"控制爆破振动，使投诉率较上年度下降了91.49%，"扰民与民扰"问题得到了较好的解决，确保了当地社会的和谐、稳定及采石场生产经营的正常进行，为构建和谐社会尽了一点微薄之力。

关键词：和谐振速；采石场；爆破振动；扰民与民扰

The Application of Resonance Speed to the Reduction of Blasting Quarry Vibration Nuisance and Interference

Hou Chensan　　Zhang Zhihan

（Shandong Luhao Construction Engineer Corporation，Shandong Jinan，250031）

Abstract：The reduction of blasting quarry vibration nuisance and interference is a more difficult problem in a blasting operation. Quarry blasting operation belongs to a kind of cumulative blasting. A nuisance and interference is particularly prominent. In order to reduce the nuisance and interference，we have always placed people first，adopting the resonance speed to control blasting vibration in quarry blasting operation. That solves the problem of nuisance and interference. The complaint rate falls by 91.49% from last year. It ensures the local social harmony and stabilizes the quarry production and operation of stability. We take pains in building a harmonious society.

Keywords：the resonance speed；quarry；blasting vibration；the nuisance and interference

1　引言

济南市长清区双泉镇有十七家采石场，分布于五个山峪中，山峪内坐落着不少村庄，而且有不少村庄距离采石场较近，给爆破振动的控制增加了不少难度。2009年，因爆破振动引起的投诉达到120多次，对村民的正常生活、采石场的正常生产、政府有关部门的正常工作，都造成了很大干扰与影响，形成了一种"扰民与民扰"的不良局面，在一定程度上影响到了当

侯臣三，高级工程师，jnhouchensan@163.com。

地社会的和谐与稳定。

为克服"扰民与民扰"问题，经过长期的探索、思考与论证，最终确立了"采用和谐振速降低爆破振动，减少扰民与民扰"的减振理念，使"和谐振速"与"建立和谐社会"、"和谐爆破"有机地结合起来，找到了一条解决爆破振动扰民的有效方法与途径，使"扰民与民扰"问题得到了较好的解决。

2　和谐振速的由来与确立

自 2005 年起，山东鲁昊建设工程有限公司就在双泉镇为 17 家采石场实施统一爆破作业。为减少爆破振动对民房及村民带来的危害，公司严格按照《爆破安全规程》（GB 6722—2003）"爆破振动安全允许标准"进行操作，将安全允许振速控制在 0.7 ~ 1.2cm/s 范围之内。之前三四年，由于采石场不景气、爆破次数少，村民对爆破振动几乎没有什么反应。然而，随着济南市及周边地区建设项目的不断扩大、石子的畅销、用药量的增加，伴随而来的是村民对爆破振动的反应逐渐强烈起来，到采石场闹事、打投诉电话、到有关部门上访的越来越多，严重影响了有关政府部门的正常工作和采石场的正常生产，使扰民变成了民扰。为此，参照兄弟单位采用的 0.6cm/s "不扰民振速"，采取了一些减振措施，虽然取得了良好的减振效果，但仍有一些不尽如人意的地方，有时装药起爆之后村民还是有不少意见。实践使我们认识到：虽然爆破振动速度已经降得很低，对村民的房屋也没有造成半点破坏，然而，由于村民维权意识的增强及对爆破振动要求标准的提高，只要爆破时门窗响动稍大，村民就会提意见甚至闹事。门窗响动稍大的根本原因就是质点振动速度还是有些偏大。

实践充分证明：我们通常使用的 0.7 ~ 1.2cm/s "国家标准振速"，达不到村民满意，后来借鉴兄弟单位 0.6cm/s 的"不扰民振速"，村民还是不满意。

为最大限度达到村民满意，减少由此造成的扰民，我们把质点振动速度降低到 0.4cm/s，并结合党和国家"构建和谐社会"的治国理念、中爆协提倡的"高效、安全、和谐爆破"精神，将其定名为"和谐振速"。

3　和谐振速的含义与达到的基本指标

3.1　和谐振速的含义

爆破时产生的地震波对村民的房屋不构成破坏，只是门窗轻微响动，室内静止中的个别人稍有感觉，不影响村民的正常生活。

3.2　和谐振速应达到的基本指标

和谐振速应达到的基本指标有三条，即：与人和谐、与物和谐、与社会和谐。所谓与人和谐，就是爆破时只有室内少数静止中的人有感觉，多数人无感觉；所谓与物和谐，就是爆破时只是门窗轻微作响甚至不响，悬挂物不摆动；所谓与社会和谐，就是起爆后基本上无人投诉、无人上访。

4　和谐振速提出的主要依据

（1）有关国家制定的允许质点振速与破坏标准，见表 1。

表1　有关国家制定的允许质点振速与破坏标准
Table 1　About the standard of allowing the particle vibration velocity and destruction that set by the state

名　称	建筑物名称	质点振动速度 v/cm·s^{-1}
中国标准	土窑洞、土坯房、毛石房	0.7～1.2
德国标准	已见破坏的建筑物与墙体裂缝	0.4
澳大利亚标准	敏感性建筑物	0.6
加拿大标准	敏感（重点保护）建筑	0.25～0.5
印度尼西亚标准	一般民房	0.5～1.0

　　从表1可以看出，在五个国家制定的不同标准中，建议质点振动速度为0.6cm/s以内的占60%，相对而言，中国标准0.7～1.2cm/s的振速是最大的。因此，根据双泉镇的现实情况，参照多数国家的规定，确定0.4cm/s的标准，与多数国家的标准是相吻合的。

　　（2）欧洲爆破专家维斯提出的人的反应与质点振动速度之间的关系，见表2。

表2　人的反应与质点振动速度之间的关系
Table 2　The relationship between People's reaction and particle vibration velocity

人的反应	质点振动速度 v/cm·s^{-1}	备　注
可感到	0.2～0.5	
感觉明显	0.5～0.97	
感觉不适	0.97～2.03	

　　从表2中可以看出，质点振动速度在0.2～0.5cm/s范围内，使人容易接受，若大于0.5cm/s以上，接受起来就有些困难。由此可以看出，采用0.4cm/s的标准既能使人容易接受，又符合"以人为本"的基本理念。

　　（3）中国地震烈度表见表3。

表3　中国地震烈度
Table 3　The Chinese seismic intensity scale

烈度	在地面上人的感觉	房屋震害程度		其他震害现象	峰值速度/cm·s^{-1}
		震害现象	平均震害指数		
1	无感				0.2
2	室内个别静止的人有感觉				0.21～0.5
3	室内少数静止的人有感觉	门窗轻微作响		悬挂物微动	0.51～1.0

　　从表3可看出：烈度在2度时，地震波的峰值速度在0.21～0.5cm/s之间，其现象是只有室内个别静止中的人有感觉，其他人无感觉，房屋震害程度为"无"。因此，采用0.4cm/s的标准，将爆破振动破坏程度控制在地震烈度2度范围内，是可取的。

　　（4）有关专家提出的"累积爆破"质点振动速度应下降50%。依据国标0.7～1.2cm/s的规定，参照有关专家累积爆破振动速度应下降50%的提法，则为0.35～0.6cm/s。所以，取0.4cm/s的振速与有关专家的意见基本上也是相符的。

5　实现和谐振速采取的几项主要措施

　　（1）积极引导采石场采用台阶开采，严格控制台阶高度。不规范的开采方式造成的炮孔过深、单孔装药量过大，是产生"扰民与民扰"的重要原因。双泉镇的采石场，虽然已建场四五年，但由于种种原因，几乎没有一家完全按照有关规程进行开采。再者我们在采石场钻好孔后只负责装药起爆，无法控制他们的开采方式及施工方法。一直持续到 2009 年，济南市安监局下决心对无台阶开采进行整治时，各个采石场才逐渐按照台阶开采方式进行施工。然而，由于过去的盲目开采，给台阶开采施工带来了不少难度，快者八九个月，慢者一年多，才能基本步入台阶施工的轨道。因此，台阶过高的困扰不是在短时期内就能解决的。此外，由于大多数采石场习惯了过去的掏采方式，现在突然改成台阶开采，短时期内还适应不过来，给爆破振动的控制带来很大困难。

　　为扭转这种被动局面，我们注重首先从思想上做好各厂家的工作。在组织他们学习有关法律法规的基础上，帮助他们分析掏采法施工容易造成的危害。在此基础上，反复讲明台阶开采的好处以及台阶高度确立的依据、原则和施行台阶开采的方法、步骤。并根据《金属非金属矿安全规程》（GB 14623—2006）的有关规定，结合双泉镇的现实情况，最终将台阶高度确定为 14m 以内，使炮孔深度由过去 33m 减少了 19m。

　　（2）严格控制炮孔直径，减少单孔装药量。为达到 0.4cm/s 和谐振速的要求，在钻孔时严格控制炮孔直径，统一采用直径 90mm 的钻头进行钻孔，炮区内最深炮孔不得超过 15m。这样，一个炮孔最多可装 70kg 炸药。使单孔最大装药量比过去的 170.8kg 减少了 100.8kg，单孔用药量下降了 59%。

　　（3）调整开采区位置，加大采石场与村庄之间的距离。如双泉十九采石场由于当时选址不当，造成与杜庄村距离太近的问题，经过多方沟通与协调，在征得地方有关部门同意的前提下，最终确定放弃开采区的东侧及东南侧，而向西及西南侧开采，调整后的开采区无形中向西移动了 50 多米，使爆区与杜庄之间的距离延长了 23%，能降低振速 0.1cm/s，为降振创造了良好的前提条件。

　　（4）严格控制一次总起爆药量，减少破坏威力。如前所述采石场的爆破作业是一种累积爆破，它对建筑物的破坏存在一种累积效应。当爆破次数达到几十次或上百次后，就可能对建筑物造成破坏。因此，在采石场这种特定的施工环境条件下，为确保村民房屋的安全，对一次总起爆药量进行控制是非常必要的。我们的做法是参照"里氏地震级别"来控制一次总起爆药量，见表 4。

表 4　里氏地震级别
Table 4　Richter magnitude scale

级　别	相当于 TNT 当量/t	所释放能量达到的破坏威力
0.5	2.7kg	手榴弹爆炸
1.0	13.6kg	建筑爆破
1.5	145.2kg	第二次世界大战期间常规炸弹
2.0	1	第二次世界大战期间常规炸弹
2.5	4.6	第二次世界大战期间的"Cookie"巨型炸弹

　　众所周知，天然地震特点之一，就是一般小于 2.5 级的地震人无感觉。2.5 级以上人有感觉。爆破地震类似于天然地震，两者之间虽有一些不同点，但也有不少相同之处。即：都是在释放能量；都能使地面产生振动；其能量达到一定规模都能造成危害。实践证明：在采用相同毫秒延时间隔的前提下，在某种条件下，一次总起爆药量的大小对保护对象的破坏是不一样

的。总药量越大，其破坏威力就越大。其原因是由于大地的滤波作用，超过一定距离之后，地震波就会聚集在一起，对建（构）筑物形成一种破坏力。因此，只有严格控制一次总起爆药量，才能减少爆破产生的破坏威力，确保被保护建（构）筑物的安全及避免振动对人造成的干扰。

根据地震震级小于2.5级"人无感觉"的特点，结合19场等有关厂家的特定情况，将爆破地震的破坏威力控制在相当于2级地震范围，恰好相当于1t TNT的当量，折合成硝铵类炸药，大约为1.5t，满足降振要求，使一次总起爆药量由过去的3t减少了一半，下降了50%。

控制总药量这种做法，并不是我们的首创，广东深圳某采石场一次总起爆药量是1.3t，河南郑州某采石场是1.5t，山东章丘各采石场是0.8t，山东平阴各采石场为1.5t，济南历城某采石场仅0.5t等。实践证明，这种做法收效明显，便于村民接受。

（5）采用逐孔起爆技术，并控制好最大一段齐爆药量。过去连接起爆网路时，通常采用的是"两孔一响"，为降低爆破振动，我们改为"一孔一响"，并按照和谐振速基本要求，将最大一段齐爆药量控制在70kg以内，而且严格按照规定的药量进行装填，使最大一段齐爆药量比过去的341.6kg下降了80%。

（6）采用不耦合装药结构，降低地震波传播的能量。爆破作业时，在直径90mm的炮孔内装直径70mm的乳化药柱，使炸药能量得到更充分发挥，以此降低地震波传播的能量，达到减振的目的。

（7）适当加大起爆时差，减少地震波的叠加。选择合理的毫秒起爆时差，将其控制在75～110ms范围内，使地震波尽量不形成或少形成叠加。

（8）调整起爆顺序，使地震波的传爆方法尽量避开被保护建（构）筑物。起爆网路连接时尽量调整好起爆顺序，使地震波的传播方向向村庄的相反方向传播，以此减少对村民房屋的振动。

（9）采用清渣爆破技术，以此削弱振动力。每次爆破作业前，首先将台阶前面堆积的石渣清理干净，形成良好的临空面，为爆破时石块向前移动创造良好的前提条件，使多余的炸药能量得到充分外泄，以削弱其振动力。

（10）尽量避开中午时间起爆装药，以此减少对村民的干扰。起爆装药时最好选择村民下地劳动或外出的时间，尽量避开村民吃午饭或睡午觉的时间，将扰民降到最低限度。

6　结语

采用和谐振速之后，使长清区双泉镇采石场累积爆破中的"扰民与民扰"问题取得了显著效果，得到了长清区公安分局、长清区安监局及双泉镇政府的充分肯定与赞扬。该振速对类似工程及其他爆破工程都有一定的借鉴作用。

参 考 文 献

[1] 刘殿中. 工程爆破使用手册[M]. 北京：冶金工业出版社，1999.

[2] 夏红兵，汪海波，宗琦. 爆破震动效应控制技术综合分析[J]. 工程爆破，2007（2）：83～86.

[3] 张智宇，栾龙发，王成龙. 改善小龙潭矿务局开采爆破效果的降振技术实践[J]. 工程爆破，2008（2）：84～86.

[4] 刘建亮. 工程爆破测试技术[M]. 北京：北京理工大学出版社，1994.

基于 TRIZ 创新方法中的矛盾矩阵对爆破振动控制的分析探讨

王　员　　胡小勇

（四川宇泰特种工程技术有限公司，四川成都，610035）

摘　要：本文分析总结了影响爆破振动强度的因素，提出了矛盾矩阵这一创新方法，将爆破振动中存在的问题转化为 TRIZ 中相应的技术矛盾，并构建了爆破振动矛盾矩阵，最终结合 40 个发明原理寻求相应的解决方案。探讨了利用 TRIZ 创新方法来分析如何降低爆破振动，提高作业生产率。

关键词：TRIZ；矛盾矩阵；爆破振动；控制

Analysis on Blasting Vibration Control Basing on the Contradiction Matrix in TRIZ Innovative Method

Wang Yuan　　Hu Xiaoyong

（Sichuan Yutai Special Engineering Technology Co., Sichuan Chengdu, 610035）

Abstract：In this thesis, by analyzing and concluding factors affecting blasting vibration intensity, the innovative method of contradiction matrix is put into forward. It transverses problems in blasting vibration into corresponding technical contradictions in TRIZ, constructs the blasting vibration contradiction matrix, and seeks for solutions by integrating forty invention principles. It is discussed of how to reduce blasting vibration through TRIZ innovative method and to improve productive efficiency.

Keywords：TRIZ；contradiction matrix；blasting vibration；control

1　引言

　　爆破以工程建设为目的，它作为工程施工的一种手段，直接为国民经济建设服务。随着爆破技术应用范围的不断扩大，工程爆破带来的危害日益凸显。在工程爆破施工中，会产生因爆破作用引起的振动、空气冲击波、噪声、有毒气体及露天爆破引起的飞石等爆破危害。爆破振动是一种比较严重的危害，它会对爆破周围的建筑物结构产生不良影响，对当地居民的人身安全带来不必要的威胁。爆破地震波中衡量爆破振动大小的因素非常复杂，主要参数是爆破振动速度和频率，如何降低爆破振动速度，减少爆破振动带来的损害，成为了当今爆破界一大研究重点，而且目前也取得了很大的进展和突破。本论文就是结合 TRIZ 创新理论中的技术矛盾及 40 个发明原理来寻求降低爆破振动的最佳良策。

王员，助理工程师，357135955@qq.com。

2 TRIZ 创新方法中的技术矛盾及其解决原理

2.1 39 个通用参数及 40 个发明原理

TRIZ 英译为发明问题解决理论，由苏联的根里奇·阿奇舒勒于 1964 年创立，它成功揭示了创造发明的内在规律和原理，着力于澄清和强调系统中存在的矛盾，其目标是完全解决矛盾，获得最终的理想解。

TRIZ 认为考虑问题不仅要考虑当前系统的过去和未来，还要考虑当前子系统和超系统的过去和未来，从 9 个层面来考虑问题，寻找解决问题的办法。但是由于系统中各子系统不均衡的演变导致了系统矛盾。系统矛盾是 TRIZ 的另一个核心概念，指隐藏在问题背后的固有矛盾。如果要改进系统的某一部分属性，必然引起其他的某些属性恶化，就像在产品的结构设计中，结构的质量与强度构成了一对冲突，减轻结构的质量就必然削弱结构的强度，这就是 TRIZ 中阐述的技术矛盾。

对于技术矛盾问题，通常的解决方案是采用折中的办法，而 TRIZ 则强调运用创造性的思维把冲突彻底消除。阿奇舒勒对大量的发明专利研究发现，尽管它们所属技术领域不同，处理的问题千差万别，但是隐含的系统冲突数量是有限的，并整理归纳出引起系统冲突和矛盾的 39 个重要参数（见表 1）。在问题的定义、分析过程中，可以选择 39 个通用工程参数中相适宜的来描述系统的性能，将具体问题用 TRIZ 通用语言表述出来，进而通过矛盾矩阵寻找相应的解决方案。

表 1　39 个通用参数
Table 1　39 general parameters

序号	参　数	序号	参　数	序号	参　数
1	运动物体的质量	14	强度	27	可靠性
2	静止物体的质量	15	运动物体作用时间	28	测试精度
3	运动物体的长度	16	静止物体作用时间	29	制造精度
4	静止物体的长度	17	温度	30	物体外部有害因素作用的敏感性
5	运动物体的面积	18	光照强度	31	物体产生的有害因素
6	静止物体的面积	19	运动物体的能量	32	可制造性
7	运动物体的体积	20	静止物体的能量	33	可操作性
8	静止物体的体积	21	功率	34	可维修性
9	速度	22	能量损失	35	适应性及多用性
10	力	23	物质损失	36	装置的复杂性
11	应力或压力	24	信息损失	37	监控与测试的困难程度
12	形状	25	时间损失	38	自动化程度
13	结构的稳定性	26	物质或事物的数量	39	生产率

阿奇舒勒从几百万个专利中进行筛选，来寻找发明性问题以及它们是如何解决的，从具有发明性的专利中提炼出了解决冲突或矛盾的 40 条发明原理（见表 2），利用这些发明原理来寻找解决问题的可能方案。

表2　40 个发明原理

Table 2　40 invention principles

序号	参　　数	序号	参　　数	序号	参　　数	序号	参　　数
1	分割(分裂)	11	预补偿	21	紧急行动	31	多孔材料
2	分离(移除,提取)	12	等势性	22	变害为益	32	光学性能变化(改变颜色)
3	局部质量	13	反向思维(颠倒,成反比)	23	反馈	33	同质性
4	对称变化	14	曲面化(球体化)	24	中介物(媒介)	34	抛弃与修复
5	合并(组合)	15	动态化(动态性,动力化)	25	自服务	35	参数变化(属性转变)
6	多用性(普遍性)	16	未达到或超过的作用	26	复制	36	状态变化
7	嵌套	17	维数变化	27	低成本本物体替代	37	热膨胀
8	质量补偿	18	机械振动	28	机械系统的替代	38	加速强氧化
9	预加反作用	19	周期作用	29	气动与液压结构	39	惰性材料
10	预操作	20	有效作用的连续性	30	柔性壳体或薄膜	40	复合材料

2.2　技术的应用矛盾矩阵

技术矛盾矩阵的应用步骤为：

第一步：分析问题，找出可能存在的技术矛盾，最好能用动宾结构的词来解决表示矛盾，矛盾的表达不要过于专业化。

第二步：针对具体问题确认一对至几对技术矛盾，并将矛盾的双方转换成技术领域的有关术语，进而根据 TRIZ 提供的 39 个工程参数中选定相应的工程参数。

第三步：按照选定的改正和恶化的工程参数编号，在矛盾矩阵中找到相应的矩阵元素，即该元素为 40 个发明创新原理的序号。

第四步：根据已找到的发明创新原理，结合专业知识，寻找解决问题的方案。一般情况下，解决某技术矛盾的发明创新原理不止一条，应该对每一条相应的原理作解决问题方案的探索，不要轻易否认任何相应的原理。

第五步：如果第四步没有取得较好的效果，就要考虑技术矛盾的本质是否表达清楚，应重新设定技术矛盾，重复上述步骤。

3　爆破振动影响因素

3.1　爆破振动产生的原因

爆破是炸药能量释放、传递和做功的过程，其过程非常短暂。当炸药在固体介质中爆炸时，先是使邻近药包周围的岩石产生压缩圈，爆破冲击波和应力波将其附近的介质粉碎。当应力波通过破碎圈后，由于强度迅速衰减，再也不能引起岩石的破裂而只能引起岩石质点产生弹性振动，且以弹性振动的形式向外传播，造成地面的振动，即爆破振动。爆破所引起的地面振动与自然地震一样，是一个复杂的随机变量，其振幅、周期、振速和频率都随时间而变化，由于地震波的频率低、衰减慢、携带较多的能量，是造成地震破坏的主要原因。

目前，衡量爆破振动的物理量是非常复杂的，但是主要有质点振动位移、质点移动速度、振动加速度和频率等。以美国、德国为代表的大多数国家均采用振动速度和振动频率两个指标共同作为地震强度指标，我国《爆破安全规程》（GB 6722—1986）以质点振动速度作为判定爆破振动强度的依据，2004 年实施的《爆破安全规程》（GB 6722—2003）通过振动速度和频率对爆破振动做出了相应要求。笔者将就爆破振动速度和频率两个指标来探讨如何降低爆破振动。

3.2　爆破振动速度

根据《爆破安全规程》（GB 6722—2003）及国内外研究成果，我国爆破振动传播与衰减规律一般采用萨道夫斯基经验公式（见式（1））进行回归计算。

$$v = K\left(\frac{Q^{\frac{1}{3}}}{R}\right)^{\alpha} \tag{1}$$

式中　v——地面质点峰值振动速度，cm/s；

　　　Q——炸药量（齐爆时为总装药量，延时爆破时为最大一段装药量），kg；

　　　R——观测（计算）点到爆源的距离，m；

　K，α——与爆破方式、装药结构、爆破点至计算点间的地形、地质条件等有关的系数和衰减系数。

通过爆破振动速度计算公式可以看出，影响爆破振动速度的因素主要有：

（1）齐发爆破炸药的使用量，齐爆炸药量越大，爆破振动速度越大。

（2）地形条件，是否高差明显的地形或者平整的地形。

（3）地震波传播介质条件。

3.3　爆破地震波频率

爆破振动受到多种因素的影响，地震波频率固然是影响爆破振动大小的重要因素。根据国内外研究成果分析总结可知，建筑物在爆破振动作用下，其破坏程度与爆破引起的地面质点振动速度成正比，与频率比（即地面振动频率与结构物自振频率之比）的常用对数成反比，自振比例与爆破引起的质点振动频率越是接近，越容易发生工作现象，破坏程度越大。据研究调查，目前建筑物的自振频率一般低于 10Hz，所以爆破振动频率越小，衰减越慢，携带的能量就越多，造成建筑物破坏程度越大。

对于爆破振动频率的理论计算，目前国内外对这方面的研究较少，尚无一个被普遍接受的振动频率计算公式。目前可行的方法是依靠经验数据或者仪器检测来控制爆破振动频率，而且国家也对振动频率做出了相应的规定。但是据研究成果显示，爆破振动频率与振动速度相似，受爆破炸药量和距离的影响很大。

4　爆破振动参数矛盾

在实际爆破工程中，爆破振动的影响越来越大，不仅对爆破现场作业人员的生命造成威胁，更对附近居民及建筑物造成不必要的困扰，但是爆破振动又是无可避免的，而且爆破振动是一项非常复杂的问题。本文前段详细介绍了影响爆破振动的重要因素，如何控制爆破振动已是当前亟须解决的问题。为了既不影响施工进度、施工质量，又降低爆破振动对周边建筑物的影响，笔者将从影响爆破振动的振动速度和频率两大因素并结合 TRIZ 中的矛盾矩阵分析法来探讨，确定了以下爆破振动参数矛盾。

4.1　定义矛盾 1

为了降低爆破振动对周边环境和居民的不利影响，但是又不能对施工质量、施工进度、施工成本造成损失。

　　改善参数：物体产生的有害因素；

　　恶化参数：生产率。

4.2　定义矛盾 2

　　爆破振动速度是衡量爆破振动大小的主要因素，控制爆破振动速度可以有效防止爆破振动，而炸药产生的做功效率将会降低。

　　改善参数：速度；

　　恶化参数：功率。

4.3　定义矛盾 3

　　根据爆破振动速度计算公式可知，有效控制齐爆炸药量可防止爆破振动的影响，但是炸药量的减少给施工也会带来不必要的损失。

　　改善参数：静止物体的能量；

　　恶化参数：生产率。

5　爆破振动控制

　　通过对影响爆破振动参数的分析，笔者根据确定的 3 对技术矛盾建立相应的矛盾矩阵（见表 3）。

表 3　爆破振动矛盾矩阵

Table 3　Blasting vibration contradiction matrix

技术矛盾	矩阵坐标	原理代号	原 理 名 称
生产率/物体产生的 有害因素	第 31 行 第 39 列	22 35 18 39	变害为益 参数变化 机械振动 惰性环境原理
功率/速度	第 9 行 第 21 列	19 35 38 2	周期作用 参数变化 加速强氧化 分离（移除，提取）
生产率/静止 物体的能量	第 20 行 第 39 列	1 6	分割（分裂） 多用性（普遍性）

　　根据爆破振动技术矛盾矩阵，可知有利于控制爆破振动的原理代号有 22、35、18、39、19、38、2、1、6，经过分析确定，笔者选定了原理 22、35、18、39、2、1，并结合相应的原理寻求相应的改进措施。

　　（1）原理 22——变害为利原理。该原理建议，在爆破作业过程中，为了降低爆破振动带来的破坏，可以将爆破振动有害效应转化为有利效应或者在现场通过别的因素来消除爆破振动，如微差爆破。

　　1）利用有害的因素（特别是环境中）获得积极的效果；

　　2）通过与另一个有害因素结合，来消除一个有害因素；

3）增加有害因素到一定程度，使之不再有害。

（2）原理 35——参数变化。该原理建议，通过改变爆破作业参数，来达到减小振动的效果。

从爆破作业方式上分析，可采用合适的爆破类型或者能够获得最大松动的爆破设计；

从爆破作业参数上分析：

1）可选用低威力、低爆速炸药；从理论上讲，炸药的波阻抗不同，爆破振动强度也不同，波阻抗越大，爆破振动强度也越大。

2）控制一次性爆破炸药使用量；从爆破振动速度计算公式上讲，一次性爆破炸药使用量与爆破振动速度成正比，齐爆时炸药量越大，振动速度越大。

3）选择适当的装药结构；采用合理的装药结构来减少爆破振动，如不耦合装药、空气间隔装药等结构。

（3）原理 18——机械振动原理。该原理建议，可通过增加爆破振动频率，减少爆破振动的影响。因为爆破振动频率越低，越接近建筑物的自振频率，容易产生共振，破坏性更大。

1）使用振动；

2）如果振动已经存在，那么增加其频率直至超音频。

（4）原理 39——惰性环境原理。该原理建议，通过改变爆破振动波的传播介质来降低爆破振动的影响。例如：应用预裂爆破和开挖沟槽，在爆源和被保护物之间钻凿一排直地表孔和地震沟槽，用以中断地震波的传播，达到降低爆破振动的效果。

1）用惰性环境代替通常环境；

2）往物体中增加中性物质或添加剂；

3）在真空中实施过程。

（5）原理 1——分割（分裂）。该原理建议，通过分割爆破炸药使用量，拆卸一次性炸药量，分段爆破来降低爆破振动大小。例如：微差爆破，将爆破的总药量，分组按一定的时间间隔进行爆破，这种方法可以在保证不影响爆破总装药量和爆破作业总量的条件下，降低每段爆破的药量，从而达到降低爆破振动的效果。

1）将物体分割成独立的部分；

2）使物体成为可组合的部件（易于拆卸和组装）；

3）增加物体被分割的程度。

（6）原理 2——分离（移除、提取）。将物体或系统中的关键部分分离出来，或者将干扰部分移除。该原理建议，可将爆破振动的有害因素移除或者借助外力抵消有害因素。

6 结论

爆破振动是工程施工中无可避免的问题，影响因素较多。这就需要了解工程爆破设计及施工过程中爆破振动产生的原因和主要影响因素，并根据具体的工程爆破现场情况，采取最佳的爆破减振方案。本文结合 TRIZ 中矛盾矩阵探讨了爆破减振的改进措施，得出以下结论：

（1）利用 TRIZ 解决此类技术矛盾非常科学可行，容易发现事物存在的本质问题，分析问题的思路非常清晰。

（2）在探讨控制爆破振动的过程中可以发现，寻求事物之间存在的多种技术矛盾，并结合不同的原理提出不同的解决方案。

（3）在控制爆破振动的多种方案中，原理 35（改变参数）是降低爆破振动的最优原理，采用微差爆破是降低爆破振动的最佳良策，不仅可以保证施工进度及质量，而且可以有效地控制爆破振动。

参 考 文 献

[1] 胡东东，程康，刘阳，等. 频率因素对爆破振动影响的分析探讨[J]. 爆破，2012，29(4).

[2] 王新建. 爆破振动公害及其控制研究[J]. 公安大学学报，2002(3).

[3] 翁春林，张义平. 爆破振动及其控制技术的研究[J]. 有色金属设计，2009，36(2).

[4] 胡刚，吴云龙. 爆破地震振动控制的一种方法[J]. 煤炭技术，2004，23(4).

[5] 言志信，彭宁波，江平，等. 爆破振动安全标准探讨[J]. 煤炭学报，2011，36(8).

[6] 孟林锋. 复杂环境下的爆破振动控制措施[J]. 城市建设，2010(35).

[7] 王四海，陈春红. 对爆破振动速度影响因素的探讨[J]. 科技之友，2011(33).

[8] Genrich Altshuller. 创新算法——TRIZ、系统创新和技术创造力[M]. 谭培波等译. 武汉：华中科技大学出版社，2008，217~232.

[9] Kalevi Rantanen，Ellen Domb. 简约 TRIZ——面向工程师的发明问题解决原理[M]. 檀润华等译. 北京：机械工业出版社，2010，1~167.

产生爆破振动危害的原因分析与对策

李广东

（湖北卫东爆破工程有限公司，湖北襄阳，441021）

摘 要：爆破振动是目前爆破工程施工危害效应之首，一直是爆破工程技术人员研究的重点和难点问题。本文在分析爆破振动危害效应产生原理和特点的基础上，充分结合工程实践，从人为因素和技术因素两个方面综合分析了爆破振动危害效应的产生原因，并制定了控制爆破振动危害效应的有效措施，为爆破振动危害效应控制提供参考。

关键词：爆破振动；危害效应；原因分析；对策

Reason Analysis and Countermeasures of Blasting Vibration Harmful Effect

Li Guangdong

（Hubei Weidong Blasting Engineering Co., Ltd., Hubei Xiangyang, 441021）

Abstract：Blasting vibration is one of the most important harmful effects of blasting engineering, and it is the research focus of blasting engineering technicist. Based on the analysis of the blasting vibration mechanism and characteristics, and combining with blasting engineering practice, the author analyzed the reason of blasting vibration from human factors and technical factors comprehensively, then make the effective measures to control the harmful effects of blasting vibration, it can provide a reference for the blasting vibration harmful effects control.

Keywords：blasting vibration；harmful effect；reason analysis；countermeasures

1 引言

工程爆破技术经过几十年的发展，已经渗透到国家经济建设的众多领域，特别是为我国的铁路、公路交通、水利水电、矿山开采、城市拆迁等等作出了重要贡献。爆破作为一门科学技术，经过数代人的总结实践，理论已日趋完善，并对爆破实践起到重要的指导作用。尤其是随着其他科学技术的更新，爆破器材也在不断地变化和改进。由当初的简单火雷管、电雷管发展到非电导爆管雷管，继而出现新型的精确度较高的电子数码雷管，在很大程度上提高了工程爆破的安全性和可靠性。

近些年来，爆破施工已成为工程建设中较常用的方法之一。它不但加快了工程进度，提高了工程的效率，同时也带来了一定的负面效应。由于炸药的爆炸所产生的能量，对外释放做

李广东，高级工程师，774708443@qq.com。

功，一部分作用到建（构）筑物上，一部分能量引起地面质点运动，同时产生爆炸冲击波。主要危害因素有爆破振动效应、爆炸空气冲击波、爆破飞石、爆破噪声和有毒有害气体等，其中爆破地震效应带来的影响居首，爆破振动对周围环境及建筑物的影响问题也随之而来，同时随着我国公民法律维权意识增强，由此产生的民事矛盾纠纷也在逐年增多，损失赔偿也最大。如何科学、安全、实事求是地避免爆破振动对周围环境的危害，避免产生不必要的矛盾纠纷，已显得越来越重要。

结合实际工程爆破所发生爆破振动危害的实例，主要由两个方面的原因造成，一是人为原因，二是技术原因，其中人为原因居多。

2　爆破振动效应

大家都知道，爆破地震与自然地震相比，具有振动频率高，持续时间短和震源浅等特点。爆破施工引起的振动是一种瞬间冲击振动，其作用时间短，频率高，动力反应衰减很快，难以使周围的建（构）筑物结构产生持续的强烈振动，影响的范围和作用有限。

根据试验资料表明，爆破振动速度的大小与炸药量，以及建构筑物距离爆破点距离、介质情况、地形条件和采用的爆破方法等因素有关。爆破地震安全距离的确定，主要是在地表、对地面建筑物、边坡，可求位移 S、加速度 a、速度 v，但使用速度 v 较多。

测点爆破振动速度可用萨道夫斯基公式计算：

$$v = K(Q^{\frac{1}{3}}/R)^{\alpha} \tag{1}$$

式中，v 为介质质点振动速度，cm/s；R 为爆源距离，m；Q 为炸药量，kg；齐发爆破时取总药量，分段爆破时取最大一段药量；K、α 为与爆破条件、岩石特性等有关的系数，介质为岩石时 $K = 30 \sim 70$，为土质时 $K = 150 \sim 250$，$\alpha = 1 \sim 3$。

根据国家《爆破安全规程》安全允许振动标准，在主振频率小于 10Hz 情况下，对于土窑洞、土坯房、毛石房屋，振动速度不应大于 0.5cm/s，一般砖房、非抗震性建筑物不应大于 2.0cm/s，框架钢筋混凝土结构不大于 5cm/s。

因此按照国家规程的规定，爆破振动速度的大小，与使用炸药量多少，是判定爆破振动速度安全与否的一个依据。当爆破振动速度超过安全值时，就会对周围的建筑物和保护物产生不同程度的破坏，所以减少总炸药量，控制一次起爆的药量，采取微差分段爆破，降低爆破振动速度，是保证爆破安全的前提和条件。

3　爆破振动危害效应产生原因分析

3.1　人为因素原因分析

做好任何事情的成因，起决定作用的是人而不是物。管理要靠制度，需要人去执行实施，无论主管部门、爆破作业单位或者爆破从业人员，必须严格执行国家法律法规和《爆破安全规程》的有关规定，才能有效地做好爆破工作，尽量避免爆破危害因素的发生。针对实际爆破工作中发生过爆破振动危害事故来看，究其原因现从三个方面分析产生的主要因素。

（1）主管部门理解《爆破安全规程》尺度上的差别，主管人员业务素质的高低，是影响爆破安全的前提条件。

我国爆炸物品的主管是公安部门，根据《民用爆炸物品安全管理条例》规定，炸药实行属地管理，所以说县一级的公安部门是最基层的管理者，同时也是对爆破作业安全的具体监督部门。对主管人员的能力水平以及业务素质，对上级有关规定精神的理解领会，把握标准的尺度，就提出了很高的要求。

根据《爆破安全规程》规定：爆破工程分级，按爆破工程类别、一次爆破总药量、爆破环境复杂程度和爆破物特征，分为A、B、C、D四个级别，实行分级管理。B、C、D爆破工程，遇到下列情况应相应提高一个级别：

1）距爆区1000m范围内有国家一、二级文物或特别重要的建（构）筑物、设施。

2）距爆区500m范围内有国家三级文物、风景名胜区，重要的建（构）筑物、设施。

3）距爆区300m范围内有省级文物、医院、学校、居民楼、办公室等重要保护对象。

既然《爆破安全规程》上规定这么详细，为什么在实际爆破作业过程中，依然会因为爆破振动的事件，引起的民事纠纷频繁发生？究其原因：一是主管人员调动、轮换，非专业人员掌管爆破业务；二是业务能力不熟悉，对国家标准的把握上有出入；三是对爆破分级的概念模糊，特殊环境爆破当作一般条件爆破；四是有人情的因素存在。

（2）爆破作业方案评审把关严格，针对性强，是影响爆破作业安全的可靠保证。

爆破安全评估是做好爆破工作的一个重要环节，它不但可以为审批部门把好技术关和安全关，而且对爆破作业单位的施工实施方案，也是一个优化完善的过程，提高爆破工程安全的可靠性，提前避免爆破危害因素的发生。

根据《爆破安全规程》和《民用爆炸物品安全管理条例》的规定：A级、B级和对公共安全影响较大的爆破工程；在城市、名胜风景区和距重要工程设施500m范围内实施的爆破作业；凡需报公安机关审批的爆破工程，均应进行安全评估。

从实际的工作中来看，评估确实在各地都在实行，但是不是流于形式，走走过场，这是一个值得探讨的问题。

首先，把关不严。不具备爆破从业的人员得到爆破工程项目，然后分包、转包有爆破资质的单位；爆破资质级别低，借资质较高的爆破作业单位，实施爆破作业；对爆破作业单位的综合实力、人员、设备，能否承担该工程项目，评估不严密。

例如，新疆某个公路爆破施工工地，相邻一爆破作业单位，本身爆破作业资质也不够，又没有中深孔爆破作业的经验，为了加快施工工期，强行进行深孔爆破作业，结果造成大面积爆破飞石，飞进牧民的草场，滚落的大石块，砸断通往施工隧道的高压电杆，导致隧道停工三天。

其次，针对性不强。爆破深入的工程建设领域很广泛，不同的爆破场合采用的爆破类型不同，即使同一个爆破工程，所处的环境、地形、地质条件也不一样。单一的爆破工程，时间短，范围小，材质结构大致相同，相对评估难度不大，也容易引起重视。但对公路、铁路、水利水电工期较长的爆破工程，由于受各方面因素的限制，点多线长，情况比较复杂，工程环境情况变化较多。不但要对总体爆破方案进行评估，特殊地段的补充方案，有时评估容易忽略，也是容易出现问题的主要根源。

（3）爆破作业单位施工管理混乱，个别工程技术人员素质较低，爆破从业人员抱有侥幸心理。

我国爆破从业人员有几十万人，营业性和非营业性爆破作业单位上千个，管理水平和技术能力参差不齐，因此给爆破作业带来诸多的隐患和不安全的因素。

首先，在爆破实施过程中，职责不明，分工不能责任到人，人员之间相互交叉作业，施工管理程序混乱。其次，个别现场技术人员责任心不强，加上业务能力有限，不能正确地指导施工，遇到问题采取的解决方法欠缺，也是造成不安全的一种因素。三是个别爆破从业人员，安全意识淡薄，不按操作要求违规作业，蛮干乱干，私自改变爆破设计和爆破参数，是造成安全事故的主要原因。

例如，曾遇到一个公司爆破人员进行大块破碎爆破的现场，装药和线路敷设完毕，在人员没有撤离至安全地带时（爆破安全规程规定的不小于300m的距离），爆破员贸然起爆，造成大面积飞石，幸亏没有人员伤亡。

3.2　技术因素原因分析

爆破是一门技术，同时也是一门科学。随着爆破技术的发展，爆破技术应用的领域和范围越来越广泛，只有解决好爆破安全技术问题，爆破技术才能对国家的经济建设发挥更大的作用。

爆破安全技术是保证爆破安全的基础保证。它牵涉到爆破周围环境调查，爆破设计正确性，爆破参数选择的合理性，以及爆破安全控制等问题。

3.2.1　爆破周边环境的调查不详细

在工程爆破中，爆破地点复杂多变，周围的环境可能有军用和民用设施、著名风景区、公路和桥梁等重要的建（构）筑物。尤其是在城市拆除爆破，地上和地下的各种管线，居民区、工厂、学校等需要保护的建筑物，必须要现场调查翔实，登记造册。不能根据爆破规模，针对所保护的建（构）筑物距爆破点的距离，以及建构筑物的结构，计算出该建筑物安全允许的振动速度，并采用相应的安全防范措施。在工程实践中，往往忽视爆破周围环境调查的准确性和精确性。有些对周围建构筑物结构调查不准，地上地下结构物的情况判定不明；有的对爆破点距需要保护的目标，距离测量不精准，是大概的估算；有些在取爆破点与计算点之间的地形、地质条件有关的系数和衰减系数不尽合理。

例如，某爆破公司承担城市基坑爆破开挖的施工，虽说爆破设计书也进行了爆破安全振动计算，但对四邻居民楼与爆破点的距离不准，楼房的结构不明，所选取的参数和系数也不尽合理。在爆破安全评估时，发现此种问题，结果又重新对爆破点的周围环境进行勘察，修正参数和衰减系数。

3.2.2　爆破方法综合运用不周密

工程的性质和规模不同，所采用的爆破方法和凿岩机具也不尽相同。爆破方法有露天浅孔、露天深孔、地下爆破、水下爆破、拆除爆破以及特种爆破等。同一个爆破工程，可能采用一种爆破方式就能完成工程任务，在许多工程中，要采用几种爆破方法相结合的方式，才能达到工程目的。

比如，基坑开挖工程，需要先用浅孔爆破开沟拉槽，阻断爆破振动向外传播，避免爆破振动危害。但有些单位为了省事，直接采用深孔爆破，进行开挖，不但达不到爆破效果，反而引起不必要的安全隐患。

复杂环境的中深孔爆破，需要对爆破点周围的建（构）筑物、边坡和护坡进行保护，要预先使用预裂爆破或者光面爆破相结合的方式进行保护，既减小了爆破振动，又保证了边坡和护坡的稳定。有些单位往往采取普通的爆破方式，一次起爆装药，或者是分段起爆药量过大，既没有有利于边坡的稳定，同时又增强了爆破振动的破坏。

城市拆除爆破大都在人口密集区，需要保护的对象较多，环境也比较复杂，需要覆盖保护层，开挖减振沟，有些单位为了节约成本，开挖减振沟深度不够，或者是根本就不开挖。

3.2.3　民爆公司爆破器材品种和型号不全

爆破器材随着科技的发展，品种、型号比较齐全，起爆器材和传爆器材较之以前比较丰富，种类繁多，基本能满足爆破工程的需要。

由于民爆公司的业务人员，可能对当地工程爆破器材哪些是常用的，哪些是必须要使用的，认识不足或者业务不熟悉，民爆公司所购进爆破器材的型号、种类存在严重短缺现象，致使在爆破实施过程中，影响爆破设计正常指导施工。有些地方民爆公司购进爆破器材型号、品种比较单一。无论是电雷管，还是非电导爆管雷管，就是一个瞬发段位，还是局限于以前普通的原始爆破方式中。有些地方即使品种、型号较多，但是缺段现象是比较普遍的。曾经去一个地方做爆破工程，到民爆公司购买器材，除了有必须的瞬发电雷管外，非电雷管只有7段以上的，并且脚线的长度还达不到爆破的要求，更不用说用非电导爆管做网路连接线路，他们都没听说过。

3.2.4 起爆网路和参数设计不合理

在地质条件、岩性相同的条件下，同段起爆药量的大小和距离远近，是影响质点振动速度的主要原因。但采用微差爆破，以毫秒量级的时间间隔分批起爆装药，也符合爆破机理的微分原理。控制最大一次起爆药量是有效降低爆破振动的方法，微差分段起爆、分层装药，对减弱爆破地震效应也有很大的作用。

大量的实验研究表明，在总药量和其他条件不变的情况下，延时起爆振动强度比齐发爆破降低30%~40%，是以各起爆段地震波不干扰、不叠加的降振原理来实现爆破降振。

在实际爆破作业中，之所以造成爆破振动危害，原因是多方面的。首先是不分段，一次起爆的药量过大，产生强烈的爆破地震波，使爆破点附近的建（构）筑物发生位移破坏；其次是即使进行分段延时，但由于分段不合理，时间间隔过短，引起地震波的叠加；三是单段起爆药量大，所产生的爆破振动速度仍然超过需要被保护建（构）筑物的安全允许速度。

2013年，京珠高速公路某拓宽段，在实施路基中深孔爆破时，由于爆破网路设计不合理，分段时间间隔过小，现场技术人员处置不力，又加上起爆的药量过大，导致距爆破点300m外村庄一百多间居民房屋受损，直接经济损失三百多万元。武汉某军用油库油罐基槽爆破，由当地一家爆破公司承担，把基坑开挖当成普通的岩土爆破，不但把基坑四周护坡破坏，还造成了大量飞石，爆破振动十分强烈，虽说没发生爆破事故，但被甲方清除出场。

4 控制爆破危害的措施与对策

爆破工程是一个复杂的劳动过程，它牵涉领域较广，涉及的部门多，是综合学科知识在工程施工中的具体运用。要使爆破技术在工程领域发挥更大的作用，必须各个部门齐抓共管，上下统筹，才能保证爆破作业安全实施，减少爆破危害因素带来的不利影响。

4.1 做好提高工程技术人员整体素质的爆破安全培训工作

首先，把好审查关。爆破技术培训，是提高爆破队伍整体素质的一个主要途径。吸收各个方面的高素质人才，加入到爆破队伍中来，也是对爆破工作的促进。关键是参加培训的人员条件要符合规定，学习的目的要明确，从事爆破业务的工作时间，培训前是否从事过爆破工作，这就需要基层主管部门严格政审、严格把关，确保人员素质和质量。其次，培训考勤关。参加培训的人员文化素质、专业背景和爆破业务能力不尽相同，要建立一套学习考勤制度，保证到课率和听课率，对于多次旷课人员，终止其培训学习资格。三是严格考核关。考核是检查培训效果的一个手段，掌握每个培训人员的爆破知识学习接受能力，是否达到了培训的预期目的。通过理论知识考试和专家面试情况，对参加培训学习人员做一个全面的综合评判。四是综合评定关。参加培训的人员通过考核后，应根据培训人员专业背景、所从事爆破工作的时间长短，评定是不是达到了所考职称资格的能力，能不能颁发相应的爆破作业资格证，综合评定是一个关键的环节，也是保证爆破安全的前提条件。

4.2　加强安全评估工作是保证爆破安全的基础

安全管理是以预防为主，安全是进行一切工程爆破的重要前提，而安全评估工作是做好爆破安全的重要手段，爆破安全是爆破工程永恒的主题。

爆破工程安全评估，就是通过对爆破作业单位、技术人员资质条件的审查、评审和优化爆破设计方案的一个过程，从而提高爆破工程安全的可靠性，为主管审批部门、建设单位以及爆破作业单位提供专业性、技术性的服务。使不具备爆破资质的，或者是爆破资质条件不够的单位和个人，不得承担爆破作业工程；爆破设计方案不完善，人员、设备不符合要求，或者安全管理不到位，不能进行爆破工程施工；尤其是复杂环境条件下岩土爆破，城镇拆除爆破的评估，评估工作更应该严谨周密，细致入微，严格把关。总之，爆破安全评估要真正做到科学全面，安全无事故，达到预期目的非常不易。所以，爆破安全评估要本着公开、公正、公平、合理的原则，保证爆破评估工作不走过场，做到切实有效。

4.3　爆破监理是保证爆破安全的保障

与其他行业相比，爆破行业监理工作起步较晚，但安全监理的目的也是分担风险，监督和服务爆破作业单位爆破施工安全。

虽说经过许多年的努力，爆破队伍日益壮大，爆破施工企业的人员素质和管理能力也逐步提高，但与《爆破安全规程》的要求还是差距很大，爆破施工引发的事故时有发生，安全问题令人担忧。爆破从业人员安全意识淡薄，违章、违规作业的现象客观存在，尤其是遇到不安全的因素处理不当等，都是引发事故的直接原因。加强爆破施工监理，势在必行。它能督促爆破施工单位，按爆破设计方案精心施工，按章作业。当工程遇到特殊情况时，能协助爆破作业单位，提供科学的方法和依据，采取有效的手段，将各类事故隐患控制在风险允许程度范围之内。复杂环境的爆破除必须监理以外，还有必要进行爆破振动全程监测。

安全监理是一个复杂的系统工程，它对提高工程爆破安全性，实现爆破安全生产，维护合同双方的权益，促成爆破安全顺利实施有至关重要的作用。

参 考 文 献

[1] 中国工程爆破协会. GB 6722—2011 爆破安全规程[S]. 北京：中国标准出版社，2012.
[2] 汪旭光.《爆破设计与施工》[M]. 北京：冶金工业出版社，2011.
[3] 徐泽沛. 爆破拆除塌落过程及触地震动的分析研究[D]. 长沙：长沙理工大学，2004.
[4] 周家汉. 爆破拆除塌落振动速度计算公式的讨论[J]. 工程爆破，2009，15(1)：1~4.

德兴铜矿采空区爆破治理研究与实践

张 溢

（江西铜业集团公司德兴铜矿，江西德兴，334224）

摘 要：德兴铜矿坑采转露采后，遗留下大面积未处理的多个采空区，给露天开采带来安全威胁和生产难度。本文在研究采空区地质条件、分布特征的基础上，结合露采的现有生产技术条件，选择安全、可靠、经济的露天爆破方案处理采空区。文中详细阐述了有关爆破参数的确定，以及爆破处理采空区应注意的具体事项，具有借鉴价值。

关键词：露天矿；采动空区；井巷空区；台阶爆破；充填处理

The Research and Practice of Goaf Blasting in Dexing Copper Mine

Zhang Yi

（Dexing Copper Mine of Jiangxi Copper Industry Group，Jiangxi Dexing，334224）

Abstract：Since mining method changed from Underground to Open pit in Dexing copper mine，there are lots of goaf area left which bring some safety issue and production problem for open pit mining. This paper based on the study of goaf area，in view of geological conditions，distribution characteristics，combined with the existing production technology conditions of open-pit mining，choose safe，reliable and economical solution of surface blast scheme for goaf area. This paper describes in detail the determination of blasting parameters，and some matters needing attention，which has great reference value。

Keywords：open pit；goaf area；goaf area of tunnel；bench blasting；filling process

1 前言

德兴铜矿是中国最大的露天铜矿，目前开采铜厂、富家坞两个采区，年采剥总量达 1.255 亿吨，已形成日采选矿石 13 万吨的生产能力。采矿采用 16.8m³、19.9m³ 和 35m³ 电铲、250mm 孔径牙轮钻机、230t 电动轮汽车等大型设备进行作业[1]。由于历史原因，在露天开采境界遗留大面积未及时充填处理的采空区，给露天开采带来安全威胁。为了确保露天开采的顺利进行，及时对地下采空区进行处理十分必要。

2 采空区概况

铜厂采区的采空区 2012 年已经处理完。富家坞采区采空区主要分布西南部 410～200m 标高之间，有井巷空区（如平巷、竖井）和采动空区（空洞）两类空区。

张溢，工程师，17422118@qq.com。

井巷空区保存完好,分布在富家坞采区 1 号勘探线至 15 号勘探线,高程在 410～210m 标高之间,有隧道、平硐、巷道、竖井四种类型。主巷道断面尺寸为高 2.4m、宽 2.6m,分层与分段巷道断面尺寸为高 2.2m、宽 2.2m,残存人行通风井断面尺寸为 3.0m×2.5m,溜矿井断面尺寸为 2.0m×2.0m[2]。

采动空区是由于坑采出矿石,但上覆岩层未充分塌陷而形成。富家坞采区残存 11 处空洞,分布于 415～237m 标高。最大空洞为 6 号空洞,其体积为 57041m³;最小空洞为 9 号空洞,其体积为 3939m³;所有空洞总体积为 210680m³。空洞高度在 10～50m 之间(如图 1 所示)。

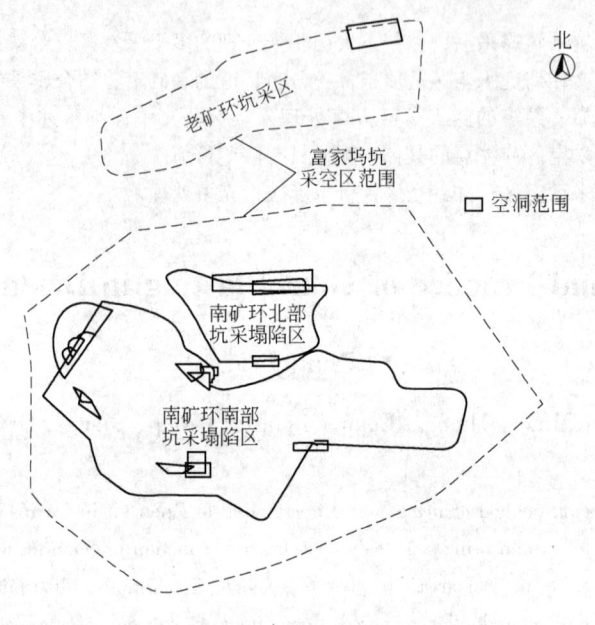

图 1　采动空区范围
Fig. 1　Range of goaf area

3　采空区处理方案

3.1　处理方案选择的要求

露天矿对采空区的处理主要是消除隐伏空洞和残留井巷空间,同时还要消除空区内以及周边隐伏的矿(岩)柱,以确保露采作业的安全[3]。因此,采空区处理方案应当满足以下要求:

(1)适合各种类型空区的形态和各种矿岩分布,保证处理效果和处理过程中作业人员和设备的安全。

(2)要充分利用现有的露采工艺和设备,减少工程投资,降低处理费用。

(3)提高处理效率,缩短处理周期,减少对露采生产的影响。

3.2　采动空区的处理

采用露天随台阶爆破而充填空区的方法处理采动空区[4]。该方法的工艺是:当露天台阶下降到一定标高时(满足安全厚度的要求),布置炮孔,以空洞为自由面进行爆破,爆破后达到消除空洞的目的。为满足安全厚度要求，需在空洞所属台阶（空洞顶部标高所在的台阶）的上部台阶对空洞进行爆破预处理。预处理后，在空洞所属台阶对空洞进行全面处理。空洞揭露后，如没有完全填实，可用推土机或前装机填满压实。在空洞处理过程中，应做好空区的标定、安全标志及台阶布孔、装药等工作。

随着台阶的下降，空区的顶板（或顶部）距台阶面越来越近，根据空区处理安全厚度的要求，对空区（特别是较大的空洞）要进行标定，树立安全标志牌，尽可能减少设备、人员进入空区上方。空洞空区标定边界线，平巷空区标定巷道中心线，竖井空区标定断面中心点。在标定的前提下，要及时地对空区进行爆破处理，消除安全上的隐患。

在空区的上方作业时，应先由推土机开路，对于较危险的区域作业时，推土机可通过钢丝绳串联作业，若前一台陷下去，后一台可以把它拉上来，作业设备事先要拴上钢绳牵引定位，在含泥量大松散体上作业，事先要铺垫块石，碾压整平。

3.3 井巷空区的处理

根据采空区调查结果，塌陷区外的井巷空区（如平巷、竖井）大部分保存完好，井巷空区的存在对露天开采主要有两个方面的影响：（1）影响穿爆作业，若炮孔打穿井巷，会造成爆破中的"漏药"和"漏气"现象，"漏药"则浪费炸药，"漏气"则影响爆破质量；（2）有些残存井巷顶板（顶部）距所属台阶上部平盘较近，当露采下降到此台阶作业时，由于残存井巷上覆岩层较薄易塌陷，将会导致设备和人员的陷落，成为露天开采的安全隐患。因此，必须选择经济、可行、安全的方法与措施，以消除井巷空区对露采的影响及安全上的隐患。

残存巷道的处理方案与空洞处理方案类似，也采用露天台阶随采爆破法，即随着露天开采台阶的下降，调整台阶布孔参数，爆破后处理采空区。

井巷空区状况复杂、深浅不一，根据钻机作业的轴压变化确定采空区出现位置及类型：上部打穿巷道、中部打穿巷道和底部打穿巷道，如图2所示。

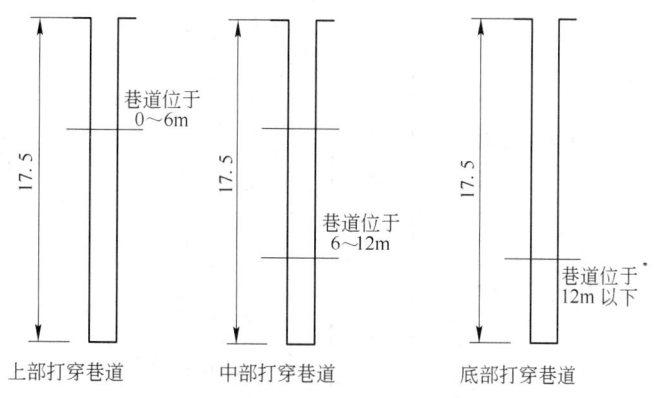

图2 井巷空区位置示意图（单位：m）

Fig. 2 Diagram of goaf area of tunnel（unit：m）

经过大量的现场施工经验总结，针对采空区出现位置采用以下方式装药：

（1）上部位置出现采空区的炮孔，采取底部正常装药，并在采空区的部位使用隔离器和编织袋间隔开空洞再充填，充填高度控制在6m以上（如图3所示）。

（2）中间位置出现采空区的炮孔，底部正常装药，在巷道顶部使用隔离器进行隔离，使用编织袋进行装药，保证6m的充填高度，以达到破碎上部岩石的作用（如图4所示）。

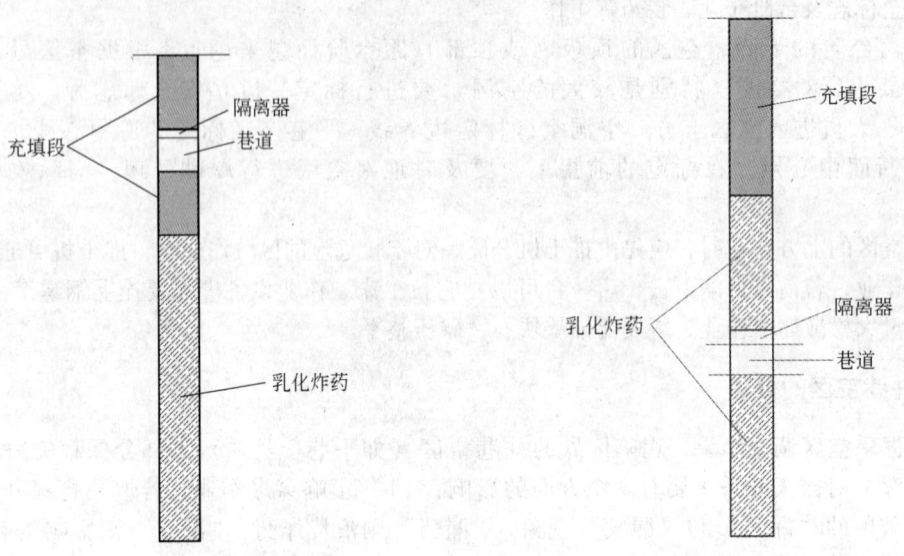

图 3　上部空区处理示意图
Fig. 3　Diagram of upper goaf treatment

图 4　中部空区处理示意图
Fig. 4　Diagram of middle goaf treatment

（3）底部位置出现采空区的炮孔，在沿炮孔排的方向上距离炮孔3m处的两侧各加打一个炮孔，孔深控制在距离巷道顶板上方2m左右，加打的炮孔按实际孔深进行装药，保证6m的充填高度（如图5所示）。

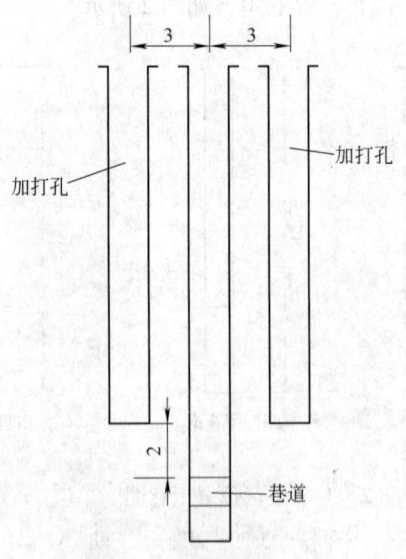

图 5　底部空区处理示意图（单位：m）
Fig. 5　Diagram of bottom goaf treatment（unit：m）

4　综合措施

露天随台阶爆破处理采空区，在爆破施工过程必须注意以下几点：

（1）穿透孔的处理。穿透孔易造成在爆破中"漏药"和"漏气"现象。因此，对穿透炮孔要记录穿透点标高，调整装药设计；在装药前对穿透孔进行堵塞。堵塞方法可有毛竹堵塞，利用3~4根毛竹捆在一起，放入孔内，再填入炮泥。毛竹长度依下部空区高度而定。也可采用特制塑料装药袋，装药袋下部装炮泥，吊放入炮孔内，塞紧。此外VCR法孔底堵塞所采用的木楔法也可采用。

（2）安全厚度。安全厚度指采空区顶部至采空区预处理台阶上部平盘的垂直距离。安全厚度的确定主要考虑采空区上覆岩石性质（岩性、松散系数等）和下部采空区规模（高度、体积等）等因素。安全厚度的取值应满足覆岩松散系数而产生的补偿空间能基本填满下部空区。采空区安全厚度的公式为：安全厚度 = 空洞高度/（覆岩松散系数 - 1），并根据空洞体积进行适当调整，即安全厚度一般取空洞高度的3倍。

（3）采空区的标定。随着台阶的下降，采空区的顶板距台阶面越来越近，根据采空区处理安全厚度的要求，对采空区（特别是较大的空洞）要进行标定，树立安全标志牌，尽可能减少设备、人员进入空区上方。空洞空区标定边界线，平巷空区标定巷道中心线。在标定的前提下，要及时地对空区进行爆破处理，消除安全上的隐患。

5　结语

采空区处理问题在地下开采转露天开采矿山中普遍存在，它不仅影响矿山正常生产秩序，而且关系到矿山开采的安全。对于采空区处理，露天随台阶爆破而充填采空区是有效、经济的处理方案。该方案技术简单、进度快、处理费用低；处理施工的各项作业均在地面进行，工作条件好、作业安全；在处理过程中，还可以对采空区进行补充探测，因此可靠性较高。德兴铜矿采用露天随台阶爆破处理采空区，采空区的爆破质量得到明显的改善，2012~2013年富家坞采区采空区全年累计大块率分别为0.37%和0.30%，较2010年的采空区全年累计大块率0.40%有明显降低（没有采用露天随台阶爆破处理采空区）。

参　考　文　献

[1] 李国平. 德兴铜矿富家坞采区坑采空区处理方案探讨[J]. 铜业工程，2008(3):11, 15~18.
[2] 吴志军. 富家坞矿区井下采空区调查研究[J]. 有色金属（矿山部分），2007(5):49~51.
[3] 李科. 银山矿露天采区内采空区的爆破处理[J]. 矿冶，2002(4):13~17.
[4] 王森. 德兴铜矿坑采转露采采空区的处理[J]. 铜业工程，1996(1):7~14.

浅谈高温煤层钻孔、爆破技术与安全措施

陈　伟

（葛洲坝易普力新疆爆破工程有限公司，新疆乌鲁木齐，830000）

摘　要：本文以神华新疆能源责任有限公司准东露天煤矿高温煤层的钻孔、爆破为例，论述了高温煤层在钻孔以及爆破过程中存在的安全隐患，并就隐患进行了分析，而后制定了爆破技术以及安全措施并在钻孔、爆破作业过程中严格落实，取得了良好的效果，从而防止煤气中毒、早爆等事故的发生。

关键词：高温煤层；钻孔爆破；安全措施

Discussion on High Temperature Coal Seam Drilling Blasting Technology and Safety Measures

Chen Wei

（Gezhouba Explosive Xinjiang Blasting Engineering Co., Limited, Xinjiang Urumqi, 830000）

Abstract: Taking shenhua energy Zhundong a limited liability company in Xinjiang open-pit coal mine of high temperature coal seam drilling, blasting, for example, this paper discusses the high temperature of coal seam in hidden trouble in security in the process of drilling and blasting, and the hidden danger are analyzed, and then make the blasting technology and safety measures and strictly implemented in the process of drilling and blasting operation, achieved good effect, so as to prevent gas poisoning, such as premature explosion accidents.

Keywords: high temperature coal seam; drilling blasting; security measures

1　工程概况

神华新疆能源责任有限公司准东露天煤矿位于新疆昌吉吉木萨尔县五彩湾镇，矿区以南1km处有柏油路通往吉木萨尔县城（110km）和乌鲁木齐（220km），对外交通较方便。

矿区四周处戈壁，人员、建筑稀少，矿区内煤粉大、多风沙，温度高。

煤层结构：该区内可采煤层只有一层（M煤层），结构简单，几乎不含夹矸，风化带（地表以下46m）以下均可开采，可采性指数为96%，原煤（除去风化煤）真厚度为41.98～74.92m，厚度变化系数为13.75%，属较稳定煤，沿倾向煤层变化较大，其中地表风化煤厚0.2～8m不等。距地表沿倾向斜深220m左右时煤层厚41.98～58.32m，斜深300m时煤层厚59.81～62.52m，斜深800m左右时煤层厚71.45～74.92m，平均62.52m。

陈伟，工程师，95667929@qq.com。

煤层倾角：煤层倾角 13.5°~23.5°。

煤层的稳定性：该区煤层稳定，其中底板岩性常为泥岩、粉砂岩。煤层顶板岩性由于位置不同，变化较大，岩性有中粒砂岩、细砂岩、泥岩、粗砂岩、中砂岩。

煤层的自燃发火倾向：矿区煤类属于不黏煤，丝质体半丝质体含量较高，在露天环境下极易自燃，夏天开采出的沫煤一般在 10 天就会自燃。

2　高温煤层钻孔、爆破作业过程中存在的安全隐患

在高温煤层区域进行钻孔、爆破作业，存在诸如烫伤、煤气中毒、坍塌、早爆等隐患，给钻孔、爆破施工安全性造成重大威胁，为此，我们制定了详细的钻孔爆破技术措施与安全措施。

3　高温煤层钻孔、爆破技术及安全措施

3.1　煤层炮孔分类

（1）孔内温度小于 60℃的炮孔为低温孔；

（2）孔内温度 60~80℃的炮孔为中温孔；

（3）孔内温度 80~140℃的炮孔为高温孔；

（4）孔内温度高于 140℃的炮孔为火孔。

3.2　一般原则

（1）选取可靠的仪器检测钻爆现场燃煤煤气、瓦斯浓度、煤孔孔温。禁止煤气超限条件下进行钻爆作业，恰当处置高温孔爆破。预防早爆、煤气中毒事故等事故。

（2）高温着火煤层爆破作业时，应有领导现场带班进行指挥决策。

（3）在确保作业人员安全的前提下，完成煤层钻爆任务，满足业主生产进度的要求。

3.3　爆破器材及网路选择

（1）起爆器材选用。须用瞬发电雷管作为激发雷管，导爆索作为传爆器材，高温孔爆破时，严禁使用雷管下孔。

（2）炸药选用。高温孔装药只许使用 2 级煤矿许用乳化炸药；中温孔应首选 2 级煤矿许用乳化炸药装药，但经填沙土隔热处理后可选铵油炸药装药。

（3）网路选择。应采用导爆索网路，电雷管激发，齐发爆破。未经安全主管经理批准，不得采用地表接力网路。

3.4　钻孔作业

（1）钻孔作业应依据《穿孔爆破作业规程》，爆破设计及技术人员的安全技术交底进行，煤层火区钻孔时应预防烫伤、燃煤煤气中毒事故。

（2）钻机行走时，钻机操作人员应观察周边环境，预防煤层烧空区垮塌事故。

（3）高温着火煤层进行钻孔时须采取防护措施，并经常检测燃煤煤气及瓦斯浓度。浓度超限时，撤离人员，预防中毒事故。

（4）高温着火煤层钻孔过程中，钻机操作及现场管理人员要注意观察，发现火孔要及时通知分公司生产技术科负责人，并做好标识。生产技术科应视情况决定是否补孔。

3.5　爆破作业

高温孔爆破作业时应严格按如下步骤进行：

（1）分公司生产技术科下达高温煤层钻孔、爆破任务时，应对钻孔操作人员、爆破操作人员、安全质量管理人员做好安全技术交底，告知现场高温煤层安全隐患，并安排技术人员对煤层爆破施工过程进行跟踪、安全技术指导。

（2）高温着火煤层爆破必须有安全员现场安全监督检查，确保安全防范及应急落实到位。

（3）炮孔造好后，由质检员对钻孔质量进行验收，对不合格炮孔进行处理。

（4）由安全员对检收合格的炮孔逐孔测孔并做好记录，对火孔、高温孔、中温孔做好相应标记。

（5）按照先低温孔后高温孔、从易装孔到难装孔的顺序进行装药。

（6）由现场带班领导或爆破现场负责人组织对高温孔进行注水降温，中温孔进行沙土填装隔热处理。

（7）由安全员再次对注水降温处理后高温孔、中温孔进行测温，经现场值班领导确认孔内温度降至80℃以下时，可开始装药。

（8）高温孔经注水降温后温度快速反弹，仍维持在80℃以上的孔，应在其他炮孔全部装药完毕后，最后对该炮孔进行装药，但此类炮孔每次爆破不得超过6个。

（9）对于高于140℃的火孔，原则上应放弃对该类炮孔的装药。遇有特殊情况必须装药时，应使用符合国家标准的耐高温爆破器材，或者对常规爆破器材做被筒隔热处理。

（10）在高温孔装药过程中，出现堵孔、卡孔现象时，应立即用炮杆处理，若2min内无法处理应放弃该炮孔的装药。

（11）已装入孔内的炸药若发生燃烧、冒烟等异常现象时，所有人员应立即停止爆破作业，撤离作业区。

（12）每高温孔定员2人负责装填，从装药到起爆整个过程不超过30min。

（13）爆破警戒、炮区洒水、起爆线敷设、其他炮孔装填联网等均应在高温孔进行装药之前完成。

（14）高温孔装药完成后，应迅速堵塞，迅速联网，经检查无误后，人员迅速撤至安全地点。

（15）经确认具备爆破条件后，由爆破队队长下达起爆命令。

（16）爆后检查确认无盲炮后，再次对爆堆进行充分洒水降温。

（17）做好完工记录并总结爆破经验。

4　结论

葛洲坝易普力新疆爆破工程有限公司准东分公司从2011年5月开始面临高温煤层钻孔爆破至2013年3月高温煤层被全部挖运清理完毕不到两年时间。在开始阶段，安全质量环保科根据现场实际制定了高温煤层钻孔爆破安全技术措施和安全管理方案并对爆破队员工进行了多次安全教育和技术指导。准东分公司在高温煤层钻孔和爆破作业中，始终坚持安全第一、预防为主的方针，落实好各项安全技术措施，在高温煤层区域钻孔和爆破作业达到80余次并从未发生煤气中毒、烫伤、坍塌、早爆等任何事故。分公司为神华新疆能源责任有限公司准东露天煤矿解决了高温煤层钻孔和爆破存在安全隐患的棘手问题，防止了高温煤层因自燃而导致的资源浪费和空气污染，同时也保障了生产安全。

参 考 文 献

[1] 傅建秋. 胶状乳化炸药和电雷管的耐高温性能试验研究[J]. 爆破, 2008, 25(3): 4~10.

[2] 廖明清. 普通导爆索在高温爆破中的应用[J]. 爆破器材, 1991(1): 19~21.

[3] 王明全. 非接触隐蔽火源探测技术实用手册[M]. 北京: 中国科技文化出版社, 2005: 776~777.

[4] 李战军. 矿用火工品耐热性现场试验[J]. 合肥工业大学学报, 2009, 32(10): 1498~1500.

[5] 吴海. 乌达煤田灭火方法简述[J]. 内蒙古煤炭经济, 2008(3): 28~30.

[6] 齐俊德. 宁夏煤田火灾的危害及综合治理研究[J]. 能源环境保护, 2007, 21(2): 36~39.

[7] 陈寿如. 高温控制爆破中新型隔热材料的试验研究[J]. 爆破器材, 2002, 31(5): 32~34.

浅谈做好高原地区施工安全管理的措施

魏清河

（葛洲坝易普力新疆爆破工程有限公司，新疆乌鲁木齐，830000）

摘　要：本文以塔什库尔干塔吉克自治县帕米尔矿业有限责任公司希尔布里萨依露天铁矿钻爆挖运施工为例，论述了高原地区钻爆挖运施工过程安全管理存在的突出问题，并就突出问题进行了分析，提出了一些安全管理措施，供大家共同探讨，以促进和提高安全管理人员对高原地区钻爆挖运施工的安全管理水平。

关键词：高原地区；突出问题；安全管理

A Brief Discussion on Construction Safety Management in Plateau Area Measures

Wei Qinghe

（Gezhouba Explosive Xinjiang Blasting Engineering Co., Limited, Xinjiang Urumqi, 830000）

Abstract：Based on pamir tashikuergan tajik autonomous county mining Co., Ltd. in Mr Hill in open-pit iron mine drill blasting digging construction as an example, this paper discusses the drill blasting digging in plateau area of problems existing in the construction process of safety management, and analyzes the outstanding problems, then puts forward some measures for safety management, for everybody to discuss, in order to promote and improve the safety management staff on the plateau region drill blasting digging construction safety management level.

Keywords：the plateau region; outstanding problems; the safety management

1　工程概况

希尔布里萨依铁矿位于新疆喀什市塔什库尔干县达布达乡，地理坐标东经37°25′，北纬75°26′。矿区以东10km处有柏油路通往塔县城（40km），对外交通较方便。

矿区标高4800~5200m，属侵蚀、剥蚀山地地形，切割深，起伏大，网状沟谷发育，有希尔布里萨依河从矿区流过，汇流到塔什库尔干河。河水流量受降雨量控制，变化较大。年平均气温-3℃，最高气温27℃，最低气温-30℃，年降雨量120~150mm，大气降雨集中于6~8月，多以阵雨、暴雨形式降落。年均蒸发量1000mm，8~10月最大，占全年总蒸发量的40%，11月~次年4月为冰雪覆盖。据地质报告提供的资料，矿区风向以北风、西北风为主，最大风速可达14~18m/s。

魏清河，工程师，95667929@ qq. com。

2　钻爆挖运施工安全管理存在的突出问题

由于高原地区地理特殊，自然环境恶劣，气候条件差，对机体功能影响很大，如不注意防范，往往会造成机体组织器官的损伤，导致急慢性高原病的发生，同时高原地区还存在紫外线辐射强、机电设备施工效率低等突出问题。按照安全管理要素，高原地区突出问题可以划分为以下几方面。

2.1　人员方面突出的问题

（1）人员因气温过低、在室内（外）洗澡、洗澡水温过高或过低、饮酒过量导致缺氧或受凉等原因引发感冒，导致高原病。

（2）人员存在不宜在高原工作或生活的疾病或身体不适应高原，导致高原病。

（3）人员作业动作过快，过于剧烈，导致高原病。

（4）人员偏少，生产劳动量过大，导致高原病。

（5）人员情绪激动，呼吸不顺畅，导致高原病。

2.2　机器方面突出的问题

（1）未为设备配置高原环境下相关的专用配件或未配备高原环境下的专用设备，导致设备寿命减小或损坏。

（2）未能及时维修保养设备，导致设备寿命减小或损坏或发生交通事故或其他事故。

（3）每班作业前未能对设备进行隐患排查，导致设备寿命减小或损坏或发生交通事故或其他事故。

2.3　环境方面突出的问题

（1）高海拔氧气稀薄，导致人员患高原病。

（2）强辐射。高原地区日照时间长、空气稀薄、干燥少云、地表接受太阳辐射量随海拔增高而增加，紫外线辐射强度大，特别是对人体损害较大的中波紫外线，在海拔4000m高度，300nm紫外线是平原地区的2.5倍，人体接受辐射量强度更明显，致使暴露部位黏膜、皮肤遭受损伤，发生日光性皮炎、眼球结膜炎等。

（3）干燥。高原大气水分随海拔高度增加而减少，在海拔3000m高度大气的水分只相当于平原地区的34%，海拔6000m仅为平原的5%。机体水分含量减少与海拔高度呈正比，干燥、缺氧等使皮肤水分散失，致使呼吸道黏膜和全身皮肤干燥，易促发咽炎、鼻炎、干咳和手足皲裂等。

（4）阴霾、乌云、雨雪等恶劣天气，造成空气强对流，导致人员患高原病。

（5）融雪天气导致山体浮石滑落或山体滑坡导致人员或设备伤害。

（6）严寒天气冻伤人员或设备。

（7）高海拔氧气稀薄，导致设备功率下降，减小设备寿命或损坏设备。

（8）融雪天气，雪水冲刷道路致使道路泥泞，导致设备倾覆或坠落事故；山上碎石滚落伤人或设备。

（9）冰雪天气致使设备打滑，导致交通事故或坠落事故。

3　突出问题的安全管理应对措施

3.1　人的方面

（1）高原作业人员或现场安全管理人员随身必须常备水果糖、速效救心丸、红景天口服液、高原盐、葡萄糖口服液、感冒药、开水等。

（2）人员洗澡应在室内进行，水温宜在 37～42 度，不宜过高，也不宜过低。因外界温度低，产生雾气，造成氧含量下降，不宜时间过长；因澡堂空气中水分较多，氧含量相对减少，不宜集体洗澡；合理分配人员，因人多放水多，雾气多，氧含量减少，最好使用浴盆擦洗。

（3）工作休息要求。因高原缺氧，工作中一定保证有充足的睡眠时间和休息时间，塔什库尔干分公司已经根据本地的实际作业时间，具体规定了员工的作息时间，从而保障员工体力充沛。

（4）少喝酒、不抽烟、少运动。因矿区工作点的氧含量不足正常空气中氧含量（21%）的 46%，分公司积极做好员工关于少饮酒的教育培训工作，员工一旦饮酒过多，视情况对其进行工作考核或处罚，同宿舍员工应对一旦存在的酗酒者进行悉心照料，防止其受凉感冒。

（5）感冒预防。员工经常喝熬制姜汤预防感冒，若发生感冒不宜拖，若有员工感冒，及时治疗，在服用药品的视情况进行注射点滴。控制不要引起扁桃体和肺炎的发生，如发生则立即将其送往县或市人民医院治疗。

（6）人员进入高原生活或作业前，应对其进行体检，一经发现其存在不宜在高原作业或生活的疾病，不应安排其进入高原；加强上班前对人员精神状态观察，若员工患病或精神状态不佳、身体不适，应安排其休息；加强施工现场安全监护以及监督联保制度，发现人员身体不适或者精神状态欠佳应及时报告并处理。在施工现场设置应急避难房，在应急避难房配置吸氧装置、应急救援等药品；若人员胸闷、头晕脑涨，则应为其提供红景天并及时服用或为其提供氧气，若人员恶心时应多喝水；若人员休克时应及时给氧，触摸其气息和脉搏，对其做简单急救、时刻与其聊天并为其脑部轻按摩且立即送医院治疗。

（7）人员在高原作业，动作应缓慢进行并切记不宜过快、剧烈。

（8）合理配置作业人员数以及安排每班生产作业量。

（9）加强员工关于高原地区生活、作业的安全教育培训，创造一个良好的生活工作环境，防止员工遇事不冷静或者情绪激动。

3.2　机器的方面

（1）在高原地区作业，应选择高原专用设备或为设备配置高原环境下相关的专用配件。

（2）加强设备管理，按照规定定期做好设备的维修保养。

（3）加强设备管理，每班作业前和作业后应对设备进行隐患排查，发现隐患及时处理。

（4）做好车辆设备的防滑、防冻和油品保温工作。

3.3　环境的方面

（1）为每台施工车辆配备充满氧气的氧气袋及红景天，防止驾驶员以及车上人员在前往矿区上班或下班途中缺氧而患高原病；为应急避难房提供装满开水的保温瓶、含氧的氧气瓶、葡萄糖、红景天、速效救心丸、感冒药、云南白药等日常药品，发现人员缺氧或有较强高原反应时，应及时为其提供红景天并食用或为其供氧。人员患病严重时，应及时送医院治疗。

（2）人员应穿戴工作服、安全帽、头巾口罩、风镜以及用防晒霜等防护用品，尽可能防止身体部位裸露或减轻面、眼、手等裸露部位遭受强光、强紫外线等的损害。

（3）人员在施工现场时应多喝温开水，每日饮水3.5L为宜，但又要防止因口渴饮水过多；在驻地休息或者上班时，可用脸盆装水放置在房间内以便于加湿空气或采用空气加湿器对空气进行加湿，从而防止干燥空气对人体的伤害。

（4）天气预警。安全员时刻关注天气动向，一经发现恶劣天气，及时向领导汇报，出发前严禁极端恶劣天气上山作业；在上山途中，若遇极端恶劣天气，应及时返回分公司驻地；在作业过程中若遇到恶劣天气，应及时将人员和危险品有序撤离，若遇到人员患病，则应先到应急避险房内呼吸氧气和避险，而后视天气情况做撤离或者继续作业的决定。

（5）融雪天气作业时，人员或设备应尽量远离边坡作业并安排专人负责安全监护。

（6）严寒天气作业时，人员应多穿衣服、多喝热开水保暖，应为设备准备防冻液、覆盖棉被等保暖物资。

（7）高海拔环境下作业，应选择高原作业专用设备。

（8）融雪天气作业时，为车辆配铁锹，及时用铁锹或装载机或挖机填平泥泞、坑洼道路，从而便于车辆或人员通过。在上山作业途中，人员及车辆应与边坡保持足够距离，防止山上碎石滚落伤人或设备。

（9）及时关注天气，防止冰雪天气条件下作业；若在作业中遇有冰雪天气，应为设备配置防滑链。

4　结论

高原钻爆挖运施工安全管理，其本质与平原地区钻爆挖运施工安全管理是相同的。如何做好高原作业安全管理？大的方向来说，也就是对高原作业各环节的危险有害因素进行辨识，而后制定相应措施并严格执行，从而确保危险源受控。拿具体的安全管理要素人、机器、环境来说，在高原通过制定且落实一系列的安全管理措施，确保人、机器、环境三者和谐。由于高原安全管理具有针对性，应重点做好环境方面的管理，尤其是应急物资的配备和应急避险场所的建立，从而防止或减少高原事故的发生。

参 考 文 献

[1] 孙华山. 安全生产风险管理[M]. 北京：化学工业出版社，2006.
[2] 程杰. 建筑安装工程施工安全风险评价与管理[J]. 现代管理科学，2002(09)：44～45.
[3] 中国地质调查局，地质勘探安全规程[S]. 北京：煤炭工业出版社，AQ 2004—2005. 2005.
[4] 赵云胜. 安全生产导论[M]. 武汉：中国地质大学出版社，1989.

浅谈几种爆破方法中飞石产生的原因和控制措施

刘志明

（葛洲坝易普力新疆爆破工程有限公司，新疆乌鲁木齐，830000）

摘　要：工程爆破中造成人员伤亡和设备损伤的最大危害就是爆破飞石。本文针对拆除爆破、裸露爆破和深孔爆破等几种爆破方法中爆破飞石产生的原因及控制措施进行了阐述，为工程爆破中降低爆破飞石的危害提供参考依据。

关键词：工程爆破；爆破飞石；控制措施

Talking about the Causes Generated and Control Measures about Fly-rock in Several Blasting Methods

Liu Zhiming

（Gezhouba Explosive Xinjiang Blasting Engineering Co., Ltd., Xinjiang Urumqi, 830000）

Abstract：The blasting fly-rock is the greatest harm to cause casualties and equipment damage in engineering blasting. In this paper, the causes of blasting fly-rock and the control measures are described in these blasting methods：the demolition blasting, the exposed blasting and the deep-hole blasting. For engineering blasting in reducing the damage of blasting fly-rock provide references.

Keywords：engineering blasting；blasting fly-rock；control measures

1　引言

爆破飞石是指在爆破作业过程中从爆破点抛掷到空中或沿地面抛掷的杂物、泥土、砂石等物质。爆破飞石的危害主要体现在人员伤亡、建筑物损坏、机器设备破损等方面，而其中的人员伤亡是爆破飞石的最大危害。统计资料表明，在我国由于爆破飞石造成的人员伤亡、建筑物损坏事故已经占整个爆破事故的15%～20%，我国露天矿山爆破飞石伤人事故占整个爆破事故的27%[1]。因此，了解爆破飞石的危害，研究爆破飞石的产生原因，有针对性地开展爆破飞石的预防措施，对防止爆破事故的发生具有重要的意义。

随着爆破技术的发展，爆破技术人员对爆破飞石产生的机理及原因有着较为全面和深刻的认识，归纳起来有两个方面：一是设计原因，二是施工原因。合理科学的爆破设计建立在对爆破体介质特性完全掌握的基础之上，根据爆破体的特性选择合理的爆破参数，是达到预期爆破效果的关键。飞石的产生与爆破体力学性质及其与炸药匹配、地质结构和构造、爆破参数等因

刘志明，助理工程师，95667929@ qq. com。

素相联系。一般情况下，岩石越"硬"、"脆"，越易产生飞石；岩体节理裂隙及片理、节理越发育，因不确定性更明显，炸药能量释放过快，越易产生飞石。

2　爆破飞石产生的原因

2.1　拆除爆破产生飞石的原因

在工程爆破中，对爆破介质物理力学性能了解不够、药量控制不准的现象出现较多。针对这种问题，可以通过多次试爆来获得准确的爆破设计依据。对于较小的爆破介质或只准一次成功的爆破，因受条件制约而不能进行试爆的，即使有原始设计和施工资料，但也会因风化、腐蚀作用的不同，导致设计药量不准而发生飞石超距。另外，对结构、尺寸等相同的介质，在同样的施工条件下，也存在有的爆破效果好和有的飞石较远的现象。因此，爆破介质内部结构不详，物理力学性能不清是导致飞石超过安全距离的主要原因之一。

爆破技术设计不当而导致飞石超过安全距离的情况，主要表现为以下几个方面：

（1）孔位设计不当，如孔位设计在爆破介质结构比较脆弱的地方等；

（2）爆破参数设计不当，布孔过于密集，抵抗线选取不当等；

（3）微差爆破网路设计不当，如微差时间选取不当等；

（4）爆破安全技术设计不当，表现为防护材料、防护方法等不合理。

在拆除爆破作业中，往往会出现因条件限制而难以完全按爆破设计书进行爆破施工的情况，如遇到钢筋不能穿孔等。此时若作业人员技术水平不佳，就很难合理调整装药量。此外，爆破参数不准确；装药量不准；堵塞材料不符合要求；堵塞质量不好，网路连接有误；安全覆盖和遮挡不认真等都可能导致飞石产生。

2.2　裸露爆破产生飞石的原因

在爆破体介质特性同等条件下，单位炸药消耗量越大越易产生飞石或飞石距离越远[2]；孔网面积和孔径越大，炸药在岩体内分布越不均匀，越易产生飞石。另堵塞长度偏大或偏小，微差延时爆破的延时时间偏长或偏短，同样是产生飞石的原因。

2.3　深孔爆破爆破飞石产生的原因

（1）填塞长度过小。当炮孔中炸药爆炸后，爆生气体作用于孔壁上的压力在岩石介质中都以应力波的形式向远处传播，压力作用于炮孔上部时，爆生气体对岩石有效作用时间很短，孔口四周少量岩石获得很高初始速度，造成爆破危害。当相邻两个以上炮孔同时出现填塞过小时，孔口处出现应力波叠加，爆破漏斗效应更显著，飞石更远，危害越大。

（2）最小抵抗线过小或过大。最小抵抗线过小时，容易发生在采用倾斜深孔爆破的情况下，爆生气体对抵抗线最小处岩石的有效作用时间过短，应力波在此薄弱处破碎岩石，造成飞石危害。

抵抗线过大时，容易发生在采用垂直孔爆破的情况下，爆生气体对此处有效作用时间过长，导致应力波延迟传播以至于改变方向，朝孔口相对薄弱处突破，产生爆破漏斗效应，造成飞石危害。

3　爆破飞石的控制措施

3.1　拆除爆破爆破飞石控制措施

在拆除爆破中，飞石的安全防护措施主要采用近体防护与间接防护相结合的方法。为削弱飞石的飞散距离，用稻草直接捆绑遮挡立柱的炮孔部位，用麻袋紧贴 1～5 楼的外墙炮孔部位，再覆盖钢丝网。同时在一楼和二楼围一圈彩条布，以防飞石损坏邻近建筑物的玻璃。在大型商场、银行和大型娱乐场所建筑物的一层设有落地门窗玻璃的，用纸箱或竹夹板遮挡，对一二层再用彩条布进行围挡。再对爆破体倒地范围的地下管线，铺垫沙土或草袋。

3.2　裸露爆破爆破飞石控制措施

爆破设计者应做到精细设计与施工。

设计前必须到现场对孤石进行观察，通过各种手段了解掌握孤石的力学性质、形状特点等。设计时采取以下措施达到对飞石的控制：（1）采取小直径钻孔；（2）加大孔网密度；（3）控制单耗；（4）布孔遵循使炸药最大限度地均匀分布于孤石内部的原则。

设计人员必须在现场对施工全过程控制。装药时，根据实际孔位重新校核最小抵抗线，计算实际装药量；保证堵塞长度和堵塞质量。

为进一步防止飞石，可采用能吸收能量的材料对爆破体进行覆盖。覆盖材料大致可分重型覆盖物和防护碎石的轻型覆盖物两类。孤石临空面极好，产生空气冲击的能量比较大，故宜采用透气较好的轻型防护材料另加压重防护。

3.3　深孔爆破爆破飞石控制措施

（1）避免飞石危害的一个简单易行的方法就是控制爆破方向，使主爆方向及炮孔背向交通要冲、人员密集区以及有建筑设施的方向。

（2）做好爆破设计，并编写爆破设计说明书，内容包括综合技术经济参数表、每孔爆破参数表、布孔及起爆网路图、设备避爆转移图、警戒范围图等；运用计算机进行辅助设计，建立爆破参数数据库，进行方案参数优化和爆破效果模拟。

（3）精心设计，精细施工，严格遵守《爆破安全规程》，制定"爆破现场施工程序"。严格按程序施工，增强责任心，加强监督检查。爆破施工时装药长度与填塞长度要逐孔进行检测，发现堵塞长度小于 30 倍孔径或小于最小抵抗线时（多见于实际装药量超过设计药量而导致的填塞长度不足），使用"压包法"将炸药编织袋装岩渣压住孔口，袋数依堵塞长度而定；为了保证填塞质量，用小塑料袋装岩渣填孔，每孔 3～5 袋。由于塑料不透气，在孔中形成楔的作用，以延长爆生气体对岩石的作用时间，改善爆破效果。

（4）排除各种客观因素的影响，确保填塞质量。

（5）在进行爆破设计前，仔细测量坡顶线和坡底线。最小抵抗线过小，可以采取分段装药法，也可采用改变炮孔倾角的方法，以降低飞石的产生；底盘抵抗线过大，采用打斜孔或在台阶底部补孔的方法，以获得较好的爆破效果。

参 考 文 献

[1] 刘殿中. 工程爆破手册[M]. 北京：冶金工业出版社，1999.
[2] 邹文明. 孤石爆破飞石控制与防护[J]. 西部探矿工程，2002，5：257～258.

浅谈爆炸品安全技术体系的建立与事故预防措施

商　娇

（葛洲坝易普力新疆爆破工程有限公司，新疆乌鲁木齐，830000）

摘　要：本文从爆破企业建立爆炸品安全技术体系和发生事故的原因方面进行分析，从而提出预防事故的安全措施，为生产提供安全保障。

关键词：安全技术体系；事故原因；预防措施

Study on the Establishment of Explosive Security Technology System and Prevention Measures

Shang Jiao

（Gezhouba Explosive Xinjiang Blasting Engineering Co., Limited, Xinjiang Urumqi, 830000）

Abstract：Analyzed from establishing the security technology system of explosives in blasting enterprises and cause of accident, this paper proposed the safety measures to prevent accidents, and provided security guarantees for the production.

Keywords：security technology system; cause of the accident; prevention measures

近年来，各种爆破安全事故频繁发生，而爆炸品本身就具有爆炸的特性，就是一种危险源，在实际生产、运输、贮存、使用过程中如何更好地保障它的安全性显得尤为重要。通过建立爆炸品安全技术体系，分析事故发生的原因，制定安全措施，对保障生命财产安全、企业发展及社会和谐有很大的积极意义。

1　爆炸品安全技术体系

爆炸品安全技术体系是指由爆炸品本质安全技术、风险识别与评估技术、安全监控与预警技术、安全防护技术和事故应急处置技术这五个方面组成的管理体系[1]，企业通过这五个方面的环环相扣，形成 PDCA 闭环管理。下面分别从这五个方面概述其内涵，并指出建立爆炸品安全技术体系对爆炸品的生产、使用、储存、运输等过程具有十分重大的意义。

1.1　爆炸品本质安全技术

爆炸品的本质安全技术是指通过对爆炸品的设计等手段使其生产设备或生产系统本身具有安全性，即使在误操作或发生故障的情况下也不会造成事故的技术。例如钝感弹药就是

商娇，工程师，95667929@qq.com。

利用了本质安全技术设计的一种弹药，钝感炸药被定义为能够可靠地实现它要求的性能、备用状态及操作要求，但当面临突然的、意外的刺激时，可以减小反应的程度和后续的间接破坏。当爆炸品的本质安全解决不了时，就要通过下面的风险识别与评估来分析风险，做到防患于未然。

1.2　风险识别与评估技术

爆炸品的风险识别与评估技术是通过对炸药的性质进行判断，对炸药的生产、运输、装药、贮存、使用等过程中的风险进行辨识，从而与现实使用过程中比较出哪些是可能存在的风险，再通过对辨识出的风险进行评估从而得到风险等级，并且根据等级不同，针对各个风险环节采取相应的预防措施。制定相应预防措施的关键在于如何落实措施，可通过安全监控与预警技术来监测措施的落实。

1.3　安全监控与预警技术

爆炸品的安全监控与预警技术是通过实时监控系统，对爆炸品的生产、运输、装药、贮存、使用等过程中的运行约束条件和异常行为进行检查、统计和跟踪，识别危险信号，并立即报警，及时响应。如电视监控系统可以全面、全过程对爆炸品贮存过程进行安全监控工作，在大面积范围内代替众多的工作人员完成安全监控等多方面的工作。并可以做到可靠、反应迅速、大幅度地提高工作效率和安全效率。尤其对于不能直观的压药及其他的炸药危险品加工点、特种爆炸试验等，可以起到早期发现、预防等作用。但对于将爆炸品用于露天矿山、井下矿山等野外作业环境时，目前还不能有效地对爆炸品的使用进行监控，这也是以后推动完善爆炸品安全技术体系努力的方向。对于监测出来的问题，我们则需要通过一系列的安全防护技术来进行处理改进。

1.4　安全防护技术

安全防护技术是指在技术或制度上采取一系列的防范和保护措施，以应付可能出现的不安全状况，从而使被保护对象处于没有危险、不受侵害、不出现事故的安全状态。例如安全防护装置，典型的有阻火装置、灭火装置、抑爆装置和静电消除器。当安全防护技术不能有效地起到作用发生事故时，就需要通过一系列的事故应急处理技术来应对发生的事故，对可能发生的事故提出预防措施。

1.5　事故应急处置技术

爆炸品安全事故应急的主要任务是对爆炸品及其原材料在生产、运输、储存、检查、试验、使用等过程中可能发生的事故采取有效的预防措施。它主要包括应急准备和应急处置任务。

爆炸品安全事故应急准备主要包括：（1）制定应急法规、标准和导则；（2）建立应急组织机构，制定爆炸品安全事故应急计划及实施方案；（3）准备各种应急物资、器材、专用装备；（4）建立技术档案资料，组织进行事故特点、现场管理、善后处理及安全防护知识的教育，对爆炸品安全应急人员进行基本技能培训；（5）定期组织应急演练。

爆炸品安全事故应急处置，是根据事故类型等级及不同的应急状态，为使事故造成的损失及影响减至最小而采取的行动，包括：（1）爆炸品（或原材料）的回收、处理；（2）妥善处理公众事务，如治安保卫、通信联络、信息发布、后勤支援、法律、医学保障等；（3）迅速启动相应的应急预案，减少事故损失，防止事故扩大。

通过建立爆炸品的安全技术体系，对爆炸品生产、贮存、运输、使用等过程中的危险因素进行分析，找出预防事故的各种安全措施，对爆破企业的安全发展具有重要的意义。

2 发生事故的机械、物体原因及预防措施

爆炸品发生燃烧爆炸事故的起因是多方面的，根据历年来统计的结果，在爆炸品生产过程、贮运过程、生产线停工检修期间以及废药销毁等各个环节上，造成燃烧爆炸事故的起因以热作用、机械作用、静电作用为主[2]。其他起因，如雷击、交通事故等，但其本质上是特殊形式的热作用和机械作用。

2.1 热作用下燃烧爆炸事故起因及预防措施

在热作用下引发燃烧、爆炸的几种情况有：

（1）外界火源（明火）加热。炸药通过外界火源（如火焰、火花、灼热桥丝等）而引起的燃烧或爆炸，往往使某一局部的物质先吸收能量而形成活化中心（或反应中心），活化分子具有比普通分子平均动能更多的活化能，所以活动能力非常强，在一般条件下是不稳定的，容易与其他物质分子进行反应而生成新的活化中心，形成一系列连锁反应，使燃烧得以持续进行。由于燃烧速度受外界条件的影响，特别是受环境压力的影响会迅速加快，当传播速度大于物质中的音速时，燃烧就转为爆轰。历史上由于在炸药工房内随便吸烟点火引发的燃烧爆炸事故的例子很多。在工房内焊接设备、管道，若设备、管道内残存的药料未清理干净，在焊接当中很可能引起燃烧，当燃气不能通畅流动造成压力剧升时，即引起爆炸或爆轰，这样的事故例子也不少。

除了明火，当设备、管道表面形成高温与爆炸品或其粉尘接触，也可能引起局部的加速分解直至自燃。

（2）炸药受热源整体加热。当环境温度过高时，炸药自身分解产生的热量不能全部从系统中传递出去，使系统得热大于失热，热量不断积累，炸药自身温度进一步上升，如此循环直至热自燃或热爆炸。历史上曾发生过库房中堆放的炸药，由于库内温度过高，药堆散热条件不好，最终使炸药自燃导致爆炸。

（3）炸药生产过程中使用多种易燃溶剂（如乙醚、乙醇、丙酮等），当空气中上述可燃性气体的浓度处于爆炸浓度极限时，遇到明火也会发生爆炸。由于火焰瞬间传播于整个混合气体空间，化学反应速度极快，同时释放大量的热，生成很多气体，气体受热膨胀，形成很高的温度和很大的压力，具有很强的破坏力。

防止热作用下炸药燃烧爆炸的主要预防措施[3]如下：

（1）严禁在炸药生产区内出现与生产无直接关系的烟火，如吸烟、生火取暖、任意焚烧废品等。当需要检修设备、动火焊接时，必须事先采取严格清理措施，将被焊接件及其周围的爆炸品彻底清理干净，焊接过程中也要防止火花飞散。

（2）进入炸药工房的热工艺管道（如蒸气管道）须采取保温措施，以防止表面形成高温，接触炸药引起自燃自爆。工房采暖宜用热风，若使用散热器采暖应使用热水作为加热介质。散热器表面应光滑，以便于清洗落在其上的爆炸性粉尘。炸药存放应与热源保持一定距离，以防局部温度过高造成分解自燃。

（3）炸药生产工房的电器设备应采用防爆型，并保持良好状态，避免由于接触不良或绝缘破坏、漏电、超负荷运转、短路等引发火花。

（4）保证水电供应，防止由于断水、断电造成的在制物料升温而引起事故。

（5）使用的运输工具需注意防止漏电产生电火花，对汽车排烟管带出火星也需防范，如改变排烟管方向并在管口增设安全罩等。

2.2 机械作用下燃烧爆炸事故起因及预防措施

机械作用（撞击、摩擦）是炸药生产过程中燃烧、爆炸事故的主要起因。

（1）炸药生产加工过程中，常处于受挤压（如压延、压伸）、搅拌、流动（如管道输送）等状态中，由于工艺的需要，药料不断处于撞击、摩擦作用下，若设备出现故障或工艺条件不当，药料受到的非正常摩擦和撞击超出其感度许可的程度时，就会引发燃烧爆炸事故。

（2）多数情况是在非正常操作或违章操作下，炸药受到强烈的冲击、摩擦而燃烧，由局部少量物料燃烧，进而引爆整个工房内的药料，酿成灾难性的人为事故，这种事故在国内已不止一次发生。

（3）另一时常发生的情况是在停产检修期间，由于设备内外未按规定清理干净，检修过程中由于工具撞击、摩擦，使药料引起燃烧爆炸事故。

（4）炸药生产中混入杂质异物，例如，砂粒、玻璃、金属碎屑，甚至螺钉、螺帽及设备检修后遗漏在设备内的螺栓、垫圈等。上述这些坚硬的带棱角的杂质、零件与产品混在一起，使加料过程因摩擦发热致使局部温度过高达到爆发点以上，引起着火，甚至发生爆炸，尤其是在炸药连续工艺中，因为药粒中混入杂质或异物造成爆炸事故时有发生。

（5）违章使用黑色金属工具碰撞摩擦产生火花，进而引起药料燃烧爆炸。

主要预防措施如下：

（1）历年中发生的由于摩擦、撞击而引起的燃烧爆炸事故，多数是由于设备运转不正常、维修不及时、凑合生产所造成。因此必须严格执行检修制度，保证检修质量。在停工检修设备之前，必须严格执行清扫制度，危险工房内的工具应使用有色金属、木质、橡胶等软质材料，以减少发火概率。

（2）为防止炸药生产中混入杂质异物，一方面严格强化管理，例如包装物、周转容器等保持清洁，设备检修后要彻底清理；另一方面在加工流程中采用有效技术措施，例如，加入除铁、除渣设备，自动去除药料中的金属、非金属杂质。

（3）通过对操作人员的安全教育，做到文明操作。

2.3 静电作用下燃烧爆炸事故起因及预防措施

静电放电火花有可能引燃、起爆炸药产品（及其原料），所以炸药生产、使用过程中的静电问题是安全生产的重大问题之一。

2.3.1 静电电荷的积累和放电

药料、服装和人体在炸药生产和操作过程中，要经常与容器壁或其他介质摩擦并产生静电荷。由于炸药、穿化纤衣物和绝缘胶鞋的人体、胶木、牛皮器具等均为不良导体，当未采取有效措施时，就会使静电荷积累起来，这种积聚的电荷表现出很高的静电电位（最高达几万伏）。一旦存在放电条件，就会产生火花，当放电火花的能量大于药料的最小发火能量时，就会发生燃烧爆炸事故。静电积累而导致炸药燃烧爆炸事故需同时具备以下 5 个条件，消除其中任何一个条件，均有可能阻止事故的发生：

（1）具备产生静电荷条件；

（2）实现静电积累，并达到足以引起静电火花放电的静电电压；

（3）有能引起火花放电的合适间隙；

（4）静电火花作用范围内有一定量的爆炸性物质存在；

（5）静电放电的火花能量达到和超过易燃、易爆物质的最小点火能量。

2.3.2 控制、消除静电积累和事故的预防

（1）设备、工艺控制。选用导电性能好的材料制造设备，以限制静电积累。对摩擦频繁的部分，如皮带轮、皮带等，除使用导电性能好的材料制作外，也可在其表层喷涂导电材料。

（2）接地法。这是目前应用最广泛而且最切实可行的方法。应用时将导体一头接到带电载体上，另一头接入大地，把药料、设备、人体所带静电通过导电体导入大地而消除静电。在确定接地电阻时，应根据工装设备和物料性质综合分析确定。如果工装设备和物料所带不同电荷都比较容易地通过接地导走，则其接地电阻越小越好，一般规定不大于4Ω。但是炸药物料是绝缘性的电介质，体电阻率大都在 $10^{13}\Omega\cdot cm$ 以上，其静电荷不易通过简单的接地线导走，此时倘若工装设备的接地电阻很小，反而容易造成工装与炸药物料之间产生急剧的放电火花，增加了危险性，所以必须将接地电阻控制在一定数值上。一般情况下，泄放静电的接地电阻为 $10^{6}\Omega$ 以下即可满足使用要求。当泄放静电地线还兼有防止设备漏电所造成的电击危险时，此时接地电阻应不大于10Ω。我国和英国都规定静电接地电阻不大于100Ω，另外需定期对接地的完好状况进行检查。

（3）消除人体静电。由于衣着等原因，人体可以带电，为消除人体带电危害，在危险工房门口装设导静电金属门帘，接地导电扶手和导电铜板，工房内铺设导电橡胶板，操作人员穿导电工作服和导电工作鞋，禁止穿着化纤工作服和携带金属物件进入工房等。

（4）增湿。提高空气中相对湿度有利于消除生产、储存场地存在的静电，这也是消除静电有效而最简单的方法之一，它可以使物体表面吸收或吸附一定的水分，从而降低了物体表面的电阻系数，有利于静电电荷导入大地。当然，增加空气湿度应以不损害人员健康、不损坏机器设备及不危及产品质量为原则。在实施增湿消除静电时，一般相对湿度为70%左右，静电积累会很快减少。

（5）使用静电中和器。静电中和器，按其原理，可分为感应式静电中和器、放射线中和器等，也可将它们联合使用，取长补短，能获得良好效果。

（6）添加抗静电剂。产品中加入抗静电剂，可降低带电体的体积电阻和表面电阻，从而达到消除静电聚集的目的。但加入抗静电剂，会改变产品的组成。因此，应在不影响产品性能的前提下方可使用。

3 发生事故的人员原因及预防措施

3.1 造成事故的人员原因分析

通过对近年来事故的原因分析，98%的事故都是由于人员的不安全行为造成的。为此，我们对民爆行业发生的事故进行分析可以得出造成事故的人为因素主要是以下几点：

（1）违章操作。蓄意破坏安全生产规章制度，违反操作程序的行为。大部分是日常养成的不良习惯，也有的是采取不安全的操作方法。认为基本的安全操作规程不实际或不方便，就把违章当成合情合理的行为。

（2）操作失误。可从操作中信息的输入、处理及输出的错误来分析实际工作中的操作失误。信息的输入失误主要是由于操作者受到不良的环境、心理和生理等各种因素致使对外来因素的识别产生了干扰；信息处理失误主要是由于操作者安全知识、工作经验缺乏及心理素质的不稳定等原因造成；信息输出错误则是由于对生产作业人员特种作业、专业工种技能不熟练导致[4]。

（3）侥幸心理。抱有侥幸心理的人，缺乏对违章操作是引发事故必然性的认识，把出事的偶然性绝对化，主要表现为：1）不是不懂安全操作规程，缺乏安全知识，技术低，而是明知故犯；2）碰运气，认为违章操作并不一定会发生事故，或者认为违章不一定会被发现，出事也不一定伤人，伤人也不一定伤到自己。

（4）麻痹心理。具体表现为沿用习惯的方式进行操作，凭经验办事，马马虎虎，口是心非，习惯性违章习以为常。

3.2 对策及预防措施

（1）营造浓厚的安全文化氛围。安全文化是企业在长期安全生产管理实践活动中形成的具有本企业特征的安全管理理念、管理方式、群体性安全意识和行为规范以及安全规章制度等的总和。通过浓厚的安全文化的宣传、教育，营造和谐生产、生活环境，建立科学的思维方式，引导员工改变思想观念，提高安全意识，规范安全行为，懂得珍惜生命，养成良好的安全行为习惯。

（2）加强安全教育培训。组织员工开展安全教育和培训，提高员工的安全法制观念及自我保护意识。

（3）加强安全检查工作。建立安全检查长效机制，定期开展自上而下的安全检查，检查应从细节入手多观察员工生活和身心健康状态，对员工情绪、精神状况不佳者，应安排专业人士与其零距离沟通，对员工实施心理疏导。

（4）坚持以"以人为本"为中心，建设现代安全管理体系。安全管理是指人类安全活动创造的安全生活、安全生产的观念、行为、环境、条件的总和。安全管理的对象不但是物和环境，更重要的对象是人，是以法律制度为基础，以事故防范为目标，以企业自我约束为主体，以科技进步和管理方式现代化为手段，以强化宣传教育、提高职工素质为保障，以遏制或减少重特大事故为重点，以不断健全和完善政府监督管理机制为关键的现代安全生产管理模式。企业要充分运用多种宣传手段构筑起企业的安全第一价值观念和行为准则，强化全体员工对安全生产的认识，使每名工人和干部都能自觉地用"安全第一"的原则规范自己的行为，企业的安全生产就有保障。

4 总结

爆破行业是高危行业，在使用爆炸品的过程中，建立由爆炸品本质安全技术、风险识别与评估技术、安全监控与预警技术、安全防护技术和事故应急处置技术五个方面组成的爆炸技术体系，对员工的生命安全、企业的和谐发展有着很大的积极意义。本文从人、机、物三方面分析事故发生的原因，并针对各自的原因制定相应的防范措施。在实际生产中，不可能保证百分百的安全，我们只能分析原因，吸取教训，总结经验，做到防患于未然。

参 考 文 献

[1] 肖忠良. 火炸药的安全与环保技术[M]. 北京：北京理工大学出版社，2006.
[2] 关文玲，蒋军成. 我国化工企业火灾爆炸事故统计分析及事故表征物探讨[J]. 中国安全科学学报，2008，18（3）：103～107.
[3] 刘术军，赵长征. 化学品的火灾爆炸危险性及预防措施[C]//第九届全国爆炸与安全学术会议论文集，2007.
[4] 钟勇，解立峰，韩志伟. 民爆物品生产安全事故的人为因素分析及对策[J]. 科技信息，2012(33)：88，98.

一起对讲机引发电雷管早爆事故的理论分析

张　艳　　陈文基　　陈家均

（葛洲坝易普力股份有限公司，重庆，400023）

摘　要：文章针对一起不当使用对讲机导致的早爆事故进行理论分析，提出合理可行的安全技术预防措施，对预防类似事故有借鉴作用。

关键词：对讲机；电雷管；早爆

An Intercom Cause Electric Detonator Premature Blasting Accident of Theoretical Analysis

Zhang Yan　　Chen Wenji　　Chen Jiajun

（Gezhouba Explosive Co., Ltd., Chongqing, 400023）

Abstract：Aiming with the improper use of intercom leads to premature explosion of theoretical analysis, puts forward feasible preventive measures, and has reference to prevent similar accidents

Keywords：intercom; electric detonator; premature blasting

1　引言

某爆破现场，以普通导爆管雷管下孔装药完成后，爆破员领取 8 发电雷管并进行了导通测试，然后将电雷管脚线大部分剪掉，余下 0.4m 左右，开始在导爆管"把子"上绑击发电雷管，在捆绑第 3 个"把子"时，将剩余的 5 发电雷管脚线扭成麻花结（为方便使用时抽取，未进行脚线短路处理），放在左腿内侧地上附近，对讲机放在右腿外侧地上，第 3 个"把子"绑完后，爆破员左手拿起 5 发电雷管，此时有人使用对讲机呼叫，该爆破员正起身右手拿起对讲机并按下讲话按钮回话时，左手里的电雷管发生爆炸，造成爆破员左手小指、无名指炸伤，右小腿内侧及胸前皮肤较大范围的灼伤。

2　早爆原因分析

事故发生当日为晴天，爆破作业区无电铲、电缆及其他供、用电设施，挖装设备全用的柴油；所用的击发电雷管管体长度约为 50mm，8 号瞬发金属管，起爆药为 DDNP，加强帽为塑料加强帽，电引火药头为苦味酸钾系列引火头，电引火元件为普通弹性电引火元件，国标规定其安全电流小于等于 200mA，从卡痕上来看收口尺寸正常，能满足抗拉性能。

张艳，高级工程师，18983363656@189.cn。

从事故发生的内外环境来看，首先排除人为故意引爆电雷管的可能，其次排除由于碰撞、摩擦、静电等因素引爆电雷管，但在使用电雷管的过程中爆破员携带对讲机并进行了讲话；因而，引起电雷管爆炸的主要原因可能在于对讲机的不当使用：爆破员在按对讲机发射键（讲话）时，瞬间产生的射频电流引爆了左手的电雷管。以下进行详细理论计算、分析。

3　对讲机引爆电雷管理论分析

3.1　对讲机基本情况

使用的对讲机型号为 TC-510，其功率：VHF 为 5W/2W，UHF 为 4W/2W。发射天线 UHF 为 440~470MHz，对讲机所用锂电池型号为 BL 1301，DC7.4V=1300mA·h/9.6W。

3.2　对讲机产生的射频电流引起电雷管爆炸的理论计算

在具有射频的环境中，引线式电雷管其点火引出线为金属导线，电雷管的引线在电磁场中相当于天线，未短路的电雷管引线相当于接收天线，短路的电雷管引线可以看做一个环形天线，当引线式电雷管位于电磁场中时，引线中能感应出振幅和相位几乎相同的电流。两导线中反方向围绕电路旋转并通过桥丝的平衡模式电流，桥丝上感应出电流会产生热量，导致电雷管爆炸。

通过在极端情况下进行电磁危害分析，可以得到进入电雷管的射频功率[1]。结合天线理论可以从理论上计算出电雷管在不同发射源下的防射频电流安全距离[2]，从而来验证此次事故在对讲机射频影响下爆炸的可能性。

3.2.1　计算所使用电雷管的不发火功率

本次事故中使用的电雷管属于热桥丝型的，每一种桥丝式电雷管由于其桥丝材料以及药剂的不同都有各自的脚 - 脚安全电流和全发火电流。普通电雷管的安全电流一般都较低，在各种复杂的电磁场环境中是一种敏感元器件，目前《工业电雷管》（GB 8031—2005）中规定，普通电雷管安全电流不小于200mA。本次所使用的电雷管桥丝电阻约为3Ω；脚线剪除部分后线长为 0.4m；根据普通电雷管的不发火功率计算公式 $P = I^2 R$，（I 为安全电流，R 为桥丝电阻最小值），其不发火功率为：

$$P = 0.2^2 \times 3 = 0.12W \tag{1}$$

已知对讲机的发射功率为5W（440~470MHz），从当时情况来看右手拿对讲机和左手拿雷管的距离不大于1m，现在假设距离为1m 和0.5m 处所产生的平均功率和电场强度。

3.2.2　计算在对讲机辐射场的平均功率密度及平均电场强度

由于环境的复杂性，必须有这样的假设：

电磁辐射场为远场，即功率密度 $\bar{p}$ 近似为：

$$\bar{p} = \frac{P_e}{\pi d^2} \tag{2}$$

平均电场强度为：

$$\bar{E} = \sqrt{\bar{p} Z_0} \tag{3}$$

式中　　P_e——对讲机辐射源的有效辐射功率；

$\quad\quad\quad Z_0$——自由空间阻抗，120π，Ω；

$\quad\quad\quad d$——电雷管到对讲机发射源的距离。

由于当时周围不存在其他发射源，就不考虑周围设备的反射叠加，但考虑到发射天线的增益，式（2）由 $\bar{p} = \dfrac{P_e}{4\pi d^2}$ 去掉分母中的"4"而得。

表1是在上述条件下计算的对讲机辐射场的平均功率密度及电场强度值。

表1　对讲机辐射场功率密度和电场强度

对讲机功率/W	频率f/MHz	距离/m	平均功率密度$\bar{p}$/W·m^{-2}	电场强度$\bar{E}$/V·m^{-1}
5	440~470	1	1.59	24.5
5	440~470	0.5	6.37	48.9

3.2.3　电雷管拾取射频功率的计算[1]

$$P = \bar{p} \times A_e \tag{4}$$

式中　A_e——电雷管等效天线的有效孔径，m；

P——电雷管拾取的射频功率，W；

$\bar{p}$——电磁场平均功率密度，W/m^2。

由于 $L > \dfrac{\lambda}{2}$（频率较高），电雷管有效孔径计算按以下公式：

$$A_e = \frac{G\lambda^2}{4\pi} = \frac{Gc^2}{4\pi f^2} \tag{5}$$

式中　G——天线方向性系数，其值与L/λ的值有关；

λ——辐射波波长（c/f），m；

c——光速，取 $c = 3.0 \times 10^8$ m/s；

f——频率，MHz。

L为天线长（此处即为剩余电雷管脚线长），单位为米。

当 $L/\lambda \leq 1.7$，$G = 0.353L/\lambda + 1.5$ 　　　　　　　　　　　　　　（6）

当 $L/\lambda > 1.7$，$G = 1.240L/\lambda$ 　　　　　　　　　　　　　　　　　（7）

对于剩余40cm脚线的电雷管来说，$L/\lambda = 0.11$，所以采用式（6）代入式（5）中，得

$$A_e = \frac{G\lambda^2}{4\pi} = 0.0569$$

则电雷管在1m处的接收功率为[3]：

$$P = \bar{p} \times A_e = 0.09\text{W} < 0.12\text{W}$$

在0.5m处的接收功率为 $P = \bar{p} \times A_e = 0.36\text{W} > 0.12\text{W}$。

3.2.4　计算对讲机与电雷管的安全距离

普通电雷管不发火安全功率应小于0.12W。

依据公式 $P = \bar{p} \times A_e$ 计算：

$$\frac{P_e \times A_e}{\pi \times d^2} = \frac{0.0569 \times 1.59}{3.14 \times d^2} \leq 0.12$$

得出安全距离 $d \geq 0.9$m。

因而，在爆破员左手拿雷管，右手拿对讲机并成刚要站立的状态时，此时对讲机离电雷管的距离很可能小于0.9m，对讲机处于讲话状态时产生的射频电流引爆电雷管是完全可能的。

4　结论

综合以上理论计算、分析，确定对讲机的不当使用是造成电雷管爆炸的原因。

5　类似事故预防措施

（1）在杂散电流大于30mA的工作面或高压线射频电源安全允许距离之内，不应采用普通电雷管起爆[4]；

（2）爆破作业尽可能少用电雷管，当电雷管运到现场后，使用前方可剪断脚线进行相应的检测，并将其脚线作短路处理；

（3）当电雷管进入炮区，对讲机、手机等必须处关闭状态[4]；

（4）冬季爆破全部使用非电起爆系统，禁止使用电雷管；

（5）遇雷暴等恶劣气象，禁止进行与爆破器材相关的作业；

（6）在高压线、高压变压器50m范围内禁止使用电雷管进行爆破作业。

参 考 文 献

［1］杜斌. 对工业电雷管防射频安全距离计算结果的试验验证[J]. 火工品，2008(1)：21～22.

［2］姚洪志，等. 工业电雷管安全距离综述[J]. 国防技术基础，2007(11)：49～51.

［3］姚洪志，等. 电雷管的射频安全性[J]. 爆破器材，2008，37(2)：5～6.

［4］汪旭光，等. 爆破安全规程[M]. 北京：中国标准出版社，2004.

芦山宝盛桥特大孤石抢险爆破

王永平　陶　然　杨享渠　张仕超

（武警水电第三总队，四川成都，610036）

摘　要：芦山地震造成了震区多条生命通道损毁，在对芦山县城至宝盛乡的宝盛桥上两块特大孤石进行处理时，遇到了常规方式无法解决的困难，经过我部巧妙构思，采用"布设减振空孔，精确计算药量，分次实施爆破"等精细爆破关键技术，成功清除了特大孤石，并保证了桥体和周边基础设施的安全。本文的设计理念值得借鉴和推广。

关键词：芦山地震；特大孤石；抢险爆破

The Emergency Blasting of Boulder on Baosheng Bridge of Lushan County

Wang Yongping　Tao Ran　Yang Xiangqu　Zhang Shichao

（No. 2 Hydro power Corps of Armed Police，Sichuan Chengdu，610036）

Abstract：Lushan earthquake caused the Life-channels in quake zone been damaged，we were get in trouble to dealing with two large boulders felled on the Baosheng bridge which connected Lushan county and Baosheng village，that could not be better resolved by taking conventional methods. Through ingenious of design，we adopt blasting key techniques of "setting shock-relieve hole, precise calculation of charge amount and fractional explosion"，finally succeeded in removing of the two huge boulder，and guaranteed the safety of bridge and surrounding infrastructure. The design idea illustrated in this paper may worthy of reference and promotion.

Keywords：Lushan earthquake；large boulder；emergency blasting

1　引言

四川"4.20"芦山特大地震导致保盛乡保盛桥两侧山体垮塌，两块特大孤石滚落至保盛桥桥面，造成芦山县城至震中宝盛乡生命线中断。两块特大孤石无法用设备移动，需解小后清除。解小时必须保证桥梁及周边设施的安全，若处置不当可能会造成石拱桥垮塌，严重影响抢险救援。武警水电第三总队临危受命，负责排除路障，清除桥面的两块特大孤石。部队工程专家根据任务性质，结合特大孤石的特性、周边环境和现场可以利用的设备及爆材情况，对可以采用的静态破碎、机械破碎、精细爆破等多种方案进行了分析比较，最后确定了采用精细爆破方案，对特大孤石实施爆破解小，在最短时间内打通了芦山县城至保盛乡的唯一通道，为救援

王永平，高级工程师，wyp5496@126.com。

赢得了宝贵时间，并保证了石拱桥及周边设施的安全。

2　基本情况

2.1　边坡滑塌情况

拱桥右岸桥头边坡受强震影响发生滑塌，原边坡山体高度约 700 ~ 800m，滑塌的边坡高度 55m，形成了滑塌高边坡，边坡走向与岩层走向垂直，边坡滑塌系岩体存在垂直岩层面的节理裂隙，卸荷过程中形成贯通性的结构面，与岩层层面组成了不稳定块体，在地震波作用下，边坡岩体沿岩层层面下滑，巨石朝前滚致桥面，截断了芦山县城至宝盛乡的唯一通道。滑塌边坡形成后，上面还有一块较大的危岩块体和其他不稳定的小块体（如图 1 所示），在余震或者其他外界因素的作用下，仍可能下滑，危及边坡下作业人员、设备及结构物的安全。

图 1　滑塌体位置及形成的边坡和残留危岩体

Fig. 1　Landslide location, formed slope and residual perilous rocks

2.2　桥梁受损情况

宝盛桥是 1985 年竣工投入使用的石拱桥。边坡滑塌后，滚动的巨石对路面、路基挡墙、桥面铺装面板造成了破坏（如图 2 所示）。其中 1 号孤石位于右岸桥头桥墩边，长约 6.5m，宽约 5m，厚约 3m，方量约 97.5m³，重量约 230t；2 号孤石横卧在石拱桥右岸侧第三个副拱之上，长约 5.5m，宽约 3.85m，厚度 3.2m，方量约 67.8m³，重量约 160t。从下游观测到右岸侧第一个副拱拱圈以上部分被巨石砸垮，拱圈顶部有一条垂直缝，其余部分未见裂缝。从上游观测发现第一、三副拱圈均存在裂缝，从底部向上观察拱圈，发现第一、三副拱圈也存

图 2　孤石位置及桥梁周边环境

Fig. 2　Boulder location and the bridge surroundings

在裂缝且第一个拱圈有数条裂缝贯通拱圈。主拱完好，未发现裂缝。

2.3　孤石岩体结构

孤石节理裂隙少，有少量微裂隙或者隐性裂隙，裂隙、微裂隙间距较大，一般在 100cm 左右，裂隙迹长一般为 10 ~ 20cm，连续性较差。总体上看，孤石结构面相对较少，完整性好。

根据孤石岩性特征及岩体结构，结合以往经验判断其抗压强度约为 30~50MPa。

2.4 周边基础设施分布

在宝盛桥对岸玉溪河上建有一座水电站，其主变压站位于厂房的下游侧，面向宝盛桥，距离约 150m 左右，在爆破安全范围之内。

在 2 号孤石上方约 20~30m 有 110kV 高压线和 10kV 农网电缆通过，还有通信光缆从桥侧穿过，孤石周边网线密集。

3 特大孤石爆破的工程特点

（1）时间紧。宝盛桥是应急救援的唯一通道，为给抢救生命赢得宝贵时间，必须在最短时间内完成处置。

（2）难度大。孤石块度和质量大，工作面狭窄，无法直接采用机械清除。2 号孤石所在拱桥位置下部有一巨石，如直接将 2 号孤石推至桥下，2 号孤石将撞击桥下巨石，反弹后直接撞向主拱，会对拱桥造成损伤甚至破坏。因此只能采用爆破方式将孤石解小后再用机械设备清除。而拱桥已产生裂缝，一次性爆破单响药量大，易产生较大振动和飞石。如采用多次爆破，则会延长处置时间，对生命救援不利。

（3）基础设施保护要求高。孤石所在石拱桥、周边电缆及通信光缆、电站等需保护的基础设施较多，一旦破坏将造成不可估量的损失。特别是桥梁在地震中受损的情况没有通过专业机构鉴定，能承受的振动荷载不明，爆破作业风险极大。

（4）爆破作业手段相对有限。由于是应急抢险救援，时间紧迫，当时我部携带、寻找到的机械设备和物资有限，与平时爆破作业所具备的条件相比，有较大差距。现场可使用的钻爆设备和爆材主要有：液压潜孔钻 1 台、型号 HCR1200-ED 古河全液压钻机 1 台、YT-28 手风钻 2 台、3m³ 油动空压机 1 台、瞬发电雷管、乳化炸药、电雷管起爆器等，没有分段非电雷管，如采购或协调，将大大延缓处置时间。

4 特大孤石精细爆破关键技术

4.1 精细的爆前准备

（1）查看和测量周边重要建筑物、构筑物和重要设备的距离、性状，评价其重要程度及与孤石爆破之间的关系。

（2）量测孤石的大小、位置、岩性、节理裂隙、强度等特征性质。

（3）进行精细爆破参数设计，并在钻孔、装药、堵塞等环节上精确控制。

（4）设计精细有效的减振和防止飞石的措施，降低爆破危害。

（5）设计有效的检测措施，评价爆破对桥梁及周边基础设施造成的损伤程度及影响范围，以判断爆破后桥梁是否安全，能否立即恢复交通。

4.2 精细的爆破参数设计

由于现场没有分段非电雷管，只能采用瞬发电雷管起爆网路。经初步核算，1 号孤石可一次爆破，2 号孤石必须分两次爆破，先爆拱桥上游侧部分，后爆拱桥下游侧部分。主要参数如下：

（1）钻孔直径 D。根据我部所携设备结合爆破需要，选定爆破孔钻孔直径为 $D=90mm$。

（2）炸药单耗 q。本次需爆破的巨石为弱风化砾岩，根据以往爆破经验，1 号特大块石拟

定单耗 $q = 0.1\text{kg}/\text{m}^3$；2 号特大块石拟定单耗 $q = 0.07\text{kg}/\text{m}^3$。

（3）装药直径 d。现场仅有乳化炸药，其直径为 $d = 32\text{mm}$。

（4）钻孔倾角 α。为便于施工，钻孔角度应根据钻机所能到达的位置尽量钻垂直孔。

（5）钻孔深度 L。L 钻孔处孤石厚度的 $2/3$（m），因孤石不规则，应对每一个孔位进行量测，经计算后控制钻孔深度。

（6）钻孔间距 a。1 号孤石，$a = 2.0\text{m}$，排距 $b = 1.6\text{m}$；2 号孤石，$a = 2.0\text{m}$，排距 $b = 1.5\text{m}$。

（7）单孔装药量 Q。$Q = qabL(\text{kg})$，计算结果见表 1。

表 1　单孔装药量
Table 1　Single-hole explosive charge

1 号孤石				2 号孤石				
孔号	计算式	装药量/kg	合计/kg		孔号	计算式	装药量/kg	合计/kg
1	$0.1 \times 2 \times 1.6 \times 2$	0.64		第一次爆破	1	$0.07 \times 2 \times 1.5 \times 1.2$	0.252	1.05
2	$0.1 \times 2 \times 1.6 \times 2$	0.64			2	$0.07 \times 2 \times 1.5 \times 1.2$	0.252	
3	$0.1 \times 2 \times 1.6 \times 2$	0.64			3	$0.07 \times 2 \times 1.5 \times 1.3$	0.273	
4	$0.1 \times 2 \times 1.6 \times 2$	0.64	5.18		4	$0.07 \times 2 \times 1.5 \times 1.3$	0.273	
5	$0.1 \times 2 \times 1.6 \times 2$	0.64		第二次爆破	5	$0.07 \times 2 \times 1.5 \times 1.2$	0.252	1.05
6	$0.1 \times 2 \times 1.6 \times 2$	0.64			6	$0.07 \times 2 \times 1.5 \times 1.2$	0.252	
7	$0.1 \times 2 \times 1.6 \times 2.1$	0.67			7	$0.07 \times 2 \times 1.5 \times 1.3$	0.273	
8	$0.1 \times 2 \times 1.6 \times 2.1$	0.67			8	$0.07 \times 2 \times 1.5 \times 1.3$	0.273	

（8）堵塞长度 L_0。一般浅孔爆破 $L_0 = (8 \sim 12)D$，本次堵塞长度确定为：1 号孤石 $L_0 = (1.0 \sim 1.4)\text{m}$，2 号孤石 $L_0 = 0.75\text{m}$。

（9）装药长度 L_1。$L_1 = L - L_0(\text{m})$。

4.3　精细的减振及飞石控制措施

4.3.1　减振措施

爆破振动控制对桥梁的保护至关重要，同时对防治边坡危石振塌也是非常必要的。根据现场测定，最需要保护的是石拱桥的主拱圈，只要主拱圈不损伤，桥梁的运行就能保证。

（1）设置减振孔。在 2 号孤石与桥面接触部位以上与炮孔底部之间采用手风钻打水平减振孔，减振孔共设置两排，间距均为 25cm，排距 50cm，孔径 38cm，梅花形布置，根据以往经验及惠峰等著的《空孔对爆破地震波减震作用的数值模拟分析》，这种减振措施可降低振动率 50%。

（2）降低最大单响药量。采取多打孔、少装药、分次爆等手段，严格控制单孔药量。1 号孤石靠近山体，其底部为碎石土，具有良好的减振效果，孤石距离拱桥主拱距离较远（约 30m），经初步核算可采用一次装药起爆。2 号孤石位于拱桥之上，其底部局部直接与桥面接触，且其距离拱桥主拱较近（约 8m），经初步核算必须分两次爆破，以降低最大单响药量，减小爆破振动。

（3）尽量减少孤石与桥面的接触面积，将其底部的小石块、石渣等尽可能多地掏除。

（4）在孔底预装空矿泉水瓶和采取不耦合装药，延长爆破地震波的传播时间，降低质点爆破振动速度。

4.3.2 飞石控制措施

（1）精细设计，钻爆过程严格检查验收。装药前认真校核各药包的最小抵抗线，如有变化，必须修正装药量，不得超装药量。

（2）控制飞石方向。由于可能受飞石损害的被保护物集中在拱桥下游侧，孤石右侧为已滑塌山体，左侧为拱桥，上游侧为河道，因此应将飞石方向集中向拱桥上游侧，即爆破每一排孔的最小抵抗线方向应朝向拱桥上游侧。

（3）采用不耦合装药，可以起到控制飞石的作用。

（4）加强堵塞，收集抢险现场附近的半干黏土分层装填捣实，确保堵塞质量。

4.4 爆破检测措施

由于属于应急救援抢险，来不及组织检测仪器，爆破振动评价只能采用简易便捷措施，参照类似结构物的抗振动情况来确定爆破振动的损伤程度。主要采取如下措施：

（1）采用泥石结合的方式来简易判定。在2号特大块石进行爆破前，在桥上不同部位敷上泥土，按照距离爆破点5m，10m，15m，20m，30m，共计布置5个点，爆破后根据泥土脱落情况来判断桥梁的振动受伤程度。

（2）对于分拱圈已开裂的小裂缝，爆破前在裂缝处贴上一张薄湿纸，爆破后根据纸张拉裂情况来判断桥梁的振动受伤程度。

5 爆破效果评价

5.1 爆破振动和飞石情况

爆破后对主拱圈检查发现，距离爆破点5m处的泥土脱落，其余保存完好，说明超过5m距离，爆破振动很小，而石拱桥主拱圈在爆破点8m，因此可以判断，爆破对主拱圈的影响很小，没有形成大的振动。对副拱圈检查发现，湿纸没有裂开，裂缝仍维持原来的张开度，说明爆破对桥梁未造成损伤，爆破控制成功。

另外，边坡危岩体无石块滑落，也没有形成新的滑塌，如图3所示。

图3 爆破完成后宝盛桥无损伤

Fig. 3 Bridge remained intact after blast working

经检查，飞石绝大部分朝向拱桥上游，未对高压线、光缆造成破坏或损伤，也未对发电厂房产生飞石损伤。

5.2　爆破处置时间评价

1 号特大孤石一次性爆破，爆破从钻孔、清孔检查孔、装药、堵塞、联网、警戒、排危到解除警戒，一共用时 2.0h；2 号孤石爆破分成 2 次，用时 2.5h。两块大孤石爆破后完全解小，用装载机便可轻松装车，清理路面用时仅 1.0h，从钻孔到清理完路面共用时 5.5h，比预计时间快，达到了及时快速抢通的目的，为生命抢救赢得了宝贵的时间。

6　结语

针对"4.20"芦山强震造成的宝盛乡桥面特大孤石的排障外围环境复杂、时间要求紧迫、目标保护要求高的特点，灵活应用减振孔、孔底柔性垫层、定向控制飞石等措施，采用"精细爆破"处置方案，取得了较好的处置效果。爆破实施快速，用时短，为抢险救援赢得了时间。

参 考 文 献

[1] 谢先启，卢文波. 精细爆破[C]//中国爆破新技术Ⅱ. 北京：冶金工业出版社，2008.
[2] 惠峰，等. 空孔对爆破地震波减震作用的数值模拟分析[J]. 爆破，2012(04)：62～65，120.
[3] 汪旭光. 爆破安全规程实施手册[M]. 北京：人民交通出版社，2010.

王快水库除险加固工程溢洪道高边坡开挖爆破安全控制

张戈平[1]　刘治峰[2]　高文平[2]

（1. 南水北调中线干线工程建设管理局，河北石家庄，050035；

2. 河北省水利工程局，河北石家庄，050021）

摘　要：本文通过在王快水库除险加固工程溢洪道高边坡扩挖工程中，采用精细爆破理念，优化爆破方案，合理选择爆破参数，科学监测与评估，提出了溢洪道高边坡开挖的控制爆破技术和高边坡施工的振动控制标准，并进行了开挖爆破对高边坡安全的动力稳定影响分析。

关键词：高边坡；动力稳定；振动；控制标准

Wangkuai Reservoir Reinforcement Project Spillway High Slope Excavation Blasting Safety Control

Zhang Geping[1]　Liu Zhifeng[2]　Gao Wenping[2]

（1. Middle Route of the South-to-North Water Transfer Project Construction and Management Bureau，Hebei Shijiazhuang，050035；2. Hebei Water Conservancy Engineering Bureau，Hebei Shijiazhuang，050021）

Abstract：In this paper, Wangkuai reservoir reinforcement project to expand high slope spillway excavation, using the concept of fine blasting, blasting optimization program, a reasonable choice of blasting parameters, scientific monitoring and evaluation, proposed spillway high slope excavation of controlled blasting technique high slope construction and vibration control standards, and the stability of the impact of high slope excavation blasting power analysis.

Keywords：high slope；dynamic stability；vibration；control standards

1　工程概况

　　王快水库位于河北省保定市曲阳县境内大清河南支沙河上游，控制流域面积3770km²，水库总库容13.89亿立方米。是以防洪为主，结合灌溉、发电的大型水利枢纽工程。除险加固的主要工程项目有：溢洪道扩挖和拦河坝加高培厚堆石填筑。下游坝坡加高培厚的填筑石料取自溢洪道扩挖的弱风化岩石，将工程开挖与石料开采相结合，节约生产成本，加快工程进度，有利于自然环境保护。

张戈平，高级工程师，sjzzgp@163.com。

2 溢洪道高边坡开挖的安全控制

2.1 高边坡安全控制的重要性

王快水库溢洪道最大开挖深度71m，开挖宽度17～38m，岩石风化相对严重，岩石的片麻理产状倾向于溢洪道内，且岩体局部有层间夹泥膜，出露的断层、破碎带及褶皱对岩体边坡稳定不利。若再加上开挖爆破对边坡的冲击、振动等破坏作用，边坡失稳问题就更加突出。为保证施工期及水库后期运行的稳定与安全，必须采取控制爆破技术，减少爆破开挖对边坡的影响。

2.2 高边坡开挖技术要求与施工方法

设计边坡坡比为1:0.3，呈陡坡状，轮廓面的开挖偏差不应大于开挖高度的±2%。且爆破施工产生的振动与飞石不能影响周围环境的安全，保证周围变电站的正常运行。在满足爆破开挖规模与进度的同时，确保临时边坡与永久边坡的稳定。为提高装运效率，加快施工进度，则要求控制爆破石碴块度，降低大块率，最大岩块粒径不能大于0.8m。

施工方案采用自上而下分层开挖。沿周边轮廓线进行预裂爆破，主爆孔采用深孔控制爆破，两岸各设三条水平马道（见图1）。

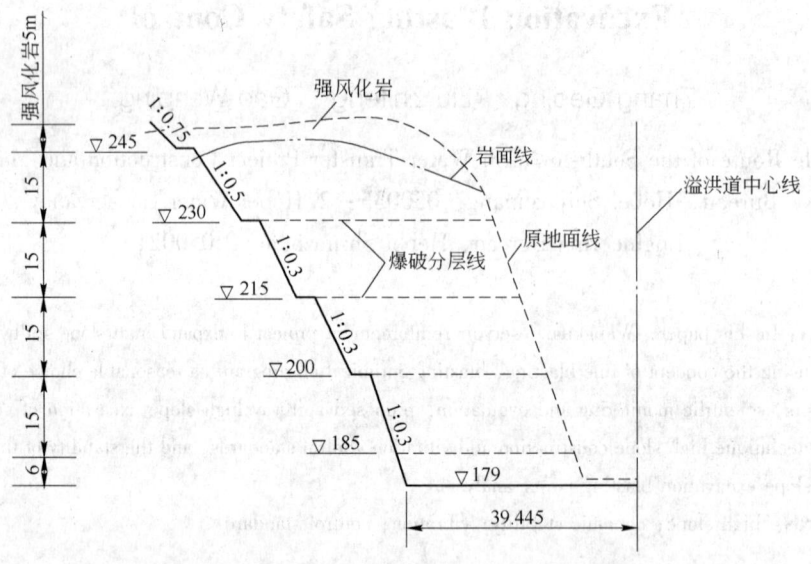

图1 王快水库溢洪道左岸开挖断面示意图（单位：m）

Fig. 1 Wangkuai Reservoir Spillway of left bank excavation section sketch（unit：m）

3 深孔爆破参数选择

3.1 钻孔孔距和排距

为降低爆破振动效应和破碎块度的要求，控制单段起爆药量，控制爆破规模，并适应不同的台阶高度和钻孔深度，经爆破试验，确定孔距为2.5m，排距为2.5m，梅花形布孔。

3.2 钻孔深度、堵塞长度和单位耗药量

（1）钻孔深度 $L = (H + h)/\sin\alpha = (H + h)/\sin73.3° = 14.5m$；

（2）堵塞长度 $L_2 = 30d = 2.7m$；

（3）单位耗药量 $q = 0.80kg/m^3$。

装药长度 $L_1 = L - L_2 = 14.5 - 2.7 = 11.8m$，炮孔直径90mm，装药结构为耦合装药，单孔装药量为 $Q = qabH = 0.8 \times 2.5 \times 2.5 \times 13 = 65kg$。式中，$H$ 为台阶高度，h 为钻孔超深厚度，a 为孔距，b 为排距。

3.3 起爆网路

采用塑料导爆管接力起爆网路，以实现多段顺序毫秒延迟起爆，采用孔内9段毫秒雷管引爆，孔外接力雷管用2段或5段毫秒雷管。

4 预裂爆破参数设计

为防止爆破区外的岩体或其他建筑物遭到破坏，沿设计开挖线采用预裂爆破，选用的爆破参数为：孔径为90mm，钻孔间距100cm，线装药密度取400g/m，不耦合系数取2.8，预裂孔底部1m线装药密度1200g/m，顶部1m减半。

5 开挖爆破对高边坡的动力稳定影响分析

5.1 影响高边坡稳定的因素及造成滑动的成因与机制

开挖爆破对岩质高边坡的稳定问题是许多重要工程中亟需研究解决的关键技术问题。岩体高边坡的安全稳定问题不仅与地形地质条件有关，而且与开挖过程中采用的爆破技术和爆破方案有直接关系，评估岩体边坡的安全稳定性并提出相应的技术安全措施，则是高边坡开挖爆破动力稳定分析的重要环节。

5.1.1 岩质边坡的稳定条件

边坡的稳定性通常受不连续构造面，如断层、层面以及由应力状态所产生的局部破坏面与边坡面的组合控制。从岩体结构看，边坡要发生滑动破坏应具备两个条件：首先边坡破坏一定是沿层面发生；其次必须有一个切割面的最小抗剪面。因此，边坡的稳定性主要取决于结构面的产状、走向、倾向、倾角及临空面的空间关系。王快水库溢洪道岩体倾向上游，结构面走向与边坡走向斜交，且倾角较缓，仅20°左右，对边坡稳定是不利的，在开挖过程中发现的断层正处于开挖边坡交界面上，岩石破碎，开挖时将其清除，使边坡位于断层下盘，保证了边坡的稳定。

5.1.2 边坡变形机制

边坡的稳定性受边坡与岩层的相互关系、顺坡向软弱结构面发育程度及强度控制。开挖施工时，坡脚的开挖深度常大于坡顶，滑坡体前部赖以阻滑的部分岩体被挖掉，不均衡减载破坏了边坡局部平衡。开挖后边坡内部不利于稳定的软弱结构面或组合面暴露于坡面或处于边坡变形的敏感部位，尤其坡脚开挖时对缓倾角岩体切断层面，降低岩体整体性，若有侧向临空面或地质构造，侧向应力被消除，岩体应力产生新的调整，形成垂直边坡走向的拉应力，造成滑坡所具备的边坡条件。这种拉应力将产生平行于边坡的张裂缝，在一定外界诱发因素下，岩体则将沿某一弱面滑移或剪切错动，因结构面上内聚力和抗摩擦阻力均小于岩体强度，变形破坏则

以软弱结构面为突破口而发展。

5.1.3　爆破对边坡动力稳定的影响

岩体地质条件本身提供了某种潜在的破坏可能性，施工与外部环境和边界条件变化则是外部诱发因素。爆破开挖对边坡稳定的影响有两个方面：一是开挖形成的新边坡，改变了原地形及覆盖层与坡脚的约束边界条件和力学平衡条件。开挖后的岩体卸荷作用不仅产生水平与垂直位移，还使边坡结构及相互间力学关系也发生变化，尤其当开挖面切断层理时，形成下部临空面，产生滑动破坏的几何条件。二是爆破振动荷载的振动作用对边坡稳定产生不利影响，不仅爆破振动产生的惯性力增加了岩体下滑力，而且由于频繁的振动影响也会造成岩体中原有裂隙的松动、错动与扩展，降低了结构面的力学强度，加速了滑体的蠕动过程，阻滑力减小导致结构体沿优势产状失稳、滑出或剪出。

研究边坡稳定影响时，爆破地振波的传播特征是研究的主要内容。爆破对边坡的影响程度与范围主要与爆破规模、爆源距离、起爆顺序和地质条件有关。爆破技术是人为的也是可以控制的，爆破设计方案的基本前提应当不破坏基岩，不降低滑动面的抗剪指标，尽量不改变边坡的力学平衡条件。根据边坡已有层理弱面形状、方位、倾向，先查明滑面特征位置，估算滑面抗剪指标，判定可能产生滑动的岩体部位与方向，根据允许影响的程度确定爆破规模，制定爆破方案以及施工开挖程序，为尽量减小爆破振动影响应缩小梯段爆破台阶高度，减小炮孔直径与孔深，减小每个炮孔所负担的岩体体积，尽量增加分段，减小单段药量及总装药量，并根据实际地形地质条件调整爆破参数和装药结构，并采取其他有效措施，避免爆破振动直接诱发边坡的破坏。

5.2　岩质高边坡开挖爆破动力稳定分析方法

5.2.1　安全稳定分析

岩体高边坡的稳定分析计算有静态的极限平衡法、动力有限元法、离散元法等方法，但由于爆源特性的复杂以及岩体材料各向异性、不均匀性、动力特性的差别造成爆破地震波的传播过程是复杂多变的，加之边界条件和岩体的本构关系等问题，准确的模拟爆破荷载和地质条件进行动力分析将是非常困难的，从工程角度出发，有限元法可以估算岩体内的应力应变状态，确定潜在滑面的位置，而岩体的稳定分析计算通常应用极限平衡法来进行。

极限平衡法是目前国内外设计与施工单位判断岩体稳定性常用的方法，用滑移面上摩擦力和凝聚力作阻滑力，滑体在自重和外来惯性力作用下在极限状态建立平衡方程式，根据抗滑力与滑动力比值作标准判断边坡是否失稳。进行动态分析时，除考虑到静力条件外，还应将地震波参数（如波长、频率、相位差）引入到分析方法中，根据岩体的动力特征和动应力在岩体中的分布规律，将爆破振动引起的动荷载通过动载系数折算成等效静荷载参与稳定分析，以此来评价边坡稳定。该方法物理概念清楚，计算方法简便，符合目前技术水平和工程实践，便于解决工程实际问题。

5.2.2　爆破荷载的计算

由于地震波是行进波，边坡岩体各部位所受到的地震力作用的分布是不一样的，存在明显的相位差，甚至会出现正负反相分布的情况，从而导致边坡整体所受到的爆破振动动力反应有所减小。因此，施加的爆破动荷载要考虑振动波长与边坡特征长度之间的相互关系，实质上，这是对爆破地震力作用下的瞬时加速度荷载进行拟静力化修正。爆破地震波的传播是随时间和空间而变化的，边坡体某部位所受到的振动加速度值达到峰值，而另一部位的加速度可能还未到峰值，对于不同空间位置的相位差影响，理论上可以通过多个谐波的幅值谱和相位谱的迭加来构成边坡各部位地震波形输入计算。

5.2.3　计算结果与分析

对王快水库工程边坡各个剖面进行了静态安全系数的计算，根据王快水库室内实验给出的抗剪强度，安全系数 K 为 1.52～1.79，如果将滑面向外移 10～15cm，安全系数最低降为 1.36。又用纯摩擦系数，即不考虑内凝力 C，进一步进行校核，上述各剖面安全系数最小值为 1.26，若将滑面位置向外侧移动 15cm，安全系数将为 1.01，整个岩体将处于临界稳定状态。表明只要严格控制爆破规模，采用正确的爆破技术、合理的工程防护措施，可以保证本工程的边坡安全。根据安全系数大小，优化爆破设计方案和爆破参数，调整施工顺序，针对实际情况，有效地采取加固措施，科学地指导施工。事实表明，在开挖爆破动力稳定分析指导下，王快水库工程边坡开挖得以顺利实施，说明对边坡问题的分析方法和采取的计算参数是合理有效的。

5.3　高边坡爆破施工的安全控制标准

我国现行的《爆破安全规程》（GB 6722—2011）未对高边坡开挖的安全控制指标作出具体规定，目前还没有一个精确的理论方法评估爆破对边坡动态稳定影响，重大工程只能按经验方法施工。岩体边坡的稳定不仅与地形地质条件有关，而且受到开挖中采用的爆破技术与爆破方案的直接影响。良好的爆破设计与施工即可高效率高质量开挖岩体，又可防止爆破对周围环境产生不利影响。

5.3.1　控制边坡稳定的安全判据

国内外工程界目前根据工程类比或现场实测岩体质点振动的速度或加速度进行统计分析，选其最大峰值作为安全判据，给出经验表达式。目前数值模拟计算方法发展很快，但边界条件的假定和采用各项力学参数的准确程度对这些方法的计算结果往往会有较大影响，而且安全控制标准难以确定。一般常取 10～20cm/s 作为边坡稳定的振速控制标准。

5.3.2　安全系数作控制标准

边坡安全稳定系数是判断边坡稳定性，确定边坡处理工程范围与程度的一项重要指标。边坡的安全系数需根据具体边坡的实际情况，分析影响边坡稳定安全系数的各种因素，类比同类工程实践经验综合分析确定。

根据安全系数 K 来评定边坡的稳定程度，$K < 1$ 边坡处于不稳状态，$K = 1$ 为临界状态，$K > 1$ 边坡处于稳定状态。对静态体系而言，$K < 1$ 意味着一定失稳，但从动态稳定来看，当爆炸荷载施加于有微裂隙的岩体表面时，应力强度因子不是立即上升到与材料临界断裂应力相对应的值，而是逐渐增加，先到达静态应力强度，然后上升达到动态应力强度，此过程中裂纹经历了启动和非稳定扩展阶段，应力不断集中，承载力逐渐降低，变形速度不断加快，有一个时间与空间发展过程，动力过程的发展与超载时间、超载量级及边坡允许破坏的程度有关。

爆破振动造成的地面振动也是往复循环的，地面振动加速度总是不断变化方向，在这一运动过程中，安全系数 K 会不止一次瞬间小于 1，由于运动方向与幅值都是随时间而变化的，虽然动应力瞬间多次达到动态破坏强度，一旦地面运动停止，产生进一步变形的力也就停止了，岩体的滑动呈现往返的或同一方向的间歇性滑移，瞬间失稳并不意味着最终失稳。此处取准静态的安全系数 $K = 1$，作为边坡稳定的临界判据实际上是偏于安全的，爆破振动对边坡安全稳定系数的影响控制在 5% 之内，不会影响边坡的整体稳定。

5.3.3　炸药量与安全距离作为控制标准

边坡工程确定之后地形地质条件也相应确定，岩体的内在特征是无法改变的，根据工程要求整体设计完成后，对施工单位而言就是如何选择良好的爆破方案，保证施工安全与质量。对爆破施工技术来讲，对边坡稳定影响最大的因素就是单段药量的选取和安全距离的确定。

我国目前颁布实施的爆破开挖有关规程、规范仅规定开挖爆破施工中，单段药量不大于500kg，没有涉及爆源距离和地形地质条件，适用性差。根据王快水库工程地形地质特点，结合施工进度、设备、场地条件等因素综合比较，确定单段药量为计算值的一半，取100kg，施工中采取预裂爆破，大大削弱主炮孔的振动对保留岩体的影响，保证边坡稳定，预裂孔的单段药量为不大于40kg，一般以10～15孔为一段，施工过程中未发现任何因爆破产生的坍塌问题。

6 保持边坡安全稳定的技术措施

边坡安全稳定治理措施总的原则是减少下滑力，增加阻滑力，具体的工程措施要根据本工程滑坡体实际情况与施工条件具体研究确定。对爆破技术而言，要根据边坡的实际地形地质条件和能允许的影响程度确定爆破规模和爆破方案，以及开挖空间顺序，既要高质量开挖岩体又要尽量减小爆破对周围环境产生不良影响。下面简要介绍本工程采用的爆破方案和相应的参数与工程措施。

（1）孔网参数。为尽量减小爆破振动影响，应降低台阶高度，减小炮孔直径和孔深，缩小孔网参数。本工程炮孔直径为90mm，正常情况下孔网面积一般为$10.5m^2$，本工程采用$6.25m^2$，减小单孔装药量，降低单段药量。

（2）减小单段药量。减小单段药量是减小振动影响范围与破坏程度的有效措施。严格控制爆破规模，减小每段起爆药量，不仅可以降低振动幅值，而且可以提高振动频率，频率高，衰减快，影响范围也减小，一般控制在100～150kg。根据开挖条件的变化要不断调整爆破参数，坡顶开挖覆盖层较厚时单段药量较大，随着开挖高程的降低，单段药量也相应降低，一般控制在100kg以下。

（3）增加起爆段数，采用合理的起爆顺序。王快水库工程采用非电塑料导爆管系统，孔内用6段毫秒雷管引爆，孔间用2段、5段低段位传爆，采用孔间顺序毫秒延迟爆破。

（4）合理起爆时差。毫秒延迟起爆技术可以保证破碎质量，又使两次起爆产生的地震波在同一空间位置迭加的不利影响最小。爆源距离愈小，振动愈大，对K值影响越大。爆源近区K值变化剧烈，爆心距的影响甚至比药量的变化更灵敏，因此沿设计边线开挖和坡脚爆破时，要充分采用保护边坡不被损害的技术措施，提高整体稳定性。王快水库工程施工时采用预裂爆破，以减少对保留岩体的破坏影响。

（5）针对不同地形地质条件不断调整爆破方案和装药结构，根据每个炮孔实际孔深、抵抗线和孔距，确定每孔实际装药量和堵塞长度，对施工过程中钻孔、装药、堵塞、起爆网路等各个环节加强检查、监督和施工管理。

（6）安全监测是确保爆破施工安全和质量的可靠技术手段。滑坡体的形成都有从渐变到突变的过程，可以在岩体表面设监测点，监测边坡的整体稳定。关系重大的地方（如易产生滑动剪出的层面）进行重点监测，也可在岩体内部设点，内外结合，局部与整体结合，保证资料完整连续。根据监测资料及时整理与综合分析，一方面将爆破振动控制在允许范围内，另一方面可根据信息反馈优化爆破设计，指导爆破施工，检验加固措施的合理性和有效性。王快水库历次爆破，距爆源10m处测得岩体最大质点振动速度为3.68～4.27cm/s，振动最大加速度为0.265g，最大规模的总药量为40.97t，单段最大药量为100kg，远低于安全控制标准。在5个剖面进行变形观测结果表明，各剖面测点距离月平均收敛量在±1mm范围内，历时一年之久的观测结果为岩体各测点间距相对于第一次读数最大收敛量仅1mm，边坡变形甚微，稳定性好。

7 高边坡爆破开挖效果

由于设计的爆破方案合理，选择的爆破参数正确，采取的工程措施有效，在施工过程及后续运行中未见任何滑坡或坍塌，确保了工程开挖质量和生产安全。

参 考 文 献

[1] 刘治峰，张戈平，等 . 大型病险水库除险加固控制爆破技术［M］. 北京：中国水利水电出版社，2011.

[2] 中国工程爆破协会 . GB 6722—2011 爆破安全规程［S］. 北京：中国标准出版社，2012.

露天煤矿爆破作业安全管理的探讨

刘建国

（葛洲坝易普力新疆爆破工程有限公司，新疆富蕴，836100）

摘　要：本文分析了露天煤矿爆破作业安全管理的重点，提出安全管理的根本点是提高作业人员安全意识，切入点是强化现场安全管理、监督控制作业过程、完善应急预案，介绍了一些行之有效的管理方法。
关键词：爆破作业；意识；过程；应急预案

Open-pit Coal Mine Blasting Operation Safety Management

Liu Jianguo

（Gezhouba Expl Xinjiang Blasting Engineering Co., Ltd., Fuyun Branch, Xinjiang Fuyun, 836100）

Abstract：The focus of the open – pit coal mine blasting operation safety management are analyzed, puts forward the basic point of safety administration is to improve the operation personnel safety consciousness, entry point is strengthening the safety management, supervision, control process, improve the emergency plan, introduced some effective management methods.
Keywords：demolition operations；consciousness；process；the emergency response plan

　　爆破作业的高度危险性决定了其必须要有严格的行政管理要求。爆破作业的单位应取得相应资质，并按照其资质等级承接爆破作业项目；爆破作业人员也应取得相应资格，并按照其资格等级从事爆破作业。从事的爆破作业必须属于合法的生产活动；作业单位必须有健全的安全管理制度和岗位安全责任制度；设置技术负责人、项目技术负责人、爆破员、安全员和保管员等岗位，并配备足够的相应人员；自有爆破作业相应的专用设备。

　　露天煤矿爆破作业比一般岩土露天爆破作业更加危险，如可能发生煤层着火、高温煤层爆炸事故、粉尘爆炸等等，所以露天煤矿的爆破作业应该更加严格地进行安全管控，除了遵守爆破作业的行政管理程序和要求，还应加强企业内部安全管理。

　　经过几年的探索，在加强企业内部安全管理方面，提高员工安全意识是有效保障安全工作的根本点，应切实管理好现场作业人员、机械车辆装备和民用爆炸物品，控制好"三工"活动等过程，还应完善应急预案，增强应急处置能力，预防救援不力而扩大事故损失。

1　意识决定行为，提高安全意识是根本

　　根据事故统计分析，90%的事故是由于直接违章所造成的，尤其突出的是，这些违章大都

刘建国，工程师，beijing11808@126.com。

是频发性或重复性的出现，也就是所谓的习惯性违章。习惯性违章实质上是一种违反安全生产工作客观规律盲目的行为方式，或没有认识，或随心所欲，但都习以为常，习惯成自然，危害性极大。究其原因主要有因循守旧，麻痹侥幸；马虎敷衍，贪图省事；自我表现，逞能好强；玩世不恭，逆反心理，但都可归结为思想意识出了问题。意识决定行为，因此，如何提高员工安全意识，是我们做好安全工作要解决的问题，也是一个重要问题。通过实践证明，开展丰富的安全活动，逐渐形成特有的安全文化，可以促进提高员工安全意识。

（1）开展活动的影响范围大，可以营造良好的氛围。开展应急演练活动，除本公司员工有演练任务外，还有社会协作单位和相关方人员、上级领导的参与。在这样一个大环境的压力之下，能够激发员工的表现欲望。在欲望的驱使下，员工便会自觉、主动地去学习相关应急处置知识，提高安全意识。

（2）开展活动的方式非常灵活，可以发挥主观能动性。开展"我为安全献一计"的活动，安全专题讨论活动，安全经验交流活动，征集安全管理合理化建议和安全征文活动，积极发挥员工主观能动作用，提高安全意识。

（3）开展活动的互动性强，可以增强员工之间的感染力。开展事故大讨论活动，员工的发言相互推动大家激烈的争论，针对可能的事故原因及违规行为，纷纷提出自己的看法，并举一反三，提出防范自身发生事故的措施，提高安全意识。

（4）开展活动能够形成外部监督压力，可以增强员工的责任感。开展亲情教育活动，发挥员工家庭和社会的监督力量。通过凝视家人的照片、诵读亲人的安全寄语，用父母的嘱托、妻子的希望、儿女的期盼来感化员工的心灵，增强员工家庭责任感，提高安全意识。

（5）开展活动生动鲜活，可以提高受教育者的积极性。开展安全辩论赛，比如将"生产组织中应以保障安全为第一要务或生产组织中应以完成生产为第一要务"等现实的问题摆到桌面，员工引经据典地证明自己的观点，通过辩论明白事理，提高安全意识。

（6）开展活动常态化，可以形成特有的安全文化。每年都固定的开展安全文艺汇演等各种安全活动，活动中产生安全文化，安全文化又反作用于员工的意识，能够增强员工特别是新员工的安全意识。

2 现场管理见实效，管好现场是基础

现场安全管理主要包括作业人员的管理、施工机械车辆装备的管理、民用爆炸物品的管理。人、机、物的管理，可以说归根结底都是对人的管理。因为现场施工机械、车辆、装备的指挥、管理和民用爆炸物品的流向管理最终是由作业人员来实施的，分析事故原因，通常是由人的不安全行为和物的不安全状态造成，但进一步分析物的不安全状态，不难发现，其实物的不安全状态都是由于人的意识不到位、责任心不强或专业知识不足、不具备相应技能资格，导致违章操作或管理不善造成的。

2.1 作业人员的管理

作业人员的安全意识、责任心是需要在企业安全文化的氛围中长期熏陶逐渐培养的，不能一蹴而就。

作业人员的专业技能、素质能力是需要经过专业的培训机构培训考核合格和经过具有丰富经验的师傅传带才有的。所以作业人员上岗前，必须严格审核其相应的素质能力。爆破技术人员、爆破员、安全员、材料员、驾驶员、现场负责人等都要经过培训取得相应资格，钻机操作工、辅助工等都应经过公司培训考核合格才能独立上岗。为便于识别，加强现场管理，对符合

上岗要求人员统一发放工作卡，在现场作业人员必须持有工作卡，未持工作卡者不得进入施工现场。工作卡按现场管理人员、作业人员、外来检查参观人员进行分类，分别持不同颜色的工作卡。工作卡管理模式还易于实现现场所的定员管理。员工工作卡正面有持卡人的姓名、工种岗位、工号、照片，检查参观工作卡背面写明入场须知，要求佩戴之前必须仔细阅读，相当于对入场者进行入场前的安全交底。进入施工现场的作业人员必须正确劳保着装，佩戴安全可靠的安全帽，穿棉质防静电的工作服，工作服上有明显的反光条。

2.2　施工机械车辆装备的管理

严格要求机械（如钻机、空压机）操作人员按标准、规范要求做好设备每天开机前、作业中和停机后"一日三查"的例行保养工作，发现问题和隐患及时予以排除，从而有效避免机械设备的超负荷长时间运转与带病作业。特种设备（如混装炸药车、民爆物品运输车）必须经技术检测部门检测合格取得合格证后才能投入使用。机械上的各种安全防护装置和监测、指示、仪表、报警、信号等自动装置必须完好齐全，有缺损时应及时修复。安全防护装置不完整或已失效的机械严禁使用。

在作业区域内划定停放位置，供施工机械、车辆有序停放，避免与作业现场其他相关方（如挖装运输设备车辆）交叉产生危险源。机械、车辆需在作业区域行走时，现场设专人指挥，指挥人员站在安全处，确认符合安全条件后方可发出指令。机械、车辆启动前应鸣笛示意。

2.3　民用爆炸物品的管理

制定电雷管、导爆管雷管、导爆索、导爆管、起爆具、成品乳化炸药、现场混装乳化炸药、现场混装铵油炸药、硝酸铵等的验收标准，规定了对其入库前和使用前的检验方法，如雷管的管体有无压扁、破损或锈蚀的现象，加强帽有没有产生歪斜，导爆管内是否有异物堵塞或是有折伤、油污以及穿孔等。对电雷管电阻值进行测试，硝铵类炸药是否有吸湿结块现象，乳化和水胶炸药是否稀化或变硬。防止使用不合格的民用爆炸物品产生危险。

对爆破作业区域进行封闭管理，严禁与作业无关人员进入作业区。设专人保管、维护起爆器，避免非正常使用发生早爆事故。

爆炸物品管理的重点是流向管理，难点是作业现场的流向管理。作业现场的爆炸物品管理最容易出现问题，发生流失事件。到达作业现场的爆炸物品，经材料员分发给爆破员，同时材料员应记录清楚每名爆破员领取的品种和数量。除了加强操作过程的巡视检查外，装药结束后起爆前还要核对爆炸物品的设计使用量、实际使用量、剩余量，做到万无一失。

3　过程决定结果，严控过程是关键

要想达到好的安全效果，必须重视作业的过程。比如"三工"活动过程、现场技术支持过程、火区爆破作业过程、盲炮处理过程等等，有管理过程也有作业过程。

3.1　"三工"活动过程

"三工"活动就是以班组为单位，工前熟知生产任务内容和作业环境，辨识危险源，交代施工生产任务、安全注意事项、施工技术措施，工中检查安全防护措施落实情况，工后总结生产安全情况，持续改进安全管理措施的一种安全活动。其中，工前交底非常重要，因为其实质就是针对爆破作业的特点和作业环境，以其危险性为对象，以作业班组为基本组织形式而开展的一项安全教育和训练活动。班组长牵头，全员参与，对本岗位范围内的不安全行为和不安全状态进行查找、评估、整改，使事故隐患能早期发现，及时整改，防止事故的发生。

3.2　现场技术支持过程

既然爆破作业属于高危险作业，就应该技术先行，以技术保安全。大家知道，露天爆破作业现场的环境是随着施工进展随时变化的，如因为挖装的程度不一样，爆破作业区的前排抵抗线可能会发生变化，与爆破设计不一致等。这就需要爆破工程技术人员在施工现场随环境的变化及时适当地变更设计，所以爆破工程技术人员必须要在作业现场。严格执行领导带班制度，项目生产经理、总工程师等也必须在作业现场，便于及时审批设计变更，保障技术安全可靠。

3.3　火区高温煤层爆破作业过程

制定煤层露天爆破作业防灭火规程、高温煤层爆破安全操作规程，对火区高温煤层爆破作业过程进行详尽地规定。提前对作业区域进行洒水降温；控制单次爆破规模，当天钻孔当天爆破，高温炮孔数量不得超过 15 孔，安排专人跟踪、记录钻孔过程，并做相应标识；先发放正常装药炮孔爆破器材，在高温处理孔装药前再发放高温孔爆破器材；不断测试炮孔温度做好记录，对比高温孔温度反弹情况，确保药包内温度不超过 80℃；炮孔内灌水降温或采用石棉织物、海泡石等绝热材料严密包装阻隔爆炸物品；按从低温孔到高温孔，从易装孔到难装孔的顺序装药；装药至起爆的总时间不超过 30min；发现炮孔逸出棕色浓烟等异常现象时，应立即报告爆破指挥人员，迅速组织撤离；警戒区域内人数不得超过 9 人；严禁用煤粉、块状材料或其他可燃性材料作为炮孔堵塞材料；禁止使用普通导爆索。

3.4　盲炮处理程序

爆破作业发生盲炮是不可避免的，盲炮的处理存在极大的危险性，因为许多爆破条件发生了改变，如抵抗线发生改变、起爆器材是否有效等等，存在许多需重新评估的安全风险。除有过硬技能的爆破工程技术人员和有经验的爆破员外，还应严格按《爆破安全规程》规定的程序进行操作。必须经过慎重的评估和审批后才能组织作业。

4　完善应急预案，增强应急处置能力

完善应急救援体系，提高事故救援和应急处置的能力。出了事故，最快地进行反应，而且采取最有效的处置方式，在事故发生的初期能够采取有效的措施，不但可以避免某些事故的发生，而且可以极大地降低事故损失，同时要减少由于事故发生之后引起的一些社会影响，包括有效地引导舆论。增强应急处置能力的关键是要切实开展应急演练活动，应急演练可以提高应急预案的可操作性，让员工熟悉各自的职责和避灾路线、自救互助的方法，保证应急预案启动时发挥应有的作用。现场应急演练还可以检验预案、宣传预案。

露天煤矿爆破作业的事故主要有：早爆事故、拒爆事故、飞石事故、振动事故、空气冲击波事故、毒气中毒事故、因爆破引发的次生事故，次生事故如塌方事故、滑坡事故、高边坡坠落打击事故、交通事故等。事故产生的原因主要有：起爆器管理不好，误操作；邻近多爆破作业区域未统一指挥，先爆破区域对未爆破区域产生危害；爆炸物品质量不合格，发生非正常爆炸或拒爆；盲炮处理不当或打残眼；炸药运输过程中强烈振动或摩擦；装药设计工艺不合理或违章作业；警戒不到位，信号不完善，安全距离不够；非爆破员作业；民爆物品库房管理不善；爆破后过早进入作业面；作业人员靠近边坡坐、卧、行走；车速过快；车辆设备行走未听

从指挥等等。可能发生事故的作业场所主要有：炸药库、运送炸药的道路上、爆破作业的工作面等。

　　总之，露天煤矿爆破作业环境复杂，危险源多，其安全管理工作任重而道远。我们要以高度的责任感和使命感，提高警惕、求真务实、开拓进取、勇于创新、大胆管理，建设安全文化熏陶人的意识，管理好人、机、物，控制好作业过程，就一定能保障良好的安全管理效果。

参 考 文 献

[1] 中国工程爆破协会. GB 6722—2003 爆破安全规程[S]. 北京：中国标准出版社，2011.
[2] 公安部治安管理局. GA 990—2012 爆破作业单位资质条件和管理要求[S]. 北京：中国标准出版社，2012.
[3] 许晨，李克明，李晋旭，等. 露天煤矿高温火区爆破的安全技术探究[J]. 露天采矿技术，2010，4.

浅谈爆破安全监理工作思路和几点心得体会

应 俊

（浙江高能爆破工程有限公司，浙江杭州，310012）

摘 要：本文根据近年来的爆破安全监理实践和调研材料，提出了爆破安全监理的基本概念，浅议爆破安全监理工作的流程、内容和一些心得，并提出了利用信息技术和 3G 网络建立爆破工程管理系统，帮助展开监理工作的新的发展思路。

关键词：爆破工程；安全监理；信息技术；3G；管理系统

Discussion on Some Experiences and Thoughts on Blasting Safety Supervision Work

Ying Jun

（Zhejiang Gaoneng Blasting Engineering Co., Ltd., Zhejiang Hangzhou，310012）

Abstract：In this paper，according to the blasting safety supervision practice and research materials，the paper put forward the concept of blasting safety supervision，the blasting safety supervision work process，content and some experience，and proposed the establishment of management system for blasting engineering using 3G and information technology，the new development ideas to help the expansion of supervision work.

Keywords：blasting engineering；safety supervision；information technology；3G；management system

1 引言

随着我国经济的快速发展，大量建设施工项目不断地上马，爆破技术作为建设工程的重要技术手段得到广泛应用。以使用炸药等火工品作为能源的爆破工程具有以下特点：

（1）不可逆性，爆破作业一旦出现质量事故，无法回到施工前的状态，也无法补救，甚至会造成整体工程的失败。

（2）高危性，炸药等火工品在生产、运输、使用过程中稍有不慎即会引起人员伤亡的重大安全事故。

基于以上特点，近年来国内对一些重大爆破工程逐步推行爆破安全监理，并取得了较好的效果。

2 爆破安全监理的基本概念

笔者根据调研和实践，提出爆破安全监理的基本概念。爆破安全监理是指爆破施工中对人

应俊，工程师，q80786602@qq.com。

的不安全行为、物的不安全状态、作业环境的防护及施工全过程进行安全评价、动态监控管理和督查，并采取法律、经济、行政和技术的手段，保证爆破施工符合国家安全生产、劳动保护等相关法律、法规、规范和规程等，制止建设行为中的冒险性、盲目性和随意性，督促落实各级安全生产责任制和各项安全技术措施，有效地杜绝各类事故隐患并把安全控制在允许的风险范围以内，以实现安全生产。

3　爆破安全监理主要工作流程及要点

3.1　监理进场的准备工作

（1）向当地县级公安部门备案，备案材料主要包括：监理合同、监理单位资质证书、监理人员资格证书、人员任命文件、监理公章启用文件等。

（2）根据总监编制的《监理规划》编制相应的《监理实施细则》，其主要内容包括：1）工程概况；2）监理工作目标和工作范围、内容；3）监理依据；4）监理组织；5）工程安全控制；6）工程质量控制；7）专用监理表格。

3.2　审查施工单位资质

（1）审查爆破施工资质，如建设部核发的爆破施工资质、公安部核发的爆破施工资质等，严禁超范围、超越等级、无资质施工。

（2）审查施工单位提交的"安全生产许可证"、"爆炸物品使用许可证"、"爆炸物品购买证"等。条件不具备者不得开工。

（3）审查爆破作业人员上岗证。爆破技术人员必须持有公安部核发的"爆破工程技术人员安全作业证"，爆破员、安全员、保管员、押运员必须持有当地公安机关核发或认可的上岗证。

证书的有效期以及年审记录等内容往往容易被忽视，应引起监理人员重视。

3.3　审查爆破设计方案

当前，总体爆破设计方案在公安部门审批前均已进行了爆破公共安全评估，只要根据《爆破公共安全评估报告》的要求执行即可。在每次爆破前施工单位都要将爆破的基本情况以爆破申请书的形式上报给监理机构，经监理工程师认可后方可进行爆破作业。上报的内容主要包括：爆破作业的位置、时间、爆破参数、预计火工品使用量、安全警戒范围、警戒人员配备等。

实际操作中，由于种种原因，一些项目往往是先进行爆破后补交爆破申请书，使爆破申请流于形式。广大监理人员应坚持原则，严禁施工单位未经批准擅自爆破，将审查许可制度落到实处。

3.4　主持、参与爆破专题协调会

（1）爆破前首次会议由业主召集监理和施工单位有关人员、爆区周围邻近单位代表、居民代表参加爆破安全协调会，通报爆破实施情况、爆破时间、爆破警戒范围、警戒信号，以及在施爆期间对临近单位、居民的要求，监理人员应积极配合业主的工作。

（2）不定期的主持召开专题协调会，协调处理爆破过程中出现的问题。

3.5　现场巡查和关键工序的旁站

现场巡查和关键工序的旁站是爆破工程审查中不可缺少的环节，通过实地查看可以发现报

表不能反映的问题，是减少爆破事故发生的有效措施。现场巡查和旁站时应重点注意以下几点：

（1）参与设计且具有相应作业级别和范围的爆破工程师须到场指挥（至少一人）。

（2）作业人员是否持证上岗，数量能否满足施工要求。

（3）所有材料（包括爆破材料和防护材料的品种和数量）是否与设计相符，材料是否合格，是否过期。

（4）雷管发放是否按设计进行，每孔装药量、装药品种、堵塞长度、堵塞材料、联网、防护措施是否都符合设计要求。

（5）现场环境发生变化时（如抵抗线发生改变），及时要求施工单位爆破工程师对爆破参数进行微调，以保证安全。

（6）爆破警戒时，警戒距离不得小于设计方案的要求，警戒人员数量应满足需要。

（7）火工品现场临时存放必须在指定位置，由保管员看管，并设置警戒线，领用退库按要求登记造册。

一般情况下，《爆破安全规程》（GB 6722—2003）和《爆破公共安全评估报告》是爆破安全监理工作最基本的标准和依据，开工前监理人员必须熟练掌握，在现场的管理中才能做到有理有据。现场旁站工作复杂而繁琐，往往条件艰苦，需要监理人员带着耐心和责任心才能把工作做好，不要因为麻烦草草走个过场，那就失去了监理的意义。

3.6　资料的存档

爆破安全监理需要存档的资料包括：

（1）施工单位提交的资料：施工合同、企业资质和人员资质材料、爆破公共安全评估报告、施工组织设计、每次爆破申请书、爆破效果评定表、工程联系单、竣工验收报告等。

（2）监理单位资料：监理日记、旁站监理记录、监理工作联系单、监理工程师通知单、会议纪要、火工品台账等。

（3）业主及第三方提供的资料：工程地质报告、爆破振动检测报告、部分图纸、工作联系单等。

（4）爆破安全监理总结资料（汇总）、业绩证明。

3.7　组织协调工作

组织协调工作虽然不属于爆破安全监理直接的工作内容，但是充分发挥组织协调的作用能够使实际的监理工作能够更加顺利的展开。

监理人员主要组织协调的内容有：

（1）建立项目监理组织机构，和公司各职能部门建立良好的沟通机制，使整个团队处于和谐、团结的气氛运行。

（2）根据项目需要向公司争取人员、设备、费用等多方面资源的支持，以便更好地展开工作。

（3）与业主加强沟通取得最大限度的支持，协调业主与相关各方的关系，及时汇报监理工作，并适时地提出合理的意见和建议。

（4）做好与施工单位的沟通协调，第一时间掌握工程的第一手信息。

（5）建立与政府管理部门如公安、安监等部门的沟通渠道，接受监督检查，汇报安全监理工作，提供专业技术支持等。

组织协调工作不仅需要监理人员具备过硬的专业知识技能，还对组织管理能力、沟通能力、语言表达能力提出了较高的要求。监理人员在实际工作中往往感觉上述几方面能力有所不足，这需要在长期的监理工作中有意识地培养，比如多了解一下各单位的办事流程、制度，空余时间多和各单位的人员交谈，学习对方的经验，一起参加活动加强人际关系等等。总之，监理人员需要在长期监理工作中慢慢培养起各方面的能力，以便更好地完成以后的监理工作。

4 爆破安全监理工作的几点新思路

当前，公安部门作为爆破施工的主要管理部门之一面临着工作量大、人员有限的矛盾。一般情况下，一个县级公安局只会设置一个民爆专管员，有的地方甚至是其他岗位的民警兼任的。民爆专管员不但要负责辖区内爆破工程（炸药使用）的审批，还要对在建项目进行跟踪管理，另外还要定期向上级汇报，爆破项目较多的时候，自然无法对各个项目形成有效的监管，对项目的了解基本就是通过有限的几次现场巡查和与爆破监理人员的沟通。

那么，如何解决这个问题呢？随着互联网和信息技术的快速发展，在这里提出一条技术上较为可行的发展思路。可以开发一套管理系统软件，帮助公安部门实现对爆破项目的实时动态管理。该系统工作可以由公安系统主导，施工单位实施，监理单位辅助来共同完成。施工单位技术人员和爆破监理工程师在当天爆破结束后各自通过网络登录系统（输入端账号）录入上传当次爆破相关信息（施工和监理录入的信息各自有侧重点），如：项目名称，设计施工、评估、监理单位，爆破日期，参与施工人员，监理人员，爆破位置，装药开始时间，起爆时间，主要爆破参数，火工品消耗台账，现场查出的问题，问题整改情况，爆后效果评价，事故信息，施工过程相关影像资料等。各级公安部门管理人员可以随时登录管理系统（输出端账号）查阅辖区内各个爆破施工项目的运行情况，对问题比较突出的项目可以进行实地巡查。如图 1所示。

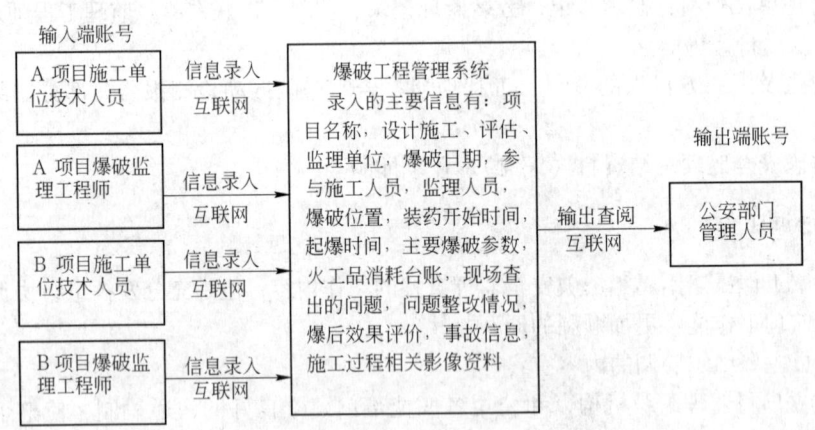

图 1　爆破工程管理系统工作原理

Fig. 1　Blasting engineering management system working principle

对于 3G 信号已经覆盖的地区，还可以做到对象对视频影像资料的实时传输（见图 2）。目前具备这种功能的设备已经问世，可由监理人员在现场架设设备，自动拍摄，当公安部门需要调取该项目的现场实时动态的时候，可以向设备发送传输指令，设备通过 3G 网络实时传输现场影像资料，每小时消耗流量约 100M，平时不调取视频的时候，视频资料则储存在储存器中，事后由监理人员保管或者上传到管理系统，不会产生 3G 信号流量。通过这套设备，公安部门可以在办公室内完成对辖区内所有的爆破施工现场的巡视和管理跟踪。

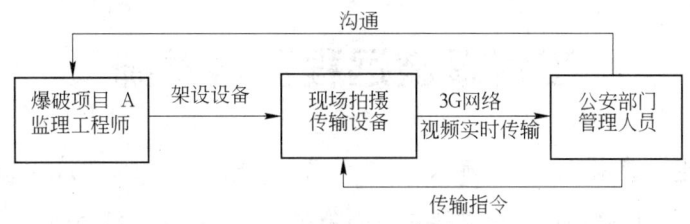

图 2 施工现场监控影像实时传输示意图

Fig. 2 The construction site monitoring image shown transmission intent

开发上述管理系统不但大大降低了公安部门的工作量,提高工作效率,使管理做到了全覆盖,还有助于爆破安全监理人员和公安部门建立更加紧密的信息沟通渠道,对爆破安全监理工作的展开具有积极地促进作用。

5 结语

爆破安全监理制是工程管理体系中的一个新内容,它的实施无疑是对保证爆破安全和爆破工程项目管理效果的一种先进的、科学的管理手段。实践表明,实施爆破监理对积极推广新技术、提高行业管理水平,有效地消除和控制爆破工程中的危险、有害因素,确保工程质量,为爆破产业创造一个有序、安全的发展环境起了重要作用。本文所述内容贴近生产一线实际情况,具有较强的实用性,希望对各位同仁的工作有所帮助,作者水平有限,不足之处请指正。

参 考 文 献

[1] 满建新,邵玉刚.浅述爆破工程安全监理[J].爆破,2004,21(2):86.

[2] 张道振,屠欢根,李运喜,等.浅谈组织协调在爆破安全监理中的作用[J].工程爆破,2011,17(1):93~94.

[3] 赵超群.爆破工程师及爆破监理工程师安全生产责任初探[J].工程爆破,2005,11(1):79~81.

[4] 张道振,何华伟,章福全.监理在爆破施工安全中的作用[J].爆破,2007,24(4).

[5] 张道振,何华伟,唐小再.浅谈爆破工程安全监理存在的问题及对策[J].工程爆破,2008,14(3).

[6] 何华伟,张道振.高耸建筑物拆除爆破安全监理实践[J].工程爆破,2009,1.

工程爆破远程测振系统

曲广建　朱振海　黄新法　江　滨　梅　比　张怀民　涂鹏程

（广州中爆安全网科技有限公司，广东广州，510515）

摘　要：文章系统地介绍了工程爆破远程测振系统的组成、主要功能、使用条件和使用方法。利用该系统，爆破测振单位可以方便地对爆破振动进行测量和记录以及长期保存数据，其他研究人员可以对测振数据进行挖掘、总结、提炼，促进爆破理论研究的发展。与系统配套的网路测振仪实现了一台主机（控制器）控制多台子机（传感器）的功能，创造了一款全新的数字化网路测振仪。

关键词：工程爆破；远程测振；振动台；标定（校准）；大数据

Engineering Blasting Remote Vibration System

Qu Guangjian　Zhu Zhenhai　Huang Xinfa　Jiang Bin
Mei Bi　Zhang Huaimin　Tu Pengcheng

（Guangzhou China Blasting Safety Net Technology Co.,Ltd.,Guangdong Guangzhou,510515）

Abstract：This paper systematically introduces the composition, main function, using conditions and methods of the engineering blasting vibration system. By using this system, blasting measuring-vibration units can conveniently to measure and record the blasting vibration, and save the data for a long time. Other researchers can dig the vibration data, summarize, refine and promote the development of blasting theory research. The instrument of network vibration matching the system implements a host instrument (controller) to control many counter machines (sensor). This create a kind of new instrument of digital network vibration.

Keywords：engineering blasting; remote vibration; vibration table; calibration; big data

1　引言

　　2009 年初，中国工程爆破协会在制订工程爆破行业"十二五"发展规划中提出了数字爆破发展思路，这给爆破测振研究工作提出了数字测振的新要求。

　　工程爆破远程测振系统的建设严格遵循中国工程爆破行业"十二五"科技发展规划的总体思路，把先进的云计算技术应用于爆破振动监测，远程校准和大数据技术的实际应用可为爆破企业提供优质服务，解决爆破测振行业信息化、精细化、网路化、可视化、数字化等难题。该系统对于促进工程爆破测振技术的发展、解决工程爆破行业的数字信息及其他电子文档的存

　　曲广建，教授级高级工程师，zrbp@163.com。

储、检索、比对、查询等数字信息处理业务，实现海量存储及数据深度挖掘，促进工程爆破理论研究等具有重要意义。

2　爆破测振研究存在的主要问题

2.1　测振仪器标定（校准）监督机制不健全

至今，爆破行业尚没有建立起适用于爆破振动测试工作的行业标准，导致不同的单位选用的传感器、记录仪不同，现场安装传感器的方法不同，各位专家对采集信号处理的方法不同，提供的测振报告格式、可供其他专家评判和参考的数据不同等。特别是在大多数情况下，不能全面提供所使用的测振仪器标定（校准）时间、标定（校准）结果，不提供爆区岩土力学性质及传感器安装方式、条件等。

没有建立行业级的爆破标准振动台及"标定中心"，无法对各单位测振仪器和测振系统进行标定（校准）和监督，难以保证测振数据结果精确、可靠。

2.2　传感器、记录仪的标定（校准）数据没有备案管理和数据共享

由于各研究、工程单位的测振数据是分散保存的，且没有统一的格式（标准），加上测振仪器、系统的标定（校准）没有进行备案管理，工程爆破行业没有建立海量数据存储系统集中保管测振数据，爆破测量工作结束后，各测振单位保存自己获得的数据。当研究人员想借用参考某单位的测试结果时，他们往往会以数据保密为理由，不愿意向其他单位研究人员提供数据，这直接导致各单位测振数据不能有效地共享。

目前，已经发表的绝大部分与爆破测振有关的文章中，作者一般只给出测振记录的典型波形和主振频率、振幅、持续时间，而不给出传感器标定（校准）的信息，比如，什么时候标定或校准的，在什么振动台上标定的，用什么校准仪校准的，标定或校准的结果是多少，传感器特性有没有变化等，这就无法让同行在类似的条件下进行爆破测振时参考和研究。大量的测试数据不能用来归纳、提炼，建立适合我国情况的爆破振动计算公式，造成大量科技资源浪费。

2.3　影响爆破理论和爆破新技术研究的发展

众所周知，爆炸应力波一般在土岩、工程结构中传播，土岩也好、工程结构也好，其"本构关系"十分复杂，单靠理论推导、计算机辅助计算是难以推动爆破理论发展的，必须借助于大量实验（试验）、测量（测试）结果的归纳和提炼，寻找或者确定爆炸应力波在不同介质、不同条件下传播的规律。

由于爆破地震波传播介质及爆区环境的复杂性，加之爆破地震波本身传播的随机性和非平稳性等特征，使得经验估算结果与现场实际爆破振动响应存在较大的误差，经常出现一个工程爆破项目中如果有两家单位同时对爆破振动进行监测，其测量记录、数据处理的结果会有较大的差异。这些问题一直困扰着工程爆破测振工作者，也严重制约了我国工程爆破行业的发展。

3　工程爆破远程测振系统介绍

3.1　研究方法

工程爆破远程测振系统是将工程爆破安全技术与信息技术、云计算技术、大数据管理技术相融合而研发的，是在规范和研究现有爆破测振仪器设备及其现场安装方法、标定和校准方法、数据采集-传输-处理方法的基础上建设的。利用智能感知技术、身份识别技术，实现爆破

振动信号的实时记录和远程传输（传入测振中心数据库），使得记录到的爆破振动波数据不受当地（包含过程中）人为因素的干扰，提高了测试数据的客观性和实时性，方便除测振单位以外的任何学者共享、研究和参考。将工程爆破行业的仪器信息、标定信息、校准信息、测振信息进行统一备案、存储、关联、溯源，全面提升了数据信息的可利用性、可研究性，丰富了工程爆破理论研究的数据基础。利用远程校准技术实现了测振仪灵敏度的远程校准，校准波形与标定波形的远程对比分析，确保重大爆破项目的振动测试数据准确性、可靠性。利用移动互联网网路推送技术可向公安监管部门、工程监理单位、工程建设单位等相关单位、个人发送爆破振动量值超出安全范围的提示信息和波形，便于多方齐抓共管，及时发现安全隐患，降低爆破安全事故的发生概率。

3.2 远程测振系统组成

工程爆破远程测振系统依托"中国爆破网"，由"工程爆破云计算中心"、"工程爆破远程测振中心"、"工程爆破振动测试标定中心"及网络测振仪、数据交换器、远程校准仪、工程爆破远程测振软件系统、移动中国爆破网等设备、软件系统组成。工程爆破远程测振系统的网络拓扑图如图 1 所示。

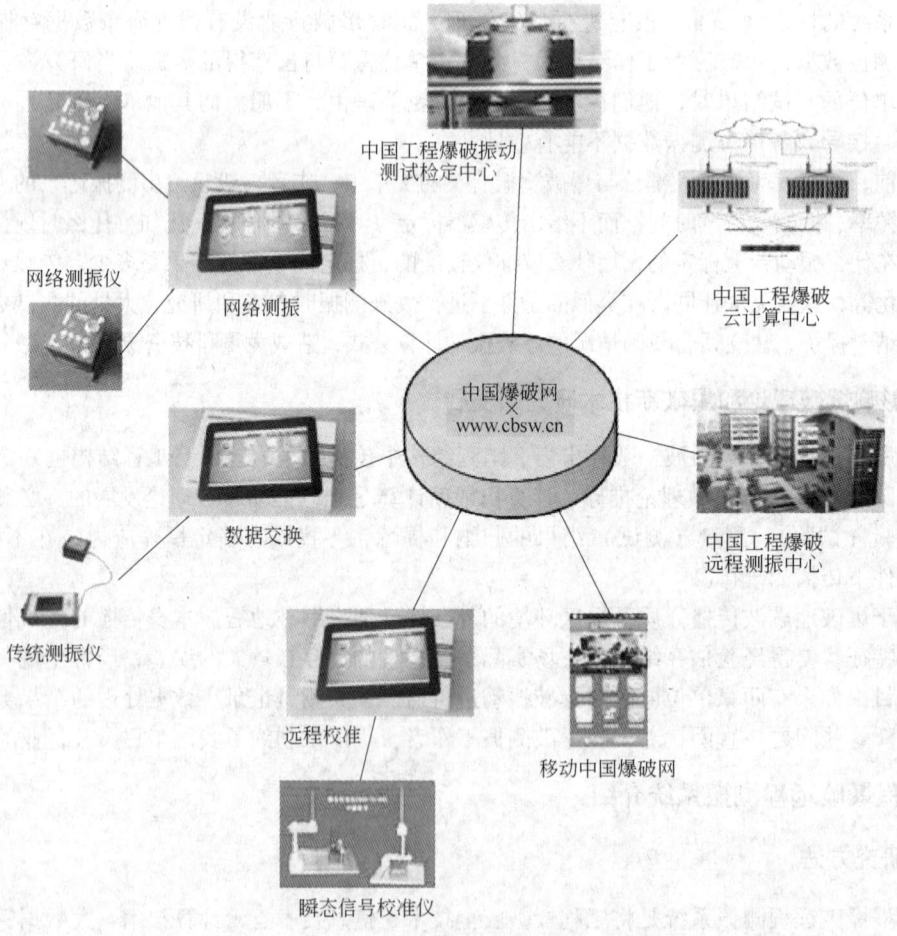

图 1 工程爆破远程测振系统网络拓扑图

Fig. 1 A network topology graph of remote vibration system of engineering blasting

工程爆破远程测振系统主要包括以下几个部分：

（1）工程爆破远程测振中心。工程爆破远程测振中心主要是利用工程爆破远程测振综合应用系统对企业上传的仪器信息进行审核备案，对标定数据、测振数据进行抽查、发现超过安全范围的数据及时提醒企业，并为爆破企业提供各种在线帮助，负责维护系统的正常运行。

（2）工程爆破振动测试标定中心。工程爆破振动测试标定中心是工程爆破远程测振系统测振数据可靠、准确和具有研究利用价值的最基本保障。所测的振动数据必须在同一标准下进行测量，才具有比较、分析、研究的价值。标定中心利用先进的振动传感器标定系统为工程爆破远程测振系统提供数据标准，具有以下硬件设备和软件系统：

1）标准振动平台及配套仪器设备，包括振动台、功率放大器、程控标定仪、实验室仪器仪表、基座、接地系统等，如图2所示。

2）振动标定管理系统、标定参数设置、标定任务管理、标定报告生成等。

3）标定信息登记备案系统，将标定数据信息上传至云计算中心，便于利用工程爆破远程测振综合应用系统进行查阅、溯源。

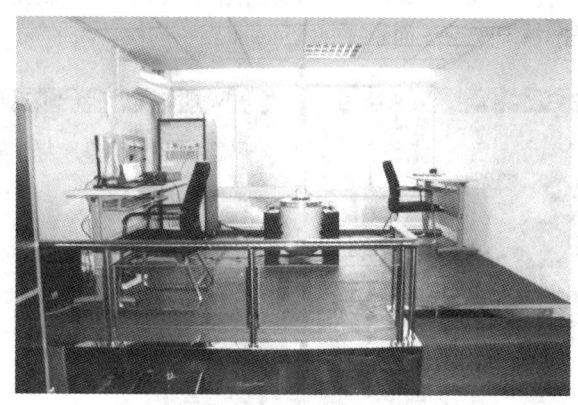

图2　工程爆破振动测试标定中心现场图

Fig. 2　The scene graph of the calibration center of blasting vibration testing

（3）网络测振仪。网络测振仪是工程爆破远程测振系统的重要数据来源，其利用物联网、身份识别、网络安全等技术为工程爆破远程测振系统提供真实可靠的数据。

网络测振仪融合了物联网、身份识别、移动网络等先进科研技术成果，是将传感器和测振仪进行融合研制出的新一代测振仪。该测振仪是以一台控制分析仪（也称测振仪主机）作为现场操作的客户终端和管理平台，可同时管理多台（最多256台）测振子机（智能传感器），实现了测振数据记录、传输全过程无缝管理、测振现场无布线、测振数据自动向中国工程爆破云计算中心实时上传，可实时分析爆破振动衰减规律（计算K、α值），为测振信息共享和数据挖掘提供了新的途径。

（4）瞬态信号校准仪。瞬态信号校准仪主要是为工程爆破远程测振系统的远程校准提供稳定可靠的瞬态冲击信号源，CBSD-TC-R01型瞬态信号校准仪可产生在固定频率范围内稳定的瞬态冲击信号，利用该瞬态信号校准仪对测振传感器、测振仪进行远程校准。仪器采用高精度钢经过精密加工和反复试验最终研制而成，耐磨损、成本低、易于操作（见图3）。

（5）移动中国爆破网。移动中国爆破网是利用移动互联网技术开发的中国爆破网的手机客户端，除了为中国爆破网用户提供及时的咨询信息以外，还为工程爆破远程测振系统提供振

图 3　CBSD-TC-R01 型瞬态信号校准仪

Fig. 3　CBSD-TC-R01 transient signal calibration instrument

动波形信息查看、超范围预警提示服务。图 4 所示给出了移动中国爆破网的截屏图。图 5 所示给出了工程爆破远程测振系统登录界面。

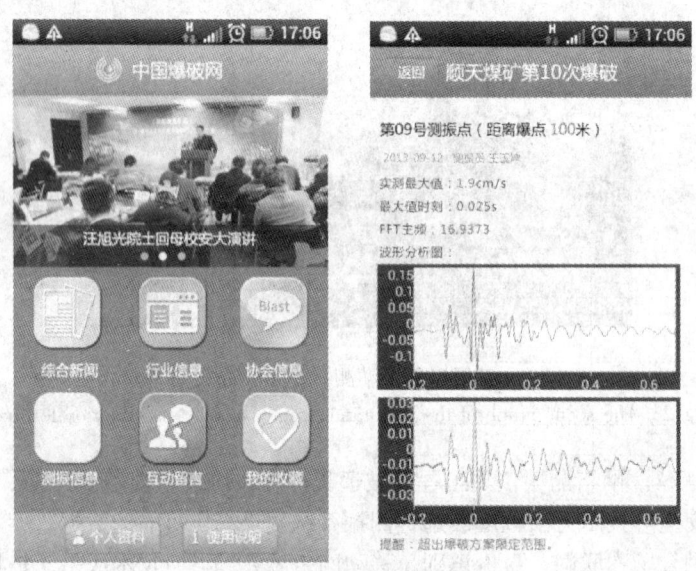

图 4　移动中国爆破网效果图

Fig. 4　The rendering of mobile China blasting network

4　远程测振系统工作方法和流程

4.1　利用远程测振系统进行爆破振动测试

　　远程测振系统前端主要是利用新一代网路测振仪进行爆破振动测试，爆破企业首先在系统中注册、完成公司信息及相关仪器信息的备案，然后按照要求在工程爆破振动测试标定中心对测振仪及传感器进行标定，系统将标定信息自动存入数据库，以备查询、比对。

　　企业在现场直接利用网路测振仪主机记录简要的测振信息，包括项目名称、地点并选择合理的测振参数，这些信息在测振开始前会写入一台或多台测振子机，如果需要实时分析爆破地

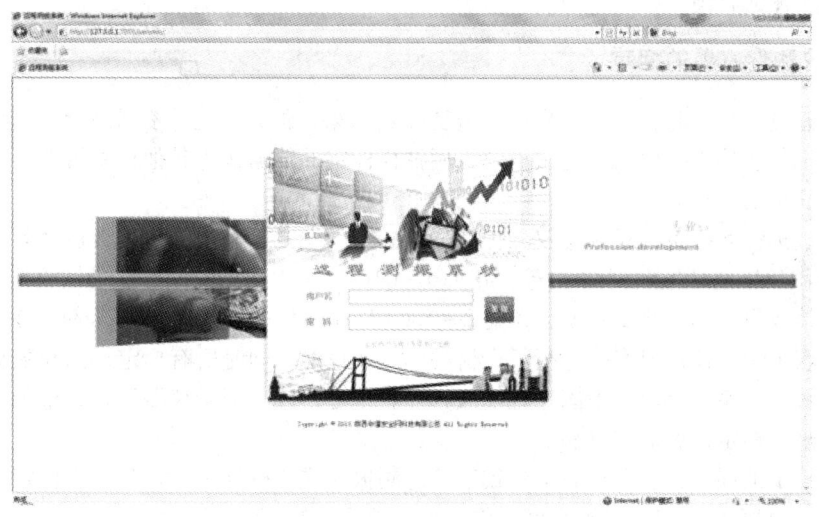

图5 工程爆破远程测振系统登录界面

Fig. 5 The login screen of blasting remote vibration system

震波衰减规律，需要在一条径向测量线上布置6个以上的测振点。

网路测振仪子机采用一体化设计，内嵌振动传感器和身份识别芯片，爆破时产生的高精度测振数据文件直接利用身份识别码和任务信息识别码进行严格加密，确保数据产生后就与仪器标定信息、测振任务信息进行绑定，任何人无法对数据进行篡改。

测振任务完成后，操作人员利用网路测振仪主机对所有测振子机的数据进行自动扫描读取，在网路条件具备的情况下可自动上传至远程测振中心。企业、专家、监管人员可通过多种方式对测振任务信息进行查询、对测振数据进行分析，测振单位可对测振任务信息进行撰写（编辑），补充工程概况、测点总体分布图等，可利用"报告自动生成系统"，生成详细的测振报告或利用系统向测振中心的专家申请撰写爆破振动测试报告。

测振专家可以通过系统了解全部爆破振动测试的相关信息，并查看所有振动实测数据、并利用系统进行幅频特性分析、功率谱分析、矢量合成等，最终生成测振报告。测振单位均可下载打印，所有报告均印有二维识别码。所有人均可利用手机随时对报告的信息进行验证。图6

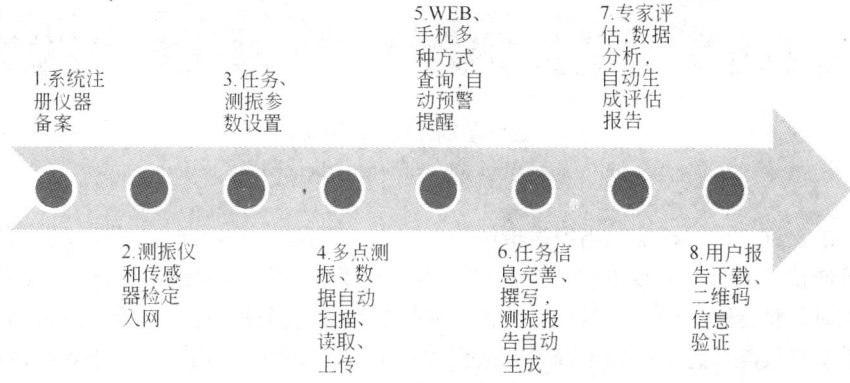

图6 工程爆破远程测振系统爆破测振流程图

Fig. 6 The flow chart of the blasting vibration of engineering blasting vibration system

是工程爆破测振流程图。

4.2　测振仪和传感器的标定

虽然传感器在出厂时，厂家会提供灵敏度标定结果，但是，这个数据并不是专门标定的，一般是从一批传感器中抽出几个送去标定，用抽样标定的数据作为其他传感器的标定数据，显然，这是不靠谱的。

工程爆破远程测振系统对测振仪和传感器的标定，主要是利用工程爆破振动测试标定中心的 MPA101/L215M 电动振动测试系统，MPA101/L215M 采用了当前国际振动试验系统制造行业最先进的科技成果，标定测试频率可覆盖 2~1000Hz，台面运动速度可达 2m/s，并按照国家标定规程的要求由中国计量研究院进行了严格的标定或校准，同时所有标定信息和数据都将通过工程爆破远程测振系统存储于中国工程爆破云计算中心，并与记录仪器绑定，整个标定过程实现全过程管理，标定数据真实可靠。

在仪器标定的同时，利用瞬态信号校准仪对测振仪或传感器进行远程基准标定，基准标定的波形数据（见图7）、仪器灵敏度都将作为远程校准的参考依据，使利用波形比较法对传感器进行远程校准成为可能。

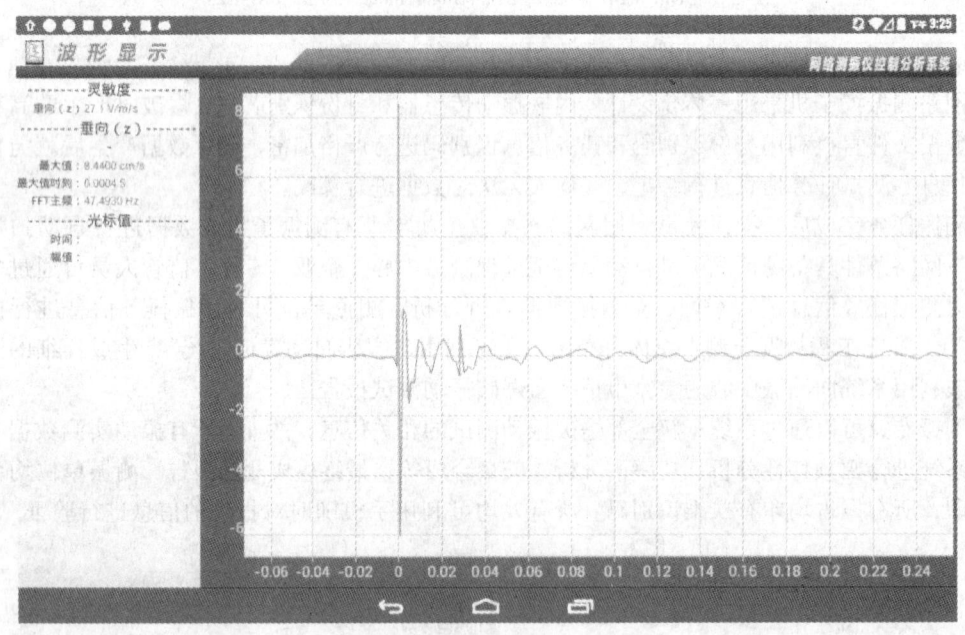

图 7　远程基准标定实测波形图

Fig. 7　The figure measured wave of remote benchmark calibration

远程校准又称为异地校准。当测振单位与标定中心不在一个地方时，测振单位可以使用便携式振动校准仪（动态载荷校准仪或者正弦波激励校准仪）不定期地对传感器、测振仪进行校准。校准时，将传感器或者测振仪安装在校准仪上，通过测振仪记录校准信息并通过网路和远程测振系统将校准信息上传到工程爆破远程测振系统的数据库；由工程爆破远程测振系统自动与该传感器或者测振仪入网时在工程爆破标定中心预留的基准标定信息进行比对，以确定该传感器或者测振仪是否可以继续使用。

4.3 工程爆破远程测振系统主要功能

工程爆破远程测振系统主要包括企业信息备案管理、测振仪器设备备案管理、测振任务信息管理、测振数据分析、测振报告管理、测振报告编写、企业信息查询、专家信息查询、测振信息查询、仪器设备信息查询、标定信息查询等。

使用系统的人员一共分为四种角色：标定录入员、测振人员、测振中心专家、系统管理员。各个角色工作范围如下。

（1）标定录入员：主要负责对相关仪器设备（如传感器）的相关参数进行标定。

（2）测振人员：测振人员负责填写与测振有关的信息、现场操作、上传数据等。

（3）测振中心专家：主要负责对某次测振任务进行评估和判断，并给出相应评语，最后结合测振的相关信息撰写一份测振报告。

（4）系统管理员：主要负责保证测振系统正常运行，对整个测振任务实施监测和监控。

工程爆破远程测振系统具体功能如图8所示。

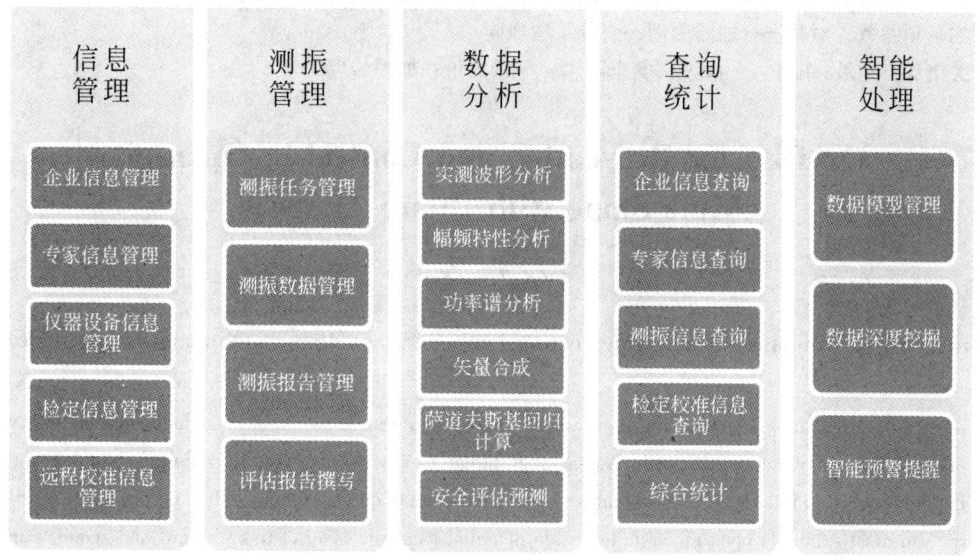

图8 工程爆破远程测振系统的功能模块示意图

Fig. 8 The function module diagram of remote vibration system of engineering blasting

5 结语

本文比较详细地介绍了工程爆破远程测振系统的组成、主要功能、使用条件和使用方法。工程爆破远程测振系统的研发成功在国内外工程爆破测振领域是一个重大创新。可以相信，随着远程工程爆破测振系统的推广和应用，将给我国工程爆破测振行业带来一场深刻的变革，必将促进测振仪器的创新、测振方法的规范，促进测振标准的修订。一旦实现了测振数据共享，没有参加爆破测振的研究人员也可以通过远程测振系统进行数据挖掘，这对于促进我国工程爆破理论（特别是关于爆破地震波理论的研究）研究具有重要意义。

露天矿山边坡与排土场滑坡防治分析

叶振杰

（葛洲坝易普力新疆爆破工程有限公司富蕴分公司，新疆富蕴，836100）

摘　要：高边坡和排土场是露天矿开采不可避免且将长期存在的重大安全隐患，对矿山生产、矿区环境和周边群众及建筑设施构成巨大威胁。为了保证露天矿山生产和人民生命财产的安全，必须明确露天矿山滑坡泥石流可能发生的位置、风险程度、灾害形式和波及范围，才能对灾害进行人为控制。因此，露天矿山企业应及时对矿山边坡和排土场进行稳定性分析评价，对滑坡和泥石流灾害区域进行调查，对高风险区域进行重点安全监测和预测，掌握不稳定滑流体的各项参数，对其进行加固治理，降低工程风险。

关键词：边坡；排土场；滑坡；安全隐患；分析评价；加固治理

On Disaster Prevention and Control in Open-pit Mine Slope with Dump Analysis

Ye Zhenjie

（Gezhouba Expl Xinjiang Blasting Engineering Limited Fuyun Branch，Xinjiang Fuyun，836100）

Abstract：High slope and dumping is a major open-pit mining was inevitable and long-standing safety problems，mine production，mines pose a great threat to environment and surrounding people，and building facilities. In order to ensure that open-pit mine production and people's life and property security，you must explicitly open pit mine landslide potential location，level of risk，hazard and scope，can be manipulated to disaster. Therefore，open – pit mining enterprises should promptly on mine slope and dump stability analysis and evaluation，to investigate the landslide and debris flow hazard area，focused on safety monitoring and forecasting for high risk areas，master the slippery fluid instability of parameters for their reinforcement，reducing project risk.

Keywords：slope；dump；slide；security risks；evaluation；reinforcement

1　引言

露天矿开采是矿产资源开采的一种主要方法，我国露天铁矿石产量约占铁矿石总产量的77%，有色金属占52%左右，化工矿物占70.7%左右，煤矿一直低于4%，而建筑材料则近100%。露天矿边坡是露天矿最主要的结构要素，随着矿山的开挖及开采活动贯穿于矿山服务的始终。露天矿边坡滑坡一直是生产安全中的一个突出问题，我国绝大多数露天矿都曾发生过规模不

叶振杰，助理工程师，beijing11808@126.com。

等的滑坡灾害。据10个大型金属露天矿山的统计，不稳定或具潜在滑坡危险性的边坡约占边坡总长度的20%，个别露天矿甚至高达33%，且随着露天矿向深部的开采，边坡的稳定条件将愈来愈恶化。

露天矿边坡滑坡是指边坡体在较大的范围内沿某一特定的剪切面滑动，一般的滑坡是滑落前在滑体的后缘先出现裂隙，而后缓慢滑动或周期地快慢更迭，最后骤然滑落，从而引起滑坡灾害。滑坡灾害是露天矿山最频繁的地质灾害。1999年7月酒泉钢铁公司黑沟铁矿发生重大滑坡泥石流事故，堵塞酒泉市、嘉峪关市两市唯一的水源北大河，造成直接经济损失4000余万元。2001年江西乐平县山下村采石场滑坡，造成28人死亡。

矿山排土场，也称渣场，是指矿山采矿排弃物集中排放的场所。排土场作为矿山回笼废石的场所，是露天矿开采的基本工序之一，是矿山组织生产不可缺少的一项永久性工程建筑。当排土场受大气降雨或地表水的浸润作用，排土场内堆积材料的稳定状态会迅速恶化，引发滑坡和泥石流等灾害。海南铁矿6号排土场东部于1973年8月连续大雨之后产生几十万立方米的大滑坡，导致排土场停产，厂房多处损毁，损失巨大。葛洲坝易普力新疆爆破工程有限公司自2013年2月依法取得矿山施工总承包三级资质以来，承接了新疆富蕴县宏泰选冶有限责任公司露天铁矿采剥施工任务。该矿自然环境较好，矿带分布复杂，施工面狭窄，年降雨量相对较多，一旦发生边坡、排土场滑坡将造成极其严重的后果。

2 露天矿滑坡灾害

2.1 露天矿山边坡的构成

根据矿床埋藏的地形条件，露天矿分为山坡露天矿和凹陷露天矿，以露天开采境界封闭圈进行划分。封闭圈以上为山坡露天矿，封闭圈以下为凹陷露天矿。露天开采所形成的采坑、台阶和露天沟槽的总合称为采场。

由露天采场的底面和坡面限定的可采空间的边界，称为露天开采境界。露天开采时，把开采境内的矿岩划分为一定厚度的水平分层，自上而下逐层开采。台阶是露天开采的基本构成要素，是独立剥离和采矿作业的单元，台阶的命名通常是以该台阶的下部平盘（装运设备站立平盘）的标高来表示。台阶构成要素如图1所示。

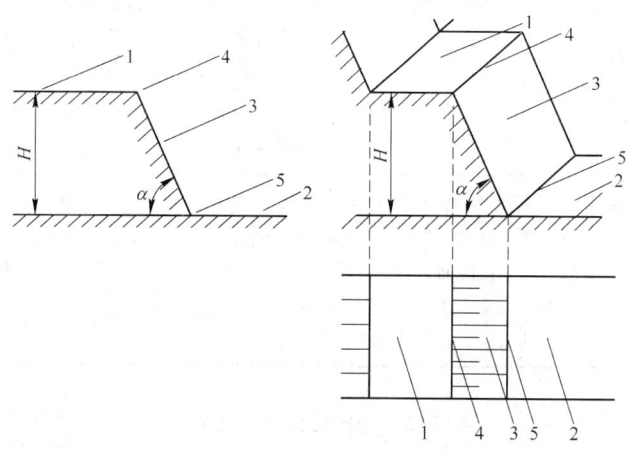

图1　边坡台阶构成要素示意图

1—台阶上部平盘；2—台阶下部平盘；3—台阶坡面；4—台阶坡顶线；5—台阶坡底线；α—台阶坡面角；H—台阶高度

Fig.1　Schematic slope steps elements

　　露天矿的最终边坡角是边坡稳定的重要参数，直接影响着矿山的生产能力和安全水平，在露天矿山设计和生产中具有十分重要的意义。露天矿边坡角大小必须满足边坡稳定的要求，但是随着采场开采深度的增加和边坡角的减缓，剥离量将急剧增加，导致开采成本增高，而边坡角过大，进行陡帮开采虽然可以提高采剥比，降低生产成本，但是可能导致严重的滑坡事故，造成重大人员伤亡和经济损失。因此，综合考虑经济与安全因素，合理选取边坡角，在保证边坡安全的条件下低成本开采是露天开采的最基本原则。表1和表2给出了按边坡稳定性进行岩石分类和露天采场边坡角概率值、台阶坡面角参考值。

表1　按边坡稳固性进行的岩石分类和露天采场边坡角概略值
Table 1　According to the slope stability for the rock classification and
open pit slope Angle of general values

岩石类别	岩石特点	边坡稳固性基本要素和岩石稳定性指标	地质条件	边坡角/(°)
I	坚硬（基岩）岩石：火山岩和变质岩，石英砂岩，石灰岩和硅质砾岩。样品抗压强度不小于78.48MPa	弱面（断层破坏层理、长度很大的构造节理等）的方向很不利	具有弱裂缝的硬岩，没有方向不利的弱面，或弱面对开挖面的倾角是急倾斜（>60°）或缓倾斜（<15°）	<55
			地质条件同上，但岩石具有裂缝	40~45
			具有弱裂缝或节理面的硬岩，弱面对开挖面的倾角为35°~55°	30~45
			具有弱裂缝的硬岩，弱面对开挖面的倾角为20°~30°	20~30
II	中硬石：风化程度不同的火山岩与变质岩、黏土岩、砂岩-黏土质页岩、黏土质砂岩、泥板岩、粉砂岩、泥灰岩。抗压强度78.48~7.85MPa	样品岩石的强度、弱面的方向、岩石风化趋势等不利	斜坡的岩石相对稳固，没有方向不利的弱面，或有对开挖面呈急倾斜（>60°）或缓倾斜（<15°）的弱面	<40
			地质条件同上，有对开挖面成35°~55°的弱面	30~40
			边坡的岩石强烈风化（泥质岩、黏土质砂岩、黏土质页岩等）以及容易碎散和剥落的岩石	20~30
			弱面对开挖面呈20°~30°的所有岩类	
III	软岩（黏土质与砂质-黏土质岩石）。抗压强度不大于7.85MPa	对于黏结性（黏土质）岩石：样品强度，弱面（软弱夹层、层间接触面）方向不利。对于非黏结性岩石为：力学特性动水压力、渗透速度	没有塑性黏土，古老滑面，层间的软弱接触面和其他弱面	20~30
			在边坡的中部或下部有弱面	15~20

表2　台阶坡面角参考值
Table 2　Step slope angle of reference value

岩石坚固性系数	15~20	8~14	3~7	1~2
台阶坡面角/(°)	75~85	70~75	60~65	45~60

2.2 露天边坡工程的破坏规律

2.2.1 边坡的破坏类型

岩质边坡的破坏方式可分为滑坡、崩塌和滑塌等几种类型。

（1）滑坡。滑坡是指岩土体在重力作用下，沿坡内软弱结构面产生的整体滑动。滑坡通常以深层破坏形式出现，其滑动面往往深入坡体内部，甚至延伸到坡脚以下。当滑动面通过塑性较强的土体时，滑速一般比较缓慢；当滑动面通过脆性较强的岩石或者滑面本身具有一定的抗剪强度时，可以积聚较大的下滑势能，滑动具有突发性。根据滑面的形状，其滑坡形式可分为平面剪切滑动和旋转剪切滑动。平面剪切滑动的特点是块体沿着平面滑移，可进一步分为简单平面剪切滑动、阶梯式滑坡、三维楔体滑坡和多滑块滑动（倾倒滑动）几种破坏模式，如图2所示，旋转剪切滑动的滑面通常成弧状，岩土体沿此弧形成滑面滑移，如图3所示。

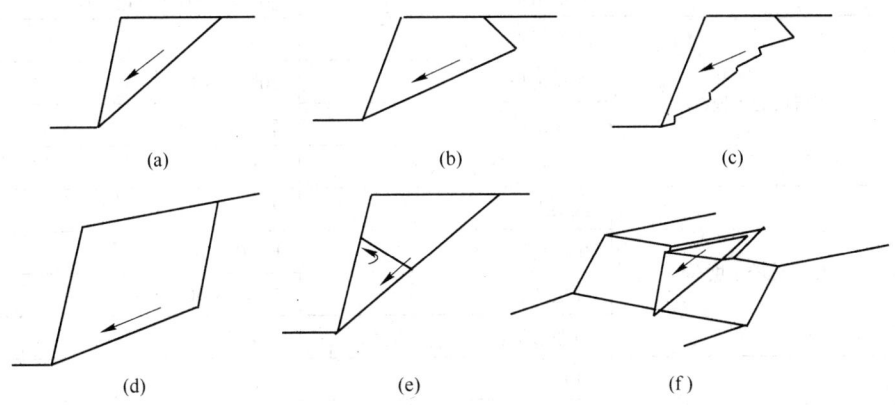

图2 平面剪切滑坡及其分类

（a）简单平面剪切，仅有一个滑面和一个滑块；（b）带张裂缝的平面剪切；（c）被横交节理连通的节理组上的阶梯式滑坡；（d）存在两个滑面的双滑面滑坡；（e）两个滑块，上部滑块驱使下部滑块发生旋转，发展成倾倒破坏；（f）滑体的两个滑面走向与边坡走向斜交，形成一个三维楔体破坏

Fig. 2　Plane shear slide and its classification

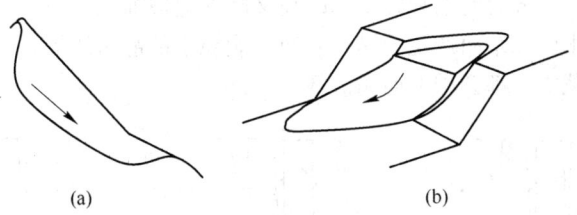

图3 发生在圆弧滑面上的旋转剪切破坏

（a）圆弧滑面的平面示意图；（b）旋转剪切破坏的空间示意图

Fig. 3　In the rotation of the circular slip surface shear failure

当岩体发生滑动破坏时，按照受力状态、发生时间、与层面的关系、滑体规模、滑体厚度和滑动速度可以将滑坡划分为不同类型，见表3。其中特大型、巨厚层、高速滑坡具有强大的破坏力，其形成的条件是：边坡具有相当大的高差（＞100m），具有相当大的体积（＞$10^6 m^3$），具有较陡的滑面坡度（＞20°），具有较大的峰残强度差（比值大于2），具有较高的滑坡剪出

口，并且滑坡前方有开阔地形。

表 3　滑坡其他单一指标分类方法
Table 3　Landslide other single index classification method

序号	分类方式	类型	分类指标
1	按滑体受力状态	牵引式（后退式）滑坡	下部先滑，引起上部连续下滑
		推动式滑坡	上部先滑，推动下部滑动
2	按滑坡发生时代	古滑坡	全新世以前的
		老滑坡	全新世以来发生，现未活动
		新滑坡	正在活动
3	按主滑面与层面的关系	顺层滑坡	结构面与主滑动面平行
		切层滑坡	结构面垂直于主滑动面
4	按滑坡的规模/m³	小型滑坡	10^5
		中型滑坡	$10^5 \sim 5 \times 10^5$
		大型滑坡	$5 \times 10^5 \sim 10^6$
		特大型（巨型）滑坡	$> 10^6$
5	按滑体的厚度/m	浅层滑坡	$H < 6$
		中层滑坡	$6 < H < 20$
		厚层滑坡	$20 < H < 50$
		巨厚层滑坡	$H > 50$
6	按滑坡滑动速度/m·s⁻¹	蠕动滑坡	$v < 10^{-5}$
		慢速滑坡	$10^{-5} < v < 10^{-2}$
		快速滑坡	$10^{-2} < v < 1.0$
		高速滑坡	$v > 1.0$

　　（2）崩塌。崩塌是指块状岩体与岩坡分离向前翻滚而下。在崩塌过程中，岩体无明显滑移面，同时下落的岩块或未经阻挡而落于坡角处，或于斜坡上滚落、滑移、碰撞，最后堆积于坡角处，如图 4 所示。岩坡的崩塌常发生于既高又陡的边坡前缘地段，具有逐次后退、规模逐渐减小的趋势。裂隙水的冻结而产生的楔开效应、裂隙水的静水压力、植物根须膨胀压力以及地震、雷击等动力荷载等，都会诱发崩塌破坏。

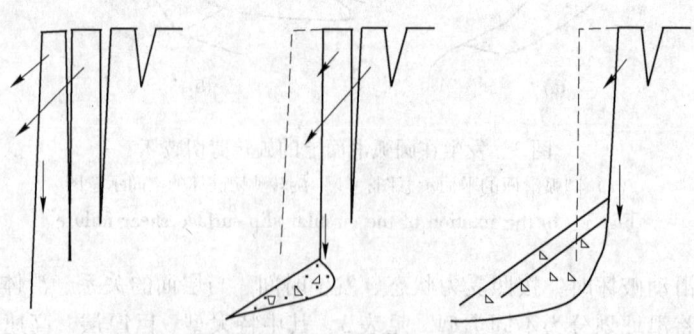

图 4　崩塌示意图
Fig. 4　Collapse of the schematic

（3）滑塌。松散岩土的坡角 β 大于它的内摩擦角 ϕ 时，表层蠕动使它沿着剪切带表现为顺坡滑移、滚动与坐塌，从而重新达到稳定坡角的破坏过程，称为滑塌或称为崩滑，如图5所示。滑塌部分与未滑塌部分的分界，通常在断面上成直线。滑塌是一种松散岩体或岩土混合体的浅层破坏形式，与风化应力、地表水、人工开挖坡角及振动等作用密切相关。

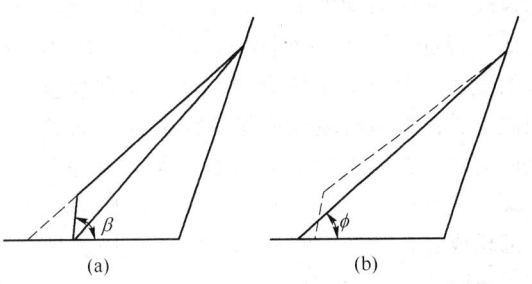

图5　滑塌示意图
（a）开挖坡角形成滑塌；（b）恢复天然稳定坡角
Fig. 5　Slump schematic

2.2.2　边坡滑坡的影响因素

露天矿山边坡的变形、失稳，从根本上说是边坡自身求得稳定状态的自然调整过程，而边坡趋于稳定的作用因素在大的方面与自然因素和人类活动因素有关。

2.2.2.1　自然因素

（1）岩层岩性。岩石的物理力学性质及矿物成分、结构与构造，对整体岩层而言，是确定边坡的主要因素之一。相间成层的岩层，其厚度、产状及在边坡内所处的部位不同，稳定性亦不一样。

（2）岩体结构。岩体结构面是在地质发展过程中，在岩体内形成具有一定方向、一定规模、一定形态和不同特性的地质分割面，统称为软弱结构面，它具有一定的厚度，常由松散、松软或软弱的物质组成，这些组成物质的密度、强度等物理力学属性较之相邻岩块则差得多。在地下水作用下往往出现崩解、软化、泥化甚至液化的现象，有的还具有溶解和膨胀的特性，具有这样软弱泥化结构面的存在，就给边坡岩体失稳创造了有利的条件。

（3）风化程度。岩层的风化程度愈深，则岩层的稳定性愈低，要求的边坡坡度愈缓。例如花岗岩在风化极严重时，其矿物颗粒间失去连接，成为松散的砂粒，则边坡的稳定值近似于砂土所要求的数值。

（4）水文地质。地下水对边坡稳定的主要影响有：使岩石发生溶解、软化，降低岩体特别是滑面岩体的力学强度；地下水的静水压力降低了滑面上的有效法向应力，从而降低了滑面上的抗滑力；产生渗透压力（动水压力）作用于边坡，使岩层裂隙间的摩擦力减小，其稳定性大为降低；在边坡岩体的孔隙和裂隙内运动着的地下水使土体容重增加，增加了坡体的下滑力，使边坡稳定条件恶化。地表水对边坡的影响主要是冲刷、夹带作用对边坡造成侵蚀形成陡峭山崖或冲洪积层，引发牵引式滑坡。

（5）气候与气象。在渗水性的岩土层中，雨水可下渗浸润岩土体内，加大土、石容重，降低其凝聚力及内摩擦角，使边坡变形。我国大多数滑坡都是以地面大量降雨下渗引起地下水状态的变化为直接诱导因素的。此外，气温、湿度的交替变化，风的吹蚀，雨雪的侵袭、冻融等，可以使边坡岩体发生膨胀、崩解、收缩，改变边坡岩体性质，影响边坡的稳定。

（6）地震。水平地震力与垂直地震力的叠加，形成一种复杂的地震力，这种地震力可以使边坡作水平、垂直和扭转运动，引发滑坡灾害。地震触发滑坡与地震烈度有关。

2.2.2.2　人为因素

影响边坡稳定性的人为因素，主要是在自然边坡上进行露天开挖、地下开采、爆破作业、坡顶堆载、疏干排水、地表灌溉、破坏植被等行为。

（1）坡体开挖形态。露天边坡角设计偏大，或台阶没按设计施工，会显著增加边坡滑坡的风险。发生采动滑坡的坡体几何形态大多有如下特点：从平面形状来看，采动滑坡大多发生在凸形或突出的梁峁坡体上；在竖直剖面上看，采动滑坡或崩塌主滑轴线方向的剖面大多在总体上呈凸形状态，即坡顶比较平缓，坡面外鼓，坡角为陡坎；或坡体的上、下部均成陡坎状，中间有起伏的不规则斜坡或直线斜坡，如图 6 所示。

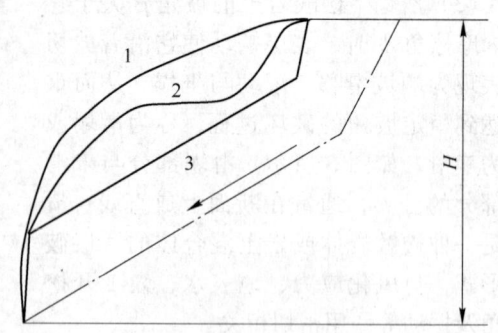

图 6　容易发生采动滑坡的坡体剖面形态
1—外鼓的凹形；2—上、下有陡坎的凹形；
3—上下有陡坎的直线形
Fig. 6　Prone to mining landslide slope profile form

（2）坡体内部或下部开挖扰动。施工对边坡的最大扰动是工程开挖使得岩土体内部应力发生变化，从而导致岩体以位移的形式将积聚的弹性能量释放出来，由此带来了边坡结构的变形破坏现象。尤其是在坡体内部或下部施工，由于地应力的复杂变化，造成的滑坡风险更加难以预测。

（3）工程爆破。大范围的工程爆破对山体有很大破坏作用，瞬时激发的强大地震加速度和冲击能量会导致岩层或土层裂隙的增加，使边坡整体稳定性减弱。

（4）坡顶堆载。在边坡上进行工业活动，将固体废弃物堆放在坡顶，可能导致下滑力增加，当下滑力大于坡体的抗滑力时，会引起边坡失稳。

（5）降水或排水。由于人为的向边坡灌溉、排放废水、堵塞边坡地下水排泄通道或破坏防排水设施，使边坡地下水位平衡遭到破坏，进而破坏边坡岩土体的应力平衡，增加岩层容重，增加滑动带孔隙水压力，增大动水压力和下滑力，减小抗滑力，引发滑坡。

（6）破坏植被。植被可以固定边坡表土，避免水土流失。对边坡上覆植被的破坏，会增大地表水下渗速度，导致下滑力增大，抗滑力减小，诱发滑坡。

2.2.3　边坡稳定性分析

国内外对岩质边坡稳定性的分析方法归结起来可以分为两类，即确定性方法与不确定性方法。确定性的方法是边坡稳定性研究的基本方法，是将影响边坡稳定的各种因素都作为确定的量来分析考虑，主要通过边坡失稳的力学机制分析，对边坡的力学平衡状态进行分析，从而评估边坡稳定状况及其可能的发展趋势。

滑坡预警预报时，应首先根据监测曲线准确地判断边坡所处的变形阶段，进一步判定滑坡趋势。当滑坡状态位于加速变形的三个亚阶段时，应及时发布不同等级的滑坡预警信息，并采取针对性的应对策略和措施。现代非线性科学理论认为，滑坡在不同的演化阶段，对外界影响因素的响应是有差别的，愈到发展演化的后期，系统对外界扰动的响应愈强烈。因此，在滑坡预测预警时，一方面要非常重视对斜坡所处变形阶段的判断，同时要注意外界因素对斜坡变形破坏的影响。

3　矿山排土场灾害

3.1　矿山排土场的构成

矿山开采的一个重要特点就是要剥离覆盖在矿床上部及其周围的表土岩石，或掘进废石，运至专设的场地排弃，这种专设的排弃岩石的场地称为排土场（或废石场）。在排土场按一定方式进行堆放岩土的作业称为排土作业，是矿山的主要生产工序之一。

排土场根据排土方法、堆置顺序和运输方式的不同可分为不同类型，见表4。

表4　排土场分类
Table 4　Site classification

分类标准	排土场分类	排土方法和堆置顺序
排土场位置	内部排土场	排土场设置在已采完的采空区内
	外部排土场	排土场设置在采场境界以外
堆置顺序	单台阶排土	单台阶一次排土高度较大，由近及远堆置
	多台阶覆盖式	由下而上水平分层覆盖，留有安全平台
	多台阶压坡式	由上而下倾斜分层，逐层降低标高，反压坡脚
	汽车运输	按物料的排弃方式进一步分类：边缘式——汽车直接向排土场边缘卸载，或距边沿3~5m卸载，由推土机平整；场地式——汽车在排土平台上顺序卸载，堆置完一个分层后由推土机平场
	无运输	采用推土机、前装机、机械铲、索斗铲和排土桥等直接将剥离岩土排泄到采空区或排土场。工艺简单，效率高，成本低。适用于内部排土场

根据排土场堆置顺序的不同可分为：单台阶排土场、覆盖式排土场和压坡式排土场，如图7所示。

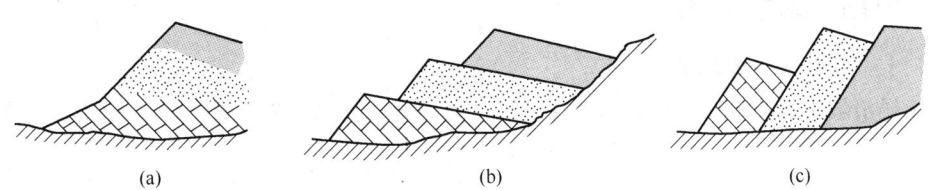

图7　排土场的堆置方式
（a）单台阶排土场；（b）覆盖式排土场；（c）压坡式排土场
Fig. 7　Mine way of stacking

单台阶排土场多用汽车排土，地形为坡度较陡的山坡和山谷，适用于堆置坚硬岩石，排土场地基要求不能含软弱土。特点是分散设置、规模小、数量多，利用率高，高度大，沉降量大，线路维护和安全行车较困难，滑坡和泥石流风险高。

覆盖式排土场适用于平缓地形或坡度不大而开阔的山坡地形条件。特点是按一定台阶高度的水平分层自下而上堆置，可多个台阶同时排土，并保持下一台阶的超前安全距离，堆积容量大。覆盖式排土到后期多为重车上坡排土，运行成本高，对基地岩土层的承载能力和第一台阶的稳定性要求较高。一般要求第一台阶不宜超过20~25m，若基底为倾斜的砂质黏土时，第一台阶高度不应大于15m。

压坡式排土场适用于山坡露天矿，在采场外围有比较宽阔、随着坡降延伸较长的山坡、沟谷地形。特点是台阶相对高度不大，上土上排，下土下排，深部坚硬岩石压住上台阶坡脚起到抗滑和稳定作用。

3.2 矿山排土场的特点

排土场作为矿山重要的危险设施，其位置选择应遵循以下原则：

（1）排土场应选在山坡、山谷的荒地，少占耕地，不占良田，避免迁移村庄。排土场应保证不致威胁采矿场、工业场地、居民点、铁路、道路、水域、通信和电力设施、桥隧、耕地等的安全，安全距离应在设计中进行规定。内部排土场不得影响矿山正常开采和边坡稳定，排土场坡脚与矿体开采点之间应有一定的安全距离。

（2）在不影响矿床开采和保证边坡稳定的条件下，尽量选择在位于露天采场、井口、硐口附近的开采境界以外，缩短废石运距，避免上坡运输，实行高土高排，低土低排，充分利用空间，扩大排土容积。

（3）排土场选址应根据可靠的工程地质资料，不宜建立在地质条件不良地带。地基不良而影响安全时，应采取加固措施。建设在雨量充沛地区的沟谷型排土场，应采取措施防范泥石流灾害的发生。依山而建的排土场，应将山坡表面植被和第四系软弱层全部清除（单独堆放），削成阶梯状，提高排土场稳定性。

（4）排土场总容积应与露天矿设计的总剥离量相适应，排土场的有效容量：$V = \dfrac{V_0 K_s}{K_c}$，式中，V_0 为剥离岩土的体积，K_s 为岩石碎胀系数，K_c 为排土场沉降系数（取 $1.1 \sim 1.2$）。矿山为降低排土成本，减缩排土运输距离而设置多个排土场，每个排土场总容积应结合对应采剥区域剥离量匹配。

（5）排土场应布置在居民点的下风带，防止粉尘污染居民区、水源和耕地。

3.3 矿山排土场的破坏规律

3.3.1 排土场的破坏类型

排土场滑坡类型可分为三种：场内滑坡、基底接触面滑坡、基底软弱层滑坡，如图 8 所示。

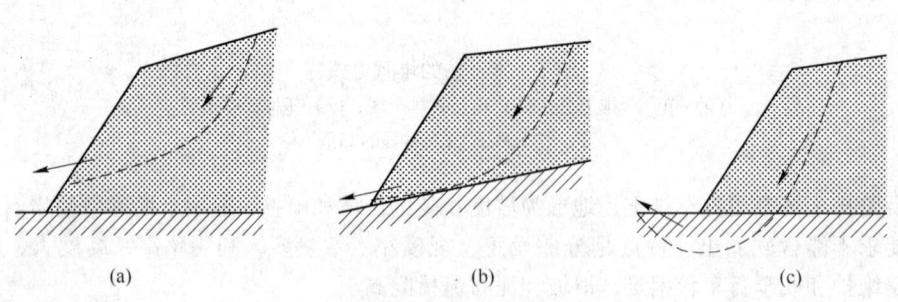

（a）　　　　　　　　　　（b）　　　　　　　　　　（c）

图 8　排土场滑坡形式
（a）排土场内部滑坡；（b）基底接触面滑坡；（c）基底软弱面滑坡
Fig. 8　Mine landslide form

（1）排土场内部滑坡。基底岩层稳固，由于岩土物料的性质、排土工艺及其他外界条件（外荷载和雨水等）所导致的滑坡为排土场内滑坡，其滑动面出露位置在边坡的不同高度。当排弃的岩石较破碎，含较多砂土，并具有一定湿度时，随着排土场高度增加，内部岩土体进一步压实、沉降，排土场内部出现孔隙压力的不平衡和应力集中区。孔隙压力降低了潜在滑移面上的摩擦阻力，边坡下部的应力集中区产生位移变形或边坡面鼓出，然后牵动上部边坡开裂和滑动。排土场内部滑坡多与物料的力学性质有关。较多的土壤或风化岩石，受大气降雨或地表浸润作用，使排土场内部土体稳定状态恶化。

（2）基底接触面滑坡。当山坡形排土场的基底倾角较陡，排土场与基底接触面之间的剪切强度小于排土场的物料自身抗剪强度时，可能发生沿基底接触面的滑坡。如果基底上有一层腐殖土，或将矿山剥离初期排弃的表土和风化层堆积在排土场底部，将形成基底接触面的软弱层，遇到雨水或地下水的浸润，促使滑坡产生。

（3）基底软弱面滑坡。当排土场坐落在软弱基底上时，由于基底承载能力低而产生滑移，并牵动排土场的滑坡，为基地软弱面滑坡。这类滑坡约占排土场滑坡总数的1/3以上。齐大山铁矿排土场，堆置高度52m，基底为软弱沉积土，沟底渗水土饱和后，在排土场压力下发生滑动，滑坡量3.5万立方米，属基底软弱面滑坡。

3.3.2 排土场灾害的影响因素

排土场形成滑坡和泥石流灾害主要取决于以下因素：基底承载能力、排土工艺、岩土物理力学性质、地表水和地下水的影响等。

（1）基底承载能力。排土场稳定性首先要分析基底岩层构造、地形坡度及其承载能力。一般矿山排土场滑坡中，基底不稳引起滑坡的占32%~40%。当基底坡度较陡，接近或大于排土场物料的内摩擦角时，易产生沿基底接触面的滑坡。如果基底为软弱岩层而且力学性质低于排土场物料的力学性质时，则软弱基底在排土场荷载作用下必产生底鼓或滑动，然后导致排土场滑坡。

（2）排土工艺。不同的排土工艺形成不同的排土场台阶其堆置高度、速度、压力大小对于基底土层孔隙压力的消散和固结都密切相关，对上部各台阶的稳定性起重要作用，是发生排土场内滑坡的重要因素。

（3）岩土力学性质。当基底稳定时，坚硬岩石的排土场高度等于其自然安息角条件下可以达到的任意高度，但往往受排土场内物料构成的不均匀性和外部荷载的影响，使得排土高度受到限制。排土场堆置的岩土力学属性受容重、块度组成、黏结力、内摩擦角、含水量及垂直荷载等影响。

（4）地下水与地表水。排土场物料的力学性质与含水量也存在显著关系。排土场中黏土和我国露天矿山排土场滑坡和泥石流有50%是由于雨水和地表水作用引起的。

3.3.3 排土场稳定性分析

当排土场堆置到一定高度时，基底达到最大的承载能力。当排土场高度继续增加，基底处于极限状态，然后失去承载能力，产生塑性变形和移动，基底失去承载能力。当排土场基底软弱层厚度大、潜在滑动面穿过软岩层时，基底承载力可按照软岩基底的稳定性进行分析。在倾斜基底上设计排土场的安全系数应高于水平基底上的安全系数。堆置坚硬岩石时一般为30~60m（山坡型排土场高度不限）；堆置砂土时为15~20m；堆置松软岩土时为10~20m。多台阶排土场在相邻台阶之间需留设安全平台，其总体稳定性可按照边坡稳定性分析。

经查证，当黏土和易水解风化岩石含量超过40%，台阶高度超过18m时，排土场会出现较为频繁和严重的滑坡，若黏土含量为20%~40%，则滑坡灾害不严重。

评价水对排土场稳定性的影响应重点考虑排土场汇水面积、排水能力和24h最大降雨量等因素。

4　对策措施

（1）进行施工组织设计时，对可能发生滑坡区域预留一定的安全距离，且严禁在预留区域内进行采掘施工。

（2）加强监测，通过有效地对滑体实施监测，建立恰当的监测系统，及时分析掌握动态，以保证生产顺利。

（3）完善地表排水泄洪措施。

（4）采取控制爆破技术，在靠近滑体部位爆破时一定采取预裂爆破技术，严格控制和减少最大段药量。

（5）配合监测的同时应加强宏观观测，特别是雨季期间、融雪季节或生产大爆破之后，除加强监测次数外，派专人对滑体进行宏观观测，掌握滑坡动态。

（6）利用科学技术研发边坡位移检测仪器，并实现位移记录（设定警戒位移值）报警。

（7）认真分析岩石性质，合理选择开采方式及设计排土基地。

参 考 文 献

[1] 蔡美峰. 岩石力学与工程[M]. 北京：科学出版社，2002.
[2] 杨选民，杨朝阳. 露天矿滑坡灾害及其减灾对策[J]. 露天采煤技术，1998(4)：21~23.
[3] 王启明. 我国非煤露天矿山大中型边坡安全现状及对策[J]. 金属矿山，2007(10)：1~5.
[4] 许强. 滑坡时空演化规律及预警预报研究[J]. 岩石力学与工程学报，2008，27(6)：1104~1112.
[5] 孙玉科，杨法志，等. 中国露天矿边坡稳定性研究[M]. 合肥：中国科学技术出版社，1999.
[6] 《采矿手册》编委会. 采矿手册（第三卷）[M]. 北京：冶金工业出版社，1991.
[7] 中国有色金属工业协会. GB 50421—2007 有色金属矿山排土场设计规范[S]. 北京：中国计划出版社，2007.
[8] 中国地质学会工程地质专业委员会，等. 中国典型滑坡[M]. 北京：科学出版社，1988.
[9] 马鞍山矿山研究院. AQ 2005—2005 金属非金属矿山排土场安全生产规则[S]. 北京：煤炭工业出版社，2005.

浅谈民爆行业班组安全管理

张 璇 陈 勇

（葛洲坝易普力新疆爆破工程有限公司，新疆乌鲁木齐，830000）

摘 要：通过"三角管理法"和"四心管理法"在民爆行业班组安全管理中的实际应用，着力于提高班组员工安全意识，杜绝违章行为，营造安全文化氛围。

关键词：民爆行业；班组；安全管理

Talking about Safety Management of the Civil Explosive Industry

Zhang Xuan Chen Yong

（Gezhouba Explosive Xinjiang Blasting Engineering Co., Limited, Xinjiang Urumqi，830000）

Abstract：Through the "Triangle Management Act" and "Four Core Management Act" practical application in civil explosive industry safety management，focus on improving employee safety awareness，put an end to violations，create a safety culture.

Keywords：civil explosive industry；team；safety management

1 引言

本文从民爆行业班组安全管理入手，在吸收和借鉴相关安全管理经验的基础上，结合自身行业特点与生产实际，总结出了适合自身安全建设和发展的"三角管理法"和"四心管理法"，并在实际工作中取得了较好效果。

2 三角管理法

三角形是平面几何中最稳定的图形，代表着稳定。三角管理法的意义在于抓好班组"基础管理"、"现场管理"和"文化建设"这"三角"，"三角"同时着力、同步推进，提高员工安全意识，杜绝违章行为，营造安全文化氛围。

2.1 第一角：抓基础管理，夯实安全生产根基

抓基础管理，必须要加强安全管理体系建设，安全管理体系未建立，建立了而不完善，或者安全管理工作落实不到位，或者有关人员不履行职责，擅离职守、失职渎职，那么，事故的发生就肯定不可避免。一是班组建立由群监员、青年安全生产示范岗所组成的安全管控架构，通过强化制度、责任、监督防范、目标考核，解决安全生产中所暴露的问题。二是认真落实

张璇，工程师，95667929@qq.com。

"管生产必须管安全，抓安全必须首先抓标准化"的安全管理理念，推进民爆行业安全生产标准化工作，规范各项安全管理行为。三是将班组中各岗位安全生产责任制细化、量化、具体化，让每位员工知其任、明其责、尽其职，做到时时有标准、处处有标准、人人有标准。

2.2 第二角：抓现场管理，确保生产作业安全受控

班组在现场生产管理中必须保证每个环节、每个操作过程严格按规范、标准执行，确保生产现场过程完全处于受控状态。一是在作业前对作业人员进行风险提示，作业后进行关键环节步步确认，实现对生产现场作业过程控制。二是要敢于监管，"宁可事前听骂声，绝不事后听哭声"，对生产作业过程中的违章行为要严抓严管。三是建立安全生产考核奖惩机制，严格按照考核标准，奖罚分明，通过考核奖惩来加强班组员工安全生产的责任心。

2.3 第三角：丰富安全活动内容，营造安全文化氛围

将责任、规范与安全文化融为一体，用文化凝聚思想，激发创造力，才能从根本上铸就职工良好的安全行为习惯。班组把责任、规范融入安全文化，全方位、多角度营造有利于安全生产的文化氛围，引导职工在生活的每一天，工作的每一时都把责任、规范与安全文化结合起来。

班组结合"反习惯性违章"、"事故大讨论"、"交通安全月"、"安全生产月"、"打非治违"等活动，充分发挥员工的积极性、主动性、创造性，营造了人人讲安全，人人参与安全管理的良好氛围。

通过安全文化活动的开展，在增强职工安全责任意识的同时，建立各岗位安全行为规范，使班组内部形成"有生产的地方就有安全，有隐患的地方就有安全保障，有思想麻痹的地方就有安全警示"的文化氛围，杜绝"三违"和习惯性违章情况的发生。

3 四心管理法

3.1 以完善本质安全体系建设，落实岗位责任制为"核心"

班组以本质安全体系建设为抓手，以强化岗位责任制落实为手段，突出抓好"严、细、实"三方面工作。一是要严格落实岗位责任制，班组必须不断完善安全生产监管机制，狠抓安全制度和操作规程的落实，加强安全生产标准化建设，提高本质安全度。二是培养员工扎实的工作作风和善于发现隐患、治理隐患的能力，着力提高班组成员安全素质和工作质量。三是班组长切实履行现场安全第一责任人的职责，带头与成员将安全责任落实到实处，形成全员安全责任链。

3.2 以加强班组建设和提高员工队伍素质为"重心"

班组在学习、吸收先进安全管理方法的基础上，积极开展安全建设、管理经验交流等活动，进一步带动班组基础建设和安全管理工作的提升。完善各类安全检查制度，规范安全自查、互查工作，实现危险源点闭环管理。与此同时，推行员工班前会议和员工安全素质教育等工作，将安全责任层层落实，充分发挥班组在企业安全生产中的关键作用。

3.3 以安全教育培训为"中心"

正确的认识往往需要多次反复，不可能一次完成。要树立"安全第一"的思想，绝不是

一日之功，需要进行长期的、重复的教育才能见成效。但在重复教育中，要力求形式新颖，晓之以理，动之以情，寓教于乐。为了使安全教育达到良好的效果，一是班组购置了投影仪等多媒体设备，使培训更加直观，增强效果。二是采取安全技术讲座、安全活动日以及板报、签名等形式进行宣传教育，丰富教育培训模式。三是开展安全知识竞赛等活动，调动全员参与安全教育培训的积极性。

3.4　集体与员工共同成长，"同心"构建安全、和谐的大家庭

班组通过外部学习、内部培训、岗位练兵、技能比武等形式，提高员工综合素质。另外，通过组织各种活动，丰富员工业余文化生活，增进员工间的交流和友谊，在班组营造团结友爱、和睦互助的企业文化氛围。

4　结语

公司班组安全管理秉承抓"三个角"用"四份心"的管理理念，先后于 2012 年和 2013 年连续两年获得政府部门颁发的"企事业单位内部治安保卫工作先进集体"称号。

安全管理重在基层，突出"严字当头、安全第一"的原则，各个环节齐抓共管，绝不疏漏，鼓励全员参与企业安全文化建设，使班组员工各自在平凡的岗位上释放自己的正能量。

参 考 文 献

[1] 王祥瑞. 现代企业班组建设和管理[M]. 北京：科学出版社，2007.
[2] 伟超. 浅谈企业安全文化的运用[J]. 安全论坛，2005.
[3] 王晓菲，刘晓丽. 浅谈班组安全文化建设[C]//企业文化论文集，2006.

探讨巴特巴克布拉克铁矿节理裂隙发育对爆破成本的影响

阮国府

（葛洲坝易普力新疆爆破工程有限公司富蕴分公司，新疆阿勒泰，836100）

摘　要：针对节理裂隙发育对巴特巴克布拉克露天铁矿爆破成本的影响，从爆破作用机理出发，分析了节理裂隙发育对于爆破成本的影响，提出相关改进措施，以便有效地控制爆破成本。

关键词：节理裂隙；爆破成本；露天铁矿

To Investigate the Effect of Joint and Crack on the Cost of Blasting in Batebakebulake Iron Mine

Ruan Guofu

（Gezhouba Expl Xinjiang Blasting Engineering Co., Ltd., Fuyun Branch, Xinjiang Alatai, 836100）

Abstract：According to the effect of joint and crack on the coast of blasting in Batebakebulake Iron Ore Mine, starting from the blasting mechanism, analysis the effect of joint and crack on the coast of blasting, put forward relevant improvement measures, so as to effectively control the cost of blasting.

Keywords：joint and crack；the coast of blasting；iron mine

1　工程概况

巴特巴克布拉克露天铁矿位于新疆北部边陲阿勒泰地区，采用汽车运输开拓方式，设计年产100万吨，现年爆破总量近350万立方米。矿体主要赋存于酸性火山岩、火山碎屑岩夹细碧岩及正常碎屑岩中，围岩主要为角闪斜长变粒岩和浅粒岩（黑云斜长变粒岩）。由于造山运动及风化作用影响，节理裂隙较发育。在节理裂隙发育地带进行爆破时，容易产生根底、大块率过高（不符合铲装要求的大块）、伞岩、单耗较高等问题，增加二次处理费用，导致爆破成本居高不下，并且影响后续铲装效率。

2　巴特巴克布拉克露天铁矿现状

2.1　节理裂隙发育分布情况

主要出露古生界地层，下古生界主要分布在北部的喀纳斯-可可托海加里东褶皱带内，有中上奥陶统和中上志留统；上古生界主要分布在南部的克兰华力西褶皱带内，以泥盆系为主，

阮国府，工程师，beijing11808@126.com。

有少量石炭系。古生界地层均遭受不同程度的变质，以中、浅变质为主，在岩体和断层附近变质程度相对较高，为各种片岩、片麻岩和混合岩。向斜位于两个花岗岩岩株之间，西起沃尔腾萨依，东至什根特河，长10km，宽约2km，呈北西-南东向展布。向斜为较紧闭倒转褶皱，北东翼地层层序正常，南西翼倒转。向斜两端均扬起，轴面向南西陡倾，倾角在80°以上。

矿区内岩浆岩较发育，以侵入岩为主，分布广泛，约占总面积的40%造成矿岩物理力学性质变化较大。矿区构造以褶皱为主，主要为巴拉巴克布拉克向斜构造，局部次级小褶曲发育，断裂构造不发育。矿区为紧闭的褶皱构造，挤压应力强烈，线理及石香肠构造发育，矿体变形强烈。

2.2 采场爆破现状

巴特巴克布拉克露天铁矿的穿孔设备为 CM-351 型潜孔钻机，穿凿孔径是138mm。常采用三角形和方形布孔方式，采取排间微差和 V 形起爆方式。孔网参数一般根据矿岩特性进行选取：爆区的单孔负担面积为 $20 \sim 28m^2$，爆破技术人员对采场内节理裂隙的分布情况和走向、倾向等不熟悉，在布孔和起爆方式的选择时，对节理裂隙影响爆破质量的因素考虑不周全，导致节理裂隙发育部位的爆破质量比较差，产生根底和大量大块。

由于巴特巴克布拉克露天铁矿挖运设备普遍偏小，对大块率较高的节理裂隙发育区处理很困难，每年因处理根底及大块而增加二次爆破处理费用多达几十万元，对后续挖装和爆破成本产生一定程度的影响。

3 节理裂隙发育对爆破成本的影响

3.1 岩体爆破作用机理及根底大块产生原因

岩体爆破时，由于炸药爆炸产生的应力波在传播过程中与节理裂隙相遇，在扩大原有裂隙的同时产生了新的裂隙，从而形成裂隙网，使岩石发生破碎。因此，在节理裂隙发育的岩体中进行爆破时，具有优势破裂方向的节理裂隙面，对岩石的破碎将起导向作用。

岩石破碎块度影响较大的节理裂隙面称为主结构面。当主结构面与炮孔爆破抛掷方向平行且处于同一平面时，爆生气体将沿节理裂隙的走向严重逸散，降低了炸药能量的利用率，致使爆破时岩体破碎不充分、位移比较小，岩块间相互撞击能量较小，产生较多的大块甚至挡墙（见图1）。

当结构面与炮孔爆破抛掷方向相交时，爆破产生高温高压气体泄漏较慢，同时可产生径向和切向破裂，有利于改善爆破质量，降低大块率（见图2）。

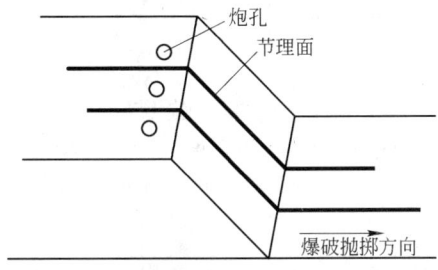

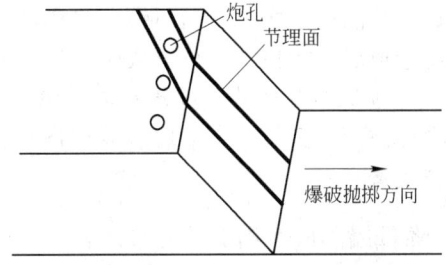

图1 爆破抛掷方向与节理面平行
Fig. 1 Blasting throwing direction parallel to the joint plane

图2 爆破抛掷方向与节理面相交
Fig. 2 Blasting throwing direction intersecting joint plane

炸药爆炸对岩体的破碎作用主要有两个方面：

（1）克服岩石颗粒之间的内聚力，使岩石内部结构破坏，产生新的断裂面。

（2）使岩石原生和次生裂隙扩张而破坏。因此，岩石的坚固性和岩体的裂隙发育程度是影响岩体可爆性最主要的因素。岩体的裂隙不但包括岩石生成时和生成后的地质作用所形成的原生裂隙，而且包括以往爆破等作用而产生的次生裂隙，这些裂隙可能导致爆生气体的泄漏，降低爆炸能的作用，从而影响爆破质量。当岩体本身包含许多被原生和次生裂隙所切割，尺寸超过矿山规定的不合格大块的结构时，只有直接靠近药包的少部分能够得到充分的破碎，而距药包一定距离的大部分岩体并没有得到充分破碎，反而受爆破振动或爆生气体的推力作用，脱离岩体而形成大块。另外，由于爆炸能沿着节理裂隙的释放，使台阶下部的岩体无法充分破碎而产生根底（见图3）。

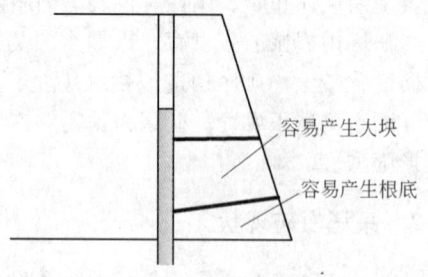

图 3　节理裂隙部位产生根底和大块部位
Fig. 3　Joints and fissures parts produce
roots and large parts

3.2　节理裂隙发育致使成品炸药使用量大增

目前，巴特巴克布拉克露天铁矿处于开采初期，大部分部位，由于覆盖着表土风化层，地表岩层风化严重，存在大量的节理裂隙，使用混装乳化炸药漏药严重，影响爆破效果，增加二次处理难度。为此，成品炸药的使用量大增（成品炸药每吨成本约为混装炸药的3倍），每年因此多支出约上百万元。

3.3　劳动强度大，提高人工成本

巴特巴克布拉克露天铁矿，节理裂隙发育区域，为了保证爆破质量以及混装乳化炸药漏药造成浪费，主要采用成品炸药，而成品炸药使用量急剧增加，爆破采用成品炸药无法机械化施工，降低施工效率。根据现场不完全统计，效率约降低50%以上，每年因此多支付几十万元以上。

3.4　增加爆破安全事故风险

在台阶爆破中，裂隙发育带在穿孔时易形成空腔。空腔如果在前排，技术人员又不清楚，同时采用混装乳化炸药，则会在空腔处形成局部集中装药，造成爆炸能过于集中，而与钻孔连通的张开裂隙还容易造成爆炸能集中释放，从而产生意外飞石（见图4），危及采场人身及设备安全。交叉裂隙容易使预裂爆破面凹凸不平，造成后冲或产生根底，影响边坡质量。

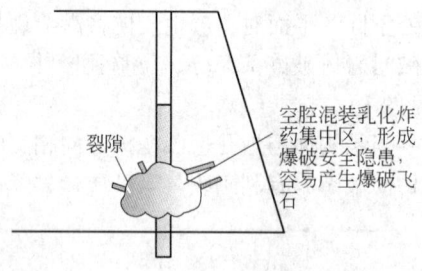

图 4　由于空腔形成爆破安全隐患
Fig. 4　Because the cavity form blasting
safety hidden trouble

4　降低爆破成本措施及建议

4.1　优化孔网参数，降低爆破单耗

巴特巴克布拉克露天铁矿，由于覆盖着表土风化层，存在大量的节理裂隙，历来，这些部

位的爆破孔网参数都取得比较大。有两种情况可能产生根底：一是炮孔的装药高度超过软硬岩交界面或节理裂隙面，在炸药爆炸瞬间，炸药能量率先向软硬岩交界处或节理裂隙的弱面释放，无法克服台阶底部夹制作用而产生根底；二是虽然装药高度没有超过软硬岩交界面处或节理裂隙面，但参数选取过大，超过了穿孔设备孔径所能克服的矿岩有效破碎范围，从而在两孔之间形成锥形根底。

巴特巴克布拉克露天采场具有作业空间狭小、有效工作线长度短、采矿强度高等特点，这就导致了在爆区设计时爆区形状各异，主抛掷方向有沿倾向、反倾向、走向等各种形式，传统起爆网路一般是三角形布孔，逐排顺序起爆。

当岩层主结构面平行于台阶临空面时，原则上孔距 a 应大，排距 b 及抵抗线应小。根据经验，该情况下炮孔密集系数不应小于1.5，一般在2～2.6取值，根据矿岩性质差异，孔距不低于5～7m，排距不超过4～5.5m为宜。

当主结构面垂直于台阶临空面时，原则上孔距 a 应小，排距 b 及抵抗线 W 应大。根据经验，该情况下炮孔密集系数不应超过2，一般在1.5～1.8取值，根据矿岩性质差异，孔距不大于5～7m，排距不低于4～5.5m比较合理。

每次对炮区孔网参数进行详细记录，爆破后对爆破效果进行分析总结，定期分析总结不同矿岩合理的单耗，在确保爆破质量的前提下，不断优化爆破参数，降低爆破单耗，减少爆破费用。

4.2 采取分层装药，控制成品炸药使用量

巴特巴克布拉克工程地质复杂，岩石硬度分布不均，岩石抗风化能力不一。可按岩石的节理裂隙分布情况、可爆性和炸药能量利用率进行可爆性分区。在具体施工中，可根据岩石的硬度、密度、脆韧性3个指标，结合岩体结构、风化程度进行爆破分区。不同分区设定合理单耗，减少不必要浪费，单耗过高会造成不必要的安全隐患。

原始地貌节理裂隙发育的部位，通常会出现较为严重的混装乳化炸药漏药问题，从而加大成品炸药的使用量，为减少成品炸药使用量，需整体改进爆破设计，采用分层装药，尽量使用混装炸药，控制成品炸药使用量。

4.3 改进装药方式，提高装药自动化水平

现场混装乳化炸药由混装车运输原材料或半成品到现场（半成品无雷管感度），混装车制备过程加入敏化剂，输药管将敏化后的半成品炸药输送到爆破孔内，5～10min后敏化完全，在孔内成为炸药（雷管感度还是较低，单个雷管无法起爆），实现了机械化进行装药，效率高，劳动强度低，可以满足大规模爆破的要求。现场混装乳化炸药可以实现炮孔全耦合装药，提高了炮孔利用率，大大降低了大块率，极大地改善了爆破效果，保证了后续的挖装运输工作顺利开展。

在节理裂隙发育区将混装乳化炸药加工成直径比孔径稍小的长条形药包，用不渗水编织袋加工好，并封口，装入孔中，防止混装乳化炸药渗漏入裂隙（见图5）。如此可以从根本上降低成品炸药使用量，降低爆破成本。

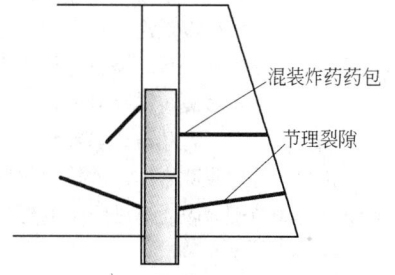

图5 药包装药示意图
Fig. 5 Medicine packing medicine schematic diagram

4.4　减小大块率，降低爆破成本

　　减少大块率的产生，是为了减少二次破碎的成本，有利于提高后续挖装效率，从而提高矿山的经济效益。降低大块率在一个可控范围之内，大块率过低，单耗增加，大块率过高，二次处理费用增加，统计分析每次爆破单耗及大块率情况，确定一个合理大块率范围及单耗。

　　确定合理大块率范围时，适当考虑增大挖运设备规格，增大大块率的临界直径，降低单耗，增加矿山整体经济效益。

4.5　引用爆破高新技术，改善爆破质量

　　孔间微差爆破技术兼有孔间微差和排间微差两种微差破岩机理，该技术充分利用了微差爆破的优点。孔间和排间均存在补充破碎作用、残余应力作用和产生辅助自由面等。因此，先爆破孔不断地为相邻炮孔提供新的自由面，在多个自由面条件下，相互夹制作用相对减小，从而使炸药爆炸能量得到充分利用。

　　孔内孔间微差爆破技术除具有孔间微差爆破技术的所有优点外，还可保证炸药药柱合理分配，减小台阶上部大块，同时不管是上部先爆还是下部先爆，都会给后爆部分提供有效的补偿空间，减少大块，降低二次爆破处理费用。

4.6　有效预防和控制事故，降低爆破成本

　　有效预防和控制事故，促进矿山安全生产形势稳定好转起着至关重要的作用。露天矿山爆破事故，主要是爆破飞石、空气冲击波等事故。控制合理单耗，对于二次处理（如孤石解炮、角陡孔、整平孔）做到装药精准合理，既达到爆破质量要求，也要力求安全。

5　结论

　　裂隙岩体爆破技术对岩体的破坏作用主要是沿结构裂隙面及由其切割而成的结构体的某些方向发生、发展而形成的。在爆区设计过程中受现场客观条件限制，不能满足裂隙岩体爆破技术的相关要求时，盲目设计和施工将导致爆破质量得不到有效保证。所以，作为爆破技术人员，在爆区设计过程中，应充分了解设计部位的节理裂隙分布情况，尽可能地按裂隙岩体爆破技术要求进行布孔设计。

参 考 文 献

[1] 姜文成，滕建军. 浅谈露天开采爆破成本控制[J]. 黄金，2005，26(3).
[2] 于亚伦. 工程爆破理论与技术[M]. 北京：冶金工业出版社，2004.
[3] 郭进平，聂兴信. 新编爆破工程实用技术大全[M]. 北京：光明日报出版社，2002.
[4] 刘殿中. 工程爆破实用手册[M]. 北京：冶金工业出版社，1999.
[5] 张国伟，韩勇，苟瑞君. 爆破作用原理. 北京：国防工业出版社，2006.
[6] 张志呈，等. 裂隙岩体爆破技术[M]. 四川：四川科学技术出版社，1999.
[7] 陈树林. 节理裂隙对爆破质量的影响及对策[J]. 矿业快报，2006.